리눅스 API의 모든 것 | Vol. 1 |

# 기초 리눅스 API

## 파일, 메모리, 프로세스, 시그널, 타이머

Title of English-language original: The Linux Programming Interface, ISBN 978-1-59327-220-3,
published by No Starch Press.

리눅스 API의 모든 것 | Vol. 1 |

# 기초 리눅스 API

## 파일, 메모리, 프로세스, 시그널, 타이머

마이클 커리스크 지음
김기주 · 김영주 · 우정은 · 지영민 · 채원석 · 황진호 옮김

에이콘

## 이 책에 쏟아진 찬사

리눅스용 소프트웨어를 작성할 때 컴퓨터 옆에 놓을 책을 하나만 고를 수 있다면, 이 책이 바로 그 책일 것이다.

– 마틴 랜더스 / 구글의 소프트웨어 엔지니어

이 책은 자세한 설명과 예제가 많고, 리눅스의 저수준 프로그래밍 API의 상세한 내용과 뉘앙스를 이해하는 데 필요한 모든 것을 담고 있다. 독자의 수준과 상관없이, 이 책에서 뭔가 배울 게 있을 것이다.

– 멜 고먼, 『Understanding the Linux Virtual Memory Manager』의 저자

마이클 커리스크는 리눅스 프로그래밍과, 그것이 다양한 표준과 어떻게 연관되는지를 상세히 다룬 훌륭한 책을 썼다. 뿐만 아니라, 그가 발견한 버그들이 수정되고 매뉴얼 페이지들이 (엄청나게) 개선되도록 노력했다. 이와 같은 세 가지 방법을 통해 마이클은 리눅스 프로그래밍을 더욱 쉽게 만들었다. 모든 주제를 깊이 있게 다룬 『리눅스 API의 모든 것』은 초보이건 고수이건 리눅스 프로그래머라면 꼭 한 권씩 지녀야 할 필독 참고서다.

– 안드레아스 예거 / 노벨 오픈수세 프로그램 매니저

올바른 정보를 명확하고 간결하게 표현하려는 마이클의 무궁무진한 투지로 인해 프로그래머를 위한 든든한 참고서가 만들어졌다. 이 책은 리눅스 프로그래머를 주요 대상으로 하지만, 유닉스/POSIX 생태계에서 작업하는 모든 프로그래머에게 가치 있는 책일 것이다.

– 데이비드 부텐호프 / 『Programming with POSIX Threads』의 저자이자 POSIX 및 유닉스 표준 기여자

리눅스 시스템에 중점을 두고, 유닉스 시스템과 네트워크 프로그래밍에 대해 매우 철저하면서도 읽기 쉽게 설명했다. (일반적인) 유닉스 프로그래밍을 시작하려는 사람이나, 인

기 있는 GNU/리눅스 시스템은 '무엇이 새로운지'를 알고자 하는 고급 유닉스 프로그래머 모두에게 강력하게 추천하고 싶은 책이다.

– 페르난도 곤트 / 네트워크 보안 연구원, IETF 참가자이자 RFC 저자

백과사전처럼 폭넓고 깊게 다루면서도, 교과서처럼 많은 예제와 연습문제가 풍부한 책이다. 이론부터 실제 작동하는 코드까지 각 주제를 명확하고 철저하게 다뤘다. 전문가, 학생, 교사들이여, 이것이 당신들이 지금까지 기다리던 리눅스/유닉스 참고서의 결정판이다.

– 앤소니 로빈스 / 오타고대학교 컴퓨터공학과 부교수

마이클 커리스크가 이 책에 쏟아놓은 정보의 정확함, 품질, 상세함에 매우 감명받았다. 리눅스 시스템 호출에 관한 훌륭한 전문가인 마이클은 이 책에서 리눅스 API에 대한 자신의 지식과 이해를 공유해줬다.

– 크리스토프 블라 / 『Programmation système en C sous Linux』의 저자

진지하고 전문성을 갖춘 리눅스/유닉스 시스템 프로그래머를 위한 필독서다. 마이클 커리스크는 리눅스와 유닉스 시스템 인터페이스의 모든 핵심 API를 명확한 설명과 예제로 다루고, 단일 유닉스 규격과 POSIX 1003.1 같은 표준을 따르는 방식의 중요성과 혜택을 강조한다.

– 앤드류 조시 / 오픈 그룹 표준 담당 디렉터이자 POSIX 1003.1 워킹 그룹 의장

시스템 프로그래머의 입장에서, 매뉴얼 페이지를 관리하는 사람이 직접 쓴 리눅스 시스템에 대한 백과사전 같은 참고서보다 더 좋은 것이 있을까? 『리눅스 API의 모든 것』은 포괄적이면서 상세하다. 이 책은 분명히 내 프로그래밍 책꽂이에 빠져서는 안 될 기본서로 자리잡을 것이다.

– 빌 갤마이스터 / 『POSIX.4 Programmer's Guide: Programming for the Real World』의 저자

리눅스와 유닉스 시스템 프로그래밍을 다룬 최신 완벽 가이드다. 리눅스 시스템 프로그래밍을 새로 시작한다거나, 리눅스 방식을 배우는 데 관심이 있고 이식성에 중점을 두고 있는 유닉스 베테랑이거나, 또는 그냥 리눅스 프로그래밍 인터페이스에 대한 훌륭한 참고서를 찾고 있다면, 마이클 커리스크의 책이야말로 당신의 책꽂이에 반드시 구비해야 할 안내서다.

– 루이 도미니 / CORPULS.COM의 수석 소프트웨어 아키텍트(임베디드)

## 한국어판 출간에 부쳐

『The Linux Programming Interface』(한국어판 제목: 『리눅스 API의 모든 것』) 한국 독자 여러분께 인사를 전합니다.

『리눅스 API의 모든 것』은 리눅스 시스템 프로그래밍 API를 거의 모두 설명한 책으로서 전통적인 서버, 메인프레임, 데스크탑 시스템부터 근래 리눅스를 사용하는 임베디드 디바이스에 이르기까지 광범위한 리눅스 플랫폼에 적용할 수 있습니다. 그뿐 아니라 리눅스 커널이 안드로이드의 심장부를 이루고 있기 때문에, 이 책 내용의 대부분은 안드로이드 디바이스상의 프로그래밍에도 응용할 수 있습니다.

이 책의 영문판이 2010년 말에 출간된 이후로, 9개의 새로운 리눅스 커널 버전이 릴리스됐습니다(버전 2.6.36부터 3.4까지). 그럼에도 영문판과 이 한국어판의 내용은 여전히 최신에 가깝고, 앞으로도 수년간 유효할 것입니다. 그 주된 이유는 리눅스 커널의 개발이 매우 빠르지만, 커널-사용자 공간 API의 변경 속도는 매우 느리기 때문입니다(이는 커널이 사용자 공간 응용 프로그램의 '안정적인' 기반을 제공하도록 설계된다는 사실의 당연한 결과입니다). 따라서 최근 9개의 커널 버전을 보면, 커널-사용자 공간 API의 변경은 비교적 적었음을 알 수 있습니다. 더욱이 발생한 변경들도 이 책에 설명된 기존 기능의 '수정'보다는 이 책에 설명된 인터페이스에 '추가'되는 형태를 띱니다(다시 한 번 말하지만, 이는 커널 설계 과정의 자연적인 결과로, 리눅스 커널 개발자들은 '기존' 사용자 공간 API를 깨뜨리지 않기 위해 엄청나게 애씁니다). 궁금한 독자들은 저의 웹사이트 http://man7.org/tlpi/api_changes/에서 영문판이 출판된 이래의 사용자 공간 API 변경사항(영문으로 되어 있음)을 찾아볼 수 있습니다.

한국어판 독자들은 영문판과 한국어판 사이에 약간의 구조적인 차이가 있음을 참조하시면 좋겠습니다. 가장 두드러진 차이는 영문판이 한 권으로 출간된 반면, 한국어판은 한국어로 옮기는 과정에서 책의 분량이 늘어난 이유 때문에 부득이하게 두 권으로 출간된 점입니다. 그 과정에서 몇몇 장들의 순서가 약간 바뀌었습니다. POSIX 스레드를 설명한 5개의 장은 뒤쪽으로 이동하여 한국어판 2권(Vol. 2)의 첫 장들로 구성됐습니다(두 권으로 나눌 경우, 저와 에이콘출판사는 이렇게 순서를 바꾸는 것이 더 합리적이라고 서로 동의했습니다).

마지막으로, 제가 쓴 책이 다른 언어로 번역되는 것은 제게는 크나큰 영광입니다. 제 책의 번역 작업이 각국에서 현재 진행 중이지만, 한국어판이 세계에서 최초로 출간되는 번역서로 이름을 올렸습니다. 1,500페이지가 넘는 분량의 원서를 번역하는 일은 대단한 과업입니다. 멋진 번역을 만들어낸, 부지런하고 빠르게 작업해준 출판사와 번역 팀에게 감사합니다. 저의 작업물과, 이 책을 옮겨준 번역 팀의 좋은 글과, 영문판에 도움을 준 여러 관계자분들의 노고가 한국어판 독자들에게 많은 도움이 되길 바랍니다.

2012년 6월 독일 뮌헨에서
마이클 커리스크

## 저자 소개

**마이클 커리스크**Michael Kerrisk (http://man7.org/)

20년 이상 유닉스 시스템을 사용하고 프로그래밍을 했으며, 유닉스 시스템 프로그램을 주제로 한 많은 강의 경험이 있다. 2004년부터 리눅스 커널과 glibc 프로그래밍 API를 설명하는 매뉴얼 페이지 프로젝트를 관리했다. 250개가 넘는 매뉴얼 페이지를 작성했거나 공동 작성했고, 새로운 리눅스 커널/사용자 공간 인터페이스의 테스트와 설계 리뷰에 활발히 참여하고 있다. 마이클은 독일의 뮌헨에서 가족과 함께 살고 있다.

# 저자 서문

나는 유닉스와 C를 1987년에 쓰기 시작했다. 당시 몇 주 동안 마크 록킨드Marc Rochkind의 『Advanced UNIX Programming』 초판을 들고 HP 밥캣Bobcat 워크스테이션 앞에서 씨름을 했고 결국 그 책은 여기저기 페이지의 귀가 접힌 C 셸 설명서 역할을 톡톡히 했다. 그때의 접근 방식을 지금도 따르려고 애쓰고 있는데, 새로운 소프트웨어 기술을 접하는 모든 이에게 권하고 싶다. (문서가 있다면) 충분히 시간을 들여 문서를 읽어라. 해당 소프트웨어를 충분히 이해할 때까지 짧은 테스트 프로그램을 작성하라(차차 크기를 키워나가라). 결국에는 이런 종류의 자기 훈련을 통해 시간을 많이 절약할 수 있다. 이 책의 여러 프로그래밍 예제는 이런 학습 방법을 부추기도록 작성됐다.

소프트웨어 엔지니어이자 설계자인 나는 열정적인 교사로 수년간 학교와 기업에서 가르치기도 했다. 수주 코스의 유닉스 시스템 프로그래밍 수업을 진행하기도 했는데, 그 경험이 이 책을 쓸 때 많은 도움이 됐다.

내가 리눅스를 쓴 기간은 유닉스를 쓴 기간의 절반 정도이며, 그동안 커널과 사용자 공간 사이의 경계인 리눅스 프로그래밍 인터페이스에 대한 관심이 증가해왔다. 이러한 관심으로 인해 여러 가지 관련 활동에 참가하게 됐다. 간간이 POSIX/SUS 표준에 조언과 버그 리포트를 하기도 했고, 리눅스 커널에 추가된 새로운 사용자 공간 인터페이스의 테스트와 설계 검토를 수행하기도 했다. 인터페이스와 그 문서에 대한 학회에서 정규적으로 발표했으며, 연례 리눅스 커널 개발자 회의에 여러 차례 초청도 받았다. 이런 활동 모두를 엮은 공통된 끈은, 리눅스 세계에서 내가 가장 눈에 띄게 기여한 man-pages 프로젝트 활동이었다(http://www.kernel.org/doc/man-pages/).

man-pages 프로젝트는 리눅스 설명서의 2, 3, 4, 5, 7절을 제공한다. 이들은 이 책의 주제와 동일한, 리눅스 커널과 GNU C 라이브러리가 제공하는 프로그래밍 인터페이스를 설명한다. 나는 man-pages 프로젝트에 10년 이상 참여했다. 2004년 이래 프로젝트 관리자로서 문서를 작성하고, 커널과 라이브러리 소스 코드를 읽고, 문서의 상세한 내용을 검증하기 위한 코드를 작성해왔다(인터페이스를 문서화하는 것은 인터페이스의 버그를 찾아내는 훌륭한 방법이다). 나는 또한 man-pages에 기여를 가장 많이 한 인물로, 대략 900페이지 가운데 140페이지를 작성했고, 125페이지를 공동 작성했다. 따라서 독자가 이 책을 읽기 전에, 이미 내가 발표한 내용 일부를 읽었을 가능성이 높다. 내 작업이 여러 개발자에게 유용했기를 바라며, 이 책은 훨씬 더 유용하기를 기원한다.

# 감사의 글

많은 이들의 도움이 아니었다면, 이 책은 지금보다 훨씬 수준이 떨어졌을 것이다. 그분들께 감사드리게 되어 영광이다.

세계 각지의 기술 검토자 다수가 초안을 읽고, 오류를 찾고, 혼란스러운 설명을 지적하고, 새로운 어구와 도표를 제안하고, 프로그램을 테스트하고, 연습문제를 제안하고, 내가 모르는 리눅스와 기타 유닉스 구현의 특성을 지적해줬으며, 지원해주고 격려해줬다. 여러 검토자가 아낌없이 제공해준 통찰력과 논평 덕분에 이 책의 완성도가 한층 높아질 수 있었다. 남아 있는 실수는 물론 모두 나의 잘못이다.

다음 검토자들에게 특별한 감사를 전한다.

- 크리스토프 블래스Christophe Blaess는 소프트웨어 공학 컨설턴트이자 전문 교육자다. 전문 분야는 리눅스의 산업계(실시간과 임베디드) 응용이다. 크리스토프는 이 책과 비슷한 주제를 다룬 훌륭한 프랑스어 책인 『Programmation système en C sous Linux』의 저자다. 이 책의 여러 장에 대해 아낌없는 조언을 해줬다.
- 데이빗 부텐호프David Butenhof는 POSIX 스레드와 단일 유닉스 규격 스레드 확장을 위한 실무진의 일원이었고, 『Programming with POSIX ThreadsPOSIX스레드를 이용한 프로그래밍』의 저자다. 개방 소프트웨어 재단Open Software Foundation을 위해 DCE 스레드 참조 구현 원본을 작성했으며, OpenVMS와 디지털 유닉스를 위한 스레드 구현의 수석 아키텍트였다. 데이빗은 스레드 관련 장을 검토하고 여러 개선점을 제시했으며, POSIX 스레드 API에 대해 내가 잘못 이해한 세세한 사항을 참을성 있게 바로잡아 줬다.
- 제프 클래어Geoff Clare는 오픈 그룹The Open Group에서 유닉스 적합성 시험 부문을 맡고 있고, 유닉스 표준화에 20년 이상 몸담고 있으며, POSIX.1과 단일 유닉스 규격의 토대를 형성한 공동 표준을 작성한 오스틴 그룹의 6명 남짓한 핵심 멤버 중 한 사람이다. 제프는 표준 유닉스 인터페이스와 관련된 원고 일부를 자세히 검토했으며, 여러 수정사항과 개선점을 끈기 있고 정중하게 제안해줬다. 또한 이해

하기 힘든 버그를 다수 지적해줬으며, 이식성 있는 프로그래밍을 위한 표준의 중요성에 초점을 맞추는 데 많은 도움을 줬다.

- 루이 도미니Loïc Domaigné(당시 독일 항공 교통 관제소에서 근무)는 경성 실시간 요구사항을 갖는 분산 병렬 결함 포용 임베디드 시스템의 설계와 개발을 맡고 있는 소프트웨어 시스템 엔지니어다. SUSv3에서의 스레드 규격을 검토해줬고, 다양한 온라인 기술 포럼에서 열성적으로 지식을 전파하고 있다. 루이는 스레드 관련 장뿐만 아니라 이 책의 여러 부분을 자세히 검토했다. 또한 리눅스 스레드 구현의 세부를 검증할 수 있는 기발한 프로그램을 많이 작성해줬으며, 대단한 열정과 성원으로, 자료를 전반적으로 더 멋지게 보여줄 수 있는 수많은 아이디어를 내줬다.
- 게르트 되링Gert Döring은 가장 널리 사용되는 유닉스/리눅스용 오픈 소스 팩스 패키지 중 하나인 `mgetty`와 `sendfax`를 작성했다. 요즘은 주로 대규모 IPv4/IPv6 기반 네트워크를 만들고 운영하는데, 거기에는 전 유럽에 포진한 동료들과 함께 인터넷 기반구조의 원활한 운영을 보장하기 위한 운영 정책을 정의하는 일도 포함된다. 게르트는 터미널, 로그인 계정 관리, 프로세스 그룹, 세션, 작업 제어 관련 장을 검토해 광범위하고 유용한 피드백을 제공해줬다.
- 볼프람 글로거Wolfram Gloger는 과거 십여 년간 다양한 FOSSFree and Open Source Software 프로젝트에 참여해온 IT 컨설턴트다. 무엇보다도 볼프람은 GNU C 라이브러리에서 쓰이는 `malloc` 패키지의 개발자다. 현재는 웹 서비스 개발에 종사하며, 여전히 가끔씩 커널과 시스템 라이브러리 관련 작업도 하지만, 특히 이러닝E-learning에 집중하고 있다. 볼프람은 여러 장을 검토했는데, 특히 메모리 관련 주제에 많은 도움을 줬다.
- 페르난도 곤트Fernando Gont는 아르헨티나 국립 공과대학교의 CEDICentro de Estudios de Informática에서 근무한다. 인터넷 공학이 전문이며, IETFInternet Engineering Task Force에 활발히 참여하여, 다수의 RFCRequest for Comments 문서를 작성했다. 페르난도는 또한 UK CPNICentre for the Protection of National Infrastructure에서 통신 프로토콜 보안 평가를 맡고 있으며, TCP와 IP 프로토콜 전체에 대한 보안 평가를 처음으로 수행했다. 페르난도는 네트워크 프로그래밍 관련 장을 매우 철저히 검토했으며, 다수의 개선점을 제시해줬다.
- 안드레아스 그륀바허Andreas Grünbacher는 커널 해커이고, 확장 속성과 POSIX 접근 제어 목록을 리눅스에 구현한 사람이다. 안드레아스는 여러 장을 철저히 검토하고 격려해줬는데, 그의 제안 중 하나가 이 책의 구조를 가장 크게 바꿨다.

- 크리스토프 헬위그Christoph Hellwig는 리눅스 저장 장치와 파일 시스템 컨설턴트이자, 리눅스 커널의 여러 분야에 걸친 유명한 커널 해커다. 크리스토프는 친절하게도 리눅스 커널 패치를 작성하고 검토하던 시간을 일부 쪼개서 이 책의 몇 장을 검토했고, 여러 유용한 교정과 개선점을 제시해줬다.
- 안드레아스 야에거Andreas Jaeger는 x86-64 아키텍처로의 리눅스 이식을 주도했다. GNU C 라이브러리 개발자로서 라이브러리를 x86-64로 이식했고 여러 분야, 특히 수학 라이브러리가 표준을 따르게 하는 데 많이 기여했다. 현재는 노벨에서 openSUSE의 프로그램 매니저를 맡고 있다. 안드레아스는 내가 기대보다 훨씬 더 많은 장을 검토해줬고, 여러 개선점을 제시했으며, 따뜻하게 격려해줬다.
- 릭 존스Rick Jones는 'Mr. Netperf'(HP에 있는 괴팍한 네트워크 시스템 성능 전문가)로도 알려져 있으며, 네트워크 프로그래밍 관련 장을 꼼꼼히 검토해줬다.
- 앤디 클린Andi Kleen은 네트워크, 에러 처리, 확장성, 저수준 아키텍처 코드 등 리눅스 커널의 다양한 분야에서 활동한 유명하고 오래된 커널 해커다. 앤디는 네트워크 프로그래밍 관련 부분을 광범위하게 검토했으며, 리눅스 TCP/IP 구현 세부에 대한 내 지식을 넓혀줬고, 해당 내용을 더 잘 표현할 수 있는 여러 방법을 제시해줬다.
- 마틴 랜더스Martin Landers는 내가 함께 일하는 행운을 얻게 됐을 때 여전히 학생이었다. 그 이후 짧은 시간에 소프트웨어 아키텍트, IT 강사, 전문 해커 등 다양한 분야에 종사했다. 마틴의 검토를 받을 수 있었던 건 정말 행운이었다. 그의 예리한 지적과 교정 덕분에 이 책의 여러 장을 크게 향상시킬 수 있었다.
- 제이미 로키어Jamie Lokier는 리눅스 개발에 15년 동안 기여한 유명한 커널 해커다. 요즘은 스스로를 '어딘가에 임베디드 리눅스가 일부 관여된 복잡한 문제를 해결하는 컨설턴트'라고 일컫는다. 제이미는 메모리 매핑, POSIX 공유 메모리, 가상 메모리 관련 장을 철저히 검토했다. 그가 지적해준 덕분에 이 주제에 관련된 세부사항을 교정할 수 있었고, 해당 장의 구조를 크게 향상시킬 수 있었다.
- 배리 마골린Barry Margolin은 지난 25년간 시스템 프로그래머, 시스템 관리자, 지원 엔지니어로서 종사했다. 현재는 아카마이 테크놀로지Akamai Technologies의 선임 성능 엔지니어다. 그는 유닉스와 인터넷에 대해 논의하는 다양한 온라인 포럼에서 인정받는 기여자이며, 이 주제를 다룬 여러 책을 검토했다. 배리는 이 책의 여러 장을 검토했으며, 여러 개선점을 제시했다.

- 폴 플루츠니코프Paul Pluzhnikov는 예전에 Insure++ 메모리 디버그 도구를 개발한 핵심 개발자이자 기술팀장이었다. 또한 가끔씩 gdb를 해킹하기도 하고, 온라인 포럼에서 디버그, 메모리 할당, 공유 라이브러리, 실행 시 환경에 대한 질문에 자주 답하기도 한다. 폴은 광범위한 장을 검토했으며, 귀중한 개선점을 많이 제시했다.
- 존 라이저John Reiser는 (톰 런던Tom London과 함께) 유닉스를 VAX-11/780에 이식했는데, 이는 유닉스의 최초 32비트 아키텍처 이식 중 하나였다. 또한 `mmap()` 시스템 호출의 창시자이기도 하다. 존은 (당연히 `mmap()` 관련 장을 포함해서) 이 책의 여러 장을 검토했고, 그의 역사적 통찰과 명료한 기술적 설명 덕분에 해당 장을 크게 향상시킬 수 있었다.
- 앤소니 로빈스Anthony Robins는 30년 지기로서, 여러 장의 초안을 처음 읽어봐 주었고, 초기에 귀중한 지적을 해줬으며, 프로젝트가 진행되는 동안 계속 격려해줬다.
- 마이클 슈뢰더Michael Schröder는 GNU screen 프로그램의 주 개발자 중 한 사람인데, 이로 인해 터미널 드라이버 구현의 중요한 세부사항과 차이점을 아주 잘 알게 됐다. 마이클은 터미널과 가상 터미널 관련 장과, 프로세스 그룹, 세션, 작업 제어를 다룬 장을 검토했으며, 매우 유용한 피드백을 제공했다.
- 맨프레드 스프롤Manfred Spraul은 리눅스 커널의 IPC 코드 전문인데, 고맙게도 IPC 관련 여러 장을 검토해줬고, 여러 개선점을 제시했다.
- 톰 스위그Tom Swigg는 예전에 디지털에서 함께 유닉스 교육을 했었고, 여러 장에 걸쳐 중요한 피드백을 제공한 초기 검토자다. 25년 이상 소프트웨어 엔지니어와 IT 강사로 종사했으며, 현재는 런던 사우스뱅크 대학교에서 VMware 환경에서의 리눅스 개발과 지원을 맡고 있다.
- 젠스 톰스 퇴링Jens Thoms Törring은 다른 많은 사람처럼 물리학자에서 프로그래머로 변신한 좋은 예이며, 다양한 오픈 소스 디바이스 드라이버와 기타 소프트웨어를 개발했다. 젠스는 주제별로 매우 다양한 장을 읽었으며, 각각을 어떻게 개선할지에 대한 특별하고 귀중한 통찰을 제공해줬다.

그 밖의 여러 기술 검토자 또한 이 책의 다양한 부분을 읽고 귀중한 지적을 해줬다. 조지 안징어(몬타비스타 소프트웨어), 스테판 베커, 크르지스토프 베네디착, 다니엘 브라네보그, 안드리스 브라워, 애나벨 처치, 드라간 스벳코빅, 플로이드 L. 데비이슨, 스튜어트 데이비슨(HP 컨설팅), 캐스퍼 듀퐁, 피터 펠링어(jambit GmbH), 멜 고먼(IBM), 닐스 필레쉬, 클라우스 그라츨, 서지 할린(IBM), 마커스 하팅어(jambit GmbH), 리처드 헨더슨(레드햇), 앤드류 조시(오픈 그룹), 댄 키글(구글), 다비드 리벤지, 로버트 러브(구글), H.J. 루(인텔), 폴 마셜, 크리스 메이슨, 마이클 매츠(수세), 트론드 미클리브, 제임스 피치, 마크 필립스, 닉 피진(수세 연구소, 노벨), 케이 요하네스 포토프, 플로리안 램프, 스티븐 로스웰(리눅스 기술 센터, IBM), 마커스 슈바이거, 스티븐 트위디(레드햇), 브리타 바거스, 크리스 라이트, 미첼 론스키, 움베르토 자무네에게 감사한다.

기술적 검토 외에도, 다양한 사람과 조직으로부터 여러 가지 도움을 받았다.

기술적인 질문에 대답해준 얀 카라, 데이브 클라이캠프, 존 슈나이더에게 감사한다. 시스템 관리를 도와준 클라우스 그라츨과 폴 마셜에게도 감사를 전한다.

2008년 동안 내가 펠로우로 man-pages 프로젝트에서 풀타임으로 일하고 리눅스 프로그래밍 인터페이스를 테스트하고 설계 검토할 수 있게 연구비를 대준 LFLinux Foundation에 감사한다. 연구비가 이 책을 집필하는 데 직접적으로 도움을 주진 않았지만, 그 덕에 나와 내 가족이 먹고 살았고, 리눅스 프로그래밍 인터페이스를 문서화하고 테스트하는 데 하루 종일 집중할 수 있어서 나의 '개인적' 프로젝트에 매우 요긴했다. 개개인을 말하자면, LF에서 일하는 동안 '인터페이스' 역할을 해준 짐 제믈린과, 연구비 지원을 도와준 LF 기술 자문 위원회 위원들에게 감사한다.

이 책의 원서 제목을 추천해준 알레한드로 포레로 쿠에르보에게 감사한다.

25여 년 전 내가 첫 번째 학위 과정에 있는 동안 로버트 비들 덕분에 유닉스, C, Ratfor에 관심을 갖게 됐다. 그에게 감사한다. 마이클 하워드, 조나단 메인-워키, 켄 스트롱맨, 가쓰 플레처, 짐 폴라드, 브라이언 헤이그는 이 프로젝트와 직접적인 관련은 없더라도, 뉴질랜드 캔터버리 대학교에서 두 번째 학위 과정을 밟는 동안 저술 방면으로 진로를 잡도록 격려해줬다.

고 리처드 스티븐스는 유닉스 프로그래밍과 TCP/IP를 다룬 여러 훌륭한 책을 남겼는데, 나를 비롯한 여러 프로그래머에게 수년간 훌륭한 기술 정보의 원천이 되고 있다. 이 책을 읽은 사람들은 내 책과 리처드 스티븐스 책의 시각적인 공통점을 찾을 수 있을 것이다. 이는 우연이 아니다. 내 책 디자인을 어떻게 할지 생각하면서 책 디자인을 좀 더 일반적으로 살펴봤고, 보면 볼수록 스티븐스의 접근 방법이 최적인 것 같아 동일한 시각적 접근 방법을 취했다.

테스트 프로그램을 실행하고 세부적인 사항을 그 밖의 유닉스 구현에서 확인할 수 있도록 유닉스 시스템을 제공해준 사람들과 조직들에게 감사한다. 뉴질랜드 오타고 대학의 앤소니 로빈스와 캐시 찬드라는 테스트 시스템을 제공해줬다. 독일 뮌헨 공대의 마틴 랜더스, 랄프 에브너, 클라우스 틸크도 테스트 시스템을 제공해줬다. HP는 시운전 중인 시스템을 무료로 인터넷에서 쓸 수 있도록 제공해줬으며, 폴 드 비르는 OpenBSD를 제공해줬다.

유연한 근무환경과 유쾌한 동료들뿐만 아니라, 이례적으로 너그럽게도 사무실에서 이 책을 쓸 수 있도록 허용해준 두 독일 회사와 그 소유주에게 진심 어린 감사를 표한다. exolution GmbH의 토마스 카하브카와 토마스 그멜치와, 특히 jambit GmbH의 피터 펠링어와 마커스 하팅어에게 감사를 전한다.

댄 랜도우, 카렌 코렐, 클라우디오 스캘마찌, 미하엘 쉽바흐, 리즈 라이트의 도움에 감사하며, 앞뒤 표지 사진을 찍어준 롭 사이스티드와 린리 쿡에게도 고마움을 전한다.

이 프로젝트와 관련해서 다양한 방법으로 격려하고 지원해준 데보라 처치, 도리스 처치, 앤 커리에게 감사한다.

엄청난 프로젝트를 위해 각종 도움을 제공해준 노스타치 출판사No Starch Press 팀에게 감사를 전한다. 처음부터 프로젝트에 대해 솔직하게 말해주고 굳건한 믿음으로 참을성 있게 지켜봐준 빌 폴락을 비롯해, 첫 번째 제작 편집자 메간 던책, 교열 담당자 마릴린 스미스에게 감사한다. 라일리 호프만은 책의 레이아웃과 디자인 전반을 책임졌고, 또한 우리가 집으로 바로 돌아갈 수 있도록 제작 총 책임을 맡아줬다. 릴리는 올바른 레이아웃을 위한 수많은 요청을 고맙게도 참아줬고 훌륭한 최종 결과를 내놓았다.

마지막으로, 책을 마치느라 가족과 멀리한 많은 시간을 참아주고 응원해준 브리타와 세실리아에게 무한한 사랑을 전한다.

## 옮긴이 소개

**김기주** kiju98@gmail.com

포항공과대학교 컴퓨터공학과와 동 대학원을 졸업한 뒤 지금은 임베디드 소프트웨어를 개발하고 있다. 타임머신 TV와 자바 TV 개발에 참여했으며, '자바원'과 '한국 자바 개발자 컨퍼런스', '썬 테크 데이' 등에서 디지털 TV와 자바 ME를 소개하기도 했다. 에이콘출판사에서 펴낸 『임베디드 프로그래밍 입문』(2006)과 『실시간 UML 제3판』(2008), 『(개정3판) 리눅스 실전 가이드』(2014)를 번역했다.

방대한 책을 번역하느라 함께 고생한 공역자 여러분과, 공역자를 소개해주시고 엄청난 편집 작업을 맡아주신 에이콘출판사 여러분, 틈틈이 민재를 돌봐주신 부모님, 장인, 장모님께 감사드린다. 임신 중인데도 밤마다 번역하느라 특별히 돌봐주지 못한 아내 옥분에게 미안함과 감사를 전하고, 역시 소홀했을 아빠를 여전히 사랑하는 민재에게도 고마움을 전한다.

**김영주** youngju98@gmail.com

건국대학교를 졸업한 뒤 공채 2기로 한글과컴퓨터에 입사해, 한컴고객지원센터장을 역임하고, 한컴오피스, Anti-Virus, 통합보안 등의 마케팅을 담당했다. 지금은 보안 소프트웨어 업체에서 Business Development & Marketing을 하고 있다. 「마이크로소프트웨어」, 「PCPLUS」 같은 컴퓨터 월간지에서 필자로 활동했으며, 저서로는 한컴고객지원센터센터 공동 저술한 『따라해보세요, 한글 815 특별판』(한컴프레스, 1998)이 있다.

한글과컴퓨터의 한글 관련 책은 써봤지만 원서 번역은 처음이어서 부담이 좀 있었다. 하지만 기회가 주어진다면 책을 쓰고 싶다는 작은 소망과 "한번 해봐..."라는 말에 용기를 얻어 다른 역자분들과 함께 공역을 할 수 있어 행복했다. 아무쪼록 독자 여러분이 하시는 일에 하나님이 주시는 축복과 평강이 함께하기를 기도하면서 좋은 책의 번역을 제안해준 에이콘출판사 여러분, 김기주 부장, 그리고 두 돌 된 아들 지후, 항상 내 편인 아내 민정에게 감사의 말을 전한다.

**우정은** realplord@gmail.com

인하대학교 컴퓨터공학과를 졸업하고 현재 오라클 한국 사무실에서 Java Licensee Engineer로 근무하고 있다. 모바일 기기에 사용되는 자바 가상 머신 플랫폼과 관련된 업무를 주로 하고 있으며, 아이폰과 iOS가 출시된 이후로 다양한 원서 번역과 프로그램 개발을 즐기고 있다. 『iPhone advanced Projects』(한빛미디어, 2010), 『iPhone Programming 제대로 배우기』(한빛미디어, 2010), 『대규모 웹 개발』(한빛미디어, 2011), 『엔터프라이즈 아이폰 & 아이패드 관리자 가이드』(위키북스, 2011)의 역자이기도 하다.

처음 원서를 접했을 때 리눅스 백과사전이라 할 수 있을 정도의 방대한 분량에 놀랐다. '백지장도 맞들면 낫다'라는 말처럼 여러 역자분과 공역을 하고 오랜 시간을 거쳐 번역서가 출판됐다. 훌륭한 책의 번역을 제안해준 에이콘출판사 관계자분, 김기주 부장님, 함께 참여하신 역자분들, 여러 가지로 도움을 주신 LG전자의 김우종 형님, 항상 묵묵히 번역 작업을 지원해주는 토끼에게 감사를 전한다.

**지영민** yangsamy@gmail.com

고려대학교 통신시스템 석사를 졸업하고 모토로라와 삼성 SDS에서 사물 인터넷 관련 연구를 진행했다. 책을 마무리하던 시점에는 삼성 SDS에서 근무하고 있었으나 지금은 전자부품연구원으로 자리를 옮겨 초지일관 사물 인터넷 확산에 노력하고 있다.

에이콘출판사의 잘나가는 김홍중 역자에 꼬임(?)으로 시작한 첫 번역, 잘할 수 있을까라는 의문을 가졌지만 김기주 부장님의 지휘 아래 공역자 여러분의 도움으로 감사히 첫 번역을 잘 마무리했습니다. 저를 꼬셔준 김홍중 사마(애칭)와 끌어주신 에이콘 관계자 여러분에게 감사를 전합니다.

**채원석** wschae@gmail.com

포항공과대학교 컴퓨터공학과와 동 대학원을 졸업한 후 미국 시카고의 TTIC에서 프로그래밍 언어 전공으로 박사 학위를 받았다. 현재 마이크로소프트 사에서 컴파일러를 개발하고 있다. 『실시간 UML 제3판』(에이콘출판, 2008)을 공동 번역했다.

방대한 양과 충실한 내용으로 '리눅스 프로그래밍의 종결자'로 불리는 TLPI의 번역 작업에 참여할 수 있어 행복했다. 길었던 작업을 이끌어준 김기주 부장님과 공역자 여러분들, 에이콘출판사 여러분께 감사의 말씀을 전한다.

**황진호** hwang.jinho@gmail.com

조지 워싱턴 대학교의 컴퓨터 사이언스 학과에서 박사 과정을 졸업하고, 지금은 미국 뉴욕에 위치한 IBM T.J. Watson Research Center에서 클라우드 컴퓨팅과 빅데이터에 관한 연구를 진행 중이다. 에이콘출판사에서 펴낸 『Learning PHP, MySQL & JavaScript 한국어판』(2011), 『Concurrent Programming on Windows 한국어판』(2012), 『Creating iOS 5 Apps Develop and Design 한국어판』(2012), 『Programming iOS 5 한국어판』(2012), 『Learning PHP, MySQL & JavaScript Second Edition 한국어판』(2013), 『OpenGL ES를 활용한 iOS 3D 프로그래밍』(2014)을 번역했다.

함께 번역을 진행한 공역자분들도 느끼셨을 거라 짐작하지만, 처음 원서를 접했을 때 리눅스에 관한 모든 내용이 담긴 백서라고 해도 과언이 아닐 만큼 방대한 분량에 적지 않게 당황했던 기억이 난다. 하지만 주 번역자로서 훌륭하게 리드를 해주신 김기주 부장님과 에이콘출판사 관계자분들, 그리고 맡은 바 번역에 충실히 임해주신 공역자 여러분들께 진심으로 감사의 말씀을 전한다.

## 옮긴이의 말

리눅스가 지배하는 세상이 됐다. 최소한, 리눅스가 도처에서 쓰이는 세상이 되었다. 데스크탑을 정복하지는 못했지만 데스크탑보다 훨씬 많은 곳에서 리눅스가 쓰인다. 보이지 않는 곳에서 인터넷을 움직이는 서버와, 매일 들고 다니는 핸드폰과 태블릿, 자동차마다 달려 있는 내비게이션과 블랙박스, 아침에 일어나자마자, 그리고 퇴근해서 집에 오면 무심코 켜는 TV, 셋톱박스, 블루레이 플레이어, 냉장고, 인터넷 공유기, 프린터, 가정용 파일 서버 등이 리눅스로 구동된다.

『리눅스 API의 모든 것』은 리눅스에서 프로그램을 작성할 때 사용하는 시스템 호출과 라이브러리 함수를 설명한 책이다. 서버에서 동작하는 리눅스용 프로그램을 작성하는 사람들에게 좋은 참고서가 될 것이고, 역자처럼 임베디드 시스템용 프로그램을 작성하는 사람들의 경우, 임베디드 리눅스에서는 서버에서 제공되는 모든 기능을 사용할 수는 없겠지만, 많은 부분이 겹칠 것이고 활용할 수 있으리라 믿는다.

채원석 님의 제안대로 구글 닥스를 사용해 용어집을 공유하고, 번역 뒤 리뷰를 해서 문체를 다듬기는 했지만 여러 역자가 함께 작업하다 보니 문체라든지 용어 등이 약간씩 차이가 날 수 있는 점 양해 부탁드린다. 엄청난 두께의 책을 저술하고, 역자의 질문에 바로 답해준 저자의 열정에 경의를 표한다.

원서의 양이 매우 방대하고 번역 과정에서 두께가 더 두꺼워지는 바람에 저자와의 협의 끝에 두 권으로 나누어 출간하게 되었다. 1권은 기초 리눅스 API 편으로, 리눅스 프로그래밍에서 흔히 쓰이는 파일, 메모리, 사용자, 프로세스, 시간, 시그널, 타이머, 라이브러리 사용법과 작성법 등을 설명하고, 2권은 고급 리눅스 API 편으로, 좀 더 세련되고 복잡한 리눅스 프로그램을 만들 때 사용되는 스레드, IPC, 소켓, 고급 I/O 등을 설명한다.

이 책은 예제가 많아 리눅스 프로그래밍을 배우고자 하는 사람들도 쉽게 따라 하면서 배울 수 있으리라 생각한다. 숙련된 프로그래머의 경우에는 인덱스를 활용해 참고서로 사용할 수 있을 것이다. 비록 두 권으로 나뉘었지만, 인덱스에는 1권과 2권에 나오는 모든 용어를 담고, 각 용어가 어느 권에 나오는지 명시했으므로, 용어를 찾는 데 어려움이 없으리라 믿는다.

리눅스는 항상 개발 중이며, 최근에는 커널 3.3이 발표되었다. 책이 출판된 뒤에 바뀐 내용에 대해서도 저자가 자신의 사이트에서 정오표(http://man7.org/tlpi/errata)를 통해 안내하고 있으므로, 참고하면 도움이 될 것이다.

대표 역자 **김기주**

# 목차

## Vol. 1 기초 리눅스 API

## Vol. 2 고급 리눅스 API

# Vol 1. 세부 목차

## 9장 프로세스 자격증명 259



## 10장 시간 281

## 14장 파일 시스템 361



## 15장 파일 속성 397

# 들어가며

이 책은 리눅스 API를 설명한다. 리눅스는 무료로 사용할 수 있는 유닉스 운영체제로서, 리눅스 API에는 리눅스가 제공하는 시스템 호출, 라이브러리 함수, 기타 저수준 인터페이스가 포함된다. 리눅스에서 실행되는 모든 프로그램이 이 인터페이스를 직간접적으로 사용한다. 응용 프로그램은 이 인터페이스를 사용해 파일 I/O, 파일이나 디렉토리 생성·삭제, 새 프로세스 생성, 프로그램 실행, 타이머 설정, 같은 컴퓨터 안의 프로세스와 스레드 간 통신, 네트워크로 연결된 각기 다른 컴퓨터에 존재하는 프로세스 간의 통신 등을 할 수 있다. 이 저수준 인터페이스를 **시스템 프로그래밍**system programming 인터페이스라고도 한다.

이 책은 주로 리눅스에 초점을 맞췄지만, 표준과 이식성 이슈도 소홀히 다루지 않았고, 리눅스 고유사항에 대한 논의와, 대부분의 유닉스 구현에서 공통적이고 POSIX와 단일 유닉스 규격Single UNIX Specification에 의해 표준화된 사항에 대한 논의를 분명히 구별했다. 따라서 이 책은 유닉스/POSIX API도 광범위하게 기술했고, 여타 유닉스 시스템을 대상으로 응용 프로그램을 작성하거나 여러 시스템에 이식할 수 있는 응용 프로그램을 작성하려는 프로그래머가 활용할 수 있다.

## 이 책의 대상 독자

이 책은 주로 다음 같은 독자를 대상으로 한다.

- 리눅스나 기타 유닉스, 기타 POSIX 호환 시스템용 응용 프로그램을 작성하는 프로그래머와 소프트웨어 설계자
- 리눅스와 기타 유닉스 구현 간이나 리눅스와 기타 운영체제 간에 응용 프로그램을 이식하는 프로그래머
- 리눅스/유닉스 API와, 시스템 소프트웨어의 다양한 부분이 어떻게 구현됐는지를 좀 더 잘 이해하고자 하는 시스템 관리자와 '파워 유저'

이 책은 독자에게 프로그래밍 경험이 있다고 가정하지만, 시스템 프로그래밍 경험은 없어도 괜찮다. 또한 독자가 C 프로그래밍 언어를 읽을 수 있고, 셸과 일반 리눅스/유닉스 명령을 쓸 줄 안다고 가정한다. 리눅스나 유닉스에 익숙하지 않다면, 리눅스나 유닉스 시스템의 기본 개념을 프로그래머 중심으로 살펴본 Vol. 1의 2장이 도움이 될 것이다.

> C 표준 학습서는 [Kernighan & Ritchie, 1988]이다. [Harbison & Steele, 2002]는 C를 훨씬 더 자세히 다루며, C99 표준에서 이뤄진 변화도 담고 있다. [van der Linden, 1994]는 C에 대한 또 다른 관점을 제공하며, 매우 재미있고 파괴적이다. [Peek et al., 2001]은 유닉스 시스템 사용자를 위한 훌륭하면서도 간결한 입문서다.
>
> 이 책 전반에 걸쳐, 이와 같은 박스에서는 추가 설명, 상세 구현, 배경지식, 역사적 기록, 기타 본문에 부수적인 내용을 다룬다.

## 리눅스와 유닉스

기타 유닉스 구현에서 발견되는 대부분의 기능이 리눅스에도 존재하고, 그 역도 마찬가지기 때문에 이 책은 순전히 표준 유닉스(즉 POSIX)에 대한 책이 될 수도 있었다. 하지만 이식성 있는 응용 프로그램이 가치 있는 목표인 한편, 표준 유닉스 API에 더해진 리눅스 확장 기능을 설명하는 일 또한 중요하다. 그 이유 중 하나는 리눅스의 대중성이다. 또 하나는 성능이나 표준 유닉스 API에 없는 기능을 쓰기 위해 가끔은 비표준 확장 기능을 꼭 써야 하기 때문이다(모든 유닉스 구현이 이런 이유로 비표준 확장 기능을 제공한다).

따라서 이 책을 모든 유닉스 구현상에서 작업하는 프로그래머에게 유용하도록 설계하는 한편, 리눅스 고유의 프로그래밍 기능도 모두 다룬다. 후자에는 다음과 같은 기능이 포함된다.

- epoll(Vol. 2, 26장): 파일 I/O 이벤트를 통보받는 방법
- inotify(Vol. 1, 19장): 파일과 디렉토리의 변경을 감시하는 방법
- 능력capabilities(Vol. 1, 34장): 프로세스에게 슈퍼유저의 권한의 일부를 부여하는 방법
- 확장 속성extended attributes(Vol. 1, 16장)
- i-노드 플래그(Vol. 1, 15장)
- `clone()` 시스템 호출(Vol. 1, 28장)
- /proc 파일 시스템(Vol. 1, 12장)
- 파일 I/O(Vol. 1, 4장), 시그널(Vol. 1, 20장), 타이머(Vol. 1, 23장), 스레드(Vol. 2, 1장), 공유 라이브러리(Vol. 1, 36장), 프로세스 간 통신(Vol. 2, 6장), 소켓(Vol. 2, 19장)의 구현에서 리눅스에 고유한 특징

## 이 책의 활용법과 구성

이 책은 최소한 두 가지로 활용할 수 있다.

- 리눅스/유닉스 API의 입문서. 이 책을 순서대로 읽는 것이다. 뒤쪽의 장들은 앞쪽의 장에서 설명한 내용을 기반으로 서술했으며, 앞쪽의 장에서 뒤쪽의 내용을 참조하는 일은 최소화했다.
- 리눅스/유닉스 API의 포괄적인 참고서. 광범위한 찾아보기와 빈번한 상호 참조를 이용하면 임의의 순서로 내용을 찾아볼 수 있다.

이 책은 다음과 같이 구성되어 있다.

1. **배경과 개념**: 유닉스, C, 리눅스의 역사와 유닉스 표준 개요(Vol. 1, 1장), 리눅스와 유닉스 개념에 대한 프로그래머 위주의 개론(Vol. 1, 2장), 리눅스와 유닉스상에서의 시스템 프로그래밍을 위한 기본 개념(Vol. 1, 3장).
2. **시스템 프로그래밍 인터페이스의 기본 기능**: 파일 I/O(Vol. 1, 4장과 5장), 프로세스(Vol. 1, 6장), 메모리 할당(Vol. 1, 7장), 사용자와 그룹(Vol. 1, 8장), 프로세스 자격증명(Vol. 1, 9장), 시간(Vol. 1, 10장), 시스템 한도와 옵션(Vol. 1, 11장), 시스템과 프로세스 정보 읽기(Vol. 1, 12장)

3. 시스템 프로그래밍 인터페이스의 고급 기능: 파일 I/O 버퍼링(Vol. 1, 13장), 파일 시스템(Vol. 1, 14장), 파일 속성(Vol. 1, 15장), 확장 속성(Vol. 1, 16장), 접근 제어 목록(Vol. 1, 17장), 디렉토리와 링크(Vol. 1, 18장), 파일 이벤트 감시(Vol. 1, 19장), 시그널(Vol. 1, 20~22장), 타이머(Vol. 1, 23장)
4. 프로세스, 프로그램, 스레드: 프로세스 생성, 프로세스 종료, 자식 프로세스 감시, 프로그램 실행(Vol. 1, 24~28장), POSIX 스레드(Vol. 2, 1~5장)
5. 프로세스와 프로그램 관련 고급 주제: 프로세스 그룹, 세션, 작업 제어(Vol. 1, 29장), 프로세스 우선순위와 스케줄링(Vol. 1, 30장). 프로세스 자원(Vol. 1, 31장), 데몬(Vol. 1, 32장), 안전한 특권 프로그램 작성(Vol. 1, 33장), 능력(Vol. 1, 34장), 로그인 계정 관리(Vol. 1, 35장), 공유 라이브러리(Vol. 1, 36~37장)
6. IPCinterprocess communication: IPC 개요(Vol. 2, 6장), 파이프와 FIFO(Vol. 2, 7장), 시스템 V IPC(메시지 큐, 세마포어, 공유 메모리, Vol. 2, 8장~11장), 메모리 매핑(Vol. 2, 12장), 가상 메모리(Vol. 2, 13장), POSIX IPC(메시지 큐, 세마포어, 공유 메모리, Vol. 2, 14~17장), 파일 잠금(Vol. 2, 18장)
7. 소켓과 네트워크 프로그래밍: IPC, 소켓을 이용한 네트워크 프로그래밍(Vol. 2, 19~24장)
8. I/O 관련 고급 주제: 터미널(Vol. 2, 25장), 대체 I/O 모델(Vol. 2, 26장), 가상 터미널(Vol. 2, 27장)

### 예제 프로그램

이 책에서 기술한 대부분의 인터페이스는 짧지만 완전한 프로그램으로 그 사용법을 설명했다. 프로그램 중 다수는 독자가 다양한 시스템 호출과 라이브러리 함수가 어떻게 동작하는지를 명령행에서 쉽게 실험할 수 있게 설계했다. 결과적으로 이 책에는 다량의 예제 코드(대략 15,000줄에 달하는 C 소스 코드와 셸 세션 로그)가 포함됐다.

예제 프로그램을 읽고 실험하는 것은 유용한 시작점이지만, 이 책에서 논의한 개념을 통합 정리하는 가장 효과적인 방법은 코드를 작성하는 것이다. 예제 프로그램을 수정하거나 자신의 생각을 시험해보거나 새로운 프로그램을 작성하는 것 모두 좋은 방법이다.

이 책의 모든 소스 코드는 책의 웹사이트에서 구할 수 있다. 또한 배포되는 소스 코드에는 책에 없는 여러 프로그램이 추가되어 있다. 이 프로그램의 목적과 자세한 사항은 소스 코드의 주석에 설명되어 있다. 프로그램을 빌드하기 위한 makefile이 제공되고, 동봉된 README 파일에는 프로그램에 대한 자세한 내용이 담겨 있다.

소스 코드는 GNU Affero GPLGeneral Public License 버전 3에 따라 자유롭게 수정하고 재배포할 수 있으며, 라이선스 사본은 배포되는 소스 코드에 있다.

### 연습문제

대부분의 장 뒤에는 연습문제가 실려 있다. 예제 프로그램을 사용해 여러 가지 실험을 해보는 문제도 있고, 해당 장에서 설명한 개념과 관련된 문제도 있다. 나머지는 해당 장의 내용을 통합 정리하기 위해 작성해볼 만한 프로그램을 제시한다. 일부 연습문제의 해답은 Vol. 1의 부록 F와 Vol. 2의 부록 A에 있다.

### 표준과 이식성

이 책 전반에 걸쳐, 이식성을 고려하도록 세심하게 신경 썼다. 관련 표준, 특히 POSIX.1-2001과 단일 유닉스 규격 버전 3(SUSv3) 통합 표준에 대한 참조를 자주 볼 수 있을 것이다. 또한 이 표준의 최근 개정판인 POSIX.1-2008과 SUSv4에서 이뤄진 변경도 자세히 언급한다(SUSv3가 훨씬 더 큰 개정이었고, 이 책을 쓴 시점에서 가장 널리 퍼진 유닉스 표준이기 때문에, 유닉스 표준에 대한 논의는 주로 SUSv3를 기준으로 삼았으며, SUSv4와의 차이점을 따로 언급했다. 하지만 따로 언급하지 않으면 SUSv3의 규격이 SUSv4에도 적용된다고 가정해도 좋다).

표준화되지 않은 기능의 경우, 여러 유닉스 구현 간의 차이점을 간단히 언급했다. 또한 리눅스와 기타 유닉스 구현에서의 시스템 호출과 라이브러리 함수 구현 간의 사소한 차이뿐만 아니라 구현에 따라 다른 리눅스의 주요 기능도 자세히 언급했다. 어떤 기능이 리눅스 고유 기능이라고 표시되어 있지 않으면, 대부분 또는 모든 유닉스에 있는 표준 기능이라고 가정해도 좋다.

이 책에 있는 예제 프로그램 대부분(리눅스 고유 기능을 활용하는 것을 제외하고)을 솔라리스, FreeBSD, Mac OS X, Tru64 유닉스, HP-UX에서 테스트했다. 이 시스템 중 일부의 이식성을 향상시키기 위해, 일부 예제 프로그램의 대체 버전(책에 나오지 않는 추가 코드를 포함하는)을 이 책의 웹사이트에서 제공한다.

### 리눅스 커널과 C 라이브러리 버전

이 책은 주로, 이 책을 쓴 시점에 가장 널리 쓰이고 있는 리눅스 2.6.*x*에 초점을 맞춘다. 리눅스 2.4도 상세히 다뤘고, 리눅스 2.4와 2.6의 차이점도 언급했다. 리눅스 2.6.*x*에서 새로운 기능이 추가됐을 때는, 기능이 추가된 정확한 커널 버전(예: 2.6.34)을 명시했다.

C 라이브러리에 대해서는, 주로 GNU C 라이브러리(glibc) 버전 2에 초점을 맞췄다. 필요하면 glibc 2.$x$ 버전 간의 차이점을 명시했다.

이 책이 출판되려는 시점에 리눅스 커널 버전 2.6.35가 나왔고, glibc 버전 2.12가 최근에 발표됐다.[1] 이 책은 이러한 소프트웨어 버전을 반영하고 있다. 이 책이 출간된 이후의 glibc 인터페이스 변경 내용은 이 책의 웹사이트에서 언급할 것이다.

## 기타 언어에서의 API 활용

예제 프로그램은 C로 작성됐지만, 이 책에서 설명한 인터페이스를 기타 언어(예를 들어 C++, 파스칼, 모듈라, 에이다, 포트란, D 같은 컴파일 언어나 펄, 파이썬, 루비 같은 스크립트 언어)에서도 사용할 수 있다(자바는, 예를 들어 [Rochkind, 2004]와 같은 또 다른 접근 방법이 필요하다). 필요한 상수 정의나 함수 선언을 구하려면 여러 가지 방법이 필요할 것이고(C++ 제외), 함수 인자를 C 링크 방식이 요구하는 방식으로 전달하기 위해 약간의 추가 작업이 필요할 수도 있다. 이러한 어려움에도 불구하고 근본적인 개념은 동일하며, 다른 프로그래밍 언어로 작업하더라도 이 책의 정보가 유용할 것이다.

## 허가

미국 전기전자학회와 오픈 그룹이 친절하게도 'IEEE Std 1003.1', '2004 Edition', 'Standard for Information Technology-Portable Operating System Interface(POSIX)', 'The Open Group Base Specification Issue 6'에서 일부 문구를 인용하도록 허가해줬다. 표준 전문은 http://www.unix.org/version3/online.html에서 찾을 수 있다.

## 웹사이트와 예제 프로그램 소스 코드

정오표와 예제 프로그램의 소스 코드 등은 http://man7.org/tlpi에서 찾을 수 있다.

## 피드백

버그 보고, 코드 개선을 위한 제안, 코드 이식성을 더 높이기 위한 수정사항을 모두 환영한다. 책의 오류와 책의 설명을 개선하기 위한 일반적인 제안 또한 환영한다. 현재의 정

1 2012년 6월 현재, 리눅스 커널 버전은 3.4.4가 나왔고(http://www.kernel.org/ 참조), glibc는 버전 2.15가 발표됐다(http://www.gnu.org/software/libc/index.html 참조). - 옮긴이

오표는 http://man7.org/tlpi/errata/에서 찾을 수 있다. 리눅스 API는 변할 가능성이 있고 때로 한 사람이 쫓아가기에 벅찰 정도로 잦기 때문에, 앞으로 이 책의 개정판에서 다룰 새롭고 변경된 기능에 대한 독자 여러분의 제안을 기쁜 마음으로 받아들일 것이다.

# 1

# 역사와 표준

리눅스Linux는 유닉스UNIX 계열 운영체제 중 하나다. 컴퓨터 용어로서 유닉스의 역사는 길다. 1장 앞부분에서는 그 역사를 간단히 알아본다. 유닉스 시스템과 C 프로그래밍 언어의 기원에 대한 설명으로 시작해서, 오늘날의 리눅스로 이어진 두 가지 주요 흐름인 GNU 프로젝트와 리눅스 커널에 대해 살펴보자.

유닉스 시스템의 주요 특징 중 하나는 개발 과정이 하나의 회사나 조직에 의해 제어되지 않았다는 점이다. 오히려 여러 단체, 영리 단체와 비영리 단체가 모두 그 진화에 기여했다. 이러한 역사로 인해 유닉스에 여러 혁신적인 기능이 추가됐지만, 시간이 흐름에 따라 그 구현이 여러 가지로 갈라져서, 모든 유닉스 구현에서 동작하는 응용 프로그램을 작성하기가 점점 어려워졌다는 부정적인 결과도 있었다. 이로 인해 유닉스 구현의 표준화가 시도됐고, 이에 대해서는 1장 뒷부분에서 다룰 것이다.

유닉스라는 용어에 대한 두 가지 정의가 흔히 쓰이고 있다. 하나는 SUS(Single UNIX Specification) 공식 적합성 시험을 통과해서 오픈 그룹(Open Group, 유닉스 상표 소유자)으로부터 공식적으로 '유닉스'라는 상표를 붙일 권리를 받은 운영체제를 말한다. 이 책을 쓴 시점에서, 무료 유닉스 구현(예: 리눅스, FreeBSD) 중에는 이런 인증을 받은 게 없다.

유닉스라는 용어에 부여된 또 다른 일반적인 의미는 전통적인 유닉스(즉 원래의 벨 연구소 유닉스, 그리고 이후의 주요 분파인 시스템 V와 BSD)와 비슷하게 보이고 동작하는 시스템이라는 것이다. 이 정의에 따르면, 리눅스는 일반적으로 (현대 BSD처럼) 유닉스로 간주된다. 비록 이 책에서는 단일 유닉스 규격에 집중하겠지만, 유닉스에 대한 이 두 번째 정의를 따를 것이므로, "여타 유닉스 구현과 마찬가지로 리눅스는…" 같은 말을 종종 쓸 것이다.

## 1.1 유닉스와 C의 간략한 역사

처음에 유닉스는 1969년(리누스 토발즈Linus Torvalds가 태어난 해)에 전화 회사인 AT&T의 벨 연구소에서 켄 톰슨Ken Thompson이 개발했으며, 디지털 사의 PDP-7 미니컴퓨터 어셈블리로 작성됐다. 유닉스라는 이름은 AT&T가 MITMassachusetts Institute of Technology 및 GEGeneral Electric와 함께 추진한 운영체제 프로젝트인 MULTICSMultiplexed Information and Computing Service와 운을 맞춘 것이었다(AT&T는 이 즈음에 경제적으로 유용한 시스템을 개발하는 데 실패하고 좌절해 프로젝트를 취소했다). 톰슨은 새로운 운영체제를 만들면서 트리 구조 파일 시스템, 명령을 해석하는 독립된 프로그램인 셸shell, 파일이 구조화되지 않은 바이트의 흐름이라는 개념 등 MULTICS로부터 몇 가지 아이디어를 끌어왔다.

1970년에 유닉스는 새로 구한, 당시로서는 새롭고 강력한 기계였던 디지털 사의 PDP-11 미니컴퓨터 어셈블리로 재작성됐다. 대부분의 유닉스 구현에서 여전히 쓰이고 있는 여러 가지 이름에서 이 PDP-11의 흔적을 찾아볼 수 있다.

조금 뒤에, 톰슨의 벨 연구소 동료이자 유닉스 초기 공동 연구자인 데니스 리치Dennis Ritchie가 C 프로그래밍 언어를 설계하고 구현했다. 이는 점진적으로 이뤄졌는데, C는 이전의 인터프리터 방식 언어인 B를 모델로 개발됐고, B는 원래 톰슨이 구현한 이전의 프로그래밍 언어인 BCPL로부터 아이디어를 많이 끌어왔다. 1973년에 이르러, C는 유닉스 커널을 거의 모두 새로운 언어로 재작성할 수 있을 정도로 발달했다. 이렇게 하여 유닉스는 고급 언어로 작성된 초기 운영체제 중 하나가 됐고, 이로 인해 이후에 다른 하드웨어 아키텍처로 이식할 수 있게 됐다.

C의 기원을 보면 왜 C가, 그리고 그 후손인 C++가 오늘날 시스템 프로그래밍 언어로 이렇게 널리 쓰이는지를 알 수 있다. 이전에 널리 쓰였던 언어들은 다른 목적으로 설계됐

다. 포트란FORTRAN은 엔지니어와 과학자가 수행하는 수학 관련 업무를 위해, 코볼COBOL은 레코드 중심 데이터의 흐름을 처리하는 상업적 시스템을 위해 설계됐다. C는 그 사이의 틈새를 채웠는데, (대규모 위원회에서 설계한) 포트란이나 코볼과는 달리, 유닉스 커널과 관련 소프트웨어를 구현할 고급 언어를 개발한다는 하나의 목표로 몇몇 개인의 아이디어와 필요에 따라 설계됐다. 유닉스 운영체제 자체와 마찬가지로, C는 직업적인 프로그래머가 스스로 쓰기 위해 설계했다. 결과적으로 그 언어는 작고, 효율적이고, 강력하고, 간결하고, 모듈식이며, 실용적이고, 일관성 있게 설계됐다.

## 1판에서 6판까지의 유닉스

1969년에서 1979년 사이에 유닉스는 여러 차례 발표됐고, 각각을 판edition이라고 한다. 기본적으로 이들은 AT&T에서 점진적으로 개발 중이던 코드의 스냅샷snapshot이었다. [Salus, 1994]에 따르면 유닉스 첫 여섯 판의 발표일은 다음과 같다.

- 1판(1971년 11월): 이 즈음에 유닉스는 PDP-11에서 동작했고 포트란 컴파일러와, 오늘날에도 사용되고 있는 `ar`, `cat`, `chmod`, `chown`, `cp`, `dc`, `ed`, `find`, `ln`, `ls`, `mail`, `mkdir`, `mv`, `rm`, `sh`, `su`, `who` 등 여러 프로그램을 갖추고 있었다.
- 2판(1972년 6월): 이 즈음에 유닉스는 AT&T 내의 기계 10대에 설치됐다.
- 3판(1973년 2월): 이 판에는 C 컴파일러와 파이프의 첫 번째 구현이 포함되어 있었다.
- 4판(1973년 11월): 이것은 거의 모두 C로 작성된 첫 번째 판이었다.
- 5판(1974년 6월): 이 즈음에 유닉스는 50대 이상의 기계에 설치됐다.
- 6판(1975년 5월): 이것은 AT&T 밖에서 널리 쓰인 첫 번째 판이었다.

이렇게 발표되는 동안, 유닉스가 점점 더 많은 곳에서 사용되기 시작했고 그 명성도 널리 퍼졌다. 처음에는 AT&T 내부에서, 그 다음에는 외부로 퍼져 나갔는데, 학술지 「Communications of the ACM」에 유닉스 논문이 실린 것이 그 계기가 됐다([Ritchie & Thompson, 1974]).

이때 AT&T는 미국 전화 시스템에 대한 정부의 독점 규제에 묶여 있었다. AT&T가 정부와 합의한 조건 때문에 소프트웨어를 팔 수 없었고, 따라서 유닉스도 제품으로 팔 수 없었다. 대신에 1974년에 5판으로 시작해서, 특히 6판이 나왔을 때, AT&T는 유닉스를 최소한의 배포 비용만 받고 대학에 사용권을 줬다. 대학 배포판에는 문서와 커널 소스 코드(당시 약 10,000줄)가 포함되어 있었다.

AT&T가 대학에 유닉스를 배포함으로써 유닉스의 대중성과 사용에 대단히 기여했고, 1977년에는 유닉스가 미국을 비롯한 여러 나라 125개 대학의 500여 곳에서 동작하고 있었다. 상업용 운영체제가 매우 비쌌던 당시, 유닉스는 대학에 저렴하지만 강력한 대화형 다중 사용자 운영체제를 제공했다. 유닉스는 또한 대학의 컴퓨터 학과에 실제 운영체제의 소스 코드를 제공했고, 대학은 유닉스를 수정한 뒤 학생들에게 제공해 학생들이 배우고 실험할 수 있게 했다. 이 학생들 중 일부는 유닉스에 대한 지식으로 무장한 유닉스 전도사가 됐다. 또 다른 학생들은 쉽게 이식한 유닉스 운영체제를 실행하는 저렴한 컴퓨터 워크스테이션을 파는 수많은 벤처 회사를 설립하거나 참여했다.

### BSD와 시스템 V의 탄생

1979년 1월에 유닉스 7판이 발표됐다. 7판은 시스템의 신뢰성을 개선했고 향상된 파일 시스템을 제공했다. 또한 awk, make, sed, tar, uucp, 본셸Bourne shell, 포트란 77 컴파일러 등 여러 가지 새로운 도구를 포함하고 있었다. 7판의 중요한 점 또 한 가지는 이 시점부터 유닉스가 BSD와 시스템 V라는 두 가지 주요 변종으로 갈린다는 것이다. 이에 대해 지금부터 간단히 살펴보자.

톰슨은 1975/1976년에 자신이 졸업한 UC 버클리에서 방문 교수로 지냈다. 거기서 몇 명의 대학원생과 함께 여러 가지 새로운 기능을 유닉스에 추가했다(이들 중의 한 명이 빌 조이Bill Joy로, 나중에 유닉스 워크스테이션 시장에 일찍 진출한 썬 마이크로시스템즈를 공동 설립했다). 시간이 흐르면서, C 셸, vi 에디터, 개선된 파일 시스템(버클리 고속 파일 시스템), sendmail, 파스칼 컴파일러, 디지털 사의 새로운 VAX 아키텍처상의 가상 메모리 관리 등 여러 가지 새로운 도구와 기능이 버클리에서 개발됐다.

BSDBerkeley Software Distribution라는 이름으로, 이 버전의 유닉스는 소스 코드째 널리 배포됐다. 첫 번째 정식 배포판은 1979년 12월의 3BSD였다(이전에 버클리에서 배포한 BSD와 2BSD는 완전한 유닉스 배포판이기보다는 버클리에서 새로 개발한 도구들의 배포판이었다).

1983년, UC 버클리 컴퓨터 시스템 연구 그룹Computer Systems Research Group에서 4.2BSD를 발표했다. 이것은 소켓 APIapplication programming interface를 포함한 완전한 TCP/IP 구현과 다양한 네트워크 도구를 포함하고 있기 때문에 매우 중요했다. 4.2BSD와 그 전의 4.1BSD는 세계의 여러 대학에 널리 퍼졌다. 이들은 또한 썬이 판매한 유닉스의 변종인 SunOS(1983년에 처음 발표)의 기초가 됐다. 그 밖의 주요 BSD 버전으로는 1986년의 4.3BSD와, 마지막 버전인 1993년의 4.4BSD가 있다.

유닉스를 최초로 PDP-11 외의 하드웨어에 이식한 것은 1977년과 1978년 사이의 일로, 데니스 리치와 스티브 존슨이 인터데이터 8/32에 이식했고, 동시에 오스트레일리아 울런공 대학의 리처드 밀러가 인터데이터 7/32에 이식했다. 버클리 디지털 VAX 이식은 존 라이저와 톰 런던이 이전(1978년)에 한 작업에 기반을 두었다. 32V라고 알려진 이 이식은 더 넓은 주소 공간과 더 넓은 데이터형을 제외하면, 근본적으로 PDP-11용 7판과 동일하다.

그 사이 미국 반독점 규제에 의해 AT&T가 분해됐고(1970년대 중반부터 법적인 조치가 시작되어 1982년에 발효됐다), 그 결과 전화 시스템에 대한 독점이 해소되어, 유닉스를 판매할 수 있게 됐다. 그 결과로 1981년에 시스템 III가 발표됐다. 시스템 III는 AT&T의 USGUNIX Support Group에서 개발했는데, 이 부서의 개발자 수백 명이 유닉스를 개선하고 유닉스 응용 프로그램(특히 문서 작성 패키지와 소프트웨어 개발 도구)을 개발하고 있었다. 그 다음에는 1983년에 시스템 V가 처음 발표됐고, 몇 차례의 발표를 거쳐 1989년 거의 완벽한 SVR4System V Release 4가 발표됐다. 그 즈음 시스템 V는 BSD에서 네트워크 등 여러 기능을 가져와서 통합했다. 시스템 V는 여러 회사에 사용권이 제공됐고, 해당 회사들은 이를 기초로 각자의 유닉스를 구현했다.

따라서 학계에 퍼진 다양한 BSD 배포판뿐만 아니라, 1980년대 말에는, 다양한 하드웨어상에 유닉스의 여러 가지 상업적 구현이 존재하게 됐다. 이러한 상업적 구현에는 나중에 솔라리스Solaris가 된 썬의 SunOS, 디지털Digital의 Ultrix와 OSF/1(근래 일련의 개명과 인수를 거쳐 HP Tru64 유닉스가 됐다), IBM의 AIX, HPHewlett-Packard의 HP-UX, 넥스트NeXT의 넥스트스텝NeXTStep, 애플 매킨토시의 A/UX, 마이크로소프트와 SCO의 인텔 x86-32 아키텍처용 제닉스XENIX가 포함된다(이 책에서는 x86-32용 리눅스 구현을 리눅스/x86-32라고 부른다). 이런 상황은 전형적인 사유proprietary 하드웨어/운영체제의 경우와는 매우 대조적이었는데, 사유 하드웨어/운영체제의 경우에는 각 회사가 하나 또는 기껏해야 소수의 컴퓨터 칩 아키텍처를 만들고, 그 위에 자신의 사유 운영체제를 팔았다. 대부분 회사에서 공급하던 사유 시스템이라는 것은 구매자가 하나의 공급사에 묶이는 것을 의미했다. 또 다른 사유 운영체제와 하드웨어 플랫폼으로 전환하려면 기존 응용 프로그램을 이식하고 직원들을 재교육해야 하기 때문에 매우 비용이 많이 들 수도 있었다. 이러한 요인이, 다양한 회사에서 만든 저렴한 단일 사용자 유닉스 워크스테이션의 등장과 더불어 상업적인 측면에서 이식성 있는 유닉스 시스템의 매력을 더욱 증가시켰다.

## 1.2 리눅스의 간략한 역사

리눅스라는 용어는 흔히 유닉스와 유사하고 리눅스 커널을 포함하고 있는 전체 운영체제를 일컫는다. 하지만 이것은 약간 잘못된 말이다. 전형적인 상업용 리눅스 배포판에 포함되어 있는 여러 핵심 요소는 사실 리눅스가 시작되기도 몇 년 전에 비롯됐기 때문이다.

### 1.2.1 GNU 프로젝트

1984년 MIT에서 일하던, 특별한 재능이 있는 프로그래머 리처드 스톨만Richard Stallman은 '자유free' 유닉스 구현을 만들기 시작했다. 스톨만의 관점은 도덕적인 것이었고, 자유는 금전적인 의미가 아니라 법적인 의미로 정의됐다(http://www.gnu.org/philosophy/free-sw.html 참조). 그럼에도 불구하고 스톨만이 만든 법적 자유는 운영체제 같은 소프트웨어가 무료 또는 매우 저가에 보급된다는 것을 암시했다.

스톨만은 다른 회사들이 사유 운영체제에 부여한 법적 제한에 영향을 미쳤다. 이들 제한에 따르면 일반적으로 컴퓨터 소프트웨어를 구매해도 구매한 소프트웨어의 소스 코드를 볼 수 없고, 절대 복사하거나 수정, 재배포할 수 없다. 그는 이런 체제가 프로그래머로 하여금 서로 협력하고 공유하기보다는, 경쟁하고 비밀스럽게 감추게 한다고 지적했다.

이에 대응해 스톨만은 커널과 모든 관련 소프트웨어 패키지로 이뤄진, 완전하고 자유롭게 구할 수 있는 유닉스와 유사한 시스템을 개발하기 위해 GNU 프로젝트(재귀적으로 정의된 "GNU's not UNIX"의 약어)를 시작했고, 다른 사람들도 함께하기를 권유했다. 1985년 스톨만은 GNU 프로젝트뿐만 아니라 일반적인 자유 소프트웨어 개발을 지원하고자 비영리 재단인 FSFFree Software Foundation를 설립했다.

> GNU 프로젝트를 시작했을 때, BSD는 스톨만이 의도했던 만큼 자유롭지 않았다. BSD를 쓰려면 AT&T로부터 허가를 받아야 했고, 사용자는 BSD의 일부를 이루는 AT&T의 코드를 자유롭게 수정하고 재배포할 수 없었다.

GNU 프로젝트의 중요한 결과 중 하나는 스톨만의 자유 소프트웨어 개념을 법적으로 구체화한 GPLGeneral Public License이었다. 커널을 포함해서, 리눅스 배포판에 포함된 많은 소프트웨어가 GPL 또는 비슷한 라이선스에 의해 사용이 허가된다. GPL에 따라 사용이 허가된 소프트웨어는 반드시 소스 코드를 구할 수 있어야 하고, GPL에 따라 자유롭게 재배포할 수 있어야 한다. GPL에 따라 사용이 허가된 소프트웨어는 자유롭게 수정할 수 있지만, 수정된 소프트웨어가 바이너리 형태로 배포된다면, 저자는 해당 소프트웨어를 받은 누구든 수정된 소스를 배포 비용 외에는 아무것도 받지 않고 제공해야 한다. 첫 번째 버전의 GPL이 1989년에 발표됐다. 현재 버전 3이 2007년에 발표되어 있다. 1991년에 발표된 버전 2가 여전히 널리 쓰이며, 리눅스 커널 또한 이 버전을 따르고 있다(다양한 자유 소프트웨어 라이선스에 대한 논의는 [St. Laurent, 2004]와 [Rosen, 2005]에서 찾아볼 수 있다).

초기에 GNU 프로젝트는 동작하는 유닉스 커널을 만들진 못했지만, 여러 가지 프로그램을 만들었다. 이 프로그램들은 유닉스와 유사한 운영체제에서 동작하도록 설계됐기 때문에, 기존의 유닉스 구현에서 사용될 수 있었고, 실제로 사용됐으며, 심지어 타 운영체제로 이식되기도 했다. GNU 프로젝트에서 만든 유명한 프로그램으로는 Emacs 문서 편집기, GCC(원래는 GNU C compiler를 뜻했으나, 지금은 C, C++ 등의 컴파일러로 구성된 GNU compiler collection으로 바뀌었다), bash 셸, glibc(GNU C 라이브러리) 등이 있다.

1990년대 초에 이르러 GNU 프로젝트는 가장 중요한 요소인 동작하는 유닉스 커널을 제외한 거의 완전한 시스템을 만들었다. GNU 프로젝트는 마크Mach 마이크로 커널에 기초한, GNU/HURD로 알려진 야심찬 커널 설계를 시작했다. 하지만 HURD는 발표할 만한 형태를 갖추기에는 아직 멀었다(이 책을 쓴 시점에서, HURD 작업은 계속되고 있고 현재 x86-32 아키텍처에서만 동작한다).

> 일반적으로 리눅스 시스템이라고 알려져 있는 프로그램 코드의 상당 부분이 사실 GNU 프로젝트에서 유래했기 때문에, 스톨만은 전체 시스템을 GNU/리눅스라고 부르기를 선호했다. 이름 문제(리눅스 대 GNU/리눅스)는 자유 소프트웨어 공동체 안에서 일부 논쟁의 근원이 됐다. 이 책은 주로 리눅스 커널의 API를 다루므로, 일반적으로 리눅스라는 말을 쓸 것이다.

무대가 마련됐다. 이제 필요한 것은 GNU 프로젝트에서 이미 만든 거의 완전한 유닉스 시스템과 잘 어울리는 커널이었다.

### 1.2.2 리눅스 커널

1991년 핀란드 헬싱키 대학 학생 리누스 토발즈는 갖고 있던 인텔 80386 PC의 운영체제를 작성할 생각이 들었다. 전공 수업을 듣던 중, 1980년대 중반 네덜란드의 대학교수 앤드류 타넨바움Andrew Tanenbaum이 개발한, 유닉스와 유사한 작은 운영체제 커널 미닉스Minix를 만나게 됐다. 타넨바움은 미닉스 소스 코드 전체를 대학에서의 운영체제 설계 수업용으로 제공했다. 미닉스 커널은 386 시스템에서 빌드하고 실행할 수 있었다. 하지만 주목적이 교재였기 때문에 대체로 하드웨어 아키텍처에 독립적으로 설계됐고, 386 프로세서의 능력을 전부 활용하지는 않았다.

따라서 토발즈는 386에서 실행되는 효율적이고, 완전한 기능을 갖춘 유닉스 커널을 만드는 프로젝트를 시작했다. 몇 달 뒤 토발즈는 여러 가지 GNU 프로그램을 컴파일하고 실행할 수 있는 기본적인 커널을 개발했다. 그리고는 1991년 10월 5일 토발즈는 다른 프로그래머들에게, 지금은 많이 인용되는 커널 버전 0.02 발표문을 유즈넷 뉴스그룹 comp.os.minix에 올리며 도움을 요청했다.

> 미닉스 1.1의 좋은 시절을 갈망하십니까? 사람이 사람답고 스스로 디바이스 드라이버를 작성하던 시절 말입니다. 재미있는 프로젝트가 없고 당신의 필요에 따라 수정해볼 수 있는 OS를 만나고 싶어 못 견디겠습니까? 모든 것이 미닉스에서 동작할 때 좌절스럽습니까? 쓸 만한 프로그램을 동작하게 하기 위해 밤을 새울 일이 더 이상 없습니까? 그렇다면 이 글은 바로 당신을 위한 것입니다. 한 달 전에 말했듯이, 나는 미닉스와 유사한 AT-386 컴퓨터용 자유 버전 운영체제를 만들고 있습니다. 마침내 사용할 수 있는(당신이 원하는 것에 따라서는 그렇지 않을 수도 있습니다만) 단계에까지 이르렀고, 소스를 기꺼이 널리 배포하고자 합니다. 버전 0.02일 뿐이지만…, 여기서 bash, gcc, gnu-make, gnu-sed, compress 등을 성공적으로 실행했습니다.

유닉스 복제품에 X로 끝나는 이름을 붙이는 유서 깊은 전통에 따라, 이 커널은 (마침내) 리눅스라는 이름으로 세례를 받았다. 처음에 리눅스에서는 좀 더 제한적인 라이선스가 부여되어 있었지만, 오래지 않아 토발즈는 리눅스를 GNU GPL에 따라 배포하기 시작했다.

지원 요청은 효과가 있었다. 다른 프로그래머들이 리누스와 함께 리눅스를 개발하기 시작했고, 개선된 파일 시스템, 네트워크 지원, 디바이스 드라이버, 멀티프로세서 지원 등 여러 가지 기능을 추가했다. 1994년 3월, 개발자들은 버전 1.0을 발표할 수 있었다. 리눅스 1.2는 1995년 3월에, 리눅스 2.0은 1996년 6월에, 리눅스 2.2는 1999년 1월에, 리눅스 2.4는 2001년 1월에 발표됐다. 2.5 개발 커널 작업은 2001년 11월에 시작했고, 리눅스 2.6이 2003년 12월에 발표됐다.

### 여담: BSD

1990년대 초반 또 다른 x86-32용 자유 유닉스가 이미 존재하고 있었음을 짚고 넘어갈 필요가 있다. 빌Bill과 린 졸리츠Lynne Jolitz는 이미 성숙 단계에 있던 BSD 시스템을 x86-32로 이식해서 386/BSD를 개발했다. 이것은 AT&T 소유 소스 코드가 대치되거나, 쉽게 재작성할 수 없었던 6개 소스 파일의 경우, 제거된 4.3BSD의 일종인 BSD Net/2 릴리스(1991년 6월)에 기반했다. 졸리츠는 Net/2 코드를 x86-32에 이식하고, 빠져 있는 소스 파일을 재작성한 뒤, 1992년 2월에 386/BSD의 첫 번째 판(버전 0.0)을 발표했다.

성공과 인기의 초기 파동 이후, 386/BSD 작업은 여러 가지 이유로 지연됐다. 점점 밀린 일이 많아지자 곧 새로운 개발 그룹이 둘 나타나서, 386/BSD에 기반한 각자의 배포판을 만들기 시작했다. NetBSD는 광범위한 하드웨어 플랫폼으로의 이식성을 강조하고, FreeBSD는 성능을 강조하며 현대 BSD 가운데 가장 널리 퍼져 있다. 첫 번째 NetBSD는 버전 0.8로, 1993년 4월에 발표됐다. 첫 번째 FreeBSD CD-ROM(버전 1.0)은 1993년 12월에 등장했다. 또 다른 BSD인 OpenBSD는 NetBSD 프로젝트로부터 나뉘어 1996년에 첫 버전을 2.0으로 명명하고 등장했다. OpenBSD는 보안을 강조한다. 2003년 중반, 새로운 BSD인 DragonFly BSD가 FreeBSD 4.*x*로부터 나뉘어 등장했다. DragonFly BSD는 SMPsymmetric multiprocessing 아키텍처 설계에서 FreeBSD 5.*x*와는 다른 방식을 취했다.

아마도 1990년대 초의 BSD에 대해 말할 때는 USLUNIX System Laboratories(유닉스를 개발하고 판매하는 AT&T의 자회사)과 버클리의 소송을 빼놓을 수 없을 것이다. 1992년 초, BSDiBerkeley Software Design, Incorporated(현재 Wind River의 일부)는 Net/2 릴리스와 졸리츠의 386/BSD에 기반한, 상업적으로 지원하는 BSD 유닉스인 BSD/OS를 배포하기 시작했다. BSDi는 바이너리와 소스 코드를 $995(미국 달러)에 배포했고, 잠재적인 고객들이 자신의 전화번호인 1-800-ITS-UNIX를 쓰도록 권했다.

1992년 4월, USL은 USL의 주장에 따르면 여전히 USL 소스 코드와 영업 비밀을 침해하는 제품을 BSDi가 팔지 못하게 하려고 소송을 제기했다. USL은 또한 BSDi가 기만적인 전화번호의 사용을 멈출 것을 요구했다. 소송은 결국 캘리포니아 대학을 포함하도록 그 범위가 확대됐다. 법원은 마침내 USL의 주장 중 2개를 제외한 모두를 기각했고, USL에 대한 캘리포니아 대학의 맞고소가 이어졌는데, 대학은 USL이 시스템 V에 BSD 코드를 사용하는 데 대한 정당한 대가를 지불하지 않았다고 주장했다.

이들 소송이 계류 중인 동안 USL은 노벨Novell에 인수됐고, CEO인 고 레이 노르다Ray Noorda는 법정보다는 시장에서 경쟁하기를 선호한다고 공식적으로 발표했다. 1994년 1월, 마침내 다음과 같이 합의했다. 캘리포니아 대학은 Net/2 릴리스의 18,000개 파일 중 3개를 제거하고, 몇몇 파일에 사소한 수정을 가하며, 70여 개의 파일에는 USL 저작권 공지를 추가해야 했지만, 계속해서 자유롭게 배포할 수 있었다. 이렇게 수정된 시스템이 1994년 6월에 4.4BSD-Lite로 발표됐다(대학의 마지막 배포판은 1995년 6월의 4.4BSD-Lite, 릴리스 2였다). 이때 법적 합의에 따라 BSDi, FreeBSD, NetBSD는 Net/2 기본 코드를 수정된 4.4BSD-Lite 소스 코드로 대치해야 했다. [McKusick et al., 1996]에 나와 있듯이, 이로 인해 BSD 파생본의 개발이 약간 지연됐지만, 이들 시스템이 대학의 컴퓨터 시스템 연구 그룹이 Net/2 발표 이후 3년간 개발한 코드와 다시 동기화되는 긍정적인 효과도 있었다.

### 리눅스 커널 버전 번호

대부분의 자유 소프트웨어 프로젝트와 마찬가지로, 리눅스도 일찍, 자주 발표하는 모델을 따르므로, 새로운 커널 버전이 자주(때로는 심지어 매일) 등장한다. 리눅스 사용자가 늘어남에 따라, 기존 사용자에게 혼란을 덜 주도록 발표 방식이 바뀌었다. 특히 리눅스 1.0 발표 이후 커널 개발자들은 *x.y.z* 형태로 커널 버전 번호를 붙이기 시작했는데, *x*는 주 버전, *y*는 부 버전, *z*는 부 버전의 개정판(사소한 향상과 버그 수정)을 나타낸다.

이러한 모델에 따라, 두 가지 커널 버전이 언제나 개발 중이었다. 실제 사용되는 시스템에 쓰는 안정stable 버전은 주 버전 번호가 짝수였고, 아직 불안한 개발development 버전은 하나 더 큰 홀수였다. 이론적으로는(실제로는 언제나 엄격히 지켜지진 않았다) 새로운 기능은 모두 현 개발 커널에 추가돼야 했고, 안정 커널의 새로운 개정판은 사소한 개선과 버그 수정으로 제한돼야 했다. 현 개발 버전이 발표할 만해지면 이것이 새로운 안정 버전이 되고, 짝수 주 버전 번호가 부여됐다. 예를 들어 2.3.*z* 개발 커널이 2.4 안정 커널이 됐다.

2.6 커널 발표 이후, 개발 모델이 바뀌었다. 변화의 주된 동기는 안정 커널 발표 주기가 너무 긴 데 따른 문제와 불만에서 나왔다(리눅스 2.4.0이 발표되고 2.6.0이 발표되기까지 거의 3년이 흘렀다). 개발 모델을 미세조정하는 논의가 주기적으로 있었지만, 변하지 않는 핵심적인 사항은 다음과 같다.

- 더 이상 안정 커널과 개발 커널을 구별하지 않는다. 새로운 2.6.*z* 판은 각각 새로운 기능을 포함할 수 있고, 새로운 기능을 추가하는 것으로 생명주기를 시작하고, 여러 출시 후보 버전을 거쳐 안정화된다. 후보 버전이 충분히 안정되어 보이면, 커널 2.6.*z*로 발표된다. 발표 주기는 보통 3개월이다.
- 때로 안정 2.6.*z* 버전에 버그나 보안 문제를 수정하기 위한 사소한 패치가 필요할 수가 있다. 이 수정의 우선순위가 충분히 높다면, 다음 2.6.*z* 발표를 기다리기보다 2.6.*z.r* 판을 만들어 적용한다. 여기서 *r*은 2.6.*z* 커널의 사소한 개정에 대한 일련 번호다.

- 배포판에 포함된 커널의 안정성을 보증하기 위한 추가적인 책임은 배포판 제작사가 지게 됐다.

이후의 장에서 때로 특정 API가 변화한(즉 시스템 호출이 새로 추가되거나 변경된) 커널 버전을 명시할 것이다. 비록 2.6.*z* 이전의 대부분의 커널 변화가 홀수 번호의 개발 버전에서 발생했지만, 대부분의 응용 프로그램 개발자가 보통 안정 커널을 사용할 것이므로, 일반적으로 해당 변화가 나타난 안정 커널을 일컬을 것이다. 많은 경우 매뉴얼 페이지에는 특정 기능이 나타나거나 변경된 정확한 개발 커널이 적혀 있다.

2.6.*z* 커널에서 나타난 변경에 대해서는 정확한 커널 버전을 명시한다. 어떤 기능이 *z* 개정 번호 없이 커널 2.6에서 새로 등장했다고 말한다면, 2.5 개발 커널에서 구현되어 안정 커널 버전 2.6.0에서 처음 나타난 기능을 뜻한다.

> 이 책을 쓴 시점에서, 2.4 안정 커널은 필수 패치와 버그 수정을 통합하고 주기적으로 새로운 개정판을 발표하는 사람들에 의해 여전히 지원을 받고 있다. 이 덕분에 이미 설치된 시스템들이 어쩔 수 없이 새로운 커널로 업그레이드(경우에 따라 상당량의 작업이 수반될 수 있는)하는 대신 계속 2.4 커널을 쓸 수 있다.

## 다른 하드웨어 아키텍처로의 이식

초기에 리눅스를 개발하는 동안에는, 다른 프로세서 아키텍처로의 이식성보다는 인텔 80386상에서의 효율적인 구현이 주된 목표였다. 하지만 리눅스가 점점 대중화되면서, 디지털 알파 칩을 필두로 다른 프로세서로 이식되기 시작했다. 리눅스가 이식된 하드웨어 목록은 계속 늘어나고 있고, x86-64, 모토로라/IBM 파워PC와 파워PC64, 썬 스팍과 스팍64(울트라스팍), MIPS, ARM(Acorn), IBM z시리즈(구 System/390), 인텔 IA-64(아이태니엄; [Mosberger & Eranian, 2002] 참조), 히타치 SuperH, HP PA-RISC, 모토로라 68000도 거기에 포함된다.

## 리눅스 배포판

리눅스라는 용어는 정확하게 말하면 리누스 토발즈 등이 개발한 커널만을 일컫는다. 하지만 리눅스는 흔히 커널과 광범위한 여타 소프트웨어(도구와 라이브러리)를 모두 합친 완전한 운영체제를 뜻한다. 리눅스 초창기에는 사용자가 이런 모든 소프트웨어를 결합하고, 파일 시스템을 만들고, 모든 소프트웨어를 파일 시스템의 적절한 위치에 배치하고 설정해야 했다. 이는 상당한 시간과 전문 지식을 요하는 일이었다. 그 결과 리눅스 배포판 시장이 열렸다. 배포판 제작사는 패키지(배포판)를 만들어서 대부분의 설치 과정, 파일 시스템을 만들고 커널과 기타 필수 소프트웨어를 설치하는 일을 자동화했다.

최초의 배포판은 1992년에 등장했는데, 거기에는 MCC Interim Linux(맨체스터 컴퓨팅 센터, 영국), TAMU(텍사스 A&M 대학), SLSSoftLanding Linux System 등이 포함된다. 살아남은 가장 오래된 배포판인 슬랙웨어Slackware는 1993년에 등장했다. 비상업적 데비안Debian 배포판도 대략 비슷한 시기에 나왔으며, 수세SUSE와 레드햇Red Hat도 곧 등장했다. 현재 매우 인기 있는 우분투Ubuntu 배포판은 2004년에 처음 나왔다. 요즘은 여러 배포판 회사들이 기존의 자유 소프트웨어 프로젝트에 적극적으로 참여하거나 새로운 프로젝트를 시작하는 프로그래머를 고용하기도 한다.

## 1.3 표준화

1980년대 후반까지 유닉스 구현의 다양성에는 문제도 있었다. BSD에 기반한 유닉스 구현도 있었고 시스템 V에 기반한 구현도 있었으며, 어떤 구현은 두 종류 모두에서 기능을 끌어왔다. 더욱이 각 회사가 자신의 구현에 추가 기능을 넣기도 했다. 결과적으로 하나의 유닉스 구현에서 다른 구현으로 소프트웨어와 사람을 이동시키기가 점점 더 어려워졌다. 이러한 상황으로 인해, 응용 프로그램을 시스템 간에 더 쉽게 이식할 수 있도록 C 프로그래밍 언어와 유닉스 시스템을 표준화해야 한다는 압박이 커졌다. 이제 그 결과로 발생한 표준을 살펴보자.

### 1.3.1 C 프로그래밍 언어

1980년대 초반, C가 탄생한 지 10년이 됐고, 광범위한 유닉스 시스템과 기타 운영체제 상에 구현됐다. 다양한 구현들 사이에 약간의 차이점이 생겼는데, 부분적으로는 C에 대한 사실상 표준인, 1978년에 나온 커니건Kernighan과 리치Ritchie의 책 『C 언어 프로그래밍The C Programming Language』(이 책에 기술된 예전의 C 문법을 전통적 C나 K&R C라고 부르기도 한다)에 언어가 어떻게 동작해야 하는지에 대해 일부 구체적으로 기술되지 않은 측면이 있기 때문이었다. 더욱이 1985년 C++의 등장으로 말미암아, 특히 함수 프로토타입function prototype, 구조체 대입structure assignment, 형 제한자type qualifier(`const`와 `volatile`), 열거형enumeration type, `void` 키워드 같은 약간의 개선과 추가 기능은 기존 프로그램과의 호환성을 깨뜨리지 않으면서도 추가할 수 있음을 알게 됐다.

이러한 요인으로 인해 1989년 ANSIAmerican National Standards Institute의 승인으로 C의 표준화가 완료됐고, 뒤이어 1990년 ISOInternational Standards Organization 표준(ISO/IEC 9899:1990)으로 채택됐다. 이 표준은 C의 문법과 의미를 정의했을 뿐만 아니라, stdio 함수, 문자열 처리 함수, 수학 함수, 다양한 헤더 파일 등 표준 C 라이브러리의 동작에 대해서도 기술한다. 이 버전의 C를 보통 C89 또는 (드물게) ISO C90이라고 하며, 커니건과 리치의 『C 언어 프로그래밍』 2판(1988)에 모두 설명되어 있다.

1999년 ISO에 의해 C 표준이 개정됐다(ISO/IEC 9899:1999, http://www.open-std.org/jtc1/sc22/wg14/www/standards 참조). 이 표준을 보통 C99라고 하며, 언어와 표준 라이브러리가 광범위하게 변경됐다. 이 변경사항에는 `long long` 및 `bool` 데이터형의 추가와, C++식 주석(//), 제한된 포인터restricted pointer, 가변 길이 배열variable-length array 등이 포함된다(이 책을 쓰는 시점에 비공식으로 C1X라는 C 표준 개정 작업이 진행 중인데, 이 새로운 표준은 2011년에 비준될 예정이다).[1]

C 표준은 운영체제와 독립적이다. 즉 유닉스에 매여 있지 않다. 이는 표준 C 라이브러리만을 써서 작성한 C 프로그램은 C를 제공하는 어떠한 컴퓨터와 운영체제에도 이식할 수 있음을 뜻한다.

> 역사적으로 C89를 종종 ANSI C라고 부르는데, 이 용어는 아직까지도 가끔씩 그 뜻으로 쓰인다. 예를 들어, gcc에서 -ansi 제한자는 '모든 ISO C90 프로그램을 지원하라'는 뜻이다. 하지만 이 용어가 현재는 약간 모호한 면이 있기 때문에 이 책에서는 쓰지 않으려고 한다. ANSI 위원회가 C99 개정판을 채택한 이래로, 정확히 말해서 ANSI C는 이제 C99다.

### 1.3.2 최초의 POSIX 표준

POSIXPortable Operating System Interface라는 용어는 IEEEInstitute of Electrical and Electronic Engineers, 특히 PASCPortable Application Standards Committee(http://www.pasc.org/)의 후원 아래 개발된 일련의 표준을 말한다. PASC 표준의 목표는 소스 코드 수준에서의 응용 프로그램 이식성을 향상시키는 것이다.

> POSIX라는 이름은 리처드 스톨만이 제안했다. 마지막의 X는 대부분의 유닉스 변종의 이름이 X로 끝나기 때문에 붙여졌다. 표준에 따르면 이 이름은 'positive'처럼 '파직스[pahz-icks]'라고 발음해야 한다.

1 2011년 12월, C1X는 ISO/IEC 9899:2011로 공식 표준이 됐다(http://www.open-std.org/jtc1/sc22/wg14/ 참조). - 옮긴이

이 책의 입장에서 POSIX 표준 중 가장 흥미로운 것은 POSIX.1(더 정확히는 POSIX 1003.1)이라고 부르는 첫 번째 POSIX 표준과, 두 번째인 POSIX.2 표준이다.

### POSIX.1과 POSIX.2

POSIX.1은 1988년에 IEEE 표준이 됐고, 1990년에 약간의 수정과 함께 ISO 표준으로 채택됐다(ISO/IEC 9945-1:1990, 원래의 POSIX 표준은 온라인으로 얻을 수 없지만 http://www.ieee.org를 통해 IEEE로부터 구입할 수 있다).

> POSIX.1은 처음에 /usr/group이라는 유닉스 공급사 협회에서 이전에 만든 비공식 표준(1984년)을 기초로 삼았다.

POSIX.1에는 표준을 따르는 운영체제가 프로그램에 제공해야 하는 서비스들의 API가 문서화되어 있다. 이런 API를 제공하는 운영체제는 'POSIX.1을 따른다POSIX.1 conformant'라고 인증받을 수 있다.

POSIX.1은 유닉스 시스템 호출과 C 라이브러리 함수 API에 근거하고 있지만, 이 인터페이스에 대해 어떤 특정 구현을 요구하지는 않는다. 이는 이 인터페이스가 유닉스뿐만 아니라 어떤 운영체제에 의해서도 구현될 수 있음을 뜻한다. 사실 어떤 회사는 자신의 사유 운영체제를 거의 수정하지 않으면서 이 API를 추가해서 POSIX.1을 따르도록 만들기도 했다.

원래의 POSIX.1에 대한 수많은 확장 또한 중요하다. IEEE POSIX 1003.1b(예전에 POSIX.4 또는 POSIX 1003.4라고 불렀던 POSIX.1b)는 1993년에 비준됐는데, 기본 POSIX 표준에 대한 광범위한 실시간 처리 관련 확장 기능을 포함하고 있다. IEEE POSIX 1003.1c(POSIX.1c)는 1995년에 비준됐는데, POSIX 스레드를 정의하고 있다. 1996년, POSIX.1 표준의 개정판(ISO/IEC 9945-1:1996)이 나왔는데, 주요 본문은 수정하지 않았으나 실시간과 스레드 관련 확장 기능을 편입시켰다. IEEE POSIX 1003.1g(POSIX.1g)는 소켓 등 네트워크 API를 정의하고 있다. IEEE POSIX 1003.1d(POSIX.1d)는 1999년에 비준됐고, POSIX.1j는 2000년에 비준됐는데, 기본 POSIX에 대한 추가적인 실시간 처리 관련 확장 기능을 정의하고 있다.

POSIX.1b 실시간 처리 관련 확장 기능에는 파일 동기화, 비동기 I/O, 프로세스 스케줄링, 고정밀 시계와 타이머, 세마포어나 공유 메모리, 메시지 큐를 이용한 프로세스 간 통신 등이 있다. 프로세스 간 통신 방법 세 가지를 유사한 기존의 시스템 V 세마포어, 공유 메모리, 메시지 큐와 구별하기 위해 종종 POSIX라는 접두어를 붙인다.

관련 표준인 POSIX.2(1992, ISO/IEC 9945-2:1993)는 셸과, C 컴파일러의 명령행 인터페이스command-line interface 등 다양한 유닉스 유틸리티를 표준화했다.

### FIPS 151-1과 FIPS 151-2

FIPS는 연방 정보 처리 표준Federal Information Processing Standard의 약자로, 미국 정부가 컴퓨터 시스템 구매를 위해 정의한 표준을 말한다. 1989년에 FIPS 151-1이 발표됐다. 이 표준은 1988년의 IEEE POSIX.1 표준과 ANSI C 표준 초안에 기초하고 있다. FIPS 151-1과 POSIX.1(1988)의 주요 차이점은 FIPS는 POSIX.1이 선택사양으로 남겨둔 몇 가지 기능을 의무사항으로 요구한다는 것이다. 미국 정부는 컴퓨터 시스템의 주요 구매자이기 때문에, 대부분의 컴퓨터 회사는 자신의 유닉스 시스템이 FIPS 151-1판 POSIX.1을 따르도록 했다.

FIPS 151-2는 1990년 ISO 개정판 POSIX.1에 맞도록 수정한 부분을 제외하면 바뀐 내용이 없다. 이제 구식이 된 FIPS 151-2 표준은 2000년 2월 철회됐다.

## 1.3.3 X/Open Company와 오픈 그룹

'X/Open Company'는 세계적인 컴퓨터 회사들이 기존의 표준을 채택하고 조정해서 포괄적이고 일관된 개방형 시스템 표준을 만들기 위해 구성한 컨소시엄이다. 이 회사는 X/오픈 이식성 지침X/Open Portability Guide이라는, POSIX 표준에 근거한 이식성 지침을 발표했다. 첫 번째 주요 개정판은 1989년의 이슈 3(Issue 3, XPG3)이고, 그 뒤 1992년에 XPG4가 나왔다. XPG4는 1994년에 XPG4 버전 2로 개정되어, 1.3.7절에서 설명할 AT&T 시스템 V 인터페이스 정의 이슈 3System V Interface Definition Issue 3의 중요한 부분을 이뤘다. 이 개정판은 스펙 1170Spec 1170이라고도 하는데, 1170은 표준에 정의된 인터페이스(함수, 헤더 파일, 명령)의 개수를 나타낸다.

1993년 초에 AT&T로부터 유닉스 시스템 사업을 인수했던 노벨이 나중에 이를 처분했을 때, 유닉스 상표권은 X/Open에게 넘겼다(이 계획은 1993년에 발표됐으나, 법적 요구사항 때문에 실제 이전은 1994년으로 미뤄졌다). XPG4 버전 2는 나중에 SUS(SUSv1이라고도 한다)로 다시 발표됐는데, 유닉스 95라고도 한다. 여기에는 XPG4 버전 2, X/Open Curses 이슈 4 버전 2 규격, XNSX/Open Networking Service 이슈 4 규격이 포함된다. 단일 유닉스 규격 버전 2(SUSv2, http://www.unix.org/version2/online.html)는 1997년에 나왔고, 이 규격으로 인증받은 유닉스 구현은 유닉스 98이라고 부를 수 있다(이 표준을 XPG5라고도 한다).

1996년 X/Open은 OSFOpen Software Foundation와 합병해서 오픈 그룹The Open Group이 됐다. 유닉스 시스템과 관련된 거의 모든 회사가 현재 오픈 그룹의 회원이며, 오픈 그룹은 API 표준 개발을 계속하고 있다.

> OSF는 1980년대 후반 유닉스 전쟁 중 만들어진 2개의 컨소시엄 중 하나다. OSF에는 디지털(Digital), IBM, HP, 아폴로(Apollo), 불(Bull), 닉스도르프(Nixdorf), 지멘스(Siemens) 등이 속해 있었다. OSF는 주로 AT&T(유닉스의 창시자)와 썬(유닉스 워크스테이션 시장의 최강자)의 사업 동맹이라는 위협에 대항해 만들어졌다. 그 결과 AT&T, 썬 등은 라이벌인 유닉스 인터내셔널(UNIX International) 컨소시엄을 만들었다.

### 1.3.4 SUSv3와 POSIX.1-2001

1999년부터 IEEE, 오픈 그룹, ISO/IEC 합동 기술 위원회Joint Technical Committee 1은 POSIX 표준과 단일 유닉스 규격을 개정하고 통합하기 위해 CSRGAustin Common Standards Revision Group(http://www.opengroup.org/austin/)에서 협력하고 있다(오스틴 그룹이라는 이름은 1998년 9월 첫 회의가 열린 텍사스의 오스틴에서 따온 것이다). 그 결과 2001년 12월에, 간단히 POSIX.1-2001이라고도 하는 POSIX 1003.1-2001이 비준됐다(나중에 ISO 표준 ISO/IEC 9945:2002로 승인됐다).

POSIX 1003.1-2001은 SUSv2, POSIX.1, POSIX.2 등 기존의 많은 POSIX 표준을 대치한다. 이 표준을 단일 유닉스 규격 버전 3라고도 하며, 앞으로 이 책에서는 대체로 SUSv3라고 부를 것이다.

SUSv3 기본 규격은 대략 3700페이지로 이뤄져 있으며, 아래와 같이 4부로 나뉘어 있다.

- 기본 정의Base Definitions(XBD): 여기에는 정의, 용어, 개념, 헤더 파일 내용 명세가 나와 있다. 총 84개의 헤더 파일이 명시되어 있다.
- 시스템 인터페이스System Interfaces(XSH): 다양하고 유용한 배경 정보로 시작한다. 여

러 가지 함수(특정 유닉스 구현상에 시스템 호출이나 라이브러리 함수로 구현되는)의 정의가 대부분을 차지한다. 총 1123개의 시스템 인터페이스가 나와 있다.

- 셸과 유틸리티Shell and Utilities(XCU): 셸의 동작과 여러 가지 유닉스 명령에 대한 규격이다. 총 160개의 유틸리티가 정의되어 있다.
- 설명Rationale(XRAT): 앞에 나온 내용과 관련된 유익한 정보와 정당성이 나와 있다.

게다가 SUSv3는 X/Open CURSES 이슈 4 버전 2(XCURSES) 규격을 포함하는데, 이것은 curses 화면 제어 API를 위한 함수 372개와 헤더 파일 3개에 대한 규격이다.

SUSv3에는 모두 1742개의 인터페이스가 정의되어 있다. 이에 반해 POSIX.1-1990(FIPS 151-2를 포함해서)은 199개의 인터페이스를, POSIX.2-1992는 130개의 유틸리티를 정의한다.

SUSv3는 http://www.unix.org/version3/online.html을 통해 온라인에서 구할 수 있다. SUSv3로 인증받은 유닉스 구현은 유닉스 03이라고 부를 수 있다.

SUSv3 원문이 비준된 이래 발견된 문제에 대한 여러 가지 사소한 수정과 개선이 있었다. 그 결과 기술정오표 1번이 나왔으며, 이 내용이 SUSv3의 2003년 개정판에 반영됐고, 기술정오표 2번의 내용은 2004년 개정판에 반영됐다.

## POSIX 적합성, XSI 적합성, XSI 확장

역사적으로 SUS(그리고 XPG) 표준은 해당 POSIX 표준을 따라갔고, POSIX의 기능을 모두 포함하는 구조로 되어 있다. 추가 인터페이스를 명시할 뿐만 아니라, SUS 표준은 POSIX에 선택사양으로 되어 있는 많은 인터페이스와 동작을 의무사항으로 규정하고 있다.

IEEE 표준임과 동시에 오픈 그룹 기술 표준인(즉 이미 말했듯이 이전의 POSIX와 SUS 표준이 통합된) POSIX 1003.1-2001에 이르면 그 차이는 미미해진다. 이 문서는 두 단계의 적합성을 정의하고 있다.

- POSIX 적합성: 표준을 따르는 구현이 반드시 제공해야 하는 기본 인터페이스를 정의한다. 구현이 기타 선택사양 인터페이스를 구현하는 것을 허용한다.
- X/Open 시스템 인터페이스(XSI) 적합성: XSI 적합성을 만족하는 구현은 POSIX 적합성 요구사항을 모두 만족하고 POSIX 적합성이 선택사양으로만 요구하는 여러 인터페이스와 동작 또한 제공해야 한다. 어떤 구현이 오픈 그룹으로부터 유닉스 03 상표를 받으려면 이 수준의 적합성에 도달해야 한다.

XSI 적합성에 필요한 추가 인터페이스와 동작을 통틀어서 XSI 확장XSI extension이라고 하며, 스레드, `mmap()`, `munmap()`, dlopen API, 자원 한도, 가상 터미널, 시스템 V IPC, syslog API, `poll()`, 로그인 계정 관리 같은 기능이 포함된다.

앞으로 이 책에서 SUSv3 적합성에 대해 말할 때는 XSI 적합성을 뜻한다.

> POSIX와 SUSv3가 이제 같은 문서의 일부이므로, SUSv3를 위한 추가 인터페이스와 의무사항으로 선택된 것들은 통합된 문서 안에 음영으로 또는 여백에 표시했다.

### 명시되지 않거나 약하게 명시된 것들

이 책에서 때로 어떤 인터페이스가 SUSv3에 '명시되어 있지 않다' 또는 '약하게 명시되어 있다'라고 할 때가 있다.

명시되지 않은 인터페이스는, 주석이나 설명에 약간 언급되긴 했어도 공식적인 표준에 전혀 정의되어 있지 않은 것을 뜻한다.

인터페이스가 약하게 명시되어 있다는 것은, 해당 인터페이스가 표준에 포함되어 있기는 하지만 (주로 위원회의 구성원들이 기존 구현들 간의 차이점 때문에 합의에 이르지 못했기 때문에) 중요한 상세내용이 명시되어 있지 않다는 말이다.

명시되지 않거나 약하게 명시된 인터페이스를 사용하면 응용 프로그램을 다른 유닉스 구현에 이식하기가 힘들고, 이식성 있는 응용 프로그램은 특정 구현의 동작에 의존해서는 안 된다. 그럼에도 불구하고 그중 일부는 여러 구현에 걸쳐 꽤 일관된 경우가 있고, 그런 경우 이 책에 언급해뒀다.

### 레거시 기능

때로 SUSv3에 특정 기능이 레거시LEGACY로 표시되어 있는 경우가 있다. 이 말은 이 기능은 기존 응용 프로그램과의 호환성을 위해 남겨뒀지만, 새로운 응용 프로그램에서는 쓰지 말아야 한다는 뜻이다. 많은 경우, 동등한 기능을 제공하는 다른 API가 존재한다.

## 1.3.5 SUSv4와 POSIX.1-2008

2008년에 오스틴 그룹이 POSIX.1과 단일 유닉스 규격의 통합 개정판을 완성했다. 이전의 표준과 마찬가지로, 기본 규정과 XSI 확장으로 구성되어 있다. 이 개정판을 SUSv4라고 부를 것이다.

SUSv4에서의 변경사항은 SUSv3보다 덜 광범위하다. 가장 중요한 변경은 다음과 같다.

- SUSv4에 여러 함수의 명세가 추가됐다. 추가된 함수 중 이 책에 언급된 것으로는 dirfd(), fdopendir(), fexecve(), futimens(), mkdtemp(), psignal(), strsignal(), utimensat() 등이 있다. 새로운 함수 중 파일 관련 함수(예: 18.11절에 소개된 openat())는 기존 함수(예: open())와 비슷하지만 프로세스의 현재 작업 디렉토리 대신, 열려 있는 파일 디스크립터file descriptor가 가리키는 디렉토리를 기준으로 상대 경로명relative pathname을 해석한다는 점이 다르다.
- SUSv3에서 선택사양이었던 함수 중 일부가 SUSv4 기본 표준에서 의무사항이 됐다. 예를 들어, SUSv3의 XSI 확장에 포함되어 있던 여러 함수가 SUSv4에서 기본 표준에 흡수됐다. SUSv4에서 의무사항이 된 함수로는 dlopen API(37.1절), 실시간 시그널 API(22.8절), POSIX 세마포어 API(Vol. 2의 16장), POSIX 타이머 API(23.6절) 등이 있다.
- SUSv3에 포함되어 있던 함수 중 일부는 SUSv4에서 폐기obsolete됐다. asctime(), ctime(), ftw(), gettimeofday(), getitimer(), setitimer(), siginterrupt() 등이 여기 포함된다.
- SUSv3에서 폐기된 함수 중 일부는 SUSv4에서 제거됐다. gethostbyname(), gethostbyaddr(), vfork() 등이 여기 포함된다.
- 기존 SUSv3의 여러 가지 구체적인 내용이 SUSv4에서 변경됐다. 예를 들어, 비동기 시그널에 안전async-signal-safe해야 하는 함수 목록에 여러 가지 함수가 추가됐다(577페이지, 표 21-1).

SUSv4에서의 변경사항은 앞으로 이 책에서 관련 주제가 나올 때 언급할 것이다.

### 1.3.6 유닉스 표준 연대표

그림 1-1은 앞서 설명한 여러 가지 표준 사이의 관계를 요약해서 시간 순서대로 나열한 것이다. 그림에서 실선은 직계 혈통을, 점선은 하나의 표준이 다른 표준에 영향을 주었거나, 다른 표준에 통합됐거나, 다른 표준을 단순히 따른 경우를 나타낸다.

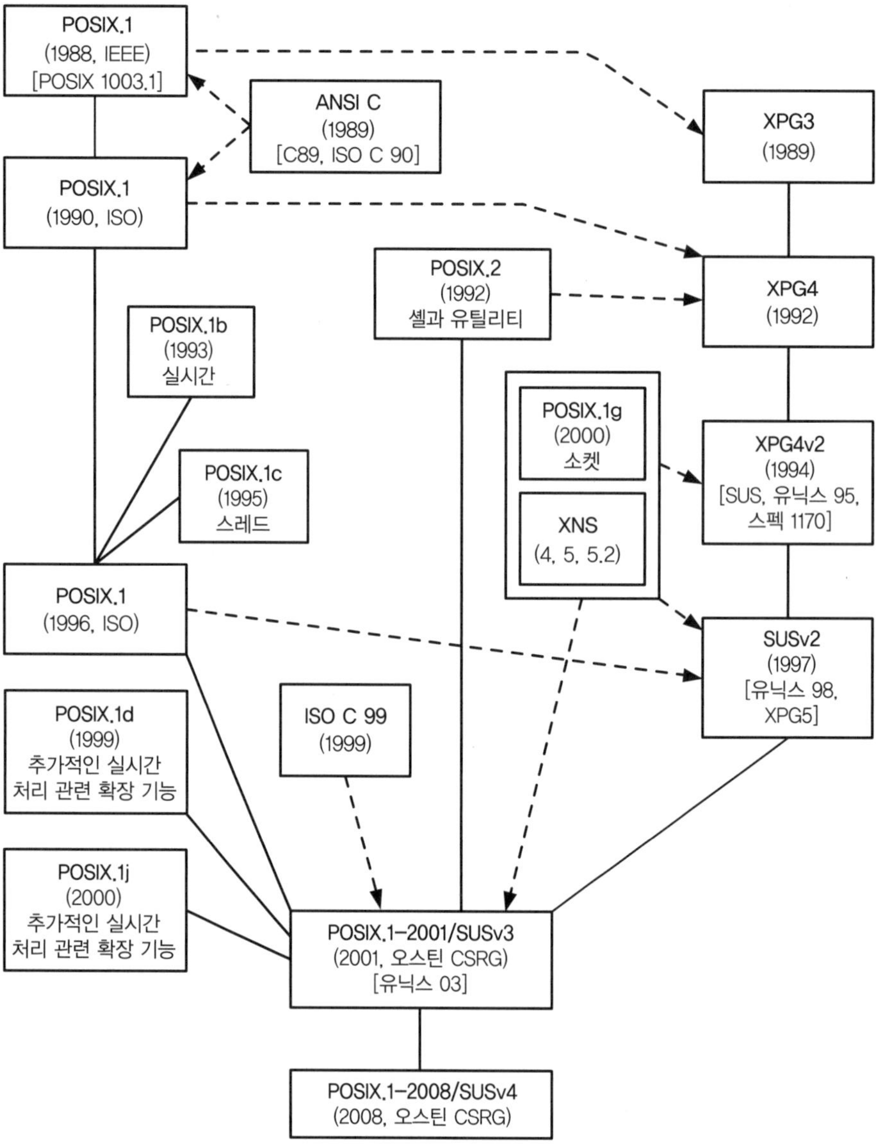


**그림 1-1** 여러 가지 유닉스와 C 표준의 관계

네트워크 표준 관련 상황은 조금 복잡하다. 이 분야의 표준화는 1980년대 후반에 소켓 API, XTIX/Open Transport Interface API(시스템 V의 전송 계층 인터페이스에 기반한 대체 네트워크 프로그래밍 API) 및 여러 가지 관련 API를 표준화하기 위해 POSIX 1003.12 위원회가 설립되면서 시작됐다. 이 표준을 입안하는 데 여러 해가 걸렸고, 그동안 POSIX 1003.12가 POSIX 1003.1g로 이름이 바뀌었다. 이 표준은 2000년에 비준됐다.

POSIX 1003.1g를 개발하는 동시에, X/Open은 XNSX/Open Networking Specification도 개발하고 있었다. 이 규격의 초판인 XNS 이슈 4는 단일 유닉스 규격 초판의 일부가

됐다. 이를 이은 XNS 이슈 5는 SUSv2에 포함됐다. XNS 이슈 5는 본질적으로 당시의 POSIX.1g 초안(6.6)과 동일했다. 이를 이은 XNS 이슈 5.2는 XTI API를 폐기하고 (1990년대 중반 설계되고 있던) IPv6Internet Protocol version 6를 포함한 면에서 XNS 이슈 5 및 비준된 POSIX.1g 표준과 달랐다. XNS 이슈 5.2는 SUSv3에 포함된 네트워크 기능의 기초를 이뤘고, 그에 따라 현재 폐기됐다. 비슷한 이유로, POSIX.1g도 비준된 지 얼마 안 되어 표준이 철회됐다.

## 1.3.7 구현 표준

독립적 또는 다자간 협의체에서 만든 표준 외에, 때로 BSD 최종판(4.4BSD)과 AT&T의 SVR4System V Release 4라는 두 가지 구현 표준을 참조하기도 한다. 후자는 AT&T가 SVIDSystem V Interface Definition를 발표하면서 공식화됐다. 1989년에 AT&T는 SVID 이슈 3를 발표했는데, 여기 정의된 인터페이스를 제공하는 유닉스 구현만 SVR4라고 부를 수 있다(SVID는 http://www.sco.com/developers/devspecs/를 통해 온라인에서 구할 수 있다).

> 일부 시스템 호출과 라이브러리 함수의 SVR4와 BSD 간 동작 차이 때문에, 여러 유닉스 구현에서 해당 유닉스가 기초로 삼지 않은 다른 유닉스의 동작을 흉내 내는 호환용 라이브러리와 조건 컴파일 기능을 제공한다(3.6.1절 참조). 이를 이용하면 다른 유닉스 구현의 응용 프로그램을 이식할 때 부담을 크게 덜 수 있다.

## 1.3.8 리눅스, 표준, 리눅스 스탠더드 베이스

일반적인 목표로, 리눅스(즉 커널, glibc, 도구) 개발은 다양한 유닉스 표준, 특히 POSIX와 단일 유닉스 규격을 따르는 것을 목표로 삼고 있다. 하지만 이 책을 쓰는 시점에서, 오픈 그룹이 '유닉스'로 인증한 리눅스 배포판은 없다. 문제는 시간과 비용이다. 이 인증을 받으려면 각 회사의 배포판이 적합성 테스트를 통과해야 하고, 새로운 개정판이 나올 때마다 테스트를 반복해야 한다. 그럼에도 불구하고 리눅스가 유닉스 시장에서 이토록 성공할 수 있었던 이유는 다양한 표준에 대한 사실상의 근사 적합성near-conformance 때문이다.

대부분의 상업적 유닉스 구현은 같은 회사가 운영체제의 개발과 배포를 모두 맡는다. 리눅스는 상황이 달라서 구현이 배포와 구별되어 있고, 영리 단체와 비영리 단체 여러 곳에서 리눅스 배포를 맡고 있다.

리누스 토발즈는 특정 리눅스 배포판에 기여하거나 지지하지 않는다. 하지만 리눅스 개발을 수행하는 다른 사람들의 경우는 상황이 더 복잡하다. 리눅스 커널과 기타 자유 소프트웨어 프로젝트에 종사하는 여러 개발자가 다양한 리눅스 배포판 회사나 리눅스에 관심이 많은 (IBM이나 HP 같은) 회사에서 일하고 있다. 이 회사들이 특정 프로젝트에 개발자를 투입함으로써 리눅스가 움직이는 방향에 영향을 줄 수 있지만, 아무도 리눅스를 제어하고 있지 않다. 그리고 물론 많은 개발자가 리눅스 커널과 GNU 프로젝트에 자원봉사하고 있다.

이 책을 쓴 시점에, 토발즈는 영리/비영리 단체들이 리눅스의 성장을 위해 구성한 비영리 컨소시엄인 리눅스 재단(http://www.linux-foundation.org/, 이전의 OSDL(Open Source Development Laboratory))에서 펠로우로 일하고 있다.

여러 가지 리눅스 배포판이 있고 커널 개발자들이 배포판의 내용을 제어하지 않기 때문에, '표준' 상업적 리눅스 같은 것은 존재하지 않는다. 각 리눅스 배포판의 커널은 보통 주류 커널(즉 토발즈의 커널)의 특정 시점의 코드에 기초를 두고 여러 패치를 적용한 것이다.

이들 패치는 보통 어느 정도 상업적으로 유용해서 시장에서 경쟁력 있는 차별점이 될 수 있는 기능을 제공한다. 어떤 경우에는 이들 패치가 나중에 주류 커널에 적용되기도 된다. 사실 일부 새로운 커널 기능은 처음에 배포판 회사에서 개발된 뒤, 최종적으로 주류에 통합되기 전에 해당 회사의 배포판에 나타난 것이다. 예를 들어, Reiserfs 저널링 파일 시스템journaling file system 버전 3는 주류 2.4 커널에 포함되기 오래전부터 일부 리눅스 배포판에 포함되어 있었다.

결론은 다양한 리눅스 배포판 회사들이 제공하는 시스템에는 (대부분 사소한) 차이점이 있다는 것이다. 이는 훨씬 작은 규모이기는 하지만, 유닉스 초기의 분할을 연상시킨다. LSBLinux Standard Base는 다양한 리눅스 배포판 사이의 호환성을 보장하려는 시도다. 이를 위해 LSB(http://www.linux-foundation.org/en/LSB)는 바이너리 응용 프로그램(즉 컴파일된 프로그램)이 LSB를 따르는 어떤 시스템에서도 실행될 수 있도록 리눅스 시스템을 위한 표준을 개발하고 홍보한다.

LSB가 추진하는 바이너리 호환성은 POSIX가 추진하는 소스 코드 호환성과 대조된다. 소스 코드 호환성은 C 프로그램을 작성해서 POSIX를 따르는 어느 시스템에서라도 컴파일하고 실행할 수 있음을 뜻한다. 바이너리 호환성은 훨씬 힘들고 일반적으로 각기 다른 하드웨어 플랫폼상에서는 불가능하다. 바이너리 호환이 되면 하나의 하드웨어 플랫폼에서 프로그램을 한 번 컴파일해서, 컴파일된 프로그램을, 같은 하드웨어 플랫폼에서 동작하는 어떠한 호환 구현에서도 실행할 수 있다. 바이너리 호환성은 리눅스용 ISV(independent software vendor) 응용 프로그램이 상업적으로 존재하기 위한 핵심 요구사항이다.

## 1.4 정리

유닉스 시스템은 1969년에 벨 연구소의 켄 톰슨이 디지털 PDP-7 미니컴퓨터상에서 처음 구현했다. 이 운영체제는 이전의 MULTICS 시스템으로부터 이름뿐만 아니라 여러 아이디어를 끌어왔다. 1973년에 유닉스는 PDP-11 미니컴퓨터로 이식됐고, 벨 연구소의 데니스 리치가 설계하고 구현한 프로그래밍 언어인 C로 재작성됐다. 법적인 규제로 유닉스를 팔 수 없었던 AT&T는 대신에 전체 시스템을 얼마 안 되는 금액으로 대학에 제공했다. 이 배포판에는 소스 코드가 포함되어 있었고, 컴퓨터 공학 교수와 학생들이 코드를 연구하고 수정할 수 있는 저렴한 운영체제였기 때문에 대학가에서 매우 인기가 많아졌다.

UC 버클리는 유닉스 시스템 개발에 핵심 역할을 했다. 여기서 켄 톰슨과 여러 대학원생이 운영체제를 확장했다. 1979년에 이 대학은 자체적인 유닉스 배포판인 BSD를 만들었다. 이 배포판은 학계에 널리 퍼졌고 몇몇 상업적 구현의 기초가 됐다.

그동안 AT&T는 독점의 해소로 인해 유닉스 시스템을 팔 수 있게 됐다. 그 결과 또 하나의 주요 유닉스 갈래인 시스템 V가 생겼고, 이 또한 몇몇 상업적 구현의 기초가 됐다.

2개의 각기 다른 흐름이 (GNU/) 리눅스의 개발로 이어졌다. 하나는 리처드 스톨만이 만든 GNU 프로젝트였다. 1980년대 후반까지 GNU 프로젝트는 거의 완전한, 자유로이 배포할 수 있는 유닉스 구현을 만들었다. 한 가지 부족한 부분은 동작하는 커널이었다. 1991년 앤드류 타넨바움이 작성한 미닉스 커널에서 영감을 얻어, 리누스 토발즈가 동작하는 인텔 x86-32 아키텍처용 유닉스 커널을 만들었다. 토발즈는 다른 프로그래머들에게 함께 커널을 개선하자고 요청했다. 많은 프로그래머가 함께했고, 시간이 흐르면서 리눅스는 확장되고 다양한 하드웨어 아키텍처에 이식됐다.

1980년대 후반, 유닉스와 C 구현들 사이의 이식성 문제로 인해 표준화에 대한 강력한 압력이 발생했다. C 언어는 1989년에 표준화됐고(C89), 개정된 표준이 1999년에 만들어졌다(C99). 운영체제 인터페이스를 표준화하려는 첫 번째 시도로 POSIX.1이 만들어졌고, 1988년에 IEEE 표준으로, 1990년에 ISO 표준으로 비준됐다. 1990년대에는 다양한 버전의 단일 유닉스 규격을 비롯해 여러 가지 발전된 표준안이 만들어졌다. 2001년, POSIX 1003.1-2001과 SUSv3 통합 표준이 비준됐다. 이 표준은 이전의 여러 가지 POSIX 표준과 이전 버전의 단일 유닉스 규격을 통합하고 확장했다. 2008년에는 표준에 대한 조금 덜 광범위한 개정이 완료되어, POSIX 1003.1-2008과 SUSv4 통합 표준이 만들어졌다.

대부분의 상업적 유닉스 구현과 달리, 리눅스는 구현과 배포가 분리되어 있다. 결과적으로 하나의 '공인' 리눅스 배포판은 존재하지 않는다. 각 리눅스 배포판 회사는 현재의 안정 커널 코드에 다양한 패치를 적용해서 제공한다. LSB는 여러 리눅스 배포판에 걸친 바이너리 응용 프로그램 호환성을 보장해 같은 하드웨어상에서 동작하는 어떠한 LSB 호환 시스템에서도 컴파일된 응용 프로그램이 실행될 수 있도록 리눅스 시스템 표준을 만들고 홍보한다.

## 더 읽을거리

유닉스 역사와 표준에 대한 더 자세한 정보는 [Ritchie, 1984], [McKusick et al., 1996], [McKusick & Neville-Neil, 2005], [Libes & Ressler, 1989], [Garfinkel et al., 2003], [Stevens & Rago, 2005], [Stevens, 1999], [Quartermann & Wilhelm, 1993], [Goodheart & Cox, 1994], [McKusick, 1999]에서 찾을 수 있다.

[Salus, 1994]는 유닉스의 역사를 자세히 다룬 책으로, 이 장 서두의 상당 부분은 여기서 가져왔다. [Salus, 2008]에는 리눅스와 기타 자유 소프트웨어 프로젝트의 간단한 역사가 나와 있다. 상세한 유닉스 역사는 여러 가지 상세한 내용은 론다 하우벤Ronda Hauben이 쓴 온라인 책인 『History of UNIX』에서도 찾아볼 수 있다(http://www.dei.isep.ipp.pt/~acc/docs/unix.html). 여러 가지 유닉스 구현의 발표 시기가 나와 있는 매우 상세한 연대표는 http://www.levenez.com/unix/에서 구할 수 있다.

[Josey, 2004]에는 유닉스 시스템과 SUSv3의 개발에 대한 역사 개요, 규격 사용법, SUSv3 인터페이스의 요약표, SUSv2에서 SUSv3로, 그리고 C89에서 C99로 이전하는 방법이 나와 있다.

GNU 웹사이트(http://www.gnu.org/)에는 소프트웨어와 문서뿐만 아니라 자유 소프트웨어에 대한 철학적 논문도 많이 있다. [Williams, 2002]는 리처드 스톨만에 대한 전기다.

토발즈는 [Torvalds & Diamond, 2001]에서 리눅스의 개발에 대해 스스로 설명하고 있다.

# 2

# 기본 개념

2장에서는 리눅스 시스템 프로그래밍의 여러 가지 개념을 소개한다. 주로 다른 운영체제를 사용하는 독자나, 리눅스 또는 기타 유닉스 구현에 대한 경험이 많지 않은 독자를 대상으로 한다.

## 2.1 핵심 운영체제: 커널

운영체제operating system라는 용어는 흔히 두 가지 뜻으로 쓰인다.

- 컴퓨터의 자원을 관리하는 가장 중요한 소프트웨어와, 그에 딸린 명령행 인터프리터command-line interpreter, 그래픽 사용자 인터페이스, 파일 유틸리티, 편집기 등 표준 소프트웨어 도구로 구성된 전체 패키지
- 좀 더 좁은 의미로, 컴퓨터 자원(즉 CPU, RAM, 디바이스)을 관리하고 할당하는 가장 중요한 소프트웨어

커널kernel이라는 용어는 종종 두 번째 의미와 동의어로 쓰이며, 이 책에서 말하는 운영체제도 이를 가리킨다.

컴퓨터에서 커널 없이도 프로그램을 실행할 수 있지만, 커널이 있기 때문에 다른 프로그램을 아주 쉽게 작성하고 사용할 수 있으며, 프로그래머의 힘과 유연성이 증가된다. 이는 커널이 제한된 컴퓨터 자원을 관리하는 소프트웨어 계층을 제공하기 때문이다.

> 리눅스 커널 실행 파일은 보통 /boot/vmlinuz나 이와 비슷한 경로에 위치한다. 이 파일이름에는 역사적인 어원이 있다. 초기 유닉스 구현에서는 커널을 unix라고 불렀다. 그 뒤에 가상 메모리를 구현한 유닉스 구현에서 커널 이름을 vmunix라고 바꿨다. 리눅스에서는 그 시스템 이름을 본떴고, 끝의 x를 z로 바꾸어 커널이 압축되어 있다는 사실을 나타냈다.

## 커널이 수행하는 작업

커널은 특히 다음의 작업을 수행한다.

- 프로세스 스케줄링: 컴퓨터에는 프로그램 명령을 실행하는 하나 이상의 CPU가 있다. 여타 유닉스 시스템과 마찬가지로 리눅스는 선점형 멀티태스킹preemptive multitasking 운영체제다. '멀티태스킹'은 여러 프로세스(즉 실행 중인 프로그램)가 동시에 메모리에 존재하면서 CPU를 사용할 수 있음을 뜻한다. '선점형'이란 어떤 프로세스가 CPU를 사용권을 받고 얼마나 오랫동안 쓸지를 결정하는 규칙이 (프로세스 자신보다는) 커널 프로세스 스케줄러에 의해 결정된다는 뜻이다.
- 메모리 관리: 컴퓨터 메모리가 10년 또는 20년 전의 기준으로 엄청나게 거대해졌지만, 소프트웨어의 크기 또한 마찬가지로 커졌으므로, 물리적 메모리RAM는 여전히 커널이 프로세스와 함께 공평하고 효율적으로 나눠 써야 하는 제한된 자원이다. 대부분의 현대 운영체제와 마찬가지로 리눅스도 두 가지 주요 장점이 있는 가상 메모리 관리(6.4절)를 이용하고 있다.
  - 프로세스는 다른 프로세스나 커널로부터 격리되어 다른 프로세스나 커널의 메모리를 읽거나 수정하지 못한다.
  - 프로세스의 일부만 메모리에 존재하면 되기 때문에, 각 프로세스의 메모리 요구량을 줄이고 더 많은 프로세스가 동시에 RAM에 존재할 수 있다. 따라서 어느 순간에라도 CPU가 실행할 수 있는 프로세스가 최소한 하나는 존재할 가능성이 높아지기 때문에, CPU 가동률utilization이 높아진다.

- **파일 시스템 제공:** 커널은 디스크상에 파일 생성, 검색, 갱신, 삭제 등이 가능한 파일 시스템을 제공한다.
- **프로세스 생성과 종료:** 커널은 새로운 프로그램을 메모리에 올리고, 실행에 필요한 자원(예: CPU, 메모리, 파일)을 제공할 수 있다. 이렇게 실행 중인 프로그램을 **프로세스** process라고 한다. 프로세스가 실행을 마치면, 커널은 프로세스가 사용하던 자원을 회수해서 나중에 다른 프로세스가 쓸 수 있게 해준다.
- **디바이스 접근:** 부착된 디바이스(마우스, 모니터, 키보드, 디스크, 테이프 드라이브 등)를 통해 컴퓨터는 다른 컴퓨터나 외부 세계와 통신할 수 있다. 커널은 프로그램에게 디바이스 접근을 위한 간단하고 표준화된 인터페이스를 제공함과 동시에, 각 디바이스에 대한 여러 프로세스의 접근을 중재한다.
- **네트워크:** 커널은 사용자 프로세스를 대신해서 네트워크 메시지(패킷packet)를 전송하고 받는다. 이 작업은 네트워크 패킷을 목적지 시스템으로 보내기 위해 경로를 설정하는 과정(라우팅routing)을 포함한다.
- **시스템 호출 API 제공:** 프로세스는 **시스템 호출**system call을 이용해 커널에게 다양한 작업을 요청할 수 있다. 리눅스 시스템 호출 API는 이 책의 주요 주제다. 3.1절에서 프로세스가 시스템 호출을 수행할 때 발생하는 단계를 자세히 살펴볼 것이다.

위의 기능뿐만 아니라, 리눅스 같은 다중 사용자 운영체제는 일반적으로 사용자에게 **가상 개인 컴퓨터**virtual private computer를 제공한다. 즉 각 사용자는 대체로 다른 사용자와 관계없이 시스템에 로그인할 수 있다. 예를 들어, 각 사용자는 자신의 디스크 공간(홈 디렉토리)을 갖는다. 게다가 사용자는 프로그램을 실행할 수 있는데, 각 프로그램은 자기 몫의 CPU를 받고 자신의 가상 주소 공간에서 동작하며, 독립적으로 디바이스에 접근하고 네트워크를 통해 정보를 전송할 수 있다. 커널은 하드웨어 자원에 접근할 때 발생할 수 있는 충돌을 해결해서, 사용자들과 프로세스들이 일반적으로 충돌을 느낄 수 없게 해준다.

### 커널 모드와 사용자 모드

현대 프로세서 아키텍처에서는 보통 CPU가 최소한 **사용자 모드**user mode와 **커널 모드**kernel mode(때로 **관리자 모드**supervisor mode라고도 한다)의 두 가지 모드에서 동작할 수 있다. 하드웨어 명령을 통해 각 모드로 전환할 수 있다. 이에 따라 가상 메모리 공간도 **사용자 공간**user space과 커널 공간kernel space으로 나뉜다. 사용자 모드에서 동작할 때는 CPU가 사용자 공간으로 표시된 메모리만 접근할 수 있다. 커널 공간의 메모리에 접근하려고 하면 하드웨어 예외상황exception이 발생한다. 커널 모드에서 동작할 때는 CPU가 사용자와 커널 메모리 공간 모두에 접근할 수 있다.

프로세서가 커널 모드에 있을 때만 실행할 수 있는 동작도 있다. 예를 들어, 시스템을 중단시키는 halt 명령, 메모리 관리 하드웨어 접근, 디바이스 I/O 시작 등이 있다. 이러한 하드웨어 설계를 활용함으로써, 운영체제를 구현할 때 사용자 프로세스가 커널의 명령과 데이터 구조에 접근하거나 시스템 동작에 나쁜 영향을 주는 동작을 수행할 수 없도록 보장할 수 있다.

### 시스템에 대한 프로세스와 커널의 관점

매일 프로그래밍을 하면서, 우리는 프로세스 중심으로 프로그래밍하는 데 익숙해져 있다. 하지만 이 책에서 나중에 다룰 여러 가지 주제를 생각하면, 우리의 관점을 커널 관점으로 재조정하는 것이 유용할 수 있다. 차이점을 쉽게 알 수 있도록 먼저 프로세스 관점에서 한 번 살펴본 다음 커널 관점에서 다시 살펴볼 것이다.

동작 중인 시스템에는 흔히 수많은 프로세스가 있다. 프로세스에게는 여러 가지 일이 동시에 발생한다. 실행 중인 프로세스는 언제까지 실행될지 또는 언제 다시 스케줄링되어 실행될지를 알 수 없다. 시그널signal의 전달과 프로세스 간 통신 이벤트의 발생은 언제든 일어날 수 있고 커널이 처리한다. 여러 가지 일이 프로세스 모르게 일어난다. 프로세스는 RAM의 어디에 있는지 모르며, 일반적으로 그 메모리 공간의 일부는 현재 메모리에 있을 수도 있고 스왑 영역swap area(컴퓨터의 RAM을 보충하기 위해 비축된 디스크 공간)에 있을 수도 있다. 마찬가지로 프로세스는 접근 중인 파일이 디스크 드라이브의 어디에 있는지 모르며, 단순히 이름으로 파일을 가리킬 뿐이다. 프로세스는 격리되어 실행되며, 다른 프로세스와 직접 통신할 수 없다. 프로세스는 스스로 새로운 프로세스를 만들 수 없으며, 심지어 스스로를 제거할 수도 없다. 마지막으로, 프로세스는 컴퓨터에 부착된 입출력 디바이스와 직접 통신할 수도 없다.

그에 반해서 동작 중인 시스템에는 모든 것을 알고 있고 제어하는 하나의 커널이 존재한다. 커널은 시스템상 모든 프로세스의 동작을 가능케 한다. 커널은 어느 프로세스가 다음에 CPU를 이용할 것인지와, 언제 이용하고, 얼마나 오래 이용할 것인지를 결정한다. 커널은 실행 중인 모든 프로세스에 대한 정보를 담고 있는 데이터 구조를 갖고 있고 프로세스가 생성, 변경, 종료될 때마다 이를 갱신한다. 커널은 프로그램이 사용한 파일이름을 디스크상의 물리적 위치로 변환하기 위해서 모든 저수준 데이터 구조를 갖고 있다. 커널은 또한 각 프로세스의 가상 메모리를 컴퓨터의 물리적 메모리와 디스크상의 스왑 영역으로 대응시키는 데이터 구조도 갖고 있다. 프로세스 사이의 모든 통신은 커널이 제공하는 메커니즘을 통해 이뤄진다. 프로세스의 요청에 따라, 커널은 새로운 프로세스를 생성하고 기존의 프로세스를 종료시킨다. 마지막으로, 커널(특히 디바이스 드라이버)은 필요에 따라 사용자 프로세스와 정보를 교환하면서 입출력 디바이스와의 모든 직접적인 통신을 수행한다.

나중에 이 책에 '프로세스는 다른 프로세스를 생성할 수 있다', '프로세스는 파이프를 만들 수 있다', '프로세스는 데이터를 파일에 쓸 수 있다', '프로세스는 `exit()`를 호출함으로써 종료시킬 수 있다'라는 말이 나올 것이다. 하지만 이런 모든 동작은 커널이 가능케 하는 것이고, 이런 문장은 단순히 '프로세스는 커널에게 다른 프로세스를 생성하라고 요청할 수 있다' 등을 줄여 쓴 것뿐이다.

### 더 읽을거리

운영체제의 개념과 설계를 다룬 현대의 문헌, 특히 유닉스를 언급하는 것으로는 [Tanenbaum, 2007], [Tanenbaum & Woodhull, 2006], [Vahalia, 1996] 등이 있다. 특히 [Vahalia, 1996]은 가상 메모리 아키텍처를 매우 상세하게 다뤘다. [Goodheart & Cox, 1994]는 시스템 V 릴리스 4를 자세히 다뤘다. [Maxwell, 1999]는 리눅스 2.2.5 커널 일부의 주석을 제공한다. [Lions, 1996]은 유닉스 운영체제 내부의 입문에 여전히 유용한 유닉스 6판 소스 코드를 상세히 설명했다. [Bovet & Cesati, 2005]는 리눅스 2.6 커널의 구현에 대한 설명이다.

## 2.2 셸

셸shell은 사용자의 명령을 읽고 적절한 프로그램을 실행하도록 설계된 특수 목적 프로그램이다. 이런 프로그램을 때로 명령 인터프리터command interpreter라고도 한다.

로그인 셸login shell은 사용자가 처음 로그인했을 때 생성되어 실행되는 프로세스를 말한다.

명령 인터프리터가 커널의 일부인 운영체제도 있는 반면, 유닉스 시스템에서 셸은 사용자 프로세스다. 여러 가지 셸이 존재하고, 같은 컴퓨터상의 다른 사용자가(심지어 같은 사용자도) 동시에 다른 셸을 쓸 수도 있다. 시간이 흐르면서 여러 중요한 셸이 등장했다.

- shBourne shell: 널리 사용되는 셸 중 가장 오래된 셸로, 스티브 본Steve Bourne이 작성했다. 유닉스 7판의 표준 셸이었다. sh에는 I/O 재지정redirection, 파이프라인pipeline, 파일이름 탐색globbing, 변수, 환경 변수 조작, 명령 대치, 백그라운드 명령 실행, 함수 등 모든 셸에 공통된 여러 가지 기능이 들어 있다. 이후의 모든 유닉스 구현에는 다른 셸과 함께 sh가 포함되어 있다.
- cshC shell: UC 버클리의 빌 조이Bill Joy가 작성한 셸이다. 이 셸의 여러 흐름 제어 구문이 C 프로그래밍 언어와 닮은 데서 지어진 이름이다. csh는 명령 이력, 명령행 편집, 작업 제어, 에일리어스alias[1] 등 sh에 없는 유용한 대화형 기능을 제공한다. csh는 sh와 호환되지 않는다. BSD의 표준 대화형 셸은 csh였지만, 셸 스크립트(조금 뒤에 설명하겠다)는 보통 모든 유닉스 구현에 이식할 수 있도록 sh로 작성했다.
- kshKorn shell: AT&T의 데이빗 콘David Korn이 sh의 후계자로 작성한 셸이다. sh와 하위 호환성backward compatibility을 유지하면서, csh와 비슷한 대화형 기능도 제공한다.
- bashBourne again shell: sh를 GNU 프로젝트에서 다시 구현한 것이다. csh나 ksh와 비슷한 대화형 기능을 제공한다. bash의 주 작성자는 브라이언 폭스Brian Fox와 쳇 래미Chet Ramey다. bash는 아마도 리눅스에서 가장 널리 쓰이는 셸일 것이다(리눅스의 sh는 사실 bash가 sh를 흉내 내는 것이다).

> POSIX.2-1992에는 당시의 ksh에 기초한 셸 표준이 명시되어 있다. 요즘은 ksh와 bash 모두 POSIX 표준을 따르지만, 여러 가지 확장 기능을 제공하며, 확장 기능은 두 셸 간에 각기 다르다.

셸은 대화형 용도뿐만 아니라, 셸 스크립트shell scripts도 해석하도록 설계됐다. 셸 스크립트는 셸 명령을 포함하고 있는 텍스트 파일이다. 이를 위해 각 셸에는 보통, 변수, 루프와 조건문, I/O 명령, 함수 등 프로그래밍 언어를 연상케 하는 기능이 포함되어 있다.

각 셸의 문법은 다르지만 하는 일은 비슷하다. 특정 셸의 동작을 말하지 않는 한, 방금 말한 것처럼 동작하는 모든 셸을 통틀어 '셸'이라고 부른다. 이 책의 예제 대부분은 특별히 명시하지 않는 한 bash를 사용하지만, 그 밖의 sh류 셸에서도 똑같이 동작할 것이다.

1 별명이라는 뜻으로, 특정 명령을 다른 이름으로 바꿔 쓸 수 있다. 흔히 긴 명령을 짧게 줄여 쓸 때 사용한다. – 옮긴이

## 2.3 사용자와 그룹

시스템상의 각 사용자를 식별할 수 있고, 사용자는 그룹에 속할 수 있다.

### 사용자

시스템의 각 사용자에게는 고유한 **로그인 이름**(사용자 이름)과 숫자로 이뤄진 **사용자 ID**(UID)가 부여된다. 각 사용자는 이 외에도 다음의 추가 정보와 함께 시스템 **패스워드 파일**(/etc/passwd)의 한 줄로 정의된다.

- **그룹 ID**: 사용자가 속하는 첫 번째 그룹의 그룹 ID. 숫자로 되어 있다.
- **홈 디렉토리**: 사용자가 로그인한 뒤에 처음에 위치하는 디렉토리
- **로그인 셸**: 사용자 명령을 해석하기 위해 실행될 프로그램의 이름

패스워드란에는 사용자의 패스워드가 암호화되어 들어 있을 수도 있다. 하지만 보안상의 이유로 패스워드는 흔히, 특권 사용자만 읽을 수 있는 별도의 **섀도 패스워드 파일** shadow password file에 저장된다.

### 그룹

관리를 위해서는, 특히 파일 등 시스템 자원에 대한 접근 권한을 제어하기 위해서는 사용자를 **그룹**으로 정리하는 것이 편리하다. 예를 들어, 같은 프로젝트에 종사하는 팀원들은 공통된 파일을 공유할 것이므로 모두 같은 그룹에 속하는 게 좋을 것이다. 초기의 유닉스 구현에서는 사용자가 하나의 그룹에만 속해야 했다. BSD는 사용자가 동시에 여러 그룹에 속할 수 있게 했고, 이는 다른 유닉스 구현과 POSIX.1-1990 표준에 채택됐다. 각 그룹은 다음의 정보와 함께 시스템 **그룹 파일**(/etc/group)의 한 줄로 정의된다.

- **그룹 이름**: (고유한) 그룹 이름
- **그룹 ID**(GID): 숫자로 이뤄진 그룹의 ID
- **사용자 목록**: 해당 그룹에 속한(그리고 패스워드 파일의 그룹 ID 필드로는 해당 그룹에 속하는지 알 수 없는) 사용자 로그인 이름의 목록. 콤마로 구별되어 있다.

### 슈퍼유저

**슈퍼유저**superuser라는 사용자는 시스템 안에서 특별한 권한을 갖는다. 슈퍼유저 계정의 사용자 ID는 0이고, 로그인 이름은 보통 root다. 전형적인 유닉스 시스템에서 슈퍼유저

는 시스템의 모든 권한 검사를 우회한다. 그러므로, 예를 들어 슈퍼유저는 시스템의 어떤 파일에도 접근 권한과 상관없이 접근할 수 있고, 시스템의 어떤 사용자에게도 시그널을 보낼 수 있다. 시스템 관리자는 슈퍼유저 계정으로 시스템상의 여러 가지 관리 작업을 수행한다.

## 2.4 단일 디렉토리 계층구조, 디렉토리, 링크, 파일

커널은 하나의 계층적 디렉토리 구조로 시스템의 모든 파일을 관리한다(이는 디스크 드라이브별로 디렉토리 계층구조가 있는 마이크로소프트 윈도우 같은 운영체제와 대조된다). 이 계층구조의 기초에는 **루트 디렉토리**root directory가 있고 /(슬래시)로 나타낸다. 모든 파일과 디렉토리는 루트 디렉토리의 자식이거나 먼 후손이다. 그림 2-1은 계층적 파일 구조의 예다.

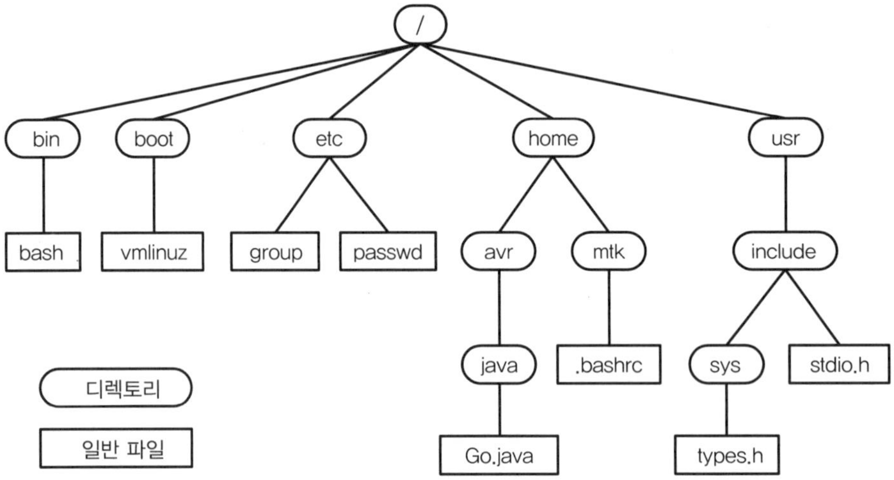


**그림 2-1** 리눅스 단일 디렉토리 계층구조의 일부

### 파일 종류

파일 시스템 내 각 파일에는 **종류**type가 표시되어 있어, 어떤 파일인지를 알 수 있다. 파일 종류에는 먼저 평범한 데이터 파일이 있는데, 기타 파일과 구별하기 위해 보통 일반 파일regular(plain) file이라고 부른다. 이 밖에 디바이스, 파이프, 소켓, 디렉토리, 심볼릭 링크 등이 있다.

### 디렉토리와 링크

디렉토리directory는 그 안에 파일이름과 해당 파일로의 참조로 이뤄진 표를 담고 있는 특수한 파일이다. 파일이름과 참조가 서로 연결된 것을 링크link라고 하며, 파일은 여러 링크를 가질 수 있어, 같은 디렉토리나 다른 디렉토리에 여러 이름으로 존재할 수 있다.

디렉토리에는 파일과 함께 다른 디렉토리도 존재할 수 있다. 디렉토리 간의 링크를 통해 그림 2-1과 같은 디렉토리 계층구조를 만들 수 있다.

각 디렉토리에는 최소한 다음의 두 가지 엔트리가 존재한다. '.'은 해당 디렉토리 자신으로의 링크이고, '..'은 계층구조상의 상위 디렉토리인 부모 디렉토리parent directory로의 링크다. 루트 디렉토리를 제외한 모든 디렉토리는 부모 디렉토리가 있다. 루트 디렉토리에서 ..은 루트 디렉토리 자신으로의 링크다(따라서 /..은 /와 같다).

### 심볼릭 링크

일반 링크와 마찬가지로, 심볼릭 링크symbolic link도 파일의 또 다른 이름을 제공한다. 그러나 일반 링크가 디렉토리 목록 안의 파일이름-포인터 엔트리임에 비해, 심볼릭 링크는 다른 파일이름을 담고 있는 특별히 표시된 파일이다(즉 심볼릭 링크는 디렉토리에 파일이름-포인터 엔트리로 존재하고, 해당 포인터가 가리키는 파일에 다른 파일의 이름이 문자열로 들어 있다). 심볼릭 링크가 가리키는 파일을 대상 파일target file이라 하고, 흔히 심볼릭 링크가 대상 파일을 '가리킨다' 또는 '참조한다'라고 한다. 시스템 호출에 경로명을 적으면, 대부분의 경우 커널은 자동으로 경로명 안의 각 심볼릭 링크를 역참조dereference한다. 즉 경로명 안의 심볼릭 링크 이름을 링크가 가리키는 파일이름으로 교체하며 따라간다. 이 과정은 심볼릭 링크가 가리키는 대상 자체가 또 다른 심볼릭 링크인 경우 재귀적으로 발생할 수 있다(커널은 심볼릭 링크가 원형으로 연결될 경우에 대비해 역참조 횟수를 제한한다). 심볼릭 링크가 존재하지 않는 파일을 가리키면, 댕글링 링크dangling link라고 한다.

종종 일반 링크와 심볼릭 링크 대신 하드 링크hard link와 소프트 링크soft link라고도 한다. 두 가지 종류의 링크가 존재하는 이유는 18장에서 설명할 것이다.

### 파일이름

대부분의 리눅스 파일 시스템에서 파일이름은 최대 255자까지 가능하다. 파일이름에는 슬래시(/)와 널null 문자(\0)를 제외한 모든 문자가 포함될 수 있다. 하지만 알파벳과 숫자, '.', '_', '-'만 쓰는 것이 좋다. 이들 65개 문자의 집합 `[-._a-zA-Z0-9]`를 SUSv3에서는 이식성 있는 파일이름 문자 세트portable filename character set라고 한다.

이식성 있는 문자 세트 외의 문자는 셸이나 정규 표현식regular expression 등에서 특수한 의미로 쓸 수 있으므로 파일이름에 쓰지 않는 편이 좋다. 파일이름에 이렇게 특수한 의미가 있는 문자를 쓸 때는 해당 문자를 이스케이프escape, 즉 해당 문자 앞에 백슬래시(\)를 붙여서 그 문자를 특별한 의미로 해석하지 말라고 표시해야 한다. 이스케이프가 불가능한 상황에서는 그런 파일이름은 쓸 수 없다.

하이픈(-)으로 시작하는 파일이름도 피해야 한다. 그런 파일이름은 셸 명령에서 옵션으로 오인할 수 있기 때문이다.

## 경로명

**경로명**pathname은 파일이름들이 /로 구별되어 나열된 것으로, /로 시작하기도 한다. 마지막 파일이름을 제외한 나머지 파일이름은 모두 디렉토리(또는 디렉토리를 가리키는 심볼릭 링크)를 나타낸다. 마지막 경로명의 마지막 파일이름은 디렉토리를 포함해 모든 종류의 파일을 나타낼 수 있다. 경로명 중 마지막 / 이전까지를 경로명의 **디렉토리** 부분이라고 하고, 마지막 / 이후를 경로명의 파일 또는 **베이스**base 부분이라고 한다.

경로명은 왼쪽에서 오른쪽으로 읽는다. 각 파일이름은 경로명의 이전 부분이 지정하는 디렉토리에 존재한다. 문자열 ..은 경로명 안의 어디에나 쓸 수 있고 경로명에서 이제까지 지정한 위치의 부모 디렉토리를 나타낸다.

경로명은 단일 디렉토리 계층구조 내 파일 위치를 나타내며, 절대 경로와 상대 경로로 나뉜다.

- **절대 경로명**absolute pathname은 /로 시작하며 루트 디렉토리를 기준으로 파일의 위치를 나타낸다. 그림 2-1에서 절대 경로명의 예로는 /home/mtk/.bashrc, /usr/include, /(루트 디렉토리의 경로명)가 있다.
- **상대 경로명**relative pathname은 프로세스의 현재 작업 디렉토리(아래 참조)를 기준으로 파일의 위치를 나타내며, 절대 경로명과 달리 /로 시작하지 않는다. 그림 2-1에서, usr 디렉토리를 기준으로 types.h의 위치는 상대 경로명 include/sys/types.h로, avr 디렉토리를 기준으로 .bashrc는 상대 경로명 ../mtk/.bashrc로 접근할 수 있다.

### 현재 작업 디렉토리

각 프로세스에게는 현재 작업 디렉토리current working directory(프로세스의 작업 디렉토리 또는 현재 디렉토리라고도 한다)가 있다. 이것은 프로세스의 단일 디렉토리 계층구조 내 '현위치'이며, 해당 프로세스에서 상대 경로명을 해석할 때의 기준 디렉토리다.

프로세스는 부모 프로세스로부터 현재 작업 디렉토리를 상속받는다. 로그인 셸의 첫 작업 디렉토리는 사용자의 패스워드 엔트리에 지정된 홈 디렉토리로 설정된다. 셸의 현재 작업 디렉토리는 `cd` 명령으로 바꿀 수 있다.

### 파일 소유권과 접근 권한

각 파일에는 파일의 소유자와 그룹을 정의하는 사용자 ID와 그룹 ID가 지정되어 있다. 파일의 소유권을 통해 파일에 대한 접근 권한을 결정한다.

파일 접근과 관련해, 시스템은 사용자를 파일의 소유자owner(파일 사용자라고도 한다), 파일의 그룹 ID와 일치하는 그룹의 구성원(그룹group), 나머지(기타other)의 세 가지로 나눈다. 세 가지 사용자별로 접근 권한 비트가 설정되는데, 읽기read 권한은 파일의 내용을 읽을 수 있는 권한이고, 쓰기write 권한은 파일의 내용을 수정할 수 있는 권한이고, 실행execute 권한은 프로그램이나 (명령 인터프리터, 흔히 셸이 처리하는) 스크립트 파일을 실행할 수 있는 권한이다.

이 권한은 디렉토리에도 설정할 수 있는데, 그 의미가 약간 다르다. 읽기 권한은 디렉토리의 내용(즉 파일이름)을 나열할 수 있는 권한이고, 쓰기 권한은 디렉토리의 내용을 바꿀(즉 파일이름을 추가, 삭제, 변경) 수 있는 권한이고, 실행(또는 검색search) 권한은 디렉토리 안의 파일에 (해당 파일 자체의 접근 권한에 따라) 접근할 수 있는 권한이다.

## 2.5 파일 I/O 모델

유닉스 I/O 모델의 독특한 특징 중 하나가 만능 I/O 개념이다. 디바이스를 비롯한 모든 종류의 파일에 I/O를 수행할 때 동일한 시스템 호출(`open()`, `read()`, `write()`, `close()` 등)을 사용한다는 뜻이다(커널이 응용 프로그램의 I/O 요청을 대상 파일이나 디바이스에 I/O를 수행하는 파일 시스템이나 디바이스 드라이버 동작으로 적절히 해석한다). 따라서 이 시스템 호출을 사용하는 프로그램은 어떤 종류의 파일도 사용할 수 있다.

커널이 제공하는 파일은 근본적으로 한 가지, 순차적인 바이트의 흐름으로, 디스크 파일, 디스크, 테이프 디바이스의 경우에는 `lseek()` 시스템 호출을 통해 임의의 위치로 접근할 수 있다.

여러 응용 프로그램과 라이브러리에서 **줄바꿈**newline 문자(아스키 코드 10 또는 라인피드 linefeed라고도 한다)를 텍스트의 한 줄이 끝나고 새 줄이 시작하는 것으로 해석한다. 유닉스 시스템에는 EOFend-of-file 문자가 없으며, 파일을 읽었을 때 데이터가 없으면 파일의 끝으로 간주한다.

### 파일 디스크립터

I/O 시스템 호출은 **파일 디스크립터**file descriptor를 통해 열려 있는 파일을 참조한다. 파일 디스크립터는 보통 음수가 아닌 작은 정수이며, I/O 대상 파일의 경로명을 인자로 받는 open()을 통해 얻을 수 있다.

보통 프로세스는 셸에서 실행될 때 열려 있는 파일 디스크립터 3개를 물려받는다. 디스크립터 0은 **표준 입력**standard input으로, 프로세스가 입력을 받는 파일이다. 디스크립터 1은 **표준 출력**standard output으로, 프로세스가 출력을 내보내는 파일이다. 디스크립터 2는 **표준 에러**standard error로, 프로세스가 에러 메시지와 예외/비정상 상태 공지를 출력하는 파일이다. 대화형 셸이나 프로그램에서 이들 세 디스크립터는 일반적으로 터미널에 연결되어 있다. stdio 라이브러리에서 이들 디스크립터는 stdin, stdout, stderr 파일에 해당된다.

### stdio 라이브러리

파일 I/O를 실행하기 위해, C 프로그램은 보통 표준 C 라이브러리에 있는 I/O 함수를 부른다. 이 함수를 stdio 라이브러리라고 하며, fopen(), fclose(), scanf(), printf(), fgets(), fputs() 등이 포함된다. stdio 함수는 I/O 시스템 호출(open(), close(), read(), write() 등)의 상위 계층을 이루고 있다.

> 이 책은 독자가 이미 C 표준 I/O(stdio) 함수에 익숙하다고 가정하며, 각 함수를 자세히 다루지 않는다. stdio 라이브러리에 대한 더 자세한 정보는 [Kernighan & Ritchie, 1988], [Harbison & Steele, 2002], [Plauger, 1992], [Stevens & Rago, 2005]에서 찾아볼 수 있다.

## 2.6 프로그램

**프로그램**program은 두 가지 형태로 존재한다. 첫 번째는 **소스 코드**source code로, 사람이 읽을 수 있는 C 같은 프로그래밍 언어로 작성된 일련의 구문으로 이뤄진 텍스트다. 소스 코드가 실행되려면 두 번째 형태, 컴퓨터가 이해할 수 있는 이진 기계어 명령으로 변환돼야 한다(셸이나 그 밖의 명령 인터프리터가 바로 처리할 수 있는 명령을 담고 있는 텍스트 파일인 **스크립트**와 대비된다). '프로그램'의 두 가지 의미는 보통 동일한 것으로 간주한다. 소스 코드를 컴파일하고 링크하면 의미상 동일한 이진 기계 코드로 변환되기 때문이다.

### 필터

**필터**filter는 stdin에서 입력을 받는 프로그램에 적용되어, 입력에 변형을 가하고, 변형된 데이터를 stdout에 출력한다. 필터의 예로는 cat, grep, tr, sort, wc, sed, awk 등이 있다.

### 명령행 인자

C에서 프로그램은 **명령행 인자**command-line argument에 접근할 수 있는데, 명령행 인자란 프로그램을 실행할 때 명령행에 적어준 단어들을 말한다. 명령행 인자에 접근하려면 프로그램의 main() 함수를 다음과 같이 선언하면 된다.

```
int main(int argc, char *argv[])
```

argc 변수에는 전체 명령행 인자 개수가 들어 있고, 각 인자는 argv 배열의 각 요소가 가리키는 문자열이다. 첫 번째 문자열은 argv[0]으로, 프로그램의 이름을 가리킨다.

## 2.7 프로세스

간단히 말해서 **프로세스**process는 실행 중인 프로그램이다. 프로그램이 실행될 때는 커널이 프로그램 코드를 가상 메모리에 올리고, 프로그램 변수 공간을 할당하고, 프로세스에 대한 여러 가지 정보(프로세스 ID, 종료 상태, 사용자 ID, 그룹 ID 등)를 기록하기 위한 커널 내 데이터 구조를 준비한다.

커널의 관점에서 프로세스는 커널이 컴퓨터의 여러 자원을 공유해야 하는 개체다. 메모리처럼 제한된 자원의 경우, 커널은 처음에 약간의 자원을 프로세스에 할당하고, 프로세스가 살아 있는 동안 프로세스와 전체 시스템의 요구에 따라 할당량을 조절한다. 프로세스가 종료되면 다른 프로세스가 재사용할 수 있도록 모든 자원을 반납받는다. CPU나 네트워크 대역폭 같은 자원은 재생할 수 있지만 모든 프로세스 간에 공평하게 공유돼야 한다.

### 프로세스 메모리 배치

프로세스는 논리적으로 다음과 같은 세그먼트segment로 나뉜다.

- 텍스트: 프로그램의 명령
- 데이터: 프로그램이 사용하는 정적 변수
- 힙heap: 프로그램이 실행 중에 추가로 메모리를 할당할 수 있는 영역
- 스택stack: 함수가 호출되고 리턴됨에 따라 자라고 줄어드는 메모리 영역으로, 지역 변수와 함수 호출 연결 정보가 저장된다.

### 프로세스 생성과 프로그램 실행

프로세스는 fork() 시스템 호출을 통해 새로운 프로세스를 만들 수 있다. fork()를 호출하는 프로세스를 **부모 프로세스**parent process라고 하고, 새로 생긴 프로세스를 **자식 프로세스**child process라고 한다. 커널은 부모 프로세스를 복제해서 자식 프로세스를 만든다. 자식 프로세스는 부모의 데이터, 스택, 힙 세그먼트의 복사본을 물려받지만, 이후에 부모와 상관없이 해당 내용을 수정할 수 있다(메모리에 읽기 전용으로 표시된 프로그램 텍스트는 두 프로세스가 공유한다).

계속해서 자식 프로세스는 부모와 동일한 코드의 다른 함수들을 실행하거나, 흔히 execve() 시스템 호출을 통해 완전히 새로운 프로그램을 실행한다. execve()는 기존의 텍스트, 데이터, 스택, 힙 세그먼트를 제거하고 새로운 프로그램 코드에 기초한 새로운 세그먼트를 메모리에 구성한다.

관련된 C 라이브러리 함수들이 execve()로 구현되어 있는데, 동일한 기능에 대한 약간씩 다른 인터페이스를 제공한다. 이 함수들 모두 이름이 exec로 시작하므로, 차이점이 상관없는 경우에는 exec()라는 이름으로 이들을 통칭하겠다. 하지만 실제로 exec()라는 함수는 없다는 점에 유의하자.

execve()와 이를 이용해 구현한 라이브러리 함수가 수행하는 동작을 보통 '실행하다'라고 할 것이다.

### 프로세스 ID와 부모 프로세스 ID

각 프로세스에는 고유한 정수인 **프로세스 식별자**PID, process identifier가 부여되어 있다. 각 프로세스에는 또한 **부모 프로세스 식별자**PPID, parent process identifier 속성이 있어, 커널에게 이 프로세스를 만들어달라고 요청한 프로세스를 알 수 있다.

### 프로세스 종료와 종료 상태

프로세스는 두 가지 방식으로 종료될 수 있다. `_exit()` 시스템 호출(또는 `exit()` 라이브러리 함수)을 통해 스스로 종료를 요청하거나, 시그널을 받아 종료되는 것이다. 어느 쪽이든 **종료 상태**termination status, 즉 부모 프로세스가 `wait()` 시스템 호출을 통해 얻을 수 있는 음이 아닌 정수가 발생한다. `_exit()`를 호출한 경우, 프로세스가 직접 스스로의 종료 상태를 지정한다. 프로세스가 시그널을 받고 종료됐을 경우, 종료 상태는 프로세스를 종료시킨 시그널의 종류에 따라 결정된다(`_exit()`의 인자를, `_exit()`의 인자일 수도 있고 프로세스를 종료시킨 시그널에 따라 결정될 수도 있는 종료 상태와 구별해, 프로세스의 exit 상태라고도 한다).

관례상 종료 상태 0은 프로세스가 성공했음을, 0이 아닌 값은 에러가 발생했음을 뜻한다. 대부분의 셸에서, 마지막으로 실행된 프로그램의 종료 상태를 `$?`라는 셸 변수를 통해 얻을 수 있다.

### 프로세스 사용자와 그룹 식별자(자격증명)

각 프로세스에는 다음과 같은 여러 사용자 ID(UID)와 그룹 ID(GID)가 관련되어 있다.

- **실제**real **사용자 ID와 실제 그룹 ID**: 프로세스가 속한 사용자와 그룹. 새로운 프로세스는 부모로부터 물려받는다. 로그인 셸은 실제 사용자 ID와 실제 그룹 ID를 시스템 패스워드 파일의 해당 필드에서 얻는다.
- **유효**effective **사용자 ID와 유효 그룹 ID**: 이 두 ID는 (곧 설명할 보조 그룹 ID와 함께) 파일과 프로세스 간 통신 객체와 같은 보호 자원 접근 권한을 결정할 때 쓰인다. 일반적으로 프로세스의 유효 ID는 해당 실제 ID와 같다. 곧 설명하겠지만, 유효 ID를 바꾸면 프로세스가 다른 사용자나 그룹의 특권을 갖게 된다.
- **보조**supplementary **그룹 ID**: 프로세스가 속한 추가적인 그룹. 새로운 프로세스는 부모로부터 보조 그룹 ID를 물려받는다. 로그인 셸은 시스템 그룹 파일에서 보조 그룹 ID를 얻는다.

### 특권 프로세스

전통적으로 유닉스 시스템에서 **특권 프로세스**privileged process란 유효 사용자 ID가 0(슈퍼유저)인 프로세스를 말한다. 이런 프로세스는 커널이 일반적으로 적용하는 권한 제한을 우회한다. 이에 비해 **비특권 프로세스**unprivileged(nonprivileged) process란 기타 사용자가 실행하는 프로세스를 말한다. 이런 프로세스는 유효 사용자 ID가 0이 아니고 커널이 강제하는 권한 규칙을 따라야 한다.

다른 특권 프로세스가 만든 프로세스 또한 특권 프로세스가 된다(예: root(슈퍼유저)가 실행한 로그인 셸). 특권 프로세스가 되는 또 다른 방법은 set-user-ID 방식으로, 프로세스를 실행한 프로그램 파일의 사용자 ID가 그 프로세스의 유효 사용자 ID가 된다.

### 능력

커널 2.2부터 리눅스는 전통적으로 슈퍼유저에게 주어지던 특권을 능력capability이라는 몇 가지 단위로 나눴다. 각 특권 동작은 특정 능력과 연관되어 있고; 프로세스는 해당 능력이 있어야만 동작을 수행할 수 있다. 전통적인 슈퍼유저 프로세스(유효 사용자 ID가 0)는 모든 능력을 갖고 있는 프로세스에 해당된다.

프로세스에 일부 능력을 부여하면 일반적으로 슈퍼유저만 할 수 있는 동작 중 일부만을 허용하고 나머지는 금지할 수 있다.

능력에 대해서는 34장에서 자세히 다룬다. 앞으로 이 책에서 특권 프로세스만 할 수 있는 동작을 언급할 때는 해당 능력을 괄호 안에 명시할 것이다. 능력의 이름은 CAP_KILL처럼 CAP_으로 시작한다.

### init 프로세스

시스템을 부팅하면 커널은 /sbin/init 프로그램 파일을 실행해서, '모든 프로세스의 부모'인 init 프로세스를 만든다. 시스템상의 모든 프로세스는 init나 그 후손에 의해 (fork()를 통해) 만들어진다. init 프로세스의 프로세스 ID는 언제나 1이고 슈퍼유저 특권을 갖고 실행된다. init 프로세스는 종료시킬 수 없고(슈퍼유저라도 안 된다), 시스템이 종료될 때만 종료된다. init의 주 임무는 시스템을 동작시키기 위한 여러 프로세스를 만들고 감시하는 것이다(자세한 사항은 init(8) 매뉴얼 페이지를 참조하기 바란다).

### 데몬 프로세스

데몬daemon은 시스템이 여타 프로세스와 똑같은 방식으로 만들고 다루는 특수 목적 프로세스지만, 다음과 같은 특징이 있어 여타 프로세스와 구별된다.

- 수명이 길다. 데몬 프로세스는 보통 시스템 부팅 때 시작해서 시스템 종료 때까지 존재한다.
- 백그라운드에서 동작하고, 입출력할 수 있는 제어 터미널이 없다.

데몬 프로세스의 예로는 시스템 로그 메시지를 기록하는 syslogd, HTTPHypertext Transfer Protocol를 통해 웹페이지를 전달하는 httpd 등이 있다.

## 환경 목록

각 프로세스의 환경 목록environmental list은 프로세스의 사용자 공간 메모리에 있는 환경 변수environmental variable의 집합이다. 이 목록의 각 요소는 이름과 값의 쌍으로 이뤄져 있다. fork()를 통해 새로운 프로세스가 만들어지면, 부모 환경의 복사본을 물려받는다. 즉 환경을 통해 부모 프로세스가 자식 프로세스에게 정보를 넘길 수 있다. 프로세스가 exec()를 통해서 실행 중인 프로그램을 바꿀 때, 새로운 프로그램은 기존 프로그램의 환경을 물려받거나 exec()를 호출할 때 지정한 환경을 받을 수 있다.

환경 변수는 다음 예와 같이 대부분의 셸에서 export 명령(또는 C 셸에서는 setenv 명령)으로 만든다.

```
$ export MYVAR='Hello world'
```

> 이 책에서 대화형 셸에서의 입출력을 보여줄 때 입력은 언제나 굵은 글씨로 나타낸다.

C 프로그램은 외부 변수(char **environ)[2]를 통해 환경 변수를 읽을 수 있고, 여러 가지 라이브러리 함수를 통해 환경 변수의 값을 읽고 변경할 수 있다.

환경 변수는 여러 가지 목적으로 쓰인다. 예를 들어, 셸은 셸에서 실행하는 스크립트와 프로그램에서 접근할 수 있는 여러 가지 변수를 정의하고 사용한다. 여기에는 사용자의 로그인 디렉토리의 경로명을 지정하는 변수 HOME, 사용자가 입력한 명령에 해당하는 프로그램을 찾을 디렉토리 목록을 지정하는 변수 PATH 등이 포함된다.

## 자원 한도

각 프로세스는 열려 있는 파일, 메모리, CPU 시간 등의 자원을 소비한다. setrlimit() 시스템 호출을 통해 프로세스는 여러 가지 자원 사용의 상한선을 지정할 수 있다. 이런 자원 한도resource limit는 다음 한 쌍의 값으로 이뤄져 있는데, 연성 한도soft limit는 프로세스가 소비할 수 있는 자원의 한도이고, 경성 한도hard limit는 연성 한도를 조절할 수 있는 상

2 extern char **environ;처럼 선언해서 쓴다. – 옮긴이

한선이다. 비특권 프로세스는 특정 자원의 연성 한도를 0부터 경성 한도까지의 범위 안에서 자유롭게 변경할 수 있지만, 경성 한도는 낮출 수만 있다.

fork()를 통해 새로운 프로세스가 만들어지면, 부모의 자원 한도 설정의 복사본을 물려받는다.

셸의 자원 한도는 ulimit(C 셸에서는 limit) 명령으로 조절할 수 있다. 이렇게 설정된 한도는 셸이 명령을 실행하기 위해 만드는 프로세스에 상속된다.

## 2.8 메모리 매핑

mmap() 시스템 호출을 통해 프로세스의 가상 주소 공간에 새로운 **메모리 매핑**memory mapping을 만들 수 있다.

매핑에는 두 가지 부류가 있다.

- **파일 매핑**file mapping은 파일의 일부를 프로세스의 가상 메모리로 매핑한다. 매핑되면, 해당 메모리 영역을 통해 파일의 내용에 접근할 수 있다. 매핑된 페이지는 파일로부터 필요에 따라 자동으로 로드된다.
- 이에 비해 **익명 매핑**anonymous mapping은 파일에 매핑되지 않는다. 대신에 매핑되는 페이지들이 0으로 초기화된다.

프로세스에 매핑된 메모리는 다른 프로세스와 공유할 수 있다. 메모리 공유는 두 프로세스가 같은 파일 영역을 매핑하거나 fork()를 통해 만들어진 자식 프로세스가 부모로부터 매핑을 물려받을 경우 발생한다.

둘 이상의 프로세스가 같은 페이지를 공유하면, 매핑이 비공개인지 공유인지에 따라 각 프로세스는 공유된 페이지에서 다른 프로세스가 변경한 내용을 볼 수도 있다. **비공개 매핑**private mapping의 경우, 매핑된 메모리에서의 변경사항은 다른 프로세스에 보이지 않고 매핑된 파일에 반영되지 않는다. **공유 매핑**shared mapping의 경우, 매핑된 메모리에서의 변경사항이 같은 매핑을 공유하는 다른 프로세스에도 보이고 매핑된 파일에도 반영된다.

메모리 매핑은 실행 파일의 해당 세그먼트를 이용한 프로세스의 텍스트 세그먼트 초기화, (0으로 초기화된) 새로운 메모리 할당, 파일 I/O(메모리 맵 I/O), (공유 매핑을 통한) 프로세스 간 통신 등 여러 가지 용도로 쓰일 수 있다.

## 2.9 정적 라이브러리와 공유 라이브러리

오브젝트 라이브러리object library는 컴파일된 오브젝트 코드를 담고 있는 파일로, 응용 프로그램이 호출할 수 있는 (보통 논리적으로 연관된) 함수들이 들어 있다. 연관된 함수들을 하나의 오브젝트 라이브러리에 담으면 프로그램 생성과 유지보수가 편리해진다. 현대 유닉스 시스템은 정적 라이브러리static library와 공유 라이브러리shared library라는 두 가지 오브젝트 라이브러리를 제공한다.

### 정적 라이브러리

초기 유닉스 시스템에서는 정적 라이브러리(archive라고도 한다)가 유일한 라이브러리 형태였다. 정적 라이브러리는 근본적으로 컴파일된 오브젝트 모듈들의 구조화된 묶음이다. 정적 라이브러리의 함수를 쓰려면, 프로그램을 빌드할 때 링크 명령에 라이브러리를 명시한다. 주 프로그램에서 정적 라이브러리 내 모듈로의 여러 가지 함수 참조를 분석한 뒤, 링커는 라이브러리로부터 필요한 오브젝트 모듈을 추출해서 생성 중인 실행 파일에 복사해넣는다. 이런 프로그램을 정적으로 링크됐다고 한다.

정적으로 링크된 각 프로그램이 라이브러리에서 추출된 오브젝트 모듈들의 복사본을 포함하고 있기 때문에 여러 가지 단점이 발생한다. 하나는 각기 다른 실행 파일에 오브젝트 코드가 중복되어 있기 때문에 디스크 공간이 낭비된다는 점이다. 같은 라이브러리 함수를 쓰는 정적으로 링크된 프로그램이 동시에 실행되고 있을 때도 마찬가지로 메모리가 낭비된다. 각 프로그램이 똑같은 함수의 복사본을 메모리에 올려야 하기 때문이다. 게다가 라이브러리 함수를 고쳐야 하면, 해당 함수를 다시 컴파일한 다음 정적 라이브러리에 추가하고, 갱신된 함수를 써야 하는 모든 응용 프로그램을 해당 라이브러리와 다시 링크해야 한다.

### 공유 라이브러리

공유 라이브러리는 정적 라이브러리의 문제점을 해결하기 위해 설계됐다.

프로그램이 공유 라이브러리와 링크되면, 라이브러리의 오브젝트 모듈을 실행 파일로 복사하는 대신, 링커는 실행 파일이 실행 시에 해당 공유 라이브러리가 필요하다는 정보만 기록한다. 실행 파일이 실행되어 메모리에 올라오면, 동적 링커dynamic linker라는 프로그램은 실행 파일에 필요한 공유 라이브러리를 찾아서 메모리에 올리고, 실행 파일에서 공유 라이브러리로의 함수 호출을 분석해서 실행 시 링크를 수행한다. 실행 중에 공유 라이브러리 코드는 하나만 메모리에 존재하고, 실행 중인 모든 프로그램이 이를 이용할 수 있다.

공유 라이브러리만 컴파일된 함수를 담고 있기 때문에 디스크 공간을 절약할 수 있다. 또한 프로그램들이 함수의 최신 버전을 사용하도록 보장하기도 매우 쉽다. 단순히 공유 라이브러리를 새로운 함수 정의로 다시 빌드하기만 하면 기존의 프로그램들이 다음에 실행될 때 자동으로 새로운 정의를 사용할 것이다.

## 2.10 프로세스 간 통신과 동기화

동작 중인 리눅스 시스템은 수많은 프로세스로 이뤄져 있고, 이 중 상당수는 서로 독립적으로 동작한다. 하지만 어떤 프로세스들은 서로 협력해서 목적을 달성하는데, 이들은 서로 통신하고 서로의 동작을 동기화할 방법이 필요하다.

프로세스 통신의 한 가지 방법은 디스크 파일에 있는 정보를 읽고 쓰는 것이다. 하지만 많은 응용 프로그램에게 있어 이는 너무 느리고 융통성이 부족하다. 따라서 그 밖의 현대 유닉스 구현과 마찬가지로 리눅스는 다음과 같이 다양한 IPCinterprocess communication 방법을 제공한다.

- 시그널signal은 이벤트가 발생했음을 알린다.
- 파이프pipe(셸 사용자에게는 | 연산자로 친숙할 것이다)와 FIFO는 프로세스 간에 데이터를 전송할 때 쓴다.
- 소켓socket은 같은 컴퓨터 또는 네트워크로 연결된 다른 컴퓨터에 있는 프로세스로 데이터를 보낼 때 쓴다.
- 파일 잠금file locking은 다른 프로세스가 파일의 내용을 읽거나 갱신하지 못하도록 파일을 잠그는 것이다.
- 메시지 큐message queue는 프로세스 간에 메시지(데이터 패킷)를 교환할 때 쓴다.
- 세마포어semaphore는 프로세스의 동작을 동기화할 때 쓴다.
- 공유 메모리shared memory를 이용하면 둘 이상의 프로세스가 메모리의 일부를 공유할 수 있다. 한 프로세스가 공유 메모리의 내용을 변경하면, 다른 모든 프로세스가 즉시 해당 변경사항을 볼 수 있다.

유닉스 시스템의 IPC 메커니즘이 다양한 이유는 부분적으로 유닉스의 각기 다른 변종 계통에서의 진화와 여러 가지 표준의 요구 때문이다. 예를 들어, FIFO와 유닉스 도메인 소켓은 같은 시스템상의 독립된 프로세스 간에 데이터를 교환하는 근본적으로 동일한 기능을 수행한다. 현대 유닉스 시스템에는 두 가지가 모두 존재하는데, FIFO는 시스템 V에서 오고, 소켓은 BSD에서 왔기 때문이다.

## 2.11 시그널

2.10절에서 IPC 방법 중 하나로 소개했지만, 시그널은 그 밖의 분야에서도 폭넓게 쓰이므로 더 자세히 살펴볼 필요가 있다.

시그널은 '소프트웨어 인터럽트'라고도 한다. 시그널의 도착은 프로세스에게 어떤 이벤트나 예외상황이 발생했음을 알린다. 여러 가지 시그널이 있는데, 각각 서로 다른 이벤트나 상황을 알려준다. 각 시그널의 종류는 각기 다른 정수로 나타내는데, SIGxxxx 형태의 이름으로 정의되어 있다.

시그널은 커널이나 (적절한 권한이 있는) 프로세스에서 다른 프로세스나 자신에게 보낸다. 예를 들어, 커널은 다음과 같은 상황에서 프로세스에게 시그널을 보낸다.

- 사용자가 키보드에서 인터럽트interrupt 문자(일반적으로 Control-C)를 입력했을 때
- 자식 프로세스 중 하나가 종료됐을 때
- 프로세스가 설정한 타이머(알람 시계)가 만료됐을 때(울렸을 때)
- 프로세스가 잘못된 메모리 주소에 접근하려고 했을 때

셸에서 `kill` 명령으로 프로세스에게 시그널을 보낼 수 있다. `kill()` 시스템 호출도 프로그램 안에서 같은 기능을 수행한다.

프로세스가 시그널을 받으면, 시그널에 따라 다음 중 한 가지 동작을 수행한다.

- 시그널을 무시한다.
- 시그널을 받고 종료된다.
- 특수 목적 시그널을 받고 재개될 때까지 중지suspend된다.

대부분의 시그널에 대해, 기본 시그널 동작을 받아들이는 대신, 프로그램이 시그널을 무시하거나(기본 동작이 무시가 아닐 경우 유용하다), **시그널 핸들러**signal handler를 설정할 수 있다. 시그널 핸들러는 프로그래머가 정의한 함수로, 프로세스로 시그널이 전달되면 자동으로 실행된다. 이 함수는 시그널이 발생한 상황에 적절한 동작을 수행한다.

발생한 시점에서 전달되기까지, 시그널은 프로세스에 대해 **보류 중**pending이라고 한다.

일반적으로 보류 중인 시그널은 수신 프로세스가 다음에 실행되자마자 또는 해당 프로세스가 이미 실행 중이면 즉시 전달된다. 하지만 프로세스의 **시그널 마스크**signal mask에 추가함으로써 시그널을 **블록**block할 수도 있다. 블록 중인 시그널이 발생되면, 나중에 블록이 해제(즉 시그널 마스크에서 제거)될 때까지 계속 보류 상태에 머문다.

## 2.12 스레드

현대 유닉스 구현에서 각 프로세스는 여러 개의 **스레드**thread를 가질 수 있다. 스레드는 같은 가상 메모리와 광범위한 기타 속성을 공유하는 프로세스의 집합으로 상상할 수 있다. 각 스레드는 같은 프로그램 코드를 실행하고 같은 데이터 영역과 힙을 공유한다. 하지만 각 스레드는 지역 변수와 함수 호출 연결 정보를 담고 있는 각자의 스택을 갖고 있다.

스레드는 공유하는 전역 변수를 통해 서로 통신할 수 있다. 스레드 API는 **조건 변수**condition variable와 **뮤텍스**mutex를 제공하는데, 이를 통해 프로세스 안의 스레드들이 통신하고 서로의 동작(특히 공유 변수 사용)을 동기화할 수 있다. 스레드는 또한 2.10절에서 소개한 IPC와 동기화 메커니즘을 통해 서로 통신할 수 있다.

스레드를 쓰는 첫 번째 장점은 협력하는 스레드 간에 (전역 변수를 통해) 데이터를 공유하기가 쉽고 어떤 알고리즘은 멀티프로세스보다 멀티스레드로 구현하는 편이 좀 더 자연스럽다는 것이다. 게다가 멀티스레드 응용 프로그램은 멀티프로세서 하드웨어상에서 특별한 처리 없이도 병렬 처리를 활용할 가능성이 높다.

## 2.13 프로세스 그룹과 셸 작업 제어

셸에서 실행된 각 프로그램은 새로운 프로세스로 시작된다. 예를 들어, (현재 작업 디렉토리의 파일들을 파일 크기 순으로 정렬해서 보여주는) 다음의 명령 파이프라인을 실행하기 위해 셸은 3개의 프로세스를 만든다.

```
$ ls -l | sort -k5n | less
```

본셸을 제외한 주요 셸들은 모두 **작업 제어**job control라는 대화형 기능을 제공하는데, 이를 통해 사용자는 여러 명령이나 파이프라인을 동시에 실행하고 조작할 수 있다. 작업 제어 셸에서 파이프라인 내의 모든 프로세스는 새로운 **프로세스 그룹**이나 **작업**에 속하게 된다(하나의 명령으로 이뤄진 간단한 명령의 경우, 하나의 프로세스만을 담고 있는 새로운 프로세스 그룹이 만들어진다). 프로세스 그룹 내의 각 프로세스는 동일한 **프로세스 그룹 ID**를 갖는데, 이 정수는 그룹 내 프로세스 중 하나(프로세스 그룹 리더)의 프로세스 ID와 같다.

커널은 프로세스 그룹 내 전체 프로세스를 대상으로 시그널 전달 등 여러 가지 동작을 수행할 수 있다. 작업 제어 셸은 이 기능을 이용해서 다음 절에 설명된 것처럼 사용자가 파이프라인 내 모든 프로세스를 중지시키거나 재개시킬 수 있게 한다.

## 2.14 세션, 제어 터미널, 제어 프로세스

**세션**session은 프로세스 그룹(작업)의 묶음이다. 세션 내 모든 프로세스는 동일한 **세션 ID**를 갖는다. **세션 리더**session leader는 세션을 만든 프로세스이고, 그 프로세스 ID가 세션 ID가 된다.

세션은 주로 작업 제어 셸에서 쓰인다. 작업 제어 셸에서 만든 모든 프로세스 그룹은 셸과 동일한 세션에 속하고, 셸은 세션 리더가 된다.

세션에는 보통 연관된 **제어 터미널**controlling terminal이 있다. 제어 터미널은 세션 리더 프로세스가 처음 터미널 디바이스를 열 때 설정된다. 대화형 셸이 만든 세션의 경우, 제어 터미널은 사용자가 로그인한 터미널이다. 터미널은 최대 한 세션의 제어 터미널이 될 수 있다.

제어 터미널을 열면 세션 리더가 그 터미널의 **제어 프로세스**controlling process가 된다. 터미널이 끊어지면(예를 들어, 터미널 창이 닫히면) 제어 프로세스는 `SIGHUP` 시그널을 받는다.

어느 시점에서든 세션 내 프로세스 그룹 중 하나는 **포그라운드 프로세스 그룹**foreground process group(포그라운드 작업)으로서, 터미널에서 입력을 받을 수 있고 터미널로 출력을 보낼 수 있다. 사용자가 제어 터미널에서 **인터럽트** 문자(일반적으로 Control-C)나 **중지** 문자(일반적으로 Control-Z)를 입력하면, 터미널 드라이버는 포그라운드 프로세스 그룹을 종료시키거나 중지시키는 시그널을 보낸다. 세션은 임의 개수의 **백그라운드 프로세스 그룹**(백그라운드 작업)을 가질 수 있는데, 명령 끝에 & 문자를 붙여 만든다.

작업 제어 셸은 모든 작업을 나열하고, 작업에게 시그널을 보내고, 작업을 포그라운드와 백그라운드로 전환하는 명령을 제공한다.

## 2.15 가상 터미널

가상 터미널pseudoterminal은 마스터master와 슬레이브slave라는, 연결된 가상 디바이스의 쌍이다. 이 디바이스 쌍은 두 디바이스 사이에서 양방향으로 데이터를 전송할 수 있는 IPC 채널을 제공한다.

가상 터미널의 핵심은 슬레이브 디바이스가 터미널처럼 동작하는 인터페이스를 제공함으로써, 터미널 중심 프로그램이 슬레이브 디바이스에 연결해서 마스터 디바이스에 연결된 또 다른 프로그램을 통해 터미널 중심 프로그램을 구동할 수 있다는 점이다. 드라이버 프로그램의 출력은 터미널 드라이버가 수행하는 일반적은 입력 과정(예를 들어, 기본 모드에서 캐리지 리턴carriage return은 줄바꿈 문자에 매핑되어 있다)을 거친 뒤에 슬레이브에 연결된 터미널 중심 프로그램에 입력으로 전달된다. 터미널 중심 프로그램이 슬레이브로 출력하는 것은 모두 (일반적인 터미널 출력 절차를 수행한 뒤에) 드라이버 프로그램으로 전달된다. 다시 말해서 드라이버 프로그램이 보통은 사용자가 일반 터미널에서 수행하는 일을 수행하는 것이다.

가상 터미널은 다양한 응용 프로그램에서 활용되는데, 특히 X 윈도우 시스템에서 제공되는 터미널 윈도우의 구현, 텔넷telnet과 ssh 같은 네트워크 로그인 서비스를 제공하는 응용 프로그램에 주로 쓰인다.

## 2.16 날짜와 시간

프로세스와 관련된 시간에는 두 가지가 있다.

- 실제 시간real time은 어떤 표준 시점부터 측정한 시간(달력 시간calendar time) 또는 어떤 정해진 시점, 일반적으로 프로세스의 시작부터 측정한 시간(경과 시간elapsed time 또는 벽시계 시간wall clock time)이다. 유닉스 시스템에서 달력 시간은 UTCUniversal Coordinated Time 1970년 1월 1일 0시부터 흐른 초로 측정하고, 영국 그리니치Greenwich를 지나는 경선에 따라 정의된 시간대에 따라 조정된다. 유닉스 시스템의 탄생일과 가까운 이 날짜를 기원Epoch이라고 한다.
- 프로세스 시간process time은 CPU 시간이라고도 하는데, 프로세스가 시작된 이래 사용한 CPU 시간의 총량이다. CPU 시간은 다시 커널 모드에서 코드를 실행(즉 시스템 호출을 실행하고 프로세스를 위해 기타 커널 서비스를 수행)하는 데 소비한 시간인 시스템 CPU 시간과, 사용자 모드에서 코드를 실행(즉 일반 프로그램 코드를 실행)하는 데 소비한 시간인 사용자 CPU 시간으로 나뉜다.

time 명령은 파이프라인에 들어 있는 프로세스들을 실행하는 데 소요된 실제 시간, 시스템 CPU 시간, 사용자 CPU 시간을 보여준다.

## 2.17 클라이언트/서버 아키텍처

이 책의 여러 곳에서 클라이언트/서버 응용 프로그램의 설계와 구현에 대해 언급하고 있다.

**클라이언트/서버 응용 프로그램**client-server application이란 2개의 요소 프로세스로 나뉘어 있는 응용 프로그램을 말한다.

- 클라이언트는 서버에게 요청 메시지를 보내어 어떤 서비스를 수행하라고 요청한다.
- 서버는 클라이언트의 요청을 검사하고, 적절한 동작을 수행한 뒤, 클라이언트에게 응답 메시지를 보낸다.

클라이언트와 서버는 요청과 응답으로 이뤄진 확장된 대화에 참여하기도 한다.

일반적으로 클라이언트 응용 프로그램은 사용자와 상호작용하는 데 비해, 서버 응용 프로그램은 공유 자원에 대한 접근을 제공한다. 보통 하나 또는 소수의 서버 프로세스와 통신하는 다수의 클라이언트 프로세스가 존재한다.

클라이언트와 서버는 같은 호스트 컴퓨터에 존재하기도 하고 네트워크로 연결된 서로 떨어져 있는 호스트에 존재하기도 한다. 서로 통신하기 위해 클라이언트와 서버는 2.10절에서 소개한 IPC 메커니즘을 사용한다.

서버는 다음과 같이 다양한 서비스를 구현할 수 있다.

- 데이터베이스나 기타 공유 정보 자원에 대한 접근을 제공
- 네트워크로 연결된 원격 파일에 대한 접근을 제공
- 비즈니스 로직을 캡슐화
- 공유 하드웨어 자원(예: 프린터)에 대한 접근을 제공
- 웹페이지를 제공

단일 서버 내의 서비스를 캡슐화하면 다음과 같은 여러 가지 이유로 편리하다.

- **효율성**: 같은 자원(예: 프린터)을 컴퓨터마다 제공하는 것보다 서버가 관리하는 하나의 자원을 제공하는 편이 비용이 덜 든다.

- 제어, 조정, 보안: 자원(특히 정보 자원)을 한곳에 둠으로써, 서버가 자원에 대한 접근을 조정하거나(예를 들어 두 클라이언트가 동시에 같은 정보를 갱신하지 않도록) 선택된 클라이언트만 접근할 수 있도록 보안 장치를 할 수 있다.
- 이종 환경에서 동작: 네트워크상의 다양한 클라이언트와 서버가 각기 다른 하드웨어와 운영체제상에서 동작할 수 있다.

## 2.18 실시간

실시간 응용 프로그램은 입력에 대해 빠른 시간 안에 응답해야 하는 응용 프로그램이다. 흔히 그런 입력은 외부 센서나 특수한 입력 디바이스로부터 들어오고, 출력은 외부 하드웨어를 제어하는 형태를 취한다. 실시간 응답을 요구하는 응용 프로그램으로는 자동 조립 라인, 은행 ATM, 항공기 항법 장치 등이 있다.

많은 실시간 응용 프로그램이 입력에 대해 빠른 응답을 요구하지만, 결정적인 요소는 이벤트 발생 뒤 응답이 특정 데드라인 안에 전달됨이 보장되는지이다.

실시간 응답성을 제공하기 위해서는, 특히 짧은 응답 시간이 요구될 때, 하부에 있는 운영체제의 지원이 필요하다. 대부분의 운영체제는 그런 지원을 제공하지 않는데, 실시간 응답성이 다중 사용자 시분할 운영체제의 요구사항과 충돌할 수 있기 때문이다. 전통적인 유닉스 구현은 실시간 운영체제가 아니지만, 실시간 변종이 만들어졌다. 리눅스의 실시간 변종도 만들어졌고, 최근의 리눅스는 실시간 응용 프로그램을 완전히 지원하는 방향으로 변화하고 있다.

POSIX.1b는 실시간 응용 프로그램을 지원하기 위해 비동기 I/O, 공유 메모리, 메모리에 매핑된 파일, 메모리 잠금, 실시간 클록과 타이머, 대체 스케줄링 정책, 실시간 시그널, 메시지 큐, 세마포어 등 여러 확장 기능을 정의하고 있다. 엄격히 실시간으로 인정되지는 않아도, 대부분의 유닉스 구현은 현재 이들 확장 기능의 일부 또는 전부를 지원한다(이 책에서는 이 중 리눅스에서 지원되는 것에 대해 설명할 것이다).

> 이 책에서 '실제 시간(real time)'이라는 용어는 달력 시간이나 경과 시간을 말하고, '실시간(realtime)'은 2.18절에서 말한 응답성을 제공하는 운영체제나 응용 프로그램을 말한다.

## 2.19 /proc 파일 시스템

여타 유닉스 구현과 마찬가지로 리눅스도 /proc 파일 시스템을 제공한다. /proc 파일 시스템은 /proc 디렉토리에 마운트된 디렉토리와 파일로 이뤄져 있다.

/proc 파일 시스템은 커널 데이터 구조에 대해 파일 시스템상의 파일과 디렉토리 형태의 인터페이스를 제공하는 가상 파일 시스템으로, 다양한 시스템 속성을 보고 변경할 수 있는 쉬운 방법을 제공한다. 게다가 /proc/*PID*(*PID*는 프로세스 ID)라는 이름의 디렉토리를 통해 시스템에서 동작 중인 각 프로세스에 대한 정보를 볼 수 있다.

/proc 파일의 내용은 일반적으로 사람이 읽을 수 있는 텍스트 형태이고 셸 스크립트로 파싱할 수 있다. 프로그램에서 원하는 파일을 쉽게 열고, 읽거나 쓸 수 있다. 대부분의 경우 /proc 디렉토리의 파일을 수정하기 위해서는 프로세스가 권한을 갖고 있어야 한다.

리눅스 프로그래밍 인터페이스의 다양한 부분을 설명하면서, 관련된 /proc 파일도 설명할 것이다. 12.1절에서 이 파일 시스템의 더 일반적인 내용을 설명한다. /proc 파일 시스템은 어떤 표준에도 정의되어 있지 않으며, 이 책에서 설명하는 내용은 리눅스에 국한된다.

## 2.20 정리

지금까지 리눅스 시스템 프로그래밍의 여러 가지 기초 개념을 살펴봤다. 이 개념을 이해하면 리눅스나 유닉스에 대한 경험이 부족한 독자도 시스템 프로그래밍을 배우기 시작하기에 충분한 배경지식을 갖추게 될 것이다.

# 3

# 시스템 프로그래밍 개념

3장은 시스템 프로그래밍을 하기 위해 꼭 알고 있어야 하는 여러 가지 내용을 다룬다. 시스템 호출을 소개하고, 각 시스템 호출이 실행될 때 일어나는 단계를 자세히 알아볼 것이다. 그 다음에 라이브러리 함수를 살펴보고 시스템 호출과의 차이점을 알아볼 것이다. 그리고 이를 (GNU) C 라이브러리 설명과 비교해볼 것이다.

시스템 호출이나 라이브러리 함수 호출을 할 때마다, 언제나 호출이 성공적이었는지를 알기 위해 그 리턴 상태를 확인해야 한다. 그런 검사를 어떻게 하는지 알아보고, 시스템 호출과 라이브러리 함수로부터 발생한 에러의 원인을 찾기 위해 이 책의 예제 프로그램 대부분에서 사용한 함수들을 살펴본다.

마지막으로 이식성 있는 프로그래밍과 관련된 여러 가지 이슈를 살펴볼 텐데, 특히 SUSv3에 정의된 기능 테스트 매크로와 표준 시스템 데이터형에 대해 알아본다.

## 3.1 시스템 호출

시스템 호출system call은 커널로의 관리된 진입점으로서, 이를 통해 프로세스가 커널에게 프로세스 대신 어떤 동작을 수행하도록 요청할 수 있다. 커널은 시스템 호출 API를 통해 광범위한 서비스를 제공한다. 이 서비스에는, 예를 들어 새로운 프로세스 생성, 프로세스 간 통신용 파이프 생성 등이 있다(syscalls(2) 매뉴얼 페이지에 리눅스 시스템 호출 목록이 있다).

시스템 호출이 어떻게 동작하는지 자세히 살펴보기 전에 일반적인 사항을 짚고 넘어가자.

- 시스템 호출은 프로세서의 상태를 사용자 모드에서 커널 모드로 변경해서 CPU가 보호된 커널 메모리에 접근할 수 있게 한다.
- 시스템 호출 목록은 고정되어 있다. 각 시스템 호출에는 고유한 숫자가 붙어 있다(이 번호는 일반적으로 프로그램에서 눈에 잘 띄지 않는데, 프로그램에서는 시스템 호출을 이름으로 식별하기 때문이다).
- 각 시스템 호출은 사용자 공간(즉 프로세스의 가상 주소 공간)에서 커널 공간으로(또는 역으로) 가져올 정보를 나타내는 인자들을 가질 수 있다.

프로그래밍 관점에서 시스템 호출은 C 함수 호출과 매우 비슷하다. 하지만 막후에서는 시스템 호출을 실행하는 동안 여러 단계를 거치게 된다. 이를 보여주기 위해, 여기서는 특정 하드웨어(x86-32)상에서의 발생 순서를 따라가 보겠다.

1. 응용 프로그램이 C 라이브러리의 래퍼 함수wrapper function를 호출해서 시스템 호출을 한다.
2. 래퍼 함수는 시스템 호출의 모든 인자를 시스템 호출 트랩 처리 루틴trap-handling routine(곧 설명할 것이다)에게 전달해야 한다. 이 인자는 스택을 통해 래퍼에게 전달되지만, 커널에게 전달하려면 특정 레지스터에 넣어야 한다. 래퍼 함수는 인자를 이 레지스터로 복사한다.
3. 모든 시스템 호출이 같은 방법으로 커널에 진입하므로, 커널은 시스템 호출을 식별하는 방법이 필요하다. 이를 위해 래퍼 함수는 시스템 호출 번호를 특정 CPU 레지스터(%eax)에 복사해넣는다.
4. 래퍼 함수는 트랩 기계어 명령(int 0x80)을 실행하고, 이는 프로세서를 사용자 모드에서 커널 모드로 전환해 시스템의 트랩 벡터 0x80(십진수 128)이 가리키는 코드를 실행한다.

> 최근의 x86-32 아키텍처에는 sysenter 명령이 구현되어 있는데, 이를 이용하면 기존의 int 0x80 트랩 명령보다 더 빨리 커널 모드로 진입할 수 있다. sysenter는 2.6 커널과 glibc 2.3.2부터 지원된다.

5. `0x80` 트랩을 처리하기 위해, 커널은 `system_call()` 루틴(어셈블리 파일 arch/i386/entry.S에 위치)을 호출한다. 이 핸들러는
   a) 레지스터 값들을 커널 스택(6.5절)에 저장한다.
   b) 시스템 호출 번호가 유효한지 확인한다.
   c) 적절한 시스템 호출 서비스 루틴을 호출한다. 시스템 호출 서비스 루틴은 시스템 호출 번호를 시스템 호출 서비스 루틴 테이블(커널 변수 `sys_call_table`)에 대한 인덱스로 삼아서 찾는다. 시스템 호출 서비스 루틴이 인자가 있으면 먼저 유효성을 확인한다. 예를 들어, 해당 주소가 사용자 메모리의 유효한 위치를 가리키는지 확인한다. 그 다음에 서비스 루틴이 필요한 작업을 수행하는데, 이 과정에서 인자가 가리키는 주소의 값을 변경하거나 사용자 메모리와 커널 메모리 사이에 데이터를 전송(예: I/O 오퍼레이션)할 수도 있다. 마지막으로 서비스 루틴은 결과 상태를 `system_call()` 루틴에게 리턴한다.
   d) 커널 스택에서 레지스터 값들을 복원하고 시스템 호출 리턴값을 스택에 넣는다.
   e) 래퍼 함수로 돌아오면서, 동시에 프로세서도 사용자 모드로 되돌린다.
6. 시스템 호출 서비스 루틴의 리턴값이 에러를 나타내면, 래퍼 함수는 전역 변수 `errno`(3.4절 참조)를 그 값으로 설정한다. 래퍼 함수는 그 다음에 시스템 호출의 성공 여부를 나타내는 정수 리턴값을 제공하면서 호출 함수로 리턴한다.

> 리눅스에서는 시스템 호출 서비스 루틴이 성공했을 때 음수가 아닌 값을 리턴하는 관례를 따른다. 에러 발생 시 서비스 루틴은 음수를 리턴하는데, 그 값은 errno 상수값에 (–) 부호를 붙인 것이다. 음수가 리턴되면 C 라이브러리 래퍼 함수는 그 값에 다시 (–) 부호를 붙여서(양수로 만들기 위해) errno에 복사한 다음 호출한 프로그램에 –1을 래퍼 함수의 결과값으로 리턴한다.
>
> 이 관례는 시스템 호출 서비스 루틴이 성공했을 때 음수를 리턴하지 않는다는 가정에 의존한다. 하지만 이 루틴 중 일부에서 이 가정은 성립하지 않는다. 일반적으로 이는 별문제가 되지 않는데, 유효한 음수 리턴값이 음수화된 errno 값과 겹치지 않기 때문이다. 하지만 이 관례가 실제로 문제를 일으키는 경우가 있는데, fcntl() 시스템 호출의 F_GETOWN 오퍼레이션으로, Vol. 2의 26.3절에서 설명할 것이다.

그림 3-1은 앞의 단계를 execve() 시스템 호출의 경우를 예로 들어 그림으로 나타낸 것이다. 리눅스/x86-32에서 execve()는 시스템 호출 11번(__NR_execve)이다. 따라서 sys_call_table 벡터의 11번 엔트리에 이 시스템 호출의 서비스 루틴인 sys_execve()의 주소가 들어 있다(리눅스에서 시스템 호출 서비스 루틴의 이름은 보통 sys_xyz() 형태를 띠는데, 여기서 xyz()는 해당 시스템 호출의 이름이다).

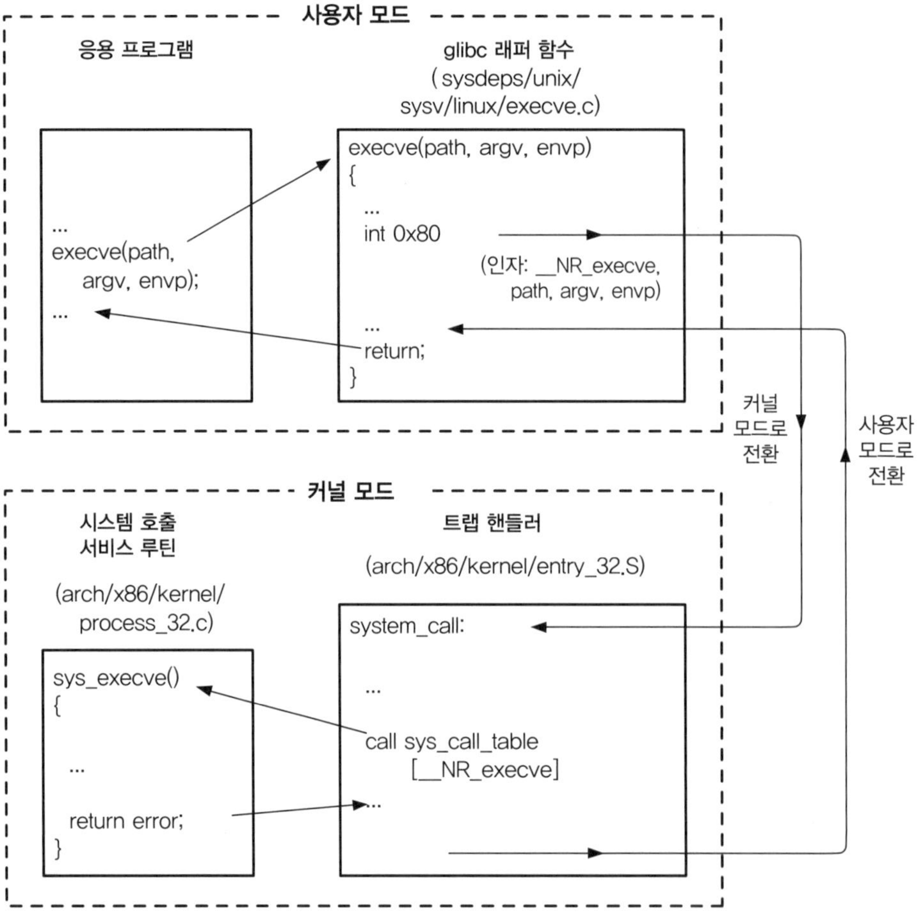

그림 3-1 시스템 호출 실행 단계

지금까지 설명한 내용을 모두 이해해야 이 책의 나머지 부분을 이해할 수 있는 것은 아니다. 하지만 매우 간단한 시스템 호출이라도 상당량의 작업이 필요하므로, 시스템 호출에는 작지만 주목할 만한 오버헤드가 있다는 점을 유의해야 한다.

> 시스템 호출 오버헤드의 예로, 단순히 호출하는 프로세스의 부모 프로세스 ID를 리턴하는 시스템 호출 getppid()를 살펴보자. 리눅스 2.6.25를 실행 중인 필자의 x86-32 시스템 중 하나에서 getppid() 호출을 천만 번 수행하는 데는 약 2.2초가 든다. 1회 호출에 대략 0.3마이크로초가 드는 것이다. 이에 비해 같은 시스템에서 단순히 정수를 리턴하는 C 함수를 천만 번 수행하는 데는 0.11초, 즉 getppid()의 1/20 정도의 시간이 소요된다. 물론 대부분의 시스템 호출은 getppid()보다 훨씬 더 큰 오버헤드가 있다.

C 프로그램의 관점에서 C 라이브러리 래퍼 함수를 호출하는 것은 해당 시스템 호출 서비스 루틴을 부르는 것과 같으므로, 앞으로 이 책에서는 '시스템 호출 `xyz()`를 부르는 래퍼 함수를 호출하다' 대신 '시스템 호출 `xyz()`를 부르다'라고 쓸 것이다.

부록 A에 `strace` 명령이 설명되어 있는데, 디버그용으로 또는 단순히 프로그램이 하는 일을 조사하기 위해 프로그램이 부른 시스템 호출을 추적할 수 있다.

리눅스 시스템 호출 메커니즘에 대한 더 자세한 정보는 [Love, 2010], [Bovet & Cesati, 2005], [Maxwell, 1999]를 참조하기 바란다.

## 3.2 라이브러리 함수

**라이브러리 함수**library function는 표준 C 라이브러리를 구성하는 수많은 함수 가운데 하나일 뿐이다(번잡함을 피하기 위해 앞으로 이 책에서 특정 함수를 말할 때는 라이브러리 함수보다는 단순히 함수라고 쓰겠다). 라이브러리 함수의 목적은 매우 다양해서, 파일을 연다든지, 시간을 사람이 읽을 수 있는 형태로 바꾼다든지, 문자열 2개를 서로 비교한다든지 하는 것들이 모두 포함된다.

상당수의 라이브러리 함수는 시스템 호출을 전혀 사용하지 않는다(예: 문자열 처리 함수). 반면에 시스템 호출을 써서 구현된 라이브러리 함수도 있다. 예를 들어, `fopen()` 라이브러리 함수는 실제로 파일을 열기 위해 `open()` 시스템 호출을 사용한다. 라이브러리 함수는 종종 하부의 시스템 호출보다 사용하기 편리한 인터페이스를 제공하도록 설계됐다. 예를 들어 `printf()` 함수는 출력 서식과 데이터 버퍼링을 제공하지만, `write()` 시스템 호출은 단지 한 블록의 바이트를 출력할 뿐이다. 마찬가지로 `malloc()`과 `free()` 함수는 다양한 관리 작업을 수행해서 이를 이용하면 하부의 `brk()` 시스템 호출보다 훨씬 쉽게 메모리를 할당하고 해제할 수 있다.

## 3.3 표준 C 라이브러리: GNU C 라이브러리(glib)

유닉스 구현에 따라 표준 C 라이브러리의 구현이 다를 수 있다. 리눅스에서 가장 널리 쓰이는 구현은 GNU C 라이브러리다(glibc, http://www.gnu.org/software/libc/).

> GNU C 라이브러리의 주 개발자 및 유지보수자(maintainer)는 원래 롤랜드 맥그래스(Roland McGrath)였다. 요즘은 울릭 드레퍼(Ulrich Drepper)가 이 일을 수행한다.
>
> 그 외에도 다양한 리눅스용 C 라이브러리가 존재하는데, 좀 더 작은 메모리를 요구하는 임베디드 디바이스 응용 프로그램용 라이브러리도 있다. 그 예로는 uClibc(http://www.uclibc.org/)와 diet libc(http://www.fefe.de/dietlibc/) 등이 있다. 이 책에서는 glibc만 다루는데, 리눅스에서 개발되는 대부분의 응용 프로그램이 사용하는 C 라이브러리이기 때문이다.

### 시스템의 glibc 버전 판별하기

때로 시스템의 glibc 버전을 판별해야 할 때가 있다. 셸에서는 마치 실행 프로그램인 양 실행시켜보면 알 수 있다. 라이브러리를 실행 파일처럼 실행시키면, 버전 번호 등을 출력한다.

```
$ /lib/libc.so.6
GNU C Library stable release version 2.10.1, by Roland McGrath et al.
Copyright (C) 2009 Free Software Foundation, Inc.
This is free software; see the source for copying conditions.
There is NO warranty; not even for MERCHANTABILITY or FITNESS FOR A
PARTICULAR PURPOSE.
Compiled by GNU CC version 4.4.0 20090506 (Red Hat 4.4.0-4).
Compiled on a Linux >>2.6.18-128.4.1.el5<< system on 2009-08-19.
Available extensions:
        The C stubs add-on version 2.1.2.
        crypt add-on version 2.1 by Michael Glad and others
        GNU Libidn by Simon Josefsson
        Native POSIX Threads Library by Ulrich Drepper et al
        BIND-8.2.3-T5B
        RT using linux kernel aio
For bug reporting instructions, please see:
<http://www.gnu.org/software/libc/bugs.html>.
```

일부 리눅스 배포판에서는 GNU C 라이브러리가 /lib/libc.so.6 말고 다른 곳에 있을 수도 있다. 라이브러리의 위치를 찾는 방법 중 하나는 glibc와 동적으로 링크된(대부분의 실행 파일은 이렇게 링크되어 있다) 실행 파일을 대상으로 `ldd`list dynamic dependencies 프로그램을 실행하는 것이다. 출력된 라이브러리 의존관계 목록을 보고 glibc 공유 라이브러리의 위치를 찾을 수 있다.

```
$ ldd myprog | grep libc
    libc.so.6 => /lib/tls/libc.so.6 (0x4004b000)
```

응용 프로그램이 시스템에 현존하는 GNU C 라이브러리의 버전을 알아낼 수 있는 두 가지 방법이 있다. 상수를 확인하거나 라이브러리 함수를 호출하는 것이다. 버전 2.0부터 glibc는 __GLIBC__와 __GLIBC_MINOR__라는, 컴파일할 때 (#ifdef 문에서) 참조할 수 있는 두 상수를 정의한다. glibc 2.12가 설치된 시스템에서 이 상수들의 값은 각각 2와 12다. 하지만 이들 상수는 한 시스템에서 컴파일해서 glibc 버전이 상이한 다른 시스템에서 실행하는 프로그램의 경우에는 그 쓰임이 제한될 수밖에 없다. 이런 경우에 대비해서, 프로그램은 gnu_get_libc_version() 함수를 호출해 glibc의 버전을 실행 시에 알아낼 수 있다.

```
#include <gnu/libc-version.h>

const char *gnu_get_libc_version(void);
```

GNU C 라이브러리 버전 번호를 담고 있는, 널(null)로 끝나는, 정적으로 할당된 문자열을 가리키는 포인터를 리턴한다.

gnu_get_libc_version() 함수는 2.12 같은 문자열을 가리키는 포인터를 리턴한다.

> (glibc별) _CS_GNU_LIBC_VERSION의 값을 읽는 confstr() 함수를 통해서도 버전 정보를 얻을 수 있다. 이 함수는 glibc 2.12 같은 문자열을 리턴한다.

## 3.4 시스템 호출과 라이브러리 함수의 에러 처리

거의 대부분의 시스템 호출과 라이브러리 함수가 어떤 형태로든 성공 여부를 나타내는 상태값을 리턴한다. 이 상태값은 해당 호출이 성공했는지를 알기 위해 언제나 확인해야 한다. 만약 실패했다면 적절한 동작을 취해야 한다. 최소한 프로그램이 뭔가 기대하지 않은 일이 발생했음을 알리는 에러 메시지라도 표시해야 한다.

이런 확인을 생략함으로써 타이핑 시간을 절약하고 싶은 유혹에 빠지기 쉽지만(특히 상태값을 확인하지 않는 유닉스와 리눅스 프로그램 예제를 보고 나서), 그것은 결국 절약이 아니다.

'실패할 리 없는' 시스템 호출이나 라이브러리 함수의 상태값을 확인하지 않은 것 때문에 수많은 디버그 시간이 낭비될 수 있다.

> 소수의 시스템 호출은 절대 실패하지 않는다. 예를 들어 getpid()는 언제나 성공적으로 프로세스의 ID를 리턴하고, _exit()는 언제나 프로세스를 종료시킨다. 그런 시스템 호출의 리턴값은 확인할 필요 없다.

## 시스템 호출 에러 처리

각 시스템 호출의 매뉴얼 페이지에는 가능한 리턴값들이 나와 있고, 어느 값이 에러를 나타내는지도 나와 있다. 보통 -1을 리턴하면 에러를 뜻한다. 따라서 시스템 호출은 다음과 같은 코드로 확인할 수 있다.

```
fd = open(pathname, flags, mode);       /* 파일을 여는 시스템 호출 */
if (fd == -1) {
    /* 에러 처리 코드 */
}
...
if (close(fd) == -1) {
    /* 에러 처리 코드 */
}
```

시스템 호출이 실패하면 전역 정수 변수 errno를 특정 에러를 나타내는 양수로 설정한다. 헤더 파일 <errno.h>를 사용하면 errno 선언뿐만 아니라 다양한 에러 상수도 포함된다. 이 상수들의 이름은 모두 E로 시작한다. 각 매뉴얼 페이지의 ERRORS 섹션에는 각 시스템 호출이 리턴할 수 있는 errno 값의 목록이 나와 있다. 다음은 errno를 사용해서 시스템 호출 에러를 진단하는 간단한 예다.

```
cnt = read(fd, buf, numbytes);
if (cnt == -1) {
    if (errno == EINTR)
        fprintf(stderr, "read was interrupted by a signal\n");
    else {
        /* 기타 에러 발생 */
    }
}
```

성공적인 시스템 호출과 라이브러리 함수는 절대 errno를 0으로 설정하지 않으므로, 이 변수는 이전의 함수 호출로 인해 0이 아닌 값을 갖고 있을 수도 있다. 더욱이 SUSv3

는 성공적인 함수 호출이 errno를 0 아닌 값으로 설정하는 것을 허용한다(비록 소수의 함수만 그렇게 하지만). 따라서 에러를 확인할 때는 언제나 함수의 리턴값이 에러를 나타내는지를 확인하고, 그 경우에만 errno를 통해 에러의 원인을 찾아야 한다.

몇몇 시스템 호출(예: getpriority())은 성공 시에도 -1을 리턴할 수 있다. 그런 호출에서 에러가 발생했는지를 알기 위해서는 호출 전에 errno를 0으로 설정하고, 호출 후에 다시 확인해야 한다. 호출이 -1을 리턴하고 errno가 0이 아니면, 에러가 발생한 것이다(비슷한 방법을 몇몇 라이브러리 함수에도 적용할 수 있다).

시스템 호출이 실패한 뒤의 일반적인 동작은 errno 값에 따라 에러 메시지를 출력하는 것이다. 라이브러리 함수 perror()와 strerror()를 사용하면 편리하다.

```
#include <stdio.h>

void perror(const char *msg);
```

시스템 호출의 에러를 처리하는 단순한 방법은 다음과 같다.

```
fd = open(pathname, flags, mode);
if (fd == -1) {
    perror("open");
    exit(EXIT_FAILURE);
}
```

strerror() 함수는 인자 errnum으로 주어진 에러 번호에 해당하는 에러 문자열을 리턴한다.

```
#include <string.h>

char *strerror(int errnum);
```
errnum에 해당하는 에러 문자열을 가리키는 포인터를 리턴한다.

strerror()가 리턴한 문자열은 정적으로 할당되어 있을 수 있으므로, 이후의 strerror()에 의해 다른 값으로 바뀔 수 있다.

errnum이 알 수 없는 에러 번호를 담고 있으면, strerror()는 Unknown error nnn이라는 형태의 문자열을 리턴한다. 어떤 구현에서는 이런 경우 strerror()가 NULL을 리턴하기도 한다.

perror()와 strerror() 함수가 로케일locale을 고려해서 동작하기 때문에(10.4절), 에러 설명이 현지어로 출력된다.

### 라이브러리 함수의 에러 처리

다양한 라이브러리 함수가 실패를 알리기 위해 여러 가지 데이터형의 여러 가지 값을 리턴한다(각 함수의 매뉴얼 페이지를 확인하기 바란다). 이 책에서는 라이브러리 함수를 다음과 같이 분류해봤다.

- 시스템 호출과 똑같이 에러 정보를 리턴하는 라이브러리 함수. -1을 리턴하고 errno에 구체적인 에러 번호를 적는다. 이런 함수의 예로는 파일(unlink() 시스템 호출을 통해)이나 디렉토리(rmdir() 시스템 호출을 통해)를 삭제하는 remove()가 있다. 이 함수의 에러는 시스템 호출의 에러와 똑같은 방법으로 진단할 수 있다.
- 에러 발생 시 -1을 리턴하지는 않지만 errno에 구체적인 에러 번호를 적는 라이브러리 함수. 예를 들어, fopen()은 에러 발생 시 NULL 포인터를 리턴하지만 하부의 시스템 호출 결과에 따라 errno를 설정한다. perror()와 strerror() 함수도 이 에러를 진단할 때 쓸 수 있다.
- errno를 전혀 쓰지 않는 나머지 라이브러리 함수. 에러의 발생 여부와 원인을 알아내는 방법은 함수마다 다르며 해당 함수의 매뉴얼 페이지에 적혀 있다. 이 함수의 경우 errno나, perror(), strerror()를 써서 에러를 진단하려고 하면 안 된다.

## 3.5 이 책의 예제 프로그램

3.5절에서는 이 책에 나와 있는 예제 프로그램이 일반적으로 채택하고 있는 여러 가지 관례와 특징을 설명하겠다.

### 3.5.1 명령행 옵션과 인자

이 책에 나와 있는 예제 프로그램의 상당수는 명령행 옵션과 인자에 따라 다르게 동작한다.

전통적인 유닉스 명령행 옵션은 하이픈(-)으로 시작해서, 옵션을 나타내는 한 글자와, 경우에 따라 추가 인자가 뒤따르기도 한다(GNU 유틸리티는 하이픈 2개(--)로 시작해서, 옵션을 나타내는 문자열과, 경우에 따라 추가 인자가 뒤따르기도 하는 확장 옵션 문법을 제공한다). 이 옵션을 파싱할 때는 getopt() 라이브러리 함수를 쓰면 편리하다(부록 B 참조).

명령행 문법이 복잡한 예제 프로그램에는 사용자를 위한 간단한 도움말 기능이 있다. `--help` 옵션으로 실행하면, 프로그램이 명령행 옵션과 인자의 문법에 대한 사용법을 보여준다.

## 3.5.2 공통 함수와 헤더 파일

대부분의 예제 프로그램에서, 공통적으로 필요한 정의가 담겨 있는 헤더 파일과 공통 함수를 사용한다. 3.5.2절에서는 헤더 파일과 함수에 대해 설명하겠다.

### 공통 헤더 파일

리스트 3-1은 이 책의 거의 모든 프로그램이 쓰는 헤더 파일이다. 이 헤더 파일에는 여러 예제 프로그램에서 쓰는 다른 많은 헤더 파일이 포함include되어 있고, 불린Boolean 데이터형과 두 숫자 중 최소값과 최대값을 구하는 매크로가 정의되어 있다. 이 헤더 파일 덕에 예제 프로그램의 길이가 조금 짧아졌다.

**리스트 3-1** 대부분의 예제 프로그램에 쓰이는 헤더 파일

lib/tlpi_hdr.h

```
#ifndef TLPI_HDR_H
#define TLPI_HDR_H              /* 실수로 두 번 포함시키는 것을 방지한다. */

#include <sys/types.h>          /* 여러 프로그램에 쓰이는 형 정의 */
#include <stdio.h>              /* 표준 I/O 함수 */
#include <stdlib.h>             /* 흔히 쓰이는 라이브러리 함수 프로토타입,
                                   EXIT_SUCCESS와 EXIT_FAILURE 상수 */
#include <unistd.h>             /* 여러 시스템 호출 프로토타입 */
#include <errno.h>              /* errno와 에러 상수 정의 */
#include <string.h>             /* 흔히 쓰이는 문자열 처리 함수 */

#include "get_num.h"            /* 수 인자 처리 함수(getInt(), getLong()) 선언 */

#include "error_functions.h"/* 에러 처리 함수 선언 */

typedef enum { FALSE, TRUE } Boolean;

#define min(m,n) ((m) < (n) ? (m) : (n))
#define max(m,n) ((m) > (n) ? (m) : (n))

#endif
```

## 에러 진단 함수

예제 프로그램에서 에러 처리를 쉽게 하기 위해, 리스트 3-2에 선언되어 있는 에러 진단 함수를 사용한다.

**리스트 3-2** 공통 에러 처리 함수 선언

lib/error_functions.h

```
#ifndef ERROR_FUNCTIONS_H
#define ERROR_FUNCTIONS_H

void errMsg(const char *format, ...);

#ifdef __GNUC__

/* 이 함수는 아래의 함수로 main()이나 기타 void 형이 아닌 함수를 종료시킬 때
   'gcc -Wall'이 "control reaches end of non-void function" 경고를 출력하지
   않게 한다. */

#define NORETURN __attribute__ ((__noreturn__))
#else
#define NORETURN
#endif

void errExit(const char *format, ...) NORETURN ;

void err_exit(const char *format, ...) NORETURN ;

void errExitEN(int errnum, const char *format, ...) NORETURN ;

void fatal(const char *format, ...) NORETURN ;

void usageErr(const char *format, ...) NORETURN ;

void cmdLineErr(const char *format, ...) NORETURN ;

#endif
```

시스템 호출과 라이브러리 함수의 에러를 진단할 때 errMsg(), errExit(), err_exit(), errExitEN()을 쓴다.

```
#include "tlpi_hdr.h"

void errMsg(const char *format, ...);
void errExit(const char *format, ...);
void err_exit(const char *format, ...);
void errExitEN(int errnum, const char *format, ...);
```

errMsg() 함수는 표준 에러로 메시지를 출력한다. 인자 목록은 printf()와 동일하지만, 출력 문자열 끝에 줄바꿈 문자가 자동으로 추가되는 것이 다르다. errMsg() 함수는 errno의 값에 따라, EPERM 같은 에러 이름, strerror()가 리턴하는 에러 설명으로 이뤄진 에러 텍스트, 그리고 인자 목록에 따라 포맷된 내용을 출력한다.

errExit() 함수는 errMsg()와 비슷하지만, 에러 메시지를 출력한 뒤 exit()를 호출해 프로그램을 종료시키거나, 환경 변수 EF_DUMPCORE가 비어 있지 않은 문자열로 정의되어 있으면 abort()를 호출해 디버그용 코어 덤프core dump 파일을 만든다(코어 덤프에 대해서는 22.1절에서 설명한다).

err_exit() 함수는 errExit()와 비슷하지만 다음과 같은 차이점이 있다.

- 에러 메시지를 출력하기 전에 표준 출력 버퍼 내에 남아 있던 내용을 모두 출력(플러시flush)하지 않는다.
- exit() 대신 _exit()를 호출해 프로세스를 종료시킨다. 이로 인해 stdio 버퍼 내에 남아 있던 내용을 출력하거나 종료 핸들러exit handler를 부르지 않고 프로세스를 종료한다.

err_exit()의 이런 차이점에 대해서는 25장에서 자세히 살펴볼 것이다. 25장에서 _exit()와 exit()의 차이점을 살펴보고, fork()로 만든 자식 프로세스에서 stdio 버퍼와 종료 핸들러를 어떻게 다루는지도 살펴볼 것이다. 우선은 err_exit()는 에러 발생 시 종료해야 하는 자식 프로세스를 만드는 라이브러리 함수를 작성할 때 특히 유용하다고 간단히 언급하고 넘어가자. 이렇게 종료할 때는 부모 프로세스(즉 호출 프로세스)의 stdio 버퍼를 복사해서 만든 자식 프로세스의 stdio 버퍼에 남아 있던 내용을 모두 출력하거나 부모 프로세스가 설정한 종료 핸들러를 부르지 않고 종료해야 한다.

errExitEN() 함수는 errExit()와 비슷하지만, errno 값에 따라 에러 텍스트를 출력하는 대신, 인자 errnum으로 넘겨준 에러 번호에 따른 텍스트를 출력한다.

errExitEN()은 주로 POSIX 스레드 API를 채택한 프로그램에서 사용한다. 에러 발생 시 -1을 리턴하는 전통적인 유닉스 시스템 호출과 달리, POSIX 스레드 함수는 에러 번호(즉 보통 errno에 담겨 있는 양수)를 리턴한다(POSIX 스레드 함수는 성공 시에 0을 리턴한다).

POSIX 스레드 함수의 에러는 다음과 같은 코드로 확인할 수 있다.

```
errno = pthread_create(&thread, NULL, func, &arg);
if (errno != 0)
    errExit("pthread_create");
```

하지만 이 방법은 비효율적이다. 스레드를 쓰는 프로그램에서 errno는 바뀔 수 있는 lvalue를 리턴하는 함수 호출로 확장되는 매크로로 정의되어 있기 때문이다. 따라서 errno를 쓸 때마다 함수를 호출하게 된다. errExitEN() 함수를 쓰면 다음과 같이 좀 더 효율적인 코드를 작성할 수 있다.

```
int s;

s = pthread_create(&thread, NULL, func, &arg);
if (s != 0)
    errExitEN(s, "pthread_create");
```

> C에서 lvalue란 저장 공간을 가리키는 식(expression)을 말한다. lvalue의 가장 흔한 예는 변수 식별자다. 일부 연산자도 연산 결과로 lvalue를 내놓는다. 예를 들어, p가 저장 공간을 가리키는 포인터라면 *p는 lvalue다. POSIX 스레드 API에서 errno는 스레드별 저장 공간을 가리키는 포인터를 리턴하는 함수로 재정의되어 있다(Vol. 2의 3.3절 참조).

또 다른 종류의 에러를 조사할 때는 fatal(), usageErr(), cmdLineErr()를 쓸 수 있다.

```
#include "tlpi_hdr.h"

void fatal(const char *format, ...);
void usageErr(const char *format, ...);
void cmdLineErr(const char *format, ...);
```

fatal() 함수는 errno를 설정하지 않는 라이브러리 함수를 포함하는 일반적인 에러를 조사할 때 쓴다. 인자 목록은 printf()와 같지만, 출력 문자열 끝에 줄바꿈 문자가 자동으로 추가되는 것이 다르다. 포맷된 메시지를 표준 에러로 출력하고는 errExit()를 호출해 프로그램을 종료시킨다.

usageErr() 함수는 명령행 인자의 용법이 잘못됐을 때 쓴다. printf() 스타일의 인자 목록을 받아서 포맷된 메시지 앞에 Usage:를 붙여서 표준 에러로 출력한 뒤 exit()를 호출해 프로그램을 종료시킨다(이 책의 일부 예제는 usageError()라는 이름으로 확장된 버전을 제공한다).

cmdLineErr() 함수는 usageErr()와 비슷하지만, 프로그램에 넘긴 명령행 인자의 에러를 알려줄 때 사용한다.

에러 처리 함수의 구현은 리스트 3-3에 나와 있다.

**리스트 3-3 모든 프로그램에 쓰이는 에러 처리 함수**

lib/error_functions.c

```
#include <stdarg.h>
#include "error_functions.h"
#include "tlpi_hdr.h"
#include "ename.c.inc"        /* ename과 MAX_ENAME의 정의 */

#ifdef __GNUC__
__attribute__ ((__noreturn__))
#endif
static void
terminate(Boolean useExit3)
{
    char *s;

    /* EF_DUMPCORE 환경 변수가 비어 있지 않은 문자열로 정의되어 있으면
       코어를 덤프하고, 그렇지 않으면 'useExit3'의 값에 따라 exit(3)이나
       _exit(2)를 호출한다. */

    s = getenv("EF_DUMPCORE");

    if (s != NULL && *s != '\0')
        abort();
    else if (useExit3)
        exit(EXIT_FAILURE);
    else
        _exit(EXIT_FAILURE);
}

static void
outputError(Boolean useErr, int err, Boolean flushStdout,
        const char *format, va_list ap)
{
#define BUF_SIZE 500
    char buf[BUF_SIZE], userMsg[BUF_SIZE], errText[BUF_SIZE];

    vsnprintf(userMsg, BUF_SIZE, format, ap);
```

```
    if (useErr)
        snprintf(errText, BUF_SIZE, " [%s %s]",
                (err > 0 && err <= MAX_ENAME) ?
                ename[err] : "?UNKNOWN?", strerror(err));
    else
        snprintf(errText, BUF_SIZE, ":");

    snprintf(buf, BUF_SIZE, "ERROR%s %s\n", errText, userMsg);

    if (flushStdout)
        fflush(stdout);         /* stdout 버퍼에 남아 있는 내용을 모두 출력한다. */
    fputs(buf, stderr);
    fflush(stderr);             /* stderr가 행별로 버퍼링되지 않을 경우에 대비 */
}

void
errMsg(const char *format, ...)
{
    va_list argList;
    int savedErrno;

    savedErrno = errno;         /* 함수 안에서 내용이 바뀔 것에 대비 */

    va_start(argList, format);
    outputError(TRUE, errno, TRUE, format, argList);
    va_end(argList);

    errno = savedErrno;
}

void
errExit(const char *format, ...)
{
    va_list argList;

    va_start(argList, format);
    outputError(TRUE, errno, TRUE, format, argList);
    va_end(argList);

    terminate(TRUE);
}

void
err_exit(const char *format, ...)
{
    va_list argList;

    va_start(argList, format);
    outputError(TRUE, errno, FALSE, format, argList);
```

```
    va_end(argList);

    terminate(FALSE);
}

void
errExitEN(int errnum, const char *format, ...)
{
    va_list argList;

    va_start(argList, format);
    outputError(TRUE, errnum, TRUE, format, argList);
    va_end(argList);

    terminate(TRUE);
}

void
fatal(const char *format, ...)
{
    va_list argList;

    va_start(argList, format);
    outputError(FALSE, 0, TRUE, format, argList);
    va_end(argList);

    terminate(TRUE);
}

void
usageErr(const char *format, ...)
{
    va_list argList;

    fflush(stdout);            /* stdout 버퍼에 남아 있는 내용을 모두 출력한다. */

    fprintf(stderr, "Usage: ");
    va_start(argList, format);
    vfprintf(stderr, format, argList);
    va_end(argList);

    fflush(stderr);            /* stderr가 행별로 버퍼링되지 않을 경우에 대비 */
    exit(EXIT_FAILURE);
}

void
cmdLineErr(const char *format, ...)
{
```

```
    va_list argList;

    fflush(stdout);            /* stdout 버퍼에 남아 있는 내용을 모두 출력한다. */

    fprintf(stderr, "Command-line usage error: ");
    va_start(argList, format);
    vfprintf(stderr, format, argList);
    va_end(argList);

    fflush(stderr);            /* stderr가 행별로 버퍼링되지 않을 경우에 대비 */
    exit(EXIT_FAILURE);
}
```

리스트 3-3에서 사용한 ename.c.inc는 리스트 3-4에 나와 있다. 이 파일은 ename이라는 문자열 배열을 정의하는데, 각 errno 값에 해당하는 이름symbolic name의 목록이다. 앞서 소개한 에러 처리 함수는 이 배열을 이용해서 특정 에러 번호에 해당하는 이름을 출력한다. 이는 매뉴얼 페이지가 이름을 기반으로 에러를 설명하는 반면, strerror()가 리턴하는 문자열은 에러 메시지에 해당하는 이름을 알려주지 않는 문제를 해결하기 위한 것이다. 이름을 출력해주면 매뉴얼 페이지에서 에러의 원인을 찾기가 훨씬 쉬워진다.

> ename.c.inc 파일의 내용은 아키텍처에 따라 다르다. errno 값이 리눅스 하드웨어 아키텍처에 따라 약간씩 다르기 때문이다. 리스트 3-4에 나와 있는 것은 리눅스 2.6/x86-32 시스템용이다. 이 파일은 이 책의 웹사이트에서 배포하는 소스 코드에 포함되어 있는 스크립트(lib/Build_ename.sh)로 만들었다. 이 스크립트를 이용하면 특정 하드웨어 플랫폼과 커널 버전에 맞는 ename.c.inc를 만들 수 있다.

ename 배열 중 일부는 빈 문자열("")이다. 이들은 사용되지 않는 에러값이다. 그뿐 아니라 ename 중 일부 문자열은 /로 구분된 2개의 이름으로 이뤄져 있다. 이 문자열은 2개의 에러 이름이 같은 숫자값을 갖고 있는 경우다.

> ename.c.inc 파일을 보면, EAGAIN과 EWOULDBLOCK 에러의 값이 같다(SUSv3는 이를 명시적으로 허용하며, 이 상수들의 값은 전부는 아니어도 대부분의 유닉스 시스템에서 같다). 이 에러는 일반적으로는 블록될(즉 완료될 때까지 강제로 대기) 시스템 호출이, 호출자의 요청에 따라 블록되는 대신 리턴하는 에러다. EAGAIN은 시스템 V에서 유래했으며, I/O, 세마포어 작업, 메시지 큐 작업, 파일 잠금(fcntl())을 수행하는 시스템 호출에서 리턴하는 에러였다. EWOULDBLOCK은 BSD에서 유래했으며, 파일 잠금(flock())과 소켓 관련 시스템 호출에서 리턴하는 에러였다.

SUSv3에서 EWOULDBLOCK은 소켓 관련 인터페이스 명세에서만 언급된다. SUSv3에 따르면, 소켓 인터페이스에서는 비블로킹(nonblocking) 호출의 경우 EAGAIN과 EWOULDBLOCK 중 어느 것이든 리턴해도 좋다. 나머지 비블로킹 호출의 경우, SUSv3에는 에러 EAGAIN만 명시되어 있다.

**리스트 3-4** 리눅스 에러 이름(x86-32 버전)

lib/ename.c.inc

```
static char *ename[] = {
    /*   0 */ "",
    /*   1 */ "EPERM", "ENOENT", "ESRCH", "EINTR", "EIO", "ENXIO", "E2BIG",
    /*   8 */ "ENOEXEC", "EBADF", "ECHILD", "EAGAIN/EWOULDBLOCK", "ENOMEM",
    /*  13 */ "EACCES", "EFAULT", "ENOTBLK", "EBUSY", "EEXIST", "EXDEV",
    /*  19 */ "ENODEV", "ENOTDIR", "EISDIR", "EINVAL", "ENFILE", "EMFILE",
    /*  25 */ "ENOTTY", "ETXTBSY", "EFBIG", "ENOSPC", "ESPIPE", "EROFS",
    /*  31 */ "EMLINK", "EPIPE", "EDOM", "ERANGE", "EDEADLK/EDEADLOCK",
    /*  36 */ "ENAMETOOLONG", "ENOLCK", "ENOSYS", "ENOTEMPTY", "ELOOP", "",
    /*  42 */ "ENOMSG", "EIDRM", "ECHRNG", "EL2NSYNC", "EL3HLT", "EL3RST",
    /*  48 */ "ELNRNG", "EUNATCH", "ENOCSI", "EL2HLT", "EBADE", "EBADR",
    /*  54 */ "EXFULL", "ENOANO", "EBADRQC", "EBADSLT", "", "EBFONT", "ENOSTR",
    /*  61 */ "ENODATA", "ETIME", "ENOSR", "ENONET", "ENOPKG", "EREMOTE",
    /*  67 */ "ENOLINK", "EADV", "ESRMNT", "ECOMM", "EPROTO", "EMULTIHOP",
    /*  73 */ "EDOTDOT", "EBADMSG", "EOVERFLOW", "ENOTUNIQ", "EBADFD",
    /*  78 */ "EREMCHG", "ELIBACC", "ELIBBAD", "ELIBSCN", "ELIBMAX",
    /*  83 */ "ELIBEXEC", "EILSEQ", "ERESTART", "ESTRPIPE", "EUSERS",
    /*  88 */ "ENOTSOCK", "EDESTADDRREQ", "EMSGSIZE", "EPROTOTYPE",
    /*  92 */ "ENOPROTOOPT", "EPROTONOSUPPORT", "ESOCKTNOSUPPORT",
    /*  95 */ "EOPNOTSUPP/ENOTSUP", "EPFNOSUPPORT", "EAFNOSUPPORT",
    /*  98 */ "EADDRINUSE", "EADDRNOTAVAIL", "ENETDOWN", "ENETUNREACH",
    /* 102 */ "ENETRESET", "ECONNABORTED", "ECONNRESET", "ENOBUFS", "EISCONN",
    /* 107 */ "ENOTCONN", "ESHUTDOWN", "ETOOMANYREFS", "ETIMEDOUT",
    /* 111 */ "ECONNREFUSED", "EHOSTDOWN", "EHOSTUNREACH", "EALREADY",
    /* 115 */ "EINPROGRESS", "ESTALE", "EUCLEAN", "ENOTNAM", "ENAVAIL",
    /* 120 */ "EISNAM", "EREMOTEIO", "EDQUOT", "ENOMEDIUM", "EMEDIUMTYPE",
    /* 125 */ "ECANCELED", "ENOKEY", "EKEYEXPIRED", "EKEYREVOKED",
    /* 129 */ "EKEYREJECTED", "EOWNERDEAD", "ENOTRECOVERABLE", "ERFKILL"
};

#define MAX_ENAME 132
```

### 명령행 수 인자 파싱 함수

리스트 3-5의 헤더 파일에는 명령행의 정수를 파싱할 때 자주 쓰는 함수 2개(getInt()와 getLong())가 선언되어 있다. atoi(), atol(), strtol() 대신 이 함수를 쓰는 주된 장점은 수 인자numeric argument에 대한 간단한 검사 기능을 제공한다는 것이다.

```
#include "tlpi_hdr.h"

int getInt(const char *arg, int flags, const char *name);
long getLong(const char *arg, int flags, const char *name);
```

arg를 수 형태로 변환해서 리턴한다.

getInt()와 getLong() 함수는 arg가 가리키는 문자열을 각각 int나 long으로 변환한다. arg가 유효한 정수 문자열(즉 숫자와 +, - 문자만으로 이뤄진 문자열)이 아니면, 이 함수는 에러 메시지를 출력하고 프로그램을 종료시킨다.

name 인자는 NULL이 아니면, arg에 들어 있는 인자가 무엇인지를 나타내는 문자열이어야 한다. 이 문자열은 이들 함수에서 출력하는 에러 메시지에 포함된다.

flags 인자는 getInt()와 getLong() 함수의 동작에 대한 약간의 제어를 제공한다. 기본적으로 이들 함수는 부호 있는 십진 정수를 기대한다. 리스트 3-5에 정의되어 있는 GN_* 상수들을 OR해서 flags에 넣음으로써, 변환 시 기수base를 선택하고 수의 범위를 0 이상nonnegative 또는 양수로 제한할 수 있다.

getInt()와 getLong() 함수의 구현은 리스트 3-6에 나와 있다.

> flags 인자를 통해 본문에서 설명한 대로 범위를 검사할 수 있지만, 이 책의 예제 프로그램에서는 당연히 범위 검사를 해야 할 것 같은데도 하지 않은 경우가 있다. 예를 들어, Vol. 2의 리스트 10-1에서는 init-value 인자를 검사하지 않는다. 이는 사용자가 세마포어의 초기값으로 음수를 지정할 수 있다는 뜻으로, 그런 경우 그 뒤의 semctl() 시스템 호출에서 에러(ERANGE)가 발생할 것이다. 세마포어는 음수값을 가질 수 없기 때문이다. 이런 경우 범위 검사를 생략하면, 시스템 호출과 라이브러리 함수의 올바른 사용법뿐만 아니라, 잘못된 인자를 넣었을 때 어떤 일이 벌어지는지를 실험해볼 수 있다. 실제 세계 응용 프로그램은 보통 더 강력하게 명령행 인자를 검사한다.

**리스트 3-5** gen_num.c의 헤더 파일

lib/get_num.h

```
#ifndef GET_NUM_H
#define GET_NUM_H

#define GN_NONNEG       01    /* 값이 0 이상이어야 한다. */
#define GN_GT_0         02    /* 값이 0보다 커야 한다. */

                              /* 기본적으로 정수는 십진수다. */
#define GN_ANY_BASE   0100    /* 임의의 진법을 사용할 수 있다. strtol(3) 참조 */
#define GN_BASE_8     0200    /* 값은 8진수다. */
#define GN_BASE_16    0400    /* 값은 16진수다. */

long getLong(const char *arg, int flags, const char *name);

int getInt(const char *arg, int flags, const char *name);

#endif
```

**리스트 3-6** 명령행 수 인자 파싱 함수

lib/get_num.c

```
#include <stdio.h>
#include <stdlib.h>
#include <string.h>
#include <limits.h>
#include <errno.h>
#include "get_num.h"

static void
gnFail(const char *fname, const char *msg, const char *arg, const char
*name)
{
    fprintf(stderr, "%s error", fname);
    if (name != NULL)
        fprintf(stderr, " (in %s)", name);
    fprintf(stderr, ": %s\n", msg);
    if (arg != NULL && *arg != '\0')
        fprintf(stderr, "        offending text: %s\n", arg);

    exit(EXIT_FAILURE);
}

static long
getNum(const char *fname, const char *arg, int flags, const char *name)
{
```

```
    long res;
    char *endptr;
    int base;

    if (arg == NULL || *arg == '\0')
        gnFail(fname, "null or empty string", arg, name);

    base = (flags & GN_ANY_BASE) ? 0 : (flags & GN_BASE_8) ? 8 :
                        (flags & GN_BASE_16) ? 16 : 10;

    errno = 0;
    res = strtol(arg, &endptr, base);
    if (errno != 0)
        gnFail(fname, "strtol() failed", arg, name);

    if (*endptr != '\0')
        gnFail(fname, "nonnumeric characters", arg, name);

    if ((flags & GN_NONNEG) && res < 0)
        gnFail(fname, "negative value not allowed", arg, name);

    if ((flags & GN_GT_0) && res <= 0)
        gnFail(fname, "value must be > 0", arg, name);

    return res;
}

long
getLong(const char *arg, int flags, const char *name)
{
    return getNum("getLong", arg, flags, name);
}

int
getInt(const char *arg, int flags, const char *name)
{
    long res;

    res = getNum("getInt", arg, flags, name);
    if (res > INT_MAX || res < INT_MIN)
        gnFail("getInt", "integer out of range", arg, name);

    return (int) res;
}
```

## 3.6 이식성 이슈

3.6절에서는 이식성 있는 시스템 프로그램을 작성하는 법에 대해 알아보자. SUSv3에서 정의한 기능 테스트 매크로와 표준 시스템 데이터형을 소개한 뒤, 나머지 이식성 이슈를 살펴볼 것이다.

### 3.6.1 기능 테스트 매크로

시스템 호출과 라이브러리 함수 API의 동작에 대한 여러 가지 표준이 존재한다(1.3절 참조). 오픈 그룹 같은 표준 단체가 정의한 표준도 있고(단일 유닉스 규격), 역사적으로 중요한 두 가지 유닉스 구현인 BSD와 시스템 V 릴리스 4(그리고 연관된 시스템 V 인터페이스 정의)가 정의한 표준도 있다.

이식성 있는 응용 프로그램을 작성할 때는 헤더 파일이 특정 표준을 따르는지를 나타내는 정의(상수, 함수 프로토타입 등)가 있으면 편리할 때가 있다. 이를 위해 프로그램을 컴파일할 때 아래 나열된 기능 테스트 매크로feature test macros를 정의한다. 매크로를 정의하는 방법 중 하나는 프로그램 소스에서 헤더 파일을 선언(#include)하기 전에 매크로를 정의하는 것이다.

```
#define _BSD_SOURCE 1
```

또 다른 방법으로, 컴파일러의 -D 옵션을 쓸 수도 있다.

```
$ cc -D_BSD_SOURCE prog.c
```

> '기능 테스트 매크로'라는 이름은 좀 헷갈리지만, 구현 측면에서 보면 이해하기 쉽다. 구현부는 응용 프로그램이 정의한 이 매크로의 값을 (#if로) 테스트해서 헤더 파일의 어떤 기능을 제공해야 할지 결정한다.

다음과 같은 기능 테스트 매크로가 관련 표준에 정의되어 있으며, 따라서 이 매크로는 해당 표준을 지원하는 모든 시스템에서 이식성이 있다.

- _POSIX_SOURCE: (어떤 값으로든) 정의되어 있으면, POSIX.1-1990과 ISO C(1990) 호환 기능을 제공한다. 이 매크로는 _POSIX_C_SOURCE로 대체됐다.
- _POSIX_C_SOURCE: 1로 정의되어 있으면 _POSIX_SOURCE와 동일한 효과를 낸다. 199309 이상의 값으로 정의되어 있으면 POSIX.1b(실시간) 기능도 제공한

다. 199506 이상의 값으로 정의되어 있으면 POSIX.1c(스레드) 기능도 제공한다. 200112로 정의되어 있으면 POSIX.1-2001 기본 표준(즉 XSI 확장 제외) 기능도 제공한다(버전 2.3.3 이전의 glibc 헤더는 _POSIX_C_SOURCE의 200112 값을 지원하지 않는다). 200809로 정의되어 있으면 POSIX.1-2008 기본 표준 기능도 제공한다(버전 2.10 이전의 glibc 헤더는 _POSIX_C_SOURCE의 200809 값을 지원하지 않는다).

- _XOPEN_SOURCE: (어떤 값으로든) 정의되어 있으면 POSIX.1, POSIX.2, X/Open(XPG4) 기능을 제공한다. 500 이상의 값으로 정의되어 있으면 SUSv2(유닉스 98과 XPG5) 확장 기능도 제공한다. 600 이상의 값으로 설정하면 추가로 SUSv3 XSI(유닉스 03) 확장 기능과 C99 확장 기능을 제공한다(버전 2.2 이전의 glibc 헤더는 _XOPEN_SOURCE의 600 값을 지원하지 않는다). 700 이상으로 설정하면 SUSv4 XSI 확장 기능도 제공한다(버전 2.10 이전의 glibc 헤더는 _XOPEN_SOURCE의 700 값을 지원하지 않는다). _XOPEN_SOURCE의 값을 500, 600, 700으로 결정한 이유는 SUSv2, SUSv3, SUSv4가 각각 X/Open 규격의 이슈 5, 6, 7이기 때문이다.

다음은 glibc 고유의 기능 테스트 매크로다.

- _BSD_SOURCE: (어떤 값으로든) 정의되어 있으면, BSD의 기능을 제공한다. 이 매크로를 정의하면 _POSIX_C_SOURCE도 199506으로 정의된다. 명시적으로 이 매크로만 설정하면 표준이 상충되는 몇몇 경우에 BSD 표준을 따르게 된다.
- _SVID_SOURCE: (어떤 값으로든) 정의되어 있으면, 시스템 V 인터페이스 정의(SVID)의 기능을 제공한다.
- _GNU_SOURCE: (어떤 값으로든) 정의되어 있으면, 이상의 모든 매크로를 설정해서 모든 기능을 제공할 뿐만 아니라, 다양한 GNU 확장 기능도 제공한다.

GNU C 컴파일러가 특별한 옵션 없이 실행되면 _POSIX_SOURCE, _POSIX_C_SOURCE=200809(glibc, 버전 2.5~2.9는 200112, glibc 버전 2.4 이전은 199506), _BSD_SOURCE, _SVID_SOURCE가 기본적으로 정의된다.

개별 매크로를 정의하거나 컴파일러를 표준 모드 중 하나(예를 들어, cc -ansi나 cc ?std=c99)로 실행하면, 해당 기능만 제공된다. 예외가 하나 있는데, _POSIX_C_SOURCE가 정의되지 않고 컴파일러가 표준 모드 중 하나로 실행되지 않으면, _POSIX_C_SOURCE가 200809(glibc 버전 2.4~2.9는 200112, glibc 버전 2.4 이전은 199506)로 정의된다.

여러 매크로를 동시에 정의하면 해당 기능이 모두 제공되므로, 예를 들어 다음과 같은 cc 명령을 이용해서 기본 설정과 동일한 매크로 설정을 명시적으로 선택할 수도 있다.

```
$ cc -D_POSIX_SOURCE -D_POSIX_C_SOURCE=199506 \
     -D_BSD_SOURCE -D_SVID_SOURCE prog.c
```

<features.h> 헤더 파일과 feature_test_macros(7) 매뉴얼 페이지를 보면 각 기능 테스트 매크로에 정확히 어떤 값이 할당되어 있는지를 알 수 있다.

### _POSIX_C_SOURCE, _XOPEN_SOURCE, POSIX.1/SUS

POSIX.1-2001/SUSv3에는 _POSIX_C_SOURCE와 _XOPEN_SOURCE 기능 테스트 매크로만 규정되어 있으며, 호환 응용 프로그램의 경우 이 값들을 각각 200112와 600으로 정의하도록 요구한다. _POSIX_C_SOURCE를 200112로 정의하면 POSIX.1-2001 기본 규격 호환성(즉 POSIX 호환, XSI 확장 제외)을 제공한다. _XOPEN_SOURCE를 600으로 정의하면 SUSv3 호환성(즉 XSI 호환, 기본 규격 + XSI 확장)을 제공한다. POSIX.1-2008/SUSv4의 경우도 이와 유사하게, _POSIX_C_SOURCE와 _XOPEN_SOURCE를 각각 200809와 700으로 정의해야 한다.

SUSv3에 따르면, _XOPEN_SOURCE를 600으로 설정하면 _POSIX_C_SOURCE를 200112로 설정했을 때 제공되는 모든 기능을 제공해야 한다. 따라서 SUSv3(즉 XSI) 호환성을 위해 응용 프로그램은 _XOPEN_SOURCE만 정의하면 된다. SUSv4도 이와 유사하게 _XOPEN_SOURCE를 700으로 설정하면 _POSIX_C_SOURCE를 200809로 설정했을 때 제공되는 모든 기능을 제공해야 한다.

### 함수 프로토타입과 소스 코드 예제의 기능 테스트 매크로

매뉴얼 페이지를 보면 헤더 파일의 특정 상수 정의나 함수 선언을 쓰려면 어떤 기능 테스트 매크로를 정의해야 하는지를 알 수 있다.

이 책의 모든 소스 코드 예제는 기본 GNU C 컴파일러 옵션이나 아래의 옵션으로 컴파일할 수 있도록 작성됐다.

```
$ cc -std=c99 -D_XOPEN_SOURCE=600
```

이 책에 나와 있는 각 함수의 프로토타입은 기본 컴파일러 옵션이나 방금 보여준 cc의 옵션으로 컴파일한 프로그램에서 해당 함수를 사용하기 위해 정의해야 하는 모든 기능 테스트 매크로를 표시했다. 매뉴얼 페이지를 보면 각 함수를 쓰는 데 필요한 기능 테스트 매크로를 좀 더 자세히 알 수 있다.

### 3.6.2 시스템 데이터형

프로세스 ID, 사용자 ID, 파일 오프셋 등 여러 가지 구현 데이터형이 표준 C 데이터형으로 표현되어 있다. 이런 정보를 저장하는 변수를 선언하기 위해 int나 long 같은 C의 기초 데이터형을 쓸 수도 있겠지만, 그렇게 하면 다음과 같은 이유로 유닉스 시스템 간의 이식성이 떨어진다.

- 이 기초 데이터형의 크기가 유닉스 구현마다 다르거나(예를 들어, long이 한 시스템에서는 4바이트이고 다른 시스템에서는 8바이트일 수도 있다), 심지어 같은 구현이라도 컴파일 환경에 따라 다를 수 있다. 그뿐 아니라 같은 정보를 나타내더라도 구현에 따라 다른 데이터형을 쓰기도 한다. 예를 들어, 프로세스 ID가 한 시스템에서는 int이지만 다른 시스템에서는 long일 수도 있다.
- 같은 종류의 유닉스 구현에서도 버전에 따라 정보를 나타내는 데 쓰는 데이터형이 다를 수 있다. 리눅스상의 유명한 예는 사용자 ID와 그룹 ID다. 리눅스 2.2까지는 이 값을 16비트로 나타냈는데, 리눅스 2.4부터는 32비트 값으로 바뀌었다.

이런 이식성 문제를 피하기 위해, SUSv3는 여러 가지 표준 시스템 데이터형을 명시했고, 구현이 이 데이터형을 적절히 정의하고 사용하도록 요구했다. 이 데이터형은 C의 typedef 기능으로 정의됐다. 예를 들어 pid_t 데이터형은 프로세스 ID를 나타내는데, 리눅스/x86-32에서는 다음과 같이 정의되어 있다.

```
typedef int pid_t;
```

표준 시스템 데이터형의 이름은 대부분 _t로 끝난다. 다른 헤더 파일에 정의되어 있는 것도 있지만, 상당수는 <sys/types.h>에 정의되어 있다.

이식성을 위해 응용 프로그램은 이 데이터형 정의를 사용해야 한다. 예를 들어, 다음과 같이 선언하면 응용 프로그램은 모든 SUSv3 호환 시스템에서 올바르게 프로세스 ID를 나타낼 수 있다.

```
pid_t mypid;
```

표 3-1에는 이 책에 나와 있는 시스템 데이터형이 나와 있다. 이 표의 데이터형 중 일부에 대해 SUSv3는 산술형arithmetic type으로 구현할 것을 요구한다. 이는 구현에 따라 해당 데이터형을 정수나 부동소수점(실수 또는 복소수) 데이터형으로 정의할 수 있다는 뜻이다.

**표 3-1** 시스템 데이터형 중 일부

| 데이터형 | SUSv3 데이터형 요구사항 | 설명 |
|---|---|---|
| blkcnt_t | 부호 있는 정수 | 파일 블록 수(15.1절) |
| blksize_t | 부호 있는 정수 | 파일 블록 크기(15.1절) |
| cc_t | 부호 없는 정수 | 터미널 특수문자(Vol. 2의 25.4절) |
| clock_t | 정수 또는 부동소수점 실수 | 클록 틱(clock tick)으로 나타낸 시스템 시간(10.7절) |
| clockid_t | 산술형 | POSIX.1b 클록과 타이머 함수용 클록 ID(23.6절) |
| comp_t | SUSv3에 없음 | 압축된 클록 틱(28.1절) |
| dev_t | 산술형 | 주 번호(major number)와 부 번호(minor number)로 이뤄진 디바이스 번호(15.1절) |
| DIR | 데이터형 요구사항 없음 | 디렉토리 스트림(18.8절) |
| fd_set | 구조체형 | select()용 파일 디스크립터(Vol. 2의 26.2.1절) |
| fsblkcnt_t | 부호 없는 정수 | 파일 시스템 블록 수(14.11절) |
| fsfilcnt_t | 부호 없는 정수 | 파일 수(14.11절) |
| gid_t | 정수 | 숫자로 나타낸 그룹 ID(8.3절) |
| id_t | 정수 | ID를 담는 일반적인 데이터형. 최소한 pid_t, uid_t, gid_t를 담을 만큼 커야 한다. |
| in_addr_t | 32비트 부호 없는 정수 | IPv4 주소(Vol. 2의 22.4절) |
| in_port_t | 16비트 부호 없는 정수 | IP 포트 번호(Vol. 2의 22.4절) |
| ino_t | 부호 없는 정수 | 파일 i-노드 번호(15.1절) |
| key_t | 산술형 | 시스템 V IPC 키(Vol. 2의 8.2절) |
| mode_t | 정수 | 파일 권한과 종류(15.1절) |
| mqd_t | 데이터형 요구사항 없지만, 배열형은 안 됨 | POSIX 메시지 큐 디스크립터 |
| msglen_t | 부호 없는 정수 | 시스템 V 메시지 큐에 허용되는 바이트 수(Vol. 2의 9.4절) |
| msgqnum_t | 부호 없는 정수 | 시스템 V 메시지 큐에 들어 있는 메시지 수(Vol. 2의 9.4절) |
| nfds_t | 부호 없는 정수 | poll()용 파일 디스크립터 수(Vol. 2의 26.2.2절) |
| nlink_t | 정수 | 파일을 가리키는 (하드) 링크의 수(15.1절) |
| off_t | 부호 있는 정수 | 파일 오프셋 또는 크기(4.7절과 15.1절) |

(이어짐)

| 데이터형 | SUSv3 데이터형 요구사항 | 설명 |
|---|---|---|
| pid_t | 부호 있는 정수 | 프로세스 ID, 프로세스 그룹 ID, 세션 ID(6.2절, 29.2절, 29.3절) |
| ptrdiff_t | 부호 있는 정수 | 부호 있는 정수로 나타낸, 두 포인터 값의 차이 |
| rlim_t | 부호 없는 정수 | 자원 한도(31.2절) |
| sa_family_t | 부호 없는 정수 | 소켓 주소 체계(socket address family, Vol. 2의 19.4절) |
| shmatt_t | 부호 없는 정수 | 시스템 V 공유 메모리 세그먼트에 부착된 프로세스의 수(Vol. 2의 11.8절) |
| sig_atomic_t | 정수 | 아토믹(atomic)하게 접근할 수 있는 데이터형(21.1.3절) |
| siginfo_t | 구조체형 | 시그널의 출처에 대한 정보(21.4절) |
| sigset_t | 정수 또는 구조체형 | 시그널(20.9절) |
| size_t | 부호 없는 정수 | 바이트 수로 나타낸 객체의 크기 |
| socklen_t | 최소 32비트 정수형 | 바이트 수로 나타낸 소켓 주소 구조체의 크기(Vol. 2의 19.3절) |
| speed_t | 부호 없는 정수 | 터미널 라인 속도(Vol. 2의 25.7절) |
| ssize_t | 부호 있는 정수 | 바이트 수 또는 (음수로 나타낸) 에러 표시 |
| stack_t | 구조체형 | 대체 시그널 스택 설명(21.3절) |
| suseconds_t | [-1, 1000000] 범위의 부호 있는 정수 | 마이크로초 시간 간격(10.1절) |
| tcflag_t | 부호 없는 정수 | 터미널 모드 플래그 비트 마스크(Vol. 2의 25.2절) |
| time_t | 정수 또는 부동소수점 실수 | 기원 이후 흐른 초로 나타낸 달력 시간(10.1절) |
| timer_t | 산술형 | POSIX.1b 타이머 함수용 타이머 ID(23.6절) |
| uid_t | 정수 | 숫자로 나타낸 사용자 ID(8.1절) |

표 3-1의 데이터형에 대해 나중에 말할 때, 종종 어떤 데이터형이 '[SUSv3에 따르면] 정수형이다'라고 말할 것이다. 이는 SUSv3에 해당 데이터형이 정수여야 한다고 정의되어 있지만, 특정 정수형(예: `short`, `int`, `long`)을 써야 한다고 규정되지는 않았다는 뜻이다(이 책은 종종 리눅스에서 각 시스템 데이터형이 어떤 특별한 데이터형으로 표현되는지를 언급하지 않을 것이다. 이식성 있는 응용 프로그램은 어떤 데이터형이 사용되든지 상관없도록 작성돼야 하기 때문이다).

### 시스템 데이터형 값의 표시

표 3-1에 나와 있는 시스템 데이터형 중 숫자값(예: pid_t, uid_t)을 표시할 때는 printf()를 호출할 때 숫자의 표현에 따라 출력 결과가 달라지지 않도록 주의해야 한다. C의 인자 변환 규칙에 따르면, short 형의 값은 int로 바꾸지만 int 형과 long 형의 값은 바꾸지 않는다. 이는 시스템 데이터형의 정의에 따라, printf() 호출에 int나 long이 넘겨질 수 있다는 뜻이다. 하지만 printf()는 실행 시에 인자의 형을 알 수 없기 때문에, 호출자가 %d나 %ld 포맷 지정자를 통해 이러한 정보를 제공해야 한다. 문제는 이 포맷 지정자만 printf() 호출에 넣었을 때는 구현에 따라 동작이 다르다는 것이다. 일반적인 해법은 다음과 같이 %ld를 쓰고 언제나 해당 값을 long으로 캐스팅하는 것이다.

```
pid_t mypid;

mypid = getpid(); /* 호출한 프로세스의 프로세스 ID를 리턴한다. */
printf("My PID is %ld\n", (long) mypid);
```

이 기법에는 한 가지 예외가 있다. off_t 데이터형은 어떤 컴파일 환경에서는 long long 크기이기 때문에, off_t 값은 long long으로 캐스팅하고 %lld를 쓴다(5.10절 참조).

> C99 표준에는 printf()에 길이 변경자 z가 정의되어 있어서 해당 정수를 size_t나 ssize_t 형으로 변환하도록 지정할 수 있다. 따라서 이런 형으로 캐스팅할 때는 %ld 대신 %zd를 함께 쓸 수 있다. 이 지정자가 glibc에도 있지만, 모든 유닉스 구현에 존재하는 것은 아니기 때문에 이 책에서는 쓰지 않았다.
>
> C99 표준에는 길이 변경자 j도 정의되어 있다. 이는 해당 인자의 형을 intmax_t(또는 uintmax_t)로 지정하는데, 모든 정수형을 나타낼 수 있는 충분히 큰 정수형이다. 궁극적으로 (long)으로 캐스팅하고 %ld를 쓰는 대신 (intmax_t)로 캐스팅하고 %jd를 쓰는 것이, long long 값이나 기타 int128_t와 같은 확장된 정수형까지도 다룰 수 있기 때문에, 시스템 데이터형의 숫자값을 출력하는 가장 좋은 방법일 것이다. 하지만 이것이 모든 유닉스 구현에서 가능하진 않기 때문에 이 책에서는 쓰지 않았다.

## 3.6.3 기타 이식성 이슈

3.6.3절에서는 시스템 프로그램을 작성할 때 접할 수 있는 이식성 이슈를 다룬다.

### 구조체의 초기화와 사용

각 유닉스 구현에는 여러 가지 시스템 호출과 라이브러리 함수에서 쓰이는 표준 구조체가 정의되어 있다. 예를 들어, semop() 시스템 호출에 의해 수행되는 세마포어 오퍼레이션을 나타내는 데 사용하는 sembuf 구조체를 살펴보자.

```
struct sembuf {
    unsigned short sem_num;          /* 세마포어 번호 */
    short          sem_op;           /* 수행할 오퍼레이션 */
    short          sem_flg;          /* 오퍼레이션 플래그 */
};
```

SUSv3에 sembuf 같은 구조체가 정의되어 있기는 하지만, 다음과 같은 사항을 이해하는 것이 중요하다.

- 일반적으로 이런 구조체 안에서 필드의 순서는 정의되어 있지 않다.
- 이런 구조체에는 경우에 따라 구현에 특유한 추가 필드가 포함될 수도 있다.

결과적으로 다음과 같은 구조체 초기화는 이식성이 없다.

```
struct sembuf s = { 3, -1, SEM_UNDO };
```

이런 초기화는 리눅스에서는 동작하지만, sembuf 구조체가 다른 순서로 정의되어 있는 그 밖의 구현에서는 동작하지 않을 것이다. 이런 구조체를 이식성 있게 초기화하려면, 다음과 같이 명시적인 대입문을 써야 한다.

```
struct sembuf s;

s.sem_num = 3;
s.sem_op = -1;
s.sem_flg = SEM_UNDO;
```

C99를 사용한다면, 이와 동등한 초기화를 구조체 초기화를 위한 새로운 문법을 써서 작성할 수 있다.

```
struct sembuf s = { .sem_num = 3, .sem_op = -1, .sem_flg = SEM_UNDO };
```

표준 구조체의 내용을 파일에 쓰려고 할 때도 표준 구조체의 필드 순서를 고려해야 한다. 이를 이식성 있게 하려면, 단순히 구조체를 바이너리로 써서는 안 된다. 대신에 구조체의 필드를 개별적으로 (아마도 텍스트 형태로) 지정된 순서에 따라 써야 한다.

### 구현에 따라 존재하지 않을 수도 있는 매크로의 사용

경우에 따라 특정 매크로가 일부 유닉스 구현에는 정의되어 있지 않을 수도 있다. 예를 들어, WCOREDUMP() 매크로(자식 프로세스가 코어 덤프 파일을 만드는지 확인한다)는 널리 쓰이지만 SUSv3에는 정의되어 있지 않다. 따라서 이 매크로는 일부 유닉스 구현에는 존재하지 않을 수도 있다. 그런 경우를 이식성 있게 처리하려면, 다음과 같이 C 프리프로세서 지시자 #ifdef를 쓸 수 있다.

```
#ifdef WCOREDUMP
    /* WCOREDUMP() 매크로를 사용한다. */
#endif
```

### 구현에 따라 다른 헤더 파일

유닉스 구현에 따라, 여러 가지 시스템 호출과 라이브러리 함수의 프로토타입이 정의되어 있는 헤더 파일들이 다른 경우가 있다. 이 책에서는 리눅스의 경우를 살펴보고, SUSv3와의 차이점을 알아볼 것이다.

이 책의 함수 개요 중 일부는 헤더 파일에 /* 이식성을 위해 */라는 표시를 해놓았다. 이는 해당 헤더 파일이 리눅스나 SUSv3에서는 필요 없지만, 일부(특히 오래된) 구현에서는 필요할 수도 있기 때문에, 이식성을 위해서는 사용해야 한다는 뜻이다.

> POSIX.1-1990은 많은 함수에 대해 그 함수와 관련된 어떤 헤더 파일보다도 먼저 헤더 파일 〈sys/types.h〉를 선언하도록 요구했다. 하지만 대부분의 현대 유닉스 구현에서는 요구하지 않기 때문에 불필요해졌다. 따라서 SUSv1은 이 요구사항을 제거했다. 그럼에도 불구하고 이식성을 위해서는 이 헤더 파일을 앞쪽에 선언하는 것이 좋다(하지만 이 책의 예제에서는 이 헤더 파일을 생략했다. 리눅스에서는 이 헤더 파일을 선언할 필요가 없고 이를 생략하면 예제 프로그램이 한 줄 짧아지기 때문이다).

## 3.7 정리

프로세스는 시스템 호출을 통해 커널에게 서비스를 요청할 수 있다. 시스템 호출을 실행하기 위해서는 시스템이 잠깐 커널 모드로 전환해야 하고, 시스템 호출의 인자를 검증한 뒤 데이터를 사용자 메모리에서 커널 메모리로 전달해야 하기 때문에, 아주 간단한 시스템 호출이라도 사용자 공간 함수 호출에 비해 커다란 오버헤드가 있다.

표준 C 라이브러리는 광범위한 작업을 수행하는 라이브러리 함수를 많이 제공한다. 일부 라이브러리 함수는 작업을 수행하는 과정에서 시스템 호출을 사용하고, 일부는 순전히 사용자 공간에서만 작업한다. 리눅스에서 흔히 쓰이는 표준 C 라이브러리 구현은 glibc다.

대부분의 시스템 호출과 라이브러리 함수는 호출이 성공했는지 또는 실패했는지를 알리는 상태값을 리턴한다. 이런 상태값은 언제나 확인해야 한다.

이 책의 예제 프로그램에서 쓰려고 구현한 여러 함수를 소개했다. 이 함수들이 수행하는 작업에는 에러를 알리고 명령행 인자를 파싱하는 일 등이 포함된다.

표준을 준수하는 어떤 시스템에서도 동작하는 이식성 있는 시스템 프로그램을 작성하기 위한 여러 가지 가이드라인과 기법도 소개했다.

응용 프로그램을 컴파일할 때, 헤더 파일에 들어 있는 정의 중 어느 것을 노출시킬지를 제어하는 여러 가지 기능 테스트 매크로를 정의할 수 있다. 이는 프로그램이 어떤 공식적인 표준 또는 구현으로 정의된 표준을 준수하도록 보장하려고 할 때 유용하다.

C의 기본 데이터형보다는 여러 가지 표준에 정의된 시스템 데이터형을 사용함으로써 시스템 프로그램의 이식성을 높일 수 있다. SUSv3는 유닉스 구현이 지원해야 하고 응용 프로그램이 사용해야 하는 광범위한 시스템 데이터형을 정의하고 있다.

## 3.8 연습문제

**3-1.** 시스템을 재부팅하기 위해 리눅스 고유의 `reboot()` 시스템 호출을 사용할 때, 두 번째 인자 `magic2`는 매직 넘버 중 하나(예: `LINUX_REBOOT_MAGIC2`)로 설정해야 한다. 이 숫자의 의미는 무엇일까? (힌트: 16진수로 변환해보라.)

# 4

# 파일 I/O: 범용 I/O 모델

이제 본격적으로 시스템 호출 API를 살펴보자. 파일은 좋은 출발점이다. 유닉스 철학의 중심이기 때문이다. 4장의 초점은 파일 입출력을 수행하는 시스템 호출이다.

파일 디스크립터라는 개념을 소개한 다음, 이른바 범용 I/O 모델universal I/O model을 이루는 시스템 호출을 살펴볼 것이다. 이 시스템 호출은 파일을 열고 닫고, 데이터를 읽고 쓰는 시스템 호출이다.

디스크 파일 I/O에 초점을 맞출 것이지만, 여기서 다루는 내용 중 상당수는 이후의 내용에도 관련이 된다. 같은 시스템 호출이 파이프와 터미널 등 모든 종류의 파일에 대한 I/O를 수행하는 데 사용되기 때문이다.

5장은 4장의 논의를 확장해 파일 I/O를 더욱 자세히 설명한다. 파일 I/O의 또 다른 측면인 버퍼링buffering은 매우 복잡하므로 별도의 장으로 나누었다. 13장은 커널과 stdio 라이브러리에서의 I/O 버퍼링을 다룬다.

## 4.1 개요

I/O를 수행하는 모든 시스템 호출은 파일 디스크립터라는 (일반적으로 작은) 음이 아닌 정수를 통해 열려 있는 파일을 참조한다. 파일 디스크립터는 파이프, FIFO, 소켓, 터미널, 디바이스, 일반 파일 등 종류에 상관없이 모든 열려 있는 파일을 참조할 때 쓴다.

의례 대부분의 프로그램은 표 4-1의 세 가지 표준 파일 디스크립터를 쓸 수 있다고 예상한다. 세 디스크립터는 프로그램이 시작될 때 셸이 프로그램 대신 열어준다. 더 정확히 말하면 프로그램이 셸의 디스크립터의 복사본을 물려받고, 셸은 보통 세 가지 파일 디스크립터가 언제나 열려 있는 채로 동작한다(대화형 셸에서 이 세 가지 파일 디스크립터는 보통 셸이 동작 중인 터미널을 가리킨다). 명령행에서 I/O를 재지정하면, 셸은 프로그램을 시작하기 전에 파일 디스크립터가 적절히 수정되도록 보장한다.

**표 4-1** 표준 파일 디스크립터

| 파일 디스크립터 | 목적 | POSIX 이름 | stdio 스트림 |
|---|---|---|---|
| 0 | 표준 입력 | STDIN_FILENO | stdin |
| 1 | 표준 출력 | STDOUT_FILENO | stdout |
| 2 | 표준 에러 | STDERR_FILENO | stderr |

프로그램에서 파일 디스크립터를 참조할 때는 번호(0, 1, 2)를 쓸 수도 있지만, 가능하면 <unistd.h>에 정의된 POSIX 표준 이름을 쓰는 편이 더 좋다.

> stdin, stdout, stderr은 원래 프로세스의 표준 입력, 출력, 에러를 가리키지만, freopen() 라이브러리 함수를 이용하면 어느 파일이든 가리키도록 바꿀 수 있다. freopen()이 작업하면서 새로 열린 스트림의 파일 디스크립터를 바꿀 수도 있다. 즉 예를 들어 stdout에 대해 freopen()을 수행하고 나면, 파일 디스크립터가 여전히 1이라고 가정하는 것은 위험할 수도 있다.

다음은 파일 I/O를 수행하는 네 가지 핵심 시스템 호출이다(프로그래밍 언어와 소프트웨어 패키지는 보통 이들을 간접적으로, I/O 라이브러리를 통해 이용한다).

- `fd = open(pathname, flags, mode)`는 pathname이 가리키는 파일을 열고, 열린 파일을 이후의 호출에서 참조할 때 쓸 파일 디스크립터를 리턴한다. 해당 파일이 존재하지 않으면, flags의 값에 따라 `open()`이 만들 수도 있다. flags는 또한 파일을 읽기, 쓰기, 둘 다를 위해 열지를 지정한다. mode는 파일을 만들 경우 파일

에 부여할 권한을 지정한다. open()이 파일을 만들지 않을 경우, 이 인자는 무시되므로 생략할 수 있다.

- numread = read(fd, buffer, count)는 fd가 가리키는 파일에서 최대 count바이트를 읽어 buffer에 저장한다. read()는 실제로 읽은 바이트 수를 리턴한다. 더 이상 읽을 수 없으면(즉 파일의 끝을 만나면), read()는 0을 리턴한다.
- numwritten = write(fd, buffer, count)는 buffer에서 최대 count바이트를 fd가 가리키는 열려 있는 파일에 쓴다. write()는 실제로 쓴 바이트 수를 리턴하므로, count보다 작은 수를 리턴할 수도 있다.
- status = close(fd)는 모든 I/O를 마친 뒤에 파일 디스크립터 fd와 관련 커널 자원을 해제하기 위해 호출한다.

이 시스템 호출을 자세히 알아보기 전에, 리스트 4-1에서 사용법을 간단히 살펴보자. 이 프로그램은 cp(1) 명령을 단순화한 것이다. 첫 번째 명령행 인자로 주어진 이름의 이미 존재하는 파일의 내용을 두 번째 명령행 인자로 주어진 이름의 새로운 파일로 복사한다.

리스트 4-1에 나와 있는 이 프로그램은 다음과 같이 사용할 수 있다.

```
$ ./copy oldfile newfile
```

**리스트 4-1** I/O 시스템 호출의 사용 예

fileio/copy.c

```
#include <sys/stat.h>
#include <fcntl.h>
#include "tlpi_hdr.h"

#ifndef BUF_SIZE        /* "cc -D"로 정의를 바꿀 수 있다. */
#define BUF_SIZE 1024
#endif

int
main(int argc, char *argv[])
{
    int inputFd, outputFd, openFlags;
    mode_t filePerms;
    ssize_t numRead;
    char buf[BUF_SIZE];

    if (argc != 3 || strcmp(argv[1], "--help") == 0)
        usageErr("%s old-file new-file\n", argv[0]);
```

```
    /* 입출력 파일을 연다. */

    inputFd = open(argv[1], O_RDONLY);
    if (inputFd == -1)
        errExit("opening file %s", argv[1]);

    openFlags = O_CREAT | O_WRONLY | O_TRUNC;
    filePerms = S_IRUSR | S_IWUSR | S_IRGRP | S_IWGRP |
                S_IROTH | S_IWOTH; /* rw-rw-rw- */
    outputFd = open(argv[2], openFlags, filePerms);
    if (outputFd == -1)
        errExit("opening file %s", argv[2]);

    /* 입력이 끝나거나 에러가 발생할 때까지 데이터를 전송한다. */

    while ((numRead = read(inputFd, buf, BUF_SIZE)) > 0)
        if (write(outputFd, buf, numRead) != numRead)
            fatal("couldn't write whole buffer");
    if (numRead == -1)
        errExit("read");

    if (close(inputFd) == -1)
        errExit("close input");
    if (close(outputFd) == -1)
        errExit("close output");

    exit(EXIT_SUCCESS);
}
```

## 4.2 I/O의 범용성

유닉스 I/O 모델의 뚜렷한 특징 중 하나가 I/O의 범용성universality이다. 이는 네 가지 시스템 호출(open(), read(), write(), close())이, 터미널 같은 디바이스를 포함해 모든 종류의 파일에 대한 I/O를 수행한다는 것이다. 따라서 이 시스템 호출만으로 프로그램을 작성하면, 어떤 종류의 파일에 대해서도 동작할 것이다. 예를 들어 리스트 4-1의 프로그램으로 다음과 같은 일을 모두 할 수 있다.

```
$ ./copy test test.old              일반 파일을 복사한다.
$ ./copy a.txt /dev/tty             일반 파일을 터미널로 복사한다.
$ ./copy /dev/tty b.txt             터미널의 입력을 일반 파일로 복사한다.
$ ./copy /dev/pts/16 /dev/tty       다른 터미널의 입력을 복사한다.
```

I/O의 범용성은 각 파일 시스템과 디바이스 드라이버가 같은 종류의 I/O 시스템 호출을 구현함으로써 가능해졌다. 파일 시스템이나 디바이스에 고유한 구체적인 사항은 커널에서 처리하므로, 응용 프로그램을 작성할 때는 일반적으로 디바이스별 요인을 무시할 수 있다. 파일 시스템이나 디바이스 특유의 기능을 써야 할 때는 다목적 시스템 호출인 ioctl()을 사용할 수 있다(4.8절). ioctl()은 범용 I/O 모델에서 벗어나는 기능에 대한 인터페이스를 제공한다.

## 4.3 파일 열기: open()

open() 시스템 호출은 기존 파일을 열거나 새로운 파일을 만들고 연다.

```
#include <sys/stat.h>
#include <fcntl.h>

int open(const char *pathname, int flags, ... /* mode_t mode */);
```

성공하면 파일 디스크립터를 리턴하고, 에러가 발생하면 -1을 리턴한다.

pathname이 가리키는 파일을 연다. pathname이 심볼릭 링크면 역참조한다. 성공하면 open()은 파일 디스크립터를 리턴하며, 이후의 시스템 호출에서는 이 파일 디스크립터를 통해 해당 파일을 참조할 수 있다. 에러가 발생하면 open()은 -1을 리턴하고 그에 맞춰 errno가 설정된다.

flags 인자는 파일 접근 모드access mode를 지정하는 비트 마스크로, 표 4-2의 상수 중 하나로 나타낸다.

> 초기 유닉스 구현에서는 표 4-2에 나와 있는 이름 대신 숫자 0, 1, 2를 썼다. 대부분의 현대 유닉스 구현에는 이 상수가 0, 1, 2로 정의되어 있다. 따라서 O_RDWR은 O_RDONLY | O_WRONLY와 다르며, 후자의 조합은 논리적 에러를 야기한다.

open()으로 새로운 파일을 만들 때는 mode 비트 마스크 인자로 파일 권한을 설정한다(mode의 데이터형인 mode_t는 SUSv3에 정의된 정수형이다). open() 호출에 O_CREAT를 지정하지 않으면 mode는 생략해도 된다.

**표 4-2** 파일 접근 모드

| 접근 모드 | 설명 |
|---|---|
| O_RDONLY | 읽기 전용으로 파일을 연다. |
| O_WRONLY | 쓰기 전용으로 파일을 연다. |
| O_RDWR | 읽고 쓰기용으로 파일을 연다. |

파일 권한에 대해서는 15.4절에서 자세히 설명할 것이다. 나중에 살펴보겠지만, 새로 만들어진 파일에 실제로 설정되는 권한은 mode 인자뿐만 아니라 프로세스의 umask(15.4.6절)와 (선택적으로 존재하는) 부모 디렉토리의 기본 접근 제어 목록(17.6절)에 따라서도 달라진다. 그때까지는 단지 숫자(흔히 8진수로)나, 가급적이면 417페이지의 표 15-4에 나와 있는 비트 마스크 상수를 OR해서 mode 인자를 설정할 수 있다는 사실만 알아두자.

리스트 4-2는 open()의 사용 예로, 그중 몇몇 곳에는 곧 설명할 추가적인 flags 비트를 사용하고 있다.

**리스트 4-2** open()의 사용 예

```
/* 기존 파일을 읽기용으로 연다. */

fd = open("startup", O_RDONLY);
if (fd == -1)
    errExit("open");

/* 새로운 또는 기존 파일을 읽고 쓰기용으로 연다. 파일의 길이는 0으로 초기화된다.
   파일 권한은 소유자는 읽기+쓰기, 나머지에게는 전혀 없다. */

fd = open("myfile", O_RDWR | O_CREAT | O_TRUNC, S_IRUSR | S_IWUSR);
if (fd == -1)
    errExit("open");

/* 새로운 또는 기존 파일을 쓰기용으로 연다. 언제나 파일의 맨 뒤에 추가해서 쓴다. */

fd = open("w.log", O_WRONLY | O_CREAT | O_TRUNC | O_APPEND,
                   S_IRUSR | S_IWUSR);
if (fd == -1)
    errExit("open");
```

### open()이 리턴하는 파일 디스크립터 번호

SUSv3에 따르면, open()이 성공하면 프로세스에서 사용하지 않는 가장 작은 수로 이뤄진 파일 디스크립터를 리턴해야 한다. 이를 이용하면 파일을 열 때 특정 파일 디스크립터가 리턴되게 할 수 있다. 예를 들어 다음의 코드는 파일이 표준 입력(파일 디스크립터 0)으로 열리게 한다.

```
if (close(STDIN_FILENO) == -1)          /* 파일 디스크립터 0을 닫는다. */
    errExit("close");

fd = open(pathname, O_RDONLY);
if (fd == -1)
    errExit("open");
```

파일 디스크립터 0이 쓰이지 않으므로, open()은 파일 디스크립터 0으로 파일을 연다. 5.5절에서는 dup2()와 fcntl()을 써서 비슷한 결과를 얻지만, 파일 디스크립터의 사용을 좀 더 유연하게 제어할 수 있을 것이다. 5.5절에서는 또한 파일을 열 때 파일 디스크립터를 제어하면 왜 유용한지를 예제로 알아볼 것이다.

## 4.3.1 open()의 flags 인자

리스트 4-2에 나와 있는 open() 호출 예제를 보면, flags 인자에 파일 접근 모드뿐만 아니라 O_CREAT, O_TRUNC, O_APPEND 등의 비트를 설정했음을 알 수 있다. 이제 flags 인자를 좀 더 자세히 살펴보자. 표 4-3은 flags에 OR할 수 있는 상수를 모두 정리한 것이다. 마지막 열은 해당 상수가 SUSv3와 SUSv4 중 어디에서 표준화됐는지를 나타낸다.

**표 4-3** open()의 flags 인자값

| 플래그 | 목적 | SUS? |
|---|---|---|
| O_RDONLY | 읽기 전용으로 연다. | v3 |
| O_WRONLY | 쓰기 전용으로 연다. | v3 |
| O_RDWR | 읽고 쓰기용으로 연다. | v3 |
| O_CLOEXEC | 실행 시 닫기(close-on-exec) 플래그를 설정한다(리눅스 2.6.23부터). | v4 |
| O_CREAT | 파일이 이미 존재하지 않으면 새로 만든다. | v3 |
| O_DIRECT | 파일 I/O가 버퍼 캐시를 우회한다. | |
| O_DIRECTORY | pathname이 디렉토리가 아니면 실패한다. | v4 |
| O_EXCL | O_CREAT와 함께, 배타적으로 파일을 만든다. | v3 |

(이어짐)

| 플래그 | 목적 | SUS? |
|---|---|---|
| O_LARGEFILE | 32비트 시스템에서 큰 파일을 열 때 쓴다. | |
| O_NOATIME | read() 시에 파일 최종 접근 시간(last access time)을 갱신하지 않는다(리눅스 2.6.8부터). | |
| O_NOCTTY | pathname으로 제어 터미널이 되지 않게 한다. | v3 |
| O_NOFOLLOW | 심볼릭 링크를 역참조하지 않는다. | v4 |
| O_TRUNC | 기존 파일의 길이를 0으로 설정한다. | v3 |
| O_APPEND | 언제나 파일의 끝에 추가해서 쓴다. | v3 |
| O_ASYNC | I/O가 가능해지면 시그널을 보낸다. | |
| O_DSYNC | 동기 I/O 데이터 무결성을 제공한다(리눅스 2.6.33부터). | v3 |
| O_NONBLOCK | 비블로킹 모드로 연다. | v3 |
| O_SYNC | 파일 쓰기를 동기 모드로 설정한다. | v3 |

표 4-3의 상수는 다음과 같이 나눌 수 있다.

- 파일 접근 모드 플래그file access mode flags: 앞서 설명한 O_RDONLY, O_WRONLY, O_RDWR 플래그가 여기 속한다. flags에는 이 중 하나의 값만 설정해야 한다. 접근 모드는 fcntl() F_GETFL로 읽어올 수 있다(5.3절).
- 파일 생성 플래그file creation flags: 표 4-3의 두 번째 부분에 있는 플래그다. open() 동작의 다양한 측면뿐만 아니라 이후의 I/O 동작 옵션을 제어한다. 이 플래그는 읽거나 바꿀 수 없다.
- 열린 파일 상태 플래그open file status flags: 표 4-3의 나머지 플래그다. fcntl() F_GETFL과 F_SETFL로 읽거나 수정할 수 있다(5.3절). 이 플래그는 간단히 파일 상태 플래그라고도 한다.

> 커널 2.6.22부터는 /proc/*PID*/fdinfo 디렉토리의 리눅스 고유 파일을 읽어서 시스템의 모든 프로세스의 파일 디스크립터에 대한 정보를 얻을 수 있다. 이 디렉토리에는 각 프로세스가 연 파일 디스크립터마다 하나의 파일이 존재하고, 그 파일의 이름은 파일 디스크립터 번호와 일치한다. 이 파일의 pos 필드를 보면 현재 파일 오프셋(offset)을 알 수 있다(4.7절). flags 필드는 파일 접근 모드와 열린 파일 상태 플래그를 나타내는 8진수다(이 숫자를 해석하려면, C 라이브러리 헤더 파일에 있는 이 플래그의 값을 봐야 한다).

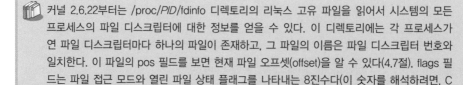

flags 상수를 자세히 살펴보면 다음과 같다.

- O_APPEND: 언제나 파일의 끝에 추가해서 쓴다. 이 플래그의 중요성에 대해서는 5.1절에서 설명하겠다.
- O_ASYNC: open()이 리턴한 파일 디스크립터에 대해 I/O가 가능해지면 시그널을 보낸다. 이 기능을 **시그널 구동 I/O**signal-driven I/O라고 하는데, 터미널, FIFO, 소켓 같은 특정 종류의 파일만 가능하다(O_ASYNC는 SUSv3에 정의되어 있지 않지만, 과거에 같은 의미로 쓰던 FASYNC를 대부분의 유닉스 구현에서 발견할 수 있다). 리눅스에서는 open()을 호출할 때 O_ASYNC를 적용해도 아무런 효과가 없다. 시그널 구동 I/O를 쓰려면 대신에 fcntl() F_SETFL을 통해 이 플래그를 설정해야 한다(5.3절. 그 밖의 몇몇 유닉스 구현도 이와 비슷하게 동작한다). O_ASYNC 플래그에 대한 좀 더 자세한 정보는 Vol. 2의 26.3절을 참조하기 바란다.
- O_CLOEXEC(리눅스 2.6.23부터): 새로운 파일 디스크립터에 실행 시 닫기close-on-exec 플래그(FD_CLOEXEC)를 켠다. FD_CLOEXEC에 대해서는 27.4절에서 설명할 것이다. O_CLOEXEC 플래그를 쓰면 실행 시 닫기 플래그를 설정하기 위해 fcntl() F_GETFD와 F_SETFD를 추가로 실행하지 않아도 된다. 또한 후자의 경우에는 멀티스레드 환경에서 발생할 수 있는 경쟁 상태race condition를 피해야 한다. 경쟁 상태는 하나의 스레드가 파일 디스크립터를 연 뒤 '실행 시 닫기'로 설정하려고 할 때 동시에 다른 스레드가 fork()를 하고 임의의 프로그램을 exec()하면 발생할 수 있다(첫 번째 스레드가 파일 디스크립터를 열고 fcntl()로 실행 시 닫기 플래그를 설정하려고 하는 사이에 두 번째 스레드가 fork()와 exec()를 모두 수행한다고 가정하자). 이런 경쟁 상태로 인해 열려 있는 파일 디스크립터가 의도치 않게 위험한 프로그램으로 넘어갈 수 있다(경쟁 상태에 대해서는 5.1절에서 더 자세히 다룰 것이다).
- O_CREAT: 파일이 이미 존재하지 않으면 새로운 빈 파일을 만든다. 이 플래그는 파일을 읽기 전용으로 열더라도 유효하다. open() 호출 때 O_CREAT를 설정하면 mode 인자도 지정해야 한다. 그렇지 않으면 새로운 파일의 권한이 스택에 있는 임의의 값으로 설정된다.
- O_DIRECT: 파일 I/O가 버퍼 캐시를 우회하게 한다. 이 기능은 13.6절에 설명되어 있다. <fcntl.h>에 있는 이 상수 정의를 쓰려면 _GNU_SOURCE 기능 테스트 매크로를 정의해야 한다.
- O_DIRECTORY: pathname이 디렉토리가 아니면 에러를 리턴한다(errno는 ENOTDIR). 이 플래그는 opendir()을 구현하기 위해 특별히 설계된 확장 기능이다

(18.8절). <fcntl.h>에 있는 이 상수 정의를 쓰려면 _GNU_SOURCE 기능 테스트 매크로를 정의해야 한다.

- O_DSYNC(리눅스 2.6.33부터): 동기 I/O 데이터 무결성 실현 요구사항에 따라 파일 쓰기를 수행한다. 13.3절의 커널 I/O 관련 내용 참조.
- O_EXCL: 이 플래그는 O_CREAT와 함께 쓰이며, 만약 파일이 이미 존재하면 열지 말아야 함을 나타낸다. 이 경우 open()은 실패하고 errno는 EEXIST로 설정된다. 다시 말해, 이 플래그를 이용하면 프로세스가 파일을 생성함을 보장할 수 있다. 파일 존재 확인과 생성은 아토믹하게 수행된다. 아토믹하다(원자성atomicity)라는 개념에 대해서는 5.1절에서 다룰 것이다. flags에 O_CREAT와 O_EXCL이 함께 지정됐을 때 pathname이 심볼릭 링크면 open()은 실패한다(EEXIST 에러 발생). 이 동작은 SUSv3 요구사항으로, 특권 응용 프로그램이 잘 알려진 위치에, 심볼릭 링크 때문에 파일이 다른 위치(예: 시스템 디렉토리)에 만들어져 보안상 영향을 줄 가능성 없이 파일을 만들 수 있게 하기 위해서다.
- O_LARGEFILE: 큰 파일 지원 기능으로 파일을 연다. 이 플래그는 32비트 시스템에서 큰 파일을 다루기 위해 쓴다. SUSv3에 명시되어 있지는 않지만, 몇몇 유닉스 구현에도 O_LARGEFILE 플래그가 존재한다. 알파나 IA-64 같은 64비트 리눅스 구현에서는 이 플래그가 효과가 없다. 좀 더 자세한 내용은 5.10절을 참조하기 바란다.
- O_NOATIME(리눅스 2.6.8부터): 파일을 읽을 때 파일 최종 접근 시간(15.1절에 설명된 st_atime 필드)을 갱신하지 않는다. 이 플래그를 쓰려면, 호출하는 프로세스의 유효 사용자 ID가 파일의 소유자와 일치하거나, 특권 프로세스(CAP_FOWNER)여야 한다. 그렇지 않으면 open()은 실패하고 EPERM 에러가 발생한다(실제로 비특권 프로세스의 경우, O_NOATIME 플래그를 써서 파일을 열 때는 9.5절에서 설명하는 것처럼 유효 사용자 ID보다는 프로세스의 파일 시스템 사용자 ID가 파일의 사용자 ID와 일치해야 한다). 이 플래그는 비표준 리눅스 확장 기능이다. <fcntl.h>에 있는 이 정의를 쓰려면 _GNU_SOURCE 기능 테스트 매크로를 정의해야 한다. O_NOATIME 플래그는 인덱스와 백업 프로그램용으로 만들어졌다. 이 플래그를 쓰면 파일의 내용을 읽은 다음 파일 i-노드의 최종 접근 시간을 갱신할 필요가 없기 때문에 반복된 디스크 탐색에 필요한 디스크 활동량을 상당히 줄일 수 있다(14.4절). MS_NOATIME mount() 플래그(14.8.1절)와 FS_NOATIME_FL 플래그(15.5절)도 O_NOATIME 플래그와 비슷한 기능을 수행한다.

- O_NOCTTY: 여는 파일이 터미널 디바이스이면 제어 터미널이 되지 않게 한다. 제어 터미널에 대해서는 29.3절에서 설명할 것이다. 여는 파일이 터미널이 아니면 이 플래그는 효과가 없다.
- O_NOFOLLOW: 보통 open()은 pathname이 심볼릭 링크일 경우 링크를 역참조한다. 하지만 O_NOFOLLOW 플래그를 지정하면, pathname이 심볼릭 링크일 경우 open()이 실패한다(errno는 ELOOP로 설정된다). 이 플래그는 특히 특권 프로그램에서 open()이 심볼릭 링크를 역참조하지 않도록 보장할 때 유용하다. <fcntl.h>에 있는 이 플래그의 정의를 쓰려면 _GNU_SOURCE 기능 테스트 매크로를 정의해야 한다.
- O_NONBLOCK: 파일을 비블로킹 모드로 연다. 5.9절 참조.
- O_SYNC: 파일을 동기synchronous I/O로 연다. 커널 I/O 버퍼링에 대해서는 13.3절을 참조하기 바란다.
- O_TRUNC: 파일이 이미 존재하고 일반 파일이면, 길이를 0으로 만들고 기존 데이터를 삭제한다. 리눅스에서는 파일을 읽기용으로 열든 쓰기용으로 열든 상관없이 데이터가 삭제된다(두 경우 모두, 파일에 대해 쓰기 권한이 있어야 한다). SUSv3에는 O_RDONLY와 O_TRUNC를 함께 썼을 때 어떻게 될지 명시되어 있지 않지만, 대부분의 유닉스 구현에서도 리눅스와 똑같이 동작한다.

### 4.3.2 open()의 에러

파일을 열려다 에러가 발생하면 open()은 -1을 리턴하고, errno를 보면 에러의 원인을 알 수 있다. 다음은 발생할 수 있는 에러다(위에서 flags 인자를 설명하면서 이미 언급한 것들은 제외).

- EACCES: 호출하는 프로세스가 파일을 flags에 지정한 모드로 열 권한이 없다. 또는 디렉토리 권한 때문에 파일에 접근할 수 없거나, 파일이 존재하지 않고 만들 수도 없다.
- EISDIR: 지정된 파일이 디렉토리이고, 호출자가 쓰기용으로 열려고 했다. 이는 허용되지 않는다(반면에 디렉토리를 읽기용으로 여는 것은 유용할 때가 있는데, 그 예는 18.11절에서 살펴볼 것이다).
- EMFILE: 열린 파일 디스크립터의 개수가 프로세스 자원 한도(RLIMIT_NOFILE, 31.3절에서 설명)에 도달했다.

- ENFILE: 열린 파일의 개수가 시스템 전체 한도에 도달했다.
- ENOENT: 지정된 파일이 존재하지 않고, O_CREAT가 지정되지 않았거나, O_CREAT가 지정됐고, pathname의 디렉토리 중 하나가 존재하지 않거나, 존재하지 않는 경로명을 가리키는 심볼릭 링크다(댕글링 링크).
- EROFS: 지정된 파일이 읽기 전용 파일 시스템에 있고 호출자가 쓰기용으로 열려고 했다.
- ETXTBSY: 지정된 파일이 현재 실행 중인 실행 파일(프로그램)이다. 실행 중인 프로그램과 연관된 실행 파일은 수정할(즉 쓰기용으로 열) 수 없다(실행 파일을 수정하려면 먼저 프로그램을 종료해야 한다).

나중에 다른 시스템 호출을 설명할 때는 일반적으로 발생할 수 있는 에러의 목록을 위와 같이 나열하지는 않을 것이다(그런 목록은 각 시스템 호출이나 라이브러리 함수의 매뉴얼 페이지에 나와 있다). 여기서 나열한 데는 두 가지 이유가 있다. 하나는 open()이 이 책에서 자세히 설명한 첫 번째 시스템 호출이고, 위의 목록은 시스템 호출이나 라이브러리 함수가 어떤 이유로든 실패할 수 있음을 나타내기 때문이다. 둘째, open()이 실패하는 특정 이유들 자체가 흥미로우며, 파일에 접근할 때 확인해야 할 여러 가지 요소를 보여주기 때문이다(위 목록이 전부가 아니다. 더 자세한 목록은 open(2) 매뉴얼 페이지를 참조하기 바란다).

### 4.3.3 creat() 시스템 호출

초기 유닉스 구현에서는 open()에 인자가 둘 뿐이었고 새로운 파일을 만들 수는 없었다. 대신에, 새로운 파일을 만들고 열기 위해서는 creat() 시스템 호출을 사용했다.

```
#include <fcntl.h>

int creat(const char *pathname, mode_t mode);
```

파일 디스크립터를 리턴한다. 에러가 발생하면 -1을 리턴한다.

creat() 시스템 호출은 주어진 pathname을 가지고 새로운 파일을 만든 뒤 열거나, 만약 파일이 이미 존재하면 파일을 열고 길이를 0으로 설정한다. 함수 호출 결과로 creat()는 이후의 시스템 호출에서 쓸 수 있는 파일 디스크립터를 리턴한다. creat()를 호출하는 것은 다음의 open() 호출과 같다.

```
fd = open(pathname, O_WRONLY | O_CREAT | O_TRUNC, mode);
```

파일을 열 때 open() flags 인자를 쓰면 더 다양하게 제어할 수 있기 때문에(예를 들어 O_WRONLY 대신 O_RDWR을 지정할 수 있다), 이제 creat()는 이전에 작성된 프로그램에서는 여전히 쓰이고 있지만 폐기됐다.

## 4.4 파일 읽기: read()

read() 시스템 호출은 디스크립터 fd가 가리키는 열려 있는 파일에서 데이터를 읽는다.

```
#include <unistd.h>

ssize_t read(int fd, void *buffer, size_t count);
        읽은 바이트 수를 리턴한다. EOF인 경우에는 0을, 에러가 발생하면 -1을 리턴한다.
```

count 인자는 읽을 최대 바이트 수를 지정한다(size_t 데이터형은 부호 없는 정수형이다). buffer 인자는 입력 데이터를 담을 메모리 버퍼의 주소다. 이 버퍼는 최소한 count바이트만큼 커야 한다.

> 시스템 호출은 호출자에게 정보를 리턴하기 위해 필요한 버퍼 메모리를 할당하지 않는다. 대신에, 미리 할당한 올바른 크기의 메모리 버퍼를 가리키는 포인터를 넘겨줘야 한다. 이는 호출자에게 정보를 리턴하기 위해 필요한 메모리 버퍼를 스스로 할당하는 몇몇 라이브러리 함수와 대조된다.

성공적인 read() 호출은 실제로 읽은 바이트 수를 리턴하고, 파일의 끝에서 더 읽으려고 한 경우 0을 리턴한다. 에러 발생 시 마찬가지로 -1을 리턴한다. ssize_t 데이터형은 부호 있는 정수형으로, 바이트 수나, 에러를 나타내는 -1을 담을 수 있다.

read() 호출은 요청한 것보다 적은 수의 바이트를 읽을 수도 있다. 일반 파일의 경우, 이는 보통 파일의 거의 끝에서 읽기를 시도한 경우다.

다른 종류의 파일(파이프, FIFO, 소켓, 터미널 등)에 read()를 시도하면 요청한 것보다 적은 수의 바이트를 읽게 되는 여러 가지 경우가 있을 수 있다. 예를 들어, 기본적으로 터미널에 대한 read()는 다음 줄바꿈 문자(\n)까지만 읽는다. 이에 대해서는 나중에 해당 파일 종류를 다룰 때 알아보기로 하자.

read()를 통해 터미널에서 일련의 문자를 읽으려고 할 때, 다음과 같이 코드를 작성할 수도 있다.

```
#define MAX_READ 20
char buffer[MAX_READ];

if (read(STDIN_FILENO, buffer, MAX_READ) == -1)
    errExit("read");
printf("The input data was: %s\n", buffer);
```

이 코드는 아마도 이상한 내용을 출력할 것이다. 실제로 입력한 문자열 외의 문자를 포함하고 있을 것이기 때문이다. 이는 read()가 printf()가 출력할 문자열의 끝에 NULL을 넣지 않기 때문이다. 잠깐 생각해보면 이해할 수 있는데, read()는 파일에서 어떤 내용이라도 읽을 수 있기 때문이다. 경우에 따라 입력은 텍스트일 수도 있고, 바이너리 정수나 C 구조체일 수도 있다. read()로서는 각각을 구별할 수 없으므로, C의 관례에 따라 문자열의 끝을 나타내는 NULL을 추가할 수가 없다. 입력 버퍼의 끝에 NULL이 필요하다면, 직접 넣어야 한다.

```
char buffer[MAX_READ + 1];
ssize_t numRead;

numRead = read(STDIN_FILENO, buffer, MAX_READ);
if (numRead == -1)
    errExit("read");

buffer[numRead] = '\0';
printf("The input data was: %s\n", buffer);
```

문자열의 끝을 나타내는 NULL 바이트가 메모리의 한 바이트를 요구하므로, buffer의 크기는 읽을 수 있는 가장 큰 문자열보다 최소한 하나 커야 한다.

## 4.5 파일에 쓰기: write()

write() 시스템 호출은 열려 있는 파일에 데이터를 쓴다.

```
#include <unistd.h>

ssize_t write(int fd, void *buffer, size_t count);
```

쓴 바이트 수를 리턴한다. 에러가 발생하면 -1을 리턴한다.

write()의 인자는 read()와 비슷하다. buffer는 쓸 데이터의 주소이고, count는 buffer에서 읽어와 쓸 바이트 수, fd는 데이터를 쓸 파일을 가리키는 파일 디스크립터다.

성공하면 write()는 실제로 쓴 바이트 수를 리턴하는데, 이는 count보다 작을 수 있다. 디스크 파일의 경우, 이는 디스크가 가득 찼거나, 파일 크기에 대한 프로세스 자원 한도에 다다랐을 경우(관련 한도는 RLIMIT_FSIZE로, 31.3절에 설명되어 있다) 등에 발생할 수 있다.

디스크 파일에 I/O를 수행할 때는, write()가 성공했다고 해서 데이터가 디스크로 전송됐다고 보장할 수는 없다. 디스크 활동을 줄이고 write() 호출을 신속하게 처리하기 위해서 커널이 디스크 I/O에 대해 버퍼링을 수행하기 때문이다. 자세한 내용은 13장에서 다룰 것이다.

## 4.6 파일 닫기: close()

close() 시스템 호출은 열려 있는 파일 디스크립터를 닫고, 프로세스가 차후에 재사용할 수 있게 해제한다. 프로세스가 종료되면, 열려 있던 모든 파일 디스크립터가 자동으로 닫힌다.

```
#include <unistd.h>

int close(int fd);
```

성공하면 0을 리턴하고, 에러가 발생하면 -1을 리턴한다.

일반적으로 불필요한 파일 디스크립터는 명시적으로 닫아주는 것이 좋은 습관이다. 차후의 수정을 고려할 때 코드의 가독성과 신뢰성을 높여주기 때문이다. 더욱이 파일 디스크립터는 소비되는 자원이므로, 파일 디스크립터를 닫지 못하면 프로세스의 파일 디스크립터가 고갈될 수도 있다. 이는 셸이나 네트워크 서버처럼 여러 파일을 다루고 오랫동안 동작하는 프로그램을 작성할 때 특히 중요한 이슈다.

여타 시스템 호출과 마찬가지로, close() 호출은 다음과 같은 에러 확인 코드로 에워싸야 한다.

```
if (close(fd) == -1)
    errExit("close");
```

이는 열리지 않은 파일 디스크립터를 닫으려고 하거나 같은 파일 디스크립터를 두 번 닫으려고 하는 등의 에러와, 특정 파일 시스템이 파일 닫기 동작 중 발견한 에러 상황을 잡아낼 수 있다.

NFS(Network File System)는 특정 파일 시스템에 고유한 에러의 예다. NFS 커밋(commit) 실패가 발생하면 데이터가 원격 디스크에 도달하지 않았다는 뜻으로, 이 에러는 close() 호출 실패라는 형태로 응용 프로그램에 전달된다.

## 4.7 파일 오프셋 변경: lseek()

열려 있는 각 파일마다 커널은 파일 오프셋file offset을 기록한다. 파일 오프셋은 읽고 쓰기 오프셋read-write offset이나 포인터pointer라고도 하는데, 파일에서 다음 read()나 write()가 시작될 위치다. 파일 오프셋은 파일의 시작에서 몇 바이트 떨어져 있는지로 나타낸다. 파일의 첫 바이트는 오프셋 0이다.

파일 오프셋은 파일이 열렸을 때 파일의 시작을 가리키도록 설정되고 read()나 write()가 호출될 때마다 방금 읽거나 쓴 바이트의 다음 바이트를 가리키도록 자동적으로 조정된다. 따라서 연속된 read()와 write() 호출은 파일을 순차적으로 진행하게 된다.

lseek() 시스템 호출은 파일 디스크립터 fd가 가리키는 열려 있는 파일의 파일 오프셋을 offset과 whence로 지정된 값에 따라 조정한다.

```
#include <unistd.h>

off_t lseek(int fd, off_t offset, int whence);
```

성공하면 새로운 파일 오프셋을 리턴하고, 에러가 발생하면 -1을 리턴한다.

offset 인자는 값을 바이트 단위로 지정한다(off_t 데이터형은 SUSv3에 정의되어 있는 부호 있는 정수형이다). whence 인자는 offset의 기준점을 나타내고, 다음 값 중 하나일 수 있다.

- SEEK_SET: 파일 오프셋은 파일의 시작으로부터 offset바이트 떨어진 곳으로 설정된다.
- SEEK_CUR: 파일 오프셋은 현 파일 오프셋으로부터 offset바이트 떨어진 곳으로 조정된다.
- SEEK_END: 파일 오프셋은 파일 크기 + offset으로 설정된다. 즉 offset은 파일의 마지막 바이트 다음 바이트를 기준으로 해석된다.

그림 4-1은 whence 인자가 어떻게 해석되는지를 나타낸다.

> 이전의 유닉스 구현에서는 본문에 소개된 SEEK_* 상수보다 정수 0, 1, 2가 쓰였다. 이전 버전의 BSD에서는 같은 값에 대해 다른 이름(L_SET, L_INCR, L_XTND)이 쓰였다.

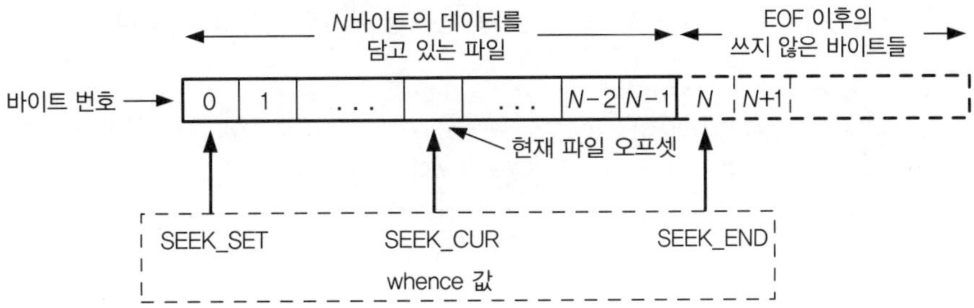


**그림 4-1** lseek()의 whence 인자에 대한 해석

whence가 SEEK_CUR나 SEEK_END이면, offset은 양수 또는 음수일 수 있다. whence가 SEEK_SET이면, offset은 음수가 아니어야 한다.

lseek()가 성공했을 때의 리턴값은 새로운 파일 오프셋이다. 다음의 호출은 현재의 파일 오프셋 위치를 바꾸지 않고 읽어온다.

```
curr = lseek(fd, 0, SEEK_CUR);
```

> 일부 유닉스 구현(리눅스 제외)에는 비표준인 tell(fd) 함수가 있는데, 위의 lseek() 호출과 동일한 동작을 수행한다.

다음은 lseek() 호출의 다른 예로, 주석은 파일 오프셋이 어디로 이동하는지를 나타낸다.

```
lseek(fd, 0, SEEK_SET);         /* 파일의 시작 */
lseek(fd, 0, SEEK_END);         /* 파일 끝의 다음 바이트 */
lseek(fd, -1, SEEK_END);        /* 파일의 마지막 바이트 */
lseek(fd, -10, SEEK_CUR);       /* 현 위치에서 10바이트 앞으로 */
lseek(fd, 10000, SEEK_END);     /* 파일의 마지막 바이트에서 10001바이트 뒤로 */
```

lseek()를 호출하면 파일 디스크립터와 연관된 커널의 파일 오프셋 기록만 조정할 뿐, 물리적인 디바이스 접근은 전혀 일으키지 않는다.

파일 오프셋과 파일 디스크립터, 열려 있는 파일 간의 관계에 대한 자세한 내용은 5.4절에서 설명할 것이다.

모든 종류의 파일에 `lseek()`를 적용할 수 있는 건 아니다. 파이프나 FIFO, 소켓, 터미널에는 `lseek()`를 적용할 수 없다. 적용할 경우 `lseek()`는 실패하고 `errno`는 `ESPIPE`로 설정된다. 반면에 `lseek()`를 적용할 수 있는 디바이스도 있다. 예를 들어, 디스크나 테이프 디바이스에서는 `lseek()`를 통해 특정 위치로 이동할 수 있다.

> lseek()의 l은 offset 인자와 리턴값이 모두 원래 long 형인 데서 유래했다. 초기의 유닉스 구현에는 이 값이 int 형인 seek() 시스템 호출도 있었다.

## 파일 구멍

프로그램이 파일의 끝 너머로 파일 오프셋을 옮기려고 하면 어떻게 될까? 그리고 I/O를 수행하면? `read()` 호출은 0을 리턴해서, EOF를 나타낼 것이다. 조금 놀랍게도 파일의 끝을 지난 임의의 위치에 바이트들을 쓸 수가 있다.

이전의 파일 끝과 새로 쓴 바이트들 사이의 공간을 파일 구멍file hole이라고 한다. 프로그래밍 관점에서 구멍 속에는 바이트들이 존재하고, 구멍에서 읽으면 0으로 채워진 바이트(널 바이트)들의 버퍼를 리턴한다.

하지만 파일 구멍은 디스크 공간을 전혀 차지하지 않는다. 파일 시스템은 나중에 파일 구멍에 데이터가 쓰여질 때까지 디스크 블록을 할당하지 않는다. 파일 구멍의 주요 장점은 데이터가 듬성듬성 들어 있는 파일의 경우 널 바이트용 디스크 블록을 실제로 할당하는 것보다 적은 디스크 공간을 소비한다는 것이다. 코어 덤프 파일(22.1절)은 커다란 구멍이 있는 파일의 흔한 예다.

> 파일 구멍이 디스크 공간을 소비하지 않는다는 말에는 약간의 단서가 필요하다. 대부분의 파일 시스템에서 파일 공간은 블록 단위로 할당된다(14.3절). 블록의 크기는 파일 시스템에 따라 다르지만, 보통 1024, 2048, 4096바이트 정도다. 구멍이 블록 경계에 걸치지 않고 블록 안에 들어간다면, 나머지 데이터를 저장하기 위해 온전한 블록 하나가 할당되고, 구멍에 해당되는 부분은 널 바이트로 채워진다.

대부분의 유닉스 고유 파일 시스템은 파일 구멍 개념을 지원하지만, 다른 운영체제로부터 도입된 파일 시스템(예: 마이크로소프트의 VFAT)은 그렇지 않다. 구멍을 지원하지 않는 파일 시스템은 널 바이트를 파일에 그대로 쓴다.

구멍의 존재는 파일의 명목상 크기가 실제 사용하는 디스크 저장소의 크기보다 (경우에 따라 상당히) 더 클 수도 있다는 뜻이다. 바이트들을 파일 구멍의 중간에 쓰면, 파일의 크기가 변하지 않더라도, 커널이 구멍을 채우기 위해 블록을 할당함에 따라 디스크의 빈 공간이 줄어들 것이다. 그런 경우가 흔치는 않지만 알고는 있어야 한다.

> SUSv3에는 함수 posix_fallocate(fd, offset, len)이 정의되어 있는데, 디스크립터 fd가 가리키는 디스크 파일의 offset부터 len만큼의 범위에 해당하는 디스크 공간이 할당되도록 보장한다. 이렇게 하면 응용 프로그램이 나중에 파일에 write()를 해도 디스크 공간이 부족해서 실패하는 일(파일의 구멍을 채우는 경우, 또는 파일의 내용을 모두 쓰기 전에 다른 응용 프로그램이 디스크 공간을 써버리면 발생할 수 있다)은 없게 된다. 과거에, glibc에서 이 함수는 지정 범위의 각 블록에 0바이트를 씀으로써 원하는 결과를 얻도록 구현됐다. 리눅스 버전 2.6.23부터는 fallocate() 시스템 호출을 제공하는데, 필요한 공간이 할당되도록 보장하는 좀 더 효율적인 방법을 제공하며, glibc의 posix_fallocate()도 이 시스템 호출이 있을 경우 이를 활용하도록 구현됐다.

14.4절에서는 파일에서 구멍이 어떻게 표현되는지를 설명하고, 15.1절에서는 파일의 현재 크기뿐만 아니라 해당 파일에 실제로 할당된 블록 수를 알려주는 `stat()` 시스템 호출에 대해 설명한다.

## 예제 프로그램

리스트 4-3은 `lseek()`와 함께 `read()`와 `write()`를 사용하는 예다. 이 프로그램의 첫 번째 명령행 인자는 열 파일의 이름이다. 나머지 인자는 파일에 수행할 I/O 오퍼레이션을 지정한다. 각 오퍼레이션은 알파벳 한 글자와 관련 값(사이에 빈칸 없이)으로 이뤄진다.

- `s`오프셋: 파일의 시작에서 `offset`바이트로 이동한다.
- `r`길이: 파일에서 현재 파일 오프셋부터 길이 바이트를 읽고, 텍스트 형태로 출력한다.
- `R`길이: 파일에서 현재 파일 오프셋부터 길이 바이트를 읽고, 16진수 형태로 출력한다.
- `w`문자열: 지정된 문자열을 현재 파일 오프셋에 쓴다.

**리스트 4-3** read(), write(), lseek()의 사용 예

fileio/seek_io.c

```
#include <sys/stat.h>
#include <fcntl.h>
#include <ctype.h>
```

```
#include "tlpi_hdr.h"

int
main(int argc, char *argv[])
{
    size_t len;
    off_t offset;
    int fd, ap, j;
    char *buf;
    ssize_t numRead, numWritten;

    if (argc < 3 || strcmp(argv[1], "--help") == 0)
        usageErr("%s file {r<length>|R<length>|w<string>|s<offset>}...
                \n", argv[0]);

    fd = open(argv[1], O_RDWR | O_CREAT,
                S_IRUSR | S_IWUSR | S_IRGRP | S_IWGRP |
                S_IROTH | S_IWOTH); /* rw-rw-rw- */
    if (fd == -1)
        errExit("open");

    for (ap = 2; ap < argc; ap++) {
        switch (argv[ap][0]) {
        case 'r': /* 현재 오프셋의 바이트들을 텍스트로 출력한다. */
        case 'R': /* 현재 오프셋의 바이트들을 16진수로 출력한다. */
            len = getLong(&argv[ap][1], GN_ANY_BASE, argv[ap]);
            buf = malloc(len);
            if (buf == NULL)
                errExit("malloc");

            numRead = read(fd, buf, len);
            if (numRead == -1)
                errExit("read");

            if (numRead == 0) {
                printf("%s: end-of-file\n", argv[ap]);
            } else {
                printf("%s: ", argv[ap]);
                for (j = 0; j < numRead; j++) {
                    if (argv[ap][0] == 'r')
                        printf("%c", isprint((unsigned char) buf[j]) ?
                                        buf[j] : '?');
                    else
                        printf("%02x ", (unsigned int) buf[j]);
                }
                printf("\n");
            }
```

```
            free(buf);
            break;

        case 'w': /* 현재 오프셋에 문자열을 쓴다. */
            numWritten = write(fd, &argv[ap][1], strlen(&argv[ap][1]));
            if (numWritten == -1)
                errExit("write");
            printf("%s: wrote %ld bytes\n", argv[ap], (long) numWritten);
            break;

        case 's': /* 파일 오프셋을 바꾼다. */
            offset = getLong(&argv[ap][1], GN_ANY_BASE, argv[ap]);
            if (lseek(fd, offset, SEEK_SET) == -1)
                errExit("lseek");
            printf("%s: seek succeeded\n", argv[ap]);
            break;

        default:
            cmdLineErr("Argument must start with [rRws]: %s\n",
                        argv[ap]);
        }
    }

    exit(EXIT_SUCCESS);
}
```

다음은 리스트 4-3의 프로그램 사용 예로, 파일 구멍에서 바이트를 읽으려고 하면 어떤 일이 일어나는지를 보여준다.

```
$ touch tfile                          새로운, 빈 파일을 만든다.
$ ./seek_io tfile s100000 wabc         오프셋을 100,000으로 이동하고, "abc"를 쓴다.
s100000: seek succeeded
wabc: wrote 3 bytes
$ ls -l tfile                          파일 크기를 확인한다.
-rw-r--r--    1 mtk    users    100003 Feb 10 10:35 tfile
$ ./seek_io tfile s10000 R5            오프셋을 10,000으로 이동하고, 구멍에서 5바이트를 읽는다.
s10000: seek succeeded
R5: 00 00 00 00 00                     구멍 속의 바이트에는 0이 들어 있다.
```

## 4.8 범용 I/O 모델 외의 오퍼레이션: ioctl()

ioctl() 시스템 호출은 앞서 설명한 범용 I/O 모델에서 벗어나는 파일과 디바이스 오퍼레이션을 위한 범용 메커니즘이다.

```
#include <sys/ioctl.h>

int ioctl(int fd, int request, ... /* argp */);
```

성공할 경우 리턴값은 request에 따라 다르다. 에러가 발생하면 –1을 리턴한다.

fd 인자는 request로 지정된 제어 오퍼레이션을 수행할 디바이스나 파일을 가리키는 파일 디스크립터다. 디바이스별 헤더 파일에 request 인자로 넘길 수 있는 상수가 정의되어 있다.

표준 C 생략 부호(...) 표기법으로 알 수 있듯이 ioctl()의 세 번째 인자는 argp라고 이름을 붙였는데, 어느 데이터형이라도 좋다. ioctl()은 request 인자의 값을 보고 argp 값의 데이터형을 알 수 있다. 보통 argp는 정수나 구조체를 가리키는 포인터이고, 경우에 따라 쓰이지 않기도 한다.

ioctl()의 사용 예는 나중에 많이 보게 될 것이다(예: 15.5절).

> ioctl()에 대해 SUSv3에 정의되어 있는 것은 STREAMS 디바이스 제어 오퍼레이션뿐이다(STREAMS는, 몇몇 추가 구현이 개발되기는 했지만, 주류 리눅스 커널에서는 지원되지 않는 시스템 V 기능이다). 이 외에 이 책에 설명된 어떤 ioctl() 오퍼레이션도 SUSv3에 정의되어 있지 않다. 하지만 ioctl() 호출은 유닉스 초기 버전부터 있었고, 따라서 여기에 설명된 몇몇 ioctl() 오퍼레이션은 여러 유닉스 구현에서 제공된다. 각 ioctl() 오퍼레이션을 설명하면서 이식성 이슈에 대해서도 언급할 것이다.

## 4.9 정리

일반 파일에 I/O를 수행하려면 먼저 open()을 통해 파일 디스크립터를 얻어야 한다. 그 다음에 I/O는 read()와 write()를 통해 수행된다. 모든 I/O를 수행한 뒤 close()를 통해 파일 디스크립터와 관련 자원을 해제해야 한다. 이 시스템 호출은 모든 종류의 파일에 I/O를 수행할 수 있다.

모든 종류의 파일과 디바이스 드라이버가 동일한 I/O 인터페이스를 구현하기 때문에 I/O 범용성이 가능하다. 즉 일반적으로 프로그램이 특정 파일 종류별 코드 필요 없이 모든 종류의 파일을 사용할 수 있다는 뜻이다.

열려 있는 각 파일에 대해 커널은 파일 오프셋을 보존한다. 파일 오프셋은 다음에 파일을 읽거나 쓸 위치로, 파일을 읽거나 쓸 때 자동으로 갱신된다. lseek()를 통해 파일 오프셋을 파일 내부나 파일 끝 이후의 어느 위치로든 명시적으로 옮길 수 있다. 이전의 파일 끝 너머에 데이터를 쓰면 파일에 구멍이 생긴다. 파일 구멍에서 읽으면 0을 담고 있는 바이트들이 리턴된다.

ioctl() 시스템 호출은 표준 파일 I/O 모델에 맞지 않는 디바이스와 파일 오퍼레이션을 위한 다목적 시스템 호출이다.

## 4.10 연습문제

4-1. tee 명령은 EOF까지 표준 입력을 읽고, 입력 내용을 그대로 표준 출력과 명령행 인자로 지정된 파일로 내보낸다(Vol. 2의 7.7절에서 FIFO를 살펴볼 때 이 명령의 사용 예를 보게 될 것이다). I/O 시스템 호출을 써서 tee를 구현하라. 기본적으로 tee는 주어진 이름의 파일이 이미 존재하면 모두 덮어쓴다overwrite. 파일이 이미 존재할 경우 tee가 그 끝에 이어 쓰도록append 하는 -a 명령행 옵션(tee -a file)을 구현하라(명령행 옵션을 파싱할 때 사용할 수 있는 getopt() 함수가 설명되어 있는 부록 B를 참조하라).

4-2. 구멍(일련의 널 바이트)이 있는 일반 파일을 복사할 때 쓸 수 있는(또한 복사본 파일에도 구멍을 만드는) cp 같은 프로그램을 작성하라.

# 5

# 파일 I/O: 더 자세히

5장에서는 4장에서 살펴본 파일 I/O를 더욱 자세히 알아본다.

open() 시스템 호출을 계속 살펴보면서, **원자성**atomicity의 개념(시스템 호출이 수행하는 동작이 중단할 수 없는 하나의 단계로 실행된다는 개념)을 설명할 것이다. 이는 여러 시스템 호출의 올바른 동작을 위한 필수 조건이다.

파일 관련 다목적 시스템 호출인 fcntl()도 소개하고, 이를 이용해 파일 상태 플래그를 읽어오고 설정하는 예제도 살펴볼 것이다.

다음으로, 파일 디스크립터와 열려 있는 파일을 나타내는 커널 데이터 구조를 살펴본다. 이 데이터 구조 사이의 관계를 이해하면 이후에 논의할 파일 I/O의 중요한 세부사항이 좀 더 명확해질 것이다. 이 모델을 기반으로, 파일 디스크립터를 어떻게 복제하는지도 알아본다.

그 다음에는 확장된 읽기/쓰기 기능을 제공하는 시스템 호출을 살펴볼 것이다. 이를 이용하면 프로그램에서 파일 오프셋을 바꾸지 않고도 파일의 특정 위치에 파일 I/O를 수행할 수 있고, 여러 버퍼를 대상으로 데이터 전송을 수행할 수 있다.

비블로킹 I/O의 개념을 간략히 소개하고, 아주 커다란 파일에 대한 I/O를 지원하기 위한 확장 기능을 살펴볼 것이다.

많은 시스템 프로그램에서 임시 파일을 사용하기 때문에, 임의로 만들어진 고유한 이름으로 임시 파일을 만들고 사용할 수 있게 해주는 라이브러리 함수도 살펴본다.

## 5.1 원자성과 경쟁 상태

원자성은 시스템 호출을 논할 때 반복적으로 만나게 될 개념이다. 모든 시스템 호출은 아토믹atomic하게 실행된다. 이는 시스템 호출의 모든 단계가 다른 프로세스나 스레드에 의해 중단되지 않고 하나의 동작으로 완료됨을 커널이 보장한다는 뜻이다.

동작에 따라서는 이것이 성공적인 완료를 위한 필수 조건이기도 하다. 특히 이것이 보장되면 경쟁 상태race condition를 피할 수 있다. 경쟁 상태란 공유 자원을 조작하는 두 프로세스(또는 스레드)의 산출물이 두 프로세스가 CPU를 점유하는 상대적인 순서에 따라 예상치 못하게 달라지는 상황을 말한다.

조금 뒤에, 경쟁 상태가 발생하는 파일 I/O의 두 가지 경우를 살펴보고, 관련 파일 오퍼레이션의 원자성을 보장해주는 `open()` 플래그를 씀으로써 경쟁 상태를 없애는 법을 알아볼 것이다.

22.9절에서 `sigsuspend()`, 24.4절에서 `fork()`를 설명할 때 경쟁 상태에 대해 다시 알아볼 것이다.

### 배타적 파일 생성

4.3.1절에서, `open()`에 `O_EXCL`과 `O_CREAT`를 함께 지정하면 파일이 이미 존재할 경우 에러를 리턴한다고 했다. 이는 프로세스가 파일의 생성자가 됨을 보장해준다. 파일이 이미 존재하는지의 확인과 파일 생성은 아토믹하게 행해진다. 왜 이 점이 중요한지 알기 위해서 `O_EXCL` 플래그가 없을 때 사용할 수 있는 리스트 5-1의 코드를 살펴보자(이 코드는 이 프로그램을 2개의 프로세스로 동시에 실행했을 때 그 출력을 구별할 수 있도록 `getpid()` 시스템 호출이 리턴하는 프로세스 ID를 보여준다).

**리스트 5-1** 배타적 파일 열기에 대한 잘못된 코드

fileio/bad_exclusive_open.c

```
fd = open(argv[1], O_WRONLY); /* Open 1: 파일이 존재하는지 확인한다. */
    if (fd != -1) {              /* Open 성공 */
        printf("[PID %ld] File \"%s\" already exists\n",
```

```
        (long) getpid(), argv[1]);
    close(fd);
} else {
    if (errno != ENOENT) {  /* 예상치 못한 이유로 실패 */
        errExit("open");
    } else {
        /* 실패의 여지 */
        fd = open(argv[1], O_WRONLY | O_CREAT, S_IRUSR | S_IWUSR);
        if (fd == -1)
            errExit("open");

        printf("[PID %ld] Created file \"%s\" exclusively\n",
                (long) getpid(), argv[1]); /* 사실이 아닐 수도 있다! */
    }
}
```

리스트 5-1의 코드는 2개의 open() 호출이 장황할 뿐만 아니라, 버그 또한 포함하고 있다. 프로세스가 첫 번째 open()을 호출했을 때 파일이 존재하지 않았지만 두 번째 open() 호출 때 다른 어떤 프로세스가 파일을 생성했다고 가정하자. 이는 그림 5-1에서와 같이 커널 스케줄러가 프로세스의 할당 시간이 만료되어 다른 프로세스에게 제어를 넘기기로 결정했다면, 또는 멀티프로세서 시스템에서 2개의 프로세스가 동시에 실행됐다고 가정한다면 일어날 수 있다. 그림 5-1은 2개의 프로세스가 리스트 5-1의 코드를 실행한 경우를 나타낸다. 이 시나리오에서 프로세스 A는 파일이 존재하든 않든 두 번째 open()이 성공하기 때문에, 스스로가 파일을 생성한 것으로 잘못된 결론을 내릴 수 있다.

프로세스가 자신이 파일의 생성자라고 잘못 생각할 가능성은 비교적 작지만, 그럼에도 불구하고 그것이 일어날 수 있다는 가능성으로 인해 이 코드는 믿을 수 없게 된다. 이 동작의 결과가 두 프로세스의 스케줄링 순서에 따라 다르다는 사실은 이것이 경쟁 상태임을 뜻한다.

이 코드에 정말로 문제가 있음을 보여주기 위해, 리스트 5-1에서 주석인 /* 실패의 여지 */를 파일의 존재 확인과 생성 사이에 인위적으로 긴 지연을 일으키는 코드로 대체할 수 있다.

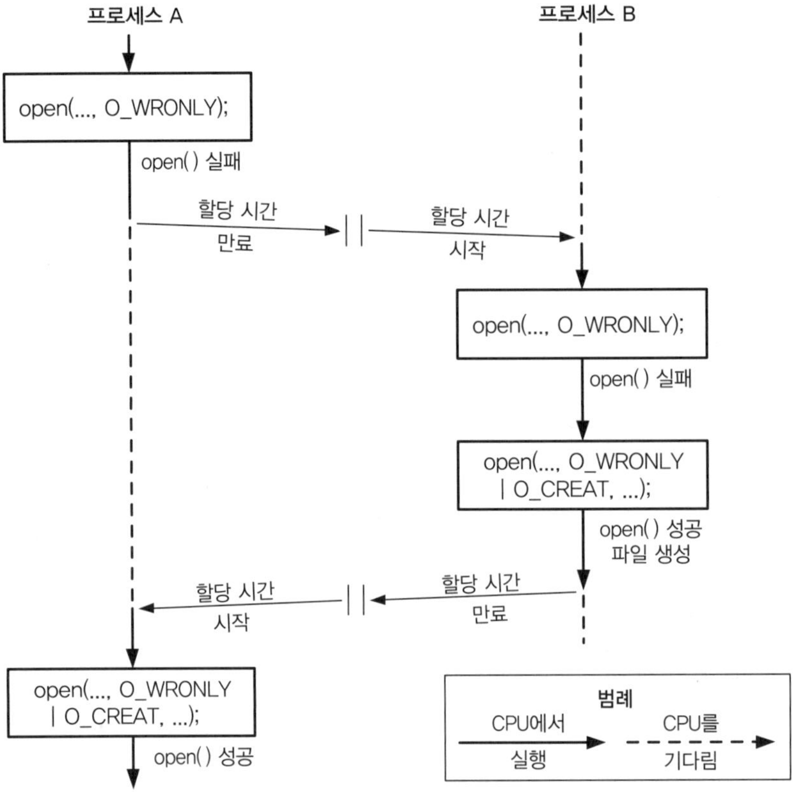


**그림 5-1** 배타적 파일 생성 실패

```
printf("[PID %ld] File \"%s\" doesn't exist yet\n", (long) getpid(),
        argv[1]);
if (argc > 2) {        /* 확인과 생성 사이의 지연 */
    sleep(5);          /* 실행을 5초간 중지한다. */
    printf("[PID %ld] Done sleeping\n", (long) getpid());
}
```

> sleep() 라이브러리 함수는 명시된 몇 초 동안 프로세스의 실행을 중지한다. 이 함수에 대해서는 23.4절에서 살펴볼 것이다.

리스트 5-1의 프로그램을 동시에 2개 실행하면, 두 프로세스가 모두 배타적으로 파일을 생성했다고 주장하는 것을 알 수 있다.

```
$ ./bad_exclusive_open tfile sleep &
[PID 3317] File "tfile" doesn't exist yet
[1] 3317
$ ./bad_exclusive_open tfile
[PID 3318] File "tfile" doesn't exist yet
[PID 3318] Created file "tfile" exclusively
$ [PID 3317] Done sleeping
[PID 3317] Created file "tfile" exclusively          거짓
```

> 위 결과의 끝에서 두 번째 줄에, 셸 프롬프트가 테스트 프로그램의 첫 번째 프로세스의 출력과 섞여 있다.

첫 번째 프로세스의 코드가 파일 존재 확인과 생성 사이에서 인터럽트되기 때문에, 두 프로세스 모두 파일을 생성했다고 주장한다. O_CREAT와 O_EXCL 플래그를 사용한 하나의 open() 호출은 확인과 생성이 하나의 아토믹(즉 인터럽트할 수 없는) 오퍼레이션으로 수행됨을 보장한다.

### 파일에 데이터 추가하기

원자성을 요구하는 두 번째 예제는 여러 프로세스가 같은 파일에 데이터를 추가할 때다(예: 글로벌 로그 파일). 이를 위해서 데이터를 추가하는 프로그램에 다음과 같은 코드의 사용을 고려할 수 있다.

```
if (lseek(fd, 0, SEEK_END) == -1)
    errExit("lseek");
if (write(fd, buf, len) != len)
    fatal("Partial/failed write");
```

그러나 이 코드는 앞 예제와 동일한 결함이 있다. 코드를 실행하는 첫 번째 프로세스가 lseek()와 write() 사이에서 같은 코드를 실행하는 두 번째 프로세스에 의해 인터럽트된다면, 두 프로세스 모두 데이터를 쓰기 전에 파일 오프셋을 같은 위치로 설정할 것이고, 첫 번째 프로세스가 다시 스케줄링됐을 때 두 번째 프로세스가 이미 쓴 데이터를 덮어쓸 것이다. 이 역시 경쟁 상태다. 결과가 두 프로세스의 스케줄링 순서에 좌우되기 때문이다.

이 문제를 피하려면 파일 끝 다음 바이트로 오프셋을 변경하는 일과 저장이 아토믹하게 일어나야 한다. 이를 보장하는 것이 바로 O_APPEND 플래그다.

> 몇몇 파일 시스템(예: NFS)은 O_APPEND를 지원하지 않는다. 이 경우 커널은 위에서 살펴본 경쟁 상태로 되돌아가고, 방금 살펴본 파일 손상이 발생할 수 있다.

## 5.2 파일 제어 오퍼레이션: fcntl()

fcntl() 시스템 호출은 파일 디스크립터에 대해 다양한 제어 오퍼레이션을 실행한다.

```
#include <fcntl.h>

int fcntl(int fd, int cmd, ...);
```

성공할 경우 리턴값은 cmd에 따라 다르다. 에러가 발생하면 -1을 리턴한다.

cmd 인자는 광범위한 오퍼레이션을 지정할 수 있다. 5장에서는 그중 일부를 알아보고 나머지는 이후의 장들에서 살펴보겠다.

...으로 표시한 세 번째 인자는 다양한 값일 수도 있고, 생략할 수도 있다. 커널은 cmd 인자의 값으로 이 세 번째 인자(있을 경우)의 데이터형을 결정한다.

## 5.3 파일 상태 플래그 열기

fcntl()의 용도 중 하나는 접근 모드access mode와 열린 파일 상태 플래그open file status flag를 읽거나 수정하는 것이다(open() 호출에 flags 인자로 지정하는 값이다). 접근 모드와 열린 파일 상태 플래그를 읽어오려면 cmd를 F_GETFL로 지정한다.

```
int flags, accessMode;

flags = fcntl(fd, F_GETFL);       /* 세 번째 인자는 지정하지 않았다. */
if (flags == -1)
    errExit("fcntl");
```

위 코드 뒤에, 아래의 예제와 같이 동기화된 쓰기용으로 파일이 열린 것인지 검사할 수 있다.

```
if (flags & O_SYNC)
    printf("writes are synchronized\n");
```

> SUSv3에 따르면, 열려 있는 파일에는 open()이나 나중에 fcntl() F_SETFL로 지정한 상태 플래그만 설정할 수 있다. 그러나 리눅스는 한 가지 면에서 약간 다른데, 응용 프로그램이 5.10절에서 설명한 큰 파일 열기 기법 중 하나를 사용해서 컴파일됐다면 F_GETFL로 읽은 플래그에는 언제나 O_LARGEFILE이 설정되어 있을 것이다.

파일의 접근 모드를 확인하는 방법은 좀 더 복잡하다. O_RDONLY(0), O_WRONLY(1), O_RDWR(2) 상수가 열린 파일 상태 플래그의 단일 비트에 해당하지 않기 때문이다. 따라서 접근 모드를 확인하려면, 플래그 값을 O_ACCMODE 상수로 마스크mask하고 상수 중 하나와 같은지 확인해야 한다.

```
accessMode = flags & O_ACCMODE;
if (accessMode == O_WRONLY || accessMode == O_RDWR)
    printf("file is writable\n");
```

열린 파일 상태 플래그를 수정하기 위해 fcntl() F_SETFL 명령을 사용할 수 있다. 수정할 수 있는 플래그는 O_APPEND, O_NONBLOCK, O_NOATIME, O_ASYNC, O_DIRECT다. 그 밖의 플래그를 수정하려고 하면 무시된다(O_SYNC 등의 플래그를 수정하는 fcntl()을 허용하는 유닉스 구현도 있다).

열린 파일 상태 플래그를 수정하기 위해 fcntl()을 사용하면 특히 다음과 같은 경우에 유용하다.

- 호출 프로그램이 연 파일이 아니어서 open() 호출에 사용된 플래그를 통제할 수 없다(예를 들어, 파일이 프로그램이 시작되기 전에 열린 세 가지 표준 디스크립터 중의 하나다).
- 파일 디스크립터를 open()이 아니라 시스템 호출을 통해 얻었다. 이런 시스템 호출의 예로는 파이프를 만들고 파이프의 양쪽 끝을 나타내는 2개의 파일 디스크립터를 리턴하는 pipe(), 소켓을 생성하고 해당 소켓을 가리키는 파일 디스크립터를 리턴하는 socket() 등이 있다.

열린 파일 상태 플래그를 수정하려면, 기존 플래그를 읽기 위해 fcntl()을 사용하고, 변경하려는 비트를 수정하고, 마지막으로 플래그를 갱신하기 위해 fcntl()을 호출한다. 예를 들어, O_APPEND 플래그를 켜려면 다음과 같은 코드를 작성하면 된다.

```
int flags;

flags = fcntl(fd, F_GETFL);
if (flags == -1)
```

```
        errExit("fcntl");
    flags |= O_APPEND;
    if (fcntl(fd, F_SETFL, flags) == -1)
        errExit("fcntl");
```

## 5.4 파일 디스크립터와 열려 있는 파일의 관계

지금까지는 파일 디스크립터와 열려 있는 파일 사이에 일대일 대응이 있는 것처럼 보였을 수도 있다. 하지만 꼭 그런 것은 아니다. 여러 디스크립터가 열려 있는 파일 하나를 가리킬 수 있고, 때로는 유용하다. 이 파일 디스크립터들은 같은 프로세스에서 열릴 수도 있고 다른 프로세스에서 열릴 수도 있다.

무슨 일이 일어나는지 이해하기 위해, 커널이 유지보수하는 세 가지 데이터 구조를 살펴볼 필요가 있다.

- 프로세스별 파일 디스크립터 테이블
- 시스템의 열린 파일 디스크립션 테이블
- 파일 시스템 i-노드 테이블

각 프로세스별로 커널은 열린 파일 디스크립터 테이블open file descriptor table을 갖고 있다. 이 테이블의 각 엔트리는 하나의 파일 디스크립터에 대한 다음과 같은 정보를 담고 있다.

- 파일 디스크립터의 동작을 제어하는 플래그(그런 플래그는 27.4절에서 설명할 실행 시 닫기 플래그뿐이다.)
- 열린 파일 디스크립터를 가리키는 참조

커널은 시스템 전체의 열려 있는 모든 파일에 대한 테이블open file description table을 갖고 있다(이 테이블을 열린 파일 테이블open file table이라고도 하고, 테이블의 엔트리를 열린 파일 핸들open file handle이라고도 한다). 열린 파일 디스크립션은 열린 파일과 관련된 다음과 같은 모든 정보를 저장한다.

- 현재의 파일 오프셋(read()와 write()에 의해 갱신되거나 lseek()를 통해 명시적으로 변경된다.)
- 파일을 열 때 지정한 상태 플래그(즉 open()의 flags 인자)
- 파일 접근 모드(읽기 전용, 쓰기 전용, 읽고 쓰기. open()에서 지정)

- 시스널 구동 I/O(Vol. 2의 26.3절) 관련 설정
- 파일의 i-노드 객체를 가리키는 레퍼런스

각 파일 시스템은 파일 시스템 내 모든 파일을 가리키는 i-노드 테이블을 갖고 있다. i-노드의 구조와 파일 시스템에 대한 전반적인 사항은 14장에서 더 자세하게 다룰 것이다. 당장은 각 파일의 i-노드가 다음의 정보를 담고 있다고만 이해하고 넘어가자.

- 파일 종류(예: 일반 파일, 소켓, FIFO)와 권한
- 파일 잠금lock 목록을 가리키는 포인터
- 여러 가지 파일 오퍼레이션과 관련된 다양한 파일 속성(파일 크기, 타임스탬프 등)

> 여기서는 i-노드의 디스크상의 표현 방식과 메모리상의 표현 방식의 차이를 무시하고 있다. 디스크상의 i-노드는 종류, 권한, 타임스탬프 등과 같은 파일의 지속적인 속성을 기록한다. 파일에 접근하면 메모리에 i-노드의 복사본이 만들어지고, 이 복사본은 i-노드를 가리키는 열린 파일 디스크립션의 개수와 원본 i-노드가 있는 디바이스의 주 ID와 부 ID를 기록한다. 메모리상의 i-노드는 파일 잠금과 같은, 파일이 열려 있는 동안 존재하는 여러 가지 단명하는 속성도 기록한다.

그림 5-2는 파일 디스크립터와 열린 파일 디스크립션, i-노드 사이의 관계를 나타낸다. 이 그림에서 두 프로세스는 많은 열린 파일 디스크립터를 갖고 있다.

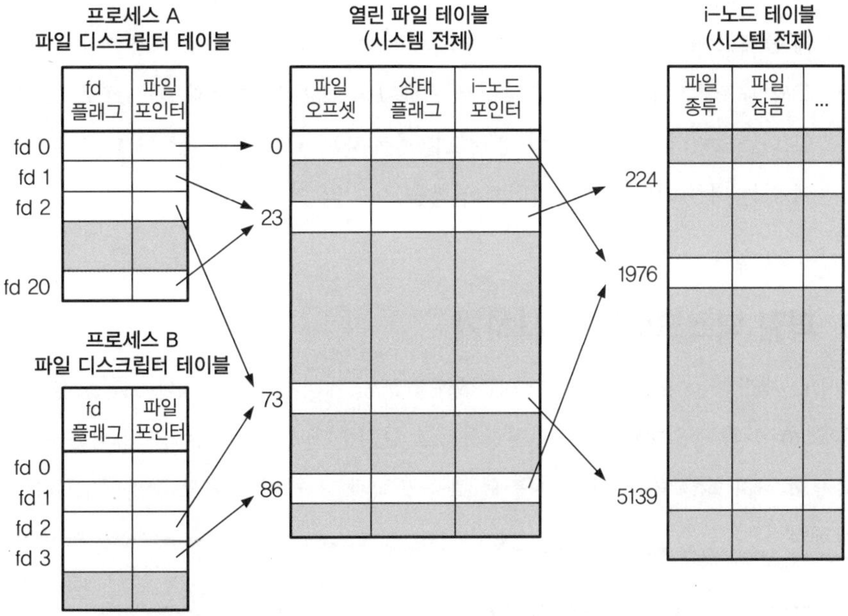


그림 5-2 파일 디스크립터, 열린 파일 디스크립션, i-노드 사이의 관계

프로세스 A에서, 디스크립터 1과 20은 모두 같은 열린 파일 디스크립션(23)을 가리킨다. 이는 dup() 이나 dup2(), fcntl() 호출의 결과일 수 있다(5.5절 참조).

프로세스 A의 디스크립터 2와 프로세스 B의 디스크립터 2는 하나의 열린 파일 디스크립션(73)을 가리킨다. 이 시나리오는 fork()를 호출하거나(즉 프로세스 A는 프로세스 B의 부모, 또는 거꾸로도 가능함) 어떤 한 프로세스가 유닉스 도메인 소켓을 사용해서 열린 디스크립터를 넘기면(Vol. 2의 24.13.3절) 발생할 수 있다.

마지막으로 프로세스 A의 디스크립터 0과 프로세스 B의 디스크립터 3은 다른 열린 파일 디스크립션을 가리키지만, 이 디스크립션들이 같은 i-노드 테이블 엔트리(1976), 즉 같은 파일을 가리킨다. 이는 각 프로세스가 독립적으로 같은 파일에 대해 open()을 호출했기 때문에 발생한다. 하나의 프로세스가 같은 파일을 두 번 열었을 때도 비슷한 상황이 발생할 수 있다.

지금까지 설명한 내용은 여러 가지를 암시한다.

- 같은 열린 파일 디스크립션을 가리키는 2개의 파일 디스크립터는 파일 오프셋 값을 공유한다. 따라서 하나의 파일 디스크립터를 통해 파일 오프셋이 변경되면(read(), write(), lseek() 호출의 결과로), 이 변화는 다른 파일 디스크립터를 통해서도 볼 수 있다. 이는 2개의 파일 디스크립터가 같은 프로세스에 속하든 다른 프로세스에 속하든 상관없이 적용된다.
- 유사한 규칙이 fcntl() F_GETFL과 F_SETFL 오퍼레이션을 통해 열린 파일 상태 플래그(예: O_APPEND, O_NONBLOCK, O_ASYNC)를 읽고 바꿀 때도 적용한다.
- 그와 대조적으로, 파일 디스크립터 플래그(즉 실행 시 닫기 플래그)는 프로세스와 파일 디스크립터 전용이다. 이 플래그를 수정해도 같은 프로세스나 다른 프로세스에 있는 다른 파일 디스크립터에 영향을 주지 않는다.

## 5.5 파일 디스크립터 복사하기

(본셸) I/O 재지정redirection 문법 2>&1은 셸에게 표준 에러(파일 디스크립터 2)를 표준 출력(파일 디스크립터 1)과 동일한 곳으로 재지정하라고 알려준다. 따라서 다음의 명령은 (셸이 I/O 재지정을 왼쪽에서 오른쪽으로 평가하기 때문에) 표준 출력과 표준 에러를 모두 파일 results.log로 보낸다.

```
$ ./myscript > results.log 2>&1
```

셸은 (그림 5-2에서 프로세스 A의 디스크립터 1과 20이 동일한 열린 파일 디스크립션을 가리키는 것과 같은 방법으로) 파일 디스크립터 2가 디스크립터 1과 동일한 열린 파일 디스크립션을 가리키도록 복사함으로써 표준 에러의 재지정을 수행한다. 이는 dup()와 dup2() 시스템 호출을 이용해 이룰 수 있다.

셸이 단순히 results.log 파일을 두 번(한 번은 디스크립터 1, 한 번은 디스크립터 2) 여는 것만으로는 충분치 않다. 한 가지 이유는 두 파일 디스크립터가 파일 오프셋 포인터를 공유하지 않고, 따라서 서로 상대방의 출력을 덮어쓸 것이기 때문이다. 또 다른 이유는 파일이 디스크 파일이 아닐 수도 있다는 것이다. 표준 에러를 표준 출력과 동일한 파이프로 보내는 다음 명령을 살펴보자.

```
$ ./myscript 2>&1 | less
```

dup() 호출은 인자로 열린 파일 디스크립터 oldfd를 받고, 동일한 열린 파일 디스크립션을 가리키는 새 디스크립터를 리턴한다. 새 디스크립터는 사용하지 않은 가장 작은 파일 디스크립터임이 보장된다.

```
#include <unistd.h>

int dup(int oldfd);
```

성공하면 (새로운) 파일 디스크립터를 리턴하고, 에러가 발생하면 -1을 리턴한다.

다음의 호출을 한다고 가정하자.

```
newfd = dup(1);
```

셸이 프로그램 대신 파일 디스크립터 0, 1, 2를 연 일반적인 상황이고, 그 밖의 디스크립터는 사용하지 않는다고 가정하자. dup()는 디스크립터 3을 사용해서 디스크립터 1의 복제를 만든다.

디스크립터 2로 복제하고 싶으면 다음 기법을 사용할 수 있다.

```
close(2);              /* 디스크립터 2를 해제한다. */
newfd = dup(1);        /* 디스크립터 2를 재사용해야 한다. */
```

이 코드는 디스크립터 0이 열려 있을 때만 동작한다. 이 코드를 좀 더 간단하게 만들고, 항상 원하는 파일 디스크립터를 얻으려면, dup2()를 사용할 수 있다.

```
#include <unistd.h>

int dup2(int oldfd, int newfd);
```

성공하면 (새로운) 파일 디스크립터를 리턴하고, 에러가 발생하면 -1을 리턴한다.

dup2() 시스템 호출은 newfd로 주어진 디스크립터 번호를 사용해서 oldfd로 주어진 파일 디스크립터의 복제를 만든다. newfd에서 명시된 파일 디스크립터가 이미 열려 있으면, dup2()는 먼저 그 파일을 닫는다(이렇게 닫힐 때 일어나는 모든 에러는 조용히 무시된다. 좀 더 안전한 프로그래밍 습관은 newfd가 열려 있으면 dup2()를 호출하기 전에 명시적으로 newfd를 close() 하는 것이다).

위의 close()와 dup()에 대한 호출을 다음과 같이 단순화할 수 있다.

```
dup2(1, 2);
```

성공적인 dup2() 호출은 복제 디스크립터의 번호(즉 newfd로 넘긴 값)를 리턴한다.

oldfd가 유효한 파일 디스크립터가 아니면, dup2()는 EBADF 에러를 내며 실패하고 newfd는 닫히지 않는다. oldfd가 유효한 파일 디스크립터이고 oldfd와 newfd의 값이 같으면, dup2()는 아무 일도 하지 않는다(newfd는 닫히지 않고, dup2()는 함수 결과로 newfd를 리턴한다).

파일 디스크립터를 복제할 때 추가적인 유연성을 제공하는 인터페이스는 fcntl() F_DUPFD 오퍼레이션이다.

```
newfd = fcntl(oldfd, F_DUPFD, startfd);
```

이 호출은 startfd 이상의 비사용 파일 디스크립터 중 가장 작은 값으로 oldfd의 복제를 만든다. 이것은 새 디스크립터(newfd)가 특정 범위에 들도록 보장하고자 할 때 유용하다. dup()와 dup2()에 대한 호출은 언제나 close()와 fcntl()에 대한 호출로 재작성할 수 있다(전자의 호출은 더욱 간결하고, 게다가 dup2()와 fcntl()이 리턴하는 errno 에러 코드는 각기 다를 수 있다. 자세한 내용은 매뉴얼 페이지를 참조하기 바란다).

그림 5-2를 보면, 복제된 파일 디스크립터들이 공유된 열린 파일 디스크립션상의 파일 오프셋 값과 상태 플래그를 공유함을 알 수 있다. 하지만 새 파일 디스크립터는 고유의 파일 디스크립터 플래그를 갖고, 실행 시 닫기 플래그(FD_CLOEXEC)는 언제나 꺼져 있다. 다음에 설명할 인터페이스를 이용하면 새 파일 디스크립터의 실행 시 닫기 플래그를 명시적으로 제어할 수 있다.

dup3() 시스템 호출은 dup2()와 동일한 작업을 수행한다. 그러나 flags 인자가 추가되어 있는데, 시스템 호출의 동작을 수정하는 비트 마스크다.

```
#define _GNU_SOURCE
#include <unistd.h>

int dup3(int oldfd, int newfd, int flags);
```

성공 시 (새로운) 파일 디스크립터를 리턴한다. 에러가 발생하면 -1을 리턴한다.

현재 dup3()는 커널이 새 파일 디스크립터의 실행 시 닫기 플래그(FD_CLOEXEC)를 켜도록 하는 플래그인 O_CLOEXEC만을 지원한다. 이 플래그는 4.3.1절에서 설명한 open() O_CLOEXEC 플래그와 동일한 이유로 유용하다.

dup3() 시스템 호출은 리눅스 2.6.27에서 새로 등장했고, 리눅스에 고유한 것이다.

리눅스 2.6.24부터 리눅스는 파일 디스크립터 복제를 위한 추가적인 fcntl() 오퍼레이션인 F_DUPFD_CLOEXEC도 지원한다. 이 플래그는 F_DUPFD와 동일한 작업을 수행하지만, 추가로 새 파일 디스크립터의 실행 시 닫기 플래그(FD_CLOEXEC)를 켠다. 이 오퍼레이션 역시 open() O_CLOEXEC 플래그와 동일한 이유로 유용하다. F_DUPFD_CLOEXEC는 SUSv3에는 정의되어 있지 않지만, SUSv4에 정의되어 있다.

## 5.6 지정된 오프셋에서의 파일 I/O: pread()와 pwrite()

pread()와 pwrite() 시스템 호출은 파일 I/O가 현재 파일 오프셋이 아니라 offset으로 명시된 위치에서 수행된다는 점을 제외하고는 read()/write()와 똑같이 동작한다. 파일 오프셋은 이 시스템 호출에 의해 바뀌지 않는다.

```
#include <unistd.h>

ssize_t pread(int fd, void *buf, size_t count, off_t offset);
```

읽은 바이트 수를 리턴한다. EOF인 경우에는 0을, 에러가 발생하면 -1을 리턴한다.

```
ssize_t pwrite(int fd, const void *buf, size_t count, off_t offset);
```

쓴 바이트 수를 리턴한다. 에러가 발생하면 -1을 리턴한다.

pread() 호출은 다음의 호출을 아토믹하게 실행하는 것과 같다.

```
off_t orig;

orig = lseek(fd, 0, SEEK_CUR); /* 현 오프셋을 저장한다. */
lseek(fd, offset, SEEK_SET);
s = read(fd, buf, len);
lseek(fd, orig, SEEK_SET); /* 원래의 파일 오프셋을 복원한다. */
```

pread()와 pwrite() 모두 fd가 가리키는 파일의 오프셋을 lseek() 호출을 통해 바꿀 수 있어야 한다.

이 시스템 호출은 멀티스레드 응용 프로그램에서 특히 유용하다. Vol. 2의 1장에서 설명하겠지만, 프로세스에서 모든 스레드는 같은 파일 디스크립터 테이블을 공유한다. 이는 열려 있는 각 파일의 오프셋에 모든 스레드가 접근할 수 있다는 뜻이다. pread()나 pwrite()를 이용하면, 여러 스레드가 같은 파일 디스크립터를 쓰면서도 다른 스레드에 의한 파일 오프셋 변화에 영향받지 않고 I/O를 동시에 수행할 수 있다. 대신에 lseek()와 read()(또는 write())를 사용하려고 했다면, 5.1절에서 설명한 O_APPEND 플래그의 경우와 비슷한 경쟁 상태를 만들었을 것이다(pread()와 pwrite() 시스템 호출은 여러 프로세스가 동일한 열린 파일 디스크립션을 가리키는 파일 디스크립터들을 가질 수 있는 응용 프로그램에서 경쟁 상태를 피하기 위해 마찬가지로 유용하게 쓸 수 있다).

> 파일 I/O 뒤에 반복해서 lseek()를 호출한다면, pread()와 pwrite() 시스템 호출은 경우에 따라 성능도 향상시킬 수 있다. 이는 하나의 pread()(혹은 pwrite()) 시스템 호출 비용이 2개의 시스템 호출(lseek()와 read()(혹은 write())) 비용보다 적기 때문이다. 하지만 시스템 호출 비용은 보통 실제 동작하는 I/O에 필요한 시간에 비하면 매우 적다.

## 5.7 스캐터-개더 I/O: readv()와 writev()

readv()와 writev() 시스템 호출은 스캐터-개더scatter-gather I/O를 수행한다.

```
#include <sys/uio.h>

ssize_t readv(int fd, const struct iovec *iov, int iovcnt);
```

읽은 바이트 수를 리턴한다. EOF인 경우에는 0을, 에러가 발생하면 -1을 리턴한다.

```
ssize_t writev(int fd, const struct iovec *iov, int iovcnt);
```

쓴 바이트 수를 리턴한다. 에러가 발생하면 -1을 리턴한다.

이 함수들은 하나의 시스템 호출에 단일 데이터 버퍼 대신 여러 데이터 버퍼를 전송한다. 전송할 버퍼는 배열 iov로 정의된다. 정수 iovcnt가 iov 요소의 개수를 지정한다. iov의 각 요소는 다음과 같은 형태의 구조체다.

```
struct iovec {
    void *iov_base; /* 버퍼의 시작 주소 */
    size_t iov_len; /* 전송될 바이트 수 */
};
```

> SUSv3에 따르면, 구현에 따라 iov 요소의 수에 한도가 있을 수 있다. 구현은 〈limits.h〉의 IOV_MAX나 실행 시에 sysconf(_SC_IOV_MAX)가 리턴하는 값으로 그 한도를 알릴 수 있다(sysconf()는 11.2절에서 설명할 것이다). SUSv3에 따르면, 이 한도는 최소한 16이어야 한다. 리눅스에서 IOV_MAX는 1024로 정의되어 있는데, 이는 이 벡터의 크기에 대한 커널의 한도(커널 상수 UIO_MAXIOV로 정의되어 있다)에 해당한다.
>
> 하지만 readv()와 writev()에 대한 glibc 래퍼 함수는 조용히 몇 가지 추가 작업을 한다. iovcnt가 너무 커서 시스템 호출이 실패하면 래퍼 함수는 iov에 기술된 모든 항목을 저장할 만큼 큰 하나의 버퍼를 임시로 할당하고 read() 또는 write() 호출을 수행한다(writev()를 어떻게 write()로 구현할 수 있는지에 대해서는 아래의 논의를 참고하기 바란다).

그림 5-3은 iov와 iovcnt 인자, 그들이 참조하는 버퍼 사이의 관계 예다.

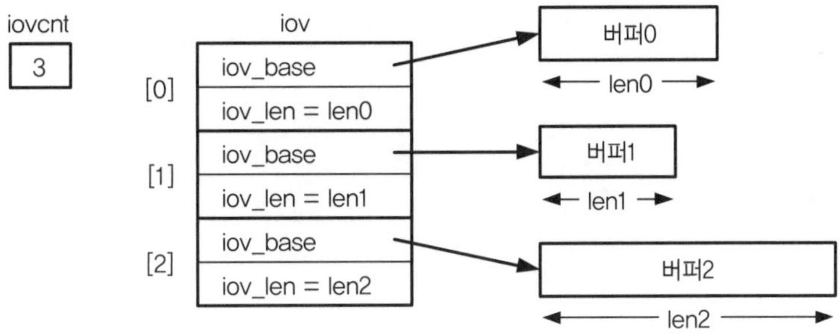


**그림 5-3** iovec 배열과 관련 버퍼의 예

## 스캐터 입력

readv() 시스템 호출은 스캐터 입력scatter input을 수행한다. 파일 디스크립터 fd가 가리키는 파일에서 연속된 바이트들을 읽어서 iov로 지정된 버퍼로 이 바이트들을 흩뿌린다('scatter'). 각 버퍼는, iov[0]으로 정의된 것을 시작으로, readv()가 다음 버퍼로 넘어가기 전에 완전히 채워진다.

readv()의 중요한 속성은 아토믹하게 완료된다는 점이다. 즉 호출 프로세스의 관점에서, 커널은 fd가 가리키는 파일과 사용자 메모리 사이에서 단일 데이터 전송을 수행한다. 이는 예를 들어 파일을 읽을 때 설사 동일한 파일 오프셋을 공유하는 다른 프로세스(혹은 스레드)가 readv() 호출 동안 오프셋을 변경하려고 하더라도, 읽은 바이트들의 범위가 인접되어 있다고 확신할 수 있다는 뜻이다.

성공 시에 readv()는 읽은 바이트 수를 리턴하고, 파일의 끝(EOF)을 만났다면 0을 리턴한다. 호출자는 이 숫자를 확인해서 요청된 모든 바이트를 읽었는지 점검해야 한다. 만일 데이터가 불충분했다면, 단지 몇몇 버퍼만 채워지고, 뒤쪽의 버퍼들은 부분적으로 채워졌을 것이다.

리스트 5-2는 readv()의 사용 예다.

> 이 책에서 예제 프로그램의 파일이름으로 함수 이름 앞에 접두어 t_를 붙이면(예: 리스트 5-2의 t_readv.c), 프로그램이 주로 단일 시스템 호출이나 라이브러리 함수의 사용법을 보여주기 위한 것임을 나타낸다.

**리스트 5-2** readv()를 이용한 스캐터 입력 수행

fileio/t_readv.c

```
#include <sys/stat.h>
#include <sys/uio.h>
#include <fcntl.h>
#include "tlpi_hdr.h"

int
main(int argc, char *argv[])
{
    int fd;
    struct iovec iov[3];
    struct stat myStruct;       /* 첫 번째 버퍼 */
    int x;                      /* 두 번째 버퍼 */
#define STR_SIZE 100
    char str[STR_SIZE];         /* 세 번째 버퍼 */
    ssize_t numRead, totRequired;

    if (argc != 2 || strcmp(argv[1], "--help") == 0)
        usageErr("%s file\n", argv[0]);

    fd = open(argv[1], O_RDONLY);
    if (fd == -1)
        errExit("open");

    totRequired = 0;
```

```
    iov[0].iov_base = &myStruct;
    iov[0].iov_len = sizeof(struct stat);
    totRequired += iov[0].iov_len;

    iov[1].iov_base = &x;
    iov[1].iov_len = sizeof(x);
    totRequired += iov[1].iov_len;

    iov[2].iov_base = str;
    iov[2].iov_len = STR_SIZE;
    totRequired += iov[2].iov_len;

    numRead = readv(fd, iov, 3);
    if (numRead == -1)
        errExit("readv");

    if (numRead < totRequired)
        printf("Read fewer bytes than requested\n");

    printf("total bytes requested: %ld; bytes read: %ld\n",
            (long) totRequired, (long) numRead);
    exit(EXIT_SUCCESS);
}
```

## 개더 출력

writev() 시스템 호출은 개더 출력gather output을 수행한다. iov로 지정된 모든 버퍼에 담겨 있는 데이터를 연결해서('gather'), 파일 디스크립터 fd가 가리키는 파일에 하나의 연속된 바이트로 쓴다. 버퍼들은 배열의 순서로, iov[0]으로 정의된 버퍼를 시작으로 연결된다.

readv()와 마찬가지로, writev()는 사용자 메모리에서 fd가 가리키는 파일로 모든 데이터를 단일 오퍼레이션으로 아토믹하게 전송한다. 따라서 일반 파일에 쓸 때, 요청된 데이터 모두, 다른 프로세스(혹은 스레드)의 출력과 섞이지 않고 연속적으로 쓰였음을 확신할 수 있다.

write()와 마찬가지로, 부분적으로 쓰일 수 있다. 따라서 모든 요청된 바이트가 쓰였는지 확인하려면 writev()의 리턴값을 확인해야 한다.

readv()와 writev()의 주요 장점은 편리함과 속도다. 예를 들어, writev() 호출을 다음과 같이 대체할 수 있다.

- 하나의 큰 버퍼를 할당한 뒤 프로세스의 주소 공간 내의 다른 위치에서 해당 버퍼로 데이터를 복사한 다음 write()를 호출해 버퍼를 출력하거나,
- 일련의 write() 호출을 통해 버퍼를 개별적으로 출력한다.

둘 중 첫째는 단일 writev() 호출과 의미상으로 동등하지만, 사용자 공간에서 버퍼를 할당하고 데이터를 복사하는 불편함(그리고 비효율성)이 있다.

둘째는 단일 writev() 호출과 의미상으로 동등하지 않다. write() 호출이 아토믹하게 실행되지 않기 때문이다. 게다가 단일 writev() 호출은 여러 write() 호출보다 부하가 적다(3.1절의 시스템 호출 관련 설명 참조).

### 지정된 오프셋에서 스캐터-개더 I/O 수행하기

리눅스 2.6.30에는 지정된 오프셋에서 I/O를 실행할 수 있는 두 가지 새로운 스캐터-개더 I/O 시스템 호출(preadv()와 pwritev())이 추가됐다. 이 시스템 호출은 비표준이지만 최신 BSD 계열 유닉스에도 모두 존재한다.

```
#define _BSD_SOURCE
#include <sys/uio.h>

ssize_t preadv(int fd, const struct iovec *iov, int iovcnt, off_t offset);
```

읽은 바이트 수를 리턴한다. EOF인 경우에는 0을, 에러가 발생하면 -1을 리턴한다.

```
ssize_t pwritev(int fd, const struct iovec *iov, int iovcnt, off_t offset);
```

쓴 바이트 수를 리턴한다. 에러가 발생하면 -1을 리턴한다.

preadv()와 pwritev() 시스템 호출은 readv()/writev()와 동일한 작업을 수행하지만, (pread()/pwrite()처럼) offset으로 지정된 파일 위치에서 I/O를 수행한다. 이 시스템 호출은 파일 오프셋을 바꾸지 않는다.

이 시스템 호출은 현재 파일 오프셋의 독립인 위치에서 I/O를 실행하면서 스캐터-개더 I/O의 이점을 활용하기를 원하는 응용 프로그램(예: 멀티스레드 응용 프로그램)에 유용하다.

## 5.8 파일 잘라내기: truncate()와 ftruncate()

truncate()와 ftruncate() 시스템 호출은 length로 지정된 값으로 파일의 크기를 설정한다.

```
#include <unistd.h>

int truncate(const char *pathname, off_t length);
int ftruncate(int fd, off_t length);
```

성공하면 0을 리턴하고, 에러가 발생하면 -1을 리턴한다.

파일의 길이가 length보다 길다면, 나머지 데이터는 사라진다. 파일이 현재 length보다 짧다면, 일련의 널 바이트로 채워서 확장된다.

두 시스템 호출의 차이점은 파일을 지정하는 방법이다. truncate()의 경우 파일은 접근 가능하고 쓰기 가능해야 하며, 경로명으로 지정한다. 경로명이 심볼릭 링크이면 역참조한다. ftruncate() 시스템 호출의 인자는 쓰기용으로 열린 파일의 파일 디스크립터다. 이 호출은 파일의 오프셋을 변경하지 않는다.

SUSv3에 따르면, ftruncate()의 length 인자가 현재 파일 크기보다 클 경우 두 가지 동작이 가능하다. 파일이 확장되거나(리눅스처럼) 시스템 호출이 에러를 리턴하는 것이다. XSI를 준수하는 시스템은 반드시 전자와 같이 동작해야 한다. SUSv3에 따르면, length가 현재 파일 크기보다 클 경우 truncate()는 언제나 파일을 확장해야 한다.

> truncate() 시스템 호출은 open()(또는 다른 어떤 방법)을 통해 먼저 파일 디스크립터를 얻지 않고도 파일의 내용을 변경할 수 있는 유일한 시스템 호출이라는 독특함이 있다.

## 5.9 비블로킹 I/O

파일을 열 때 O_NONBLOCK 플래그를 지정하는 목적은 다음과 같다.

- 파일을 바로 열 수 없는 경우, open()은 블로킹blocking[1]하는 대신에 에러를 리턴한다. open()이 블로킹될 수 있는 한 가지 경우는 FIFO다(Vol. 2의 7.7절).
- 성공적인 open() 뒤의 후속 I/O 오퍼레이션도 역시 비블로킹nonblocking[2]이다. I/O 시스템 호출을 즉시 완료할 수 없는 경우, 데이터가 부분적으로 전송되거나 시스템 호출이 EAGAIN 또는 EWOULDBLOCK 에러 중 하나를 리턴한다. 어떤 에러가 리턴될지는 시스템 호출에 따라 다르다. 리눅스에서는 여러 유닉스 구현과 마찬가지로, 이 두 에러 상수의 의미가 같다.

1 프로그램 스레드의 진행을 보류하고 파일이 열릴 때까지 대기한다. – 옮긴이

2 프로그램 스레드의 진행을 멈추지 않고 계속 진행한다. – 옮긴이

비블로킹 모드는 디바이스(예: 터미널, 가상 터미널), 파이프, FIFO, 소켓과 함께 사용할 수 있다(파이프와 소켓의 파일 디스크립터는 open()으로 얻지 않기 때문에, 5.3절에서 설명한 fcntl() F_SETFL 오퍼레이션으로 이 플래그를 설정해야 한다).

13.1절에 설명되어 있듯이, 일반 파일에 대한 I/O는 커널 버퍼 캐시가 블로킹되지 않음을 보장하기 때문에, 정규 파일에 대한 O_NONBLOCK은 일반적으로 무시된다. 하지만 O_NONBLOCK은 필수 파일 잠금이 적용되면 일반 파일에 대해 효과가 있다(Vol. 2의 18.4절).

Vol. 2의 7.9절과 26장에서 비블로킹 I/O를 더 자세히 설명할 것이다.

> 과거에 시스템 V 계열은 O_NONBLOCK과 비슷한 의미로 O_NDELAY 플래그를 제공했다. 가장 큰 차이점은 시스템 V의 비블로킹 write()는 write()를 완료할 수 없으면 0을 리턴했고 비블로킹 read()는 입력 데이터가 없으면 0을 리턴했다는 것이다. read()의 이런 동작은 EOF와 구별할 수 없기 때문에 문제가 있었고, 최초의 POSIX.1 표준에서 O_NONBLOCK이 도입됐다. 일부 유닉스 구현은 여전히 예전의 의미대로 O_NDELAY 플래그를 제공한다. 리눅스에는 O_NDELAY 상수가 정의되어 있지만, O_NONBLOCK과 같은 의미다.

## 5.10 큰 파일에 대한 I/O

파일 오프셋을 담는 off_t 데이터형은 일반적으로 부호 있는 긴 정수signed long integer로 구현된다(에러 상태를 나타내는 데 -1이 사용되기 때문에 부호 있는 데이터형이 필요하다). 이 때문에 (x86-32 같은) 32비트 아키텍처에서는 파일의 크기가 $2^{31}$ - 1바이트(즉 2GB)로 제한된다.

하지만 디스크의 용량은 오래전에 이 한도를 초과했고, 따라서 32비트 유닉스 구현에서 이 크기보다 큰 파일을 처리할 필요가 생겼다. 이는 여러 유닉스 구현에서 일반적인 문제이기 때문에, 유닉스 공급사 컨소시엄은 큰 파일에 접근할 수 있도록 SUSv2 규격을 향상시키기 위해 LFSLarge File Summit에서 협력했다. 5.10절에서는 LFS의 개선사항을 간단히 설명한다(LFS 규격은 1996년에 완료됐으며, http://opengroup.org/platform/lfs.html에서 찾을 수 있다).

리눅스는 커널 2.4부터 32비트 시스템에서 LFS를 지원한다(glibc 2.2 이상의 버전이 필요하다). 게다가 해당 파일 시스템도 대용량 파일을 지원해야 한다. 대부분의 리눅스 고유 파일 시스템은 대용량 파일을 지원하지만, 일부 외래 파일 시스템은 지원하지 않는다(주요한 예는, 커널이 LFS 확장을 지원하든 안 하든 파일 크기를 2GB로 제한하는 마이크로소프트의 VFAT과 NFSv2다).

> 64비트 아키텍처(예: 알파, IA-64)는 긴 정수로 64비트를 사용하기 때문에, 일반적으로 LFS가 해결한 한계가 존재하지 않는다. 그럼에도 불구하고 몇 가지 리눅스 고유 파일 시스템의 세부 구현에 따라 64비트 시스템에서도 파일의 이론적 최대 크기가 $2^{63}$ - 1보다 작을 수 있다. 대개 이러한 한도는 현재의 디스크 크기보다 훨씬 크기 때문에, 파일 크기에 대한 실질적인 제한이 되지 않는다.

우리는 두 가지 방법 중 하나로 LFS 기능이 필요한 응용 프로그램을 작성할 수 있다.

- 대용량 파일을 지원하는 대체 API를 사용한다. LFS에서는 이 API를 단일 유닉스 사양에 대한 '과도기적 확장transitional extension'으로 설계했다. 따라서 이 API는 SUSv2나 SUSv3를 따르는 시스템에 꼭 있어야 하는 것은 아니지만, 많은 시스템이 제공한다. 이러한 접근 방식은 더 이상 쓰지 않는다.
- 프로그램을 컴파일할 때 `_FILE_OFFSET_BITS` 매크로를 64로 정의한다. 이는 표준을 따르는 응용 프로그램들이 소스 코드 변경 없이 LFS 기능을 쓸 수 있기 때문에 선호되는 방법이다.

### 과도기적 LFS API

과도기적 LFS API를 사용하려면, 프로그램을 컴파일할 때 명령행이나 소스 파일 내에(헤더 파일 선언 전에) `_LARGEFILE64_SOURCE` 기능 테스트 매크로를 정의해야 한다. 이 API는 64비트 파일 크기와 오프셋을 처리할 수 있는 기능을 제공한다. 이 함수들은 대응되는 32비트 함수와 이름이 같지만, 함수 이름에 접미사 64가 붙어 있다. 이런 함수로는 `fopen64()`, `open64()`, `lseek64()`, `truncate64()`, `stat64()`, `mmap64()`, `setrlimit64()` 등이 있다(이미 이 함수들의 32비트 버전 중 일부를 설명했고, 나머지는 앞으로 설명할 것이다).

큰 파일에 접근하려면, 단순히 함수의 64비트 버전을 사용하면 된다. 예를 들어, 큰 파일을 열려면 다음과 같이 할 수 있다.

```
fd = open64(name, O_CREAT | O_RDWR, mode);
if (fd == -1)
    errExit("open");
```

> open64()를 호출하는 것은 open()을 호출할 때 O_LARGEFILE 플래그를 지정하는 것과 같다. 이 플래그 없이 open()을 호출해 2GB보다 큰 파일을 열려고 하면 에러가 리턴된다.

앞서 언급한 함수 외에, 과도기적 LFS API에는 몇몇 새로운 데이터형이 추가되어 있다.

- struct stat64: 큰 파일용 stat 구조체(15.1절)
- off64_t: 파일 오프셋을 나타내는 64비트 형이다.

off64_t 데이터형은 리스트 5-3에서처럼 특히 lseek64() 함수와 함께 사용한다. 이 프로그램은 2개의 명령행 인자를 받는다. 열려는 파일의 이름과 파일 오프셋을 지정하는 정수값이다. 프로그램은 지정된 파일을 열고, 주어진 파일 오프셋으로 이동한 다음, 문자열을 쓴다. 다음의 셸 세션은 이 프로그램을 통해 파일에서 매우 큰 오프셋(10GB 이상)으로 이동한 다음 몇 바이트를 쓰는 예다.

```
$ ./large_file x 10111222333
$ ls -l x                     결과로 생성된 파일의 크기를 확인한다.
-rw-------    1 mtk    users    10111222337 Mar    4 13:34 x
```

**리스트 5-3** 큰 파일에 접근하기

fileio/large_file.c

```c
#define _LARGEFILE64_SOURCE
#include <sys/stat.h>
#include <fcntl.h>
#include "tlpi_hdr.h"

int
main(int argc, char *argv[])
{
    int fd;
    off64_t off;

    if (argc != 3 || strcmp(argv[1], "--help") == 0)
        usageErr("%s pathname offset\n", argv[0]);

    fd = open64(argv[1], O_RDWR | O_CREAT, S_IRUSR | S_IWUSR);
    if (fd == -1)
        errExit("open64");

    off = atoll(argv[2]);
    if (lseek64(fd, off, SEEK_SET) == -1)
        errExit("lseek64");

    if (write(fd, "test", 4) == -1)
        errExit("write");
    exit(EXIT_SUCCESS);
}
```

### _FILE_OFFSET_BITS 매크로

LFS 기능을 사용하는 권장되는 방법은 프로그램을 컴파일할 때 _FILE_OFFSET_BITS 매크로를 64로 정의하는 것이다. 이를 수행하는 한 가지 방법은 C 컴파일러의 명령행 옵션을 이용하는 것이다.

```
$ cc -D_FILE_OFFSET_BITS=64 prog.c
```

그렇지 않으면, C 소스에서 헤더 파일을 선언하기 전에 이 매크로를 정의해도 된다.

```
#define _FILE_OFFSET_BITS 64
```

이렇게 하면 관련된 32비트 함수와 데이터형이 모두 자동으로 64비트 버전으로 변환된다. 따라서 예를 들어 open() 호출은 실제로 open64() 호출로 변환되고, off_t 데이터형은 64비트 길이로 정의된다. 즉 대용량 파일을 처리하는 기존 프로그램을 소스 코드 변경 없이 다시 컴파일하기만 하면 된다.

_FILE_OFFSET_BITS를 쓰는 편이 과도기적 LFS API를 쓰는 것보다 분명히 쉽지만, 이 방식은 응용 프로그램이 깔끔하게 작성됐는지(예를 들어, 파일 오프셋을 담는 변수를 선언할 때 C의 정수형 대신 정확하게 off_t를 사용)에 의존한다.

_FILE_OFFSET_BITS 매크로는 LFS 규격의 필수사항이 아니다. LFS는 단지 이 매크로를 off_t 데이터형의 크기를 지정하는 선택적 방법으로 언급할 뿐이다. 일부 유닉스 구현은 이를 위해 다른 기능 테스트 매크로를 사용한다.

> 32비트 함수로(즉 _FILE_OFFSET_BITS를 64로 설정하지 않고 컴파일한 프로그램에서) 대용량 파일에 접근하려고 하면, EOVERFLOW 에러가 발생할 수 있다. 예를 들어, 크기가 2GB를 초과하는 파일에 대한 정보를 읽을 때 stat()(15.1절)의 32비트 버전을 사용하면 이 에러가 발생할 수 있다.

### off_t 값을 printf()에 넘기기

LFS 확장으로 해결되지 않은 문제는 off_t 값을 어떻게 printf() 호출에 넘길지이다. 3.6.2절에서, 미리 정의된 시스템 데이터형(예: pid_t, uid_t) 중 하나의 값을 표시하는 이식성 있는 방법은 값을 long으로 캐스팅하고, %ld printf() 지정자를 쓰는 것이라고 했다. 하지만 LFS 확장을 채용하는 경우, off_t 데이터형에 대한 조치로는 충분치 않다. off_t가 long보다 큰 데이터형인 long long으로 정의될 수 있기 때문이다. 따라서 off_t 데이터형의 값을 표시하려면, 다음과 같이 long long으로 캐스팅하고 %lld printf() 지정자를 사용한다.

```
#define _FILE_OFFSET_BITS 64

off_t offset; /* 64비트('long long'의 크기)가 될 것이다. */

/* 'offset'에 값을 할당하는 그 밖의 코드 */

printf("offset=%lld\n", (long long) offset);
```

stat 구조체(15.1절 참조)에 쓰이는 blkcnt_t 데이터형도 마찬가지다.

> 따로 컴파일된 모듈 사이에 off_t나 stat 데이터형의 인자를 넘길 때는, 이 데이터형에 대해 두 모듈이 동일한 크기를 사용하게 해야 한다(즉 둘 다 _FILE_OFFSET_BITS를 64로 설정하고 컴파일하거나 둘 다 그렇게 설정하지 않고 컴파일하거나 해야 한다).

## 5.11 /dev/fd 디렉토리

프로세스마다 커널은 특별한 가상 디렉토리인 /dev/fd를 제공한다. 이 디렉토리에는 /dev/fd/*n*(*n*은 프로세스가 연 파일 디스크립터에 해당하는 숫자) 형태의 파일이름들이 포함되어 있다. 따라서 예를 들어 /dev/fd/0은 프로세스의 표준 입력이다(/dev/fd는 SUSv3에 정의되어 있지 않지만, 일부 유닉스 구현도 이 기능을 제공한다).

/dev/fd 디렉토리에 있는 파일 중 하나를 여는 것은 해당 파일 디스크립터를 복제하는 것과 같다. 따라서 아래 두 줄은 같은 기능을 수행한다.

```
fd = open("/dev/fd/1", O_WRONLY);
fd = dup(1);                          /* 표준 출력을 복제한다. */
```

open() 호출의 flags 인자는 실제로 해석되므로, 원래 디스크립터에서 사용된 것과 동일한 접근 모드를 지정해야 한다. 여기서 O_CREAT 등 다른 플래그를 지정하는 것은 의미가 없으며 무시된다.

> /dev/fd는 실제로 리눅스 고유의 /proc/self/fd 디렉토리에 대한 심볼릭 링크다. 후자의 디렉토리는 리눅스 고유의 /proc/*PID*/fd 디렉토리의 특별한 경우로, 프로세스가 열어놓은 모든 파일에 대응하는 심볼릭 링크를 담고 있다.

/dev/fd 디렉토리에 있는 파일은 프로그램 내에서 거의 사용되지 않는다. 이 파일이 주로 사용되는 곳은 셸이다. 대부분의 사용자 수준 명령은 파일이름을 인자로 받는데, 때로 명령들을 파이프라인에 넣고 싶을 때 인자 중 하나를 표준 입력 또는 출력으로 설정할 수 있다. 이를 위해 어떤 프로그램(예: diff, ed, tar, comm)은 '이 파일이름 인자로 표준 입력 또는 출력을 (적절히) 사용하라'는 의미로 단일 하이픈(-)을 인자로 사용할 수 있도록 개선됐다. 따라서 ls로 만든 파일 목록을 이전에 만든 파일 목록과 비교하려면, 다음과 같이 할 수 있다.

```
$ ls | diff - oldfilelist
```

이러한 접근 방식에는 여러 가지 문제가 있다. 첫째, 각 프로그램이 하이픈 문자를 특수하게 해석해야 하는데, 많은 프로그램이 그런 해석을 수행하지 않는다. 많은 프로그램이 파일이름 인자만 쓸 수 있게 작성됐으며, 표준 입력이나 출력을 사용하도록 지정할 방법이 없다. 둘째, 어떤 프로그램은 단일 하이픈을 명령행 옵션의 끝을 표시하는 구분 기호로 해석한다.

/dev/fd는 이러한 어려움을 해결해, 어떤 프로그램에도 표준 입력, 출력, 에러를 파일이름 인자로 쓸 수 있게 해준다. 따라서 이전의 셸 명령을 다음과 같이 작성할 수 있다.

```
$ ls | diff /dev/fd/0 oldfilelist
```

편의를 위해 /dev/stdin, /dev/stdout, /dev/stderr가 각각 /dev/fd/0, /dev/fd/1, /dev/fd/2에 대한 심볼릭 링크로 제공된다.

## 5.12 임시 파일 만들기

어떤 프로그램은 프로그램이 실행되는 동안에만 사용되고 프로그램이 종료되면 제거돼야 하는 임시 파일을 만들어야 한다. 예를 들어, 많은 컴파일러가 컴파일 과정에서 임시 파일을 만들 수 있다. GNU C 라이브러리는 이를 위해 광범위한 라이브러리 함수를 제공한다(라이브러리 함수의 다양성은 부분적으로 유닉스 구현의 다양성에서 유래한다). 여기서는 이런 함수 중 두 가지(mkstemp()와 tmpfile())를 설명한다.

mkstemp() 함수는 호출자가 제공한 템플릿을 기반으로 고유한 파일이름을 생성하고 해당 이름으로 파일을 연 다음, I/O 시스템 호출에 사용할 수 있는 파일 디스크립터를 리턴한다.

```
#include <stdlib.h>

int mkstemp(char *template);
```

성공하면 파일 디스크립터를 리턴하고, 에러가 발생하면 -1을 리턴한다.

template 인자는 경로명의 형태를 취하는데, 마지막 6자는 반드시 XXXXXX여야 한다. 이 여섯 문자는 파일이름을 고유하게 하는 문자열로 대치되며, 수정된 문자열이 template 인자를 통해 리턴된다. template은 수정되기 때문에, 문자열 상수가 아닌 문자 배열로 지정해야 한다.

mkstemp() 함수는 파일의 소유자가 읽기와 쓰기 권한을 갖도록(그리고 다른 사용자는 아무 권한이 없도록) 파일을 생성하고, 호출자의 배타적 접근을 보장하는 O_EXCL 플래그를 지정해 파일을 연다.

일반적으로 임시 파일은 열린 뒤 곧 unlink() 시스템 호출(18.3절)을 통해 삭제unlink된다. 따라서 mkstemp()는 다음과 같이 쓸 수 있다.

```
int fd;
char template[] = "/tmp/somestringXXXXXX";

fd = mkstemp(template);
if (fd == -1)
    errExit("mkstemp");
printf("Generated filename was: %s\n", template);
unlink(template); /* 이름은 바로 사라지지만 파일은 close() 뒤에야 사라진다. */

/* 파일 I/O 시스템 호출을 사용한다(read(), write() 등). */

if (close(fd) == -1)
    errExit("close");
```

> tmpnam(), tempnam(), mktemp() 함수도 고유한 파일이름을 생성하는 데 사용할 수 있다. 하지만 이 함수들은 응용 프로그램에 보안 구멍을 만들 수 있기 때문에 사용을 피해야 한다. 좀 더 자세한 내용은 매뉴얼 페이지를 참조하기 바란다.

tmpfile() 함수는 읽고 쓰기용으로 열리는 고유한 이름의 임시 파일을 만든다(다른 프로세스가 이미 같은 이름으로 파일을 만들 희박한 가능성에 대비하기 위해 O_EXCL 플래그를 지정해서 파일을 연다).

```
#include <stdio.h>

FILE *tmpfile(void);
```

성공하면 파일 포인터를 리턴하고, 에러가 발생하면 NULL을 리턴한다.

성공 시 tmpfile()는 stdio 라이브러리 함수에 사용할 수 있는 파일 스트림을 리턴한다. 임시 파일은 닫힐 때 자동으로 삭제된다. 이를 위해 tmpfile()은 파일을 연 후 즉시 내부적으로 unlink()를 호출해 파일이름을 제거한다.

## 5.13 정리

5장에서는 일부 시스템 호출의 올바른 동작에 중요한 원자성의 개념을 소개했다. 특히 open() O_EXCL 플래그는 호출자가 이 파일의 분명히 작성자임을 보장하고, open() O_APPEND 플래그는 동일한 파일에 데이터를 추가하는 여러 프로세스가 서로의 출력을 덮어쓰지 않도록 보장한다.

fcntl() 시스템 호출은 열린 파일 상태 플래그 변경과 파일 디스크립터 복제 등 다양한 파일 제어 오퍼레이션을 수행한다. 파일 디스크립터의 복제는 dup()와 dup2()를 통해서도 가능하다.

파일 디스크립터, 열린 파일 디스크립션, 파일 i-노드 사이의 관계도 살펴봤고, 이 세 가지 객체에 각각 연관되어 있는 정보도 살펴봤다. 복제된 파일 디스크립터들은 같은 열린 파일 디스크립션을 공유하고, 따라서 열린 파일 상태 플래그와 파일 오프셋을 공유한다.

기존 read()와 write() 시스템 호출의 기능을 확장하는 여러 시스템 호출에 대해 설명했다. pread()와 pwrite() 시스템 호출은 파일 오프셋을 변경하지 않고 지정된 파일 위치에서 I/O를 수행한다. readv()와 writev()는 스캐터-개더 I/O를 수행한다. preadv()와 pwritev()는 지정된 파일 위치에서 스캐터-개더 I/O를 수행한다.

truncate()와 ftruncate() 시스템 호출은 여분의 바이트를 버리면서 파일의 크기를 줄이거나, 추가되는 영역을 0으로 채우면서 파일의 크기를 증가시키는 데 사용할 수 있다.

비블로킹 I/O의 개념도 간략하게 소개했으며, 자세한 사항은 나중에 다시 설명할 것이다.

LFS 규격은 32비트 시스템에서 실행 중인 프로세스가 32비트로 표현하기에 너무 큰 파일을 다룰 수 있도록 확장 기능을 정의한다.

/dev/fd 가상 디렉토리에 있는 번호 매겨진 파일을 이용하면 프로세스가 스스로 열어놓은 파일에 파일 디스크립터 번호를 통해 접근할 수 있는데, 이는 셸 명령에서 특히 유용하다.

mkstemp()와 tmpfile() 함수를 이용하면 응용 프로그램이 임시 파일을 만들 수 있다.

## 5.14 연습문제

5-1. 32비트 리눅스 시스템을 사용할 수 있으면, 리스트 5-3의 프로그램이 표준 파일 I/O 시스템 호출(open()과 lseek())과 off_t 데이터형을 사용하도록 수정하라. _FILE_OFFSET_BITS 매크로를 64로 설정하고 프로그램을 컴파일한 뒤 테스트해서, 큰 파일을 성공적으로 만들 수 있음을 보여라.

5-2. O_APPEND 플래그를 지정해서 기존 파일을 쓰기용으로 열고, 데이터를 쓰기 전에 파일의 시작 지점으로 이동seek하는 프로그램을 작성하라. 데이터가 파일의 어디에 나타나는가? 이유는 무엇인가?

5-3. 이 문제는 O_APPEND 플래그를 지정해서 파일을 열어 원자성을 보장해야 하는 이유를 보여주도록 설계됐다. 3개의 명령행 인자를 취하는 프로그램을 작성하라.

```
$ atomic_append filename num-bytes [x]
```

이 프로그램은 지정한 파일이름으로 파일을 열고(필요하면 만든다) write()를 사용해 한 번에 한 바이트를 씀으로써 파일에 num-bytes만큼의 바이트를 추가해야 한다. 기본적으로 프로그램은 O_APPEND 플래그를 지정해 파일을 열어야 하지만, 세 번째 명령행 인자(x)가 있는 경우 O_APPEND 플래그를 생략하고 대신 각 write() 전에 lseek(fd, 0, SEEK_END)를 수행해야 한다. 같은 파일에 1,000,000바이트를 쓰기 위해 이 프로그램을 x 인자 없이 동시에 2개 실행하라.

```
$ atomic_append f1 1000000 & atomic_append f1 1000000
```

다른 파일에 기록하도록, 이번에는 x 인자를 지정해서 같은 과정을 반복하라.

```
$ atomic_append f2 1000000 x & atomic_append f2 1000000 x
```

ls - l을 사용해 파일 f1과 f2의 크기를 나열하고 그 차이를 설명하라.

**5-4.** fcntl()과 필요하면 close()를 사용해서 dup()와 dup2()를 구현하라(dup2()와 fcntl()이 일부 에러 발생 시 각기 다른 errno 값을 리턴한다는 사실은 무시해도 된다). dup2()의 경우, oldfd가 newfd와 동일한 특별한 경우를 처리해야 함을 기억하라. 이 경우, 예를 들어 fcntl(oldfd, F_GETFL)이 성공하는지를 확인함으로써 oldfd가 유효한지 여부를 확인해야 한다. oldfd가 유효하지 않은 경우 함수는 errno를 EBADF로 설정하고 -1을 리턴해야 한다.

**5-5.** 복제된 파일 디스크립터가 파일 오프셋 값과 열린 파일 상태 플래그를 공유하는지 확인하는 프로그램을 작성하라.

**5-6.** 다음 코드에서 write()에 대한 각 호출 후, 출력 파일의 내용이 무엇이고 그 이유가 무엇인지 설명하라.

```
fd1 = open(file, O_RDWR | O_CREAT | O_TRUNC, S_IRUSR | S_IWUSR);
fd2 = dup(fd1);
fd3 = open(file, O_RDWR);
write(fd1, "Hello,", 6);
write(fd2, "world", 6);
lseek(fd2, 0, SEEK_SET);
write(fd1, "HELLO,", 6);
write(fd3, "Gidday", 6);
```

**5-7.** read()와 write(), 그리고 malloc 패키지(7.1.2절) 안의 적당한 함수를 사용해서 readv()와 writev()를 구현하라.

# 6

# 프로세스

6장에서는 프로세스의 구조를 설명한다. 특히 프로세스 가상 메모리의 레이아웃과 내용을 자세히 살펴볼 것이다. 또한 프로세스의 몇 가지 속성도 알아본다. 프로세스의 나머지 속성에 대해서는 나중에 다른 장에서 알아볼 것이다(예를 들어 9장에서는 프로세스 자격증명, 30장에서는 프로세스 우선순위와 스케줄링). 24장부터 27장까지는, 프로세스가 어떻게 만들어지고, 종료되고, 새로운 프로그램을 실행하는지 살펴볼 것이다.

## 6.1 프로세스와 프로그램

**프로세스**process는 실행 중인 프로그램이다. 이 정의를 좀 더 자세히 살펴보고, 프로그램과 프로세스의 차이점을 알아보자.

**프로그램**program은 실행 시에 프로세스를 어떻게 만들지에 대한 광범위한 정보를 담고 있는 파일이다. 이 정보에는 다음과 같은 내용이 포함된다.

- 바이너리 포맷 식별자binary format identification: 각 프로그램 파일에는 실행 파일의 포맷에 대한 정보가 포함되어 있다. 커널은 이를 이용해서 파일의 나머지 정보를 해석한다. 과거에 유닉스 실행 파일에 많이 쓰였던 두 가지 포맷은 원래의 a.out('어셈블러 출력') 포맷과 나중에 나온, 좀 더 복잡한 COFFCommon Object File Format였다. 요즘은 대부분의 유닉스 구현(리눅스 포함)이 기존 포맷보다 장점이 훨씬 더 많은 ELFExecutable and Linking Format를 채택하고 있다.
- 기계어 명령: 프로그램의 알고리즘을 나타낸다.
- 프로그램 진입점entry-point 주소: 프로그램의 실행이 시작될 명령의 위치를 나타낸다.
- 데이터: 프로그램 파일은 변수의 초기값과 프로그램이 사용할 문자 상수(예: 문자열)를 담고 있다.
- 심볼 테이블symbol table과 재배치 테이블relocation table: 프로그램 내 함수와 변수의 위치와 이름을 나타낸다. 이 테이블은 디버그와 실행 시 심볼 찾기(동적 링크) 등 다양한 목적으로 쓰인다.
- 공유 라이브러리와 동적 링크 정보: 프로그램 파일에는 실행 시에 필요한 공유 라이브러리 목록과 이 라이브러리를 로드load할 때 사용할 동적 링커의 경로명이 포함되어 있다.
- 기타 정보: 프로그램 파일에는 프로세스를 만드는 데 필요한 그 밖의 여러 가지 정보가 포함되어 있다.

하나의 프로그램으로 여러 프로세스를 만들 수 있다. 즉 역으로 말하면 많은 프로세스가 같은 프로그램을 실행하고 있을 수 있다.

6.1절의 처음에 제시했던 프로세스의 정의를 다음과 같이 재구성할 수 있다. '프로세스는 프로그램을 실행하기 위해 자원이 할당된, 커널이 정의한 추상적인 존재다.'

커널 관점에서 보면, 프로세스는 프로그램 코드와 해당 코드가 사용하는 변수를 담고 있는 사용자 공간 메모리와 프로세스의 상태에 대한 정보를 관리하는 각종 커널 데이터 구조로 이뤄진다. 커널 데이터 구조에 기록되는 정보에는 프로세스와 연관된 다양한 ID, 가상 메모리 테이블, 열린 파일 디스크립터 테이블, 시그널 전달과 처리에 관한 정보, 프로세스 자원 사용량과 한도, 현재 작업 디렉토리, 기타 여러 가지 정보가 포함된다.

## 6.2 프로세스 ID와 부모 프로세스 ID

시스템상의 각 프로세스에는 고유한 프로세스 ID(PID)가 있다. 프로세스 ID는 양의 정수이며, 여러 가지 시스템 호출에서 인자와 리턴값으로 사용한다. 예를 들어, kill() 시스템 호출(20.5절)을 이용하면 호출자가 특정 프로세스 ID의 프로세스에게 시그널을 보낼 수 있다. 프로세스 ID는 프로세스에 고유한 식별자를 만들어야 할 때도 유용하다. 흔한 예는 프로세스 ID를 프로세스에 고유한 파일 이름으로 사용하는 것이다.

getpid() 시스템 호출은 호출하는 프로세스의 프로세스 ID를 리턴한다.

```
#include <unistd.h>

pid_t getpid(void);
```

언제나 성공적으로 호출자의 프로세스 ID를 리턴한다.

getpid()의 리턴값의 데이터형인 pid_t는 프로세스 ID를 저장하기 위해 SUSv3에서 정의한 정수형이다.

init(프로세스 ID 1) 같은 몇몇 시스템 프로세스를 제외하고는 프로그램과, 해당 프로그램을 실행하기 위해 만들어진 프로세스의 프로세스 ID 사이에는 고정된 관계가 없다.

리눅스 커널은 프로세스 ID를 32,767 이하로 제한한다. 새로운 프로세스가 생기면, 순차적으로 다음 가용 프로세스 ID를 할당한다. 한도인 32,767에 이를 때마다, 커널은 프로세스 ID 카운터를 리셋해서 프로세스 ID가 다시 작은 정수값부터 할당되게 한다.

> 프로세스 ID가 일단 32,767에 이르면, 프로세스 ID 카운터는 1이 아니라 300으로 리셋된다. 이는 시스템 프로세스와 데몬(daemon)들이 작은 수들을 영구적으로 프로세스 ID로 사용하고 있기 때문에, 이 범위에서 사용되지 않은 프로세스 ID를 찾느라 시간이 낭비되는 것을 막기 위해서다.
>
> 리눅스 2.4까지는 프로세스 ID 한도인 32,767이 커널 상수 PID_MAX로 정의되어 있었다. 리눅스 2.6에서 상황이 바뀌었다. 프로세스 ID의 기본 상한은 여전히 32,767이지만, 리눅스 고유의 /proc/sys/kernel/pid_max 파일의 값(최대 프로세스 ID보다 1 크다)을 통해 조정할 수 있다. 32비트 플랫폼에서는 이 파일의 최대값이 32,768이지만, 64비트 플랫폼에서는 $2^{22}$(대략 4백만)까지로 조정할 수 있어, 매우 많은 수의 프로세스를 수용할 수 있다.

각 프로세스에게는 부모(해당 프로세스를 만든 프로세스)가 있다. 프로세스는 getppid() 시스템 호출을 통해 부모의 프로세스 ID를 알아낼 수 있다.

```
#include <unistd.h>

pid_t getppid(void);
```

언제나 성공적으로 호출자의 부모의 프로세스 ID를 리턴한다.

사실 각 프로세스의 부모 프로세스 ID 속성은 시스템상의 모든 프로세스의 트리 같은 관계를 나타낸다. 각 프로세스의 부모에게는 또 부모가 있고, 계속 따라가다 보면 모든 프로세스의 조상이고 프로세스 1인 init가 나온다(이 '가계도'는 pstree(1) 명령으로 볼 수 있다).

자식을 '낳은' 부모가 종료되어 자식 프로세스가 고아가 되면 init 프로세스가 입양하므로, 이후에 자식 프로세스에서 getppid()를 호출하면 1을 리턴한다(26.2절 참조).

모든 프로세스의 부모는 리눅스 고유의 /proc/*PID*/status 파일의 Ppid 필드를 살펴봄으로써 찾을 수 있다.

## 6.3 프로세스의 메모리 레이아웃

각 프로세스에 할당된 메모리는 흔히 세그먼트segment라고 부르는 여러 영역으로 나뉜다. 프로세스를 구성하는 세그먼트는 다음과 같다.

- **텍스트 세그먼트**text segment는 프로세스가 실행하는 기계어 명령을 담고 있다. 텍스트 세그먼트는 읽기 전용이므로 프로세스가 우연히 포인터 값 오류로 스스로의 명령을 변경할 수는 없다. 여러 프로세스가 같은 프로그램을 실행할 수 있기 때문에, 텍스트 세그먼트를 공유해 하나의 프로그램 코드를 모든 프로세스의 가상 주소 공간에 매핑할 수 있다.
- **초기화된 데이터 세그먼트**initialized data segment는 명시적으로 초기화된 전역global 변수와 정적static 변수를 담고 있다. 이 변수의 값은 프로그램이 메모리에 로드될 때 실행 파일에서 읽는다.
- **초기화되지 않은 데이터 세그먼트**uninitialized data segment는 명시적으로 초기화되지 않은 전역 변수와 정적 변수를 담고 있다. 프로그램을 시작하기 전에, 시스템은 이 세그먼트 안의 모든 메모리를 0으로 초기화한다. 역사적인 이유로 이를 종종 bss 세그먼트라고도 한다. bss는 'block started by symbol(심볼로 시작되는 블록)'을 뜻하는 오래된 어셈블러 니모닉mnemonic[1]에서 유래된 이름이다. 초기화된 전역 변

1 니모닉 코드: 기계어의 각 명령을 사람이 알기 쉽게 적당한 뜻을 가진 단어로 나타낸 것(출처: 네이버 용어사전) – 옮긴이

수와 정적 변수를 초기화되지 않은 것들과 분리된 세그먼트에 넣는 주된 이유는, 프로그램이 디스크에 저장할 때, 초기화되지 않은 데이터는 저장하지 않아도 되기 때문이다. 대신에 실행 파일은 단순히 초기화되지 않은 데이터 세그먼트의 위치와 크기만 기록하면 되고, 해당 공간은 실행 시에 프로그램 로더가 할당한다.

- 스택stack은 동적으로 자라고 줄어드는 세그먼트로, 스택 프레임을 담고 있다. 현재 호출된 각 함수마다 하나의 스택 프레임이 할당된다. 스택 프레임에는 함수의 지역 변수(이른바 자동 변수), 인자, 리턴값이 저장된다. 스택 프레임에 대해서는 6.5절에서 더 자세히 설명하겠다.
- 힙heap은 실행 시에 동적으로 (변수용) 메모리를 할당하는 영역이다. 힙의 꼭대기를 프로그램 브레이크program break라고 한다.

흔히 쓰이지는 않지만, 초기화된 데이터 세그먼트와 초기화되지 않은 데이터 세그먼트를 각각 사용자 초기화 데이터 세그먼트user-initialized data segment와 0으로 초기화된 데이터 세그먼트zero-initialized data segment라고도 한다.

`size(1)` 명령은 바이너리 실행 파일의 텍스트, 초기화된 데이터, 초기화되지 않은 데이터(bss)의 크기를 보여준다.

> 본문에서 쓴 '세그먼트'라는 말은 x86-32 같은 일부 하드웨어 아키텍처에서 쓰는 하드웨어 세그먼트와는 다르다. 세그먼트는 유닉스 시스템상에 있는 프로세스 가상 메모리의 논리적 경계다. 때로 세그먼트 대신 '섹션(section)'이라는 말을 쓰기도 한다. 요즘 실행 파일 포맷으로 널리 쓰이는 ELF 규격에서 쓰는 용어와 일치하기 때문이다.
>
> 이 책의 여러 곳에서, 라이브러리 함수가 정적으로 할당된 메모리를 가리키는 포인터를 리턴한다고 말한다. 이는 메모리가 초기화되거나 되지 않은 데이터 세그먼트에 할당된다는 뜻이다(경우에 따라 라이브러리 함수가 이렇게 하지 않고 힙에 한 번 동적으로 할당할 수도 있다. 하지만 이런 상세한 구현에 대한 이야기는 여기서 설명하는 내용과 관련이 없다). 라이브러리 함수가 정적으로 할당된 메모리를 통해 정보를 리턴하는 경우가 있다는 사실은 꼭 알고 있어야 한다. 해당 메모리는 함수 호출과 상관없이 존재하고, 이후에 같은 함수를 또 호출할 경우(또는 경우에 따라 관련 함수를 호출할 경우에도) 덮어써질 수도 있기 때문이다. 정적으로 할당된 메모리를 쓰는 경우 해당 함수가 재진입 불가능(nonreentrant)해지기도 한다. 재진입성(reentrancy)에 대해서는 21.1.2절과 Vol. 2의 3.1절에서 더 자세히 알아볼 것이다.

리스트 6-1에는 여러 종류의 C 변수가 어느 세그먼트에 위치하는지에 대한 주석과 함께 나와 있다. 이 주석은 컴파일러가 최적화를 수행하지 않았다고 가정하고 모든 인자가 스택으로 전달되는 ABIapplication binary interface라고 가정한다. 실제로는 컴파일러가 최적화를 수행해서 자주 쓰는 변수는 레지스터에 할당하고, 쓰지 않는 변수는 완전히 없애

버리기도 한다. 더욱이 어떤 ABI는 함수 인자와 함수 결과가 스택이 아닌 레지스터로 전달되도록 요구하기도 한다. 그럼에도 불구하고 이 예제는 C 함수와 프로세스 세그먼트 간의 매핑을 잘 보여준다.

**리스트 6-1** 프로세스 메모리 세그먼트에서 프로그램 변수의 위치

proc/mem_segments.c

```
#include <stdio.h>
#include <stdlib.h>

char globBuf[65536];                /* 초기화되지 않은 데이터 세그먼트 */
int primes[] = { 2, 3, 5, 7 };      /* 초기화된 데이터 세그먼트 */

static int
square(int x)                       /* square()용으로 프레임에 할당 */
{
    int result;                     /* square()용으로 프레임에 할당 */

    result = x * x;
    return result;                  /* 레지스터를 통해 리턴값을 전달 */
}

static void
doCalc(int val)                     /* doCalc()용으로 프레임에 할당 */
{
    printf("The square of %d is %d\n", val, square(val));

    if (val < 1000) {
        int t;                      /* doCalc()용으로 프레임에 할당 */

        t = val * val * val;
        printf("The cube of %d is %d\n", val, t);
    }
}

int
main(int argc, char *argv[])        /* main()용으로 프레임에 할당 */
{
    static int key = 9973;          /* 초기화된 데이터 세그먼트 */
    static char mbuf[10240000];     /* 초기화되지 않은 데이터 세그먼트 */
    char *p;                        /* main()용으로 프레임에 할당 */

    p = malloc(1024);               /* 힙 세그먼트에 있는 메모리를 가리키는 포인터 */

    doCalc(key);

    exit(EXIT_SUCCESS);
}
```

ABI(application binary interface)는 실행 시에 바이너리 실행 파일이 어떻게 서비스(예: 커널이나 라이브러리)와 정보를 교환할지를 정해놓은 규칙이다. ABI는 무엇보다도 이 정보를 교환하는 데 어떤 레지스터와 스택 위치가 사용되고, 교환된 값에 어떤 의미가 부여될지를 규정한다. 특정 ABI용으로 컴파일된 바이너리 실행 파일은 같은 ABI를 제공하는 어떤 시스템에서도 실행될 수 있어야 한다. 이는 소스 코드에서 컴파일된 응용 프로그램의 이식성만을 보장하는 표준 API(SUSv3 같은)와 대비된다.

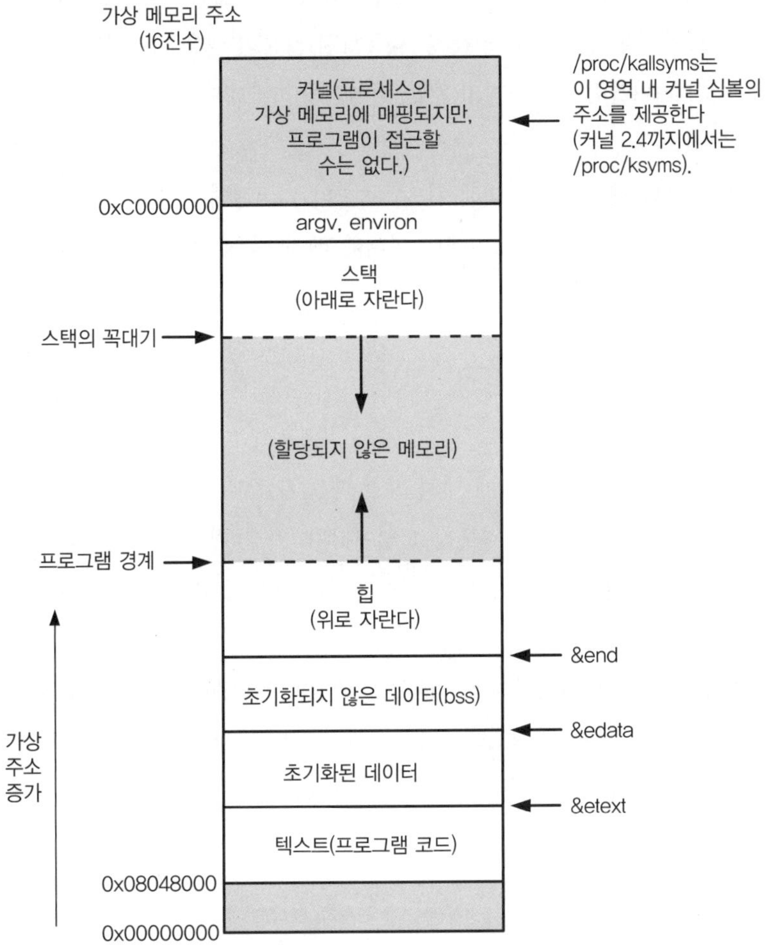


**그림 6-1** 리눅스/x86-32상에서 동작하는 프로세스의 전형적인 메모리 레이아웃

SUSv3에는 정의되어 있지 않지만, 대부분의 유닉스 구현(리눅스 포함)에 포함된 C 프로그램 환경은 세 가지 전역 심볼(`etext`, `edata`, `end`)을 제공한다. 이 심볼은 프로그램에서 프로그램 텍스트의 끝, 초기화된 데이터 세그먼트의 끝, 초기화되지 않은 데이터 세그먼트의 끝 다음 바이트의 주소를 얻을 때 쓸 수 있다. 이 심볼을 이용하려면 다음과 같이 명시적으로 선언해야 한다.

```
extern char etext, edata, end;
        /* 예를 들어, &etext는 프로그램 텍스트의 끝 다음 바이트/초기화된
           데이터의 시작 바이트 주소다. */
```

그림 6-1은 x86-32 아키텍처상의 여러 가지 메모리 세그먼트의 배치를 보여준다. 그림 맨 위에 argv, environ이라고 적힌 공간에는 프로그램 명령행 인자(C에서 main() 함수의 argv 인자에 들어 있다)와 프로세스 환경 변수 목록(조금 뒤에 설명하겠다)이 담겨 있다. 그림에 표시된 16진수 주소는 커널 설정과 프로그램 링크 옵션에 따라 달라질 수 있다. 회색 영역은 프로세스의 가상 주소 공간 중 유효하지 않은 영역을 나타낸다. 즉 해당 영역에 대한 페이지 테이블이 만들어지지 않은 영역이다(조금 뒤에 나오는 가상 메모리 관리에 대한 내용을 참조하기 바란다).

프로세스 메모리 레이아웃에 대해서는 Vol. 2의 11.5절에서, 공유 메모리와 공유 라이브러리가 프로세스의 가상 메모리에서 어디에 배치되는지 등을 좀 더 자세히 살펴볼 것이다.

## 6.4 가상 메모리 관리

앞서 프로세스의 메모리 레이아웃에 대해 말할 때는 가상 메모리virtual memory에서의 레이아웃에 대해 말한다는 사실을 얼버무리고 넘어갔다. 가상 메모리를 이해해두면 나중에 fork() 시스템 호출, 공유 메모리, 맵 파일mapped file 등을 살펴볼 때 유용하므로, 여기서 자세히 살펴보겠다.

대부분의 현대 커널과 마찬가지로, 리눅스도 가상 메모리 관리라는 기법을 채택하고 있다. 대부분 프로그램의 특성인 참조의 지역성locality of reference을 이용해서 CPU와 RAM(물리적 메모리)을 모두 효율적으로 활용하기 위해서다. 대부분의 프로그램은 두 가지 지역성을 보인다.

- 공간적 지역성spatial locality은 (명령의 순차적 처리, 그리고 때로는 데이터의 순차적 처리 때문에) 프로그램이 최근에 접근한 메모리 주소 근처에 접근하는 경향이다.
- 시간적 지역성temporal locality은 (루프 때문에) 프로그램이 최근에 접근한 메모리 주소에 가까운 미래에 다시 접근하는 경향이다.

참조의 지역성으로 인해 프로그램의 주소 공간 중 일부만을 RAM에 올려놓고도 프로그램을 실행할 수 있다.

가상 메모리 방식은 각 프로그램이 사용하는 메모리를 **페이지**page라는 작은 고정 크기 단위로 나누는 것이다. 이에 상응해, RAM을 일련의 크기가 같은 **페이지 프레임**page frame들로 나눈다. 어느 한 순간에는, 프로그램의 일부 페이지만 물리적 메모리 페이지 프레임에 존재해도 된다. 이 페이지들이 소위 **상주 집합**resident set을 이룬다. 프로그램의 사용되지 않는 페이지의 복사본은 **스왑 영역**swap area(컴퓨터의 RAM을 보충하기 위해 따로 잡아둔 디스크 공간)에 보관되고, 필요할 때만 물리적 메모리에 로드된다. 프로세스가 현재 물리적 메모리에 존재하지 않는 페이지를 참조하면 **페이지 폴트**page fault가 발생하고, 그 시점에서 커널은 해당 페이지를 디스크에서 메모리로 로드하는 동안 프로세스의 실행을 중지한다.

> x86-32에서, 페이지의 크기는 4096바이트다. 그 밖의 리눅스 구현에서는 더 큰 페이지 크기를 채택하기도 한다. 예를 들어 알파는 페이지 크기로 8192바이트를 채택했고, IA-64는 기본으로 16,384바이트를 사용하지만 변동 페이지 크기도 가능하다. 프로그램은 11.2절에서 설명한 대로 sysconf(_SC_PAGESIZE) 호출을 통해 시스템 가상 메모리 페이지 크기를 알 수 있다.

이런 체계를 지원하기 위해서, 커널은 각 프로세스의 **페이지 테이블**page table을 갖고 있다(그림 6-2). 페이지 테이블에는 프로세스의 **가상 주소 공간**virtual address space(프로세스가 사용할 수 있는 모든 가상 메모리 페이지의 집합) 내에서의 각 페이지의 위치가 나와 있다. 페이지 테이블의 각 엔트리는 가상 페이지가 RAM의 어디에 있는지 또는 해당 가상 페이지가 현재 디스크에 있음을 나타낸다.

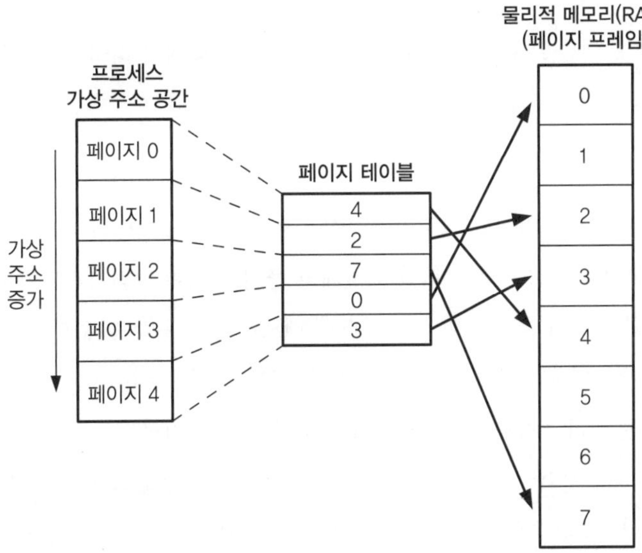


**그림 6-2** 가상 메모리 개요

프로세스의 가상 주소 공간의 모든 주소를 위해 페이지 테이블 엔트리가 있어야 하는 건 아니다. 보통 잠재적인 가상 메모리 공간 중 상당히 넓은 영역이 사용되지 않으므로, 사용되지 않는 영역에 대한 페이지 테이블 엔트리는 필요가 없다. 상응하는 페이지 테이블 엔트리가 없는 주소에 접근하려고 하는 프로세스는 SIGSEGV 시그널을 받게 된다.

프로세스의 유효 가상 주소 범위는 프로세스가 실행되는 동안 커널이 해당 프로세스의 페이지(와 페이지 테이블 엔트리)를 할당하고 해제함에 따라 변할 수 있다. 이는 다음과 같은 경우에 발생할 수 있다.

- 스택이 이전의 한계보다 더 아래로 자랐을 때
- brk(), sbrk(), 그리고 malloc 계열 함수를 통해 프로그램 한계를 키우느라 힙에 메모리가 할당되거나 해제됐을 때(7장)
- shmat()를 통해 시스템 V 공유 메모리 영역을 붙였을attach 때와 shmdt()를 통해 떼어냈을detach 때(Vol. 2의 11장)
- mmap()으로 메모리 매핑을 만들었을 때와 munmap()으로 제거했을 때(Vol. 2의 12장)

> 가상 메모리를 구현하려면 PMMU(paged memory management unit)라는 하드웨어의 지원이 필요하다. PMMU는 각각의 가상 메모리 주소를 해당 물리적 메모리 주소로 변환하고 특정 가상 메모리 주소가 RAM에 존재하지 않는 페이지에 해당되면 커널에게 페이지 폴트가 발생했음을 알려준다.

가상 메모리 관리는 프로세스의 가상 주소 공간을 RAM의 물리적 주소 공간과 분리하는데, 이는 다음과 같은 장점이 있다.

- 프로세스가 기타 프로세스 및 커널과 격리되므로, 프로세스가 기타 프로세스나 커널의 메모리를 읽거나 변경할 수 없다. 이는 각 프로세스의 페이지 테이블 엔트리들이 RAM(또는 스왑 영역)에 있는 별개의 물리적 페이지를 가리키기 때문이다.
- 필요한 경우에는 둘 이상의 프로세스가 메모리를 공유할 수 있다. 커널이 각기 다른 프로세스의 페이지 테이블 엔트리가 RAM의 같은 페이지를 가리키도록 하는 것이다. 메모리 공유는 다음 두 가지 경우에 흔히 일어난다.
  - 같은 프로그램을 실행하는 여러 프로세스가 프로그램 코드(읽기 전용)를 공유할 수 있다. 이 유형의 공유는 여러 프로그램이 같은 프로그램 파일을 실행할 때(또는 같은 공유 라이브러리를 로드할 때) 보이지 않게 수행된다.

- 프로세스들이 `shmget()`과 `mmap()` 시스템 호출을 통해 명시적으로 다른 프로세스와 메모리 영역을 공유하겠다고 요청할 수 있다. 이는 프로세스 간 통신을 위해서다.

- 메모리 보호 기능을 구현할 수 있다. 즉 페이지 테이블 엔트리에 해당 페이지를 읽을 수 있거나, 쓸 수 있거나, 실행할 수 있다고 표시할 수 있다. 이 권한들의 조합도 가능하다. 여러 프로세스가 RAM의 페이지를 공유할 경우, 각 프로세스가 메모리에 대해 각기 다른 권한을 가질 수도 있다. 예를 들어 어떤 프로세스는 해당 페이지를 읽을 수만 있고, 어떤 프로세스는 읽고 쓰기가 가능할 수도 있다.
- 프로그래머는 물론이고 컴파일러나 링커 같은 도구는 RAM에 프로그램이 물리적으로 어떻게 배치되는지는 관심이 없다.
- 메모리에 프로그램의 일부만 있으면 되기 때문에, 프로그램이 빨리 로드되고 실행된다. 게다가 프로세스의 메모리 사용량(즉 가상 크기)이 RAM의 용량보다 더 클 수도 있다.

가상 메모리 관리의 마지막 장점은 각 프로세스가 좀 더 적은 RAM을 사용하기 때문에, 더 많은 프로세스가 동시가 RAM에 존재할 수 있고, 이는 보통 어느 순간에도 CPU가 실행할 수 있는 프로세스가 최소한 하나는 있게 되기 때문에 좀 더 높은 CPU 가동률로 이어진다는 점이다.

## 6.5 스택과 스택 프레임

스택은 함수가 호출되고 리턴됨에 따라 늘어나고 줄어든다. x86-32 아키텍처상의 리눅스에서는(그리고 대부분의 다른 리눅스와 유닉스 구현에서는), 특수 목적 레지스터인 스택 포인터stack pointer는 스택의 꼭대기를 가리킨다. 함수가 호출될 때마다 스택에 프레임이 추가로 할당되고, 이 프레임은 함수가 리턴하면 제거된다.

> 스택이 아래로 자람에도 불구하고 스택이 자라는 쪽 끝을 여전히 꼭대기(top)라고 부르는 이유는 추상적인 의미에서 그렇기 때문이다. 스택이 자라는 실제 방향은 (하드웨어) 구현에 따라 바뀔 수 있다. HP PA-RISC 같은 리눅스 구현에서는 스택이 실제로 위로 자란다.
>
> 가상 메모리 관점에서는 스택 프레임이 할당됨에 따라 스택 세그먼트의 크기가 커지지만, 대부분의 구현에서는 이 프레임이 해제된 뒤에도 줄어들지 않는다(새로운 스택 프레임이 할당될 때 메모리를 재사용한다). 스택 세그먼트가 자라고 줄어든다고 할 때는, 스택에 프레임이 추가되고 제거되는 논리적인 측면을 고려하는 것이다.

때로 여기서 설명하는 스택을 커널 스택kernel stack과 구별하기 위해 사용자 스택user stack이라는 말을 쓰기도 한다. 커널 스택은 시스템 호출을 실행하는 동안 내부적으로 호출되는 함수를 실행하기 위한 스택으로 사용되는, 커널 메모리에 존재하는 프로세스별 메모리 영역이다(커널은 이런 용도로 사용자 스택을 사용할 수 없다. 사용자 스택은 보호되지 않는 사용자 메모리에 있기 때문이다).

각 (사용자) 스택에는 다음과 같은 정보가 담겨 있다.

- 함수 인자와 지역 변수: C에서는 함수가 호출될 때 자동으로 만들어지기 때문에 자동 변수automatic variable라고 부른다. 또한 함수가 리턴할 때 (스택 프레임이 사라지기 때문에) 자동으로 사라지며, 이는 자동 변수와 정적 변수의 주요 차이점이다. 정적 변수는 함수의 실행과 무관하게 영구히 존재한다.
- 호출 연결 정보call linkage information: 각 함수는 다음에 실행할 기계어 명령을 가리키는 프로그램 카운터program counter 같은 CPU 레지스터를 사용한다. 함수가 다른 함수를 호출할 때마다, 이 레지스터의 값을 호출된 함수의 스택 프레임에 저장해서 함수가 리턴할 때, 호출한 함수를 위해 적절한 레지스터 값을 복원할 수 있다.

함수가 서로서로 호출할 수 있기 때문에, 스택에는 여러 프레임이 존재할 수 있다(함수가 스스로를 재귀적으로 부르면, 스택에 해당 함수를 위한 프레임이 여럿 존재하게 된다). 리스트 6-1에 나와 있는 함수 square()가 실행되는 동안, 스택에는 그림 6-3과 같은 프레임이 존재할 것이다.

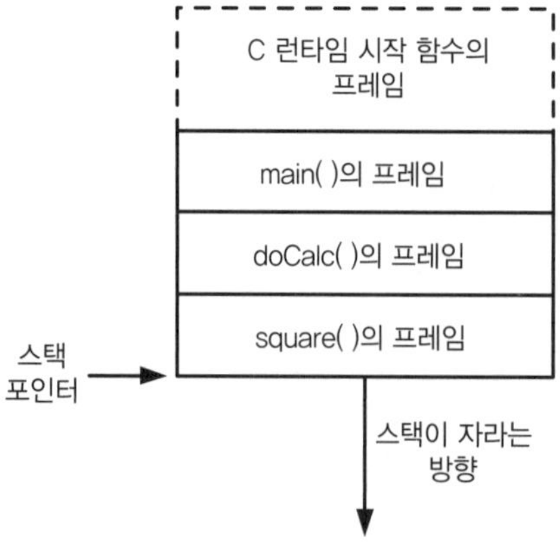


**그림 6-3** 프로세스 스택의 예

## 6.6 명령행 인자(argc, argv)

모든 C 프로그램에는 main() 함수가 있어야 하며, 거기서 프로그램의 실행이 시작된다. 프로그램이 실행되면, 함수 main()의 두 인자를 통해 명령행 인자(셸이 파싱해서 분리한 단어)를 사용할 수 있다. 첫 번째 인자인 int argc는 명령행 인자의 개수를 나타낸다. 두 번째 인자인 char *argv[]는 명령행 인자를 가리키는 포인터의 배열로, 각각은 널로 끝나는 문자열이다. argv 포인터 배열은 NULL 포인터로 끝난다(즉 argv[argc]는 NULL이다).

argv[0]에 프로그램을 실행하기 위해 사용한 이름이 담겨 있다는 사실은 유용하게 활용할 수 있다. 같은 프로그램을 가리키는 여러 링크(즉 이름)를 만들 수 있고, 프로그램이 argv[0]을 보고 실행할 때 사용한 이름에 따라 다른 동작을 취하는 것이다. 이 기법의 예는 gzip(1), gunzip(1), zcat(1) 명령으로, 이들 모두 같은 실행 파일을 가리키는 링크다(이 기법을 채택하려면, 사용자가 해당 프로그램을 예상 밖의 이름으로 실행할 경우도 처리해야 한다는 점에 주의해야 한다).

그림 6-4는 리스트 6-2의 프로그램을 실행할 때 argc 및 argv와 연관되는 데이터 구조의 예다. 이 그림에서 각 문자열 끝의 널 바이트는 C 표기법 \0으로 나타냈다.

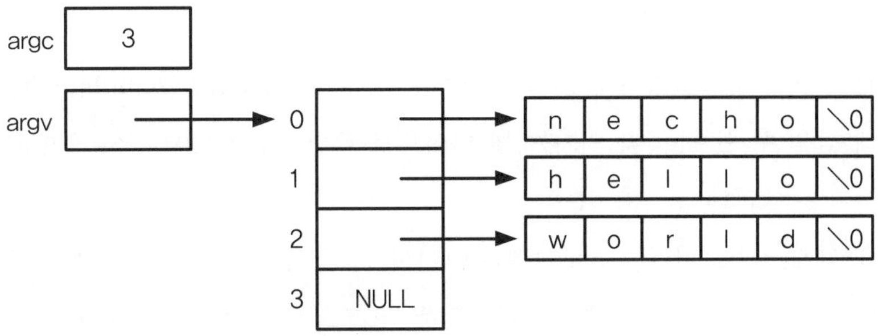


**그림 6-4** necho hello world 명령을 실행했을 때의 argc와 argv 값

리스트 6-2의 프로그램은 명령행 인자를 화면으로 출력하는데, 한 줄에 하나씩, argv의 몇 번째 인자인지와 함께 출력한다.

**리스트 6-2** 명령행 인자를 출력한다.

proc/necho.c

```
#include "tlpi_hdr.h"

int
main(int argc, char *argv[])
{
    int j;
```

```
    for (j = 0; j < argc; j++)
        printf("argv[%d] = %s\n", j, argv[j]);

    exit(EXIT_SUCCESS);
}
```

argv 배열이 NULL 값으로 끝나기 때문에, 명령행 인자만을 한 줄에 하나씩 출력하도록 리스트 6-2의 프로그램을 다음과 같이 바꿔쓸 수도 있다.

```
char **p;

for (p = argv; *p != NULL; p++)
    puts(*p);
```

argc/argv 방식의 한계는 이 변수가 main()의 인자로만 제공된다는 점이다. 명령행 인자를 이식성 있는 방식으로 다른 함수에 제공하려면, argv를 해당 함수에 인자로 넘기거나 전역 변수 포인터가 argv를 가리키도록 해야 한다.

프로그램의 어디서든 명령행 인자의 일부나 전부에 접근할 수 있는 이식성 없는 방법 몇 가지가 있다.

- 모든 프로세스의 명령행 인자는 리눅스 고유의 /proc/*PID*/cmdline 파일을 통해 읽을 수 있으며, 각 인자는 널 바이트로 끝난다(프로그램의 스스로의 명령행 인자에 /proc/self/cmdline을 통해 접근할 수 있다).
- GNU C 라이브러리는 프로그램의 어디서나, 프로그램을 실행한 이름(즉 첫 번째 명령행 인자)을 얻기 위해 쓸 수 있는 전역 변수 2개를 제공한다. 하나는 program_invocation_name으로, 프로그램을 실행하기 위해 사용한 전체 경로명을 제공한다. 또 하나는 program_invocation_short_name으로, 디렉토리 이름을 모두 제거한 이름(즉 경로명 중 순수 파일 이름basename)을 제공한다. 이 두 변수는 <errno.h>에 선언되어 있으며, 사용하려면 _GNU_SOURCE 매크로를 정의해야 한다.

그림 6-1에서 볼 수 있듯이, argv와 environ 배열은 이들이 처음에 가리키는 문자열과 함께 프로세스 스택 바로 위쪽의 단일하고 연속적인 메모리 영역에 존재한다(environ은 프로그램의 환경 변수 목록을 담고 있는데, 다음 절에서 설명할 것이다). 이 영역에 저장할 수 있는 전체 바이트 수에는 상한이 있다. SUSv3는 ARG_MAX 상수(<limits.h>에 정의되어 있다)나 sysconf(_SC_ARG_MAX) 호출을 통해 이 한도를 구하도록 규정하고 있다(sysconf()에 대해서는 11.2절에서 설명한다). SUSv3에 따르면 ARG_MAX는 최소한 _POSIX_

ARG_MAX(4096)바이트여야 한다. 대부분의 유닉스 구현에서는 이보다 상당히 큰 값으로 되어 있다. SUSv3에는 ARG_MAX를 계산할 때 추가적인 바이트(종료 널 바이트, 정렬 바이트, argv 및 environ 포인터 배열)를 포함해야 하는지가 명시되어 있지 않다.

> 리눅스에서 ARG_MAX는 과거에 32페이지(즉 리눅스/x86-32에서는 131,072바이트)로 고정되어 있었고, 추가적인 바이트를 포함했다. 커널 2.6.23부터, argv와 environ이 사용할 전체 공간의 상한을 RLIMIT_STACK 자원 한도를 통해 제어할 수 있게 됐고, 훨씬 더 크게 설정할 수 있게 됐다. 이 한도는 exeve()가 호출될 때 적용되는 RLIMIT_STACK 연성 자원 한도의 1/4로 계산된다. 더 자세한 내용은 execve(2) 매뉴얼 페이지를 참조하기 바란다.

(이 책의 몇몇 예제를 포함해서) 여러 프로그램이 getopt() 라이브러리 함수를 써서 명령행 옵션(즉 하이픈으로 시작하는 인자)을 파싱한다. getopt()에 대한 설명은 부록 B에 있다.

## 6.7 환경 변수 목록

프로세스마다 환경 변수 목록environment list이라는 문자열 배열이 있다. 이 문자열은 각각 이름=값 형태를 띠고 있다. 따라서 환경 변수 목록은 임의의 정보를 담고 있는 이름-값 쌍의 집합이다. 이 이름=값 목록에서 '이름'들을 **환경 변수**environment variable라고 한다.

새로운 프로세스가 만들어지면 부모의 환경 변수를 물려받는다. 이는 원시적이지만 자주 사용되는 형태의 프로세스 간 통신으로, 이 경우 환경 변수는 부모 프로세스에서 자식 프로세스로 정보를 전달하는 수단이 된다. 자식 프로세스는 생성될 당시에 부모 프로세스 환경 변수의 복사본을 받기 때문에, 이 정보 전달은 일방향이고 한 번만 이뤄진다. 프로세스가 만들어지고 나면, 부모와 자식 프로세스는 각자의 환경 변수를 수정할 수 있고, 각자의 수정은 서로에게 보이지 않는다.

환경 변수는 셸에서 자주 쓰인다. 자신의 환경 변수에 값을 설정함으로써, 셸은 사용자 명령을 수행하기 위해 만드는 프로세스에 이 값을 전달할 수 있다. 예를 들어, 환경 변수 SHELL은 셸 프로그램 자신의 경로명으로 설정된다. 많은 프로그램이 셸을 실행할 때 이 변수를 참조한다.

라이브러리 함수 중에는 환경 변수를 설정해 동작을 바꿀 수 있는 것도 있다. 이 경우 사용자가 응용 프로그램의 코드를 바꾸거나 해당 라이브러리와 다시 링크하지 않고도 해당 함수를 이용하는 응용 프로그램의 행동을 제어할 수 있다. 이런 함수의 예는 getopt()(부록 B)로, POSIXLY_CORRECT 환경 변수로 행동을 변경할 수 있다.

대부분의 셸에서, export 명령을 통해 환경 변수에 값을 추가할 수 있다.

```
$ SHELL=/bin/bash           셸 변수를 만든다.
$ export SHELL              변수를 셸 프로세스의 환경 변수 목록에 넣는다.
```

bash와 콘셸Korn shell에서는 다음과 같이 줄여서 쓸 수 있다.

```
$ export SHELL=/bin/bash
```

C 셸에서는 setenv 명령을 사용한다.

```
% setenv SHELL /bin/bash
```

위의 명령들은 값을 영구적으로 셸의 환경 변수에 추가하고, 이 환경 변수는 셸이 만드는 모든 자식 프로세스에 상속된다. 어느 시점에서든, 환경 변수는 unset 명령을 통해 제거할 수 있다(C 셸에서는 unsetenv).

본셸Bourne shell과 그 후손(예: bash, 콘셸)에서는 다음과 같은 문법으로, 부모 셸(과 이후의 명령)에 영향을 주지 않으면서 단일 프로그램에만 적용되도록 환경 변수값을 추가할 수 있다.

```
$ NAME=value program
```

이는 해당 프로그램을 실행시키는 자식 프로세스에만 환경 변수 정의를 추가한다. 필요하면 프로그램 이름 앞에 여러 개의 환경 변수 정의를 (빈칸으로 구분해) 나열할 수도 있다.

> env 명령은 셸 환경 변수 목록의 수정본을 이용해 프로그램을 실행한다. 환경 변수 목록은 셸에서 복사본을 상속받은 뒤 변수 정의를 추가하거나 제거하는 등 수정할 수 있다. 좀 더 자세한 내용은 env(1)의 매뉴얼 페이지를 참조하기 바란다.

printenv 명령은 현재의 환경 변수 목록을 출력한다. 출력물의 예는 다음과 같다.

```
$ printenv
LOGNAME=mtk
SHELL=/bin/bash
HOME=/home/mtk
PATH=/usr/local/bin:/usr/bin:/bin:.
TERM=xterm
```

여기 나온 환경 변수의 용도는 나중에 설명할 것이다(environ(7) 의 매뉴얼 페이지도 참조하기 바란다).

출력물을 보면 알 수 있듯이, 환경 변수 목록은 정렬되지 않는다. 목록 내 순서는 구현에 따라 다르다. 일반적으로 이는 문제가 되지 않는데, 보통 환경 변수 목록에 순서대로 접근하기보다는 각 환경 변수에 개별적으로 접근하기 때문이다.

모든 프로세스의 환경 변수 목록은 리눅스에 고유한 /proc/*PID*/environ 파일을 통해 확인할 수 있는데, 각각은 이름=값의 쌍으로 되어 있고, 널 바이트로 끝난다.

## 프로그램에서 환경 변수에 접근하기

C 프로그램에서 환경 변수 목록은 전역 변수 `char **environ`을 통해 접근할 수 있다(C 런타임 시작 코드에서 이 변수를 정의하고 환경 변수 목록을 가리키도록 설정한다). `argv`와 마찬가지로, `environ`은 널로 끝나는 문자열을 가리키는, `NULL`로 끝나는 포인터 리스트를 가리킨다. 그림 6-5는 위에서 `printenv` 명령이 출력한 환경 변수를 담고 있는 데이터 구조다.

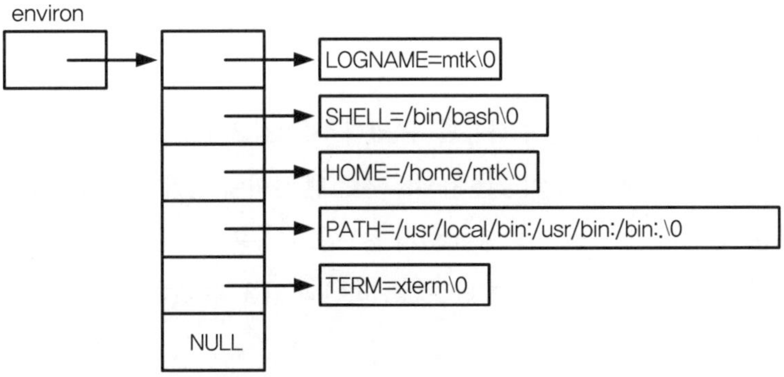


**그림 6-5** 프로세스 환경 변수 목록 데이터 구조의 예

리스트 6-3의 프로그램은 프로세스의 모든 환경 변수값을 출력하기 위해 `environ` 변수에 접근한다. 이 프로그램은 `printenv` 명령과 동일한 내용을 출력한다. 이 프로그램의 루프는 포인터를 사용해서 `environ`의 각 항목을 출력한다. `environ`을 배열처럼 다룰 수도 있겠지만(리스트 6-2에서 `argv`를 사용할 때처럼) 그다지 자연스럽지 않다. 환경 변수 목록의 항목들 사이에 특정한 순서가 없고 환경 변수 목록의 크기를 나타내는 변수(`argc`에 해당하는)도 없기 때문이다(비슷한 이유로, 그림 6-5에서 `environ`의 각 항목에 번호를 붙이지 않았다).

**리스트 6-3** 프로세스 환경 변수 출력하기

proc/display_env.c

```
#include "tlpi_hdr.h"

extern char **environ;

int
main(int argc, char *argv[])
{
    char **ep;

    for (ep = environ; *ep != NULL; ep++)
        puts(*ep);

    exit(EXIT_SUCCESS);
}
```

환경 변수 목록에 접근하는 다른 방법은 main() 함수의 세 번째 인자를 선언하는 것이다.

```
int main(int argc, char *argv[], char *envp[])
```

이 인자는 environ과 똑같이 사용할 수 있다. 차이점은 스코프scope가 main() 함수 안으로 제한된다는 것이다. 이 기능은 유닉스 시스템 사이에 널리 구현되어 있지만, 스코프 제한뿐만 아니라 SUSv3에 정의되어 있지 않으므로 사용하지 않는 편이 좋다.

getenv() 함수는 프로세스 환경 변수값을 하나씩 읽을 수 있다.

```
#include <stdlib.h>

char *getenv(const char *name);
```

(값) 문자열을 가리키는 포인터를 리턴하거나, 해당 변수가 없으면 NULL을 리턴한다.

환경 변수의 이름이 주어지면 getenv()는 해당 값 문자열을 가리키는 포인터를 리턴한다. 따라서 앞서 제시된 printenv 출력 예의 경우, name 인자로 SHELL을 넘기면 /bin/bash가 리턴될 것이다. 지정된 이름의 환경 변수가 존재하지 않으면 getenv()는 NULL을 리턴한다.

getenv()를 사용할 때는 다음과 같은 이식성 문제를 고려하기 바란다.

- SUSv3는 getenv()가 리턴한 문자열을 응용 프로그램이 수정해서는 안 된다고 규정하고 있다. 이는 (대부분의 구현에서) 이 문자열이 실은 환경 변수의 일부이기 때문이다(즉 이름=값 문자열의 값 부분). 환경 변수의 값을 바꿔야 한다면, setenv()나 putenv() 함수를 쓸 수 있다(아래에 설명).
- SUSv3에 따르면 getenv()가 정적으로 할당된 버퍼(이후의 getenv(), setenv(), putenv(), unsetenv() 호출로 인해 값이 바뀔 수 있는)를 이용해서 값을 리턴하도록 구현해도 된다. getenv()의 glibc 구현은 이런 식으로 정적 버퍼를 쓰지 않지만, getenv()가 리턴한 문자열을 보존해야 하는 이식성 있는 프로그램은 그 뒤에 이 함수들을 호출하기 전에 해당 문자열을 다른 곳에 복사해둬야 한다.

### 환경 변수 수정하기

때로 프로세스가 환경 변수를 수정하면 편리할 때가 있다. 하나는 수정한 환경 변수를 프로세스가 만드는 모든 자식 프로세스에서 사용하도록 할 경우다. 또 하나는 환경 변수에 값을 설정해서 이 프로세스의 메모리에 로드한 새로운 프로그램에서 이용하도록 할 경우다('exec'). 후자의 경우, 환경 변수는 프로세스 간 통신의 한 형태일 뿐만 아니라 프로그램 간 통신 방법이기도 하다(이 점은 exec() 함수를 이용해서 프로그램이 스스로를 같은 프로세스 안에서 새로운 프로그램으로 대치하는 방법을 설명한 27장을 보고 나면 더 명확해질 것이다).

putenv() 함수는 호출하는 프로세스의 환경 변수 목록에 새로운 변수를 추가하거나 기존 변수의 값을 바꾼다.

```
#include <stdlib.h>

int putenv(char *string);
```

성공하면 0을 리턴하고, 에러가 발생하면 0이 아닌 값을 리턴한다.

string 인자는 이름=값 형태의 문자열을 가리키는 포인터다. putenv() 호출 이후, 이 문자열은 환경 변수 목록의 일부가 된다. 다시 말해 string이 가리키는 문자열을 복사하는 대신, environ의 항목 중 하나가 string과 동일한 위치를 가리키도록 설정된다. 따라서 이후에 string이 가리키는 바이트를 수정하면, 프로세스 환경 변수에도 영향을 준다. 이 때문에 string은 자동 변수(즉 스택에 할당된 문자 배열)가 아니어야 한다. 자동 변수일 경우, 변수가 정의된 함수가 리턴하면 해당 메모리 영역에 다른 내용이 쓰일 수 있기 때문이다.

putenv()는 에러가 발생할 경우 -1이 아니라 0이 아닌 값을 리턴한다는 점에 주의하기 바란다.

putenv()의 glibc 구현에는 비표준 확장 기능이 있다. string에 =가 없으면, string에 해당하는 환경 변수가 제거된다.

setenv() 함수는 변수를 환경 변수 목록에 추가할 때 putenv() 대신 쓸 수 있는 함수다.

```
#include <stdlib.h>

int setenv(const char *name, const char *value, int overwrite);
```

성공하면 0을 리턴하고, 에러가 발생하면 –1을 리턴한다.

setenv() 함수는 메모리 버퍼를 할당해서 새로운 환경 변수를 만들고, name과 value가 가리키는 문자열을 그 버퍼에 name=value 형태로 복사한다. name의 끝이나 value의 시작에 =를 넣을 필요가 없다(사실, 넣으면 안 된다)는 점에 유의하자. setenv()가 새로운 정의를 환경 변수 목록에 추가할 때 =를 추가하기 때문이다.

setenv() 함수는 name에 해당되는 변수가 이미 존재하고 overwrite의 값이 0이면, 해당 환경 변수를 바꾸지 않는다. overwrite가 0이 아니면 환경 변수는 언제나 바뀐다.

setenv()가 인자를 복사한다는 것은, putenv()와는 달리, 이후에 name과 value가 가리키는 문자열의 수정해도 환경 변수에 영향을 주지 않는다는 뜻이다. 또한 setenv()의 인자로 자동 변수를 써도 아무 문제가 없다는 뜻이다.

unsetenv() 함수는 name에 해당하는 변수를 환경 변수 목록에서 제거한다.

```
#include <stdlib.h>

int unsetenv(const char *name);
```

성공하면 0을 리턴하고, 에러가 발생하면 –1을 리턴한다.

setenv()와 마찬가지로, name에는 =를 넣으면 안 된다.

setenv()와 unsetenv()는 모두 BSD에서 유래한 것으로, putenv()만큼 널리 사용되지는 않는다. 원래의 POSIX.1 표준이나 SUSv2에는 정의되어 있지 않지만, SUSv3에는 포함되어 있다.

> glibc 버전 2.2.2 이전에는 unsetenv()가 void 형으로 선언되어 있었다. 이는 원래의 BSD 구현에 선언되어 있던 대로인데, 일부 유닉스 구현은 여전히 BSD 프로토타입을 따르고 있다.

때로 환경 변수 목록 전체를 지운 뒤 몇 가지 값만 가지고 새로 만들면 편리할 때가 있다. 예를 들어, set-user-ID 프로그램을 안전하게 실행하기 위해 이렇게 하기도 한다(33.8절). environ에 NULL을 할당함으로써 환경 변수 목록을 지울 수 있다.

```
environ = NULL;
```

이는 바로 clearenv() 라이브러리 함수가 수행하는 내용이다.

```
#define _BSD_SOURCE            /* 또는 #define _SVID_SOURCE */
#include <stdlib.h>

int clearenv(void)
```

성공하면 0을 리턴하고, 에러가 발생하면 0이 아닌 값을 리턴한다.

경우에 따라, setenv()와 clearenv() 때문에 프로그램에서 메모리 누수가 발생하기도 한다. 앞서 setenv()가 할당한 메모리 버퍼가 환경 변수 목록의 일부가 된다고 말했다. clearenv()를 호출하면, 버퍼를 해제하지 않는다(버퍼의 존재를 모르기 때문에 해제할 수 없다). 반복적으로 이 두 함수를 호출하는 프로그램에서는 꾸준히 메모리 누수가 발생한다. 실제로는 이것이 그다지 문제가 되지 않는다. 프로그램이 보통, 선조(즉 exec()를 통해 이 프로그램을 시작시킨 프로그램)로부터 물려받은 환경 변수를 모두 제거하기 위해, 시작할 때 한 번만 clearenv()를 호출하기 때문이다.

> 여러 유닉스 구현이 clearenv()를 제공하지만, clearenv()는 SUSv3에 정의되어 있지 않다. SUSv3에 따르면, 응용 프로그램이 clearenv()처럼 environ을 직접 수정할 경우 setenv(), unsetenv(), getenv()가 어떻게 동작할지 알 수 없게 된다(그 이유는 표준을 준수하는 응용 프로그램이 환경 변수 목록을 직접 수정하지 못하게 하면, 환경 변수를 구현하는 데이터 구조가 구현에 따라 달라도 되기 때문이다). SUSv3에서 응용 프로그램이 환경 변수 목록을 삭제하는 유일한 방법은 (environ으로부터 이름을 얻어서) 환경 변수 목록을 얻은 뒤 unsetenv()를 통해 각 이름을 제거하는 것뿐이다.

### 예제 프로그램

리스트 6-4는 이 절에서 소개한 모든 함수를 사용한 예다. 이 프로그램은 먼저 환경 변수 목록을 삭제한 다음, 명령행 인자로 제공된 모든 환경 변수 정의를 추가한다. 그 다음에 GREET라는 변수가 이미 환경 변수 목록에 존재하지 않으면 추가하고, BYE라는 이름의 변수를 제거한 뒤, 마지막으로 현재 환경 변수 목록을 출력한다. 다음은 프로그램이 실행됐을 때의 출력물 예다.

```
$ ./modify_env "GREET=Guten Tag" SHELL=/bin/bash BYE=Ciao
GREET=Guten Tag
SHELL=/bin/bash
$ ./modify_env SHELL=/bin/sh BYE=byebye
SHELL=/bin/sh
GREET=Hello world
```

environ에 NULL을 할당하면(리스트 6-4에서 clearenv()를 호출했을 때처럼), *environ이 유효하지 않기 때문에, 다음과 같은 형태의 루프(프로그램에 사용된 것과 같은)는 실패할 것이다.

```
for (ep = environ; *ep != NULL; ep++)
    puts(*ep);
```

하지만 setenv()와 putenv()는 environ이 NULL인 경우, 새로운 환경 변수 목록을 만들고 environ이 새 목록을 가리키도록 설정하기 때문에, 위의 루프가 제대로 동작한다.

**리스트 6-4** 프로세스의 환경 변수 목록 수정하기

proc/modify_env.c

```
#define _GNU_SOURCE             /* <stdlib.h>의 여러 가지 선언을 사용하기 위해 */
#include <stdlib.h>
#include "tlpi_hdr.h"

extern char **environ;

int
main(int argc, char *argv[])
{
    int j;
    char **ep;

    clearenv();                 /* 환경 변수 목록 전체를 삭제한다. */

    for (j = 1; j < argc; j++)
```

```
        if (putenv(argv[j]) != 0)
            errExit("putenv: %s", argv[j]);

    if (setenv("GREET", "Hello world", 0) == -1)
        errExit("setenv");

    unsetenv("BYE");

    for (ep = environ; *ep != NULL; ep++)
        puts(*ep);

    exit(EXIT_SUCCESS);
}
```

## 6.8 비지역 goto 수행: setjmp()와 longjmp()

setjmp()와 longjmp() 라이브러리 함수는 비지역nonlocal goto를 수행한다. '비지역'이라는 말은 goto의 대상이 현재 실행 중인 함수 바깥쪽 어딘가라는 뜻이다.

여러 프로그래밍 언어처럼 C에는 goto 문이 있어서 프로그램을 읽고 유지보수하는 일을 한없이 어렵게 만들 소지가 있지만, 때로 프로그램을 간단하고 빠르게 만드는 데 유용하기도 하다.

C에서 goto의 한 가지 제약사항은 현재 함수에서 다른 함수로 이동하는 일이 불가능하다는 점이다. 하지만 때론 그런 기능이 유용할 때가 있다. 에러를 처리하는 다음과 같은 흔한 시나리오를 생각해보자. 깊게 중첩된 함수 호출[2]에서, 현재 작업을 포기하고, 여러 함수 호출에서 리턴한 뒤, 어떤 훨씬 상위의 함수(어쩌면 심지어 main())에서 실행을 계속하는 식으로 에러를 처리해야 한다고 하자. 이를 위해서는 각 함수의 리턴값을 확인하고 호출자가 적절히 처리할 수도 있다. 이렇게 해도 분명히 되고, 많은 경우 이런 시나리오를 처리하는 바람직한 방식이다. 하지만 경우에 따라서는 중첩된 함수 호출 중에 호출 함수 중 어느 하나(바로 직전의 호출자, 또는 호출자의 호출자 등)로 되돌아갈 수 있다면 코딩이 더 간단해질 수도 있다. 이것이 setjmp()와 longjmp()가 제공하는 기능이다.

2 함수 A에서 함수 B를 호출하고, 또 함수 C를 호출하는 식으로 함수 호출이 여러 번 반복되는 경우 – 옮긴이

> C에서 goto가 함수 사이를 건너뛸 수 없도록 제한한 것은 모든 C 함수가 같은 수준에 존재하기 때문이다(즉 표준 C에는 함수 선언이 중첩되지 않는다. 다만 gcc는 함수 중첩을 확장 기능으로 제공한다). 따라서 두 함수 X와 Y가 있을 때, 컴파일러는 함수 Y가 호출됐을 때 함수 X의 스택 프레임이 스택에 있을지를 알 수 없고, 함수 Y에서 함수 X로의 goto가 가능할지 알 수 없다. 함수 선언이 중첩될 수 있는 파스칼 같은 언어에서는 중첩된 두 함수 중 안쪽의 함수에서 바깥쪽 함수로의 goto가 허용된다. 함수의 정적 스코프를 통해 컴파일러가 함수의 동적 스코프에 대한 약간의 정보를 얻을 수 있기 때문이다. 따라서 함수 Y가 함수 X 안에 중첩되어 있다면, 컴파일러는 Y가 호출됐을 때 X의 스택 프레임이 이미 스택에 존재해야 한다는 사실을 알게 되고, 함수 Y에서 함수 X 안의 어딘가로 goto하는 코드를 만들 수 있다.

```
#include <setjmp.h>

int setjmp(jmp_buf env);
```
처음 호출하면 0을 리턴하고, longjmp()를 통해 호출하면 0이 아닌 값을 리턴한다.
```
void longjmp(jmp_buf env, int val);
```

setjmp()를 호출해서 나중에 longjmp()로 점프할 목적지target를 지정할 수 있다. 이 지점은 정확히 프로그램에서 setjmp()가 호출된 곳이다. 프로그래밍 관점에서는 longjmp()를 하고 나면, setjmp()로부터 두 번째로 리턴한 것과 정말 똑같이 보인다. 첫 번째 리턴과 두 번째 '리턴'의 구별은 setjmp()가 리턴하는 정수값을 봄으로써 할 수 있다. 첫 번째 setjmp()는 0을 리턴하는 반면, 나중의 '가짜' 리턴은 longjmp()의 val 인자로 지정한 값을 리턴한다. val 인자에 각기 다른 값을 지정함으로써, 프로그램 내의 각기 다른 곳에서 같은 목적지로 하는 여러 점프를 구별할 수 있다.

longjmp()의 val 인자로 0을 지정하면, (만약 제한하지 않는다면) setjmp()가 첫 번째로 리턴하는 것처럼 속일 수 있을 것이다. 이 때문에 val이 0으로 지정되면 longjmp()는 실제로는 1을 사용한다.

두 함수 모두에 존재하는 env 인자는 점프를 가능케 하는 접착제 역할을 한다. setjmp()는 현재 프로세스 환경에 대한 여러 가지 정보를 env에 저장한다. 이를 통해, 같은 env 변수를 지정해야 하는 longjmp()가 가짜 리턴을 수행할 수 있다. setjmp()와 longjmp()가 각기 다른 함수에서 호출되기 때문에(그렇지 않으면 간단한 goto를 쓸 수 있다), env는 전역 변수로 선언되거나, 좀 더 드물게는 함수의 인자로 전달된다.

기타 정보와 함께, env는 setjmp() 호출 시점의 **프로그램 카운터**program counter **레지스터**(현재 실행 중인 기계어 명령을 가리킨다)와 **스택 포인터**stack pointer **레지스터**(스택의 꼭대기를 가리킨다)의 복사본을 저장하고 있다. 이 정보를 통해 이후의 longjmp()가 두 가지 주요 단계를 수행할 수 있다.

- 스택에서, longjmp()를 호출한 함수와 이전에 setjmp()를 호출한 함수 사이에 있는 모든 함수의 스택 프레임을 제거한다. 이 절차를 때로 '스택 되감기'라고도 하며, 스택 포인터 레지스터의 값을 env 인자에 저장된 값으로 되돌림으로써 이뤄진다.
- 프로그램 카운터를 재설정해서 프로그램이 원래의 setjmp() 위치에서 계속 실행되게 한다. 이 또한 env에 저장된 값을 이용해서 이뤄진다.

## 예제 프로그램

리스트 6-5는 setjmp()와 longjmp()의 사용 예다. 이 프로그램은 먼저 setjmp()를 호출해 점프 목적지를 설정한다. 그 뒤의 switch(setjmp()의 리턴값에 따라 분기)는 setjmp()에서 처음으로 리턴했는지 아니면 longjmp()를 통해 돌아왔는지를 알아내는 수단이다. 0이 리턴되면 이제 막 첫 setjmp() 호출을 마쳤다는 뜻으로, f1()을 호출한다. f1()은 argc의 값(즉 명령행 인자의 개수)에 따라 바로 longjmp()를 호출하거나 f2()를 호출한다. f2()에 이르면, 바로 longjmp()를 한다. 두 함수 중 어디에서든 longjmp()를 호출하면 setjmp()를 호출한 지점으로 이동한다. 두 longjmp() 호출에서 각기 다른 val 인자를 사용하므로, main()의 switch 문은 어디서 점프가 발생했는지 알아내고 적절한 메시지를 출력한다.

리스트 6-5의 프로그램을 명령행 인자 없이 실행하면, 다음과 같은 결과가 출력된다.

```
$ ./longjmp
Calling f1() after initial setjmp()
We jumped back from f1()
```

명령행 인자를 지정하면 f2()에서 점프가 발생한다.

```
$ ./longjmp x
Calling f1() after initial setjmp()
We jumped back from f2()
```

**리스트 6-5** setjmp()와 longjmp()의 사용 예

```
                                                                    proc/longjmp.c
#include <setjmp.h>
#include "tlpi_hdr.h"

static jmp_buf env;

static void
f2(void)
{
    longjmp(env, 2);
}

static void
f1(int argc)
{
    if (argc == 1)
        longjmp(env, 1);
    f2();
}

int
main(int argc, char *argv[])
{
    switch (setjmp(env)) {
    case 0:                 /* 최초의 setjmp()에서 리턴 */
        printf("Calling f1() after initial setjmp()\n");
        f1(argc);           /* 리턴하지 않는다... */
        break;              /* ... 하지만 이것이 좋은 형태다. */

    case 1:
        printf("We jumped back from f1()\n");
        break;

    case 2:
        printf("We jumped back from f2()\n");
        break;
    }

    exit(EXIT_SUCCESS);
}
```

### setjmp() 사용상의 제약

SUSv3와 C99에 따르면 setjmp()는 다음과 같은 상황에서만 쓸 수 있다.

- 선택 또는 반복문(if, switch, while 등)의 제어 표현식controlling expression 전체를 이루는 경우
- 단항 !(not) 연산자의 피연산자로서, 최종 표현식이 선택 또는 반복문의 제어 표현식 전체를 이루는 경우
- 비교 연산(==, !=, < 등)의 일부로서, 상대 피연산자가 정수 상수 표현식이고 최종 표현식이 선택 또는 반복문의 제어 표현식 전체를 이루는 경우
- 다른 표현식에 포함되지 않은 독립된 함수 호출인 경우

주의할 사항은 C의 대입문은 위 목록에 해당되지 않는다는 점이다. 다음과 같은 형태의 문장은 표준에 위배된다.

```
s = setjmp(env);        /* 틀림! */
```

이러한 제약은 setjmp()을 일반적인 함수로 구현할 경우 이 함수 호출을 포함하는 표현식에 필요한 모든 레지스터와 임시 스택 위치를 모두 저장하기에는 정보가 부족해서, longjmp() 이후에 이 정보를 제대로 복원할 수 없기 때문이다. 따라서 setjmp()는 임시 저장소가 필요 없는 간단한 표현식 안에서만 호출할 수 있도록 제한됐다.

## longjmp()의 오용

env 버퍼가 모든 함수에 대해 전역으로 선언되어 있다면(흔히 그렇다), 다음과 같은 단계를 실행할 수 있다.

1. setjmp()를 사용해서 전역 변수 env에 점프 목적지를 설정하는 함수 x()를 호출한다.
2. 함수 x()에서 리턴한다.
3. env를 사용해서 longjmp()를 하는 함수 y()를 호출한다.

여기에는 중대한 문제가 있다. 이미 리턴한 함수로는 longjmp()할 수 없다. longjmp() 수행 중 스택에 일어나는 일을 살펴보자. 스택을 더 이상 존재하지 않는 프레임으로 되돌리려고 하다가 무슨 일이 일어날지 알 수 없게 된다. 운이 좋으면 프로그램이 단순히 오류를 일으키고 더 이상 동작하지 않을 것이다. 하지만 스택의 상태에 따라, 무한 호출-리턴 루프나 현재 실행 중이 아닌 함수에서 리턴한 것처럼 동작하는 등 다른 가능성도 있다(멀티스레드 프로그램에서, 이와 비슷한 오류는 setjmp()를 호출한 스레드와 다른 스레드에서 longjmp()를 호출하는 것이다).

> SUSv3에 따르면, longjmp()가 중첩된 시그널 핸들러(즉 다른 시그널 처리가 실행되는 도중 호출된 핸들러)에서 호출되면 프로그램이 어떻게 동작할지 알 수 없다.

### 최적화 컴파일러 관련 문제

최적화 컴파일러는 프로그램 명령들의 순서를 바꾸고 특정 변수를 RAM 대신 CPU 레지스터에 저장하기도 한다. 이런 최적화는 일반적으로 프로그램의 정적 구조를 반영하는 실행 시 제어 흐름에 의존한다. `setjmp()`와 `longjmp()`를 통해 수행되는 점프 오퍼레이션은 실행 시에 설정되고 수행되기 때문에 프로그램의 정적 구조에 반영되어 있지 않고, 컴파일러의 최적화 루틴이 이를 고려할 수 없다. 더욱이 ABI 구현에 따라서는 `longjmp()`가 이전의 `setjmp()` 호출이 저장해둔 CPU 레지스터를 복원해야 한다. 이는 최적화된 변수가 `longjmp()` 오퍼레이션의 결과로 잘못된 값을 갖게 될 수도 있음을 뜻한다. 리스트 6-6 프로그램의 동작을 살펴보면 이런 예를 찾을 수 있다.

**리스트 6-6** 컴파일러 최적화와 longjmp()의 상호작용 예

proc/setjmp_vars.c

```
#include <stdio.h>
#include <stdlib.h>
#include <setjmp.h>

static jmp_buf env;

static void
doJump(int nvar, int rvar, int vvar)
{
    printf("Inside doJump(): nvar=%d rvar=%d vvar=%d\n", nvar, rvar,
            vvar);
    longjmp(env, 1);
}

int
main(int argc, char *argv[])
{
    int nvar;
    register int rvar; /* 가능하면 레지스터에 할당한다. */
    volatile int vvar; /* 본문을 보기 바란다. */

    nvar = 111;
    rvar = 222;
    vvar = 333;
```

```
    if (setjmp(env) == 0) { /* setjmp() 이후 실행되는 코드 */
        nvar = 777;
        rvar = 888;
        vvar = 999;
        doJump(nvar, rvar, vvar);
    } else {                /* longjmp() 이후 실행되는 코드 */
        printf("After longjmp(): nvar=%d rvar=%d vvar=%d\n", nvar, rvar,
                vvar);
    }

    exit(EXIT_SUCCESS);
}
```

리스트 6-6의 프로그램을 최적화 없이 컴파일하면, 예상했던 출력 결과를 볼 수 있다.

```
$ cc -o setjmp_vars setjmp_vars.c
$ ./setjmp_vars
Inside doJump(): nvar=777 rvar=888 vvar=999
After longjmp(): nvar=777 rvar=888 vvar=999
```

하지만 최적화해서 컴파일하면, 다음과 같이 예상치 못한 결과를 얻게 된다.

```
$ cc -O -o setjmp_vars setjmp_vars.c
$ ./setjmp_vars
Inside doJump(): nvar=777 rvar=888 vvar=999
After longjmp(): nvar=111 rvar=222 vvar=999
```

이 경우 longjmp() 이후에 nvar와 rvar가 setjmp() 당시의 값으로 재설정됐음을 알 수 있다. 이는 최적화 루틴이 재구성한 코드가 longjmp()를 제대로 처리하지 못했기 때문이다. 최적화의 대상이 되는 지역 변수는 모두 이런 종류의 문제를 일으킬 수 있다. 여기에는 일반적으로 포인터 변수와 char, int, float, long 등 모든 기본형 변수가 포함된다.

변수를 volatile로 선언해서 최적화하지 않도록 함으로써 이런 코드 재배치를 피할 수 있다. 이전의 프로그램 출력물에서 변수 vvar가 volatile로 선언됐기 때문에 최적화해서 컴파일하더라도 제대로 처리됨을 알 수 있다.

컴파일러에 따라 수행하는 최적화의 종류도 다르기 때문에, 이식성 있는 프로그램은 setjmp()를 호출하는 함수 안에 있는, 앞서 언급한 형의 모든 지역 변수에 volatile 키워드를 붙여야 한다.

GNU C 컴파일러에 -Wextra(extra warning) 옵션을 지정하면, setjmp_vars.c 프로그램에 대한 다음과 같이 유용한 경고를 제공한다.

```
$ cc -Wall -Wextra -O -o setjmp_vars setjmp_vars.c
setjmp_vars.c: In function 'main':
setjmp_vars.c:17: warning: variable 'nvar' might be clobbered by
'longjmp' or 'vfork'
setjmp_vars.c:18: warning: variable 'rvar' might be clobbered by
'longjmp' or 'vfork'
```

> setjmp_vars.c 프로그램을 최적화를 켜고 끈 채로 컴파일할 때의 각 어셈블러 출력을 살펴보면 유익하다. cc -S 명령을 실행하면 확장자가 .s인 파일이 만들어지는데, 해당 프로그램으로부터 생성된 어셈블러 코드를 담고 있다.

### 가능하면 setjmp()와 longjmp()를 피하라

goto 문이 프로그램을 읽기 어렵게 한다면, 비지역적 goto는 상황을 훨씬 악화시킨다. 프로그램 내의 임의의 두 함수 사이에서 제어를 넘길 수 있기 때문이다. 이 때문에 setjmp()와 longjmp()는 삼가서 사용해야 한다. 추가적인 노력을 기울여서 setjmp()와 longjmp() 없는 프로그램을 설계하고 코딩하면, 프로그램이 더욱 읽기 편해지고 이식성도 더 좋아지기 때문에 종종 그만한 가치가 있다. 그렇긴 해도 시그널 핸들러를 작성할 경우 가끔 유용하기 때문에, 시그널에 대해 논할 때 이 함수의 변종(sigsetjmp()와 siglongjmp(), 21.2.1절 참조)을 설명하겠다.

## 6.9 정리

각 프로세스는 고유한 프로세스 ID가 있고 부모의 프로세스 ID도 기록하고 있다.

프로세스의 가상 메모리는 논리적으로 텍스트, (초기화되고 초기화되지 않은) 데이터, 스택, 힙 등 여러 개의 세그먼트로 나뉜다.

스택은 일련의 프레임으로 이뤄져 있는데, 함수가 호출되면 새로운 프레임이 추가되고 함수가 리턴하면 제거된다. 각 프레임은 하나의 함수 호출에 따른 지역 변수, 함수 인자, 호출 연결 정보를 담고 있다.

프로그램이 호출될 때 제공된 명령행 인자는 main()의 argc와 argv 인자로 넘어온다. 관례적으로, argv[0]은 프로그램을 호출할 때 사용한 이름을 담고 있다.

각 프로세스는 부모의 환경 변수 목록(이름-값 쌍의 집합)의 복사본을 넘겨받는다. 프로세스는 전역 변수 environ과 다양한 라이브러리 함수를 통해 환경 변수 목록 안의 변수를 읽고 수정할 수 있다.

setjmp() 함수와 longjmp() 함수를 이용하면 (스택을 되돌림으로써) 함수 간의 비지역 goto가 가능하다. 컴파일러 최적화 관련 문제를 피하려면, 이 함수들을 쓸 때 변수를 volatile로 선언해야 한다. 비지역 goto를 쓸 경우 프로그램을 읽거나 유지보수하기가 어려워지므로, 가능하면 피해야 한다.

### 더 읽을거리

[Tanenbaum, 2007]과 [Vahalia, 1996]에는 가상 메모리 관리에 대해 자세히 설명되어 있다. 리눅스 커널 메모리 관리 알고리즘과 코드는 [Gorman, 2004]에 자세히 설명되어 있다.

## 6.10 연습문제

6-1. 리스트 6-1의 프로그램(mem_segments.c)을 컴파일하고 ls -l로 그 크기를 출력하라. 프로그램이 약 10MB 크기의 배열(mbuf)을 담고 있지만, 실행 파일은 이보다 훨씬 작다. 이유를 설명하라.

6-2. 이미 리턴한 함수로 longjmp()했을 때 어떤 일이 발생하는지를 보여주는 프로그램을 작성하라.

6-3. getenv()와 putenv(), 그리고 꼭 필요하면 environ을 직접 수정하는 코드를 사용해서 setenv()와 unsetenv()를 구현하라. 구현한 unsetenv()는 (glibc 버전의 unsetenv()와 마찬가지로) 환경 변수가 여러 번 정의되어 있는지 확인하고 모두 지워야 한다.

# 7

# 메모리 할당

많은 시스템 프로그램이 실행 시에만 알 수 있는 정보에 따라 크기가 달라지는 동적 데이터 구조(예: 링크드 리스트, 이진 트리)용으로 추가 메모리를 할당할 필요가 있다. 7장에서는 힙이나 스택에 메모리를 할당하는 데 사용하는 함수를 설명한다.

## 7.1 힙에 메모리 할당하기

프로세스는 힙의 크기를 증가시킴으로써 메모리를 할당할 수 있다. 힙은 프로세스의 초기화되지 않은 데이터 세그먼트 바로 뒤에서 시작하는 가변 크기 세그먼트로, 연속된 가상 메모리로 이뤄져 있으며, 메모리가 할당되고 해제됨에 따라 자라고 줄어든다(197페이지의 그림 6-1 참조). 힙의 현재 한도를 **프로그램 브레이크**program break라고 한다.

메모리를 할당할 때, C 프로그램은 보통 곧 설명할 `malloc` 계열의 함수를 사용한다. 하지만 그보다 먼저 `malloc`의 기반을 이루는 `brk()`와 `sbrk()`를 살펴보자.

### 7.1.1 프로그램 브레이크 조정하기: brk()와 sbrk()

힙의 크기를 바꾸는(즉 메모리를 할당하고 해제하는) 방법은 사실 간단해서, 커널에게 프로세스의 프로그램 브레이크를 조정하라고 하면 된다. 처음에 프로그램 브레이크는 초기화되지 않은 데이터 세그먼트의 끝 바로 뒤(즉 그림 6-1의 &end와 동일한 위치)에 있다.

프로그램 브레이크가 증가되고 나면 프로그램은 새로 할당된 영역 내의 어느 주소든 접근할 수 있지만, 아직 물리적 메모리 페이지가 할당된 것은 아니다. 커널은 프로세스가 이 페이지에 처음 접근하려고 할 때 자동으로 새로운 물리적 페이지를 할당한다.

전통적으로, 유닉스 시스템은 프로그램 브레이크를 다루는 두 가지 시스템 호출(brk()와 sbrk())을 제공하며, 이 함수들은 모두 리눅스에도 존재한다. 이 시스템 호출을 프로그램에서 직접 사용하는 경우는 거의 없지만, 이들을 이해하면 메모리 할당이 어떻게 동작하는지를 이해하는 데 도움이 된다.

```
#include <unistd.h>

int brk(void *end_data_segment);
```

성공하면 0을 리턴하고, 에러가 발생하면 –1을 리턴한다.

```
void *sbrk(intptr_t increment);
```

성공하면 0을 리턴하고, 에러가 발생하면 (void *) –1을 리턴한다.

brk() 시스템 호출은 프로그램 브레이크를 end_data_segment가 가리키는 위치로 설정한다. 가상 메모리는 페이지 단위로 할당되므로, end_data_segment는 실제로는 다음 페이지 경계로 올림된다.

프로그램 브레이크를 초기값 아래(즉 &end 아래)로 설정하려고 하면, 어떤 일이 일어날지 알 수 없다. 초기화되거나 초기화되지 않은 데이터 세그먼트의 현재 존재하지 않는 부분에 접근하려고 할 때 세그먼테이션 폴트(SIGSEGV 시그널, 20.2절 참조)가 발생할 수도 있다. 프로그램 브레이크를 설정할 수 있는 정확한 상한은 데이터 세그먼트 크기에 대한 프로세스 자원 한도(RLIMIT_DATA, 31.3절 참조), 그리고 메모리 매핑, 공유 메모리 세그먼트, 공유 라이브러리의 위치 등 여러 가지 요인에 따라 달라진다.

sbrk() 호출은 프로그램 브레이크를 increment만큼 증가시킨다(리눅스의 sbrk()는 brk()를 이용해서 구현한 라이브러리 함수다). intptr_t 형은 increment가 정수 데이터형임을 선언한다. 성공하면 sbrk()는 프로그램 브레이크의 이전 주소를 리턴한다. 다시 말해서, 프로그램 브레이크를 증가시키면 리턴값은 새로 할당된 메모리 블록의 시작 주소다.

sbrk(0) 호출은 프로그램 브레이크의 현재 값을 바꾸지 않고 그대로 리턴한다. 이는 가령 메모리 할당 패키지의 동작을 모니터할 경우 힙의 크기를 추적할 때 유용하다.

> SUSv2에는 brk()와 sbrk()가 정의되어 있다(레거시(LEGACY)[1]로 표시되어 있다). SUSv3에서는 그 정의가 제거됐다.

### 7.1.2 힙에 메모리 할당하기: malloc()과 free()

일반적으로 C 프로그램은 malloc 계열 함수를 써서 힙에 메모리를 할당하고 해제한다. 이 함수는 brk()와 sbrk()에 비해 특히 다음과 같은 장점이 있다.

- C 언어의 일부로 표준화되어 있다.
- 멀티스레드 프로그램에서 쓰기 쉽다.
- 작은 단위로 메모리를 할당하는 간단한 인터페이스를 제공한다.
- 임의로 메모리 블록을 해제할 수 있다. 해제된 메모리 블록은 프리 리스트free list로 관리되어 추후 메모리 할당 시 재활용된다.

malloc() 함수는 힙에서 size바이트를 할당하고 새로 할당된 메모리 블록의 시작을 가리키는 포인터를 리턴한다. 할당된 블록은 초기화되어 있지 않다.

```
#include <stdlib.h>

void *malloc(size_t size);
```

성공하면 할당된 메모리를 가리키는 포인터를 리턴하고, 에러가 발생하면 NULL을 리턴한다.

malloc()은 void *를 리턴하기 때문에 어떤 형의 C 포인터에도 대입할 수 있다. malloc()이 리턴하는 메모리 블록은 어떤 형의 C 데이터 구조도 효율적으로 접근할 수 있도록 언제나 적절한 바이트 경계에 정렬되어 있다. 이는 대부분의 아키텍처에서 8바이트나 16바이트 경계에 맞춰 할당됨을 뜻한다.

> SUSv3에는 malloc(0)이 NULL 또는 free()로 해제할 수 있는(그리고 해제해야 하는) 소량의 메모리를 가리키는 포인터를 리턴할 수 있다고 정의되어 있다. 리눅스에서 malloc(0)은 언제나 후자의 동작을 취한다.

1 과거의 유물로 현재도 쓸 수는 있지만 권장하지 않는 하드웨어 또는 소프트웨어 – 옮긴이

(프로그램 브레이크의 상한에 도달했다든지 하여) 메모리를 할당하지 못하면, malloc()은 NULL을 리턴하고 errno를 설정해 에러를 알린다. 메모리 할당 실패 가능성은 낮지만, 모든 malloc()과 관련 함수 호출은 이런 에러 리턴을 확인해야 한다.

free() 함수는 ptr이 가리키는 메모리 블록을 해제한다. ptr은 이전에 malloc()이나 나중에 설명할 기타 힙 메모리 할당 함수가 리턴한 주소여야 한다.

```
#include <stdlib.h>

void free(void *ptr);
```

일반적으로 free()는 프로그램 브레이크를 낮추지 않고, 해당 메모리 블록을 이후의 malloc() 호출 때 재활용할 프리 블록 리스트에 추가한다. 그 이유는 다음과 같다.

- 해제된 메모리 블록은 힙의 끝보다는 보통 중간 어딘가에 위치하므로, 프로그램 브레이크를 낮출 수 없다.
- 프로그램이 수행할 sbrk() 호출 횟수를 줄일 수 있다(3.1절에서 말했듯이, 시스템 호출은 작지만 상당한 오버헤드가 있다).
- 많은 경우, 메모리를 많이 할당하는 프로그램에게는 프로그램 브레이크를 낮추는 것이 도움이 되지 않는다. 그런 프로그램은 할당된 메모리를 모두 해제하고 오랫동안 실행하기보다는, 보통 할당된 메모리를 계속 유지하거나, 해제하고 다시 할당하기를 반복하기 때문이다.

free()의 인자가 NULL 포인터면, 해당 호출은 아무 일도 하지 않는다(즉 free()에 NULL 포인터를 넘겨도 에러가 아니다).

free() 호출 이후에 ptr을 사용하면, 예를 들어 ptr을 한 번 더 free()에 넘기면 예측할 수 없는 에러를 야기할 수 있다.

### 예제 프로그램

리스트 7-1의 프로그램은 free()가 프로그램 브레이크에 미치는 영향을 보여준다. 이 프로그램은 메모리 블록을 여럿 할당한 다음, (선택사양인) 명령행 인자에 따라 일부 또는 전부를 해제한다.

첫 두 인자는 할당할 블록의 개수와 크기를 지정한다. 세 번째 인자는 메모리 블록을 해제할 때 몇 칸씩 건너뛰며 해제할지를 지정한다. 1을 지정하면(이 인자를 생략했을 때의 기본값이기도 하다), 프로그램은 모든 메모리 블록을 해제한다. 2를 지정하면, 한 칸 건너 (짝수 번째) 블록들을 해제하는 식이다. 네 번째와 다섯 번째 인자는 해제할 블록의 범위를 지정한다. 이 인자들을 생략하면, 할당된 모든 블록이 (세 번째 인자로 지정된 만큼씩 건너뛰며) 해제된다.

**리스트 7-1** 메모리가 해제될 때 프로그램 브레이크가 어떻게 변하는지를 보여준다.

memalloc/free_and_sbrk.c

```
#include "tlpi_hdr.h"

#define MAX_ALLOCS 1000000

int
main(int argc, char *argv[])
{
    char *ptr[MAX_ALLOCS];
    int freeStep, freeMin, freeMax, blockSize, numAllocs, j;

    printf("\n");

    if (argc < 3 || strcmp(argv[1], "--help") == 0)
        usageErr("%s num-allocs block-size [step [min [max]]]\n", argv[0]);

    numAllocs = getInt(argv[1], GN_GT_0, "num-allocs");
    if (numAllocs > MAX_ALLOCS)
        cmdLineErr("num-allocs > %d\n", MAX_ALLOCS);

    blockSize = getInt(argv[2], GN_GT_0 | GN_ANY_BASE, "block-size");

    freeStep = (argc > 3) ? getInt(argv[3], GN_GT_0, "step") : 1;
    freeMin = (argc > 4) ? getInt(argv[4], GN_GT_0, "min") : 1;
    freeMax = (argc > 5) ? getInt(argv[5], GN_GT_0, "max") : numAllocs;

    if (freeMax > numAllocs)
        cmdLineErr("free-max > num-allocs\n");

    printf("Initial program break:       %10p\n", sbrk(0));

    printf("Allocating %d*%d bytes\n", numAllocs, blockSize);

    for (j = 0; j < numAllocs; j++) {
        ptr[j] = malloc(blockSize);
        if (ptr[j] == NULL)
            errExit("malloc");
    }

    printf("Program break is now:       %10p\n", sbrk(0));
```

```
    printf("Freeing blocks from %d to %d in steps of %d\n",
            freeMin, freeMax, freeStep);
    for (j = freeMin - 1; j < freeMax; j += freeStep)
        free(ptr[j]);

    printf("After free(), program break is: %10p\n", sbrk(0));

    exit(EXIT_SUCCESS);
}
```

다음과 같은 명령행으로 리스트 7-1의 프로그램을 실행시키면 메모리 블록 1000개를 할당하고 모든 짝수 번째 블록을 해제한다.

```
$ ./free_and_sbrk 1000 10240 2
```

출력 결과를 보면, 블록이 해제된 뒤에도 프로그램 브레이크는 여전히 모든 블록이 할당됐을 때와 같은 곳에 머물러 있음을 알 수 있다.

```
Initial program break:          0x804a6bc
Allocating 1000*10240 bytes
Program break is now:           0x8a13000
Freeing blocks from 1 to 1000 in steps of 2
After free(), program break is: 0x8a13000
```

다음의 명령행은 할당된 블록 중 마지막을 제외한 모든 블록을 해제하도록 한다. 여전히 프로그램 브레이크는 '최고수위'에 머물러 있다.

```
$ ./free_and_sbrk 1000 10240 1 1 999
Initial program break:          0x804a6bc
Allocating 1000*10240 bytes
Program break is now:           0x8a13000
Freeing blocks from 1 to 999 in steps of 1
After free(), program break is: 0x8a13000
```

하지만 힙의 최상위에 있는 블록들을 해제하면 프로그램 브레이크가 최고값에서 감소하여, free()가 sbrk()를 사용해 프로그램 브레이크를 낮췄음을 알 수 있다. 아래는 할당된 메모리 블록 중 마지막 500개를 해제한 경우다.

```
$ ./free_and_sbrk 1000 10240 1 500 1000
Initial program break:          0x804a6bc
Allocating 1000*10240 bytes
Program break is now:           0x8a13000
Freeing blocks from 500 to 1000 in steps of 1
After free(), program break is: 0x852b000
```

이 경우 (glibc) free() 함수는 힙의 최상위 영역 전체가 해제됐음을 알고, 블록을 해제할 때 이웃의 비할당free 블록들을 하나의 커다란 블록으로 모은다(이렇게 병합하는 이유는 프리 리스트에 작은 조각이 여러 개 생기는 것을 막아서 이후의 malloc() 요청을 성공적으로 처리하기 위해서다).

> glibc free() 함수는 최상위의 비할당 블록이 '충분히' 클 때만 sbrk()를 호출해 프로그램 브레이크를 낮춘다. 이때 '충분히'는 malloc 패키지의 동작을 제어하는 인자에 의해 결정된다(보통 128kB다). 이는 수행해야 하는 sbrk() 호출 횟수(즉 brk() 시스템 호출 횟수)를 줄여준다.

#### free()할 것인가 free()하지 않을 것인가?

프로세스가 종료되면, malloc 패키지 함수를 통해 할당된 힙 메모리를 포함해서, 사용하던 모든 메모리가 시스템에 반환된다. 메모리를 할당하고 프로그램 종료 시까지 계속 사용하던 프로그램이 자동으로 메모리를 해제하는 이런 동작에 의지해 free()를 생략하는 것은 흔한 일이다. 이는 특히 메모리 블록을 많이 할당하는 프로그램에서 유용한데, free() 호출을 여러 번 하면 CPU 시간도 많이 소요되고 코드도 복잡해질 수 있기 때문이다.

많은 경우 프로세스 종료 시 자동 메모리 해제에 의존해도 괜찮지만, 할당된 모든 메모리를 명시적으로 해제하는 것이 좋은 몇 가지 이유가 있다.

- 명시적으로 free()를 호출하면, 나중에 수정할 때 프로그램이 좀 더 읽기 쉬워지고 유지보수도 더 쉬워진다.
- malloc 디버그 라이브러리(아래 설명)를 써서 프로그램의 메모리 누수를 찾는다면, 명시적으로 해제되지 않은 모든 메모리가 메모리 누수로 보고될 것이다. 이는 진짜 메모리 누수를 찾는 데 방해가 될 수 있다.

### 7.1.3 malloc()과 free()의 구현

malloc()과 free()가 메모리를 할당할 때 brk()와 sbrk()보다 훨씬 더 쉬운 인터페이스를 제공하지만, 여전히 다양한 프로그래밍 에러가 발생할 수 있다. malloc()과 free()가 어떻게 구현되어 있는지를 이해하면 에러의 원인을 알 수 있고 어떻게 피할지도 알 수 있다.

malloc() 구현은 간단하다. 먼저 이전에 free()를 통해 해제된 메모리 블록 리스트를 살펴 요구된 크기 이상의 블록을 찾는다(구현에 따라 최초 적합first-fit이나 최량 적합best-fit 등 각기 다른 검색 전략을 취할 수 있다). 딱 맞는 크기의 블록을 찾으면 호출자에게 리턴한다. 찾은 블록이 요구된 크기보다 크면 나눠서 올바른 크기의 블록을 호출자에게 리턴하고 나머지는 프리 리스트에 남긴다.

만약 프리 리스트에 충분히 큰 블록이 없으면, malloc()은 sbrk()를 호출해 메모리를 추가로 할당한다. sbrk() 호출 횟수를 줄이기 위해, malloc()은 정확히 필요한 바이트만큼을 할당하기보다는 더 큰 단위(가상 메모리 페이지 크기의 몇 배)로 프로그램 브레이크를 증가시키고, 남는 메모리를 프리 리스트에 올린다.

free()의 구현을 살펴보면 점점 더 흥미진진해진다. free()가 메모리 블록을 프리 리스트에 올릴 때, 해당 블록의 크기를 어떻게 알 수 있을까? 여기에는 약간의 비법이 있다. malloc()이 블록을 할당할 때, 추가로 몇 바이트를 할당해서 거기에 블록의 크기를 넣어둔다. 이 정수는 블록의 시작 부분에 위치한다. 호출자에게 리턴하는 주소는 사실 그림 7-1과 같이 이 길이값 바로 다음을 가리킨다.

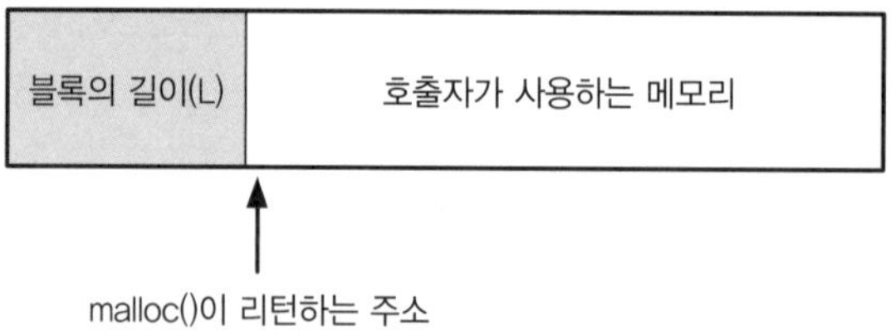


**그림 7-1** malloc()이 리턴한 메모리 블록

블록을 (이중 연결) 프리 리스트에 올릴 때, free()는 그림 7-2처럼 블록 자체의 바이트를 이용해서 리스트에 추가한다.

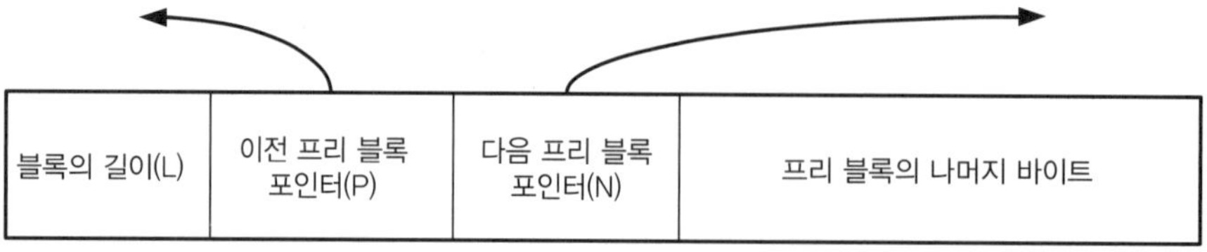


**그림 7-2** 프리 리스트상의 블록

시간이 흐르면서 블록이 해제되고 다시 할당됨에 따라, 프리 리스트상의 블록은 그림 7-3처럼 할당되어 사용 중인 블록과 섞이게 된다.

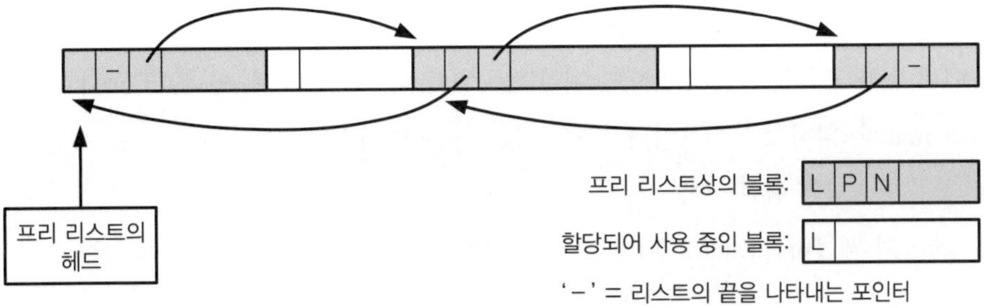


**그림 7-3** 할당된 블록과 프리 리스트를 포함하는 힙

이제 C에서는 힙의 어디를 가리키는 포인터든 만들 수 있고, `free()`와 `malloc()`이 관리하는 길이, 이전 프리 블록, 다음 프리 블록 포인터를 포함해서, 포인터가 가리키는 위치를 바꿀 수 있다는 사실을 생각해보자. 이것을 이전의 설명과 합해보면, 이해하기 힘든 프로그램 버그가 종종 생길 수 있음을 짐작할 수 있다. 예를 들어 잘못된 포인터를 통해, 할당된 메모리 블록 앞의 길이값을 실수로 증가시킨 뒤 해당 블록을 해제하면 `free()`는 프리 리스트상의 메모리 블록의 잘못된 크기를 기록할 것이다. 그 다음에 `malloc()`이 이 블록을 다시 할당할 경우, 프로그램은 서로 겹치지 않는 메모리 블록을 2개 할당받았다고 생각하지만 실제로는 겹치는 일이 발생할 수 있다. 그 밖에도 수많은 에러 상황을 생각해볼 수 있다.

이런 종류의 에러를 피하려면, 다음과 같은 규칙을 준수해야 한다.

- 메모리 블록을 할당한 뒤에, 해당 블록 밖에 있는 바이트를 건드리지 않도록 조심해야 한다.
- 같은 메모리 블록을 두 번 이상 해제하면 안 된다. 리눅스의 glibc에서는 종종 세그먼트 위반(SIGSEGV 시그널)으로 보고된다. 이 경우는 프로그래밍 에러를 알려주므로 괜찮지만, 많은 경우 같은 메모리를 두 번 해제하면 예측할 수 없는 오류를 일으킨다.
- `malloc` 패키지 함수가 리턴하지 않은 포인터 값에 대해 `free()`를 호출하면 안 된다.
- 다양한 이유로 반복적으로 메모리를 할당하면서 오래 실행되는 프로그램(예: 셸, 네트워크 데몬 프로세스)을 작성할 경우, 메모리를 사용한 뒤에는 반드시 해제해야 한다. 그렇지 않을 경우 힙이 계속 자라서 가용 가상 메모리를 모두 써버리게 되고, 더 이상 메모리를 할당할 수 없게 된다. 이런 경우를 메모리 누수memory leak라고 한다.

### malloc 디버그 도구와 라이브러리

앞에서 말한 규칙을 지키지 않으면 재현하기 힘든 버그를 만들 수 있다. glibc나 기타 다양한 malloc 디버그 라이브러리가 제공하는 malloc 디버그 도구를 사용하면 그런 버그를 찾기가 상당히 쉬워진다.

glibc가 제공하는 malloc 디버그 도구는 다음과 같다.

- `mtrace()`와 `muntrace()` 함수를 통해 프로그램은 메모리 할당 호출 추적 기능을 켜거나 끌 수 있다. 이 함수는 환경 변수 `MALLOC_TRACE`와 함께 쓰이는데, 이 환경 변수에는 추적 정보를 저장할 파일이름이 정의된다. `mtrace()`가 호출되면, 이 파일이 정의되어 있고 쓰기가 가능한지 확인한다. 만약 그렇다면, 모든 `malloc` 패키지 함수 호출이 추적되고 파일에 기록된다. 이 파일은 사람이 읽기에 편리하지 않으므로, 같은 이름(mtrace)의 스크립트가 분석과 요약 보고서를 제공한다. 보안상의 이유로 set-user-ID와 set-group-ID 프로그램은 `mtrace()` 호출을 무시한다.
- `mcheck()`와 `mprobe()` 함수를 통해 프로그램은 할당된 메모리 블록에 대해 일관성 점검을 수행할 수 있다. 예를 들어, 할당된 메모리 블록 바깥에 쓰려고 하는 등의 에러를 잡을 수 있다. 이 함수는 아래 설명할 malloc 디버그 라이브러리와 약간 겹치는 기능을 제공한다. 이 함수를 사용하는 프로그램은 `cc -lmcheck` 옵션을 통해 `mcheck` 라이브러리와 링크돼야 한다.
- `MALLOC_CHECK_` 환경 변수(끝에 _가 있음에 주의)는 `mcheck()` 및 `mprobe()`와 비슷한 기능을 수행한다(중요한 차이점은 `MALLOC_CHECK_`를 쓰기 위해 프로그램을 수정하고 재컴파일할 필요가 없다는 것이다). 이 변수에 설정하는 정수값을 통해 프로그램이 메모리 할당 에러에 어떻게 반응할지를 제어할 수 있다. 가능한 값으로는 0(에러 무시), 1(`stderr`로 에러 출력), 2(`abort()`를 호출해 프로그램 종료)가 있다. `MALLOC_CHECK_`를 통해 모든 메모리 할당과 해제 에러가 감지되진 않으며, 일반적인 것만 찾을 수 있다. 하지만 이 기법은 malloc 디버그 라이브러리에 비해 빠르고, 쓰기 쉬우며, 실행 시 오버헤드가 적다. 보안상의 이유로 set-user-ID와 set-group-ID 프로그램은 `MALLOC_CHECK_` 설정을 무시한다.

이상의 기능에 대한 더욱 자세한 정보는 glibc 매뉴얼에 있다.

malloc 디버그 라이브러리는 표준 malloc 라이브러리와 동일한 API를 제공하지만, 메모리 할당 버그를 잡기 위해 추가적인 작업을 한다. 이 라이브러리를 쓰려면 응용 프로그램을 표준 C 라이브러리의 malloc 패키지 대신 해당 라이브러리와 링크해야 한다. 이 라이브러리를 쓰면 실행 시 동작이 느려지거나 메모리 소비가 늘어나므로 디버그 용도로만 써야 하고, 생산 버전production version에는 다시 표준 malloc 패키지로 바꿔야 한다. 이런 라이브러리에는 Electric Fence(http://www.perens.com/FreeSoftware/), dmalloc(http://dmalloc.com/), Valgrind(http://valgrind.org/), Insure++(http://www.parasoft.com/) 등이 있다.

> Valgrind와 Insure++는 모두 힙 할당과 관련된 버그뿐만 아니라 기타 여러 종류의 버그를 감지할 수 있다. 자세한 사항은 해당 웹사이트를 참조하기 바란다.

### malloc 패키지를 제어하고 감시하기

glibc 매뉴얼에는 malloc 패키지 함수의 메모리 할당을 감시하고 제어할 수 있는 다음과 같은 비표준 함수가 설명되어 있다.

- mallopt() 함수는 malloc()이 사용하는 알고리즘을 제어하는 여러 가지 인자를 바꾼다. 예를 들어 sbrk()로 힙을 줄이려면 프리 리스트의 끝에 최소 얼마만큼의 공간이 있어야 하는지를 지정하는 인자도 있고, 힙에서 할당할 블록 크기의 상한을 지정하는 인자도 있다. 이보다 큰 블록은 mmap() 시스템 호출을 통해 할당된다(Vol. 2의 12.7절 참조).
- mallinfo() 함수는 malloc()이 할당하는 메모리에 대한 여러 가지 통계를 담고 있는 구조체를 리턴한다.

여러 유닉스 구현이 mallopt()와 mallinfo()를 제공하지만, 이 함수의 인터페이스가 구현에 따라 다르므로 이식성이 없다.

## 7.1.4 힙에 메모리를 할당하는 그 밖의 방법

malloc() 외에도 C 라이브러리는 힙에서 메모리를 할당하는 여러 가지 함수를 제공하는데, 지금부터 그 함수들을 설명한다.

### calloc()과 realloc()으로 메모리 할당하기

calloc() 함수는 동일 항목으로 이뤄진 배열을 할당한다.

```
#include <stdlib.h>

void *calloc(size_t numitems, size_t size);
```

성공하면 할당된 메모리를 가리키는 포인터를 리턴하고, 에러가 발생하면 NULL을 리턴한다.

numitems는 할당할 항목의 개수를 지정하고, size는 각 항목의 크기를 지정한다. 적절한 크기의 메모리 블록을 할당한 다음, calloc()은 해당 블록의 시작을 가리키는 포인터(또는 메모리를 할당할 수 없을 경우 NULL)를 리턴한다. malloc()과 달리 calloc()은 할당된 메모리를 0으로 초기화한다.

calloc()의 사용 예는 다음과 같다.

```
struct { /* 필드 정의 */ } myStruct;
struct myStruct *p;

p = calloc(1000, sizeof(struct myStruct));
if (p == NULL)
    errExit("calloc");
```

realloc() 함수는 이전에 malloc 패키지 함수로 할당한 메모리 블록의 크기를 변경할 때 사용한다.

```
#include <stdlib.h>

void *realloc(void *ptr, size_t size);
```

성공하면 할당된 메모리를 가리키는 포인터를 리턴하고, 에러가 발생하면 NULL을 리턴한다.

ptr은 크기를 변경할 메모리 블록을 가리키는 포인터다. size는 블록의 새 크기를 지정한다.

성공 시 realloc()은 크기가 변경된 메모리 블록을 가리키는 포인터를 리턴한다. 호출 전후 메모리 블록의 위치는 각기 다를 수 있다. 에러 발생 시 realloc()은 NULL을 리턴하고 ptr이 가리키는 블록은 그대로 둔다(SUSv3에 규정되어 있다).

realloc()은 할당된 메모리 블록의 크기를 증가시킬 때, 추가로 할당된 바이트를 초기화하지 않는다.

calloc()이나 realloc()으로 할당한 메모리는 free()로 해제해야 한다.

> realloc(ptr, 0) 호출은 free(ptr)을 호출하고 malloc(0)을 호출하는 것과 같다. ptr이 NULL이면, realloc()은 malloc(size)와 같다.

일반적으로 메모리 블록의 크기를 증가시키려고 하면, realloc()은 해당 블록을 (프리 리스트상의) 바로 뒤의 블록(크기가 충분한 경우)과 병합하려고 시도한다. 해당 블록이 힙의 끝에 있으면, realloc()은 힙을 확장한다. 해당 메모리 블록이 힙의 중간에 있고 바로 뒤의 공간이 충분치 않으면, realloc()은 새로운 메모리 블록을 할당하고 기존 데이터를 모두 새 블록으로 복사한다. 이 마지막 경우는 흔히 발생하고 CPU를 많이 사용한다. 일반적으로 realloc()은 최소한으로 쓰는 게 좋다.

realloc()은 메모리 블록을 옮길 수도 있기 때문에, 이후에는 realloc()이 리턴한 포인터를 써서 해당 메모리 블록에 접근해야 한다. 변수 ptr이 가리키는 블록을 다시 할당하기 위해 다음과 같이 realloc()을 쓸 수 있다.

```
nptr = realloc(ptr, newsize);
if (nptr == NULL) {
    /* 에러 처리 */
} else { /* realloc() 성공 */
    ptr = nptr;
}
```

이 예제에서는 realloc()의 리턴값을 직접 ptr에 대입하지 않았다. 직접 대입하면, realloc()이 실패할 경우 ptr이 NULL로 설정되어 더 이상 블록에 접근할 수 없기 때문이다.

realloc()이 메모리 블록을 이동시킬 수 있기 때문에, 블록 안을 가리키던 포인터는 모두 realloc() 호출 뒤 재설정해야 할 수도 있다. 호출 뒤에도 유효한 참조 형태는 블록의 시작을 가리키는 포인터에 오프셋을 더하는 것뿐이다. 이에 대해서는 Vol. 2의 11.6절에서 자세히 설명하겠다.

## 정렬된 메모리 할당하기: memalign()과 posix_memalign()

memalign()과 posix_memalign() 함수는 지정된 2의 거듭제곱 경계에서 시작하는 메모리를 할당하도록 설계됐다. 이 기능은 356페이지의 리스트 13-1과 같은 응용 프로그램에서 유용하다.

```
#include <malloc.h>

void *memalign(size_t boundary, size_t size);
```

성공하면 할당된 메모리를 가리키는 포인터를 리턴하고, 에러가 발생하면 NULL을 리턴한다.

memalign() 함수는 boundary의 배수인 주소에서 시작하는 size바이트를 할당한다. boundary는 2의 거듭제곱이어야 한다. 할당된 메모리의 주소는 함수의 결과로 리턴된다.

memalign() 함수가 모든 유닉스 구현에 존재하는 건 아니다. memalign()을 제공하는 대부분의 유닉스 구현에서 이 함수 선언은 <malloc.h> 대신 <stdlib.h>에 들어 있다.

SUSv3에는 memalign()이 정의되어 있지 않지만, 대신에 비슷한 함수인 posix_memalign()이 있다. 이 함수는 표준 위원회에서 최근에 정의한 것으로, 소수의 유닉스 구현에만 존재한다.

```
#include <stdlib.h>

int posix_memalign(void **memptr, size_t alignment, size_t size);
```

성공하면 0을 리턴하고, 에러가 발생하면 에러 번호(양수)를 리턴한다.

posix_memalign() 함수는 두 가지 측면에서 memalign()과 다르다.

- 할당된 메모리의 주소가 memptr을 통해 리턴된다.
- 메모리가 alignment의 배수로 정렬된다. alignment는 2의 거듭제곱의 sizeof(void *)(대부분의 하드웨어 아키텍처에서 4나 8바이트) 배수여야 한다.

이 함수의 리턴값도 독특하다. 에러 발생 시 -1을 리턴하는 대신, 에러 번호(보통 errno에 들어가는 양의 정수)를 리턴한다.

sizeof(void *)가 4이면, 다음과 같이 posix_memalign()을 이용해 65,536바이트를 4096바이트 경계에 맞춰 할당할 수 있다.

```
int s;
void *memptr;

s = posix_memalign(&memptr, 1024 * sizeof(void *), 65536);
```

```
if (s != 0)
    /* 에러 처리 */
```

memalign()이나 posix_memalign()으로 할당한 메모리 블록은 free()로 해제해야 한다.

> 일부 유닉스 구현에서는 memalign()으로 할당한 메모리 블록에 대해 free()를 호출하지 못할 수도 있다. memalign()이 malloc()으로 메모리 블록을 할당한 뒤 해당 메모리 블록 내부의 주소 중 경계에 맞는 주소를 리턴하도록 구현되어 있기 때문이다. memalign()의 glibc 구현은 이런 제약이 없다.

## 7.2 스택에 메모리 할당하기: alloca()

malloc 패키지 함수와 마찬가지로, alloca()는 동적으로 메모리를 할당한다. 하지만 힙에서 메모리를 구하는 대신, alloca()는 스택 프레임의 크기를 증가시킴으로써 스택에서 메모리를 구한다. 이는 호출 함수의 스택 프레임이 (정의에 따라) 스택의 최상위에 있기 때문에 가능하다. 따라서 스택 프레임 위쪽으로 확장할 수 있는 공간이 있고, 간단히 스택 포인터의 값을 바꿈으로써 스택 프레임을 확장할 수 있다.

```
#include <alloca.h>

void *alloca(size_t size);
```

할당된 메모리 블록을 가리키는 포인터를 리턴한다.

size는 스택에 할당할 바이트 수를 지정한다. alloca() 함수는 할당된 메모리를 가리키는 포인터를 함수의 결과로 리턴한다.

alloca()로 할당한 메모리를 해제하기 위해 free()를 호출할 필요가 없다(사실은 호출해서는 안 된다). 마찬가지로 alloca()로 할당된 메모리는 realloc()으로 크기를 변경할 수 없다.

alloca()는 SUSv3의 일부가 아니지만, 대부분의 유닉스 구현에서 제공되므로 어느 정도 이식성이 있다.

> 오래된 버전의 glibc나 일부 유닉스 구현에는(주로 BSD 계열) 〈alloca.h〉 대신 〈stdlib.h〉에 alloca()의 선언이 들어 있다.

alloca() 때문에 스택 오버플로stack overflow가 발생하면, 프로그램의 동작을 예측할 수 없게 된다. 특히 에러를 알리는 NULL 리턴값을 받지 못한다(사실 이 경우, SIGSEGV 시그널을 받을 수도 있다. 자세한 내용은 21.3절 참조).

alloca()는 아래처럼 함수 인자로 쓸 수 없다.

```
func(x, alloca(size), z);        /* 틀림! */
```

이는 alloca()가 할당한 스택 공간이 (스택 프레임 내 위치가 고정된) 함수 인자 중간에 나타나기 때문이다. 대신 다음과 같이 작성해야 한다.

```
void *y;

y = alloca(size);
func(x, y, z);
```

alloca()를 통해 메모리를 할당하면 malloc()보다 약간의 장점이 있다. 그중 하나는 malloc()보다 alloca()가 메모리 블록 할당 속도가 빠르다는 점이다. 이는 컴파일러가 alloca()를 스택 포인터를 직접 조정하는 인라인inline 코드로 구현하기 때문이다. 더욱이 alloca()는 프리 블록 리스트를 관리할 필요가 없다.

alloca()의 또 한 가지 장점은 할당한 메모리가 스택 프레임이 제거될 때(alloca()를 호출한 함수가 리턴될 때) 자동으로 해제된다는 것이다. 이는 함수 리턴 시 실행되는 코드가 스택 포인터 레지스터의 값을 이전 프레임의 끝(스택이 아래로 자란다고 가정할 때, 현 스택 프레임 시작 주소의 바로 위 주소)으로 재설정하기 때문이다. 할당된 메모리가 함수의 모든 리턴 경로에서 해제되도록 신경 쓸 필요가 없기 때문에, 함수 구현이 매우 쉬워진다.

alloca()는 longjmp()(6.8절)를 쓰거나 siglongjmp()(21.2.1절)를 써서 시그널 핸들러로부터 비지역 goto를 수행할 때 특히 유용하다. 이 경우 점프가 일어나는 함수에서 메모리를 malloc()으로 할당했다면 메모리 누수를 피하기가 어렵거나 심지어 불가능할 수도 있다. 이에 반해 alloca()는 이 문제를 완전히 해결하는데, 이들 호출에 의해 스택이 되감길 때 할당된 메모리가 자동으로 해제되기 때문이다.

## 7.3 정리

malloc 계열 함수를 통해, 프로세스는 힙상에 동적으로 메모리를 할당하고 해제할 수 있다. 이 함수의 구현을 고려하면 프로그램에서 할당된 블록을 잘못 다룰 경우 여러 가지 문제가 생길 수 있음을 알 수 있고, 그런 에러의 원인을 찾기 위한 여러 가지 디버그 도구를 소개했다.

alloca() 함수를 이용하면 스택에 메모리를 할당할 수 있다. 이 메모리는 alloca()를 호출한 함수가 리턴하면 자동으로 해제된다.

## 7.4 연습문제

7-1. 리스트 7-1(free_and_sbrk.c)의 프로그램을 수정해서 malloc() 실행 후마다 프로그램 브레이크의 현재값을 출력하게 하라. 할당 블록 크기를 작게 지정해서 프로그램을 실행하라. 이는 malloc()이 매 호출마다 sbrk()를 통해 프로그램 브레이크를 조정하기보다는 주기적으로 큰 메모리 블록을 할당하고 그중 일부를 호출자에게 전달함을 보여줄 것이다.

7-2. (상급) malloc()과 free()를 구현하라.

# 8

# 사용자와 그룹

사용자마다 고유한 로그인 이름과 숫자로 이뤄진 사용자 ID(UID)가 있다. 사용자는 하나 이상의 그룹에 속할 수 있다. 각 그룹에도 고유한 이름과 그룹 ID(GID)가 있다.

사용자 ID와 그룹 ID의 목적은 여러 가지 시스템 자원의 소유권을 결정하고 해당 자원에 접근하는 프로세스의 권한을 제어하는 데 있다. 예를 들어 각 파일은 특정 사용자와 그룹의 소유이고, 각 프로세스에는 해당 프로세스의 소유자와 권한을 나타내는 여러 가지 사용자 ID와 그룹 ID가 있다(자세한 내용은 9장 참조).

8장에서는 시스템에서 사용자와 그룹을 정의하는 시스템 파일을 살펴보고, 이 파일에서 정보를 추출하는 라이브러리 함수를 살펴본다. 로그인 패스워드를 암호화하고 인증하는 `crypt()` 함수에 대해 알아보며 마무리한다.

## 8.1 패스워드 파일: /etc/passwd

시스템 패스워드 파일password file인 /etc/passwd에는 사용자 계정별로 한 줄씩 기록되어 있고, 줄마다 다음과 같이 콜론(:)으로 구분된 7개의 필드로 이뤄져 있다.

```
mtk:x:1000:100:Michael Kerrisk:/home/mtk:/bin/bash
```

각 필드는 순서대로 다음과 같다.

- 로그인 이름: 사용자가 로그인할 때 입력해야 하는 고유 이름. 종종 사용자 이름username이라고도 한다. 로그인 이름은 숫자로 이뤄진 사용자 ID(곧 설명할 것이다)에 대응되는, 사람이 읽을 수 있는(문자로 이뤄진) ID라고도 할 수 있다. `ls(1)`과 같은 프로그램은 파일의 소유자를 표시할 때(`ls -l`에서처럼) 숫자로 이뤄진 사용자 ID 대신 이 이름을 출력한다.
- 암호화된 패스워드: 13자로 이뤄진 암호화된 패스워드(자세한 내용은 8.5절 참조). 패스워드 필드에 다른 문자열이 들어 있으면(특히 13자가 아니면), 해당 계정으로는 로그인이 금지된다. 그런 문자열은 유효한 암호화된 패스워드를 나타낼 수 없기 때문이다. 하지만 섀도 패스워드를 사용할 경우(흔히 그렇다) 이 필드는 무시된다. 이 경우 /etc/passwd의 패스워드 필드에는 x자가 들어 있고, 암호화된 패스워드는 대신에 섀도 패스워드 파일(8.2절)에 저장된다. 만약 /etc/passwd의 패스워드 필드가 비어 있으면, 해당 계정에 패스워드 없이 로그인할 수 있다(심지어 섀도 패스워드를 쓸 경우에도 그렇다).

> 여기서는 패스워드가 역사적이고 여전히 널리 쓰이는 유닉스 패스워드 암호화 방식인 DES(Data Encryption Standard)로 암호화된다고 가정한다. DES를 입력에 대한 128비트 메시지 다이제스트(message digest. 일종의 해시)를 만들어내는 MD5 같은 방식으로 바꿀 수도 있다. 이 값은 패스워드(또는 섀도 패스워드) 파일에 34자 문자열로 저장된다.

- 사용자 ID(UID): 사용자의 숫자 ID. 이 필드의 값이 0이면, 해당 계정은 슈퍼유저 권한을 갖는다. 보통 그런 계정이 하나 있는데, 그 계정의 로그인 이름은 root다. 리눅스 2.2까지는 사용자 ID가 16비트값으로, 0부터 65,535까지의 값이었다. 리눅스 2.4부터는 32비트로 저장되어 훨씬 더 큰 범위를 갖는다.

(흔치는 않지만) 패스워드 파일에 같은 사용자 ID가 두 번 이상 나타날 수도 있다. 이런 경우 같은 사용자 ID가 여러 개의 로그인 이름을 가질 수 있고, 여러 사용자가 각기 다른 패스워드를 통해 같은 자원(예: 파일)에 접근할 수 있다. 각기 다른 로그인 이름들은 각기 다른 그룹에 속할 수 있다.

- 그룹 ID(GID): 사용자가 속하는 첫 번째 그룹의 숫자 ID. 사용자가 속하는 나머지 그룹은 시스템 그룹 파일에 정의되어 있다.
- 주석comment: 사용자를 설명하는 텍스트. finger(1) 등 여러 프로그램을 통해 출력된다.
- 홈 디렉토리: 사용자가 로그인한 다음 위치하는 초기 디렉토리. HOME 환경 변수의 값이 된다.
- 로그인 셸: 사용자가 로그인한 다음 제어권을 넘겨받는 프로그램. 보통은 bash 같은 셸 중 하나지만, 어떤 프로그램이어도 상관없다. 이 필드가 비어 있으면, 로그인 셸은 기본으로 /bin/sh(본셸)가 된다. 이 필드는 SHELL 환경 변수의 값이 된다.

독립 시스템에서는 모든 패스워드 정보가 /etc/passwd에 있다. 하지만 NISNetwork Information System나 LDAPLightweight Directory Access Protocol를 통해 네트워크 환경에 패스워드를 배포하는 시스템을 사용한다면, 이 정보의 일부나 전부가 원격 시스템에 있게 된다. 패스워드 정보에 접근하는 프로그램이 앞으로 8장에 나올 함수(getpwnam(), getpwuid() 등)를 사용한다면, NIS나 LDAP의 사용 여부는 응용 프로그램에게는 보이지 않는다. 다음 절에 나오는 섀도 패스워드와 그룹 파일도 마찬가지다.

## 8.2 섀도 패스워드 파일: /etc/shadow

과거에 유닉스 시스템은 암호화된 패스워드를 포함한 모든 사용자 정보를 /etc/passwd에서 관리했다. 이는 보안 문제를 야기했다. 여러 가지 비특권 시스템 유틸리티가 패스워드 파일에 있는 다른 정보를 읽을 수 있어야 했기 때문에, /etc/passwd 파일은 모든 사용자가 읽을 수 있어야 했다. 이로 인해 패스워드 깨기password-cracking 프로그램이 출현했는데, 패스워드로 쓸 법한 단어(예: 일반 사전 단어, 사람 이름)의 목록을 암호화해서 사용자의 암호화된 패스워드와 일치하는지 살펴보는 것이다. **섀도 패스워드 파일**shadow password file(/etc/shadow)은 이런 공격을 예방하기 위해 고안됐다. 민감하지 않은 모든 사용자 정보는 공개적으로 읽을 수 있는 패스워드 파일에 두고, 암호화된 패스워드는 특권 프로그램만 읽을 수 있는 섀도 패스워드 파일에 두는 것이다.

섀도 패스워드 파일에는, 패스워드 파일의 해당 레코드record[1]와 짝을 맞추기 위한 로그인 이름, 암호화된 패스워드, 그 외에 여러 가지 보안 관련 필드가 존재한다. 이 필드에 대한 자세한 내용은 shadow(5) 매뉴얼 페이지를 참고하기 바란다. 이 책에서는 주로 암호화된 패스워드 필드에 대해, 8.5절에서 crypt() 라이브러리 함수를 살펴볼 때 더 자세히 알아볼 것이다.

SUSv3에는 섀도 패스워드에 대한 규정이 없다. 모든 유닉스 구현에서 이 기능을 제공하는 건 아니며, 제공하는 경우 파일 위치와 API 세부사항은 구현에 따라 다를 수 있다.

## 8.3 그룹 파일: /etc/group

여러 가지 관리상의 이유로, 특히 파일과 기타 시스템 자원에 대한 접근을 제어할 때, 사용자들을 그룹으로 묶으면 편리하다.

사용자가 속하는 그룹은 사용자의 패스워드 엔트리의 그룹 ID와 그룹별로 사용자가 나열되어 있는 그룹 파일의 조합으로 정의된다. 이렇게 이상하게 정보가 두 파일로 나뉜 데는 역사적인 이유가 있다. 초기 유닉스 구현에서는 사용자가 하나의 그룹에만 속할 수 있었다. 사용자가 로그인 시 처음 속하는 그룹은 패스워드 파일의 그룹 필드에 의해 결정됐고 나중에 newgrp(1) 명령으로 바꿀 수 있었다. 이 경우 (만약 그룹이 패스워드로 보호되어 있으면) 사용자가 그룹 패스워드를 입력해야 했다. 4.2BSD는 사용자가 동시에 여러 그룹에 속할 수 있다는 개념을 내놓았고, 이는 나중에 POSIX.1-1990에서 표준화됐다. 이는 그룹 파일에 각 사용자가 어느 그룹에 속하는지를 나열하는 방식이다(groups(1) 명령은 셸 프로세스가 속하는 그룹을 출력한다. 또는 만약 하나 이상의 사용자 이름을 명령행 인자로 제공하면, 해당 사용자가 속하는 그룹들을 출력한다).

그룹 파일group file(/etc/group)에는 그룹별로 한 줄씩 기록되어 있고, 줄마다 다음과 같이 콜론으로 나뉜 4개의 필드로 이뤄져 있다.

```
users:x:100:
jambit:x:106:claus,felli,frank,harti,markus,martin,mtk,paul
```

각 필드는 순서대로 다음과 같다.

- 그룹 이름: 그룹의 이름. 패스워드 파일의 로그인 이름처럼 (숫자 그룹 ID에 대응되는) 사람이 읽을 수 있는 (심볼) ID다.

1 패스워드 파일과 그룹 파일의 한 줄을 말한다. 관계형 데이터베이스의 레코드와 유사하다. – 옮긴이

- **암호화된 패스워드**: 그룹 패스워드(선택사양). 한 사용자가 여러 그룹에 속할 수 있게 됨에 따라 요즘은 유닉스에서 그룹 패스워드가 거의 쓰이지 않는다. 하지만 여전히 그룹에 패스워드를 부여할 수 있다(특권 사용자가 passwd 명령을 통해 부여할 수 있다). 해당 그룹에 속하지 않는 사용자의 경우, newgrp(1)을 실행하면 해당 그룹 명의의 셸을 실행하기 전에 그룹 패스워드를 묻는다. 섀도 패스워드를 사용할 경우, 이 필드는 무시되며(이 경우 일반적으로 문자 x가 들어 있지만, 공백 문자열을 포함하여 어떤 문자열이어도 좋다), 실제 암호화된 패스워드는 특권 사용자와 프로그램만 접근할 수 있는 **섀도 그룹 파일**shadow group file(/etc/gshadow)에 보관된다. 그룹 패스워드는 사용자 패스워드와 비슷하게 암호화된다(8.5절).
- **그룹 ID(GID)**: 그룹의 숫자 ID. 보통 그룹 ID가 0인, root라는 이름의 그룹이 있다(/etc/passwd에 사용자 ID가 0인 사용자가 있는 것처럼. 하지만 사용자 ID 0과는 달리, 이 그룹에는 특별한 특권이 없다). 리눅스 2.2까지는 그룹 ID가 16비트값이어서, 범위가 0~65,535이었다. 리눅스 2.4부터는 32비트로 저장된다.
- **사용자 목록**: 해당 그룹에 속하는 사용자 이름을 콤마로 구분해 나열한 것이다(앞서 말했듯이, 패스워드 파일에 같은 사용자 ID가 여러 번 나올 수 있기 때문에 사용자 목록은 사용자 ID 대신 사용자 이름으로 이뤄져 있다).

사용자 avr이 그룹 users, staff, teach에 속함을 기록하려면, 패스워드 파일에 다음과 같이 적을 수 있다.

```
avr:x:1001:100:Anthony Robins:/home/avr:/bin/bash
```

그리고 그룹 파일에는 다음과 같이 적을 것이다.

```
users:x:100:
staff:x:101:mtk,avr,martinl
teach:x:104:avr,rlb,alc
```

패스워드 레코드의 4번째 필드에는 그룹 ID 100이 들어 있는데, 사용자가 그룹 users에 속함을 나타낸다. 사용자가 속하는 나머지 그룹은 그룹 파일의 해당 그룹 레코드에 avr을 적어줌으로써 나타낸다.

## 8.4 사용자와 그룹 정보 읽기

패스워드, 섀도 패스워드, 그룹 파일에서 각 레코드를 읽어오는 라이브러리 함수와, 이 파일에서 모든 레코드를 스캔하는 라이브러리 함수에 대해 알아보자.

### 패스워드 파일 레코드 읽기

getpwnam()과 getpwuid() 함수는 패스워드 파일 레코드를 읽는다.

```
#include <pwd.h>

struct passwd *getpwnam(const char *name);
struct passwd *getpwuid(uid_t uid);
```

성공하면 포인터를 리턴하고, 에러가 발생하면 NULL을 리턴한다.
'레코드가 없는(not found)' 경우에 대해서는 본문의 설명을 참조하라.

name에 로그인 이름을 넣으면 getpwnam() 함수는 다음과 같은 구조체를 가리키는 포인터를 리턴하는데, 구조체에는 패스워드 레코드에서 가져온 정보가 담겨 있다.

```
struct passwd {
    char *pw_name;          /* 로그인 이름(사용자 이름) */
    char *pw_passwd;        /* 암호화된 패스워드 */
    uid_t pw_uid;           /* 사용자 ID */
    gid_t pw_gid;           /* 그룹 ID */
    char *pw_gecos;         /* 주석(사용자 정보) */
    char *pw_dir;           /* 초기 작업 (홈) 디렉토리 */
    char *pw_shell;         /* 로그인 셸 */
};
```

passwd 구조체의 pw_gecos와 pw_passwd 필드는 SUSv3에 정의되어 있지 않지만, 모든 유닉스 구현에 존재한다. pw_passwd 필드의 정보는 섀도 패스워드를 쓰지 않을 경우에만 유효하다(섀도 패스워드를 쓰고 있는지를 프로그램에서 알 수 있는 가장 쉬운 방법은 getpwnam() 호출 뒤에, 조금 뒤에 알아볼 getspnam()을 호출해서 getspnam()이 섀도 패스워드 레코드를 리턴하는지를 보는 것이다). 유닉스 구현 중에는 이 구조체에 추가로 비표준 필드를 제공하는 경우도 있다.

> pw_gecos 필드의 이름은 초기 유닉스 구현에서 이 필드가 GECOS(General Electric Comprehensive Operating System)를 실행하는 기계와 통신하기 위한 정보를 담고 있었던 데서 유래했다. 이 용도는 사라진 지 오래지만, 필드 이름은 살아남았고, 사용자에 대한 정보를 담는 데 쓰인다.

getpwuid() 함수는 getpwnam()과 똑같은 정보를 리턴하지만, uid 인자로 제공된 숫자 사용자 ID를 통해 정보를 찾는다.

getpwnam()과 getpwuid()는 모두 정적으로 할당된 구조체를 가리키는 포인터를 리턴한다. 이 구조체는 이 함수(또는 아래 설명할 getpwent() 함수)가 호출될 때마다 새로운 정보로 덮어써진다.

> 이 함수들은 정적으로 할당된 메모리를 가리키는 포인터를 리턴하기 때문에, getpwnam()과 getpwuid()는 재진입 가능하지 않다. 사실 상황은 훨씬 더 복잡하다. 리턴된 passwd 구조체에 역시나 정적으로 할당된 다른 정보(예: pw_name 필드)를 가리키는 포인터가 들어 있기 때문이다(재진입성에 대해서는 21.1.2절에서 설명한다). 곧 설명할 getgrnam()과 getgrgid() 함수도 마찬가지다.
>
> SUSv3에는 이에 상응하는 재진입 가능 함수(getpwnam_r(), getpwuid_r(), getgrnam_r(), getgrgid_r())가 정의되어 있다. 이 함수들은 passwd(또는 group) 구조체와, passwd(group) 구조체의 필드들이 가리키는 기타 정보를 담을 버퍼 공간을 인자로 받도록 되어 있다. 추가 버퍼에 필요한 바이트 수는 sysconf(_SC_GETPW_R_SIZE_MAX)(그룹 관련 함수일 경우 sysconf(_SC_GETGR_R_SIZE_MAX)) 호출을 통해 얻을 수 있다. 자세한 사항은 이 함수들의 매뉴얼 페이지를 참조하기 바란다.

SUSv3에 따르면, 해당 passwd 레코드가 없으면, getpwnam()과 getpwuid()는 NULL을 리턴하고 errno는 그대로 둬야 한다. 이는 아래와 같은 코드로 에러와 '레코드 없음'을 구별할 수 있어야 한다는 뜻이다.

```
struct passwd *pwd;

errno = 0;
pwd = getpwnam(name);
if (pwd == NULL) {
    if (errno == 0)
        /* 레코드 없음 */;
    else
        /* 에러 */;
}
```

하지만 다수의 유닉스 구현이 이 점에서 SUSv3를 따르지 않고 있다. 해당 passwd 레코드가 없으면, 이 함수들은 NULL을 리턴하고 errno를 0이 아닌 값(ENOENT나 ESRCH 등)으로 설정한다. 버전 2.7 이전에는 glibc는 이 경우 ENOENT로 설정했지만, 버전 2.7부터 SUSv3를 따른다. 이런 차이는 부분적으로 POSIX.1-1990이 이 함수들이 에러 발생 시 errno를 설정하도록 요구하지 않고 '레코드 없음'의 경우 errno를 설정하는 것을 허용했기 때문이다. 그 결과, 이 함수들을 사용할 때 에러와 '레코드 없음'을 구별하는 이식성 있는 코드를 작성하는 건 불가능하다.

### 그룹 파일 레코드 읽기

getgrnam()과 getgrgid() 함수는 그룹 파일 레코드를 읽는다.

```
#include <grp.h>

struct group *getgrnam(const char *name);
struct group *getgrgid(gid_t gid);
```

성공하면 포인터를 리턴하고, 에러가 발생하면 NULL을 리턴한다.
'레코드가 없는(not found)' 경우에 대해서는 본문의 설명을 참조하라.

getgrnam() 함수는 그룹 이름으로 그룹 정보를 찾고, getgrgid() 함수는 그룹 ID로 찾는다. 두 함수 모두 다음과 같은 구조체를 가리키는 포인터를 리턴한다.

```
struct group {
    char *gr_name;    /* 그룹 이름 */
    char *gr_passwd;  /* 암호화된 패스워드(섀도 패스워드를 쓰지 않을 경우) */
    gid_t gr_gid;     /* 그룹 ID */
    char **gr_mem;    /* NULL로 끝나는 포인터 배열. /etc/group에 나열된
                         사용자 이름들을 가리킨다. */
};
```

> group 구조체의 gr_passwd 필드는 SUSv3에 정의되어 있지 않지만, 대부분의 유닉스 구현에 존재한다.

위에서 설명한 패스워드 함수와 마찬가지로, 이 구조체는 이 함수를 호출할 때마다 겹쳐 써진다.

이 함수가 해당 group 레코드를 찾을 수 없으면, getpwnam()과 getpwuid()에서 설명한 것과 같이 구현에 따라 다른 동작을 보인다.

### 예제 프로그램

지금까지 설명한 함수의 공통된 용도는 심볼 사용자/그룹 이름과 숫자 ID를 상호 변환하는 것이다. 리스트 8-1은 그런 변환의 예를 userNameFromId(), userIdFromName(), groupNameFromId(), groupIdFromName()이라는 네 가지 함수의 형태로 보여준다. 호출자의 편의를 위해 userIdFromName()과 groupIdFromName()에는 숫자를 담고 있는 문자열도 인자로 넘길 수 있다. 이 경우 문자열은 바로 숫자로 변환되어 호출자에게 리턴된다. 이 함수들은 이 책에 나오는 그 밖의 예제 프로그램에도 사용된다.

**리스트 8-1** 사용자/그룹 ID와 사용자/그룹 이름과 상호 변환하는 함수

users_groups/ugid_functions.c

```
#include <pwd.h>
#include <grp.h>
#include <ctype.h>
#include "ugid_functions.h" /* 여기 정의된 함수들을 선언한다. */

char *      /* 'uid'에 해당하는 이름을 리턴한다. 에러 발생 시 NULL을 리턴한다. */
userNameFromId(uid_t uid)
{
    struct passwd *pwd;

    pwd = getpwuid(uid);
    return (pwd == NULL) ? NULL : pwd->pw_name;
}

uid_t       /* 'name'에 해당하는 UID를 리턴한다. 에러 발생 시 -1을 리턴한다. */
userIdFromName(const char *name)
{
    struct passwd *pwd;
    uid_t u;
    char *endptr;

    if (name == NULL || *name == '\0') /* NULL 또는 빈 문자열이면 */
        return -1;                     /* 에러를 리턴한다. */

    u = strtol(name, &endptr, 10);     /* 호출자의 편의를 위해 */
    if (*endptr == '\0')               /* 숫자를 담고 있는 문자열을 허용한다. */
        return u;

    pwd = getpwnam(name);
    if (pwd == NULL)
        return -1;

    return pwd->pw_uid;
}
```

```
char *      /* 'gid'에 해당하는 이름을 리턴한다. 에러 발생 시 NULL을 리턴한다. */
groupNameFromId(gid_t gid)
{
    struct group *grp;

    grp = getgrgid(gid);
    return (grp == NULL) ? NULL : grp->gr_name;
}

gid_t      /* 'name'에 해당하는 GID를 리턴한다. 에러 발생 시 -1을 리턴한다. */
groupIdFromName(const char *name)
{
    struct group *grp;
    gid_t g;
    char *endptr;

    if (name == NULL || *name == '\0')  /* NULL 또는 빈 문자열이면 */
        return -1;                      /* 에러를 리턴한다. */

    g = strtol(name, &endptr, 10);      /* 호출자의 편의를 위해 */
    if (*endptr == '\0')                /* 숫자를 담고 있는 문자열을 허용한다. */
        return g;

    grp = getgrnam(name);
    if (grp == NULL)
        return -1;

    return grp->gr_gid;
}
```

### 패스워드와 그룹 파일 내의 모든 레코드를 스캔하기

setpwent(), getpwent(), endpwent() 함수는 패스워드 파일 내의 레코드를 순차적으로 스캔할 때 쓴다.

```
#include <pwd.h>

struct passwd *getpwent(void);
```

성공하면 포인터를 리턴하고, 스트림의 끝이거나 에러가 발생하면 NULL을 리턴한다.

```
void setpwent(void);
void endpwent(void);
```

getpwent() 함수는 패스워드 파일의 레코드를 하나씩 리턴한다. 더 이상 레코드가 없으면(또는 에러 발생 시) NULL을 리턴한다. getpwent()는 처음 호출하면 자동으로 패스워드 파일을 연다. 파일을 모두 읽고 나서는 endpwent()를 호출해 닫아야 한다.

다음과 같은 코드로 패스워드 파일 전체를 스캔하면서 로그인 이름과 사용자 ID를 출력할 수 있다.

```
struct passwd *pwd;

while ((pwd = getpwent()) != NULL)
    printf("%-8s %5ld\n", pwd->pw_name, (long) pwd->pw_uid);

endpwent();
```

endpwent()를 꼭 호출해야 이후의 getpwent() 호출(아마도 프로그램의 다른 부분에서나 프로그램이 호출하는 라이브러리 함수에서)이 패스워드 파일을 다시 열고 처음부터 다시 시작할 수 있다. 반면에 패스워드 파일을 읽던 중간이라면, setpwent() 함수를 통해 처음부터 다시 시작할 수 있다.

setgrent(), getgrent(), endgrent() 함수는 그룹 파일에 대해 비슷한 작업을 수행한다. 이 함수의 프로토타입은 위에서 설명한 패스워드 파일에 작용하는 함수와 비슷하므로 생략한다. 자세한 내용은 매뉴얼 페이지를 참조하기 바란다.

### 섀도 패스워드 파일 레코드 읽기

아래 함수들은 섀도 패스워드 파일에서 각 레코드를 읽고 전체 레코드를 스캔할 때 쓴다.

```
#include <shadow.h>

struct spwd *getspnam(const char *name);
```

성공하면 포인터를 리턴하고, 레코드가 없거나 에러가 발생하면 NULL을 리턴한다.

```
struct spwd *getspent(void);
```

성공하면 포인터를 리턴하고, 스트림의 끝이거나 에러가 발생하면 NULL을 리턴한다.

```
void setspent(void);
void endspent(void);
```

이 함수에 대해서는 자세히 설명하지 않겠다. 이들의 동작이 패스워드 파일에 작용하는 함수와 비슷하기 때문이다(이 함수들은 SUSv3에 정의되어 있지 않고, 모든 유닉스 구현에 존재하지도 않는다).

getspnam()과 getspent() 함수는 spwd 구조체를 가리키는 포인터를 리턴한다. 이 구조체의 형태는 다음과 같다.

```
struct spwd {
    char *sp_namp;      /* 로그인 이름(사용자 이름) */
    char *sp_pwdp;      /* 암호화된 패스워드 */

    /* 나머지 필드들은 사용자가 정기적으로 패스워드를 바꾸도록 강제해서 공격자가 패스워드를
       알게 되더라도 결국에는 못 쓰게 되도록 하는 선택적 기능인 '패스워드 에이징
       (password aging)'을 지원한다. */

    long sp_lstchg;     /* 마지막으로 패스워드를 바꾼 때(1970년 1월 1일부터의 날의 수) */
    long sp_min;        /* 패스워드를 바꾸기 위해 지나야 하는 최소 날 수 */
    long sp_max;        /* 패스워드를 바꾸지 않고 쓸 수 있는 최대 날 수 */
    long sp_warn;       /* 패스워드 만료 며칠 전부터 사용자에게 경고할지 */
    long sp_inact;      /* 패스워드가 만료된 뒤 며칠 뒤부터 계정을 사용 금지시키고 잠글지 */
    long sp_expire;     /* 계정이 만료되는 때(1970년 1월 1일부터의 날의 수) */
    unsigned long sp_flag;      /* 미래에 쓸 수 있도록 예약 */
};
```

리스트 8-2는 getspnam()의 사용 예다.

## 8.5 패스워드 암호화와 사용자 인증

어떤 응용 프로그램을 쓰려면 사용자가 스스로를 인증해야 한다. 인증은 보통 사용자 이름(로그인 이름)과 패스워드의 형태를 띤다. 응용 프로그램은 이를 위해 독자적인 사용자 이름과 패스워드 데이터베이스를 갖고 있을 수도 있다. 하지만 사용자가 /etc/passwd와 /etc/shadow에 정의되어 있는 표준 사용자 이름과 패스워드를 입력하게 해야 할 수도 있고, 그것이 편리하기도 하다(8.5절에서는 시스템이 섀도 패스워드를 사용하고, 따라서 암호화된 패스워드가 /etc/shadow에 저장되어 있다고 가정하겠다). ssh와 ftp 같이 어떤 형태로든 원격 시스템으로의 로그인을 제공하는 네트워크 응용 프로그램이 그런 프로그램의 전형적인 예다. 이 응용 프로그램은 표준 로그인 프로그램과 같은 방법으로 사용자 이름과 패스워드를 검증해야 한다.

보안상의 이유로, 유닉스 시스템은 패스워드를 단방향 암호화 알고리즘으로 암호화한다. 이는 암호화된 패스워드로부터 원래의 패스워드를 재생성할 수 없다는 뜻이다. 따라서 패스워드 후보를 검증하는 유일한 방법은 같은 방법으로 암호화한 뒤 암호화한 결과가 /etc/shadow에 저장된 값과 일치하는지 보는 것이다. 암호화 알고리즘은 crypt() 함수에 들어 있다.

```
#define _XOPEN_SOURCE
#include <unistd.h>

char *crypt(const char *key, const char *salt);
```

성공하면 암호화된 패스워드를 담고 있는 정적으로 할당된 문자열의 포인터를 리턴하고, 에러가 발생하면 NULL을 리턴한다.

crypt() 알고리즘은 8자까지의 키key(즉 패스워드)에 변형된 DESData Encryption Standard 알고리즘을 적용한다. salt 인자는 2자짜리 문자열로 알고리즘에 변형을 가하는 데 이용되는데, 암호화된 패스워드를 알아내기 더욱 어렵게 하기 위해 설계된 기법이다. 이 함수는 암호화된 패스워드를 담고 있는 정적으로 할당된 13자짜리 문자열의 포인터를 리턴한다.

> DES에 대한 자세한 내용은 http://www.itl.nist.gov/fipspubs/fip46-2.htm에서 찾을 수 있다. 앞서 언급했듯이, DES 대신 다른 알고리즘을 사용해도 된다. 예를 들어 MD5는 $로 시작하는 34자짜리 문자열을 만들어내며, crypt()는 $로 시작하는 문자열은 DES가 아니라 MD5로 암호화된 패스워드임을 알 수 있다.
>
> 이 책에서 패스워드 암호화에 대해 논할 때는 '암호화'라는 말을 조금 느슨하게 쓰고 있다. 정확하게 말하면 DES는 주어진 패스워드를 암호화 키로 삼아 고정된 비트열(bit string)을 부호화하는 반면, MD5는 복잡한 해시(hash) 함수다. 두 가지 모두 결과는 같다. 입력 패스워드에 대한 해독할 수 없고 되돌릴 수 없는 변형이다.

salt 인자와 암호화된 패스워드 모두 [a-zA-Z0-9/.]의 64개 문자에 속하는 문자들로 이뤄져 있다. 따라서 2자짜리 salt 인자는 암호화된 알고리즘에 64×64 = 4096가지 변형을 일으킬 수 있다. 이는 사전 전체를 미리 암호화하고 암호화된 패스워드를 사전 속의 모든 단어와 대조하는 대신, 공격자는 사전을 4096가지로 암호화해서 확인해야 한다는 뜻이다.

crypt()가 리턴한 암호화된 패스워드의 첫 2자는 원래의 salt 값을 그대로 복사한 것이다. 이는 패스워드 후보를 암호화할 때, /etc/shadow에 저장된 암호화된 패스워드로부터 적절한 salt 값을 구할 수 있다는 뜻이다(passwd(1) 같은 프로그램은 새로운 패스워드를 암호화할 때 임의의 salt 문자들을 만들어낸다). 사실 crypt() 함수는 salt 문자열에서 첫 2자 외의 모든 문자를 무시한다. 따라서 암호화된 패스워드 자체를 salt 인자로 사용할 수 있다.

리눅스에서 crypt()를 사용하려면, 프로그램을 -lcrypt 옵션으로 컴파일해서 crypt 라이브러리와 링크해야 한다.

## 예제 프로그램

리스트 8-2는 crypt()를 사용해 사용자를 인증하는 방법을 보여준다. 이 프로그램은 먼저 사용자 이름을 읽고, 그 다음에 해당 패스워드 레코드와 섀도 패스워드 레코드(만약 존재하면)를 읽는다. 프로그램은 패스워드 레코드가 없거나 섀도 패스워드 파일을 읽을 권한(슈퍼유저 특권이 있거나 shadow 그룹의 멤버여야 한다)이 없는 경우 에러 메시지를 출력하고 종료한다. 프로그램은 그 다음에 getpass() 함수를 통해 사용자의 패스워드를 읽는다.

```
#define _BSD_SOURCE
#include <unistd.h>

char *getpass(const char *prompt);
```

성공하면 암호화된 정적으로 할당된 입력 패스워드 문자열의 포인터를 리턴하고, 에러가 발생하면 NULL을 리턴한다.

getpass() 함수는 먼저 키 입력이 화면에 표시되지 않도록 하고 터미널의 모든 특수 문자(인터럽트 문자(보통 Control-C) 같은) 처리를 금지한다(이렇게 터미널 설정을 바꾸는 법은 Vol. 2의 25장에서 설명한다). 그 다음에 prompt가 가리키는 문자열을 출력하고 한 줄을 입력받은 뒤, 함수의 결과로, 맨 끝의 줄바꿈 문자를 제거한 널로 끝나는 입력 문자열을 리턴한다(이 문자열은 정적으로 할당됐으므로 이후의 getpass() 호출 시 덮어써진다). 리턴 전에, getpass()는 터미널 설정을 원래대로 복원한다.

리스트 8-2의 프로그램은 getpass()로 패스워드를 읽은 다음 입력된 패스워드를 crypt()로 암호화하고 암호화된 문자열이 섀도 패스워드 파일에 있는 암호화된 패스워드와 일치하는지를 확인함으로써 입력된 패스워드를 검증한다. 패스워드가 일치하면, 아래 예와 같이 사용자의 ID가 출력된다.

```
$ su                     섀도 패스워드를 읽기 위한 특권이 필요하다.
Password:
# ./check_password
Username: mtk
Password:                패스워드를 입력하지만 화면에 출력되지 않는다.
Successfully authenticated: UID=1000
```

리스트 8-2의 프로그램은 사용자 이름을 담을 문자열 배열의 크기를 sysconf(_SC_LOGIN_NAME_MAX)가 리턴하는 값으로 설정하는데, 이는 호스트 시스템에서의 최대 사용자 이름 길이를 리턴한다. sysconf()의 사용법은 11.2절에서 설명한다.

**리스트 8-2** 섀도 패스워드를 이용한 사용자 인증

users_groups/check_password.c

```
#define _BSD_SOURCE           /* <unistd.h>의 getpass() 선언을 활성화한다. */
#define _XOPEN_SOURCE         /* <unistd.h>의 crypt() 선언을 활성화한다. */
#include <unistd.h>
#include <limits.h>
#include <pwd.h>
#include <shadow.h>
#include "tlpi_hdr.h"

int
main(int argc, char *argv[])
{
    char *username, *password, *encrypted, *p;
    struct passwd *pwd;
    struct spwd *spwd;
    Boolean authOk;
    size_t len;
    long lnmax;

    lnmax = sysconf(_SC_LOGIN_NAME_MAX);
    if (lnmax == -1)          /* 한도가 정해져 있지 않으면 */
        lnmax = 256;          /* 적절히 설정한다. */

    username = malloc(lnmax);
    if (username == NULL)
        errExit("malloc");

    printf("Username: ");
    fflush(stdout);
    if (fgets(username, lnmax, stdin) == NULL)
        exit(EXIT_FAILURE);   /* EOF면 종료 */

    len = strlen(username);
    if (username[len - 1] == '\n')
        username[len - 1] = '\0'; /* 끝 부분의 '\n'을 제거 */

    pwd = getpwnam(username);
    if (pwd == NULL)
        fatal("couldn't get password record");
    spwd = getspnam(username);
```

```
    if (spwd == NULL && errno == EACCES)
        fatal("no permission to read shadow password file");

    if (spwd != NULL)  /* 섀도 패스워드 레코드가 있으면 */
        pwd->pw_passwd = spwd->sp_pwdp;  /* 섀도 패스워드를 사용한다. */

    password = getpass("Password: ");

    /* 패스워드를 암호화하고 평문을 즉시 지운다. */

    encrypted = crypt(password, pwd->pw_passwd);
    for (p = password; *p != '\0'; )
        *p++ = '\0';

    if (encrypted == NULL)
        errExit("crypt");

    authOk = strcmp(encrypted, pwd->pw_passwd) == 0;
    if (!authOk) {
        printf("Incorrect password\n");
        exit(EXIT_FAILURE);
    }

    printf("Successfully authenticated: UID=%ld\n", (long) pwd->pw_uid);

    /* 이제 인증 작업을 수행한다... */

    exit(EXIT_SUCCESS);
}
```

리스트 8-2에는 중요한 보안 요소가 있다. 패스워드를 읽는 프로그램은 패스워드를 즉시 암호화하고 평문을 메모리에서 지워야 한다. 이는 프로그램이 오류로 중단(크래시crash)되어 코어 덤프를 만들 경우 암호화되지 않은 패스워드가 포함될 가능성을 최소화한다.

> 암호화되지 않은 패스워드가 노출될 수 있는 그 밖의 경우도 있다. 예를 들어, 패스워드를 담고 있는 메모리 페이지가 스왑 영역으로 옮겨질(swap out) 경우, 특권 프로그램이 스왑 파일에서 패스워드를 읽을 수 있다. 그 밖에, 특권 프로세스는 패스워드를 알아내려고 /dev/mem(컴퓨터의 물리적 메모리를 순차적 바이트 스트림으로 나타내는 가상 디바이스)을 읽을 수도 있다.
>
> getpass() 함수는 SUSv2에 레거시(LEGACY)로 표시되어 있는데, 이름이 오해하기 쉽고 함수의 기능을 구현하기 쉽다고 언급되어 있다. getpass()의 정의는 SUSv3에서 제거됐다. 그럼에도 불구하고 대부분의 유닉스 구현에 존재한다.

## 8.6 정리

각 사용자는 고유한 로그인 이름과 숫자로 된 사용자 ID를 갖는다. 사용자는 하나 이상의 그룹에 속할 수 있고, 각 그룹은 또한 고유한 이름과 숫자로 된 ID를 갖는다. 이 ID는 주로 다양한 시스템 자원(예: 파일)의 소유권과 자원에 대한 접근 권한을 확실히 하기 위해 사용한다.

사용자의 이름과 ID는 /etc/passwd 파일에 정의되어 있는데, 이 파일은 사용자에 대한 기타 정보도 담고 있다. 사용자의 그룹은 /etc/passwd의 필드와 /etc/group 파일에 정의되어 있다. 특권 프로세스만 읽을 수 있는 /etc/shadow는 민감한 패스워드 정보를 모두 읽을 수 있는 /etc/passwd에서 분리해서 따로 저장한다. 이 파일에서 정보를 읽기 위한 여러 가지 라이브러리 함수가 제공된다.

`crypt()` 함수는 표준 `login` 프로그램과 동일한 방식으로 패스워드를 암호화하는데, 사용자를 인증해야 하는 프로그램에 유용하다.

## 8.7 연습문제

**8-1.** 각기 다른 두 사용자 ID의 사용자 이름을 출력하려고 하는 아래의 코드를 실행하면, 같은 사용자 이름이 두 번 출력된다. 그 이유는 무엇인가?

```
printf("%ld %ld\n", (long) (getpwnam("avr")->pw_uid),
                    (long) (getpwnam("tsr")->pw_uid));
```

**8-2.** `setpwent()`, `getpwent()`, `endpwent()`를 이용해 `getpwnam()`을 구현하라.

# 9

# 프로세스 자격증명

프로세스마다 연관된 숫자 사용자 ID(UID)와 그룹 ID(GID)이 있는데, 이들을 프로세스 자격증명process credential이라고 한다. 해당 ID는 다음과 같다.

- 실제 사용자 ID와 그룹 ID
- 유효 사용자 ID와 그룹 ID
- 저장된 set-user-ID와 저장된 set-group-ID
- 파일 시스템 사용자 ID와 그룹 ID(리눅스 고유)
- 추가 그룹 IDsupplementary group ID

9장에서는 이 프로세스 ID의 목적을 자세히 알아보고, 이들을 읽고 변경하기 위한 시스템 호출과 라이브러리 함수를 살펴본다. 또한 특권/비특권 프로세스의 개념과, 특정 사용자나 그룹의 특권을 실행되는 프로그램을 작성할 수 있게 해주는 set-user-ID와 set-group-ID 메커니즘도 알아볼 것이다.

## 9.1 실제 사용자 ID와 실제 그룹 ID

실제 사용자 ID와 그룹 ID는 프로세스의 소유자인 사용자와 그룹을 나타낸다. 로그인 과정의 일부로, 로그인 셸은 /etc/passwd 파일에 있는 사용자의 패스워드 레코드 중 3번째와 4번째 필드에서 실제 사용자 ID와 그룹 ID를 얻는다(8.1절). 새로운 프로세스가 만들어지면(예를 들어 셸이 프로그램을 실행하면), 새로운 프로세스는 부모로부터 이 ID를 물려받는다.

## 9.2 유효 사용자 ID와 유효 그룹 ID

대부분의 유닉스 구현에서(9.5절에서 설명하겠지만, 리눅스는 조금 다르다), 유효 사용자 ID와 그룹 ID는 추가 그룹 ID와 함께, 프로세스가 여러 가지 동작(예: 시스템 호출)을 수행할 때 프로세스에게 주어진 권한을 결정한다. 예를 들어 이 ID는, 소유자를 나타내는 사용자와 그룹 ID가 붙어 있는 파일 및 시스템 V IPCinterprocess communication 객체 등의 자원에 접근할 때 프로세스에게 주어진 권한을 결정한다. 20.5절에서 살펴보겠지만, 유효 사용자 ID는 커널이 프로세스가 다른 프로세스에 시그널을 보낼 수 있는지를 결정할 때도 사용된다.

유효 사용자 ID가 0(root의 사용자 ID)인 프로세스는 슈퍼유저의 모든 특권을 갖는다. 그런 프로세스를 특권 프로세스privileged process라고 한다. 특정 시스템 호출은 특권 프로세스만이 실행할 수 있다.

> 34장에서 리눅스의 능력(capability) 구현에 대해 살펴본다. 이는 슈퍼유저에게 주어진 특권을 여러 단위로 나누어 독립적으로 허용하고 금지할 수 있는 방식이다.

보통 유효 사용자 ID와 그룹 ID는 실제 ID와 같지만, 유효 ID가 달라지는 두 가지 경우가 있다. 하나는 9.7절에서 설명하듯이 시스템 호출을 통해서다. 두 번째는 set-user-ID와 set-group-ID 프로그램을 실행해서다.

## 9.3 set-user-ID와 set-group-ID 프로그램

set-user-ID 프로그램을 이용하면 프로세스의 유효 사용자 ID를 실행 파일의 (소유자의) 사용자 ID와 동일한 값으로 설정함으로써 프로세스가 보통은 가질 수 없는 특권을 갖게 할 수 있다. set-group-ID 프로그램은 프로세스의 유효 그룹 ID에 대해 비슷한 일을 수행한다(set-user-ID 프로그램과 set-group-ID 프로그램이라는 말은 set-UID 프로그램과 set-GID 프로그램으로 줄여 쓰기도 한다).

여타 파일과 마찬가지로, 실행 파일에도 파일의 소유권을 나타내는 사용자 ID와 그룹 ID가 붙어 있다. 게다가 실행 파일에는 두 가지 특별한 권한 비트가 있는데, set-user-ID와 set-group-ID 비트다(사실 모든 파일에 이 두 권한 비트가 있지만, 여기서는 실행 파일의 경우에 대해서만 다루겠다). 이 권한 비트는 chmod 명령으로 설정한다. 비특권 사용자는 자신이 소유한 파일에 대해서만 이 비트를 설정할 수 있다. 특권 사용자(CAP_FOWNER)는 임의의 파일에 대해 이 비트를 설정할 수 있다. 아래 예를 보자.

```
$ su
Password:
# ls -l prog
-rwxr-xr-x    1 root     root      302585 Jun 26 15:05 prog
# chmod u+s prog                          set-user-ID 권한 비트를 켠다.
# chmod g+s prog                          set-group-ID 권한 비트를 켠다.
```

이 예에서 볼 수 있듯이, 흔치는 않지만 하나의 프로그램에 대해 이들 비트를 모두 켤 수도 있다. ls -l로 set-user-ID나 set-group-ID 권한 비트가 설정되어 있는 프로그램의 권한 목록을 보면, 보통 실행 권한을 나타내는 x가 s로 대치되어 있음을 알 수 있다.

```
# ls -l prog
-rwsr-sr-x    1 root     root      302585 Jun 26 15:05 prog
```

set-user-ID 프로그램이 실행되면(즉 exec()를 통해 프로세스의 메모리에 로드되면), 커널은 프로세스의 유효 사용자 ID를 실행 파일의 사용자 ID로 설정한다. set-group-ID 프로그램을 실행하면 유효 그룹 ID에 대해 비슷한 일이 일어난다. 이렇게 유효 사용자/그룹 ID를 바꾸면 프로세스(즉 프로그램을 실행하는 사용자)가 보통은 갖지 않는 특권을 갖게 된다. 예를 들어 실행 파일의 소유자가 root(슈퍼유저)이고 set-user-ID 권한 비트가 켜져 있으면, 프로그램이 실행될 때 슈퍼유저 특권을 갖게 된다.

set-user-ID와 set-group-ID 프로그램의 유효 ID를 root 외의 것으로 바꾸도록 설계할 수도 있다. 예를 들어 보호된 파일(또는 기타 시스템 자원)에 접근하려면, 해당 파일에 접근할 수 있는 특권을 갖는 특수 목적 사용자(그룹) ID를 만들고, 프로세스의 유효 사용자(그룹) ID를 해당 ID로 바꾸는 set-user-ID(set-group-ID) 프로그램을 만드는 것으로 충분할 수 있다. 이렇게 하면 프로그램에게 슈퍼유저의 모든 특권을 주지 않으면서도 해당 파일에 접근하게 할 수 있다.

root가 소유한 set-user-ID 프로그램을 다른 사용자가 소유한 프로그램(단지 해당 사용자의 특권만을 주는)과 구별하기 위해 set-user-ID-root라는 말을 쓰기도 한다.

> 이제 특권이라는 말을 두 가지 의미로 쓰기 시작했다. 하나는 먼저 정의한 의미로, 유효 사용자 ID가 0인 프로세스는 root에게 부여된 모든 특권을 갖는다. 하지만 소유자가 root가 아닌 set-user-ID 프로그램은 set-user-ID 프로그램의 사용자 ID에 부여된 특권을 갖는다고 한다. 각 경우에 특권이라는 말이 무엇을 뜻하는지는 문맥을 보면 분명하다.
>
> 이유는 33.3절에서 설명하겠지만, set-user-ID와 set-group-ID 권한 비트는 리눅스의 셸 스크립트에는 전혀 효과가 없다.

리눅스에서 흔히 쓰이는 set-user-ID 프로그램의 예로는 사용자의 패스워드를 바꾸는 passwd(1), 파일 시스템을 마운트mount하고 마운트 해제unmount하는 mount(8)과 umount(8), 사용자가 셸을 다른 사용자 ID로 실행할 수 있게 해주는 su(1) 등이 있다. set-group-ID 프로그램의 예로는 소유자가 tty 그룹인 모든 터미널(tty 그룹은 보통 모든 터미널을 소유한다).

8.5절에서 리스트 8-2의 프로그램이 /etc/shadow 파일에 접근할 수 있도록 root 로그인 상태에서 실행돼야 한다고 했다. 이 프로그램을 다음과 같이 set-user-ID-root 프로그램으로 만들면 모든 사용자가 실행할 수 있다.

```
$ su
Password:
# chown root check_password             이 프로그램의 소유자를 root로 바꾼다.
# chmod u+s check_password              set-user-ID 비트를 켠다.
# ls -l check_password
-rwsr-xr-x    1 root     users     18150 Oct 28 10:49 check_password
# exit
$ whoami                                비특권 로그인 상태다.
mtk
$ ./check_password                      하지만 이제 이 프로그램을 통해
Username: avr                           섀도 패스워드 파일에 접근할 수 있다.
Password:
Successfully authenticated: UID=1001
```

set-user-ID/set-group-ID 기법은 유용하고 강력한 도구이지만, 응용 프로그램을 잘못 설계하면 보안상 허점이 된다. set-user-ID와 set-group-ID 프로그램을 작성할 때 지켜야 할 기준에 대해서는 33장에서 알아볼 것이다.

## 9.4 저장된 set-user-ID와 저장된 set-group-ID

저장된 set-user-ID와 저장된 set-group-ID는 set-user-ID 및 set-group-ID 프로그램과 함께 쓰도록 설계됐다. 프로그램이 실행될 때는 다음과 같은 단계를 거친다.

1. 실행 파일의 set-user-ID(set-group-ID) 권한 비트가 켜져 있으면, 해당 프로세스의 유효 사용자(그룹) ID가 실행 파일의 소유자와 같아진다. set-user-ID(set-group-ID) 권한 비트가 꺼져 있으면, 프로세스의 유효 사용자(그룹) ID는 변하지 않는다.
2. 저장된 set-user-ID와 저장된 set-group-ID의 값은 해당 유효 ID에서 복사된다. 이 복사는 실행되는 파일의 set-user-ID나 set-group-ID 상태와 상관없이 발생한다.

위 단계들의 효과 예로, 실제 사용자 ID, 유효 사용자 ID, 저장된 set-user-ID가 모두 1000인 프로세스가 소유자가 root인 set-user-ID 프로그램을 실행한다고 가정하자. 실행하면 해당 프로세스의 사용자 ID는 다음과 같이 바뀔 것이다.

```
real=1000 effective=0 saved=0
```

set-user-ID 프로그램은 다양한 시스템 호출을 통해 유효 사용자 ID를 실제 사용자 ID 또는 저장된 set-user-ID로 설정할 수 있다. set-group-ID 프로그램의 유효 그룹 ID를 바꿀 수 있는 유사한 시스템 호출도 존재한다. 이런 식으로, 프로그램은 실행 파일의 사용자(그룹) ID가 갖고 있는 특권을 임시로 포기했다가 다시 회복할 수 있다(즉 프로그램이 특권 상태로 전환할 수 있는 상태와 실제 특권 상태 사이를 오갈 수 있다). 33.2절에서 자세히 알아보겠지만, 실제로 특권(즉 저장된 set) ID가 필요한 동작을 수행할 필요가 없을 때는 언제나 set-user-ID와 set-group-ID 프로그램을 비특권(즉 실제) ID로 동작시키는 것이 안전한 프로그래밍 방법이다.

> 저장된 set-user-ID와 저장된 set-group-ID를 저장된 사용자 ID와 저장된 그룹 ID라고도 한다.
>
> 저장된 ID는 시스템 V에서 고안되어 POSIX에 채택됐다. BSD에서는 4.4 이전에는 제공되지 않았다. 초기의 POSIX.1 표준에서는 이 ID의 지원이 선택사항이었지만, 이후의 표준(1988년 FIPS 151-1부터)에서는 의무사항이 됐다.

## 9.5 파일 시스템 사용자 ID와 파일 시스템 그룹 ID

리눅스의 경우 파일 열기, 파일 소유권 변경, 파일 권한 수정 등의 파일 시스템 오퍼레이션을 수행할 때 (추가 그룹 ID와 함께) 권한을 결정하는 것은 유효 사용자/그룹 ID보다는 파일 시스템 사용자/그룹 ID다(앞서 설명한 기타 목적으로는 여타 유닉스 구현과 마찬가지로 여전히 유효 사용자 ID를 사용한다).

일반적으로 파일 시스템 사용자/그룹 ID는 해당 유효 ID와 같다(따라서 일반적으로 해당 실제 ID와 같다). 게다가 시스템 호출이나 set-user-ID/set-group-ID 프로그램 실행에 의해 유효 사용자/그룹 ID가 바뀔 때마다, 해당 파일 시스템 사용자/그룹 ID도 같은 값으로 바뀐다. 파일 시스템 ID가 이런 식으로 유효 ID를 따라 바뀌기 때문에, 특권이나 권한을 확인할 때 리눅스의 동작은 실질적으로 여타 유닉스 구현과 똑같다. 파일 시스템 ID가 해당 유효 ID와 달라져서 리눅스의 동작이 여타 유닉스 구현과 다를 때는 리눅스 고유의 시스템 호출인 `setfsuid()`와 `setfsgid()`를 통해 명시적으로 파일 시스템 ID를 유효 ID와 다르게 만들었을 경우뿐이다.

리눅스는 왜 파일 시스템 ID를 제공하고, 사용자가 유효 ID와 파일 시스템 ID가 다르기를 바라는 경우는 언제일까? 그 이유는 주로 역사와 관련되어 있다. 파일 시스템 ID는 리눅스 1.2에서 처음 등장했다. 이 커널 버전에서는, 송신자 프로세스의 유효 사용자 ID와 수신자 프로세스의 실제 또는 유효 사용자 ID가 같으면 송신자가 수신자에게 시그널을 보낼 수 있었다. 이는 해당 클라이언트 프로세스와 유효 사용자 ID가 같은 것처럼 파일에 접근할 수 있어야 하는 리눅스 NFSNetwork File System 서버 프로그램 등에 영향을 주었다. 하지만 NFS 서버가 유효 사용자 ID를 바꾸면, 비특권 사용자 프로세스로부터 전달되는 시그널에 취약해진다. 이런 가능성을 미연에 방지하고자, 독립된 파일 시스템 사용자/그룹 ID가 고안됐다. 유효 ID를 바꾸지 않고 파일 시스템 ID를 바꿈으로써, NFS 서버는 사용자 프로세스로부터의 시그널에 취약해지지 않으면서 파일 접근을 위해 다른 사용자로 변신할 수 있다.

커널 2.0부터 리눅스는 시그널을 발송 권한에 대한 SUSv3 필수 규칙을 채택했고, 이 규칙은 수신 프로세스의 유효 사용자 ID와는 상관이 없다(20.5절 참조). 따라서 파일 시스템 ID 기능은 더 이상 필수적이지는 않지만(프로세스는 이제 9장에서 조금 뒤에 설명할 시스템 호출을 적절히 사용해 유효 사용자 ID 값을 필요에 따라 특권/비특권 값을 오가도록 설정함으로써 필요한 결과를 얻을 수 있게 됐다), 기존 소프트웨어와의 호환을 위해 남겨졌다.

파일 시스템 ID는 약간 특이하고, 보통 해당 유효 ID와 값이 같으므로, 앞으로는 새로운 파일의 소유권 설정과 여러 가지 파일 권한 검사에 대해 설명할 때, 프로세스의 유효

ID에 따르는 것으로 설명할 것이다. 리눅스에서는 이런 목적으로 프로세스의 파일 시스템 ID가 쓰이지만, 실질적으로 파일 시스템 ID의 존재는 의미 있는 차이를 보이지 않는다.

## 9.6 추가 그룹 ID

추가 그룹 ID는 프로세스가 추가적으로 속하는 그룹이다. 새로운 프로세스는 부모로부터 이 ID를 물려받는다. 로그인 셸은 추가 그룹 ID를 시스템 그룹 파일로부터 얻는다. 위에서 말했듯이 이 ID는 파일, 시스템 V IPC 객체, 기타 시스템 자원에 대한 접근 권한을 결정할 때 유효/파일 시스템 ID와 함께 사용된다.

## 9.7 프로세스 자격증명 읽고 수정하기

리눅스는 9장에서 설명한 여러 가지 사용자/그룹 ID를 읽고 변경하기 위한 다양한 시스템 호출과 라이브러리 함수를 제공한다. SUSv3에는 이 중 일부만이 정의되어 있다. 나머지 가운데 몇몇은 다른 유닉스 구현에도 널리 존재하지만 몇몇은 리눅스에만 존재한다. 이 책에서 각 인터페이스를 설명할 때 호환성 이슈에 대해 언급할 것이다. 9장 끝부분의 표 9-1은 프로세스 자격증명을 바꾸는 모든 인터페이스의 동작을 요약하고 있다.

모든 프로세스의 자격증명은, 앞으로 설명할 시스템 호출 대신, 리눅스 고유의 /proc/*PID*/status 파일의 Uid, Gid, Groups 줄에서도 찾을 수 있다. Uid/Gid 줄에는 ID가 실제, 유효, 저장된, 파일 시스템 ID 순으로 나열되어 있다.

9.7절에서는 유효 사용자 ID가 0이라는 특권 프로세스의 전통적인 정의를 사용할 것이다. 하지만 리눅스는 슈퍼유저 특권 개념을 34장에서 설명할 각기 다른 능력capability으로 나누었다. 프로세스 사용자/그룹 ID를 바꾸는 모든 시스템 호출은 두 가지 능력과 관련되어 있다.

- `CAP_SETUID` 능력이 있는 프로세스는 사용자 ID를 임의로 바꿀 수 있다.
- `CAP_SETGID` 능력이 있는 프로세스는 그룹 ID를 임의로 바꿀 수 있다.

### 9.7.1 실제, 유효, 저장된 ID 읽고 바꾸기

이제부터 실제, 유효, 저장된 ID를 읽고 수정하는 시스템 호출에 대해 알아보겠다. 이런 작업을 수행하는 시스템 호출이 몇 가지 있는데, 다양한 시스템 호출이 각기 다른 유닉스 구현에서 유래하다 보니 경우에 따라 기능이 서로 겹치기도 한다.

### 유효 ID 읽고 바꾸기

getuid()와 getgid() 시스템 호출은 각각 실제 사용자 ID와 실제 그룹 ID를 리턴한다. geteuid()와 getegid() 시스템 호출은 유효 ID에 대해 같은 작업을 수행한다. 이 시스템 호출은 언제나 성공한다.

```
#include <unistd.h>

uid_t getuid(void);
                                    호출 프로세스의 실제 사용자 ID를 리턴한다.
uid_t geteuid(void);
                                    호출 프로세스의 유효 사용자 ID를 리턴한다.
gid_t getgid(void);
                                    호출 프로세스의 실제 그룹 ID를 리턴한다.
gid_t getegid(void);
                                    호출 프로세스의 유효 그룹 ID를 리턴한다.
```

### 유효 ID 바꾸기

setuid() 시스템 호출은 호출 프로세스의 유효 사용자 ID(그리고 가능하면 실제 사용자 ID와 저장된 set-user-ID)를 uid 인자로 주어진 값으로 바꾼다. setgid()는 해당 그룹 ID에 대해 비슷한 일을 수행한다.

```
#include <unistd.h>

int setuid(uid_t uid);
int setgid(gid_t gid);
                          성공하면 0을 리턴하고, 에러가 발생하면 -1을 리턴한다.
```

프로세스가 setuid()와 setgid()를 통해 프로세스 자격증명에 대해 어떤 변경을 일으킬 수 있는지는 프로세스가 특권 프로세스인지(즉 유효 사용자 ID가 0인지)에 달려 있다. setuid()에 적용되는 규칙은 다음과 같다.

1. 비특권 프로세스가 setuid()를 호출하면, 프로세스의 유효 사용자 ID만 바뀐다. 게다가 실제 사용자 ID나 저장된 set-user-ID로만 바꿀 수 있다(이 제약사항을 어기면 EPERM 에러가 발생한다). 이는 비특권 사용자의 경우 set-user-ID 프로그램을 실행할 때만 이

호출이 의미가 있음을 뜻한다. 일반 프로그램을 실행할 경우에는 프로세스의 실제 사용자 ID, 유효 사용자 ID, 저장된 set-user-ID가 모두 같기 때문이다. 일부 BSD 계열 구현에서는, 비특권 프로세스가 setuid()나 setgid()를 호출할 경우, 여타 유닉스 구현과 달리, 실제, 유효, 저장된 ID를 (현재 실제/유효 ID로) 바꾼다.

2. 특권 프로세스가 0이 아닌 인자로 setuid()를 실행하면, 실제 사용자 ID, 유효 사용자 ID, 저장된 set-user-ID가 모두 uid 인자로 지정한 값으로 설정된다. 이는, 일단 특권 프로세스가 ID를 이렇게 바꾸면 모든 특권을 잃고 이후에 setuid()를 통해 ID를 다시 0으로 되돌릴 수 없다는 면에서, 편도 여행이다. 이를 원치 않는다면, setuid() 대신 곧 설명할 seteuid()나 setreuid()를 사용해야 한다.

setgid()를 통해 그룹 ID를 바꿀 때 적용되는 규칙도 setuid()를 setgid()로 바꾸고 사용자를 그룹으로 바꾸면 이와 유사하다. 이렇게 바꾸면 규칙 1은 그대로 적용된다. 규칙 2는, 그룹 ID를 바꿔도 특권을 잃지는 않으므로(특권은 유효 사용자 ID를 기준으로 결정되므로), 특권 프로그램은 setgid()를 통해 그룹 ID를 자유롭게 원하는 어떤 값으로든 바꿀 수 있다.

아래 호출은 유효 사용자 ID가 현재 0인 set-user-ID-root 프로그램이 모든 특권을 포기할 때 선호하는 방법이다(유효 사용자 ID와 저장된 set-user-ID를 모두 실제 사용자 ID로 설정한다).

```
if (setuid(getuid()) == -1)
    errExit("setuid");
```

root 외의 사용자가 소유한 set-user-ID 프로그램은 9.4절에서 설명한 보안상의 이유로 인해 setuid()를 통해 유효 사용자 ID를 실제 사용자 ID와 저장된 set-user-ID로 바꿀 수 있다. 하지만 이런 목적으로는 seteuid()가 더 낫다. seteuid()는 set-user-ID 프로그램의 소유자가 root든 아니든 같은 효과를 내기 때문이다.

프로세스는 seteuid()를 통해 유효 사용자 ID를 (euid로 지정한 값으로) 바꿀 수 있고, setegid()를 통해 유효 그룹 ID를 (egid로 지정한 값으로) 바꿀 수 있다.

```
#include <unistd.h>

int seteuid(uid_t euid);
int setegid(gid_t egid);
```

성공하면 0을 리턴하고, 에러가 발생하면 -1을 리턴한다.

프로세스가 seteuid()와 setegid()를 통해 유효 ID를 바꿀 때 적용되는 규칙은 다음과 같다.

1. 비특권 프로세스는 유효 사용자 ID를 해당 실제/저장된 ID로만 바꿀 수 있다(즉 비특권 프로세스의 경우, seteuid()와 setegid()는 앞서 말한 BSD 호환성 이슈를 제외하고는 setuid()/setgid()와 동일한 효과가 있다).
2. 특권 프로세스는 유효 ID를 어떤 값으로든 바꿀 수 있다. 특권 프로세스가 seteuid()를 통해 유효 사용자 ID를 0이 아닌 값으로 바꾸면, 특권을 잃게 된다(그러나 1번의 규칙에 따라 특권을 회복할 수 있다).

seteuid()는 set-user-ID와 set-group-ID 프로그램이 잠시 특권을 포기했다가 회복할 때 좋은 방법이다. 다음은 그 예다.

```
euid = geteuid();                /* 원래의 유효 사용자 ID(저장된 set-user-ID와 같다)를
                                    저장한다. */
if (seteuid(getuid()) == -1)     /* 특권을 포기한다. */
    errExit("seteuid");
if (seteuid(euid) == -1)         /* 특권을 회복한다. */
    errExit("seteuid");
```

BSD에서 유래한 seteuid()와 setegid()는 이제 SUSv3에 정의되어 있고 대부분의 유닉스 구현에서 볼 수 있다.

> 예전 버전의 GNU C 라이브러리(glibc 2.0까지)에서는 seteuid(euid)가 setreuid(-1, euid)로 구현되어 있었다. 요즘 버전의 glibc에는 seteuid(euid)가 setresuid(-1, euid, -1)로 구현되어 있다(setreuid(), setresuid() 및 그룹에 적용되는 이와 유사한 함수에 대해서는 곧 설명할 것이다). 둘 다 euid를 현재의 유효 사용자 ID로 설정할 수 있다(즉 바뀌지 않는 경우). 하지만 SUSv3에는 seteuid()의 이런 동작이 규정되어 있지 않고, 일부 유닉스 구현에서는 허용되지 않기도 한다. 일반적으로, 보통의 경우 유효 사용자 ID가 실제 사용자 ID나 저장된 set-user-ID와 같기 때문에, 구현에 따른 이런 잠재적 차이는 뚜렷하게 드러나지 않는다(리눅스에서 유효 사용자 ID를 실제 사용자 ID 및 저장된 set-user-ID와 다르게 설정하는 유일한 방법은 비표준인 setresuid() 시스템 호출뿐이다).
>
> 모든 버전의 glibc(요즘 버전 포함)에서, setegid(egid)는 setregid(-1, egid)로 구현되어 있다. 즉 seteuid()와 마찬가지로, 이런 동작이 SUSv3에 규정되어 있지는 않지만 egid를 현재 유효 그룹 ID로 지정할 수 있다. 이는 또한 유효 그룹 ID가 현재 실제 그룹 ID와 다르게 설정되어 있다면 setegid()가 저장된 set-group-ID를 바꾼다는 뜻이다(setreuid()를 이용하는 과거의 seteuid() 구현도 이와 유사하다). 다시 말하지만, 이런 동작은 SUSv3에 규정되어 있지 않다.

## 실제/유효 ID 바꾸기

setreuid() 시스템 호출을 이용하면 호출 프로세스가 자신의 실제/유효 사용자 ID를 독립적으로 바꿀 수 있다. setregid() 시스템 호출은 실제/유효 그룹 ID에 대해 유사한 작업을 수행한다.

```
#include <unistd.h>

int setreuid(uid_t ruid, uid_t euid);
int setregid(gid_t rgid, gid_t egid);
```

성공하면 0을 리턴하고, 에러가 발생하면 -1을 리턴한다.

이들 시스템 호출 각각의 첫 번째 인자는 새로운 실제 ID다. 두 번째 인자는 새로운 유효 ID다. 둘 중 하나만 바꾸고 싶으면 나머지 인자는 -1로 지정하면 된다.

원래 BSD에서 유래한 setreuid()와 setregid()는 이제 SUSv3에 정의되어 있으며, 대부분의 유닉스 구현에서 쓸 수 있다.

이 절에서 설명한 여타 시스템 호출과 마찬가지로, setreuid()와 setregid()를 사용하는 데 있어 규칙이 있다. 아래 기술한 몇 가지 차이점을 제외하면 setregid()는 setreuid()와 유사하므로, 이 규칙을 setreuid()의 관점에서 설명한다.

1. 비특권 프로세스는 실제 사용자 ID를 실제 사용자 ID의 현재 값(즉 변화 없음) 또는 유효 사용자 ID의 현재 값으로만 바꿀 수 있다. 유효 사용자 ID는 실제 사용자 ID나 유효 사용자 ID(즉 변화 없음), 저장된 set-user-ID의 현재 값으로만 설정할 수 있다.

> SUSv3에 따르면 비특권 프로세스가 setreuid()를 통해 실제 사용자 ID를 실제 사용자 ID나 유효 사용자 ID, 저장된 set-user-ID의 현재 값으로 바꿀 수 있는지는 정의되어 있지 않으며, 실제 사용자 ID를 정확히 어떻게 바꿀 수 있는지는 구현에 따라 다르다.
>
> SUSv3는 setregid()의 동작에 대해 약간 다르게 기술하고 있다. 비특권 프로세스는 실제 그룹 ID를 저장된 set-group-ID의 현재 값으로 설정하거나, 유효 그룹 ID를 실제 그룹 ID나 저장된 set-group-ID의 현재 값으로 설정할 수 있다. 다시 말하지만, 정확히 어떻게 바꿀 수 있는지는 구현에 따라 다르다.

2. 특권 프로세스는 ID를 마음대로 바꿀 수 있다.

3. 특권 프로세스와 비특권 프로세스 모두, 다음 규칙 중 하나가 참이면 저장된 set-user-ID도 (새로운) 유효 사용자 ID와 동일한 값으로 설정된다.

a) ruid가 -1이거나(즉 실제 사용자 ID가, 심지어 기존 값과 같은 값으로라도, 설정된다)

b) 유효 사용자 ID가 호출 전의 실제 사용자 ID와 다른 값으로 설정된다.

뒤집어 말하면, 프로세스가 setreuid()를 통해 유효 사용자 ID만 현재 실제 사용자 ID와 동일한 값으로 바꿀 경우 저장된 set-user-ID는 바뀌지 않으며, 나중에 setreuid()(또는 seteuid())를 통해 유효 사용자 ID를 저장된 set-user-ID로 되돌릴 수 있다(SUSv3에는 저장된 ID에 대한 setreuid()와 setregid()의 효과가 규정되어 있지 않지만, SUSv4에는 여기서 설명한 동작이 규정되어 있다).

세 번째 규칙에 따르면, set-user-ID 프로그램이 다음의 호출을 하면 영구히 특권을 포기하게 된다.

```
setreuid(getuid(), getuid());
```

사용자와 그룹 자격증명 모두를 임의의 값으로 바꾸고자 하는 set-user-ID-root 프로세스는 먼저 setregid()를 호출한 다음 setreuid()를 호출해야 한다. 반대 순서로 호출하면 setregid()는 실패할 것이다. 프로그램이 setreuid()를 호출하고서 특권을 잃기 때문이다. 같은 목적으로 setresuid()와 setresgid()(아래 설명 참조)를 사용할 때도 마찬가지다.

> 4.3BSD까지의 BSD 릴리스에는 저장된 set-user-ID와 저장된 set-group-ID(이들은 근래 들어 SUSv3에서 필수 기능이 됐다)가 없었다. 대신에 BSD에서는 setreuid()와 setregid()를 통해 실제와 유효 ID를 교환함으로써 프로세스가 특권을 포기했다가 회복할 수 있었다. 이는 유효 사용자 ID를 바꾸기 위해 실제 사용자 ID를 바꿔야 하는 달갑지 않은 부작용이 있었다.

### 실제, 유효, 저장된 ID 읽기

대부분의 유닉스 구현에서, 프로세스는 저장된 set-user-ID와 저장된 set-group-ID를 직접 읽거나 갱신할 수 없다. 하지만 리눅스는 이를 허용하는 두 가지 (비표준) 시스템 호출(getresuid()와 getresgid())을 제공한다.

```
#define _GNU_SOURCE
#include <unistd.h>

int getresuid(uid_t *ruid, uid_t *euid, uid_t *suid);
int getresgid(gid_t *rgid, gid_t *egid, gid_t *sgid);
```

성공하면 0을 리턴하고, 에러가 발생하면 -1을 리턴한다.

getresuid() 시스템 호출은 호출 프로세스의 실제 사용자 ID, 유효 사용자 ID, 저장된 set-user-ID의 현재 값을 세 가지 인자가 가리키는 곳에 넣어준다. getresgid() 시스템 호출은 같은 일을 해당 그룹 ID에 대해 수행한다.

## 실제, 유효, 저장된 ID 바꾸기

setresuid() 시스템 호출을 통해 호출 프로세스는 세 가지 사용자 ID의 값을 독립적으로 바꿀 수 있다. 각 사용자 ID의 새 값은 시스템 호출의 세 인자를 통해 지정된다. setresgid() 시스템 호출은 그룹 ID에 대해 비슷한 일을 수행한다.

```
#define _GNU_SOURCE
#include <unistd.h>

int setresuid(uid_t ruid, uid_t euid, uid_t suid);
int setresgid(gid_t rgid, gid_t egid, gid_t sgid);
```

성공하면 0을 리턴하고, 에러가 발생하면 –1을 리턴한다.

모든 ID를 바꾸고 싶지 않다면, 바꾸고 싶지 않은 ID에 해당하는 인자를 -1로 지정하면 된다. 예를 들어, 아래의 호출은 seteuid(x) 와 같다.

```
setresuid(-1, x, -1);
```

setresuid()에 적용되는 규칙은 다음과 같다(setresgid()도 이와 유사하다).

1. 비특권 프로세스는 실제 사용자 ID, 유효 사용자 ID, 저장된 set-user-ID 중 무엇이든 현재 실제 사용자 ID, 유효 사용자 ID, 저장된 set-user-ID 값 중 하나로 설정할 수 있다.
2. 특권 프로세스는 실제 사용자 ID, 유효 사용자 ID, 저장된 set-user-ID를 마음대로 설정할 수 있다.
3. 호출을 통해 다른 ID를 바꾸더라도, 파일 시스템 사용자 ID는 언제나 (새로 설정했을 경우 새로 설정한) 유효 사용자 ID와 동일한 값으로 설정된다.

setresuid()와 setresgid()에 대한 호출은 모 아니면 도all-or-nothing의 효과가 있다. 요청한 모든 ID가 성공적으로 바뀌거나 하나도 바뀌지 않는다(9장에서 설명한, 여러 ID를 바꾸는 그 밖의 시스템 호출도 마찬가지다).

setresuid()와 setresgid()가 프로세스 자격증명을 바꾸는 가장 간단한 API를 제공하지만, 응용 프로그램에 썼을 때 이식성이 떨어진다. 이 시스템 호출은 SUSv3에 정의되어 있지 않으며 일부 유닉스 구현에만 존재하기 때문이다.

### 9.7.2 파일 시스템 ID 읽고 바꾸기

이제까지 설명한, 프로세스의 유효 사용자/그룹 ID를 바꾸는 모든 시스템 호출은 언제나 해당 파일 시스템 ID도 함께 바꾼다. 파일 시스템 ID를 유효 ID와 독립적으로 바꾸려면, 두 가지 리눅스 고유 시스템 호출(setfsuid()와 setfsgid())을 써야 한다.

```
#include <sys/fsuid.h>

int setfsuid(uid_t fsuid);
                                언제나 이전의 파일 시스템 사용자 ID를 리턴한다.
int setfsgid(gid_t fsgid);
                                언제나 이전의 파일 시스템 그룹 ID를 리턴한다.
```

setfsuid() 시스템 호출은 프로세스의 파일 시스템 사용자 ID를 fsuid로 지정한 값으로 바꾼다. setfsgid() 시스템 호출은 파일 시스템 그룹 ID를 fsgid로 지정한 값으로 바꾼다.

이 시스템 호출에도 역시 적용되는 규칙이 있다. setfsgid()에 적용되는 규칙은 setfsuid()에 적용되는 아래 규칙과 비슷하다.

1. 비특권 프로세스는 파일 시스템 사용자 ID를 실제 사용자 ID, 유효 사용자 ID, 파일 시스템 사용자 ID의 현재 값으로(즉 변화 없음) 또는 저장된 set-user-ID로 설정할 수 있다.
2. 특권 프로세스는 파일 시스템 사용자 ID를 임의의 값으로 설정할 수 있다.

이 시스템 호출의 구현은 약간 세련되지 못하다. 먼저, 파일 시스템 ID의 현재 값을 읽는 시스템 호출이 없다. 게다가 에러 검사를 하지 않는다. 비특권 프로세스가 허용되지 않는 값으로 파일 시스템 ID를 바꾸려고 하면, 조용히 무시된다. 이 시스템 호출의 리턴 값은, 호출이 성공하든 실패하든 해당 파일 시스템 ID의 이전 값이다. 따라서 파일 시스템 ID의 현재 값을 알아내는 방법이 있긴 하다. 해당 값을 (성공적이든 그렇지 않든) 바꾸려고 할 때뿐이지만.

리눅스에서 setfsuid()와 setfsgid() 시스템 호출은 더 이상 필요치 않고 다른 유닉스 구현으로 이식할 수 있도록 설계된 응용 프로그램에서는 피해야 한다.

### 9.7.3 추가 그룹 ID 읽고 바꾸기

getgroups() 시스템 호출은 호출 프로세스가 현재 속하는 그룹의 목록을 grouplist가 가리키는 배열에 담아 리턴한다.

```
#include <unistd.h>

int getgroups(int gidsetsize, gid_t grouplist[]);
```

성공하면 grouplist에 있는 그룹 ID의 개수를 리턴하고, 에러가 발생하면 -1을 리턴한다.

리눅스에서 getgroups()는 대부분의 유닉스 구현에서처럼 단순히 호출 프로세스의 추가 그룹 ID를 리턴한다. 하지만 SUSv3에 따르면 구현에 따라, 리턴되는 grouplist에 호출 프로세스의 유효 그룹 ID도 포함될 수 있다.

호출 프로세스는 grouplist 배열을 할당해야 하며 그 크기를 인자 gidsetsize에 명시해야 한다. 성공할 경우 getgroups()는 grouplist에 저장된 그룹 ID의 개수를 리턴한다.

프로세스가 속하는 그룹이 gidsetsize보다 많으면, getgroups()는 에러(EINVAL)를 리턴한다. 이런 가능성을 피하기 위해서는 grouplist 배열을 (<limits.h>에 정의되어 있는) 상수 NGROUPS_MAX(프로세스가 속할 수 있는 추가 그룹의 최대 개수를 정의한다)보다 1 크게 잡으면 된다(유효 그룹 ID가 포함될 경우를 고려해서). 따라서 grouplist를 다음과 같이 정의할 수 있다.

```
gid_t grouplist[NGROUPS_MAX + 1];
```

리눅스 커널 2.6.4 이전에는, NGROUPS_MAX가 32였다. 커널 2.6.4부터 NGROUPS_MAX는 65,536이 됐다.

응용 프로그램은 실행 시에 다음과 같은 방법으로도 NGROUPS_MAX의 값을 알 수 있다.

- sysconf(_SC_NGROUPS_MAX)를 호출한다(sysconf()는 11.2절에서 설명한다).
- 리눅스 고유의 읽기 전용 파일 /proc/sys/kernel/ngroups_max를 읽는다. 이 파일은 커널 2.6.4부터 제공된다.

이 밖에도 응용 프로그램이 gidsetsize를 0으로 지정해서 getgroups()를 호출할 수 있다. 이 경우 grouplist는 변경되지 않지만, 해당 프로세스가 속하는 그룹의 개수가 리턴된다.

이 중 어느 방법으로든 그룹의 개수를 얻으면, 그 뒤 getgroups()를 호출할 때 이를 바탕으로 grouplist 배열을 동적으로 할당할 수 있다.

특권 프로세스는 setgroups()와 initgroups()를 통해 프로세스가 속하는 추가 그룹 ID를 바꿀 수 있다.

```
#define _BSD_SOURCE
#include <grp.h>

int setgroups(size_t gidsetsize, const gid_t *grouplist);
int initgroups(const char *user, gid_t group);
```

성공하면 0을 리턴하고, 에러가 발생하면 -1을 리턴한다.

setgroups() 시스템 호출은 호출 프로세스의 추가 그룹 ID 목록을 배열 grouplist에 주어진 값으로 대치한다. gidsetsize 인자는 배열 인자 grouplist에 있는 그룹 ID의 개수를 지정한다.

initgroups() 함수는 /etc/groups를 스캔하고 user가 속하는 그룹의 목록을 만들어서 호출 프로세스의 추가 그룹 ID 목록을 초기화한다. 게다가 group에 명시된 그룹 ID를 프로세스의 추가 그룹 ID에 추가한다.

initgroups()를 주로 사용하는 것은 로그인 세션을 만드는 프로그램(예를 들어, 사용자의 로그인 셸을 실행하기 전에 다양한 프로세스 속성을 설정하는 login(1))이다. 그런 프로그램은 흔히 패스워드 파일의 사용자 레코드에서 그룹 ID 필드를 읽어 group 인자로 사용한다. 이는 약간 헷갈릴 수 있는데, 패스워드 파일의 그룹 ID는 사실 추가 그룹이 아니라, 로그인 셸의 그룹 ID, 유효 그룹 ID, 저장된 set-group-ID의 초기값이기 때문이다. 그럼에도 불구하고, 이것이 initgroups()가 흔히 취하는 방법이다.

SUSv3의 일부는 아니지만, setgroups()와 initgroups()는 모든 유닉스 구현에서 쓸 수 있다.

### 9.7.4 프로세스 자격증명을 바꾸는 호출에 대한 요약

표 9-1에는 프로세스 자격증명을 바꾸는 다양한 시스템 호출과 라이브러리 함수의 효과가 요약되어 있다.

그림 9-1은 표 9-1에 정리된 것과 동일한 정보를 그림으로 보여준다. 이 그림은 사용자 ID를 바꾸는 호출의 관점이지만, 그룹 ID를 바꾸는 규칙도 비슷하다.

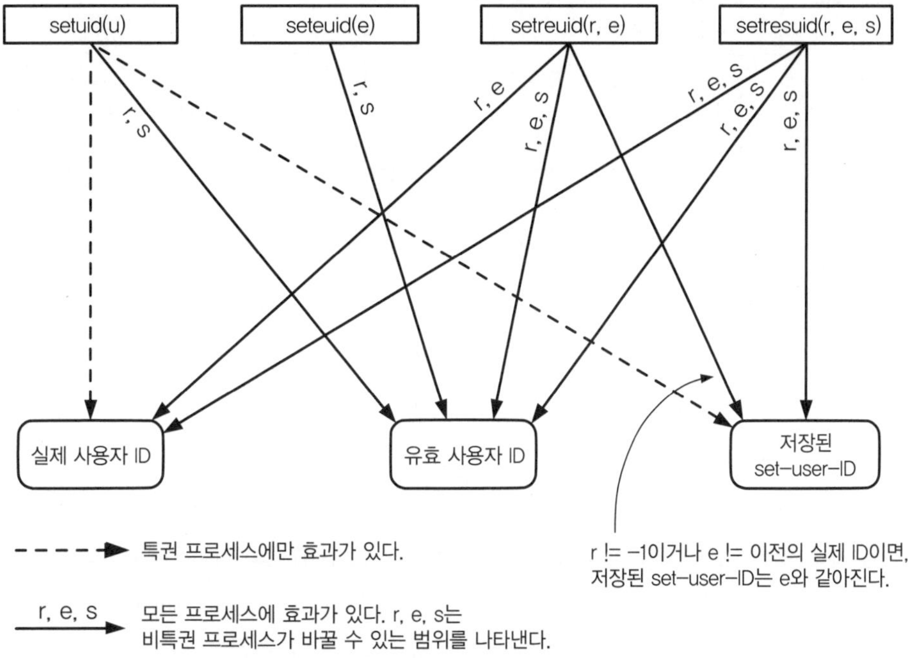


**그림 9-1** 자격증명을 바꾸는 함수가 프로세스 사용자 ID에 미치는 영향

**표 9-1** 프로세스 자격증명을 바꾸는 인터페이스

| 인터페이스 | 목적과 효과 | | 이식성 |
|---|---|---|---|
| | 비특권 프로세스 | 특권 프로세스 | |
| setuid(u)<br>setgid(g) | 유효 ID를 현재의 실제 또는 저장된 ID로 바꾼다. | 실제, 유효, 저장된 ID를 (하나의) 임의의 값으로 바꾼다. | SUSv3에 정의되어 있다. BSD 계열에서는 다른 의미를 갖는다. |
| seteuid(e)<br>setegid(e) | 유효 ID를 현재의 실제 또는 저장된 ID로 바꾼다. | 유효 ID를 임의의 값으로 바꾼다. | SUSv3에 정의되어 있다. |
| setreuid(r, e)<br>setregid(r, e) | (독립적으로) 실제 ID를 현재의 실제 또는 유효 ID로 바꾸고, 유효 ID를 현재의 실제나 유효, 저장된 ID로 바꾼다. | (독립적으로) 실제와 유효 ID를 임의의 값으로 바꾼다. | SUSv3에 정의되어 있지만, 구현에 따라 동작이 다르다. |

(이어짐)

| 인터페이스 | 목적과 효과 | | 이식성 |
|---|---|---|---|
| | 비특권 프로세스 | 특권 프로세스 | |
| setresuid(r, e, s)<br>setresgid(r, e, s) | (독립적으로) 실제, 유효, 저장된 ID를 현재의 실제, 유효, 저장된 ID로 바꾼다. | (독립적으로) 실제, 유효, 저장된 ID를 임의의 값으로 바꾼다. | SUSv3에 정의되어 있지 않고, 소수의 유닉스 구현에만 존재한다. |
| setfsuid(u)<br>setfsgid(u) | 파일 시스템 ID를 현재의 실제나 유효, 파일 시스템, 저장된 ID로 바꾼다. | 파일 시스템 ID를 임의의 값으로 바꾼다. | 리눅스 고유 |
| setgroups(n, l) | 비특권 프로세스는 호출할 수 없다. | 추가 그룹 ID를 임의의 값으로 설정한다. | SUSv3에 정의되어 있지 않지만, 모든 유닉스 구현에 존재한다. |

표 9-1에 약간의 정보를 보충하자면,

- seteuid()(setresuid(-1, e, -1)로 구현되어 있다)와 setegid(setregid(-1, e)로 구현되어 있다)의 glibc 구현은 유효 ID를 이미 설정되어 있는 값으로 다시 설정할 수도 있지만, 이는 SUSv3에 규정되어 있지 않다. setegid() 구현은 유효 그룹 ID가 현재의 실제 그룹 ID와 다른 값으로 설정되어 있으면 저장된 set-group-ID도 바꾼다(SUSv3에는 setegid()가 저장된 set-group-ID를 바꾼다고 명시되어 있지 않다).
- 특권 프로세스와 비특권 프로세스 모두 setreuid()와 setregid()를 호출할 경우, r이 -1이 아니거나 e가 호출 이전의 실제 ID와 다르면 저장된 set-user-ID나 저장된 set-group-ID도 (새로운) 유효 ID로 바뀐다(SUSv3에는 setreuid()와 setregid()가 저장된 ID를 바꾼다고 명시되어 있지 않다).
- 유효 사용자(그룹) ID가 바뀔 때마다, 리눅스 고유의 파일 시스템 사용자(그룹) ID도 같은 값으로 바뀐다.
- setresuid()는 언제나, 호출의 의해 유효 사용자 ID가 바뀌든 바뀌지 않든 파일 시스템 사용자 ID를 유효 사용자 ID와 동일한 값으로 바꾼다. setresgid()도 파일 시스템 그룹 ID에 대해 같은 효과가 있다.

### 9.7.5 예제: 프로세스 자격증명 출력하기

리스트 9-1의 프로그램은 이제까지 설명한 시스템 호출과 라이브러리 함수를 사용해서 프로세스의 모든 사용자/그룹 ID를 읽고 출력한다.

**리스트 9-1** 프로세스의 모든 사용자/그룹 ID 출력하기

proccred/idshow.c

```
#define _GNU_SOURCE
#include <unistd.h>
#include <sys/fsuid.h>
#include <limits.h>
#include "ugid_functions.h" /* userNameFromId() & groupNameFromId() */
#include "tlpi_hdr.h"

#define SG_SIZE (NGROUPS_MAX + 1)

int
main(int argc, char *argv[])
{
    uid_t ruid, euid, suid, fsuid;
    gid_t rgid, egid, sgid, fsgid;
    gid_t suppGroups[SG_SIZE];
    int numGroups, j;
    char *p;

    if (getresuid(&ruid, &euid, &suid) == -1)
        errExit("getresuid");
    if (getresgid(&rgid, &egid, &sgid) == -1)
        errExit("getresgid");

    /* 비특권 프로세스가 파일 시스템 ID를 바꾸려고 하면 언제나 무시되지만,
       그럼에도 불구하고 아래의 호출은 현재의 파일 시스템 ID를 리턴한다. */

    fsuid = setfsuid(0);
    fsgid = setfsgid(0);

    printf("UID: ");
    p = userNameFromId(ruid);
    printf("real=%s (%ld); ", (p == NULL) ? "???" : p, (long) ruid);
    p = userNameFromId(euid);
    printf("eff=%s (%ld); ", (p == NULL) ? "???" : p, (long) euid);
    p = userNameFromId(suid);
    printf("saved=%s (%ld); ", (p == NULL) ? "???" : p, (long) suid);
    p = userNameFromId(fsuid);
    printf("fs=%s (%ld); ", (p == NULL) ? "???" : p, (long) fsuid);
    printf("\n");

    printf("GID: ");
    p = groupNameFromId(rgid);
    printf("real=%s (%ld); ", (p == NULL) ? "???" : p, (long) rgid);
    p = groupNameFromId(egid);
    printf("eff=%s (%ld); ", (p == NULL) ? "???" : p, (long) egid);
```

```
    p = groupNameFromId(sgid);
    printf("saved=%s (%ld); ", (p == NULL) ? "???" : p, (long) sgid);
    p = groupNameFromId(fsgid);
    printf("fs=%s (%ld); ", (p == NULL) ? "???" : p, (long) fsgid);
    printf("\n");

    numGroups = getgroups(SG_SIZE, suppGroups);
    if (numGroups == -1)
        errExit("getgroups");

    printf("Supplementary groups (%d): ", numGroups);
    for (j = 0; j < numGroups; j++) {
        p = groupNameFromId(suppGroups[j]);
        printf("%s (%ld) ", (p == NULL) ? "???" : p, (long) suppGroups[j]);
    }
    printf("\n");

    exit(EXIT_SUCCESS);
}
```

## 9.8 정리

프로세스마다 관련된 사용자/그룹 ID(자격증명)가 많이 있다. 실제 ID는 프로세스의 소유권을 정의한다. 대부분의 유닉스 구현에서 유효 ID는 파일 같은 자원에 접근할 때 프로세스의 권한을 결정하는 데 사용된다. 하지만 리눅스에서는 다른 권한 검사에는 유효 ID가 사용되지만, 파일 접근 권한을 결정할 때는 파일 시스템 ID가 사용된다(파일 시스템 ID가 보통 유효 ID와 동일한 값을 갖기 때문에 리눅스가 파일 권한을 점검할 때 여타 유닉스 규현과 동일한 방식으로 동작한다). 프로세스의 추가 그룹 ID는 프로세스의 권한을 결정할 때 프로세스가 속하는 것으로 간주되는 추가적인 그룹이다. 프로세스는 다양한 시스템 호출과 라이브러리 함수를 이용해 사용자/그룹 ID를 읽고 바꿀 수 있다.

set-user-ID 프로그램이 실행될 때, 프로세스의 유효 사용자 ID는 파일의 소유자로 설정된다. 이를 통해 사용자는 특정 프로그램을 실행하는 동안 다른 사용자로 변신하고 그 사용자의 특권을 갖게 된다. 마찬가지로 set-group-ID 프로그램은 프로그램을 실행하는 프로세스의 유효 그룹 ID를 바꾼다. 저장된 set-user-ID와 저장된 set-group-ID를 통해 set-user-ID/set-group-ID 프로그램이 임시로 특권을 포기했다가 나중에 회복할 수 있다.

사용자 ID 0은 특별하다. 보통 root라는 하나의 사용자 계정이 이 사용자 ID를 갖는다. 유효 사용자 ID가 0인 프로세스는 특권을 갖는다. 즉 이 프로세스는 다른 프로세스가(다양한 프로세스 사용자/그룹 ID를 임의로 바꾸는 것과 같은) 여러 가지 시스템 호출을 할 때 보통 수반되는 권한 검사를 면제받는다.

## 9.9 연습문제

**9-1.** 다음의 각 경우에서 프로세스의 원래 사용자 ID가 실제 = 1000, 유효 = 0, 저장 = 0, 파일 시스템 = 0이라고 가정하자. 다음 호출 뒤 사용자 ID는 어떻게 됐을까?

a) `setuid(2000);`

b) `setreuid(-1, 2000);`

c) `seteuid(2000);`

d) `setfsuid(2000);`

e) `setresuid(-1, 2000, 3000);`

**9-2.** 사용자 ID가 다음과 같은 프로세스는 특권이 있는가? 그 이유는 무엇인가?

```
real=0 effective=1000 saved=1000 file-system=1000
```

**9-3.** `setgroups()`와 패스워드와 그룹 파일에서 정보를 추출하는 라이브러리 함수(8.4절)를 사용해 `initgroups()`를 구현하라. `setgroups()`를 호출하려면 프로세스가 특권을 가져야 함을 기억하라.

**9-4.** 사용자 ID 값이 모두 X인 프로세스가, 0이 아닌 사용자 ID Y를 갖는 set-user-ID 프로그램을 실행한다면, 프로세스의 자격증명은 다음과 같이 설정된다.

```
real=X effective=Y saved=Y
```

(파일 시스템 사용자 ID는 유효 사용자 ID와 동일하기 때문에 무시한다.) 다음과 같은 동작을 수행하기 위한 `setuid()`, `seteuid()`, `setreuid()`, `setresuid()` 호출을 각각 보여라.

a) set-user-ID 신원identity을 중지suspend시키고 재개resume하라(즉 유효 사용자 ID를 실제 사용자 ID로 바꾸고 다시 저장된 set-user-ID로 되돌려라).

b) 영구히 set-user-ID 신원을 포기하라(즉 유효 사용자 ID와 저장된 set-user-ID가 반드시 실제 사용자 ID 값으로 설정되게 하라).

(이 문제를 풀려면 `getuid()`와 `geteuid()`를 써서 프로세스의 실제/유효 사용자 ID도 읽어야 한다.) 주의: 위에 나열한 시스템 호출 중 일부는 이 동작들을 수행하지 못한다.

**9-5.** 다음과 같은 초기 프로세스 자격증명을 갖는 set-user-ID-root 프로그램을 실행하는 프로세스를 대상으로 위 문제를 반복하라.

```
real=X effective=0 saved=0
```

# 10

# 시간

프로그램 안에서 관심을 갖는 시간에는 두 가지가 있다.

- **실제 시간**real time: 어떤 표준 시점을 기준으로 측정되거나(달력 시간) 프로세스 동작 중 어떤 고정된 시점(흔히 프로그램의 시작)을 기준으로 측정된 시간(경과 시간 또는 벽시계 시간). 달력 시간은, 예를 들어 데이터베이스 레코드나 파일에 타임스탬프를 찍을 때 유용하다. 경과 시간은 주기적으로 동작하거나 외부 입력 디바이스를 주기적으로 측정하는 프로그램에 유용하다.
- **프로세스 시간**: 프로세스가 사용한 CPU 시간의 양. 프로세스 시간은 프로그램이나 알고리즘의 성능을 검사하거나 최적화하는 데 유용하다.

대부분의 컴퓨터 아키텍처에는 하드웨어 시계가 있어서 커널이 실제 또는 프로세스 시간을 잴 수 있다. 10장에서는 두 가지 시간을 다루는 시스템 호출과, 사람이 읽을 수 있는 형태의 시간과 내부 표현을 변환해주는 라이브러리 함수에 대해 살펴볼 것이다. 시간의 사람이 읽을 수 있는 형태는 지리적 위치와 언어/문화적 관습에 따라 다르기 때문에, 이를 살펴보려면 시간대와 로케일locale에 대해 알아야 한다.

## 10.1 달력 시간

지리적 위치에 상관없이, 유닉스 시스템은 내부적으로 기원Epoch 이래의 초로 시간을 표현한다. 기원이란 UTCUniversal Coordinated Time(예전에는 GMTGreenwich Mean Time라고 했다) 1970년 1월 1일 새벽 0시를 말한다. 이는 대략 유닉스 시스템이 세상에 나온 시점이다. 달력 시간은 SUSv3에 정의된 정수형인 `time_t` 형의 변수에 저장된다.

> 32비트 리눅스 시스템에서 time_t는 부호 있는 정수로, 1901년 12월 13일 20:45:52부터 2038년 1월 19일 03:14:07까지의 시간을 나타낼 수 있다(SUSv3는 time_t의 음수값의 의미는 정의하지 않았다). 따라서 현재의 여러 32비트 유닉스 시스템은 이론적으로 2038년 문제를 겪을 수 있고, 미래 날짜에 대한 계산을 할 경우 2038년 전에도 발생할 수 있다. 이 문제는 2038년까지는 아마도 모든 유닉스 시스템의 long이 64비트 이상으로 커질 것이기 때문에 상당 부분 해결될 것이다. 하지만 32비트 임베디드 시스템은 데스크탑 하드웨어보다 흔히 훨씬 오래 살아남기 때문에, 여전히 문제가 있을 수 있다. 게다가 시간을 32비트 time_t 포맷으로 시간을 유지하는 레거시 데이터와 응용 프로그램에는 이 문제가 계속 남아 있게 된다.

`gettimeofday()` 시스템 호출은 tv가 가리키는 버퍼에 달력 시간을 리턴한다.

```
#include <sys/time.h>

int gettimeofday(struct timeval *tv, struct timezone *tz);
```

성공하면 0을 리턴하고, 에러가 발생하면 -1을 리턴한다.

tv 인자는 아래 형태의 구조체를 가리키는 포인터다.

```
struct timeval {
    time_t       tv_sec;       /* UTC 1970년 1월 1일 00:00:00 이래의 초 */
    suseconds_t tv_usec;       /* 추가적인 마이크로초(long int) */
};
```

`tv_usec` 필드가 마이크로초 정밀도를 담을 수 있지만, 그 값의 정확도는 아키텍처별 구현에 따라 다르다(tv_usec의 u는 백만 분의 1을 나타내는 미터법에서 쓰는 그리스 문자 μ('뮤')와 닮은 데서 유래한다). 현대의 x86-32 시스템(즉 타임스탬프 카운터 레지스터Timestamp Counter register

가 CPU 클록 사이클마다 증가하는 펜티엄 시스템)에서 gettimeofday()는 실제로 마이크로초 정확도를 제공한다.

gettimeofday()의 tz 인자는 역사의 산물이다. 예전의 유닉스 구현에서는 시스템의 시간대 정보를 읽는 데 쓰였다. 이 인자는 이제 폐기됐고 언제나 NULL로 지정해야 한다.

> tz 인자를 지정하면, gettimeofday()는 이전의 settimeofday() 호출 때 (폐기된) tz 인자에 지정됐던 값을 무엇이든 timezone 구조체에 담아 리턴한다. 이 구조체에는 2개의 필드(tz_minuteswest와 tz_dsttime)가 있다. tz_minuteswest 필드는 UTC에 맞추기 위해 이 시간대의 시간에 더해야 할 분 수를 나타낸다. 음수는 UTC 동쪽의 시간대에 필요한 분 조정값이다(예를 들어 CET(Central European Time)는 UTC보다 한 시간 빠르므로, 이 필드에 –60이 들어간다). tz_dsttime 필드는 이 시간대에 적용되는 DST(daylight saving time) 제도를 나타내는 상수를 담고 있다. tz 인자가 폐기된 이유는 DST 제도를 간단한 알고리즘으로 나타낼 수 없기 때문이다(이 필드는 리눅스에서 지원된 적이 없다). 자세한 내용은 gettimeofday(2) 매뉴얼 페이지를 참조하기 바란다.

time() 시스템 호출은 기원 이래의 초 수(즉 gettimeofday()가 tv 인자의 tv_sec 필드에 리턴하는 것과 동일한 값)를 리턴한다.

```
#include <time.h>

time_t time(time_t *timep);
```

기원 이래의 초 수를 리턴한다. 에러가 발생하면 (time_t) –1을 리턴한다.

timep 인자가 NULL이 아니면, 기원 이래의 초 수는 timep가 가리키는 곳에도 저장된다.

time()이 같은 값을 두 곳으로 리턴하고, time()을 쓸 때 발생 가능한 에러는 timep 인자에 유효하지 않은 주소를 넘기는 것(EFAULT)이기 때문에, (에러 검사 없이) 간단히 다음과 같이 호출하곤 한다.

```
t = time(NULL);
```

> 본질적으로 목적이 같은 두 가지 시스템 호출(time()과 gettimeofday())이 존재하는 것은 역사적인 이유 때문이다. 초기 유닉스 구현은 time()을 제공했다. 4.2BSD가 좀 더 정밀한 gettimeofday() 시스템 호출을 추가했다. time()은 이제 시스템 호출로 존재할 필요가 없으며, gettimeofday()를 호출하는 라이브러리 함수로 구현할 수 있다.

## 10.2 시간 변환 함수

그림 10-1은 time_t 값을 다른 형태(출력 가능한 형태 포함)로 바꾸는 함수를 보여준다. 이 함수는 시간 포맷 변환과 관련된 시간대, DST 제도, 지역화 이슈 등 복잡한 일을 해결해준다(시간대에 대해서는 10.3절에서, 로케일에 대해서는 10.4절에서 설명한다).

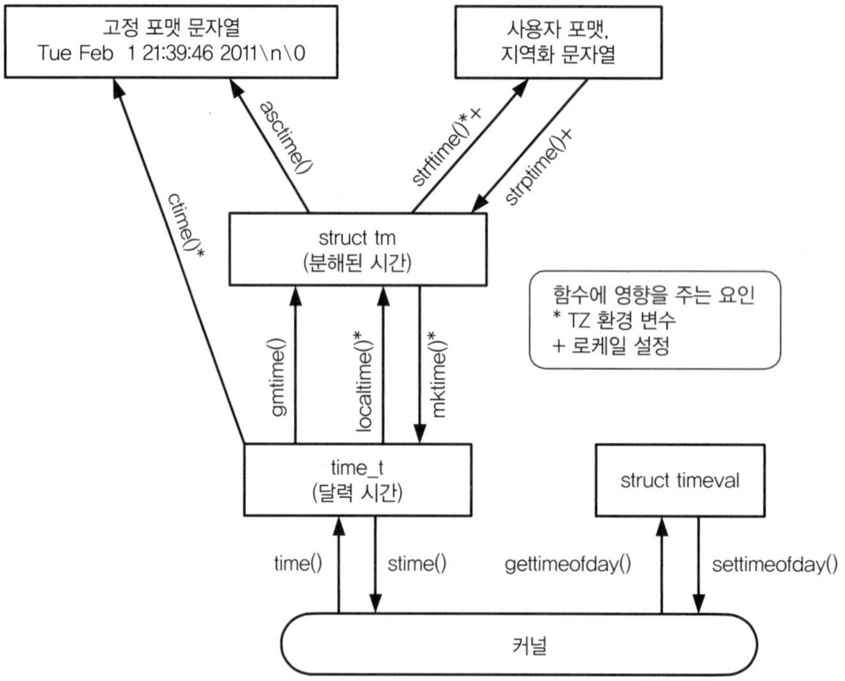


**그림 10-1** 달력 시간을 읽고 변환하는 함수

### 10.2.1 time_t를 출력 가능한 형태로 변환하기

ctime() 함수는 time_t 값을 출력 가능한 형태로 바꾸는 간단한 방법을 제공한다.

```
#include <time.h>

char *ctime(const time_t *timep);
```

성공하면 줄바꿈 문자와 \0으로 끝나는 정적으로 할당된 문자열의 포인터를 리턴하고, 에러가 발생하면 NULL을 리턴한다.

timep에 time_t 값을 가리키는 포인터를 넘기면, ctime()은 다음 예와 같은 표준 포맷의 날짜와 시간을 담고 있는 26바이트 문자열을 리턴한다.

```
Wed Jun  8 14:22:34 2011
```

이 문자열은 끝에 줄바꿈 문자와 널 바이트를 포함하고 있다. ctime() 함수는 자동으로 지역 시간대와 DST 설정을 고려해서 변환을 수행한다(이 설정이 어떻게 결정되는지는 10.3절에서 설명한다). 리턴되는 문자열은 정적으로 할당되기 때문에, 이후의 ctime() 호출에 의해 값이 바뀔 수 있다.

SUSv3에 따르면 ctime()이나 gmtime(), localtime(), asctime() 중 어느 하나를 호출해도 이 중 다른 함수가 리턴한 정적으로 할당한 구조체를 덮어쓸 수 있다. 다시 말하면, 이 함수는 리턴되는 문자 배열과 tm 구조체를 공유할 수도 있고, glibc 일부 버전에서는 실제로 공유한다. 이 함수를 여러 번 호출할 때 리턴된 정보를 유지하려면, 따로 복사해둬야 한다.

> ctime_r()은 ctime()의 재진입 가능 버전이다(재진입성에 대해서는 21.1.2절에서 설명한다). 이 함수는 시간 문자열이 리턴되는 버퍼의 포인터를 호출자가 추가 인자로 지정할 수 있다. 10장에서 언급되는 함수들의 재진입 가능 버전도 이와 유사하게 동작한다.

## 10.2.2 time_t와 분해된 시간 사이의 변환

gmtime()과 localtime() 함수는 time_t 값을 이른바 분해된 시간broken-down time으로 변환한다. 분해된 시간은 함수의 결과로 리턴되는 정적으로 할당된 구조체에 담긴다.

```
#include <time.h>

struct tm *gmtime(const time_t *timep);
struct tm *localtime(const time_t *timep);
```

성공하면 정적으로 할당된 분해된 시간 구조체의 포인터를 리턴하고,
에러가 발생하면 NULL을 리턴한다.

gmtime() 함수는 달력 시간을 UTC에 해당하는 분해된 시간으로 변환한다(gm은 GMT에서 유래한 것이다). 이와 대조적으로, localtime()은 시간대와 DST 설정을 고려해서 시스템의 지역 시간에 해당하는 분해된 시간을 리턴한다.

> gmtime_r()과 localtime_r()은 gmtime()과 localtime() 함수의 재진입 가능 버전이다.

이 함수가 리턴하는 tm 구조체에는 날짜와 시간이 각 부분으로 나뉘어 담겨 있다. 이 구조체의 형태는 다음과 같다.

```
struct tm {
    int tm_sec;       /* 초(0~60) */
    int tm_min;       /* 분(0~59) */
    int tm_hour;      /* 시(0~23) */
    int tm_mday;      /* 날짜(1~31) */
    int tm_mon;       /* 월(0~11) */
    int tm_year;      /* 1900 이래의 햇수 */
    int tm_wday;      /* 요일(일요일 = 0) */
    int tm_yday;      /* 1년 중 몇 번째 날인지(0~365; 1월 1일 = 0) */
    int tm_isdst;     /* 일광절약시간제(DST) 플래그
                         > 0: DST 시행 중;
                         = 0: DST 시행 중 아님;
                         < 0: DST 정보 없음 */
};
```

tm_sec 필드의 값은, 달력을 천문학적으로 정확한 (이른바) 회기년에 맞추기 위해 때때로 적용되는 윤초를 고려하기 위해 (59가 아니라) 60까지 가능하다.

_BSD_SOURCE 기능 테스트 매크로가 정의되어 있으면, tm 구조체의 glibc 정의에는 표현된 시간에 대한 추가적인 정보를 담고 있는 2개의 필드가 추가된다. 이 중 첫째는 long int tm_gmtoff로, 표현된 시간이 UTC 동쪽으로 몇 초 떨어져 있는지를 나타낸다. 둘째 필드인 const char *tm_zone은 축약된 시간대 이름(예를 들어 Central European Summer Time의 경우 CEST)이다. SUSv3에는 이 필드들이 모두 정의되어 있지 않으며, (주로 BSD 계열의) 소수의 유닉스 구현에만 존재한다.

mktime() 함수는 지역 시간으로 표현된 분해된 시간을 time_t 값으로 변환해서 함수의 결과로 리턴한다. 호출자는 timeptr이 가리키는 tm 구조체에 분해된 시간을 제공한다. 변환 중 tm 구조체의 tm_wday와 tm_yday 필드는 무시된다.

```
#include <time.h>

time_t mktime(struct tm *timeptr);
```

성공하면 timeptr에 해당하는 기원 이래의 초 수를 리턴하고,
에러가 발생하면 (time_t) –1을 리턴한다.

mktime() 함수는 timeptr이 가리키는 구조체의 내용을 수정할 수도 있다. 최소한 tm_wday와 tm_yday 필드는 다른 입력 필드의 값과 부합하는 값으로 설정된다.

게다가 mktime()의 경우 tm 구조체의 다른 필드들이 앞서 말한 범위로 제한될 필요가 없다. 값이 범위를 벗어난 필드가 있으면, mktime()은 해당 필드의 값을 조정해서 범위에 들도록 하고 다른 필드에 적절한 조정을 가한다. 이런 조정 모두는 mktime()이 tm_wday와 tm_yday 필드를 갱신하고, 리턴할 time_t 값을 계산하기 전에 이뤄진다.

예를 들어 입력 tm_sec 필드가 123이었다면 리턴 시 이 필드의 값은 3이 되고, tm_min 필드의 값은 기존 값에서 2만큼 증가된다(그리고 이 증가 때문에 tm_min이 범위를 벗어나면, tm_min의 값이 조정되고 tm_hour 필드가 증가되는 식이다). 이런 조정은 음수값에도 적용된다. 예를 들어 tm_sec을 -1로 설정하면 이전 분의 59초를 뜻한다. 이 기능을 이용하면 분해된 시간을 가지고 날짜와 시간 연산을 수행할 수 있기 때문에 유용하다.

시간대 설정은 mktime()이 변환을 수행할 때 사용된다. 그리고 DST 설정은 입력 tm_isdst 필드의 값에 따라 사용될 수도 있고 사용되지 않을 수도 있다.

- tm_isdst가 0이면, 이 시간을 표준 시간으로 간주한다(즉 연중 이 시점에 DST가 시행 중이더라도 DST를 무시한다).
- tm_isdst가 0보다 크면, 이 시간을 DST로 간주한다(즉 연중 이 시점에 DST가 시행 중이지 않더라도 DST가 시행 중인 것처럼 동작한다).
- tm_isdst가 0보다 작으면, 연중 이 시점에 DST가 시행 중인지 확인한다. 이것이 보통 원하는 설정이다.

완료되면(그리고 tm_isdst의 원래 설정과 상관없이) mktime()은 tm_isdst 필드를, 주어진 날짜에 DST가 시행 중이면 양수로, 시행 중이 아니면 0으로 설정한다.

### 10.2.3 분해된 시간과 출력 가능한 형태 사이의 변환

분해된 시간과 출력 가능한 형태를 상호 변환해주는 함수에 대해 알아보자.

#### 분해된 시간에서 출력 가능한 형태로 변환하기

tm에 분해된 시간 구조체의 포인터를 넘기면 asctime()은 ctime()과 동일한 형태의 시간을 담고 있는, 정적으로 할당된 문자열의 포인터를 리턴한다.

```
#include <time.h>

char *asctime(const struct tm *timeptr);
```

성공하면 줄바꿈 문자와 \0으로 끝나는 정적으로 할당된 문자열의 포인터를 리턴하고, 에러가 발생하면 NULL을 리턴한다.

ctime()과 대조적으로, asctime()에서는 지역 시간대 설정이 효과가 없다. localtime()을 통해 이미 지역화된 시간이나 gmtime()이 리턴한 UTC 시간을 변환하기 때문이다.

ctime()과 마찬가지로, asctime()이 만들어내는 문자열의 포맷은 제어할 수 없다.

> asctime_r()은 asctime()의 재진입 가능 버전이다.

리스트 10-1은 asctime()과 10장에서 이제까지 설명한 모든 시간 변환 함수의 용법을 보여준다. 이 프로그램은 현재 달력 시간을 읽고, 다양한 시간 변환 함수를 사용해 그 결과를 출력한다. 다음은 이 프로그램을 독일의 뮌헨(겨울에는 UTC보다 한 시간 빠른 CETCentral European Time이다)에서 실행했을 때의 예다.

```
$ date
Tue Dec 28 16:01:51 CET 2010
$ ./calendar_time
Seconds since the Epoch (1 Jan 1970): 1293548517 (about 40.991 years)
  gettimeofday() returned 1293548517 secs, 715616 microsecs
Broken down by gmtime():
  year=110 mon=11 mday=28 hour=15 min=1 sec=57 wday=2 yday=361 isdst=0
Broken down by localtime():
  year=110 mon=11 mday=28 hour=16 min=1 sec=57 wday=2 yday=361 isdst=0

asctime() formats the gmtime() value as: Tue Dec 28 15:01:57 2010
ctime() formats the time() value as:     Tue Dec 28 16:01:57 2010
mktime() of gmtime() value:    1293544917 secs
mktime() of localtime() value: 1293548517 secs       UTC보다 3600초 빠르다.
```

**리스트 10-1** 달력 시간 읽고 변환하기

time/calendar_time.c

```
#include <locale.h>
#include <time.h>
#include <sys/time.h>
#include "tlpi_hdr.h"

#define SECONDS_IN_TROPICAL_YEAR (365.24219 * 24 * 60 * 60)

int
main(int argc, char *argv[])
{
    time_t t;
    struct tm *gmp, *locp; .
    struct tm gm, loc;
```

```
    struct timeval tv;

    t = time(NULL);
    printf("Seconds since the Epoch (1 Jan 1970): %ld", (long) t);
    printf(" (about %6.3f years)\n", t / SECONDS_IN_TROPICAL_YEAR);

    if (gettimeofday(&tv, NULL) == -1)
        errExit("gettimeofday");
    printf("  gettimeofday() returned %ld secs, %ld microsecs\n",
            (long) tv.tv_sec, (long) tv.tv_usec);

    gmp = gmtime(&t);
    if (gmp == NULL)
        errExit("gmtime");

    gm = *gmp;          /* *gmp가 asctime()이나 gmtime()에 의해
                           변화될 수 있으므로 복사한다. */
    printf("Broken down by gmtime():\n");
    printf("  year=%d mon=%d mday=%d hour=%d min=%d sec=%d ", gm.tm_year,
            gm.tm_mon, gm.tm_mday, gm.tm_hour, gm.tm_min, gm.tm_sec);
    printf("wday=%d yday=%d isdst=%d\n", gm.tm_wday, gm.tm_yday,
            gm.tm_isdst);

    locp = localtime(&t);
    if (locp == NULL)
        errExit("localtime");

    loc = *locp;        /* 복사한다 */

    printf("Broken down by localtime():\n");
    printf("  year=%d mon=%d mday=%d hour=%d min=%d sec=%d ",
            loc.tm_year, loc.tm_mon, loc.tm_mday,
            loc.tm_hour, loc.tm_min, loc.tm_sec);
    printf("wday=%d yday=%d isdst=%d\n\n",
            loc.tm_wday, loc.tm_yday, loc.tm_isdst);

    printf("asctime() formats the gmtime() value as: %s", asctime(&gm));
    printf("ctime() formats the time() value as:     %s", ctime(&t));

    printf("mktime() of gmtime() value: %ld secs\n", (long) mktime(&gm));
    printf("mktime() of localtime() value: %ld secs\n", (long) mktime(&loc));

    exit(EXIT_SUCCESS);
}
```

strftime() 함수를 이용하면 분해된 시간을 출력 가능한 형태로 바꿀 때보다 정밀하게 제어할 수 있다. timeptr에 분해된 시간을 넘기면, strftime()은 널로 끝나는 날짜/시간 문자열을 outstr이 가리키는 버퍼에 저장한다.

```
#include <time.h>

size_t strftime(char *outstr, size_t maxsize, const char *format,
                const struct tm *timeptr);
```

성공하면 outstr에 저장된 바이트 수(끝의 널 바이트 제외)를 리턴하고, 에러가 발생하면 0을 리턴한다.

outstr로 리턴된 문자열은 format에 지정된 서식대로 만들어진다. maxsize 인자는 outstr에 담을 수 있는 최대 크기를 나타낸다. ctime() 및 asctime()과 달리, strftime()은 문자열의 끝에 줄바꿈 문자를 넣지 않는다(format에 지정되지 않았다면).

성공하면 strftime()은 outstr에 저장된 바이트 수(끝의 널 바이트 제외)를 리턴한다. 만들어진 문자열의 전체 길이(끝의 널 바이트 포함)가 maxsize바이트를 넘으면, strftime()은 에러를 나타내는 0을 리턴하고, outstr의 내용은 알 수 없다.

strftime()의 format 인자는 printf()의 것과 비슷한 문자열이다. %로 시작하는 문자열은 변환 명세로, % 뒤에 오는 문자에 따라 다양한 날짜/시간 요소로 대치된다. 다양한 변환 문자가 제공되는데, 그중 일부가 표 10-1에 나와 있다(전체 목록은 strftime(3) 매뉴얼 페이지를 참고하기 바란다). 특별히 언급된 것을 제외하고는, 표 10-1의 변환 문자는 모두 SUSv3에서 표준화됐다.

%U와 %W는 모두 연중 몇 번째 주인지를 표시한다. %U 주 수는 일요일을 포함하는 첫 번째 주를 1로 표시하고 그 전의 부분 주는 0으로 표시한다. 그해의 첫날이 일요일이면, 0번째 주는 없고, 그해의 마지막 주는 53번째 주가 된다. %W 주 수도 비슷하지만, 일요일 대신 월요일을 기준으로 삼는다.

이 책에 있는 여러 가지 데모 프로그램에서 현재 시간을 출력하고 싶을 때가 있다. 이를 위해 currTime() 함수를 준비했다. 이 함수는 인자로 format을 넘기면 현재 시간을 strftime()으로 포맷팅한 문자열을 리턴한다.

```
#include "curr_time.h"

char *currTime(const char *format);
```

정적으로 할당된 문자열의 포인터를 리턴한다. 에러가 발생하면 NULL을 리턴한다.

currTime() 함수의 구현은 리스트 10-2에 나와 있다.

**표 10-1** strftime()의 변환 지정자

| 지정자 | 설명 | 예 |
|---|---|---|
| %% | % 문자 | % |
| %a | 축약된 요일 이름 | Tue |
| %A | 축약하지 않은 요일 이름 | Tuesday |
| %b, %h | 축약한 월 이름 | Feb |
| %B | 축약하지 않은 월 이름 | February |
| %c | 날짜와 시간 | Tue Feb  1 21:39:46 2011 |
| %d | 날짜(2숫자, 01~31) | 01 |
| %D | 미국식 날짜(%m/%d/%y와 같다) | 02/01/11 |
| %e | 날짜(2글자) | 1 |
| %F | ISO 날짜(%Y-%m-%d와 같다) | 2011-02-01 |
| %H | 시간(24시간제, 2숫자) | 21 |
| %I | 시간(12시간제, 2숫자) | 09 |
| %j | 연중 날짜 수(3숫자, 001~366) | 032 |
| %m | 월 번호(2숫자, 01~12) | 02 |
| %M | 분(2숫자) | 39 |
| %p | AM/PM | PM |
| %P | am/pm(GNU 확장) | pm |
| %R | 24시간제 시간(%H:%M과 같다) | 21:39 |
| %S | 초(00~60) | 46 |
| %T | 시간(%H:%M:%S와 같다) | 21:39:46 |
| %u | 요일 번호(1~7, 월요일 = 1) | 2 |
| %U | 일요일 주 번호(00~53) | 05 |
| %w | 요일 번호(0~6, 일요일 = 0) | 2 |
| %W | 월요일 주 번호(00~53) | 05 |
| %x | 날짜(지역화됨) | 02/01/11 |
| %X | 시간(지역화됨) | 21:39:46 |
| %y | 2숫자 연도 | 11 |
| %Y | 4숫자 연도 | 2011 |
| %Z | 시간대 이름 | CET |

리스트 10-2 현재 시간을 담고 있는 문자열을 리턴하는 함수

time/curr_time.c

```
#include <time.h>
#include "curr_time.h" /* 여기 정의된 함수를 선언한다. */

#define BUF_SIZE 1000

/* 'format'에 지정한 서식에 맞춘, 현재 시간을 담고 있는 문자열을 리턴한다(서식에 대해서는
    strftime(3)을 참조하기 바란다). 만약 'format'이 NULL이면, "%c"를 서식으로 사용한다
    (ctime(3)처럼 날짜와 시간으로 변환되지만 끝에 줄바꿈 문자는 없다). 에러가 발생하면 NULL을
    리턴한다. */
char *
currTime(const char *format)
{
    static char buf[BUF_SIZE]; /* 재진입 불가 */
    time_t t;
    size_t s;
    struct tm *tm;

    t = time(NULL);
    tm = localtime(&t);
    if (tm == NULL)
        return NULL;

    s = strftime(buf, BUF_SIZE, (format != NULL) ? format : "%c", tm);

    return (s == 0) ? NULL : buf;
}
```

## 출력 가능한 형태를 분해된 시간으로 변환하기

strptime() 함수는 strftime()의 반대로, 날짜-시간 문자열을 분해된 시간으로 변환한다.

```
#define _XOPEN_SOURCE
#include <time.h>

char *strptime(const char *str, const char *format, struct tm *timeptr);
```

성공하면 str 내의 다음 미처리 문자의 포인터를 리턴하고, 에러가 발생하면 NULL을 리턴한다.

strptime() 함수는 format에 지정된 서식을 이용해 str에 지정된 날짜-시간 문자열을 파싱해서, 분해된 시간을 timeptr이 가리키는 구조체에 저장한다.

성공하면 strptime()은 str 내의 다음 미처리 문자의 포인터를 리턴한다(이는 해당 문자열이 호출 프로그램이 처리할 추가 정보를 담고 있을 경우 유용하다). 전체 서식 문자열이 매치되지 않으면, strptime()은 NULL을 리턴해서 에러가 발생했음을 알린다.

strptime()에 주어진 서식은 scanf(3)의 것과 비슷해서, 다음 문자들을 담고 있다.

- % 문자로 시작하는 변환 서식
- 입력 문자열의 0개 이상의 공백white-space 문자와 매치되는 공백 문자
- (%가 아닌) 비공백 문자. 입력 문자열의 문자와 정확히 매치해야 한다.

변환 지정자conversion specifier는 strftime()과 유사하다(표 10-1). 주요 차이점은 지정자가 좀 더 보편적이라는 점이다. 예를 들어 %a와 %A 모두, 원래 형태든 축약 형태든 요일 이름을 받을 수 있고, 한 자짜리 날짜의 경우 0으로 시작하든 않든 %d나 %e를 써서 날짜를 받을 수 있다. 게다가 대소문자도 무시된다. 예를 들어 May와 MAY는 같은 달 이름이다. 문자열 %%는 입력 문자열의 %를 받는다. 좀 더 자세한 내용은 strptime(3) 매뉴얼 페이지를 참조하기 바란다.

strptime()의 glibc 구현은 tm 구조체의 필드 중 format 지정자가 초기화하지 않은 것은 수정하지 않는다. 이는 일련의 strptime() 호출을 통해 여러 문자열(예를 들어, 날짜 문자열 하나와 시간 문자열 하나)로부터 하나의 tm 구조체를 만들 수 있다는 뜻이다. SUSv3는 이런 동작을 허용하지만 꼭 그렇게 해야 한다고 규정하지는 않았기 때문에, 그 밖의 유닉스 구현도 이렇게 동작할지는 알 수 없다. 이식성 있는 응용 프로그램에서는 str과 format이 tm 구조체의 모든 필드를 설정하도록 보장하거나, strptime() 호출 전에 tm 구조체를 적절히 초기화해야 한다. 대부분의 경우 memset()을 이용해 구조체 전체를 0으로 채우면 되지만, tm_mday 필드의 0 값은 glibc와 시간 변환 함수의 여러 구현에서 이전 달의 마지막 날에 해당된다. 마지막으로, strptime()은 절대 tm 구조체의 tm_isdst 필드에 값을 설정하지 않음에 유의하자.

> GNU C 라이브러리는 strptime()과 비슷한 목적의 두 함수를 추가로 제공한다. getdata()는 SUSv3에 정의되어 있고 널리 보급되어 있다. getdate_r()은 getdata()의 재진입 가능 버전으로, SUSv3에 정의되어 있지는 않고 소수의 유닉스 구현에만 존재한다. 날짜를 스캔하는 데 쓰이는 서식을 지정하기 위해 외부 파일(환경 변수 DATEMSK로 지정)을 사용하기 때문에 쓰기가 약간 불편한데다 set-user-ID 프로그램에서는 보안 문제를 일으키기 때문에, 이 책에서는 이 함수를 설명하지 않는다.

리스트 10-3은 strptime()과 strftime()의 사용 예다. 이 프로그램은 날짜와 시간을 명령행 인자로 받아, strptime()을 통해 분해된 시간으로 변환하고, strftime()을 통해 역변환을 수행한 결과를 출력한다. 이 프로그램은 최대 3개의 인자를 받는데, 첫 2개는 필수다. 첫 번째 인자는 날짜와 시간을 포함하는 문자열이다. 두 번째 인자는 strptime()이 첫 번째 인자를 파싱하기 위한 서식이다. 선택사양인 세 번째 인자는 strftime()을 통한 역변환에 쓰일 서식 문자열이다. 세 번째 인자가 생략되면, 기본 문자열이 쓰인다(이 프로그램에서 쓰인 setlocale() 함수는 10.4절에서 설명한다). 다음의 셸 세션 로그는 이 프로그램의 사용 예를 보여준다.

```
$ ./strtime "9:39:46pm 1 Feb 2011" "%I:%M:%S%p %d %b %Y"
calendar time (seconds since Epoch): 1296592786
strftime() yields: 21:39:46 Tuesday, 01 February 2011 CET
```

다음 사용 예도 비슷하지만, 이번에는 strftime()용 서식을 지정한다.

```
$ ./strtime "9:39:46pm 1 Feb 2011" "%I:%M:%S%p %d %b %Y" "%F %T"
calendar time (seconds since Epoch): 1296592786
strftime() yields: 2011-02-01 21:39:46
```

**리스트 10-3** 달력 시간 읽고 변환하기

time/strtime.c

```
#define _XOPEN_SOURCE
#include <time.h>
#include <locale.h>
#include "tlpi_hdr.h"

#define SBUF_SIZE 1000

int
main(int argc, char *argv[])
{
    struct tm tm;
    char sbuf[SBUF_SIZE];
    char *ofmt;

    if (argc < 3 || strcmp(argv[1], "--help") == 0)
        usageErr("%s input-date-time in-format [out-format]\n", argv[0]);

    if (setlocale(LC_ALL, "") == NULL)
        errExit("setlocale"); /* 변환 시 로케일 설정을 이용한다. */

    memset(&tm, 0, sizeof(struct tm)); /* 'tm'을 초기화한다. */
    if (strptime(argv[1], argv[2], &tm) == NULL)
```

```
        fatal("strptime");

    tm.tm_isdst = -1;  /* strptime()은 이 필드를 설정하지 않는다. 이 설정은
                          mktime()이 DST가 시행 중인지 판단하게 한다. */
    printf("calendar time (seconds since Epoch): %ld\n", (long) mktime(&tm));

    ofmt = (argc > 3) ? argv[3] : "%H:%M:%S %A, %d %B %Y %Z";
    if (strftime(sbuf, SBUF_SIZE, ofmt, &tm) == 0)
        fatal("strftime returned 0");
    printf("strftime() yields: %s\n", sbuf);

    exit(EXIT_SUCCESS);
}
```

## 10.3 시간대

나라마다(그리고 가끔은 심지어 한 나라 안에서도 지역에 따라) 시간대와 DST 제도가 다르다. 시간을 입출력하는 프로그램은 프로그램이 동작하는 시스템의 시간대와 DST 제도를 고려해야 한다. 다행히도 자질구레한 일은 모두 C 라이브러리가 처리해준다.

### 시간대 정의

시간대 정보는 양도 많고 자주 변한다. 이 때문에 프로그램이나 라이브러리에 직접 넣기보다, 시스템은 이 정보를 표준 포맷의 파일에 저장한다.

이 파일은 /usr/share/zoneinfo 디렉토리에 존재한다. 이 디렉토리의 각 파일에는 특정 나라나 지역의 시간대에 대한 정보가 담겨 있다. 각 파일의 이름은 해당 시간대의 이름으로, EST US Eastern Standard Time, CET Central European Time, UTC, Turkey, Iran 등이 있을 수 있다. 게다가 하부 디렉토리를 사용해 관련된 시간대를 계층적으로 묶을 수도 있어서, Pacific 같은 디렉토리 안에 Auckland, Port_Moresby, Galapagos 등의 파일이 있을 수 있다. 프로그램이 사용할 시간대를 지정할 때는, 실제로 이 디렉토리 안의 시간대 파일 중 하나의 상대 경로를 지정한다.

시스템의 지역 시간은 시간대 파일 /etc/localtime에 정의되어 있는데, 이는 /usr/share/zoneinfo에 있는 파일 중 하나로의 링크일 때도 있다.

> 시간대 파일의 포맷은 tzfile(5) 매뉴얼 페이지에 문서화되어 있다. 시간대 파일은 zic(8)(zone information compiler)을 통해 만들어진다. zdump(8) 명령을 통해 지정된 시간대 파일의 시간대에 따른 현재 시간을 출력할 수 있다.

### 프로그램의 시간대 지정하기

프로그램을 실행할 때 시간대를 지정하려면, TZ 환경 변수에 콜론(:)과, /usr/share/zoneinfo에 정의된 시간대 이름 중 하나로 이뤄진 문자열을 설정하면 된다. 시간대를 설정하면 함수 ctime(), localtime(), mktime(), strftime()에 자동으로 적용된다.

현재 시간대 설정을 얻기 위해 이 함수는 다음의 세 가지 전역 변수를 초기화하는 tzset(3)을 사용한다.

```
char *tzname[2]; /* 시간대 이름과 DST 시간대 이름 */
int daylight;    /* DST 시간대가 있으면 0이 아닌 값 */
long timezone;   /* UTC와 지역 표준 시간 사이의 초 차이 */
```

tzset() 함수는 먼저 TZ 환경 변수를 확인한다. 이 변수가 설정되어 있지 않으면, 시간대는 /etc/localtime 파일에 정의되어 있는 기본 시간대로 초기화된다. TZ 환경 변수 값이 공백 문자열이거나 변수값에 해당하는 시간대 파일이 없으면, UTC가 사용된다. TZDIR 환경 변수(비표준 GNU 확장)에는 /usr/share/zoneinfo 대신 시간대 정보를 찾을 디렉토리의 이름을 설정할 수 있다.

리스트 10-4의 프로그램을 실행시켜서 TZ 변수의 효과를 알아볼 수 있다. 첫 번째 실행 결과는 시스템의 기본 시간대(CET)에 해당된다. 두 번째 실행 때는 뉴질랜드의 시간대를 지정했는데, 뉴질랜드의 경우 이맘때 일광절약시간제를 실시 중이며 CET보다 12시간 빠르다.

```
$ ./show_time
ctime() of time() value is:  Tue Feb  1  10:25:56 2011
asctime() of local time is:  Tue Feb  1  10:25:56 2011
strftime() of local time is: Tuesday, 01 Feb 2011, 10:25:56 CET
$ TZ=":Pacific/Auckland" ./show_time
ctime() of time() value is:  Tue Feb  1  22:26:19 2011
asctime() of local time is:  Tue Feb  1  22:26:19 2011
strftime() of local time is: Tuesday, 01 February 2011, 22:26:19 NZDT
```

**리스트 10-4** 시간대와 로케일의 효과

time/show_time.c

```
#include <time.h>
#include <locale.h>
#include "tlpi_hdr.h"

#define BUF_SIZE 200

int
main(int argc, char *argv[])
{
    time_t t;
    struct tm *loc;
    char buf[BUF_SIZE];

    if (setlocale(LC_ALL, "") == NULL)
        errExit("setlocale");     /* 변환에 로케일 설정을 사용한다. */

    t = time(NULL);

    printf("ctime() of time() value is: %s", ctime(&t));

    loc = localtime(&t);
    if (loc == NULL)
        errExit("localtime");

    printf("asctime() of local time is: %s", asctime(loc));

    if (strftime(buf, BUF_SIZE, "%A, %d %B %Y, %H:%M:%S %Z", loc) == 0)
        fatal("strftime returned 0");
    printf("strftime() of local time is: %s\n", buf);

    exit(EXIT_SUCCESS);
}
```

SUSv3에는 `TZ` 환경 변수를 설정할 수 있는 두 가지 방법이 정의되어 있다. 하나는 방금 설명했듯이, 콜론 뒤에 구현마다 다른 시간대 문자열(보통 시간대 정의 파일의 경로명)을 붙이는 방법이다(리눅스와 일부 유닉스 구현에서는 이 형태를 쓸 때 콜론을 생략할 수 있지만, SUSv3에는 생략해도 된다고 써 있지 않다. 이식성을 위해서는 언제나 콜론을 써야 한다).

또 다른 방법은 SUSv3에 완벽하게 정의되어 있다. 이 방법에서는 아래 형태의 문자열을 `TZ`에 대입한다.

```
std offset [ dst [ offset ][ , start-date [ /time ] , end-date [ /time ]]]
```

이해를 돕기 위해 공백을 넣었지만, 실제 TZ 값에는 넣으면 안 된다. []은 선택적 요소를 나타낸다.

std와 dst는 표준과 DST 시간대의 이름을 정의하는 문자열이다. 예를 들어 CET와 CEST는 Central European Time과 Central European Summer Time을 나타낸다. offset은 지역 시간을 UTC로 바꿀 때 더해야 하는 값이다. 마지막의 네 요소는 언제 표준 시간에서 DST로 바뀌는지를 나타내는 규칙이다.

date는 여러 가지 형태로 지정할 수 있는데, 한 가지는 M*m.n.d*이다. 이 표기법은 *m*월(1~12) *n*째 주(1~5, 5는 언제나 마지막 *d*요일을 뜻한다) *d*요일(0 = 일요일, 6 = 토요일)을 뜻한다. time이 생략되면, 기본으로 02:00:00(2 AM)이다.

표준 시간이 UTC보다 한 시간 빠르고, DST(3월의 마지막 일요일부터 10월의 마지막 일요일까지)는 UTC보다 두 시간 빠른 Central Europe의 TZ는 다음과 같이 정의할 수 있다.

```
TZ="CET-1:00:00CEST-2:00:00,M3.5.0,M10.5.0"
```

DST 전환 시각 지정은 생략했다. 기본 시각인 02:00:00에 발생하기 때문이다. 물론 위의 형태는 리눅스 고유의 형태인

```
TZ=":Europe/Berlin"
```

보다는 눈에 잘 들어오지 않는다.

## 10.4 로케일

세상에는 수천 가지의 언어가 있다. 그중 상당수가 컴퓨터 시스템에서 일상적으로 사용된다. 게다가 나라마다 숫자, 금액, 날짜, 시간 등의 정보를 표시하는 방식이 다르다. 예를 들어 대부분의 유럽 국가에서는 (실)수의 정수부와 소수부를 나눌 때 소수점 대신 콤마를 사용하고, 대부분의 나라는 날짜를 쓸 때 미국에서 사용하는 *MM/DD/YY* 포맷과는 다른 포맷을 사용한다. SUSv3는 로케일locale을 "언어와 문화 관습에 따른 사용자 환경의 부분집합"으로 정의한다.

이상적으로는 둘 이상의 위치에서 실행될 수 있도록 설계된 모든 프로그램은 사용자가 선호하는 언어와 포맷으로 정보를 입출력하기 위해 로케일을 다룰 수 있어야 한다. 이는 국제화internationalization라는 복잡한 문제다. 이상적인 세상에서는 프로그램을 한 번 작성하면, 어디서 동작하든 I/O를 수행할 때 알아서 제대로 동작할 것이다. 즉 지역화

localization를 수행할 것이다. 프로그램을 국제화하는 일은 (이를 도와주는 여러 가지 도구가 존재하긴 해도) 시간이 많이 드는 작업이다. glibc 같은 프로그램 라이브러리 또한 국제화를 도와주는 기능을 제공한다.

> 국제화라는 용어는 I 다음에 18글자가 오고 N으로 끝난다는 의미로 I18N이라고도 쓴다. 쓰기에도 빠를 뿐만 아니라, 영국과 미국의 철자법 차이도 피할 수 있다는 장점이 있다.

### 로케일 정의

시간대 정보와 마찬가지로, 로케일 정보도 양이 많고 바뀌기 쉬운 편이다. 이 때문에 각 프로그램과 라이브러리가 로케일 정보를 저장하는 대신 시스템이 이 정보를 표준 포맷으로 파일에 저장한다.

로케일 정보는 /usr/share/locale(또는 일부 배포판에서는 /usr/lib/locale) 디렉토리 아래에 있다. 이 디렉토리 아래의 각 하부 디렉토리는 특정 로케일에 대한 정보를 담고 있다. 이 디렉토리 이름의 규칙은 다음과 같다.

```
언어[_지역[.코드셋]][@변경자]
```

언어language는 두 글자로 이뤄진 ISO 언어 코드language code이고, 지역territory은 두 글자로 이뤄진 ISO 국가 코드country code다. 코드셋codeset은 문자 인코딩 집합character-encoding set을 나타낸다. 변경자modifier는 언어, 지역, 코드셋이 같은 여러 로케일 디렉토리를 구분하기 위한 것이다. 완전한 로케일 디렉토리 이름의 예는 de_DE.utf-8@euro로, 독일어, 독일, UTF-8 문자 인코딩, 화폐 단위로 유로 채택을 뜻한다.

디렉토리 이름 포맷에 []로 나타냈듯이, 로케일 디렉토리의 다양한 부분이 생략될 수 있다. 디렉토리 이름은 흔히 언어와 지역만으로 이뤄지기도 한다. 따라서 디렉토리 en_US는 (영어를 쓰는) 미국의 로케일 디렉토리이고, fr_CH는 스위스의 프랑스어 사용 지역의 로케일 디렉토리다.

> CH는 Confoederatio Helvetica의 약자로, 스위스의 라틴어(즉 지역적으로 언어 중립적인) 이름이다. 공식 국어가 넷이기 때문에, 스위스는 한 나라에 여러 로케일이 있는 좋은 예다.

프로그램에서 쓸 로케일을 지정할 때, 실제로는 /usr/share/locale 아래 하부 디렉토리의 이름을 지정하는 것이다. 프로그램이 지정한 로케일과 일치하는 로케일 디렉토리 이름이 존재하지 않으면, C 라이브러리는 지정된 로케일에서 아래 순서로 요소들을 제거하면서 일치하는 이름을 찾는다.

1. 코드셋
2. 정규화된 코드셋
3. 지역
4. 변경자

정규화된 코드셋은 알파벳과 숫자가 아닌 글자를 제거하고, 모든 글자를 소문자로 바꾸고, 그 앞에 iso를 붙인 코드셋 이름이다. 정규화의 목표는 코드셋 이름의 대소문자와 구두법(예: 추가된 하이픈들)에 따른 차이를 처리하는 것이다.

이런 제거 절차의 예로, 프로그램이 지정한 로케일이 fr_CH.utf-8인데 해당 이름의 로케일 디렉토리가 없는 경우, fr_CH 로케일 디렉토리가 존재한다면 그 로케일이 선택된다. fr_CH 디렉토리가 존재하지 않으면, fr 로케일 디렉토리가 사용될 것이다. fr 디렉토리가 존재하지 않는 드문 경우에는, 곧 설명할 `setlocale()` 함수가 에러를 알릴 것이다.

> /usr/share/locale/locale.alias 파일은 프로그램의 로케일을 지정하는 또 다른 방법을 정의한다. 자세한 내용은 locale.aliases(5) 매뉴얼 페이지를 참조하기 바란다.

각 로케일 하부 디렉토리 아래에는 표 10-2와 같이 해당 로케일을 정의하는 표준 파일이 있다. 다음은 이 표에 대한 보충 설명이다.

- LC_COLLATE 파일은 문자 집합 안의 문자들이 어떻게 정렬되는지에 대한 규칙(즉 문자 집합의 '알파벳' 순서)을 정의한다. 이 규칙은 `strcoll(3)`과 `strxfrm(3)` 함수의 동작을 결정한다. 심지어 라틴계 문자도 동일한 정렬 규칙을 따르지 않는다. 예를 들어 몇몇 유럽 언어에는 경우에 따라 문자 Z 뒤에 정렬되는 추가 문자가 있다. 다른 특별한 경우로, 스페인어의 두 글자 ll은 하나의 문자처럼 l 뒤에 정렬되고, 독일어의 움라우트 문자 ä는 ae에 해당해 이 두 문자처럼 정렬된다.
- LC_MESSAGES 디렉토리는 프로그램이 출력하는 메시지를 국제화하는 첫걸음이다. 프로그램 메시지에 대한 좀 더 광범위한 국제화는 메시지 카탈로그message catalog(`catopen(3)`과 `catgets(3)` 매뉴얼 페이지 참조)나 GNU gettext API(http://www.gnu.org/에서 구할 수 있다)를 통해 이룰 수 있다.

> glibc 버전 2.2.2는 새로운 비표준 로케일 카테고리를 여럿 소개했다. LC_ADDRESS는 로케일별 우편 주소 표현 규칙을 정의한다. LC_IDENTIFICATION은 로케일을 식별하는 정보를 지정한다. LC_MEASUREMENT는 로케일의 도량형(예: 미터법과 영국식)을 정의한다. LC_NAME은 로케일별 사람 이름/호칭 표현 규칙을 정의한다. LC_PAPER는 로케일의 표준 종이 크기(예: US 레터와 대부분의 다른 나라에서 쓰이는 A4 포맷)를 정의한다. LC_TELEPHONE은 로케일별 국내/국제 전화번호(국가 번호와 국제 전화 식별 코드 포함) 표현 규칙을 정의한다.

**표 10-2** 로케일별 하부 디렉토리의 내용

| 파일이름 | 목적 |
|---|---|
| LC_CTYPE | 문자 분류(isalpha(3) 참조)와 대소문자 변환 규칙을 담고 있는 파일 |
| LC_COLLATE | 문자 집합 정렬 규칙을 담고 있는 파일 |
| LC_MONETARY | 화폐 가치 포맷 규칙을 담고 있는 파일(localeconv(3)과 〈locale.h〉 참조) |
| LC_NUMERIC | 화폐 외의 숫자에 대한 포맷 규칙을 담고 있는 파일(localeconv(3)과 〈locale.h〉 참조) |
| LC_TIME | 날짜와 시간에 대한 포맷 규칙을 담고 있는 파일 |
| LC_MESSAGES | 긍정/부정(yes/no)적인 답변을 위한 포맷과 값을 지정하는 파일을 담고 있는 디렉토리 |

시스템에 실제 정의되어 있는 로케일은 시스템에 따라 다를 수 있다. SUSv3는 POSIX라는 표준 로케일(역사적인 이유로 존재하는 C라는 이름도 같은 로케일을 가리킨다)이 정의돼야 한다는 것 외에는 이에 대해 아무런 요구도 하지 않는다. POSIX 로케일은 유닉스 시스템의 역사적인 동작을 그대로 흉내 낸다. 따라서 이는 ASCII 문자 집합에 근거를 두고, 요일/월의 이름과 yes/no 응답으로 영어를 사용한다. 이 로케일의 화폐와 숫자 요소는 정의되어 있지 않다.

> locale 명령은 현재의 로케일 환경에 대한 정보를 출력한다(셸 안에서). locale -a 명령은 시스템에 정의된 전체 로케일 목록을 출력한다.

## 프로그램의 로케일 지정하기

`setlocale()` 함수는 프로그램의 현재 로케일을 설정하고 문의한다.

```
#include <locale.h>

char *setlocale(int category, const char *locale);
```

성공하면 새로운 또는 현재의 로케일을 나타내는 (보통 정적으로 할당된) 문자열의 포인터를 리턴하고, 에러가 발생하면 NULL을 리턴한다.

category 인자는 로케일의 어떤 부분을 설정하거나 문의할지를 선택하고, 표 10-2의 로케일 카테고리와 동일한 이름의 상수로 지정된다. 따라서 예를 들어 시간 표시를 독일식으로 하고, 화폐 표시를 미국 달러로 설정할 수도 있다. 반대로(그리고 더 흔히), LC_ALL 값을 이용해 로케일의 모든 측면을 설정할 수도 있다.

setlocale()을 통해 로케일을 설정하는 데는 두 가지 방법이 있다. locale 인자는 de_DE나 en_US 같이 시스템에 정의된 로케일 중 하나를 가리키는 문자열(즉 /usr/lib/locale 아래의 하부 디렉토리 중 하나의 이름)일 수 있다. 그렇지 않으면 locale을 빈 문자열로 지정해서 로케일 설정을 환경 변수로부터 가져오게 할 수도 있다.

```
setlocale(LC_ALL, "");
```

프로그램이 로케일 환경 변수를 인식하게 하려면 이렇게 호출해야 한다. 이 호출을 생략하면, 이 환경 변수는 프로그램에 아무런 영향을 주지 못한다.

setlocale(LC_ALL, "") 호출을 하는 프로그램을 실행할 때는, 로케일의 다양한 측면을 표 10-2의 카테고리에 해당되는 이름의 환경 변수(LC_CTYPE, LC_COLLATE, LC_MONETARY, LC_NUMERIC, LC_TIME, LC_MESSAGES)를 통해 제어할 수 있다. 그게 아니면 LC_ALL이나 LANG 환경 변수를 통해 전체 로케일 설정을 지정할 수도 있다. 위의 환경 변수 중 둘 이상이 설정되면, LANG이 가장 낮은 우선권을 갖는다. 따라서 LANG을 이용해 모든 카테고리에 대한 기본 로케일을 지정하고, 개별 LC_* 변수로 로케일의 기본값과 다른 측면을 설정할 수 있다.

setlocale()은 해당 로케일의 설정을 나타내는 (보통 정적으로 할당된) 문자열의 포인터를 리턴한다. 현재의 로케일 설정을 바꾸지 않고 알고만 싶다면, locale 인자를 NULL로 설정하면 된다.

로케일 설정은 glibc의 여러 함수를 비롯해서 광범위한 GNU/리눅스 유틸리티의 동작을 제어한다. 그 속에는 리스트 10-4의 프로그램을 여러 가지 로케일에서 실행했을 때 출력된 결과에서 볼 수 있듯이, 함수 strftime()과 strptime()(10.2.3절)도 포함된다.

```
$ LANG=de_DE ./show_time                    독일 로케일
ctime() of time() value is:  Tue Feb  1  12:23:39 2011
asctime() of local time is:  Tue Feb  1  12:23:39 2011
strftime() of local time is: Dienstag, 01 Februar 2011, 12:23:39 CET
```

다음은 LC_TIME이 LANG보다 우선순위가 높음을 보여준다.

```
$ LANG=de_DE LC_TIME=it_IT ./show_time       독일과 이탈리아 로케일
ctime() of time() value is:  Tue Feb 1  12:24:03 2011
asctime() of local time is:  Tue Feb 1  12:24:03 2011
strftime() of local time is: martedì, 01 febbraio 2011, 12:24:03 CET
```

다음은 LC_ALL이 LC_TIME보다 우선순위가 높음을 보여준다.

```
$ LC_ALL=fr_FR LC_TIME=en_US ./show_time     프랑스와 미국 로케일
ctime() of time() value is:  Tue Feb  1 12:25:38 2011
asctime() of local time is:  Tue Feb  1 12:25:38 2011
strftime() of local time is: mardi, 01 février 2011, 12:25:38 CET
```

## 10.5 시스템 클록 갱신하기

이제 시스템 클록을 갱신하는 두 가지 인터페이스(settimeofday()와 adjtime())를 살펴보자. 이 인터페이스는 응용 프로그램에서는 거의 사용되지 않고(시스템 시간은 보통 NTPNetwork Time Protocol 데몬 같은 도구가 관리하기 때문이다), 사용하려면 특권(CAP_SYS_TIME)이 필요하다.

settimeofday() 시스템 호출은 gettimeofday()(10.1절에서 설명했다)의 반대 작업을 수행한다. 시스템의 달력 시간을 tv가 가리키는 timeval 구조체에 지정된 초와 마이크로초로 설정한다.

```
#define _BSD_SOURCE
#include <sys/time.h>

int settimeofday(const struct timeval *tv, const struct timezone *tz);
```

성공하면 0을 리턴하고, 에러가 발생하면 -1을 리턴한다.

gettimeofday()와 마찬가지로 tz 인자는 더 이상 사용하지 않으므로, 이 인자는 언제나 NULL로 설정해야 한다.

tv.tv_usec 필드의 마이크로초 정밀도는 시스템 클록을 마이크로초의 정확도로 제어할 수 있다는 뜻은 아니다. 클록의 단위가 1마이크로초보다 클 수도 있기 때문이다.

settimeofday()는 SUSv3에 정의되어 있지 않지만, 그 밖의 유닉스 구현에도 널리 존재한다.

> 리눅스는 시스템 클록 설정용으로 stime() 시스템 호출도 제공한다. settimeofday()와 stime()의 차이는 후자는 새 달력 시간을 1초 단위로만 설정할 수 있다는 점이다. time()과 gettimeofday()처럼, stime()과 settimeofday()가 둘 다 존재하는 것은 역사적인 이유 때문이다. 좀 더 정밀한 후자의 시스템 호출은 4.2BSD에서 추가됐다.

settimeofday() 호출 등으로 인한 갑작스런 시스템 시간 변경은 단조 증가하는 시스템 클록에 의존하는 응용 프로그램(예를 들어, 타임스탬프나 타임스탬프가 찍힌 로그 파일을 사용하는 데이터베이스 시스템인 make(1))에 해로운 영향을 줄 수 있다. 이 때문에 시간에 (수 초 단위의) 작은 변화를 일으킬 때는, 일반적으로 시스템 클록을 희망하는 값으로 점진적으로 조정하는 adjtime() 라이브러리 함수를 사용하는 편이 좋다.

```
#define _BSD_SOURCE
#include <sys/time.h>

int adjtime(struct timeval *delta, struct timeval *olddelta);
```

성공하면 0을 리턴하고, 에러가 발생하면 –1을 리턴한다.

delta 인자는 시간을 바꿀 초와 마이크로초 수를 지정하는 timeval 구조체를 가리킨다. 이 값이 양수이면, 희망하는 만큼의 시간이 추가될 때까지 약간의 추가 시간이 시스템 클록에 매초 추가된다. delta 값이 음수이면, 클록은 비슷한 방법으로 느려진다.

> 리눅스/x86-32의 클록 조정 속도는 2000초당 1초(즉 하루에 43.2초다).

adjtime() 호출 때 이미 클록 조정 중일 수도 있다. 이 경우 남아 있는 미조정 시간은 olddelta가 가리키는 timeval 구조체로 리턴된다. 이 값에 관심이 없으면, olddelta를 NULL로 설정하면 된다. 반대로 현재 진행 중인 시간 교정이 궁금하고 그 값을 바꾸고 싶지 않다면, delta 인자를 NULL로 설정하면 된다.

SUSv3에 정의되어 있지 않지만, adjtime()은 대부분의 유닉스 구현에 존재한다.

> 리눅스에서 adjtime()은 좀 더 일반적인(그리고 복잡한) 리눅스 고유의 시스템 호출인 adjtimex()를 이용해 구현됐다. 이 시스템 호출은 NTP(Network Time Protocol) 데몬에 채택되어 있다. 좀 더 자세한 정보는 리눅스 소스 코드, 리눅스 adjtimex(2) 매뉴얼 페이지, NTP 규격([Mills, 1992])을 참조하기 바란다.

## 10.6 소프트웨어 클록

이 책에서 설명한 여러 가지 시간 관련 시스템 호출의 정확도는 시스템의 소프트웨어 클록software clock 해상도에 따라 제한되는데, 소프트웨어 클록은 지피jiffy라는 단위로 시간을 측정한다. 지피의 크기는 커널 소스 코드에 상수 HZ로 정의된다. 지피는 라운드 로빈round-robin 스케줄링 알고리즘을 따르는 커널이 CPU를 프로세스에 할당하는 단위다(30.1절).

리눅스/x86-32에서 커널 버전 2.4까지는 소프트웨어 클록의 속도가 100헤르츠, 즉 지피는 10밀리초였다.

리눅스가 처음 구현된 이래로 CPU 속도가 엄청나게 향상됐기 때문에, 커널 2.6.0에서는 소프트웨어 클록의 속도가 리눅스/x86-32상에서 1000헤르츠로 상향됐다. 소프트웨어 클록 속도가 높아서 좋은 점은 타이머가 좀 더 높은 정확도로 동작하고 좀 더 정밀한 시간 측정이 가능하다는 것이다. 하지만 클록 속도를 임의의 높은 값으로 설정하는 것은 바람직하지 않다. 각 클록 인터럽트가 약간의 CPU 시간을 소모하므로, CPU가 그 시간만큼 프로세스를 실행하지 못하기 때문이다.

커널 개발자 사이의 논쟁을 통해 결국 소프트웨어 클록 속도는 설정 가능한 커널 옵션이 됐다. 커널 2.6.13부터 클록 속도는 100이나 250(기본값), 1000헤르츠로 설정할 수 있게 됐고, 각 경우에 지피값은 10이나 4, 1밀리초가 된다. 커널 2.6.20부터 두 가지 공통 비디오 프레임 속도(PAL의 초당 25프레임과 NTSC의 초당 30프레임)로 나누어 떨어지는 300헤르츠로도 설정할 수 있게 됐다.

## 10.7 프로세스 시간

프로세스 시간은 프로세스가 생성된 이래 사용한 CPU 시간의 양이다. 기록을 위해, 커널은 CPU 시간을 다음의 두 가지 요소로 나눈다.

- 사용자 CPU 시간user CPU time은 사용자 모드에서 실행하면서 소비한 시간의 양이다. 가상 시간virtual time이라고도 하며, 프로그램이 CPU를 사용하고 있다고 생각하는 시간이다.
- 시스템 CPU 시간system CPU time은 커널 모드에서 실행하면서 소비한 시간의 양이다. 이는 커널이 시스템 호출을 실행하거나 프로그램 대신 다른 작업(예: 페이지 폴트 처리)을 수행하면서 소비한 시간이다.

프로세스 시간을 프로세스가 소비한 전체 CPU 시간 total CPU time이라고도 한다.

프로그램을 셸에서 실행할 경우 time(1) 명령을 통해, 프로그램을 실행하는 데 소요된 실제 시간뿐만 아니라 두 가지 프로세스 시간 모두를 구할 수 있다.

```
$ time ./myprog
real    0m4.84s
user    0m1.030s
sys     0m3.43s
```

times() 시스템 호출은 프로세스 시간 정보를 읽어서, buf가 가리키는 구조체를 통해 리턴한다.

```
#include <sys/times.h>

clock_t times(struct tms *buf);
```

성공하면 과거의 '임의의' 시점 이래 클록 틱의 수(sysconf(_SC_CLK_TCK))를 리턴하고, 에러가 발생하면 (clock_t) –1을 리턴한다.

buf가 가리키는 tms 구조체의 형태는 다음과 같다.

```
struct tms {
    clock_t tms_utime;      /* 호출자가 사용한 사용자 CPU 시간 */
    clock_t tms_stime;      /* 호출자가 사용한 시스템 CPU 시간 */
    clock_t tms_cutime;     /* 모든 (기다린) 자식이 사용한 사용자 CPU 시간 */
    clock_t tms_cstime;     /* 모든 (기다린) 자식이 사용한 시스템 CPU 시간 */
};
```

tms 구조체의 첫 두 필드는 호출 프로세스가 이제까지 사용한 사용자/시스템 CPU 시간이다. 마지막 두 필드는 부모(즉 times() 호출자)가 wait() 시스템 호출을 통해 기다린(그리고 종료된) 모든 자식 프로세스가 사용한 CPU 시간에 대한 정보를 담고 있다.

tms 구조체에 있는 네 필드의 데이터형인 clock_t 데이터형은 클록 틱clock tick 단위로 시간을 측정하는 정수형이다. sysconf(_SC_CLK_TCK)를 통해 초당 클록 틱 수를 얻을 수 있고, clock_t 값을 이 값으로 나누면 초로 변환할 수 있다(sysconf()는 11.2절에서 설명한다).

> 대부분의 리눅스 하드웨어에서 sysconf(_SC_CLK_TCK)는 숫자 100을 리턴한다. 이는 커널 상수 USER_HZ에 해당된다. 하지만 USER_HZ는 알파나 IA-64 같은 소수의 아키텍처에서 100이 아닌 다른 값으로 정의될 수도 있다.

성공하면 times()는 과거 임의의 시점 이래의 (실제) 경과 시간을 클록 틱 단위로 리턴한다. SUSv3는 의도적으로 해당 시점을 명시하지 않았다. 그저 호출 프로세스가 실행하는 동안 변하지 않는다고 했을 뿐이다. 따라서 리턴값을 이식성 있게 사용하는 유일한 방법은 times()를 두 번 호출해서 그 차이를 계산함으로써 프로세스 실행 중 흐른 시간을 측정하는 것뿐이다. 하지만 이것조차, 그 값이 clock_t의 범위를 넘어서 그때부터 0에서 다시 시작한다면(즉 나중의 times() 호출이 이전의 times() 호출보다 작은 값을 리턴할 수도 있다) times()의 리턴값을 믿을 수 없게 된다. 경과 시간을 측정하는 믿을 수 있는 방법은 gettimeofday()(10.1절에서 설명했다)를 쓰는 것이다.

리눅스에서는 buf를 NULL로 설정할 수 있다. 이 경우 times()는 단순히 함수 결과를 리턴한다. 하지만 이는 이식성이 없다. buf에 NULL을 넘기는 것은 SUSv3에 규정되어 있지 않고, 여러 유닉스 구현이 이 인자에 NULL 아닌 값을 요구한다.

clock() 함수는 프로세스 시간을 얻는 더 간단한 인터페이스를 제공한다. 호출 프로세스가 사용한 전체(즉 사용자 + 시스템) CPU 시간을 리턴한다.

```
#include <time.h>

clock_t clock(void);
```

호출 프로세스가 사용한 전체 CPU 시간을 CLOCKS_PER_SEC 단위로 측정해서 리턴한다.
에러가 발생하면 (clock_t) –1을 리턴한다.

clock()이 리턴한 값은 CLOCKS_PER_SEC 단위로 측정된 것이므로, 프로세스가 사용한 CPU 시간을 초로 구하려면 이 값을 나눠야 한다. POSIX.1에 따르면 CLOCKS_PER_SEC은 하부 소프트웨어 클록(10.6절)의 해상도에 상관없이 백만으로 고정되어 있다. 그럼에도 불구하고 clock()의 정확도는 소프트웨어 클록의 해상도에 따라 제한된다.

> clock()의 clock_t 리턴형은 times() 호출에 사용되는 것과 동일한 데이터형이지만, 이 두 인터페이스가 채택하고 있는 측정 단위는 각기 다르다. 이는 clock_t에 대한 POSIX.1과 C 프로그래밍 언어 표준의 각기 다른 정의 때문이다.

CLOCKS_PER_SEC이 백만으로 고정되어 있지만, SUSv3에는 이 상수가 XSI를 따르지 않는 시스템에서는 정수 변수일 수도 있다고 언급되어 있으므로, 이식성을 고려하면 이 값을 언제나 컴파일 시 상수로 간주할 수 있는 것은 아니다(즉 이 값을 #ifdef 프리프로세서 표현식에 쓸 수 없다). 이 값이 긴 정수(즉 1000000L)로 정의되어 있을 수도 있기 때문에, 이식성을 고려하면 printf()로 출력할 때 언제나 long으로 캐스팅하는 것이 좋다(3.6.2절 참조).

SUSv3에 따르면 clock()은 '프로세스가 사용한 프로세서 시간'을 리턴해야 한다. 이는 다양한 해석이 가능하다. 어떤 유닉스 구현에서는 clock()이 리턴한 시간에 해당 프로세스가 기다린 자식 프로세스 모두가 사용한 CPU 시간이 포함되어 있지만, 리눅스에서는 그렇지 않다.

### 예제 프로그램

리스트 10-5의 프로그램은 10.7절에서 설명한 함수의 사용 예다. displayProcessTimes() 함수는 호출자가 제공한 메시지를 출력한 다음, clock()과 times()를 이용해 프로세스 시간을 읽어 출력한다. main()은 먼저 displayProcessTimes()를 호출한 다음, 반복적으로 getppid()를 호출하는, CPU 시간을 많이 소비하는 루프를 실행하고, displayProcessTimes()를 다시 호출해 루프 안에서 CPU 시간이 얼마나 소비됐는지를 보여준다. getppid()를 천만 번 호출할 경우, 다음과 같은 결과를 얻을 수 있다.

```
$ ./process_time 10000000
CLOCKS_PER_SEC=1000000  sysconf(_SC_CLK_TCK)=100

At program start:
        clock() returns: 0 clocks-per-sec (0.00 secs)
        times() yields: user CPU=0.00; system CPU: 0.00
After getppid() loop:
        clock() returns: 2960000 clocks-per-sec (2.96 secs)
        times() yields: user CPU=1.09; system CPU: 1.87
```

**리스트 10-5 프로세스 CPU 시간 읽기**

time/process_time.c

```
#include <sys/times.h>
#include <time.h>
#include "tlpi_hdr.h"

static void                 /* 'msg'와 프로세스 시간을 출력한다. */
displayProcessTimes(const char *msg)
{
    struct tms t;
    clock_t clockTime;
    static long clockTicks = 0;

    if (msg != NULL)
        printf("%s", msg);

    if (clockTicks == 0) {   /* 첫 번째 호출 시 클록 틱을 가져온다. */
        clockTicks = sysconf(_SC_CLK_TCK);
        if (clockTicks == -1)
            errExit("sysconf");
    }

    clockTime = clock();
    if (clockTime == -1)
        errExit("clock");

    printf("        clock() returns: %ld clocks-per-sec (%.2f secs)\n",
            (long) clockTime, (double) clockTime / CLOCKS_PER_SEC);

    if (times(&t) == -1)
        errExit("times");
    printf("        times() yields: user CPU=%.2f; system CPU: %.2f\n",
            (double) t.tms_utime / clockTicks,
            (double) t.tms_stime / clockTicks);
}

int
main(int argc, char *argv[])
{
    int numCalls, j;

    printf("CLOCKS_PER_SEC=%ld sysconf(_SC_CLK_TCK)=%ld\n\n",
            (long) CLOCKS_PER_SEC, sysconf(_SC_CLK_TCK));

    displayProcessTimes("At program start:\n");

    numCalls = (argc > 1) ? getInt(argv[1], GN_GT_0, "num-calls") : 100000000;
    for (j = 0; j < numCalls; j++)
        (void) getppid();
```

```
    displayProcessTimes("After getppid() loop:\n");

    exit(EXIT_SUCCESS);
}
```

## 10.8 정리

실제 시간은 일상생활에서 쓰는 시간의 정의와 같다. 실제 시간을 특정 표준 시점을 기준으로 측정하면, 이를 달력 시간이라고 한다. 이에 비해, 프로세스 동작 중의 특정 시점(주로 시작 시점)을 기준으로 측정하면 경과 시간이라고 한다.

프로세스 시간은 프로세스가 사용한 CPU 시간의 양이고, 사용자와 시스템 요소로 나뉜다.

다양한 시스템 호출을 통해 시스템 클록값(즉 기원 이래 흐른 초로 측정된 달력 시간)을 얻고 설정할 수 있고, 광범위한 라이브러리 함수를 이용해 달력 시간과, 분해된 시간과 사람이 읽을 수 있는 문자열 등 여러 시간 형태를 변환할 수 있다. 이런 변환을 논하다 보니 로케일과 국제화에 대한 논의에까지 이르렀다.

시간과 날짜를 사용하고 출력하는 것은 여러 프로그램에서 중요한 부분이고, 10장에서 설명한 함수를 앞으로 많이 사용할 것이다. 시간 측정에 대해서는 23장에서 좀 더 설명할 것이다.

### 더 읽을거리

리눅스 커널이 시간을 측정하는 구체적인 사항에 대해서는 [Love, 2010]을 참조하기 바란다.

시간대와 국제화에 대한 광범위한 논의를 GNU C 라이브러리 매뉴얼(온라인에서는 http://www.gnu.org/)에서 찾아볼 수 있다. SUSv3 문서 또한 로케일을 자세히 다루고 있다.

## 10.9 연습문제

**10-1.** `sysconf(_SC_CLK_TCK)` 호출이 100을 리턴하는 시스템이 있다고 가정하자. `times()`가 리턴하는 `clock_t` 값이 32비트 정수라면, 이 값이 순환해서 0에서 다시 시작하기까지 얼마나 걸릴까? `clock()`이 리턴하는 `CLOCKS_PER_SEC` 값에 대해서도 같은 계산을 수행하라.

# 11

# 시스템 한도와 옵션

유닉스 구현마다 여러 가지 시스템 기능과 자원의 한도가 설정되어 있고, 여러 가지 표준에 정의된 다음과 같은 옵션 중 제공하거나 제공하지 않는 것이 있다.

- 프로세스가 동시에 열 수 있는 파일의 개수
- 시스템이 실시간 시그널을 지원하는지
- `int` 형 변수에 담을 수 있는 가장 큰 값
- 프로그램이 가질 수 있는 인자 목록의 크기
- 경로명의 최대 길이

가정하고 있는 한도와 옵션을 응용 프로그램에 하드 코딩hard-coding할 수도 있지만, 그렇게 하면 이식성이 떨어진다. 한도와 옵션은 다음과 같이 다양하기 때문이다.

- 유닉스 구현에 걸쳐: 하나의 유닉스 구현 안에서는 한도와 옵션이 고정되어 있더라도, 그 밖의 구현에서는 해당 값이 다를 수 있다. `int`에 담을 수 있는 최대값이 그런 한도의 예다.

- 특정 구현에서도 실행 때마다: 예를 들어 한도를 바꾸기 위해 커널을 재구성할 수 있다. 또는 응용 프로그램이 시스템 A에서 컴파일됐는데, 한도와 옵션이 다른 시스템 B에서 실행될 수도 있다.
- 파일 시스템에 따라: 예를 들어 전통적인 시스템 V 파일 시스템에서는 파일 이름이 14바이트까지 가능한데, 전통적인 BSD 파일 시스템과 대부분의 리눅스 고유 파일 시스템에서는 파일 이름이 255바이트까지 가능하다.

시스템 한도와 옵션은 응용 프로그램이 할 수 있는 일에 영향을 주기 때문에, 이식성 있는 응용 프로그램은 한도값과 지원되는 옵션을 알아낼 방법이 필요하다. C 프로그래밍 언어 표준과 SUSv3는 응용 프로그램이 그런 정보를 얻을 수 있는 주요 방법 두 가지를 제공한다.

- 컴파일 시에 얻을 수 있는 한도와 옵션이 있다. 예를 들어 `int`의 최대값은 하드웨어 아키텍처와 컴파일러 설계에 따라 결정된다. 이런 한도는 헤더 파일에 기록할 수 있다.
- 실행 시에 바뀔 수 있는 한도와 옵션이 있다. 이런 경우를 위해 SUSv3는 응용 프로그램이 이들 구현 한도와 옵션을 확인할 수 있도록 세 가지 함수(`sysconf()`, `pathconf()`, `fpathconf()`)를 정의해놓았다.

SUSv3는 이를 따르는 구현에 적용되는 여러 가지 한도와, 시스템마다 제공할 수도 제공하지 않을 수도 있는 여러 가지 옵션을 정의해놓았다. 11장에서는 이 중 일부를 설명하고, 나머지는 나중에 관련 장에서 설명할 것이다.

## 11.1 시스템 한도

SUSv3에 정의된 한도마다 각 구현은 최소한 최소값을 지원해야 한다. 대개 최소값은 `<limits.h>`에 문자열 `_POSIX_`로 시작하고, (보통) `_MAX`라는 문자열이 포함된 상수로 정의된다. 즉 이름의 형태는 `_POSIX_XXX_MAX`와 같다.

응용 프로그램이 스스로를 SUSv3가 각 한도별로 요구하는 최소값으로 제한한다면, 모든 구현에 이식할 수 있을 것이다. 하지만 그렇게 하면 응용 프로그램이 더 높은 한도를 제공하는 구현의 장점을 활용하지 못할 것이다. 따라서 `<limits.h>`나 `sysconf()`, `pathconf()`를 이용해 시스템별 한도를 확인하는 편이 더 좋다.

> SUSv3에 정의된 한도 이름에 _MAX를 사용하는 것이 이상해 보일 수도 있다. 최소값이라고 설명이 되어 있으니 말이다. 이 상수들 각각이 자원이나 기능의 상한을 정의하며, 표준은 이들 상한이 어떤 최소값을 가져야 한다고 말한다고 생각하면 이름을 이렇게 붙인 까닭이 명확해질 것이다.
>
> 경우에 따라 한도에 최대값이 제공되고, 이 값의 이름에 _MIN이 붙어 있는 경우가 있다. 이런 상수는 반대의 경우로, 자원의 하한을 나타내고, 표준은 해당 표준을 따르는 구현에서 이 하한값이 특정 값보다 커서는 안 된다고 말하는 것이다. 예를 들어 FLT_MIN 한도(1E-37)는 표현할 수 있는 가장 작은 부동소수점 수로 시스템이 설정할 수 있는 가장 큰 값이고, 표준을 따르는 모든 구현은 최소한 이만큼 작은 부동소수점 수를 표현할 수 있어야 한다.

각 한도에는 위에서 설명한 최소값 이름에 대응되는 이름이 있지만, _POSIX_ 접두어가 붙지 않는다. 구현에 따라 이 이름을 <limits.h>에 정의해서 해당 구현의 한도를 나타내기도 한다. 이 한도가 정의되어 있을 경우, 최소한 위에서 설명한 최소값 이상의 값으로 정의되어 있다(즉 XXX_MAX >= _POSIX_XXX_MAX다).

SUSv3는 한도들을 실행 시 불변값runtime invariant value, 경로명 가변값pathname variable value, 실행 시 증가가능값runtime increasable value의 세 가지 범주로 나누었다. 이제부터 이 범주를 설명하고 예를 살펴보겠다.

### 실행 시 불변값(확정되지 않을 수도 있다)

실행 시 불변값은 그 값이 <limits.h>에 정의되면 해당 유닉스 구현 내에서 고정되어 있는 한도다. 하지만 그 값은 확정되지 않을 수도 있고(아마도 가용 메모리 공간에 따라 달라지기 때문에), 그 때문에 <limits.h>에서는 빠질 수도 있다. 이런 경우(그리고 심지어 이 한도가 <limits.h>에 정의되어 있는 경우에도) 응용 프로그램은 sysconf()를 통해 실행 시에 그 값을 확인할 수 있다.

MQ_PRIO_MAX 한도는 실행 시 불변값의 예다. Vol. 2의 15.5.1절에서 설명하겠지만, POSIX 메시지 큐에는 메시지 우선순위에 한도가 있다. SUSv3에는 값이 32인 상수 _POSIX_MQ_PRIO_MAX가 정의되어 있어, 표준을 따르는 모든 구현에서는 우선순위의 한도가 최소한 이 값은 돼야 한다. 이는 표준을 따르는 모든 구현이 0에서 최소한 31까지의 우선순위를 제공함을 확신할 수 있다는 뜻이다. 유닉스 구현에 따라서는 이보다 더 높은 한도를 설정할 수 있고, 그 값을 <limits.h>에 상수 MQ_PRIO_MAX로 정의할 수 있다. 예를 들어 리눅스에서 MQ_PRIO_MAX는 32,768로 정의되어 있다. 이 값은 실행 시에 다음의 방법으로도 확인할 수 있다.

```
lim = sysconf(_SC_MQ_PRIO_MAX);
```

### 경로명 가변값

경로명 가변값은 경로명(파일, 디렉토리, 터미널 등)의 한도다. 각 한도는 해당 유닉스 구현 내에서 상수로 고정되어 있을 수도 있고, 파일 시스템에 따라 다를 수도 있다. 한도가 경로명에 따라 다른 경우, 응용 프로그램이 pathconf()나 fpathconf()를 통해 그 값을 확인할 수 있다.

NAME_MAX 한도는 경로명 가변값의 예다. 이 한도는 특정 파일 시스템상의 파일이름의 최대 크기를 정의한다. SUSv3에는 표준을 따르는 구현이 허용해야 하는 최소값으로 상수 _POSIX_NAME_MAX가 14(과거의 시스템 V 파일 시스템 한도)로 정의되어 있다. 구현에 따라 이보다 큰 한도로 NAME_MAX가 정의되어 있거나, 다음과 같은 형태로 특정 파일 시스템의 정보를 얻을 수 있기도 하다.

```
lim = pathconf(directory_path, _PC_NAME_MAX)
```

directory_path는 파일 시스템상의 디렉토리의 경로명이다.

### 실행 시 증가가능값

실행 시 증가가능값은 유닉스 구현별로 고정된 최소값을 갖고, 해당 구현을 실행하는 모든 시스템이 최소한 이 최소값을 제공하는 한도다. 하지만 특정 시스템은 실행 시에 이 한도를 증가시킬 수 있고, 응용 프로그램은 sysconf()를 통해 시스템이 지원하는 실제 값을 구할 수 있다.

실행 시 증가가능값의 예는 NGROUPS_MAX로, 프로세스의 최대 동시 추가 그룹 ID 수를 정의한다(9.6절). SUSv3에는 이에 상응하는 최소값 _POSIX_NGROUPS_MAX가 8로 정의되어 있다. 실행 시에 응용 프로그램은 sysconf(_SC_NGROUPS_MAX) 호출을 통해 이 한도값을 구할 수 있다.

### SUSv3의 주요 한도 정리

표 11-1은 SUSv3에 정의된 한도 중 이 책과 관련된 것들이다(나머지 한도는 나중에 소개된다).

**표 11-1** SUSv3의 주요 한도

| 한도 이름(〈limits.h〉) | 최소값 | sysconf()/pathconf() 이름(〈unistd.h〉) | 설명 |
|---|---|---|---|
| ARG_MAX | 4096 | _SC_ARG_MAX | exec()에 넘길 수 있는 인자(argv)와 환경(environ)의 최대 바이트 수(6.7절과 27.2.3절) |
| 없음 | 없음 | _SC_CLK_TCK | times()의 측정 단위 |
| LOGIN_NAME_MAX | 9 | _SC_LOGIN_NAME_MAX | 로그인 이름의 최대 크기(마지막의 널 바이트 포함) |
| OPEN_MAX | 20 | _SC_OPEN_MAX | 프로세스가 동시에 열 수 있는 파일 디스크립터의 최대 개수이자, 사용 가능한 최대 디스크립터 번호보다 1 큰 수(31.2절) |
| NGROUPS_MAX | 8 | _SC_NGROUPS_MAX | 프로세스가 속할 수 있는 최대 추가 그룹 수(9.7.3절) |
| 없음 | 1 | _SC_PAGESIZE | 가상 메모리 페이지 크기(_SC_PAGE_SIZE도 같다.) |
| RTSIG_MAX | 8 | _SC_RTSIG_MAX | 구별할 수 있는 실시간 시그널의 최대 개수(22.8절) |
| SIGQUEUE_MAX | 32 | _SC_SIGQUEUE_MAX | 큐에 들어갈 수 있는 실시간 시그널의 최대 개수(22.8절) |
| STREAM_MAX | 8 | _SC_STREAM_MAX | 동시에 열 수 있는 stdio 스트림의 최대 개수 |
| NAME_MAX | 14 | _PC_NAME_MAX | 파일이름의 최대 바이트 수(마지막의 널 바이트 제외) |
| PATH_MAX | 256 | _PC_PATH_MAX | 경로명의 최대 바이트 수(마지막의 널 바이트 포함) |
| PIPE_BUF | 512 | _PC_PIPE_BUF | 파이프나 FIFO에 아토믹하게 쓸 수 있는 최대 바이트 수(Vol. 2의 7.1절) |

표 11-1의 첫째 열은 특정 구현에서의 한도를 나타내기 위해 <limits.h>에 상수로 정의된 한도의 이름이다. 둘째 열은 SUSv3에 정의된 한도의 최소값이다(<limits.h>에도 정의되어 있다). 대개 최소값은 문자열 _POSIX_가 접두어로 붙은 상수로 정의되어 있다. 예를 들어 상수 _POSIX_RTSIG_MAX(8로 정의되어 있다)는 구현 상수 RTSIG_MAX에 대해 SUSv3가 요구하는 최소값이다. 셋째 열은 실행 시에 구현 한도를 구하기 위해 sysconf()나 pathconf()에 넘길 수 있는 상수의 이름이다. _SC_로 시작하는 상수는 sysconf()에 쓰고, _PC_로 시작하는 상수는 pathconf()와 fpathconf()에 쓴다.

다음은 표 11-1에 대한 보충 설명이다.

- getdtablesize() 함수는 프로세스 파일 디스크립터 한도(OPEN_MAX)를 구할 수 있는 또 다른 함수이지만 폐기됐다. 이 함수는 SUSv2에 정의되어 있었지만(레거시로 표시되어 있다), SUSv3에서 제거됐다.
- getpagesize() 함수는 시스템 페이지 크기(_SC_PAGESIZE)를 구할 수 있는 또 다른 함수이지만 폐기됐다. 이 함수는 SUSv2에 정의되어 있었지만(레거시로 표시되어 있다), SUSv3에서 제거됐다.
- 상수 FOPEN_MAX는 <stdio.h>에 정의되어 있는데, STREAM_MAX와 같다.
- NAME_MAX가 마지막의 널 바이트를 제외하는 데 비해 PATH_MAX는 포함한다. 이러한 불일치는 POSIX.1 표준에 있던 과거의 불일치(PATH_MAX가 마지막의 널 바이트를 포함하는지가 명확하지 않던)를 바로잡는다. PATH_MAX가 마지막의 널 바이트를 포함하도록 정의되어 있기 때문에, 경로명용으로 PATH_MAX바이트만을 할당한 응용 프로그램도 표준에 부합한다.

### 셸에서 한도와 옵션 구하기: getconf

셸에서는 getconf 명령으로 특정 유닉스 구현의 한도와 옵션을 구할 수 있다. 이 명령의 일반적인 형태는 다음과 같다.

```
$ getconf 변수이름 [ 경로명 ]
```

변수이름은 한도를 나타내고, ARG_MAX나 NAME_MAX 같은 SUSv3 표준 한도 이름 중 하나다. 한도가 경로명과 관련되어 있을 경우에는, 다음 예의 두 번째 경우처럼 명령의 두 번째 인자로 경로명을 지정해야 한다.

```
$ getconf ARG_MAX
131072
$ getconf NAME_MAX /boot
255
```

## 11.2 실행 시에 시스템 한도(그리고 옵션) 구하기

sysconf() 함수를 이용하면 응용 프로그램이 실행 시에 시스템 한도값을 구할 수 있다.

```
#include <unistd.h>

long sysconf(int name);
```

name으로 지정한 한도의 값을 리턴한다.
한도가 정해지지 않았거나 에러가 발생하면 -1을 리턴한다.

name 인자는 <unistd.h>에 정의된 _SC_* 상수 중 하나로, 그중 일부는 표 11-1에 나와 있다. 한도의 값은 함수의 결과로 리턴된다.

한도를 결정할 수 없으면 sysconf()는 -1을 리턴한다. 에러가 발생해도 -1을 리턴한다(명시되어 있는 에러는 EINVAL뿐으로, name이 유효하지 않음을 나타낸다). 한도가 확정되지 않은 것과 에러를 구별하려면, 호출 전에 errno를 0으로 설정해야 한다. 호출이 -1을 리턴하고 호출 뒤에 errno가 설정되어 있으면, 에러가 발생한 것이다.

> sysconf()가 리턴한 한도값은 언제나 (긴) 정수다(pathconf()와 fpathconf()도 마찬가지). SUSv3에는 그 이유로, 리턴값으로 문자열을 고려했으나 구현과 사용이 복잡해 거부했다고 되어 있다.

리스트 11-1은 sysconf()를 사용해 다양한 시스템 한도를 출력하는 예다. 이 프로그램을 리눅스 2.6.31/x86-32 시스템에서 실행하면 다음과 같은 결과가 출력된다.

```
$ ./t_sysconf
_SC_ARG_MAX:           2097152
_SC_LOGIN_NAME_MAX:    256
_SC_OPEN_MAX:          1024
_SC_NGROUPS_MAX:       65536
_SC_PAGESIZE:          4096
_SC_RTSIG_MAX:         32
```

**리스트 11-1** sysconf()의 사용 예

syslim/t_sysconf.c

```
#include "tlpi_hdr.h"

static void         /* 'msg' 뒤에 'name'에 해당하는 sysconf() 값을 출력한다. */
sysconfPrint(const char *msg, int name)
{
    long lim;

    errno = 0;
```

```
    lim = sysconf(name);
    if (lim != -1) {          /* 호출이 성공했고, 한도도 결정되어 있다. */
        printf("%s %ld\n", msg, lim);
    } else {
        if (errno == 0)       /* 호출은 성공했지만, 한도가 결정되어 있지 않다. */
            printf("%s (indeterminate)\n", msg);
        else                  /* 호출이 실패했다. */
            errExit("sysconf %s", msg);
    }
}

int
main(int argc, char *argv[])
{
    sysconfPrint("_SC_ARG_MAX:          ", _SC_ARG_MAX);
    sysconfPrint("_SC_LOGIN_NAME_MAX:   ", _SC_LOGIN_NAME_MAX);
    sysconfPrint("_SC_OPEN_MAX:         ", _SC_OPEN_MAX);
    sysconfPrint("_SC_NGROUPS_MAX:      ", _SC_NGROUPS_MAX);
    sysconfPrint("_SC_PAGESIZE:         ", _SC_PAGESIZE);
    sysconfPrint("_SC_RTSIG_MAX:        ", _SC_RTSIG_MAX);
    exit(EXIT_SUCCESS);
}
```

SUSv3에 따르면, 특정 한도에 대해 sysconf()가 리턴한 값은 호출 프로세스가 살아 있는 동안 변치 않아야 한다. 예를 들어 _SC_PAGESIZE에 대한 리턴값은 프로세스가 동작하는 동안 변하지 않을 것이라고 가정할 수 있다.

> 리눅스에는 한도값이 프로세스가 살아 있는 동안 변치 않아야 한다는 것에 대해 일부 (합리적인) 예외가 있다. 프로세스는 setrlimit()(31.2절)을 사용해서 sysconf()가 보고하는 한도값에 영향을 주는 다양한 프로세스 자원 한도를 바꿀 수 있다. RLIMIT_NOFILE은 프로세스가 열 수 있는 파일의 개수를 결정한다(_SC_OPEN_MAX). RLIMIT_NPROC(SUSv3에 정의되지 않은 자원 한도)은 이 프로세스가 만들 수 있는 프로세스 개수의 사용자당 한도다(_SC_CHILD_MAX). RLIMIT_STACK은 리눅스 2.6.23에서 추가됐는데, 프로세스의 명령행 인자와 환경용으로 허용되는 공간의 한도를 결정한다(_SC_ARG_MAX, 자세한 사항은 execve(2) 매뉴얼 페이지 참조).

## 11.3 실행 시에 파일 관련 한도(그리고 옵션) 읽기

pathconf()와 fpathconf() 함수를 이용하면 응용 프로그램이 실행 시에 파일 관련 한도의 값을 구할 수 있다.

```
#include <unistd.h>

long pathconf(const char *pathname, int name);
long fpathconf(int fd, int name);
```

name으로 지정한 한도의 값을 리턴한다.
한도가 정해지지 않았거나 에러가 발생하면 –1을 리턴한다.

pathconf()와 fpathconf()의 차이점은 파일이나 디렉토리를 지정하는 방식뿐이다. pathconf()는 경로명으로, fpathconf()는 (미리 열어둔) 파일 디스크립터로 지정한다.

name 인자는 <unistd.h>에 정의된 _PC_* 상수 중 하나로, 그중 일부는 표 11-1에 나와 있다. 표 11-2는 표 11-1에 나온 _PC_* 상수를 더욱 자세히 설명하고 있다.

함수의 결과로 한도의 값이 리턴된다. 한도가 확정되지 않은 경우와 에러를 구별하는 방법은 sysconf()와 같다.

sysconf()와 달리, SUSv3는 pathconf()와 fpathconf()가 리턴하는 값이 프로세스가 살아 있는 동안 변치 않기를 요구하지 않는다. 예를 들어 프로세스가 동작하는 동안 파일 시스템이 마운트 해제됐다가 다른 특성으로 다시 마운트될 수도 있기 때문이다.

**표 11-2** 주요 pathconf() _PC_* 이름의 세부사항

| 상수 | 설명 |
|---|---|
| _PC_NAME_MAX | 디렉토리의 경우 디렉토리 안의 파일에 대한 값. 기타 파일 종류에 대해서는 정해지지 않았다. |
| _PC_PATH_MAX | 디렉토리의 경우 이 디렉토리로부터의 상대 경로명의 최대 길이. 기타 파일 종류에 대해서는 정해지지 않았다. |
| _PC_PIPE_BUF | FIFO나 파이프의 경우 참조된 파일에 적용되는 값. 디렉토리의 경우 해당 디렉토리에 만들어지는 FIFO에 적용되는 값. 기타 파일 종류에 대해서는 정해지지 않았다. |

리스트 11-2는 fpathconf()를 사용해, 표준 입력으로 지정된 파일에 대한 다양한 한도를 읽는 예다. 표준 입력을 ext2 파일 시스템상의 디렉토리로 지정해서 이 프로그램을 실행하면, 다음과 같은 결과가 나타난다.

```
$ ./t_fpathconf < .
_PC_NAME_MAX:  255
_PC_PATH_MAX:  4096
_PC_PIPE_BUF:  4096
```

리스트 11-2 fpathconf()의 사용 예

syslim/t_fpathconf.c

```
#include "tlpi_hdr.h"

static void     /* 'msg' 뒤에 fpathconf(fd, name)의 값을 출력한다. */
fpathconfPrint(const char *msg, int fd, int name)
{
    long lim;

    errno = 0;
    lim = fpathconf(fd, name);
    if (lim != -1) {            /* 호출이 성공했고, 한도도 결정되어 있다. */
        printf("%s %ld\n", msg, lim);
    } else {
        if (errno == 0)         /* 호출은 성공했지만, 한도가 결정되어 있지 않다. */
            printf("%s (indeterminate)\n", msg);
        else                    /* 호출이 실패했다. */
            errExit("fpathconf %s", msg);
    }
}

int
main(int argc, char *argv[])
{
    fpathconfPrint("_PC_NAME_MAX: ", STDIN_FILENO, _PC_NAME_MAX);
    fpathconfPrint("_PC_PATH_MAX: ", STDIN_FILENO, _PC_PATH_MAX);
    fpathconfPrint("_PC_PIPE_BUF: ", STDIN_FILENO, _PC_PIPE_BUF);
    exit(EXIT_SUCCESS);
}
```

## 11.4 결정되지 않은 한도

일부 시스템 한도는 구현 한도 상수로 정의되어 있지 않고(예: PATH_MAX), sysconf()나 pathconf()는 해당 한도(예: _PC_PATH_MAX)가 결정되어 있지 않다고 보고할 수도 있다. 이 경우 다음 전략 중 하나를 채택할 수 있다.

- 여러 유닉스 구현에 걸쳐 이식될 수 있는 응용 프로그램을 작성할 때, SUSv3에 정의된 최소 한도값을 사용할 수 있다. 이는 _POSIX_*_MAX 형태의 이름을 가진 상수로, 11.1절에 설명되어 있다. 이런 접근 방법이 적절치 않을 때도 있는데, _POSIX_PATH_MAX와 _POSIX_OPEN_MAX처럼 한도가 비현실적으로 낮은 경우다.

- 경우에 따라서는, 한도 검사를 무시하고 대신에 관련 시스템 호출이나 라이브러리 함수 호출을 수행하는 게 실용적인 해결책일 수도 있다(비슷한 주장이 11.5절에서 설명할 SUSv3 옵션 일부에도 적용될 수 있다). 어떤 시스템 한도를 초과해 호출이 실패하고 errno가 에러 발생을 알리면, 필요에 따라 응용 프로그램 동작을 바꿔서 다시 시도할 수 있다. 예를 들어, 대부분의 유닉스 구현이 프로세스 큐에 보낼 수 있는 실시간 시그널의 개수를 제한한다. 한도에 다다르면, (sigqueue()를 사용해) 시그널을 더 보내려고 할 때 EAGAIN 에러를 내면서 실패한다. 이 경우 시그널을 보내는 프로세스는 약간의 간격을 두고 단순히 재시도할 수도 있다. 마찬가지로 파일을 열 때 이름이 너무 길어서 ENAMETOOLONG 에러가 발생하면, 응용 프로그램은 더 짧은 이름으로 다시 시도할 수 있다.
- 한도를 추론하거나 추정하는 프로그램이나 함수를 직접 작성할 수도 있다. 각 경우에 관련된 sysconf()나 pathconf()를 호출하고, 이 한도가 결정되어 있지 않으면 함수는 '적절히 추측한' 값을 리턴한다. 완벽하지는 않지만 실용적으로는 충분하다.
- 다양한 시스템 기능과 한도의 존재와 설정을 알아낼 수 있는 확장 가능한 도구인 GNU Autoconf 같은 도구를 사용할 수 있다. Autoconf 프로그램은 스스로 찾아낸 정보에 근거해 헤더 파일을 만들고, 이 파일을 C 프로그램에 사용할 수 있다. Autoconf에 대한 자세한 정보는 http://www.gnu.org/software/autoconf/에서 찾을 수 있다.

## 11.5 시스템 옵션

SUSv3에는 다양한 시스템 자원의 한도뿐만 아니라, 유닉스 구현이 지원할 수 있는 다양한 옵션도 정의되어 있다. 거기에는 실시간 시그널, POSIX 공유 메모리, 작업 제어, POSIX 스레드 등의 기능이 포함된다. 약간의 예외도 있지만, 유닉스 구현이 이 옵션을 꼭 지원해야 하는 것은 아니다. 대신에 SUSv3는 유닉스 구현이 컴파일 시나 실행 시에 특정 기능을 지원하는지를 알릴 수 있도록 허용한다.

유닉스 구현은 <unistd.h>에 있는 해당 상수를 정의함으로써 컴파일 시 특정 SUSv3 옵션의 지원 여부를 알릴 수 있다. 각 상수는 접두어로 해당 기능이 정의된 표준을 나타낸다(예: _POSIX_, _XOPEN_).

각 옵션 상수는 (정의되어 있을 경우) 다음 값 중의 하나를 갖는다.

- -1은 해당 옵션이 지원되지 않음을 뜻한다. 이 경우 유닉스 구현은 해당 옵션과 관련된 헤더 파일, 데이터형, 함수 인터페이스를 정의할 필요가 없다. 프로그램 작성 시 #if 프리프로세서 지시자를 사용해 이런 가능성에 대처해야 한다.
- 0은 해당 옵션이 지원될 수도 있음을 뜻한다. 응용 프로그램은 실행 시에 해당 옵션이 지원되는지를 확인해야 한다.
- 0보다 큰 값은 해당 옵션이 지원됨을 뜻한다. 해당 옵션과 관련된 모든 헤더 파일, 데이터형, 함수 인터페이스가 정의되어 있고 동작한다. SUSv3에 따르면, 많은 경우 이 양수값은 SUSv3가 표준으로 승인한 연도와 달을 나타내는 상수인 200112L이어야 한다(SUSv4의 경우 200809L이다).

상수가 0으로 정의되어 있으면, 응용 프로그램은 실행 시에 sysconf()와 pathconf()(또는 fpathconf()) 함수로 해당 옵션이 지원되는지 확인할 수 있다. 이 함수에 넘기는 name 인자는 일반적으로 해당 상수와 형태가 동일하지만, 접두어는 _SC_나 _PC_로 바뀐다. 유닉스 구현은 최소한 실행 시 검사를 수행하는 데 필요한 헤더 파일, 상수, 함수 인터페이스를 제공해야 한다.

> SUSv3는 옵션 상수가 정의되어 있지 않은 것이 상수를 0으로 정의하는 것과 같은 의미인지('해당 옵션이 지원될 수도 있음'), 아니면 -1로 정의하는 것과 같은 의미인지('해당 옵션이 지원되지 않음') 명확하게 규정하지 않았다. 표준 위원회는 나중에 이것이 상수를 -1로 정의하는 것과 같다고 결정했고, SUSv4에는 이 내용이 명시되어 있다.

표 11-3은 SUSv3에 정의된 옵션 중 일부다. 표의 첫째 열은 해당 옵션의 상수 이름(<unistd.h>에 정의되어 있다)과 그에 해당되는 sysconf()(_SC_*)나 pathconf()(_PC_*)의 name 인자다. 옵션에 따라 다음과 같은 사항이 적용될 수 있다.

- 일부 옵션은 SUSv3에서 의무사항이다. 즉 컴파일 시 상수가 언제나 양수로 정의되어 있다. 과거에는 이 옵션이 정말로 선택사항이었지만, 요즘은 그렇지 않다. 이 옵션은 '관련 정보' 열에 문자 +로 표시했다(SUSv4에서는 SUSv3에서 선택사항이었던 여러 옵션이 의무사항이 됐다).

> 이런 옵션은 SUSv3에서 의무사항이 됐지만, 일부 유닉스 시스템은 그럼에도 불구하고 표준에 부합하지 않는 설정으로 설치될 수도 있다. 따라서 이식성 있는 응용 프로그램은 해당 응용 프로그램에 영향을 주는 옵션이 (표준의 의무사항이든 아니든 상관없이) 지원되는지를 확인하는 게 좋다.

- 일부 옵션은 컴파일 시 상수가 -1이 아닌 값을 가져야 한다. 다시 말해, 해당 옵션이 지원되거나 지원 여부를 실행 시에 확인할 수 있어야 한다. 이 옵션은 '관련 정보' 열에 문자 *로 표시했다.

**표 11-3** 주요 SUSv3 옵션

| 옵션(상수) 이름 (sysconf()/pathconf() 이름) | 설명 | 관련 정보 |
|---|---|---|
| _POSIX_ASYNCHRONOUS_IO (_SC_ASYNCHRONOUS_IO) | 비동기 I/O | |
| _POSIX_CHOWN_RESTRICTED (_PC_CHOWN_RESTRICTED) | 특권 프로세스만 chown()과 fchown()을 사용해서 파일의 사용자 ID와 그룹 ID를 임의의 값으로 바꿀 수 있다(15.3.2절). | * |
| _POSIX_JOB_CONTROL (_SC_JOB_CONTROL) | 작업 제어(29.7절) | + |
| _POSIX_MESSAGE_PASSING (_SC_MESSAGE_PASSING) | POSIX 메시지 큐(Vol. 2의 15장) | |
| _POSIX_PRIORITY_SCHEDULING (_SC_PRIORITY_SCHEDULING) | 프로세스 스케줄링(30.3절) | |
| _POSIX_REALTIME_SIGNALS (_SC_REALTIME_SIGNALS) | 실시간 시그널 확장(22.8절) | |
| _POSIX_SAVED_IDS (없음) | 프로세스가 저장된 set-user-ID와 저장된 set-group-ID를 갖고 있다(9.4절). | + |
| _POSIX_SEMAPHORES (_SC_SEMAPHORES) | POSIX 세마포어(Vol. 2의 16장) | |
| _POSIX_SHARED_MEMORY_OBJECTS (_SC_SHARED_MEMORY_OBJECTS) | POSIX 공유 메모리 객체(Vol. 2의 17장) | |
| _POSIX_THREADS (_SC_THREADS) | POSIX 스레드 | |
| _XOPEN_UNIX (_SC_XOPEN_UNIX) | XSI 확장 기능이 지원된다(1.3.4절). | |

## 11.6 정리

SUSv3에는 유닉스 구현이 강제할 수 있는 한도와 지원할 수 있는 시스템 옵션이 정의되어 있다.

시스템 한도와 옵션이 어떠할지를 미리 가정해서 프로그램에 하드 코딩하는 것은 바람직하지 않다. 시스템 한도와 옵션은 유닉스 구현에 따라 다를 수 있고, 심지어 같은 구현에서도 실행 시나 파일 시스템에 따라 다를 수 있기 때문이다. 따라서 SUSv3에는 해당 유닉스 구현이 지원하는 한도와 옵션을 알릴 수 있는 방법이 정의되어 있다. 대부분의 한도에 대해 SUSv3는 모든 구현이 지원해야 하는 최소값을 정해놓았다. 게다가 각 구현은 스스로의 한도와 옵션을 컴파일 시나(`<limits.h>`나 `<unistd.h>`에 있는 상수 정의를 통해) 실행 시에(`sysconf()`나 `pathconf()`, `fpathconf()`를 통해) 알릴 수 있다. 이 기법은 해당 구현이 어떤 SUSv3 옵션을 지원하는지를 알아내는 데 유사하게 사용될 수 있다. 경우에 따라 이런 방법으로도 특정 한도를 알 수 없는 경우가 있다. 그런 비확정 한도의 경우에는 응용 프로그램이 지킬 한도를 그때그때 적절한 방법으로 결정해야 한다.

### 더 읽을거리

[Stevens & Rago, 2005]의 2장과 [Gallmeister, 1995]의 2장은 11장과 비슷한 분야를 다룬다. [Lewine, 1991]도 매우 유용한 (이제 약간 오래됐지만) 배경지식을 제공한다. POSIX 옵션과 그와 관련해서 glibc와 리눅스에 대한 상세한 내용은 http://people.redhat.com/drepper/posix-option-groups.html에서 찾을 수 있다. `sysconf(3)`, `pathconf(3)`, `feature_test_macros(7)`, `posixoptions(7)`, `standards(7)`의 리눅스 매뉴얼 페이지도 관련된 내용을 담고 있다.

가장 좋은 정보의 출처는(비록 때론 읽기 힘들지만) SUSv3의 관련 부분이다. 특히 Base Definitions(XBD)의 2장과 `<unistd.h>`, `<limits.h>`, `sysconf()`, `fpathconf()`의 정의는 SUSv3를 사용하는 데 좋은 안내가 될 것이다.

## 11.7 연습문제

**11-1.** 리스트 11-1의 프로그램을 다른 유닉스 구현에서 실행해보라.

**11-2.** 리스트 11-2의 프로그램을 다른 파일 시스템에서 실행해보라.

# 12

# 시스템과 프로세스 정보

12장에서는 시스템과 프로세스의 다양한 정보에 접근하는 방법을 살펴본다. 주로 /proc 파일 시스템에 대해 알아볼 것이고, 여러 가지 시스템 식별자를 읽어오는 `uname()` 시스템 호출도 살펴본다.

## 12.1 /proc 파일 시스템

과거의 유닉스 구현에는 다음과 같은 질문에 답하기 위해 커널의 속성을 분석하거나 바꾸는 쉬운 방법이 없었다.

- 얼마나 많은 프로세스가 시스템에서 실행되고 소유자는 누구인가?
- 프로세스가 무슨 파일을 열었는가?
- 어떤 파일이 현재 잠겨 있고, 어떤 프로세스가 잠금을 갖고 있을까?
- 시스템에서 어떤 소켓이 사용되고 있을까?

일부 구형 유닉스 구현에서는 특권 프로그램이 커널 메모리에 있는 데이터 구조를 뒤질 수 있게 허용함으로써 이 문제를 해결했다. 하지만 이 방법은 여러 가지 문제가 있다. 특히 커널 데이터 구조에 대한 전문 지식을 요구하고, 이러한 데이터 구조는 커널 버전에 따라 달라질 수 있는데 그 경우 거기 의존하는 프로그램은 다시 작성해야 한다.

커널 정보에 쉽게 접근할 수 있도록, 최신 유닉스 구현은 /proc 가상 파일 시스템을 제공한다. 이 파일 시스템은 /proc 디렉토리 아래에 있으며 커널 정보를 노출하는 다양한 파일을 포함하고 있어, 프로세스가 일반적인 파일 I/O 시스템 호출을 사용해 편리하게 정보를 읽고, 경우에 따라 변경할 수도 있다. /proc 파일 시스템이 들어 있는 파일과 하부 디렉토리는 디스크에 존재하지 않기 때문에 가상 파일 시스템이라고 한다. 해당 파일과 디렉토리는 프로세스가 접근하면 커널에 의해 '즉시' 만들어진다.

이 절에서는 /proc 파일 시스템의 개요를 제시한다. 각 /proc 파일에 대해서는 이후에 관련된 장에서 설명할 것이다. 많은 유닉스 구현이 /proc 파일 시스템을 제공하지만 SUSv3에는 정의되어 있지 않으며, 이 책에 기술된 구체적인 내용은 리눅스에 고유하다.

### 12.1.1 프로세스 정보 얻기: /proc/*PID*

시스템상의 각 프로세스에 대해, 커널은 /proc/*PID*(*PID*는 프로세스의 ID다)라는 디렉토리를 제공한다. 이 디렉토리 안에 프로세스에 대한 정보를 담고 있는 다양한 파일과 하부 디렉토리가 존재한다. 예를 들어 디렉토리 /proc/1에 있는 파일을 통해, 항상 프로세스 ID가 1인 init 프로세스에 대한 정보를 얻을 수 있다.

/proc/*PID* 디렉토리의 파일 중에는 프로세스에 대한 다양한 정보를 제공하는 status라는 파일이 있다.

```
$ cat /proc/1/status
Name:   init                            이 프로세스가 실행하는 명령의 이름
State:  S (sleeping)                    이 프로세스의 상태
Tgid:   1                               스레드 그룹 ID(전통적인 PID, getpid())
Pid:    1                               실제로는 스레드 ID(gettid())
PPid:   0                               부모 프로세스 ID
TracerPid:      0                       추적 프로세스의 PID(추적 중이 아니면 0)
Uid:    0       0       0       0       실제, 유효, 저장된, FS UID
Gid:    0       0       0       0       실제, 유효, 저장된, FS GID
FDSize: 256                             현재 할당된 파일 디스크립터 개수
Groups:                                 추가 그룹 ID들
VmPeak:       852 kB                    최고 가상 메모리 크기
VmSize:       724 kB                    현재 가상 메모리 크기
VmLck:          0 kB                    잠긴 메모리
VmHWM:        288 kB                    최고 상주 집합(resident set) 크기
```

```
VmRSS:       288 kB                        현재 상주 집합 크기
VmData:      148 kB                        데이터 세그먼트 크기
VmStk:        88 kB                        스택 크기
VmExe:       484 kB                        텍스트(실행 코드) 크기
VmLib:         0 kB                        공유 라이브러리 코드 크기
VmPTE:        12 kB                        페이지 테이블 크기(2.6.10부터)
Threads:        1                          이 스레드의 스레드 그룹 내 스레드 개수
SigQ:    0/3067                            큐에 있는 현재/최대 시그널들(2.6.12부터)
SigPnd: 0000000000000000                   스레드 보류 중인 시그널들
ShdPnd: 0000000000000000                   프로세스 보류 중인 시그널들(2.6부터)
SigBlk: 0000000000000000                   블록된 시그널들
SigIgn: fffffffe5770d8fc                   무시된 시그널들
SigCgt: 00000000280b2603                   잡힌 시그널들
CapInh: 0000000000000000                   상속 가능한 능력들
CapPrm: 00000000ffffffff                   허용된 능력들
CapEff: 00000000fffffeff                   유효한 능력들
CapBnd: 00000000ffffffff                   능력 제한 집합(2.6.26부터)
Cpus_allowed:    1                         허용된 CPU, 마스크(mask)(2.6.24부터)
Cpus_allowed_list:      0                  위와 동일, 리스트 포맷(2.6.26부터)
Mems_allowed:    1                         허용된 메모리 노드, 마스크(2.6.24부터)
Mems_allowed_list:      0                  위와 동일, 리스트 포맷(2.6.26부터)
voluntary_ctxt_switches:     6998          자발적 문맥 전환(2.6.23부터)
nonvoluntary_ctxt_switches:  107           비자발적 문맥 전환(2.6.23부터)
Stack usage:     8 kB                      최고 스택 사용량(2.6.32부터)
```

위의 출력은 커널 2.6.32의 경우다. 파일 출력에 '부터'로 표시된 것처럼, 이 파일의 포맷은 시간이 지남에 따라 다양한 커널 버전에서 새로운 필드가 추가되면서(때로는 제거되면서) 변화해왔다(위에 표시된 리눅스 2.6 관련 변경사항 외에, 리눅스 2.4에서도 Tgid, TracerPid, FDSize, Threads 필드가 추가됐다).

파일의 내용이 시간이 지남에 변경됐기 때문에, /proc 파일을 사용할 때 일반적으로 주의할 점이 있다. 파일이 여러 엔트리로 구성되어 있을 때, (논리적인) 행번호로 파일을 처리하기보다는 특정 문자열(예: PPid:)을 포함하고 있는 줄을 찾는 등 방어적으로 파싱해야 한다.

표 12-1은 /proc/*PID* 디렉토리에 있는 파일 중 일부다.

**표 12-1** 각 /proc/*PID* 디렉토리 내의 주요 파일

| 파일 | 설명(프로세스 속성) |
|---|---|
| cmdline | \0으로 구분된 명령행 인자 |
| cwd | 현재 작업 디렉토리로의 심볼릭 링크 |
| environ | NAME=value 쌍으로 이뤄진 환경 변수 목록, \0으로 구분 |

(이어짐)

| 파일 | 설명(프로세스 속성) |
|---|---|
| exe | 실행 중인 파일로의 심볼릭 링크 |
| fd | 이 프로세스가 열어놓은 파일로의 심볼릭 링크를 담고 있는 디렉토리 |
| maps | 메모리 매핑 |
| mem | 프로세스 가상 메모리(I/O 전에 유효한 오프셋으로 lseek()해야 한다.) |
| mounts | 이 프로세스의 마운트 포인트 |
| root | 루트 디렉토리로의 심볼릭 링크 |
| status | 여러 가지 정보(예: 프로세스 ID, 자격증명, 메모리 사용량, 시그널) |
| task | 프로세스 내의 각 스레드별 하부 디렉토리를 담고 있다(리눅스 2.6). |

### /proc/*PID*/fd 디렉토리

/proc/*PID*/fd 디렉토리는 프로세스가 열어놓은 파일 디스크립터별로 하나의 심볼릭 링크를 담고 있다. 이 심볼릭 링크의 이름은 해당 디스크립터 번호와 같다. 예를 들어 /proc/1968/1은 프로세스 1968의 표준 출력에 대한 심볼릭 링크다. 자세한 내용은 5.11절을 참조하기 바란다.

편의상 모든 프로세스는 심볼릭 링크 /proc/self를 통해 자신의 /proc/*PID* 디렉토리에 접근할 수 있다.

### 스레드: /proc/*PID*/task 디렉토리

리눅스 2.4는 POSIX 스레드 모델을 제대로 지원하기 위해 스레드 그룹이라는 개념을 추가했다. 일부 속성은 스레드 그룹의 스레드별로 다르기 때문에, 리눅스 2.4는 /proc/*PID* 디렉토리에 task 하부 디렉토리를 추가했다. 이 프로세스의 스레드별로 커널은 /proc/*PID*/task/*TID*라는 이름의 하부 디렉토리를 제공하는데, 여기서 *TID*는 스레드의 스레드 ID이고, 스레드에서 `gettid()`를 호출했을 때 리턴하는 것과 동일한 번호다.

/proc/*PID*/task/*TID* 하부 디렉토리에는 /proc/*PID*와 똑같은 종류의 파일과 디렉토리가 존재한다. 스레드는 많은 속성을 공유하기 때문에 이 파일들에 있는 정보의 상당량은 프로세스 내의 스레드 사이에 동일하지만, 경우에 따라서는 스레드별로 각기 다른 정보를 보여주기도 한다. 예를 들어 하나의 스레드 그룹에 속하는 /proc/*PID*/task/*TID*/status 파일들에서 `State`, `Pid`, `SigPnd`, `SigBlk`, `CapInh`, `CapPrm`, `CapEff`, `CapBnd`는 스레드별로 다를 수 있는 필드에 속한다.

### 12.1.2 /proc의 시스템 정보

/proc 아래의 다양한 파일과 하부 디렉토리는 시스템 전체에 대한 정보로의 접근 경로를 제공한다. 그중 일부가 그림 12-1에 나와 있다.

그림 12-1에 표시된 파일의 상당수는 이 책의 다른 곳에 설명되어 있다. 표 12-2는 그림 12-1에 표시된 /proc 하부 디렉토리들의 일반적인 목적을 요약한 것이다.

**표 12-2** 주요 /proc 하부 디렉토리의 목적

| 디렉토리 | 해당 디렉토리 내 파일이 나타내는 정보 |
|---|---|
| /proc | 여러 가지 시스템 정보 |
| /proc/net | 네트워크와 소켓에 대한 상태 정보 |
| /proc/sys/fs | 파일 시스템 관련 설정 |
| /proc/sys/kernel | 여러 가지 일반 커널 설정 |
| /proc/sys/net | 네트워크와 소켓 설정 |
| /proc/sys/vm | 메모리 관리 설정 |
| /proc/sysvipc | 시스템 V IPC 객체 관련 정보 |

### 12.1.3 /proc 파일 접근

/proc 아래의 파일은 종종 셸 스크립트를 사용해 접근한다(여러 값을 포함하는 대부분의 /proc 파일은 파이썬이나 펄 같은 스크립트 언어로 쉽게 파싱할 수 있다). 예를 들어 다음과 같은 셸 명령을 사용해 /proc 파일의 내용을 수정하거나 볼 수 있다.

```
# echo 100000 > /proc/sys/kernel/pid_max
# cat /proc/sys/kernel/pid_max
100000
```

/proc 파일은 일반 파일 I/O 시스템 호출을 사용해 프로그램에서 접근할 수도 있다. 이 파일에 접근할 때는 몇 가지 제한이 적용된다.

- 일부 /proc 파일은 읽기 전용이다. 즉 커널 정보를 표시하기 위해서만 존재하며 해당 정보를 수정하는 데 사용할 수 없다. 이는 /proc/*PID* 디렉토리 아래의 대부분 파일에 적용된다.
- 일부 /proc 파일은 파일의 소유자(또는 특권 프로세스)만 읽을 수 있다. 예를 들어 /proc/*PID* 아래의 모든 파일의 소유자는 해당 프로세스의 소유자이며, 이러한

파일 중 일부(예: /proc/*PID*/environ)의 경우에는 읽기 권한이 파일 소유자에게만 부여된다.

- /proc/*PID*의 하부 디렉토리에 있는 파일 외에 /proc 아래의 대부분 파일은 루트가 소유하고 있으며, 수정 가능한 파일은 루트만이 수정할 수 있다.

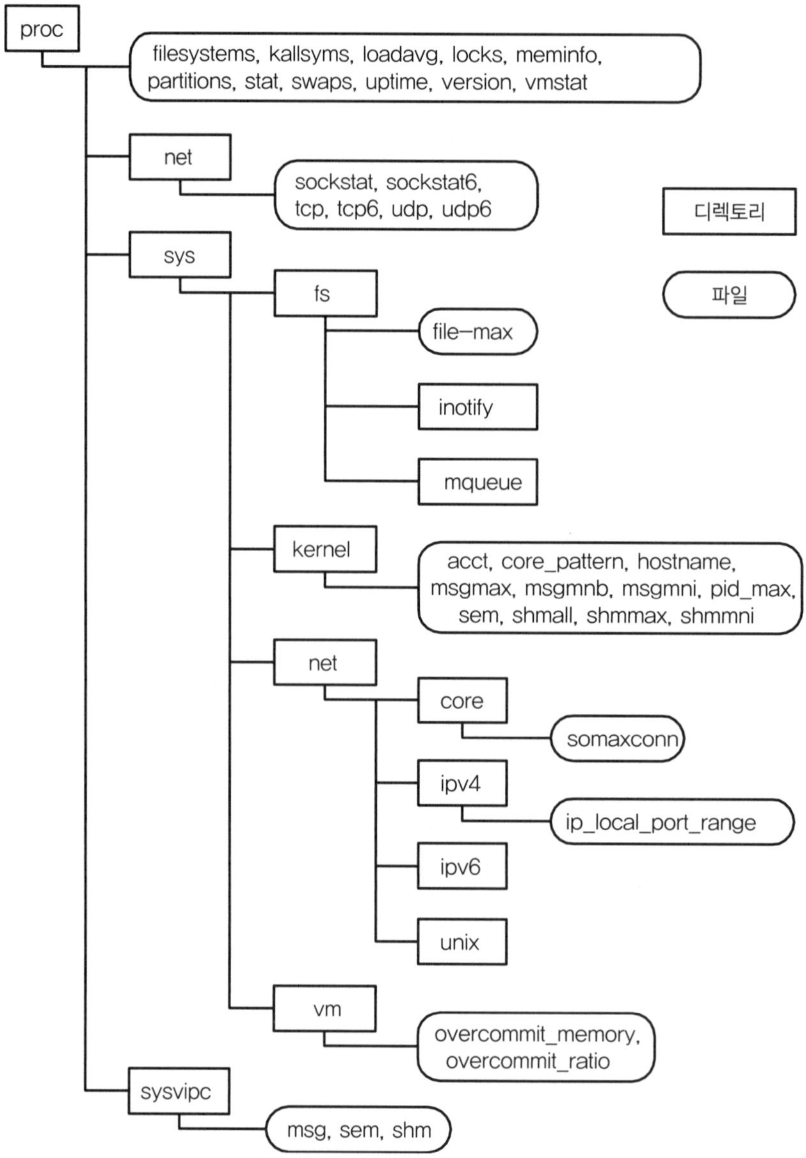


**그림 12-1** /proc 아래 주요 파일과 하부 디렉토리

### /proc/*PID*에 있는 파일 접근하기

/proc/*PID* 디렉토리들은 휘발성이다. 이들 디렉토리 각각은 해당 프로세스가 생성될 때 생기고 종료될 때 사라진다. 이는 특정 /proc/*PID* 디렉토리가 존재한다고 판단되면, 해당 디렉토리의 파일을 열려고 할 때 프로세스가 종료되고 해당 /proc/*PID* 디렉토리가 삭제됐을 가능성을 깔끔하게 처리해야 함을 의미한다.

### 예제 프로그램

리스트 12-1은 /proc 파일을 읽고 수정하는 방법을 보여준다. 이 프로그램은 /proc/sys/kernel/pid_max의 내용을 읽고 표시한다. 명령행 인자가 제공되면, 프로그램은 해당 값을 사용해 파일을 갱신한다. 이 파일(리눅스 2.6에서 새로이 추가됐다)은 프로세스 ID(6.2절)의 상한을 지정한다. 다음은 이 프로그램의 사용 예다.

```
$ su                              pid_max 파일을 갱신하려면 특권이 필요하다.
Password:
# ./procfs_pidmax 10000
Old value: 32768
/proc/sys/kernel/pid_max now contains 10000
```

**리스트 12-1** /proc/sys/kernel/pid_max 접근하기

sysinfo/procfs_pidmax.c

```
#include <fcntl.h>
#include "tlpi_hdr.h"

#define MAX_LINE 100

int
main(int argc, char *argv[])
{
    int fd;
    char line[MAX_LINE];
    ssize_t n;

    fd = open("/proc/sys/kernel/pid_max", (argc > 1) ? O_RDWR : O_RDONLY);
    if (fd == -1)
        errExit("open");

    n = read(fd, line, MAX_LINE);
    if (n == -1)
        errExit("read");

    if (argc > 1)
```

```
        printf("Old value: ");
    printf("%.*s", (int) n, line);

    if (argc > 1) {
        if (write(fd, argv[1], strlen(argv[1])) != strlen(argv[1]))
            fatal("write() failed");

        system("echo /proc/sys/kernel/pid_max now contains "
               "`cat /proc/sys/kernel/pid_max`");
    }

    exit(EXIT_SUCCESS);
}
```

## 12.2 시스템 식별: uname()

uname() 시스템 호출은 utsbuf가 가리키는 구조체에, 응용 프로그램을 실행 중인 호스트 시스템에 관한 광범위한 식별 정보를 리턴한다.

```
#include <sys/utsname.h>

int uname(struct utsname *utsbuf);
```

성공하면 0을 리턴하고, 에러가 발생하면 -1을 리턴한다.

utsbuf 인자는 다음과 같이 정의된 utsname 구조체를 가리키는 포인터다.

```
#define _UTSNAME_LENGTH 65

struct utsname {
    char sysname[_UTSNAME_LENGTH];      /* 구현 이름 */
    char nodename[_UTSNAME_LENGTH];     /* 네트워크상의 노드 이름 */
    char release[_UTSNAME_LENGTH];      /* 구현 릴리스 수준 */
    char version[_UTSNAME_LENGTH];      /* 릴리스 버전 수준 */
    char machine[_UTSNAME_LENGTH];      /* 시스템이 실행되는 하드웨어 */

#ifdef _GNU_SOURCE                      /* 다음은 리눅스에 고유하다. */
    char domainname[_UTSNAME_LENGTH];   /* 호스트의 NIS 도메인 이름 */
#endif
};
```

SUSv3에는 uname()이 정의되어 있지만, 문자열이 널 바이트로 끝나야 한다고 정했을 뿐 utsname 구조체의 다양한 필드의 길이는 정하지 않았다. 리눅스에서 이들 필드의 길이는 끝을 나타내는 널 바이트를 위한 공간을 포함해 각 65바이트이지만, 일부 유닉스 구현에서는 더 짧으며 솔라리스 같은 경우에는 257바이트까지로 다양하다.

utsname 구조체의 sysname, release, version, machine 필드는 커널이 자동으로 설정한다.

> 리눅스에서는 디렉토리 /proc/sys/kernel의 세 파일이 utsname 구조체의 sysname, release, version 필드를 통해 리턴되는 것과 동일한 정보를 제공한다. 이 읽기 전용 파일은 각각 ostype, osrelease, version이다. 또 다른 파일인 /proc/version은 이들 파일과 동일한 정보뿐만 아니라, 커널 컴파일 단계에 대한 정보(즉 컴파일을 수행한 사용자의 이름, 컴파일을 수행한 호스트의 이름, 사용한 gcc 버전)도 포함하고 있다.

nodename 필드는 sethostname() 시스템 호출(이 시스템 호출에 대한 자세한 내용은 매뉴얼 페이지를 참조하기 바란다)을 사용해 설정한 값을 리턴한다. 이 이름은 시스템의 DNS 도메인 이름 중 호스트 이름 접두어 같은 것이다.

domainname 필드는 setdomainname() 시스템 호출(이 시스템 호출에 대한 자세한 내용은 매뉴얼 페이지를 참조하기 바란다)을 사용해 설정한 값을 리턴한다. 이것은 호스트의 NIS<sub>Network Information Services</sub> 도메인 이름이다(호스트의 DNS 도메인 이름과는 다르다).

> sethostname()의 반대인 gethostname() 시스템 호출은 시스템 호스트 이름을 읽어온다. 시스템 호스트 이름은 hostname(1) 명령과 리눅스 고유의 /proc/hostname 파일을 통해서도 보거나 설정할 수 있다.
>
> setdomainname()의 반대인 getdomainname() 시스템 호출은 NIS 도메인 이름을 읽어온다. NIS 도메인 이름은 domainname(1) 명령과 리눅스 고유의 /proc/domainname 파일을 통해서도 보거나 설정할 수 있다.
>
> sethostname()과 setdomainname() 시스템 호출은 응용 프로그램에 거의 사용되지 않는다. 일반적으로 호스트 이름과 NIS 도메인 이름은 부팅 때 시작 스크립트에 의해 설정된다.

리스트 12-2의 프로그램은 uname()이 리턴한 정보를 표시한다. 다음은 이 프로그램을 실행했을 때 볼 수 있는 출력의 예다.

```
$ ./t_uname
Node name:    tekapo
System name:  Linux
Release:      2.6.30-default
Version:      #3 SMP Fri Jul 17 10:25:00 CEST 2009
Machine:      i686
Domain name:
```

리스트 12-2 uname() 사용 예

sysinfo/t_uname.c

```
#define _GNU_SOURCE
#include <sys/utsname.h>
#include "tlpi_hdr.h"

int
main(int argc, char *argv[])
{
    struct utsname uts;

    if (uname(&uts) == -1)
        errExit("uname");

    printf("Node name:   %s\n", uts.nodename);
    printf("System name: %s\n", uts.sysname);
    printf("Release:     %s\n", uts.release);
    printf("Version:     %s\n", uts.version);
    printf("Machine:     %s\n", uts.machine);
#ifdef _GNU_SOURCE
    printf("Domain name: %s\n", uts.domainname);
#endif
    exit(EXIT_SUCCESS);
}
```

## 12.3 정리

/proc 파일 시스템은 응용 프로그램에게 다양한 커널 정보를 제공한다. /proc/*PID* 하부 디렉토리는 프로세스 ID가 *PID*인 프로세스에 대한 정보를 제공하는 파일과 하부 디렉토리를 담고 있다. /proc 아래의 각종 파일과 디렉토리는 프로그램이 읽고, (경우에 따라) 수정할 수 있는, 시스템 전반에 걸친 정보를 제공한다.

uname() 시스템 호출을 이용하면 응용 프로그램이 실행 중인 유닉스 구현과 시스템 유형을 알아낼 수 있다.

### 더 읽을거리

/proc 파일 시스템에 대한 그 밖의 정보는 proc(5) 매뉴얼 페이지, 커널 소스 파일 Documentation/filesystems/proc.txt, Documentation/sysctl 디렉토리의 여러 파일에서 찾을 수 있다.

## 12.4 연습문제

**12-1.** 프로그램의 명령행 인자에 지정된 사용자에 의해 실행되는 모든 프로세스에 대한 프로세스 ID와 명령 이름을 나열하는 프로그램을 작성하라(249페이지의 리스트 8-1에 있는 `userIdFromName()` 함수가 유용할 것이다). 시스템의 /proc/*PID*/status 파일 내 모든 행에서 Name:과 Uid:를 찾으면 된다. 시스템의 모든 /proc/*PID* 디렉토리를 훑으려면 18.8절에 설명되어 있는 `readdir(3)`이 필요하다. 프로그램이 /proc/*PID* 디렉토리가 존재하는지 확인하는 시간과 해당 /proc/*PID*/status 파일을 열려고 하는 시간 사이에 /proc/*PID* 디렉토리가 사라질 가능성을 제대로 처리하는지 확인하라.

**12-2.** init를 포함해서 시스템의 모든 프로세스의 계층적 부모 자식 관계를 보여주는 트리tree를 그리는 프로그램을 작성하라. 각 프로세스에 대해, 프로세스 ID와 실행 중인 명령을 표시해야 한다. 프로그램의 출력은 `pstree(1)`의 출력과 유사해야 한다(그만큼 세련되지는 않더라도). 시스템의 각 프로세스의 부모는 시스템의 /proc/*PID*/status 파일에서 PPid: 행을 조사해 찾을 수 있다. 모든 /proc/*PID* 디렉토리를 스캔하는 동안 프로세스의 부모(그리고 해당 /proc/*PID* 디렉토리)가 사라질 가능성을 처리하도록 주의하라.

**12-3.** 특정 파일 경로명을 열고 있는 모든 프로세스를 나열하는 프로그램을 작성하라. 이는 모든 /proc/*PID*/fd/* 심볼릭 링크의 내용을 조사해 얻을 수 있다. 이를 위해서는 중첩된 루프 안에 `readdir(3)`을 사용해서 모든 /proc/*PID* 디렉토리와 그 안의 모든 /proc/*PID*/fd 엔트리의 내용을 스캔해야 한다. /proc/*PID*/fd/*n* 심볼릭 링크의 내용을 읽으려면 18.5절에 설명되어 있는 `readlink()`를 사용해야 한다.

# 13

# 파일 I/O 버퍼링

속도와 효율성을 위해, I/O 시스템 호출(즉 커널)과 표준 C 라이브러리의 I/O 함수(즉 stdio 함수)는 디스크의 파일에 작용할 때 데이터를 버퍼링한다. 13장에서는 버퍼링의 종류와 그러한 버퍼링이 어떻게 응용 프로그램의 성능에 영향을 미치는지 살펴본다. 또한 두 가지 방식의 버퍼링에 영향을 미치거나 버퍼링을 끄는 다양한 기법을 알아보고, 특정 환경에서 커널 버퍼링을 피하는 데 유용한 직접direct I/O에 대해 살펴본다.

## 13.1 파일 I/O의 커널 버퍼링: 버퍼 캐시

디스크 파일을 가지고 작업할 때, `read()`와 `write()` 시스템 호출은 바로 디스크 접근을 시작하지 않는다. 대신에, 이 함수들은 단순히 데이터를 사용자 공간 버퍼와, 커널 버퍼 캐시buffer cache 내의 버퍼 사이에 데이터를 복사한다. 예를 들면, 다음 호출은 사용자 공간 메모리 내의 버퍼로부터 커널 공간 내의 버퍼로 3바이트의 데이터를 전송한다.

```
write(fd, "abc", 3);
```

이 시점에서 write()는 리턴한다. 이후에 커널은 디스크에 버퍼의 내용을 쓴다(플러시flush)(이런 이유로, 시스템 호출은 디스크 동작과 동기화되어 있지 않다고 한다). 중간 과정에서 다른 프로세스가 동일한 파일의 동일한 바이트를 읽으려고 시도하면, 커널은 파일에 있는 (이미 오래된 내용이 돼버린) 내용 대신에, 자동으로 버퍼 캐시에 있는 데이터를 제공한다.

입력의 경우도 마찬가지로, 커널은 디스크에서 데이터를 읽고 커널 버퍼에 저장한다. read() 호출은 이 버퍼가 모두 소진될 때까지 데이터를 가지고 온다. 여기서 버퍼가 모두 소진된다는 건 어느 시점에 커널이 파일의 다음 세그먼트를 버퍼 캐시로 읽어들이는 것을 의미한다(이는 간단히 말한 것이다. 순차적인 파일 접근에서 커널은 보통 읽는 절차가 파일의 다음 블록을 요구하기 전에 버퍼 캐시에 저장되어 있도록 보장하기 위해 미리 읽기read-ahead를 수행한다. 미리 읽기에 대해서는 13.5절에서 좀 더 자세히 다룬다).

이런 설계의 목적은 read()와 write()가 (느린) 디스크 동작을 기다릴 필요가 없게 하여 속도를 향상시키고자 함이다. 또한 커널이 수행해야만 하는 디스크 전송의 수를 줄임으로써 효율성을 향상시킨다.

리눅스 커널은 버퍼 캐시의 크기에 대해 고정된 상한선을 내세우지는 않는다. 커널은 요구되는 만큼의 버퍼 캐시를 할당할 것이며, 이때 크기는 가용한 물리 메모리의 크기와 다른 목적으로 요구되는 물리 메모리의 양에 따라서만 제한될 것이다(예를 들면, 실행 중인 프로세스가 요구하는 텍스트와 데이터 페이지를 저장하는 것). 가용 메모리가 부족한 경우, 커널은 수정된 버퍼 캐시 페이지를 디스크에 쓰고(플러시), 가용해진 페이지를 재사용한다.

> 좀 더 정확하게 말하면, 커널 2.4 이후로 리눅스는 더 이상 분리된 버퍼 캐시를 유지하지 않는다. 대신 파일 I/O 버퍼는 페이지 캐시에 포함된다. 페이지 캐시는 예를 들어 메모리 매핑된 파일도 담고 있다. 그럼에도 불구하고 유닉스 구현에서 역사적으로 '버퍼 캐시'라는 용어를 흔히 사용하므로 이 책에서는 계속해서 이 용어를 쓸 것이다.

### 버퍼 크기가 I/O 시스템 호출 성능에 미치는 영향

커널은 하나의 바이트를 1000번 쓰든, 1000바이트를 한 번 쓰든 상관없이 동일한 횟수로 디스크에 접근한다. 하지만 전자가 1000의 시스템 호출을 요구하는 반면, 후자는 한 번의 시스템 호출만을 요구하기 때문에 더 낫다. 디스크 동작보다 훨씬 빠르긴 하지만, 시스템 호출이 상당한 시간이 걸리는 건 사실이다. 이는 커널이 호출을 감지해야만 하고,

시스템 호출 인자의 유효성을 검사해야 하며, 사용자 공간에서 커널 공간으로 데이터를 전송해야만 하기 때문이다(자세한 내용은 3.1절을 참조하라).

각기 다른 크기의 버퍼를 사용해 파일 I/O를 실행할 때의 영향은 각기 다른 BUF_SIZE 값으로 리스트 4-1의 프로그램을 실행시킴으로써 알 수 있다(BUF_SIZE 상수는 read()와 write()의 각 호출에 얼마만큼의 바이트가 전송될 수 있는지를 나타낸다). 표 13-1은 다른 BUF_SIZE 값을 사용해 리눅스 ext2 파일 시스템에서 1억 바이트 크기의 파일을 복사하는 데 필요한 시간을 나타낸다. 이 표를 볼 때는 다음 사항에 유의하기 바란다.

- 경과 시간과 총 시간 열의 의미는 명백하다. 사용자 CPU와 시스템 CPU 열은 각각 사용자 공간에서 코드를 실행한 시간과 커널 코드(즉 시스템 호출)를 실행한 시간을 나타낸다.
- 표에 나타난 테스트는 블록 크기가 4096바이트인 ext2 파일 시스템에서 바닐라 커널 2.6.30을 사용해 실행했다.

> 바닐라 커널(vanilla kernel)은 패치되지 않은 주류 커널을 의미한다. 이는 대부분의 배포자에 의해 제공되는, 종종 버그를 수정하거나 기능을 추가하는 여러 패치를 포함하는 커널과 대비된다.

- 각 행은 주어진 버퍼 크기에 대해 20번 실행한 결과의 평균을 보여준다. 이 테스트에서는 앞으로 13장에 나오는 여타 테스트와 마찬가지로 파일 시스템에 대한 버퍼 캐시가 비었음을 보장하기 위해, 프로그램의 각 실행마다 파일 시스템을 마운트 해제unmount하고 다시 마운트remount했다. 시간 측정은 셸의 time 명령을 사용했다.

**표 13-1** 1억 바이트 파일을 복사하는 데 필요한 시간

| BUF_SIZE | 시간(초) | | | |
|---|---|---|---|---|
| | 경과 | 총 CPU | 사용자 CPU | 시스템 CPU |
| 1 | 107.43 | 107.32 | 8.20 | 99.12 |
| 2 | 54.16 | 53.89 | 4.13 | 49.76 |
| 4 | 31.72 | 30.96 | 2.30 | 28.66 |
| 8 | 15.59 | 14.34 | 1.08 | 13.26 |
| 16 | 7.50 | 7.14 | 0.51 | 6.63 |

(이어짐)

| BUF_SIZE | 시간(초) | | | |
|---|---|---|---|---|
| | 경과 | 총 CPU | 사용자 CPU | 시스템 CPU |
| 32 | 3.76 | 3.68 | 0.26 | 3.41 |
| 64 | 2.19 | 2.04 | 0.13 | 1.91 |
| 128 | 2.16 | 1.59 | 0.11 | 1.48 |
| 256 | 2.06 | 1.75 | 0.10 | 1.65 |
| 512 | 2.06 | 1.03 | 0.05 | 0.98 |
| 1024 | 2.05 | 0.65 | 0.02 | 0.63 |
| 4096 | 2.05 | 0.38 | 0.01 | 0.38 |
| 16384 | 2.05 | 0.34 | 0.00 | 0.33 |
| 65536 | 2.06 | 0.32 | 0.00 | 0.32 |

데이터가 전송되는 전체 양(따라서 디스크 동작의 횟수)은 여러 버퍼 크기에 모두 동일하기 때문에, 표 13-1이 보여주는 것은 `read()`와 `write()`의 호출에 따른 오버헤드에 해당한다. 버퍼 크기가 1바이트일 때는 1억 번의 `read()`와 `write()` 호출을 한다. 버퍼 크기가 4096바이트일 때는 대략 24,000번의 시스템 호출을 하며, 이는 최적의 성능에 가깝다. 이 시점을 넘어서면 `read()`와 `write()` 시스템 호출의 부하는 사용자 공간과 커널 공간 사이의 데이터 복사에 요구되는 시간에 비해 무시할 만한 수준이 되기 때문에, 더 이상의 주목할 만한 성능 향상은 발생하지 않는다.

> 표 13-1의 마지막 열은 사용자 공간과 커널 공간 사이의 데이터 전송과 파일 I/O에 요구되는 시간을 대략적으로 짐작할 수 있게 한다. 이 경우 시스템 호출의 수는 비교적 작기 때문에, 경과 시간과 CPU 시간에 대한 기여는 무시할 만하다. 따라서 시스템 CPU 시간은 기본적으로 사용자 공간과 커널 공간 사이의 데이터 전송이라고 말할 수 있다. 경과 시간 값은 디스크에서 디스크로 데이터를 전송하는 데 필요한 대략적인 시간을 알려준다(곧 살펴보겠지만, 이는 주로 디스크 읽기에 필요한 시간을 나타낸다).

요약하면 파일에서 파일로 큰 데이터를 전송하고, 큰 블록에 데이터를 버퍼링하고, 좀 더 적은 수의 시스템 호출을 수행한다면, 획기적으로 I/O 성능을 향상시킬 수 있다.

표 13-1의 데이터는 `read()`와 `write()` 시스템 호출을 실행하는 시간, 사용자 공간과 커널 공간의 버퍼 사이의 데이터 전송 시간, 커널 버퍼와 디스크 간의 데이터 전송 시간을 인자로 갖는다. 마지막 인자인 버퍼와 디스크 간의 데이터 전송 시간을 좀 더

살펴보자. 분명히 입력 파일의 내용을 버퍼 캐시로 전송하는 것은 피할 수 없다. 하지만 write()는 사용자 공간에서 커널 버퍼 캐시로 데이터를 전송한 후에 즉시 리턴하는 것을 이미 확인했다. 테스트 시스템의 RAM 크기(4GB)는 복사되는 파일(100MB)보다 훨씬 크기 때문에, 프로그램이 완료되는 시점에 결과 파일은 실질적으로 디스크에 써지지 않았다고 가정할 수 있다. 그러므로 더 나은 실험을 위해, 다른 write() 버퍼 크기를 사용해 파일에 임의의 데이터를 기록하는 프로그램을 실행했다. 그 결과는 표 13-2에 나타냈다.

다시 말하지만 표 13-2의 데이터는 블록 크기가 4096바이트인 ext2 파일 시스템에서 커널 2.6.30을 사용해 얻었으며, 각 행은 20번을 실행한 평균을 보여준다. 여기서 테스트 프로그램(filebuff/write_bytes.c)을 소개하지는 않지만, 이 책의 소스 코드 배포판에서 확인할 수 있다.

**표 13-2** 1억 바이트 파일을 쓰는 데 필요한 시간

| BUF_SIZE | 시간(초) | | | |
|---|---|---|---|---|
| | 경과 | 총 CPU | 사용자 CPU | 시스템 CPU |
| 1 | 72.13 | 72.11 | 5.00 | 67.11 |
| 2 | 36.19 | 36.17 | 2.47 | 33.70 |
| 4 | 20.01 | 19.99 | 1.26 | 18.73 |
| 8 | 9.35 | 9.32 | 0.62 | 8.70 |
| 16 | 4.70 | 4.68 | 0.31 | 4.37 |
| 32 | 2.39 | 2.39 | 0.16 | 2.23 |
| 64 | 1.24 | 1.24 | 0.07 | 1.16 |
| 128 | 0.67 | 0.67 | 0.04 | 0.63 |
| 256 | 0.38 | 0.38 | 0.02 | 0.36 |
| 512 | 0.24 | 0.24 | 0.01 | 0.23 |
| 1024 | 0.17 | 0.17 | 0.01 | 0.16 |
| 4096 | 0.11 | 0.11 | 0.00 | 0.11 |
| 16384 | 0.10 | 0.10 | 0.00 | 0.10 |
| 65536 | 0.09 | 0.09 | 0.00 | 0.09 |

표 13-2는 write() 시스템 호출과 다른 write() 버퍼 크기를 사용해 사용자 공간에서 커널 버퍼 캐시로 데이터를 전송하는 데 사용된 부하를 보여준다. 큰 버퍼 크기의

경우 표 13-1의 데이터와 확연히 차이남을 볼 수 있다. 예를 들어 버퍼 크기가 65,536 바이트인 경우 표 13-1의 경과 시간은 2.06초인 반면에, 표 13-2에서는 0.09초다. 이런 차이는 실질적인 디스크 I/O가 후자의 경우에는 실행되지 않았기 때문이다. 다시 말해, 표 13-1에서 큰 버퍼의 경우에 요구되는 대부분의 시간은 디스크 읽기에 기인한다.

13.3절에서 확인하겠지만, 데이터를 디스크로 전송하기 전까지 출력 동작을 강제로 막을 때 write() 호출의 시간은 엄청나게 증가한다.

마지막으로, 표 13-2의 정보(그리고 이후의 표 13-3의 정보)는 파일 시스템에 대한 한 가지 (단순한) 벤치마크에 불과하다는 사실을 짚고 넘어가자. 더욱이, 결과는 아마도 파일 시스템에 걸쳐 다양하게 나타날 것이다. 파일 시스템의 성능은 많은 사용자가 사용할 경우의 성능, 또는 파일 생성과 삭제 속도, 큰 디렉토리에서 파일을 찾는 데 요구되는 시간, 작은 파일들을 저장하는 데 드는 공간, 시스템 크래시가 발생한 경우의 파일 정확성 유지 등과 관계된 다양한 기준으로 측정할 수 있다. I/O의 성능이나 여타 파일 시스템 동작이 매우 중요할 때는 대상 플랫폼에서 응용 프로그램별 벤치마크를 실행하는 방법이 가장 좋다.

## 13.2 stdio 라이브러리 내의 버퍼링

디스크 파일 동작을 실행할 때, 시스템 호출을 줄이기 위해 큰 블록에 데이터를 버퍼링하는 것은 C 라이브러리 I/O 함수(예: fprintf(), fscanf(), fgets(), fputs(), fputc(), fgetc())가 하는 동작과 똑같다. 따라서 stdio 라이브러리를 사용하면 write()의 출력이나 read()의 입력 데이터를 직접 버퍼링할 필요가 없다.

### stdio 스트림의 버퍼링 모드 설정

setvbuf() 함수는 stdio 라이브러리의 버퍼링 방식을 제어한다.

```
#include <stdio.h>

int setvbuf(FILE *stream, char *buf, int mode, size_t size);
```

성공하면 0을 리턴하고, 에러가 발생하면 0이 아닌 값을 리턴한다.

stream 인자는 버퍼링이 수정돼야 하는 파일 스트림을 식별한다. 해당 스트림이 열리고 난 후에, setvbuf() 호출은 그 스트림에서 다른 stdio 함수를 호출하기 전에 실행돼야만 한다. setvbuf() 호출은 명시된 스트림의 향후 모든 stdio 오퍼레이션의 동작에 영향을 미친다.

> stdio 라이브러리에 의해 사용된 스트림은 시스템 V의 STREAMS 기능과 혼동돼서는 안 된다. 시스템 V의 STREAMS 기능은 주 리눅스 커널에 구현되지 않았다.

buf와 size 인자는 stream에 사용될 버퍼를 명시한다. 이런 인자는 두 가지 방식으로 나타낼 수 있다.

- buf가 NULL이 아니면, stream의 버퍼로서 사용될 size바이트 메모리 블록을 가리킨다. buf에 의해 지정된 버퍼는 stdio 라이브러리에 의해 사용되기 때문에, 정적으로 할당되거나 동적으로 (malloc()이나 유사한 함수를 사용해) 힙heap 메모리에 할당돼야 한다. 이 버퍼는 스택에 지역 함수 변수로 할당돼서는 안 된다. 이는 해당 함수가 리턴하고 스택 프레임이 해제될 때 혼란을 야기할 것이기 때문이다.
- buf가 NULL이면, (바로 아래 설명하겠지만, 버퍼링되지 않은 I/O를 선택하지 않는 경우) stdio 라이브러리는 자동적으로 stream에 사용될 버퍼를 할당한다. SUSv3는 이 버퍼의 크기를 결정하기 위한 size를 사용해 구현하는 것을 허용하지만, 필수적으로 요구하진 않는다. glibc 구현에서 size는 이런 경우 무시된다.

mode 인자는 버퍼링의 형을 명시하는데, 다음 값 중 하나를 갖는다.

- _IONBF: I/O를 버퍼링하지 않는다. 각 stdio 라이브러리 호출은 즉각적인 write()나 read() 시스템 호출을 야기한다. buf와 size 인자는 무시되고, 각각 NULL과 0으로 명시될 수 있다. 이 모드는 stderr에 기본이며, 따라서 에러 출력이 즉시 나타남을 보장한다.
- _IOLBF: 라인 버퍼 I/O를 채용한다. 이 플래그는 터미널 디바이스에 대한 스트림에 기본이다. (버퍼를 우선 채우지 않는다면) 출력 스트림의 경우 데이터는 줄바꿈 문자를 나타내는 글자가 출력되기 전까지 버퍼링한다. 입력 스트림의 경우 데이터는 한 번에 한 줄을 읽는다.
- _IOFBF: 완전히 버퍼링된 I/O를 채용한다. 데이터는 버퍼의 크기와 동일한 단위로 (read()나 write()의 호출을 통해) 읽히거나 써진다. 이 모드는 디스크 파일에 관련된 스트림에 기본이다.

다음 코드는 setvbuf()의 사용법을 나타낸다.

```
#define BUF_SIZE 1024
static char buf[BUF_SIZE];

if (setvbuf(stdout, buf, _IOFBF, BUF_SIZE) != 0)
    errExit("setvbuf");
```

setvbuf()는 에러 시에 0이 아닌 값(항상 -1은 아니다)을 리턴한다.

setbuf() 함수는 setvbuf()의 위 계층에 자리하고, 유사한 동작을 실행한다.

```
#include <stdio.h>

void setbuf(FILE *stream, char *buf);
```

함수 결과를 리턴하지 않는다는 사실 외에 setbuf(fp, buf)는 다음과 동일하다.

```
setvbuf(fp, buf, (buf != NULL) ? _IOFBF: _IONBF, BUFSIZ);
```

buf 인자는 버퍼링하지 않음을 나타내는 NULL이거나, BUFSIZ바이트의 호출자 할당 버퍼의 포인터로 명시된다(BUFSIZ는 <stdio.h>에 정의되어 있다. glibc 구현에서 이 상수는 일반적인 값인 8192다).

setbuffer() 함수는 setbuf()와 유사하지만, 호출자가 buf의 크기를 명시할 수 있도록 허용한다.

```
#define _BSD_SOURCE
#include <stdio.h>

void setbuffer(FILE *stream, char *buf, size_t size);
```

setbuffer(fp, buf, size) 호출은 다음과 같다.

```
setvbuf(fp, buf, (buf != NULL) ? _IOFBF : _IONBF, size);
```

setbuffer() 함수는 SUSv3에 명시되지는 않았지만, 대부분의 유닉스 구현에서 가용하다.

### stdio 버퍼 플러시

현재 버퍼링 모드에 관계없이, 언제든지 fflush() 라이브러리 함수를 사용해 stdio 출력 스트림에서 데이터를 강제로 쓰게 할 수 있다(즉 write()를 통해 커널 버퍼로 플러시하는 동작). 이 함수는 명시된 stream에 대해 출력 버퍼를 플러시한다.

```
#include <stdio.h>

int fflush(FILE *stream);
```

성공하면 0을 리턴하고, 에러가 발생하면 EOF를 리턴한다.

stream이 NULL이면, fflush()는 모든 stdio 버퍼를 플러시한다.

fflush() 함수는 입력 스트림에 적용될 수도 있다. 그러면 모든 버퍼링된 입력이 버려진다(버퍼는 프로그램이 스트림에서 다음으로 읽으려고 시도할 때 다시 채워질 것이다).

stdio 버퍼는 해당되는 스트림이 닫히면close 자동적으로 플러시된다.

glibc를 포함한 많은 C 라이브러리 구현에서 stdin과 stdout이 터미널을 나타낸다면, 암묵적인 fflush(stdout)은 stdin으로부터 입력이 읽히면 언제나 실행된다. 이 동작은 줄을 종료하는 줄바꿈 문자를 포함하지 않는 stdout(예: printf("Date: "))에 쓰여지는 모든 입력을 플러시하는 효과가 있다. 그러나 이런 동작은 SUSv3나 C99에 명시되지 않았고, 모든 C 라이브러리에 구현되진 않은 기능이다. 이식성 있는 프로그램은 이러한 입력이 화면에 출력됨을 보장하려면 명시적인 fflush(stdout) 호출을 사용해야 한다.

> C99 표준은 스트림이 입력과 출력 모두에 열린(open) 경우 두 가지 조건을 만든다. 첫째, 출력 오퍼레이션은 fflush() 호출이나 파일 위치 함수(fseek()나 fsetpos(), rewind())에 개입하지 않고 입력 오퍼레이션의 바로 뒤에 실행될 수는 없다. 둘째, 입력 오퍼레이션은 파일의 끝을 만나지 않는 이상, 파일 위치 함수 호출에 개입하지 않고 출력 오퍼레이션의 바로 뒤에 실행될 수는 없다.

## 13.3 파일 I/O의 커널 버퍼링 제어

출력 파일에 대해 커널 버퍼의 플러시를 강제할 수 있는데, 때때로 이런 동작은 응용 프로그램(예: 데이터베이스 저널링journaling 프로세스)이 작업을 진행하기 전에 실제로 출력이 디스크에 기록됐는지 확인해야 하는 경우에 필수적이다.

커널 버퍼링을 제어하는 데 사용되는 시스템 호출을 설명하기 전에, SUSv3의 관련 정의 몇 가지를 살펴보면 유용할 것이다.

### 동기화된 I/O 데이터 무결성과 동기화된 I/O 파일 무결성

SUSv3는 **동기화된 I/O 완료**synchronized I/O completion라는 용어를 "[디스크에] 성공적으로 전송됐거나 실패했다고 진단된 I/O 오퍼레이션"으로 정의한다.

SUSv3는 두 가지 종류의 동기화된 I/O 완료를 정의한다. 두 종류의 차이점은 파일을 기술하는 **메타데이터**metadata(데이터에 대한 데이터)를 수반하며, 이는 커널이 파일에 대한 데이터를 함께 저장한다는 의미다. 14.4절에서 파일 i-노드를 다룰 때 파일 메타데이터를 자세히 살펴보겠지만, 지금은 파일 메타데이터에 파일 소유자와 그룹, 파일 권한, 파일 크기, 파일의 (하드) 링크의 수, 마지막 파일 접근과 수정, 메타데이터 변경 시간, 파일 데이터 블록 포인터 등의 정보가 포함된다는 사실을 언급하는 것으로 충분하다.

SUSv3가 정의한 첫 번째 종류의 '동기화된 I/O 완료'는 **동기화된 I/O 데이터 무결성 완료**synchronized I/O data integrity completion다. 이 방법은 파일 데이터 갱신의 향후 추출을 진행하도록 허용하기 위해 충분한 정보를 전송하는 것을 보장한다.

- 읽기 오퍼레이션에서는, 요청된 파일 데이터가 (디스크에서) 프로세스로 전송됐음을 의미한다. 요청된 데이터에 영향을 미치는 어떠한 미처리된 쓰기 오퍼레이션이 있다면, 읽기를 실행하기 전에 디스크에 전송된다는 뜻이다.
- 쓰기 오퍼레이션에서는, 쓰기 요청에 명시된 데이터가 (디스크로) 전송됐고 이 데이터를 추출하는 데 요구되는 모든 파일 메타데이터 역시 전송 완료됐음을 의미한다. 여기서 핵심은 모든 수정된 파일 메타데이터 속성이 해당 파일 데이터를 추출하는 데 전송될 필요는 없다는 점이다. (쓰기 오퍼레이션이 파일의 크기를 확장한 경우에) 전송돼야 하는 수정된 파일 메타데이터의 예제는 파일 크기다. 반면에, 수정된 파일 타임스탬프는 차후의 데이터 추출을 진행하기 전에 디스크에 전송될 필요가 없을 것이다.

SUSv3가 정의한 두 번째 종류의 '동기화된 I/O 완료'는 **동기화된 I/O 파일 무결성 완료**synchronized I/O file integrity completion이며, 이는 동기화된 I/O 데이터 무결성 완료의 상위 집합이다. 이 모드가 갖는 I/O 완료의 차이점은, 파일 데이터의 차후 읽기 오퍼레이션에 관련이 없더라도 파일 갱신 동안 모든 갱신된 파일 메타데이터는 디스크로 전송된다는 것이다.

### 파일 I/O 커널 버퍼링 제어를 위한 시스템 호출

fsync() 시스템 호출은 버퍼링된 데이터를 야기하고, 열린 파일 디스크립터와 관련된 모든 메타데이터는 디스크로 플러시되게 한다. fsync() 호출은 그 파일에 동기화된 I/O 파일 무결성 완료 상태를 강제한다.

```
#include <unistd.h>

int fsync(int fd);
```

성공하면 0을 리턴하고, 에러가 발생하면 -1을 리턴한다.

fsync() 호출은 디스크 디바이스에 전송이 완료된 이후에만 리턴한다.

fdatasync() 시스템 호출은 fsync()와 유사하게 동작하지만, 파일을 동기화된 I/O 데이터 무결성 완료 상태로만 강제한다.

```
#include <unistd.h>

int fdatasync(int fd);
```

성공하면 0을 리턴하고, 에러가 발생하면 -1을 리턴한다.

fdatasync()를 사용하면 잠재적으로 fsync()에서 요구되는 두 가지 오퍼레이션에서 한 가지 오퍼레이션으로 디스크 동작의 수가 줄어든다. 예를 들어, 파일 데이터가 변경됐지만 파일 크기는 변경되지 않은 경우 fdatasync() 호출은 데이터만 갱신한다(최종 수정 타임스탬프 같은 파일 메타데이터 속성의 변경은 동기화된 I/O 데이터 무결성 완료를 위해 전송될 필요가 없음을 앞서 언급했다). 반대로 fsync() 호출은 메타데이터가 디스크로 전송되게 할 것이다.

이런 방식으로 디스크 I/O 오퍼레이션의 수를 줄이는 것은, 성능이 매우 중요하고 (타임스탬프 같은) 특정 메타데이터의 정확한 유지가 필수적이지 않은 응용 프로그램에 유용하다. 이 방식은 파일을 여러 번 갱신하는 응용 프로그램에서 확연한 성능 차이를 만들 수 있다. 이는 파일 데이터와 메타데이터는 일반적으로 디스크의 다른 부분에 위치하고, 두 가지 모두 갱신하려면 디스크에서 앞뒤로 위치를 찾는 동작을 반복해야 하기 때문이다.

리눅스 2.2까지 fdatasync()는 fsync()의 호출로 구현됐고, 따라서 성능 개선을 수반하지 않는다.

> 커널 2.6.17부터 시작해서 리눅스는 표준이 아닌 sync_file_range() 시스템 호출을 제공하며, 이는 파일 데이터를 플러시할 때 fdatasync()보다 더욱 정교한 제어가 가능하다. 호출자는 플러시될 파일 위치를 명시할 수 있고, 시스템 호출이 디스크 쓰기를 블록하는지 여부를 제어하는 플래그를 명시할 수 있다. 더 자세한 내용은 sync_file_range(2) 매뉴얼 페이지를 참조하기 바란다.

sync() 시스템 호출은 갱신된 파일 정보(예: 데이터 블록, 포인터 블록, 메타데이터 등)를 포함하는 모든 커널 버퍼가 디스크로 플러시되게 한다.

```
#include <unistd.h>

void sync(void);
```

리눅스 구현에서 sync()는 모든 데이터가 디스크 디바이스(혹은 적어도 디바이스의 캐시로)로 전송되고 난 후에만 리턴한다. 그러나 SUSv3는 단순히 I/O 전송을 스케줄링하고, 완료되기 전에 리턴하는 sync()의 구현을 허용한다.

> 영구히 실행하는 커널 스레드는 수정된 커널 버퍼가 30초 내에 명시적으로 동기화되지 않는 경우에 그 버퍼가 디스크로 플러시됨을 보장한다. 이 동작은 오랜 기간 동안 해당되는 디스크 파일과 비동기로 남아 있지(따라서 시스템 크래시 발생 시 데이터 손실에 취약하지) 않도록 보장하기 위해 실행된다. 리눅스 2.6에서 이 동작은 pdflush 커널 스레드에 의해 실행된다 (리눅스 2.4에서는 kupdated 커널 스레드에 의해 실행된다).
>
> 파일 /proc/sys/vm/dirty_expire_centisecs은 pdflush에 의해 플러시되기 전에 더티 버퍼(dirty buffer, 디스크에 써지지 않은 버퍼)가 도달해야만 하는 시간(100분의 1초 단위)을 명시한다. 동일 디렉토리의 추가적인 파일은 pdflush의 그 밖의 동작을 제어한다.

### 모든 쓰기 동기화: O_SYNC

다음과 같이 open()을 호출할 때 O_SYNC 플래그를 명시하면 모든 차후의 출력이 동기화된다.

```
fd = open(pathname, O_WRONLY | O_SYNC);
```

open() 호출 후에 해당 파일에 대한 모든 write()는 자동적으로 파일 데이터와 메타데이터를 디스크로 플러시한다(즉 쓰기는 동기화된 I/O 파일 무결성 완료에 따라서 실행).

예전 BSD 시스템은 O_SYNC 기능을 제공하기 위해 O_FSYNC 플래그를 사용했다. glibc에서 O_FSYNC는 O_SYNC와 동의어로 정의된다.

### O_SYNC의 성능 영향

O_SYNC 플래그의 사용(혹은 빈번한 fsync()나 fdatasync(), sync() 호출)은 성능에 상당한 영향을 미칠 수 있다. 표 13-3은 O_SYNC를 사용하는 경우와 사용하지 않는 경우, 버퍼 크기에 따른 (ext2 파일 시스템에서) 새로 생성된 파일에 백만 바이트를 기록하는 데 필요한 시간을 나타낸다. 결과는 바닐라 2.6.30 커널과 블록 크기가 4096바이트인 ext2 파일 시스템을 사용해 구했다(이 책의 소스 코드 배포판에 있는 filebuff/write_bytes.c 사용). 각 행은 주어진 버퍼 크기에 대해 20회 실행한 평균을 나타낸다.

표에서 볼 수 있듯이, 1바이트 버퍼의 경우 O_SYNC는 경과 시간이 1000배 이상 엄청나게 증가한다. O_SYNC를 사용한 쓰기의 경우 경과 시간과 CPU 시간 간의 큰 차이에 주목하기 바란다. 이 차이는 각 버퍼가 실질적으로 디스크에 전송되는 동안 블록되는 프로그램의 결과가 된다.

표 13-3의 결과에는 O_SYNC를 사용할 때 성능에 영향을 미치는 추가적인 요소가 반영되지 않았다. 요즘 디스크 드라이브에는 큰 내부 캐시가 있고, 기본적으로 O_SYNC는 그저 데이터가 캐시로 전송되게 한다. 디스크 캐시를 끈다면(hdparm -W0 명령 사용), O_SYNC가 성능에 미치는 영향은 더욱 극단적일 것이다. 1바이트의 경우, 경과 시간은 1030초에서 16,000초 근처로 상승한다. 4096바이트의 경우, 경과 시간은 0.34초에서 4초로 증가한다.

**표 13-3** 백만 바이트 쓰기의 속도에 O_SYNC 플래그가 미치는 영향

| BUF_SIZE | 소요 시간(초) | | | |
|---|---|---|---|---|
| | O_SYNC 사용하지 않음 | | O_SYNC 사용 | |
| | 경과 | 총 CPU | 경과 | 총 CPU |
| 1 | 0.73 | 0.73 | 1030 | 98.8 |
| 16 | 0.05 | 0.05 | 65.0 | 0.40 |
| 256 | 0.02 | 0.02 | 4.07 | 0.03 |
| 4096 | 0.01 | 0.01 | 0.34 | 0.03 |

요약하면 커널 버퍼의 플러시를 강제할 필요가 있을 경우, 파일을 열 때 O_SYNC 플래그를 사용하는 대신에, 큰 write() 버퍼 크기를 사용하거나 fsync()나 fdatasync()를 신중하게 간헐적으로 호출하도록 응용 프로그램을 설계할 수 있을지 여부를 고려해야만 한다.

### O_DSYNC와 O_RSYNC 플래그

SUSv3는 동기화된 I/O와 관련된 두 가지 파일 열기 상태 플래그인 O_DSYNC와 O_RSYNC를 규정하고 있다.

O_DSYNC 플래그는 (fdatasync()와 같이) 동기화된 I/O 데이터 무결성 완료의 요구에 따라서 쓰기가 실행되게 한다. 이 플래그는 (fsync()와 같은) 동기화된 I/O 파일 무결성 완료의 요구에 따라서 쓰기가 실행되게 하는 O_SYNC와 대조된다.

O_RSYNC 플래그는 O_SYNC나 O_DSYNC와 함께 명시되며, 이런 플래그의 쓰기 오퍼레이션을 읽기 오퍼레이션으로 확장한다. 파일을 열 때 O_RSYNC와 O_DSYNC를 둘 다 명시할 경우, 차후의 모든 읽기는 동기 I/O 데이터 무결성 완료의 요구에 따라서 완료됨을 의미한다(즉 읽기를 실행하기에 앞서, 모든 미처리 파일 쓰기는 O_DSYNC를 실행한 것처럼 완료된다). 파일을 열 때 O_RSYNC와 O_SYNC를 모두 명시할 경우, 차후의 모든 읽기는 동기화된 I/O 파일 무결성 완료의 요구에 따라서 완료됨을 의미한다(즉 읽기를 실행하기에 앞서, 모든 미처리 파일 쓰기는 O_SYNC를 실행한 것처럼 완료된다).

커널 2.6.33 이전에 O_DSYNC와 O_RSYNC 플래그는 리눅스에 구현되지 않았고, glibc 헤더는 이런 상수를 O_SYNC와 동일하게 정의했다(O_SYNC는 읽기 오퍼레이션에 대해 아무런 기능을 제공하지 않기 때문에, O_RSYNC의 경우 실질적으로 맞는 얘기는 아니다).

리눅스는 커널 2.6.33부터 O_DSYNC를 구현하고, O_RSYNC의 구현은 향후의 커널 릴리스에 포함될 가능성이 농후하다.

> 커널 2.6.33 이전에 리눅스는 O_SYNC 문법을 완전히 구현하지 않았다. 대신에 O_SYNC는 O_DSYNC와 동일하게 구현됐다. 이전 커널에서 구현된 응용 프로그램이 일정한 동작을 유지하도록, 리눅스 2.6.33과 그 이후에도 GNU C 라이브러리의 예전 버전과 연결된 응용 프로그램은 O_SYNC에 대해 O_DSYNC 문법을 계속 제공할 것이다.

## 13.4 I/O 버퍼링 요약

그림 13-1은 (출력 파일을 위해) stdio 라이브러리와 커널에 차용된 버퍼링의 개요를 각 종류의 버퍼링을 제어하는 메커니즘과 함께 제공한다. 이 그림의 중간 정도까지 훑어나가면, stdio 버퍼의 stdio 라이브러리 함수에 의한 사용자 데이터의 전송을 확인할 수 있으며, 이는 사용자 메모리 공간에 유지됨을 알 수 있다. 이 버퍼가 채워질 때, stdio 라이브러리는 `write()` 시스템 호출을 실행하고, 이는 (커널 메모리에 보관된) 커널 버퍼 캐시로 데이터를 전송한다. 결국, 커널은 디스크로 데이터를 전송하기 위해 디스크 오퍼레이션을 시작한다.

그림 13-1의 왼쪽 부분은 둘 중 어느 버퍼나 플러시를 명시적으로 강제하기 위해 사용될 수 있는 호출을 보여준다. 오른쪽은 stdio 라이브러리에서 버퍼링을 비활성화하거나, 출력 시스템 호출을 동기화해 각 `write()`가 즉시 디스크로 플러시하도록 하여 자동 플러시가 발생하게 하는 호출이다.

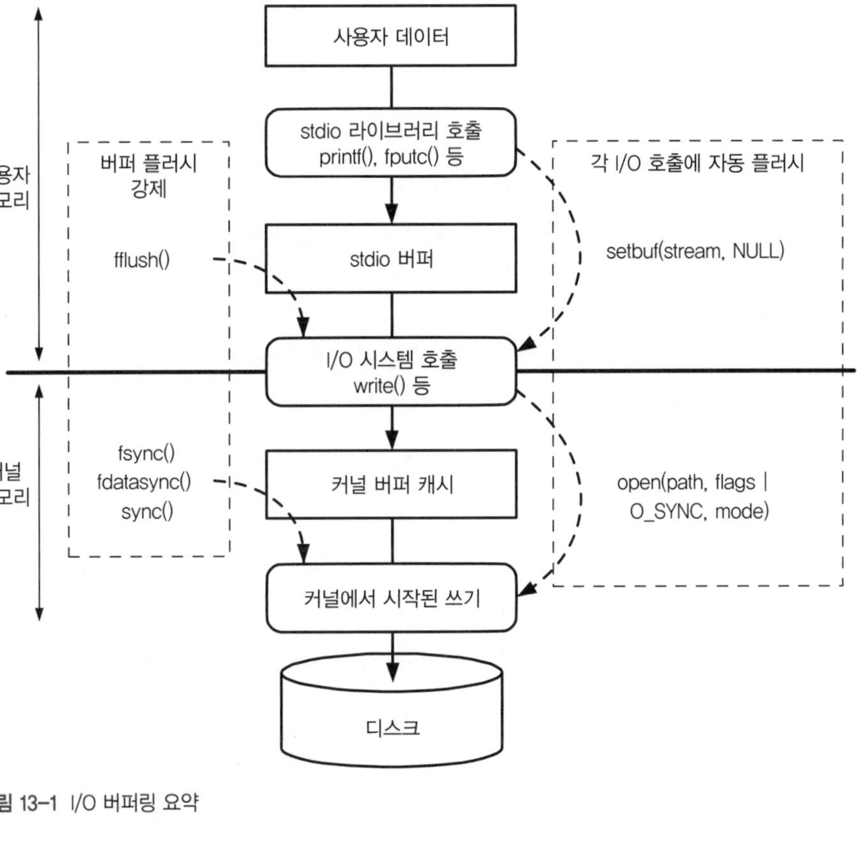


그림 13-1 I/O 버퍼링 요약

## 13.5 I/O 패턴에 대한 커널 조언

posix_fadvise() 시스템 호출은 파일 데이터에 접근하는 데 쓸 수 있는 패턴을 커널에게 알려주는 동작을 허용한다.

```
#define _XOPEN_SOURCE 600
#include <fcntl.h>

int posix_fadvise(int fd, off_t offset, off_t len, int advice);
```

성공하면 0을 리턴하고, 에러가 발생하면 에러 번호(양수)를 리턴한다.

커널은 아마도 버퍼 캐시의 사용을 최적화하여 프로세스와 전체적인 시스템의 I/O 성능을 향상시키기 위해 posix_fadvise()를 사용할 것이다(하지만 꼭 이렇게 해야 하는 건 아니다). posix_fadvise()의 호출은 프로그램의 문법에 아무런 영향을 미치지 않는다.

fd 인자는 커널에게 알려주길 원하는 어떤 접근 패턴에 대해 파일을 인식하는 파일 디스크립터다. offset과 len 인자는 어떤 조언이 주어졌는지에 대한 내용이 있는 파일 영역을 식별한다. 여기서 offset은 영역의 시작점이며, len은 바이트로 이뤄진 해당 영역의 크기에 해당한다. len이 0이면 offset부터 파일의 끝까지가 그 영역에 해당됨을 뜻한다(커널 2.6.6 이전에는 len이 0이면 문자 그대로 0바이트를 뜻했다).

advice 인자는 프로세스의 기대되는 파일 접근 패턴을 가리킨다. 이 변수는 다음 중 하나로 명시된다.

- POSIX_FADV_NORMAL: 프로세스는 접근 패턴에 관해 특별한 조언이 없다. 이 값은 파일에 대해 주어진 조언이 없을 때 기본 동작에 해당한다. 리눅스에서 이 오퍼레이션은 파일 미리 읽기read-ahead 윈도우를 기본 크기(128kB)로 설정한다.
- POSIX_FADV_SEQUENTIAL: 프로세스는 낮은 오프셋offset에서 높은 오프셋으로 순차적으로 데이터를 읽기를 기대한다. 리눅스에서 이 오퍼레이션은 파일 미리 읽기 윈도우를 기본값의 두 배로 잡는다.
- POSIX_FADV_RANDOM: 프로세스는 무작위 순서로 데이터에 접근하기를 기대한다. 리눅스에서 이 오퍼레이션은 파일 미리 읽기를 불능화한다.
- POSIX_FADV_WILLNEED: 프로세스는 가까운 미래에 명시된 파일 영역에 접근하기를 기대한다. 커널은 offset과 len에 의해 명시된 파일 데이터의 버퍼 캐시를 채워넣기 위해 미리 읽기를 실행한다. 파일에서 차후의 read() 호출은 디스

크 I/O에서 블록하지 않고, 대신에 버퍼 캐시에서 데이터를 가져온다. 커널은 파일에서 가져온 데이터가 얼마나 오래 버퍼 캐시에 남아 있는지에 대한 보장을 하지 않는다. 다른 프로세스나 커널 동작이 메모리에 충분히 강력한 요구 조건을 부여한다면, 페이지는 결국 재사용될 것이다. 다시 말해, 메모리 압력이 높아지면 posix_fadvise() 호출과 차후의 read() 호출 사이의 경과 시간은 짧음을 보장해야만 한다(리눅스의 readahead() 시스템 호출은 POSIX_FADV_WILLNEED 오퍼레이션과 동일한 기능을 제공한다).

- POSIX_FADV_DONTNEED: 프로세스는 가까운 미래에 명시된 파일 영역에 접근하길 기대하지 않는다. 이 오퍼레이션은 커널에게 캐시 페이지를 해제할 수 있음을 알려준다. 리눅스에서 이 오퍼레이션은 두 단계로 실행된다. 첫 번째로 하부 디바이스가 현재 큐에 들어온 연속된 쓰기 오퍼레이션으로 인해 혼잡하지 않다면, 커널은 명시된 영역의 모든 수정된 페이지를 플러시한다. 두 번째로 커널은 해당 영역의 모든 캐시 페이지를 해제하려고 시도한다. 이 영역의 수정된 페이지에 대해, 두 번째 단계는 페이지가 첫 번째 단계에서 하부 디바이스에 기록된 경우에 한해서만 성공할 것이다. 즉 디바이스의 쓰기 큐가 혼잡하지 않을 경우다. 디바이스의 혼잡을 응용 프로그램이 제어할 수 없다면, 캐시 페이지가 해제될 수 있도록 보장하기 위한 대체 방법은 fd를 명시하는 sync()나 fdatasync() 호출로 POSIX_FADV_DONTNEED 오퍼레이션을 진행하는 것이다.
- POSIX_FADV_NOREUSE: 프로세스는 한 번 명시된 파일 영역의 데이터에 접근하기를 기대하며, 재사용하지 않는다. 이 오퍼레이션은 커널에게 한 번 접근하고 나면 페이지를 해제할 수 있음을 알려준다. 리눅스에서 이 오퍼레이션은 현재 아무런 효과가 없다.

posix_fadvise()의 규격은 SUSv3에서는 새로운 것이며, 모든 유닉스 구현이 이 인터페이스를 지원하진 않는다. 리눅스는 커널 2.6 이후로 posix_fadvise()를 제공한다.

## 13.6 버퍼 캐시 우회: 직접 I/O

커널 2.4부터 리눅스는 응용 프로그램으로 하여금 디스크 I/O를 실행할 때 버퍼 캐시를 우회할 수 있게 하는데, 이는 사용자 공간의 데이터를 디스크 디바이스나 파일에 직접 전송한다는 뜻이다. 이를 직접direct I/O나 가공하지 않은raw I/O라고도 한다.

> 여기서 기술한 세부사항은 리눅스에 기반하며, SUSv3에 표준화되지 않았다. 그럼에도 불구하고 대부분의 유닉스 구현은 디바이스나 파일에 유사한 형태의 직접 I/O 접근을 제공한다.

직접 I/O는 가끔 빠른 I/O 성능을 획득한다는 의미로 잘못 해석되는 경우가 있다. 그러나 대부분의 응용 프로그램에서 직접 I/O의 사용은 성능을 상당히 저하시킨다. 이는 커널이 버퍼 캐시를 통해 실행된 I/O의 성능을 향상시키고자 순차 읽기 진행과 디스크 블록 클러스터에서의 I/O 실행, 캐시에서 버퍼를 공유하기 위해 동일한 파일에 접근하는 프로세스를 허용하는 등의 최적화를 적용하기 때문이다. 이런 모든 최적화는 직접 I/O를 사용할 때는 효과가 전혀 없다. 직접 I/O는 특정 I/O 요구 조건을 가진 응용 프로그램에 한해서만 효과가 있다. 예를 들면, 스스로 캐시와 I/O 최적화를 실행하는 데이터베이스 시스템은 커널이 동일한 작업을 수행하는 CPU 시간과 메모리를 낭비하게 할 필요가 없다.

개별적인 파일이나 블록 디바이스(디스크)에서 직접 I/O를 실행할 수 있다. 이런 동작을 위해서 `open()`으로 파일이나 디바이스를 열 때 `O_DIRECT` 플래그를 명시한다.

`O_DIRECT` 플래그는 커널 2.4.10 이후에 유효하다. 모든 리눅스 파일 시스템과 커널 버전이 이 플래그의 사용을 지원하진 않는다. 대부분의 리눅스 고유 파일 시스템은 `O_DIRECT`를 지원하지만, 유닉스 기반이 아닌 많은 파일 시스템(예: VFAT)은 지원하지 않는다. 반드시 고려하고 있는 파일 시스템을 테스트하거나 이런 지원을 검사하는 커널 소스 코드를 읽어봐야 한다(파일 시스템이 `O_DIRECT`를 지원하지 않는다면, `open()`은 `EINVAL` 에러로 실패할 것이다).

> 파일이 하나의 프로세스에 의해 O_DIRECT로 열렸고, 다른 프로세스에 의해 정상적으로 열렸다면(즉 버퍼 캐시가 사용됨), 버퍼 캐시의 내용과 직접 I/O를 통해 읽거나 쓰여진 데이터에는 일관성이 없다. 이런 상황은 피해야만 한다.
>
> raw(8) 매뉴얼 페이지를 보면 디스크 디바이스에 가공되지 않은 접근을 획득하는 오래된 기법(지금은 사라짐)이 나와 있다.

### 직접 I/O에 대한 정렬 제한

(디스크 디바이스와 파일 모두에) 직접 I/O는 디스크의 직접 접근을 의미하기 때문에, I/O를 수행할 때 다음과 같은 제한사항을 살펴봐야 한다.

- 전송되는 데이터 버퍼는 블록 크기의 배수로 메모리 경계에 정렬돼야 한다.
- 데이터 전송이 시작된 파일이나 디바이스 오프셋은 블록 크기의 배수여야 한다.
- 전송되는 데이터의 크기는 블록 크기의 배수여야 한다.

이를 지키지 않을 경우 EINVAL 에러가 발생한다. 위 목록에서 블록 크기block size는 디바이스의 물리적인 블록 크기를 의미한다(일반적으로 512바이트).

> 직접 I/O를 실행할 때, 리눅스 2.4는 리눅스 2.6보다 더욱 제한적이다. 즉 정렬(alignment), 길이, 오프셋은 하부 파일 시스템의 논리적인 블록 크기의 배수여야 한다(일반적인 파일 시스템의 논리적인 블록 크기는 1024, 2048, 4096바이트다).

### 예제 프로그램

리스트 13-1은 읽기용으로 파일을 열었을 때 O_DIRECT의 사용 예다. 이 프로그램은 읽을 파일을 명시하는 네 가지 명령행 인자(읽을 파일, 파일로부터 읽을 바이트 수, 파일을 읽기 전에 프로그램이 찾아야 하는 오프셋, read()에 전달되는 데이터 버퍼 정렬)를 갖는다. 마지막 2개의 인자는 선택사항이며, 각각 0과 4096이 기본값이다. 다음은 이 프로그램을 실행한 결과의 예다.

```
$ ./direct_read /test/x 512                     오프셋 0에서 512바이트를 읽는다.
Read 512 bytes                                  성공
$ ./direct_read /test/x 256
ERROR [EINVAL Invalid argument] read            길이가 512의 배수가 아니다.
$ ./direct_read /test/x 512 1
ERROR [EINVAL Invalid argument] read            오프셋이 512의 배수가 아니다.
$ ./direct_read /test/x 4096 8192 512
Read 4096 bytes                                 성공
ERROR [EINVAL Invalid argument] read            정렬이 512의 배수가 아니다.
```

> 리스트 13-1의 프로그램은 첫 번째 인자의 배수에 의해 정렬된 메모리 블록을 할당하기 위해서 memalign() 함수를 사용한다. memalign()에 대해서는 7.1.4절에서 설명한다.

리스트 13-1 버퍼 캐시를 생략하기 위한 O_DIRECT 사용 예

filebuff/direct_read.c

```
#define _GNU_SOURCE            /* <fcntl.h>로부터 O_DIRECT 정의 획득 */
#include <fcntl.h>
#include <malloc.h>
#include "tlpi_hdr.h"

int
main(int argc, char *argv[])
{
    int fd;
    ssize_t numRead;
    size_t length, alignment;
    off_t offset;
    void *buf;

    if (argc < 3 || strcmp(argv[1], "--help") == 0)
        usageErr("%s file length [offset [alignment]]\n", argv[0]);

    length = getLong(argv[2], GN_ANY_BASE, "length");
    offset = (argc > 3) ? getLong(argv[3], GN_ANY_BASE, "offset") : 0;
    alignment = (argc > 4) ? getLong(argv[4], GN_ANY_BASE, "alignment")
                : 4096;

    fd = open(argv[1], O_RDONLY | O_DIRECT);
    if (fd == -1)
        errExit("open");

    /* memalign()은 첫 번째 인자의 배수의 주소로 정렬된 메모리 블록을 할당한다.
       다음 표현은 'buf'는 'alignment'의 2의 배수로 정렬된 것이 아님을 보장한다.
       이는 256바이트의 정렬된 버퍼를 요구할 경우에, 동시에 우연히 512바이트 경계에
       정렬되지 않도록 보장하기 위해 실행한다.

       '(char *)' 캐스팅은 포인터 연산을 허용하기 위해 필요하다
       (이는 memalign()에서 리턴되는 'void *'에서는 불가능하다). */

    buf = (char *) memalign(alignment * 2, length + alignment) +
          alignment;
    if (buf == NULL)
        errExit("memalign");

    if (lseek(fd, offset, SEEK_SET) == -1)
        errExit("lseek");

    numRead = read(fd, buf, length);
    if (numRead == -1)
        errExit("read");
```

```
    printf("Read %ld bytes\n", (long) numRead);

    exit(EXIT_SUCCESS);
}
```

## 13.7 파일 I/O를 위한 라이브러리 함수와 시스템 호출의 혼합

동일한 파일에 I/O를 실행하기 위해서 시스템 호출과 표준 C 라이브러리 함수를 혼합해 사용할 수도 있다. fileno()와 fdopen() 함수는 이런 동작을 보조한다.

```
#include <stdio.h>

int fileno(FILE *stream);
```

성공하면 파일 디스크립터를 리턴하고, 에러가 발생하면 -1을 리턴한다.

```
FILE *fdopen(int fd, const char *mode);
```

성공하면 (새로운) 파일 포인터를 리턴하고, 에러가 발생하면 NULL을 리턴한다.

주어진 스트림에 대해, fileno()는 해당되는 파일 디스크립터를 리턴한다(즉 stdio 라이브러리가 이 스트림을 위해 연 파일 디스크립터). 이 파일 디스크립터는 read(), write(), dup(), fcntl() 같은 I/O 시스템 호출을 이용한 일반적인 방법으로 사용될 수 있다.

fdopen() 함수는 fileno()와 반대다. 주어진 파일 디스크립터로, I/O에 대한 이 디스크립터를 사용하는 해당 스트림을 생성한다. mode 인자는 fopen()의 인자와 동일하다. 예를 들어 r은 읽기, w는 쓰기, a는 덧붙이기다. 이 인자가 파일 디스크립터 fd의 접근 모드와 일관성이 없다면, fdopen()은 실패한다.

fdopen() 함수는 특히 보통 파일이 아닌 파일을 가리키는 디스크립터에 유용하다. 이후의 장에서 살펴보겠지만, 소켓이나 파이프를 생성하는 시스템 호출은 파일 디스크립터를 리턴한다. 이런 파일 형과 stdio 라이브러리를 사용하려면, 일치하는 파일 스트림을 생성하기 위해 fdopen()을 사용해야 한다.

디스크 파일에서 I/O를 실행하기 위해 I/O 시스템 호출과 함께 stdio 라이브러리 함수를 사용할 때는 버퍼링 문제를 항상 염두에 둬야 한다. I/O 시스템 호출은 데이터를 직접 커널 버퍼 캐시로 전송하는 반면에, stdio 라이브러리는 해당 버퍼를 커널 버퍼 캐시로 전송하기 위해 write()를 호출하기 전에 스트림의 사용자 공간 버퍼가 가득 찰 때까지 기다린다. 표준 출력의 쓰기에 사용되는 다음 코드를 살펴보기 바란다.

```
printf("To man the world is twofold, ");
write(STDOUT_FILENO, "in accordance with his twofold attitude.\n", 41);
```

일반적인 경우에 printf()의 출력은 일반적으로 write() 출력의 다음에 나타나며, 따라서 이 코드는 다음과 같이 출력한다.

```
in accordance with his twofold attitude.
To man the world is twofold,
```

I/O 시스템 호출과 stdio 함수를 혼합해 사용할 때는 이런 문제를 피하기 위해 fflush()의 신중한 사용이 요구된다. 버퍼링을 불능화하기 위해 setvbuf()나 setbuf()를 사용할 수도 있지만, 그렇게 하면 각 출력 오퍼레이션이 write() 시스템 호출을 실행하는 결과를 초래하기 때문에 응용 프로그램의 I/O 성능에 영향을 미칠 것이다.

> SUSv3는 응용 프로그램이 I/O 시스템 호출과 stdio 함수를 혼합해 사용할 수 있게 하는 요구사항을 구체화하는 것으로 확장한다. 더 자세한 내용은 '시스템 인터페이스(XSH)'의 '일반 정보' 장에서 '파일 디스크립터와 표준 I/O 스트림의 상호작용' 절을 참조하기 바란다.

## 13.8 정리

입력과 출력 데이터의 버퍼링은 커널과 stdio 라이브러리에 의해 실행된다. 경우에 따라서는 버퍼링을 막기를 원할 수도 있지만, 이런 동작이 응용 프로그램의 동작에 미치는 영향을 인식할 필요가 있다. 커널 및 stdio 버퍼링 제어와, 단 한 번의 버퍼 플러시 실행 제어를 위해 다양한 시스템 호출과 라이브러리 함수를 사용할 수 있다.

프로세스는 명시된 파일로부터 데이터에 접근하는 데 쓸 수 있는 패턴을 커널에 알려주기 위해 posix_fadvise()를 사용할 수 있다. 커널은 버퍼 캐시의 사용을 최적화하기 위해 이 정보를 이용해 I/O 성능을 향상시킬 수 있다.

리눅스 고유의 open() O_DIRECT 플래그는 버퍼 캐시를 생략하기 위해 특별한 응용 프로그램을 허용한다.

fileno()와 fdopen() 함수는 동일한 파일에 I/O를 실행하기 위해서 시스템 호출과 표준 C 라이브러리 함수를 혼합해 사용하는 작업을 보조한다. 주어진 스트림에 대해 fileno()는 해당 파일 디스크립터를 리턴한다. fdopen()은 이와 반대되는 오퍼레이션을 실행하는데, 즉 명시된 열린 파일 디스크립터를 사용하는 새로운 스트림을 생성한다.

### 더 읽을거리

[Bach, 1986]은 시스템 V에서 버퍼 캐시의 구현과 장점에 대해 기술한다. [Goodheart & Cox, 1994]와 [Vahalia, 1996]은 시스템 V 버퍼 캐시의 근거와 구현을 설명한다. 리눅스에 대한 더 많은 정보는 [Bovet & Cesati, 2005]와 [Love, 2010]에서 찾을 수 있다.

## 13.9 연습문제

**13-1.** 셸의 내장된 함수인 time을 사용해, 각자의 시스템에서 리스트 4-1(copy.c)의 프로그램 동작 시간을 측정하라.

a) 다른 파일과 버퍼 크기로 실험하라. 프로그램을 컴파일할 때 -DBUF_SIZE=nbytes를 설정함으로써 버퍼 크기를 설정할 수 있다.

b) O_SYNC 플래그를 포함해 open() 시스템 호출을 수정하라. 다양한 버퍼 크기에 대해 얼마나 많은 속도차가 나는가?

c) 파일 시스템(예: ext3, XFS, Btrfs, JFS)의 범위에서 이런 시간 측정을 테스트해보라. 결과는 유사한가? 작은 버퍼에서 큰 버퍼로 갈 때 추세는 비슷하게 변하는가?

**13-2.** 다양한 버퍼 크기와 파일 시스템에 대해 (이 책의 소스 코드 배포판에 제공된) filebuff/write_bytes.c의 동작 시간을 측정해보라.

**13-3.** 다음 문장의 효과는 무엇인가?

```
fflush(fp);
fsync(fileno(fp));
```

**13-4.** 다음 코드의 출력이, 표준 출력이 터미널이나 디스크 파일로 전향redirect하는지 여부에 따라서 달라지는 이유를 설명하라.

```
printf("If I had more time, \n");
write(STDOUT_FILENO, "I would have written you a shorter  letter.\n",
      43);
```

**13-5.** 명령 `tail [ -n num ] file`은 해당 파일의 마지막 num라인(기본 10)을 출력한다. I/O 시스템 호출(`lseek()`, `read()`, `write()` 등)을 이용해 이 명령을 구현하라. 효율적인 구현을 위해 13장에서 기술한 버퍼링 문제를 유의하라.

# 14

# 파일 시스템

4장과 5장, 13장에서는 특히 일반적인 (디스크) 파일에 중점을 둔 파일 I/O를 살펴봤다. 14장과 뒤이어 오는 장에서는 다음과 같은 파일 관련 주제의 세부사항을 살펴볼 것이다.

- 14장에서는 파일 시스템에 대해 살펴본다.
- 15장에서는 타임스탬프와 소유권, 권한을 포함한 파일 관련 속성을 기술한다.
- 16장과 17장에서는 리눅스 2.6의 새로운 기능인 확장된 속성과 ACLaccess control list에 관해 살펴본다.
- 18장에서는 디렉토리와 링크에 관해 기술한다.

14장에서는 파일과 디렉토리의 집합으로 구성된 파일 시스템에 관한 내용을 주로 다루는데, 가끔은 전통적인 리눅스 ext2 파일 시스템을 구체적인 예로 사용해 파일 시스템의 개념을 설명한다. 또한 리눅스에서 쓸 수 있는 저널링journaling 파일 시스템을 간단히 살펴본다.

파일 시스템을 마운트하고 마운트 해제하는 데 사용되는 시스템 호출과 마운트된 파일 시스템에 대한 정보를 얻기 위해 사용하는 라이브러리 함수에 관한 논의로 14장을 마무리한다.

## 14.1 디바이스 특수 파일(디바이스)

14장에서는 디스크 디바이스가 자주 언급되므로, 디바이스 파일의 개념을 간단히 살펴보는 것으로 시작한다.

디바이스 파일은 시스템에서 디바이스와 일치한다. 커널 내부에서 각 디바이스 형식에는 해당되는 디바이스 드라이버가 있고, 이는 그 디바이스에 대한 모든 I/O 요청을 처리한다. 디바이스 드라이버device driver는 관련된 하드웨어에서 입력과 출력 동작에 (일반적으로) 일치하는 오퍼레이션 집합을 구현하는 커널 코드의 단위다. 디바이스 드라이버가 제공하는 API는 고정되어 있고, 시스템 호출인 `open()`, `close()`, `read()`, `write()`, `mmap()`, `ioctl()`에 해당하는 오퍼레이션을 포함한다. 각 디바이스 드라이버가 디바이스별 오퍼레이션의 차이점을 숨기는 일관된 인터페이스를 제공하기 때문에 I/O의 범용성이 가능하다(4.2절 참조).

어떤 디바이스는 마우스와 디스크, 테이프 드라이브처럼 실제로 존재한다. 반면에 가상적인 디바이스도 있는데, 이는 해당 하드웨어가 존재하지 않고 커널이 (디바이스 드라이버를 통해) 실제 디바이스와 동일한 API를 갖는 추상 디바이스를 제공한다는 뜻이다.

디바이스는 다음과 같이 두 가지로 분류된다.

- **문자 디바이스**character device는 문자별로 데이터를 처리한다. 터미널과 키보드는 문자 디바이스의 예다.
- **블록 디바이스**block device는 한 번에 하나의 블록을 처리한다. 블록의 크기는 디바이스 형식에 달려 있지만, 일반적으로 512바이트의 배수다. 디스크는 블록 디바이스의 흔한 예다.

디바이스 파일은 여타 파일과 동일하게 파일 시스템 내부에서 나타나며, 주로 /dev 디렉토리에 위치한다. 슈퍼유저는 `mknod` 명령을 이용해 디바이스 파일을 생성할 수 있으며, 동일한 작업을 `mknod()` 시스템 호출을 이용해 특권 프로그램(CAP_MKNOD)에서 실행할 수 있다.

> 여기서 mknod() 시스템 호출('파일 시스템 i-노드 생성')은 사용이 단순하기 때문에 자세히 다루지는 않고, 현재 요구되는 유일한 목적은 일반 응용 프로그램 요구 조건이 아닌 디바이스 파일을 생성하는 것이다. FIFO를 생성할 때도 mknod()를 사용할 수 있지만(Vol. 2의 7.7절), 이 작업에는 mkfifo() 함수가 더 낫다. 과거에는 디렉토리 생성을 위해 mknod()를 사용하는 유닉스 구현도 있었지만, 현재는 mkdir() 시스템 호출로 대체됐다. 그럼에도 불구하고 일부 유닉스 구현은(리눅스는 제외) 호환성을 위해 mknod()의 이러한 기능을 보존하고 있다. 더 자세한 내용은 mknod(2) 매뉴얼 페이지를 참조하기 바란다.

리눅스의 이전 버전에서 /dev는 시스템의 가능한 모든 디바이스가 모두 시스템에 연결되어 있지 않더라도 그 디바이스에 대한 엔트리를 갖고 있었다. 이는 /dev가 (문자 그대로) 사용하지 않는 수천 개의 엔트리를 가질 수 있다는 뜻이고, 이 디렉토리의 내용을 스캔해야 하는 프로그램의 작업을 지연시켜, 시스템에 실제로 존재하는 디바이스를 찾는 수단으로 디렉토리의 내용을 사용한다는 건 사실상 불가능함을 의미한다. 리눅스 2.6에서 이런 문제는 udev 프로그램에 의해 해결됐다. udev 프로그램은 sysfs 파일 시스템에 의존하며, 이는 디바이스와 기타 커널 객체에 대한 정보를 /sys 아래 마운트된 가상pseudo 파일 시스템을 통해 사용자 공간으로 전달한다.

> [Kroah-Hartman, 2003]은 udev의 개요와 함께 devfs보다 나은 이유를 나열하며, 동일한 문제에 대한 리눅스 2.4의 해결법을 제공한다. sysfs 파일 시스템에 관한 정보는 리눅스 2.6 커널 소스 파일 Documentation/filesystems/sysfs.txt와 [Mochel, 2005]에서 찾을 수 있다.

## 디바이스 ID

각 디바이스 파일은 주 ID와 부 ID를 갖는다. 주 ID는 디바이스의 일반 분류를 식별하고, 이런 형식의 디바이스에 적절한 드라이버를 찾기 위해 커널이 사용한다. 부 ID는 일반 분류 내에서 특정 디바이스를 유일하게 식별한다. 디바이스 파일의 주 ID와 부 ID는 `ls -l` 명령으로 출력된다.

디바이스의 주 ID와 부 ID는 디바이스 파일의 i-노드에 기록된다(i-노드에 대해서는 14.4절에서 설명한다). 각 디바이스 드라이버는 관련성을 구체적인 주 디바이스 ID로 등록하며, 이런 관련성은 디바이스 파일과 디바이스 드라이버 사이의 연결 통로를 제공한다. 디바이스 파일의 이름은 커널이 디바이스 드라이버를 찾을 때 관련성이 없다.

리눅스 2.4와 이전 버전에서 시스템의 전체 디바이스 수는 주 ID와 부 ID가 각각 8비트를 사용한다는 사실로 인해 제한됐다. 주 디바이스 ID가 고정되고, 중앙에서 할당됐다는 사실은 이러한 제한을 더욱 악화시킨다(http://www.lanana.org/의 '리눅스에 할당된 이름과 숫자 권한' 참조). 리눅스 2.6은 주 ID와 부 ID에 더 많은 비트(각각 12비트와 20비트)를 할당함으로써 이런 제한을 완화한다.

## 14.2 디스크와 파티션

일반 파일과 디렉토리는 보통 하드 디스크 디바이스에 있다(파일과 디렉토리는 CD-ROM과 플래시 메모리 카드, 가상 디스크에도 존재하지만, 지금의 논의를 위해서는 주로 하드 디스크 디바이스에만 관심을 갖도록 하자). 뒤이어 오는 절에서 디스크가 어떻게 구성되고 파티션으로 나뉘는지 살펴본다.

### 디스크 드라이브

하드 디스크 드라이브는 고속(초당 수천 회)으로 회전하는 1개 이상의 판으로 구성된 기계적인 디바이스다. 디스크 표면에 자기적으로 부호화된 정보는 디스크에 방사적으로 움직이는 읽기/쓰기 헤드에 의해 추출되거나 수정된다. 물리적으로 디스크 표면의 정보는 트랙track이라는 동심원에 위치한다. 트랙 자체는 섹터sector로 나뉘고, 각 섹터는 연속된 물리적인 블록으로 구성된다. 물리적인 블록은 일반적으로 512바이트(또는 배수) 크기이며, 드라이브가 읽거나 쓸 수 있는 정보의 최소 단위를 나타낸다.

현대의 디스크가 빠르다고 할지라도, 디스크의 정보를 읽고 쓰는 데는 여전히 상당한 시간이 걸린다. 디스크 헤드가 우선 적절한 트랙으로 이동하고(찾는 시간), 드라이브는 적절한 섹터가 회전해 헤드에 올 때까지 기다려야 한다(회전 지연). 그리고 마지막으로, 요구된 블록이 전송돼야만 한다(전송 시간). 이런 동작을 실행하는 데 필요한 전체 시간은 밀리초 단위가 일반적이다. 비교 대상으로 현대의 CPU는 이 시간에 수백만 개의 명령을 실행할 능력이 있다.

### 디스크 파티션

각 디스크는 하나 이상의 (중첩되지 않는) 파티션partition으로 나뉜다. 커널은 각 파티션을 /dev 디렉토리 아래 위치한 독립된 디바이스로 간주한다.

> 시스템 관리자는 fdisk 명령을 사용해 디스크에서 파티션의 수와 형식, 크기를 결정한다. 명령 fdisk -l은 디스크의 모든 파티션을 출력한다. 리눅스 고유의 /proc/partitions 파일은 시스템의 각 디스크 파티션의 주 번호와 부 번호, 크기를 출력한다.

디스크 파티션은 어떠한 형태의 정보도 담을 수 있지만, 일반적으로 다음 중 하나를 포함한다.

- 일반 파일과 디렉토리를 담고 있는 파일 시스템(14.3절에서 설명).
- raw 모드 디바이스로 접근하는 데이터 영역data area(몇몇 데이터베이스 관리 시스템이 이런 기법을 사용한다. 13.6절에서 설명).
- 메모리 관리를 위해 커널에서 사용하는 스왑 영역swap area

스왑 영역은 `mkswap(8)` 명령을 이용해 생성된다. 특권(`CAP_SYS_ADMIN`) 프로세스는 디스크 파티션이 스왑 영역으로 사용될 것임을 커널에 알려주는 `swapon()` 시스템 호출을 사용할 수 있다. `swapoff()` 시스템 호출은 커널에게 디스크 파티션을 스왑 영역으로 사용하는 것을 중지하라고 알려주는 반대 기능을 실행한다. 이런 시스템 호출은 SUSv3에서 표준화되지 않았지만, 많은 유닉스 구현에 존재한다. 추가적인 정보는 `swapon(2)`와 `swapon(8)` 매뉴얼 페이지를 참조하기 바란다.

> 리눅스 /proc/swaps 파일은 시스템에서 현재 활성화된 스왑 영역에 대한 정보를 출력할 때 사용할 수 있다. 이런 정보는 사용 중인 각 스왑 영역의 크기와 해당 영역의 양을 포함한다.

## 14.3 파일 시스템

파일 시스템은 일반 파일과 디렉토리의 구조화된 집합으로, `mkfs` 명령으로 생성된다.

리눅스의 강점 중 하나는 다음과 같이 여러 가지 파일 시스템을 지원한다는 것이다.

- 전통적인 ext2 파일 시스템
- 미닉스Minix와 시스템 V, BSD 파일 시스템 같은 여러 가지 유닉스 고유 파일 시스템
- 마이크로소프트의 FAT, FAT32, NTFS 파일 시스템
- ISO 9660 CD-ROM 파일 시스템
- 애플 매킨토시 HFS
- 광범위하게 사용되는 썬Sun의 NFS(리눅스의 NFS 관련 구현은 http://nfs.sourceforge.net/을 참조하라), IBM과 마이크로소프트의 SMB, 노벨Novell의 NCP, 카네기 멜론 대학에서 개발한 Coda 파일 시스템
- ext3, ext4, Reiserfs, JFS, XFS, Btrfs를 포함하는 저널링 파일 시스템

커널이 알고 있는 현재의 파일 시스템 형식은 리눅스의 /proc/filesystems 파일을 통해 확인 가능하다.

> 리눅스 2.6.14는 FUSE(Filesystem in Userspace) 기능을 추가했다. 이 메커니즘을 이용하면 커널을 패치하거나 재컴파일하지 않고 사용자 영역 프로그램을 통해 완전히 구현할 수 있다. 자세한 내용은 http://fuse.sourceforge.net/을 참조하기 바란다.

### ext2 파일 시스템

여러 해에 걸쳐 리눅스에서 가장 광범위하게 사용된 파일 시스템은 ext2Second Extended File System이며, 이는 리눅스 파일 시스템의 기원인 ext의 계승자다. 최근에는 여러 가지 저널링 파일 시스템의 사용으로 인해 ext2의 사용이 줄어들었다. 특정 파일 시스템 구현을 통해 일반적인 파일 시스템의 개념을 설명하면 유용할 때가 있으며, 이러한 이유로 14장에서는 ext2를 예로 들어 여러 가지 사항을 설명한다.

> ext2 파일 시스템은 레미 카드(Remy Card)가 만들었다. ext2의 소스 코드는 작고(C 코드로 5000줄 정도), 여러 파일 시스템의 구현 모델이 됐다. ext2의 홈페이지(http://e2fsprogs.sourceforge.net/ext2.html)에서는 ext2 구현을 다룬 좋은 논문을 소개한다. 데이비드 러슬링(David Rusling)이 집필한 온라인 책 『The Linux Kernel』(http://www.tldp.org/)도 ext2에 대해 설명하고 있다.

### 파일 시스템 구조

파일 시스템에 공간을 할당하는 기본 단위는 논리적인 블록이며, 이는 파일 시스템이 위치한 디스크 디바이스의 연속된 물리적 블록의 배수다. 예를 들면, ext2의 논리적인 블록 크기는 1024나 2048, 4096바이트다(논리적인 블록 크기는 파일 시스템을 만드는 데 사용되는 `mkfs(8)` 명령의 인자로 명시된다).

> 특권(CAP_SYS_RAWIO) 프로그램은 파일의 구체적인 블록의 물리적 위치를 결정하기 위해 FIBMAP ioctl()을 사용할 수 있다. 호출의 세 번째 인자는 결과/값 정수다. 호출 전에 이 인자는 논리 블록 번호로 설정돼야 하고(첫 번째 논리 블록의 번호는 0이다), 호출 뒤에는 논리적인 블록이 저장되는 시작 물리 블록의 번호로 설정된다.

그림 14-1은 디스크 파티션과 파일 시스템 간의 관계를 보여주며, (원래의) 파일 시스템 부분을 보여준다.

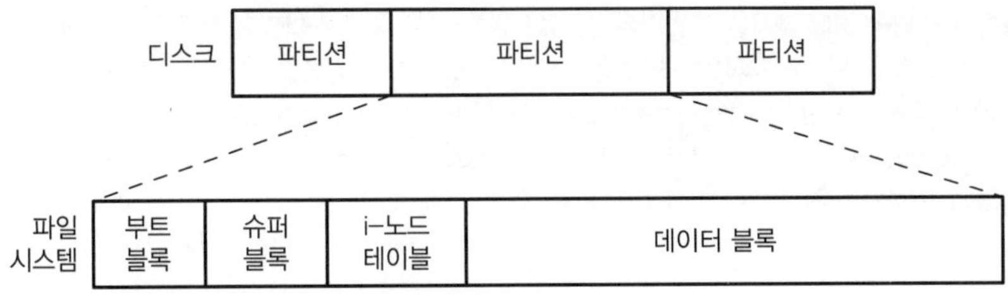


**그림 14-1** 디스크 파티션과 파일 시스템 구조

파일 시스템의 구성요소는 다음과 같다.

- 부트 블록boot block: 이 블록은 파일 시스템에서 항상 제일 처음 블록이다. 부트 블록은 파일 시스템에서 사용되지 않는다. 대신 운영체제를 부팅하는 데 사용되는 정보를 담고 있다. 하나의 부트 블록만이 운영체제에 필요하다고 할지라도, 모든 파일 시스템이 부트 블록을 갖는다(대부분은 사용되지 않는다).
- 슈퍼 블록superblock: 이 블록은 부트 블록의 바로 뒤를 따르는 하나의 블록이며, 다음과 같은 파일 시스템에 관한 파라미터 정보를 담고 있다.
  - i-노드 테이블의 크기
  - 이 파일 시스템에서 논리적인 블록의 크기
  - 논리적인 블록에서 파일 시스템의 크기

  동일한 물리 장치에 위치한 다른 파일 시스템은 다른 형식과 크기, 그리고 (블록 크기와 같은) 파라미터 설정을 가질 수 있다. 이것이 디스크를 여러 파디션으로 분리하는 이유 중의 하나다.
- i-노드 테이블: 파일 시스템에서 각 파일이나 디렉토리는 i-노드 테이블에서 고유한 엔트리를 갖는다. 이 엔트리는 파일에 대한 여러 가지 정보를 기록한다. i-노드는 다음 절에서 자세하게 다룬다. i-노드 테이블은 i-리스트i-list라고도 한다.
- 데이터 블록data block: 파일 시스템에서 대부분의 공간은 그 파일 시스템에 위치한 파일과 디렉토리를 형성하는 데이터 블록을 위해 사용된다.

특별한 경우의 ext2 파일 시스템에서는, 본문에서 설명한 내용보다 좀 더 복잡하다. 최초 부트 블록 다음에 파일 시스템은 동일한 크기의 블록 그룹(block group)의 집합으로 나뉜다. 각 블록 그룹은 슈퍼 블록과 블록 그룹의 파라미터 정보의 복사본, 그리고 i-노드 테이블과 이 블록 그룹의 데이터 블록을 포함한다. 동일한 블록 그룹 내에서 파일의 모든 블록을 저장하려고 시도함으로써, ext2 파일 시스템은 순차적으로 파일에 접근할 때 찾는 시간을 줄이고자 한다. 더욱 자세한 정보는 리눅스 소스 코드 파일인 Documentation/filesystems/ext2.txt와 e2fsprogs 패키지의 일부로 오는 dumpe2fs 프로그램의 소스 코드, [Bovet & Cesati, 2005]를 참조하기 바란다.

## 14.4 i-노드

파일 시스템의 i-노드 테이블은 파일 시스템에 위치한 각 파일에 대해 하나의 i-노드('index node'의 줄임말)를 갖는다. i-노드는 i-노드 테이블의 순차적인 위치로써 순차적으로 인식된다. 파일의 i-노드 번호(또는 간단히 i-번호)는 `ls -li` 명령에 의해 출력되는 첫 번째 필드다. i-노드에 저장된 정보는 다음과 같다.

- 파일 형식(예: 일반 파일과 디렉토리, 심볼릭 링크, 문자 디바이스)
- 파일의 소유권(사용자 ID, 즉 UID)
- 파일의 그룹(그룹 ID, 즉 GID)
- 사용자의 세 가지 범위인 소유자(또는 사용자), 그룹, 기타 사용자에 대한 접근 권한access permission. 15.4절에서 더욱 자세한 내용을 살펴본다.
- 세 가지 타임스탬프: 파일의 마지막 접근 시간(`ls -lu`로 확인), 파일의 마지막 수정 시간(`ls -l`로 확인 가능한 기본 시간), 파일의 상태가 마지막으로 변경된 시간(i-노드 정보의 마지막 변경, `ls -lc`로 확인). 여타 유닉스 구현과 마찬가지로, 대부분의 리눅스 파일 시스템은 파일의 생성 시간을 기록하진 않는다.
- 파일의 하드 링크hard link 수
- 파일의 바이트 크기
- 512바이트 블록의 단위로 측정된 파일에 할당된 실제 블록 수. 파일은 구멍(4.7절)을 포함할 수 있기 때문에, 이 수와 실제 파일의 바이트 수는 단순히 일치하지 않으며, 따라서 명목상의 파일 바이트 크기로 인한 기대값보다 더 적은 블록을 요구한다.
- 파일의 데이터 블록에 대한 포인터

### ext2에서 i-노드와 데이터 블록 포인터

대부분의 유닉스 파일 시스템과 마찬가지로, ext2 파일 시스템은 파일의 데이터 블록을 연속적으로 혹은 순차적인 순서로 저장하지 않는다(하지만 서로 가깝게 저장하려고 시도한다). 파일 데이터 블록을 할당하기 위해 커널은 i-노드에서 포인터의 집합을 유지한다. ext2에서 이런 동작을 하기 위한 시스템은 그림 14-2에 나와 있다.

> 파일의 블록을 연속으로 저장하지 않아도 되므로 파일 시스템은 공간을 효율적으로 사용할 수 있다. 이는 특히, 사용하기에 너무 작은 비연속 자유 공간들로 인해 생성된 낭비 공간인 자유 디스크 공간 조각의 발생을 줄여준다. 반대로, 자유 공간을 효율적으로 사용할 수 있다는 이점은 채워진 디스크 공간에서 파일을 쪼갠 대가라고 말할 수 있을 것이다.

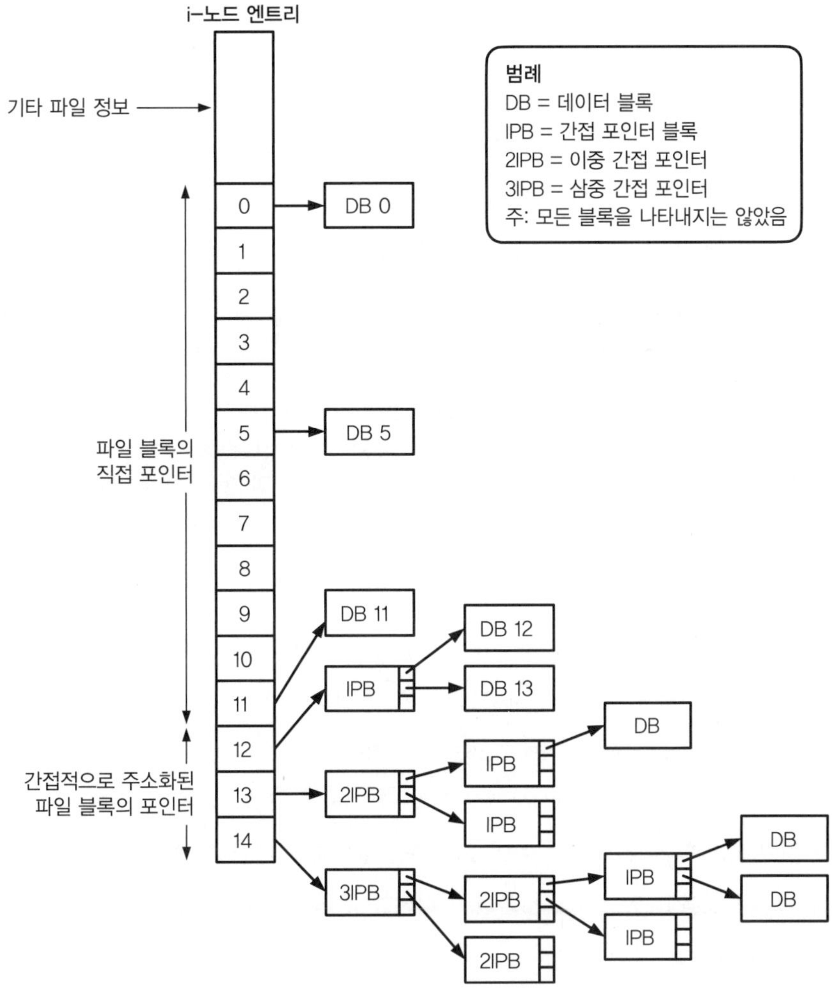


**그림 14-2** ext2 파일 시스템의 파일 블록 구조

ext2하에서 각 i-노드는 15개의 포인터를 갖는다. 첫 번째 12개(그림 14-2의 0~11)는 파일의 처음 12 블록의 파일 시스템 위치를 가리킨다. 다음 포인터는 13번째 포인터의 위치를 가리키는 포인터의 블록에 대한 포인터와 파일의 다음 데이터 블록의 포인터다. 이 블록의 포인터 수는 파일 시스템의 블록 크기에 달려 있다. 각 포인터는 4바이트를 요구하고, 따라서 256(1024바이트 블록 크기)~1024(4096바이트 블록 크기) 포인터가 있을 것이다. 이런 사실은 상당히 많은 파일을 허용한다. 이렇게 많은 파일에 대해서도 14번째 포인터(그림에서 13번)는 **이중 간접 포인터**double indirect pointer이며, 이는 파일의 데이터 블록을 가리키는 포인터의 블록을 차례로 가리키고, 다시 포인터의 블록을 가리킨다. 그리고 실질적으로 엄청난 크기의 파일에 대한 필요성이 요구되며, 간접 지정에 대한 더 많은 레벨이 있다. 즉 i-노드의 마지막 포인터는 **삼중 간접 포인터**triple-indirect pointer다.

외견상 복잡해 보이는 이런 시스템은 여러 가지 요구사항을 만족하도록 만들어졌다. 처음에 i-노드 구조는 고정된 크기이며, 동시에 임의 크기의 파일도 허용한다. 추가적으로, 연속적이지 않은 파일 블록을 저장하는 파일 시스템을 허용하고, `lseek()`를 통해 임의로 데이터에 접근하는 것도 허용한다(커널은 단지 어떤 포인터를 따라가야 할지만 계산하면 된다). 마지막으로, 많은 시스템에서 거의 대부분을 차지하는 작은 파일의 경우 이런 방법은 파일 데이터 블록이 i-노드의 직접 포인터를 통해 신속하게 접근하도록 한다.

> 일례로 저자는 150,000개 이상의 파일을 포함하는 한 시스템에서 측정을 했다. 파일의 30%는 크기가 1000바이트보다 작았고, 80%는 10,000바이트 이하였다. 1024바이트 블록 크기라고 가정하면, 후자의 모든 파일은 12개의 직접 포인터를 사용해 참조할 수 있고, 이는 총 12,288바이트를 포함하는 블록을 가리킬 수 있다. 4096바이트 블록 크기를 사용하면, 이런 한도는 49,152바이트로 올라간다(시스템에서 파일의 95%는 이 한도 이하로 내려간다).

이런 설계는 아주 큰 크기의 파일도 허용한다. 4096바이트 블록 크기의 경우 이론적으로 가장 큰 파일 크기는 1024×1024×1024×4096 또는 4테라바이트(4096GB)보다 약간 크다(여기서 블록은 직접, 간접, 이중 간접 포인트에 의해 지정됐기 때문에 약간 더 크다는 표현을 했다. 이는 삼중 간접 포인터에 의해 명시될 수 있는 범위에 비하면 별거 아니다).

4.7절에서 설명했듯이, 이런 설계로 인한 또 하나의 장점은 파일이 구멍을 가질 수 있다는 것이다. 파일의 구멍에 널 바이트 블록을 할당하는 대신에, 파일 시스템은 i-노드와 실제 디스크 블록을 참조하지 않음을 가리키는 간접 포인터 블록에서 적절한 포인터를 (0 값으로) 표시할 수 있다.

## 14.5 가상 파일 시스템(VFS)

리눅스에서 가용한 각 파일 시스템은 구현 세부사항이 각기 다르다. 예를 들면, 파일의 블록이 할당되는 방법과 디렉토리가 구성되는 기법 등에서 차이가 있다. 파일을 가지고 작업하는 모든 프로그램이 각 파일 시스템의 세부사항을 이해하고 있어야 한다면, 종류가 다른 모든 파일 시스템에서 동작하는 프로그램을 작성하기란 거의 불가능할 것이다. **가상 파일 시스템**VFS, virtual file system('virtual file switch'라고도 함)은 파일 시스템의 오퍼레이션에 추상 계층을 추가함으로써 이러한 문제를 해결하는 커널의 기능이다(그림 14-3 참조). 가상 파일 시스템의 기반이 되는 아이디어는 매우 단순하다.

- 가상 파일 시스템은 파일 시스템 오퍼레이션에 있어서 공통적인 인터페이스를 정의한다. 파일과 관련한 모든 프로그램은 이 공통 인터페이스로 오퍼레이션을 명시한다.
- 각 파일 시스템은 가상 파일 시스템 인터페이스의 구현을 제공한다.

이런 개념하에서 프로그램은 가상 파일 시스템만 이해하면 되며, 개별적인 파일 시스템 구현의 세부사항은 무시할 수 있다.

가상 파일 시스템 인터페이스는 파일 시스템과 디렉토리 관련 오퍼레이션에 대한 보통의 모든 시스템 호출에 해당되는 `open()`, `read()`, `write()`, `lseek()`, `close()`, `truncate()`, `stat()`, `mount()`, `umount()`, `mmap()`, `mkdir()`, `link()`, `unlink()`, `symlink()`, `rename()` 같은 동작을 포함한다.

가상 파일 시스템 추상 계층은 전통적인 유닉스 파일 시스템 모델에 근접하게 만들어졌다. 물론 일부 파일 시스템(특히, 유닉스 계열이 아닌 파일 시스템)은 가상 파일 시스템의 모든 기능을 지원하지 않는다(예를 들어, 마이크로소프트의 VFAT는 `symlink()`로 생성하는 심볼릭 링크를 지원하지 않는다). 이런 경우에 하부 파일 시스템은 기능이 지원되지 않음을 가리키는 에러 코드를 가상 파일 시스템으로 전달하며, 가상 파일 시스템은 해당 에러 코드를 응용 프로그램으로 전달한다.

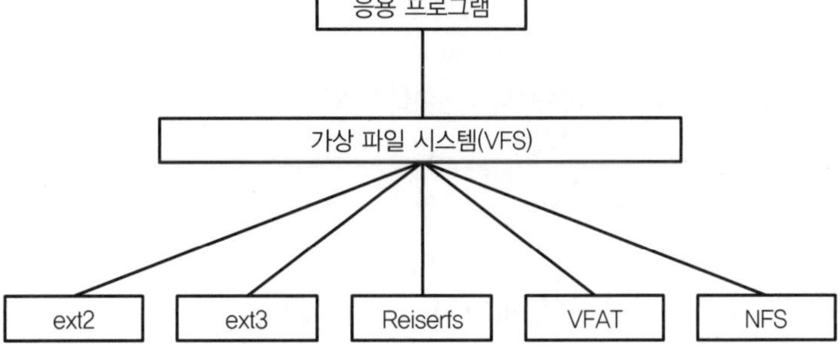


**그림 14-3** 가상 파일 시스템

## 14.6 저널링 파일 시스템

ext2 파일 시스템은 전통적인 유닉스 파일 시스템의 좋은 예이며, 그러한 파일 시스템의 고전적인 한계 또한 지니고 있다. 즉 시스템 크래시 이후, 재부팅 시에 파일 시스템의 무결성을 보장하기 위해 파일 시스템 일관성 검사(fsck)가 실행돼야만 한다. 시스템 크래시가 발생한 순간 파일 갱신은 부분적으로 완료된 상태이며, 파일 시스템 메타데이터(디렉토리 입력, i-노드 정보, 파일 데이터 블록 포인터)는 모순된 상태로 있어서, 이런 모순 상태가 수정되지 않는다면 파일 시스템이 추가적으로 손상될 수 있기 때문에 앞서 언급한 과정은 필수적이다. 파일 시스템 일관성 검사는 파일 시스템 메타데이터의 일관성을 보장한다. 가능하다면 수정 과정이 이뤄지며, 그렇지 않으면 (가능하게 파일 데이터를 포함해) 추출이 불가능한 데이터는 삭제된다.

문제는 일관성 검사는 전체 파일 시스템을 검사해야 한다는 점이다. 작은 파일 시스템에서 이런 과정은 수 초에서 수 분에 그치겠지만, 큰 파일 시스템에서는 몇 시간이 걸릴 수도 있으며 이는 높은 안정성을 요구하는 시스템(예: 네트워크 서버)의 경우 매우 큰 문제가 될 수 있다.

저널링 파일 시스템은 시스템 크래시 이후에 긴 파일 시스템 일관성 검사의 필요성을 제거한다. 저널링 파일 시스템은 실질적으로 갱신을 실행하기 전에 디스크 내에 특별히 고안된 저널 파일에 메타데이터 갱신을 로그(저널)로 남긴다. 이런 갱신은 관련된 메타데이터 갱신(트랜잭션)의 그룹 형태의 로그로 남겨진다. 트랜잭션 중간에 시스템 크래시가 발생하면, 시스템 재부팅 시에 로그가 완료되지 않은 갱신을 빠르게 다시 실행하고, 일관성 있는 상태로 돌려놓는 데 사용될 수 있다(데이터베이스 용어를 빌리자면, 저널링 파일 시스템에서 파일 메타데이터 트랜잭션은 항상 완성 단위complete unit로 저장된다(커밋commit)). 매우 큰 저널링 파일 시스템조차도 일반적으로 시스템 크래시 이후 수 초 내에 가용해질 수 있고, 이는 높은 가용성이 요구되는 시스템에서 매우 매력적인 요소다.

저널링의 가장 주목할 만한 단점은 파일 갱신 시간이 늘어난다는 점이지만, 좋은 설계를 통해 이런 오버헤드를 낮출 수 있다.

> 어떤 저널링 파일 시스템은 파일 메타데이터의 일관성만을 보장한다. 파일 데이터를 로그로 남기지 않기 때문에, 크래시 후에 데이터는 여전히 잃어버린 상태로 남아 있을 것이다. ext3, ext4, Reiserfs 파일 시스템은 데이터 갱신에 대한 옵션을 제공하지만, 부하에 따라서는 이 옵션의 사용이 파일 I/O 성능을 떨어뜨릴 것이다.

리눅스에서 가용한 저널링 파일 시스템은 다음과 같다.

- Reiserfs는 커널(버전 2.4.1)에 통합된 첫 번째 저널 파일 시스템이다. Reiserfs는 테일 패킹tail packing 또는 테일 머징tail merging이라는 기능을 제공한다. 즉 작은 파일(그리고 큰 파일의 마지막 조각)은 파일 메타데이터로서 동일한 디스크 블록에 보관된다. 많은 시스템은 수많은 작은 파일들을 갖고 있기 때문에(어떤 응용 프로그램은 작은 파일들을 생성하기 때문에), 이런 동작은 디스크 공간을 엄청나게 줄일 수 있다.
- ext3 파일 시스템은 최소한의 영향으로 ext2에 저널링을 추가하기 위한 프로젝트의 결과였다. ext2에서 ext3로의 결합 방식은 매우 간단하고(백업과 복구가 필요하지 않음), 반대 방향의 결합도 가능하다. ext3 파일 시스템은 커널 버전 2.4.15에 통합됐다.
- 저널링 파일 시스템(JFS)은 IBM에서 개발했으며, 커널 2.4.20에 통합됐다.
- 고성능 저널링 파일 시스템(XFS, http://oss.sgi.com/projects/xfs/)은 원래 독점적 유닉스 구현인 아이릭스Irix를 위해 1990년대 초 SGISilicon Graphics에서 개발했다. 2001년에 고성능 저널링 파일 시스템은 리눅스로 이식됐고, 무료 소프트웨어 프로젝트로 쓸 수 있게 됐다. 고성능 저널링 파일 시스템은 커널 2.4.24에 통합됐다.

다양한 파일 시스템의 지원은 커널을 구성할 때 파일 시스템File systems 메뉴에서 커널 옵션을 사용해 활성화된다.

이 책을 집필하는 시점에 2개의 파일 시스템에서 동작하는 저널링에 대한 작업은 진행 중이며, 그 밖의 고급 기능은 다음과 같다.

- ext4 파일 시스템(http://ext4.wiki.kernel.org/)은 ext3를 계승했다. 관련된 내용이 처음으로 구현에 포함된 것은 커널 2.6.19에서이며, 이후의 커널 버전에서는 다양한 기능이 추가됐다. ext4를 위한 계획된(또는 이미 구현된) 기능 중에는 확장(저장의 연속된 블록의 예약)과 파일 단편화fragmentation의 감소와 온라인 파일 시스템 결합defragmentation, 더욱 빠른 파일 시스템 검사, 나노초 타임스탬프 등의 할당 기능이 있다.
- Btrfs(B-tree 파일 시스템, 보통 '버터 파일 시스템'이라고 발음한다. http://btrfs.wiki.kernel.org/)는 많은 현대적인 기능을 제공하기 위해 바닥부터 설계된 새로운 파일 시스템이며, 여기서 현대적인 기능은 확장extent과 쓰기 가능 스냅샷(메타데이터 및 데이터 저널링과 동일한 기능 제공), 데이터와 메타데이터의 검사합계checksum, 온라인 파일 시스템 검사, 온라인 파일 시스템 결합, 작은 파일의 공간 효율적인 보관, 공간 효율적인 색인 디렉토리 등이다. 이런 기능은 커널 2.6.29에 통합됐다.

## 14.7 단일 디렉토리 계층과 마운트 지점

여타 유닉스 시스템과 마찬가지로, 리눅스에서 모든 파일 시스템의 모든 파일은 하나의 디렉토리 트리 아래 위치한다. 이 트리의 처음은 루트 디렉토리며, /(슬래시)로 나타낸다. 기타 파일 시스템은 루트 디렉토리에 마운트mount되며, 전체 구조에서 하부 트리로 나타난다. 슈퍼유저는 파일 시스템을 마운트하기 위해 다음과 같은 명령을 사용한다.

```
$ mount device directory
```

이 명령은 명시된 directory의 디렉토리 계층에 device라는 이름으로 파일 시스템을 불러온다. 이를 파일 시스템의 마운트 지점mount point라고 한다. 파일 시스템이 마운트되는 위치를 변경할 수 있으며(파일 시스템의 마운트 해제unmount는 umount 명령을 사용한다), 다른 지점에 다시 한 번 마운트한다.

> 리눅스 2.4.19와 그 이후 버전에서 상황은 더욱 복잡해진다. 커널은 이제 프로세스별 마운트 이름 공간(mount namespace)을 지원한다. 이는 각 프로세스가 잠재적으로 스스로의 파일 시스템 마운트 지점을 갖고, 따라서 다른 프로세스로부터 다른 단일 디렉토리 구조를 보게 될 수도 있음을 의미한다. 28.2.1절에서 CLONE_NEWNS 플래그를 설명할 때 이런 관점을 더욱 자세히 설명할 것이다.

현재 마운트된 파일 시스템의 목록을 보기 위해서는, 다음과 같이 아무런 인자 없이 mount 명령을 사용하면 된다(출력은 다소 요약됐다).

```
$ mount
/dev/sda6 on / type ext4 (rw)
proc on /proc type proc (rw)
sysfs on /sys type sysfs (rw)
devpts on /dev/pts type devpts (rw,mode=0620,gid=5)
/dev/sda8 on /home type ext3 (rw,acl,user_xattr)
/dev/sda1 on /windows/C type vfat (rw,noexec,nosuid,nodev)
/dev/sda9 on /home/mtk/test type reiserfs (rw)
```

그림 14-4는 mount 명령이 수행된 시스템의 부분적인 디렉토리와 파일 구조를 보여준다. 이 그림은 마운트 지점이 어떻게 디렉토리 계층에 매핑되는지 보여준다.

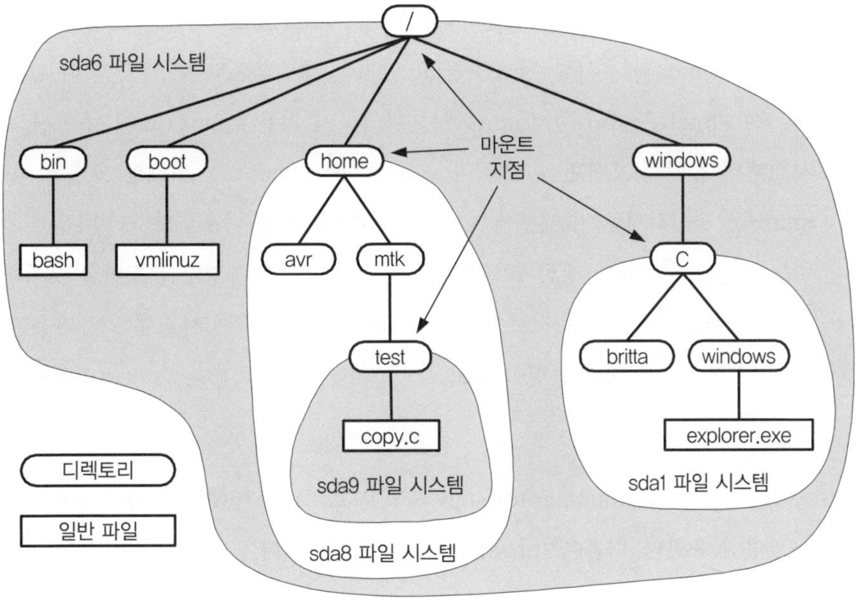


**그림 14-4** 파일 시스템 마운트 포인트를 보여주는 디렉토리 계층구조 예제

## 14.8 파일 시스템의 마운트와 마운트 해제

`mount()`와 `umount()` 시스템 호출은 파일 시스템을 마운트하고 마운트 해제하는 특권(`CAP_SYS_ADMIN`) 처리를 허용한다. 대부분의 유닉스 구현은 이런 시스템 호출의 여러 버전을 제공한다. 그러나 SUSv3에 의해 표준화되진 않았고, 동작은 유닉스 구현과 파일 시스템에 따라 다양하다.

이런 시스템 호출을 살펴보기 전에, 현재 마운트됐거나 마운트될 수 있는 파일 시스템에 대한 정보를 담고 있는 세 가지 파일에 대해 알아두면 유용하다.

- 리눅스의 /proc/mounts 가상 파일에서 현재 마운트된 파일 시스템의 목록을 확인할 수 있다. /proc/mounts는 커널 데이터 구조의 인터페이스이며, 따라서 항상 마운트된 파일 시스템에 대한 정확한 정보를 갖고 있다.

> 앞서 언급한 프로세스별 마운트 이름 공간의 도입으로, 각 프로세스는 마운트 이름 공간을 구성하는 마운트 지점의 목록을 나타내는 /proc/*PID*/mounts 파일을 가지며, /proc/mounts는 /proc/self/mounts의 심볼릭 링크에 불과하다.

- mount(8)과 umount(8) 명령은 자동적으로 /etc/mtab 파일을 포함하며, 이는 /proc/mounts와 유사한 정보를 담고 있지만 세부적으로 보면 약간 다르다. 특히, /etc/mtab은 /proc/mounts에는 나타나지 않은 mount(8)에 주어진 파일 시스템의 옵션을 포함한다. 그러나 mount()와 umount() 시스템 호출은 /etc/mtab/을 갱신하지 않기 때문에, 이 파일은 디바이스를 마운트하거나 마운트 해제하는 응용 프로그램이 갱신에 실패한다면 정확하지 않은 정보를 포함할 것이다.
- 시스템 관리자가 직접 유지보수하는 /etc/fstab 파일에는 시스템에서 가용한 모든 파일 시스템에 대한 설명이 있고, mount(8), umount(8), fsck(8) 명령에 의해 사용된다.

/proc/mounts, /etc/mtab, /etc/fstab 파일은 fstab(5) 매뉴얼 페이지에 설명된 공통된 포맷을 공유한다. 다음은 /proc/mounts 파일의 예다.

```
/dev/sda9 /boot ext3 rw 0 0
```

이 줄에는 6가지 정보가 있다.

1. 마운트된 디바이스의 이름
2. 디바이스의 마운트 지점
3. 파일 시스템 형식
4. 마운트 플래그. 위의 예제에서 rw는 파일 시스템이 읽기/쓰기로 마운트됐음을 의미한다.
5. dump(8)에 의한 파일 시스템 백업 오퍼레이션을 제어하는 데 사용되는 숫자. 이 필드와 다음 필드는 /etc/fstab 파일에만 사용되며, /proc/mounts와 /etc/mtab에서 이런 필드는 항상 0이다.
6. 시스템 부팅 시에 fsck(8)이 파일 시스템을 검사하는 순서를 제어하는 데 사용되는 숫자

getfsent(3)과 getmntent(3) 매뉴얼 페이지는 이런 파일의 기록을 읽는 데 사용될 수 있는 함수들을 문서화한다.

### 14.8.1 파일 시스템 마운트: mount()

mount() 시스템 호출은 target에 의해 명시된 디렉토리(마운트 지점)에 source로 명시된 디바이스에 포함된 파일 시스템을 마운트한다.

```
#include <sys/mount.h>

int mount(const char *source, const char *target, const char *fstype,
          unsigned long mountflags, const void *data);
```

성공하면 0을 리턴하고, 에러가 발생하면 -1을 리턴한다.

mount()는 하나의 디렉토리에서 디스크 파일 시스템을 마운트하는 동작 외의 작업을 실행할 수 있기 때문에, source와 target이라는 이름이 처음의 두 인자에 사용됐다.

fstype 인자는 ext4나 btrfs 같은, 디바이스에 포함된 파일 시스템 형식을 나타내는 문자열이다.

mountflags 인자는 0이나 표 14-1에 있는 플래그들을 OR(|)함으로써 구성되는 비트 마스크다. 표 14-1에 대해서는 아래에 좀 더 자세히 설명한다.

mount()의 마지막 인자인 data는 해석이 파일 시스템에 따라서 다른 정보 버퍼의 포인터다. 대부분의 파일 시스템 형식에서 이 인자는 콤마로 구분된 옵션 설정으로 구성된 문자열이다. 이런 옵션의 전체 목록은 mount(8) 매뉴얼 페이지(또는 mount(8)에 없다면, 특정 파일 시스템과 관련된 문서)에서 찾을 수 있다.

**표 14-1** mount()에 사용되는 mountflags 값

| 플래그 | 목적 |
|---|---|
| MS_BIND | 바인드 마운트를 생성(리눅스 2.4부터) |
| MS_DIRSYNC | 디렉토리 갱신을 동기화(리눅스 2.6부터) |
| MS_MANDLOCK | 파일의 의무적인 잠금을 허용 |
| MS_MOVE | 원자적으로 마운트 지점을 새로운 장소로 옮김 |
| MS_NOATIME | 파일의 마지막 접근 시간을 갱신하지 않음 |
| MS_NODEV | 디바이스 접근을 허용하지 않음 |
| MS_NODIRATIME | 디렉토리의 마지막 접근 시간을 갱신하지 않음 |
| MS_NOEXEC | 프로그램의 실행을 허용하지 않음 |
| MS_NOSUID | set-user-ID와 set-group-ID 프로그램을 비활성화 |
| MS_RDONLY | 읽기 전용 마운트. 파일은 생성되거나 수정될 수 없음 |
| MS_REC | 반복 마운트(리눅스 2.6.20부터) |
| MS_RELATIME | 마지막 수정 시간이나 마지막 상태 변경 시간보다 오래된 경우에만 마지막 접근 시간을 갱신(리눅스 2.4.11부터) |

(이어짐)

| 플래그 | 목적 |
|---|---|
| MS_REMOUNT | 새로운 mountflags와 data로 다시 마운트 |
| MS_STRICTATIME | 마지막 접근 시간을 항상 갱신(리눅스 2.6.30부터) |
| MS_SYNCHRONOUS | 모든 파일과 디렉토리 갱신을 동기화 |

mountflags 인자는 mount()의 오퍼레이션을 수정하는 플래그의 비트 마스크다. 0이나 아래 플래그들을 OR하여 mountflags에 명시할 수 있다.

- MS_BIND(리눅스 2.4부터): 바인드 마운트bind mount를 생성. 이 기능은 14.9.4절에서 자세히 설명한다. 이 플래그가 명시되면, MS_REC(아래 설명) 외의 mountflags 값에서처럼 fstype과 data 인자는 무시된다.
- MS_DIRSYNC(리눅스 2.6부터): 디렉토리 갱신을 동기화함. 이 플래그는 open()의 O_SYNC 플래그(13.3절)와 유사하지만, 디렉토리 갱신에만 적용된다. 아래 설명된 MS_SYNCHRONOUS 플래그는 MS_DIRSYNC 기능의 확대집합superset을 제공하며, 이는 파일과 디렉토리 갱신 모두가 동기적으로 실행되게 한다. MS_DIRSYNC 플래그는 응용 프로그램으로 하여금 모든 파일 갱신을 동기화하는 부하를 발생시키지 않고, 디렉토리 갱신(예: open(pathname, O_CREAT), rename(), link(), unlink(), symlink(), mkdir())이 동기화되도록 보장한다. FS_DIRSYNC_FL 플래그(15.5절)는 MS_DIRSYNC와 목적이 유사하지만, FS_DIRSYNC_FL은 개별적인 디렉토리에 적용될 수 있다는 차이점이 있다. 게다가 리눅스에서 디렉토리를 가리키는 파일 디스크립터에 대한 fsync()의 호출을 사용하면 디렉토리별로 디렉토리 갱신을 동기화할 수 있다(이런 리눅스 고유의 fsync() 동작은 SUSv3에 명시되지 않았다).
- MS_MANDLOCK: 이 파일 시스템에서 파일의 의무적인 기록 잠금을 허용. 이 내용은 Vol. 2의 18장에서 자세히 살펴본다.
- MS_MOVE: 원자적으로 source로 명시된 현재의 마운트 지점을 target으로 명시된 다른 지점으로 이동. 이 플래그는 mount(8)의 --move 옵션에 해당된다. 이 플래그는 하부 트리를 마운트 해제하고, 다른 장소에 다시 마운트하는 것과 일치하지만, 하부 트리가 마운트 해제된 동안 마운트 지점은 존재하지 않는다. source 인자는 이전 mount() 호출 때 target으로 명시된 문자열이어야 한다. 이 플래그가 명시되면 fstype, mountflags, data 인자는 무시된다.

- MS_NOATIME: 이 파일 시스템에서 파일의 마지막 접근 시간을 갱신하지 않음. 이 플래그와 아래 설명하는 MS_NODIRATIME 플래그의 목적은 파일이 접근되는 매 시간 파일 i-노드를 갱신하는 데 필요한 추가적인 디스크 접근을 제거하는 것이다. 몇몇 응용 프로그램에서 이런 타임스탬프를 유지하는 일은 그렇게 중요하지 않고, 그렇게 하는 것을 회피함으로써 성능이 크게 향상될 수 있다. MS_NOATIME 플래그는 FS_NOATIME_FL 플래그(15.5절 참조)와 목적이 유사하지만, FS_NOATIME_FL은 하나의 파일에 적용될 수 있다는 차이점이 있다. 리눅스는 O_NOATIME open() 플래그를 통해 유사한 기능을 제공하며, 이는 개별적인 열린 파일에 대해 이런 동작을 선택한다(4.3.1절 참조).
- MS_NODEV: 이 파일 시스템에서 블록과 문자 디바이스의 접근을 허용하지 않음. 이 플래그는 시스템에 임의적인 접근을 허용하는 특정 디바이스 파일을 담고 있는 제거 가능한 디스크를 삽입하는 등의 작업을 실행하는 것을 막도록 설계된 보안 관련 기능이다.
- MS_NODIRATIME: 이 파일 시스템의 디렉토리에 대한 마지막 접근 시간을 갱신하지 않음(이 플래그는 모든 파일 형식에 대해 최종 접근 시간의 갱신을 방지하는 MS_NOATIME 기능의 하부 집합을 제공한다).
- MS_NOEXEC: 이 파일 시스템에서 프로그램(또는 스크립트)이 실행되지 못하게 함. 이 플래그는 파일 시스템이 리눅스 기반이 아닌 실행 파일을 포함하는 경우 유용하다.
- MS_NOSUID: 이 파일 시스템에서 set-user-ID와 set-group-ID 프로그램을 비활성화함. 이 플래그는 제거 가능한 디바이스에서 set-user-ID와 set-group-ID 프로그램을 실행하는 것을 막는 보안 관련 기능이다.
- MS_RDONLY: 파일 시스템을 읽기 전용으로 마운트하므로 새로운 파일이 생성될 수 없고, 현재의 파일을 수정할 수도 없다.
- MS_REC(리눅스 2.4.11부터): 이 플래그는 하부 트리에 있는 모든 마운트에 재귀적으로 적용되는 마운트 동작이며, 다른 플래그(예: MS_BIND)와 함께 사용된다.
- MS_RELATIME(리눅스 2.6.20부터): 타임스탬프의 현재 설정이 마지막 수정이나 마지막 상태 변경 타임스탬프와 같거나 작을 경우에만 파일 시스템의 파일에 대한 최종 접근 타임스탬프를 갱신함. 이 플래그는 MS_NOATIME의 몇 가지 성능 이득을 제공하지만, 마지막으로 갱신된 이후로 파일이 읽혔는지 알 필요가 있는 프로그램에 유용하다. 리눅스 2.6.30부터 MS_RELATIME에 의해 제공된 동작은 기

본 설정이며(MS_NOATIME 플래그가 명시되지 않은 경우), MS_STRICTATIME 플래그는 예전의 동작을 실행하기 위해 요구된다. 추가적으로, 리눅스 2.6.30부터 현재의 타임스탬프 값이 최종 수정과 상태 변경 타임스탬프보다 최근이라고 할지라도, 최종 접근 타임스탬프는 현재의 값이 과거 24시간이 지난 경우 항상 갱신된다(이 동작은 파일이 최근에 접근됐는지 확인하기 위해 디렉토리를 감시하는 특정 시스템 프로그램에 유용하다).

- MS_REMOUNT: 이미 마운트된 파일 시스템에 대해 mountflags와 data를 변경(예를 들면, 읽기 전용 파일 시스템을 쓰기 가능으로 만드는 동작). 이런 플래그를 사용할 때 source와 target 인자는 원래의 mount() 호출과 동일해야 하며, fstype 인자는 무시된다. 이 플래그는 디스크를 마운트 해제하고 다시 마운트할 필요가 없으며, 이는 어떤 경우에는 가능하지 않을지도 모른다. 예를 들어 어떤 프로세스가 파일을 열어놓은 상태로 가지고 있다거나 현재 작업 디렉토리가 해당 파일 시스템 내에 있다면, 이 파일 시스템을 마운트 해제할 수 없다(이 동작은 루트 파일 시스템에는 항상 적용된다). MS_REMOUNT를 사용할 필요가 있는 곳의 또 다른 예제는 tmpfs(메모리 기반) 파일 시스템(14.10절 참조)이며, 이는 내용을 잃어버리지 않고서는 마운트할 수 없다. 모든 mountflags가 수정 가능하지는 않으며, 자세한 내용은 mount(2) 매뉴얼 페이지를 참조하기 바란다.
- MS_STRICTATIME(리눅스 2.6.30부터): 이 파일 시스템에 있는 파일에 접근하면 항상 최종 접근 타임스탬프를 갱신함. 이 플래그는 리눅스 2.6.30 이전에는 기본 동작이었다. MS_STRICTATIME이 명시되면, MS_NOATIME과 MS_RELATIME(이들도 mountflags에 명시되어 있을 경우)이 무시된다.
- MS_SYNCHRONOUS: 이 파일 시스템에서 모든 파일과 디렉토리 갱신을 동기화함(파일의 경우, 이 플래그는 항상 open()을 O_SYNC 플래그로 연 것과 같다.)

> 커널 2.6.15부터 리눅스는 공유된 하부 트리에 대한 개념을 지원하기 위해 네 가지의 새로운 마운트 플래그를 제공한다. 새로운 플래그는 MS_PRIVATE, MS_SHARED, MS_SLAVE, MS_UNBINDABLE이다(이 플래그들은 마운트 하부 트리의 모든 하부 마운트에 동작을 전파하기 위해 MS_REC과 함께 사용될 수 있다). 공유된 하부 트리는 프로세스별 마운트 이름 공간(28.2.1절의 CLONE_NEWNS 설명 참조)와 FUSE(Filesystem in Userspace) 같은 특정 고급 파일 시스템 기능과 함께 사용되도록 설계됐다. 공유 하부 트리 기능은 파일 시스템 마운트가 제어된 방식으로 마운트 이름 공간 간에 전파되게 한다. 공유 하부 트리에 대한 자세한 사항은 커널 소스 코드 파일인 Documentation/filesystems/sharedsubtree.txt와 [Viro & Pai, 2006]에서 찾을 수 있다.

### 예제 프로그램

리스트 14-1의 프로그램은 mount(2) 시스템의 커맨드 레벨 인터페이스를 제공한다. 실질적으로 mount(8) 명령의 가공되지 않은 버전이다. 다음 셸 세션 로그는 이 프로그램의 사용을 나타낸다. 마운트 지점으로 사용될 디렉토리를 생성하고, 파일 시스템을 마운트하는 것으로 시작한다.

```
$ su                                          파일 시스템을 마운트하기 위한 권한 필요
Password:
# mkdir /testfs
# ./t_mount -t ext2 -o bsdgroups /dev/sda12 /testfs
# cat /proc/mounts | grep sda12               설정 확인
/dev/sda12 /testfs ext3 rw 0 0                bsdgroups은 나타내지 않는다.
# grep sda12 /etc/mtab
```

이 프로그램은 /etc/mtab을 갱신하지 않기 대문에 마지막의 grep 명령은 아무것도 출력하지 않음을 알 수 있다. 다음은 이 파일 시스템을 읽기 전용으로 다시 마운트한다.

```
# ./t_mount -f Rr /dev/sda12 /testfs
# cat /proc/mounts | grep sda12               변경 확인
/dev/sda12 /testfs ext3 ro 0 0
```

/proc/mounts에 출력된 줄에서 문자열 ro는 읽기 전용임을 가리킨다.

마지막으로, 다음은 마운트 지점을 디렉토리 구조 내의 새로운 위치로 이동한다.

```
# mkdir /demo
# ./t_mount -f m /testfs /demo
# cat /proc/mounts | grep sda12               변경 확인
/dev/sda12 /demo ext3 ro 0
```

**리스트 14-1** mount() 사용

filesys/t_mount.c

```
#include <sys/mount.h>
#include "tlpi_hdr.h"

static void
usageError(const char *progName, const char *msg)
{
    if (msg != NULL)
        fprintf(stderr, "%s", msg);

    fprintf(stderr, "Usage: %s [options] source target\n\n", progName);
    fprintf(stderr, "Available options:\n");
#define fpe(str) fprintf(stderr, "    " str) /* 축약형! */
```

```
    fpe("-t fstype        [e.g., 'ext2' or 'reiserfs']\n");
    fpe("-o data          [file system-dependent options,\n");
    fpe("                 e.g., 'bsdgroups' for ext2]\n");
    fpe("-f mountflags    can include any of:\n");
#define fpe2(str) fprintf(stderr, "            " str)
    fpe2("b - MS_BIND         create a bind mount\n");
    fpe2("d - MS_DIRSYNC      synchronous directory updates\n");
    fpe2("l - MS_MANDLOCK     permit mandatory locking\n");
    fpe2("m - MS_MOVE         atomically move subtree\n");
    fpe2("A - MS_NOATIME      don't update atime (last access time)\n");
    fpe2("V - MS_NODEV        don't permit device access\n");
    fpe2("D - MS_NODIRATIME   don't update atime on directories\n");
    fpe2("E - MS_NOEXEC       don't allow executables\n");
    fpe2("S - MS_NOSUID       disable set-user/group-ID programs\n");
    fpe2("r - MS_RDONLY       read-only mount\n");
    fpe2("c - MS_REC          recursive mount\n");
    fpe2("R - MS_REMOUNT      remount\n");
    fpe2("s - MS_SYNCHRONOUS make writes synchronous\n");
    exit(EXIT_FAILURE);
}

int
main(int argc, char *argv[])
{
    unsigned long flags;
    char *data, *fstype;
    int j, opt;

    flags = 0;
    data = NULL;
    fstype = NULL;

    while ((opt = getopt(argc, argv, "o:t:f:")) != -1) {
        switch (opt) {
        case 'o':
            data = optarg;
            break;

        case 't':
            fstype = optarg;
            break;

        case 'f':
            for (j = 0; j < strlen(optarg); j++) {
                switch (optarg[j]) {
                case 'b': flags |= MS_BIND;         break;
                case 'd': flags |= MS_DIRSYNC;      break;
                case 'l': flags |= MS_MANDLOCK;     break;
                case 'm': flags |= MS_MOVE;         break;
```

```
                case 'A': flags |= MS_NOATIME;        break;
                case 'V': flags |= MS_NODEV;          break;
                case 'D': flags |= MS_NODIRATIME;     break;
                case 'E': flags |= MS_NOEXEC;         break;
                case 'S': flags |= MS_NOSUID;         break;
                case 'r': flags |= MS_RDONLY;         break;
                case 'c': flags |= MS_REC;            break;
                case 'R': flags |= MS_REMOUNT;        break;
                case 's': flags |= MS_SYNCHRONOUS;    break;
                default: usageError(argv[0], NULL);
                }
            }
            break;

        default:
            usageError(argv[0], NULL);
        }
    }

    if (argc != optind + 2)
        usageError(argv[0], "Wrong number of arguments\n");

    if (mount(argv[optind], argv[optind + 1], fstype, flags, data) == -1)
        errExit("mount");

    exit(EXIT_SUCCESS);
}
```

### 14.8.2 파일 시스템 마운트 해제: umount()와 umount2()

umount() 시스템 호출은 마운트된 파일 시스템을 마운트 해제한다.

```
#include <sys/mount.h>

int umount(const char *target);
```

성공하면 0을 리턴하고, 에러가 발생하면 -1을 리턴한다.

target 인자는 마운트 해제할 파일 시스템의 마운트 지점을 명시한다.

> 리눅스 2.2까지는 파일 시스템을 두 가지 방법(마운트 지점이나 파일 시스템을 포함하는 디바이스 이름)으로 식별했다. 현재 하나의 파일 시스템이 여러 장소에 마운트될 수 있기 때문에 커널 2.4부터 리눅스는 이름에 의한 식별을 허용하지 않고, 따라서 target에 파일 시스템을 명시할 경우 불분명해진다. 14.9.1절에서 이 내용을 좀 더 자세히 다룬다.

바쁜busy 파일 시스템을 마운트 해제하는 것은 불가능하다. 즉 파일 시스템에 열린 파일이 있거나, 프로세스의 현재 작업 디렉토리가 그 파일 시스템에 있다면 해제할 수 없다. 바쁜 파일 시스템에 umount()를 호출하면 EBUSY 에러가 발생한다.

umount2() 시스템 호출은 umount()의 확장 버전이다. flags 인자를 통해 마운트 해제 오퍼레이션의 세밀한 제어가 가능하다.

```
#include <sys/mount.h>

int umount2(const char *target, int flags);
```

성공하면 0을 리턴하고, 에러가 발생하면 -1을 리턴한다.

이 flags 비트 마스크 인자는 0이나 다음 값들을 OR한다.

- MNT_DETACH(리눅스 2.4.11부터): 지연된lazy 마운트 해제를 실행. 마운트 지점이 표시되어 있어 어떠한 프로세스도 새로운 접근을 할 수 없지만, 이미 사용 중인 프로세스는 계속해서 사용할 수 있다. 파일 시스템은 모든 프로세스가 마운트를 사용하는 동작을 멈췄을 때 마운트 해제된다.
- MNT_EXPIRE(리눅스 2.6.8부터): 마운트 지점을 만료expired라고 표시. 이 플래그를 명시하는 최초의 umount2() 호출이 불리고 마운트 지점이 바쁘지 않다면, 이 호출은 EAGAIN 에러로 실패하겠지만 마운트 지점은 만료로 표시된다(마운트 지점이 바쁘면, 호출은 EBUSY 에러로 실패하고 마운트 지점은 만료로 표시되지 않는다). 마운트 지점은 차후에 어떤 프로세스든 그 지점을 사용하지 않는 한 계속해서 만료로 남아 있는다. MNT_EXPIRE를 명시한 두 번째 umount2() 호출은 만료된 마운트 지점을 마운트 해제한다. 이 동작은 어느 정도의 시간 동안 사용되지 않은 파일 시스템을 마운트 해제하는 메커니즘을 제공한다. 이 플래그는 MNT_DETACH나 MNT_FORCE로 명시될 수 없다.
- MNT_FORCE: 디바이스가 바쁘더라도 마운트 해제를 강제함(오직 NFS 마운트에만 해당함). 이 옵션을 사용할 경우 데이터 손실을 유발할 수 있다.
- UMOUNT_NOFOLLOW(리눅스 2.6.34부터): target이 심볼릭 링크인 경우 역참조하지 않음. 이 플래그는 특권이 없는 사용자가 마운트를 해제할 수 있게 하는 어떤 set-user-ID-root 프로그램에서 사용하기 위해 고안됐으며, 이는 target이 다른 위치를 가리키도록 변경하는 심볼릭 링크일 경우 발생할 수 있는 보안 문제를 피하기 위한 방편이다.

## 14.9 고급 마운트 기능

파일 시스템을 마운트할 때 사용할 수 있는 더 많은 고급 기능을 살펴볼 것이다. 이런 대부분의 기능은 mount(8) 명령을 사용해 설명한다. mount(2) 명령 호출로 동일한 효과를 낼 수도 있다.

### 14.9.1 여러 마운트 지점에서 파일 시스템 마운트

2.4 이전의 커널 버전에서 파일 시스템은 하나의 마운트 지점에만 마운트될 수 있었지만, 커널 2.4부터는 파일 시스템 내의 여러 위치에 마운트될 수 있다. 각 마운트 포인트는 동일한 하부 트리를 보여주기 때문에, 하나의 마운트 포인트를 통한 변경사항은 다른 마운트 포인트를 통해서도 확인이 가능하다. 이러한 내용은 다음 셸 세션에서 설명한다.

```
$ su                                  mount(8)을 사용하기 위해 특권 필요
Password:
# mkdir /testfs                       다중 마운트 포인트를 위해 2개의 디렉토리 생성
# mkdir /demo
# mount /dev/sda12 /testfs            하나의 마운트 지점에 파일 시스템을 마운트한다.
# mount /dev/sda12 /demo              두 번째 마운트 포인트에 파일 시스템을 마운트한다.
# mount | grep sda12                  설정 확인
/dev/sda12 on /testfs type ext3 (rw)
/dev/sda12 on /demo type ext3 (rw)
# touch /testfs/myfile                첫 번째 마운트 포인트를 통해 변경
# ls /demo                            두 번째 마운트 포인트에서 파일 확인
lost+found  myfile
```

ls 명령의 출력 결과는 첫 번째 마운트 포인트(/testfs)를 통한 변경이 두 번째 마운트 포인트(/demo)를 통해서도 확인될 수 있음을 보여준다.

14.9.4절에서 바인드 마운트를 설명할 때, 여러 마운트 지점에 파일 시스템을 마운트하는 것이 유용한 이유를 예제를 통해 보여준다.

> 위 설명의 근거를 대자면, 리눅스 2.4와 그 이후에 umount() 시스템 호출은 인자로서 하나의 디바이스를 취할 수 없는 여러 위치에 마운트될 수 있기 때문이다.

### 14.9.2 동일한 마운트 지점에 여러 마운트 설정

커널 버전 2.4 이전에 마운트 지점은 한 번만 사용될 수 있었으나, 커널 2.4 이후로 리눅스는 하나의 마운트 지점에 여러 마운트를 쌓을stack 수 있다. 새로운 각 마운트는 해당

마운트 지점에서 이전에 보일 수 있는 디렉토리 하부 트리를 숨긴다. 스택의 최상위에 있는 마운트가 마운트 해제될 때, 이전에 숨겨진 마운트는 다시 보이게 된다. 다음은 이러한 내용을 셸 세션으로 보여준다.

```
$ su                                        mount(8)을 사용하기 위해 특권 필요
Password:
# mount /dev/sda12 /testfs                  /testfs에 첫 번째 마운트 생성
# touch /testfs/myfile                      이 하부 트리에 파일 생성
# mount /dev/sda13 /testfs                  /testfs에 두 번째 마운트 쌓음
# mount | grep testfs                       설정 확인
/dev/sda12 on /testfs type ext3 (rw)
/dev/sda13 on /testfs type reiserfs (rw)
# touch /testfs/newfile                     이 하부 트리에 파일 생성
# ls /testfs                                이 하부 트리에 파일 확인
newfile
# umount /testfs                            스택에서 마운트를 꺼낸다.
# mount | grep testfs
/dev/sda12 on /testfs type ext3 (rw)        이제 /testfs에는 하나의 마운트만
                                            존재한다.
# ls /testfs                                이제 이전 마운트가 보인다.
lost+found  myfile
```

마운트 스택mount stacking의 한 가지 사용 예는 현재의 바쁜 마운트 지점에 새로운 마운트를 쌓는 것이다. 열린 파일 디스크립터를 갖고 있거나(chroot() 감옥jail 설정, 현재 루트를 다른 디렉토리로 변경. 이때 루트를 옮긴 프로그램은 현재 디렉토리 외의 디렉토리에 접근이 불가능함) 이전 마운트 지점 내에 현재 작업 디렉토리를 갖고 있는 프로세스는 그 마운트하에서 동작을 계속하지만, 그 마운트 지점에 새롭게 접근하는 프로세스는 새로운 마운트를 사용한다. 마운트 해제된 MNT_DETACH와 함께 이 동작은 시스템이 유일 사용자 모드로 변경할 필요 없이 파일 시스템으로 부드럽게 이동할 수 있게 한다. 14.10절에서 tmpfs 파일 시스템을 논의할 때 마운트를 쌓는 것이 얼마나 유용한지를 보여주는 또 다른 예를 제공한다.

### 14.9.3 마운트당 옵션인 마운트 플래그

커널 버전 2.4 이전에는 파일 시스템과 마운트 지점 간에 일대일 관계가 있었다. 리눅스 2.4와 그 이후 버전에서는 일대일 관계가 성립하지 않기 때문에, 14.8.1절에 기술한 mountflags 값의 일부는 마운트별로 설정될 수 있다. 이런 플래그는 MS_NOATIME(리눅스 2.6.16부터), MS_NODEV, MS_NODIRATIME(리눅스 2.6.16부터), MS_NOEXEC, MS_NOSUID, MS_RDONLY(리눅스 2.6.26부터), MS_RELATIME이 있다. 다음 셸 세션은 MS_NOEXEC 플래그에 대한 이런 효과를 나타낸다.

```
$ su
Password:
# mount /dev/sda12 /testfs
# mount -o noexec /dev/sda12 /demo
# cat /proc/mounts | grep sda12
/dev/sda12 /testfs ext3 rw 0 0
/dev/sda12 /demo ext3 rw,noexec 0 0
# cp /bin/echo /testfs
# /testfs/echo "Art is something which is well done"
Art is something which is well done
# /demo/echo "Art is something which is well done"
bash: /demo/echo: Permission denied
```

### 14.9.4 바인드 마운트

커널 2.4부터 리눅스는 바인드 마운트bind mount의 생성을 허용한다. 바인드 마운트(mount()의 MS_BIND 플래그를 사용해 생성)는 디렉토리나 파일이 파일 시스템 계층에서 다른 위치에 마운트되도록 허용한다. 이런 동작은 디렉토리나 파일이 두 위치에서 모두 보일 수 있게 한다. 바인드 마운트는 하드 링크와 유사하지만, 다음과 같이 두 가지 측면에서 다르다.

- 바인드 마운트는 파일 시스템 마운트 지점을 교차해 왔다 갔다 할 수 있다(그리고 chroot 감옥도 교차 가능하다).
- 디렉토리에 바인드 마운트를 만들 수 있다.

mount(8)에 --bind 옵션을 사용해 셸에서 바인드 마운트를 생성할 수 있으며, 이는 뒤이어 오는 예에 나타냈다.

첫 번째 예제에서 다른 위치에 있는 마운트와 디렉토리를 묶고bind, 하나의 디렉토리에서 생성된 파일이 다른 위치에서도 확인 가능함을 보여준다.

```
$ su                      mount(8)의 사용을 위해 특권 필요
Password:
# pwd
/testfs
# mkdir d1                다른 위치에 있는 디렉토리 생성
# touch d1/x              디렉토리에서 파일 생성
# mkdir d2                d1이 묶일 마운트 지점 생성
# mount --bind d1 d2      바인드 마운트 생성: d1은 d2를 통해 보인다.
# ls d2                   d2를 통해 d1의 내용을 볼 수 있음을 확인
x
# touch d2/y              디렉토리 d2에 두 번째 파일 생성
# ls d1                   d1을 통해 변경 내용이 보임을 확인
x y
```

두 번째 예제에서 다른 위치에 있는 마운트와 파일을 묶고, 하나의 마운트를 통한 파일의 변경이 다른 마운트 지점을 통해 확인이 가능한지 보여준다.

```
# cat > f1                                        다른 위치에 묶인 파일 생성
Chance is always powerful. Let your hook be always cast.
Control-D를 입력한다.
# touch f2                                        새로운 마운트 지점
# mount --bind f1 f2                              f1을 f2로 묶음
# mount | egrep '(d1|f1)'                         마운트 지점이 어떻게 보이는지 확인
/testfs/d1 on /testfs/d2 type none (rw,bind)
/testfs/f1 on /testfs/f2 type none (rw,bind)
# cat >> f2                                       f2 변경
In the pool where you least expect it, will be a fish.
# cat f1                                          원래 파일 f1을 통해 변경 확인
Chance is always powerful. Let your hook be always cast.
In the pool where you least expect it, will be a fish.
# rm f2                                           마운트 지점이기 때문에 삭제는 불가
rm: cannot unlink `f2': Device or resource busy
# umount f2                                       따라서 마운트 해제함
# rm f2                                           이제 f2 삭제 가능
```

바인드 마운트를 언제 사용할지에 대한 하나의 예는 chroot 감옥의 생성이다(18.12절 참조). 감옥에 있는 (/lib 같은) 여러 표준 디렉토리를 복제하는 대신에, 감옥 내에서 이런 디렉토리를 위해 바인드 마운트를 생성할 수 있다.

### 14.9.5 재귀적 바인드 마운트

기본적으로 MS_BIND를 사용하는 디렉토리에 바인드 마운트를 만들면, 오직 해당 디렉토리만 새로운 장소에 마운트된다. 그리고 소스source 디렉토리에 하부 마운트가 있다면, target 마운트에 복제되지 않는다. 리눅스 2.4.11은 MS_REC 플래그를 추가했고, 이는 mount()의 flags 인자의 일부로서 MS_BIND와 OR될 수 있고, 따라서 하부 마운트는 타깃target 마운트에 복제된다. 이 동작을 **재귀적 바인드 마운트**recursive bind mount라고 한다. mount(8) 명령은 다음 셸 세션에 나타낸 것처럼 셸에서 동일한 효과를 내기 위해 --rbind 옵션을 제공한다.

top 아래에 마운트된 디렉토리 트리(src1)를 생성함으로써 시작한다. 이 트리는 top/sub에 하부 마운트(src2)를 포함한다.

```
$ su
Password:
# mkdir top                          최상위 레벨 마운트 지점
# mkdir src1                         top 아래에 이것을 마운트한다.
```

```
# touch src1/aaa
# mount --bind src1 top              일반 바인드 마운트를 생성
# mkdir top/sub                      top 아래 하부 마운트를 위한 디렉토리 생성
# mkdir src2                         top/sub 아래에 이것을 마운트한다.
# touch src2/bbb
# mount --bind src2 top/sub          일반 바인드 마운트 생성
# find top                           top 마운트 트리 아래에 내용을 검증
top
top/aaa
top/sub                              하부 마운트
top/sub/bbb
```

이제 소스로서 top을 사용해 다른 바인드 마운트(dir1)를 생성한다. 새로운 마운트가 재귀적이 아니므로, 하부 마운트는 복제되지 않는다.

```
# mkdir dir1
# mount --bind top dir1              일반 바운드 마운트를 사용
# find dir1
dir1
dir1/aaa
dir1/sub
```

find의 출력에서 dir1/sub/bbb의 부재는 하부 마운트 top/sub가 복제되지 않았음을 보여준다.

이제 소스로서 top을 사용해 재귀적 바인드 마운트(dir2)를 생성한다.

```
# mkdir dir2
# mount --rbind top dir2
# find dir2
dir2
dir2/aaa
dir2/sub
dir2/sub/bbb
```

find의 출력 결과에서 dir2/sub/bbb의 존재는 하부 마운트 top/sub가 복제됐음을 보여준다.

## 14.10 가상 메모리 파일 시스템: tmpfs

14장에서 지금까지 살펴본 모든 파일 시스템은 디스크에 기반한다. 그러나 리눅스는 메모리에 기반한 가상 파일 시스템 기술을 지원한다. 응용 프로그램에 있어 이런 메모리 기반의 가상 파일 시스템은 여타 파일 시스템과 동일하게 보인다. 즉 동일한 동작(open(), read(), write(), link(), mkdir() 등)은 그런 파일 시스템에서 파일과 디렉토리에 적용될 수 있다. 그러나 한 가지 중요한 차이점은 디스크 접근이 없으므로 파일 동작이 훨씬 빠르다는 점이다.

여러 가지 메모리 기반의 파일 시스템이 리눅스에서 개발됐다. 현재까지 가장 훌륭한 메모리 기반의 파일 시스템은 tmpfs 파일 시스템이며, 이는 리눅스 2.4에서 처음 소개됐다. tmpfs 파일 시스템은 그 밖의 메모리 기반 파일 시스템과는 다르며, 이는 가상 메모리 파일 시스템이라고 불린다. 이는 tmpfs가 RAM을 사용할 뿐만 아니라, RAM이 모두 소진된 경우 스왑 영역도 사용한다는 뜻이다(여기서 설명한 tmpfs 파일 시스템이 리눅스에 고유할지라도, 대부분의 유닉스 구현은 몇 가지 형태의 메모리 기반 파일 시스템을 제공한다).

> tmpfs 파일 시스템은 CONFIG_TMPFS 옵션을 통해 설정되는 선택 가능한 리눅스 기반 컴포넌트다.

tmpfs 파일 시스템을 생성하기 위해 다음 형태의 명령을 사용한다.

```
# mount -t tmpfs source target
```

source는 어떤 이름이라도 가능하며, 중요한 건 /proc/mounts에 나타나고 mount와 df 명령을 통해 출력된다는 점이다. 일반적으로 target은 파일 시스템에 있어서 마운트 지점이다. 커널은 자동적으로 mount() 시스템 호출의 일부로서 파일 시스템을 생성하기 때문에, 우선적으로 파일 시스템을 생성하기 위해 mkfs를 사용할 필요는 없다는 점에 주목하기 바란다.

tmpfs의 사용 예로서 마운트 쌓기를 채용할 수 있고(따라서 /tmp가 이미 사용 중인지 상관할 필요가 없다), 다음과 같이 /tmp에 마운트된 tmpfs 파일 시스템을 생성할 수 있다.

```
# mount -t tmpfs newtmp /tmp
# cat /proc/mounts | grep tmp
newtmp /tmp tmpfs rw 0 0
```

위와 같은 명령(또는 /etc/fstab/에서 동일한 입력)은, 임시 파일을 만들기 위해 /tmp 디렉토리를 과하게 사용하는 응용 프로그램(예: 컴파일러)의 성능을 향상시키는 데 사용되곤 한다.

기본적으로 tmpfs 파일 시스템은 RAM의 절반 크기까지 허용되지만, 파일 시스템이 생성될 때나 다시 마운트를 할 때, size=nbytes mount 옵션이 파일 시스템 크기의 다른 상한선을 설정하는 데 사용될 수 있다(tmpfs 파일 시스템은 갖고 있는 파일에 현재 요구되는 메모리나 스왑 영역만큼만 사용한다).

tmpfs 파일 시스템을 마운트 해제하거나 시스템이 크래시되면 파일 시스템의 모든 데이터는 소멸되며, 이러한 이유로 이 파일 시스템의 이름이 tmpfs인 것이다.

사용자 응용 프로그램에 의한 사용 외에도 tmpfs 파일 시스템은 다음과 같은 두 가지 목적을 달성한다.

- 커널에 의해 내부적으로 마운트된 보이지 않는 tmpfs 파일 시스템은 시스템 V 공유 메모리(Vol. 2의 11장 참조)와 공유 익명 메모리 매핑(Vol. 2의 12장 참조)을 구현하는 데 사용된다.
- /dev/shm에 마운트된 tmpfs 파일 시스템은 POSIX 공유 메모리와 POSIX 세마포어의 glibc 구현에 사용된다.

## 14.11 파일 시스템 정보 획득: statvfs()

`statvfs()`와 `fstatvfs()` 라이브러리 함수는 마운트된 파일 시스템에 관한 정보를 획득한다.

```
#include <sys/statvfs.h>

int statvfs(const char *pathname, struct statvfs *statvfsbuf);
int fstatvfs(int fd, struct statvfs *statvfsbuf);
```

성공하면 0을 리턴하고, 에러가 발생하면 -1을 리턴한다.

두 함수의 유일한 차이점은 파일 시스템이 식별되는 방법에 있다. `statvfs()`는 파일 시스템의 파일이름을 명시하기 위해 `pathname`을 사용한다. 반면에 `fstatvfs()`는 파일 시스템에 파일을 참조하기 위해 열린 파일 디스크립터 `fd`를 명시한다. 두 함수 모두 `statvfsbuf`가 가리키는 버퍼의 파일 시스템에 관한 정보를 포함한 `statvfs` 구조체를 리턴한다. 이 구조체의 형태는 다음과 같다.

```
struct statvfs {
    unsigned long f_bsize;     /* 파일 시스템 블록 크기(바이트) */
    unsigned long f_frsize;    /* 기본 파일 시스템 블록 크기(바이트) */
    fsblkcnt_t    f_blocks;    /* 파일 시스템의 전체 블록 수('f_frsize' 단위) */
    fsblkcnt_t    f_bfree;     /* 사용 중이지 않은 블록의 전체 수 */
    fsblkcnt_t    f_bavail;    /* 비특권 프로세스에 가용한 사용 중이지 않은 블록 수 */
```

```
    fsfilcnt_t      f_files;           /* i-노드의 전체 수 */
    fsfilcnt_t      f_ffree;           /* 사용 중이지 않은 i-노드의 전체 수 */
    fsfilcnt_t      f_favail;          /* 비특권 프로세스에 가용한 사용 중이지 않은 i-노드 수
                                          (리눅스에서 'f_ffree'에 설정) */
    unsigned long f_fsid;              /* 파일 시스템 ID */
    unsigned long f_flag;              /* 마운트 플래그 */
    unsigned long f_namemax;           /* 이 파일 시스템에서 파일이름의 최대 길이 */
};
```

statvfs 구조체에서 필드 대부분의 목적은 위의 주석을 보면 명확하다. 몇몇 필드에 설명을 덧붙이자면 다음과 같다.

- fsblkcnt_t와 fsfilcnt_t 데이터형은 SUSv3에 의해 명시된 정수형이다.
- 대부분의 리눅스 파일 시스템에서 f_bsize와 f_frsize의 값은 동일하다. 그러나 어떤 파일 시스템은 블록 분할block fragment 기법을 지원하며, 이는 전체 블록이 필요하지 않은 경우 파일의 끝에 작은 저장 단위를 할당하는 데 사용될 수 있다. 이 방법은 전체 블록이 할당된 경우가 아닌 경우 발생할 수 있는 공간 낭비를 피한다. 그런 파일 시스템에서 f_frsize는 분할의 크기이며, f_bsize는 전체 블록의 크기다(유닉스 파일 시스템에서 분할 방법은 1980년대 초에 4.2BSD Fast File System에서 나타났으며, 이는 [McKusick et al., 1984]에 기술되어 있다).
- 많은 유닉스/리눅스 고유 파일 시스템은 슈퍼유저를 위해 파일 시스템의 일부 블록을 예약하는 기법을 사용하여, 파일 시스템이 꽉 찬 경우 슈퍼유저가 시스템에 로그인해 문제를 해결할 수 있도록 지원한다. 파일 시스템에 예약된 블록이 있다면, statvfs 구조체에서 f_bfree와 f_bavail 필드값의 차이는 얼마나 많은 블록이 예약됐는지 알려준다.
- f_flag 필드는 파일 시스템을 마운트하는 데 사용하는 플래그의 비트 마스크다. 즉 mount(2)에 주어진 mountflags 인자와 유사한 정보를 포함한다. 그러나 이 필드의 비트에 사용되는 상수의 이름은 mountflags에 사용되는 MS_ 대신에 ST_로 시작한다. SUSv3는 ST_RDONLY와 ST_NOSUID 상수만을 요구하지만, glibc 구현은 mount()의 mountflags 인자에서 기술된 모든 MS_* 상수와 일치하는 전체 플래그를 지원한다.
- f_fsid 필드는 파일 시스템에 고유한 식별자를 리턴하기 위한 유닉스 구현에 사용된다. 예를 들면, 파일 시스템에 위치한 디바이스의 식별자에 기반한 값이 이에 해당한다. 대부분의 리눅스 파일 시스템의 경우 이 필드의 값은 0이다.

SUSv3는 statvfs()와 fstatvfs()를 모두 명시한다. 리눅스(여러 유닉스 구현에서와 동일하게)에서 이런 함수는 매우 유사한 statfs()와 fstatfs() 시스템 호출의 상위 계층에 위치한다(어떤 유닉스 구현은 statfs() 시스템 호출은 제공하지만 statvfs()는 제공하지 않는다). (다르게 명명된 필드의 이름을 제외하고) 주된 차이점은 다음과 같다.

- statvfs()와 fstatvfs() 함수는 f_flag 필드를 리턴하고, 이는 파일 시스템 마운트 플래그에 관한 정보를 제공한다(glibc 구현은 /proc/mounts나 /etc/mtab을 살펴봄으로써 이런 정보를 획득한다).
- statfs()와 fstatfs() 시스템 호출은 f_type 필드를 리턴하고, 이는 파일 시스템의 형식을 제공한다(예를 들어, 0xef53 값은 해당 파일 시스템이 ext2 형식임을 나타낸다).

> 이 책의 소스 코드 배포판 filesys 하부 디렉토리에는 statvfs()와 statfs()의 사용을 나타내는 2개의 파일인 t_statvfs.c와 t_statfs.c가 있다.

## 14.12 정리

디바이스는 /dev 디렉토리의 엔트리에 의해 나타난다. 각 디바이스는 해당하는 디바이스 드라이버가 있고, 이는 open(), read(), write(), close() 시스템 호출에 해당되는 기능 등의 표준 오퍼레이션을 구현한다. 여기서 디바이스는, 해당하는 하드웨어가 있는 실제 디바이스나 하드웨어 디바이스는 존재하지 않지만 커널이 실제 디바이스와 동일한 API를 구현한 디바이스 드라이버를 제공하는 가상 디바이스를 의미한다.

하드 디스크는 1개 혹은 그 이상의 파티션으로 나뉘고, 각각은 파일 시스템을 갖고 있을 것이다. 파일 시스템은 일반 파일과 디렉토리로 구성된 집합이다. 리눅스는 전통적인 ext2 파일 시스템을 포함한 여러 가지 파일 시스템을 구현한다. ext2 파일 시스템은 개념적으로 초기의 유닉스 파일 시스템과 유사하며, 이는 부트 블록과 슈퍼 블록, i-노드 테이블, 파일 데이터 블록을 포함하는 데이터 영역으로 구성되어 있다. 각 파일은 파일 시스템의 i-노드 테이블에 하나의 엔트리를 갖는다. 이 엔트리는 해당 파일의 형식과 크기, 링크 수, 소유권, 권한, 타임스탬프, 파일 데이터 블록의 포인터 등 여러 가지 정보를 갖는다.

리눅스는 Reiserfs, ext3, ext4, XFS, JFS, Btrfs를 포함한 여러 가지 저널링 파일 시스템을 제공한다. 저널링 파일 시스템은 실제 파일 갱신을 실행하기 전에 로그 파일에 메타데이터 갱신을(그리고 선택적으로 어떤 파일 시스템에서는 데이터 갱신도) 기록한다. 이 동작은 파일 시스템의 크래시가 발생한 경우, 로그 파일로 파일 시스템의 일관성 있는 상태로 빠르게 복구한다는 뜻이다. 저널링 파일 시스템의 가장 중요한 이점은 시스템 크래시 이후에 종래의 유닉스 파일 시스템이 요구하는 긴 파일 시스템 일관성 검사를 피한다는 것이다.

리눅스 시스템에서 모든 파일 시스템은 루트에 / 디렉토리를 가진 하나의 디렉토리 트리 아래 마운트된다. 디렉토리 트리에서 파일 시스템이 마운트되는 위치를 마운트 지점이라고 한다.

특권 프로세스는 `mount()`와 `umount()` 시스템 호출을 이용해 파일 시스템을 마운트하고 마운트 해제할 수 있다. 마운트된 파일 시스템에 관한 정보는 `statvfs()`를 사용해 추출할 수 있다.

### 더 읽을거리

디바이스와 디바이스 드라이버에 관한 더욱 자세한 정보는 [Bovet & Cesati, 2005]와 특히 [Corbet et al., 2005]를 참조하기 바란다. 디바이스에 관한 유용한 정보는 커널 소스 파일인 Documentation/devices.txt에서 찾을 수 있다.

다양한 책이 파일 시스템에 관한 추가적인 정보를 제공한다. [Tanenbaum, 2007]은 파일 시스템의 구조와 구현에 관한 일반적인 내용을 소개한다. [Bach, 1986]은 주로 시스템 V에 특화된 유닉스 파일 시스템의 구현을 소개한다. [Vahalia, 1996]과 [Goodheart & Cox, 1994]는 시스템 V 파일 시스템 구현을 기술하고, [Love, 2010]과 [Bovet & Cesati, 2005]는 리눅스 VFS 구현을 기술한다.

여러 가지 파일 시스템에 관한 문서는 커널 소스 하부 디렉토리인 Documentation/filesystems에서 찾을 수 있다. 리눅스에서 가용한 대부분의 파일 시스템 구현을 기술하는 개별 웹사이트를 찾아볼 수도 있다.

## 14.13 연습문제

14-1. 하나의 디렉토리에서 많은 수의 1바이트 파일을 생성하고 제거하는 데 사용되는 시간을 측정하는 프로그램을 작성하라. 이 프로그램은 xNNNNNN의 형태(NNNNNN은 임의의 6자리 숫자로 교체된다)로 파일이름을 생성해야 한다. 파일은 해당 이름이 생성되는 임의의 순서로 생성돼야 하며, 오름차순으로 삭제돼야 한다(즉 생성된 순서와는 다른 순서). 파일의 수(*NF*)와 파일이 생성되는 디렉토리는 명령행으로 명시할 수 있어야 한다. 다른 *NF* 값(예를 들면, 1000부터 20,000까지)과 다른 파일 시스템(예: ext2, ext3, XFS)에서 시간을 측정하라. *NF*가 증가함에 따라서 각 파일 시스템에서 어떤 패턴을 관찰할 수 있는가? 여러 가지 파일 시스템을 어떻게 비교할 것인가? 파일이 오름차순으로 생성(x000000, x000001, x000002 등)되고, 동일한 순서로 삭제되는 경우 결과는 바뀌는가? 그렇다면, 이유는 뭐라고 생각하는가? 다시 말해, 파일 시스템 형식에 따라서 결과가 다른가?

# 15

# 파일 속성

15장에서는 파일(파일 메타데이터)의 여러 가지 속성을 살펴본다. 파일 타임스탬프와 파일 소유권, 파일 권한 같은 많은 속성을 포함하는 구조체를 리턴하는 stat() 시스템 호출을 기술함으로써 시작한다. 그리고 이런 속성을 변경하는 데 사용되는 여러 가지 시스템 호출을 계속해서 살펴본다(파일 권한에 관한 논의는 접근 제어 목록을 살펴보는 17장에서 계속된다). 마지막으로, 커널에 의한 파일 처리의 다양한 측면을 제어하는 i-노드 플래그(ext2 확장 파일 속성으로도 알려짐)에 관한 논의로 15장을 마무리한다.

## 15.1 파일 정보 추출: stat()

stat(), lstat(), fstat() 시스템 호출은 파일에 관한 정보를 추출하며, 대부분의 정보는 파일 i-노드에서 얻는다.

```
#include <sys/stat.h>

int stat(const char *pathname, struct stat *statbuf);
int lstat(const char *pathname, struct stat *statbuf);
int fstat(int fd, struct stat *statbuf);
```

성공하면 0을 리턴하고, 에러가 발생하면 -1을 리턴한다.

이런 세 가지 시스템 호출은 파일이 명시된 방법만 다르다.

- stat()는 명명된 파일에 관한 정보를 리턴한다.
- lstat()는 stat()와 유사하지만, 명명된 파일이 심볼릭 링크인 경우, 링크가 가리키는 정보 대신에 링크 자체에 관한 정보가 리턴된다.
- fstat()는 열린 파일 디스크립터에 의해 참조된 파일에 관한 정보를 리턴한다.

stat()와 lstat() 시스템 호출은 파일 자체에 권한을 요구하지 않는다. 하지만 실행(검색) 권한은 pathname에 명시된 모든 부모 디렉토리에서 요구된다. 유효한 파일 디스크립터를 제공한다면, fstat() 시스템 호출은 항상 성공적으로 리턴된다.

이런 모든 파일 시스템 호출은 statbuf가 가리키는 버퍼의 stat 구조체를 리턴한다. 이 구조체의 형태는 다음과 같다.

```
struct stat {
    dev_t     st_dev;         /* 파일이 위치한 디바이스 ID */
    ino_t     st_ino;         /* 파일의 i-노드 수 */
    mode_t    st_mode;        /* 파일 형식과 권한 */
    nlink_t   st_nlink;       /* 파일의 (하드) 링크 수 */
    uid_t     st_uid;         /* 파일 소유자의 사용자 ID */
    gid_t     st_gid;         /* 파일 소유자의 그룹 ID */
    dev_t     st_rdev;        /* 디바이스 특정 파일의 ID */
    off_t     st_size;        /* 파일의 전체 크기(바이트) */
    blksize_t st_blksize;     /* I/O의 최적 블록 크기(바이트) */
    blkcnt_t  st_blocks;      /* 할당된 블록의 수(512B) */
    time_t    st_atime;       /* 마지막 파일 접근 시간 */
    time_t    st_mtime;       /* 마지막 파일 수정 시간 */
    time_t    st_ctime;       /* 마지막 상태 변경 시간 */
};
```

stat 구조체에서 필드의 형식을 정의하는 데 사용되는 여러 가지 데이터형은 모두 SUSv3에 명시되어 있다. 이런 형식에 대한 자세한 내용은 3.6.2절을 참조하기 바란다.

> SUSv3에 따르면, lstat()가 심볼릭 링크에 적용될 경우 st_size 필드와 st_mode 필드의 파일 형식 컴포넌트(곧이어 설명함)의 유효한 정보만을 리턴해야 한다. 다른 어떤 필드(예: 시간 필드)도 유용한 정보를 갖고 있을 필요는 없다. 이로 인해 구현에서 효율성을 이유로 행해질 이런 필드를 유지하지 않아도 되는 자유가 생긴다. 특히, 초기 유닉스 표준의 의도는 심볼릭 링크가 i-노드나 디렉토리의 엔트리로 구현되도록 허용하는 것이었다. 디렉토리 엔트리의 구현에서 stat 구조체에 필요한 모든 필드를 구현하는 일은 불가능하다(현재 모든 주요 유닉스 구현에서 심볼릭 링크는 i-노드로 구현된다). 리눅스에서 lstat()는 심볼릭 링크에 적용될 경우 모든 stat 필드의 정보를 리턴한다. SUSv4는 구현 요구사항을 더욱 강화해, lstat()이 stat 구조체의 모든 필드(st_mode의 권한 비트 제외)의 유효한 정보를 리턴하도록 요구한다.

이제 stat 구조체의 필드를 더욱 자세히 살펴본 다음, 전체 stat 구조체를 출력하는 예제 프로그램으로 마무리해보자.

### 디바이스 ID와 i-노드 수

st_dev 필드는 파일이 위치한 디바이스를 가리킨다. st_ino 필드는 파일의 i-노드 수를 갖고 있다. st_dev와 st_ino의 조합은 모든 파일 시스템에 걸쳐 고유한 파일을 가리킨다. dev_t 데이터형은 디바이스의 주/부 ID를 기록한다(14.1절 참조).

디바이스의 i-노드의 경우, st_rdev 필드가 디바이스의 주/부 ID를 포함한다.

dev_t 값의 주/부 ID는 두 가지 매크로인 major()와 minor()를 이용해 추출될 수 있다. 이런 두 가지 매크로의 정의를 획득하는 데 요구되는 헤더 파일은 유닉스 구현에 따라서 다르다. 리눅스에서 _BSD_SOURCE 매크로가 정의된 경우 <sys/types.h>에 정의된다.

major()와 minor()가 리턴하는 정수의 크기는 유닉스 구현에 따라서 다양하다. 이 책에서는 이식성을 위해 리턴값을 출력할 때는 항상 long으로 캐스팅한다(3.6.2절 참조).

### 파일 소유권

st_uid와 st_gid 필드는 각각 파일이 소속된 소유자(사용자 ID)와 그룹(그룹 ID)을 나타낸다.

### 링크 수

st_nlink 필드는 파일의 (하드) 링크 수를 나타낸다. 링크에 관해서는 18장에서 자세히 다룬다.

## 파일 형식과 권한

st_mode 필드는 파일 형식의 식별과 파일 권한 명시라는 두 가지 목적을 달성하는 비트 마스크다. 이 필드의 비트는 그림 15-1과 같이 구성된다.

**그림 15-1** st_mode 비트 마스크의 구성

파일 형식은 상수 S_IFMT로 AND 연산(&)을 함으로써 이 필드로부터 추출할 수 있다(리눅스에서 4비트는 st_mode 필드의 파일 형식 컴포넌트를 위해 사용된다. 그러나 SUSv3는 파일 형식이 어떻게 표현돼야 하는지 명시하지 않기 때문에, 이런 세부사항은 구현에 따라 다를 것이다). 다음과 같이 결과값은 파일 형식을 결정하기 위해 상수값과 비교될 수 있다.

```
if ((statbuf.st_mode & S_IFMT) == S_IFREG)
    printf("regular file\n");
```

위의 오퍼레이션은 공통적이기 때문에, 앞의 프로그램을 단순화하기 위해 다음과 같은 표준 매크로가 제공된다.

```
if (S_ISREG(statbuf.st_mode))
    printf("regular file\n");
```

파일 형식 매크로의 전체 집합(<sys/stat.h>에 정의)은 표 15-1에 나타냈다. 표 15-1의 전체 파일 형식 매크로는 SUSv3에 명시되고, 리눅스에 존재한다. 일부 유닉스 구현은 추가적인 파일 형식을 정의한다(예를 들면, 솔라리스에서 도어 파일door file을 위한 S_IFDOOR). S_IFLNK 형은 lstat()의 호출에 의해서만 리턴되며, 이는 stat() 호출은 항상 심볼릭 링크를 따르기 때문이다.

원래 POSIX.1 표준은 표 15-1의 첫 번째 열에 나타난 상수를 명시하지 않았지만, 대부분은 거의 모든 유닉스 구현에 존재한다. SUSv3는 이런 상수들을 요구한다.

> 〈sys/stat.h〉에서 S_IFSOCK와 S_ISSOCK()의 정의를 획득하기 위해서, _BSD_SOURCE 기능 테스트 매크로를 정의하거나 _XOPEN_SOURCE를 500 이상의 값으로 정의해야만 한다(glibc 버전에 따라서 이런 규칙은 다르다. 즉 어떤 경우 _XOPEN_SOURCE는 600 이상으로 정의돼야만 한다).

표 15-1 stat 구조체의 st_mode 필드에서 파일 형식을 검사하는 매크로

| 상수 | 테스트 매크로 | 파일 형식 |
|---|---|---|
| S_IFREG | S_ISREG() | 일반 파일 |
| S_IFDIR | S_ISDIR() | 디렉토리 |
| S_IFCHR | S_ISCHR() | 문자 디바이스 |
| S_IFBLK | S_ISBLK() | 블록 디바이스 |
| S_IFIFO | S_ISFIFO() | FIFO나 파이프 |
| S_IFSOCK | S_ISSOCK() | 소켓 |
| S_IFLNK | S_ISLNK() | 심볼릭 링크 |

st_mode의 마지막 12비트는 파일의 권한을 정의한다. 파일 권한에 대해서는 15.4절에서 설명한다. 여기서는 권한 비트의 최하위 9비트는 읽기와 쓰기, 실행 권한이며, 각각의 범위는 소유자, 그룹, 기타 사용자라는 사실만을 언급한다.

## 파일 크기와 할당된 블록, 최적 I/O 블록 크기

일반적인 파일에 대해 st_size 필드는 파일의 전체 크기를 바이트 단위로 나타내고, 심볼릭 링크에 대해서는 링크가 가리키는 경로명의 (바이트) 크기를 포함한다. 공유 메모리 객체(Vol. 2의 17장)에 대해 이 필드는 객체의 크기를 포함한다.

st_blocks 필드는 파일에 할당된 블록의 전체 수를 512바이트 블록 단위로 나타낸다. 여기서 '전체'는 포인터 블록(369페이지의 그림 14-2 참조)에 할당된 공간을 포함한다. 측정 시 512바이트 단위의 선택은 역사적인 측면이 있다. 즉 이는 유닉스에서 구현된 모든 파일 시스템의 가장 작은 블록 크기다. 현대적인 파일 시스템일수록 더 큰 논리 블록 크기를 사용한다. 예를 들면, ext2하에서 st_blocks의 값은 ext2 논리 블록 크기가 1024, 2048, 4096바이트인지에 따라서 항상 2, 4, 8의 배수다.

> SUSv3는 st_blocks가 측정되는 단위를 정의하지 않으므로, 구현 시 512바이트 외의 값을 사용할 수 있다. 대부분의 유닉스 구현은 512바이트 단위를 사용하지만, HP-UX 11은 파일 시스템별로 다른 단위(예를 들면, 경우에 따라 1024바이트)를 사용한다.

st_blocks 필드는 실질적으로 할당된 디스크 블록의 수를 기록한다. 파일이 구멍을 포함한다면(4.7절 참조), 파일에 해당하는 바이트 수(st_size)에서 기대되는 값보다 작

을 것이다(디스크 사용 명령 'du -k 파일명'은 파일에 할당된 실제 공간을 킬로바이트로 출력한다. 즉 st_size 값보다는 파일의 st_blocks 값에 의해 계산된 값이다).

st_blksize 필드는 다소 잘못 명명된 측면이 있다. 이는 하부 파일 시스템의 블록 크기가 아니며, 파일 시스템에서 파일의 I/O를 위한 최적 블록 크기(바이트)다. 이 크기보다 작은 블록의 I/O는 덜 효율적이다(13.1절 참조). st_blksize에 리턴되는 일반적인 값은 4096이다.

### 파일 타임스탬프

st_atime, st_mtime, st_ctime은 각각 마지막 접근과 마지막 수정, 마지막 상태 변경을 나타낸다. 이 필드는 time_t 형이며, 이는 1970년 1월 1일(기원Epoch) 이후에 표준 유닉스 시간 형식을 초로 나타낸 것이다. 15.2절에서 이런 필드를 더욱 자세히 살펴본다.

### 예제 프로그램

리스트 15-1의 프로그램은 명령행에 명명된 파일에 대한 정보를 추출하기 위해 stat()를 사용한다. -l 명령행 옵션이 명시된 경우 프로그램은 대신 lstat()를 사용하고, 따라서 참조되는 파일 대신에 심볼릭 링크에 관한 정보를 추출할 수 있다. 프로그램은 리턴된 stat 구조체의 모든 필드를 출력한다(st_size와 st_blocks 필드를 long long으로 캐스팅하는 이유에 대한 설명은 5.10절을 참조하기 바란다). 이 프로그램에서 사용되는 filePermStr() 함수는 리스트 15-4에 나와 있다.

다음은 프로그램의 사용 예다.

```
$ echo 'All operating systems provide services for programs they run' > apue
$ chmod g+s apue           set-group-ID 비트 설정. 마지막 상태 변경 시간 변경
$ cat apue                 마지막 접근 시간 변경
All operating systems provide services for programs they run
$ ./t_stat apue
File type:                 regular file
Device containing i-node: major=3 minor=11
I-node number:             234363
Mode:                      102644 (rw-r--r--)
     special bits set:     set-GID
Number of (hard) links:    1
Ownership:                 UID=1000   GID=100
File size:                 61 bytes
Optimal I/O block size:    4096 bytes
512B blocks allocated:     8
Last file access:          Mon Jun  8 09:40:07 2011
```

```
Last file modification:     Mon Jun  8 09:39:25 2011
Last status change:         Mon Jun  8 09:39:51 2011
```

**리스트 15-1 파일 stat 정보 추출과 해석**

files/t_stat.c

```
#define _BSD_SOURCE         /* <sys/types.h>에서 major()와 minor() 획득 */
#include <sys/types.h>
#include <sys/stat.h>
#include <time.h>
#include "file_perms.h"
#include "tlpi_hdr.h"

static void
displayStatInfo(const struct stat *sb)
{
    printf("File type:                ");

    switch (sb->st_mode & S_IFMT) {
    case S_IFREG:  printf("regular file\n");          break;
    case S_IFDIR:  printf("directory\n");             break;
    case S_IFCHR:  printf("character device\n");      break;
    case S_IFBLK:  printf("block device\n");          break;
    case S_IFLNK:  printf("symbolic (soft) link\n");break;
    case S_IFIFO:  printf("FIFO or pipe\n");          break;
    case S_IFSOCK: printf("socket\n");                break;
    default:       printf("unknown file type?\n");    break;
    }

    printf("Device containing i-node: major=%ld minor=%ld\n",
            (long) major(sb->st_dev), (long) minor(sb->st_dev));

    printf("I-node number:            %ld\n", (long) sb->st_ino);

    printf("Mode:                     %lo (%s)\n",
            (unsigned long) sb->st_mode, filePermStr(sb->st_mode, 0));

    if (sb->st_mode & (S_ISUID | S_ISGID | S_ISVTX))
        printf("    special bits set:    %s%s%s\n",
                (sb->st_mode & S_ISUID) ? "set-UID " : "",
                (sb->st_mode & S_ISGID) ? "set-GID " : "",
                (sb->st_mode & S_ISVTX) ? "sticky " : "");

    printf("Number of (hard) links:   %ld\n", (long) sb->st_nlink);

    printf("Ownership:                UID=%ld   GID=%ld\n",
            (long) sb->st_uid, (long) sb->st_gid);

    if (S_ISCHR(sb->st_mode) || S_ISBLK(sb->st_mode))
```

```
        printf("Device number (st_rdev):   major=%ld; minor=%ld\n",
                (long) major(sb->st_rdev), (long) minor(sb->st_rdev));

    printf("File size:                 %lld bytes\n",
                (long long) sb->st_size);
    printf("Optimal I/O block size: %ld bytes\n", (long) sb->st_blksize);
    printf("512B blocks allocated: %lld\n", (long long) sb->st_blocks);
    printf("Last file access:          %s", ctime(&sb->st_atime));
    printf("Last file modification:  %s", ctime(&sb->st_mtime));
    printf("Last status change:        %s", ctime(&sb->st_ctime));
}

int
main(int argc, char *argv[])
{
    struct stat sb;
    Boolean statLink;           /* "-l"이 명시된 경우 True(즉, lstat 사용) */
    int fname;                  /* argv[]의 파일이름 인자의 위치 */

    statLink = (argc > 1) && strcmp(argv[1], "-l") == 0;
                                /* "-l"의 단순 파싱 */
    fname = statLink ? 2 : 1;

    if (fname >= argc || (argc > 1 && strcmp(argv[1], "--help") == 0))
        usageErr("%s [-l] file\n"
                "        -l = use lstat() instead of stat()\n", argv[0]);

    if (statLink) {
        if (lstat(argv[fname], &sb) == -1)
            errExit("lstat");
    } else {
        if (stat(argv[fname], &sb) == -1)
            errExit("stat");
    }

    displayStatInfo(&sb);

    exit(EXIT_SUCCESS);
}
```

## 15.2 파일 타임스탬프

stat 구조체의 st_atime, st_mtime, st_ctime 필드는 파일 타임스탬프를 갖는다. 이 필드 기록은 각각 최종 파일 접근과 최종 파일 수정, 최종 파일 상태 변경(즉 파일 i-노드의 마지막 변경)을 가리킨다. 타임스탬프는 1970년 1월 1일(10.1절 참조) 이후의 초 단위로 기록한다.

대부분의 리눅스와 유닉스 고유 파일 시스템은 모든 타임스탬프 필드를 지원하지만, 유닉스 계열이 아닌 몇몇 파일 시스템은 그렇지 않다.

표 15-2는 어떤 타임스탬프 필드(그리고 어떤 경우에 부모 디렉토리의 동일한 필드)가 이 책에서 기술된 여러 가지 시스템 호출과 라이브러리 함수에 의해 변경되는지 요약해서 보여준다. 이 표의 제목에서 a, m, c는 각각 `st_atime`, `st_mtime`, `st_ctime` 필드를 나타낸다. 대부분의 경우, 관련된 타임스탬프는 시스템 호출에 의해 현재 시간으로 설정된다. 예외는 `utime()`과 동일한 호출이며(15.2.1절과 15.2.2절에서 설명), 이는 마지막 파일 접근과 수정 시간을 임의의 수로 명시적으로 설정한다.

**표 15-2** 파일 타임스탬프에서 여러 가지 함수의 효과

| 함수 | 파일이나 디렉토리 | | | 부모 디렉토리 | | | 추가 설명 |
|---|---|---|---|---|---|---|---|
| | a | m | c | a | m | c | |
| chmod() | | | ● | | | | fchmod()도 동일 |
| chown() | | | ● | | | | lchown()과 fchown()도 동일 |
| exec() | ● | | | | | | |
| link() | | | ● | | ● | ● | 두 번째 인자의 부모 디렉토리에 영향 |
| mkdir() | ● | ● | ● | | ● | ● | |
| mkfifo() | ● | ● | ● | | ● | ● | |
| mknod() | ● | ● | ● | | ● | ● | |
| mmap() | ● | ● | ● | | | | st_mtime과 st_ctime은 MAP_SHARED 매핑을 갱신할 때만 변경됨 |
| msync() | | ● | ● | | | | 파일이 변경된 경우에만 변경됨 |
| open(), creat() | ● | ● | ● | | ● | ● | 새로운 파일 생성 시 |
| open(), creat() | | ● | ● | | | | 현재 파일을 잘라내는 경우 |
| pipe() | ● | ● | ● | | | | |
| read() | ● | | | | | | readv(), pread(), preadv()와 동일 |
| readdir() | ● | | | | | | readdir()은 디렉토리 입력을 버퍼링함. 타임스탬프는 디렉토리가 읽힌 경우에만 갱신됨 |
| removexattr() | | | ● | | | | fremovexattr()과 lremovexattr()도 동일 |

(이어짐)

| 함수 | 파일이나 디렉토리 | | | 부모 디렉토리 | | | 추가 설명 |
|---|---|---|---|---|---|---|---|
| | a | m | c | a | m | c | |
| rename() | | | ● | | ● | ● | 부모 디렉토리 모두의 타임스탬프에 영향. SUSv3는 파일 st_ctime 변경을 명시하지 않지만, 몇몇 구현은 이 동작을 실행함을 알아두자. |
| rmdir() | | | | | ● | ● | remove(directory)도 동일 |
| sendfile() | ● | | | | | | 입력 파일이 변경된 경우 타임스탬프 |
| setxattr() | | | ● | | | | fsetxattr()과 lsetxattr()도 동일 |
| symlink() | ● | ● | ● | | ● | ● | 링크의 타임스탬프 설정(타깃 파일은 아님) |
| truncate() | | ● | ● | | | | ftruncate()도 동일. 파일 크기가 변경된 경우에만 타임스탬프 변경 |
| unlink() | | | ● | | ● | ● | remove(file)도 동일. 이전 링크 카운트가 1보다 큰 경우에 파일 st_ctime이 변경 |
| utime() | ● | ● | ● | | | | utimes(), futimes(), futimens(), lutimes(), utimensat()도 동일 |
| write() | | ● | ● | | | | writev(), pwrite(), pwritev()도 동일 |

14.8.1절과 15.5절에서 mount(2) 옵션과 파일의 마지막 접근 시간의 갱신을 막는 파일별 플래그에 대해 설명한다. 4.3.1절에서 설명한 open() O_NOATIME 플래그는 동일한 목적으로 쓰인다. 어떤 응용 프로그램에서 이런 동작은 파일에 접근할 때 요구되는 디스크 오퍼레이션의 수를 줄이기 때문에, 성능 면에서 유용할 수 있다.

> 대부분의 유닉스 시스템은 파일의 생성 시간을 기록하지 않지만, 최근의 BSD 시스템에서 이런 시간은 stat의 st_birthtime이라는 필드에 기록된다.

### 나노초 타임스탬프

버전 2.6에서 리눅스는 stat 구조체의 세 가지 타임스탬프 필드에 나노초 단위를 지원한다. 나노초 단위는 파일 타임스탬프의 상대적인 순서에 기반해 결정(예: make(1))을 내릴 필요가 있는 프로그램의 정확성을 향상시킨다.

SUSv3는 stat 구조체에 나노초 타임스탬프를 명시하지 않지만, SUSv4는 이런 규격을 추가했다.

모든 파일 시스템이 나노초 타임스탬프를 지원하진 않는다. JFS, XFS, ext4, Btrfs는 지원하지만 ext2, ext3, Reiserfs는 지원하지 않는다.

glibc API(버전 2.3부터)에서, 타임스탬프 필드는 각각 timespec 구조체로 정의되며(이 절의 막바지에서 utimensat()을 논의할 때 이 구조체를 자세히 다룬다), 이는 초와 나노초 단위 컴포넌트로 시간을 표현한다. 적절한 매크로 정의는 전통적인 필드 이름(st_atime, st_mtime, st_ctime)을 사용해 나타낼 수 있는 이런 초 단위 컴포넌트를 만든다. 나노초 컴포넌트는 마지막 파일 접근 시간의 나노초 컴포넌트를 위한 st_atim.tv_nsec 같은 필드 이름을 사용해 접근할 수 있다.

### 15.2.1 utime()과 utimes()를 이용한 파일 타임스탬프 변경

파일 i-노드에 저장된 마지막 파일 접근과 변경 타임스탬프는 utime()이나 관련된 시스템 호출의 집합 중 하나를 이용해 명시적으로 변경될 수 있다. tar(1)과 unzip(1) 같은 프로그램은 압축archive을 풀 때 파일 타임스탬프를 재설정하기 위해 이런 시스템 호출을 사용한다.

```
#include <utime.h>

int utime(const char *pathname, const struct utimbuf *buf);
```

성공하면 0을 리턴하고, 에러가 발생하면 -1을 리턴한다.

pathname 인자는 수정하고자 하는 파일을 나타낸다. pathname이 심볼릭 링크이면 역참조된다. buf 인자는 NULL이나 다음과 같이 utimbuf 구조체의 포인터가 될 수 있다.

```
struct utimbuf {
    time_t actime;   /* 접근 시간 */
    time_t modtime;  /* 수정 시간 */
};
```

이 구조체에서 필드는 1970년 1월 1일(10.1절 참조) 이후의 초 단위 시간을 측정한다.

utime()의 동작은 다음과 같이 두 가지 경우에 따라 달라진다.

- buf가 NULL로 명시된 경우, 최종 접근과 최종 수정 시간은 모두 현재 시간으로 설정된다. 이 경우 프로세스의 유효한 사용자 ID는 파일의 사용자 ID(소유자)와 일치하거나, 프로세스는 파일에 쓰기 권한이 있어야 하고(파일에 쓰기 권한을 가진 프로세스는 이런 파일의 타임스탬프를 변경하는 역효과가 있는 다른 시스템 호출을 차용할 수도 있기 때문

에 논리적이다), 프로세스는 특권(CAP_FOWNER나 CAP_DAC_OVERRIDE)을 갖고 있어야만 한다(정확하게 말하면, 9.5절에서 설명했듯이 리눅스에서 파일의 사용자 ID와 일치해야 하는 것은 유효 사용자 ID가 아니라 파일 시스템 사용자 ID다).

- buf가 utimbuf 구조체의 포인터로 명시된 경우, 최종 파일 접근과 수정 시간은 이 구조체의 해당 필드를 사용해 갱신된다. 이 경우 프로세스의 유효 사용자 ID는 파일의 사용자 ID와 일치하거나(파일에 쓰기 권한을 갖는 것으로는 충분하지 않다), 호출자가 특권(CAP_FOWNER)을 갖고 있어야 한다.

파일의 타임스탬프 중 하나를 변경하기 위해 두 시간을 모두 추출하는 stat()를 사용하는데, utimbuf 구조체를 초기화하기 위해 이 시간 중 하나를 사용하고, 다른 하나는 원하는 대로 설정한다. 이 동작은 파일의 최종 수정 시간을 최종 접근 시간과 동일하게 만드는 다음 코드로 설명이 가능하다.

```
struct stat sb;
struct utimbuf utb;

if (stat(pathname, &sb) == -1)
    errExit("stat");
utb.actime = sb.st_atime;      /* 접근 시간을 변경하지 않음 */
utb.modtime = sb.st_atime;
if (utime(pathname, &utb) == -1)
    errExit("utime");
```

utime()이 성공적으로 호출되면 항상 최종 상태 변경 시간이 현재 시간으로 설정된다.

리눅스도 BSD 기반의 utimes() 시스템 호출을 제공하며, 이는 utime()과 유사한 동작을 실행한다.

```
#include <sys/time.h>

int utimes(const char *pathname, const struct timeval tv[2]);
```

성공하면 0을 리턴하고, 에러가 발생하면 -1을 리턴한다.

utime()과 utimes()의 가장 주목할 만한 차이점은 utimes()는 마이크로초 단위의 정확성으로 명시될 수 있는 시간을 허용한다는 사실이다(timeval 구조체는 10.1절에 설명되어 있다). 이런 사실은 파일 타임스탬프가 리눅스 2.6에서 제공되는 나노초 정확성에 (부분적인) 접근을 제공한다. 새로운 파일 접근 시간은 tv[0]에 명시되고, 새로운 수정 시간은 tv[1]에 명시된다.

> utimes()의 사용 예는 이 책의 소스 코드 배포판 files/t_utimes.c에 있다.

futimes()와 lutimes() 라이브러리 함수는 utimes()와 유사한 동작을 실행한다. 이 함수들은 변경될 파일 타임스탬프를 명시하는 데 사용되는 인자가 utimes()와 다르다.

```
#include <sys/time.h>

int futimes(int fd, const struct timeval tv[2]);
int lutimes(const char *pathname, const struct timeval tv[2]);
```

성공하면 0을 리턴하고, 에러가 발생하면 -1을 리턴한다.

futimes()를 사용하면, 파일은 열린 파일 디스크립터 fd를 통해 명시된다.

lutimes()를 사용하면 파일은 경로명을 통해 명시된다. utimes()와의 차이점은 경로명이 심볼릭 링크를 참조하는 경우 링크는 역참조되지 않는 대신에 링크의 타임스탬프 자체가 변경된다는 점이다.

futimes() 함수는 glibc 2.3부터 지원되고, lutimes() 함수는 glibc 2.6부터 지원된다.

### 15.2.2 utimensat()과 futimens()를 이용한 파일 타임스탬프 변경

utimensat() 시스템 호출(커널 2.6.22부터 지원)과 futimens() 라이브러리 함수(glibc 2.6부터 지원)는 파일의 최종 접근과 수정 타임스탬프를 설정하는 데 확장된 기능을 제공한다. 이러한 인터페이스의 장점은 다음과 같다.

- 나노초의 정확성으로 타임스탬프를 설정할 수 있다. 이는 utimes()가 제공하는 마이크로초의 정확성보다 개선된 것이다.
- 타임스탬프를 개별적(즉 한 번에 하나씩)으로 설정할 수 있다. 앞서 설명했듯이, 오래된 인터페이스를 사용해 타임스탬프 중 하나를 변경하려면, 우선 다른 타임스탬프의 값을 추출하기 위해 stat()를 호출한 다음, 변경하고자 하는 값의 타임스탬프의 추출된 값을 명시한다(이 동작은 다른 프로세스가 이런 두 가지 과정에 있는 타임스탬프를 갱신하는 오퍼레이션을 수행하는 경우 경쟁 상태를 유발할 수 있다).
- 타임스탬프 중 하나에 개별적으로 현재 시간을 설정할 수 있다. 오래된 인터페이스를 가지고 하나의 타임스탬프를 현재 시간으로 변경하려면, 변경하지 않고 남

겨둘 값을 가진 타임스탬프의 설정을 추출하기 위해서 stat()의 호출과 현재 시간을 획득하는 gettimeofday() 호출을 차용할 필요가 있다.

이런 인터페이스는 SUSv3에는 명시되지 않았고, SUSv4에 포함되어 있다.

utimensat() 시스템 호출은 times 배열에 있는 값인 pathname에 의해 명시된 파일의 타임스탬프를 갱신한다.

```
#define _XOPEN_SOURCE 700      /* 또는 _POSIX_C_SOURCE >= 200809 정의 */
#include <sys/stat.h>

int utimensat(int dirfd, const char *pathname,
              const struct timespec times[2], int flags);
```

성공하면 0을 리턴하고, 에러가 발생하면 -1을 리턴한다.

times가 NULL로 정의된 경우, 두 가지 파일 타임스탬프는 현재 시간으로 설정된다. times가 NULL이 아닌 경우, 새로운 최종 접근 타임스탬프는 times[0]에 명시되고, 새로운 최종 수정 타임스탬프는 times[1]에 명시된다. 배열 times의 각 요소는 다음 형태의 구조체를 갖는다.

```
struct timespec {
    time_t tv_sec;     /* 초('time_t'는 정수형) */
    long tv_nsec;      /* 나노초 */
};
```

이 구조체의 필드는 1970년 1월 1일(10.1절 참조) 이래의 초 단위의 시간과 나노초 단위의 시간을 명시한다.

타임스탬프 중의 하나를 현재 시간으로 설정하기 위해서 해당하는 tv_nsec 필드에 UTIME_NOW라는 특별한 값을 명시한다. 타임스탬프 중의 하나를 변경 없이 남겨두기 위해서는 해당하는 tv_nsec 필드에 UTIME_OMIT라는 특별한 값을 명시한다. 두 가지 경우 모두에서 해당되는 tv_sec 필드의 값은 무시된다.

dirfd 인자는 pathname 인자가 utimes()를 위한 값으로 해석되는 경우에 AT_FDCWD를 명시하거나, 디렉토리를 명시하는 파일 디스크립터를 명시할 수 있다. 후자의 경우에 목적은 18.11절에서 설명한다.

flags 인자는 0이나 AT_SYMLINK_NOFOLLOW가 될 수 있고, 이는 심볼릭 링크인 경우 pathname은 역참조될 수 없다는 뜻이다(즉 심볼릭 링크 자체의 타임스탬프는 변경돼야만 한다). 반대로, utimes()는 항상 심볼릭 링크를 역참조한다.

다음 코드는 마지막 접근 시간을 현재 시간으로 설정하고, 마지막 변경 시간을 변경하지 않은 채로 남겨둔다.

```
struct timespec times[2];

times[0].tv_sec = 0;
times[0].tv_nsec = UTIME_NOW;
times[1].tv_sec = 0;
times[1].tv_nsec = UTIME_OMIT;
if (utimensat(AT_FDCWD, "myfile", times, 0) == -1)
    errExit("utimensat");
```

utimensat()(그리고 futimens())로 타임스탬프를 변경하기 위한 권한 규칙은 구형 API와 유사하며, utimensat(2) 매뉴얼 페이지에 자세히 기술되어 있다.

futimens() 라이브러리 함수는 열린 파일 디스크립터 fd가 가리키는 파일의 타임스탬프를 갱신한다.

```
#define _GNU_SOURCE
#include <sys/stat.h>

int futimens(int fd, const struct timespec times[2]);
```

성공하면 0을 리턴하고, 에러가 발생하면 –1을 리턴한다.

futimens()의 times 인자는 utimensat()와 동일한 방식으로 사용된다.

## 15.3 파일 소유권

파일마다 사용자 ID(UID)와 그룹 ID(GID)가 있다. 이 ID는 파일이 어떤 사용자와 그룹에 속하는지를 결정한다. 여기서는 새로운 파일의 소유권을 결정하는 규칙을 살펴보고, 파일의 소유권을 변경하는 데 사용되는 시스템 호출을 설명한다.

### 15.3.1 새로운 파일의 소유권

새로운 파일이 생성되면, 사용자 ID는 프로세스의 유효 사용자 ID로부터 취해진다. 새로운 파일의 그룹 ID는 프로세스의 유효 그룹 ID(시스템 V의 기본 동작과 동일)나 부모 디렉토리의 그룹 ID(BSD 동작)에서 취해진다. BSD 동작의 경우 모든 파일이 특정 그룹에 속하고, 그 그룹에 속한 멤버에 접근성을 가지므로, 프로젝트 디렉토리를 생성할 때 유용하다. 두 가지 값 중에서 하나의 값이, 새로운 파일의 그룹 ID가 새로운 파일이 생성되는 파일 시스템의 형식을 포함하는 여러 가지 요소에 의해 결정되는 것처럼 사용된다. ext2와 그 밖의 몇몇 파일 시스템에서 따르는 규칙을 설명함으로써 논의를 시작한다.

> 정확하게 말해서, 리눅스에서 '유효 사용자'나 '그룹 ID'라는 용어를 사용할 때는 모두 '파일 시스템 사용자' 또는 '그룹 ID'여야만 한다(9.5절 참조).

ext2 파일 시스템이 마운트되면, -o grpid(또는 동의어로 -o bsdgroups) 옵션이나 -o nogrpid(또는 동의어로 -o sysvgroups) 옵션이 mount 명령에 명시될 것이다(아무런 옵션이 명시되지 않은 경우 기본값은 -o nogrpid다). -o grpid가 명시된 경우, 새로운 파일은 항상 부모 디렉토리로부터 그룹 ID를 상속받는다. -o nogrpid가 명시된 경우, 기본적으로 새로운 파일은 프로세스의 유효 그룹 ID로부터 그룹 ID를 취한다. 그러나 (chmod g+s를 통해) set-group-ID 비트가 해당 디렉토리에 활성화된 경우, 파일의 그룹 ID는 부모 디렉토리에서 상속된다. 이런 규칙은 표 15-3에 요약되어 있다.

> 18.6절에서는 set-group-ID 비트가 디렉토리에 설정되어 있는 경우, 그 디렉토리 내에서 생성된 새로운 하부 디렉토리에도 설정되어 있음을 확인할 수 있을 것이다. 이런 방법으로 앞서 설명한 set-group-ID 동작은 전체 디렉토리 트리를 통해 전파된다.

**표 15-3** 새롭게 생성된 파일의 그룹 소유권을 결정하는 규칙

| 파일 시스템 마운트 옵션 | set-group-ID 비트가 부모 디렉토리에 활성화되어 있는가? | 새로운 파일의 그룹 소유권을 가지고 온 위치 |
|---|---|---|
| -o grpid, -o bsdgroups | (무시) | 부모 디렉토리 그룹 ID |
| -o nogrpid, -o sysvgroups(기본값) | 아니오 | 프로세스 유효 그룹 ID |
| | 예 | 부모 디렉토리 그룹 ID |

책을 집필하는 시점에 grpid와 nogrpid 마운트 옵션을 지원하는 유일한 파일 시스템은 ext2, ext3, ext4, XFS(리눅스 2.6.14부터)다. 그 밖의 파일 시스템은 nogrpid 규칙을 따른다.

## 15.3.2 파일 소유권 변경: chown(), fchown(), lchown()

chown(), lchown(), fchown() 시스템 호출은 파일의 소유자(사용자 ID)와 그룹(그룹 ID)을 변경한다.

```
#include <unistd.h>

int chown(const char *pathname, uid_t owner, gid_t group);

#define _XOPEN_SOURCE 500      /* 또는 #define _BSD_SOURCE */
#include <unistd.h>

int lchown(const char *pathname, uid_t owner, gid_t group);
int fchown(int fd, uid_t owner, gid_t group);
```

성공하면 0을 리턴하고, 에러가 발생하면 -1을 리턴한다.

세 가지 시스템 호출의 차이점은 stat() 계열의 시스템 호출과 유사하다.

- chown()은 pathname 인자에 명명된 파일의 소유권을 변경한다.
- lchown()은 동일한 동작을 수행하지만, pathname이 심볼릭 링크라면 링크가 참조하는 파일 대신에 링크 파일의 소유권이 변경된다는 점이 다르다.
- fchown()은 열린 파일 디스크립터 fd에 의해 참조되는 파일의 소유권을 변경한다.

owner 인자는 해당 파일의 새로운 사용자 ID를 명시하고, group 인자는 파일의 새로운 그룹 ID를 명시한다. 이런 ID 중 하나만을 변경하려면, ID가 변경되지 않고 남아 있도록 다른 인자에 -1을 명시한다.

> 리눅스 2.2 이전에 chown()은 심볼릭 링크를 역참조하지 않았다. chown()의 문법은 리눅스 2.2에서 변경됐고, 새로운 lchown() 시스템 호출은 예전 chown() 시스템 호출의 동작을 제공하기 위해 추가됐다.

특권 프로세스(CAP_CHOWN)만이 파일의 사용자 ID를 변경하기 위해서 chown()을 사용할 것이다. 비특권 프로세스는 소유한 파일(즉 프로세스의 유효 사용자 ID는 파일의 사용자 ID와 일치)의 그룹 ID를 멤버로 등록되어 있는 어떤 그룹으로든 변경하기 위해서 chown()을 사용할 수 있다. 특권 프로세스는 파일의 그룹 ID를 어떤 값으로든 변경할 수 있다.

파일의 소유자나 그룹이 변경되면, set-user-ID와 set-group-ID 권한 비트는 둘 다 비활성화된다. 이는 일반적인 사용자가 실행 파일의 set-user-ID(또는 set-group-ID) 비트를 활성화할 수 없게 하고, 특권 사용자(혹은 그룹)에 의해 소유되게 하며, 따라서 파일을 실행할 때 특권을 얻도록 하는 보안 예방책이다.

> SUSv3는 슈퍼유저가 실행 파일의 소유자나 그룹을 변경할 때, set-user-ID와 set-group-ID 비트가 비활성화돼야 하는지에 대해 명시하지 않고 있다. 리눅스 2.0은 이런 경우에 비활성화하지만, 초창기 2.2 커널(2.2.12까지)은 활성화하지 않았다. 커널 2.2 이후에는 2.0의 동작으로 돌아왔고, 슈퍼유저에 의한 변경사항은 다른 모든 사람과 동일하게 취급되며, 이 동작은 차후의 커널 버전에서 유지된다(그러나 파일의 소유권을 변경하고자 root 로그인하에서 chown(1) 명령을 사용한다면, chown(2)를 호출한 후에 chown 명령은 set-user-ID와 set-group-ID 비트를 활성화하기 위해 chmod() 시스템 호출을 사용한다).

파일의 소유자나 그룹을 변경할 때, 그룹 실행group-execute 권한 비트가 이미 비활성화되어 있는 경우나 디렉토리의 소유권을 변경하는 경우에 set-group-ID 권한 비트는 비활성화되지 않는다. 이런 모든 경우에 set-group-ID 비트는 set-group-ID 프로그램의 생성 외의 목적으로 사용되며, 따라서 해당 비트를 비활성화할 필요는 없다. set-group-ID 비트의 그 밖의 용도는 다음과 같다.

- 그룹 실행 권한이 비활성화된 경우, set-group-ID 권한 비트는 필수 파일 잠금(Vol. 2의 18.4절에서 설명)을 활성화하기 위해 사용된다.
- 디렉토리의 경우 set-group-ID는 해당 디렉토리에서 생성된 새로운 파일의 소유권을 제어하기 위해 사용된다(15.3.1절 참조).

사용자로 하여금 임의의 파일 개수의 소유자나 그룹을 변경하도록 하는 프로그램인 리스트 15-2에서 chown()의 사용법이 설명되며, 이는 명령행 인자로 명시된다(이 프로그램은 사용자와 그룹 이름을 해당하는 숫자 ID로 변경하는 리스트 8-1의 userIdFromName()과 groupIdFromName() 함수를 사용한다).

**리스트 15-2** 파일의 사용자와 그룹 변경

files/t_chown.c

```
#include <pwd.h>
#include <grp.h>
#include "ugid_functions.h"          /* userIdFromName()과
                                        groupIdFromName() 정의 */

#include "tlpi_hdr.h"

int
main(int argc, char *argv[])
```

```
{
    uid_t uid;
    gid_t gid;
    int j;
    Boolean errFnd;

    if (argc < 3 || strcmp(argv[1], "--help") == 0)
        usageErr("%s owner group [file...]\n"
                "        owner or group can be '-', "
                "meaning leave unchanged\n", argv[0]);

    if (strcmp(argv[1], "-") == 0) { /* "-" ==> 소유자를 변경하지 않음. */
        uid = -1;
    } else {                         /* 사용자 이름을 UID로 변경 */
        uid = userIdFromName(argv[1]);
        if (uid == -1)
            fatal("No such user (%s)", argv[1]);
    }

    if (strcmp(argv[2], "-") == 0) { /* "-" ==> 그룹을 변경하지 않음 */
        gid = -1;
    } else {                         /* 그룹 이름을 GID로 변경 */
        gid = groupIdFromName(argv[2]);
        if (gid == -1)
            fatal("No group user (%s)", argv[1]);
    }

    /* 나머지 인자에 명명된 모든 파일의 소유권을 변경 */

    errFnd = FALSE;
    for (j = 3; j < argc; j++) {
        if (chown(argv[j], uid, gid) == -1) {
            errMsg("chown: %s", argv[j]);
            errFnd = TRUE;
        }
    }

    exit(errFnd ? EXIT_FAILURE : EXIT_SUCCESS);
}
```

## 15.4 파일 권한

여기서는 파일과 디렉토리에 적용되는 권한 방법을 설명한다. 대부분의 내용이 일반 파일과 디렉토리에 적용된다고 할지라도, 설명하는 규칙은 디바이스와 FIFO, 유닉스 도메인 소켓을 포함한 모든 종류의 파일에 적용된다. 더욱이 시스템 V와 POSIX 상호 프로세스 통신 객체(공유 메모리, 세마포어, 메시지 큐)는 권한 마스크를 가지고, 이런 객체에 적용되는 규칙은 파일에 적용되는 규칙과 흡사하다.

### 15.4.1 일반 파일에 대한 권한

15.1절에서 설명했듯이, `stat` 구조체의 `st_mode` 필드의 마지막 12비트는 파일의 권한을 정의한다. 이 비트의 처음 세 비트는 set-user-ID, set-group-ID, 스티키sticky 비트(그림 15-1과 같이 각각 U, G, T로 명시된다)로 알려진 특별한 비트다. 15.4.5절에서 이런 비트에 관해 더욱 자세히 설명한다. 남은 9비트는 파일에 접근하는 여러 범주의 사용자에게 허용되는 권한을 정의하는 마스크를 형성한다. 다음과 같이 파일 권한 마스크는 세 가지로 구분한다.

- 소유자(사용자): 파일의 소유자에게 허용된 권한

> '사용자'라는 용어는 이런 권한 범주를 나타내기 위해서 약자 u를 쓰는 chmod(1) 같은 명령에 의해 사용된다.

- 그룹: 파일 그룹의 멤버인 사용자에게 허용된 권한
- 기타: 그 외의 모든 사용자에게 허용된 권한

다음과 같이 세 가지 권한이 각 사용자 범주에 허용될 것이다.

- 읽기: 파일의 내용을 읽는 권한
- 쓰기: 파일의 내용을 변경하는 권한
- 실행: 파일을 실행하는 권한(즉 프로그램 또는 스크립트). 스크립트 파일(예: bash 스크립트)을 실행하기 위해서는 읽기와 실행 권한이 요구된다.

다음과 같이 파일의 권한과 소유권은 `ls -l` 명령을 사용해 확인할 수 있다.

```
$ ls -l myscript.sh
-rwxr-x---    1 mtk    users       1667 Jan 15 09:22 myscript.sh
```

위의 예제에서 파일 권한은 `rwxr-x---`(이 문자열의 맨 앞에 있는 하이픈은 파일의 형식을 나타낸다. 즉 여기서는 일반 파일을 나타낸다)에 나타나 있다. 이 문자열을 해석하려면 9개의 문자를 3개의 집합으로 나누는데, 이는 각각 읽기, 쓰기, 실행이 활성화되어 있는지 여부를 가리킨다. 첫 번째 집합은 사용자의 권한을 나타내며, 여기서는 읽기와 쓰기, 실행 권한이 모두 활성화되어 있다. 다음 집합은 그룹의 권한이며, 읽기와 실행만 활성화되어 있고, 쓰기는 그렇지 않다. 마지막 집합은 기타 사람들의 권한이며, 어떤 권한도 활성화되어 있지 않다.

특정 권한 비트가 설정되어 있는지 확인하기 위해 <sys/stat.h> 헤더 파일은 stat 구조체의 st_mode로 AND(&)될 수 있는 상수를 정의한다(이런 상수는 open() 시스템 호출 정의가 포함된 <fcntl.h>를 포함함으로써 정의된다). 이런 상수는 표 15-4에 나와 있다.

**표 15-4** 파일 권한 비트 상수

| 상수 | 8진수 | 권한 비트 |
|---|---|---|
| S_ISUID | 04000 | set-user-ID |
| S_ISGID | 02000 | set-group-ID |
| S_ISVTX | 01000 | 스티키 |
| S_IRUSR | 0400 | 사용자-읽기 |
| S_IWUSR | 0200 | 사용자-쓰기 |
| S_IXUSR | 0100 | 사용자_실행 |
| S_IRGRP | 040 | 그룹-읽기 |
| S_IWGRP | 020 | 그룹-쓰기 |
| S_IXGRP | 010 | 그룹-실행 |
| S_IROTH | 04 | 기타-읽기 |
| S_IWOTH | 02 | 기타-쓰기 |
| S_IXOTH | 01 | 기타-실행 |

표 15-4에 나타낸 상수에 추가적으로, 소유자와 그룹, 기타 범주 각각에 대해서 세 가지 모든 권한을 마스크로 동일시하기 위해 정의된 세 가지 상수인 S_IRWXU(0700), S_IRWXG(070), S_IRWXO(07)가 있다.

리스트 15-3의 헤더 파일은 주어진 파일 권한 마스크에 기반해서 ls(1)에서 사용된 것과 동일한 스타일로 정적으로 할당된 해당 마스크의 문자열 표현을 리턴하는 함수를 정의한다.

**리스트 15-3** file_perms.c의 헤더 파일

files/file_perms.h

```
#ifndef FILE_PERMS_H
#define FILE_PERMS_H

#include <sys/types.h>

#define FP_SPECIAL 1    /* 리턴되는 문자열에 set-user-ID, set-group-ID,
                           스티키 비트 정보 포함 */

char *filePermStr(mode_t perm, int flags);

#endif
```

FP_SPECIAL 플래그가 filePermStr() 플래그 인자에 설정된 경우, 리턴된 문자열은 ls(1)과 동일하게 set-user-ID와 set-group-ID, 스티키 비트의 설정을 포함한다.

filePermStr() 함수의 구현은 리스트 15-4에 있다. 리스트 15-1의 프로그램에서 이 함수를 사용한다.

**리스트 15-4** 파일 권한 마스크를 문자열로 변경

files/file_perms.c

```
#include <sys/stat.h>
#include <stdio.h>
#include "file_perms.h"               /* 이 구현을 위한 인터페이스 */

#define STR_SIZE sizeof("rwxrwxrwx")

char *          /* 파일 권한 마스크를 위해 ls(1) 스타일의 문자열을 리턴 */
filePermStr(mode_t perm, int flags)
{
    static char str[STR_SIZE];

    snprintf(str, STR_SIZE, "%c%c%c%c%c%c%c%c%c",
        (perm & S_IRUSR) ? 'r' : '-', (perm & S_IWUSR) ? 'w' : '-',
        (perm & S_IXUSR) ?
            (((perm & S_ISUID) && (flags & FP_SPECIAL)) ? 's' : 'x') :
            (((perm & S_ISUID) && (flags & FP_SPECIAL)) ? 'S' : '-'),
        (perm & S_IRGRP) ? 'r' : '-', (perm & S_IWGRP) ? 'w' : '-',
        (perm & S_IXGRP) ?
            (((perm & S_ISGID) && (flags & FP_SPECIAL)) ? 's' : 'x') :
            (((perm & S_ISGID) && (flags & FP_SPECIAL)) ? 'S' : '-'),
        (perm & S_IROTH) ? 'r' : '-', (perm & S_IWOTH) ? 'w' : '-',
        (perm & S_IXOTH) ?
            (((perm & S_ISVTX) && (flags & FP_SPECIAL)) ? 't' : 'x') :
```

```
            (((perm & S_ISVTX) && (flags & FP_SPECIAL)) ? 'T' : '-'));
    return str;
}
```

### 15.4.2 디렉토리에 대한 권한

디렉토리에 대한 권한은 파일과 동일한 방식으로 결정된다. 그러나 세 가지 권한은 다르게 해석된다.

- 읽기: 디렉토리의 내용(즉 파일이름의 목록)을 나열할 수 있다(예를 들면, ls를 통해서).

> 디렉토리 읽기 권한 비트의 오퍼레이션을 검증하기 위해 실험한다면, 몇몇 리눅스 배포판에서는 ls 명령을 실행할 경우 디렉토리의 파일에 대한 i-노드 정보의 접근을 요구하는 플래그(예: -F)를 포함해서 실행하도록 에일리어스(alias)되어 있고, 이런 동작은 디렉토리에서 실행 권한을 요구한다는 사실을 알아두기 바란다. 순수한 ls를 사용함을 보장하기 위해서는 명령의 전체 경로명(/bin/ls)을 명시하거나 ls 명령 앞에 백슬래시(\)를 붙여서 에일리어스 치환을 막으면 된다.

- 쓰기: 디렉토리에서 파일을 생성하고 제거할 수 있다. 파일을 삭제하기 위해서 파일 자체에 어떤 권한을 가질 필요는 없다.
- 실행: 디렉토리 내의 파일에 접근할 수 있다. 디렉토리에서 실행 권한은 검색search 권한이라고도 한다.

파일에 접근할 때, 실행 권한은 경로명에 나열되는 모든 디렉토리에서 요구된다. 예를 들면, 파일 /home/mtk/x를 읽으려면 /와 /home, /home/mtk에 모두 실행 권한(또한 파일 x 자체의 읽기 권한)이 필요하다. 현재 작업 디렉토리가 /home/mtk/sub1이고 상대 경로명 ../sub2/x에 접근하려고 한다면, /home/mtk와 /home/mtk/sub2에 접근 권한이 필요하다(하지만 /나 /home은 필요하지 않다).

디렉토리에서 읽기 권한은 단지 디렉토리 내의 파일이름 목록을 볼 수 있게 해줄 뿐이다. 디렉토리의 내용이나 파일의 i-노드 정보에 접근하려면 디렉토리에서 실행 권한이 필요하다.

반대로 디렉토리에 실행 권한이 있지만 읽기 권한이 없는 경우, 이름을 알고 있는 파일에 접근할 수는 있지만 디렉토리의 파일 목록(즉 이름을 모르는 파일)을 볼 수는 없다. 이런 동작은 간단하고, 공용 디렉토리public directory 내용에 대한 접근 제어 기법에 자주 사용된다.

디렉토리에 파일을 추가하거나 제거하려면, 실행과 쓰기 권한이 모두 요구된다.

### 15.4.3 권한 검사 알고리즘

파일이나 디렉토리에 접근하는 시스템 호출에서 경로명이 명시된 경우에는 언제나 커널이 파일 권한을 검사한다. 시스템 호출에 주어진 경로명에 디렉토리 접두어가 있다면, 파일 자체에 요구되는 권한을 검사하는 것 외에도 커널은 이 접두어의 디렉토리 각각의 실행 권한도 검사한다. 권한 검사는 프로세스의 유효 사용자 ID와 유효 그룹 ID, 추가 그룹 ID를 사용해 수행된다(정확하게 말하자면, 9.5절에서 설명했듯이 리눅스에서의 파일 권한 검사에는 유효 ID 대신 파일 시스템 사용자와 그룹 ID가 사용된다).

> open()으로 파일이 열리면, 리턴된 파일 디스크립터로 작업(read(), write(), fstat(), fcntl(), mmap() 등)하는 차후의 시스템 호출에 대해서는 아무런 권한 검사가 실행되지 않는다.

권한 검사 시에 커널에 의해 적용되는 규칙은 다음과 같다.

1. 프로세스가 특권을 갖고 있으면, 모든 권한은 허용된다.
2. 프로세스의 유효 사용자 ID가 파일의 사용자 ID(소유자)와 동일한 경우, 파일의 소유자 권한에 따라서 접근이 허용된다. 예를 들어 소유자 읽기 권한 비트가 파일 권한 마스크에서 활성화된 경우 읽기 권한은 허용되고, 그렇지 않은 경우 허용되지 않는다.
3. 프로세스의 유효 그룹 ID나 프로세스의 추가적인 그룹 ID가 파일의 그룹 ID(그룹 소유자)와 일치하는 경우, 파일의 그룹 권한에 따라서 접근이 허용된다.
4. 그렇지 않은 경우, 파일의 기타 권한에 의해 접근이 허용된다.

> 커널 코드에서 위의 테스트가 실질적으로 구성이 되고, 따라서 프로세스가 특권이 있는지에 대한 검사는 프로세스가 다른 테스트 중의 하나를 통해 필요한 권한을 허용하지 않는 경우에만 실행된다. 이 동작은 프로세스가 슈퍼유저 특권을 사용하는지 가리키는(28.1절 참조) ASU 프로세스 계정 플래그를 불필요하게 설정하는 것을 회피하기 위해 실행된다.

소유자와 그룹, 기타 권한의 검사는 순서대로 이뤄지며, 적절한 규칙이 발견되는 즉시 검사는 멈춘다. 이런 동작은 예상치 못한 결과를 초래할 수도 있다. 예를 들어 그룹의 권한이 소유자의 권한을 넘어서는 경우, 소유자는 실질적으로 파일 그룹의 멤버보다 파일에 대해 더 작은 권한을 가질 것이다. 다음은 이런 내용을 설명하는 예다.

```
$ echo 'Hello world' > a.txt
$ ls -l a.txt
```

```
-rw-r--r--    1 mtk     users    12 Jun 18 12:26 a.txt
$ chmod u-rw a.txt                          소유자로부터 읽기와 쓰기 권한을 제거
$ ls -l a.txt
----r--r--    1 mtk     users    12 Jun 18 12:26 a.txt
$ cat a.txt
cat: a.txt: Permission denied               소유자는 더 이상 파일을 읽을 수 없다.
$ su avr                                    다른 사람으로 변경...
Password:
$ groups                                    그룹에서 누가 파일을 소유하고 있는가...
users staff teach cs
$ cat a.txt                                 따라서 파일을 읽을 수 있다.
Hello world
```

기타 사용자에게 소유자나 그룹보다 더 많은 권한을 허용한다면, 유사한 관점이 적용된다.

파일 권한과 소유권 정보는 파일 i-노드 내에 유지되기 때문에, 동일한 i-노드를 참조하는 모든 파일이름(링크)은 이 정보를 공유한다.

리눅스 2.6은 ACLaccess control list을 제공하고, 이는 사용자별, 혹은 그룹 파일 권한을 정의할 수 있다. 파일이 ACL을 갖는다면, 위 알고리즘의 수정된 버전이 사용된다. ACL은 17장에서 설명한다.

### 특권 프로세스를 위한 권한 검사

프로세스가 특권을 가진 경우, 권한 검사 시에 모든 접근이 허용된다는 사실을 앞서 살펴봤다. 여기에 단서 하나를 붙일 필요가 있다. 디렉토리가 아닌 파일에 대해, 리눅스는 적어도 해당 파일의 권한 범주 중의 하나로 허용된 경우에만 특권 프로세스에 실행 권한을 허용한다. 다른 몇몇 유닉스 구현에서 특권 프로세스는 실행 권한이 권한 범주에 속하지 않을 경우에도 파일을 실행할 수 있다. 디렉토리에 접근할 때, 특권 프로세스는 항상 실행(검색) 권한이 허용된다.

> 두 가지 리눅스 프로세스 능력 기능인 CAP_DAC_READ_SEARCH와 CAP_DAC_OVERRIDE(34.2절 참조)에 기반해 특권 프로세스를 다시 설명할 수 있다. CAP_DAC_READ_SEARCH 능력 기능을 가진 프로세스는 항상 모든 파일 형식에 읽기 권한을 갖고 있으며, 디렉토리에는 읽기와 실행 권한을 갖는다(즉 항상 디렉토리 내의 파일에 접근할 수 있고, 디렉토리에서 파일 목록을 읽을 수 있다). CAP_DAC_OVERRIDE 능력 기능을 가진 프로세스는 항상 모든 파일 형식에 읽기와 쓰기 권한을 갖고 있고, 파일이 디렉토리인 경우나 그 파일에 대해 실행 권한이 권한 범주 중 적어도 하나에 허용된 경우에 실행 권한도 갖는다.

### 15.4.4 파일 접근권 검사: access()

15.4.3절에서 언급했듯이 유효 사용자와 그룹 ID, 그리고 추가적인 그룹 ID는 파일에 접근할 때 프로세스가 지니고 있는 권한을 결정하는 데 사용된다. 하나의 프로그램(예를 들면, set-user-ID나 set-group-ID 프로그램)에 대해 프로세스의 실제 사용자와 그룹 ID에 기반한 파일 접근을 검사할 수도 있다.

access() 시스템 호출은 프로세스의 실제 사용자와 그룹 ID(그리고 추가적인 그룹 ID)에 기반해서 pathname에 명시된 파일의 접근성을 검사한다.

```
#include <unistd.h>

int access(const char *pathname, int mode);
```

모든 권한이 허용된 경우 0을 리턴하고, 그렇지 않으면 -1을 리턴한다.

pathname이 심볼릭 링크인 경우, access()는 그 링크를 역참조한다.

mode 인자는 표 15-5에 나온 상수를 1개 혹은 그 이상을 OR 연산한 비트 마스크다. mode에 명시된 모든 권한은 pathname에 허용되고, access()는 0을 리턴한다. 그리고 적어도 요청된 권한 중 하나가 허용되지 않는 경우(또는 에러가 발생한 경우), access()는 -1을 리턴한다.

표 15-5 access()의 mode 상수값

| 상수 | 설명 |
|---|---|
| F_OK | 파일이 존재하는가? |
| R_OK | 파일을 읽을 수 있는가? |
| W_OK | 파일에 쓸 수 있는가? |
| X_OK | 파일을 실행할 수 있는가? |

access() 호출과 파일의 다음 오퍼레이션 간의 시간차는 (간격이 얼마나 짧은지에 상관없이) access()에 의해 리턴된 정보가 이후의 오퍼레이션을 실행하는 시점에도 여전히 참인지의 여부는 보장되지 않는다는 뜻이다. 어떤 응용 프로그램 설계에서는 이런 상황이 보안 문제를 야기할 수 있다.

예를 들어 파일이 프로그램의 실제 사용자 ID에 접근할 수 있는지 검사하는 access()를 사용하는 set-user-ID-root 프로그램을 갖고 있고, 파일에 어떤 오퍼레이션(예: open(), exec())을 실행한다고 가정해보자.

문제는 access()에 주어진 경로명이 심볼릭 링크이고, 악의적인 사용자가 링크를 변경함으로써 두 번째 단계 이전에 다른 파일을 참조한다면, set-user-ID-root는 실제 사용자 ID가 권한을 갖고 있지 않은 파일에 오퍼레이션을 수행할 것이다(이런 동작은 33.6절에 기술한 검사 시간time-of-check과 사용 시간time-of-use 경쟁 상태의 예다). 이런 이유로 인해서 추천되는 방법은 access()의 사용을 피하는 것이다([Borisov, 2005] 참조). 방금 설명한 예에서 원하는 오퍼레이션(예: open(), exec())을 시도하는 set-user-ID 프로세스의 유효(또는 파일 시스템) 사용자 ID를 일시적으로 변경하고, 그 후에 권한 문제에 의해 오퍼레이션이 실패했는지 여부를 판단하기 위해 리턴된 값과 errno를 검사함으로써 앞에 설명한 예를 실험해볼 수 있다.

> GNU C 라이브러리는 프로세스의 유효 사용자 ID를 사용해 파일 접근 권한을 검사하는 유사한 비표준 함수 euidaccess()(또는 동의어인 eaccess())를 제공한다.

### 15.4.5 set-user-ID, set-group-ID, 스티키 비트

소유자와 그룹, 기타 권한용으로 사용되는 9비트와 더불어 파일 권한 마스크에는 set-user-ID(비트 04000), set-group-ID(비트 02000), 스티키(비트 01000) 비트라는 3개의 비트가 더 있다. 이미 9.3절에서 특권 프로그램을 생성하기 위해 set-user-ID와 set-group-ID 권한 비트의 사용을 논의한 적이 있다. set-group-ID 비트는 다음 두 가지 목적으로도 쓰인다. 즉 nogrpid 옵션으로 마운트된 디렉토리에서 생성된 새로운 파일의 그룹 소유권을 제어(15.3.1절 참조)하고, 파일에 의무적 잠금을 활성화하는 것이다. 이 절의 나머지 부분에서는 스티키 비트의 사용에 관해 설명한다.

예전의 유닉스 구현에서 스티키 비트는 공통적으로 사용되는 프로그램을 더욱 빠르게 실행하는 방법으로서 제공됐다. 스티키 비트가 프로그램 파일에 설정된 경우, 프로그램이 처음 실행될 때 프로그램의 복사본이 스왑 영역에 저장된다. 따라서 스왑 영역에 저장되어 있고, 이후의 실행에서 더욱 빨리 로드된다. 현대의 유닉스 구현은 메모리 관리 시스템이 더욱 정교하므로, 더 이상 이런 목적으로는 스티키 권한 비트를 사용하지 않는다.

> 표 15-4에 나타난 스티키 권한 비트의 상수 이름인 S_ISVTX는 스티키 비트의 대체 이름인 saved-text 비트에서 따왔다.

현대의 유닉스 구현(리눅스 포함)에서 스티키 비트는 꽤나 다른 목적으로 사용된다. 디렉토리에 대해 스티키 비트는 제한된 삭제 플래그로서 동작한다. 디렉토리에 스티키 비트를 설정하면, 디렉토리에 쓰기 권한이 있고 해당 파일이나 디렉토리를 소유한 경우에만 비특권 프로세스가 해당 디렉토리에서 파일의 링크를 해제하고(unlink()와 rmdir()), 이름을 변경(rename())할 수 있다(CAP_FOWNER 능력 기능을 가진 프로세스는 후자의 소유권 검사를 생략할 수 있다). 이 동작은 디렉토리에서 본인의 파일은 생성하고 삭제할 수 있지만 다른 사용자가 소유한 파일은 지울 수 없는 많은 사용자에 의해 공유된 디렉토리를 생성할 수 있게 한다. 스티키 권한 비트는 이런 이유로 /tmp 디렉토리에 공통적으로 설정된다.

파일의 스티키 권한 비트는 chmod 명령(chmod +t 파일명)이나 chmod() 시스템 호출을 통해 설정된다. 파일의 스티키 비트가 설정되면, ls -l은 기타 실행 권한 필드에 소문자나 대문자 T를 보여준다. 이는 다음과 같이 기타 실행 권한 비트가 활성화되어 있는지 여부에 따른다.

```
$ touch tfile
$ ls -l tfile
-rw-r--r--    1 mtk     users      0 Jun 23 14:44 tfile
$ chmod +t tfile
$ ls -l tfile
-rw-r--r-T    1 mtk     users      0 Jun 23 14:44 tfile
$ chmod o+x tfile
$ ls -l tfile
-rw-r--r-t    1 mtk     users      0 Jun 23 14:44 tfile
```

### 15.4.6 프로세스 파일 모드 생성 마스크: umask()

이제 새롭게 생성된 파일이나 디렉토리의 권한에 대해 더욱 자세히 살펴본다. 새로운 파일에 대해 커널은 open()이나 create()의 mode 인자에 명시된 권한을 사용한다. 새로운 디렉토리에 대해서는 mkdir()의 mode 인자에 따라서 설정된다. 그러나 이런 설정은 umask로도 알려진 파일 모드 생성 마스크에 의해 수정된다. umask는 새로운 파일이나 디렉토리가 프로세스에 의해 생성될 때 어떤 권한 비트가 항상 비활성화돼야 하는지 명시한다.

종종 프로세스는 부모 셸에서 상속한 umask를 그냥 사용하며, 이는 사용자가 셸 프로세스의 umask를 변경하는 셸에 내장된 umask 명령을 사용해 셸에서 실행되는 프로그램의 umask를 제어할 수 있게 하는 (일반적으로 원하는) 결과를 가져온다.

대부분의 셸에서 초기 생성 파일은 기본값으로 8진수인 022(----w--w-)의 기본 umask를 설정한다. 이 값은 그룹과 기타 사용자에 대해 항상 쓰기 권한이 비활성화돼야 함을 명시한다. 따라서 open() 호출에서 mode 인자는 0666(즉 일반적으로 읽기와 쓰기가 모든 사용자에게 허용된다)이라 가정하면, 소유자는 읽기와 쓰기 권한으로 생성되고, 그 외의 사용자(그룹과 기타 사용자)는 읽기 권한만을 갖는다(즉 ls -l에서 rw-r--r--로 표기됨). 동일하게 mkdir()의 mode 인자가 0777(즉 모든 권한이 모든 사용자에게 허용)이라고 가정하면, 새로운 디렉토리에 대해 소유자에게는 모든 권한이 허용되어 생성되며, 그룹과 기타는 읽기와 실행 권한만을 갖게 된다(즉 rwxr-xr-x).

umask() 시스템 호출은 mask에 명시된 값으로 프로세스의 umask를 변경한다.

```
#include <sys/stat.h>

mode_t umask(mode_t mask);
```

항상 이전 프로세스의 umask 값을 성공적으로 리턴한다.

mask 인자는 8진수나 표 15-4에 나타난 상수의 OR 연산(|)에 의해 명시될 수 있다.

umask() 호출은 항상 성공적이며, 이전 umask를 리턴한다.

리스트 15-5는 open(), mkdir()과 함께 umask()의 사용법을 설명한다. 이 프로그램을 실행할 때 다음과 같은 과정을 확인할 수 있다.

```
$ ./t_umask
Requested file perms:  rw-rw----            요청된 값
Process umask:         ----wx-wx            거부된 값
Actual file perms:     rw-r-----            결과값

Requested dir. perms: rwxrwxrwx
Process umask:         ----wx-wx
Actual dir. perms:     rwxr--r--
```

리스트 15-5에서 디렉토리를 생성하고 제거하기 위해 mkdir()과 rmdir() 시스템 호출을 사용하고, 파일을 제거하기 위해 unlink() 시스템 호출을 사용한다. 18장에서 이러한 시스템 호출에 대해 설명한다.

**리스트 15-5** umask() 사용 예

files/t_umask.c

```
#include <sys/stat.h>
#include <fcntl.h>
#include "file_perms.h"
#include "tlpi_hdr.h"

#define MYFILE "myfile"
#define MYDIR  "mydir"
#define FILE_PERMS    (S_IRUSR | S_IWUSR | S_IRGRP | S_IWGRP)
#define DIR_PERMS     (S_IRWXU | S_IRWXG | S_IRWXO)
#define UMASK_SETTING (S_IWGRP | S_IXGRP | S_IWOTH | S_IXOTH)

int
main(int argc, char *argv[])
{
    int fd;
    struct stat sb;
    mode_t u;

    umask(UMASK_SETTING);

    fd = open(MYFILE, O_RDWR | O_CREAT | O_EXCL, FILE_PERMS);
    if (fd == -1)
        errExit("open-%s", MYFILE);
    if (mkdir(MYDIR, DIR_PERMS) == -1)
        errExit("mkdir-%s", MYDIR);

    u = umask(0);       /* umask 값 추출(그리고 삭제) */

    if (stat(MYFILE, &sb) == -1)
        errExit("stat-%s", MYFILE);
    printf("Requested file perms: %s\n", filePermStr(FILE_PERMS, 0));
    printf("Process umask:        %s\n", filePermStr(u, 0));
    printf("Actual file perms:    %s\n\n", filePermStr(sb.st_mode, 0));

    if (stat(MYDIR, &sb) == -1)
        errExit("stat-%s", MYDIR);
    printf("Requested dir. perms: %s\n", filePermStr(DIR_PERMS, 0));
    printf("Process umask:        %s\n", filePermStr(u, 0));
    printf("Actual dir. perms:    %s\n", filePermStr(sb.st_mode, 0));

    if (unlink(MYFILE) == -1)
        errMsg("unlink-%s", MYFILE);
    if (rmdir(MYDIR) == -1)
        errMsg("rmdir-%s", MYDIR);
    exit(EXIT_SUCCESS);
}
```

### 15.4.7 파일 권한 변경: chmod()와 fchmod()

chmod()와 fchmod() 시스템 호출은 파일의 권한을 변경한다.

```
#include <sys/stat.h>

int chmod(const char *pathname, mode_t mode);

#define _XOPEN_SOURCE 500      /* 또는 #define _BSD_SOURCE */
#include <sys/stat.h>

int fchmod(int fd, mode_t mode);
```

성공하면 0을 리턴하고, 에러가 발생하면 –1을 리턴한다.

chmod() 시스템 호출은 pathname에 명명된 파일의 권한을 변경한다. 이 인자가 심볼릭 링크라면, chmod()는 링크 자체의 권한 말고 실제로 참조하고 있는 파일의 권한을 변경한다(심볼릭 링크는 항상 모든 사용자에 대해 읽기와 쓰기, 실행 권한이 활성화되어 생성되고, 이런 권한은 변경될 수 없다. 이런 권한은 링크를 역참조할 때 무시된다).

fchmod() 시스템 호출은 열린 파일 디스크립터 fd에 의해 참조된 파일의 권한을 변경한다.

mode 인자는 (8진) 숫자나 표 15-4에 나열된 권한 비트를 OR 연산한 마스크로 파일의 새로운 권한을 명시한다. 파일에 대한 권한을 변경하려면, 프로세스가 특권을 갖고 있거나(CAP_FOWNER), 유효 사용자 ID가 파일의 소유자(사용자 ID)와 일치해야만 한다(리눅스에서 비특권 프로세스에 대해 정확하게 말하자면, 파일의 사용자 ID와 일치해야 하는 것은 유효 사용자 ID가 아닌 시스템 사용자 ID다. 관련 내용은 9.5절을 참조하라).

모든 사용자에 대해 읽기 권한만을 허용하는 파일 권한을 설정하기 위해서는 다음과 같은 호출을 사용할 수 있다.

```
if (chmod("myfile", S_IRUSR | S_IRGRP | S_IROTH) == -1)
    errExit("chmod");
/* 또는 동일하게: chmod("myfile", 0444); */
```

파일 권한의 선택된 비트를 수정하려면, 다음에 나타낸 것과 같이 우선 stat()를 사용해 현재 권한을 추출한 다음, 변경하고자 하는 비트로 바꾸고, 권한을 갱신하기 위해 chmod()를 사용한다.

```
struct stat sb;
mode_t mode;
```

```
if (stat("myfile", &sb) == -1)
    errExit("stat");
mode = (sb.st_mode | S_IWUSR) & ~S_IROTH;
    /* 소유자-쓰기 허용, 기타-읽기 허가 해제, 나머지는 변경하지 않음 */
if (chmod("myfile", mode) == -1)
    errExit("chmod");
```

위의 예는 다음과 같은 셸 명령과 일치한다.

```
$ chmod u+w,o-r myfile
```

15.3.1절에서 디렉토리가 -o bsdgroups 옵션으로 마운트되거나, -o sysvgroups 옵션과 set-group-ID 권한 비트가 활성화된 ext2 시스템에 있다면, 그 디렉토리에서 새롭게 생성된 파일은 생성 프로세스의 유효 그룹 ID가 아닌 부모 디렉토리에서 소유권을 취한다. 그러한 파일의 그룹 ID가 생성 프로세스의 어떠한 그룹 ID와도 일치하지 않는 경우가 될 것이다. 이러한 이유로 (CAP_FSETID 능력 기능이 없는) 비특권 프로세스는 어떠한 추가적인 그룹 ID나 유효 그룹 ID와 일치하지 않는 그룹 ID를 갖는 파일에 chmod() (또는 fchmod())를 호출한다. 이런 동작은 어떤 사용자가 속하지 않은 그룹에 대해 set-group-ID 프로그램을 생성하는 경우로부터 보호하고자 설계된 보안 관련 사항이다. 다음 셸 명령은 보안 문제로 방지되는 동작을 이용하려는 시도를 보여준다.

```
$ mount | grep test                /test는 -o bsdgroups로 마운트된다.
/dev/sda9 on /test type ext3 (rw,bsdgroups)
$ ls -ld /test                     디렉토리는 GID 루트를 가지며, 누구나 쓸 수 있다.
drwxrwxrwx   3 root    root     4096 Jun 30 20:11 /test
$ id                               나는 일반 사용자이며, 루트 그룹이 아니다.
uid=1000(mtk) gid=100(users) groups=100(users),101(staff),104(teach)
$ cd /test
$ cp ~/myprog .                    여기서 해가 되는 프로그램을 복사
$ ls -l myprog                     루트 그룹에 속한다.
-rwxr-xr-x   1 mtk     root     19684 Jun 30 20:43 myprog
$ chmod g+s myprog                 set-group-ID로 root로 만들 수 있는가?
$ ls -l myprog                     안 된다.
-rwxr-xr-x   1 mtk     root     19684 Jun 30 20:43 myprog
```

## 15.5 i-노드 플래그(ext2 확장 파일 속성)

몇몇 리눅스 파일 시스템은 파일과 디렉토리에 설정되는 여러 가지 i-노드 플래그를 허용한다. 이런 특성은 표준이 아닌 리눅스 확장이다.

> 현대의 BSD는 chflags(1)과 chflags(2)를 사용해 설정하는 파일 플래그의 형태로 i-노드 플래그에 유사한 특성을 제공한다.

i-노드 플래그를 지원하는 첫 번째 리눅스 파일 시스템은 ext2였고, 이 플래그는 ext2 확장 파일 속성extended file attribute이라고도 한다. 이후에 i-노드 플래그는 Btrfs, ext3, ext4, Reiserfs(리눅스 2.4.19부터), XFS(리눅스 2.4.25와 2.6부터), JFS(리눅스 2.6.17부터) 등의 파일 시스템에도 추가됐다.

> 지원되는 i-노드 플래그의 범위는 여러 파일 시스템에 걸쳐서 다양하다. Reiserfs 파일 시스템에서 i-노드 플래그를 사용하려면, 파일 시스템을 마운트할 때 mount -o attrs 옵션을 사용해야 한다.

셸에서 i-노드 플래그는 `chattr`과 `lsattr` 명령을 사용해 설정하고, 확인할 수 있다. 다음은 그 예다.

```
$ lsattr myfile
-------- myfile
$ chattr +ai myfile                 오직 추가와 불변(immutable) 플래그 활성화
$ lsattr myfile
----ia-- myfile
```

프로그램 내에서 i-노드 플래그는 추출될 수 있고, `ioctl()` 시스템 호출을 사용해 수정될 수 있다. 자세한 내용은 곧 살펴볼 것이다.

i-노드 플래그는 일반 파일과 디렉토리 모두에 설정될 수 있다. 대부분의 i-노드 플래그는 일반 파일을 대상으로 사용되지만, 몇몇은 디렉토리에도(또는 디렉토리에만) 의미를 갖는다. 표 15-6에 가용한 i-노드 플래그의 범위가 요약되어 있는데, `ioctl()` 호출 시 프로그램에서 사용되는 해당 플래그 이름(`<linux/fs.h>`에 정의)과 `chattr` 명령에 사용되는 옵션 문자를 보여준다.

> 리눅스 2.6.19 이전에는 표 15-6의 FS_* 상수가 〈linux/fs.h〉에 정의되어 있지 않았다. 대신에, 모두 동일한 값을 갖는 파일 시스템의 상수 이름을 정의한 파일 시스템의 헤더 파일 집합이 있었다. 따라서 ext2에는 〈linux/ext2_fs.h〉에 정의된 EXT2_APPEND_FL이 있으며, Reiserfs에는 〈linux/reiser_fs.h〉에서 동일한 값으로 정의된 REISERFS_APPEND_FL 등이 있다. 각 헤더 파일은 동일한 값으로 해당되는 상수를 정의하기 때문에, 〈linux/fs.h〉에서 정의를 제공하지 않는 예전 시스템에서는 파일 시스템에 관련된 이름을 사용하는 모든 헤더 파일을 포함할 수가 있다.

표 15-6 i-노드 플래그

| 상수 | chattr 옵션 | 목적 |
|---|---|---|
| FS_APPEND_FL | a | 추가만 허용(특권 필요) |
| FS_COMPR_FL | c | 파일 압축 활성화(구현 안 됨) |
| FS_DIRSYNC_FL | D | 동기 디렉토리 갱신(리눅스 2.6부터) |
| FS_IMMUTABLE_FL | i | 불변(특권 필요) |
| FS_JOURNAL_DATA_FL | j | 데이터 저널링 활성화(특권 필요) |
| FS_NOATIME_FL | A | 파일의 최종 접근 시간 갱신하지 않음 |
| FS_NODUMP_FL | d | 덤프 허용 안 됨 |
| FS_NOTAIL_FL | t | 테일 패킹(tail packing) 허용 안 됨 |
| FS_SECRM_FL | s | 안전한 삭제(구현 안 됨) |
| FS_SYNC_FL | S | 동기 파일(그리고 디렉토리) 갱신 |
| FS_TOPDIR_FL | T | Orlov(리눅스 2.6부터)에 대해 최상위 디렉토리로 취급 |
| FS_UNRM_FL | u | 파일의 삭제 취소 가능(구현 안 됨) |

여러 가지 FS_* 플래그와 그 의미는 다음과 같다.

- FS_APPEND_FL: O_APPEND 플래그가 명시된 경우에, 파일은 쓰기에 대해서만 열 수 있다(따라서 파일의 끝에 추가하도록 모든 파일 갱신을 강제함). 예를 들면, 이 플래그는 로그 파일을 위해 사용될 수 있다. 특권 프로세스(CAP_LINUX_IMMUTABLE)만 이 플래그를 설정할 수 있다.
- FS_COMPR_FL: 파일을 디스크에 압축된 포맷으로 저장한다. 이 기능은 주요 원시 리눅스 파일 시스템의 어느 부분에도 표준으로서 구현되지는 않았다(ext2와 ext3에 이 기능을 구현한 패키지가 있다). 디스크 공간의 부하, 압축과 해제에 포함되는 CPU 오버헤드, 그리고 파일을 압축할 경우 (lseek()를 통해) 파일 내용에 임의로 접근하는 일이 더 이상 간단한 문제가 아니기 때문에, 파일 압축은 많은 응용 프로그램에서 요구되지 않는다.
- FS_DIRSYNC_FL(리눅스 2.6부터): 디렉토리 갱신을 동기화한다(예: open(pathname, O_CREAT), link(), unlink(), mkdir()). 이는 13.3절에서 설명한 동기 파일 갱신과 동일하다. 동기 파일 갱신과 마찬가지로, 동기 디렉토리 갱신과 연관성이 있는 성능에 영향이 있다. 이 설정은 디렉토리에만 적용될 수 있다(14.8.1절에서 설명한 MS_DIRSYNC 마운트 플래그는 유사한 기능을 제공하지만, 마운트별로 적용된다).

- FS_IMMUTABLE_FL: 파일을 불변성으로 만든다. 파일 데이터는 (write()와 truncate()를 이용해) 갱신될 수 없고, 메타데이터 변경은 저지된다(예: chmod(), chown(), unlink(), link(), rename(), rmdir(), utime(), setxattr(), removexattr()). 특권(CAP_LINUX_IMMUTABLE) 프로세스만 파일을 위해 이 플래그를 설정할 수 있다. 이 플래그가 설정되면, 특권 프로세스라도 파일 내용이나 메타데이터를 변경할 수 없다.
- FS_JOURNAL_DATA_FL: 데이터의 저널링을 활성화한다. 이 플래그는 ext3와 ext4 파일 시스템에서만 지원된다. 이런 파일 시스템은 저널journal, 순서화ordered, 되쓰기writeback라는 세 단계의 저널링을 제공한다. 모든 모드가 파일 메타데이터에 갱신을 저널(기록)하지만, 저널 모드는 추가적으로 파일 데이터 갱신을 저널링한다. 순서화나 되쓰기 모드의 저널링을 하는 파일 시스템에서 특권(CAP_SYS_RESOURCE) 프로세스는 이 플래그를 설정함으로써 파일별 데이터 갱신의 저널링을 가능하게 할 수 있다(mount(8) 매뉴얼 페이지에 순서화와 되쓰기 모드의 차이점이 설명되어 있다).
- FS_NOATIME_FL: 파일에 접근할 때, 파일의 마지막 접근 시간을 갱신하지 않는다. 이 플래그를 사용하면 파일에 접근할 때마다 파일의 i-노드를 갱신할 필요가 없어지며, 따라서 I/O 성능이 개선된다(14.8.1절의 MS_NOATIME 플래그 설명을 참조하기 바란다).
- FS_NODUMP_FL: dump(8)을 사용해 만들어진 백업에 이 파일을 포함한다. 이 플래그의 효과는 dump(8) 매뉴얼 페이지에 기술된 -h 옵션에 의존한다.
- FS_NOTAIL_FL: 테일 패킹tail packing을 금지한다. 이 플래그는 Reiserfs 파일 시스템에서만 지원된다. 이 플래그는 파일 메타데이터와 동일한 디스크 블록에 작은 파일(그리고 큰 파일의 마지막 조각)을 넣으려고 하는 Reiserfs 테일 패킹을 금지한다. 테일 패킹은 mount -notail 옵션으로 마운트함으로써 전체 Reiserfs 파일 시스템에 대해 금지할 수도 있다.
- FS_SECRM_FL: 파일을 안전하게 삭제한다. 이런 구현되지 않은 기능의 의도된 목적은 삭제될 때 파일이 안전하게 삭제된다는 것이며, 이는 디스크 스캔 프로그램이 읽기나 재생성하는 것을 방지하기 위해 재작성된다는 뜻이다(실제 안전한 삭제에 관한 이슈는 더욱 복잡하다. 즉 이전에 기록된 데이터를 안전하게 지우기 위해 전자적인 미디어magnetic media에 여러 번의 쓰기를 요구할 수 있다. [Gutmann, 1996]을 참조하기 바란다).

- FS_SYNC_FL: 파일 갱신을 동기화한다. 파일에 적용되면 이 플래그는 파일의 쓰기를 동기화한다(O_SYNC 플래그가 모든 열린 파일에 명시된 것과 같다). 디렉토리에 적용되면, 이 플래그는 동기 디렉토리 갱신 플래그와 동일한 효과를 갖는다.
- FS_TOPDIR_FL(리눅스 2.6 이후): Orlov 블록 할당 전략하에서 특별한 처리를 위해 디렉토리에 표시한다. Orlov 전략은 디스크 검색 시간이 향상되도록 디스크에 관련된 파일(예를 들면, 하나의 디렉토리 내의 파일)들을 서로 가깝게 위치시킬 가능성을 높이기 위한 ext2 블록 할당 전략의 수정사항이며, 이는 BSD에서 영감을 얻었다. 세부적인 내용은 [Corbet, 2002]와 [Kurmar, et al. 2008]을 참조하기 바란다. FS_TOPDIR_FL은 ext2와 후속 버전인 ext3, ext4에서만 효과가 있다.
- FS_UNRM_FL: 파일이 삭제된 경우 복구(삭제 취소)를 허용한다. 파일 복구 메커니즘은 커널 밖에서도 구현이 가능하기 때문에, 이 기능은 구현되지 않았다.

일반적으로 i-노드 플래그가 디렉토리에 설정된 경우, 그 디렉토리에서 생성되는 새로운 파일과 하부 디렉토리에 자동적으로 상속된다. 이런 규칙에 위배되는 경우는 다음과 같다.

- 디렉토리에만 적용될 수 있는 FS_DIRSYNC_FL(chattr +D) 플래그는 그 디렉토리에서 생성되는 하부 디렉토리에만 상속된다.
- FS_IMMUTABLE_FL(chattr +i) 플래그가 디렉토리에 적용될 때, 그 디렉토리 내에서 생성되는 파일과 하부 디렉토리에 상속되지 않는다. 이 플래그는 디렉토리에 추가되는 새로운 엔트리를 방지하기 때문이다.

프로그램 내에서 i-노드 플래그는 ioctl()의 FS_IOC_GETFLAGS와 FS_IOC_SETFLAGS 오퍼레이션을 이용해 추출되고 수정될 수 있다(이런 상수는 <linux/fs.h>에 정의되어 있다). 다음 코드는 열린 파일 디스크립터 fd에 의해 참조되는 파일의 FS_NOATIME_FL 플래그를 활성화하는 방법을 보여준다.

```
int attr;

if (ioctl(fd, FS_IOC_GETFLAGS, &attr) == -1)   /* 현재 플래그를 가져옴 */
    errExit("ioctl");
attr |= FS_NOATIME_FL;
if (ioctl(fd, FS_IOC_SETFLAGS, &attr) == -1) /* 플래그 갱신 */
    errExit("ioctl");
```

파일의 i-노드 플래그를 변경하려면, 프로세스의 유효 사용자 ID가 파일의 사용자 ID(소유자)와 일치하거나 프로세스가 특권(CAP_FOWNER)을 가져야만 한다(리눅스에서 비특권 프로세스에 대해 정확하게 말하자면, 파일의 사용자 ID와 일치해야 하는 것은 유효 사용자 ID가 아닌 시스템 사용자 ID다. 관련 내용은 9.5절에서 설명된다).

## 15.6 정리

stat() 시스템 호출은 파일에 관한 정보(메타데이터)를 추출하며, 대부분의 내용은 파일 i-노드에서 얻어진다. 이런 정보에는 소유권, 파일 권한, 파일 타임스탬프 등이 있다.

프로그램은 utime(), utimes()와 여러 가지 유사한 인터페이스를 통해 파일의 최종 접근 시간과 최종 수정 시간을 갱신한다.

각 파일은 관련된 사용자 ID(소유자)와 그룹 ID뿐만 아니라 권한 비트를 갖는다. 권한의 목적에 따라, 파일 사용자는 소유자(사용자와 동일), 그룹, 기타의 세 가지 범주로 나뉜다. 읽기와 쓰기, 실행으로 나뉘는 세 가지 권한이 각 사용자 범주에 허용될 것이다. 동일한 방법이 디렉토리에도 사용되지만, 권한 비트는 약간 다른 의미를 지닌다. chown()과 chmod() 시스템 호출은 파일의 소유권과 권한을 변경한다. 호출하는 프로세스가 파일을 생성할 때, umask() 시스템 호출은 항상 비활성화되어 있는 권한 비트의 마스크를 설정한다.

세 가지 추가적인 권한 비트가 파일과 디렉토리에 사용된다. set-user-ID와 set-group-ID 권한 비트는 (프로그램 파일의) 다른 유효 사용자나 그룹 식별자로 가정함으로써 실행 중인 프로세스가 특권을 얻도록 하는 프로그램을 생성하기 위해 프로그램 파일에 적용된다. nogrpid(sysvgroups) 옵션을 사용해 마운트된 파일 시스템에 있는 디렉토리에 대해, set-group-ID 권한 비트는 디렉토리에 새로 생성된 파일이 프로세스의 유효 그룹 ID나 부모 디렉토리의 그룹 ID로부터 그룹 ID를 상속하는지 여부를 제어하는 데 사용될 수 있다. 스티키 권한 비트가 디렉토리에 적용될 때는, 제한된 제거 플래그로 동작한다.

i-노드 플래그는 파일과 디렉토리의 여러 가지 동작을 제어한다. 원래 ext2를 위해 정의됐지만, 현재는 여러 파일 시스템에서 지원된다.

## 15.7 연습문제

**15-1.** 15.4절은 여러 가지 파일 시스템 오퍼레이션에 요구되는 권한을 설명하고 있다. 다음의 질문에 답하기 위해 셸 명령이나 프로그램을 작성하라.

a) 파일에서 모든 소유자 권한을 제거하면 그룹이나 기타 사용자가 접근권을 갖고 있더라도 파일 소유자 접근을 거부한다.

b) 읽기 권한은 있지만 실행 권한은 없는 디렉토리에서, 파일이름의 목록은 확인할 수 있지만, 파일의 권한과 상관없이 파일 자체에 대한 접근은 불가능하다.

c) 새로운 파일을 생성하고, 읽기 위해 열고, 쓰기 위해 열고, 파일을 삭제하기 위해 부모 디렉토리와 파일 자체에 요구되는 권한은 무엇인가? 파일의 이름을 변경하기 위해 소스와 타깃 디렉토리에 요구되는 권한은 무엇인가? 이름 변경 오퍼레이션이 타깃 파일에 이미 존재한다면, 그 파일에 요구되는 권한은 무엇인가? 디렉토리의 스티키 권한 비트(`chmod +t`)를 설정하는 것이 어떻게 이름 변경과 삭제 오퍼레이션에 영향을 미치는가?

**15-2.** `stat()` 시스템 호출에 의해 파일의 세 가지 타임스탬프가 변경된다고 생각하는가? 만약 그렇지 않다면, 이유를 설명하라.

**15-3.** 리눅스 2.6을 구동하는 시스템에서, 리스트 15-1의 프로그램(t_stat.c)을 수정해 파일 타임스탬프가 나노초의 정확성으로 출력되게 하라.

**15-4.** `access()` 시스템 호출은 프로세스의 실제 사용자와 그룹 ID를 사용해 권한을 검사한다. 프로세스의 유효 사용자와 그룹 ID에 따라서 검사하는 동일한 함수를 작성하라.

**15-5.** 15.4.6절에서 살펴봤듯이, `umask()`는 항상 프로세스의 umask를 설정하고, 동시에 예전 umask의 복사본을 리턴한다. 현재 프로세스의 umask를 변경하지 않고 현재 값의 복사본을 획득할 수 있는 방법은 무엇인가?

**15-6.** '`chmod a+rX` 파일' 명령은 사용자의 모든 범주의 읽기 권한을 활성화하고, 비슷하게 파일이 디렉토리에 있는 경우 사용자의 모든 범주의 실행 권한을 활성화하고, 또는 실행 권한이 파일에 대한 모든 사용자 범주를 활성화한다. 이런 내용은 다음 예에서 보여준다.

```
$ ls -ld dir file prog
dr-------- 2 mtk users    48 May  4 12:28 dir
-r-------- 1 mtk users 19794 May  4 12:22 file
-r-x------ 1 mtk users 19336 May  4 12:21 prog
$ chmod a+rX dir file prog
$ ls -ld dir file prog
dr-xr-xr-x 2 mtk users    48 May  4 12:28 dir
-r--r--r-- 1 mtk users 19794 May  4 12:22 file
-r-xr-xr-x 1 mtk users 19336 May  4 12:21 prog
```

chmod a+rX와 동일한 동작을 실행하도록 stat()와 chmod()를 사용해 프로그램을 작성하라.

**15-7.** 파일 i-노드 플래그를 수정하는 chattr(1) 명령의 간단한 버전을 작성하라. chattr 명령행 인터페이스의 자세한 내용은 chattr(1) 매뉴얼 페이지를 참조하기 바란다(-R, -V, -v 옵션은 구현할 필요가 없다).

# 16

# 확장 속성

16장에서는 이름-값 쌍의 형태로 임의의 메타데이터를 파일 i-노드와 관련시키기 위해 허용하는 확장 속성EA, extended attribute에 대해 설명한다. 확장 속성은 리눅스 버전 2.6에서 추가됐다.

## 16.1 개요

확장 속성은 접근 제어 목록(17장 참조)과 파일 능력 기능(34장 참조)을 구현하는 데 사용된다. 그러나 확장 속성의 설계는 다른 목적으로도 사용할 수 있을 만큼 충분히 일반적이다. 예를 들면, 확장 속성은 파일 버전과 파일에 대한 MIME 형식과 문자 집합에 대한 정보나 그래픽 아이콘(의 포인터)을 기록하는 데 사용될 수 있다.

확장 속성은 SUSv3에는 기술되지 않는다. 그러나 유사한 기능이 몇몇 유닉스 구현에 제공되고, 특히 현대의 BSD(`extattr(2)` 참조)와 솔라리스 9 및 그 이후 버전(`fsattr(5)` 참조)이 이에 해당한다.

확장 속성은 하부 파일 시스템의 지원이 필요하다. 이런 지원은 Btrfs, ext2, ext3, ext4, JFS, Reiserfs, XFS에서 제공된다.

> 확장 속성의 지원은 각 파일 시스템에 따라 선택적이며, 커널 환경 설정 옵션(kernel configuration option)의 File systems 메뉴에서 제어된다. Reiserfs에서 확장 속성은 리눅스 2.6.7부터 지원된다.

### 확장 속성 이름 공간

확장 속성의 이름은 namespace.name 형태로 이뤄진다. 이름 공간namespace 부분은 확장 속성을 기능적으로 분리된 클래스로 구분한다. 이름name 부분은 주어진 이름 공간 내에서 확장 속성별로 고유하다.

이름 공간에는 사용자user, 신뢰성trusted, 시스템system, 보안security의 네 가지 값이 지원되는데, 이 네 종류의 확장 속성은 다음과 같이 사용된다.

- 사용자 확장 속성은 파일 권한 검사를 거쳐서 비특권 프로세스에 의해 조작될 수 있다. 즉 사용자 확장 속성의 값을 추출하려면 파일의 읽기 권한이 필요하며, 사용자 확장 속성의 값을 변경하려면 쓰기 권한이 필요하다(필요한 권한이 없는 경우 EACCES 에러가 발생한다). 사용자 확장 속성과 ext2, ext3, ext4, Reiserfs 파일 시스템의 파일을 관련시키기 위해서는, 다음과 같이 하부 파일 시스템은 user_xattr 옵션을 사용해 마운트돼야 한다.

```
$ mount -o user_xattr device directory
```

- 신뢰성 확장 속성은 사용자 확장 속성과 유사하고, 따라서 사용자 프로세스에 의해 조작이 가능하다. 차이점은 신뢰성 확장 속성을 조작하려면 프로세스가 특권(CAP_SYS_ADMIN)을 갖고 있어야 한다는 점이다.
- 시스템 확장 속성은 시스템 객체를 파일과 관련시키기 위해서 커널에 의해 사용된다. 현재 유일하게 지원되는 객체 형식은 접근 제어 목록이다(17장 참조).
- 보안 확장 속성은 운영체제 보안 모듈을 위한 파일 보안 레이블label을 저장하고, 기능과 실행 파일을 연관시키기 위해 사용된다(34.3.2절 참조). 보안 확장 속성은 최초에 SELinuxSecurity-Enhanced Linux(http://www.nsa.gov/research/selinux/)를 지원하기 위해 고안됐다.

i-노드는 동일한 이름 공간이나 다른 이름 공간에 여러 가지 관련된 확장 속성을 갖고 있을 것이다. 각 이름 공간 내에서 확장 속성 이름은 개별 집합이다. 사용자와 신뢰성 이름 공간에서, 확장 속성의 이름은 임의의 문자열이 될 수 있다. 시스템 이름 공간에서는 커널에 의해 명시적으로 허용된 이름(예를 들면, 접근 제어 목록을 위해 사용되는 이름)만이 허용된다.

> JFS는 여타 파일 시스템에서는 구현되지 않은 또 다른 이름 공간인 os2를 지원한다. os2 이름 공간은 레거시(legacy) OS/2 파일 시스템 확장 속성을 지원하기 위해 제공된다. 프로세스는 os2 확장 속성을 생성하기 위해 특권을 갖고 있을 필요가 없다.

## 셸에서의 확장 속성 생성과 확인

다음과 같이 셸에서 파일의 확장 속성을 설정하고 확인하기 위해 setfattr(1)과 getfattr(1)을 사용할 수 있다.

```
$ touch tfile
$ setfattr -n user.x -v "The past is not dead." tfile
$ setfattr -n user.y -v "In fact, it's not even past." tfile
$ getfattr -n user.x tfile              하나의 확장 속성의 값을 추출
# file: tfile                           getfattr의 정보 메시지
user.x="The past is not dead."          getfattr 명령이 각 파일의 속성 이후에 빈 줄을 출력

$ getfattr -d tfile                     모든 사용자 확장 속성의 값을 덤프
# file: tfile
user.x="The past is not dead."
user.y="In fact, it's not even past."

$ setfattr -n user.x tfile              확장 속성의 값을 빈 문자열로 변경
$ getfattr -d tfile
# file: tfile
user.x
user.y="In fact, it's not even past."

$ setfattr -x user.y tfile              확장 속성을 제거
$ getfattr -d tfile
# file: tfile
user.x
```

위의 셸 세션에서 설명하는 여러 가지 관점 중 하나는 확장 속성의 값은 빈 문자열일지도 모른다는 것이며, 이는 정의되지 않은 확장 속성과는 다르다(셸 세션의 마지막에 user.x의 값은 빈 문자열이며, user.y는 정의되지 않았다).

기본으로 getfattr은 사용자 확장 속성의 값만을 출력한다. -m 옵션은 출력될 확장 속성 이름을 선택하는 정규 표현식 패턴regular expression pattern을 명시하는 데 사용할 수 있다.

```
$ getfattr -m 'pattern' file
```

패턴의 기본값은 ^user\.이다. 다음 명령을 사용해 파일의 모든 확장 속성을 출력할 수 있다.

```
$ getfattr -m - file
```

## 16.2 확장 속성 구현 세부사항

이 절에서는 확장 속성의 구현에 대해 좀 더 자세히 설명한다.

### 사용자 확장 속성의 제한사항

사용자 확장 속성은 일반 파일과 디렉토리에만 부여할 수 있다. 그 밖의 파일 형식은 다음과 같은 이유로 제외된다.

- 심볼릭 링크의 경우, 모든 권한은 모든 사용자에 대해 활성화되며 이런 권한은 변경될 수 없다(심볼릭 링크 권한은 18.2절에 자세하게 나와 있듯이 리눅스에서는 아무런 의미가 없다). 이는 권한을 사용해, 임의의 사용자가 사용자 확장 속성을 심볼릭 링크에 두지 못하게 할 수 없다는 뜻이다. 이 문제의 해결 방법은 모든 사용자가 심볼릭 링크에서 사용자 확장 속성을 생성하지 못하게 하는 것이다.
- 디바이스 파일과 소켓, FIFO의 경우, 권한은 사용자가 하부 객체의 I/O 실행에 허용되는 접근을 제어한다. 사용자 확장 속성의 생성을 제어하는 이런 권한을 조작하는 것은 이런 목적과 상반된다.

더욱이 스티키 비트(15.4.5절 참조)가 디렉토리에 설정된 경우, 비특권 프로세스는 다른 사용자가 소유한 디렉토리에 사용자 확장 속성을 둘 수 없다. 이 동작은 임의의 사용자가 공개적으로 쓰기가 가능한 /tmp 같은 디렉토리에 확장 속성을 붙이는 것(그리고 임의의 사용자가 해당 디렉토리에서 확장 속성을 조작하도록 허용하는 것)을 막지만, 스티키 비트의 설정은 그 디렉토리에서 다른 사용자가 소유한 파일을 삭제하는 것을 막는 역할을 한다.

### 구현 제한사항

리눅스 VFS의 확장 속성 제한사항은 모든 파일 시스템에서 다음과 같다.

- 확장 속성 이름의 길이는 255문자로 제한된다.
- 확장 속성값은 64kB로 제한된다.

추가적으로 어떤 파일 시스템은 파일과 연관될 수 있는 확장 속성의 크기와 수에 더욱 많은 제한을 둔다.

- ext2, ext3, ext4의 경우, 파일의 모든 확장 속성의 이름과 값에 의해 사용되는 전체 바이트는 논리적인 디스크 블록 하나의 크기인 1024나 2048, 4096바이트로 제한된다(14.3절 참조).
- JFS의 경우, 파일의 이름과 값에 의해 사용되는 전체 바이트의 상한은 128kB다.

## 16.3 확장 속성 조작을 위한 시스템 호출

여기서는 확장 속성을 갱신하고 추출하며 제거하는 데 사용되는 시스템 호출을 살펴본다.

### 확장 속성의 생성과 수정

`setxattr()`, `lsetxattr()`, `fsetxattr()` 시스템 호출은 파일의 확장 속성 중 하나의 값을 설정한다.

```
#include <sys/xattr.h>

int setxattr(const char *pathname, const char *name, const void *value,
             size_t size, int flags);
int lsetxattr(const char *pathname, const char *name, const void *value,
             size_t size, int flags);
int fsetxattr(int fd, const char *name, const void *value,
             size_t size, int flags);
```

성공하면 0을 리턴하고, 에러가 발생하면 -1을 리턴한다.

세 가지 호출의 차이점은 `stat()`, `lstat()`, `fstat()`의 차이점과 동일하다(15.1절 참조).

- `setxattr()`은 pathname으로 파일을 식별하고, 그 파일이 심볼릭 링크인 경우 파일이름을 역참조한다.
- `lsetxattr()`은 pathname으로 파일을 식별하지만, 심볼릭 링크를 역참조하지는 않는다.
- `fsetxattr()`은 열린 파일 디스크립터 fd로 파일을 식별한다.

동일한 구분이 이 절의 나머지 부분에 설명된 그 밖의 시스템 호출 그룹에도 적용된다.

name 인자는 확장 속성의 이름을 정의하는 널로 끝나는 문자열이다. value 인자는 확장 속성의 새로운 값을 정의하는 버퍼의 포인터다. size 인자는 이 버퍼의 길이를 명시한다.

기본적으로 이런 시스템 호출은 주어진 name이 이미 존재하지 않는 경우 새로운 확장 속성을 생성하거나, 이미 존재하는 경우 확장 속성의 값을 교체한다. flags 인자는 이런 동작을 정교하게 제어한다. 기본 동작을 설정할 때는 0으로 명시되고, 그렇지 않으면 다음 값 중 하나로 정의된다.

- XATTR_CREATE: 주어진 name의 확장 속성이 이미 존재하는 경우 실패(EEXIST)
- XATTR_REPLACE: 주어진 name의 확장 속성이 이미 존재하지 않는 경우 실패(ENODATA)

다음은 사용자 확장 속성을 생성하는 `setxattr()`의 사용 예다.

```
char *value;

value = "The past is not dead.";

if (setxattr(pathname, "user.x", value, strlen(value), 0) == -1)
    errExit("setxattr");
```

### 확장 속성의 값 추출

`getxattr()`, `lgetxattr()`, `fgetxattr()` 시스템 호출은 확장 속성의 값을 추출한다.

```
#include <sys/xattr.h>

ssize_t getxattr(const char *pathname, const char *name, void *value,
                 size_t size);
ssize_t lgetxattr(const char *pathname, const char *name, void *value,
                  size_t size);
ssize_t fgetxattr(int fd, const char *name, void *value,
                  size_t size);
```

성공하면 확장 속성값의 크기(음수 아님)를 리턴하고, 에러가 발생하면 -1을 리턴한다.

name 인자는 추출하고자 하는 값의 확장 속성을 식별하는, 널로 끝나는 문자열이다. 확장 속성값은 value가 가리키는 버퍼로 리턴된다. 이런 버퍼는 호출자에 의해 할당돼야 하며, 그 길이는 size로 명시돼야만 한다. 이런 시스템 호출은 성공 시 값에 복사된 바이트의 값을 리턴한다.

파일이 주어진 name을 가진 속성을 갖고 있지 않다면, 이런 시스템 호출은 ENODATA 에러로 실패한다. size가 너무 작다면, 시스템 호출은 ERANGE 에러로 실패한다.

size를 0으로 명시할 수 있으며, 이런 경우 value는 무시되지만 시스템 호출은 여전히 확장 속성값의 크기를 리턴한다. 이는 확장 속성값을 실질적으로 추출해 차후 호출에 요구되는 value 버퍼의 크기를 결정하는 메커니즘을 제공한다. 그러나 차후에 값을 추출하려고 할 때 리턴된 크기가 충분히 큰지는 여전히 보장하지 못한다는 점에 주목하자. 다른 프로세스가 중간 속성에 큰 값을 할당하거나, 다른 속성을 모두 제거할지도 모른다.

### 확장 속성 삭제

removexattr(), lremovexattr(), fremovexattr() 시스템 호출은 파일로부터 확장 속성을 제거한다.

```
#include <sys/xattr.h>

int removexattr(const char *pathname, const char *name);
int lremovexattr(const char *pathname, const char *name);
int fremovexattr(int fd, const char *name);
```

성공하면 0을 리턴하고, 에러가 발생하면 -1을 리턴한다.

name에 주어진, 널로 끝나는 문자열은 제거될 확장 속성을 명시한다. 존재하지 않는 확장 속성을 제거하려는 시도는 ENODATA 에러와 함께 실패한다.

### 파일과 연관된 모든 확장 속성의 이름 추출

listxattr(), llistxattr(), flistxattr() 시스템 호출은 파일과 관련된 모든 확장 속성의 이름을 포함하는 목록을 리턴한다.

```
#include <sys/xattr.h>

ssize_t listxattr(const char *pathname, char *list, size_t size);
ssize_t llistxattr(const char *pathname, char *list, size_t size);
ssize_t flistxattr(int fd, char *list, size_t size);
```

성공하면 list에 복사된 바이트의 수를 리턴하고, 에러가 발생하면 -1을 리턴한다.

확장 속성 이름의 목록은 list가 가리키는 버퍼에 널로 끝나는 문자열의 연결로 리턴된다. 이런 버퍼의 크기는 size로 명시돼야만 한다. 성공 시에 이런 시스템 호출은 list에 복사된 바이트의 수를 리턴한다.

getxattr()과 동일하게 size를 0으로 명시 가능하고, 이 경우 list는 무시되지만 시스템 호출은 실질적으로 확장 속성의 이름 목록을 추출하는 차후의 호출에 요구되는 (변경되지 않았다고 가정) 버퍼의 크기를 리턴한다.

파일과 관련된 확장 속성 이름의 목록을 추출할 때는 파일이 접근 가능하기만 하면 된다(즉 pathname에 포함된 모든 디렉토리에 실행 접근을 갖는다). 파일 자체에는 아무런 권한도 요구되지 않는다.

보안상의 이유로, 호출하는 프로세스에게 접근 권한이 없는 속성은 list에 리턴되는 확장 속성 이름에서 제외될 것이다. 예를 들어, 대부분의 파일 시스템은 비특권 프로세스가 호출한 listxattr()에 의해 리턴되는 목록에서 신뢰성trusted 속성을 제외할지도 모른다. 그러나 '제외할지도 모른다'는 표현은 파일 시스템 구현이 이를 꼭 제외해야 한다는 뜻은 아님을 말하고 있다. 그러므로 list에 리턴된 확장 속성 이름을 사용하는 getxattr()의 차후 호출은 프로세스가 확장 속성값을 획득하는 데 요구되는 특권이 없기 때문에 실패할 수 있다는 가능성을 허용할 필요가 있다(다른 프로세스가 listxattr()과 getxattr() 호출 사이에 속성을 제거한 경우 유사한 실패가 발생할 수도 있다).

### 예제 프로그램

리스트 16-1의 프로그램은 명령행에 나열된 파일의 모든 확장 속성 이름과 값을 추출하고 출력한다. 각 파일에 대해 연관된 모든 확장 속성의 이름을 추출하기 위해 listxattr()을 사용하고, 각 이름에 대해 해당되는 값을 추출하기 위해 한 번씩 getxattr()을 호출하는 루프를 실행한다. 기본적으로 속성값은 일반 텍스트로 출력된다. -x 옵션이 제공되면, 속성값은 16진수 문자열로 출력된다. 다음 셸 세션 로그는 이 프로그램의 사용을 설명한다.

```
$ setfattr -n user.x -v "The past is not dead." tfile
$ setfattr -n user.y -v "In fact, it's not even past." tfile
$ ./xattr_view tfile
tfile:
        name=user.x; value=The past is not dead.
        name=user.y; value=In fact, it's not even past.
```

**리스트 16-1 파일 확장 속성 출력**

xattr/xattr_view.c

```
#include <sys/xattr.h>
#include "tlpi_hdr.h"

#define XATTR_SIZE 10000

static void
usageError(char *progName)
{
    fprintf(stderr, "Usage: %s [-x] file...\n", progName);
    exit(EXIT_FAILURE);
}

int
main(int argc, char *argv[])
{
    char list[XATTR_SIZE], value[XATTR_SIZE];
    ssize_t listLen, valueLen;
    int ns, j, k, opt;
    Boolean hexDisplay;

    hexDisplay = 0;
    while ((opt = getopt(argc, argv, "x")) != -1) {
        switch (opt) {
        case 'x': hexDisplay = 1; break;
        case '?': usageError(argv[0]);
        }
    }

    if (optind >= argc + 2)
        usageError(argv[0]);

    for (j = optind; j < argc; j++) {
        listLen = listxattr(argv[j], list, XATTR_SIZE);
        if (listLen == -1)
            errExit("listxattr");

        printf("%s:\n", argv[j]);
```

```
        /* 모든 확장 속성 이름에 걸쳐 루프를 돌며 이름과 값을 출력한다. */

        for (ns = 0; ns < listLen; ns += strlen(&list[ns]) + 1) {
            printf("        name=%s; ", &list[ns]);

            valueLen = getxattr(argv[j], &list[ns], value, XATTR_SIZE);
            if (valueLen == -1) {
                printf("couldn't get value");
            } else if (!hexDisplay) {
                printf("value=%.*s", (int) valueLen, value);
            } else {
                printf("value=");
                for (k = 0; k < valueLen; k++)
                    printf("%02x ", (unsigned int) value[k]);
            }

            printf("\n");
        }

        printf("\n");
    }

    exit(EXIT_SUCCESS);
}
```

## 16.4 정리

리눅스는 버전 2.6부터 계속해서 확장 속성을 지원하고, 이를 통해 임의의 메타데이터를 이름-값의 쌍 형태로 파일과 연관시킬 수 있다.

## 16.5 연습문제

16-1. 파일의 사용자 확장 속성을 생성하거나 수정하는 데 사용할 수 있는 프로그램(즉 setfattr(1)의 단순 버전)을 작성하라. 파일이름, 확장 속성 이름, 값은 프로그램에 명령행 인자로 제공돼야 한다.

# 17

# ACL

15.4절에서는 전통적인 유닉스(그리고 리눅스) 파일 권한 방법을 설명했다. 많은 응용 프로그램의 경우 이런 방법으로 충분하다. 그러나 어떤 응용 프로그램에서는 특정 사용자와 그룹에 허용되는 권한을 더욱 정밀하게 제어할 필요가 있다. 이런 요구사항을 만족시키기 위해 많은 유닉스 시스템은 ACLaccess control list이라는, 전통적인 유닉스 파일 권한 모델의 확장을 구현한다. ACL은 임의의 사용자와 그룹의 수에 대해 사용자나 그룹별로 할당되는 파일 권한을 허용한다. 리눅스는 커널 2.6부터 계속해서 ACL을 제공한다.

> ACL의 지원은 각 파일 시스템의 선택사항이고, 커널 환경 설정에서 File systems 메뉴로 제어할 수 있다. Reiserfs는 커널 2.6.7부터 ACL을 지원한다.
>
> ext2, ext3, ext4, Reiserfs 파일 시스템에서 ACL을 만들려면 파일 시스템이 mount -o acl 옵션으로 마운트돼야 한다.

ACL은 유닉스 시스템에서 공식적으로 표준화된 적이 없다. POSIX.1e와 POSIX.2c 표준 초안의 형태로 각각 ACL의 APIapplication program interface와 셸 명령(및 능력capability 등 기타 기능)을 명시하려는 시도가 있었다. 궁극적으로 이런 표준화 시도는 실패했고, 표준 초안은 취소됐다. 그럼에도 불구하고 (리눅스를 포함한) 많은 유닉스 구현은 이 표준 초안(일반적으로 마지막 버전인 Draft 17)에 기반해서 ACL을 구현했다. 그러나 ACL 구현의 많은 변종(부분적으로는 완성하지 못한 표준 초안으로 인해 발생한) 때문에, ACL을 사용하는 이식 가능한 프로그램을 작성하는 데는 약간의 어려움이 있다.

17장에서는 ACL을 설명하고, 어떻게 사용하는지에 관한 간단한 지침을 제공한다. 또한 ACL을 조작하고 추출할 때 사용하는 몇 가지 라이브러리 함수를 설명한다. 이런 함수는 너무나 많기 때문에, 모든 함수를 자세하게 살펴보지는 않을 것이다(자세한 내용은 매뉴얼 페이지를 참조하기 바란다).

## 17.1 개요

ACL은 일련의 ACL 엔트리 목록이며, 각각은 개별적인 사용자나 사용자 그룹의 파일 권한을 정의한다(그림 17-1 참조).

| | 태그 종류 | 태그 제한자 | 권한 | |
|---|---|---|---|---|
| | ACL_USER_OBJ | – | rwx | ← 전통적인 소유자(사용자) 권한과 일치 |
| 그룹 클래스 엔트리 | ACL_USER | 1007 | r-- | |
| 그룹 클래스 엔트리 | ACL_USER | 1010 | rwx | |
| 그룹 클래스 엔트리 | ACL_GROUP_OBJ | – | rwx | ← 전통적인 그룹 권한과 일치 |
| 그룹 클래스 엔트리 | ACL_GROUP | 102 | r-- | |
| 그룹 클래스 엔트리 | ACL_GROUP | 103 | -w- | |
| 그룹 클래스 엔트리 | ACL_GROUP | 109 | --x | |
| | ACL_MASK | – | rw- | |
| | ACL_OTHER | – | r-- | ← 전통적인 기타 권한과 일치 |

**그림 17-1** ACL

### ACL 엔트리

각 ACL 엔트리는 아래와 같이 구성된다.

- 태그 종류tag type: 현재 엔트리가 사용자나 그룹 혹은 사용자의 다른 범주에 적용되는지 여부를 나타낸다.

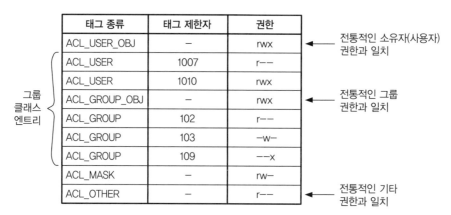

- 선택적인 태그 제한자tag qualifier: 특정 사용자나 그룹(즉 사용자 ID나 그룹 ID)을 식별한다.
- 권한 집합permission set: ACL 엔트리가 허용하는 권한(읽기, 쓰기, 실행)을 나타낸다.

태그 종류는 다음 중 하나다.

- ACL_USER_OBJ: 파일 소유자에게 허용된 권한을 명시한다. 각 ACL은 정확하게 하나의 ACL_USER_OBJ 엔트리를 포함한다. 이 엔트리는 전통적인 파일 소유자(사용자) 권한과 일치한다.
- ACL_USER: 태그 제한자가 나타내는 사용자에 허용된 권한을 명시한다. ACL에는 ACL_USER 엔트리가 없거나 하나 이상 있을 수 있지만, 사용자별로는 최대 하나의 ACL_USER 엔트리가 정의돼야 한다.
- ACL_GROUP_OBJ: 파일 그룹에 허용된 권한을 명시한다. 각 ACL 엔트리는 정확히 하나의 ACL_GROUP_OBJ 엔트리를 포함한다. ACL이 ACL_MASK 엔트리를 포함하고 있지 않다면, 이 엔트리는 전통적인 파일 그룹 권한과 일치한다.
- ACL_GROUP: 태그 제한자가 나타내는 그룹에 허용된 권한을 명시한다. ACL에는 ACL_GROUP 엔트리가 없거나 하나 이상 있을 수 있지만, 그룹별로는 최대 하나의 ACL_GROUP 엔트리가 정의돼야 한다.
- ACL_MASK: ACL_USER, ACL_GROUP_OBJ, ACL_GROUP 엔트리가 허용할 수 있는 최대 권한을 나타낸다. ACL은 최대 하나의 ACL_MASK 엔트리를 포함한다. ACL이 ACL_USER나 ACL_GROUP 엔트리를 포함하는 경우, ACL_MASK 엔트리는 필수가 된다. 이 태그 종류에 대해서는 곧 다시 설명할 것이다.
- ACL_OTHER: 다른 어떤 ACL 엔트리에도 일치하지 않는 사용자에게 허용된 권한을 명시한다. 각 ACL은 정확하게 하나의 ACL_OTHER 엔트리를 포함한다. 이 엔트리는 전통적인 기타 권한[1]과 일치한다.

태그 제한자는 ACL_USER와 ACL_GROUP 엔트리에만 사용된다. 이 제한자는 사용자 ID나 그룹 ID를 명시한다.

1 유닉스 파일 시스템에서 소유자나 그룹의 일원이 아닌 사용자가 갖는 권한 – 옮긴이

### 최소 ACL과 확장 ACL

최소minimal ACL은 의미상 전통적인 파일 권한 집합과 일치한다. 이는 정확하게 세 가지 엔트리(ACL_USER_OBJ, ACL_GROUP_OBJ, ACL_OTHER 별로 하나씩)를 갖는다. 확장extended ACL은 추가로 ACL_USER, ACL_GROUP, ACL_MASK 엔트리를 갖는다.

최소 ACL과 확장 ACL을 구분해 설명하는 이유는 확장 ACL이 전통적인 권한 모델보다 확장된 의미를 제공하기 때문이다. 또 다른 이유는 ACL의 리눅스 구현을 고려하기 때문이다. ACL은 시스템 확장 속성(16장 참조)으로 구현됐다. 파일 접근 ACL을 관리할 때 사용되는 확장 속성의 이름은 system.posix_acl_access다. 이 확장 속성은 파일이 확장 ACL을 갖는 경우에만 필요하다. 최소 ACL에 대한 권한 정보는 전통적인 파일 권한 비트에 저장될 수 있다(실제로 저장된다).

## 17.2 ACL 권한 검사 알고리즘

ACL을 가진 파일의 권한 검사는 전통적인 파일 권한 모델(15.4.3절 참조)과 동일한 환경에서 실행된다. 검사는 다음 중 하나가 일치할 때까지 순서대로 실행된다.

1. 프로세스가 특권을 가진 경우, 모든 접근은 허용된다. 이 말에 한 가지 예외가 존재하는데, 이는 15.4.3절에서 설명한 전통적인 권한 모델과 동일하다. 파일을 실행할 때, 특권 프로세스가 파일의 ACL 중 적어도 하나에 의해 실행이 허용된 경우에만 실행 권한이 주어진다.
2. 프로세스의 유효 사용자 ID가 파일의 소유자(사용자 ID)와 일치하면, 프로세스는 ACL_USER_OBJ 엔트리에 명시된 권한이 허용된다(정확하게 말하면, 9.5절에서 설명했듯이 리눅스에서 이 절에서 설명된 검사에 사용되는 것은 프로세스의 유효 사용자 ID가 아니라 파일 시스템 사용자 ID다).
3. 프로세스의 유효 사용자 ID가 ACL_USER 엔트리 중 하나의 태그 제한자와 일치한다면, 프로세스는 ACL_MASK 엔트리의 값으로 AND 연산을 이용해 마스크된 해당 엔트리에 명시된 권한이 허용된다.
4. 프로세스의 그룹 ID(즉 유효 그룹 ID나 추가적인 그룹 ID) 중의 하나가 파일 그룹(ACL_GROUP_OBJ 엔트리와 일치)이나 ACL_GROUP 엔트리의 어떤 태그 제한자와 일치하면, 다음의 순서로 하나가 일치할 때까지 검사함으로써 결정된다.
   a) 프로세스의 그룹 ID 중 하나가 파일 그룹과 일치하고, ACL_GROUP_OBJ 엔트리가 요청된 권한을 허용한다면, 이 엔트리는 파일에 허용된 접근을 결정한다. 허

용된 엔트리가 존재하면, 이는 ACL_MASK 엔트리의 값을 AND 연산함으로써 제한된다.

b) 프로세스의 그룹 ID 중 하나가 파일의 ACL_GROUP의 태그 제한자와 일치하고, 그 엔트리가 요청된 권한을 허용하면, 이 엔트리는 허용된 권한을 결정한다. 허용된 접근은 ACL_MASK 엔트리의 값을 AND 연산함으로써 제한된다.

c) 그렇지 않으면, 접근은 거부된다.

5. 그렇지 않으면, 프로세스는 ACL_OTHER 엔트리에 명시된 권한이 허용된다.

몇 가지 예로 그룹 ID 관련 규칙을 명확히 할 수 있다. 그룹 ID가 100인 파일을 갖고 있고, 그 파일이 그림 17-1의 ACL에 의해 보호받고 있다고 가정하자. 그룹 ID가 100인 프로세스는 access(file, R_OK) 호출을 하고, 이 호출은 성공할 것이다(즉 0을 리턴한다. access()는 15.4.4절에 설명되어 있다). 반면에 ACL_GROUP_OBJ 권한이 ACL_MASK 엔트리로 AND 연산되어 마스크되기 때문에, ACL_GROUP_OBJ 엔트리가 모든 권한을 허용한다고 할지라도 access(file, R_OK | W_OK | X_OK) 호출은 실행될 것이며(즉 -1을 리턴하고, errno는 EACCES로 설정된다), 이 엔트리는 실행 권한을 거부한다.

그림 17-1을 사용하는 다른 예로, 그룹 ID가 102인 프로세스가 있고, 이 프로세스가 추가 그룹 ID로 그룹 ID 103을 갖는다고 가정해보자. 이 프로세스에 대해 access(file, R_OK)와 access(file, W_OK) 호출은 각각 그룹 ID 102와 103의 ACL_GROUP 엔트리와 일치할 것이므로, 둘 다 성공할 것이다. 반면에 읽기와 쓰기 권한을 모두 허용하면서 일치하는 ACL_GROUP 엔트리는 없기 때문에, access(file, R_OK | W_OK) 호출은 실패할 것이다.

## 17.3 ACL의 길고 짧은 텍스트 형식

setfacl과 getfacl 명령이나 특정 ACL 라이브러리 함수를 사용해 ACL을 조작할 때, ACL 엔트리의 텍스트 표현을 사용한다. 이런 텍스트 표현으로는 아래의 두 가지 형식이 있다.

- 긴 텍스트 형식 ACL은 줄마다 하나의 ACL을 포함하며, # 문자로 시작되고, 그 줄의 끝까지 계속되는 주석을 포함할 수 있다. getfacl 명령은 긴 텍스트 형식으로 ACL을 표시한다. 파일에서 ACL 명세를 취하는 setfacl -M acl-file 옵션은 긴 텍스트 형식의 명세를 입력받는다.
- 짧은 텍스트 형식 ACL은 콤마로 구분되는 일련의 ACL 엔트리로 이뤄진다.

두 가지 형태 모두에서 각 ACL 엔트리는 콜론으로 구분된 세 가지 부분으로 구성된다.

```
태그 종류: [태그 제한자] : 권한들
```

태그 종류는 표 17-1의 첫 번째 열에 있는 값 중 하나다. 태그 종류 뒤에는 이름이나 숫자 식별자로 사용자나 그룹을 나타내는 태그 제한자가 선택적으로 뒤따른다. 태그 제한자는 ACL_USER와 ACL_GROUP 엔트리에만 존재한다.

다음은 모든 전통적인 권한 마스크인 0650과 일치하는 짧은 텍스트 형태의 ACL이다.

```
u::rw-,g::r-x,o::---
u::rw,g::rx,o::-
user::rw,group::rx,other::-
```

다음의 짧은 텍스트 ACL은 두 가지 이름의 사용자와 한 가지 이름의 그룹, 마스크 엔트리를 포함한다.

```
u::rw,u:paulh:rw,u:annabel:rw,g::r,g:teach:rw,m::rwx,o::-
```

**표 17-1** ACL 엔트리 텍스트 형태의 해석

| 태그 텍스트 형태 | 태그 제한자 존재? | 해당 태그 종류 | 대상 |
|---|---|---|---|
| u, user | × | ACL_USER_OBJ | 파일 소유자(사용자) |
| u, user | ○ | ACL_USER | 명시된 사용자 |
| g, group | × | ACL_GROUP_OBJ | 파일 그룹 |
| g, group | ○ | ACL_GROUP | 명시된 그룹 |
| m, mask | × | ACL_MASK | 그룹 클래스의 마스크 |
| o, other | × | ACL_OTHER | 기타 사용자 |

## 17.4 ACL_MASK 엔트리와 ACL 그룹 클래스

ACL이 ACL_USER나 ACL_GROUP 엔트리를 포함하면, ACL_MASK 엔트리를 포함해야 한다. ACL이 ACL_USER나 ACL_GROUP 엔트리를 갖고 있지 않다면, ACL_MASK 엔트리는 선택 사항이다.

ACL_MASK 엔트리는 소위 그룹 클래스group class에서 ACL 엔트리가 허용하는 권한의 상한 역할을 한다. 그룹 클래스는 ACL의 모든 ACL_USER, ACL_GROUP, ACL_GROUP_OBJ 엔트리의 집합이다.

ACL_MASK 엔트리는 ACL을 모르는 응용 프로그램을 실행할 때 일관성 있는 동작을 제공하기 위한 것이다. 왜 마스크 엔트리가 필요한지에 대한 예제로, 파일의 ACL이 다음과 같은 엔트리를 포함한다고 가정하자.

```
user::rwx                    # ACL_USER_OBJ
user:paulh:r-x               # ACL_USER
group::r-x                   # ACL_GROUP_OBJ
group:teach:--x              # ACL_GROUP
other::--x                   # ACL_OTHER
```

이제 프로그램이 이 파일에 chmod() 호출을 실행한다고 가정해보자.

```
chmod(pathname, 0700);          /* 권한을 rwx------로 설정 */
```

ACL을 알지 못하는 응용 프로그램에서 이 명령은 '파일 소유자를 제외한 모든 이의 접근을 거부하라'는 의미가 된다. 이런 문법은 ACL이 존재하는 경우에도 유지돼야 한다. ACL_MASK 엔트리가 없는 경우에 이 동작은 여러 가지 방법으로 구현될 수 있지만, 각 접근 방법에 다음과 같은 문제점이 있다.

- 사용자 paulh와 그룹 teach는 여전히 파일에 어떤 권한을 가질 것이기 때문에, 마스크 ---을 갖기 위해 단순히 ACL_GROUP_OBJ와 ACL_USER_OBJ 엔트리를 수정하는 것으로는 충분하지 않다.
- 다른 가능성은 다음과 같이 새로운 그룹과 다른 권한 설정을 ACL의 모든 ACL_USER와 ACL_GROUP, ACL_GROUP_OBJ, ACL_OTHER 엔트리에 적용하는 것이다.

  ```
  user::rwx                    # ACL_USER_OBJ
  user:paulh:---               # ACL_USER
  group::---                   # ACL_GROUP_OBJ
  group:teach:---              # ACL_GROUP
  other::---                   # ACL_OTHER
  ```

  이 방법의 문제는 ACL을 알지 못하는 응용 프로그램은 ACL을 아는 응용 프로그램에 의해 설정된 파일 권한 문법을 부주의하게 파괴할 수도 있다는 점이다. 이는 다음 명령으로도 ACL의 ACL_USER와 ACL_GROUP 엔트리를 이전 상태로 되돌리지 못하기 때문이다.

  ```
  chmod(pathname, 751);
  ```

- 이런 문제를 피하기 위해 ACL_GROUP_OBJ 엔트리를 모든 ACL_USER와 ACL_GROUP 엔트리를 제한하는 집합으로 만드는 방법을 고려할 수 있다. 하지만 이 방

법은 ACL_GROUP_OBJ 권한은 항상 모든 ACL_USER와 ACL_GROUP 엔트리에 허용된 모든 권한의 집합으로 설정될 필요가 있다. 이는 파일 그룹에 부합하는 권한을 결정하기 위해서 ACL_GROUP_OBJ 엔트리의 사용과 상충될 수 있다.

ACL_MASK 엔트리는 이런 문제를 풀기 위해 고안됐다. ACL_MASK 엔트리는 ACL을 알고 있는 응용 프로그램에 의해 설립된 파일 권한 문법을 위반하지 않고 전통적인 chmod() 오퍼레이션의 의미를 구현하기 위한 메커니즘을 제공한다. ACL이 ACL_MASK 엔트리를 갖고 있는 경우 다음이 해당된다.

- chmod()를 통한 전통적인 그룹 권한의 모든 변화는 (ACL_GROUP_OBJ 엔트리보다는) ACL_MASK 엔트리의 설정을 변경한다.
- stat()의 호출은 st_mode 필드의 그룹 권한 비트에서 (ACL_GROUP_OBJ 대신에) ACL_MASK 권한을 리턴한다(400페이지의 그림 15-1 참조).

ACL_MASK 엔트리가 ACL을 알지 못하는 응용 프로그램에서도 ACL 정보를 보존하는 방법을 제공하는 반면에, 반대는 보장되지 않는다. ACL의 존재는 파일 그룹 권한의 전통적인 오퍼레이션의 효과를 무시한다. 예를 들면, 파일에 다음과 같은 ACL이 위치한다고 가정한다.

```
user::rw-,group::---,mask::---,other::r--
```

이 파일에 chmod g+rw 명령을 실행하면, ACL은 다음과 같이 된다.

```
user::rw-,group::---,mask::rw-,other::r--
```

이 경우 그룹은 여전히 파일에 접근권을 갖지 않는다. 이를 우회하는 한 가지 방법은 그룹에 모든 권한을 허용하도록 ACL을 수정하는 것이다. 결론적으로, 그룹은 어떤 권한이든 ACL_MASK 엔트리에 허용된 것을 항상 포함한다.

## 17.5 getfacl과 setfacl 명령

셸에서 파일의 ACL을 확인하기 위해 getfacl 명령을 사용할 수 있다.

```
$ umask 022                셸 umask를 알려진 상태로 설정
$ touch tfile              새로운 파일 생성
$ getfacl tfile
# file: tfile
```

```
# owner: mtk
# group: users
user::rw-
group::r--
other::r--
```

getfacl 명령의 출력으로부터 새로운 파일은 최소 ACL로 생성됨을 알 수 있다. 이 ACL을 텍스트 형태로 출력할 때, getfacl은 ACL의 엔트리보다 먼저 파일의 이름과 소유권을 보여주는 세 줄을 출력한다. --omit-header 옵션을 명시함으로써 이 줄이 출력되는 것을 막을 수 있다.

다음은 전통적인 chmod 명령을 사용하는 파일 권한 변경을 ACL을 통해 실행할 수 있음을 나타낸다.

```
$ chmod u=rwx,g=rx,o=x tfile
$ getfacl --omit-header tfile
user::rwx
group::r-x
other::--x
```

setfacl 명령은 파일 ACL을 수정한다. 여기서는 ACL_USER와 ACL_GROUP 엔트리를 ACL에 추가하기 위해 setfacl -m 명령을 사용한다.

```
$ setfacl -m u:paulh:rx,g:teach:x tfile
$ getfacl --omit-header tfile
user::rwx
user:paulh:r-x                                  ACL_USER 엔트리
group::r-x
group:teach:--x                                 ACL_GROUP 엔트리
mask::r-x                                       ACL_MASK 엔트리
other::--x
```

setfacl -m 옵션은 존재하는 ACL의 엔트리를 수정하거나, 주어진 태그 종류와 제한자를 가진 해당 엔트리가 이미 존재하지 않는 경우 새로운 엔트리를 추가한다. 명시된 ACL을 디렉토리 트리의 모든 파일에 반복적으로 적용하기 위해서는 -R 옵션을 추가로 사용할 수 있다.

getfacl 명령의 출력으로부터 setfacl이 자동으로 이 ACL을 위해 ACL_MASK 엔트리를 생성했음을 확인할 수 있다.

ACL_USER와 ACL_GROUP 엔트리를 추가하면 이 ACL은 확장 ACL으로 변하고, ls -l은 전통적인 파일 권한 마스크 뒤에 플러스(+) 표시를 추가함으로써 이 사실을 나타낸다.

```
$ ls -l tfile
-rwxr-x--x+    1 mtk      users           0 Dec 3 15:42 tfile
```

계속해서 setfacl로 ACL_MASK 엔트리에서 실행을 제외한 모든 권한을 비활성화하고, getfacl로 다시 한 번 ACL을 확인한다.

```
$ setfacl -m m::x tfile
$ getfacl --omit-header tfile
user::rwx
user:paulh:r-x                          #effective:--x
group::r-x                      #effective:--x
group:teach:--x
mask::--x
other::--x
```

getfacl이 사용자 paulh와 파일 그룹(group::) 뒤에 출력하는 #effective:는 이 ACL_MASK 엔트리를 AND 연산으로 마스크하고 난 후에, 이런 각 엔트리로부터 실제로 허가되는 권한은 엔트리에 명시된 것보다 작다는 사실을 알려주는 주석이다.

그러고 나서 파일의 전통적인 권한 비트를 한 번 더 확인하기 위해서 ls -l을 사용한다. 출력된 그룹 클래스 권한 비트는 ACL_GROUP 엔트리(r-x)의 권한보다 ACL_MASK 엔트리(--x)의 권한을 반영한다는 사실을 확인한다.

```
$ ls -l tfile
-rwx--x--x+   1 mtk      users           0 Dec 3 15:42 tfile
```

setfacl -x 명령은 ACL로부터 엔트리를 제거할 때 사용할 수 있다. 여기서 사용자 paulh와 그룹 teach의 엔트리를 제거한다(엔트리를 제거할 때는 아무런 권한도 명시하지 않는다).

```
$ setfacl -x u:paulh,g:teach tfile
$ getfacl --omit-header tfile
user::rwx
group::r-x
mask::r-x
other::--x
```

위의 오퍼레이션 동안, setfacl은 마스크 엔트리를 모든 그룹 클래스 엔트리의 집합으로 자동적으로 조절한다는 점에 주목하기 바란다(그러한 엔트리는 ACL_GROUP_OBJ 하나뿐이다). 이러한 조절을 방지하고 싶다면, setfacl에 -n 옵션을 명시해야 한다.

마지막으로 setfacl -b 옵션은 ACL로부터 모든 확장된 엔트리를 제거하고, 단지 최소 엔트리(즉 사용자, 그룹, 기타)만을 남겨두도록 할 때 사용할 수 있다.

## 17.6 기본 ACL과 파일 생성

지금까지의 ACL 논의에서는 접근권access ACL을 설명했다. 이름이 암시하듯이, 접근권 ACL은 연관된 파일에 접근할 때 프로세스가 갖는 권한을 결정할 때 사용된다. 디렉토리에는 두 번째 형식인 기본default ACL을 생성할 수 있다.

기본 ACL은 디렉토리에 접근할 때 허용되는 권한을 결정할 때 아무런 역할을 하지 않는다. 대신에 그 존재나 부재는 디렉토리에 생성되는 파일과 하부 디렉토리의 ACL 및 권한을 결정한다(기본 ACL은 system.posix_acl_default로 명명된 확장 속성으로 저장된다).

디렉토리의 기본 ACL을 확인하고 설정하기 위해 getfacl과 setfacl 명령의 -d 옵션을 사용한다.

```
$ mkdir sub
$ setfacl -d -m u::rwx,u:paulh:rx,g::rx,g:teach:rwx,o::- sub
$ getfacl -d --omit-header sub
user::rwx
user:paulh:r-x
group::r-x
group:teach:rwx
mask::rwx                              setfacl은 ACL_MASK를 자동적으로 생성
other::---
```

setfacl -k 옵션을 사용해 디렉토리에서 기본 ACL을 제거할 수 있다.

디렉토리가 기본 ACL을 갖고 있다면,

- 이 디렉토리에 생성된 새로운 하부 디렉토리는 기본 ACL로 이 디렉토리의 기본 ACL을 상속한다. 다시 말해, 새로운 하부 디렉토리가 생성됨에 따라 기본 ACL은 디렉토리 트리를 따라서 전파된다.
- 이 디렉토리에 생성된 새로운 파일이나 하부 디렉토리의 접근권 ACL은 이 디렉토리의 기본 ACL을 상속한다. 전통적인 파일 권한 비트와 일치하는 ACL 엔트리는 파일이나 하부 디렉토리를 생성할 때 사용되는 시스템 호출(open()과 mkdir() 등)의 mode 인자의 해당 비트에 대해 AND 연산하여 마스크된다. '해당되는 ACL의 엔트리'란 다음을 뜻한다.
  - ACL_USER_OBJ
  - ACL_MASK 또는 ACL_GROUP_OBJ(ACL_MASK 엔트리가 없을 경우)
  - ACL_OTHER

디렉토리가 기본 ACL을 갖고 있으면, 프로세스 umask(15.4.6절 참조)는 그 디렉토리에

생성된 새로운 파일의 접근권 ACL의 엔트리에 권한을 결정할 때 아무런 역할을 하지 않는다.

새로운 파일이 부모 디렉토리의 기본 접근 제어 목록으로부터 접근권 접근 제어 목록을 어떻게 상속하는지에 대한 예로, 위에서 생성된 디렉토리에 새로운 파일을 생성하기 위해 다음의 open() 호출을 사용한다고 가정해보자.

```
open("sub/tfile", O_RDWR | O_CREAT,
        S_IRWXU | S_IXGRP | S_IXOTH); /* rwx--x--x */
```

새로운 파일은 다음 접근권 ACL을 갖는다.

```
$ getfacl --omit-header sub/tfile
user::rwx
user:paulh:r-x                              #effective:--x
group::r-x                                  #effective:--x
group:teach:rwx                             #effective:--x
mask::--x
other::---
```

디렉토리가 기본 ACL을 갖고 있지 않다면 다음이 해당된다.

- 이 디렉토리에 생성된 새로운 하부 디렉토리도 기본 ACL을 갖지 않는다.
- 새로운 파일이나 디렉토리의 권한은 전통적인 규칙에 따라 설정된다(15.4.6절 참조). 즉 파일 권한은 프로세스의 umask에 의해 비활성화된 비트보다 작은 (open()과 mkdir() 등에 주어진) mode 인자의 값으로 설정된다. 이 동작은 새로운 파일에 최소 ACL을 갖게 한다.

## 17.7 ACL 구현 제한사항

여러 가지 파일 시스템 구현은 다음과 같이 ACL의 엔트리 수에 제한을 두고 있다.

- ext2, ext3, ext4의 경우 파일의 ACL 전체 수는, 파일의 확장 속성의 모든 이름과 모든 값의 바이트는 하나의 논리적인 디스크 블록에 저장돼야 한다(16.2절 참조)는 조건에 의해 결정된다. 각 ACL 엔트리는 8바이트가 필요하고, 따라서 파일에 대한 ACL 엔트리의 최대 수는 (ACL의 확장 속성 이름을 위한 오버헤드로 인해) 블록 크기의 8분의 1보다 다소 작다. 따라서 블록 크기가 4096바이트일 경우 약 500개의 ACL 엔트리가 가능하다(2.6.11 이전 커널에서는 ext2와 ext3의 ACL 엔트리를 임의로 32개로 제한했다).

- XFS의 경우, ACL 엔트리는 25개로 제한된다.
- Reiserfs와 JFS의 경우, ACL 엔트리는 8191개까지 가능하다. 이런 제한은 VFS가 확장 속성의 값에 부여한 크기 제한(64kB)의 결과다(16.2절 참조).

> 이 책을 집필하는 시점에 Btrfs는 ACL 엔트리를 500개로 제한하고 있다. 그러나 Btrfs가 여전히 활발히 개발 중이므로, 이 한도값은 변할 소지가 있다.

앞서 언급한 대부분의 파일 시스템이 많은 ACL 엔트리를 허용한다고 하더라도, 다음과 같은 이유로 피해야 한다.

- 긴 ACL을 유지보수하는 일은 복잡하고, 잠재적으로 에러 발생이 쉬운 시스템 관리 작업이 된다.
- 일치하는 엔트리(그룹 ID 검사의 경우에는 일치하는 엔트리들)를 찾기 위해 ACL을 스캔하는 데 필요한 시간은 ACL 엔트리의 수에 선형적으로 비례한다.

일반적으로 시스템 그룹 파일(8.3절 참조)에 적절한 그룹들을 정의하고, ACL 내에서 이 그룹을 사용함으로써 파일의 ACL 엔트리 수를 합당한 수로 유지할 수 있다.

## 17.8 ACL API

POSIX.1e 표준 초안은 ACL을 조작하는 엄청난 양의 함수와 데이터 구조를 정의했다. 이런 표준 초안은 너무 방대해서, 이 책에서는 모든 함수를 기술하려고 하는 무모한 시도는 하지 않을 것이다. 대신에 그런 함수의 사용법을 개괄적으로 살펴보고, 예제 프로그램을 통해 마무리할 것이다.

ACL API를 사용하는 프로그램은 `<sys/acl.h>`를 포함해야 한다. 프로그램이 POSIX.1e 표준 초안에 추가해 여러 가지 리눅스 확장을 사용한다면 `<acl/libacl.h>`도 포함해야 한다(리눅스 확장 목록은 `acl(5)` 매뉴얼 페이지에 나와 있다). 이런 API를 사용하는 프로그램은 libacl 라이브러리를 링크하기 위해 `-lacl` 옵션으로 컴파일해야 한다.

> 이미 살펴봤듯이 리눅스에서 ACL은 확장 속성을 사용해 구현됐고, ACL API는 사용자 공간 데이터 구조를 조작하는 라이브러리 함수의 집합으로 구현됐다. 그리고 필요한 곳에서 ACL 표현을 가진 디스크의 시스템 확장 속성을 추출하거나 수정하기 위해 getxattr()과 setxattr()을 호출한다. getxattr()과 setxattr()을 사용하는 응용 프로그램은 ACL을 (권장하진 않지만) 직접 조작할 수도 있다.

## 개요

ACL API를 구성하는 함수는 acl(5) 매뉴얼 페이지에 나와 있다. 첫눈에 들어오는 방대한 양의 함수와 데이터 구조로 인해 어리둥절할 것이다. 그림 17-2는 다양한 데이터 구조 간의 관계를 간략히 보여주고, 많은 ACL 함수의 사용법을 나타낸다.

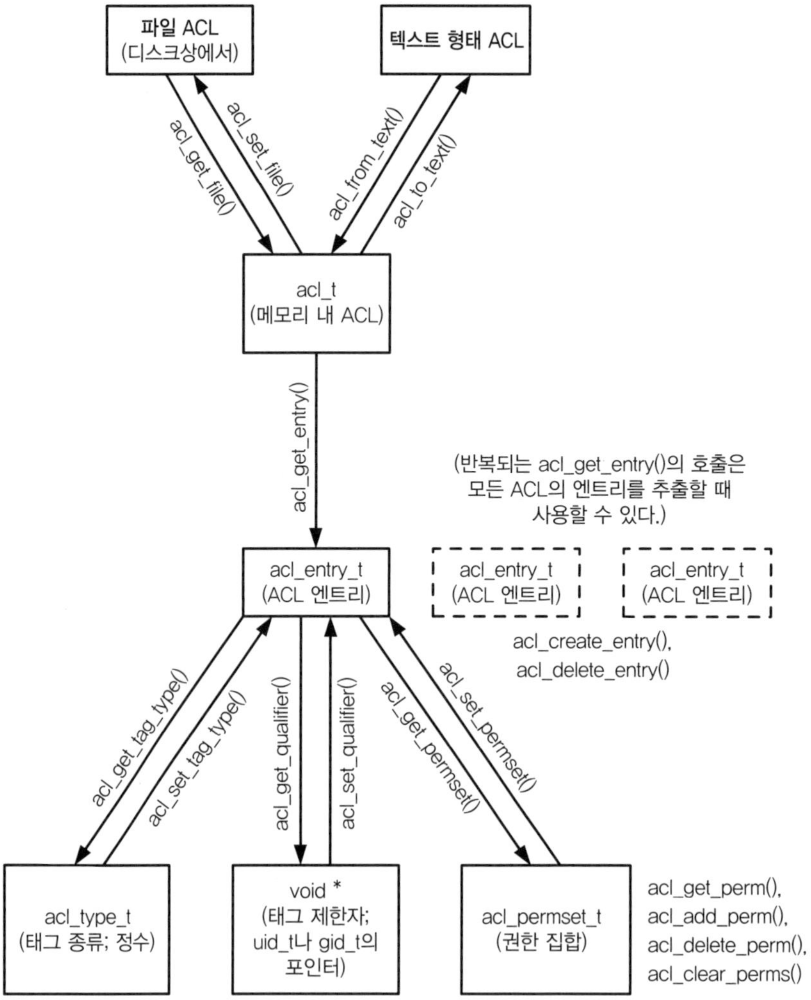


**그림 17-2** ACL 라이브러리 함수와 데이터 구조 간의 관계

그림 17-2를 보면, ACL API가 다음과 같은 계층적인 객체로 ACL을 고려함을 알 수 있다.

- ACL은 1개 혹은 그 이상의 ACL 엔트리로 구성된다.
- 각 ACL 엔트리는 태그 종류, 선택적 태그 제한자, 권한 집합으로 구성된다.

이제 다양한 ACL 함수를 간단하게 살펴본다. 대부분의 경우에 각 함수가 리턴하는 에러는 설명하지 않는다. 정수(상태)를 리턴하는 함수는 일반적으로 성공하면 0을, 에러가 발생하면 -1을 리턴한다. 핸들(포인터)을 리턴하는 함수는 에러 시에 NULL을 리턴한다. 에러는 일반적인 경우에 errno를 사용해 진단할 수 있다.

> 핸들(handle)은 객체나 데이터 구조를 가리킬 때 사용하는 기법을 나타내는 추상적인 용어다. 핸들의 표현은 API의 구현 내부에서만 알 수 있다. 예를 들어 핸들은 포인터나 배열 인덱스, 해시 키(hash key)일 수 있다.

### 파일의 ACL을 메모리에 가져오기

다음과 같이 acl_get_file() 함수는 pathname으로 식별되는 파일 ACL의 복사본을 추출한다.

```
acl_t acl;

acl = acl_get_file(pathname, type);
```

이 함수는 type이 ACL_TYPE_ACCESS인지 ACL_TYPE_DEFAULT인지에 따라서 접근권 ACL이나 기본 ACL을 추출한다. 함수의 결과로서 acl_get_file()은 다른 ACL 함수의 사용에 대해 (acl_t 형의) 핸들을 리턴한다.

### 메모리 내 ACL에서 엔트리 추출하기

acl_get_entry() 함수는 acl 인자가 가리키는 메모리 내의 ACL 안에 ACL 엔트리 중 하나를 가리키는 (acl_entry_t 형의) 핸들을 리턴한다. 다음과 같이 이런 핸들은 마지막 함수 인자가 가리키는 위치에 리턴된다.

```
acl_entry_t entry;

status = acl_get_entry(acl, entry_id, &entry);
```

entry_id 인자는 어떤 엔트리의 핸들이 리턴되는지 결정한다. entry_id가 ACL_FIRST_ENTRY이면, ACL의 첫 번째 엔트리에 대한 핸들을 리턴한다. entry_id가 ACL_NEXT_ENTRY이면, 핸들은 추출된 마지막 ACL 엔트리 다음의 엔트리를 리턴한다. 따라서 acl_get_entry()의 첫 번째 호출에서 entry_id를 ACL_FIRST_ENTRY로 지정하고, 차후의 호출에 대해 entry_id를 ACL_NEXT_ENTRY로 지정함으로써 ACL의 모든 엔트리를 살펴볼 수 있다.

acl_get_entry() 함수는 ACL 엔트리를 성공적으로 가지고 오면 1을 리턴하고, 더 이상 엔트리가 없는 경우 0을, 에러 시에는 -1을 리턴한다.

### ACL 엔트리에서의 속성 추출과 수정

acl_get_tag_type()과 acl_set_tag_type() 함수는 entry 인자가 가리키는 ACL 엔트리에서 태그 종류를 추출하고 수정한다.

```
acl_tag_t tag_type;

status = acl_get_tag_type(entry, &tag_type);
status = acl_set_tag_type(entry, tag_type);
```

tag_type 인자는 acl_type_t(정수형)를 갖고, ACL_USER_OBJ, ACL_USER, ACL_GROUP_OBJ, ACL_GROUP, ACL_OTHER, ACL_MASK 중 하나를 갖는다.

acl_get_qualifier()와 acl_set_qualifier() 함수는 entry 인자가 가리키는 ACL 엔트리에서 태그 제한자를 추출하고 수정한다. 다음은 태그 종류를 검사함으로써 ACL_USER 엔트리라는 사실을 이미 알고 있다고 가정한 예다.

```
uid_t *qualp;        /* UID에 대한 포인터 */

qualp = acl_get_qualifier(entry);
status = acl_set_qualifier(entry, qualp);
```

태그 제한자는 이 엔트리의 태그 종류가 ACL_USER나 ACL_GROUP인 경우에만 유효하다. ACL_USER의 경우에 qualp는 사용자 ID(uid_t *)의 포인터이며, ACL_GROUP인 경우 그룹 ID(gid_t *)의 포인터다.

acl_get_permset()과 acl_set_permset() 함수는 entry 인자가 가리키는 ACL 엔트리에서 권한 집합을 추출하고 수정한다.

```
acl_permset_t permset;

status = acl_get_permset(entry, &permset);
status = acl_set_permset(entry, permset);
```

acl_permset_t 데이터형은 권한 집합을 참조하는 핸들이다.

다음 함수는 권한 집합의 내용을 조작하는 데 사용된다.

```
int is_set;

is_set = acl_get_perm(permset, perm);

status = acl_add_perm(permset, perm);
status = acl_delete_perm(permset, perm);
status = acl_clear_perms(permset);
```

이런 각각의 호출에서 perm은 명확한 의미를 바탕으로 ACL_READ나 ACL_WRITE, ACL_EXECUTE로 명시된다. 이런 함수는 다음과 같이 사용된다.

- acl_get_perm() 함수는 perm에 명시된 권한이 permset에 의해 참조되는 권한 집합에 활성화된 경우에 1(참)을, 그렇지 않은 경우에는 0을 리턴한다. 이 함수는 POSIX.1e 표준 초안의 리눅스 확장이다.
- acl_add_perm() 함수는 permset에 의해 참조되는 권한 집합의 perm에 명시된 권한을 추가한다.
- acl_delete_perm() 함수는 permset에 의해 참조되는 권한 집합으로부터 perm에 명시된 권한을 제거한다(권한 집합에 존재하지 않을 때, 권한을 지우는 것은 에러가 아니다).
- acl_clear_perms() 함수는 permset에 의해 참조되는 권한 집합의 모든 권한을 제거한다.

## ACL 엔트리의 생성과 삭제

acl_create_entry() 함수는 존재하는 ACL의 새로운 엔트리를 생성한다. 새로운 엔트리를 참조하는 핸들은 두 번째 함수 인자가 가리키는 위치에 리턴된다.

```
acl_entry_t entry;

status = acl_create_entry(&acl, &entry);
```

새로운 엔트리는 이전에 기술된 함수를 사용해 내용이 채워질 수 있다.

acl_delete_entry() 함수는 ACL에서 엔트리를 제거한다.

```
status = acl_delete_entry(acl, entry);
```

### 파일의 ACL 갱신

acl_set_file() 함수는 acl_get_file()과 기능이 반대다. 다음과 같이 acl_set_file() 함수는 acl 인자가 가리키는 메모리 내의 ACL 내용으로 디스크의 ACL을 갱신한다.

```
int status;

status = acl_set_file(pathname, type, acl);
```

type 인자는 접근권 ACL을 갱신하기 위한 ACL_TYPE_ACCESS나 디렉토리의 기본 ACL을 갱신하기 위한 ACL_TYPE_DEFAULT다.

### 메모리와 텍스트 형태 간의 ACL 변경

acl_from_text() 함수는 길거나 짧은 텍스트 형태 ACL을 메모리 내의 ACL에 포함하는 문자열로 해석하고, 차후의 함수 호출에서 ACL을 가리키는 데 사용될 수 있는 핸들을 리턴한다.

```
acl = acl_from_text(acl_string);
```

acl_to_text() 함수는 acl 인자가 가리키는 ACL과 일치하는 긴 텍스트 형태를 리턴하는 반대의 변환을 실행한다.

```
char *str;
ssize_t len;

str = acl_to_text(acl, &len);
```

len 인자가 NULL로 명시되지 않은 경우, len이 가리키고 있는 버퍼는 함수의 결과로 리턴되는 문자열의 길이를 리턴하는 데 사용된다.

### ACL API의 기타 함수

다음 단락들에서는 그림 17-2에 나타나진 않지만 흔히 사용되는 여러 가지 ACL 함수를 설명한다.

acl_calc_mask(&acl) 함수는 인자가 가리키는 핸들을 가진 메모리 내 ACL의 ACL_MASK 엔트리에서 권한을 계산하고 설정한다. 일반적으로, ACL을 생성하거나 수정할 때는 언제나 이 함수를 사용한다. ACL_MASK 권한은 모든 ACL_USER, ACL_GROUP, ACL_GROUP_OBJ 엔트리에서 권한의 집합으로서 계산된다. 이 함수의 유용한 속성은

ACL_MASK 엔트리가 존재하지 않는 경우 생성한다는 것이다. 이는 이전의 최소 ACL에 ACL_USER와 ACL_GROUP을 추가한다면, ACL_MASK 엔트리를 생성함을 보장하기 위해 이 함수를 사용할 수 있음을 뜻한다.

acl_valid(acl) 함수는 인자가 가리키는 ACL이 유효한 경우 0을, 그렇지 않은 경우 -1을 리턴한다. ACL은 다음 모든 사항이 참일 때 유효하다고 한다.

- ACL_USER_OBJ, ACL_GROUP_OBJ, ACL_OTHER 엔트리는 정확하게 한 번 나타난다.
- ACL_USER나 ACL_GROUP 엔트리가 존재하는 경우 ACL_MASK 엔트리가 있다.
- 최대 하나의 ACL_MASK 엔트리가 존재한다.
- 각 ACL_USER 엔트리는 고유한 사용자 ID를 갖는다.
- 각 ACL_GROUP 엔트리는 고유한 그룹 ID를 갖는다.

> acl_check() 함수와 acl_error() 함수(둘 다 리눅스 확장)는 호환성은 적지만, 잘못된 ACL으로 인해 에러가 발생했을 경우 더욱 정확한 설명을 제공하는 acl_valid()의 대체 함수다. 더 자세한 사항을 알고 싶으면 매뉴얼 페이지를 참조하기 바란다.

acl_delete_def_file(pathname) 함수는 pathname에 의해 참조되는 디렉토리에서 기본 ACL을 제거한다.

acl_init(count) 함수는 최초에 적어도 count개의 ACL 엔트리용 공간을 갖는 새롭고 빈 ACL 구조체를 생성한다(count 인자는 의도된 사용법에 대한 시스템의 힌트가 되지만, 절대적인 한계사항은 아니다). 이런 새로운 ACL을 위한 핸들은 함수 결과로 리턴된다.

acl_dup(acl) 함수는 acl에 의해 참조되는 ACL을 복제하고, 함수의 결과로서 복제된 ACL의 핸들을 리턴한다.

acl_free(handle) 함수는 다른 ACL 함수에 의해 할당된 메모리를 해제한다. 예를 들어 acl_from_text(), acl_to_text(), acl_get_file(), acl_init(), acl_dup() 호출에 의해 할당된 메모리를 해제하기 위해 acl_free()를 사용해야만 한다.

### 예제 프로그램

리스트 17-1은 ACL 라이브러리 함수의 사용을 기술한다. 이 프로그램은 파일의 ACL을 추출하고 출력한다(즉, getfacl 명령 기능의 하부 집합을 제공한다). -d 명령행 옵션이 명시되면, 프로그램은 접근권 ACL 대신에 (디렉토리의) 기본 ACL을 출력한다.

다음은 이 프로그램의 사용 예다.

```
$ touch tfile
$ setfacl -m 'u:annie:r,u:paulh:rw,g:teach:r' tfile
$ ./acl_view tfile
user_obj             rw
user       annie     r--
user       paulh     rw
group_obj            r--
group      teach     r--
mask                 rw
other                r--
```

이 책의 소스 코드 배포판에는 ACL을 갱신하는 acl/acl_update.c 프로그램이 있다(즉 setfacl 명령의 하부 기능 집합을 제공한다).

**리스트 17-1** 파일의 접근권과 기본 ACL의 출력

acl/acl_view.c

```
#include <acl/libacl.h>
#include <sys/acl.h>
#include "ugid_functions.h"
#include "tlpi_hdr.h"

static void
usageError(char *progName)
{
    fprintf(stderr, "Usage: %s [-d] filename\n", progName);
    exit(EXIT_FAILURE);
}

int
main(int argc, char *argv[])
{
    acl_t acl;
    acl_type_t type;
    acl_entry_t entry;
    acl_tag_t tag;
    uid_t *uidp;
    gid_t *gidp;
    acl_permset_t permset;
    char *name;
    int entryId, permVal, opt;

    type = ACL_TYPE_ACCESS;
    while ((opt = getopt(argc, argv, "d")) != -1) {
        switch (opt) {
        case 'd': type = ACL_TYPE_DEFAULT;    break;
```

```
        case '?': usageError(argv[0]);
        }
    }

    if (optind + 1 != argc)
        usageError(argv[0]);

    acl = acl_get_file(argv[optind], type);
    if (acl == NULL)
        errExit("acl_get_file");

    /* 이 ACL에서 각 엔트리를 살펴봄 */

    for (entryId = ACL_FIRST_ENTRY; ; entryId = ACL_NEXT_ENTRY) {

        if (acl_get_entry(acl, entryId, &entry) != 1)
            break;          /* 에러나 더 이상 엔트리가 없는 경우 종료 */

        /* 태그 종류를 추출하고 출력한다. */
        if (acl_get_tag_type(entry, &tag) == -1)
            errExit("acl_get_tag_type");

        printf("%-12s", (tag == ACL_USER_OBJ) ?  "user_obj" :
                        (tag == ACL_USER) ?      "user" :
                        (tag == ACL_GROUP_OBJ) ? "group_obj" :
                        (tag == ACL_GROUP) ?     "group" :
                        (tag == ACL_MASK) ?      "mask" :
                        (tag == ACL_OTHER) ?     "other" : "???");

        /* 선택적인 태그 제한자 추출과 출력 */

        if (tag == ACL_USER) {
            uidp = acl_get_qualifier(entry);
            if (uidp == NULL)
                errExit("acl_get_qualifier");

            name = userNameFromId(*uidp);
            if (name == NULL)
                printf("%-8d ", *uidp);
            else
                printf("%-8s ", name);

            if (acl_free(uidp) == -1)
                errExit("acl_free");

        } else if (tag == ACL_GROUP) {
            gidp = acl_get_qualifier(entry);
```

```
            if (gidp == NULL)
                errExit("acl_get_qualifier");

            name = groupNameFromId(*gidp);
            if (name == NULL)
                printf("%-8d ", *gidp);
            else
                printf("%-8s ", name);

            if (acl_free(gidp) == -1)
                errExit("acl_free");
        } else {
            printf("         ");
        }

        /* 권한 추출과 출력 */

        if (acl_get_permset(entry, &permset) == -1)
            errExit("acl_get_permset");

        permVal = acl_get_perm(permset, ACL_READ);
        if (permVal == -1)
            errExit("acl_get_perm - ACL_READ");

        printf("%c", (permVal == 1) ? 'r' : '-');
        permVal = acl_get_perm(permset, ACL_WRITE);
        if (permVal == -1)
            errExit("acl_get_perm - ACL_WRITE");
        printf("%c", (permVal == 1) ? 'w' : '-');
        permVal = acl_get_perm(permset, ACL_EXECUTE);
        if (permVal == -1)
            errExit("acl_get_perm - ACL_EXECUTE");
        printf("%c", (permVal == 1) ? 'x' : '-');

        printf("\n");
    }

    if (acl_free(acl) == -1)
        errExit("acl_free");

    exit(EXIT_SUCCESS);
}
```

## 17.9 정리

리눅스는 버전 2.6부터 계속 ACL을 지원한다. ACL은 전통적인 유닉스 파일 권한 모델을 확장하고, 이는 한 사용자와 한 그룹 단위로 제어하게 하는 파일 권한을 허용한다.

### 더 읽을거리

POSIX.1e와 POSIX.2c 표준 초안의 마지막 버전(Draft 17)은 http://wt.tuxomania.net/publications/posix.1e/에서 찾을 수 있다.

`acl(5)` 매뉴얼 페이지는 ACL의 개요와 리눅스에 구현된 여러 가지 ACL 라이브러리 함수의 호환성에 대한 지침을 제공한다.

ACL과 확장 속성의 리눅스 구현 세부사항은 [Grünbacher, 2003]에서 찾을 수 있다. 안드레아스 그륀바허Andreas Grünbacher는 ACL에 관한 정보를 알려주는 웹사이트(http://acl.bestbits.at/)를 운영한다.

## 17.10 연습문제

**17-1.** 특정 사용자나 그룹에 일치하는 ACL 엔트리로부터 권한을 출력하는 프로그램을 작성하라. 이 프로그램은 2개의 명령행 인자를 받아야 한다. 첫 번째 인자는 문자 u나 g이며, 이는 두 번째 인자가 사용자 혹은 그룹을 가리키는지 여부를 나타낸다(249페이지의 리스트 8-1에 정의된 함수는 두 번째 명령행 인자를 숫자나 이름으로 나타내도록 허용하는 데 사용할 수 있다). 주어진 사용자나 그룹에 일치하는 ACL 엔트리가 그룹 클래스에 속하면, 프로그램은 ACL 엔트리가 마스크 엔트리에 의해 수정된 후에 적용될 권한을 추가적으로 출력해야 한다.

# 18

# 디렉토리와 링크

18장에서는 디렉토리와 링크를 살펴봄으로써 파일과 관련된 논의를 마무리하려고 한다. 디렉토리와 링크 구현의 개요를 살펴본 다음, 이들을 생성하고 제거할 때 쓰는 시스템 호출을 설명할 것이다. 그 다음에 프로그램이 디렉토리 하나의 내용을 검사하고, 디렉토리 트리 내의 각 파일을 살펴볼 때 쓰는 라이브러리 함수를 살펴볼 것이다.

각 프로세스에는 디렉토리와 관련된 두 가지 속성(절대 경로명이 해석되는 시발점을 결정하는 루트 디렉토리와 상대 경로명이 해석되는 시발점을 결정하는 현재 작업 디렉토리)이 있는데, 프로세스가 이 속성을 변경할 때 사용하는 시스템 호출을 살펴볼 것이다.

경로명을 결정하고, 결정된 이름을 디렉토리와 파일이름 부분으로 분석할 때 쓰는 라이브러리 함수에 관한 논의로 18장을 마무리한다.

## 18.1 디렉토리와 (하드) 링크

디렉토리는 일반적인 파일과 동일한 방법으로 파일 시스템에 저장된다. 파일과 다른 점 두 가지는 다음과 같다.

- 디렉토리는 i-노드 엔트리에 다른 파일 종류로 표시된다(14.4절 참조).
- 디렉토리는 구조가 특별한 파일로, 특히 파일이름과 i-노드 번호를 포함하는 테이블이다.

대부분의 리눅스 고유 파일 시스템에서 파일이름은 최대 255자까지 가능하다. 디렉토리와 i-노드의 관계는 그림 18-1에 나와 있는데, 파일 시스템 i-노드 테이블과, 예제 파일(/etc/passwd)과 관련된 디렉토리 파일의 일부를 보여준다.

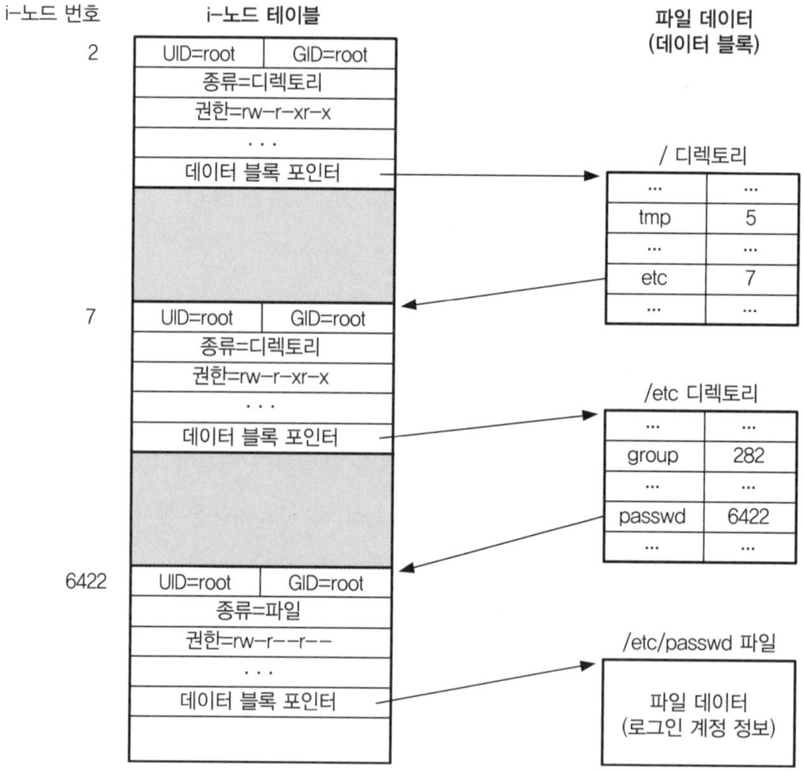


그림 18-1 /etc/passwd 파일의 i-노드와 디렉토리 구조의 관계

프로세스가 디렉토리를 열 수 있더라도, 디렉토리의 내용을 읽기 위해 read()를 사용할 수는 없다. 대신에 디렉토리의 내용을 추출하기 위해 프로세스는 18장 후반부에 논의되는 시스템 호출과 라이브러리 함수를 사용해야만 한다(일부 유닉스 구현에서는 디렉토리에 read()를 실행할 수 있지만, 이는 이식성이 없다). 또한 프로세스는 write()를 이용해 디렉토리의 내용을 직접 변경할 수도 없다. 프로세스는 오직 (새로운 파일을 생성하는) open(), link(), mkdir(), symlink(), unlink(), rmdir() 같은 시스템 호출을 사용해 간접적으로(즉 커널에 요청해서) 변경할 수 있다(4.3절에서 설명한 open()을 제외하고, 이들 시스템 호출은 모두 18장 후반부에서 설명한다).

i-노드 테이블의 번호는 0이 아닌 1로 시작한다. 디렉토리 엔트리의 i-노드 필드에서 0은 해당 엔트리가 사용되지 않음을 나타내기 때문이다. i-노드 1은 파일 시스템에서 잘못된 블록(bad block)을 기록하는 데 사용된다. 파일 시스템의 루트 디렉토리(/)는 항상 i-노드 엔트리 2에 저장되며(그림 18-1 참조), 따라서 커널은 경로명을 결정할 때 어디서 시작해야 하는지 알게 된다.

파일 i-노드(14.4절 참조)에 저장된 정보 목록을 살펴보면, i-노드는 파일이름을 포함하지 않음을 알 수 있다. i-노드는 단지 파일이름을 정의하는 디렉토리 목록 내의 매핑이다. 이런 사실은 유용하게 활용할 수 있는데, 즉 같은 디렉토리나 다른 디렉토리에 같은 i-노드를 가리키는 여러 개의 이름을 생성할 수 있다. 이러한 여러 이름은 심볼릭 링크(곧 설명한다)와 구분하기 위해 링크link, 때로는 하드 링크hard link라고 한다.

모든 리눅스와 유닉스 고유 파일 시스템은 하드 링크를 지원한다. 하지만 유닉스 파일 시스템이 아닌 많은 파일 시스템(예: 마이크로소프트의 VFAT)은 지원하지 않는다(마이크로소프트의 NTFS 파일 시스템은 하드 링크를 지원한다).

셸에서 ln 명령을 사용해 현재의 파일에 새로운 하드 링크를 생성할 수 있고, 이는 다음의 셸 세션 로그에서 볼 수 있다.

```
$ echo -n 'It is good to collect things,' > abc
$ ls -li abc
 122232 -rw-r--r--   1 mtk     users          29 Jun 15 17:07 abc
$ ln abc xyz
$ echo ' but it is better to go on walks.' >> xyz
$ cat abc
It is good to collect things, but it is better to go on walks.
$ ls -li abc xyz
 122232 -rw-r--r--   2 mtk    users          63 Jun 15 17:07 abc
 122232 -rw-r--r--   2 mtk    users          63 Jun 15 17:07 xyz
```

`ls -li`에 의해 출력되는(첫 번째 열) i-노드의 번호는 `cat` 명령의 출력으로 이미 확인된 사실을 분명히 해준다. 즉 abc와 xyz 이름은 같은 i-노드 엔트리를 가리키고, 따라서 같은 파일을 가리키는 것이다. `ls -li`로 출력된 세 번째 필드에서 i-노드에 대한 링크 수를 확인할 수 있다. `ln abc xyz` 명령 이후에, abc가 가리키는 i-노드의 링크 수는 2로 증가한다. 이는 이제 2개의 이름이 파일을 가리키고 있기 때문이다(xyz 파일도 동일한 i-노드를 가리키고 있기 때문에, 동일한 링크 수가 출력된다).

이런 파일 중의 하나가 제거돼도, 다음과 같이 그 밖의 이름과 파일 자체는 계속해서 존재한다.

```
$ rm abc
$ ls -li xyz
 122232 -rw-r--r--    1 mtk     users          63 Jun 15 17:07 xyz
```

파일의 i-노드 엔트리와 데이터 블록은 i-노드의 링크 수가 0으로 될 때, 즉 파일의 모든 이름이 제거될 때만 제거된다. 정리하면, `rm` 명령은 디렉토리 목록에서 파일이름을 제거하고, 해당되는 i-노드의 링크 수를 1 줄인다. 그리고 링크 수가 0으로 바뀌면, 참조하고 있는 i-노드와 데이터 블록을 해제한다.

파일의 모든 이름(링크)은 동일하다. 즉 어떤 이름도(예: 첫 번째 링크) 다른 이름보다 우선권을 갖지 않는다. 앞의 예제에서 봤듯이, 파일과 관련된 첫 번째 이름이 제거되고 난 이후에, 물리적인 파일은 계속해서 존재하지만 다른 이름에 의해서만 접근이 가능했다.

온라인 포럼에 자주 등장하는 질문은 "제 프로그램에서 파일 디스크립터 X와 관련된 파일이름을 어떻게 찾나요?"이다. 짧은 답은 "찾을 수 없다(최소한 이식성 있고 모호하지 않은 방법으로)"이다. 이는 파일 디스크립터가 i-노드를 참조하고, 여러 파일이름이 해당 i-노드를 가리킬 것이기 때문이다(혹은 18.3절에 기술된 것처럼 어떠한 이름도 해당 i-노드를 가리키지 않을 수도 있다).

> 리눅스에서 프로세스가 열어놓은 각 파일 디스크립터에 해당하는 심볼릭 링크를 담고 있는 리눅스 고유의 /proc/*PID*/fd 디렉토리의 내용을 readdir()(18.8절 참조)을 통해 스캔함으로써 해당 프로세스가 어떤 파일을 열었는지 확인할 수 있다. 많은 유닉스 시스템에도 이식되어 있는 lsof(1)과 fuser(1) 도구도 이 경우에 유용할 수 있다.

하드 링크는 두 가지 제한사항을 가지며, 다음과 같은 이유로 두 가지 모두 심볼릭 링크를 사용함으로써 피할 수 있다.

- 디렉토리 엔트리(하드 링크)는 단지 i-노드 번호를 사용하는 파일을 참조하고, i-노드 번호는 파일 시스템 내에서만 고유하기 때문에, 하드 링크는 참조하고 있는 파일과 동일한 파일 시스템에 있어야만 한다.
- 디렉토리에 대한 하드 링크는 만들 수 없다. 이는 많은 시스템 프로그램을 혼란스럽게 하는 순환적 링크의 생성을 막는다.

> 초기 유닉스 구현은 슈퍼유저가 디렉토리의 하드 링크를 생성할 수 있게 허용했다. 이런 구현은 mkdir() 시스템 호출을 제공하지 않았기 때문에 필수적이었다. 대신에 디렉토리는 mknod()를 이용해 생성됐고, .과 .. 엔트리에 대한 링크가 생성됐다([Vahalia, 1996] 참조). 이런 기능이 더 이상 필요하지 않더라도, 현대 유닉스 구현은 호환성을 위해 유지하고 있다.
>
> 디렉토리에 대한 하드 링크와 유사한 효과는 바인드 마운트(14.9.4절 참조)를 통해 이뤄질 수 있다.

## 18.2 심볼릭(소프트) 링크

심볼릭 링크(소프트 링크)는 해당 데이터가 다른 파일의 이름인 특별한 파일이다. 그림 18-2는 2개의 하드 링크 /home/erena/this와 /home/allyn/that이 같은 파일을 나타내고, 심볼릭 링크 /home/kiran/other가 /home/erena/this를 가리키는 상황이다.

셸에서 심볼릭 링크는 `ln -s` 명령을 사용해 만든다. `ls -F` 명령은 심볼릭 링크의 끝에 @ 문자를 출력한다.

심볼릭 링크가 참조하는 경로명은 절대나 상대 경로일 것이다. 상대 심볼릭 링크는 링크 자체의 위치에 상대적으로 해석된다.

심볼릭 링크는 하드 링크와 동일한 상태를 보유하지는 않는다. 특히 심볼릭 링크는 그것이 참조하는 파일의 링크 수에 포함되지 않는다(따라서 그림 18-2의 i-노드 링크 수는 3개가 아니라 2개다). 그러므로 심볼릭 링크가 참조하는 파일이름이 지워지면, 더 이상 역참조되지 않더라도 심볼릭 링크 자체는 계속 존재한다. 일반적으로 이런 상황의 링크를 댕글링 링크dangling link라고 한다. 링크가 생성될 때 존재하지 않는 파일에 대한 심볼릭 링크를 만들 수도 있다.

> 심볼릭 링크는 4.2BSD에서 도입됐다. 비록 POSIX.1-1990에는 포함되지 않았지만, 그 뒤에 SUSv1에 포함됐으므로, SUSv3에서도 사용할 수 있다.

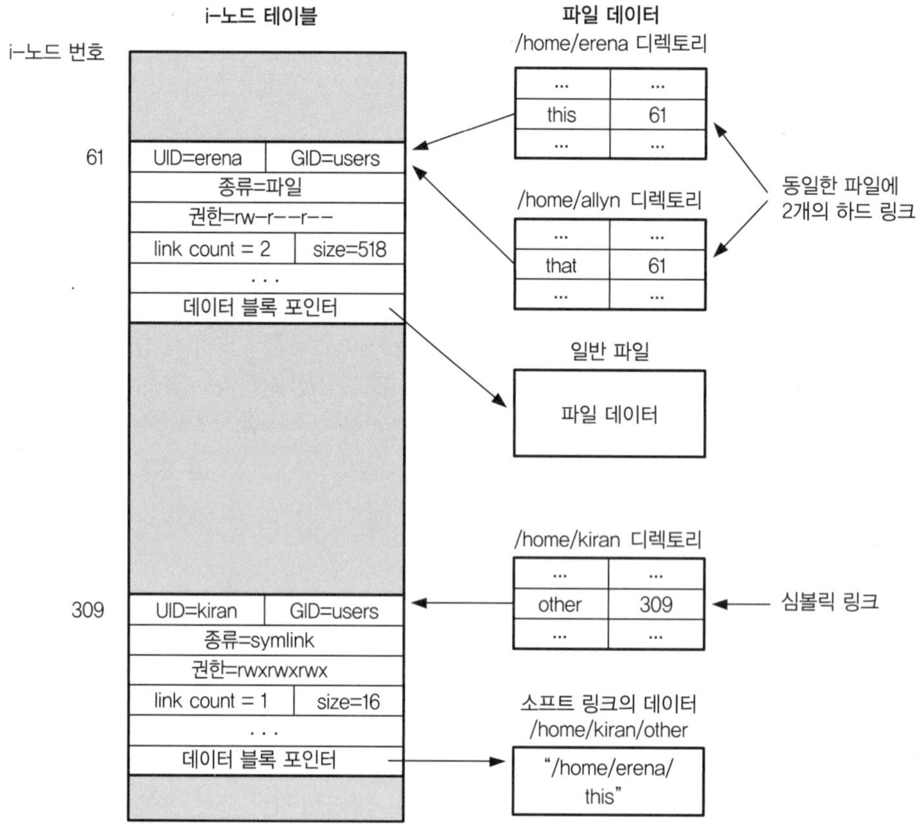


**그림 18-2** 하드 링크와 심볼릭 링크의 표현

심볼릭 링크가 i-노드 번호가 아닌 파일이름을 참조하기 때문에, 다른 파일 시스템의 파일을 링크할 수 있다. 심볼릭 링크는 하드 링크의 다른 한계점에 제한되지 않는다. 즉 디렉토리에 대한 심볼릭 링크를 생성할 수 있다. find와 tar 같은 도구는 하드 링크와 심볼릭 링크의 차이점을 구별하고, 기본적으로 심볼릭 링크의 사용을 피하거나 심볼릭 링크에 의해 만들어진 순환적인 참조에 갇히는 것을 피한다.

심볼릭 링크는 연결 가능하다(예를 들어 a는 b의 심볼릭 링크며, b는 c의 심볼릭 링크가 된다). 심볼릭 링크가 다양한 파일 관련 시스템 호출에 명시될 때, 커널은 마지막 파일에 도착하는 연속된 링크를 역참조한다.

SUSv3는 구현 시 경로명의 심볼릭 링크 컴포넌트에 적어도 `_POSIX_SYMLOOP_MAX` 만큼의 역참조를 허용한다. `_POSIX_SYMLOOP_MAX`에 명시된 값은 8이다. 그러나 커널 2.6.18 이전에 리눅스는 연속된 심볼릭 링크를 따를 때 5개의 역참조로 제한했다. 커널 2.6.18부터 리눅스는 SUSv3에 정의된 최소 역참조 개수인 8을 따른다. 또한 리눅스는 전체 경로명에 40개의 역참조를 가질 수 있다. 이런 제한은 극도로 긴 심볼릭 링크 연결과 심볼릭 링크 루프로 인해 커널 코드에서 스택 오버플로stack overflow가 발생하는 경우를 막기 위해 필요하다.

> 몇몇 유닉스 파일 시스템은, 본문에서 언급하지 않았고 그림 18-2에도 없는 최적화를 실행한다. 심볼릭 링크의 내용을 형성하는 문자열의 전체 길이가 일반적으로 데이터 포인터에 사용되는 i-노드의 일부에 알맞도록 충분히 작다면, 링크 문자열은 그곳에 저장된다. 이렇게 하면 디스크 블록을 할당하지 않고 파일 i-노드에서 정보를 추출하기 때문에, 심볼릭 링크 정보에 빠르게 접근할 수 있다. 예를 들면 ext2, ext3, ext4는 일반적으로 데이터 블록 포인터에 사용되는 60바이트의 짧은 심볼 문자열에 맞도록 하는 기법을 채용한다. 실제로 이 방법은 상당히 효과적인 최적화 방법일 수 있다. 저자가 실험한 시스템에서 20,700개의 심볼릭 링크 가운데 97%는 길이가 60바이트 이하로 작았다.

### 시스템 호출에 의한 심볼릭 링크의 해석

많은 시스템 호출은 심볼릭 링크를 역참조하고, 따라서 링크가 참조하고 있는 파일에 동작한다. 몇몇 시스템 호출은 심볼릭 링크를 역참조하는 대신 링크 파일 자체에 직접 동작한다. 각 시스템 호출을 살펴보면서, 심볼릭 링크에 관련된 동작을 살펴본다. 이들 동작은 표 18-1에도 요약되어 있다.

**표 18-1** 여러 가지 함수에서의 심볼릭 링크 해석

| 함수 | 링크를 따라가는가 (역참조하는가)? | 추가 설명 |
|---|---|---|
| access() | ● | |
| acct() | ● | |
| bind() | ● | 유닉스 도메인 소켓은 경로명을 갖는다. |
| chdir() | ● | |
| chmod() | ● | |
| chown() | ● | |
| chroot() | ● | |
| creat() | ● | |
| exec() | ● | |
| getxattr() | ● | |
| lchown() | | |

(이어짐)

| 함수 | 링크를 따라가는가 (역참조하는가)? | 추가 설명 |
|---|---|---|
| lgetxattr() | | |
| link() | | 18.3절 참조 |
| listxattr() | ● | |
| llistxattr() | | |
| lremovexattr() | | |
| lsetxattr() | | |
| lstat() | | |
| lutimes() | | |
| open() | ● | O_NOFOLLOW나 O_EXCL \| O_CREATE가 명시되지 않은 경우 |
| opendir() | ● | |
| pathconf() | ● | |
| pivot_root() | ● | |
| quotactl() | ● | |
| readlink() | | |
| removexattr() | ● | |
| rename() | | 두 인자 모두 링크를 따라가지 않는다. |
| rmdir() | | 인자가 심볼릭 링크인 경우 ENOTDIR로 실패 |
| setxattr() | ● | |
| stat() | ● | |
| statfs(), statvfs() | ● | |
| swapon(), swapoff() | ● | |
| truncate() | ● | |
| unlink() | | |
| uselib() | ● | |
| utime(), utimes() | ● | |

심볼릭 링크가 참조하는 파일과 심볼릭 링크 자체 둘 다에 유사한 동작을 해야만 하는 몇 가지 경우에, 대체 시스템 호출이 제공된다. 즉 하나는 링크를 역참조하는 호출이

며, 다른 하나는 링크를 역참조하지 않는 문자 l로 시작하는 호출이다. 예를 들면, stat()와 lstat()가 있다.

일반적으로 적용되는 한 가지 관점은 경로명에서 디렉토리 부분의 심볼릭 링크(즉 마지막 슬래시 앞의 모든 컴포넌트)는 항상 역참조된다는 것이다. 그러므로 경로명이 전달되는 시스템 호출에 따라, 경로명 /somedir/somesubdir/file에서 somedir과 somesubdir이 심볼릭 링크라면 항상 역참조될 것이며, file은 역참조될 수 있다.

> 18.11절에서는 표 18-1에 나타난 몇 가지 인터페이스의 기능을 확장하는 (리눅스 2.6.16에 추가된) 시스템 호출들을 설명한다. 이런 시스템 호출 일부에서 심볼릭 링크를 따르는 동작은 호출의 flags 인자로 제어할 수 있다.

### 심볼릭 링크의 파일 권한과 소유권

심볼릭 링크의 소유권과 권한은 대부분의 동작에서 무시된다(심볼릭 링크는 항상 활성화된 모든 권한으로 생성된다). 대신 링크가 참조하고 있는 파일의 소유권과 권한은 동작이 허용되는지 여부를 결정할 때 사용된다. 심볼릭 링크의 소유권은 링크 자체가 제거되거나 스티키 권한 비트가 설정(15.4.5절 참조)되는 경우에만 관련된다.

## 18.3 (하드) 링크 생성과 제거: link()와 unlink()

link()와 unlink() 시스템 호출은 하드 링크를 생성하고 제거한다.

```
#include <unistd.h>

int link(const char *oldpath, const char *newpath);
```

성공하면 0을 리턴하고, 에러가 발생하면 -1을 리턴한다.

oldpath에 기존 파일의 경로명이 주어지면, link() 시스템 호출은 newpath에 명시된 경로명을 이용해 새로운 링크를 생성한다. newpath가 이미 존재하는 경우, 덮어쓰지 않고 대신에 에러(EEXIST)가 발생한다.

리눅스에서 link() 시스템 호출은 심볼릭 링크를 역참조하지 않는다. oldpath가 심볼릭 링크라면, newpath는 동일한 심볼릭 링크 파일에 새로운 하드 링크로 생성된다

(다시 말해, newpath는 oldpath가 가리키는 동일한 파일의 심볼릭 링크도 된다). 이런 동작은 SUSv3를 따르지 않고, 이는 경로명 결정을 실행하는 모든 함수는 명시되지 않은 경우(그리고 link()에 명시된 예외가 없는 경우)에 심볼릭 링크를 역참조해야 함을 의미한다. 대부분의 다른 유닉스 구현은 SUSv3에 명시된 것처럼 동작한다. 한 가지 주목할 예외는 기본적으로 리눅스와 동일한 동작을 제공하지만, 적절한 컴파일러 옵션이 사용된 경우 SUSv3에 호환되는 동작을 제공하는 솔라리스다. 여러 구현에 걸친 이런 불일치의 결과로 이식성 있는 응용 프로그램은 oldpath에 심볼릭 링크를 명시하는 것을 피해야 한다.

> SUSv4는 현존하는 구현에 걸친 불일치를 인식하고, link()가 심볼릭 링크를 역참조하는지 여부에 대한 선택은 구현에 정의되는 것으로 명시한다. 또한 SUSv4는 link()와 동일한 동작을 실행하지만, 호출이 심볼릭 링크를 역참조하는지 제어할 수 있는 flags 인자를 갖는 linkat()의 정의를 추가했다. 더욱 자세한 내용은 18.11절을 참조하기 바란다.

```
#include <unistd.h>

int unlink(const char *pathname);
```

성공하면 0을 리턴하고, 에러가 발생하면 –1을 리턴한다.

unlink() 시스템 호출은 링크를 제거하고(파일이름을 지우고), 파일의 마지막 링크인 경우 파일 자체도 제거한다. pathname에 명시된 링크가 존재하지 않으면, unlink()는 ENOENT 에러로 실패한다.

디렉토리를 제거하기 위해 unlink()를 사용할 수는 없고, 이런 동작은 rmdir()이나 remove()가 요구된다. 자세한 내용은 18.6절을 참조하기 바란다.

> SUSv3는 pathname이 디렉토리를 가리키는 경우, unlink()는 EPERM 에러를 발생시켜야 한다고 명시되어 있다. 그러나 리눅스에서 unlink()는 이런 경우 EISDIR 에러를 발생시킨다(LSB는 SUSv3의 변형을 명시적으로 허용한다). 이런 경우를 검사할 때, 이식성 있는 응용 프로그램은 둘 중 어떤 값이든지 처리할 준비가 되어 있어야 한다.

unlink() 시스템 호출은 심볼릭 링크를 역참조하지 않는다. pathname이 심볼릭 링크라면, 그것이 가리키는 이름보다는 링크 자체가 제거된다.

### 모든 파일 디스크립터가 닫힌 경우에만 열린 파일 제거

각 i-노드에 링크 수를 유지하는 것과 더불어 커널은 파일에 대해 열린 파일 디스크립션을 카운트한다(169페이지의 그림 5-2 참조). 파일의 마지막 링크가 제거되고, 어떤 프로세스가 파일을 참조하는 열린 파일을 갖고 있는 경우, 모든 디스크립터가 닫히기 전까지 파일은 실질적으로 제거되지 않는다. 이는 다른 프로세스가 그 파일을 열었는지 여부에 신경 쓰지 않아도 되므로 유용한 기능이다(그러나 링크 수가 0인 열린 파일에 이름을 다시 붙이는 것은 불가능하다). 또한 임시 파일을 생성하고 열고, 즉시 링크를 제거하고, 프로그램 내에서 계속 사용하는 편법을 실행할 수 있는데, 이는 명시적으로 파일 디스크립터를 닫거나 혹은 프로그램이 종료될 때 암묵적으로 제거된다는 사실에 기인한다(이는 5.12절에 기술된 `tmpfile()` 함수의 동작이다).

리스트 18-1의 프로그램은 파일의 마지막 링크가 제거됐을 때도, 참조하고 있는 모든 열린 파일 디스크립터가 닫힌 경우에만 제거된다는 사실을 설명한다.

**리스트 18-1** unlink()로 링크 제거

dirs_links/t_unlink.c

```
#include <sys/stat.h>
#include <fcntl.h>
#include "tlpi_hdr.h"

#define CMD_SIZE 200
#define BUF_SIZE 1024

int
main(int argc, char *argv[])
{
    int fd, j, numBlocks;
    char shellCmd[CMD_SIZE];          /* system()에 전달될 명령 */
    char buf[BUF_SIZE];               /* 파일에 쓸 임의의 바이트 */

    if (argc < 2 || strcmp(argv[1], "--help") == 0)
        usageErr("%s temp-file [num-1kB-blocks] \n", argv[0]);

    numBlocks = (argc > 2) ? getInt(argv[2], GN_GT_0, "num-1kB-blocks")
                           : 100000;

    fd = open(argv[1], O_WRONLY | O_CREAT | O_EXCL, S_IRUSR | S_IWUSR);
    if (fd == -1)
        errExit("open");

    if (unlink(argv[1]) == -1)           /* 파일이름 제거 */
        errExit("unlink");
```

```
    for (j = 0; j < numBlocks; j++)        /* 파일에 아무거나 쓰기 */
        if (write(fd, buf, BUF_SIZE) != BUF_SIZE)
            fatal("partial/failed write");

    snprintf(shellCmd, CMD_SIZE, "df -k `dirname %s`", argv[1]);
    system(shellCmd);                      /* 파일 시스템에 사용된 공간 확인 */

    if (close(fd) == -1)                   /* 파일 제거 */
        errExit("close");
    printf("********** Closed file descriptor\n");

    system(shellCmd);                      /* 파일 시스템에 사용된 공간 확인 */
    exit(EXIT_SUCCESS);
}
```

리스트 18-1의 프로그램은 2개의 명령행 인자를 수용한다. 첫 번째 인자는 프로그램이 생성해야 하는 파일의 이름을 식별한다. 프로그램은 이 파일을 열고, 그 파일이름을 링크 해제한다. 파일이름이 사라지더라도, 파일 자체는 계속해서 존재한다. 그러고 나서 프로그램은 파일에 임의의 데이터 블록을 쓴다. 이런 블록의 수는 프로그램의 선택적인 두 번째 명령행 인자에 명시된다. 이 시점에서 프로그램은 파일 시스템에 사용된 공간의 양을 출력하는 df(1) 명령을 사용한다. 그리고 프로그램은 파일 디스크립터를 닫고, 이 지점에서 파일은 제거되며, 사용되는 공간이 줄어든 것을 보여주기 위해 df(1)을 한 번 더 사용한다. 다음 셸 세션은 리스트 18-1 프로그램의 사용 예다.

```
$ ./t_unlink /tmp/tfile 1000000
Filesystem           1K-blocks      Used Available Use% Mounted on
/dev/sda10             5245020   3204044   2040976  62% /
********** Closed file descriptor
Filesystem           1K-blocks      Used Available Use% Mounted on
/dev/sda10             5245020   2201128 3043892    42% /
```

리스트 18-1에서 셸 명령을 실행하기 위해 system() 함수를 사용한다. system()에 대한 자세한 설명은 27.6절을 참조하기 바란다.

## 18.4 파일이름 변경: rename()

rename() 시스템 호출은 파일이름을 다시 만들거나, 동일한 파일 시스템 내의 다른 디렉토리로 옮기려고 할 때 사용할 수 있다.

```
#include <stdio.h>

int rename(const char *oldpath, const char *newpath);
```

성공하면 0을 리턴하고, 에러가 발생하면 -1을 리턴한다.

oldpath 인자는 기존 경로명이며, 이는 newpath로 주어지는 경로명으로 변경된다.

rename() 호출은 단지 디렉토리 엔트리를 조작하며, 파일 데이터를 이동하지는 않는다. 파일이름을 변경하는 것은 그 파일의 다른 하드 링크에 영향을 주지 않고, 파일의 열린 디스크립터를 소유한 다른 프로세스에도 아무런 영향이 없다. 이는 이런 파일 디스크립터는 (open() 호출 이후에) 파일이름과 아무런 연결성이 없는 열린 파일 디스크립션을 참조하기 때문이다.

다음 규칙은 rename()을 사용할 때 적용된다.

- newpath가 이미 존재한다면, 덮어쓴다.
- newpath와 oldpath가 동일한 파일을 가리키는 경우, 아무런 변경을 하지 않는다(호출은 성공이다). 이 동작은 직관에 반하지는 않는다. 이전의 관점에 따라서, 2개의 파일이름 x와 y가 존재한다면, rename("x", "y") 호출은 이름 x를 제거할 것이다. 이는 x와 y가 동일한 파일의 링크인 경우에는 적용되지 않는다.

> 원래의 BSD 구현으로부터 알 수 있는 이런 규칙은 아마도 rename("x", "x")와 rename("x", "./x"), rename("x", "somedir/../x") 같은 호출이 파일을 제거하지 않는다는 사실을 보장하기 위해 실행돼야 함을 의미할 것이다.

- rename() 시스템 호출은 인자 모두에 대해 심볼릭 링크를 역참조하지 않는다. oldpath가 심볼릭 링크라면, 심볼릭 링크의 이름이 바뀐다. newpath가 심볼릭 링크라면, oldpath의 이름이 변경된 일반적인 경로명으로 취급된다(즉 현재 newpath 심볼릭 링크는 제거된다).
- oldpath가 디렉토리가 아닌 파일을 가리키는 경우, newpath는 디렉토리의 경로명을 가리킬 수 없다(이 경우 EISDIR 에러가 발생한다). 디렉토리 내 위치에 파일의 이름을 변경하려면(즉 파일을 다른 디렉토리로 옮기려면) newpath는 반드시 새로운 파일 이름을 포함해야만 한다. 다음 호출은 파일을 다른 디렉토리로 옮기고, 이름을 변경한다.

  ```
  rename("sub1/x", "sub2/y");
  ```

- oldpath에 디렉토리의 이름을 명시하면 디렉토리 이름을 변경할 수 있다. 이 경우 newpath는 존재하지 않거나, 비어 있는 디렉토리의 이름이어야만 한다. newpath가 존재하는 파일이거나, 현존하는 비어 있는 디렉토리라면 (각각 ENOTDIR과 ENOTEMPTY) 에러가 발생한다.
- oldpath가 디렉토리라면, newpath는 oldpath와 동일한 디렉토리 접두어를 포함할 수 없다. 예를 들어 /home/mtk를 /home/mtk/bin으로 이름을 변경할 수는 없다(발생하는 에러는 EINVAL이다).
- oldpath와 newpath에 의해 참조되는 파일은 동일한 파일 시스템에 있어야만 한다. 이런 동작이 필요한 이유는 디렉토리는 동일한 파일 시스템에서 i-노드를 참조하는 하드 링크의 목록이기 때문이다. 앞서 언급했듯이 rename()은 디렉토리 목록의 내용을 조작하지 않는다. 파일을 다른 파일 시스템으로 이름을 변경하려는 시도는 EXDEV 에러로 실패한다(원하는 결과를 얻으려면, 하나의 파일 시스템에서 다른 파일 시스템으로 파일 내용을 복사하고, 이전 파일을 삭제해야만 한다. 이는 mv 명령이 실행하는 동작이다).

## 18.5 심볼릭 링크 관련 작업: symlink()와 readlink()

이제 심볼릭 링크를 생성하고, 내용을 검사할 때 쓰이는 시스템 호출을 살펴본다.

symlink() 시스템 호출은 filepath에 명시된 경로명에 새로운 심볼릭 링크 linkpath를 생성한다(심볼릭 링크를 제거하려면 unlink()를 사용한다).

```
#include <unistd.h>

int symlink(const char *filepath, const char *linkpath);
```

성공하면 0을 리턴하고, 에러가 발생하면 -1을 리턴한다.

linkpath에 주어진 경로명이 이미 존재하는 경우, (errno가 EEXIST로 설정되어) 호출은 실패한다. filepath에 명시된 경로명은 절대 경로나 상대 경로에 해당할 것이다.

filepath에 명시된 파일이나 디렉토리는 호출하는 시점에 존재할 필요는 없다. 그 시점에 존재한다고 할지라도, 나중에 제거되는 것을 막을 수는 없다. 이런 경우 linkpath는 댕글링 링크가 되며, 다른 시스템 호출에서 그 링크를 역참조하려는 시도는 (보통 ENOENT) 에러를 유발한다.

open()에 pathname 인자로 심볼릭 링크를 명시하면, 링크가 참조하고 있는 파일을 연다. 가끔은 링크 자체의 내용(즉 참조하고 있는 경로명)을 추출하려고 할 때가 있다. readlink() 시스템 호출은 이런 동작을 실행하고, buffer가 가리키는 문자 배열에 심볼릭 링크 문자열의 복사본을 넣는다.

```
#include <unistd.h>

ssize_t readlink(const char *pathname, char *buffer, size_t bufsiz);
```

성공하면 버퍼에 할당된 바이트의 수를 리턴하고, 에러가 발생하면 -1을 리턴한다.

bufsiz 인자는 readlink()에 buffer에 가용한 바이트의 수가 얼마인지 알려줄 때 사용된다.

에러가 발생하지 않으면, readlink()는 buffer에서 실제로 버퍼로 옮긴 바이트의 수를 리턴한다. 링크의 길이가 bufsiz를 넘으면, 잘라낸 문자열이 buffer에 위치하게 된다(그리고 그 문자열의 크기, 즉 bufsiz를 리턴한다).

문자열을 끝내는 널 바이트가 buffer의 끝에 위치하지 않기 때문에, readlink()가 정확히 buffer를 채운 문자열을 리턴하는 경우와 잘린 문자열을 리턴하는 경우를 구분할 방법이 없다. buffer를 정확히 채운 경우를 검사하는 한 가지 방법은 큰 buffer 배열로 옮긴 후에 readlink()를 다시 호출하는 것이다. 대신에 PATH_MAX 상수를 사용해 pathname의 크기를 정할 수 있고(11.1절 참조), 이는 프로그램이 수용해야만 하는 가장 긴 경로명을 정의한다.

리스트 18-4에 readlink()의 사용법이 설명되어 있다.

> SUSv3는 새로운 한도인 SYMLINK_MAX를 정의했고, 구현은 이것이 심볼릭 링크에 저장할 수 있는 최대 바이트 수를 가리키도록 정의해야 한다. 이 한도는 적어도 255바이트는 돼야 한다. 이 책을 집필하는 당시에 리눅스는 이 한도를 정의하지 않았다. 이 책에서는 대신에 PATH_MAX를 쓰도록 제안하는데, PATH_MAX는 적어도 SYMLINK_MAX만큼은 돼야 하기 때문이다.
>
> SUSv2에서 readlink()의 리턴형은 int로 정의되어 있으며, 현재의 많은 구현(리눅스의 glibc 버전도) 이 규격을 따른다. SUSv3에서는 리턴형이 ssize_t로 변경됐다.

## 18.6 디렉토리 생성과 제거: mkdir()과 rmdir()

mkdir() 시스템 호출은 새로운 디렉토리를 생성한다.

```
#include <sys/stat.h>

int mkdir(const char *pathname, mode_t mode);
```

성공하면 0을 리턴하고, 에러가 발생하면 -1을 리턴한다.

pathname 인자는 새로운 디렉토리의 경로명을 명시한다. 이 경로명은 상대 경로이거나 절대 경로일 것이다. 이 경로명을 가진 파일이 이미 존재하면, 호출은 EEXIST 에러와 함께 실패한다.

새로운 디렉토리의 소유권은 15.3.1절에 명시된 규칙에 따라서 설정된다.

mode 인자는 새로운 디렉토리의 권한을 명시한다(디렉토리 권한 비트의 의미는 15.3.1절, 15.3.2절, 15.4.5절에서 설명한다). 이런 비트 마스크 값인 417페이지의 표 15-4의 상수를 OR 연산해 명시할 것이지만, open()과 동일하게 8진수로도 명시될 것이다. mode에 주어진 값은 umask 과정으로 AND 연산한다(15.4.6절 참조). 더욱이 set-user-ID 비트(S_ISUID)는 디렉토리에 대해 아무런 의미를 갖지 않기 때문에 항상 비활성화된다.

스티키 비트(S_ISVTX)가 mode에 설정된 경우, 새로운 디렉토리에 설정될 것이다.

mode에 set-group-ID 비트(S_ISGID)의 설정은 무시된다. 대신에 set-group-ID 비트가 부모 디렉토리에 설정된 경우, 새롭게 생성된 디렉토리에도 설정될 것이다. 15.3.1절에서 디렉토리에 set-group-ID 권한을 설정할 경우 그 디렉토리에 생성된 새로운 파일이 프로세스의 유효 그룹 ID가 아닌, 디렉토리의 그룹 ID에서 그룹 ID를 취하게 한다는 사실을 언급했다. mkdir() 시스템 호출은 여기서 기술된 방법으로 set-group-ID 권한 비트를 전파하고, 따라서 디렉토리 아래의 모든 하부 디렉토리는 동일한 동작을 공유한다.

SUSv3는 mkdir()이 set-user-ID와 set-group-ID, 스티키 비트를 처리하는 방법이 구현 이슈임을 명시적으로 강조한다. 몇몇 유닉스 구현에서 이 세 가지 비트는 새로운 디렉토리에 대해 항상 비활성화된다.

새롭게 생성된 디렉토리는 디렉토리 자체 링크를 가리키는 '.'과 부모 디렉토리를 가리키는 '..'의 두 엔트리를 갖는다.

> SUSv3는 .과 .. 엔트리를 포함하는 디렉토리를 요구하지 않는다. SUSv3는 단지 구현이 .과 ..이 경로명에 나타난 경우에 정확하게 해석하는 것만을 요구한다. 이식성 있는 응용 프로그램은 디렉토리의 이런 엔트리의 존재에 의존해서는 안 된다.

mkdir() 시스템 호출은 pathname의 마지막 컴포넌트만을 생성한다. 다시 말해서, mkdir("aaa/bbb/ccc", mode) 호출은 디렉토리 aaa와 aaa/bbb가 이미 존재하는 경우에만 성공할 것이다(이 동작은 mkdir(1) 명령의 기본 동작과 일치하지만, mkdir(1)은 중간 디렉토리가 존재하지 않는 경우 모든 중간 디렉토리를 생성하는 -p 옵션을 제공한다).

> GNU C 라이브러리는 mkstemp() 함수와 디렉토리에 동일한 mkdtemp(template) 함수를 제공한다. 이 함수는 소유자에 활성화된 읽기, 쓰기, 실행 권한을 가지고, 다른 사용자에게는 아무런 권한도 허용하지 않는 고유하게 명명된 디렉토리를 생성한다. 결과로 파일 디스크립터를 리턴하는 대신에, mkdtemp()는 template에 실제 디렉토리 이름을 포함하는 수정된 문자열의 포인터를 리턴한다. SUSv3는 이 함수를 명시하지 않고, 모든 유닉스 구현에서 가용하진 않다. 단지 SUSv4에 명시되어 있다.

rmdir() 시스템 호출은 절대 경로나 상대 경로일 pathname에 명시된 디렉토리를 제거한다.

```
#include <unistd.h>

int rmdir(const char *pathname);
```

성공하면 0을 리턴하고, 에러가 발생하면 –1을 리턴한다.

rmdir()의 성공을 위해 디렉토리는 비어 있어야 한다. pathname의 마지막 컴포넌트가 심볼릭 링크인 경우, 역참조되지 않고 대신 ENOTDIR 에러를 리턴한다.

## 18.7 파일이나 디렉토리 제거: remove()

remove() 라이브러리 함수는 파일이나 비어 있는 디렉토리를 제거한다.

```
#include <stdio.h>

int remove(const char *pathname);
```

성공하면 0을 리턴하고, 에러가 발생하면 –1을 리턴한다.

pathname이 파일인 경우 remove()는 unlink()를 호출하고, 디렉토리인 경우 rmdir()을 호출한다.

unlink() 및 rmdir()과 마찬가지로 remove()는 심볼릭 링크를 역참조하지 않는다. pathname이 심볼릭 링크인 경우, remove()는 링크가 참조하는 파일이 아닌 링크 자체를 제거한다.

동일한 이름을 가진 새로운 파일을 생성하기 위해 파일을 제거하기를 원할 때, remove()를 사용하는 방법은 경로명이 파일인지 디렉토리인지 검사하고 unlink()나 rmdir()을 호출하는 코드보다는 더 간단하다.

> remove() 함수는 유닉스 시스템과 유닉스가 아닌 시스템에 모두 구현되는 표준 C 라이브러리를 위해 만들어졌다. 유닉스가 아닌 시스템 대부분은 하드 링크를 지원하지 않고, 따라서 unlink() 함수로 파일을 제거하는 것은 이치에 맞지 않다.

## 18.8 디렉토리 읽기: opendir()과 readdir()

여기서 기술되는 라이브러리 함수는 디렉토리를 열고, 포함되어 있는 파일들을 하나씩 추출하는 데 사용될 수 있다.

> 디렉토리를 읽는 라이브러리 함수는 (SUSv3의 일부가 아닌) getdents() 시스템 호출 함수의 상위에 구현됐지만, 사용하기 쉬운 인터페이스를 제공한다. 리눅스는 (여기서 설명된 readdir(3) 함수의 반대로) readdir(2) 시스템 호출을 제공하며, 이는 getdents()와 유사한 동작을 하지만, getdents()로 인해 폐기됐다.

opendir() 함수는 디렉토리를 열고, 이후 호출에서 디렉토리를 참조할 때 사용할 수 있는 핸들을 리턴한다.

```
#include <dirent.h>

DIR *opendir(const char *dirpath);
```

디렉토리 스트림 핸들을 리턴한다. 에러가 발생하면 NULL을 리턴한다.

opendir() 함수는 dirpath로 지정된 디렉토리를 열고, DIR 형 구조체를 가리키는 포인터를 리턴한다. 이 구조체는 소위 디렉토리 스트림directory stream이며, 이는 호출자가 이후에 설명하는 다른 함수에 전달하는 핸들에 해당한다. opendir()이 리턴되면 디렉토리 스트림은 디렉토리 목록의 첫 번째 엔트리에 위치한다.

fdopendir() 함수는 생성되는 스트림의 디렉토리가 열린 파일 디스크립터 fd를 사용한다는 점만 제외하면 opendir()과 같다.

```
#include <dirent.h>

DIR *fdopendir(int fd);
```

디렉토리 스트림 핸들을 리턴한다. 에러가 발생하면 NULL을 리턴한다.

fdopendir() 함수가 제공되므로, 응용 프로그램은 18.11절에서 설명하는 경쟁 상태를 피할 수 있다.

fdopendir()의 성공적인 호출 이후에 이 파일 디스크립터는 시스템의 제어하에 있으며, 프로그램은 이 절의 나머지에 설명되어 있는 함수를 사용하는 것을 제외한 다른 방법으로 접근해서는 안 된다.

fdopendir() 함수는 SUSv4에 명시되어 있다(SUSv3에는 없다).

readdir() 함수는 디렉토리 스트림에서 연속된 엔트리를 읽는다.

```
#include <dirent.h>

struct dirent *readdir(DIR *dirp);
```

다음 디렉토리 엔트리를 가리키는 정적으로 할당된 구조체의 포인터를 리턴한다.
디렉토리의 끝이거나 에러가 발생하면 NULL을 리턴한다.

readdir()의 각 호출은 dirp가 가리키는 디렉토리 스트림에서 다음 디렉토리 엔트리를 읽고, 엔트리에 대해 다음의 정보를 담고 있는 정적으로 할당된 dirent 형의 구조체를 가리키는 포인터를 리턴한다.

```
struct dirent {
    ino_t d_ino;             /* 파일 i-노드 번호 */
    char  d_name[];          /* 파일의 널로 끝나는 이름 */
};
```

이 구조체는 readdir()을 호출할 때마다 덮어써진다.

> 리눅스 dirent 구조체의 여러 가지 비표준 필드는 응용 프로그램의 이식성을 떨어뜨리므로, 앞의 정의에서 비표준 필드를 생략했다. 이런 비표준 필드에서 가장 흥미로운 부분은 d_type 이며 이는 BSD 계열 구현에도 존재하지만, 그 밖의 유닉스 구현에는 존재하지 않는다. 이 필드는 DT_REG(일반 파일)나 DT_DIR(디렉토리), DT_LNK(심볼릭 링크), DT_FIFO(FIFO)(이 이름들은 401페이지의 표 15-1의 매크로와 동일하다)처럼, d_name에 이름이 저장되어 있는 파일의 종류를 나타내는 값을 담고 있다. 이 필드의 정보를 사용하면 파일 형식을 찾기 위해 lstat()를 호출할 필요가 없다. 그러나 책을 집필하는 시점에 이 필드는 Btrfs, ext2, ext3, ext4 에서만 완벽하게 지원된다는 사실을 알아두기 바란다.

d_name에 의해 참조되는 파일의 자세한 정보는, opendir()에 명시된 dirpath 인자에 (슬래시와) d_name 필드를 통해 리턴된 값을 붙여 만든 경로명에 대해 lstat(또는 심볼릭 링크를 역참조해야 한다면 stat())를 호출함으로써 얻을 수 있다.

readdir()에 의해 리턴된 파일이름은 정렬되지 않았지만, 디렉토리에서 나오는 순서로 되어 있다(이는 파일 시스템이 디렉토리에 파일을 추가하는 순서와, 파일이 제거되고 난 후에 디렉토리 목록의 공백을 어떻게 채우는지에 달려 있다. ls -f 명령은 readdir()에 의해 추출되는 것과 동일한, 정렬되지 않은 파일의 목록을 보여준다).

> 프로그래머가 정의한 조건과 일치하는 정렬된 파일 목록을 추출하기 위해 scandir(3) 함수를 사용할 수 있다. 자세한 사항은 매뉴얼을 참조하기 바란다. SUSv3에는 정의되어 있지 않지만, scandir()은 대부분의 유닉스 구현에서 제공된다. SUSv4에는 scandir()이 정의되어 있다.

디렉토리의 끝이나 에러 발생 시에, readdir()은 NULL을 리턴하며, errno에 에러를 나타내는 값을 설정한다. 이런 두 가지 경우를 구분하기 위해 다음과 같은 코드를 작성할 수 있다.

```
errno = 0;
direntp = readdir(dirp);
if (direntp == NULL) {
    if (errno != 0) {
        /* 핸들 에러 */
    } else {
        /* 디렉토리의 끝에 도달 */
    }
}
```

프로그램이 readdir()을 사용해 스캐닝을 하는 동안 디렉토리의 내용이 변경되면, 그 프로그램은 변경사항을 보지 않을 것이다. SUSv3는 readdir()이 opendir()이나

rewinddir()의 마지막 호출 이후로 디렉토리에 추가되거나 제거된 파일이름을 리턴하는지 여부는 명시되지 않음을 분명히 설명한다. 그런 마지막 호출 이후로 추가되지 않았거나 제거되지 않은 모든 파일은 확실히 리턴된다.

rewinddir() 함수는 디렉토리 스트림을 처음으로 돌리고, 따라서 readdir()의 다음 호출은 디렉토리의 첫 번째 파일로 다시 시작한다.

```
#include <dirent.h>

void rewinddir(DIR *dirp);
```

closedir() 함수는 dirp로 참조되는 열린 디렉토리 스트림을 닫고, 스트림에 의해 사용된 자원을 해제한다.

```
#include <dirent.h>

int closedir(DIR *dirp);
```

성공하면 0을 리턴하고, 에러가 발생하면 –1을 리턴한다.

SUSv3에 명시된 2개의 추가적인 함수 telldir()과 seekdir()은 디렉토리 스트림 내에서 임의의 접근을 허용한다. 이런 함수의 자세한 사항은 매뉴얼 페이지를 참조하기 바란다.

### 디렉토리 스트림과 파일 디스크립터

디렉토리 스트림은 관련된 파일 디스크립터를 갖는다. dirfd() 함수는 dirp로 참조되는 디렉토리 스트림과 관련되는 파일 디스크립터를 리턴한다.

```
#include <dirent.h>

int dirfd(DIR *dirp);
```

성공하면 파일 디스크립터를 리턴하고, 에러가 발생하면 –1을 리턴한다.

예를 들면, 프로세스의 현재 작업 디렉토리와 관련된 디렉토리로 변경하기 위해 dirfd()가 리턴한 파일 디스크립터를 fchdir()(18.10절 참조)로 전달할 것이다. 다른 방편으로 18.11절에 기술된 함수 중 하나의 dirfd 인자로 파일 디스크립터를 전달할지도 모른다.

dirfd() 함수도 BSD에 있지만, 그 밖의 구현에는 거의 없다. SUSv3에는 명시되지 않았지만, SUSv4에는 명시되어 있다.

이 시점에 opendir()이 디렉토리 스트림과 연관된 파일 디스크립터를 위한 실행 시 닫기 플래그(FD_CLOEXEC)를 자동적으로 설정한다는 사실을 짚고 넘어갈 필요가 있다. 이 동작은 exec()가 실행될 때, 파일 디스크립터가 자동으로 종료됨을 보장한다(SUSv3는 이런 동작을 요구한다). 실행 시 닫기 플래그에 대해서는 27.4절에서 설명한다.

### 예제 프로그램

리스트 18-2는 명령행에 명시된 각 디렉토리(인자가 명시되지 않은 경우 현재 작업 디렉토리)의 내용을 나열하기 위해 opendir(), readdir(), closedir()을 사용한다. 다음은 이 프로그램의 사용 예다.

```
$ mkdir sub                 테스트 디렉토리 생성
$ touch sub/a sub/b         테스트 디렉토리에 파일 생성
$ ./list_files sub          디렉토리의 내용을 나열
sub/a
sub/b
```

**리스트 18-2** 디렉토리 스캐닝

dirs_links/list_files.c

```
#include <dirent.h>
#include "tlpi_hdr.h"

static void                         /* 'dirPath' 디렉토리의 모든 파일 나열 */
listFiles(const char *dirpath)
{
    DIR *dirp;
    struct dirent *dp;
    Boolean isCurrent;              /* 'dirpath'가 "."이면 true */

    isCurrent = strcmp(dirpath, ".") == 0;

    dirp = opendir(dirpath);
    if (dirp == NULL) {
        errMsg("opendir failed on '%s'", dirpath);
        return;
    }
```

```
    /* 이 디렉토리의 각 엔트리에 대해 디렉토리와 파일이름 출력 */

    for (;;) {
        errno = 0;              /* 디렉토리의 끝과 에러 구분 */
        dp = readdir(dirp);
        if (dp == NULL)
            break;

        if (strcmp(dp->d_name, ".") == 0 || strcmp(dp->d_name, "..") == 0)
            continue;           /* .와 .. 생략 */

        if (!isCurrent)
            printf("%s/", dirpath);
        printf("%s\n", dp->d_name);
    }

    if (errno != 0)
        errExit("readdir");

    if (closedir(dirp) == -1)
        errMsg("closedir");
}

int
main(int argc, char *argv[])
{
    if (argc > 1 && strcmp(argv[1], "--help") == 0)
        usageErr("%s [dir...]\n", argv[0]);

    if (argc == 1)              /* 인자가 없는 경우 현재 디렉토리 사용 */
        listFiles(".");
    else
        for (argv++; *argv; argv++)
            listFiles(*argv);

    exit(EXIT_SUCCESS);
}
```

## readdir_r() 함수

readdir_r() 함수는 readdir()의 변형이다. readdir_r()과 readdir()의 핵심적인 차이는 readdir_r()은 재진입이 가능하지만, readdir()은 그렇지 않다는 점이다. 이는 readdir()이 정적으로 할당된 구조체의 포인터를 통해 정보를 리턴하는 반면에, readdir_r()은 호출자가 할당한 entry 인자를 통해 파일 엔트리를 리턴하기 때문이다. 재진입에 대해서는 21.1.2절과 Vol. 2의 3.1절에서 설명한다.

```
#include <dirent.h>

int readdir_r(DIR *dirp, struct dirent *entry, struct dirent **result);
```

성공하면 0을 리턴하고, 에러가 발생하면 양수의 에러 번호를 리턴한다.

이전에 opendir()을 통해 열린 디렉토리 스트림인 dirp로, readdir_r()은 다음 디렉토리 엔트리에 관한 정보를 entry가 가리키는 dirent 구조체에 복사한다. 이 구조체의 포인터는 result에도 복사된다. 디렉토리 스트림의 끝에 도달하면, result에 NULL이 대신 들어간다(그리고 readdir_r()은 0을 리턴한다). 에러 시에 readdir_r()은 -1을 리턴하지 않고, 대신 errno 값 중의 하나와 일치하는 양의 정수를 리턴한다.

리눅스에서 dirent 구조체의 d_name 필드는 256바이트 크기의 배열이며, 이는 가능한 가장 긴 파일이름을 담기에 충분하다. 여러 가지 유닉스 구현이 d_name의 크기를 동일하게 정의하지만, SUSv3는 이 점을 명시하지 않고, 어떤 유닉스 구현에서는 대신 1바이트 배열로 정의해 호출 프로그램에게 정확한 크기의 구조체를 할당하는 작업을 넘긴다. 이때 d_name 필드의 크기는 상수 NAME_MAX의 값보다 (널 바이트로 끝내기 위해) 1 크게 설정해야 한다. 이식성 있는 응용 프로그램은 다음과 같이 dirent 구조체를 할당해야 한다.

```
struct dirent *entryp;
size_t len;

len = offsetof(struct dirent, d_name) + NAME_MAX + 1;
entryp = malloc(len);
if (entryp == NULL)
    errExit("malloc");
```

(<stddef.h>에 정의된) offsetof() 매크로를 사용하면 dirent 구조체에서 (이 구조체에서 항상 마지막 필드인) d_name 필드의 앞에 있는 필드의 수와 크기에 대한 모든 구현 의존성을 피할 수 없다.

> offsetof() 매크로는 구조체 형식과 그 구조체 내의 필드 이름인 2개의 인자를 취하고, 구조체의 처음부터 필드의 바이트 오프셋(offset)인 size_t 형의 값을 리턴한다. 컴파일러는 int 같은 형의 정렬 요구사항을 만족시키기 위해 구조체에 패딩(padding) 바이트를 삽입하기 때문에 이런 매크로는 필수적이며, 또한 구조체 내의 필드 오프셋이 앞선 필드 크기의 합보다 커지는 결과가 나타날 것이다.

## 18.9 파일 트리 검색: nftw()

nftw() 함수를 사용하면 프로그램이 전체 디렉토리의 하부 트리를 재귀적으로 돌면서 각 파일에 어떠한 오퍼레이션(즉 프로그래머가 정의한 어떤 함수 호출)을 실행할 수 있다.

> nftw() 함수는 유사한 동작을 하는 이전의 ftw() 함수를 개선한 것이다. 새로운 응용 프로그램은 더 많은 기능과 심볼릭 링크의 예상 가능한 처리를 제공하기 때문에, nftw()(new ftw)를 사용해야 한다(SUSv3는 심볼릭 링크를 역참조하거나 그렇지 않은 경우 중 하나를 허용한다). SUSv3는 nftw()와 ftw()를 모두 정의하지만, ftw() 함수는 SUSv4에서는 폐기됐다.
>
> GNU C 라이브러리도 BSD에 기반한 fts API(fts_open(), fts_read(), fts_children(), fts_set(), fts_close())를 제공한다. 이 함수는 ftw() 및 nftw()와 비슷한 동작을 수행하지만, 응용 프로그램이 트리를 검색하는 데 있어 더 큰 유연성을 제공한다. 그러나 이런 API는 표준화되지 않았고, BSD 계열 외의 유닉스 구현에는 제공되지 않기 때문에, 여기서는 이에 대한 논의를 생략한다.

nftw() 함수는 dirpath에 명시된 디렉토리 트리를 재귀적으로 돌며, 디렉토리 트리의 각 파일에 대해 한 번씩 프로그래머가 정의한 함수인 func를 호출한다.

```
#define _XOPEN_SOURCE 500
#include <ftw.h>

int nftw(const char *dirpath,
         int (*func) (const char *pathname, const struct stat *statbuf,
                      int typeflag, struct FTW *ftwbuf),
         int nopenfd, int flags);
```

전체 트리의 성공적인 검색 이후에는 0을 리턴하고, 에러가 발생하면 -1을 리턴한다.
또는 func 호출에 의해 리턴된 첫 번째 0이 아닌 값을 리턴한다.

기본적으로 nftw()는 주어진 트리에 대해, 각 디렉토리의 파일과 하부 디렉토리를 처리하기 전에 각 디렉토리를 처리하는 정렬되지 않은 전위 운행법preorder traversal을 실행한다.

디렉토리 트리를 운행하는 동안 nftw()는 트리의 각 레벨에서 최대 하나의 파일 디스크립터를 연다. nopenfd 인자는 nftw()가 사용할 최대 파일 디스크립터의 개수를 명시한다. 디렉토리 트리의 깊이가 이런 최대값을 넘어서면, 동시에 nopenfd만큼의 디스크립터를 열어두는 상황(결국 더욱 느리게 실행하는 것)을 피하기 위해, nftw()는 디스크립터를 표시한 다음에, 닫고 다시 여는 동작을 한다. 이러한 인자의 요구는 프로세스당 열린 파일을 20개로 제한하는 이전 유닉스 구현에서 더욱 컸다. 현대 유닉스 구현에서는 하나의 프로세스가 많은 수의 파일 디스크립터를 열 수 있으므로, 여기서는 (10개 이상 정도로) 넉넉하게 명시할 수 있다.

nftw()에 flags 인자는 0이나 함수의 오퍼레이션을 수정하는 다음 상수의 OR 연산(|)에 의해 생성된다.

- FTW_CHDIR: 각 디렉토리의 내용을 처리하기 전에 chdir()을 실행한다. 이 플래그는 func가 pathname 인자가 지칭하는 디렉토리에 작업을 실행하도록 설계된 경우에 유용하다.
- FTW_DEPTH: 디렉토리 트리의 후위 운행법postorder traversal을 실행한다. 즉 nftw()는 디렉토리 자체에 func를 실행하기 전에 해당 디렉토리 내의 모든 파일(그리고 하부 디렉토리)에 func를 호출한다(이 플래그의 이름은 nftw()가 항상 디렉토리 트리를 운행할 때 너비 우선보다는 깊이 우선을 한다는 오해의 소지가 있다. 이 플래그의 역할은 전위preorder에서 후위postorder로 운행법을 변경하는 것이다).
- FTW_MOUNT: 다른 파일 시스템으로 바꾸지 않는다. 따라서 트리의 하부 디렉토리 중 하나가 마운트 지점인 경우, 해당 디렉토리에는 운행을 하지 않는다.
- FTW_PHYS: 기본적으로 nftw()는 심볼릭 링크를 역참조한다. 이 플래그는 역참조하지 말라고 명령하는 것이다. 대신에 심볼릭 링크는 아래에 설명된 것과 같이 FTW_SL의 typeflag 값을 가지고 func로 전달된다.

각 파일에 대해 nftw()는 func를 호출할 때 4개의 인자를 전달한다. 첫 번째 인자인 pathname은 파일의 경로명을 나타낸다. 이 경로명은 dirpath가 절대 경로명으로 명시된 경우 절대 경로일 것이며, dirpath가 상대 경로명으로 표시된 경우 nftw()의 호출 시점에 호출 프로세스의 현재 작업 디렉토리에 상대적인 경로가 될 것이다. 두 번째 인자인 statbuf는 이 파일에 대한 정보를 담고 있는 stat 구조체(15.1절 참조)의 포인터다. 세 번째 인자인 typeflag는 파일에 대한 추가적인 정보를 제공하고, 다음 중 하나의 값을 갖는다.

- FTW_D: 디렉토리를 나타낸다.
- FTW_DNR: 읽을 수 없는(따라서 nftw()가 관련된 하부 디렉토리를 운행하지 않는) 디렉토리를 나타낸다.
- FTW_DP: 디렉토리의 후위 운행(FTW_DEPTH)을 실행하고, 현재 항목은 파일과 하부 디렉토리가 이미 처리된 디렉토리가 된다.
- FTW_F: 디렉토리나 심볼릭 링크 외의 파일 형식이다.

- FTW_NS: 아마도 권한 제한 문제로 인해 실패한 해당 파일에 stat()를 호출한다. statbuf의 값은 정의되지 않았다.
- FTW_SL: 심볼릭 링크에 해당한다. 이 값은 nftw()가 FTW_PHYS 플래그로 호출된 경우에만 리턴된다.
- FTW_SLN: 이 항목은 댕글링 심볼릭 링크dangling symbolic link다. 이 값은 FTW_PHYS가 flags 인자에 명시되지 않은 경우에만 발생한다.

func의 네 번째 인자인 ftwbuf는 다음과 같이 정의된 구조체의 포인터다.

```
struct FTW {
    int base;           /* 경로명의 기본 이름(basename)의 오프셋 */
    int level;          /* 트리 운행에서 파일의 깊이 */
};
```

이 구조체의 base 필드는 func의 pathname 인자 (마지막 슬래시(/) 이후의 부분인) 파일 이름 부분의 정수 오프셋이다. level 필드는 (레벨 0인) 운행의 시작 지점에 상대적인 해당 항목의 깊이에 해당한다.

func는 호출될 때마다 정수값을 리턴해야 하며, 이 값은 nftw()에 의해 해석된다. 0이 리턴되면 nftw()에게 트리 횡단을 계속하라고 명령하는 것이며, func에 모든 호출이 0을 리턴하면 nftw() 자체는 호출자에게 0을 리턴한다. 0이 아닌 값이 리턴되면 즉시 트리 횡단을 멈추라는 뜻이며, 이런 경우 nftw()는 리턴값으로 동일한 0이 아닌 값을 리턴한다.

nftw()가 동적으로 할당된 데이터 구조를 사용하기 때문에, 프로그램이 예상보다 빨리 디렉토리 트리 횡단을 중단하는 유일한 방법은 func에서 0이 아닌 값을 리턴하는 것이다. func에서 종료하기 위해 longjmp() (6.8절 참조)를 사용하면 프로그램에서 메모리 누수 같은 예상치 못한 결과를 유발할 것이다.

### 예제 프로그램

리스트 18-3은 nftw()의 사용법을 설명한다.

**리스트 18-3** 디렉토리 트리를 횡단하기 위해 nftw() 사용

dirs_links/nftw_dir_tree.c

```
#define _XOPEN_SOURCE 600       /* nftw()와 S_IFSOCK 선언 */
#include <ftw.h>
#include "tlpi_hdr.h"
```

```
static void
usageError(const char *progName, const char *msg)
{
    if (msg != NULL)
        fprintf(stderr, "%s\n", msg);
    fprintf(stderr, "Usage: %s [-d] [-m] [-p] [directory-path]\n",
            progName);
    fprintf(stderr, "\t-d Use FTW_DEPTH flag\n");
    fprintf(stderr, "\t-m Use FTW_MOUNT flag\n");
    fprintf(stderr, "\t-p Use FTW_PHYS flag\n");
    exit(EXIT_FAILURE);
}

static int                          /* nftw()에 의해 호출되는 함수 */
dirTree(const char *pathname, const struct stat *sbuf, int type,
        struct FTW *ftwb)
{
    switch (sbuf->st_mode & S_IFMT) {  /* 파일 형식 출력 */
    case S_IFREG:  printf("-"); break;
    case S_IFDIR:  printf("d"); break;
    case S_IFCHR:  printf("c"); break;
    case S_IFBLK:  printf("b"); break;
    case S_IFLNK:  printf("l"); break;
    case S_IFIFO:  printf("p"); break;
    case S_IFSOCK: printf("s"); break;
    default:       printf("?"); break; /* (리눅스에서) 절대 발생하면 안 됨 */
    }

    printf(" %s  ",
            (type == FTW_D)  ? "D  " : (type == FTW_DNR) ? "DNR" :
            (type == FTW_DP) ? "DP " : (type == FTW_F)   ? "F  " :
            (type == FTW_SL) ? "SL " : (type == FTW_SLN) ? "SLN" :
            (type == FTW_NS) ? "NS " : "   ");

    if (type != FTW_NS)
        printf("%7ld ", (long) sbuf->st_ino);
    else
        printf("        ");

    printf(" %*s", 4 * ftwb->level, "");    /* 적절히 들여쓰기 처리 */
    printf("%s\n", &pathname[ftwb->base]); /* 기본 이름 출력 */
    return 0;       /* nftw()에게 계속 진행하라고 알림 */
}

int
main(int argc, char *argv[])
{
    int flags, opt;
```

```
    flags = 0;
    while ((opt = getopt(argc, argv, "dmp")) != -1) {
        switch (opt) {
        case 'd': flags |= FTW_DEPTH; break;
        case 'm': flags |= FTW_MOUNT; break;
        case 'p': flags |= FTW_PHYS;  break;
        default:  usageError(argv[0], NULL);
        }
    }

    if (argc > optind + 1)
        usageError(argv[0], NULL);

    if (nftw((argc > optind) ? argv[optind] : ".", dirTree, 10, flags)
            == -1) {
        perror("nftw");
        exit(EXIT_FAILURE);
    }
    exit(EXIT_SUCCESS);
}
```

리스트 18-3의 프로그램은 디렉토리 트리에서 파일이름의 의도된 계층구조와 한 줄에 하나의 파일, 파일 형식과 i-노드 번호를 출력한다. `nftw()` 호출에 사용되는 flags 인자를 위한 설정을 명시하기 위해 명령행 옵션을 사용할 수 있다. 다음 셸 세션은 이 프로그램을 실행했을 때 무엇을 보게 되는지 그 예를 보여준다. 우선 새로운 빈 하부 디렉토리를 생성하며, 다양한 파일의 형식으로 내용을 채워넣는다.

```
$ mkdir dir
$ touch dir/a dir/b             일반 파일을 생성
$ ln -s a dir/sl                그리고 심볼릭 링크 생성
$ ln -s x dir/dsl               그리고 댕글링 심볼릭 링크 생성
$ mkdir dir/sub                 그리고 하부 디렉토리 생성
$ touch dir/sub/x               내부에 파일을 가짐
$ mkdir dir/sub2                그리고 다른 하부 디렉토리 생성
$ chmod 0 dir/sub2              읽을 수 없음
```

그리고 flags에 0의 값을 가지고 `nftw()`를 부르는 프로그램을 사용한다.

```
$ ./nftw_dir_tree dir
d D    2327983  dir
- F    2327984      a
- F    2327985      b
- F    2327984      sl               심볼릭 링크 sl은 a로 결정
l SLN  2327987      dsl
```

```
d D    2327988      sub
- F    2327989          x
d DNR  2327994      sub2
```

위의 결과에서 심볼릭 링크 s1이 결정된 것을 확인할 수 있다.

그리고 FTW_PHYS와 FTW_DEPTH를 포함하는 flags 인자를 가지고 nftw()를 부르기 위해 프로그램을 사용한다.

```
$ ./nftw_dir_tree -p -d dir
- F    2327984      a
- F    2327985      b
l SL   2327986      sl                심볼릭 링크 s1은 결정되지 않음
l SL   2327987      dsl
- F    2327989          x
d DP   2327988      sub
d DNR  2327994      sub2
d DP   2327983  dir
```

위의 결과에서 심볼릭 링크 s1은 결정되지 않았음을 확인할 수 있다.

### nftw()의 FTW_ACTIONRETVAL 플래그

버전 2.3.3부터 glibc는 flags에 추가적인 비표준 플래그를 허용한다. FTW_ACTIONRETVAL은 nftw()가 func() 호출에서 리턴된 값을 해석하는 방법을 변경한다. 이 플래그가 명시되면, func()는 다음 중 하나의 값을 리턴해야 한다.

- FTW_CONTINUE: 전통적으로 func()에서 0이 리턴되는 것과 같이, 디렉토리 트리 안의 엔트리들을 계속 처리한다.
- FTW_SKIP_SIBLINGS: 현재 디렉토리 엔트리들을 더 이상 처리하지 않고, 부모 디렉토리에서 처리를 재개한다.
- FTW_SKIP_SUBTREE: pathname이 디렉토리인 경우(즉 typeflag가 FTW_D), 해당 디렉토리 내의 엔트리에 대해서는 func()를 호출하지 않는다. 해당 디렉토리의 다음 형제 엔트리에서 처리를 재개한다.
- FTW_STOP: func()에서 0이 아닌 값이 리턴된 것처럼, 디렉토리 트리 안의 엔트리들을 더 이상 처리하지 않는다. nftw()의 호출자에게는 FTW_STOP 값이 리턴된다.

_GNU_SOURCE 기능 테스트 매크로는 <ftw.h>에서 FTW_ACTIONRETVAL의 정의를 얻기 위해 정의돼야 한다.

## 18.10 프로세스의 현재 작업 디렉토리

프로세스의 현재 작업 디렉토리는 프로세스에 의해 참조되는 상대적인 경로명을 결정하는 시작 지점을 정의한다. 새로운 프로세스는 부모로부터 현재 작업 디렉토리를 상속받는다.

### 현재 작업 디렉토리 추출

프로세스는 getcwd()를 이용해 현재 작업 디렉토리를 추출할 수 있다.

```
#include <unistd.h>

char *getcwd(char *cwdbuf, size_t size);
```

성공하면 cwdbuf를 리턴하고, 에러가 발생하면 NULL을 리턴한다.

getcwd() 함수는 현재 작업 디렉토리의 절대 경로명을 가지고 널로 끝나는 문자열을 cwdbuf가 가리키는 할당된 버퍼에 넣는다. 호출자는 적어도 size바이트 길이의 cwdbuf를 할당해야 한다(일반적으로 PATH_MAX 상수를 사용해 cwdbuf의 크기를 정한다).

성공 시에 getcwd()는 결과로 cwdbuf의 포인터를 리턴한다. 현재 경로 디렉토리의 경로명이 size바이트를 넘으면, getcwd()는 errno를 ERANGE로 설정하고 NULL을 리턴한다.

리눅스/x86-32에서 getcwd()는 최대 4096(PATH_MAX)바이트를 리턴한다. 현재 작업 디렉토리(그리고 cwdbuf와 size)가 이 한도를 넘으면, 경로명은 문자열의 시작부터 완전한 디렉토리 접두어를 제거해(여전히 널로 종료됨) 조용하게 조절한다. 다시 말해, 현재 작업 디렉토리의 절대 경로명의 길이가 이런 한도를 초과하면 getcwd()를 안정적으로 사용할 수 없다.

> 사실 리눅스의 getcwd() 시스템 호출은 내부적으로 리턴된 경로명에 대해 가상 메모리 페이지를 사용한다. x86-32 아키텍처에서는 페이지 크기가 4096바이트이지만, 페이지 크기가 더 큰 아키텍처(예를 들면, 페이지 크기가 8192바이트인 알파)에서는 getcwd()가 더 긴 경로명을 리턴할 수 있다.

cwdbuf 인자가 NULL이고, size가 0이면, getcwd()의 glibc 래퍼 함수는 요구된 만큼의 버퍼를 할당하고, 해당 함수의 결과로 그 버퍼의 포인터를 리턴한다. 메모리 누수를 피하기 위해 호출자는 이후에 free()를 이용해 이 버퍼를 해제해야 한다. 이런 기능에 대한 의존성은 이식성 있는 응용 프로그램에서는 피해야 한다. 대부분의 다른 구현에서는 SUSv3 규격의 단순한 확장을 제공한다. 즉 cwdbuf가 NULL이면, getcwd()는 size바이트를 할당하고, 호출자에게 결과를 리턴하기 위해 이 버퍼를 사용한다. glibc의 getcwd() 구현도 이런 기능을 제공한다.

> 현재 작업 디렉토리를 얻기 위해 GNU C 라이브러리는 두 가지 함수를 제공한다. BSD 기반의 getwd(path) 함수는 리턴되는 경로명 크기의 상한을 명시하는 방법이 없기 때문에, 버퍼 초과(overrun)에 취약하다. get_current_dir_name() 함수는 결과로 현재 작업 디렉토리 이름을 포함하는 문자열을 리턴한다. 이 함수는 사용하기 쉽지만, 이식성이 떨어진다. 보안과 호환성을 이유로 (GNU 확장을 사용하는 것을 피하는 한) getcwd()는 이런 두 가지 함수보다 선호된다.

적절한 권한(대략 프로세스를 소유하거나 CAP_SYS_PTRACE 능력을 가진 경우)을 갖고, 리눅스의 /proc/*PID*/cwd 심볼릭 링크의 내용을 읽음으로써(readlink()) 모든 프로세스의 현재 작업 디렉토리를 결정할 수 있다.

### 현재 작업 디렉토리 변경

chdir() 시스템 호출은 호출 프로세스의 현재 작업 디렉토리를 pathname에 명시된 절대 혹은 상대 경로명으로 변경한다(심볼릭 링크인 경우 역참조된다).

```
#include <unistd.h>

int chdir(const char *pathname);
```

성공하면 0을 리턴하고, 에러가 발생하면 -1을 리턴한다.

fchdir() 시스템 호출은 open()으로 디렉토리를 열어서 획득한 파일 디스크립터를 통해 명시되는 것을 제외하고는, chdir()과 동일한 동작을 한다.

```
#define _XOPEN_SOURCE 500     /* 또는 #define _BSD_SOURCE */
#include <unistd.h>

int fchdir(int fd);
```

성공하면 0을 리턴하고, 에러가 발생하면 -1을 리턴한다.

다음과 같이 프로세스의 현재 작업 디렉토리를 다른 위치로 변경하기 위해 fchdir()을 사용할 수 있고, 이후에 다시 원래의 위치로 돌릴 수 있다.

```
int fd;

fd = open(".", O_RDONLY);             /* 현재 어디인지 기억 */
chdir(somepath);                      /* 다른 곳으로 이동 */
fchdir(fd);                           /* 원래 디렉토리로 돌아감 */
close(fd);
```

chdir()과 동일한 동작은 다음과 같다.

```
char buf[PATH_MAX];

getcwd(buf, PATH_MAX);                /* 현재 어딘지 기억 */
chdir(somepath);                      /* 다른 곳으로 이동 */
chdir(buf);                           /* 원래 디렉토리로 돌아감 */
```

## 18.11 디렉토리 파일 식별자 관련 작업 운용

커널 2.6.16부터 리눅스는 여러 가지 전통적 시스템 호출과 동일한 작업을 실행하는 많은 새로운 시스템 호출을 제공하지만, 몇몇 응용 프로그램에 유용한 추가적인 기능도 제공한다. 이런 시스템 호출은 표 18-2에 요약되어 있다. 이런 함수들은 프로세스의 현재 작업 디렉토리의 전통적인 의미를 다르게 해석하기 때문에, 여기서 설명한다.

**표 18-2** 상대 경로명을 해석하기 위해 디렉토리 파일 디스크립터를 사용하는 시스템 호출

| 새로운 인터페이스 | 전통적인 인터페이스 | 추가 설명 |
|---|---|---|
| faccessat() | access() | AT_EACCESS와 AT_SYMLINK_NOFOLLOW 플래그 지원 |
| fchmodat() | chmod() | |
| fchownat() | chown() | AT_SYMLINK_NOFOLLOW 플래그 지원 |
| fstatat() | stat() | AT_SYMLINK_NOFOLLOW 플래그 지원 |
| linkat() | link() | (리눅스 2.6.18부터) AT_SYMLINK_FOLLOW 플래그 지원 |
| mkdirat() | mkdir() | |
| mkfifoat() | mkfifo() | mknodat()의 상위에 위치한 라이브러리 함수 |
| mknodat() | mknod() | |
| openat() | open() | |

(이어짐)

| 새로운 인터페이스 | 전통적인 인터페이스 | 추가 설명 |
|---|---|---|
| readlinkat() | readlink() | |
| renameat() | rename() | |
| symlinkat() | symlink() | |
| unlinkat() | unlink() | AT_REMOVEDIR 플래그 지원 |
| utimensat() | utimes() | AT_SYMLINK_NOFOLLOW 플래그 지원 |

이런 시스템 호출을 설명하기 위해, openat()이라는 구체적인 예를 사용할 것이다.

```
#define _XOPEN_SOURCE 700     /* 또는 define _POSIX_C_SOURCE >= 200809 */
#include <fcntl.h>

int openat(int dirfd, const char *pathname, int flags, ... /* mode_t mode */);
```

성공하면 파일 디스크립터를 리턴하고, 에러가 발생하면 -1을 리턴한다.

openat() 시스템 호출은 전통적인 open() 시스템 호출과 동일하지만, 다음과 같이 사용되는 dirfd 인자를 추가한다.

- pathname이 상대적인 경로를 나타내면, 프로세스의 현재 작업 디렉토리가 아니라, 열린 파일 디스크립터인 dirfd가 가리키는 디렉토리에 상대적으로 해석된다.
- pathname이 상대 경로명을 명시하고, dirfd가 특별한 값인 AT_FDCWD를 포함하면, pathname은 프로세스의 현재 작업 디렉토리에 상대적으로 해석된다(즉 open(2)와 동일한 동작).
- pathname이 절대 경로를 나타낸다면, dirfd는 무시된다.

openat()의 flags 인자는 open()과 동일한 목적으로 사용된다. 그러나 표 18-2에 나열된 몇 가지 시스템 호출은 상응하는 전통적인 시스템 호출에 의해 제공되지 않는 flags 인자를 제공하고, 이 인자의 목적은 호출의 의미를 수정하는 것이다. 가장 흔하게 제공되는 플래그는 AT_SYMLINK_NOFOLLOW이며, 이는 pathname이 심볼릭 링크인 경우, 시스템 호출은 참조되는 파일이 아닌 해당 링크에서 동작해야 함을 나타낸다(linkat() 시스템 호출은 AT_SYMLINK_FOLLOW 플래그를 제공하고, 이는 linkat()의 기본 동작을 변경해, 심볼릭 링크인 경우 oldpath를 역참조하는 반대의 동작을 실행한다). 그 밖의 플래그에 대한 자세한 내용은 매뉴얼 페이지를 참조하기 바란다.

표 18-2에 나열된 시스템 호출은 두 가지 이유로 지원된다(역시 openat()을 예로 설명한다).

- openat()은 응용 프로그램으로 하여금 open()이 현재 작업 디렉토리 외의 장소에서 파일을 여는 데 사용될 때 발생할 수 있는 특정 경쟁 상태를 회피하게 한다. pathname의 디렉토리 접두어 일부분은 open() 호출과 함께 변경될 수도 있기 때문에, 이런 경쟁 상태가 발생할 수 있다. 타깃 디렉토리의 파일 디스크립터를 열고, 그 디스크립터를 openat()에 전달함으로써, 이런 경쟁 상태를 피할 수 있다.
- Vol. 2의 1장에서 작업 디렉토리는 프로세스의 모든 스레드에 의해 공유되는 프로세스 속성임을 확인할 것이다. 어떤 응용 프로그램에서는 다른 스레드가 다른 '가상' 작업 디렉토리를 갖는 게 유용하다. 응용 프로그램은 유지하고 있는 디렉토리 파일 디스크립터를 가지고 openat()을 사용해 이런 기능을 모방할 수 있다.

이런 시스템 호출은 SUSv3에서 표준화되지 않았지만, SUSv4에는 포함되어 있다. 이런 시스템 호출 각각의 정의를 사용하기 위해, 적절한 헤더 파일(예를 들면, open()에는 <fcntl.h>)을 포함하기 전에 _XOPEN_SOURCE 기능 테스트 매크로를 700 이상의 값으로 정의해야만 한다. 또는 _POSIX_C_SOURCE 매크로를 200809 이상의 값으로 정의할 수 있다(glibc 2.10 이전에, 이런 시스템 호출의 정의를 사용하기 위해 _ATFILE_SOURCE 매크로가 정의될 필요가 있다).

> 솔라리스 9과 그 이후 버전에서는 약간 다른 의미로 표 18-2에 나열된 몇 가지 인터페이스 버전을 제공한다.

## 18.12 프로세스의 루트 디렉토리 변경: chroot()

모든 프로세스는 루트 디렉토리를 가지며, 이는 절대 경로명(즉 /로 시작되는 경로명)이 해석되는 지점이다. 기본적으로, 이는 파일 시스템의 실제 루트 디렉토리다(새로운 프로세스는 부모의 루트 디렉토리를 상속한다). 가끔 이는 프로세스가 루트 디렉토리를 변경할 때 유용하고, 특권(CAP_SYS_CHROOT) 프로세스는 chroot() 시스템 호출을 사용해 이를 실행할 수 있다.

```
#define _BSD_SOURCE
#include <unistd.h>

int chroot(const char *pathname);
```

성공하면 0을 리턴하고, 에러가 발생하면 -1을 리턴한다.

chroot() 시스템 호출은 프로세스의 루트 디렉토리를 (심볼릭 링크인 경우 역참조되는) pathname에 명시된 디렉토리로 변경한다. 그 후에 모든 절대 경로명은 파일 시스템의 그 위치에서 시작하는 것으로 해석된다. 이 동작은 프로그램이 파일 시스템의 특정 영역으로 제한되기 때문에, chroot 감옥jail을 설정하는 것이라고도 한다.

SUSv2는 chroot() 규격을 포함했지만(레거시LEGACY로 표시), SUSv3에서 삭제됐다. 그럼에도 불구하고 chroot()는 대부분의 유닉스 구현에 존재한다.

> chroot() 시스템 호출은 chroot 명령에 의해 채용되며, 이는 chroot 감옥에서 셸 명령을 실행하는 것을 가능하게 한다.
>
> 모든 프로세스의 루트 디렉토리는 리눅스 고유 /proc/*PID*/root 심볼릭 링크의 내용을 읽음으로써(readlink()) 찾을 수 있다.

chroot() 사용의 고전적인 예제는 ftp 프로그램에 있다. 보안을 이유로, 사용자가 FTP하에서 익명으로 로그인한 경우 ftp 프로그램은 익명 로그인에 명시적으로 예약된 디렉토리로 새로운 프로세스의 루트 디렉토리를 설정하기 위해 chroot()를 사용한다. chroot() 호출 이후에, 사용자는 새로운 루트 디렉토리하에서 파일 시스템 하부 트리에 제한되고, 따라서 전체 파일 시스템을 돌아다닐 수 없다(이런 동작은 루트 디렉토리가 부모 디렉토리라는 사실에 착안한다. 즉 /..은 /의 링크이며, 따라서 디렉토리를 /로 변경하고, cd ..을 시도할 경우 사용자를 동일한 디렉토리에 남겨둔다).

> (리눅스가 아닌) 어떤 유닉스 구현은 하나의 디렉토리에 여러 개의 하드 링크를 허용하고, 따라서 부모(또는 더 상위의 제거된 조상)의 하부 디렉토리 내에서 하드 링크를 생성할 수 있다. 이런 동작을 허용하는 구현에서, 감옥 디렉토리 트리의 밖까지 도달하는 하드 링크의 존재는 감옥을 위태롭게 한다. 감옥 외부 디렉토리의 심볼릭 링크는 이런 문제를 발생시키지 않는다. 즉 프로세스의 새로운 루트 디렉토리의 프레임워크 내에서 해석되기 때문에, chroot 감옥의 외부에 도달할 수 없다.

일반적으로 chroot 감옥 내에서 임의의 프로그램을 실행할 수 없다. 이런 사실은 대부분의 프로그램이 동적으로 공유된 라이브러리에 연결되어 있기 때문이다. 따라서 정적으로 링크된 프로그램을 실행하는 것으로 제한하거나, 감옥 내부에서 (예를 들어, /lib와 /usr/lib를 포함하는) 공유된 라이브러리를 포함하는 시스템 디렉토리의 표준 집합을 복제해야만 한다(이 경우 14.9.4절에서 설명한 바인드 마운트 기능이 유용할 수 있다).

chroot() 시스템 호출은 완전하게 안전한 감옥 메커니즘으로는 생각되지 않는다. 처음에는 특권 프로그램이 차후에 감옥을 탈출하기 위해 chroot() 호출을 사용하는 여러 가지 방법이 있다. 예를 들면, 특권(CAP_MKNOD) 프로그램은 RAM의 내용에 접근권을 제공하는 (/dev/mem과 유사한) 메모리 디바이스 파일을 생성하기 위해 mknod()를 사용할 수 있고, 그 시점부터는 모든 것이 가능하다. 일반적으로, chroot 감옥 파일 시스템 내에서 set-user-ID-root 프로그램을 포함하지 않도록 권고된다.

특권이 없는 프로그램을 가지고도, 다음과 같이 chroot 감옥 탈출을 위한 가능한 경로를 막아야만 한다.

- chroot() 호출은 프로세스의 현재 작업 디렉토리를 변경하지 않는다. 따라서 chroot() 호출은 일반적으로 선행되거나, chdir() 호출의 뒤에 온다(즉 chroot() 호출 이후에 chdir("/")). 이 동작이 실행되지 않으면, 프로세스는 감옥의 외부에서 파일과 디렉토리에 접근하기 위한 상대 경로명을 사용할 수 있다(일부 BSD 계열 구현은 이런 가능성을 차단한다. 즉 현재 작업 디렉토리가 새로운 루트 디렉토리 트리의 외부에 있다면, chroot() 호출에 의해 그 루트 디렉토리와 동일하게 변경된다).
- 프로세스가 감옥 외부 디렉토리의 열린 파일 디스크립터를 갖는다면, fchdir()과 chroot()의 조합으로 감옥을 탈출할 수 있다. 그 예는 다음과 같다.

```
int fd;

fd = open("/", O_RDONLY);
chroot("/home/mtk");              /* 감옥에 갇힘 */
fchdir(fd);
chroot(".");                      /* 감옥 탈출 */
```

  이런 가능성을 차단하기 위해 감옥의 외부 디렉토리를 참조하는 모든 열린 파일 디스크립터를 닫아야만 한다(몇몇 유닉스 구현은 fchroot() 시스템 호출을 제공하고, 이는 위에서 보여준 코드와 유사한 결과를 내도록 사용될 수 있다).
- 선행된 가능성을 막는 것조차도 임의의 특권이 없는 프로그램(즉 제어권이 없는 오퍼레이션)이 감옥을 탈출하는 것을 막는 데 충분하지 않다. 감옥에 갇힌 프로세스는

여전히 감옥 외부의 디렉토리를 참조하는 파일 디스크립터를 (다른 프로세스에서) 받기 위해 유닉스 도메인 소켓을 사용할 수 있다(Vol. 2의 24.13.3절에서 소켓을 통해 프로세스 간에 파일 디스크립터를 전달하는 개념을 간단히 설명한다). fchdir()의 호출에 이런 파일 디스크립터를 명시함으로써, 프로그램은 감옥의 외부에 현재 디렉토리를 설정하고, 상대적인 경로명을 사용해 임의의 파일과 디렉토리에 접근할 수 있다.

> 일부 BSD 계열 구현은 특권 프로세스에게조차도 안전한 감옥을 생성하기 위해 jail() 시스템 호출을 제공하고, 이는 위에서 언급한 관점을 비롯한 여러 가지 관점을 다룬다.

## 18.13 경로명 결정: realpath()

realpath() 라이브러리 함수는 (널로 끝나는 문자열인) pathname의 모든 심볼릭 링크를 역참조하고, 해당 절대 경로명을 갖는 널로 끝나는 문자열을 생성하기 위해 /.와 /..의 모든 참조를 결정한다.

```
#include <stdlib.h>

char *realpath(const char *pathname, char *resolved_path);
```

성공하면 결정된 경로명의 포인터를 리턴하고, 에러가 발생하면 NULL을 리턴한다.

결과 문자열은 resolved_path에 의해 참조되는 버퍼에 위치하고, 이는 적어도 PATH_MAX바이트의 문자열 배열이어야 한다. 성공할 경우 realpath()는 이런 결정된 문자열의 포인터를 리턴한다.

realpath()의 glibc 구현은 호출자로 하여금 resolved_path를 NULL로 명시하도록 허용한다. 이런 경우 realpath()는 결정된 경로명에 PATH_MAX바이트까지의 버퍼를 할당하고, 함수의 결과로 그 버퍼의 포인터를 리턴한다(호출자는 free()를 사용해 이 버퍼를 해제해야 한다). SUSv3는 이런 확장을 명시하지 않지만, SUSv4에서 명시된다.

리스트 18-4의 프로그램은 심볼릭 링크의 내용을 읽고, 절대 경로명의 링크를 결정하기 위해 readlink()와 realpath()를 사용한다. 다음은 이 프로그램의 사용 예다.

```
$ pwd                    우리는 누구인가?
/home/mtk
$ touch x                파일 생성
```

```
$ ln -s x y            그리고 그에 대한 심볼릭 링크 생성
$ ./view_symlink y
readlink: y --> x
realpath: y --> /home/mtk/x
```

**리스트 18-4 심볼릭 링크를 읽고 결정**

dirs_links/view_symlink.c

```c
#include <sys/stat.h>
#include <limits.h>                     /* PATH_MAX 정의 */
#include "tlpi_hdr.h"

#define BUF_SIZE PATH_MAX

int
main(int argc, char *argv[])
{
    struct stat statbuf;
    char buf[BUF_SIZE];
    ssize_t numBytes;

    if (argc != 2 || strcmp(argv[1], "--help") == 0)
        usageErr("%s pathname\n", argv[0]);

    if (lstat(argv[1], &statbuf) == -1)
        errExit("lstat");

    if (!S_ISLNK(statbuf.st_mode))
        fatal("%s is not a symbolic link", argv[1]);

    numBytes = readlink(argv[1], buf, BUF_SIZE - 1);
    if (numBytes == -1)
        errExit("readlink");
    buf[numBytes] = '\0';                  /* 끝내는 널 바이트 추가 */
    printf("readlink: %s --> %s\n", argv[1], buf);

    if (realpath(argv[1], buf) == NULL)
        errExit("realpath");
    printf("realpath: %s --> %s\n", argv[1], buf);

    exit(EXIT_SUCCESS);
}
```

## 18.14 경로명 문자열 파싱: dirname()과 basename()

dirname()과 basename() 함수는 경로명 문자열을 디렉토리와 파일이름 부분으로 나눈다(이 함수들은 dirname(1) 및 basename(1) 명령과 유사한 동작을 수행한다).

```
#include <libgen.h>

char *dirname(char *pathname);
char *basename(char *pathname);
```

널로 끝나는 포인터(그리고 아마도 정적으로 할당된) 문자열을 리턴한다.

예를 들어 주어진 경로명 /home/britta/prog.c에 대해 dirname()은 /home/britta를 리턴하고, basename()은 prog.c를 리턴한다. dirname()에 의해 리턴된 문자열과 슬래시(/), basename()에 의해 리턴된 문자열을 연결하면 완전한 경로명을 넘겨준다.

dirname()과 basename()의 오퍼레이션과 관련해 다음 내용을 알아두기 바란다.

- pathname에서 마지막 슬래시 문자는 무시된다.
- pathname에 슬래시가 없으면, dirname()은 문자열 .(점)을 리턴하고, basename()은 pathname을 리턴한다.
- pathname이 슬래시만으로 이뤄져 있다면, dirname()과 basename() 모두 문자열 /를 리턴한다. 리턴된 문자열로 경로명을 생성하기 위해 위의 연속 규칙을 적용하면 문자열 ///를 넘겨줄 것이다. 이것은 유효한 경로명이다. 여러 개의 연속된 슬래시는 하나의 슬래시와 동일하기 때문에, 경로명 ///는 경로명 /와 동일하다.
- pathname이 NULL 포인터이거나 빈 문자열이라면, dirname()과 basename()은 문자열 .(점)을 리턴한다(이들 문자열을 연결하면 ./.이 되고, 이는 현재 디렉토리를 나타내는 .과 동일하다).

표 18-3은 여러 가지 경로명 예에 대해 dirname()과 basename()이 리턴하는 문자열을 보여준다.

**표 18-3** dirname()과 basename()이 리턴하는 문자열의 예

| 경로명 문자열 | dirname() | basename() |
|---|---|---|
| / | / | / |
| /usr/bin/zip | /usr/bin | zip |
| /etc/passwd//// | /etc | passwd |
| /etc////passwd | /etc | passwd |
| etc/passwd | etc | passwd |
| passwd | . | passwd |
| passwd/ | . | passwd |
| .. | . | .. |
| NULL | . | . |

**리스트 18-5** dirname()과 basename()의 사용 예

dirs_links/t_dirbasename.c

```
#include <libgen.h>
#include "tlpi_hdr.h"

int
main(int argc, char *argv[])
{
    char *t1, *t2;
    int j;

    for (j = 1; j < argc; j++) {
        t1 = strdup(argv[j]);
        if (t1 == NULL)
            errExit("strdup");
        t2 = strdup(argv[j]);
        if (t2 == NULL)
            errExit("strdup");

        printf("%s ==> %s + %s\n", argv[j], dirname(t1), basename(t2));

        free(t1);
        free(t2);
    }

    exit(EXIT_SUCCESS);
}
```

dirname()과 basename()은 모두 pathname이 가리키는 문자열을 수정할 것이다. 따라서 경로명 문자열을 보존하기를 원한다면, 리스트 18-5에 나타낸 것과 같이 dirname()과 basename()에 복사본을 넘겨야만 한다. 이 프로그램은 문자열의 복사본을 dirname()과 basename()에 전달하기 위해 strdup()을 사용하고, 복제된 문자열을 해제하기 위해 free()를 사용한다.

마지막으로, dirname()과 basename()은 모두 동일한 함수의 향후 호출에 의해 수정될지도 모르는 정적으로 할당된 문자열의 포인터를 리턴할 수 있다는 사실을 알아두기 바란다.

## 18.15 정리

i-노드는 파일이름을 포함하고 있지 않다. 대신에 파일은 해당 파일이름과 i-노드 번호를 나열한 테이블의 디렉토리 엔트리를 통해 할당된다. 이런 디렉토리 엔트리를 (하드) 링크라고 한다. 파일은 아마 여러 개의 링크를 가질 것이며, 모든 링크는 상태가 동일하다. 링크는 link()와 unlink()를 사용해 생성되고, 제거된다. 파일은 rename() 시스템 호출을 사용해 명명될 수 있다.

심볼릭(혹은 소프트) 링크는 symlink()를 사용해 생성된다. 심볼릭 링크는 어떤 측면에서는 하드 링크와 유사하지만, 심볼릭 링크의 경우 파일 시스템의 경계를 넘나들 수 있고, 디렉토리를 참조할 수 있다. 심볼릭 링크는 다른 파일의 이름을 포함하는 파일이다. 즉 이 이름은 readlink()를 사용해 추출될 수 있을 것이다. 심볼릭 링크는 (타깃) i-노드의 링크 수에는 포함되지 않고, 참조하는 파일이름이 제거된 경우 끊어진(댕글링) 상태로 남겨질 것이다. 어떤 시스템 호출은 자동적으로 심볼릭 링크를 역참조하지만, 그렇지 않은 시스템 호출도 있다. 경우에 따라 시스템 호출의 두 가지 버전이 제공된다. 즉 하나는 심볼릭 링크를 역참조하는 것이며, 나머지 하나는 그렇지 않은 것이다. 그 예로는 stat()와 lstat()가 있다.

디렉토리는 mkdir()로 생성되며, rmdir()을 사용해 제거된다. 디렉토리의 내용을 보기 위해, opendir()과 readdir()을 비롯한 관련 함수를 사용할 수 있다. nftw() 함수를 이용하면 프로그램이 전체 디렉토리 트리를 살펴볼 수 있고, 프로그래머가 정의한 함수를 트리의 각 파일에 대해 호출한다.

remove() 함수는 파일(즉 링크)이나 빈 디렉토리를 제거할 때 사용할 수 있다.

각 프로세스는 절대 경로명이 해석되는 지점을 결정하는 루트 디렉토리와 상대 경로명이 해석되는 지점을 결정하는 현재 작업 디렉토리를 갖는다. chroot()와 chdir() 시스템 호출은 이런 속성을 변경할 때 사용한다. getcwd() 함수는 프로세스의 현재 작업 디렉토리를 리턴한다.

리눅스는 (프로세스의 현재 작업 디렉토리를 사용하는 대신에) 상대 경로명이 호출에 제공되는 파일 디스크립터에 의해 명시된 디렉토리에 대해 해석될 수 있다는 점을 제외하고는, 전통적으로 대응관계에 있는 시스템 호출(예: open())과 동일하게 동작하는 시스템 호출(예: openat())의 집합을 제공한다. 이 동작은 특정 형태의 경쟁 상태를 회피하고, 스레드별 가상 작업 디렉토리를 구현할 때 유용하다.

realpath() 함수는 모든 심볼릭 링크를 역참조하고, .와 ..의 모든 참조를 해당 디렉토리로 결정함으로써 해당 절대 경로명을 나타내는 경로명을 결정한다. dirname()과 basename() 함수는 경로명을 디렉토리와 파일이름 부분으로 분석하는 데 사용할 수 있다.

## 18.16 연습문제

**18-1.** 4.3.2절에서 현재 실행 중이면 파일을 열 수 없다고 말한 적이 있다(open()은 -1을 리턴하고, errno는 ETXTBSY로 설정된다). 그럼에도 불구하고 다음과 같은 셸 명령을 실행할 수 있다.

```
$ cc -o longrunner longrunner.c
$ ./longrunner &                        백그라운드에서 실행
$ vi longrunner.c                       소스 코드를 변경
$ cc -o longrunner longrunner.c
```

마지막 명령은 이름이 동일한 기존 실행 파일을 덮어쓴다. 어떻게 이것이 가능한가? (힌트: 각 컴파일 이후에 실행 파일의 i-노드 번호를 살펴보기 위해 ls -li를 사용하라.)

**18-2.** 다음 코드에서 chmod()의 호출이 실패하는 이유는 무엇인가?

```
mkdir("test", S_IRUSR | S_IWUSR | S_IXUSR);
chdir("test");
fd = open("myfile", O_RDWR | O_CREAT, S_IRUSR | S_IWUSR);
symlink("myfile", "../mylink");
chmod("../mylink", S_IRUSR);
```

**18-3.** realpath()를 구현하라.

**18-4.** readdir() 대신에 readdir_r()을 사용해 리스트 18-2(list_files.c)를 수정하라.

**18-5.** getcwd()와 동일한 동작을 실행하는 함수를 구현하라. 이 문제를 해결하는 유용한 팁은 현재의 작업 디렉토리와 동일한 i-노드와 디바이스 번호(즉 각각 stat()와 lstat()에 의해 리턴된 stat 구조체에서 각각 st_ino와 st_dev 필드)를 가진 엔트리를 찾기 위해 부모 디렉토리(..)의 각 엔트리를 돌면서 opendir()과 readdir()을 사용해 현재 작업 디렉토리의 이름을 찾을 수 있다는 사실이다. 따라서 디렉토리 트리(chdir(".."))를 한 번에 한 단계씩 살펴보고, 그러한 스캔을 통해 디렉토리 경로를 구축할 수 있다. 부모 디렉토리가 현재 작업 디렉토리와 동일하면(다시 말하면 /..은 /와 동일하다) 검색은 종료될 수 있다. 호출자는 getcwd() 함수의 성공과 실패 여부에 관계없이, 시작한 것과 동일한 디렉토리에 남겨져야만 한다(이 경우 open()과 fchdir()의 조합이 유용하다).

**18-6.** 리스트 18-3(nftw_dir_tree.c)의 프로그램이 FTW_DEPTH 플래그를 사용하도록 수정하라. 디렉토리 트리가 운행되는 순서가 다르다는 사실을 알아두자.

**18-7.** 디렉토리 트리를 운행하기 위해 nftw()를 사용하고, 트리에서 파일의 여러 가지 종류(일반 파일, 디렉토리, 심볼릭 링크 등)의 수와 비율을 출력함으로써 끝나는 프로그램을 작성하라.

**18-8.** nftw()를 구현하라(이를 위해서는 다른 시스템 호출과 더불어 opendir(), readdir(), closedir(), stat()를 사용해야 할 것이다).

**18-9.** 18.10절에서 현재 작업 디렉토리를 다른 장소로 변경한 후에 이전의 현재 작업 디렉토리로 복귀하는 두 가지 기법(각각 fchdir()과 chdir()을 사용)을 살펴봤다. 이러한 오퍼레이션을 반복적으로 실행한다고 가정해보자. 어떤 방법이 더 효율적이라고 기대하는가? 그 이유는 무엇인가? 답을 확인하기 위한 프로그램을 작성하라.

# 19

# 파일 이벤트 감시

어떤 응용 프로그램은 감시 대상 객체에 이벤트가 발생하는지 여부를 알기 위해 파일이나 디렉토리를 감시할 수 있어야 한다. 예를 들면 그래픽 기반의 파일 관리자는 현재 표시하고 있는 디렉토리에 파일이 추가되거나 제거되는지를 알아야 하고, 데몬daemon은 설정 파일이 변경됐는지를 알고자 해당 파일을 감시하고 싶을 수 있다.

커널 2.6.13부터 리눅스는 inotify 메커니즘을 제공하며, 이를 이용하면 응용 프로그램이 파일 이벤트를 감시할 수 있다. 19장은 inotify의 사용법을 설명한다.

inotify 메커니즘은 inotify의 일부 기능을 제공하는 이전 메커니즘인 dnotify를 대체한다. dnotify에 대해서는 19장의 마지막에 왜 inotify가 더 나은지에 초점을 맞추어 간단히 기술한다.

inotify와 dnotify 메커니즘은 리눅스에 고유하다(일부 시스템은 유사한 메커니즘을 제공하는데, 예를 들어 BSD는 kqueue API를 제공한다).

> 몇몇 라이브러리는 inotify와 dnotify보다 더욱 추상적이고 이식성이 있는 API를 제공한다. 일부 응용 프로그램에는 이런 라이브러리를 쓰는 편이 더 나을 것이다. 이 라이브러리 중 일부는 시스템에서 inotify나 dnotify를 제공하는 경우, 이들 메커니즘을 사용한다. 그런 라이브러리로는 FAM(File Alteration Monitor, http://oss.sgi.com/projects/fam/)과 Gamin(http://www.gnome.org/~veillard/gamin/)이 있다.

## 19.1 개요

inotify API 사용의 주요 단계는 다음과 같다.

1. 응용 프로그램은 inotify 인스턴스를 생성하기 위해 `inotify_init()`를 사용한다. 이 시스템 호출은 이후 오퍼레이션에서 inotify 인스턴스를 참조할 때 쓰는 파일 디스크립터를 리턴한다.
2. 응용 프로그램은 `inotify_add_watch()`를 사용해 이전 단계에서 생성된 inotify 인스턴스의 감시 목록watch list에 항목을 추가함으로써 관심 있는 파일을 커널에 알려준다. 각 감시 항목은 경로명과, 관련 비트 마스크로 이뤄진다. 비트 마스크는 경로명에 대해 감시되는 이벤트들을 명시한다. 함수의 결과로 `inotify_add_watch()`는 감시 디스크립터watch descriptor를 리턴하고, 이는 이후 오퍼레이션에서 감시를 참조할 때 사용된다(`inotify_rm_watch()` 시스템 호출은 이전에 inotify 인스턴스에 추가된 감시를 제거하는, 반대 동작을 실행한다).
3. 이벤트 통지를 받기 위해, 응용 프로그램은 inotify 파일 디스크립터에 대해 `read()`를 실행한다. 각각의 성공적인 `read()`는 하나 이상의 `inotify_event` 구조체를 리턴하고, 각 구조체는 해당 inotify 인스턴스를 통해 감시되고 있는 경로명 중 하나에 발생한 이벤트에 대한 정보를 담고 있다.
4. 응용 프로그램은 감시를 종료할 때, inotify 파일 디스크립터를 닫는다. 이는 inotify 인스턴스와 관련된 모든 감시 항목을 자동으로 제거한다.

inotify 메커니즘은 파일이나 디렉토리를 감시할 때 쓸 수 있다. 디렉토리를 감시할 때, 응용 프로그램은 디렉토리 자체나 그 디렉토리 내의 파일이 변경된 이벤트에 대한 정보를 받을 것이다.

inotify 감시 메커니즘은 재귀적이지 않다. 응용 프로그램이 전체 디렉토리 하부 트리 내의 이벤트를 감시하고자 한다면, 트리의 각 디렉토리에 대해 inotify_add_watch()를 실행해야 한다.

inotify 파일 디스크립터는 select(), poll(), epoll, 그리고 리눅스 2.6.25부터 시그널 구동 I/O를 사용해 감시할 수 있다. 이벤트가 준비된 경우, 이들 인터페이스는 inotify 파일 디스크립터를 읽을 수 있음을 알려준다. 이 인터페이스에 대한 자세한 내용은 Vol. 2의 26장을 참조하기 바란다.

> inotify 메커니즘은 CONFIG_INOTIFY와 CONFIG_INOTIFY_USER를 통해 설정되는 선택적인 리눅스 커널 컴포넌트다.

## 19.2 inotify API

inotify_init() 시스템 호출은 새로운 inotify 인스턴스를 생성한다.

```
#include <sys/inotify.h>

int inotify_init(void);
```

성공하면 파일 디스크립터를 리턴하고, 에러가 발생하면 -1을 리턴한다.

함수의 결과로 inotify_init()는 파일 디스크립터를 리턴한다. 이 파일 디스크립터는 이후의 오퍼레이션에서 inotify 인스턴스를 참조할 때 사용되는 핸들이다.

> 커널 2.6.27부터 리눅스는 새로운 비표준 시스템 호출인 inotify_init1()을 지원한다. 이 시스템 호출은 inotify_init()와 동일한 동작을 실행하지만, 시스템 호출의 동작을 수정할 때 쓸 수 있는 추가적인 flags 인자를 제공한다. 두 가지 플래그가 지원되는데, IN_CLOEXEC 플래그는 커널이 새로운 파일 디스크립터에 대해 실행 시 닫기 플래그(FD_CLOEXEC)를 활성화하게 한다. 이 플래그는 4.3.1절에서 설명한 open() O_CLOEXEC 플래그와 동일한 이유로 유용하다. IN_NONBLOCK 플래그는 커널이 하부의 열린 파일 디스크립션에서 O_NONBLOCK 플래그를 활성화하게 하고, 따라서 향후 읽기는 블록되지 않을 것이다. 이는 동일한 결과를 얻기 위해 fcntl()을 추가로 호출할 필요를 없애준다.

inotify_add_watch() 시스템 호출은 파일 디스크립터 fd가 가리키는 inotify 인스턴스의 감시 목록에 새로운 감시 항목을 추가하거나 기존의 감시 항목을 수정한다(그림 19-1 참조).

```
#include <sys/inotify.h>

int inotify_add_watch(int fd, const char *pathname, uint32_t mask);
```
성공하면 감시 디스크립터를 리턴하고, 에러가 발생하면 -1을 리턴한다.

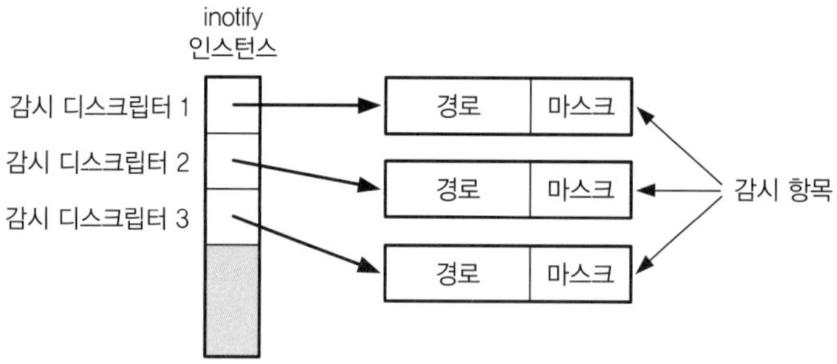


**그림 19-1** inotify 인스턴스와 관련된 커널 데이터 구조체

pathname 인자는 감시 항목이 생성되거나 수정되는 파일을 나타낸다. 호출자는 이 파일에 대해 읽기 권한이 있어야 한다(파일 권한 검사는 inotify_add_watch()가 호출되는 시점에 한 번 실행된다. 감시 항목이 존재하는 한, 파일 권한이 이후에 변경돼 호출자가 그 파일에 대해 더 이상 읽기 권한이 없더라도 호출자는 계속해서 파일 통지를 받을 것이다).

mask 인자는 pathname에 대해 감시할 이벤트를 지정하는 비트 마스트다. mask에 지정될 수 있는 비트값은 곧 자세히 살펴볼 것이다.

이전에 fd의 감시 목록에 pathname이 추가된 적이 없으면, inotify_add_watch()는 목록에 새로운 감시 항목을 생성하고, 음수가 아닌 새로운 감시 디스크립터를 리턴한다. 이 디스크립터는 이후 동작에서 감시 항목을 참조할 때 사용된다. 이 감시 디스크립터는 inotify 인스턴스별로 고유하다.

fd의 감시 목록에 pathname이 이미 추가되어 있으면, inotify_add_watch()는 pathname에 대한 기존 감시 항목의 마스크를 수정하고, 그 항목의 감시 디스크립터를 리턴한다(이 감시 디스크립터는 최초에 이 감시 목록에 pathname을 추가한 inotify_add_watch() 호출이 리턴한 것과 동일할 것이다). 다음 절에서 IN_MASK_ADD 플래그를 설명할 때, 마스크가 어떻게 수정될 수 있는지 자세히 살펴볼 것이다.

inotify_rm_watch() 시스템 호출은 파일 디스크립터 fd가 가리키는 inotify 인스턴스로부터 wd로 지정한 감시 항목을 제거한다.

```
#include <sys/inotify.h>

int inotify_rm_watch(int fd, uint32_t wd);
```

성공하면 0을 리턴하고, 에러가 발생하면 -1을 리턴한다.

wd 인자는 inotify_add_watch()의 이전 호출이 리턴한 감시 디스크립터다.

감시를 제거하면 해당 감시 디스크립터에 대한 IN_IGNORED 이벤트가 발생한다. 이 이벤트에 대해서는 곧 자세히 알아볼 것이다.

## 19.3 inotify 이벤트

inotify_add_watch()를 사용해 감시를 생성하거나 수정할 때, mask 비트 마스크 인자는 주어진 pathname에 대해 감시할 이벤트를 나타낸다. mask에 지정할 수 있는 이벤트 비트는 표 19-1의 '입력' 열에 표시했다.

표 19-1 inotify 이벤트

| 비트값 | 입력 | 출력 | 설명 |
|---|---|---|---|
| IN_ACCESS | ● | ● | 파일 접근됨(read()) |
| IN_ATTRIB | ● | ● | 파일 메타데이터 변경됨 |
| IN_CLOSE_WRITE | ● | ● | 읽기로 열린 파일이 닫힘 |
| IN_CLOSE_NOWRITE | ● | ● | 읽기 전용으로 열린 파일이 닫힘 |
| IN_CREATE | ● | ● | 감시 디렉토리 내의 파일/디렉토리 생성됨 |
| IN_DELETE | ● | ● | 감시 디렉토리 내의 파일/디렉토리 제거됨 |
| IN_DELETE_SELF | ● | ● | 감시된 파일/디렉토리 자체가 제거됨 |
| IN_MODIFY | ● | ● | 파일이 수정됨 |
| IN_MOVE_SELF | ● | ● | 감시된 파일/디렉토리 자체가 옮겨짐 |
| IN_MOVED_FROM | ● | ● | 파일이 감시 디렉토리 밖으로 옮겨짐 |
| IN_MOVED_TO | ● | ● | 파일이 감시 디렉토리로 옮겨짐 |
| IN_OPEN | ● | ● | 파일이 열림 |
| IN_ALL_EVENTS | ● | | 위의 모든 이벤트를 수용하는 약칭 |
| IN_MOVE | ● | | IN_MOVED_FROM \| IN_MOVED_TO의 약칭 |

(이어짐)

| 비트값 | 입력 | 출력 | 설명 |
|---|---|---|---|
| IN_CLOSE | ● | | IN_CLOSE_WRITE \| IN_CLOSE_NOWRITE를 나타냄 |
| IN_DONT_FOLLOW | ● | | 심볼릭 링크를 역참조하지 않음(리눅스 2.6.15부터) |
| IN_MASK_ADD | ● | | 경로명의 현재 감시 마스크에 이벤트 추가 |
| IN_ONESHOT | ● | | 하나의 이벤트를 위해 경로명 감시 |
| IN_ONLYDIR | ● | | 경로명이 디렉토리가 아닌 경우 실패(리눅스 2.6.15부터) |
| IN_IGNORED | | ● | 감시가 응용 프로그램이나 커널에 의해 제거됨 |
| IN_ISDIR | | ● | 이름으로 리턴된 파일이름이 디렉토리임 |
| IN_Q_OVERFLOW | | ● | 이벤트 큐의 오버플로 |
| IN_UNMOUNT | | ● | 객체를 포함하는 파일 시스템이 마운트 해제됨 |

표 19-1에서 대부분 비트의 의미는 이름을 보면 쉽게 알 수 있다. 다음은 몇 가지 사항을 명확하게 하기 위한 보충 설명이다.

- IN_ATTRIB 이벤트는 권한이나 소유권, 링크 수, 확장 속성, 사용자 ID, 그룹 ID 같은 파일 메타데이터가 변경된 경우 발생한다('링크 수 변경'에는 파일 삭제도 포함된다).
- IN_DELETE_SELF 이벤트는 감시되는 객체(즉 파일이나 디렉토리)가 제거된 경우 발생한다. IN_DELETE 이벤트는 감시되는 객체가 디렉토리이고, 내부의 파일 중의 하나가 제거된 경우에 발생한다.
- IN_MOVE_SELF 이벤트는 감시되는 객체의 이름이 변경된 경우 발생한다. IN_MOVED_FROM과 IN_MOVED_TO 이벤트는 객체가 감시되는 디렉토리 내부에서 이름이 변경된 경우 발생한다. IN_MOVED_FROM은 이전 이름을 가진 디렉토리에 대해 발생하고, IN_MOVED_TO는 새로운 이름을 포함하는 디렉토리에 대해 발생한다.
- IN_DONT_FOLLOW, IN_MASK_ADD, IN_ONESHOT, IN_ONLYDIR 비트는 감시되는 이벤트를 나타내지 않는다. 대신 inotify_add_watch() 호출의 오퍼레이션을 제어한다.
- IN_DONT_FOLLOW는 pathname이 심볼릭 링크인 경우 역참조하지 않아야 함을 나타낸다. 이를 이용하면 응용 프로그램은 심볼릭 링크가 가리키는 파일이 아니라 심볼릭 링크 자체를 감시할 수 있다.

- inotify 파일 디스크립터를 통해 이미 감시되고 있는 경로명을 지정해서 inotify_add_watch() 호출을 실행한다면, 기본적으로 주어진 mask는 이 항목에 대한 현재 마스크를 대체한다. IN_MASK_ADD를 지정하면, 현재 마스크는 mask에 주어진 값과 OR 연산을 함으로써 수정된다.
- IN_ONESHOT을 이용하면 응용 프로그램이 하나의 이벤트를 위해 pathname을 감시할 수 있다. 해당 이벤트 이후에 감시 항목은 자동적으로 감시 목록에서 제거된다.
- IN_ONLYDIR을 이용하면 응용 프로그램이 디렉토리를 나타내는 경로명만을 감시할 수 있다. pathname이 디렉토리가 아니면, inotify_add_watch()는 ENOTDIR 에러와 함께 실패한다. 이 플래그를 사용하면 디렉토리를 감시함을 보장하고자 하는 경우 발생할 수 있는 경쟁 조건을 막을 수 있다.

## 19.4 inotify 이벤트 읽기

감시 목록에 항목을 등록하면, 응용 프로그램은 read()를 통해 inotify 파일 디스크립터로부터 이벤트를 읽음으로써 어떤 이벤트가 발생했는지 알 수 있다. 지금껏 아무런 이벤트가 발생하지 않은 경우, read() 이벤트가 발생할 때까지 블록된다(O_NONBLOCK 상태 플래그가 파일 디스크립터에 설정되지 않은 경우. 설정됐다면 아무런 이벤트가 없을 때, read()는 EAGAIN 에러와 함께 즉시 실패할 것이다).

이벤트가 발생한 이후에, 각 read()는 다음 형식의 1개 혹은 여러 개의 구조체를 포함하는 버퍼(그림 19-2 참조)를 리턴한다.

```
struct inotify_event {
    int       wd;          /* 이벤트가 발생하는 감시 디스크립터 */
    uint32_t mask;         /* 발생하는 이벤트를 기술하는 비트 */
    uint32_t cookie;       /* (rename()을 위한) 관련된 이벤트 쿠키 */
    uint32_t len;          /* 'name' 필드의 크기 */
    char      name[];      /* 널로 끝나는 파일이름(선택사항) */
};
```

wd 필드는 이 이벤트가 발생한 감시 디스크립터를 알려준다. 이 필드는 inotify_add_watch()의 이전 호출이 리턴한 값 중 하나를 포함한다. wd 필드는 응용 프로그램이 동일한 inotify 파일 디스크립터를 통해 여러 파일이나 디렉토리를 감시할 때 유용하다. 이 필드는 응용 프로그램이 이벤트가 발생한 특정 파일이나 디렉토리를 알 수 있는 링크를 제공한다(이렇게 하기 위해 응용 프로그램은 감시 디스크립터를 경로명과 연관 짓는 데이터 구조체를 관리해야 한다).

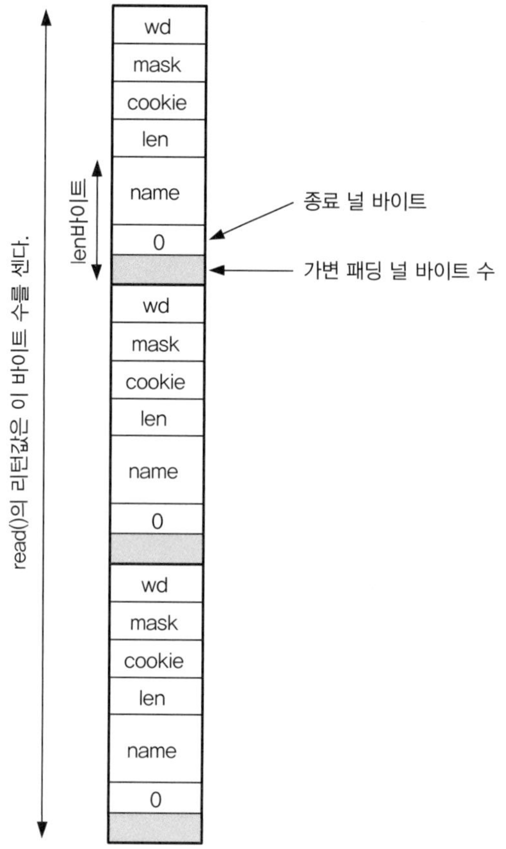


**그림 19-2** inotify_event 구조체 3개를 갖는 입력 버퍼

mask 필드는 이벤트를 기술하는 비트 마스크를 리턴한다. mask에 나타날 수 있는 비트의 범위는 표 19-1의 '출력' 열에 표시했다. 다음은 일부 비트에 대한 세부사항이다.

- IN_IGNORED 이벤트는 감시가 제거될 때 생성된다. 이 이벤트는 두 가지 이유로 인해 발생할 수 있다. 즉 응용 프로그램이 감시를 명시적으로 제거하고자 inotify_rm_watch() 호출을 사용한 경우나, 감시되는 객체가 제거됐거나 파일 시스템이 마운트 해제됨으로써 커널에 의해 암시적으로 제거된 경우다. IN_IGNORED 이벤트는 IN_ONESHOT으로 만들어진 감시가 이벤트가 시작됐다는 이유로 자동적으로 제거되는 경우에는 생성되지 않는다.
- 이벤트 대상이 디렉토리이면, 여타 비트와 함께 IN_ISDIR 비트가 mask에 설정된다.
- IN_UNMOUNT 이벤트는 감시되는 객체를 포함하는 파일 시스템이 마운트 해제됐음을 응용 프로그램에 알려준다. 이 이벤트 이후에, IN_IGNORED 비트를 포함하는 추가적인 이벤트가 전달될 것이다.

- IN_Q_OVERFLOW에 대해서는 19.5절에서 설명하며, 큐에 있는 inotify 이벤트의 한도를 논의한다.

cookie 필드는 관련된 이벤트를 묶기 위해 사용된다. 현재 이 필드는 파일의 이름이 변경되는 경우에만 사용된다. 이 동작이 발생하면, 파일의 이름이 변경된 디렉토리로부터 IN_MOVED_FROM 이벤트가 발생하고, IN_MOVED_TO 이벤트는 파일의 이름이 변경된 곳의 디렉토리에서 발생된다(파일이 동일한 디렉토리 내에서 새로운 이름이 주어지면, 두 가지 이벤트 모두 동일한 디렉토리에서 발생한다). 이런 두 가지 이벤트는 cookie 필드에 동일한 고유값을 가질 것이며, 이를 통해 응용 프로그램이 이들 이벤트를 관련지을 수 있다. 다른 모든 종류의 이벤트에 대해 cookie 필드는 0으로 설정된다.

이벤트가 감시되는 디렉토리 내의 파일에서 발생하면, name 필드는 파일을 식별하는 널로 끝나는 문자열을 리턴할 때 사용된다. 이벤트가 감시되는 객체 자체에 발생하면, name 필드는 사용되지 않고, len 필드는 0을 포함할 것이다.

len 필드는 실제로 name 필드에 몇 바이트가 할당됐는지 나타낸다. 이 필드는 name에 저장된 문자열의 끝과 read()(그림 19-2 참조)가 리턴한 버퍼에 포함된 다음 inotify_event의 시작점 사이의 추가적인 패딩 바이트로 인해 필수적이다. 개별적인 inotify 이벤트의 길이는 sizeof(struct inotify_event) + len이 된다.

read()로 전달된 버퍼가 다음 inotify_event 구조체를 갖기에 너무 작다면, read()는 응용 프로그램에게 이런 사실을 알리고자 EINVAL 에러와 함께 실패한다(2.6.21 이전의 커널에서 read()는 이런 경우 0을 리턴했다. EINVAL 에러를 사용하면 프로그래밍 에러가 발생했음을 명백히 표시할 수 있다). 응용 프로그램은 더 큰 버퍼를 사용해 다른 read()를 실행함으로써 응답할 수 있다. 그러나 적어도 하나의 이벤트를 갖도록 항상 충분히 크도록 보장함으로써 이런 문제를 피할 수 있다. 즉 read()에 주어진 버퍼는 적어도 (sizeof(struct inotify_event) + NAME_MAX + 1)바이트여야 한다. 이때 NAME_MAX는 파일이름의 최대 길이며, 1은 끝을 나타내는 널 바이트다.

최소값보다 더 큰 버퍼 크기를 사용하면 응용 프로그램이 하나의 read()로 여러 이벤트를 효율적으로 추출할 수 있다. inotify 파일 디스크립터에 대한 read()는 가용한 이벤트 개수와 제공된 버퍼에 들어갈 수 있는 이벤트 개수 중 작은 수만큼 읽는다.

> ioctl(fd, FIONREAD, &numbytes) 호출은 파일 디스크립터 fd가 가리키는 inotify 인스턴스로부터 현재 읽을 수 있는 바이트의 수를 리턴한다.

inotify 파일 디스크립터에서 읽은 이벤트는 순서 있는 큐를 형성한다. 예를 들어 파일의 이름이 변경되면, IN_MOVED_FROM 이벤트가 IN_MOVED_TO 이벤트 전에 읽힘이 보장된다.

이벤트 큐의 마지막에 새로운 이벤트를 추가할 때, 2개의 이벤트가 wd, mask, cookie, name에 대해 모두 동일한 값을 갖고 있는 경우, 커널은 큐의 꼬리에 있는 이벤트와 입력된 이벤트를 합칠 것이다(따라서 새로운 이벤트는 실질적으로 큐에 넣어지는 것은 아니다). 이는 많은 응용 프로그램이 동일한 이벤트의 반복되는 인스턴스에 대해 알 필요가 없기 때문이며, 초과 이벤트를 버릴 경우 이벤트 큐에 필요한 (커널) 메모리의 양이 줄어든다. 하지만 반복 이벤트가 얼마나 많이, 또는 얼마나 자주 발생하는지 안정적으로 알기 위해 inotify를 사용할 수 없음을 의미한다.

### 예제 프로그램

앞에 설명한 내용에 덧붙일 많은 세부사항이 있지만, inotify API는 실제로 사용이 간단하다. 리스트 19-1은 inotify의 사용법을 설명한다.

**리스트 19-1** inotify API의 사용 예

inotify/demo_inotify.c

```
#include <sys/inotify.h>
#include <limits.h>
#include "tlpi_hdr.h"

static void                     /* inotify_event 구조체에서 정보를 출력 */
displayInotifyEvent(struct inotify_event *i)
{
    printf("    wd =%2d; ", i->wd);
    if (i->cookie > 0)
        printf("cookie =%4d; ", i->cookie);

    printf("mask = ");
    if (i->mask & IN_ACCESS)        printf("IN_ACCESS ");
    if (i->mask & IN_ATTRIB)        printf("IN_ATTRIB ");
    if (i->mask & IN_CLOSE_NOWRITE) printf("IN_CLOSE_NOWRITE ");
    if (i->mask & IN_CLOSE_WRITE)   printf("IN_CLOSE_WRITE ");
    if (i->mask & IN_CREATE)        printf("IN_CREATE ");
    if (i->mask & IN_DELETE)        printf("IN_DELETE ");
    if (i->mask & IN_DELETE_SELF)   printf("IN_DELETE_SELF ");
    if (i->mask & IN_IGNORED)       printf("IN_IGNORED ");
    if (i->mask & IN_ISDIR)         printf("IN_ISDIR ");
    if (i->mask & IN_MODIFY)        printf("IN_MODIFY ");
    if (i->mask & IN_MOVE_SELF)     printf("IN_MOVE_SELF ");
```

```
    if (i->mask & IN_MOVED_FROM)    printf("IN_MOVED_FROM ");
    if (i->mask & IN_MOVED_TO)      printf("IN_MOVED_TO ");
    if (i->mask & IN_OPEN)          printf("IN_OPEN ");
    if (i->mask & IN_Q_OVERFLOW)    printf("IN_Q_OVERFLOW ");
    if (i->mask & IN_UNMOUNT)       printf("IN_UNMOUNT ");
    printf("\n");

    if (i->len > 0)
        printf("      name = %s\n", i->name);
}

#define BUF_LEN (10 * (sizeof(struct inotify_event) + NAME_MAX + 1))

int
main(int argc, char *argv[])
{
    int inotifyFd, wd, j;
    char buf[BUF_LEN];
    ssize_t numRead;
    char *p;
    struct inotify_event *event;

    if (argc < 2 || strcmp(argv[1], "--help") == 0)
        usageErr("%s pathname... \n", argv[0]);

①   inotifyFd = inotify_init();                 /* inotify 인스턴스 생성 */
    if (inotifyFd == -1)
        errExit("inotify_init");

    for (j = 1; j < argc; j++) {
②       wd = inotify_add_watch(inotifyFd, argv[j], IN_ALL_EVENTS);
        if (wd == -1)
            errExit("inotify_add_watch");

        printf("Watching %s using wd %d\n", argv[j], wd);
    }

    for (;;) {                                  /* 이벤트를 영원히 읽음 */
③       numRead = read(inotifyFd, buf, BUF_LEN);
        if (numRead == 0)
            fatal("read() from inotify fd returned 0!");

        if (numRead == -1)
            errExit("read");

        printf("Read %ld bytes from inotify fd\n", (long) numRead);

        /* read()가 리턴한 버퍼에 있는 모든 이벤트를 처리 */
```

```
        for (p = buf; p < buf + numRead; ) {
            event = (struct inotify_event *) p;
④           displayInotifyEvent(event);

            p += sizeof(struct inotify_event) + event->len;
        }
    }

    exit(EXIT_SUCCESS);
}
```

리스트 19-1의 프로그램은 다음 단계를 실행한다.

- inotify 파일 디스크립터를 생성하기 위해 inotify_init()를 사용한다①.
- 프로그램의 명령행 인자에 명명된 각 파일의 감시 항목을 추가하기 위해 inotify_add_watch()를 사용한다②. 각 감시 항목은 모든 가능한 이벤트를 감시한다.
- 다음과 같은 무한 루프를 실행한다.
  - inotify 파일 디스크립터로부터 이벤트 버퍼를 읽는다③.
  - 그 버퍼 내 각 notify_event 구조체의 내용을 출력하기 위해 displayInotifyEvent() 함수를 호출한다④.

다음 세션은 리스트 19-1의 프로그램 사용을 나타낸다. 배경에서 실행하고, 두 가지 디렉토리를 감시하는 프로그램의 인스턴스를 시작한다.

```
$ ./demo_inotify dir1 dir2 &
[1] 5386
Watching dir1 using wd 1
Watching dir2 using wd 2
```

그리고 두 디렉토리에서 이벤트를 생성하는 명령어를 실행한다. cat(1)을 사용해 파일을 생성함으로써 시작한다.

```
$ cat > dir1/aaa
Read 64 bytes from inotify fd
    wd = 1; mask = IN_CREATE
        name = aaa
    wd = 1; mask = IN_OPEN
        name = aaa
```

백그라운드 프로그램에서 양산된 위의 출력은 read()가 두 이벤트를 포함하는 버퍼를 가져오는 것을 확인한다. 파일에 대한 입력과 그 이후에 터미널 파일 종료 문자를 입력함으로써 진행한다.

```
Hello world
Read 32 bytes from inotify fd
    wd = 1; mask = IN_MODIFY
        name = aaa
Control-D를 입력한다.
Read 32 bytes from inotify fd
    wd = 1; mask = IN_CLOSE_WRITE
        name = aaa
```

그리고 파일의 이름을 다른 감시되는 디렉토리로 변경한다. 이는 두 가지 이벤트를 만든다. 즉 파일이 이동하는 것으로부터 디렉토리를 위한 이벤트(감시 디스크립터 1)와 목적 디렉토리를 위한 이벤트(감시 디스크립터 2)가 해당된다.

```
$ mv dir1/aaa dir2/bbb
Read 64 bytes from inotify fd
    wd = 1; cookie = 548; mask = IN_MOVED_FROM
        name = aaa
    wd = 2; cookie = 548; mask = IN_MOVED_TO
        name = bbb
```

이런 두 가지 이벤트는 동일한 쿠키 값을 공유하고, 이는 응용 프로그램이 연결되도록 한다. 감시되는 디렉토리 중의 하나에서 하위 디렉토리를 생성할 때, 결과 이벤트의 마스크는 IN_ISDIR 비트를 포함하고, 이는 이벤트의 목적인 디렉토리임을 나타낸다.

```
$ mkdir dir2/ddd
Read 32 bytes from inotify fd
    wd = 1; mask = IN_CREATE IN_ISDIR
        name = ddd
```

이 시점에서 inotify 감시는 반복 동작이 아님을 다시 상기하자. 응용 프로그램이 새롭게 생성된 하위 디렉토리에서 이벤트를 감시하기를 원하는 경우 하위 디렉토리의 경로명을 명시하는 추가적인 inotify_add_watch()를 호출할 필요가 있을 것이다.

마지막으로, 감시되는 디렉토리 중의 하나를 제거한다.

```
$ rmdir dir1
Read 32 bytes from inotify fd
    wd = 1; mask = IN_DELETE_SELF
    wd = 1; mask = IN_IGNORED
```

마지막 이벤트 IN_IGNORED는 커널이 감시 목록에서 이 감시 항목을 제거했음을 응용 프로그램에 알리기 위해 생성됐다.

## 19.5 큐 한도와 /proc 파일

inotify 이벤트를 큐에 넣으려면 커널 메모리가 필요하다. 이러한 이유로 커널은 inotify 메커니즘의 오퍼레이션에 여러 가지 한도를 둔다. 슈퍼유저는 /proc/sys/fs/inotify 디렉토리에 있는 다음과 같은 세 가지 파일을 통해 이러한 한도를 설정할 수 있다.

- max_queued_events: inotify_init()가 호출될 때, 이 값은 새로운 inotify 인스턴스의 큐에 넣을 수 있는 이벤트 개수의 상한을 설정할 때 쓴다. 이 상한에 도달하면, IN_Q_OVERFLOW 이벤트가 발생하고, 초과된 이벤트는 버려진다. 오버플로 이벤트에 대한 wd 필드는 -1 값을 갖는다.
- max_user_interfaces: 이 값은 실제 사용자 ID당 생성될 수 있는 inotify 인스턴스 개수의 한도다.
- max_user_watches: 이 값은 실제 사용자 ID당 생성될 수 있는 감시 항목 수의 한도다.

이런 세 가지 파일에 대한 일반적인 기본값은 각각 16,384, 128, 8192다.

## 19.6 파일 이벤트 감시의 오래된 시스템: dnotify

리눅스는 파일 이벤트를 감시하는 또 다른 메커니즘을 제공한다. dnotify라고 알려진 이러한 메커니즘은 커널 2.4부터 존재하지만, inotify의 출현으로 사라졌다. dnotify 메커니즘은 다음과 같이 inotify와 비교해서 필요 이상으로 제약이 많다.

- dnotify 메커니즘은 응용 프로그램에 시그널을 보냄으로써 이벤트 통지를 제공한다. 통지 메커니즘으로서 시그널을 사용하면 응용 프로그램의 복잡성이 증가한다(22.12절 참조). 또한 호출 프로그램이 통지 시그널의 배치를 바꿀 수 있기 때문에, 라이브러리 내의 dnotify 사용이 어려워진다.
- dnotify의 감시 단위는 디렉토리다. 해당 디렉토리 내의 파일에 어떤 오퍼레이션이 수행되면, 응용 프로그램이 알게 된다. 반대로 inotify는 디렉토리나 개별적인 파일에 대한 감시에 사용될 수 있다.
- 디렉토리를 감시하기 위해 dnotify는 응용 프로그램이 해당 디렉토리의 파일 디스크립터를 열어야 한다. 파일 디스크립터의 사용은 두 가지 문제를 야기한다. 첫째, 사용 중busy이기 때문에, 해당 디렉토리를 포함하는 파일 시스템이 마운트 해제되지 않을 수 있다. 둘째, 각 디렉토리에 대해 하나의 파일 디스크립터가 필요하기 때문에, 응용 프로그램이 많은 양의 디스크립터를 사용하게 될 수 있다. inotify는 파일 디스크립터를 사용하지 않으므로 이런 문제가 없다.
- 파일 이벤트에 대해 dnotify가 제공하는 정보는 inotify가 제공하는 정보에 비해 덜 정확하다. 감시 대상 디렉토리 내의 파일이 변경되면 dnotify는 이벤트가 발생했다고 알려주지만, 해당 이벤트에 어떠한 파일이 관련됐는지는 알려주지 않는다. 응용 프로그램은 디렉토리 내용에 대한 정보를 기억함으로써(캐시) 이러한 사실을 알아내야만 한다. 더욱이 inotify는 발생한 이벤트의 종류에 대해 dnotify보다 더 세분화된 정보를 제공한다.
- 어떤 경우에 dnotify는 파일 이벤트에 대한 신뢰할 만한 통지를 제공하지 않는다.

dnotify에 대한 더욱 자세한 정보는 `fcntl(2)` 매뉴얼 페이지의 `F_NOTIFY` 오퍼레이션 관련 설명과 커널 소스 파일 Documentation/dnotify.txt에서 찾을 수 있다.

## 19.7 정리

리눅스에 기반한 inotify 메커니즘을 이용하면 응용 프로그램이 감시하는 파일과 디렉토리에서 이벤트(파일 열림, 닫힘, 생성, 삭제, 수정, 이름 변경 등)가 발생한 경우에 통지를 받을 수 있다. inotify 메커니즘은 이전의 dnotify 메커니즘을 대체한다.

## 19.8 연습문제

19-1. 명령행 인자에 있는 디렉토리 내의 모든 파일 생성, 삭제, 이름 변경에 대한 로그를 기록하는 프로그램을 작성하라. 프로그램은 명시된 디렉토리 내 모든 하부 디렉토리의 이벤트를 감시해야 한다. 모든 하부 디렉토리의 목록을 얻기 위해, `nftw()` (18.9절 참조)를 사용해야 할 것이다. 새로운 하부 디렉토리가 트리나 디렉토리에 추가되거나 제거되면, 감시되는 하부 디렉토리의 집합도 동일하게 갱신돼야 한다.

# 20

# 시그널: 기본 개념

20장과 21장, 22장에서는 시그널을 설명한다. 기본 개념은 간단하더라도 세부적으로 많은 내용을 다뤄야 하므로, 시그널에 대한 설명은 상당히 길다.

20장에서 다루는 주제는 다음과 같다.

- 여러 가지 시그널과 그 목적
- 커널이 프로세스에 시그널을 보내는 상황과 하나의 프로세스가 다른 프로세스로 시그널을 보낼 때 쓰는 시스템 호출
- 프로세스가 시그널에 대응하는 기본 방법과 프로세스가 시그널에 대한 대응을 변경할 수 있는 방법(특히 시그널을 받으면 자동으로 실행되는 프로그래머 정의 함수인 시그널 핸들러를 사용해).
- 시그널을 블록하기 위한 프로세스 시그널 마스크의 사용법과, 관련 개념인 보류 시그널
- 프로세스가 실행을 멈추고, 시그널의 전달을 기다리는 방법

## 20.1 개념과 개요

시그널signal은 프로세스에게 이벤트가 발생했음을 알린다. 시그널은 가끔 **소프트웨어 인터럽트**software interrupt로 묘사된다. 시그널은 프로그램 실행의 일반적인 흐름을 가로챈다는 취지에서 하드웨어 인터럽트와 동일하다. 대부분의 경우 시그널이 발생하는 정확한 시점을 예측하기란 불가능하다.

하나의 프로세스는 (적절한 권한을 갖고 있다면) 다른 프로세스에 시그널을 전송할 수 있다. 이렇게 사용함으로써 시그널은 동기화 기법이나 심지어 원시적인 형태의 IPCinterprocess communication로도 쓸 수 있다. 프로세스가 자기 자신에게 시그널을 보낼 수도 있다. 그러나 프로세스에 전달된 많은 시그널의 일반적인 송신자source는 커널이다. 커널이 프로세스에게 시그널을 보내는 이벤트의 종류는 다음과 같다.

- 하드웨어 예외가 발생한 경우. 하드웨어가 결함을 발견해 커널에 통보하고, 커널이 해당 시그널을 관련된 프로세스에 보낸다. 하드웨어 예외의 예로는 잘못된 기계어 명령의 실행이나 0으로 나눔, 접근 불가한 메모리 영역의 참조 등을 들 수 있다.
- 사용자가 시그널을 발생시키는 **터미널**terminal 특수문자 중 하나를 입력한 경우. 이런 문자에는 **인터럽트 문자**interrupt character(보통 Control-C)와 **중지 문자**suspend character(보통 Control-Z)가 포함된다.
- 소프트웨어 이벤트가 발생한 경우. 예를 들면 파일 디스크립터에 입력이 생기거나, 터미널 윈도우의 크기 조절, 타이머 만료, 프로세스 CPU 시간 제한 초과, 해당 프로세스의 자식 프로세스가 종료된 경우 등이다.

각 시그널은 고유의 (작은) 정수로 정의되고, 이는 1부터 시작해 순차적으로 증가한다. 이런 정수는 SIGxxxx 형태의 심볼 이름으로 `<signal.h>`에 정의된다. 각 시그널에 사용되는 실제 숫자는 구현에 따라 다양하기 때문에, 항상 프로그램에 사용되는 것은 이러한 심볼 이름이다. 예를 들어, 사용자가 인터럽트 문자를 입력하면 프로세스에 `SIGINT`(시그널 번호 2)가 전달된다.

시그널은 두 가지 넓은 범주로 나뉜다. 첫 번째는 **전통적**traditional 또는 **표준**standard 시그널이고, 커널이 프로세스에게 이벤트를 알릴 때 쓴다. 리눅스에서 표준 시그널은 1부터 31까지의 숫자로 구성된다. 표준 시그널에 대해서는 20장에서 다룬다. 그 밖의 시그널은 **실시간**realtime 시그널로, 표준 시그널과의 차이는 22.8절에서 설명한다.

시그널은 어떤 이벤트에 의해 생성된다고 한다. 시그널은 한번 생성되면, 이후에 프로세스로 전달되고, 그 시그널에 대해 어떠한 동작이 취해진다. 생성된 시간과 전달된 시간 사이에 시그널은 **보류**pending된다고 한다.

일반적으로 보류 시그널은 프로세스가 실행하도록 스케줄링되자마자, 혹은 프로세스가 이미 실행 중인 경우(예: 프로세스가 자기 자신에게 시그널을 전송한 경우) 즉시 프로세스로 전달된다. 그러나 가끔 일부 코드는 시그널의 전달로 인해 중지되지 않아야 할 때가 있다. 이를 위해 프로세스의 **시그널 마스크**signal mask(현재 전달이 블록된 시그널의 집합)에 시그널을 추가할 수 있다. 블록된 시그널이 생성되면, 블록이 해제(시그널 마스크에서 제거)되기 전까지 보류된다. 프로세스는 다양한 시스템 호출을 통해 시그널을 시그널 마스크에 추가하고 제거할 수 있다.

시그널이 전달되면, 시그널의 종류에 따라 다음과 같은 기본 동작 중 하나를 실행한다.

- 시그널이 무시된다. 즉 커널에 의해 버려지고, 프로세스에 아무런 영향이 없다(프로세스는 그 시그널이 발생했는지 절대 알지 못한다).
- 프로세스가 종료된다. **비정상적 프로세스 종료**abnormal process termination라고도 하며, 프로세스가 `exit()`를 통해 종료될 때 발생하는 정상적 프로세스 종료와 반대된다.
- **코어 덤프 파일**core dump file을 생성하고, 프로세스를 종료한다. 코어 덤프 파일은 프로세스의 가상 메모리 이미지를 포함하고, 프로세스 종료 시점의 상태를 검사하기 위해 디버거에 로드할 수 있다.
- 프로세스를 멈춘다. 즉 프로세스의 실행이 중지된다.
- 이전에 멈췄던 프로세스의 실행을 재개한다.

특정 시그널의 기본 동작을 수용하는 대신에, 프로그램은 시그널이 전달될 때 발생하는 동작을 변경할 수 있다. 이를 시그널의 **속성**disposition 설정이라고 한다. 프로그램은 시그널에 대해 다음 속성 중 하나를 설정할 수 있다.

- **기본 동작**default action이 발생해야 한다. 이는 이전에 기본 동작 외의 것으로 변경한 시그널 속성을 원래의 상태로 돌릴 때 유용하다.
- 시그널을 무시한다. 이는 프로세스 종료가 기본 동작인 시그널에 유용하다.
- **시그널 핸들러**signal handler를 실행한다.

시그널 핸들러는 프로그래머가 작성한, 시그널에 대한 응답으로 적절한 동작을 실행하는 함수다. 예를 들면, 셸은 `SIGINT` 시그널(인터럽트 문자 Control-C에 의해 생성)에 대해 현재 실행하고 있는 것을 멈추고, 주 입력 루프로 제어를 리턴하게 하여, 사용자가 셸 프롬프트를 다시 보게 하는 핸들러를 갖는다. 핸들러 함수가 호출돼야 한다는 사실을 커널에 알리는 것을 보통 시그널 핸들러를 설치 또는 설정한다고 한다. 시그널이 전달되어 시그널 핸들러가 실행되면, 시그널이 처리됐다 또는 동일한 의미로 시그널이 잡혔다고 한다.

종료하거나 코어를 덤프하도록(이 중 하나가 시그널의 기본 실행이 아니라면) 시그널의 속성을 설정하는 건 불가능함을 알아두기 바란다. 이와 가장 근접한 방법은 시그널에 대해 핸들러를 설치하고, exit()나 abort()를 호출하는 것이다. abort() 함수(21.2.2절 참조)는 프로세스에 SIGABRT 시그널을 보내고, 이는 프로세스가 코어를 덤프하고 종료하게 한다.

> 리눅스 고유의 /proc/*PID*/status 파일은 프로세스의 시그널 처리를 결정하기 위해 검사할 수 있는 여러 가지 비트 마스크를 담고 있다. 이 비트 마스크는 16진수로 출력되며, 이때 최하위 비트는 시그널 1을 나타내고, 그 왼쪽 비트는 시그널 2, 그리고 계속해서 다음 비트는 다음 시그널을 나타낸다. 이들 필드는 SigPnd(스레드별 보류 시그널)와 ShdPnd(리눅스 2.6부터의 프로세스별 보류 시그널), SigBlk(블록된 시그널), SigIgn(무시된 시그널), SigCgt(잡힌 시그널)이다(SigPnd와 ShdPnd 필드의 차이는 Vol. 2의 5.2절에서 멀티스레드 프로세스에서의 시그널 처리를 설명할 때 분명해질 것이다). 같은 정보를 ps(1) 명령의 여러 가지 옵션을 통해서도 얻을 수 있다.

시그널이 초기 유닉스 구현에 나타났지만, 시작 이후로 몇 가지 중요한 변화를 겪었다. 초기 구현에서 시그널은 어떤 환경에서 소실될 수도 있었다(즉 대상 프로세스로 전달되지 않았다). 더욱이 어떤 상황에서 중요한 코드가 실행되는 동안 시그널의 전달을 블록하기 위한 기능이 제공됐지만, 블로킹은 믿을 만한 것이 아니었다. 이런 문제는 4.2BSD에서 수정됐고, 이는 소위 믿을 수 있는 시그널reliable signal이 제공됐다(한 가지 더 나아간 BSD의 혁신은 셸 작업 제어를 지원하는 시그널의 추가이며, 이는 29.7절에서 설명한다).

시스템 V도 시그널에 믿을 만한 시맨틱semantics을 추가했지만, BSD와는 호환되지 않는 모델을 채용했다. 이런 비호환성은 대체로 BSD 모델에 기반한 믿을 만한 시그널의 규격을 채용한 POSIX.1-1990 표준에 의해서만 해결될 수 있었다.

22.7절에서 믿을 만한 시그널과 그렇지 않은 시그널에 대해 자세히 논의하고, 22.13절에서는 이전 BSD와 시스템 V 시그널 API를 간단하게 다룬다.

## 20.2 시그널 형식과 기본 동작

앞서 리눅스의 표준 시그널은 1에서 31까지 번호가 부여된다고 말했다. 하지만 리눅스 signal(7) 매뉴얼 페이지에는 31개가 넘는 시그널 이름이 있다. 이름이 남는 데는 여러 가지 이유가 있다. 그 이름 중 일부는 단순히 다른 이름의 동의어이며, 여타 유닉스 구현과의 소스 호환성을 위해 정의되어 있다. 또한 정의되어 있지만 사용되지 않는 이름도 있다. 다음은 여러 가지 시그널에 대한 설명이다.

- SIGABRT: 프로세스가 abort() 함수를 호출하면 이 시그널을 받는다(21.2.2절 참조). 기본으로 이 시그널은 코어 덤프를 하고 프로세스를 종료한다. 이는 abort() 호출의 의도된 목적(디버깅을 위해 코어 덤프를 만든다)을 달성한다.
- AIGALRM: alarm()이나 setitimer()를 호출해서 설정한 실시간 타이머가 만료되면 커널이 이 시그널을 생성한다. 실시간 타이머는 벽시계 시간(즉 경과 시간에 대한 사람의 개념)에 따라서 동작한다. 더 자세한 내용은 23.1절을 참조하기 바란다.
- SIGBUS: 이 시그널('버스 에러')은 특정 종류의 메모리 접근 에러를 나타내기 위해 생성된다. 그런 에러 중 하나는 Vol. 2의 12.4.3절에 기술되어 있듯이 mmap()으로 생성된 메모리 매핑을 사용할 때, 하부의 메모리 매핑된 파일의 끝을 넘어서는 주소에 접근하려고 하는 경우 발생할 수 있다.
- SIGCHLD: 이 시그널은 자식 프로세스 중 하나가 (exit() 호출이나 시그널에 의해) 종료될 때 (커널이) 부모 프로세스로 보낸다. 또한 이 시그널은 자식 중의 하나가 시그널에 의해 중지되거나 재개될 때 프로세스에 전달될 수도 있다. SIGCHLD에 대한 자세한 내용은 26.3절에서 다룬다.
- SIGCLD: SIGCHLD와 동일하다.
- SIGCONT: 이 시그널이 중지된 프로세스에 전달되면, 해당 프로세스가 재개된다(즉 조금 뒤에 실행되도록 다시 스케줄링된다). 현재 중지되지 않은 프로세스가 이 시그널을 받으면, 기본적으로 무시된다. 프로세스가 재개할 때 어떤 동작을 하기 위해 이 시그널을 잡을 수도 있다. 이 시그널은 22.2절과 29.7절에서 더 자세히 다룬다.
- SIGEMT: 유닉스 시스템에서 일반적으로 이 시그널은 구현과 관계없는 하드웨어 에러를 나타낼 때 쓴다. 리눅스에서 이 시그널은 썬 스팍SPARC 구현에서만 사용된다. 접미사 EMT는 디지털 PDP-11의 어셈블러 니모닉mnemonic인 'emulator trap'에서 유래한 것이다.
- SIGFPE: 이 시그널은 '0으로 나눔divide-by-zero'과 같은 특정 종류의 연산 에러로 인해 생성된다. 접미사 FPE는 'floating-point exception'의 약자이지만, 정수 연산 에러에서도 생성될 수 있다. 언제 이 시그널이 생성되는지에 대한 정확한 세부사항은 하드웨어 아키텍처와 CPU 제어 레지스터의 설정에 따라 다르다. 예를 들면, x86-32에서 정수 나누기 0은 항상 SIGFPE를 낳지만, 부동소수점 나누기 0

은 FE_DIVBYZERO 예외의 활성화 여부에 따라 다르다. (feenableexcept()를 사용해) 이 예외를 활성화한 경우, 부동소수점 나누기 0은 SIGFPE를 생성한다. 그렇지 않으면 피연산자에 대한 IEEE 표준 결과(무한대를 나타내는 부동소수점 표현)를 낳는다. 더 자세한 정보는 fenv(3) 매뉴얼 페이지와 <fenv.h>를 참조하기 바란다.

- SIGHUP: 터미널 접속 종료(행업hangup)가 발생하면, 이 시그널이 해당 터미널의 제어 프로세스로 전달된다. 제어 프로세스의 개념과 SIGHUP이 전달되는 여러 가지 상황에 대해서는 29.6절에서 설명한다. SIGHUP의 두 번째 용도는 데몬(예: init, httpd, inetd)이다. 여러 데몬이 SIGHUP를 받으면 자신을 재초기화하고, 설정 파일을 다시 읽도록 설계됐다. 시스템 관리자는 명시적으로 kill 명령을 사용하거나, 동일한 동작을 수행하는 프로그램이나 스크립트를 실행함으로써 수동으로 SIGHUP을 데몬에 보내 이 동작을 작동시킨다.
- SIGILL: 프로세스가 잘못된(즉 잘못 형성된) 기계어 명령을 실행하려고 하면 이 시그널이 프로세스에 전달된다.
- SIGINFO: 리눅스에서 이 시그널은 SIGPWR과 같다. BSD 시스템에서는 Control-T를 입력함으로써 생성되는 SIGINFO 시그널은 포그라운드foreground 프로세스 그룹의 상태 정보를 얻기 위해 사용된다.
- SIGINT: 사용자가 터미널 인터럽트 문자(보통 Control-C)를 입력하면, 터미널 드라이버는 이 시그널을 포그라운드 프로세스 그룹으로 보낸다. 이 시그널에 대한 기본 동작은 프로세스를 종료하는 것이다.
- SIGIO: fcntl() 시스템 호출을 사용하면, I/O 이벤트(예: 입력 발생)가 터미널과 소켓 등 특정 종류의 열린 파일 디스크립터에 발생하면 생성되도록 이 시그널을 설정할 수 있다. 이 기능은 Vol. 2의 26.3절에서 더 자세히 설명한다.
- SIGIOT: 리눅스에서 이 시그널은 SIGABRT와 같다. 일부 유닉스 구현에서 이 시그널은 구현이 정의한 하드웨어 결함을 나타낸다.
- SIGKILL: 이 시그널은 **확실한 종료**sure kill 시그널이다. 이 시그널은 블록하거나, 무시하거나, 핸들러가 잡을 수 없으므로, 항상 프로세스를 종료한다.
- SIGLOST: 이 시그널의 이름은 리눅스에 존재하지만, 사용되지는 않는다. 다른 유닉스 구현 일부에서는 비정상 종료된 원격 NFS 서버를 복구한 뒤에 지역 프로세스들이 소유한 잠금을 NFS 클라이언트가 재획득하지 못하면, NFS 클라이언트가 잠금을 소유한 지역 프로세스들에게 이 시그널을 보낸다(이 기능은 NFS 규격에 표준화되지 않았다).

- SIGPIPE: 이 시그널은 대응되는 읽기 프로세스가 없는 파이프나 FIFO, 소켓에 쓰려고 할 때 발생한다. 이는 보통 읽기 프로세스가 IPC 채널의 파일 디스크립터를 닫았기 때문에 발생한다. 더 자세한 내용은 Vol. 2의 7.2절을 참조하기 바란다.
- SIGPOLL: 시스템 V에서 유래한 이 시그널은 리눅스의 SIGIO와 동일하다.
- SIGPROF: 커널은 setitimer()를 통해 설정한 프로파일링profiling 타이머가 만료됐을 때 이 시그널을 발생시킨다(23.1절 참조). 프로파일링 타이머는 프로세스가 사용한 CPU 시간을 측정하는 것이다. 가상 타이머(아래 나오는 SIGVTALRM 참조)와는 달리, 프로파일링 타이머는 사용자 모드와 커널 모드 모두에서 사용된 CPU 시간을 측정한다.
- SIGPWR: 이 시그널은 정전power failure 시그널이다. UPSuninterruptible power supply를 갖고 있는 시스템에서 정전 시 백업 배터리 수준을 감시하는 데몬 프로세스를 설정할 수 있다. (장시간의 정전 이후에) 배터리 전력이 모두 소모되려고 하면, 감시 프로세스는 SIGPWR을 init 프로세스에 전달하며, init 프로세스는 이 시그널을 빠르고 질서정연하게 시스템을 종료하라는 요청으로 받아들인다.
- SIGQUIT: 사용자가 키보드에 종료quit 문자(보통 Control-\)를 입력하면, 이 시그널이 포그라운드 프로세스 그룹으로 전달된다. 기본적으로 이 시그널은 프로세스를 종료하고, 디버깅에 쓸 수 있는 코어 덤프를 만들게 한다. 이런 방식으로 SIGQUIT를 사용하는 것은 무한 루프에 빠지거나, 기타 응답이 없는 프로그램에 유용하다. Control-\를 입력하고, gdb 디버거로 코어 덤프를 불러오고, 스택 트레이스stack trace를 얻기 위해 backtrace 명령을 사용함으로써, 프로그램의 어떤 부분이 실행되고 있었는지 확인할 수 있다([Matloff, 2008]에 gdb 사용법이 설명되어 있다).
- SIGSEGV: 매우 유명한 이 시그널은 프로그램이 잘못된 메모리를 참조할 경우 생성된다. 참조되는 페이지가 존재하지 않거나(예: 힙과 스택 사이의 매핑되지 않는 영역에 있다), 프로세스가 읽기 전용 메모리 위치(예: 프로그램 텍스트 세그먼트나 매핑된 메모리 영역이 읽기 전용으로 표시)를 갱신하려고 하거나, 프로세스가 사용자 모드로 실행되는 도중에 커널 메모리 영역에 접근하려고 하면(2.1절 참조), 해당 메모리 참조는 잘못이다. C에서 이런 이벤트는 나쁜 주소를 담고 있는 포인터(예: 초기화되지 않은 포인터)를 역참조하거나 함수 호출에 잘못된 인자를 넘김으로써 종종 발생한다. 이 시그널의 이름은 '세그먼트 위반segment violation'이라는 용어에서 유래했다.
- SIGSTKFLT: signal(7)에 '보조 프로세서 스택 오류stack fault on coprocessor'로 문서화되어 있다. 리눅스에 정의되어 있긴 하나, 사용되진 않는다.

- SIGSTOP: 이 시그널은 확실한 중지sure stop 시그널이다. 이 시그널은 블록하거나, 무시하거나, 핸들러가 잡을 수 없고, 따라서 항상 프로세스를 중지시킨다.
- SIGSYS: 이 시그널은 프로세스가 '나쁜' 시스템 호출을 할 때 생성된다. 이는 프로세스가 시스템 호출 트랩system call trap으로 해석되는 명령을 실행했지만, 관련된 시스템 호출 번호가 유효하지 않음을 의미한다(3.1절 참조).
- SIGTERM: 프로세스를 종료할 때 사용하는 표준 시그널이며, kill과 killall 명령이 전달하는 기본 시그널이다. 사용자는 가끔 명시적으로 kill -KILL이나 kill -9를 통해 프로세스에 SIGKILL 시그널을 전달한다. 하지만 이는 일반적으로 실수다. 잘 설계된 응용 프로그램은 응용 프로그램이 임시 파일을 지우고, 미리 다른 자원을 해제해 안전하게 종료하도록 SIGTERM에 대한 핸들러를 갖는다. SIGKILL로 프로세스를 종료시키면 SIGTERM 핸들러를 우회한다. 따라서 우선 SIGTERM을 사용해 프로세스를 종료하도록 시도하고, SIGTERM에 응답하지 않는 달아난 프로세스를 종료시키는 최후의 수단으로 SIGKILL을 남겨둬야 한다.
- SIGTRAP: 이 시그널은 디버거 브레이크포인트breakpoint와 strace(1)이 수행하는 시스템 호출 추적(부록 A 참조)을 구현할 때 쓴다. 자세한 내용은 ptrace(2) 매뉴얼 페이지를 참조하기 바란다.
- SIGTSTP: 이 시그널은 사용자가 중지 문자(보통 Control-Z)를 입력했을 때, 포그라운드 프로세스를 종료하도록 전달되는 작업 제어 종료stop 시그널이다. 29장은 프로세스 그룹(작업들)과 작업 제어뿐만 아니라, 언제, 어떻게 프로그램이 이 시그널을 처리해야 하는지에 대한 자세한 내용을 다룬다. 이 시그널의 이름은 'terminal stop'에서 유래됐다.
- SIGTTIN: 작업 제어 셸에서 실행할 때, 백그라운드 프로세스 그룹이 터미널에서 read()를 시도하면, 터미널 드라이버가 백그라운드 프로세스 그룹으로 이 시그널을 전달한다. 이 시그널은 기본으로 프로세스를 중지시킨다.
- SIGTTOU: 이 시그널은 SIGTTIN과 동일한 목적을 수행하지만, 백그라운드 작업에 의한 터미널 출력을 위한 것이다. 작업 제어 셸에서 실행할 때, 터미널에 TOSTOPterminal output stop 옵션이 활성화되어 있으면(아마도 stty tostop 명령을 통해), 백그라운드 프로세스 그룹이 터미널에 write()를 시도할 때, 터미널 드라이버가 백그라운드 프로세스 그룹에게 SIGTTOU를 보낸다(29.7.1절 참조). 이 시그널은 기본으로 프로세스를 중지시킨다.

- SIGUNUSED: 이름이 의미하듯이, 이 시그널은 사용되지 않는다. 리눅스 2.4부터 이 시그널은 여러 아키텍처에서 SIGSYS와 동일하게 사용됐다. 즉 시그널의 이름은 이전 버전에 대한 호환성을 위해 남아 있지만, 이 시그널 번호는 해당 아키텍처에서 더 이상 사용되지 않는다.
- SIGURG: 이 시그널은 소켓에 대역 외out-of-band(긴급urgent이라고도 한다)가 존재함을 나타내기 위해 프로세스에 전달된다(Vol. 2의 24.13.1절 참조).
- SIGUSR1: 이 시그널과 SIGUSR2는 프로그래머가 정의한 목적으로 쓸 수 있다. 커널은 프로세스에게 이 시그널들을 보내지 않는다. 프로세스는 이벤트를 서로 간에 알리거나, 동기화하기 위해 이 시그널을 사용한다. 초기 유닉스 구현에서는 응용 프로그램에서 자유롭게 쓸 수 있는 유일한 시그널들이었다(사실 프로세스는 서로 간에 어떤 시그널도 보낼 수 있지만, 커널도 프로세스에게 같은 시그널을 보내면 혼란을 초래할 가능성이 있다). 현대 유닉스 구현은 프로그래머가 정의한 목적으로 쓸 수 있는 여러 실시간 시그널을 제공한다(22.8절 참조).
- SIGUSR2: SIGUSR1 설명 참조
- SIGVTALRM: 커널은 setitimer() 호출(23.1절 참조)로 설정한 가상 타이머의 만료 시에 이 시그널을 생성한다. 가상 타이머는 프로세스가 사용한 사용자 모드 CPU 시간을 측정한다.
- SIGWINCH: 윈도우 환경에서 이 시그널은 터미널 윈도우의 크기가 변경(사용자가 변경하거나, Vol. 2의 25.9절에 설명된 ioctl()을 통해 프로그램이 변경한다)될 경우, 포그라운드 프로세스로 전달된다. 이 시그널에 대한 핸들러를 설치함으로써, vi와 less 같은 프로그램은 윈도우 크기의 변경 이후에 출력을 변경해야 함을 알 수 있다.
- SIGXCPU: 이 시그널은 CPU 시간 자원 한도(31.3절에 기술된 RLIMIT_CPU)를 초과할 때 프로세스에 전달된다.
- SIGXFSZ: 이 시그널은 프로세스의 파일 크기 자원 한도(31.3절에 기술된 RLIMIT_FSIZE)를 넘어서서 (write()나 truncate()를 사용해) 파일의 크기를 증가시키려고 할 때 프로세스로 전달된다.

표 20-1은 리눅스의 시그널 관련 정보를 요약한다. 다음은 이 표에 대한 추가 설명이다.

- '시그널 번호' 열은 여러 하드웨어 아키텍처에서 해당 시그널에 할당된 번호를 보여준다. 달리 명시된 곳을 제외하고, 시그널 번호는 모든 아키텍처에서 동일하다. 시그널 번호의 아키텍처 간 차이는 괄호 내에 나타냈고, 썬 스팍과 스팍64(S), HP/

컴팩/디지털 알파(A), MIPS(M), HP PA-RISC(P) 아키텍처에 존재한다. 이 열에서 'undef'는 명시된 아키텍처에 심볼이 정의되어 있지 않음을 나타낸다.

- 'SUSv3' 열은 시그널이 SUSv3에 표준화되어 있는지 여부를 나타낸다.
- '기본 동작' 열은 시그널의 기본 동작을 나타낸다. 즉 'term'은 시그널이 프로세스를 종료함, 'core'는 프로세스가 코어 덤프를 만들고 종료함, 'ignore'는 시그널이 무시됨, 'stop'은 시그널이 프로세스를 중지함, 'cont'는 시그널이 중지된 프로세스를 재개함을 의미한다.

> 앞에서 살펴본 SIGCLD(SIGCHLD와 동일), SIGINFO(미사용), SIGIOT(SIGABRT와 동일), SIGLOST(미사용), SIGUNUSED(여러 아키텍처에서 SIGSYS와 동일) 시그널은 표 20-1에 나타나지 않았다.

**표 20-1** 리눅스 시그널

| 이름 | 시그널 번호 | 설명 | SUSv3 | 기본 동작 |
|---|---|---|---|---|
| SIGABRT | 6 | 프로세스 종료 | ● | core |
| SIGALRM | 14 | 실시간 타이머 만료 | ● | term |
| SIGBUS | 7(SAMP = 10) | 메모리 접근 에러 | ● | core |
| SIGCHLD | 17(SA = 20, MP = 18) | 자식 프로세스 종료 혹은 중지 | ● | ignore |
| SIGCONT | 18(SA = 19, M = 25, P = 26) | 종료된 경우 실행 계속 | ● | cont |
| SIGEMT | undef(SAMP = 7) | 하드웨어 오류 | | term |
| SIGFPE | 8 | 연산 예외 | ● | core |
| SIGHUP | 1 | 종료 | ● | term |
| SIGILL | 4 | 잘못된 명령 | ● | core |
| SIGINT | 2 | 터미널 인터럽트 | ● | term |
| SIGIO/ SIGPOLL | 29(SA = 23, MP = 22) | I/O 가능 | ● | term |
| SIGKILL | 9 | 확실한 종료 | ● | term |
| SIGPIPE | 13 | 손상된 파이프 | ● | term |
| SIGPROF | 27(M = 29, P = 21) | 프로파일링 타이머 만료 | ● | term |

(이어짐)

| 이름 | 시그널 번호 | 설명 | SUSv3 | 기본 동작 |
|---|---|---|---|---|
| SIGPWR | 30(SA = 29, MP = 19) | 정전 | | term |
| SIGQUIT | 3 | 터미널 종료 | ● | core |
| SIGSEGV | 11 | 무효한 메모리 참조 | ● | core |
| SIGSTKFLT | 16(SAM = undef, P = 36) | 보조 프로세서의 스택 오류 | | term |
| SIGSTOP | 19(SA = 17, M = 23, P = 24) | 확실한 중지 | ● | stop |
| SIGSYS | 31(SAMP = 12) | 무효한 시스템 호출 | ● | core |
| SIGTERM | 15 | 프로세스 종료 | ● | term |
| SIGTRAP | 5 | 추적/중지점 트랩 | ● | core |
| SIGTSTP | 20(SA = 18, M = 24, P = 25) | 터미널 중지 | ● | stop |
| SIGTTIN | 21(M = 26, P = 27) | 백그라운드에서 터미널 읽기 | ● | stop |
| SIGTTOU | 22(M = 27, P = 28) | 백그라운드에서 터미널 쓰기 | ● | stop |
| SIGURG | 23(SA = 16, M = 21, P = 29) | 소켓의 응급 데이터 | ● | ignore |
| SIGUSR1 | 10(SA = 30, MP = 16) | 사용자 정의 시그널 1 | ● | term |
| SIGUSR2 | 12(SA = 31, MP = 17) | 사용자 정의 시그널 2 | ● | term |
| SIGVTALRM | 26(M = 28, P = 20) | 가상 타이머 만료 | ● | term |
| SIGWINCH | 28(M = 20, P = 23) | 터미널 윈도우 크기 변경 | | ignore |
| SIGXCPU | 24(M = 30, P = 33) | CPU 시간 한도 초과 | ● | core |
| SIGXFSZ | 25(M = 31, P = 34) | 파일 크기 한도 초과 | ● | core |

표 20-1에 나타난 특정 시그널의 기본 동작에 대한 다음 사항에 주목하기 바란다.

- 리눅스 2.2에서 SIGXCPU, SIGXFSZ, SIGSYS, SIGBUS 시그널의 기본 동작은 코어 덤프를 만들지 않고 프로세스를 종료하는 것이다. 커널 2.4부터 리눅스는 이들 시그널이 코어 덤프를 만들고 종료하게 하는 SUSv3의 요구사항을 따른다. 그 밖의 여러 유닉스 구현에서 SIGXCPU와 SIGXFSZ는 리눅스 2.2에서와 동일하게 처리된다.
- SIGPWR은 일반적으로 다른 유닉스 구현에서는 기본적으로 무시된다.

- SIGIO는 여러 유닉스 구현(특히 BSD 계열 구현)에서 기본적으로 무시된다.
- 어떠한 표준에도 명시되지는 않았지만, SIGEMT는 대부분의 유닉스 구현에 존재한다. 하지만 이 시그널은 일반적으로 다른 구현에서 코어 덤프를 하고 종료한다.
- SUSv1에서 SIGURG의 기본 동작은 프로세스 종료로 정의되어 있고, 이는 몇몇 오래된 유닉스 구현에서 기본 동작이다. SUSv2에서 현재의 정의(무시)를 채택했다.

## 20.3 시그널 속성 변경: signal()

유닉스 시스템에는 시그널의 속성을 변경하는 두 가지 방법인 signal()과 sigaction()이 있다. 이 절에서 소개한 signal() 시스템 호출은 시그널의 속성을 설정하는 최초의 API였으며, sigaction()보다 인터페이스가 간단하다. 반면에 sigaction()은 signal()에서는 가용하지 않은 기능을 제공한다. 더욱이 유닉스 구현에 따라서 signal()의 동작이 다르므로(22.7절 참조), 이식성 있는 프로그램에서는 이를 사용해 시그널 핸들러를 만들지 말아야 한다. 이러한 호환성 문제로 인해 시그널 핸들러를 만들 때는 sigaction()이 (강력하게) 추천되는 API다. 20.13절에서 sigaction()을 설명한 이후에, 이 책의 예제 프로그램에서 시그널 핸들러를 구축할 때는 항상 sigaction() 호출을 사용할 것이다.

> 리눅스 매뉴얼 페이지의 2절에 문서화된 내용과는 별개로, signal()은 sigaction() 시스템 호출의 상위 계층에 라이브러리 함수로서 glibc에 구현되어 있다.

```
#include <signal.h>

void ( *signal(int sig, void (*handler)(int)) ) (int);
```

성공하면 이전 시그널 속성을 리턴하고, 에러가 발생하면 SIG_ERR을 리턴한다.

signal()의 함수 프로토타입은 약간의 해독이 필요하다. 첫 번째 인자인 sig는 변경하고자 하는 속성의 시그널을 가리킨다. 두 번째 인자인 handler는 해당 시그널이 전달됐을 때 호출돼야 하는 함수의 주소다. 이 함수는 아무것도 리턴하지 않으며(void), 하나의 인자를 취한다. 따라서 시그널 핸들러는 다음과 같은 형태를 띤다.

```
void
handler(int sig)
{
    /* 핸들러를 위한 코드 */
}
```

핸들러 함수에 대한 sig 인자의 목적은 20.4절에서 기술한다.

signal()의 리턴값은 이전 시그널 속성이다. handler 인자와 마찬가지로, 이 함수는 아무것도 리턴하지 않고 하나의 정수 인자를 받아들이는 함수 포인터다. 바꿔 말하면, 시그널에 대한 임시 핸들러를 구축하기 위해 다음과 같이 코드를 작성하고, 이전에 어떤 값이었든 시그널의 속성을 재설정할 수 있다.

```
void (*oldHandler)(int);

oldHandler = signal(SIGINT, newHandler);
if (oldHandler == SIG_ERR)
    errExit("signal");

/* 여기에 다른 작업을 한다. 이 시간 동안, SIGINT가 전달되면,
   newHandler가 시그널을 처리하기 위해 사용될 것이다. */

if (signal(SIGINT, oldHandler) == SIG_ERR)
    errExit("signal");
```

> signal()을 사용해, 시그널의 속성을 변경하지 않으면서 현재 설정을 추출하는 것은 불가능하다. 그렇게 하려면 sigaction()을 사용해야 한다.

다음과 같이 시그널 핸들러 함수 포인터 형 정의를 사용함으로써 signal() 함수의 프로토타입을 훨씬 더 이해하기 쉽게 만들 수 있다.

```
typedef void (*sighandler_t)(int);
```

이 프로토타입을 이용하면 다음과 같이 signal()의 프로토타입을 재작성할 수 있다.

```
sighandler_t signal(int sig, sighandler_t handler);
```

> _GNU_SOURCE 기능 테스트 매크로가 정의되면, glibc는 <signal.h> 헤더 파일에 표준이 아닌 sighandler_t 데이터형을 사용한다.

signal()의 handler 인자로 함수의 주소를 명시하는 대신에, 다음 값 중의 하나를 명시할 수 있다.

- SIG_DFL: 시그널의 속성을 기본값으로 재설정한다(표 20-1 참조). 이는 시그널의 속성을 변경한 signal()의 이전 호출의 영향을 무효화할 때 유용하다.
- SIG_IGN: 시그널을 무시한다. 시그널이 이 프로세스에 생성된 경우, 커널은 조용히 해당 시그널을 폐기한다. 프로세스는 그 시그널이 발생했는지 절대 알지 못한다.

signal()을 성공적으로 호출하면 시그널의 이전 속성이 리턴되는데, 이는 이전에 설치된 핸들러 함수의 주소이거나, 상수 SIG_DFL이나 SIG_IGN 중 하나일 것이다. 에러 시에 signal()은 SIG_ERR 값을 리턴한다.

## 20.4 시그널 핸들러 소개

시그널 핸들러(시그널 캐처signal catcher라고도 함)는 명시된 시그널이 프로세스로 전달되면 호출되는 함수다. 여기서는 시그널 핸들러의 기본적인 내용을 설명하고, 21장에서 더욱 자세히 살펴볼 것이다.

시그널 핸들러의 실행은 언제든지 주 프로그램의 흐름을 멈출 수 있다. 즉 커널은 프로세스를 위해 핸들러를 호출하고, 핸들러가 리턴될 때 프로그램의 실행은 핸들러가 인터럽트한 곳에서 다시 시작한다. 그림 20-1은 이런 과정을 나타낸다.

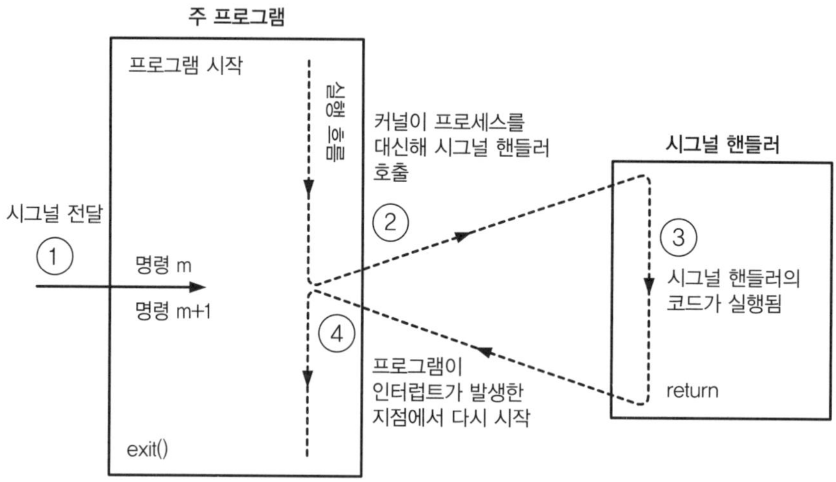


그림 20-1 시그널 전달과 핸들러 실행

시그널 핸들러는 거의 모든 일을 할 수 있지만, 일반적으로 핸들러는 가능한 한 간단하게 설계돼야 한다. 이에 대해서는 21.1절에서 더 자세히 설명한다.

**리스트 20-1** SIGINT를 위한 핸들러 설치

signals/ouch.c

```
#include <signal.h>
#include "tlpi_hdr.h"

static void
sigHandler(int sig)
{
    printf("Ouch!\n");          /* 안전하지 않음(21.1.2절 참조) */
}

int
main(int argc, char *argv[])
{
    int j;

    if (signal(SIGINT, sigHandler) == SIG_ERR)
        errExit("signal");

    for (j = 0; ; j++) {
        printf("%d\n", j);
        sleep(3);               /* 천천히 루프를 돈다. */
    }
}
```

리스트 20-1은 시그널 핸들러 함수와 SIGINT 시그널을 위한 핸들러로 설정하는 주 프로그램의 간단한 예다(사용자가 터미널 인터럽트 문자(보통은 Control-C)를 입력할 때, 터미널 드라이버는 이런 시그널을 생성한다).

주 프로그램은 계속해서 루프를 돈다. 각 반복에서 프로그램은 출력되는 카운터를 증가시키고, 프로그램은 수 초간 수면 상태로 들어간다(이러한 방식으로 잠들기 위해, 명시된 초만큼 호출자의 실행을 멈추는 sleep() 함수를 사용한다. sleep() 함수는 23.4.1절에서 설명한다).

리스트 20-1의 프로그램을 실행하면, 다음과 같은 결과를 볼 수 있다.

```
$ ./ouch
0                                 주 프로그램 루프. 연속된 정수 출력
Control-C를 입력한다.
Ouch!                   시그널 핸들러가 실행되고 리턴된다.
1                                 제어가 주 프로그램으로 돌아간다.
2
다시 Control-C를 입력한다.
```

```
Ouch!
3
Control-\ (터미널 종료 문자) 를 입력한다.
Quit (core dumped)
```

커널이 시그널 핸들러를 실행할 때, 핸들러에게 정수 인자로 실행을 유발한 시그널의 번호를 전달한다(이는 리스트 20-1의 핸들러에서 sig 인자다). 시그널 핸들러가 오직 하나의 시그널 형식만을 잡는 경우, 이 인자는 잘 사용되지 않는다. 그러나 다른 형식의 시그널 형식을 잡기 위해 동일한 핸들러를 구축할 수 있고, 이 인자를 사용해 어떤 시그널이 어떤 핸들러를 실행할지 결정할 때 쓸 수 있다.

이러한 내용은 SIGINT와 SIGQUIT에 동일한 핸들러를 설정하는 리스트 20-2에 설명되어 있다(SIGQUIT는 터미널 종료 문자인 Control-\를 입력할 때 터미널 드라이버에 의해 생성된다). 핸들러의 코드는 sig 인자를 검사함으로써 2개의 신호를 구분하고, 각 시그널에 다른 동작을 취한다. main() 함수에서 시그널이 포착될 때까지 프로세스를 블록하기 위해 pause() 함수(20.14절에서 설명)를 사용한다.

다음 셸 세션 로그는 이 프로그램의 사용 방법을 보여준다.

```
$ ./intquit
Control-C를 입력한다.
Caught SIGINT (1)
Control-C를 입력한다.
Caught SIGINT (2)
Control-C를 입력한다.
Caught SIGINT (3)
Control-\를 입력한다.
Caught SIGQUIT - that's all folks!
```

리스트 20-1과 리스트 20-2에서 시그널 핸들러로부터 메시지를 출력하기 위해 printf()를 사용한다. 21.1.2절에서 설명한 이유로 인해, 실제 응용 프로그램은 일반적으로 시그널 핸들러 내에서 stdio 함수를 호출해서는 안 된다. 그럼에도 불구하고 여러 가지 예제 프로그램에서는 핸들러가 호출됐는지 여부를 확인하기 위한 간단한 수단으로 시그널 핸들러에서 printf()를 호출할 것이다.

**리스트 20-2** 2개의 시그널에 동일한 핸들러를 설정

signals/intquit.c

```
#include <signal.h>
#include "tlpi_hdr.h"

static void
```

```
sigHandler(int sig)
{
    static int count = 0;

    /* 안전하지 않음: 이 핸들러는 비동기 시그널 안전 함수가 아닌 함수를 사용한다.
       (printf(), exit(); 21.1.2절 참조) */

    if (sig == SIGINT) {
        count++;
        printf("Caught SIGINT (%d)\n", count);
        return;                     /* 인터럽트 발생 시점에서 실행을 재개 */
    }

    /* SIGQUIT - 메시지를 출력하고, 프로세스를 종료 */

    printf("Caught SIGQUIT - that's all folks!\n");
    exit(EXIT_SUCCESS);
}

int
main(int argc, char *argv[])
{
    /* SIGINT와 SIGQUIT에 동일한 핸들러 설정 */
    if (signal(SIGINT, sigHandler) == SIG_ERR)
        errExit("signal");
    if (signal(SIGQUIT, sigHandler) == SIG_ERR)
        errExit("signal");

    for (;;)                        /* 영원히 루프를 돌면서 시그널을 기다림 */
        pause();                    /* 시그널이 포착될 때까지 블록 */
}
```

## 20.5 시그널 전송: kill()

셸 명령인 kill과 동일한 kill() 시스템 호출을 사용해 하나의 프로세스는 다른 프로세스로 시그널을 전달할 수 있다('kill'이라는 용어는 초기 유닉스 구현에서 사용한 대부분 시그널의 기본 동작이 프로세스를 종료하는 것이었기 때문에 선택됐다).

```
#include <signal.h>

int kill(pid_t pid, int sig);
```

성공하면 0을 리턴하고, 에러가 발생하면 -1을 리턴한다.

pid 인자는 sig에 의해 명시된 시그널이 전달되는 하나 이상의 프로세스를 나타낸다. 다음은 pid가 해석 방법을 결정하는 네 가지 경우다.

- pid가 0보다 크면, 시그널은 pid에 의해 명시된 프로세스 ID로 보내진다.
- pid가 0과 같으면, 시그널은 자기 자신인 호출 프로세스를 포함해 동일한 프로세스 그룹에 있는 모든 프로세스에 전달된다(SUSv3는 시그널이 '시스템 프로세스의 명시되지 않은 집합'을 제외하고 동일한 프로세스 그룹에 있는 모든 프로세스로 전달돼야 한다고 규정하고 있으며, 나머지 각각의 경우에도 동일한 조건을 추가한다).
- pid가 -1보다 작으면, 시그널은 프로세스 그룹에서 ID가 pid의 절대값과 동일한 모든 프로세스로 보내진다. 프로세스 그룹의 모든 프로세스에 시그널을 전달하는 것은 셸 작업의 특별한 사용법이 필요하다(34.7절 참조).
- pid가 -1과 같으면, 시그널은 init(프로세스 ID 1)와 호출 프로세스를 제외하고 호출 프로세스가 시그널을 보내는 권한을 가진 모든 프로세스로 보내진다. 특권 프로세스가 이런 호출을 만든다면, 앞서 언급한 두 프로세스를 제외하고 시스템의 모든 프로세스는 시그널을 받을 것이다. 분명한 이유로 인해 시그널은 이런 식으로 전달된 시그널은 **브로드캐스트 시그널**broadcast signal이라고 한다(SUSv3는 호출하는 프로세스가 시그널을 받는 데서 제외되도록 요구하지 않고, 리눅스는 이런 관점에서 BSD의 문법을 따른다).

어떤 프로세스도 명시된 pid와 일치하지 않으면 kill()은 실패하고, errno를 ESRCH('해당 프로세스 없음')로 설정한다.

프로세스는 다른 프로세스로 시그널을 보낼 수 있도록 적절한 권한이 요구된다. 권한 규칙은 다음과 같다.

- 특권(CAP_KILL) 프로세스는 모든 프로세스에 시그널을 보낼 것이다.
- 루트 사용자와 그룹 권한으로 실행하는 init 프로세스(프로세스 ID 1)는 특별한 경우다. 이 프로세스는 설치된 핸들러를 갖는 시그널만을 전달할 수 있다. 이 방법은 시스템 관리자가 우연히 init를 종료하지 않게 하며, 이는 시스템 운용의 기본 사항이다.
- 그림 20-2에 나타나 있듯이, 비특권 프로세스는 전송 프로세스의 실제 혹은 유효 사용자 ID가 실제 사용자 ID나 받는 프로세스의 저장된 set-user-ID와 일치하는 경우에 시그널을 다른 프로세스로 전달할 수 있다. 이런 규칙은 타깃 프로세스의 유효 사용자 ID의 현재 설정과 관계없이, 사용자가 시작한 set-user-ID 프로그램으로 시그널을 보내도록 허용한다. 검사 대상에서 타깃의 유효 사용자 ID를

제외하는 데는 상호 보완적인 목적이 있다. 즉 한 명의 사용자가 시그널을 보내려고 하는 사용자에 속한 set-user-ID 프로그램을 실행하고 있는 다른 사용자 프로세스에 시그널을 전달하는 것을 막는다(SUSv3는 그림 20-2에 나타난 규칙을 강제하지만, kill(2) 매뉴얼 페이지에 기술된 것과 같이 리눅스는 커널 버전 2.0 이전에 다소 다른 규칙을 따른다).

- SIGCONT 시그널은 특별히 처리된다. 비특권 프로세스는 이 시그널을 사용자 ID 검사와 관계없이 동일한 세션에 있는 다른 모든 프로세스로 전달할 것이다. 이런 규칙은 작업 제어 셸이 멈춰진 작업(프로세스 그룹)의 프로세스가 사용자 ID를 변경했다고 할지라도 재시작할 수 있게 한다(즉 자격을 변경하기 위해 9.7절에 기술된 시스템 호출을 사용하는 특권 프로세스다).

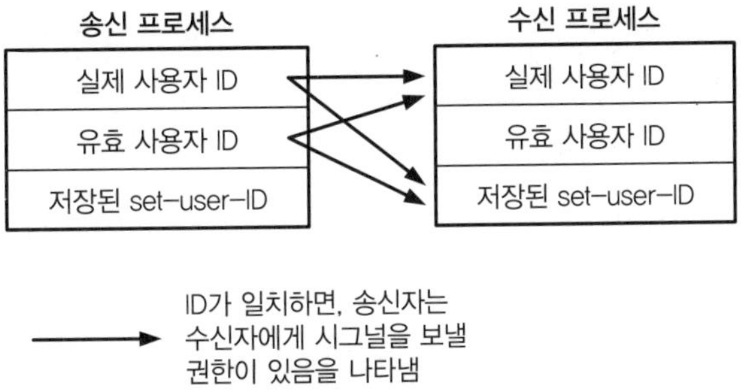


**그림 20-2** 비특권 프로세스가 시그널을 보내기 위해 요구되는 권한

프로세스가 요청된 pid에 시그널을 보낼 권한이 없는 경우 kill()은 실패하고, errno를 EPERM으로 설정한다. pid가 프로세스 집합을 명시하는 곳에서(즉 pid가 음수인 곳), kill()은 적어도 그중의 하나가 시그널되는 경우 성공한다.

리스트 20-3에서 kill()의 사용법을 보여준다.

## 20.6 프로세스 존재 여부 검사

kill() 시스템 호출은 다른 목적으로도 쓸 수 있다. sig 인자가 0으로 명시되면(소위 널 시그널null signal) 아무런 시그널도 전달되지 않는다. 대신에 kill()이 그저 프로세스가 시그널될 수 있는지 여부의 에러 검사를 실행한다. 다시 말해, 특정 프로세스 ID가 존재하는지 여부를 검사하는 데 널 시그널을 사용할 수 있다는 뜻이다. 널 시그널을 보냈는데 ESRCH 에러로 실패한다면, 프로세스는 존재하지 않음을 알 수 있다. 호출이 EPERM 에러로 실패하거나(프로세스는 존재함을 알 수 있지만, 시그널을 보낼 권한은 없다) 성공하면(해당 프로세스로 시그널을 보낼 권한이 있다), 프로세스가 존재함을 알 수 있다.

특정 프로세스 ID의 존재를 검증하는 일이 특정 프로그램이 여전히 실행하고 있음을 보장해주지는 않는다. 프로세스가 생겼다가 없어짐에 따라 커널은 프로세스 ID를 재사용하기 때문에, 동일한 프로세스 ID가 존재하지만 좀비zombie일 수 있다(즉 26.2절에서 설명하듯이, 사라진 프로세스이지만, 부모 프로세스는 종료된 상태를 알기 위해 wait()를 실행하지 않는 상태다).

다음과 같은 사항을 포함해 특정 프로세스가 실행되고 있는지 여부를 검사할 때 쓸 수 있는 여러 가지 기법이 존재한다.

- wait() 시스템 호출: 이 호출은 26장에 기술된다. 감시되는 프로세스가 호출자의 자식일 경우에만 쓸 수 있다.
- 세마포어와 배타적 파일 잠금: 감시되고 있는 프로세스가 계속해서 세마포어나 파일 잠금을 가지고, 세마포어나 잠금을 획득할 수 있다면, 해당 프로세스가 종료됐음을 알 수 있다. 세마포어에 대해서는 Vol. 2의 10장과 16장에서 다루며, 파일 잠금은 Vol. 2의 18장에서 다룬다.
- 파이프와 FIFO 같은 IPC 채널: 감시되는 프로세스를 설정하고, 따라서 살아 있는 한 채널에 쓰기용으로 열려 있는 파일 디스크립터를 갖는다. 그 사이, 감시하고 있는 프로세스가 채널에 열린 읽기 디스크립터를 가지고 (파일의 끝에 도달해서) 채널의 쓰기가 종료될 때, 감시되는 프로세스는 종료됐음을 알 수 있다. 감시하는 프로세스는 파일 디스크립터에서 읽거나 Vol. 2의 26장에서 기술한 기법 중 하나를 사용해 디스크립터를 감시함으로써 결정할 수 있다.
- /proc/*PID* 인터페이스: 예를 들어 프로세스 ID가 12345인 프로세스가 존재하면, 디렉토리 /proc/12345도 존재하며, stat() 같은 호출을 사용해 검사할 수 있다.

마지막을 제외한 이런 모든 기법은 프로세스 ID의 재활용에 의해 영향을 받지 않는다.

리스트 20-3은 kill() 사용법을 보여준다. 이 프로그램은 2개의 명령행 인자(프로세스 ID와 시그널 번호)를 갖고, 명시된 프로세스에 시그널을 보내기 위해 kill()을 사용한다. 시그널 0(널 시그널)이 지정되면, 프로그램은 타깃 프로세스의 존재를 보고한다.

## 20.7 시그널을 보내는 그 밖의 방법: raise()와 killpg()

프로세스가 자기 자신에게 시그널을 보내면 유용할 때가 있는데(29.7.3절에서 이런 경우의 예를 살펴본다), raise() 함수가 이런 동작을 수행한다.

```
#include <signal.h>

int raise(int sig);
```

성공하면 0을 리턴하고, 에러가 발생하면 0이 아닌 값을 리턴한다.

하나의 스레드를 가진 프로그램에서 raise() 호출은 다음 kill() 호출과 동일하다.

```
kill(getpid(), sig);
```

스레드를 지원하는 시스템에서 raise(sig)는 다음과 같이 구현된다.

```
pthread_kill(pthread_self(), sig)
```

Vol. 2의 5.2.3절에서 pthread_kill() 함수를 설명하지만, 지금은 이 구현이 시그널을 raise()를 호출한 특정 스레드로 전달할 것임을 의미한다는 설명으로 충분하다. 반대로 kill(getpid(), sig)는 시그널을 호출한 프로세스로 보내고, 그 시그널은 프로세스의 어느 스레드로든 전달될 것이다.

> raise() 함수는 C89에서 시작됐다. C 표준은 프로세스 ID 같은 운영체제 세부사항을 다루지는 않지만, raise()는 프로세스 ID 참조를 요구하지 않기 때문에 C 표준 내에서 명시될 수 있다.

프로세스가 raise()(또는 kill())를 이용해 시그널을 자신에게 전달할 때, 그 시그널은 즉시 전달된다(즉 raise()가 호출자에게 리턴되기 전에).

raise()가 에러 발생 시 0이 아닌 값(이 값이 꼭 -1은 아니다)을 리턴함을 주목하기 바란다. raise()로 발생할 수 있는 유일한 에러는 sig가 무효하기 때문에 발생하는 EINVAL이다. 그러므로 SIGxxxx 상수 중의 하나를 명시하는 곳에서, 이 함수의 리턴 상태를 검사하지 않는다.

**리스트 20-3** kill() 시스템 호출의 사용 예

signals/t_kill.c

```
#include <signal.h>
#include "tlpi_hdr.h"

int
main(int argc, char *argv[])
{
```

```
    int s, sig;

    if (argc != 3 || strcmp(argv[1], "--help") == 0)
        usageErr("%s sig-num pid\n", argv[0]);

    sig = getInt(argv[2], 0, "sig-num");

    s = kill(getLong(argv[1], 0, "pid"), sig);

    if (sig != 0) {
        if (s == -1)
            errExit("kill");

    } else {                            /* 널 시그널: 프로세스 존재 여부 검사 */
        if (s == 0) {
            printf("Process exists and we can send it a signal\n");
        } else {
            if (errno == EPERM)
                printf("Process exists, but we don't have "
                    "permission to send it a signal\n");
            else if (errno == ESRCH)
                printf("Process does not exist\n");
            else
                errExit("kill");
        }
    }
    exit(EXIT_SUCCESS);
}
```

killpg() 함수는 프로세스 그룹의 모든 멤버에게 시그널을 전달한다.

```
#include <signal.h>

int killpg(pid_t pgrp, int sig);
```

성공하면 0을 리턴하고, 에러가 발생하면 -1을 리턴한다.

killpg() 호출은 다음과 같은 kill() 호출과 동일하다.

```
kill(-pgrp, sig);
```

pgrp가 0으로 명시되면, 시그널은 호출자와 동일한 프로세스 그룹의 모든 프로세스로 전달된다. SUSv3는 이 부분을 명시하지 않았지만, 대부분의 유닉스 구현은 이런 상황을 리눅스와 동일하게 해석한다.

## 20.8 시그널 설명 출력

각 시그널에는 출력 가능한 설명이 있다. 이러한 설명은 sys_siglist 배열에 나열되어 있다. 예를 들어, SIGPIPE(깨진 파이프)에 대한 설명을 얻으려면 sys_siglist[SIGPIPE]를 참조할 수 있다. 그러나 sys_siglist 배열을 직접 사용하는 대신에 strsignal() 함수를 사용하는 편이 낫다.

```
#define _BSD_SOURCE
#include <signal.h>

extern const char *const sys_siglist[];

#define _GNU_SOURCE
#include <string.h>

char *strsignal(int sig);
```

시그널 설명 문자열 포인터를 리턴한다.

strsignal() 함수는 sig 인자를 검사해 경계를 구분하고, 시그널의 출력 가능한 설명의 포인터를 리턴하거나, 시그널 번호가 무효한 경우에는 에러 문자열의 포인터를 리턴한다(일부 유닉스 구현에서는 sig가 무효한 경우 strsignal()은 NULL을 리턴한다).

경계를 검사한다는 사실 외에, 직접 sys_siglist를 사용할 때보다 strsignal()을 사용할 때의 장점은 로케일locale을 인식해(10.4절 참조) 시그널 출력이 지역 언어로 출력된다는 점이다.

strsignal()의 사용 예는 리스트 20-4에 있다.

psignal() 함수는 (표준 에러 시에) msg 인자에 주어진 문자열과 콜론, sig에 해당하는 시그널 설명을 순서대로 출력한다. strsignal()과 마찬가지로 psignal()은 로케일을 인식한다.

```
#include <signal.h>

void psignal(int sig, const char *msg);
```

psignal(), strsignal(), sys_siglist가 SUSv3의 일부로 표준화되지는 않았지만, 많은 유닉스 구현에 존재한다(SUSv4에는 psignal()과 strsignal()의 정의가 추가되어 있다).

## 20.9 시그널 집합

많은 시그널 관련 시스템 호출은 각기 다른 시그널 그룹을 표현할 수 있어야 한다. 예를 들어 sigaction()과 sigprocmask()는 프로그램이 프로세스에 의해 블록될 시그널의 그룹을 명시할 수 있으며, sigpending()은 프로세스에 현재 남아 있는 시그널의 그룹을 리턴한다(이러한 시스템 호출에 대해서는 곧 설명할 것이다).

여러 가지 시그널이 시스템 데이터형인 sigset_t로 제공되는 **시그널 집합**signal set이라는 데이터 구조를 사용해 표현된다. SUSv3는 시그널 집합을 조작하는 여러 함수를 명시하는데, 여기서 이러한 함수를 설명한다.

> 대부분의 유닉스 구현과 동일하게, 리눅스에서 sigset_t 데이터형은 비트 마스크다. 그러나 SUSv3는 이 형식을 요구하지 않는다. 시그널 집합은 다른 종류의 구조체를 이용해 생각할 수 있는 방식으로 표현될 수 있다. SUSv3는 sigset_t가 할당이 가능하다는 사실만을 요구한다. 따라서 스칼라형(예: 정수형)이나 C 구조체(아마도 정수형 배열을 포함)를 이용해 구현돼야 한다.

sigemptyset() 함수는 멤버가 없는 시그널 집합을 초기화한다. sigfillset() 함수는 (모든 실시간 시그널을 포함해) 모든 시그널을 포함하는 집합을 초기화한다.

```
#include <signal.h>

int sigemptyset(sigset_t *set);
int sigfillset(sigset_t *set);
```

성공하면 0을 리턴하고, 에러가 발생하면 –1을 리턴한다.

시그널 집합을 초기화할 때는 sigemptyset()이나 sigfillset() 중 하나를 사용해야 한다. 이는 C가 자동 변수automatic variable를 초기화하지 않기 때문이며, 시그널 집합은 비트 마스크 외의 구조체를 이용해 구현될 것이므로, 정적 변수를 0으로 초기화하는 방법은 빈 시그널 집합을 가리키는 것으로서 이식성 측면에서 안정적일 수 없다(동일한 이유로, 시그널 집합이 비어 있음을 표시하고자 memset(3)을 사용해 0으로 변경하는 것도 잘못된 방법이다).

초기화 이후에 개별적인 시그널은 sigaddset()을 사용해 집합에 추가하고, sigdelset()을 이용해 삭제할 수 있다.

```
#include <signal.h>

int sigaddset(sigset_t *set, int sig);
int sigdelset(sigset_t *set, int sig);
```

성공하면 0을 리턴하고, 에러가 발생하면 -1을 리턴한다.

sigaddset()과 sigdelset() 모두에서 sig 인자는 시그널 번호다.

sigismember() 함수는 집합의 멤버십 테스트에 사용된다.

```
#include <signal.h>

int sigismember(const sigset_t *set, int sig);
```

sig가 집합의 멤버이면 1을 리턴하고, 그렇지 않으면 0을 리턴한다.

sig가 set의 멤버인 경우 sigismember() 함수는 1(참)을 리턴하고, 그렇지 않은 경우 0(거짓)을 리턴한다.

GNU C 라이브러리에는 방금 설명한 시그널 집합 함수와 상호 보완적인 동작을 수행하는 세 가지 비표준 함수가 구현되어 있다.

```
#define _GNU_SOURCE
#include <signal.h>

int sigandset(sigset_t *dest, sigset_t *left, sigset_t *right);
int sigorset(sigset_t *dest, sigset_t *left, sigset_t *right);
```

성공하면 0을 리턴하고, 에러가 발생하면 -1을 리턴한다.

```
int sigisemptyset(const sigset_t *set);
```

set이 빈 경우 1, 그렇지 않은 경우 0을 리턴한다.

위 함수는 다음과 같은 동작을 실행한다.

- sigandset()은 dest 집합에 left와 right 집합의 교집합을 구성한다.
- sigorset()은 dest 집합에 left와 right 집합의 합집합을 구성한다.
- sigisemptyset()은 set이 시그널을 포함하지 않는 경우 1(참)을 리턴한다.

### 예제 프로그램

이 절에서 기술한 함수를 사용해 리스트 20-4의 함수를 작성할 수 있으며, 이 함수들은 이후의 여러 가지 프로그램에서 사용된다. 이러한 함수 중의 첫 번째인 `printSigset()`은 명시된 시그널 집합의 멤버인 시그널을 출력한다. 이 함수는 `<signal.h>`에서 가장 큰 시그널 번호보다 1이 크게 정의된 `NSIG` 상수를 사용한다. 집합의 멤버십을 위해 모든 시그널 번호를 검사하는 루프의 상한으로서 `NSIG`를 사용한다.

> NSIG가 SUSv3에 명시되진 않았지만, 대부분의 유닉스 구현에서는 정의되어 있다. 그러나 이 값이 보이게 만들려면 구현에 따라 다른 컴파일러 옵션을 사용해야 한다. 예를 들어 리눅스에서 기능 테스트 매크로인 _BSD_SOURCE, _SVID_SOURCE, _GNU_SOURCE 중의 하나를 정의해야만 한다.

각각 프로세스 시그널 마스크와 현재 보류 중인 시그널의 집합을 나타내는 `printSigMask()`와 `printPendingSigs()` 함수는 출력을 위해 `printSigset()`을 사용한다. `printSigMask()`와 `printPendingSigs()` 함수는 각각 `sigprocmask()`와 `sigpending()` 시스템 호출을 사용한다. 20.10절과 20.11절에서 `sigprocmask()`와 `sigpending()` 시스템 호출을 설명한다.

**리스트 20-4** 시그널 집합을 출력하는 함수

signals/signal_functions.c

```
#define _GNU_SOURCE
#include <string.h>
#include <signal.h>
#include "signal_functions.h"           /* 여기 정의된 함수 선언 */
#include "tlpi_hdr.h"

/* 주의: 뒤에 나오는 모든 함수는 비동기 시그널 안전(async-signal-safe, 21.1.2절 참조)
   하지 않은 fprintf()를 사용한다. 엄밀한 의미에서 이런 함수는 비동기 시그널 안전하지 않다
   (즉 시그널 핸들러에서 구별 없이 호출함을 주의하기 바란다). */

void                            /* 시그널 집합 내의 모든 시그널 목록을 출력 */
printSigset(FILE *of, const char *prefix, const sigset_t *sigset)
{
    int sig, cnt;

    cnt = 0;
    for (sig = 1; sig < NSIG; sig++) {
        if (sigismember(sigset, sig)) {
            cnt++;
```

```
            fprintf(of, "%s%d (%s)\n", prefix, sig, strsignal(sig));
        }
    }
    if (cnt == 0)
        fprintf(of, "%s<empty signal set>\n", prefix);
}

int                     /* 이 프로세스를 위해 블록된 시그널의 마스크를 출력 */
printSigMask(FILE *of, const char *msg)
{
    sigset_t currMask;

    if (msg != NULL)
        fprintf(of, "%s", msg);

    if (sigprocmask(SIG_BLOCK, NULL, &currMask) == -1)
        return -1;

    printSigset(of, "\t\t", &currMask);

    return 0;
}

int                     /* 이 프로세스에 현재 보류 중인 시그널을 출력 */
printPendingSigs(FILE *of, const char *msg)
{
    sigset_t pendingSigs;

    if (msg != NULL)
        fprintf(of, "%s", msg);

    if (sigpending(&pendingSigs) == -1)
        return -1;

    printSigset(of, "\t\t", &pendingSigs);

    return 0;
}
```

## 20.10 시그널 마스크(시그널 전달 블록)

각 프로세스에 대해 커널은 현재 프로세스에 전달이 블록되는 시그널 집합인 시그널 마스크signal mask를 관리한다. 블록된 시그널이 프로세스로 전달되면, 그 시그널의 전달은 프로세스 시그널 마스크로부터 제거됨으로써 블록이 해제될 때까지 연기된다(Vol. 2의 5.2.1절에서 시그널 마스크는 실제로 스레드별 속성이며, 멀티스레드 프로세스에서 각 스레드는 독립적으로 pthread_sigmask() 함수를 사용해 시그널 마스크를 검사하고 수정할 수 있음을 알게 될 것이다).

시그널은 다음과 같은 방법으로 시그널 마스크에 추가된다.

- 시그널 핸들러가 실행될 때, 시그널은 자동적으로 시그널 마스크에 추가될 수 있다. 이 동작이 발생하는지 여부는 핸들러가 sigaction()을 사용해 구성될 때 사용되는 플래그에 달려 있다.
- 시그널 핸들러가 sigaction()으로 구성되면, 핸들러가 실행될 때 블록되는 추가적인 시그널 집합을 명시할 수가 있다.
- sigprocmask() 시스템 호출은 명시적으로 시그널을 시그널 마스크에 추가하고, 제거하기 위해 언제든지 사용될 수 있다.

20.13절에서 sigaction()을 살펴볼 때까지 처음 두 가지 경우에 대한 논의는 뒤로 미뤄두고, 여기서는 sigprocmask()를 살펴본다.

```
#include <signal.h>

int sigprocmask(int how, const sigset_t *set, sigset_t *oldset);
```

성공하면 0을 리턴하고, 에러가 발생하면 -1을 리턴한다.

프로세스 시그널 마스크를 변경하거나, 현재 존재하는 마스크를 추출, 혹은 두 가지 동작 모두를 위해 sigprocmask()를 사용할 수 있다. how 인자는 sigprocmask()가 시그널 마스크에 만드는 변경사항을 결정한다.

- SIG_BLOCK: set이 가리키는 시그널 집합에 명시된 시그널이 시그널 마스크에 추가된다. 다시 말해, 시그널 마스크는 현재 값과 set의 합집합으로 설정된다.
- SIG_UNBLOCK: set이 가리키는 시그널 집합의 시그널은 시그널 마스크에서 제거된다. 현재 블록되지 않은 시그널을 블록해제하더라도 에러는 발생하지 않는다.
- SIG_SETMASK: set이 가리키는 시그널 집합이 시그널 마스크에 할당된다.

각 경우에 oldest 인자가 NULL이 아닌 경우, 이전 시그널 마스크를 리턴할 때 쓰는 sigset_t 버퍼를 가리킨다.

시그널 마스크를 변경하지 않고 추출하고 싶은 경우 set 인자에 NULL을 명시할 수 있고, 이런 경우에 how 인자는 무시된다.

임시로 시그널의 전달을 막고자 할 때는, 시그널을 블록하기 위해 리스트 20-5에 있는 일련의 호출을 사용하고, 시그널 마스크를 이전 상태로 재설정함으로써 블록을 해제할 수 있다.

**리스트 20-5** 임시로 시그널 전달을 블록

```
sigset_t blockSet, prevMask;
/* SIGINT를 포함하도록 설정된 시그널을 초기화 */

sigemptyset(&blockSet);
sigaddset(&blockSet, SIGINT);

/* SIGINT 블록, 이전 시그널 마스크 저장 */

if (sigprocmask(SIG_BLOCK, &blockSet, &prevMask) == -1)
    errExit("sigprocmask1");

/* ... SIGINT에 의해 블록돼서는 안 되는 코드 ... */

/* 이전 시그널 마스크 복구, SIGINT 블록해제 */

if (sigprocmask(SIG_SETMASK, &prevMask, NULL) == -1)
    errExit("sigprocmask2");
```

SUSv3는 어떠한 보류 시그널이 sigprocmask()의 호출에 의해 블록해제되는 경우, 적어도 그러한 시그널 중 하나는 호출이 리턴되기 전에 전달될 것임을 명시한다. 다시 말해, 보류 중인 시그널을 블록해제하면 즉시 프로세스로 전달된다.

SIGKILL과 SIGSTOP을 블록하려는 시도는 조용하게 무시된다. 이러한 시그널을 블록하려고 시도한다면, sigprocmask()는 요청을 받아들이지도 않고 에러를 생성하지도 않는다. 이는 다음 코드를 SIGKILL과 SIGSTOP을 제외한 모든 시그널을 블록할 때 쓸 수 있다는 뜻이다.

```
sigfillset(&blockSet);
if (sigprocmask(SIG_BLOCK, &blockSet, NULL) == -1)
    errExit("sigprocmask");
```

## 20.11 보류 중인 시그널

프로세스가 현재 블록된 시그널을 받으면, 그 시그널은 프로세스의 보류 시그널 집합에 추가된다. 시그널이 이후에 블록해제되면, 프로세스로 전달된다. 프로세스에 어떤 시그널이 보류 중인지 알아보기 위해 sigpending()을 호출할 수 있다.

```
#include <signal.h>

int sigpending(sigset_t *set);
```

성공하면 0을 리턴하고, 에러가 발생하면 -1을 리턴한다.

sigpending() 시스템 호출은 set이 가리키는 sigset_t 구조체에서 호출하는 프로세스에 보류 중인 시그널의 집합을 리턴한다. 20.9절에 기술된 sigismember() 함수를 사용해 set을 검사할 수 있다.

보류 중인 시그널의 속성을 변경하고, 이후에 시그널이 블록될 때, 새로운 속성에 따라서 처리된다. 자주 사용되지 않지만 이 기법의 한 가지 응용은, 시그널의 기본 동작이 무시ignore인 경우에 시그널의 속성을 SIG_IGN이나 SIG_DFL로 변경함으로써 보류 중인 시그널의 전달을 막는 것이다. 결과적으로 시그널은 보류 중인 시그널 집합에서 제거되고, 따라서 전달되지 않는다.

## 20.12 시그널은 큐에 들어가지 않는다

보류 중인 시그널 집합은 단지 마스크이며 시그널이 발생했는지 여부를 가리키지만, 몇 번 발생했는지는 나타내지 않는다. 다시 말해, 동일한 시그널이 블록된 경우에 여러 번 생성되면 보류 중인 시그널의 집합에 기록되고, 나중에 한 번만 전달된다(표준과 실시간 시그널의 한 가지 차이는 22.8절에서 설명하듯이 실시간 시그널은 큐에 넣는다는 점이다).

리스트 20-6과 리스트 20-7은 시그널이 큐에 들어가지 않음을 관측할 때 쓸 수 있는 두 가지 프로그램이다. 다음과 같이 리스트 20-6의 프로그램은 4개의 명령행 인자까지 취한다.

```
$ ./sig_sender PID num-sigs sig-num [sig-num-2]
```

첫 번째 인자는 프로그램이 시그널을 보내야 하는 프로세스의 프로세스 ID다. 두 번째 인자는 타깃 프로세스에 전달되는 시그널의 수를 나타낸다. 세 번째 인자는 타깃 프로세스로 전달되는 시그널 번호를 나타낸다. 시그널 번호가 네 번째 인자로 제공되면, 프로그램은 이전 인자에 명시된 시그널을 보낸 후에 그 시그널의 인스턴스를 보낸다. 아래의 셸 세션에서 마지막 인자를 사용해 SIGINT 시그널을 타깃 프로세스로 보낸다. 이 시그널을 보내는 목적은 잠시 후에 명확해질 것이다.

**리스트 20-6** 다중 시그널 전송

signals/sig_sender.c

```
#include <signal.h>
#include "tlpi_hdr.h"

int
main(int argc, char *argv[])
{
    int numSigs, sig, j;
    pid_t pid;

    if (argc < 4 || strcmp(argv[1], "--help") == 0)
        usageErr("%s pid num-sigs sig-num [sig-num-2]\n", argv[0]);

    pid = getLong(argv[1], 0, "PID");
    numSigs = getInt(argv[2], GN_GT_0, "num-sigs");
    sig = getInt(argv[3], 0, "sig-num");

    /* 수신자에게 시그널을 전달 */

    printf("%s: sending signal %d to process %ld %d times\n",
            argv[0], sig, (long) pid, numSigs);

    for (j = 0; j < numSigs; j++)
        if (kill(pid, sig) == -1)
            errExit("kill");

    /* 네 번째 명령행 인자가 명시되면, 시그널을 전송한다. */

    if (argc > 4)
        if (kill(pid, getInt(argv[4], 0, "sig-num-2")) == -1)
            errExit("kill");

    printf("%s: exiting\n", argv[0]);
    exit(EXIT_SUCCESS);
}
```

리스트 20-7의 프로그램은 리스트 20-6의 프로그램이 보낸 시그널의 통계를 보고하도록 설계됐다. 이 프로그램은 다음과 같은 과정을 따른다.

- 프로그램은 모든 시그널을 잡기 위해 하나의 핸들러를 설정한다②(SIGKILL과 SIGSTOP을 잡는 것은 불가능하지만, 이런 시그널에 핸들러를 만들려고 할 때 발생하는 에러를 무시한다). 대부분의 시그널 종류에 대해 핸들러는① 배열을 사용해 단순히 시그널을 센다. SIGINT를 받으면, 핸들러는 주 루프(아래 설명된 while 루프)를 빠져나가서 프로그램을 종료하도록 하는 플래그(gotSigint)를 설정한다(gotSigint 변수를 정의할 때 쓰는 volatile 제한자와 sig_atomic_t 데이터형의 사용에 대해서는 21.1.3절에서 설명한다).
- 명령행 인자가 프로그램에 제공되면, 프로그램은 그 인자에 명시된 초만큼 모든 시그널을 블록하고, 시그널을 블록해제하기 전에, 보류 중인 시그널의 집합을 출력한다③. 이 동작은 다음 단계를 시작하기 전에 프로세스에 시그널을 전달하게 한다.
- 프로그램은 gotSigint가 설정되기 전에 CPU 시간을 사용하는 while 루프를 실행한다④(20.14절과 22.9절은 시그널의 도착을 기다릴 때 좀 더 CPU 효율적인 방법인 pause()와 sigsuspend()의 사용을 설명한다).
- while 루프를 빠져나간 이후에, 프로그램은 전달된 모든 시그널의 수를 출력한다⑤.

블록된 시그널이 몇 개 생성됐는지에 상관없이 한 번만 전달됨을 나타내기 위해 우선 다음 두 가지 프로그램을 사용한다. 수신자에 수면 기간을 명시하고, 수면 기간이 완료되기 전에 모든 시그널을 보냄으로써 이 동작을 실행한다.

```
$ ./sig_receiver 15 &                        수신자는 15초 동안 시그널을 블록한다.
[1] 5368
./sig_receiver: PID is 5368
./sig_receiver: sleeping for 15 seconds

$ ./sig_sender 5368 1000000 10 2             SIGUSR1과 SIGINT 시그널을 보낸다.
./sig_sender: sending signal 10 to process 5368 1000000 times
./sig_sender: exiting
./sig_receiver: pending signals are:
                2 (Interrupt)
                10 (User defined signal 1)
./sig_receiver: signal 10 caught 1 time
[1]+  Done                    ./sig_receiver 15
```

송신 프로그램의 명령행 인자는 리눅스/x86에서 시그널 10과 2인 SIGUSR1과 SIGINT 시그널을 명시한다.

위의 출력에서 백만 개의 시그널이 전송됐더라도, 수신자에게는 하나만 전달됐음을 알 수 있다.

프로세스가 시그널을 블록하지 않더라도, 전송된 것보다 적은 시그널을 받을 것이다. 이 동작은 시그널이 매우 빠르게 전달되고, 따라서 수신하는 프로세스가 커널에 의해 스케줄링되는 기회를 갖기 전에 도착하는 경우에 발생하며, 결과적으로 여러 시그널이 프로세스의 보류 시그널 집합에 한 번만 기록된다. 리스트 20-7의 프로그램을 인자 없이 실행하면(따라서 시그널을 블록하지도, 수면을 취하지도 않는다), 다음을 확인할 수 있다.

```
$ ./sig_receiver &
[1] 5393
./sig_receiver: PID is 5393
$ ./sig_sender 5393 1000000 10 2
./sig_sender: sending signal 10 to process 5393 1000000 times
./sig_sender: exiting
./sig_receiver: signal 10 caught 52 times
[1]+  Done                    ./sig_receiver
```

전달된 백만 개의 시그널 중에서 단지 52개만이 수신 프로세스에 잡혔다(정확한 시그널의 수는 커널 스케줄링 알고리즘이 내린 수많은 결정에 따라서 다양할 것이다). 이는 송신 프로그램이 실행에 스케줄링될 때마다 여러 개의 시그널을 수신자에게 전달하기 때문이다. 그러나 이러한 여러 시그널 중에서 하나만 보류로 표시되고, 수신자가 실행할 기회를 가질 때 전달된다.

**리스트 20-7** 시그널 포착과 개수

signals/sig_receiver.c

```
#define _GNU_SOURCE
#include <signal.h>
#include "signal_functions.h"       /* printSigset() 선언 */
#include "tlpi_hdr.h"

static int sigCnt[NSIG];            /* 각 시그널의 전달을 센다. */
static volatile sig_atomic_t gotSigint = 0;
                                    /* SIGINT가 전달되면 0이 아닌 값을 설정 */

static void
① handler(int sig)
{
    if (sig == SIGINT)
        gotSigint = 1;
    else
        sigCnt[sig]++;
}

int
```

```
main(int argc, char *argv[])
{
    int n, numSecs;
    sigset_t pendingMask, blockingMask, emptyMask;

    printf("%s: PID is %ld\n", argv[0], (long) getpid());

②   for (n = 1; n < NSIG; n++)          /* 모든 시그널에 동일한 핸들러 */
        (void) signal(n, handler);      /* 에러 무시 */

    /* 수면 시간이 명시되면, 일시적으로 모든 시그널을 블록하고
       수면에 들어간다(또 다른 프로세스는 시그널을 보낸다).
       그리고 보류 시그널의 마스크를 출력하고, 모든 시그널을 블록해제한다. */

③   if (argc > 1) {
        numSecs = getInt(argv[1], GN_GT_0, NULL);

        sigfillset(&blockingMask);
        if (sigprocmask(SIG_SETMASK, &blockingMask, NULL) == -1)
            errExit("sigprocmask");

        printf("%s: sleeping for %d seconds\n", argv[0], numSecs);
        sleep(numSecs);

        if (sigpending(&pendingMask) == -1)
            errExit("sigpending");

        printf("%s: pending signals are: \n", argv[0]);
        printSigset(stdout, "\t\t", &pendingMask);

        sigemptyset(&emptyMask); /* 모든 시그널 블록해제 */
        if (sigprocmask(SIG_SETMASK, &emptyMask, NULL) == -1)
            errExit("sigprocmask");
    }

④   while (!gotSigint)               /* SIGINT가 잡힐 때까지 루프를 돈다. */
        continue;

⑤   for (n = 1; n < NSIG; n++)      /* 전송된 시그널의 수를 출력한다. */
        if (sigCnt[n] != 0)
            printf("%s: signal %d caught %d time%s\n", argv[0], n,
                    sigCnt[n], (sigCnt[n] == 1) ? "" : "s");

    exit(EXIT_SUCCESS);
}
```

## 20.13 시그널 속성 변경: sigaction()

sigaction() 시스템 호출은 시그널의 속성을 설정하는 signal()의 대체 호출에 해당한다. sigaction()이 signal()보다는 다소 사용하기 복잡하지만, 대신에 더욱 유연하다. 특히 sigaction()은 시그널의 속성을 변경하지 않으면서 추출하고, 시그널 핸들러가 실행될 때 발생하는 동작을 정밀하게 제어하는 여러 가지 속성을 설정할 수 있다. 또한 22.7절에서 설명하겠지만, sigaction()은 시그널 핸들러를 만들 때 signal()보다 이식성이 좋다.

```
#include <signal.h>

int sigaction(int sig, const struct sigaction *act, struct sigaction *oldact);
```

성공하면 0을 리턴하고, 에러가 발생하면 -1을 리턴한다.

sig 인자는 속성을 추출하거나 변경하려고 하는 시그널을 나타낸다. 이 인자는 SIGKILL이나 SIGSTOP을 제외한 모든 시그널이 될 수 있다.

act 인자는 해당 시그널의 새로운 속성을 명시하는 구조체를 가리키는 포인터다. 시그널의 기존 속성을 찾는 데 관심이 있다면, act 인자에 NULL을 명시할 수 있다. oldact 인자는 같은 형의 구조체의 포인터이며, 시그널의 이전 속성에 대한 정보를 리턴할 때 쓴다. 이 정보에 관심이 없다면, oldact 인자에 NULL을 전달할 수 있다. act와 oldact가 가리키는 구조체의 형은 다음과 같다.

```
struct sigaction {
    void (*  sa_handler)(int);        /* 핸들러의 주소 */
    sigset_t sa_mask;                 /* 핸들러 실행 동안 블록된 시그널 */
    int      sa_flags;                /* 핸들러 실행을 제어하는 플래그 */
    void (*  sa_restorer)(void);      /* 응용 프로그램 사용을 위한 것은 아님 */
};
```

> sigaction 구조체는 여기서 나타낸 것보다 좀 더 복잡하다. 이 내용은 21.4절에서 더욱 자세히 다룬다.

sa_handler 필드는 signal()에 주어진 handler 인자와 일치한다. 이 필드는 시그널 핸들러의 주소나 SIG_IGN이나 SIG_DFL 상수 중의 하나를 가리킨다. 곧 살펴볼 sa_mask와 sa_flags 필드는 sa_handler가 시그널 핸들러의 주소인 경우에만 해석이 된다.

즉 SIG_IGN이나 SIG_DFL 외의 값을 갖는 경우에 해당한다. sa_restorer는 응용 프로그램에서 사용할 용도는 아니다(그리고 SUSv3에 명시되지 않았다).

> sa_restorer 필드는 시그널 핸들러의 완성에서 프로세스의 실행 컨텍스트를 복구해, 시그널 핸들러에 의해 중지된 지점의 실행을 계속할 수 있게 하는 특별한 목적의 sigreturn() 시스템 호출에 만들어지는 함수다. 이 필드의 사용 예는 glibc 소스 파일인 sysdeps/unix/sysv/linux/i386/sigaction.c에서 찾을 수 있다.

sa_mask 필드는 sa_handler에 의해 정의된 핸들러의 실행 동안에 블록되는 시그널의 집합을 정의한다. 시그널 핸들러가 실행될 때, 현재 프로세스 시그널 마스크의 일부가 아닌 시그널 집합의 시그널은 핸들러가 호출되기 전에 마스크에 자동적으로 추가된다. 이런 시그널은 시그널 핸들러가 리턴될 때까지 프로세스의 시그널 마스크에 남아 있고, 그 이후에는 자동적으로 제거된다. sa_mask 필드를 통해 이 핸들러의 실행을 중지할 수 없는 시그널의 집합을 명시할 수 있다. 또한 핸들러를 실행하게 한 시그널은 자동적으로 프로세스 시그널 마스크에 추가된다. 이 동작은 동일한 시그널의 두 번째 인스턴스가 핸들러 실행 중에 도착한 경우, 시그널 핸들러가 반복적으로 자기 자신을 인터럽트하지 않음을 뜻한다. 블록된 시그널은 큐에 넣지 않기 때문에, 핸들러의 실행 동안에 이런 시그널 중에 어떤 것이든 반복적으로 생성된다면, (나중에) 오직 한 번만 전달된다.

sa_flags 필드는 시그널이 어떻게 처리돼야 하는지를 제어하는 여러 가지 옵션을 명시하는 비트 마스크다. 다음 비트는 이 필드에 OR 연산(|)된다.

- SA_NOCLDSTOP: sig가 SIGCHLD인 경우, 시그널을 추출한 결과로 자식 프로세스가 멈추거나 재개될 때 이 시그널을 생성하지 않는다(26.3.2절 참조).
- SA_NOCLDWAIT: (리눅스 2.6부터) sig가 SIGCHLD인 경우에, 자식들이 제거될 때 좀비로 변하지 않는다. 자세한 내용은 26.3.3절을 참조하기 바란다.
- SA_NODEFER: 이 시그널이 잡히면, 핸들러가 실행 중일 때 프로세스 시그널 마스크에 자동적으로 추가하지 않는다. SA_NOMASK는 역사적으로 SA_NODEFER와 동의어로 제공되지만, SA_NODEFER가 SUSv3에 표준화되어 있기 때문에 선호된다.
- SA_ONSTACK: sigaltstack()에 설치된 대체 스택을 사용해 이 시그널에 대한 핸들러를 실행한다. 자세한 사항은 21.3절을 참조하기 바란다.
- SA_RESETHAND: 이 시그널이 잡히면, 핸들러를 실행하기 전에 기본 속성(즉 SIG_DFL)으로 변경한다(기본적으로 시그널 핸들러는 sigaction()의 추가적인 호출에 의해 명시적으로 폐지될 때까지 만들어진 상태로 남는다). SA_ONESHOT이라는 이름은 역사적으로 동

일한 이름인 SA_RESETHAND로 제공되지만, SA_RESETHAND가 SUSv3에 표준화되어 있기 때문에 더 낫다.

- SA_RESTART: 시그널 핸들러에 의해 중지된 시스템 호출을 자동적으로 재시작한다. 21.5절을 참조하기 바란다.
- SA_SIGINFO: 시그널에 대한 더 많은 정보를 제공하는 추가적인 인자로 시그널 핸들러를 실행한다. 이 플래그는 21.4절에서 자세히 설명한다.

위의 모든 옵션은 SUSv3에 명시되어 있다.

sigaction()의 사용 예는 리스트 21-1에 있다.

## 20.14 시그널 대기: pause()

pause() 호출이 시그널 핸들러에 의해 인터럽트되기 전까지(혹은 처리되지 않은 시그널이 프로세스를 종료하기 전까지), pause()를 호출하면 프로세스의 실행이 중지된다.

```
#include <unistd.h>

int pause(void);
```

errno를 EINTR로 설정하고 항상 –1을 리턴한다.

시그널이 처리될 때, pause()는 중지되고 항상 errno를 EINTR로 설정해 -1을 리턴한다(EINTR 에러에 대해서는 21.5절에서 더욱 자세히 설명한다).

pause()의 사용 예는 리스트 20-2에 제공된다.

22.9절과 22.10절, 22.11절에서 프로그램이 시그널을 기다리는 동안 실행을 멈출 수 있는 여러 가지 방법을 살펴본다.

## 20.15 정리

시그널은 어떠한 이벤트가 발생했다는 통지이며, 커널이나 또 다른 프로세스, 자기 자신에 의해 프로세스로 전달될 것이다. 많은 표준 시그널 형식이 있고, 각각은 고유 번호와 목적이 있다.

시그널 전달은 일반적으로 비동기적이며, 이는 시그널이 프로세스의 실행을 인터럽트하는 시점을 예측할 수 없음을 뜻한다. 어떤 경우에(예: 하드웨어에서 발생한 시그널) 시그널은 동기적으로 전송되며, 이는 프로그램 실행의 어떤 시점에 전달이 예상 가능하게, 반복적으로 발생함을 의미한다.

기본적으로 시그널은 무시되거나, 프로세스 종료, 실행 중인 프로세스의 중지, 중지된 프로세스의 재시작 등의 동작을 한다. 기본 동작은 시그널의 종류에 따라 다르다. 그 대신에 프로그램은 signal()이나 sigaction()을 사용해 시그널을 명시적으로 무시하거나, 시그널이 전달될 때 실행되는 프로그래머 정의 시그널 핸들러 함수를 설정할 수 있다. 이식성을 위해, 시그널 핸들러 설정에는 sigaction()을 사용하는 방법이 가장 좋다.

(알맞은 권한을 가진) 프로세스는 kill()을 사용해 다른 프로세스로 시그널을 전달할 수 있다. 널 시그널(0)을 전달하는 것은 특정 프로세서 ID가 사용 중인지를 알아내는 방법 중 하나다.

각 프로세스는 현재 전송이 블록된 시그널의 집합인 시그널 마스크를 갖는다. 시그널은 sigprocmask()를 사용해 시그널 마스크에 추가되거나 제거될 수 있다.

시그널이 블록된 동안 전달되면, 블록해제될 때까지 보류 상태로 남는다. 표준 시그널은 큐에 넣지 않는다. 즉 시그널은 오직 한 번만 보류로 표시될(그리고 나중에 전달될) 수 있다. 프로세스는 보류 시그널을 가진 시그널을 식별하는 시그널 집합(각기 다른 여러 가지 시그널을 나타낼 때 쓰는 데이터 구조)을 추출하기 위해 sigpending() 시스템 호출을 사용할 수 있다.

sigaction() 시스템 호출은 시그널 속성을 변경할 때 signal()보다 더 많은 제어권과 유연성을 제공한다. 우선, 핸들러가 호출될 때 블록되는 추가적인 시그널 집합을 명시할 수 있다. 또한 시그널 핸들러가 호출될 때 발생하는 동작을 제어하기 위해 여러 가지 플래그를 쓸 수 있다. 예를 들어, 오래된 신뢰할 수 없는 시그널 동작 방식(핸들러를 실행하고, 핸들러가 호출되기 전에 시그널의 속성을 기본값으로 재설정하는 시그널은 블록하지 않음)을 선택하는 플래그가 있다.

pause()를 사용하면, 프로세스는 시그널이 도착할 때까지 실행을 중지할 수 있다.

## 더 읽을거리

[Bovet & Cesati, 2005]와 [Maxwell, 1999]는 리눅스의 시그널 구현에 대한 배경지식을 제공한다. [Goodheart & Cox, 1994]는 시스템 V 릴리스 4의 시그널 구현을 자세히 다룬다. GNU C 라이브러리 매뉴얼(http://www.gnu.org/에서 온라인으로 제공)은 시그널에 대한 방대한 설명을 담고 있다.

## 20.16 연습문제

20-1. 20.3절에 언급했듯이, 시그널 핸들러를 구축할 때 sigaction()이 signal()보다 이식성이 뛰어나다. 리스트 20-7의 프로그램(sig_receiver.c)에서 signal()을 sigaction()으로 변경하라.

20-2. 보류 중인 시그널의 속성이 SIG_IGN으로 변경될 때, 프로그램이 그 시그널을 절대 보지(잡지) 못함을 보여주는 프로그램을 작성하라.

20-3. sigaction()으로 시그널 핸들러를 만들 때 SA_RESETHAND와 SA_NODEFER 플래그의 효과를 확인하는 프로그램을 작성하라.

20-4. sigaction()을 사용해 siginterrupt()를 구현하라.

# 21

# 시그널: 시그널 핸들러

21장은 20장에서 시작한 시그널에 대한 설명이 이어진다. 여기서는 시그널 핸들러에 중점을 두고 20.4절에서 시작한 설명을 계속하는데, 다루는 주제는 다음과 같다.

- 시그널 핸들러 설계 방법. 이를 위해서는 재진입과 비동기 시그널 안전 함수에 대한 설명이 필요하다.
- 시그널 핸들러에서 보통의 리턴을 대체하는 방법. 특히 이런 목적의 비지역 goto 사용법
- 대체 스택에서 시그널의 처리
- 시그널 핸들러가 자신을 실행하게 한 시그널에 대한 더욱 자세한 정보를 획득할 수 있는 `sigaction()`의 `SA_SIGINFO` 플래그 사용법
- 블로킹 시스템 호출이 어떻게 시그널 핸들러에 의해 인터럽트되는지과 인터럽트된 호출이 필요에 따라 재시작되는 방법

## 21.1 시그널 핸들러 설계

일반적으로 간단한 시그널 핸들러를 작성하는 게 좋다. 한 가지 중요한 이유는 경쟁 상태의 위험성을 줄이기 때문이다. 시그널 핸들러는 흔히 다음의 두 가지 방식으로 설계된다.

- 시그널 핸들러가 전역 플래그를 설정하고 종료한다. 주 프로그램은 주기적으로 이 플래그를 검사하고, 플래그가 켜진 경우 적절한 동작을 실행한다(주 프로그램이 I/O가 가능한지 확인하기 위해서 1개 이상의 파일 디스크립터를 감시해야 하기 때문에 이런 주기적인 검사를 수행할 수 없다면, 시그널 핸들러도 전용 파이프에 한 바이트를 쓸 수 있고, 주 프로그램은 감시 대상 파일 디스크립터에 이 파이프의 파일 디스크립터를 포함시키면 된다. 이런 기법의 예는 Vol. 2의 26.5.2절에서 소개한다).
- 시그널 핸들러가 일종의 뒷정리cleanup 작업을 실행한 다음, 프로세스를 종료하거나, 비지역 goto를 사용해 스택을 풀고unwind 제어를 주 프로그램의 미리 정의된 곳으로 리턴한다.

지금부터 이런 아이디어뿐만 아니라 시그널 핸들러의 설계에 중요한 그 밖의 개념도 살펴볼 것이다.

### 21.1.1 시그널은 큐에 저장되지 않는다(상기하자)

20.10절에서 시그널의 전달은 (sigaction()에 SA_NODEFER 플래그를 명시하지 않은 경우) 핸들러가 실행되는 동안 블록된다고 했다. 시그널이 핸들러가 실행될 때 (다시) 생성되면 보류로 표시되고, 나중에 핸들러가 리턴할 때 전달된다. 또한 시그널은 큐에 저장되지 않는다고 했다. 시그널이 핸들러가 실행되는 동안에 한 번 이상 생성된 경우, 여전히 보류로 표시되고, 이후에 한 번만 전달될 것이다.

시그널이 이런 식으로 '사라진다'는 사실은 시그널 핸들러를 설계하는 방법에 영향을 준다. 먼저 시그널이 생성되는 횟수를 확실하게 셀 수 없다. 더욱이 해당 시그널과 일치하는 형식의 여러 이벤트가 발생했을 가능성을 다룰 수 있게 시그널 핸들러를 코딩할 필요가 있다. 26.3.1절에서 SIGCHLD 시그널의 사용을 고려할 때, 이에 대한 예를 소개할 것이다.

### 21.1.2 재진입과 비동기 시그널 안전 함수

모든 시스템 호출과 라이브러리 함수를 시그널 핸들러에서 안전하게 호출할 수 있는 것은 아니다. 그 이유를 이해하려면 재진입 가능 함수reentrant function와 비동기 시그널 안전 함수async-signal-safe function라는 두 가지 개념을 알아야 한다.

#### 재진입 가능 함수와 재진입 불가 함수

재진입 가능 함수가 무엇인지 설명하기 위해, 단일 스레드와 멀티스레드 프로그램을 구분할 필요가 있다. 고전적인 유닉스 프로그램은 단일 실행 스레드를 갖는다. 즉 CPU는 프로그램을 실행하는 동안 하나의 논리적인 실행 흐름에 따라 명령을 처리한다. 멀티스레드 프로그램에서는 같은 프로세스 내에 여러 개의 독립된 논리적 실행 흐름이 동시에 존재한다.

실행 스레드가 여러 개인 프로그램을 명시적으로 생성하는 방법은 Vol. 2의 1장에서 소개할 것이다. 그러나 다중 실행 스레드 개념은 시그널 핸들러를 사용하는 프로그램과도 관련이 있다. 시그널 핸들러는 비동기적으로 어느 시점에든 프로그램의 실행을 중지할 수 있기 때문에, 주 프로그램과 시그널 핸들러는 같은 프로세스 내에 (동시적이지는 않지만) 사실상 2개의 독립적인 실행 스레드를 형성한다.

같은 프로세스 내의 여러 실행 스레드가 동시에 안전하게 실행될 수 있는 함수를 재진입 가능reentrant하다고 한다. 여기서 '안전'은 다른 어떤 실행 스레드의 상태에 상관없이, 함수가 기대되는 결과를 달성한다는 뜻이다.

> 재진입 가능 함수의 SUSv3 정의는 "둘 이상의 스레드에 의해 호출될 때, 실질적인 실행이 끼워 넣기(interleave) 식으로 되더라도, 그 효과가 스레드들이 해당 함수를 각각 알 수 없는 순서로 잇따라서 실행하는 것과 같음이 보장되는 것"이다.

함수가 전역/정적 데이터 구조체를 갱신한다면 재진입 불가nonreentrant할 것이다(지역 변수만을 사용하는 함수는 재진입 가능하다). 함수 호출 2개(즉 함수를 실행하는 두 스레드)가 동시에 같은 전역 변수나 데이터 구조를 갱신하려고 시도하면, 이는 서로를 방해해 잘못된 결과를 낳을 가능성이 있다. 예를 들어 하나의 실행 스레드가 새로운 항목을 추가하고자 링크드 리스트 데이터 구조를 갱신하는 도중에, 다른 스레드도 동일한 링크드 리스트를 갱신하려고 하는 경우가 이에 해당한다. 그 리스트에 새로운 항목을 추가하려면 여러 가지 포인터를 갱신해야 하기 때문에, 다른 스레드가 이 단계를 방해하고 포인터를 갱신한다면 혼란이 야기될 것이다.

이런 가능성은 사실 표준 C 라이브러리에서 만연하다. 예를 들어, 7.1.3절에서 malloc()과 free()는 힙 내의 재할당할 수 있는 메모리 블록을 링크드 리스트로 관리한다고 했다. 주 프로그램의 malloc() 호출이 malloc()을 호출하는 시그널 핸들러에 의해 인터럽트되면, 이 링크드 리스트가 손상될 수 있다. 이런 이유로 인해 malloc() 관련 함수와 이 함수를 사용하는 라이브러리 함수는 재진입 불가하다.

또 어떤 라이브러리 함수는 정적으로 할당된 메모리를 사용해 정보를 리턴하기 때문에 재진입 불가하다. (이 책의 다른 곳에서 설명한) 이런 함수의 예로는 crypt(), getpwnam(), gethostbyname(), getservbyname() 등이 있다. 시그널 핸들러도 이 함수 중 하나를 사용한다면, 주 프로그램 내에서 같은 함수를 먼저 호출해서 얻은 정보를 덮어쓸 것이다(반대의 경우도 동일하다).

함수가 정적 데이터 구조를 사용해서 내부적으로 정보를 관리하는 경우 재진입 불가할 수 있다. 이런 함수의 가장 명백한 예는 버퍼링된 I/O에 대한 내부 데이터 구조를 갱신하는 stdio 라이브러리 함수다(printf()와 scanf() 등). 따라서 시그널 핸들러 내부에서 printf()를 사용할 때, printf()나 또 다른 stdio 함수를 실행하는 도중에 핸들러가 주 프로그램을 인터럽트하면, 가끔 이상한 출력이나 프로그램 이상 종료, 데이터 손상을 겪게 된다.

재진입 불가한 라이브러리 함수를 사용하지 않더라도, 재진입 문제는 여전히 관련된 문제가 될 수 있다. 주 프로그램이 갱신하는 프로그래머 정의 전역 데이터 구조를 시그널 핸들러도 갱신하는 경우, 시그널 핸들러는 주 프로그램에 대해 재진입 불가하다고 말할 수 있다.

함수가 재진입 불가한 경우, 그 함수의 매뉴얼 페이지에서 명시적이거나 암묵적으로 이러한 사실을 언급한다. 특히 함수가 정적으로 할당된 변수의 정보를 사용하거나 리턴한다는 문장을 유심히 살펴보기 바란다.

### 예제 프로그램

리스트 21-1은 crypt() 함수의 재진입 불가 특성(8.5절 참조)을 보여준다. 이 프로그램은 명령행 인자로 2개의 문자열을 받아들인다. 프로그램은 다음과 같은 단계로 실행된다.

1. 첫 번째 명령행 인자에 있는 문자열을 암호화하기 위해 crypt()를 호출하고, strdup()를 사용해 별도의 버퍼로 이 문자열을 복사한다.
2. SIGINT(Control-C를 입력해 생성)에 대한 핸들러를 만든다. 핸들러는 두 번째 명령행 인자로 제공된 문자열을 암호화하기 위해 crypt()를 호출한다.

3. 첫 번째 명령행 인자에 있는 문자열을 암호화하기 위해 crypt()를 사용하는 무한 for 루프로 들어가고, 리턴된 문자열이 첫 번째 단계에서 저장된 것과 같은지 검사한다.

시그널이 없으면 문자열은 항상 세 번째 단계에서 일치할 것이다. 그러나 SIGINT가 발생하고, for 루프에서 crypt() 실행 이후, 문자열이 일치하는지 확인하기 이전에 시그널 핸들러가 주 프로그램을 인터럽트한다면, 주 프로그램은 일치하지 않음을 보고할 것이다. 프로그램을 실행하면 다음과 같은 결과가 나온다.

```
$ ./non_reentrant abc def
반복적으로 Control-C를 입력해서 SIGINT를 만든다.
Mismatch on call 109871 (mismatch=1 handled=1)
Mismatch on call 128061 (mismatch=2 handled=2)
중략
Mismatch on call 727935 (mismatch=149 handled=156)
Mismatch on call 729547 (mismatch=150 handled=157)
Control-\를 입력해서 SIGQUIT를 만든다.
Quit (core dumped)
```

위의 결과에서 mismatch와 handled 값을 비교해보면, 시그널 핸들러가 실행된 대부분의 경우에 시그널 핸들러가 main()의 crypt() 호출과 문자열 비교 사이에서 정적으로 할당된 버퍼를 덮어쓴다는 사실을 확인할 수 있다.

**리스트 21-1** main()과 시그널 핸들러 모두에서 재진입 불가 함수 호출

signals/nonreentrant.c

```
#define _XOPEN_SOURCE 600
#include <unistd.h>
#include <signal.h>
#include <string.h>
#include "tlpi_hdr.h"

static char *str2;              /* argv[2]로 설정 */
static int handled = 0;         /* 핸들러 호출 횟수 */

static void
handler(int sig)
{
    crypt(str2, "xx");
    handled++;
}

int
main(int argc, char *argv[])
{
    char *cr1;
```

```
    int callNum, mismatch;
    struct sigaction sa;

    if (argc != 3)
        usageErr("%s str1 str2\n", argv[0]);

    str2 = argv[2];                        /* argv[2]를 핸들러가 사용할 수 있게 함 */
    cr1 = strdup(crypt(argv[1], "xx")); /* 정적으로 할당된 문자열을 다른 버퍼로 복사 */

    if (cr1 == NULL)
        errExit("strdup");

    sigemptyset(&sa.sa_mask);
    sa.sa_flags = 0;
    sa.sa_handler = handler;
    if (sigaction(SIGINT, &sa, NULL) == -1)
        errExit("sigaction");

    /* argv[1]을 가지고 반복적으로 crypt()를 호출한다.
       시그널 핸들러에 의해 인터럽트된 경우, crypt()에 의해 리턴된
       정적인 공간은 argv[2]를 암호화한 결과로 덮어써질 것이며,
       strcmp()는 'cr1'의 값과 일치하지 않음을 감지할 것이다. */

    for (callNum = 1, mismatch = 0; ; callNum++) {
        if (strcmp(crypt(argv[1], "xx"), cr1) != 0) {
            mismatch++;
            printf("Mismatch on call %d (mismatch=%d handled=%d)\n",
                    callNum, mismatch, handled);
        }
    }
}
```

### 표준 비동기 시그널 안전 함수

비동기 시그널 안전 함수async-signal-safe function는 구현이 시그널 핸들러에서 호출될 때 안전이 보장되는 함수다. 함수가 재진입 가능하거나 시그널 핸들러에 의해 중지될 수 없는 경우 비동기 시그널 안전하다.

표 21-1은 다양한 표준에서 비동기 시그널 안전을 요구하는 함수를 나열한다. 이 표에서 이름 뒤에 v2나 v3가 붙지 않은 함수는 POSIX.1-1990에 비동기 시그널 안전하도록 정의되어 있다. SUSv2는 v2로 표시된 함수들을 목록에 추가했고, v3로 표시된 함수는 SUSv3에서 추가됐다. 일부 유닉스 구현이 다른 함수들을 비동기 시그널 안전하게 만들 수도 있지만, 표준을 따르는 모든 유닉스 구현은 적어도 이 함수들이 비동기 시그널

안전하도록 보장해야 한다(해당 구현에 의해 제공되는 경우. 이 함수들 모두가 리눅스에서 제공되는 것은 아니다).

SUSv4는 표 21-1에 다음과 같은 변경을 가한다.

- fpathconf(), pathconf(), sysconf() 함수가 제거됐다.
- execl(), execv(), faccessat(), fchmodat(), fchownat(), fexecve(), fstatat(), futimens(), linkat(), mkdirat(), mkfifoat(), mknod(), mknodat(), openat(), readlinkat(), renameat(), symlinkat(), unlinkat(), utimensat(), utimes() 함수가 추가됐다.

**표 21-1** POSIX.1-1990, SUSv2, SUSv3에서 비동기 시그널 안전하도록 요구하는 함수

| | | |
|---|---|---|
| _Exit() (v3) | getpid() | sigdelset() |
| _exit() | getppid() | sigemptyset() |
| abort() (v3) | getsockname() (v3) | sigfillset() |
| accept() (v3) | getsockopt() (v3) | sigismember() |
| access() | getuid() | signal() (v2) |
| aio_error() (v2) | kill() | sigpause() (v2) |
| aio_return() (v2) | link() | sigpending() |
| aio_suspend() (v2) | listen() (v3) | sigprocmask() |
| alarm() | lseek() | sigqueue() (v2) |
| bind() (v3) | lstat() (v3) | sigset() (v2) |
| cfgetispeed() | mkdir() | sigsuspend() |
| cfgetospeed() | mkfifo() | sleep() |
| cfsetispeed() | open() | socket() (v3) |
| cfsetospeed() | pathconf() | sockatmark() (v3) |
| chdir() | pause() | socketpair() (v3) |
| chmod() | pipe() | stat() |
| chown() | poll() (v3) | symlink() (v3) |
| clock_gettime() (v2) | posix_trace_event() (v3) | sysconf() |
| close() | pselect() (v3) | tcdrain() |
| connect() (v3) | raise() (v2) | tcflow() |

(이어짐)

| | | |
|---|---|---|
| creat() | read() | tcflush() |
| dup() | readlink() (v3) | tcgetattr() |
| dup2() | recv() (v3) | tcgetpgrp() |
| execle() | recvfrom() (v3) | tcsendbreak() |
| execve() | recvmsg() (v3) | tcsetattr() |
| fchmod() (v3) | rename() | tcsetpgrp() |
| fchown() (v3) | rmdir() | time() |
| fcntl() | select() (v3) | timer_getoverrun() (v2) |
| fdatasync() (v2) | sem_post() (v2) | timer_gettime() (v2) |
| fork() | send() (v3) | timer_settime() (v2) |
| fpathconf() (v2) | sendmsg() (v3) | times() |
| fstat() | sendto() (v3) | umask() |
| fsync() (v2) | setgid() | uname() |
| ftruncate() (v3) | setpgid() | unlink() |
| getegid() | setsid() | utime() |
| geteuid() | setsockopt() (v3) | wait() |
| getgid() | setuid() | waitpid() |
| getgroups() | shutdown() (v3) | write() |
| getpeername() (v3) | sigaction() | |
| getpgrp() | sigaddset() | |

SUSv3는 표 21-1에 나열되지 않은 모든 함수가 시그널에 대해 안전하지 않음을 나타내지만, 해당 함수는 시그널 핸들러가 안전하지 않은 함수의 실행을 인터럽트하고, 핸들러 자체도 안전하지 않은 함수를 호출하는 경우에만 안전하지 않음을 지적한다. 다시 말해, 시그널 핸들러를 작성할 때는 다음과 같은 두 가지 선택이 있다.

- 시그널 핸들러 자체 코드를 재진입 가능하도록 작성하고, 비동기 시그널 안전 함수만을 호출한다.
- 주 프로그램에서 안전하지 않은 함수를 호출하거나 시그널 핸들러가 갱신하는 전역 데이터 구조를 가지고 작업하는 코드를 실행하는 동안 시그널의 전달을 블록한다.

두 번째 방법의 문제는 복잡한 프로그램에서 시그널 핸들러가 안전하지 않은 함수를 호출하는 동안 주 프로그램을 인터럽트하지 않도록 보장하기가 어렵다는 점이다. 이런 이유로 위의 규칙은 종종 시그널 핸들러 내에서는 안전하지 않은 함수를 호출하지 말아야 한다는 문장으로 단순화된다.

> 같은 핸들러 함수를 사용해 여러 가지 시그널을 다루거나 sigaction()에 SA_NODEFER 플래그를 사용하면, 핸들러가 자기 자신을 인터럽트할 수도 있다. 결과적으로 핸들러가 전역(혹은 정적) 변수를 갱신한다면, 해당 변수를 주 프로그램이 쓰지 않더라도 재진입 불가하다.

### 시그널 핸들러 내부에서 errno 사용

표 21-1에 나열된 함수는 errno를 갱신할 수도 있기 때문에, 이 함수를 쓰면 시그널 핸들러가 재진입 불가해진다. 이는 주 프로그램에서 호출된 함수가 설정한 errno 값을 덮어쓰기 때문이다. 이를 피하는 방법은 아래 예처럼 표 21-1의 함수를 사용하는 시그널 핸들러의 진입 시점에 errno의 값을 저장하고, 종료 시점에 errno 값을 복원하는 것이다.

```
void
handler(int sig)
{
    int savedErrno;

    savedErrno = errno;

    /* 이제 errno를 수정하는 함수를 실행할 수 있다. */

    errno = savedErrno;
}
```

### 이 책의 예제 프로그램에서 사용하는 안전하지 않은 함수

printf()는 비동기 시그널 안전하지 않지만, 이 책의 여러 예제 프로그램에서 시그널 핸들러 내에 사용하고 있다. printf()는 시그널 핸들러가 호출됐는지를 나타내고, 핸들러 내에서 관련된 변수의 값을 출력하는 쉽고 간결한 방법을 제공하기 때문이다. 유사한 이유로 종종 다른 시그널 핸들러에서 기타 stdio 함수와 strsignal()을 포함한 몇 가지 안전하지 않은 함수를 사용한다.

실제 프로그램의 시그널 핸들러에서 비동기 시그널 안전하지 않은 함수를 호출하는 일은 피해야만 한다. 이런 점을 분명히 하고자, 예제 프로그램에서 앞서 언급한 함수 중 하나를 사용하는 각 시그널 핸들러에 그런 사용법이 안전하지 않음을 나타내는 주석을 달았다.

```
printf("Some message\n");     /* 안전하지 않음 */
```

### 21.1.3 전역 변수와 sig_atomic_t 데이터형

재진입 문제에도 불구하고, 주 프로그램과 시그널 핸들러 사이에 전역 변수를 공유하는 것이 유용할 수 있다. 이는 주 프로그램이 시그널 핸들러가 어느 시점에든지 전역 변수를 변경할 수 있는 가능성을 정확하게 처리하는 한 안전할 수 있다. 예를 들어, 한 가지 흔한 설계는 시그널 핸들러의 유일한 동작을 전역 플래그의 설정으로 만드는 것이다. 주 프로그램은 이 플래그를 주기적으로 검사하고, 시그널의 전달에 대응해 적절한 동작을 취한다(그리고 플래그를 해제한다). 시그널 핸들러가 전역 변수에 이런 식으로 접근할 때, 변수의 결과를 레지스터에 넣는 컴파일러의 최적화를 막기 위해 volatile 키워드(6.8절 참조)를 사용한다.

전역 변수를 읽고 쓰는 데는 1개 이상의 기계어 명령이 간여하고, 시그널 핸들러는 그런 일련의 명령 중간에서 주 프로그램을 인터럽트할 것이다(변수에 대한 접근은 아토믹하지 않다). 이런 이유로 C 언어 표준과 SUSv3는 정수 데이터형인 sig_atomic_t를 명시하고, 이에 대한 읽기와 쓰기가 아토믹함을 보장한다. 따라서 주 프로그램과 시그널 핸들러 사이에 공유되는 전역 플래그 변수는 다음과 같이 선언돼야 한다.

```
volatile sig_atomic_t flag;
```

626페이지의 리스트 22-5는 sig_atomic_t 데이터형의 사용 예를 보여준다.

C 증가(++)와 감소(--) 연산자는 sig_atomic_t가 제공하는 원자성 보장에 해당하지 않음을 알아두기 바란다. 일부 하드웨어 아키텍처에서 이들 동작은 아토믹하지 않을 것이다(자세한 내용은 Vol. 2의 2.1절을 참조하라). sig_atomic_t 변수에 대한 작업 중 안전이 보장되는 것은, 시그널 핸들러 내에서 설정하고 주 프로그램에서 검사하는 것이다(혹은 반대도 가능하다).

C99와 SUSv3는 구현이 sig_atomic_t의 변수에 할당되는 값의 범위를 정의하는 두 상수인 SIG_ATOMIC_MIN과 SIG_ATOMIC_MAX를 (<stdint.h>에) 정의해야 한다고 규정

한다. 표준에 따르면, sig_atomic_t가 부호 있는 값이라면 범위가 적어도 -127~127이고, 부호가 없는 값이라면 0~255여야 한다. 리눅스에서 이 두 상수는 부호 있는 32비트 정수값의 음수와 양수 한도와 같다.

## 21.2 시그널 핸들러를 종료하는 그 밖의 방법

지금까지 살펴본 모든 시그널 핸들러는 주 프로그램으로 리턴함으로써 완료된다. 하지만 단순히 시그널 핸들러에서 리턴하는 게 바람직하지 않을 때가 있고, 어떤 경우에는 유용하지 않을 때도 있다(22.4절에서 하드웨어 생성 시그널에 대한 논의를 할 때 시그널 핸들러에서 리턴하는 것이 유용하지 않은 예를 살펴볼 것이다).

시그널 핸들러를 종료하는 여러 가지 방법이 존재한다.

- 프로세스를 종료하기 위해 _exit()를 사용한다. 사전에 핸들러는 자원 해제 cleanup 동작을 실행할 것이다. 시그널 핸들러는 표 21-1에 나열된 안전한 함수 중의 하나가 아니므로, 종료하기 위해서 exit()를 사용할 수 없음을 알아두기 바란다. exit()는 25.1절에서 설명하듯이 _exit()를 호출하기에 앞서 stdio 버퍼를 비우기 때문에 안전하지 않다.
- 프로세스를 종료kill하는 (기본 동작이 프로세스 종료인) 시그널을 보내기 위해 kill()이나 raise()를 사용한다.
- 시그널 핸들러에서 비지역 goto를 사용한다.
- 코어 덤프로 프로세스를 종료하도록 abort() 함수를 사용한다.

마지막 두 가지 옵션은 다음 절에서 자세히 설명한다.

### 21.2.1 시그널 핸들러에서 비지역 goto 사용

6.8절에서는 어떤 함수에서 호출자 중 하나로의 비지역 goto를 수행하기 위한 setjmp()와 longjmp()의 사용법을 설명했다. 이 기법을 시그널 핸들러에서도 사용할 수 있다. 이 방법은 하드웨어 예외(예: 메모리 접근 에러)에 의해 발생한 시그널의 전달 이후에 정상 상태로 돌아가는 방법과 시그널을 잡고 프로그램의 특정 지점으로 제어를 넘기기 위한 방법을 제공한다. 예를 들면, (일반적으로 Control-C를 입력함으로써 생성되는) SIGINT 시그널을 받으면, 셸은 주요 입력 루프로 제어를 리턴하기 위해 비지역 goto를 실행한다(그리고 새로운 명령을 읽는다).

그러나 시그널 핸들러를 종료하기 위해 표준 longjmp() 함수를 사용하는 데는 문제가 있다. 시그널 핸들러의 입력에서 커널은 자동적으로 실행하는 시그널과 act.sa_mask 필드에 명시된 어떠한 시그널도 프로세스 시그널 마스크에 추가하고, 핸들러가 정상적으로 리턴할 때 마스크로부터 이런 시그널을 제거한다고 앞에서 말했다.

longjmp()를 사용해 시그널 핸들러를 종료하면 시그널 마스크에는 어떤 상황이 발생할까? 답은 특정 유닉스 구현의 계보에 달려 있다. 시스템 V에서 longjmp()는 시그널 마스크를 복원하지 않고, 따라서 블록된 시그널은 핸들러를 떠나는 동시에 블록해제되지 않는다. 리눅스는 시스템 V의 동작을 따른다(이는 핸들러의 실행을 유발하는 시그널이 계속 블록되도록 하기 때문에, 보통은 바람직한 방법이 아니다). BSD 계열 구현에서 setjmp()는 env 인자에 시그널 마스크를 저장하고, 저장된 시그널 마스크는 longjmp()에 의해 복원된다(BSD 기반의 구현은 시스템 V처럼 동작하는 두 가지 함수인 _setjmp()와 _longjmp()도 제공한다). 다시 말해, 시그널 핸들러를 종료하기 위해서 이식성 있게 longjmp()를 사용할 수 없다.

> 프로그램을 컴파일할 때 _BSD_SOURCE를 정의하면, (glibc의) setjmp()는 BSD 방식을 따른다.

두 주요 유닉스 계열에서의 이런 차이로 인해, POSIX.1-1990은 setjmp()와 longjmp()에 의한 시그널 마스크의 처리를 명시하지 않기로 했다. 대신에 비지역 goto를 실행할 때 시그널 마스크의 명시적인 제어를 제공하는 새로운 함수인 sigsetjmp()와 siglongjmp()를 정의했다.

```
#include <setjmp.h>

int sigsetjmp(sigjmp_buf env, int savesigs);
            초기 호출 시 0을 리턴하고, siglongjmp()를 통해 리턴될 때 0이 아닌 값을 리턴한다.
void siglongjmp(sigjmp_buf env, int val);
```

sigsetjmp()와 siglongjmp() 함수는 setjmp() 및 longjmp()와 유사하게 동작한다. 유일한 차이점은 env 인자(jmp_buf 대신 sigjmp_buf)와 sigsetjmp()에 추가된 savesigs 인자다. savesigs가 0이 아닌 경우, sigsetjmp() 호출 시에 존재하는 프로세스 시그널 마스크는 env에 저장되고, 같은 env 인자를 명시하는 이후의 siglongjmp() 호출에 의해 복원된다. savesigs가 0이면, 프로세스 시그널 마스크는 저장되지 않고 복원되지도 않는다.

longjmp()와 siglongjmp() 함수는 표 21-1의 비동기 시그널 안전 함수에 포함되어 있지 않다. 이는 비지역 goto를 실행하고 난 이후에 비동기 시그널 안전하지 않은 함수를 호출하면 시그널 핸들러 함수 내에서 함수를 호출할 때와 마찬가지로 위험하기 때문이다. 더욱이 시그널 핸들러가 데이터 구조를 갱신하고 있는 도중에 주 프로그램을 인터럽트하고, 핸들러가 비지역 goto를 실행해서 종료한다면, 완료되지 않은 갱신은 데이터 구조체를 모순되는 상태로 남겨둘 것이다. 이런 문제를 피하는 데 도움이 되는 한 가지 방법은 민감한 갱신을 수행할 때, 시그널을 일시적으로 블록하는 sigprocmask()를 사용하는 것이다.

### 예제 프로그램

리스트 21-2는 두 가지 종류의 비지역 goto에서 시그널 마스크 처리의 차이점을 보여준다. 이 프로그램은 SIGINT를 위한 핸들러를 만든다. 이 프로그램은 USE_SIGSETJMP 매크로가 정의돼서 컴파일됐는지 여부에 따라서 시그널 핸들러를 종료하기 위해 setjmp()와 longjmp()의 조합이나 sigsetjmp()와 siglongjmp()의 조합 중 하나가 사용되도록 설계됐다. 이 프로그램은 시그널 핸들러 진입 시와 비지역 goto가 핸들러에서 주 프로그램으로 제어권을 넘긴 이후에 시그널 마스크 설정을 출력한다.

다음은 longjmp()가 시그널 핸들러를 종료하는 데 사용되도록 프로그램을 빌드했을 때, 프로그램을 실행하면 얻을 수 있는 결과다.

```
$ make -s sigmask_longjmp        기본 컴파일은 setjmp()를 사용하게 한다.
$ ./sigmask_longjmp
Signal mask at startup:
                <empty signal set>
Calling setjmp()
SIGINT를 생성하기 위해 Control-C를 입력한다.
Received signal 2 (Interrupt), signal mask is:
                2 (Interrupt)
After jump from handler, signal mask is:
                2 (Interrupt)
(SIGINT가 블록됐기 때문에, 이 시점에서 Control-C를 다시 입력하는 것은 아무런 영향이 없다.)
프로그램을 종료하기 위해 Control-\를 입력한다.
Quit
```

프로그램 결과로부터 시그널 핸들러의 longjmp() 이후에 시그널 마스크가 시그널 핸들러 진입 시 설정된 값으로 남아 있음을 확인할 수 있다.

> 앞의 셸 세션에서는 이 책의 소스 코드 배포판에 있는 makefile을 사용해 프로그램을 만들었다. -s 옵션은 실행하는 명령을 출력(echo)하지 말 것을 make에 알려준다. 세션 로그가 지저분해지지 않게 하고자 이 옵션을 사용한다([Mecklenburg, 2005]는 GNU make 프로그램에 대한 설명을 제공한다).

같은 소스 파일을, 핸들러를 종료하기 위해 siglongjmp()를 사용하는 실행 파일을 만들도록 컴파일하면, 다음과 같은 과정을 확인할 수 있다.

```
$ make -s sigmask_siglongjmp cc -DUSE_SIGSETJMP를 사용해 컴파일한다.
$ ./sigmask_siglongjmp x
Signal mask at startup:
                <empty signal set>
Calling sigsetjmp()
Control-C를 입력한다.
Received signal 2 (Interrupt), signal mask is:
                2 (Interrupt)
After jump from handler, signal mask is:
                <empty signal set>
```

이 시점에서 siglongjmp()가 시그널 마스크를 원래의 상태로 복원했기 때문에 SIGINT는 블록되지 않는다. 다음엔 Control-C를 입력하고, 따라서 핸들러는 한 번 더 호출된다.

```
Control-C를 입력한다.
Received signal 2 (Interrupt), signal mask is:
                2 (Interrupt)
After jump from handler, signal mask is:
                <empty signal set>
프로그램을 종료하기 위해 Control-\를 입력한다.
Quit
```

위의 결과에서 siglongjmp()가 시그널 마스크를 sigsetjmp() 호출 시점에 가졌던 값(즉 빈 시그널 집합)으로 복원하는 모습을 볼 수 있다.

리스트 21-2는 또한 비지역 goto를 실행하는 시그널 핸들러를 사용하는 유용한 기법을 보여준다. 시그널은 어떤 순간에도 발생할 수 있기 때문에, 실질적으로 goto의 타깃이 sigsetjmp()(또는 setjmp())에 의해 설정되기 전에 발생할 것이다. 이런 가능성(핸들러가 초기화되지 않은 env 버퍼를 사용해 비지역 goto를 실행하게 하는)을 블록하고자, env 버퍼가 초기화됐는지 여부를 나타내는 보호 변수인 canJump를 사용한다. canJump가 거짓false이면, 비지역 goto를 실행하는 대신에 핸들러는 단순히 리턴한다. 또 다른 방법은 프로그램 코드를 처리해 sigsetjmp()(또는 setjmp()) 호출이 시그널 핸들러가 만들어지기 전에 발생하도록 하는 것이다. 그러나 복잡한 프로그램에서 이런 두 가지 과정은 그 순서로 실행되도록 보장하기 어렵고, 보호 변수의 사용이 더욱 간단할 것이다.

#ifdef를 사용하는 것이 표준을 따르는 방식으로 리스트 21-2의 프로그램을 작성하는 가장 간단한 방법이었다. 특히 #ifdef를 다음의 실행 시 검사로 교체할 수 없었다.

```
if (useSiglongjmp)
    s = sigsetjmp(senv, 1);
else
    s = setjmp(env);
if (s == 0)
    ...
```

SUSv3에서는 setjmp()와 sigsetjmp()를 대입문 내에서 사용하도록 허용하지 않기 때문에, 이런 구현은 허용되지 않는다(6.8절 참조).

**리스트 21-2** 시그널 핸들러에서 비지역 goto 실행

signals/sigmask_longjmp.c

```
#define _GNU_SOURCE        /* <string.h>의 strsignal() 선언 사용 */
#include <string.h>
#include <setjmp.h>
#include <signal.h>
#include "signal_functions.h" /* printSigMask() 선언 */
#include "tlpi_hdr.h"

static volatile sig_atomic_t canJump = 0;
                          /* env 버퍼가 [sig]setjmp()에 의해 초기화되면 1로 설정 */
#ifdef USE_SIGSETJMP
static sigjmp_buf senv;
#else
static jmp_buf env;
#endif

static void
handler(int sig)
{
    /* 안전하지 않음: 핸들러는 비동기 시그널 안전하지 않은 함수(printf(),
       strsignal(), printSigMask(); 21.1.2절 참조)를 사용 */

    printf("Received signal %d (%s), signal mask is:\n", sig,
            strsignal(sig));
    printSigMask(stdout, NULL);

    if (!canJump) {
        printf("'env' buffer not yet set, doing a simple return\n");
        return;
    }
```

```
#ifdef USE_SIGSETJMP
    siglongjmp(senv, 1);
#else
    longjmp(env, 1);
#endif
}

int
main(int argc, char *argv[])
{
    struct sigaction sa;

    printSigMask(stdout, "Signal mask at startup:\n");

    sigemptyset(&sa.sa_mask);
    sa.sa_flags = 0;
    sa.sa_handler = handler;
    if (sigaction(SIGINT, &sa, NULL) == -1)
        errExit("sigaction");

#ifdef USE_SIGSETJMP
    printf("Calling sigsetjmp()\n");
    if (sigsetjmp(senv, 1) == 0)
#else
    printf("Calling setjmp()\n");
    if (setjmp(env) == 0)
#endif
        canJump = 1;            /* [sig]setjmp() 이후에 실행 */

    else                        /* [sig]longjmp() 이후에 실행 */
        printSigMask(stdout,
                     "After jump from handler, signal mask is:\n" );

    for (;;)                    /* 종료될 때까지 시그널을 기다림 */
        pause();
}
```

### 21.2.2 프로세스의 비정상 종료: abort()

abort() 함수는 호출한 프로세스를 종료하고, 코어 덤프를 만들게 한다.

```
#include <stdlib.h>

void abort(void);
```

abort() 함수는 SIGABRT 시그널을 생성함으로써 호출한 프로세스를 종료한다. SIGABRT의 기본 동작은 코어 덤프 파일을 생성하고, 프로세스를 종료한다. 코어 덤프 파일은 abort() 호출 시점의 프로그램 상태를 검사하는 디버거에서 사용할 수 있다.

SUSv3는 abort()가 SIGABRT의 블록이나 무시 효과를 덮어쓰도록 요구한다. 더욱이 SUSv3에 따르면, 프로세스가 리턴하지 않는 핸들러를 가진 시그널을 잡지 않을 경우 abort()가 프로세스를 종료해야 한다. 이 마지막 문장은 생각해볼 필요가 있다. 21.2절에서 설명한 시그널 핸들러 종료 방법 가운데, 여기서 관련되는 한 가지는 핸들러를 종료하기 위해 비지역 goto를 사용하는 방법이다. 이 동작이 완료되면 abort()의 효과는 무효화된다. 그렇지 않으면, abort()는 항상 프로세스를 종료한다. 대부분의 구현에서 종료는 다음과 같이 보장된다. 즉 프로세스가 여전히 SIGABRT를 한 번 보낸 이후에도 여전히 종료되지 않는다면(즉 핸들러가 시그널을 잡고 리턴하고, 따라서 abort()의 실행이 재시작된다), abort()는 SIGABRT의 처리를 SIG_DFL로 재설정하고, 프로세스 종료를 보장하는 두 번째 SIGABRT를 전달한다.

abort()가 성공적으로 프로세스를 종료하면, stdio 스트림을 비우고 닫는다.

abort()의 사용 예는 119페이지에 있는 리스트 3-3의 에러 처리 함수에서 찾을 수 있다.

## 21.3 대체 스택의 시그널 처리: sigaltstack()

일반적으로 시그널 핸들러가 실행될 때 커널은 프로세스 스택에 프레임을 생성한다. 그러나 프로세스가 최대 크기를 넘어서 스택을 확장하려고 하면, 프레임을 만드는 일은 불가능할 것이다. 이는, 예를 들면 스택이 너무 커서 매핑된 메모리의 영역이나 위쪽의 힙에 닿거나(Vol. 2의 11.5절 참조), RLIMIT_STACK 자원 한도(31.3절 참조)에 도달할 만큼 커질 경우에 발생할 수 있다.

프로세스가 최대 크기를 넘어서 커지려고 할 때, 커널은 프로세스에 SIGSEGV 시그널을 보낸다. 그러나 스택 공간이 부족하기 때문에, 커널은 프로그램이 만든 SIGSEGV 핸들러를 위한 프레임을 생성할 수 없다. 결과적으로 핸들러는 실행되지 않고, 프로세스는 종료된다(SIGSEGV의 기본 동작).

대신에 SIGSEGV가 이러한 환경에서 처리됨을 보장할 필요가 있다면, 다음과 같은 과정을 따를 수 있다.

1. 시그널 핸들러의 스택 프레임에 사용될, 대체 시그널 스택alternate signal stack이라는 메모리 영역을 할당한다.
2. 대체 시그널 스택의 존재를 커널에 알리기 위해 sigaltstack() 시스템 호출을 사용한다.
3. 시그널 핸들러를 만들 때, 이 핸들러에 대한 프레임은 대체 스택에 생성돼야 함을 커널에게 알려주기 위해 SA_ONSTACK 플래그를 명시한다.

sigaltstack() 시스템 호출은 대체 시그널 스택을 만들고, 이미 생성된 모든 시그널 스택에 대한 정보를 리턴한다.

```
#include <signal.h>

int sigaltstack(const stack_t *sigstack, stack_t *old_sigstack);
```

성공하면 0을 리턴하고, 에러가 발생하면 -1을 리턴한다.

sigstack 인자는 새로운 대체 시그널 스택의 위치와 속성을 명시하는 구조체를 가리킨다. old_sigstack 인자는 이전에 만들어진 대체 시그널 스택에 대한 정보를 리턴할 때 쓰는 구조체를 가리킨다. 이 인자들 중 하나는 NULL로 지정할 수 있다. 예를 들어, sigstack 인자에 NULL을 지정함으로써 변경하지 않고 현존하는 대체 시그널 스택에 관해 알아낼 수 있다. 그렇지 않으면 인자 각각은 다음과 같은 구조체를 가리킨다.

```
typedef struct {
    void * ss_sp;     /* 대체 스택의 시작 주소 */
    int    ss_flags;  /* 플래그: SS_ONSTACK, SS_DISABLE */
    size_t ss_size;   /* 대체 스택의 크기 */
} stack_t;
```

ss_sp와 ss_size 필드는 크기와 대체 시그널 스택의 위치를 명시한다. 실제로 대체 시그널 스택을 사용할 때, 커널은 ss_sp에 주어진 값을 하드웨어 구조에 적절한 주소 경계에 자동으로 맞춘다.

일반적으로 대체 시그널 스택은 정적으로 할당되거나, 힙에 동적으로 할당된다. SUSv3는 대체 스택의 크기를 조절할 때 일반적인 값으로 사용되는 상수 SIGSTKSZ와 시그널 핸들러를 실행할 때 요구되는 최소 크기로는 MINSIGSTKSZ를 명시한다. 리눅스/x86-32에서 이들 상수는 각각 8192와 2048로 정의된다.

커널은 대체 시그널 스택의 크기를 조절하지 않는다. 스택이 할당한 크기를 넘어서는 경우 혼란이 야기된다(예를 들어, 스택의 한도를 넘어서 변수를 덮어쓰는 것). 이는, 대체 시그널 스택을 표준 스택 오버플로의 특별한 경우를 처리하기 위해 사용하기 때문에, 보통은 문제가 되지 않는다. SIGSEGV 핸들러의 역할은 어느 정도의 자원을 해제하고 프로세스를 종료하거나 비지역 goto를 사용해 표준 스택을 푸는unwind 것이다.

ss_flags 필드는 다음 값 중 하나를 담고 있다.

- SS_ONSTACK: 이 플래그가 현재 만들어진 대체 시그널 스택(old_sigstack)에 대한 정보를 추출할 때 설정되면, 프로세스가 대체 시그널 스택에 실행되고 있음을 가리킨다. 프로세스가 대체 시그널 스택에 이미 실행되고 있는 동안 새로운 대체 시그널 스택을 만들려고 하는 시도는 sigaltstack()에서 에러(EPERM)를 발생시킨다.
- SS_DISABLE: old_sigstack에서 리턴되는 이 플래그는 현재 생성된 대체 시그널 스택이 존재하지 않음을 가리킨다. sigstack에 명시될 때, 이 플래그는 현재 설정된 대체 시그널 스택을 비활성화한다.

리스트 21-3은 대체 시그널 스택의 설정과 사용법을 보여준다. 대체 시그널 스택과 SIGSEGV 핸들러를 구축한 이후에 이 프로그램은 무한 반복하는 함수를 호출하고, 따라서 스택은 오버플로하고 프로세스는 SIGSEGV 시그널을 받는다. 프로그램을 실행하면, 다음과 같은 과정을 볼 것이다.

```
$ ulimit -s unlimited
$ ./t_sigaltstack
Top of standard stack is near 0xbffff6b8
Alternate stack is at         0x804a948-0x804cfff
Call    1 - top of stack near 0xbff0b3ac
Call    2 - top of stack near 0xbfe1714c
중략
Call 2144 - top of stack near 0x4034120c
Call 2145 - top of stack near 0x4024cfac
Caught signal 11 (Segmentation fault)
Top of handler stack near     0x804c860
```

이 셸 세션에서 ulimit 명령은 셸에서 정의됐을지도 모를 RLIMIT_STACK 자원 한도값을 제거하는 데 사용된다. 이런 자원 한도값에 대해서는 31.3절에서 설명한다.

**리스트 21-3** sigaltstack()의 사용 예

signals/t_sigaltstack.c

```
#define _GNU_SOURCE          /* <string.h>의 strsignal() 선언 사용 */
#include <string.h>
#include <signal.h>
#include "tlpi_hdr.h"

static void
sigsegvHandler(int sig)
{
    int x;

    /* 안전하지 않음: 핸들러는 비동기 시그널 안전하지 않은 함수(printf(),
       strsignal(), fflush(); 21.1.2절 참조)를 사용 */

    printf("Caught signal %d (%s)\n", sig, strsignal(sig));
    printf("Top of handler stack near     %10p\n", (void *) &x);
    fflush(NULL);

    _exit(EXIT_FAILURE);     /* SIGSEGV 이후에 리턴할 수 없다. */
}

static void                  /* 스택을 오버플로시키는 반복 함수 */
overflowStack(int callNum)
{
    char a[100000];          /* 이 스택 프레임을 크게 만든다. */

    printf("Call %4d - top of stack near %10p\n", callNum, &a[0]);
    overflowStack(callNum+1);
}

int
main(int argc, char *argv[])
{
    stack_t sigstack;
    struct sigaction sa;
    int j;

    printf("Top of standard stack is near %10p\n", (void *) &j);

    /* 대체 스택을 할당하고 커널에 그 존재를 알린다. */

    sigstack.ss_sp = malloc(SIGSTKSZ);
    if (sigstack.ss_sp == NULL)
        errExit("malloc");
    sigstack.ss_size = SIGSTKSZ;
    sigstack.ss_flags = 0;
    if (sigaltstack(&sigstack, NULL) == -1)
        errExit("sigaltstack");
```

```
    printf("Alternate stack is at          %10p-%p\n",
            sigstack.ss_sp, (char *) sbrk(0) - 1);

    sa.sa_handler = sigsegvHandler;      /* SIGSEGV 핸들러를 만듦 */
    sigemptyset(&sa.sa_mask);
    sa.sa_flags = SA_ONSTACK;            /* 핸들러는 대체 스택을 사용한다. */
    if (sigaction(SIGSEGV, &sa, NULL) == -1)
        errExit("sigaction");

    overflowStack(1);
}
```

## 21.4 SA_SIGINFO 플래그

sigaction()으로 핸들러를 만들 때 SA_SIGINFO를 설정하면 시그널이 전달될 때 핸들러가 시그널에 대한 추가적인 정보를 얻을 수 있다. 이런 정보를 얻으려면 핸들러를 다음과 같이 선언해야 한다.

```
void handler(int sig, siginfo_t *siginfo, void *ucontext);
```

첫 번째 인자인 sig는 표준 시그널 핸들러에서처럼 시그널 번호다. 두 번째 인자인 siginfo는 시그널에 대한 추가적인 정보를 제공하는 데 사용되는 구조체다. 이 구조체는 아래 설명되어 있다. 마지막 인자인 ucontext도 아래에서 설명한다.

위 핸들러의 선언부는 표준 시그널 핸들러와 형태가 다르기 때문에, C 입력 규칙에 따르면 핸들러 주소를 명시하는 sigaction 구조체의 sa_handler 필드를 사용할 수 없다. 대신에 대체 필드인 sa_sigaction을 사용해야만 한다. 다시 말해, sigaction 구조체의 정의는 20.13절에 나타낸 것보다는 다소 복잡하다. 전체 구조체는 다음과 같다.

```
struct sigaction {
    union {
        void (*sa_handler)(int);
        void (*sa_sigaction)(int, siginfo_t *, void *);
    } __sigaction_handler;
    sigset_t   sa_mask;
    int        sa_flags;
    void (*    sa_restorer)(void);
};

/* 다음 정의는 유니온 필드를 부모 구조체의 간단한 필드처럼 보이게 한다. */
```

```
#define sa_handler __sigaction_handler.sa_handler
#define sa_sigaction __sigaction_handler.sa_sigaction
```

sigaction 구조체는 sa_sigaction과 sa_handler 필드를 합치기 위해 유니온 union을 사용한다(대부분의 유닉스 구현은 이런 목적으로 유니온을 사용한다). 유니온을 사용하는 것은 이런 필드 가운데 오직 하나만이 특정 sigaction() 호출 동안에 요구되므로 가능하다(그러나 sa_handler와 sa_sigaction 필드를 각자 독립적으로 설정할 수 있다고 순진하게 기대하는 경우 이상한 버그를 양산할 수 있다. 이는 아마도 다른 시그널에 대한 핸들러를 만들 때 여러 개의 sigaction() 호출에서 하나의 sigaction() 구조체를 재사용하기 때문일 것이다).

다음은 시그널 핸들러를 구축하기 위한 SA_SIGINFO의 사용 예다.

```
struct sigaction act;

sigemptyset(&act.sa_mask);
act.sa_sigaction = handler;
act.sa_flags = SA_SIGINFO;

if (sigaction(SIGINT, &act, NULL) == -1)
    errExit("sigaction");
```

SA_SIGINFO 플래그의 사용 예 전체를 보려면 리스트 22-3(622페이지)과 리스트 23-5(669페이지)를 참조하기 바란다.

### siginfo_t 구조체

SA_SIGINFO로 생성되는 시그널 핸들러의 두 번째 인자로 전달되는 siginfo_t 구조체는 다음과 같은 형태를 띤다.

```
typedef struct {
    int     si_signo;           /* 시그널 번호 */
    int     si_code;            /* 시그널 코드 */
    int     si_trapno;          /* 하드웨어 생성 시그널의 트랩 번호
                                   (대부분의 아키텍처에서 사용되지 않음) */
    union sigval si_value;      /* sigqueue()의 첨부된 데이터 */
    pid_t   si_pid;             /* 송신 프로세스의 프로세스 ID */
    uid_t   si_uid;             /* 송신자의 실제 사용자 */
    int     si_errno;           /* 에러 번호(일반적으로 사용되지 않음) */
    void *  si_addr;            /* 시그널을 생성한 주소(하드웨어 생성 시그널) */
    int     si_overrun;         /* 초과 카운트(리눅스 2.6에서 POSIX 타이머) */
    int     si_timerid;         /* (커널 내부) 타이머 ID(리눅스 2.6에서 POSIX 타이머) */
    long    si_band;            /* 밴드 이벤트(SIGPOLL/SIGIO) */
    int     si_fd;              /* 파일 디스크립터(SIGPOLL/SIGIO) */
    int     si_status;          /* 종료 상태나 시그널(SIGCHLD) */
```

```
    clock_t si_utime;             /* 사용자 CPU 시간(SIGCHLD) */
    clock_t si_stime;             /* 시스템 CPU 시간(SIGCHLD) */
} siginfo_t;
```

_POSIX_C_SOURCE 기능 테스트 매크로는 <signal.h>에서 siginfo_t 구조체의 정의가 보이도록 199309 이상의 값으로 정의돼야 한다.

리눅스에서는 대부분의 유닉스 구현에서와 동일하게 siginfo_t 구조체의 많은 필드에서 유니온으로 결합된다. 이는 모든 필드가 각 시그널에 필요하지는 않기 때문이다(자세한 내용은 <bits/siginfo.h>를 참조하기 바란다).

시그널 핸들러의 입력에서 siginfo_t 구조체의 필드는 다음 값으로 설정된다.

- si_signo: 이 필드는 모든 시그널에 대해 설정된다. 핸들러의 실행을 야기하는 시그널의 수를 포함한다. 즉 핸들러의 sig 인자와 동일한 값을 갖는다.
- si_code: 이 필드는 모든 시그널에 대해 설정된다. 표 21-2에 나와 있듯이, 시그널 발생 원인에 대한 자세한 정보를 제공하는 코드를 포함한다.
- si_value: 이 필드는 sigqueue()를 통해 전달된 시그널의 관련 데이터를 포함한다. sigqueue()는 22.8.1절에서 설명한다.
- si_pid: kill()이나 sigqueue()를 통해 전달된 시그널에 대해, 이 필드는 송신 프로세스의 프로세스 ID로 설정된다.
- si_uid: kill()이나 sigqueue()를 통해 전달된 시그널에 대해, 이 필드는 송신 프로세스의 실제 사용자 ID로 설정된다. 시스템이 송신 프로세스의 실제 사용자 ID를 제공하는 이유는 유효 사용자 ID를 제공할 때보다 더욱 많은 정보를 제공하기 때문이다. 20.5절의 시그널 송신 권한 규칙을 살펴보기 바란다. 즉 유효 사용자 ID는 시그널을 보내기 위해 송신자 권한을 허용한다면, 사용자 ID가 0(즉 특권 프로세스) 또는 실제 사용자 ID와 동일하거나, 수신 프로세스의 저장된 set-user-ID 중 하나여야 한다. 이런 경우에 수신자가 (유효 사용자 ID와는 다른) 송신자의 실제 사용자 ID를 알면 유용할 수 있다(예를 들어, 송신자가 set-user-ID 프로그램인 경우).
- si_errno: 이 필드는 0이 아닌 값으로 설정되며, 시그널의 원인을 식별하는 (errno 같은) 에러 번호를 포함한다. 이 필드는 일반적으로 리눅스에서 사용되지 않는다.
- si_addr: 이 필드는 하드웨어가 생성한 SIGBUS, SIGSEGV, SIGILL, SIGFPE 시그널에서 설정된다. SIGBUS와 SIGSEGV 시그널에서, 이 필드는 무효한 메모리 참

조를 야기한 주소를 포함한다. SIGILL과 SIGFPE 시그널에서, 이 필드는 시그널을 야기한 프로그램 명령의 주소를 포함한다.

비표준 리눅스 확장인 다음 필드는 POSIX 타이머의 만료 때 생성되는 시그널을 전달할 때만 설정된다(23.6절 참조).

- si_timerid: 이 필드는 커널이 타이머를 식별하기 위해 내부적으로 사용하는 ID를 포함한다.
- si_overrun: 이 필드는 타이머의 초과 카운트로 설정된다.

다음 2개의 필드는 SIGIO 시그널을 전달할 때만 설정된다(Vol. 2의 26.3절 참조).

- si_band: 이 필드는 I/O 이벤트와 관련된 '밴드 이벤트'를 포함한다(2.3.2까지의 glibc 버전에서 si_band는 int 형이었다).
- si_fd: 이 필드는 I/O 이벤트와 관련된 파일 디스크립터의 수를 포함한다. SUSv3에는 정의되어 있지 않은 필드지만, 다른 많은 구현에 존재한다.

다음 필드는 SIGCHLD 시그널 전달 시에만 설정된다(26.3절 참조).

- si_status: 이 필드는 (si_code가 CLD_EXITED인 경우) 자식의 종료 상태나 자식으로 전달된 시그널의 수를 포함한다(즉 26.1.3절에서 설명하듯이 자식을 종료하거나 멈추게 한 시그널의 수).
- si_utime: 이 필드는 자식 프로세스에 의해 사용되는 사용자 CPU 시간을 포함한다. 커널 2.6 이전과 2.6.27부터 이 플래그는 시스템 클록 틱(sysconf(_SC_CLK_TCK)로 나눔)으로 측정된다. 2.6.27 이전의 커널 2.6에서는 버그로 인해 이 필드가 (사용자가 설정 가능한) 지피jiffy(10.6절 참조)로 측정된 시간을 보고했다. SUSv3에는 정의되어 있지 않은 필드지만, 다른 많은 구현에 존재한다.
- si_stime: 이 필드는 자식 프로세스에 의해 사용되는 시스템 CPU 시간을 담고 있다. si_utime 필드의 설명을 참조하기 바란다. SUSv3에는 정의되어 있지 않은 필드이지만, 다른 많은 구현에 존재한다.

si_code 필드는 표 21-2에 나타난 값을 사용해 시그널 발생 원인에 대한 많은 정보를 제공한다. 이 표의 두 번째 열에 있는 시그널의 모든 값이 모든 유닉스 구현과 하드웨어 구조에 나타나진 않는다(특히 네 가지 하드웨어 생성 시그널인 SIGBUS, SIGSEGV, SIGILL, SIGFPE

의 경우). 하지만 이런 모든 상수는 리눅스에 정의되어 있고, 대부분 SUSv3에 존재한다.

다음은 표 21-2에 나오는 값에 대한 보충 설명이다.

- SI_KERNEL과 SI_SIGIO 값은 리눅스에 고유하다. 이 값들은 SUSv3에 명시되지 않았고, 그 밖의 유닉스 구현에 존재하지 않는다.
- SI_SIGIO는 리눅스 2.2에서만 사용된다. 커널 2.4부터 리눅스에서는 표에 나타난 POLL_* 상수를 대신 사용한다.

> SUSv4에는 psignal()과 목적이 비슷한 psiginfo() 함수가 정의되어 있다(20.8절 참조). psiginfo() 함수는 2개의 인자, 즉 siginfo_t 구조체의 포인터와 메시지 문자열을 취한다. 이 함수는 표준 에러(standard error)에 메시지 문자열을 출력하고, 뒤이어서 siginfo_t 구조체에 설명된 시그널에 대한 정보를 출력한다. psiginfo() 함수는 glibc 버전 2.10부터 제공된다. glibc 구현은 시그널 설명과 시그널 발생 원인(si_code 필드에 명시된 것처럼)을 출력하고, 다른 몇몇 시그널에 대해서는 siginfo_t 구조체의 다른 필드를 출력한다. psiginfo() 함수는 SUSv4에서 새로 등장했고, 모든 시스템에서 쓸 수 있는 것은 아니다.

**표 21-2** siginfo_t 구조체의 si_code 필드에 리턴되는 값

| 시그널 | si_code 값 | 시그널 발생 원인 |
|---|---|---|
| 모든 시그널 | SI_ASYNCIO | 비동기 I/O(AIO) 오퍼레이션 완성 |
| | SI_KERNEL | 커널에 의해 전달(예: 터미널 드라이버로부터의 시그널) |
| | SI_MESGQ | POSIX 메시지 큐에서 메시지 도달(커널 2.6.6부터) |
| | SI_QUEUE | sigqueue()를 통한 사용자 프로세스로부터의 실시간 시그널 |
| | SI_SIGIO | SIGIO 시그널(리눅스 2.2만 해당) |
| | SI_TIMER | POSIX (실시간) 타이머 만료 |
| | SI_TKILL | tkill()이나 tgkill()을 통한 사용자 프로세스(리눅스 2.4.19부터) |
| | SI_USER | kill()이나 raise()를 통한 사용자 프로세스 |
| SIGBUS | BUS_ADRALN | 무효한 주소 정렬 |
| | BUS_ADRERR | 존재하지 않는 물리 주소 |
| | BUS_MCEERR_AO | 하드웨어 메모리 에러; 동작은 선택적(리눅스 2.6.32부터) |
| | BUS_MCEERR_AR | 하드웨어 메모리 에러; 동작 요구(리눅스 2.6.32부터) |
| | BUS_OBJERR | 객체 기반 하드웨어 에러 |

(이어짐)

| 시그널 | si_code 값 | 시그널 발생 원인 |
|---|---|---|
| SIGCHLD | CLD_CONTINUED | SIGCONT에 의해 계속되는 자식(리눅스 2.6.9부터) |
| | CLD_DUMPED | 코어 덤프를 하고 비정상적으로 종료된 자식 |
| | CLD_EXITED | 자식 종료 |
| | CLD_KILLED | 코어 덤프 없이 비정상 종료된 자식 |
| | CLD_STOPPED | 자식 중지 |
| | CLD_TRAPPED | 추적된 자식 중지 |
| SIGFPE | FPE_FLTDIV | 부동소수점 0으로 나눔 |
| | FPE_FLTINV | 무효한 부동소수점 동작 |
| | FPE_FLTOVF | 부동소수점 오버플로 |
| | FPE_FLTRES | 부동소수점의 부정확한 결과 |
| | FPE_FLTUND | 부동소수점 언더플로 |
| | FPE_INTDIV | 정수 0으로 나눔 |
| | FPE_INTOVF | 정수 오버플로 |
| | FPE_SUB | 서브스크립트 범위 벗어남 |
| SIGILL | ILL_BADSTK | 내부 스택 에러 |
| | ILL_COPROC | 코프로세서 에러 |
| | ILL_ILLADR | 불법 주소 참조 모드 |
| | ILL_ILLOPC | 불법 opcode |
| | ILL_ILLOPN | 불법 피연산 함수 |
| | ILL_ILLTRP | 불법 트랩 |
| | ILL_PRVOPC | 특권 opcode |
| | ILL_PRVREG | 특권 레지스터 |
| SIGPOLL/ SIGIO | POLL_ERR | I/O 에러 |
| | POLL_HUP | 디바이스 분리 |
| | POLL_IN | 입력 데이터 가용 |
| | POLL_MSG | 입력 메시지 가용 |
| | POLL_OUT | 출력 버퍼 가용 |
| | POLL_PRI | 높은 우선순위 입력 가용 |

(이어짐)

| 시그널 | si_code 값 | 시그널 발생 원인 |
|---|---|---|
| SIGSEGV | SEGV_ACCERR | 매핑된 객체의 무효한 권한 |
| | SEGV_MAPERR | 객체에 매핑되지 않은 주소 |
| SIGTRAP | TRAP_BRANCH | 프로세스 분기 트랩 |
| | TRAP_BRKPT | 프로세스 브레이크포인트 |
| | TRAP_HWBKPT | 하드웨어 브레이크포인트/감시포인트 |
| | TRAP_TRACE | 프로세스 추적 트랩 |

### ucontext 인자

SA_SIGINFO 플래그로 만들어진 핸들러에 전달되는 마지막 인자인 ucontext는 (<ucontext.h>에 정의된) ucontext_t 형의 구조체 포인터다(SUSv3는 인자의 어떠한 세부사항도 명시하지 않기 때문에, 이 인자에 대해 void 포인터를 사용한다). 이 구조체는 이전 프로세스 시그널 마스크와 저장된 레지스터 값을 포함해(예를 들어, 프로그램 카운터와 스택 포인터), 시그널 핸들러의 실행 이전에 프로세스의 상태를 묘사하는, 소위 말하는 사용자 컨텍스트 정보를 제공한다. 이런 정보는 시그널 핸들러에서 좀처럼 사용하지 않으므로, 자세히 살펴보진 않을 것이다.

> ucontext_t의 또 다른 사용법은 프로세스가 실행 컨텍스트를 각각 추출, 생성, 변경, 교환하도록 허용하는 getcontext(), makecontext(), setcontext(), swapcontext()와 함께 쓰는 것이다(이 오퍼레이션들은 setjmp()/longjmp()와 다소 유사하지만, 더욱 일반적이다). 이 함수들은 프로세스의 실행 스레드가 2개(혹은 그 이상의) 함수 사이를 왔다 갔다 하는 코루틴(coroutine)을 구현할 때 쓸 수 있다. SUSv3에는 이런 함수가 정의되어 있지만, 더 이상 사용하지 않는다고 표시되어 있다. SUSv4는 규격에서 지우고, 대신에 응용 프로그램을 POSIX 스레드를 사용해 재작성하도록 제안한다. 더 자세한 정보는 glibc 매뉴얼을 참조하기 바란다.

## 21.5 시스템 호출 인터럽트와 재시작

다음과 같은 시나리오를 살펴보자.

1. 어떤 시그널에 핸들러를 만든다.
2. 블로킹 시스템 호출을 만든다. 예를 들면, 입력이 제공될 때까지 블로킹되는 터미널 디바이스의 read()가 이에 해당한다.

3. 시스템 호출이 블록되면, 핸들러를 만든 시그널이 전달되고, 해당 시그널 핸들러가 실행된다.

시그널 핸들러가 리턴하고 난 후에는 무슨 일이 생기는가? 기본적으로 시스템 호출은 EINTR('인터럽트 함수') 에러와 함께 실패한다. 이는 유용한 기능이다. 23.3절에서 read() 같은 블로킹 시스템 호출에서 타임아웃을 설정하기 위해 (결과적으로 SIGALRM 시그널을 전달하는) 타이머를 사용하는 방법을 살펴볼 것이다.

그러나 종종 인터럽트된 시스템 호출의 실행을 지속하기를 선호한다. 이렇게 하기 위해 시그널 핸들러에 의해 인터럽트된 이벤트에서 시스템 호출을 수동으로 재시작하는 다음과 같은 코드를 사용할 수 있다.

```
while ((cnt = read(fd, buf, BUF_SIZE)) == -1 && errno == EINTR)
    continue;          /* 아무것도 하지 않은 루프 몸체 */

if (cnt == -1)         /* read()는 EINTR 외의 값으로 실패 */
    errExit("read");
```

위와 같은 코드를 자주 작성할 경우, 다음과 같은 매크로를 정의해두면 유용하다.

```
#define NO_EINTR(stmt) while ((stmt) == -1 && errno == EINTR);
```

이런 매크로를 사용해, 이전의 read() 호출을 다음과 같이 재작성할 수 있다.

```
NO_EINTR(cnt = read(fd, buf, BUF_SIZE));

if (cnt == -1)         /* read()는 EINTR 외의 값으로 실패 */
    errExit("read");
```

> GNU C 라이브러리는 <unistd.h>의 NO_EINTR() 매크로와 동일한 목적으로 (비표준) 매크로를 제공한다. 이 매크로는 TEMP_FAILURE_RETRY()라고 하며, _GNU_SOURCE 기능 테스트 매크로가 정의된 경우에 쓸 수 있다.

NO_EINTR() 같은 매크로를 사용하더라도, 시그널 핸들러 인터럽트 시스템이 호출하는 시그널 핸들러를 갖는 것은 (각 경우에 호출을 시작하길 원한다고 가정하면) 각 블로킹 시스템 호출에 코드를 추가해야 하므로 불편할 수 있다. 대신에 sigaction()으로 시그널 핸들러를 만들 때 SA_RESTART 플래그를 명시하면, 프로세스를 위해 커널이 자동으로 시스템 호출을 재시작한다. 이는 시스템 호출로 인한 EINTR 에러를 처리할 필요가 없음을 의미한다.

SA_RESTART 플래그는 시그널별 설정이다. 다시 말해 어떤 시그널에 대해서는 핸들러가 블로킹 시스템 호출을 인터럽트하도록 허용하면서, 또 어떤 시그널에 대해서는 시스템 호출의 자동 재시작을 허용할 수 있다.

## SA_RESTART가 효과적인 시스템 호출(그리고 라이브러리 함수)

불행하게도 모든 블로킹 시스템 호출이 SA_RESTART를 지정함으로써 자동으로 재시작하진 않는다. 여기엔 다음과 같은 역사적인 이유도 있다.

- 시스템 호출의 재시작은 4.2BSD에서 소개됐고, wait()와 waitpid()에 인터럽트된 호출뿐만 아니라 I/O 시스템 호출(read(), readv(), write(), writev(), 블로킹 ioctl() 오퍼레이션)을 포함한다. I/O 시스템 호출은 인터럽트가 가능하고, 따라서 '느린' 디바이스에서 동작할 때만 SA_RESTART로 자동으로 재시작한다. 느린 디바이스로는 터미널, 파이프, FIFO, 소켓 등이 있다. 이러한 파일 형식에서 다양한 I/O 오퍼레이션은 블로킹될 것이다(반면에 디스크 파일은 일반적으로 버퍼 캐시를 통해 즉시 만족될 수 있기 때문에, 느린 디바이스의 범위에 포함되지 않는다. 디스크 I/O가 요구될 때, 커널은 I/O가 완료될 때까지 프로세스가 수면을 취하게 한다).
- 다른 많은 블로킹 시스템 호출은 최초에 시스템 호출의 재시작을 제공하지 않았던 시스템 V에서 파생됐다.

리눅스에서 다음의 블로킹 시스템 호출(그리고 시스템 호출의 상위에 위치한 라이브러리 함수)은 SA_RESTART 플래그를 사용해 만들어진 시그널 핸들러에 의해 인터럽트될 때 자동적으로 재시작된다.

- 자식 프로세스를 기다릴 때 쓰는 wait(), waitpid(), wait3(), wait4(), waitid()를 포함하는 시스템 호출(26.1절 참조).
- '느린' 디바이스에 적용된 I/O 시스템 호출(read(), readv(), write(), writev(), ioctl()). 시그널 전달 시 이미 부분적으로 전달된 데이터가 있는 곳의 경우에, 입력과 출력 시스템 호출은 인터럽트될 테지만, 얼마나 많은 바이트가 성공적으로 전달됐는지를 나타내는 정수형 값의 성공 상태를 리턴할 것이다.
- 블록할 수 있는 곳(예를 들어, Vol. 2의 7.7절에 기술된 FIFO를 열 때)의 open() 시스템 호출
- 소켓으로 사용될 수 있는 다양한 시스템 호출인 accept(), accept4(), connect(), send(), sendmsg(), sendto(), recv(), recvfrom(), recvmsg()

(리눅스에서 이러한 시스템 호출은 타임아웃이 setsockopt()를 사용한 소켓에 설정되더라도, 자동적으로 재시작하지 않는다. 자세한 내용은 signal(7) 매뉴얼 페이지를 참조하라).

- POSIX 메시지 큐에서 I/O에 사용되는 시스템 호출인 mq_receive(), mq_timedreceive(), mq_send(), mq_timedsend()
- 파일 잠금lock에 배치하기 위해 사용되는 시스템 호출과 라이브러리 함수인 flock(), fcntl(), lockf()
- 리눅스 고유의 futex() 시스템 호출의 FUTEX_WAIT 오퍼레이션
- POSIX 세마포어를 감소시킬 때 쓰는 sem_wait()와 sem_timedwait() 함수(몇몇 유닉스 구현에서 sem_wait()는 SA_RESTART 플래그가 명시된 경우에 재시작된다.)
- POSIX 스레드를 동기화할 때 쓰는 함수인 pthread_mutex_lock(), pthread_mutex_trylock(), pthread_mutex_timedlock(), pthread_cond_wait(), pthread_cond_timedwait()

커널 2.6.22 이전에 futex(), sem_wait(), sem_timedwait()는 SA_RESTART 플래그의 설정에 관계없이 인터럽트되면 항상 EINTR 에러와 함께 실패한다.

다음의 블로킹 시스템 호출(그리고 시스템 호출의 상위에 있는 라이브러리 함수)은 (SA_RESTART가 명시되어 있더라도) 절대로 자동으로 재시작하지 않는다.

- poll(), ppoll(), select(), pselect() I/O 멀티플렉싱multiplexing 호출(SUSv3에는 시그널 핸들러에 의해 인터럽트된 경우의 select()와 pselect() 동작은 SA_RESTART의 설정에 관계없이 정의되지 않는다고 명시되어 있다).
- 리눅스 고유의 epoll_wait()와 epoll_pwait() 시스템 호출
- 리눅스 고유의 io_getevents() 시스템 호출
- 시스템 V 메시지 큐와 세마포어로 사용되는 블로킹 시스템 호출인 semop(), semtimedop(), msgrcv(), msgsnd()(시스템 V는 원래 시스템 호출의 자동 재시작을 제공하지 않았지만, 어떤 유닉스 구현에서 이들 시스템 호출은 SA_RESTART 플래그가 지정되면 재시작된다).
- inotify 파일 디스크립터의 read()
- 명시된 기간 동안 프로그램의 실행을 멈추도록 설계된 시스템 호출과 라이브러리 함수인 sleep(), nanosleep(), clock_nanosleep()
- 시그널이 전달될 때까지 기다리도록 명시적으로 설계된 시스템 호출인 pause(), sigsuspend(), sigtimedwait(), sigwaitinfo()

### 시그널의 SA_RESTART 플래그 수정

siginterrupt() 함수는 시그널과 관련된 SA_RESTART 설정을 변경한다.

```
#include <signal.h>

int siginterrupt(int sig, int flag);
```

성공하면 0을 리턴하고, 에러가 발생하면 -1을 리턴한다.

flag가 참(1)인 경우, 시그널 sig의 핸들러는 블로킹 시스템 호출을 인터럽트할 것이다. flag가 거짓(0)인 경우, 블로킹 시스템 호출은 sig의 핸들러 실행 이후에 재시작될 것이다.

siginterrupt() 함수는 시그널의 현재 설정의 복사본을 가져오기 위해 sigaction()을 사용하고, 리턴된 oldact 구조체에서 SA_RESTART 플래그를 수정한 이후에, 시그널의 설정을 갱신하기 위해 sigaction()을 한 번 더 호출함으로써 동작한다.

siginterrupt()는 SUSv4에서 폐기됐고, 대신에 sigaction()의 사용을 추천한다.

### 미처리 중지 시그널은 일부 리눅스 시스템 호출에서 EINTR을 생성 가능

리눅스에서 특정 블로킹 시스템 호출은 시그널 핸들러가 없는 경우에도 EINTR을 리턴할 수 있다. 이 동작은 시스템 호출이 블록되고, 프로세스가 시그널(SIGSTOP, SIGTSTP, SIGTTIN, SIGTTOU)에 의해 멈춘 후에 SIGCONT 시그널의 전달에 의해 재시작되는 경우에 발생할 수 있다.

epoll_pwait(), epoll_wait(), inotify 파일 디스크립터의 read(), semop(), semtimedop(), sigtimedwait(), sigwaitinfo() 같은 시스템 호출과 함수가 이렇게 동작한다.

2.6.24 이전의 커널에서 poll()은 위와 같이 동작하며, 커널 2.6.22 이전에는 sem_wait(), sem_timedwait(), futex(FUTEX_WAIT)가, 커널 2.6.9 이전에는 msgrcv()와 msgsnd()가, 리눅스 2.4까지는 nanosleep()이 위와 같이 동작했다.

리눅스 2.4까지 sleep()은 이런 방식으로 인터럽트될 수 있었지만, 에러를 리턴하는 대신에 남아 있는 수면 시간을 초로 리턴한다.

이런 동작의 결과로, 프로그램이 시그널에 의해 멈추거나 재시작하는 기회가 있다면 중지 시그널의 핸들러를 설치하지 않은 프로그램에서조차도 이들 시스템 호출을 재시작하는 코드를 포함해야 할 것이다.

## 21.6 정리

21장에서는 시그널 핸들러의 오퍼레이션과 설계에 영향을 미치는 여러 가지 요소를 고려했다.

시그널은 큐에 넣지 않기 때문에, 시그널 핸들러는 가끔 하나의 시그널이 전달되더라도 특정 형식의 여러 가지 이벤트가 발생할 수 있는 가능성을 다루는 코드를 만들어야 한다. 재진입 문제는 전역 변수를 갱신할 수 있는 방법에 영향을 미치며, 시그널 핸들러에서 안전하게 호출할 수 있는 함수의 집합을 제한한다.

리턴하는 대신에, 시그널 핸들러는 _exit() 호출, 시그널(kill(), raise(), abort()) 전달을 통한 프로세스 종료, 비지역 goto 실행 등 여러 가지 방법으로 종료할 수 있다. sigsetjmp()와 siglongjmp()를 사용함으로써 프로그램은 비지역 goto가 실행될 때 프로세스 시그널 마스크 처리를 명시적으로 제어할 수 있다.

프로세스의 대체 시그널 스택을 정의하기 위해 sigaltstack()을 사용할 수 있다. 이는 시그널 핸들러를 실행할 때 표준 프로세스 스택 대신에 사용되는 메모리 영역이다. 대체 시그널 스택은 표준 스택이 너무 자라서 고갈된 경우(이 시점에 커널은 프로세스에 SIGSEGV를 전달한다)에 유용하다.

sigaction() SA_SIGINFO 플래그는 시그널에 대한 추가 정보를 받는 시그널 핸들러를 만들게 한다. 이런 정보는 시그널 핸들러에 인자로 전달되는 siginfo_t 구조체를 통해 제공된다.

시그널 핸들러가 블로킹 시스템 호출을 인터럽트할 때, 시스템 호출은 EINTR 에러와 함께 실패한다. 이 동작을 활용해, 예를 들어 블로킹 시스템 호출에 타이머를 설정할 수 있다. 인터럽트된 시스템 호출은 원할 경우 수동으로 재시작할 수 있다. 그렇지 않으면 sigaction() SA_RESTART 플래그로 시그널 핸들러를 만들어서 많은 시스템 호출(전부는 아님)을 자동으로 재시작하게 할 수 있다.

### 더 읽을거리

20.15절의 '더 읽을거리'를 참조하기 바란다.

## 21.7 연습문제

**21-1.** abort()를 구현하라.

# 22

# 시그널: 고급 기능

22장은 다음과 같은 고급 주제를 다루며, 20장에서 시작한 시그널에 대한 논의를 마무리한다.

- 코어 덤프 파일
- 시그널 전달, 설정, 처리와 관련된 특별한 경우
- 시그널의 동기와 비동기 생성
- 시그널이 전달되는 시기와 순서
- 시그널 핸들러에 의한 시스템 호출 인터럽트와 인터럽트된 시스템 호출을 자동으로 재시작하는 방법
- 실시간 시그널
- 프로세스 시그널 마스크를 설정하고 시그널을 기다리기 위한 `sigsuspend()` 사용법
- 동기적으로 시그널을 기다리기 위한 `sigwaitinfo()`(그리고 `sigtimedwait()`)의 사용법

- 파일 디스크립터를 통해 시그널을 전달받기 위한 signalfd()의 사용법
- 이전의 BSD와 시스템 V 시그널 API

## 22.1 코어 덤프 파일

어떤 시그널은 프로세스가 코어 덤프를 생성하고 종료하게 한다(540페이지의 표 20-1 참조). 코어 덤프는 프로세스가 종료되는 시점의 프로세스의 메모리 이미지를 담고 있는 파일이다(코어core라는 용어는 오래된 메모리 기술에서 유래했다). 이 메모리 이미지는 시그널이 도착했을 때의 프로그램 코드와 데이터 상태를 검사하기 위해 디버거에 로드할 수 있다.

프로그램이 코어 덤프를 하게 하는 한 가지 방법은 다음과 같이 SIGQUIT 시그널을 생성시키는 종료 문자(보통은 Control-\)를 입력하는 것이다.

```
$ ulimit -c unlimited                     본문에서 설명
$ sleep 30
Control-\를 입력한다.
Quit (core dumped)
$ ls -l core                              sleep(1)의 코어 덤프 파일을 보여줌
-rw-------   1 mtk    users    57344 Nov 30 13:39 core
```

이 예제에서 메시지 Quit (core dumped)는 자식 프로세스(sleep을 실행하는 프로세스)가 SIGQUIT에 의해 종료되고 코어 덤프를 했음을 감지한 셸이 출력한 것이다.

코어 덤프 파일은 core라는 이름으로 프로세스의 작업 디렉토리에 생성된다. 이는 코어 덤프 파일의 기본 저장 위치와 이름이다. 이런 기본 설정을 바꿀 수 있는 방법은 곧 설명한다.

> 많은 구현에서 실행 중인 프로세스의 코어 덤프를 획득하기 위한 도구(예: FreeBSD나 솔라리스의 gcore)을 제공한다. 실행 중인 프로세스에 gdb를 붙이고, gcore 명령을 사용함으로써 리눅스에서도 유사한 기능이 가능하다.

### 코어 덤프 파일이 생성되지 않는 환경

다음과 같은 환경에서는 코어 덤프 파일이 생성되지 않는다.

- 프로세스가 코어 덤프 파일을 쓸 권한이 없는 경우. 이는 프로세스가 코어 덤프 파일이 생성될 디렉토리에 쓰기 권한이 없거나, 동일한 이름의 파일이 이미 존재하는데 쓰기가 가능하지 않거나 일반 파일이 아니다(예를 들어, 디렉토리나 심볼릭 링크다).

- 이름이 동일한 일반 파일이 이미 존재하고, 쓰기 가능하지만, 해당 파일에 둘 이상의 (하드) 링크가 있는 경우
- 코어 덤프 파일이 생성될 디렉토리가 존재하지 않는 경우
- 코어 덤프 파일의 크기에 대한 프로세스 자원 한도가 0으로 설정된 경우. 자원 한도 RLIMIT_CORE는 31.3절에서 자세히 다룬다. 앞의 예제에서는 코어 파일의 크기에 제한이 없도록 ulimit 명령(C 셸에서는 limit)을 사용했다.
- 프로세스가 만들 수 있는 파일 크기에 대한 프로세스 자원 한도가 0으로 설정된 경우. 자원 한도 RLIMIT_FSIZE는 31.3절에서 설명한다.
- 프로세스가 실행하고 있는 바이너리 실행 파일에 대한 읽기 권한이 없는 경우. 이는 사용자가 달리 읽을 수 없는 프로그램 코드의 사본을 얻기 위해 코어 덤프를 사용하는 것을 막는다.
- 현재 작업 디렉토리가 있는 파일 시스템이 읽기 전용으로 마운트됐거나, 가득 찼거나, i-노드가 부족한 경우. 그렇지 않으면, 사용자가 파일 시스템의 쿼타quota 한도에 도달한 경우가 해당된다.
- 파일 소유자(그룹 소유자)가 아닌 사용자가 실행한 set-user-ID(set-group-ID) 프로그램은 코어 덤프를 생성하지 않는다. 이는 악의적인 사용자가 보안 프로그램의 메모리를 덤프하고, 암호처럼 민감한 정보를 획득하고자 조사하는 것을 막는다.

> 리눅스 고유 prctl() 시스템 호출의 PR_SET_DUMPABLE을 사용해 프로세스의 dumpable 플래그를 설정할 수 있어, set-user-ID(set-group-ID) 프로그램을 소유자(그룹 소유자)가 아닌 사용자가 실행할 때, 코어 덤프가 생성될 수 있다. PR_SET_DUMPABLE은 리눅스 2.4부터 쓸 수 있다. 더욱 자세한 정보는 prctl(2) 매뉴얼 페이지를 참조하기 바란다. 게다가 커널 2.6.13부터 /proc/sys/fs/suid_dumpable 파일은 set-user-ID와 set-group-ID 프로세스가 코어 덤프를 생성할지에 대한 시스템 단위의 제어를 제공한다. 더욱 자세한 정보는 proc(5) 매뉴얼 페이지를 참조하기 바란다.

커널 2.6.23부터 리눅스 고유의 /proc/*PID*/coredump_filter를 통해 프로세스별로 어떤 종류의 메모리 매핑이 코어 덤프 파일에 써지는지를 알아낼 수 있다(메모리 매핑에 대해서는 Vol. 2의 12장에서 설명한다). 이 파일의 값은 메모리 매핑의 네 가지 종류(비공개 익명 매핑, 비공개 파일 매핑, 공유 익명 매핑, 공유 파일 매핑)에 해당하는 네 가지 비트 마스크다. 이 파일의 기본값은 전통적인 리눅스 동작(비공개 익명과 공유 익명 매핑만 덤프된다)을 제공한다. 더욱 자세한 내용은 core(5)를 참조하기 바란다.

### 코어 덤프 파일 이름 붙이기: /proc/sys/kernel/core_pattern

리눅스 2.6부터 리눅스 고유의 /proc/sys/kernel/core_pattern 파일에 들어 있는 포맷 문자열은 시스템에 생성되는 모든 코어 덤프 파일의 이름을 제어한다. 기본으로 이 파일은 core라는 문자열을 담고 있다. 특권 사용자는 표 22-1의 포맷 지정자를 써서 해당 파일을 정의할 수 있다. 게다가 해당 문자열은 슬래시(/)를 포함할 수도 있다. 다시 말해 코어 파일의 이름뿐만 아니라, 생성되는 (절대 혹은 상대적인) 디렉토리도 제어할 수 있다. 모든 포맷 지정자가 치환되어 만들어진 경로명 문자열은 최대 128문자로 잘린다(리눅스 2.6.19 이전에는 64문자).

커널 2.6.19 이후로 리눅스는 core_pattern 파일에 추가적인 문법을 지원한다. 이 파일에 파이프 심볼(|)로 시작하는 문자열이 있는 경우, 파일의 나머지 문자는 프로세스가 코어 덤프를 할 때 실행되는 프로그램(선택적으로 표 22-1의 % 지정자를 포함하는 인자를 가질 수 있는)에 의해 해석된다. 코어 덤프는 파일 대신에 프로그램의 표준 입력에 써진다. 더 자세한 내용은 `core(5)` 매뉴얼 페이지를 참조하기 바란다.

> 몇몇 다른 유닉스 구현은 core_pattern과 유사한 기능을 제공한다. 예를 들어, BSD 계열 구현에서는 core.*progname*과 같이 프로그램 이름이 파일이름에 추가된다. 솔라리스는 사용자가 파일이름과 코어 덤프 파일이 위치할 디렉토리를 추가하도록 허용하는 도구(coreadm)를 제공한다.

**표 22-1** /proc/sys/kernel/core_pattern을 위한 포맷 지정자

| 지정자 | 다음으로 치환됨 |
|---|---|
| %c | 코어 파일 크기 소프트 자원 한도(바이트; 리눅스 2.6.24부터) |
| %e | 실행 파일이름(경로명 접두사 없음) |
| %g | 덤프된 프로세스의 실제 그룹 ID |
| %h | 호스트 시스템의 이름 |
| %p | 덤프된 프로세스의 프로세스 ID |
| %s | 프로세스를 종료한 시그널의 번호 |
| %t | 기원(Epoch) 이래의 초 단위 덤프 시간 |
| %u | 덤프된 프로세스의 실제 사용자 ID |
| %% | 하나의 % 문자 |

## 22.2 전달, 속성, 처리의 특별한 경우

이 절에서는 전달, 속성, 처리에 특별한 규칙이 적용되는 시그널을 살펴본다.

### SIGKILL과 SIGSTOP

프로세스를 항상 종료하는 것이 기본 동작인 SIGKILL과 프로세스를 항상 중지하는 것이 기본 동작인 SIGSTOP의 기본 동작을 변경하는 일은 불가능하다. signal()과 sigaction()은 둘 다 이런 시그널의 속성을 변경하려는 시도에 대해 에러를 리턴한다. 이런 두 가지 시그널은 블록할 수도 없다. 이는 다분히 의도적인 설계상의 결정이다. 이 시그널의 기본 동작을 변경할 수 없다는 것은 실행 중인 프로세스를 종료하거나 중지할 때 항상 쓸 수 있음을 의미한다.

### SIGCONT와 중지 시그널

앞서 언급했듯이 SIGCONT 시그널은 중지 시그널(SIGSTOP, SIGTSTP, SIGTTIN, SIGTTOU) 중 하나에 의해 이전에 중지된 프로세스를 실행할 때 쓰인다. 이런 독특한 목적으로 인해 특정 상황에서 커널은 이들 시그널을 여타 시그널과는 다르게 처리한다.

프로세스가 현재 중지된 경우, 프로세스가 SIGCONT를 블록하거나 무시하도록 설정된 경우에도, SIGCONT 시그널은 항상 프로세스를 재시작하게 한다. 그렇지 않으면 이렇게 중지된 프로세스를 재시작할 수 없기 때문에 이 기능은 필수적이다(중지된 프로세스가 SIGCONT를 블록하고, SIGCONT를 위해 핸들러를 만든 경우, 프로세스가 재시작된 후에 핸들러는 SIGCONT가 향후에 블록해제된 경우에만 실행된다).

> 다른 어떤 시그널이 중지된 프로세스로 전달된 경우, 시그널은 SIGCONT 시그널로 인해 재시작되기 전까지 실질적으로 프로세스에 전달되지 않는다. 하나의 예외는 현재 중지된 경우에도 항상 프로세스를 종료하는 SIGKILL이다.

SIGCONT가 프로세스로 전달될 때는 언제나, 프로세스의 모든 보류 중인 중지 시그널이 폐기된다(즉 프로세스는 이들 시그널을 절대 받지 않는다). 반대로, 어떠한 중지 시그널이 프로세스로 전달된 경우 모든 보류 SIGCONT 시그널이 자동적으로 폐기된다. 이런 과정은 SIGCONT 시그널의 동작이 실질적으로 미리 전달된 중지 시그널에 의해 차후에 무효화되는 것을 막기 위해서이며, 반대의 경우도 마찬가지다.

#### 무시된 터미널 생성 시그널의 속성을 바꾸지 마라

실행 시점에, 프로그램이 터미널 생성 시그널의 속성이 SIG_IGN(무시)으로 설정되어 있음을 발견한다면, 일반적으로 프로그램은 시그널의 속성을 바꾸려고 하면 안 된다. 이 동작은 시스템에 의해 강요되는 규칙은 아니지만, 응용 프로그램을 작성할 때 따라야 하는 관례 같은 것이다. 그 이유는 29.7.3절에서 설명한다. 이런 관례와 관련된 시그널은 SIGHUP, SIGINT, SIGQUIT, SIGTTIN, SIGTTOU, SIGTSTP다.

## 22.3 인터럽트 가능과 불가능 프로세스 수면 상태

앞서 언급한 SIGKILL과 SIGSTOP이 항상 프로세스에 즉시 동작한다는 문장에 단서를 달 필요가 있다. 여러 가지 경우에 커널은 프로세스를 수면 상태로 만들고, 이때 두 가지 수면 상태는 다음과 같이 구분된다.

- TASK_INTERRUPTIBLE: 프로세스가 어떤 이벤트를 기다린다. 예를 들어, 현재 비어 있는 파이프에 데이터를 쓰는 터미널의 입력이나 시스템 V 세마포어 값의 증가를 기다린다. 프로세스는 이런 상태에서 임의의 시간을 보낼 것이다. 이런 상태의 프로세스에게 시그널을 보내면, 동작은 인터럽트되고, 프로세스는 시그널로 인해 깨어난다. ps(1)은 TASK_INTERRUPTIBLE 상태의 프로세스를 STAT(프로세스 상태) 필드의 문자 S로 표시한다.
- TASK_UNINTERRUPTIBLE: 프로세스가 디스크 I/O의 완료 같은 특별한 종류의 이벤트를 기다린다. 이런 상태의 프로세스에 시그널을 보내면, 시그널은 프로세스가 이런 상태에서 빠져나오기 전까지 전달되지 않는다. ps(1)은 TASK_UNINTERRUPTIBLE 상태의 프로세스를 STAT 필드의 D로 표시한다.

프로세스는 일반적으로 TASK_UNINTERRUPTIBLE 상태에서 매우 짧은 기간 동안만 머물기 때문에, 프로세스가 이 상태를 떠날 때만 시그널이 전달된다는 사실은 보이지 않는다. 그러나 하드웨어 오류나 NFS 문제, 커널 버그 같은 드문 경우에 프로세스는 이런 상태에 멈춰 있을 것이다. 이런 경우 SIGKILL은 멈춘 프로세스를 제거하지 않을 것이다. 내부의 문제가 해결되지 않으면, 이런 프로세스를 제거하기 위해 시스템을 다시 시작해야 한다.

TASK_INTERRUPTIBLE과 TASK_UNINTERRUPTIBLE 상태는 대부분의 유닉스 구현에 존재한다. 프로세스 멈춤 문제를 다루기 위해 커널 2.6.25부터 세 번째 상태가 추가됐다.

- TASK_KILLABLE: 이 상태는 TASK_UNINTERRUPTIBLE과 같지만, (프로세스를 종료하는 시그널 같은) 치명적인 시그널이 전달되면 프로세스를 깨운다. 이런 상태를 사용하는 커널 코드의 관련된 부분을 변경함으로써, 멈춘 프로세스가 시스템의 재시작을 요구하는 여러 가지 시나리오를 피할 수 있다. 대신에, 치명적인 시그널을 전달함으로써 프로세스를 종료할 수 있다. TASK_KILLABLE을 사용하도록 변경된 커널 코드의 첫 번째 부분은 NFS다.

## 22.4 하드웨어 생성 시그널

SIGBUS, SIGFPE, SIGILL, SIGSEGV는 하드웨어 예외로 인해, 또는 흔치는 않지만 kill()에 의해 발생할 수 있다. 하드웨어 예외의 경우 SUSv3는 프로세스의 동작은 시그널 핸들러로부터 리턴되거나 시그널을 무시하거나 블록하는 경우에 대해서는 정의하지 않았다. 그 이유는 다음과 같다.

- 시그널 핸들러로부터의 리턴: 기계어 명령이 이 시그널들 중 하나를 생성하고, 결과적으로 시그널 핸들러가 실행된다고 가정하자. 핸들러의 일반적인 리턴 과정에서 프로그램은 인터럽트된 지점에서 동작을 재시작하려고 시도한다. 그러나 이는 최초에 시그널을 생성한 바로 그 명령이며, 따라서 시그널은 한 번 더 발생한다. 결과는 보통 프로그램이 반복적으로 시그널 핸들러를 호출함으로써 무한 루프에 빠지는 것이다.
- 시그널 무시: 연산 예외 등이 발생한 이후에 프로그램이 실행을 계속하는 방법은 불투명하기 때문에, 하드웨어 생성 시그널을 무시하는 것도 어느 정도 말이 된다. 이 시그널들 중에서 하나가 하드웨어 예외의 결과로 발생한 경우, 프로그램이 시그널을 무시하도록 요구했을지라도 리눅스는 강제로 전달한다.
- 시그널 블록: 이전의 경우와 동일하게 프로그램이 실행을 계속할 방법이 불투명하기 때문에 하드웨어 생성 시그널을 블록하는 것이 어느 정도 말이 된다. 리눅스 2.4까지 커널은 단순히 하드웨어 생성 시그널을 블록하려고 하고, 시그널은 어쨌든 프로세스로 전달되어, 프로세스를 종료하거나 시그널 핸들러가 있는 경우 이 핸들러에 의해 잡힌다. 리눅스 2.6부터는 시그널이 블록된 경우, 시그널에 대한 핸들러를 설정했더라도 프로세스는 항상 그 시그널에 의해 즉시 종료된다(블록된 하드웨어 생성 시그널의 처리를 리눅스 2.6이 바꾼 이유는 리눅스 2.4의 동작이 버그를 숨기고, 멀티스레드 프로그램에서 데드락을 유발할 가능성이 있었기 때문이다).

이 책의 소스 코드 배포판에 있는 signals/demo_SIGFPE.c 프로그램은 SIGFPE를 무시/블록하는 결과, 또는 평범한 리턴을 하는 핸들러를 가진 시그널을 잡는 결과를 보여준다.

하드웨어 생성 시그널을 다루는 올바른 방법은 기본 동작(프로세스 종료)을 수용하거나, 평범한 리턴을 하지 않는 핸들러를 작성하는 것이다. 평범하게 리턴하는 대신에, 핸들러는 프로세스를 종료하기 위해 _exit()를 호출하거나, 프로그램의 (시그널을 생성한 명령 외의) 특정 지점으로 제어가 넘어가도록 보장하는 siglongjmp() (21.2.1절 참조)를 통해 실행을 완료할 수 있다.

## 22.5 동기와 비동기 시그널 생성

프로세스는 일반적으로 언제 시그널을 수신할지 예측할 수 없음을 이미 살펴봤다. 이제 동기와 비동기 시그널 생성을 구분함으로써 이런 관측에 단서를 단다.

지금까지 암묵적으로 고려했던 모델은 비동기 시그널 생성이며, 이때 시그널은 다른 프로세스가, 또는 프로세스 실행과 독립적으로 발생하는 이벤트에 대해 커널이 생성한다(예를 들어 사용자가 인터럽트 문자를 입력하거나, 해당 프로세스의 자식 프로세스가 종료된 경우). 비동기적으로 생성된 시그널에 대해, 프로세스가 시그널이 언제 전달될지 예측할 수 없다는 이전의 문장은 진실이다.

그러나 어떤 경우에 시그널은 프로세스 자체가 실행하는 동안에 생성된다. 이런 동작을 하는 다음과 같은 두 가지 경우를 이미 살펴봤다.

- 22.4절에서 기술된 하드웨어 생성 시그널(SIGBUS, SIGFPE, SIGILL, SIGSEGV, SIGEMT)은 하드웨어 예외를 발생시키는 특정 기계어 명령의 결과로 생성된다.
- 프로세스는 자신에게 시그널을 보내기 위해 raise(), kill(), killpg()를 사용할 수 있다.

이런 경우에 시그널의 생성은 동기 시그널이다. 즉 시그널은 즉시 전달된다(블록되지 않았다면. 그러나 하드웨어 생성 시그널이 블록되면 어떻게 동작하는지에 대한 논의를 22.4절에서 확인하기 바란다). 다시 말해, 시그널 전달의 예측 불가능성에 대한 이전 문장은 적용되지 않는다. 동기적으로 생성된 시그널의 경우, 전달은 예측 가능하고 재생성도 가능하다.

동기성은 시그널이 생성되는 방법에 대한 속성이 아니고, 오히려 시그널 자체 속성임을 알아두자. 모든 시그널은 동기적(예를 들어, 프로세스가 kill()을 사용해 자신에게 시그널을 보낼 때)이거나 비동기적(예를 들어, 시그널이 kill()을 사용해 다른 프로세스에 의해 전달될 때)이다.

## 22.6 시그널 전달 시점과 순서

우선은 보류 중인 시그널이 정확히 언제 전달되는지 알아보자. 그런 다음, 보류 중인 여러 개의 블록된 시그널이 동시에 블록해제되는 경우에는 어떻게 동작하는지도 살펴보겠다.

### 시그널은 언제 전달되는가?

22.5절에서 살펴봤듯이, 동기적으로 생성된 시그널은 즉시 전달된다. 예를 들면 하드웨어 예외는 즉각적인 시그널을 발생시키고, 프로세스가 raise()를 사용해 자신에게 시그널을 전달하면 시그널은 raise()가 리턴되기 전에 전달된다.

시그널이 비동기적으로 생성되면, 그 시그널을 블록하지 않은 경우에도, 생성된 시간과 실질적으로 전달되는 시간 사이에 보류되는 동안 (약간의) 지연이 있을 것이다. 이는 커널이 커널 모드에서 사용자 모드로의 다음번 전환에서 프로세스를 실행하는 동안에만 보류 중인 시그널을 프로세스로 전달하기 때문이다. 실질적으로 이는 시그널이 다음 중 한 가지 때에 전달됨을 의미한다.

- 이전 타임아웃(즉 할당 시간time slice의 시작) 이후에 프로세스가 다시 스케줄링될 때
- 시스템 호출이 완료될 때(시그널의 전달은 블로킹 시스템 호출을 조기에 완료시킬 수도 있다.)

### 블록해제된 여러 시그널의 전달 순서

프로세스에 sigprocmask()를 사용해 블록해제된 여러 개의 보류 중인 시그널이 있다면, 이 모든 시그널은 즉시 프로세스로 전달된다.

리눅스 커널의 현재 구현은 시그널을 오름차순으로 전달한다. 예를 들어 보류 중인 SIGINT(시그널 2)와 SIGQUIT(시그널 3) 시그널이 둘 다 동시에 블록해제되면, 2개의 시그널이 생성된 순서에는 상관없이 SIGINT 시그널이 SIGQUIT보다 먼저 전달될 것이다.

그러나 SUSv3가 다중 시그널의 전달 순서는 구현에 따라 다르다고 언급한 이상, (표준) 시그널이 어떤 특정 순서에 의해 전달된다는 사실에 의존할 수 없다(이 문장은 표준 시그널에만 적용된다. 22.8절에서 살펴보겠지만, 실시간 시그널에 대한 표준은 블록해제된 여러 실시간 시그널이 전달되는 순서를 보장한다).

블록해제된 여러 시그널이 전달을 기다릴 때, 시그널 핸들러의 실행 동안에 커널 모드와 사용자 모드의 전환이 발생하면, 그 핸들러의 실행은 그림 22-1에서 볼 수 있듯이 두 번째 시그널 핸들러(등)의 실행에 의해 인터럽트될 것이다.

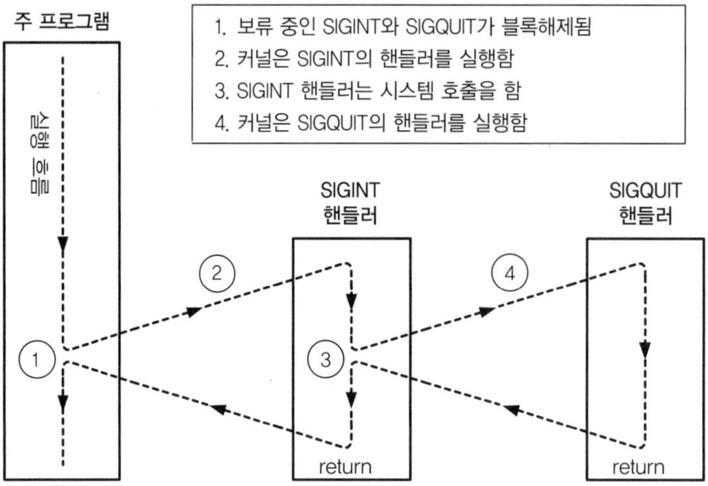
주 프로그램
1. 보류 중인 SIGINT와 SIGQUIT가 블록해제됨
2. 커널은 SIGINT의 핸들러를 실행함
3. SIGINT 핸들러는 시스템 호출을 함
4. 커널은 SIGQUIT의 핸들러를 실행함
실행 흐름
SIGINT 핸들러
SIGQUIT 핸들러
return
return

그림 22-1 블록해제된 여러 시그널의 전달

## 22.7 signal()의 구현과 이식성

이 절에서는 sigaction()을 이용해 signal()을 구현하는 방법을 보여준다. 이 구현은 간단하지만, 역사적으로 볼 때 다른 유닉스 구현들에서 signal()의 문법이 달랐다는 사실은 알아둘 필요가 있다. 특히 시그널의 초기 구현은 불안정했고, 다음과 같은 의미를 지닌다.

- 시그널 핸들러 진입 시, 시그널의 속성은 기본값으로 재설정된다(이는 20.13절에 기술된 SA_RESETHAND 플래그에 해당된다). 동일한 시그널이 차후에 전달됐을 때 시그널 핸들러가 다시 실행되도록 하기 위해 프로그래머는 명시적으로 핸들러를 재설정하도록 핸들러 내에서 signal()을 호출해야 했다. 이 시나리오의 문제는 시그널 핸들러 진입 시간과 핸들러를 다시 설정하는 시간 사이에 약간의 틈이 있다는 점이며, 그동안에 시그널이 다시 도착하면 기본 속성에 따라서 처리될 것이다.
- 차후 발생한 시그널은 시그널 핸들러의 실행 동안에 블록되지 않는다(이는 20.13절에 기술된 SA_NODEFER 플래그에 해당된다). 이는 시그널이 핸들러가 여전히 실행되는 동안에 다시 전달되면, 핸들러가 반복해서 실행됨을 뜻한다. 시그널의 흐름이 충분히 빠르면, 핸들러의 결과적인 반복 실행은 스택 오버플로를 야기할 수도 있다.

신뢰성 문제와 더불어, 초기 유닉스 구현은 시스템 호출의 자동 재시작(즉 21.5절의 SA_RESTART 플래그에 해당)을 제공하지 않았다.

4.2BSD의 신뢰성 있는 시그널 구현은 이런 한계를 바로잡았고, 몇몇 유닉스 구현도 이를 따랐다. 그러나 이전 문법이 오늘날에도 시스템 V의 signal() 구현에 남아 있고, SUSv3와 C99 같은 동시대의 표준도 의도적으로 signal()의 이런 측면을 명시하지 않았다.

앞서 언급한 모든 정보를 하나로 묶어서, signal() 구현을 리스트 22-1에 나타냈다. 기본적으로 이 구현은 현대적인 시그널 문법을 제공한다. -DOLD_SIGNAL 옵션으로 컴파일하면 이전의 신뢰성 없는 문법을 제공하고, 시스템 호출의 자동 재시작을 활성화하지 않는다.

**리스트 22-1** signal() 구현

signals/signal.c

```
#include <signal.h>

typedef void (*sighandler_t)(int);

sighandler_t
signal(int sig, sighandler_t handler)
{
    struct sigaction newDisp, prevDisp;

    newDisp.sa_handler = handler;
    sigemptyset(&newDisp.sa_mask);
#ifdef OLD_SIGNAL
    newDisp.sa_flags = SA_RESETHAND | SA_NODEFER;
#else
    newDisp.sa_flags = SA_RESTART;
#endif

    if (sigaction(sig, &newDisp, &prevDisp) == -1)
        return SIG_ERR;
    else
        return prevDisp.sa_handler;
}
```

## 몇 가지 glibc 세부사항

signal() 라이브러리 함수의 glibc 구현은 시간이 지남에 따라서 변했다. (glibc 2부터) 라이브러리의 새로운 버전에서, 현대적인 문법이 기본으로 제공됐다. 이 라이브러리의 이전 버전에서는 이전의 (시스템 V에 호환되는) 신뢰성 없는 문법이 제공된다.

> 리눅스 커널은 시스템 호출로 signal() 구현을 포함한다. 이 구현은 이전의 신뢰성 없는 문법을 제공한다. 하지만 glibc는 sigaction()을 호출하는 signal() 라이브러리를 제공함으로써 이런 시스템 호출을 생략한다.

glibc의 최근 버전에서 신뢰성 없는 시그널 문법을 쓰고자 한다면, signal() 호출을 (비표준) sysv_signal() 함수로 교체할 수 있다.

```
#define _GNU_SOURCE
#include <signal.h>

void ( *sysv_signal(int sig, void (*handler)(int)) ) (int);
```

성공하면 이전 시그널 속성을 리턴하고, 에러가 발생하면 SIG_ERR을 리턴한다.

sysv_signal() 함수는 signal()과 동일한 인자를 취한다.

프로그램을 컴파일할 때, _BSD_SOURCE 기능 테스트 매크로가 정의되지 않은 경우 glibc는 모든 signal() 호출을 sysv_signal()로 재정의하고, 이는 signal()을 신뢰성 없는 문법으로 변경한다는 의미를 지닌다. 기본적으로 _BSD_SOURCE는 정의되지만, 컴파일 시에 _SVID_SOURCE나 _XOPEN_SOURCE 같은 기능 테스트 매크로가 정의된 경우에는 (명시적으로 정의되지 않은 이상) 비활성화된다.

### 시그널 핸들러를 만들 때 선호되는 sigaction() API

앞서 언급한 시스템 V와 BSD(그리고 이전과 현재의 glibc) 간의 호환성 이슈로 인해, 시그널 핸들러를 만들 때는 signal() 대신 sigaction()을 사용하는 방법이 항상 더 낫다. 이 책의 나머지 부분은 이러한 방법을 따른다(대체 방법(리스트 22-1과 유사)은, 필요한 플래그를 정확하게 명시하는 signal()을 스스로 구현하고 응용 프로그램에 적용하는 것이다). 그러나 SIG_IGN이나 SIG_DFL의 시그널 속성을 설정할 때 signal()을 사용하면 이식성(그리고 간결함)이 있고, 종종 그런 목적으로 signal()을 사용할 것임을 알아두기 바란다.

## 22.8 실시간 시그널

실시간 시그널은 표준 시그널의 몇 가지 한계를 극복하기 위해 POSIX.1b에서 정의됐는데, 표준 시그널에 비해 다음과 같은 장점이 있다.

- 실시간 시그널은 응용 프로그램에 정의된 목적을 위해 사용될 수 있는 많은 수의 시그널을 제공한다. 2개의 표준 시그널인 SIGUSR1과 SIGUSR2만이 응용 프로그램에 정의된 목적을 위해 자유롭게 사용된다.
- 실시간 시그널은 큐에 넣어진다. 실시간 시그널이 프로세스로 여러 번 전달되면, 시그널이 여러 번 전달된다. 반대로, 프로세스에 이미 보류 중인 표준 시그널을 추가로 전달하면 그 시그널은 오직 한 번만 전달된다.
- 실시간 시그널을 전달할 때, 시그널과 함께 전달되는 데이터(정수나 포인터 값)를 명시할 수 있다. 수신 프로세스에 있는 시그널 핸들러는 이런 데이터를 추출할 수 있다.
- 각기 다른 실시간 시그널의 전달 순서가 보장된다. 각기 다른 여러 개의 실시간 시그널이 보류 중이면, 가장 낮은 번호의 시그널이 우선 전달된다. 다시 말해, 시그널은 낮은 번호의 시그널이 높은 우선순위를 갖도록 우선순위가 매겨진다. 동일한 종류의 여러 시그널이 큐에 있다면, 보내진 순서대로 해당 데이터와 함께 전달된다.

SUSv3는 구현이 최소 _POSIX_RTSIG_MAX(8로 정의됨)개의 각기 다른 실시간 시그널을 제공하도록 요구한다. 리눅스 커널은 32에서 63까지 번호가 매겨진 32개의 실시간 시그널을 정의한다. <signal.h> 헤더 파일은 가용한 실시간 시그널의 수를 나타내기 위해 상수 RTSIG_MAX를 정의하고, 최하위와 최상위의 가용한 실시간 시그널 번호를 나타내기 위해 상수 SIGRTMIN과 SIGRTMAX를 정의한다.

> LinuxThreads 스레드 구현을 사용하는 시스템에서, 리눅스가 처음 3개의 실시간 시그널을 내부적으로 사용할 수 있도록 SIGRTMIN은 (32 대신에) 35로 정의된다. NPTL 스레드 구현을 사용하는 시스템에서 NPTL이 처음 2개의 실시간 시그널을 내부적으로 사용할 수 있도록, SIGRTMIN은 34로 정의된다.

실시간 시그널은 표준 시그널처럼 각기 다른 상수로 개별적으로 식별되지 않는다. 하지만 실시간 시그널을 위해 사용되는 범위는 유닉스 구현에 따라 다르기 때문에, 응용 프로그램은 실시간 시그널 번호를 정수값으로 하드 코딩하면 안 된다. 대신에, 실시간 시그널 번호는 SIGRTMIN에 값을 추가함으로써 참조될 수 있다. 예를 들면, (SIGRTMIN + 1)은 두 번째 실시간 시그널을 가리킨다.

SUSv3는 SIGRTMAX와 SIGRTMIN 값이 단순 정수값이도록 요구하진 않는다. 이 값은 (리눅스에서처럼) 아마 함수로 정의될 것이다. 이는 다음과 같이 프리프로세서용 코드를 작성할 수 없음을 의미한다.

```
#if SIGRTMIN+100 > SIGRTMAX              /* 잘못된 사용! */
#error "Not enough realtime signals"
#endif
```

대신에, 실행 시에 동일한 검사를 실행해야 한다.

### 큐에 넣는 실시간 시그널 수의 한도

(관련 데이터와 함께) 실시간 시그널을 큐에 넣으려면, 커널이 각 프로세스의 큐에 들어간 시그널의 목록을 위한 데이터 구조체를 관리해야 한다. 이런 데이터 구조는 커널 메모리를 사용하기 때문에, 커널은 큐에 들어갈 실시간 시그널의 수를 제한한다.

SUSv3는 프로세스가 큐에 넣을 수 있는 (모든 형식의) 실시간 시그널 수의 상한값을 정의하도록 허용하고, 이 값이 최소한 _POSIX_SIGQUEUE_MAX(32로 정의됨) 값이 되도록 요구한다. 구현은 큐에 들어가도록 허용하는 실시간 시그널의 수를 나타내기 위해 상수 SIGQUEUE_MAX를 정의할 수 있다. 다음과 같은 호출을 통해서도 이 정보를 사용할 수 있다.

```
lim = sysconf(_SC_SIGQUEUE_MAX);
```

버전 2.4 이전의 glibc를 사용하는 시스템에서 이 호출은 -1을 리턴한다. glibc 2.4부터 리턴값은 커널 버전에 따라 다르다. 리눅스 2.6.8 이전에서는 호출이 리눅스 고유의 /proc/sys/kernel/rtsig-max 파일에 있는 값을 리턴한다. 이 파일은 모든 프로세스의 큐에 저장될 수 있는 실시간 시그널 수에 대한 시스템의 한도를 정의한다. 기본값은 1024이지만, 특권 프로세스는 바꿀 수 있다. 현재 큐에 있는 실시간 시그널의 수는 리눅스 고유의 /proc/sys/kernel/rtsig-nr 파일에서 확인할 수 있다.

리눅스 2.6.8부터 이들 /proc 파일이 사라졌다. 대신에 RLIMIT_SIGPENDING 연성 자원 한도(31.3절)가 특정 실제 사용자 ID가 소유하는 모든 프로세스의 큐에 넣을 수 있는 시그널 수의 한도를 정의한다. glibc 2.10부터 sysconf()는 RLIMIT_SIGPENDING 한도를 리턴한다(프로세스별로 보류하고 있는 실시간 시그널 수는 리눅스에 고유한 /proc/*PID*/status 파일의 SigQ 필드에서 확인할 수 있다).

### 실시간 시그널 사용

실시간 시그널을 전송하고 수신하는 프로세스의 쌍을 위해, SUSv3는 다음과 같은 사항을 요구한다.

- 전송 프로세스는 sigqueue() 시스템 호출을 사용해 시그널과 관련된 데이터를 전달한다.

> 실시간 시그널은 kill(), killpg(), raise()를 사용해 전달될 수 있다. 그러나 SUSv3는 이 인터페이스를 통해 전달된 실시간 시그널을 큐에 넣는지 여부는 구현에 따라 다르다고 남겨뒀다. 리눅스에서 이 인터페이스는 실시간 시그널을 큐에 넣지만, 다른 많은 유닉스 구현에서는 그렇게 하지 않는다.

- 수신 프로세스는 SA_SIGINFO 플래그를 명시하는 sigaction() 호출을 사용해 시그널에 대한 핸들러를 만든다. 이 동작은 시그널 핸들러가 추가적인 인자를 가지고 실행되게 하며, 이런 인자 중 하나에는 실시간 시그널과 함께 전달되는 데이터가 포함된다.

> 리눅스에서 수신 프로세스가 시그널 핸들러를 만들 때 SA_SIGINFO 플래그를 명시하지 않더라도, 실시간 시그널을 큐에 넣을 수 있다(이 경우 시그널과 관련된 데이터를 획득하는 일은 불가능하다). 그러나 SUSv3는 이런 동작을 보장하는 구현을 요구하지 않고, 따라서 호환성을 고려한다면 이 동작에 의존할 수 없다.

## 22.8.1 실시간 시그널 전송

sigqueue() 시스템 호출은 pid로 나타낸 프로세스의 sig에 의해 명시된 실시간 시그널을 전송한다.

```
#define _POSIX_C_SOURCE 199309
#include <signal.h>

int sigqueue(pid_t pid, int sig, const union sigval value);
```

성공하면 0을 리턴하고, 에러가 발생하면 -1을 리턴한다.

sigqueue()를 사용해 시그널을 전송할 때는 kill()(20.5절 참조)과 동일한 권한이 필요하다. 널 시그널(즉 시그널 0)은 kill()과 동일한 의미로 전송될 수 있다(kill()과 달리 pid에 음의 값을 명시함으로써 전체 프로세스 그룹으로 시그널을 전송하기 위해 sigqueue()를 사용할 수 없다).

**리스트 22-2** 실시간 시그널 전송을 위한 sigqueue()의 사용 예

signals/t_sigqueue.c

```
#define _POSIX_C_SOURCE 199309
#include <signal.h>
#include "tlpi_hdr.h"

int
main(int argc, char *argv[])
{
    int sig, numSigs, j, sigData;
    union sigval sv;

    if (argc < 4 || strcmp(argv[1], "--help") == 0)
        usageErr("%s pid sig-num data [num-sigs]\n", argv[0]);

    /* PID와 UID를 출력해, 수신 프로세스에서 핸들러에
       제공된 siginfo_t 인자의 해당 필드와 비교할 수 있다. */

    printf("%s: PID is %ld, UID is %ld\n", argv[0],
            (long) getpid(), (long) getuid());

    sig = getInt(argv[2], 0, "sig-num");
    sigData = getInt(argv[3], GN_ANY_BASE, "data");
    numSigs = (argc > 4) ? getInt(argv[4], GN_GT_0, "num-sigs") : 1;

    for (j = 0; j < numSigs; j++) {
        sv.sival_int = sigData + j;
        if (sigqueue(getLong(argv[1], 0, "pid"), sig, sv) == -1)
            errExit("sigqueue %d", j);
    }

    exit(EXIT_SUCCESS);
}
```

value 인자는 시그널과 함께 전송되는 데이터를 가리킨다. 이 인자는 다음과 같은 형태를 띤다.

```
union sigval {
    int   sival_int;            /* 데이터와 함께 전달되는 정수값 */
    void *sival_ptr;            /* 데이터와 함께 전달되는 포인터 값 */
};
```

이 인자의 해석은 응용 프로그램에 따라 다르며, 유니온의 sival_int를 설정할지 또는 sival_ptr 필드를 설정할지의 선택에 달려 있다. 하나의 프로세스에서 유용한 포인터의 값은 다른 프로세스에서는 의미가 없기 때문에, sival_ptr 필드는 sigqueue()에서 대개 유용하지 않다. 그러나 이 필드는 sigval 유니온을 사용하는 다른 함수에서는 유용하며, 이런 내용은 23.6절에서 설명한 POSIX 타이머나 Vol. 2의 15.6절에서 POSIX 메시지 큐 통지에 대해 알아볼 때 살펴볼 것이다.

> 리눅스를 포함한 여러 가지 유닉스 구현에서 union sigval과 동의어로 sigval_t 데이터형을 정의한다. 그러나 이 형식은 SUSv3에는 명시되지 않았고, 그 밖의 구현에도 존재하지 않는다. 이식성 있는 응용 프로그램은 이런 사용을 피해야만 한다.

sigqueue()의 호출은 큐에 있는 시그널의 수가 한도에 도달하면 실패한다. 이런 경우 errno는 EAGAIN으로 설정되며, 이는 (현재 큐에 있는 시그널 중의 일부가 전달됐을 때) 시그널을 다시 보내야 함을 나타낸다.

리스트 22-2는 sigqueue()의 사용 예다. 이 프로그램은 4개의 인자를 취하고, 처음 세 인자인 타깃 프로세스 ID, 시그널 번호, 실시간 시그널에 딸린 정수값은 의무적으로 포함해야 한다. 명시된 시그널이 둘 이상 전달되면, 선택사항인 네 번째 인자는 전달되는 개수를 가리킨다. 이 경우 딸린 정수 데이터 값은 연속된 시그널마다 1씩 증가된다. 이 프로그램의 사용법은 22.8.2절에서 보여준다.

## 22.8.2 실시간 시그널 처리

실시간 시그널은 (하나의 인자를 가진) 일반적인 시그널 핸들러를 사용해 표준 시그널과 동일하게 처리할 수 있다. 그렇지 않으면 SA_SIGINFO 플래그(21.4절 참조)를 사용해 만든, 인자가 3개인 시그널 핸들러를 사용해 실시간 시그널을 처리할 수 있다. 다음은 여섯 번째 실시간 시그널의 핸들러를 만들기 위해 SA_SIGINFO를 사용하는 예다.

```
struct sigaction act;

sigemptyset(&act.sa_mask);
act.sa_sigaction = handler;
act.sa_flags = SA_RESTART | SA_SIGINFO;

if (sigaction(SIGRTMIN + 5, &act, NULL) == -1)
    errExit("sigaction");
```

SA_SIGINFO 플래그를 사용할 때 시그널 핸들러에 전달된 두 번째 인자는 실시간 시그널에 대한 추가 정보를 담고 있는 siginfo_t 구조체다. 이 구조체는 21.4절에 자세히 설명되어 있다. 실시간 시그널에서는 siginfo_t 구조체의 다음과 같은 필드가 설정된다.

- si_signo 필드는 시그널 핸들러의 첫 번째 인자에 전달된 것과 동일한 값이다.
- si_code 필드는 시그널의 발생 원인을 가리키고, 표 21-2(595페이지)의 값 중 하나다. sigqueue()를 통해 전송된 실시간 시그널에서, 이 필드의 값은 항상 SI_QUEUE다.
- si_value 필드는 sigqueue()를 통해 시그널을 전송한 프로세스가 value 인자에 지정한 데이터(sigval 유니온)를 담고 있다. 이미 언급했지만, 이 데이터의 해석은 응용 프로그램에 따라 다르다(시그널이 kill()을 사용해 전달된 경우, si_value 필드는 유효한 정보를 담고 있지 않다).
- si_pid와 si_uid 필드는 각각 시그널을 전송한 프로세스의 프로세스 ID와 실제 사용자 ID를 담고 있다.

리스트 22-3은 실시간 시그널을 처리하는 예다. 이 프로그램은 시그널을 잡고, 시그널 핸들러에 전달된 siginfo_t 구조체의 여러 필드를 출력한다. 이 프로그램은 정수 명령행 인자 2개를 추가로 받는다. 첫 번째 인자가 제공되면, 주 프로그램은 모든 시그널을 블록하고, 이 인자에 명시된 초만큼 수면을 취한다. 이 기간 동안 여러 개의 실시간 시그널을 프로세스 큐에 넣고, 시그널이 블록될 때 어떤 동작이 발생하는지 관찰할 수 있다. 두 번째 인자는 시그널 핸들러가 리턴하기 전에 수면을 취해야 하는 초를 가리킨다. 0이 아닌 값(기본 1초)을 명시할 경우 프로그램을 늦출 때 유용하고, 따라서 여러 개의 시그널이 처리될 때 어떤 동작이 발생하는지 더욱 쉽게 확인할 수 있다.

다음의 셸 로그 세션과 같이, 실시간 시그널의 동작을 살펴보기 위해 리스트 22-3의 프로그램을 리스트 22-2의 프로그램(t_sigqueue.c)과 함께 사용할 수 있다.

```
$ ./catch_rtsigs 60 &
[1] 12842
$ ./catch_rtsigs: PID is 12842          프로그램 결과와 혼합된 셸 프롬프트
./catch_rtsigs: signals blocked - sleeping 60 seconds
다음 셸 프롬프트를 보기 위해 엔터를 누른다.
$ ./t_sigqueue 12842 54 100 3           시그널을 세 번 보낸다.
./t_sigqueue: PID is 12843, UID is 1000
$ ./t_sigqueue 12842 43 200
./t_sigqueue: PID is 12844, UID is 1000
$ ./t_sigqueue 12842 40 300
./t_sigqueue: PID is 12845, UID is 1000
```

결과적으로 catch_rtsigs 프로그램은 수면을 완료하고, 시그널 핸들러가 여러 가지 시그널을 잡음에 따라서 메시지를 출력한다(catch_rtsigs 프로그램은 백그라운드에서 결과를 작성하기 때문에, 셸 프롬프트가 프로그램 결과의 다음 줄과 혼합됐음을 볼 수 있다). 우선 실시간 시그널이 번호가 가장 낮은 시그널을 먼저 전달함을 확인하며, 핸들러에 전달된 siginfo_t 구조체가 시그널을 전달한 프로세스의 프로세스 ID와 사용자 ID를 담고 있음을 확인한다.

```
$ ./catch_rtsigs: sleep complete
caught signal 40
    si_signo=40, si_code=-1 (SI_QUEUE), si_value=300
    si_pid=12845, si_uid=1000
caught signal 43
    si_signo=43, si_code=-1 (SI_QUEUE), si_value=200
    si_pid=12844, si_uid=1000
```

나머지 결과는 동일한 실시간 시그널의 인스턴스 3개에 의해 만들어진다. si_value 값을 보면, 이 시그널들은 발송 순서대로 전달됨을 확인할 수 있다.

```
caught signal 54
    si_signo=54, si_code=-1 (SI_QUEUE), si_value=100
    si_pid=12843, si_uid=1000
caught signal 54
    si_signo=54, si_code=-1 (SI_QUEUE), si_value=101
    si_pid=12843, si_uid=1000
caught signal 54
    si_signo=54, si_code=-1 (SI_QUEUE), si_value=102
    si_pid=12843, si_uid=1000
```

계속해서, 셸 명령인 kill을 사용해 catch_rtsigs 프로그램에 시그널을 전송한다. 이전 예와 동일하게, 핸들러에 의해 수신된 siginfo_t 구조체는 전송 프로세스의 프로세스 ID와 사용자 ID를 담고 있지만, 이 경우 si_code 값은 SI_USER다.

```
다음 셸 프롬프트를 보기 위해 엔터를 누른다.
$ echo $$                                셸의 PID 출력
12780
$ kill -40 12842                         시그널을 전송하기 위해 kill(2)를 사용
$ caught signal 40
    si_signo=40, si_code=0 (SI_USER), si_value=0
    si_pid=12780, si_uid=1000            셸의 PID
다음 셸 프롬프트를 보기 위해 엔터를 누른다.
$ kill 12842                             SIGTERM을 전송해 catch_rtsigs를 종료
Caught 6 signals
종료된 백그라운드 작업에 대한 셸의 통지를 보기 위해 엔터를 누른다.
[1]+  Done                     ./catch_rtsigs 60
```

**리스트 22-3** 실시간 시그널 처리

signals/catch_rtsigs.c

```
#define _GNU_SOURCE
#include <string.h>
#include <signal.h>
#include "tlpi_hdr.h"

static volatile int handlerSleepTime;
static volatile int sigCnt = 0;          /* 수신된 시그널의 수 */
static volatile int allDone = 0;

static void              /* SA_SIGINFO를 사용해 만들어진 시그널의 핸들러 */
siginfoHandler(int sig, siginfo_t *si, void *ucontext)
{
    /* 안전하지 않음: 이 핸들러는 비동기 시그널 안전하지 않은 함수(printf(),
       21.1.2절 참조)를 사용 */

    /* SIGINT나 SIGTERM 프로그램을 종료하기 위해 사용 가능 */

    if (sig == SIGINT || sig == SIGTERM) {
        allDone = 1;
        return;
    }

    sigCnt++;
    printf("caught signal %d\n", sig);

    printf("    si_signo=%d, si_code=%d (%s), ", si->si_signo,
            si->si_code,
           (si->si_code == SI_USER) ? "SI_USER" :
           (si->si_code == SI_QUEUE) ? "SI_QUEUE" : "other");
    printf("si_value=%d\n", si->si_value.sival_int);
    printf("    si_pid=%ld, si_uid=%ld\n", (long) si->si_pid,
           (long) si->si_uid);

    sleep(handlerSleepTime);
}

int
main(int argc, char *argv[])
{
    struct sigaction sa;
    int sig;
    sigset_t prevMask, blockMask;

    if (argc > 1 && strcmp(argv[1], "--help") == 0)
        usageErr("%s [block-time [handler-sleep-time]]\n", argv[0]);
```

```
    printf("%s: PID is %ld\n", argv[0], (long) getpid());

    handlerSleepTime = (argc > 2) ?
                getInt(argv[2], GN_NONNEG, "handler-sleep-time") : 1;

    /* 대부분의 시그널에 핸들러를 만듦. 핸들러의 실행 동안에
       반복적으로 서로를 인터럽트하는 핸들러(결과를 읽기 힘들게 한다)를
       블록하기 위해 다른 모든 시그널을 마스크 처리한다. */

    sa.sa_sigaction = siginfoHandler;
    sa.sa_flags = SA_SIGINFO;
    sigfillset(&sa.sa_mask);

    for (sig = 1; sig < NSIG; sig++)
        if (sig != SIGTSTP && sig != SIGQUIT)
            sigaction(sig, &sa, NULL);

    /* 선택적으로 시그널을 블록하고 수면을 취하며,
       이는 시그널이 블록해제되어 처리되기 전에 전송되게 한다. */

    if (argc > 1) {
        sigfillset(&blockMask);
        sigdelset(&blockMask, SIGINT);
        sigdelset(&blockMask, SIGTERM);

        if (sigprocmask(SIG_SETMASK, &blockMask, &prevMask) == -1)
            errExit("sigprocmask");

        printf("%s: signals blocked - sleeping %s seconds\n", argv[0],
                argv[1]);
        sleep(getInt(argv[1], GN_GT_0, "block-time"));
        printf("%s: sleep complete\n", argv[0]);

        if (sigprocmask(SIG_SETMASK, &prevMask, NULL) == -1)
            errExit("sigprocmask");
    }

    while (!allDone)                /* 전달되는 시그널을 기다림 */
        pause();

    printf("Caught %d signals\n", sigCnt);
    exit(EXIT_SUCCESS);
}
```

## 22.9 마스크를 이용한 시그널 대기: sigsuspend()

sigsuspend()의 동작을 설명하기 전에, 우선 그 함수를 사용해야 하는 상황을 설명한다. 시그널을 이용해 프로그래밍할 때 가끔 맞닥뜨리는 다음 시나리오를 생각해보기 바란다.

1. 일시적으로 시그널을 블록하고, 따라서 시그널의 핸들러는 코드 임계 영역의 실행을 인터럽트하지 않는다.
2. 시그널을 블록해제하고, 시그널이 전달될 때까지 실행을 중지한다.

이런 상황을 재현하기 위해, 리스트 22-4와 같은 코드를 사용할 것이다.

**리스트 22-4** 시그널을 잘못 블록해제하고 기다림

```
sigset_t prevMask, intMask;
struct sigaction sa;

sigemptyset(&intMask);
sigaddset(&intMask, SIGINT);

sigemptyset(&sa.sa_mask);
sa.sa_flags = 0;
sa.sa_handler = handler;

if (sigaction(SIGINT, &sa, NULL) == -1)
    errExit("sigaction");

/* 임계 영역을 실행하기에 앞서 SIGINT를 블록
   (이 시점에서, SIGINT는 미리 블록되지 않았음을 가정한다.) */

if (sigprocmask(SIG_BLOCK, &intMask, &prevMask) == -1)
    errExit("sigprocmask - SIG_BLOCK");

/* 임계 영역: 여기서 SIGINT 핸들러에 의해 인터럽트되지 말아야 할 작업을 한다. */

/* 임계 영역의 끝. SIGINT를 블록해제하기 위해 마스크를 복원 */

if (sigprocmask(SIG_SETMASK, &prevMask, NULL) == -1)
    errExit("sigprocmask - SIG_SETMASK");

/* 버그: SIGINT가 지금 도착하면 어떤 동작을 하는가... */

pause();          /* SIGINT 대기 */
```

리스트 22-4에는 문제가 있다. SIGINT 시그널이 두 번째 sigprocmask() 실행 이후와 pause() 호출 이전에 전달된다고 가정하자(시그널은 실제로 임계 영역의 실행 중 어느 시점에서 생성됐다가, 블록해제된 뒤 전달될 수도 있다). SIGINT 시그널이 전달되면 핸들러가 실행되고, 핸들러가 리턴하고 주 프로그램이 재시작되고 난 후에, pause() 호출은 SIGINT가 다시 한 번 전달될 때까지 블록될 것이다. 이는 SIGINT를 블록해제하고 처음 발생할 때까지 기다리려는 코드의 목적에 어긋난다.

SIGINT가 임계 영역의 시작(즉 첫 번째 sigprocmask() 호출)과 pause() 호출 사이에 생성될 확률이 작다고 하더라도, 이는 버그에 해당한다. 이런 시간 의존 버그는 경쟁 상태(5.1절 참조)의 예다. 일반적으로 경쟁 상태는 2개의 프로세스나 스레드가 공통된 자원을 공유하는 곳에서 발생한다. 그러나 이 경우 주 프로그램이 자신의 시그널 핸들러와 경쟁한다.

이 문제를 피하기 위해 아토믹하게 시그널을 블록해제하고 프로세스를 중지할 수단이 필요하다. 이것이 sigsuspend() 시스템 호출의 목적이다.

```
#include <signal.h>

int sigsuspend(const sigset_t *mask);
```

(일반적으로) errno를 EINTR로 설정하고 –1을 리턴한다.

sigsuspend() 시스템 호출은 프로세스 시그널 마스크를 mask가 가리키는 시그널 집합으로 교체한 뒤, 시그널이 잡히고 해당 핸들러가 리턴할 때까지 프로세스의 실행을 중지한다. 핸들러가 리턴하면, sigsuspend()는 프로세스 시그널 마스크를 호출 이전의 값으로 복원한다.

sigsuspend()를 호출하는 것은 다음 오퍼레이션을 아토믹하게 실행하는 것과 같다.

```
sigprocmask(SIG_SETMASK, &mask, &prevMask);  /* 새로운 마스크 할당 */
pause();
sigprocmask(SIG_SETMASK, &prevMask, NULL);   /* 오래된 마스크 복원 */
```

이전 시그널 마스크를 복원하는 일(즉 위 예의 마지막 단계)이 처음에는 불편해 보일지라도, 반복적으로 시그널을 기다려야 하는 상황의 경쟁 상태를 피하려면 필수적이다. 그런 상황에서 시그널은 sigsuspend() 호출 동안을 제외하고 블록된 상태로 있어야 한다. 이전의 sigsuspend() 호출에 의해 블록된 시그널을 블록해제할 필요가 있다면, sigprocmask() 호출을 사용할 수 있다.

sigsuspend()가 시그널의 전달에 의해 인터럽트되면, 이 함수는 errno를 EINTR로 설정하고, -1을 리턴한다. mask가 유효한 주소를 가리키지 않으면, sigsuspend()는 EFAULT 에러와 함께 실패한다.

### 예제 프로그램

리스트 22-5는 sigsuspend()의 사용 예다. 이 프로그램의 실행 단계는 다음과 같다.

- printSigMask() 함수(556페이지의 리스트 20-4)를 사용해 프로세스 시그널 마스크의 초기값을 출력한다①.
- SIGINT, SIGQUIT와 원래 프로세스 시그널 마스크를 저장한다②.
- SIGINT와 SIGQUIT 모두에 대해 동일한 핸들러를 만든다③. 이 핸들러는 메시지를 출력하고, SIGQUIT의 전달에 의해 실행된 경우, 전역 변수 gotSigquit를 설정한다.
- gotSigquit가 설정될 때까지 루프를 돈다④. 각 루프는 다음의 단계를 실행한다.
  - printSigMask() 함수를 사용해 시그널 마스크의 현재 값을 출력한다.
  - 수 초 동안 CPU 루프를 실행함으로써 임계 영역을 시뮬레이션한다.
  - printPendingSigs() 함수를 사용해 보류 중인 시그널의 마스크를 출력한다(리스트 20-4).
  - (하나의 시그널이 이미 보류 상태에 있지 않은 경우) SIGINT와 SIGQUIT를 블록해제하고, 시그널을 기다리기 위해 sigsuspend()를 사용한다.
- 프로세스 시그널 마스크를 원래 상태로 복원하기 위해 sigprocmask()를 사용하고⑤, printSigMask()를 사용해 시그널 마스크를 출력한다⑥.

**리스트 22-5** sigsuspend()의 사용 예

signals/t_sigsuspend.c

```
#define _GNU_SOURCE      /* <string.h>에서 strsignal() 선언을 사용 */
#include <string.h>
#include <signal.h>
#include <time.h>
#include "signal_functions.h"      /* printSigMask()와 printPendingSigs()
                                      선언 */
#include "tlpi_hdr.h"

static volatile sig_atomic_t gotSigquit = 0;
```

```
static void
handler(int sig)
{
    printf("Caught signal %d (%s)\n", sig, strsignal(sig));
                                    /* 안전하지 않음(21.1.2절 참조) */
    if (sig == SIGQUIT)
        gotSigquit = 1;
}

int
main(int argc, char *argv[])
{
    int loopNum;
    time_t startTime;
    sigset_t origMask, blockMask;
    struct sigaction sa;

①   printSigMask(stdout, "Initial signal mask is:\n");

    sigemptyset(&blockMask);
    sigaddset(&blockMask, SIGINT);
    sigaddset(&blockMask, SIGQUIT);
②   if (sigprocmask(SIG_BLOCK, &blockMask, &origMask) == -1)
        errExit("sigprocmask - SIG_BLOCK");

    sigemptyset(&sa.sa_mask);
    sa.sa_flags = 0;
    sa.sa_handler = handler;

③   if (sigaction(SIGINT, &sa, NULL) == -1)
        errExit("sigaction");
    if (sigaction(SIGQUIT, &sa, NULL) == -1)
        errExit("sigaction");

④   for (loopNum = 1; !gotSigquit; loopNum++) {
        printf("=== LOOP %d\n", loopNum);

        /* 수 초를 지연함으로써 임계 영역을 시뮬레이션 */

        printSigMask(stdout, "Starting critical section, signal mask is:\n");
        for (startTime = time(NULL); time(NULL) < startTime + 4; )
            continue;           /* 수 초의 경과 시간 동안 실행 */

        printPendingSigs(stdout,
            "Before sigsuspend() - pending signals:\n");
        if (sigsuspend(&origMask) == -1 && errno != EINTR)
            errExit("sigsuspend");
    }
```

```
⑤    if (sigprocmask(SIG_SETMASK, &origMask, NULL) == -1)
         errExit("sigprocmask - SIG_SETMASK");

⑥    printSigMask(stdout, "=== Exited loop\nRestored signal mask to:\n");

     /* 다른 작업 실행 */

     exit(EXIT_SUCCESS);
  }
```

다음 셸 세션 로그는 리스트 22-5의 프로그램을 실행할 때 볼 수 있는 실행 과정의 예다.

```
$ ./t_sigsuspend
Initial signal mask is:
                <empty signal set>
=== LOOP 1
Starting critical section, signal mask is:
                2 (Interrupt)
                3 (Quit)
Control-C를 입력한다. SIGINT가 생성됐지만, 블록됐기 때문에 보류 상태를 유지한다.
Before sigsuspend() - pending signals:
                2 (Interrupt)
Caught signal 2 (Interrupt)    sigsuspend()가 호출되고, 시그널이 블록해제된다.
```

결과의 마지막 줄은 프로그램이 sigsuspend()를 호출할 때 나타나며, 이는 SIGINT를 블록해제시킨다. 이 시점에서 시그널 핸들러가 호출되고, 결과의 마지막 줄이 출력된다.

주 프로그램은 다음의 루프를 계속한다.

```
=== LOOP 2
Starting critical section, signal mask is:
            2 (Interrupt)
            3 (Quit)
SIGQUIT를 생성하기 위해 Control-\를 입력한다.
Before sigsuspend() - pending signals:
            3 (Quit)
Caught signal 3 (Quit)              sigsuspend() 호출. 시그널이 블록해제됨
=== Exited loop                     시그널 핸들러가 gotSigquit를 설정
Restored signal mask to:
                <empty signal set>
```

이번에는 Control-\를 입력했고, 이는 시그널 핸들러가 gotSigquit를 설정하게 하며 주 프로그램이 루프를 종료하게 한다.

## 22.10 동기적 시그널 대기

22.9절에서는 시그널이 전달될 때까지 프로세스의 실행을 중지하기 위해 시그널 핸들러와 sigsuspend()를 사용하는 방법을 살펴봤다. 그러나 시그널 핸들러를 작성하고 비동기 전달의 복잡성을 처리해야 하기 때문에 일부 응용 프로그램에서는 이 방법이 번거로울 수 있다. 대신에 동기적으로 시그널을 받기 위해 sigwaitinfo() 시스템 호출을 사용할 수 있다.

```
#define _POSIX_C_SOURCE 199309
#include <signal.h>

int sigwaitinfo(const sigset_t *set, siginfo_t *info);
```

성공하면 전달된 시그널 번호를 리턴하고, 에러가 발생하면 -1을 리턴한다.

sigwaitinfo() 시스템 호출은 set이 가리키는 시그널 집합에 있는 시그널 중 하나가 전달될 때까지 프로세스의 실행을 멈춘다. 호출 시점에 set의 시그널 중 하나가 이미 보류 중이면, sigwaitinfo()는 즉시 리턴한다. 전달된 시그널은 프로세스의 보류 시그널 목록에서 제거되고, 시그널 번호는 함수의 결과로 리턴된다. info 인자는 NULL이 아니면, siginfo_t 인자(21.4절 참조)를 취하는 시그널 핸들러에 제공되는 것과 동일한 정보를 담을 수 있도록 초기화된 siginfo_t 구조체를 가리킨다.

sigwaitinfo()를 통해 받은 시그널의 전달 순서와 큐 특성은 시그널 핸들러를 통해 잡은 것과 동일하다. 즉 표준 시그널은 큐에 넣지 않으며, 실시간 시그널은 큐에 넣고 가장 낮은 번호가 먼저 전달된다.

시그널 핸들러를 작성하는 추가적인 부담을 덜어줄 뿐만 아니라, sigwaitinfo()를 사용한 시그널 대기는 sigsuspend()와 핸들러의 조합보다 다소 빠르다(연습문제 22-3 참조).

일반적으로 sigwaitinfo()는 관심 있는 시그널 집합을 블록하는 것과 함께 써야 이치에 맞다(시그널이 블록된 경우에도 sigwaitinfo()로 보류 시그널을 가져올 수 있다). 그렇지 않고 시그널이 sigwaitinfo()의 첫 번째 호출 이전이나 연이은 호출 사이에 도착하면, 시그널은 시그널의 현재 속성에 따라서 처리된다.

> SUSv3에 따르면, set에 있는 시그널을 블록하지 않고 sigwaitinfo()를 호출할 경우 예측할 수 없는 결과를 낳는다.

리스트 22-6은 sigwaitinfo()의 사용 예다. 이 프로그램은 우선 모든 시그널을 블록하고, 선택적인 명령행 인자에서 명시된 초 동안 지연된다. 이는 시그널이 sigwaitinfo() 이전에 프로그램으로 전송되게 한다. SIGINT나 SIGTERM이 전달될 때까지, 프로그램은 들어오는 시그널을 받고자 계속해서 sigwaitinfo()를 사용해 루프를 돈다.

다음 셸 세션 로그는 리스트 22-6 프로그램의 사용 예다. sigwaitinfo()를 호출하기 전에 60초 동안 지연한 뒤 2개의 시그널을 전달해야 한다고 지정해서, 프로그램을 백그라운드에서 실행한다.

```
$ ./t_sigwaitinfo 60 &
./t_sigwaitinfo: PID is 3837
./t_sigwaitinfo: signals blocked
./t_sigwaitinfo: about to delay 60 seconds
[1] 3837
$ ./t_sigqueue 3837 43 100                시그널 43 전송
./t_sigqueue: PID is 3839, UID is 1000
$ ./t_sigqueue 3837 42 200                시그널 42 전송
./t_sigqueue: PID is 3840, UID is 1000
```

결과적으로 프로그램은 수면 시간을 완료하고, sigwaitinfo() 루프는 큐에 있는 시그널을 받는다(t_sigwaitinfo 프로그램은 백그라운드에서 결과를 작성하기 때문에, 셸 프롬프트가 프로그램 결과의 다음 라인과 섞여 있다). 핸들러에 의해 잡힌 실시간 시그널과 동일하게, 시그널은 가장 낮은 번호가 먼저 전달되고, 시그널 핸들러에 전달된 siginfo_t 구조체를 통해 전송 프로세스의 프로세스 ID와 사용자 ID를 얻을 수 있다.

```
$ ./t_sigwaitinfo: finished delay
got signal: 42
    si_signo=42, si_code=-1 (SI_QUEUE), si_value=200
    si_pid=3840, si_uid=1000
got signal: 43
    si_signo=43, si_code=-1 (SI_QUEUE), si_value=100
    si_pid=3839, si_uid=1000
```

시그널을 프로세스에 전달하기 위해 셸의 kill 명령을 사용한다. 이번에는 si_code 필드가 (SI_QUEUE 대신에) SI_USER로 설정됐음을 확인한다.

```
다음 셸 프롬프트를 보기 위해 엔터를 누른다.
$ echo $$                   셸 PID 출력
3744
$ kill -USR1 3837           셸은 kill()을 사용해 SIGUSR1을 전달
$ got signal: 10            SIGUSR1의 전달
```

```
    si_signo=10, si_code=0 (SI_USER), si_value=100
    si_pid=3744, si_uid=1000     3744가 셸의 PID다.
다음 셸 프롬프트를 보기 위해 엔터를 누른다.
$ kill %1                             SIGTERM으로 프로그램 종료
$
종료된 백그라운드 작업에 대한 셸의 통지를 보기 위해 엔터를 누른다.
[1]+  Done                     ./t_sigwaitinfo 60
```

SIGUSR1 시그널을 받은 결과에서 si_value 필드의 값은 100임을 확인한다. 이는 sigqueue()를 사용해 전송된 이전 시그널에 의해 초기화된 값이다. si_value 필드는 sigqueue()를 사용해 전송된 시그널에 대해서만 유용한 정보를 포함한다는 사실을 앞서 언급했다.

**리스트 22-6** sigwaitinfo()로 시그널을 동기적으로 대기

signals/t_sigwaitinfo.c

```c
#define _GNU_SOURCE
#include <string.h>
#include <signal.h>
#include <time.h>
#include "tlpi_hdr.h"

int
main(int argc, char *argv[])
{
    int sig;
    siginfo_t si;
    sigset_t allSigs;

    if (argc > 1 && strcmp(argv[1], "--help") == 0)
        usageErr("%s [delay-secs]\n", argv[0]);

    printf("%s: PID is %ld\n", argv[0], (long) getpid());

    /* (SIGKILL과 SIGSTOP을 제외한) 모든 시그널 블록 */

    sigfillset(&allSigs);
    if (sigprocmask(SIG_SETMASK, &allSigs, NULL) == -1)
        errExit("sigprocmask");
    printf("%s: signals blocked\n", argv[0]);

    if (argc > 1) {                 /* 지연함으로써, 시그널이 전달될 수 있다. */
        printf("%s: about to delay %s seconds\n", argv[0], argv[1]);
        sleep(getInt(argv[1], GN_GT_0, "delay-secs"));
        printf("%s: finished delay\n", argv[0]);
    }
```

```
    for (;;) {                  /* SIGINT(^C)나 SIGTERM이 올 때까지 시그널을 가져옴 */
        sig = sigwaitinfo(&allSigs, &si);
        if (sig == -1)
            errExit("sigwaitinfo");

        if (sig == SIGINT || sig == SIGTERM)
            exit(EXIT_SUCCESS);

        printf("got signal: %d (%s)\n", sig, strsignal(sig));
        printf("    si_signo=%d, si_code=%d (%s), si_value=%d\n",
                si.si_signo, si.si_code,
               (si.si_code == SI_USER) ? "SI_USER" :
                   (si.si_code == SI_QUEUE) ? "SI_QUEUE" : "other",
                si.si_value.sival_int);

        printf("    si_pid=%ld, si_uid=%ld\n",
                (long) si.si_pid, (long) si.si_uid);
    }
}
```

sigtimedwait() 시스템 호출은 sigwaitinfo()의 변형이다. sigtimedwait()는 대기에 시간 제한을 명시할 수 있다는 점만이 다르다.

```
#define _POSIX_C_SOURCE 199309
#include <signal.h>

int sigtimedwait(const sigset_t *set, siginfo_t *info,
                 const struct timespec *timeout);
```

성공하면 전달된 시그널 번호를 리턴하고, 에러나 타임아웃(EAGIN)이 발생하면 –1을 리턴한다.

timeout 인자는 sigtimedwait()가 시그널을 기다려야 하는 최대 시간을 명시한다. 이 인자는 다음 구조체의 포인터다.

```
struct timespec {
    time_t tv_sec;    /* 초('time_t'는 정수형) */
    long   tv_nsec;   /* 나노초 */
};
```

timespec 구조체 필드는 sigtimedwait()가 기다려야 하는 최대 초와 나노초를 나타내도록 채워진다. 두 가지 값을 모두 0으로 설정하면 즉각적인 타임아웃이 발생한다. 즉 명시된 시그널 집합의 시그널이 보류 중인지 검사한다. 시그널이 전달되지 않고 타임아웃이 발생하면, sigtimedwait()는 EAGAIN 에러와 함께 실패한다.

timeout 인자가 NULL로 명시되면, sigtimedwait()는 sigwaitinfo()와 정확히 동일하게 동작한다. SUSv3는 NULL timeout의 의미를 명시하지 않았고, 대신에 일부 유닉스 구현은 즉시 리턴하는 검사 요청poll request으로 해석한다.

## 22.11 파일 식별자를 통한 시그널 획득

커널 2.6.22부터 리눅스는 호출자에게 전달된 시그널을 읽을 수 있는 특별한 파일 디스크립터를 만드는 (비표준) signalfd() 시스템 호출을 제공한다. signalfd 메커니즘은 동기적으로 시그널을 받는 sigwaitinfo()의 대안을 제공한다.

```
#include <sys/signalfd.h>

int signalfd(int fd, const sigset_t *mask, int flags);
```

성공하면 파일 디스크립터를 리턴하고, 에러가 발생하면 -1을 리턴한다.

mask 인자는 signalfd 파일 디스크립터를 통해 읽고자 하는 시그널의 집합이다. sigwaitinfo()와 동일하게 sigprocmask()를 사용해 mask의 모든 시그널을 블록해서, 시그널을 읽기 전에 기본 속성에 따라서 처리되는 일이 없게 해야 한다.

fd를 -1로 지정하면, signalfd()는 mask에 있는 시그널을 읽을 때 쓸 수 있는 새로운 파일 디스크립터를 생성한다. 그렇지 않으면 이전의 signalfd() 호출로 생성된 파일 디스크립터인 fd와 연관된 마스크를 수정한다.

초기 구현에서 flags 인자는 향후 사용을 위해 예약되어 있었고, 0으로 지정해야 했다. 하지만 리눅스 2.6.27부터는 다음과 같은 2개의 플래그가 지원된다.

- SFD_CLOEXEC: 새로운 파일 디스크립터를 위해 실행 시 닫기 플래그(FD_CLOEXEC)를 설정. 이 플래그는 4.3.1절에 설명한 open()의 O_CLOEXEC 플래그와 동일한 이유로 유용하다.
- SFD_NONBLOCK: 하부의 열린 파일 디스크립션에 O_NONBLOCK 플래그를 설정해, 향후의 읽기가 블록되지 않게 한다. 이는 동일한 결과를 이루기 위한 fcntl()의 추가적인 호출을 피한다.

파일 디스크립터를 생성하면, read()를 사용해 시그널을 읽을 수 있다. read()에 주어진 버퍼는 적어도 <sys/signalfd.h>에 정의된 signalfd_siginfo 구조체 하나를 저장할 만큼 충분히 커야 한다.

```
struct signalfd_siginfo {
    uint32_t  ssi_signo;        /* 시그널 번호 */
    int32_t   ssi_errno;        /* 에러 번호(일반적으로 사용되지 않음) */
    int32_t   ssi_code;         /* 시그널 코드 */
    uint32_t  ssi_pid;          /* 전송 프로세스의 프로세스 ID */
    uint32_t  ssi_uid;          /* 전송자의 실제 사용자 ID */
    int32_t   ssi_fd;           /* 파일 디스크립터(SIGPOLL/SIGIO) */
    uint32_t  ssi_tid;          /* (커널 내부) 타이머 ID(POSIX 타이머) */
    uint32_t  ssi_band;         /* 밴드 이벤트(SIGPOLL/SIGIO) */
    uint32_t  ssi_overrun;      /* 오버런 카운트(POSIX 타이머) */
    uint32_t  ssi_trapno;       /* 트랩 번호 */
    int32_t   ssi_status;       /* 종료 상태나 시그널(SIGCHLD) */
    int32_t   ssi_int;          /* sigqueue()에 의해 전송된 정수 */
    uint64_t  ssi_ptr;          /* sigqueue()에 의해 전송된 포인터 */
    uint64_t  ssi_utime;        /* 사용자 CPU 시간(SIGCHLD) */
    uint64_t  ssi_stime;        /* 시스템 CPU 시간(SIGCHLD) */
    uint64_t  ssi_addr;         /* 시그널을 생성한 주소(하드웨어 생성 시그널만) */
};
```

이 구조체의 필드는 전통적인 siginfo_t 구조체(21.4절 참조)의 유사하게 명명된 필드와 동일한 정보를 리턴한다.

read()의 각 호출은 보류 중인 시그널과 같은 수의 signalfd_siginfo 구조체를 제공된 버퍼에 맞는 만큼 리턴할 것이다. 호출 시점에 어떤 시그널도 보류 중이 아니라면, read()는 시그널이 도착할 때까지 블록된다. fcntl()의 F_SETFL(5.3절 참조)을 사용해 파일 디스크립터에 O_NONBLOCK 플래그를 설정해서, 읽기가 블록되지 않고 시그널이 없는 경우 EAGAIN 에러와 함께 실패하게 할 수도 있다.

signalfd 파일 디스크립터에서 시그널을 읽으면, 해당 시그널은 소비되고 프로세스 보류 상태가 끝난다.

**리스트 22-7 시그널을 읽기 위한 signalfd() 사용 예**

signals/signalfd_sigval.c

```
#include <sys/signalfd.h>
#include <signal.h>
#include "tlpi_hdr.h"

int
main(int argc, char *argv[])
{
    sigset_t mask;
    int sfd, j;
    struct signalfd_siginfo fdsi;
    ssize_t s;
```

```
    if (argc < 2 || strcmp(argv[1], "--help") == 0)
        usageErr("%s sig-num...\n", argv[0]);

    printf("%s: PID = %ld\n", argv[0], (long) getpid());

    sigemptyset(&mask);
    for (j = 1; j < argc; j++)
        sigaddset(&mask, atoi(argv[j]));

    if (sigprocmask(SIG_BLOCK, &mask, NULL) == -1)
        errExit("sigprocmask");

    sfd = signalfd(-1, &mask, 0);
    if (sfd == -1)
        errExit("signalfd");

    for (;;) {
        s = read(sfd, &fdsi, sizeof(struct signalfd_siginfo));
        if (s != sizeof(struct signalfd_siginfo))
            errExit("read");

        printf("%s: got signal %d", argv[0], fdsi.ssi_signo);
        if (fdsi.ssi_code == SI_QUEUE) {
            printf("; ssi_pid = %d; ", fdsi.ssi_pid);
            printf("ssi_int = %d", fdsi.ssi_int);
        }
        printf("\n");
    }
}
```

signalfd 파일 디스크립터는 select(), poll(), epoll(Vol. 2의 26장 참조)을 사용해 다른 디스크립터와 함께 감시할 수 있다. 여러 사용법 가운데, 이 기능은 Vol. 2의 26.5.2절에서 설명하는 자체 파이프 기법의 대안을 제공한다. 시그널이 보류 중이면, 이들 기법은 파일 디스크립터가 읽기 가능함을 알려준다.

더 이상 signalfd 파일 디스크립터가 필요하지 않다면, 관련된 커널 자원을 해제하기 위해 닫아야 한다.

리스트 22-7은 signalfd()의 사용법을 나타낸다. 이 프로그램은 명령행 인자에 명시된 시그널 번호의 마스크를 생성하고, 이들 시그널을 블록한 뒤 이를 읽기 위해 signalfd 파일 디스크립터를 생성한다. 그리고 루프를 돌며 파일 디스크립터에서 시그널을 읽고, 리턴된 signalfd_siginfo 구조체 안의 정보 중 몇 가지를 출력한다. 다음 셸 세션은 리스트 22-7의 프로그램을 백그라운드에서 실행하며, 리스트 22-2의 프로그램(t_sigqueue.c)을 사용해 실시간 시그널을 데이터와 함께 전달한다.

```
$ ./signalfd_sigval 44 &
./signalfd_sigval: PID = 6267
[1] 6267
$ ./t_sigqueue 6267 44 123          PID 6267에 데이터 123과 함께 시그널 44를 전달
./t_sigqueue: PID is 6269, UID is 1000
./signalfd_sigval: got signal 44; ssi_pid=6269; ssi_int=123
$ kill %1                           백그라운드에서 실행되고 있는 프로그램 종료
```

## 22.12 시그널을 통한 프로세스 간 통신

어떤 면에서 보면 시그널을 IPCinterprocess communication의 한 형태로 생각할 수 있다. 그러나 시그널은 IPC 메커니즘으로서는 여러 가지 제약이 있다. 우선 이후에 살펴볼 IPC의 기타 방법과 비교해보면, 시그널로 프로그래밍하는 방법은 복잡하고 어렵다. 그 이유는 다음과 같다.

- 시그널의 비동기 특성으로 인해 재진입 요구사항, 경쟁 상태, 시그널 핸들러에서 전역 변수의 정확한 처리 등 여러 가지 문제에 직면한다(이런 문제는 대부분 동기적으로 시그널을 가져오기 위해 sigwaitinfo()나 signalfd()를 사용하는 경우에는 발생하지 않는다).
- 표준 시그널은 큐에 넣지 않는다. 실시간 시그널조차도, 큐에 넣는 시그널의 수에 상한선이 있다. 이는 정보의 손실을 피하기 위해, 시그널을 받는 프로세스는 호출자에게 다른 시그널을 받을 준비가 됐다는 사실을 알려줄 방법이 있어야 함을 의미한다. 이를 위한 가장 명확한 방법은 수신자가 전송자에게 시그널을 보내는 것이다.

추가적인 문제는 시그널이 시그널 번호와, 실시간 시그널의 경우 추가 데이터 워드(정수나 포인터)에 해당하는 제한된 양의 정보만을 전달한다는 점이다. 이런 작은 데이터 대역폭으로 인해 시그널은 파이프 등의 IPC 방법에 비해 느리다.

이상의 제약으로 인해 시그널은 IPC로는 잘 사용되지 않는다.

## 22.13 구형 시그널 API(시스템 V와 BSD)

이번에는 POSIX 시그널 API에 초점을 맞춘다. 이제 시스템 V와 BSD에 의해 제공된 역사적인 API를 간략하게 살펴본다. 모든 새로운 응용 프로그램이 POSIX API를 사용해야 한다고 할지라도, 다른 유닉스 구현의 (이전) 응용 프로그램을 이식할 때 없어진 API를 보게 될 것이다. (다른 많은 유닉스 구현과 마찬가지로) 리눅스는 시스템 V와 BSD 호환성이 있는 API를 제공하기 때문에, 이런 구형 API를 사용하는 프로그램을 이식할 때 필요한 건 리눅스에서 다시 컴파일하는 것뿐이다.

### 시스템 V 시그널 API

이전에 언급했듯이 시스템 V 시그널 API에서 한 가지 중요한 차이점은, signal()로 핸들러를 만들 때 이전의 신뢰성 없는 동작을 갖는다는 것이다. 이는 시그널이 프로세스 시그널 마스크에 추가되지 않고, 시그널의 속성은 핸들러가 호출될 때 기본값으로 재설정되며, 시스템 호출은 자동적으로 재시작되지 않음을 의미한다.

아래는 시스템 V 시그널 API의 함수를 간략히 설명한다. 매뉴얼 페이지는 전체 세부 내용을 제공한다. SUSv3는 이 모든 함수를 정의하지만, 현대 POSIX와 유사한 구현이 선호됨을 알아두기 바란다. SUSv4에서는 이 함수들이 폐기됐다.

```
#define _XOPEN_SOURCE 500
#include <signal.h>

void (*sigset(int sig, void (*handler)(int)))(int);
```

성공하면 sig의 이전 속성이나, sig가 이전에 블록된 경우 SIG_HOLD을 리턴한다.
에러가 발생하면 –1을 리턴한다.

신뢰성 있게 동작하는 시그널 핸들러를 만들기 위해, 시스템 V는 (signal()의 문법과 유사한 프로토타입을 갖는) sigset()을 제공한다. signal()과 동일하게, sigset()의 handler 인자는 SIG_IGN이나 SIG_DFL, 시그널의 주소로 명시될 수 있다. 그렇지 않으면, 시그널의 속성을 변경하지 않고 남겨두면서 시그널을 프로세스 시그널 마스크에 추가하기 위해 handler 인자를 SIG_HOLD로 지정할 수 있다.

handler에 SIG_HOLD 외의 어떤 것이 명시된 경우, sig는 프로세스 마스크로부터 제거된다(즉 sig가 블록되어 있었으면 블록해제된다).

```
#define _XOPEN_SOURCE 500
#include <signal.h>

int sighold(int sig);
int sigrelse(int sig);
int sigignore(int sig);

                              성공하면 0을 리턴하고, 에러가 발생하면 -1을 리턴한다.
int sigpause(int sig);

                                      항상 errno를 EINTR로 설정하고 -1을 리턴한다.
```

sighold() 함수는 시그널을 프로세스 시그널 마스크에 추가한다. sigrelse() 함수는 시그널 마스크에서 시그널을 제거한다. sigignore() 함수는 시그널의 설정을 무시ignore로 설정한다. sigpause() 함수는 sigsuspend()와 유사하지만, 시그널이 도착하기 전까지 프로세스를 중지하기 전에 프로세스 시그널 마스크로부터 하나의 시그널만을 제거한다.

### BSD 시그널 API

POSIX 시그널 API는 4.2BSD API에 크게 영향을 주었고, 따라서 BSD 함수는 주로 POSIX 함수와 직접적으로 형태가 유사하다.

앞서 기술한 시스템 V 시그널 API의 함수와 동일하게, BSD 시그널 API의 함수 프로토타입을 나타내며, 간략하게 각 함수의 오퍼레이션을 설명한다. 다시 말하지만, 매뉴얼 페이지는 전체 세부사항을 제공한다.

```
#define _BSD_SOURCE
#include <signal.h>

int sigvec(int sig, struct sigvec *vec, struct sigvec *ovec);

                              성공하면 0을 리턴하고, 에러가 발생하면 -1을 리턴한다.
```

sigvec() 함수는 sigaction()과 동일하다. vec와 ovec 인자는 다음 형태의 구조체를 가리키는 포인터다.

```
struct sigvec {
    void (*sv_handler)();
    int sv_mask;
```

```
    int sv_flags;
};
```

sigvec 구조체의 필드는 sigaction의 구조체 필드와 꼭 부합한다. 첫 번째 눈에 띄는 차이로 (sa_mask와 동일한) sv_mask 필드는 sigset_t가 아닌 정수형이며, 이는 32비트 아키텍처에서 최대 31개의 각기 다른 시그널이 있었음을 의미한다. 또 다른 차이점은 (sa_flags와 동일한) sv_flags 필드의 SV_INTERRUPT 플래그의 사용에 있다. 시스템 호출 재시작은 4.2BSD의 기본이기 때문에, 이 플래그는 느린 시스템 호출이 시그널 핸들러에 의해 인터럽트돼야 함을 명시할 때 쓴다(이는 sigaction()으로 시그널 핸들러를 만들 때, 시스템 호출이 재시작 가능하도록 SA_RESTART를 명시적으로 지정해야 하는 POSIX API와 대조된다).

```
#define _BSD_SOURCE
#include <signal.h>

int sigblock(int mask);
int sigsetmask(int mask);
```
이전 시그널 마스크를 리턴한다.
```
int sigpause(int sigmask);
```
항상 errno를 EINTR로 설정하고 -1을 리턴한다.
```
int sigmask(int sig);
```
sig가 설정된 비트를 가진 시그널 마스크 값을 리턴한다.

sigblock() 함수는 프로세스 시그널 마스크에 시그널 집합을 추가한다. 이는 sigprocmask() SIG_BLOCK 오퍼레이션과 일치한다. sigsetmask() 호출은 시그널 마스크에 절대값을 명시한다. 이는 sigprocmask() SIG_SETMASK 오퍼레이션과 동일하다.

sigpause() 함수는 sigsuspend()와 일치한다. 이 함수는 시스템 V 및 BSD API와 다른 호출 형태로 정의된다. GNU C 라이브러리는 프로그램을 컴파일할 때 _BSD_SOURCE 기능 테스트 매크로를 명시하지 않는 경우, 기본으로 시스템 V 버전을 제공한다.

sigmask() 매크로는 시그널 번호를 해당되는 32비트 마스크 값으로 변경한다. 그러한 비트 마스크는 다음과 같이 시그널 집합을 생성하기 위해 함께 OR 연산으로 묶일 수 있다.

```
sigblock(sigmask(SIGINT) | sigmask(SIGQUIT));
```

## 22.14 정리

어떤 시그널은 프로세스가 코어 덤프를 하고 종료하게 한다. 코어 덤프는 프로세스가 종료하는 시점의 상태를 점검하기 위해 디버거에 사용될 수 있는 정보를 담고 있다. 기본으로 코어 덤프 파일의 이름은 core이지만, 리눅스는 코어 덤프 파일의 이름을 제어하기 위한 /proc/sys/kernel/core_pattern 파일을 제공한다.

시그널은 비동기적이나 동기적으로 생성될 것이다. 비동기적 생성은 시그널이 커널이나 다른 프로세스에 의해 프로세스로 전송될 때 발생한다. 프로세스는 비동기적으로 생성된 시그널이 전달될 때를 정확하게 예측할 수 없다(비동기 시그널은 일반적으로 수신 프로세스가 커널 모드에서 사용자 모드로 변환하는 다음 시점에 전달된다고 했다). 동기적 생성은 하드웨어 예외를 발생시키는 명령을 실행하거나 raise()를 호출함으로써 프로세스 자체가 시그널을 직접 생성하는 코드를 실행할 때 발생한다. 동기적으로 생성된 시그널의 전달은 정확히 예측 가능하다(즉시 발생한다).

실시간 시그널은 POSIX에서 본래의 시그널 모델에 추가한 것이며, 큐에 넣는다는 관점에서 표준 시그널과 다르고, 특정 전달 순서가 있으며, 데이터와 함께 전달될 수 있다. 실시간 시그널은 응용 프로그램에 정의된 목적을 위해 사용되도록 설계됐다. 실시간 시그널은 sigqueue() 시스템 호출을 사용해 전달되며, 추가 인자(siginfo_t 구조체)가 시그널 핸들러로 전달되어 시그널과 함께 전달되는 데이터뿐만 아니라 전송 프로세스의 프로세스 ID와 실제 사용자 ID도 얻을 수 있다.

sigsuspend() 시스템 호출은 프로그램으로 하여금 자동적으로 프로세스 시그널 마스크를 수정하고, 시그널이 도착할 때까지 실행을 멈추게 한다. sigsuspend()의 원자성은 시그널을 블록해제하고, 그 시그널이 도착할 때까지 실행을 멈출 때 경쟁 상태를 피하기 위해 필수적이다.

시그널을 동기적으로 기다리기 위해 sigwaitinfo()와 sigtimedwait()를 사용할 수 있다. 이는 목적 자체가 시그널의 전달을 기다리는 것만일 때는 필요하지 않을, 시그널 핸들러를 설계하고 작성하는 작업을 덜어준다.

sigwaitinfo()나 sigtimedwait()와 마찬가지로 리눅스의 signalfd() 시스템 호출은 시그널을 동기적으로 기다릴 때 쓸 수 있다. 이들 인터페이스의 구별되는 기능은 시그널이 파일 디스크립터를 통해 읽힐 수 있다는 것이다. 이 파일 디스크립터는 select(), poll(), epoll을 사용해 감시할 수 있다.

시그널을 일종의 IPC 방법으로 볼 수 있다 하더라도, 비동기 특성과 큐에 넣지 않는다는 사실, 낮은 대역폭 등 여러 요소로 인해 그런 목적에는 부합하지 않는다. 그보다는 보통, 프로세스 동기화 방법과 그 밖의 여러 가지 목적(예: 이벤트 통지, 작업 제어, 타이머 만료)을 위해 사용된다.

시그널의 기본 개념은 간단하지만, 다뤄야 하는 많은 세부사항으로 인해 시그널에 대한 논의가 3개 장에 걸쳐 이뤄졌다. 시그널은 시스템 호출 API의 여러 가지 부분에서 중요한 역할을 하고, 이후의 여러 장에서 다시 살펴보기도 할 것이다. 또한 여러 가지 시그널 관련 함수는 스레드별로 작동하며(예: pthread_kill(), pthread_sigmask()), 이런 함수에 대해서는 Vol. 2의 5.2절에서 논의할 것이다.

### 더 읽을거리

20.15절의 '더 읽을거리'를 참조하기 바란다.

## 22.15 연습문제

**22-1.** 22.2절에서는 핸들러를 만들고, SIGCONT를 블록한 중지된 프로세스가 이후에 SIGCONT의 수신으로 인해 재시작되는 경우, 핸들러는 SIGCONT가 블록해제될 때만 실행됨을 언급했다. 이를 증명하는 프로그램을 작성하라. 프로세스는 터미널 중지 문자(일반적으로 Control-Z)를 입력함으로써 멈출 수 있고, kill -CONT 명령을 사용해 SIGCONT 시그널을 전달(혹은 암묵적으로 셸 fg 명령을 사용)할 수 있다.

**22-2.** 실시간과 표준 시그널이 모두 프로세스를 위해 보류 중인 경우, SUSv3는 어떤 것이 먼저 도착했는지 명시하지 않았다. 이런 경우에 리눅스는 어떻게 동작하는지 보여주는 프로그램을 작성하라(프로그램이 모든 시그널을 위한 핸들러를 설정하고, 일정 시간 동안 시그널을 블록해 여러 시그널을 전달할 수 있게 하고, 마지막으로 모든 시그널을 블록해제하게 한다).

**22-3.** 22.10절에서는 sigwaitinfo()를 사용해 시그널을 받는 것이 시그널 핸들러와 sigsuspend()를 사용하는 것보다 빠르다고 했다. 이 책의 소스 코드 배포판에 제공되는 프로그램 signals/sig_speed_sigsuspend.c는 부모와 자식 프로세스 간에 시그널을 전달하기 위해 sigsuspend()를 사용한다. 2개의 프로세스 간에 백만 개의 시그널을 교환하는 프로그램의 동작 시간을 측정하라(교환하는 시그널의 수는 프로그램의 명령행 인자로 제공된다). sigsuspend() 말고

sigwaitinfo()를 대신 사용하는 프로그램의 수정된 버전을 생성하고, 이 버전의 시간을 측정하라. 두 프로그램의 시간차는 얼마나 나는가?

**22-4.** POSIX 시그널 API를 사용해 시스템 V 함수인 sigset(), sighold(), sigrelse(), sigignore(), sigpause()를 구현하라.

# 23

# 타이머와 수면

타이머는 프로세스가 자신에게 미래의 어느 시점에 발생할 통지를 스케줄링한다. 수면sleep은 프로세스(또는 스레드)로 하여금 어느 정도의 기간 동안 실행을 멈추게 한다. 23장에서는 타이머와 수면을 설정할 때 쓰는 인터페이스를 설명한다. 23장에서 다루는 주제는 다음과 같다.

- 얼마간의 특정 시간이 지났을 때 프로세스에게 알려주고자 시간 간격 타이머를 설정하는 데 쓰는 고전적인 유닉스 API(`setitimer()`와 `alarm()`)
- 특정 구간 동안 프로세스가 수면을 취하게 하는 API
- POSIX.1b 클록과 타이머 API
- 만료 시간을 파일 디스크립터에서 읽을 수 있는 타이머의 생성을 허용하는 리눅스 고유의 timerfd 기능

## 23.1 시간 간격 타이머

setitimer() 시스템 호출은, 미래의 어느 시점에 만료되고 (선택적으로) 그 이후에 주기적으로 만료되는 시간 간격 타이머interval timer를 만든다.

```
#include <sys/time.h>

int setitimer(int which, const struct itimerval *new_value,
              struct itimerval *old_value);
```

성공하면 0을 리턴하고, 에러가 발생하면 -1을 리턴한다.

프로세스는 setitimer()의 which를 다음 중 하나로 지정함으로써 세 가지 형태의 타이머를 만들 수 있다.

- ITIMER_REAL: 실제 시간(즉 벽시계 시간)을 세는 타이머 생성. 타이머가 만료될 때, 프로세스에 SIGALRM 시그널이 발생한다.
- ITIMER_VIRTUAL: 프로세스 가상 시간(즉 사용자 모드의 CPU 시간)을 세는 타이머 생성. 타이머가 만료되면, 프로세스에 SIGVTALRM 시그널이 발생한다.
- ITIMER_PROF: 프로파일링profiling 타이머 생성. 프로파일링 타이머는 프로세스 시간(즉 사용자 모드와 커널 모드 모두의 CPU 시간의 합)을 센다. 타이머가 만료되면, 프로세스에 SIGPROF 시그널이 발생한다.

모든 타이머 시그널의 기본 설정은 프로세스를 종료하는 것이다. 원하는 결과가 이것이 아니라면, 타이머가 전달하는 시그널을 위한 핸들러를 만들어야 한다.

new_value와 old_value 인자는 다음과 같이 정의된 itimerval 구조체의 포인터다.

```
struct itimerval {
    struct timeval it_interval;     /* 주기 타이머의 시간 간격 */
    struct timeval it_value;        /* 현재 값(다음 만료까지의 시간) */
};
```

itimerval 구조체의 각 필드는 차례로 초와 마이크로초 필드를 포함하는 timeval 형의 구조체다.

```
struct timeval {
    time_t      tv_sec;             /* 초 */
    suseconds_t tv_usec;            /* 마이크로초(long int) */
};
```

new_value 인자의 it_value 구조체는 타이머가 만료될 때까지의 지연을 가리킨다. it_interval 구조체는 주기적인 타이머인지 여부를 나타낸다. it_interval의 두 필드가 모두 0으로 설정된 경우, it_value에 의해 주어진 시간에 타이머는 한 번만 만료된다. 그렇지 않으면 타이머가 만료될 때마다, 타이머는 특정 시간 간격으로 다시 만료되도록 재설정될 것이다.

프로세스는 세 가지 타이머를 종류별로 하나씩만 갖는다. setitimer()를 두 번째 호출하면, which에 해당하는 기존의 모든 타이머 속성이 변경될 것이다. new_value.it_value의 두 필드를 모드 0으로 설정해 setitimer()를 호출하면, 기존의 모든 타이머가 비활성화된다.

old_value가 NULL이 아니면, 타이머의 이전 값을 리턴하는 데 사용되는 itimerval 구조체를 가리킨다. old_value.it_value의 두 필드가 모두 0이면, 타이머는 이전에 비활성화됐다. old_value.it_interval의 두 필드가 모두 0이면, 이전 타이머는 old_value.it_value에 의해 주어진 시간에 단지 한 번 만료되도록 설정되어 있다. 타이머의 이전 설정을 추출하는 것은 새로운 타이머가 만료된 이후에 설정을 복원하고자 할 때 유용하다. 타이머의 이전 값에 관심이 없는 경우, old_value를 NULL로 명시할 수 있다.

타이머가 진행됨에 따라, 초기값(it_value)에서 0을 향해 카운트 다운한다. 타이머가 0에 도달하면 해당 시그널이 프로세스로 전달되고, 구간(it_interval)이 0이 아닌 경우 타이머 값(it_value)은 다시 구간값으로 설정되며, 0으로 카운트 다운하는 동작이 다시 시작된다.

다음 만료까지 얼마나 많은 시간이 남았는지 보기 위해, 언제든지 getitimer()를 사용해 타이머의 현재 상태를 추출할 수 있다.

```
#include <sys/time.h>

int getitimer(int which, struct itimerval *curr_value);
```

성공하면 0을 리턴하고, 에러가 발생하면 -1을 리턴한다.

getitimer() 시스템 호출은 which에 의해 명시된 타이머의 현재 상태를 curr_value의 버퍼에 리턴한다. 이는 setitimer()의 old_value 인자를 통해 리턴된 정보와 정확히 동일하지만, 정보를 추출하기 위해 타이머 설정을 변경하지 않아도 된다는 차이점이 있다. curr_value.it_value 구조체는 타이머가 다음 만료될 때까지 남아 있는 시간의 양을 리턴한다. 이 값은 타이머 값이 0으로 다가감에 따라서 변하고, 타이머가 설정될 때 0이 아닌 it_interval 값을 지정하면, 타이머 만료 시에 재설정된다. curr_value.it_interval 구조체는 이런 타이머의 시간 간격을 리턴하고, 이 값은 setitimer()의 차후 호출까지 변경되지 않고 유지된다.

setitimer()를 사용해 만들어진 타이머(그리고 곧 설명할 alarm())는 exec() 이후에도 유지되지만, fork()에 의해 생성된 자식으로 상속되진 않는다.

> SUSv4는 POSIX 타이머 API(23.6절 참조)를 선호한다고 언급하고, getitimer()와 setitimer()를 폐기했다.

### 예제 프로그램

리스트 23-1은 setitimer()와 getitimer()의 사용법을 설명한다. 이 프로그램은 다음과 같은 단계로 실행된다.

- SIGALRM 시그널을 위해 핸들러를 생성한다③.
- 명령행 인자에 제공된 값을 사용해 실제(ITIMER_REAL) 타이머의 값과 시간 간격 필드를 설정한다④. 명령행 인자가 없는 경우, 프로그램은 2초 후에 한 번만 만료되도록 타이머를 설정한다.
- CPU 시간을 소비하고 주기적으로 displayTimes() 함수(프로그램이 시작하고 나서의 실제 경과 시간과 ITIMER_REAL 타이머의 현재 상태를 출력)를 호출하는① 지속적인 루프를 실행한다⑤.

타이머가 만료될 때마다 SIGALRM 핸들러가 실행되고, 전역 플래그인 gotAlarm이 설정된다②. 이 전역 플래그가 설정될 때마다, 주 프로그램의 루프는 핸들러가 호출된 시점과 타이머의 상태를 보여주기 위해 displayTimes()를 호출한다⑥(21.1.2절에 기술된 이유로 인해, 핸들러 내에서 비동기 시그널 안전하지 않은 함수의 호출을 피하고자 이런 식으로 시그널 핸들러를 설계했다). 타이머의 시간 간격이 0이면 프로그램은 첫 번째 시그널 전달 시 종료하고, 그렇지 않으면 종료하기 전에 시그널을 3개까지 잡는다⑦.

리스트 23-1의 프로그램을 실행하면, 다음과 같은 결과를 얻을 수 있다.

```
$ ./real_timer 1 800000 1 0              초기값 1.8초, 시간 간격 1초
        Elapsed   Value  Interval
START:     0.00
Main:      0.50    1.30    1.00          만료될 때까지 타이머 카운트 다운
Main:      1.00    0.80    1.00
```

```
Main:      1.50    0.30    1.00
ALARM:     1.80    1.00    1.00          만료 시 타이머를 시간 간격(interval)으로 재설정
Main:      2.00    0.80    1.00
Main:      2.50    0.30    1.00
ALARM:     2.80    1.00    1.00
Main:      3.00    0.80    1.00
Main:      3.50    0.30    1.00
ALARM:     3.80    1.00    1.00
That's all folks
```

**리스트 23-1 실시간 타이머 사용법**

timers/real_timer.c

```
#include <signal.h>
#include <sys/time.h>
#include <time.h>
#include "tlpi_hdr.h"

static volatile sig_atomic_t gotAlarm = 0; /* SIGALRM이 전달되면 0이 아닌 값 설정 */

/* 실제 시간과('includeTimer'가 TRUE이면)
   ITIMER_REAL 타이머의 현재 값과 시간 간격을 추출하고 출력함 */

static void
② displayTimes(const char *msg, Boolean includeTimer)
{
    struct itimerval itv;
    static struct timeval start;
    struct timeval curr;
    static int callNum = 0;           /* 이 함수의 호출 수 */

    if (callNum == 0)                 /* 경과 시간 측정기를 초기화 */
        if (gettimeofday(&start, NULL) == -1)
            errExit("gettimeofday");

    if (callNum % 20 == 0)            /* 헤더를 20줄마다 출력 */
        printf("       Elapsed   Value Interval\n");

    if (gettimeofday(&curr, NULL) == -1)
        errExit("gettimeofday");
    printf("%-7s %6.2f", msg, curr.tv_sec - start.tv_sec +
                    (curr.tv_usec - start.tv_usec) / 1000000.0);

    if (includeTimer) {
        if (getitimer(ITIMER_REAL, &itv) == -1)
            errExit("getitimer");
        printf("  %6.2f  %6.2f",
                itv.it_value.tv_sec + itv.it_value.tv_usec / 1000000.0,
```

```
                itv.it_interval.tv_sec + itv.it_interval.tv_usec /
                    1000000.0);
    }

    printf("\n");
    callNum++;
}

static void
sigalrmHandler(int sig)
{
②    gotAlarm = 1;
}

int
main(int argc, char *argv[])
{
    struct itimerval itv;
    clock_t prevClock;
    int maxSigs;                /* 종료 전에 잡힌 시그널의 수 */
    int sigCnt;                 /* 지금까지 잡힌 시그널의 수 */
    struct sigaction sa;

    if (argc > 1 && strcmp(argv[1], "--help") == 0)
        usageErr("%s [secs [usecs [int-secs [int-usecs]]]]\n", argv[0]);

    sigCnt = 0;

    sigemptyset(&sa.sa_mask);
    sa.sa_flags = 0;
    sa.sa_handler = sigalrmHandler;
③    if (sigaction(SIGALRM, &sa, NULL) == -1)
        errExit("sigaction");

    /* 세 시그널 이후나 시간 간격이 0인 경우 첫 번째 시그널에서 종료 */

    maxSigs = (itv.it_interval.tv_sec == 0 &&
                itv.it_interval.tv_usec == 0) ? 1 : 3;

    displayTimes("START:", FALSE);

    /* 명령행 인자에서 타이머 설정 */

    itv.it_value.tv_sec = (argc > 1) ? getLong(argv[1], 0, "secs") : 2;
    itv.it_value.tv_usec = (argc > 2) ? getLong(argv[2], 0, "usecs") : 0;
    itv.it_interval.tv_sec = (argc > 3) ? getLong(argv[3], 0, "int-secs") : 0;
    itv.it_interval.tv_usec = (argc > 4) ? getLong(argv[4], 0, "int-usecs") : 0;

④    if (setitimer(ITIMER_REAL, &itv, 0) == -1)
```

```
            errExit("setitimer");

        prevClock = clock();
        sigCnt = 0;

⑤       for (;;) {

            /* 내부 루프는 최소한 0.5초의 CPU 시간을 소비 */

            while (((clock() - prevClock) * 10 / CLOCKS_PER_SEC) < 5) {
⑥               if (gotAlarm) {            /* 시그널을 수신했는가? */
                    gotAlarm = 0;
                    displayTimes("ALARM:", TRUE);

                    sigCnt++;
⑦                   if (sigCnt >= maxSigs) {
                        printf("That's all folks\n");
                        exit(EXIT_SUCCESS);
                    }
                }
            }

            prevClock = clock();
            displayTimes("Main: ", TRUE);
        }
    }
```

### 더 간단한 타이머 인터페이스: alarm()

alarm() 시스템 호출은 반복 시간 간격 없이 한 번만 만료하는 실시간 타이머를 만드는 간단한 인터페이스를 제공한다(역사적으로, 원래 alarm()이 타이머를 설정하는 유닉스 API였다).

```
#include <unistd.h>

unsigned int alarm(unsigned int seconds);
```

항상 성공하고, 이전에 설정된 타이머의 남은 초나
이전에 설정된 타이머가 없는 경우 0을 리턴한다.

seconds 인자는 타이머가 만료되는 시점의 미래의 초를 명시한다. 그 시간에 SIGALRM 시그널은 호출 프로세스로 전달된다.

alarm()으로 타이머를 설정하면 이전의 모든 타이머 설정을 덮어쓴다. alarm(0) 호출을 사용해 기존 타이머를 비활성화할 수 있다.

리턴값으로 alarm()은 이전에 설정된 타이머의 만료 때까지 남은 시간을 알려주거나, 타이머가 설정되지 않은 경우 0을 리턴한다.

alarm()의 사용 예는 23.3절에 있다.

> 이 책에 나오는 이후의 몇몇 예제에서, 프로세스가 종료되지 않은 경우 종료를 보장하기 위한 방법으로, 해당 SIGALRM 핸들러를 설정하지 않고 타이머를 시작하고자 alarm()을 사용한다.

### setitimer()와 alarm() 간의 상호작용

리눅스에서 alarm()과 setitimer()는 프로세스별로 동일한 실시간 타이머를 공유하며, 이 함수들 중 하나로 타이머를 설정한다는 건 그중 하나로 이전에 설정한 타이머를 변경함을 의미한다. 이는 여타 유닉스 구현 동작과 다를 수도 있다(즉 이 함수가 독립적인 타이머를 제어할 수도 있다). SUSv3는 setitimer()와 alarm() 간의 상호작용과, 이 함수들과 sleep() 함수(23.4.1절에서 설명)와의 상호작용은 정의되지 않는다고 명시했다. 최상의 이식성을 위해서는 실시간 타이머를 설정할 때 setitimer()와 alarm() 중 하나만을 사용해야 한다.

## 23.2 타이머 스케줄링과 정확성

시스템 부하와 프로세스의 스케줄링에 따라서, 타이머의 실제 만료 이후 짧은 시간(즉 일반적으로 1초보다 작은 시간) 동안은 프로세스가 실행되도록 스케줄링되지 않을 수도 있다. 그럼에도 불구하고, setitimer()에 의해 설정되는 주기적인 타이머의 만료나 23장에서 앞으로 설명할 다른 인터페이스는 여전히 규칙적이다. 예를 들어 실시간 타이머가 2초마다 만료되도록 설정했다면, 개별적인 타이머 이벤트의 전달에는 방금 설명한 지연이 생기지만, 차후 만료에 대한 스케줄링은 정확하게 2초의 간격을 유지할 것이다. 다시 말해, 시간 간격 타이머는 이런 에러에 영향을 받지 않는다.

setitimer()가 사용한 timeval 구조체가 마이크로초의 정확도를 허용한다고 할지라도, 타이머의 정확도는 전통적으로 소프트웨어 클록(10.6절 참조) 주파수에 의해 제한된다. 타이머가 소프트웨어 클록 단위의 배수에 일치하지 않는다면, 타이머는 올림round up을 한다. 즉 시간 간격 타이머를 19,100마이크로초(즉 19밀리초)로 명시하고, 지피jiffy값이 4밀리초라고 가정하면, 실질적으로 20밀리초마다 만료되는 타이머를 갖는 것이다.

### 고해상도 타이머

현대 리눅스 커널에서 타이머 해상도가 소프트웨어 클록 주파수에 의해 제한된다는 말은 더 이상 사실이 아니다. 커널 2.6.21부터 리눅스는 선택적으로 고해상도high-resolution 타이머를 지원한다. (CONFIG_HIGH_RES_TIMERS를 통해) 고해상도 타이머 지원이 활성화되면, 23장에서 기술하는 여러 가지 타이머와 수면 인터페이스의 정확도는 더 이상 커널 지피의 크기에 제한되지 않는다. 대신에, 이들 호출은 하부의 하드웨어가 허용하는 만큼 정확하게 설정될 수 있다. 현대 하드웨어에서는 정확도가 마이크로초까지 내려가는 경우가 일반적이다.

> 고해상도 타이머를 쓸 수 있는지는 clock_getres()(23.5.1절에서 설명)가 리턴하는 클록 정밀도를 검사함으로써 알 수 있다.

## 23.3 블로킹 오퍼레이션에 타임아웃 설정

실시간 타이머의 한 가지 용도는 블로킹 시스템 호출이 블로킹된 상태로 남을 수 있는 시간의 상한을 설정하는 것이다. 예를 들어, 사용자가 특정 시간 내에 입력을 하지 않을 경우 터미널에서의 read()를 취소하고 싶을 것이다. 그 방법은 다음과 같다.

1. 시스템 호출이 다시 시작하지 않도록, SA_RESTART 플래그를 제외하고 sigaction()을 호출해서 SIGALRM의 핸들러를 설정한다(21.5절 참조).
2. 시스템 호출이 블록되길 원하는 상한 시간을 명시하는 타이머를 만들기 위해 alarm()이나 setitimer()를 호출한다.
3. 블로킹 시스템 호출을 만든다.
4. 시스템 호출이 리턴되고 난 후에, (타이머가 만료되기 전에 시스템 호출이 완료되는 경우에) 타이머를 불능화하기 위해 alarm()이나 setitimer()를 호출한다.
5. 블로킹 시스템 호출이 errno가 EINTR(인터럽트된 시스템 호출)로 설정된 채로 실패했는지 검사한다.

리스트 23-2는 read()에 타이머를 설정하기 위해 alarm()을 사용하는 기법을 보여준다.

**리스트 23-2** 타임아웃이 있는 read() 실행

timers/timed_read.c

```
#include <signal.h>
#include "tlpi_hdr.h"

#define BUF_SIZE 200

static void          /* SIGALRM 핸들러가 블로킹된 시스템 호출을 인터럽트함 */
handler(int sig)
{
    printf("Caught signal\n"); /* 안전하지 않음(21.1.2절 참조) */
}

int
main(int argc, char *argv[])
{
    struct sigaction sa;
    char buf[BUF_SIZE];
    ssize_t numRead;
    int savedErrno;

    if (argc > 1 && strcmp(argv[1], "--help") == 0)
        usageErr("%s [num-secs [restart-flag]]\n", argv[0]);

    /* SIGALRM을 위한 핸들러 설정. 두 번째 명령행 인자가
       제공되지 않은 경우, 시스템 호출이 인터럽트되도록 허용함 */

    sa.sa_flags = (argc > 2) ? SA_RESTART : 0;
    sigemptyset(&sa.sa_mask);
    sa.sa_handler = handler;
    if (sigaction(SIGALRM, &sa, NULL) == -1)
        errExit("sigaction");

    alarm((argc > 1) ? getInt(argv[1], GN_NONNEG, "num-secs") : 10);

    numRead = read(STDIN_FILENO, buf, BUF_SIZE - 1);

    savedErrno = errno; /* alarm()이 값을 변경한 경우 */
    alarm(0);           /* 타이머를 비활성화함을 보장 */
    errno = savedErrno;

    /* read()의 결과를 알아냄 */

    if (numRead == -1) {
        if (errno == EINTR)
            printf("Read timed out\n");
        else
            errMsg("read");
```

```
    } else {
        printf("Successful read (%ld bytes): %.*s",
                (long) numRead, (int) numRead, buf);
    }

    exit(EXIT_SUCCESS);
}
```

리스트 23-2의 프로그램에는 이론적인 경쟁 상태가 존재함을 알아두기 바란다. alarm()의 호출 이후 read() 호출이 시작되기 전에 타이머가 만료되면, read() 호출은 시그널 핸들러에 의해 인터럽트되지 않을 것이다. 이런 시나리오에 사용되는 타임아웃 값은 보통 상대적으로 크기 때문에(최소 수 초), 발생할 가능성은 희박하고, 따라서 이는 실제로 사용 가능한 기법이다. [Stevens & Rago, 2005]는 longjmp()를 사용한 다른 방법을 제안한다. I/O 시스템 호출을 다룰 때의 또 다른 대안은 select()나 poll() 시스템 호출(Vol. 2의 26장 참조) 타임아웃 기능을 사용하는 것으로, 여러 디스크립터의 I/O를 동시에 기다릴 수 있다는 장점이 있다.

## 23.4 일정 시간 동안 실행 중지(수면)

가끔 일정 시간 동안 프로세스의 실행을 멈추고 싶을 때가 있다. 이미 설명한 sigsuspend()와 타이머 함수의 조합을 사용할 수도 있지만, 수면 함수 중 하나를 사용하는 편이 더 쉽다.

### 23.4.1 저해상도 수면: sleep()

sleep() 함수는 seconds 인자에 명시된 초 동안 또는 시그널이 잡힐 때까지(따라서 sleep() 호출이 인터럽트될 때까지) 호출 프로세스의 실행을 멈춘다.

```
#include <unistd.h>

unsigned int sleep(unsigned int seconds);
```

정상적으로 완료되면 0을 리턴하고, 미리 종료되는 경우 수면을 취하고 남은 초를 리턴한다.

수면이 완료되면 sleep()은 0을 리턴한다. 수면이 시그널에 의해 인터럽트되면, sleep()은 남은(수면을 취하지 않은) 초를 리턴한다. alarm()과 setitimer()가 설정하는 타이머와 동일하게, 시스템 부하로 인해 sleep() 호출의 완료 이후에 약간의(일반적으로 짧은) 시간 뒤에야 다시 스케줄링될 수 있다.

SUSv3는 sleep(), alarm(), setitimer()의 가능한 상호작용을 명시하지 않았다. 리눅스에서 sleep()은 nanosleep() 호출로 구현됐으며(23.4.2절 참조), 결국 sleep()과 타이머 함수 간에 어떠한 상호작용도 없다. 하지만 많은 구현(특히 오래된 구현)에서 sleep()은 alarm()과 SIGALRM 시그널의 핸들러를 사용해 구현됐다. 이식성을 위해서는 sleep()을 alarm() 및 setitimer()와 섞어 쓰지 말아야 한다.

### 23.4.2 고해상도 수면: nanosleep()

nanosleep() 함수는 sleep()과 유사한 동작을 실행하지만, 수면 시간을 명시할 때 좀 더 세밀하게 설정할 수 있는 등 여러 가지 장점이 있다.

```
#define _POSIX_C_SOURCE 199309
#include <time.h>

int nanosleep(const struct timespec *request, struct timespec *remain);
```

성공적으로 수면을 완료하면 0을 리턴한다.
에러가 발생하거나 수면이 인터럽트되면 -1을 리턴한다.

request 인자는 다음과 같은 구조체의 포인터로, 수면 시간을 나타낸다.

```
struct timespec {
    time_t tv_sec;     /* 초 */
    long tv_nsec;      /* 나노초 */
};
```

tv_nsec 필드는 나노초 값을 명시한다. 이 값은 0에서 999,999,999 사이의 값이어야 한다.

nanosleep()의 다른 장점은 SUSv3에 시그널을 사용해 구현해서는 안 된다고 명시적으로 언급되어 있다는 점이다. 이는 sleep()과는 달리, nanosleep()과 alarm(), setitimer() 호출을 함께 섞어서 호환성을 유지한 채 사용할 수 있음을 의미한다.

nanosleep()이 시그널을 사용하지 않고 구현됐더라도, 여전히 시그널 핸들러에 의해 인터럽트될 것이다. 이런 경우 nanosleep()은 errno를 EINTR로 설정하고 -1을 리턴하고, 인자 remain이 NULL이 아닌 경우에는 remain이 가리키는 버퍼에 수면을 취하지 않은 나머지 시간을 리턴한다. 원한다면 리턴된 값을 사용해 시스템 호출을 재시작하고, 수면을 완료할 수 있다. 이는 리스트 23-3에서 볼 수 있다. 이 프로그램은 명령행 인자로 nanosleep()에 넘길 초와 나노초를 받는다. 프로그램은 전체 수면 시간이 지날 때까지 nanosleep()을 실행하면서 반복적으로 루프를 돈다. nanosleep()이 (Control-C를 입력해 생성된) SIGINT의 핸들러에 의해 인터럽트된 경우, remain에 리턴된 값을 사용해 nanosleep() 호출을 재시작한다. 이 프로그램을 실행하면 다음과 같은 결과를 얻을 수 있다.

```
$ ./t_nanosleep 10 0        10초 간 수면
Control-C를 입력한다.
Slept for:  1.853428 secs
Remaining:  8.146617000
Control-C를 입력한다.
Slept for:  4.370860 secs
Remaining:  5.629800000
Control-C를 입력한다.
Slept for:  6.193325 secs
Remaining:  3.807758000
Slept for: 10.008150 secs
Sleep complete
```

nanosleep()이 수면 시간에 대해 나노초의 정확도를 허용하더라도, 수면 시간의 정확성은 소프트웨어 클록의 단위에 제한된다(10.6절 참조). 소프트웨어 클록의 배수가 아닌 시간 간격을 지정하면, 그 값은 올림된다.

> 앞서 언급했듯이, 고해상도 타이머를 지원하는 시스템에서 수면 시간의 정확도는 소프트웨어 클록의 단위보다 더욱 정교할 수 있다.

이러한 올림 동작은 시그널을 높은 빈도수로 받을 경우 리스트 23-3의 프로그램에 사용된 방법은 문제가 있음을 뜻한다. 여기서 문제는 리턴된 remain 시간이 소프트웨어 클록 단위의 정확한 배수가 될 확률이 희박하기 때문에 nanosleep() 각각의 재시작은 올림 에러에 제한을 받는다는 점이다. 결과적으로 각각의 재시작된 nanosleep()은 이전 호출이 remain에 리턴한 값보다 더 길게 수면을 취할 것이다. 시그널 전달이 극단적으로 많은 경우(즉 소프트웨어 클록 단위와 동일하게, 혹은 더 많이 전달되는), 프로세스는 수면을 결코 완료하지 못할 수도 있다. 리눅스 2.6에서 이러한 문제는 TIMER_ABSTIME 옵션을 가진 clock_nanosleep()의 사용으로 회피할 수 있다. clock_nanosleep()은 23.5.4절에서 기술한다.

> 리눅스 2.4까지의 nanosleep() 구현에는 기이한 동작이 있다. nanosleep() 호출을 실행하는 프로세스가 시그널에 의해 중지됐다고 가정해보자. 이 프로세스가 이후에 SIGCONT의 전달을 통해 재시작되는 경우, nanosleep() 호출은 기대한 대로 EINTR 에러와 함께 실패한다. 그러나 프로그램이 차후에 nanosleep() 호출을 재시작한다면, 프로세스가 중지된 상태에서 소비한 시간은 수면 시간 간격에 더해지지 않고, 따라서 프로세스는 기대한 것보다 더 길게 수면을 취할 것이다. 이런 기이한 동작은 nanosleep() 호출이 SIGCONT 시그널에 의해 자동으로 재시작하고, 수면 상태에서 소비한 시간이 수면 시간 간격에 더해지는 리눅스 2.6에서 제거됐다.

**리스트 23-3** nanosleep()의 사용 예

timers/t_nanosleep.c

```
#define _POSIX_C_SOURCE 199309
#include <sys/time.h>
#include <time.h>
#include <signal.h>
#include "tlpi_hdr.h"

static void
sigintHandler(int sig)
{
    return;          /* 단순히 nanosleep()을 인터럽트 */
}

int
main(int argc, char *argv[])
{
    struct timeval start, finish;
    struct timespec request, remain;
    struct sigaction sa;
    int s;

    if (argc != 3 || strcmp(argv[1], "--help") == 0)
        usageErr("%s secs nanosecs\n", argv[0]);

    request.tv_sec = getLong(argv[1], 0, "secs");
    request.tv_nsec = getLong(argv[2], 0, "nanosecs");

    /* SIGINT 핸들러가 nanosleep()을 인터럽트하도록 허용 */
    sigemptyset(&sa.sa_mask);
    sa.sa_flags = 0;
    sa.sa_handler = sigintHandler;
    if (sigaction(SIGINT, &sa, NULL) == -1)
        errExit("sigaction");

    if (gettimeofday(&start, NULL) == -1)
```

```
        errExit("gettimeofday");

    for (;;) {
        s = nanosleep(&request, &remain);
        if (s == -1 && errno != EINTR)
            errExit("nanosleep");

        if (gettimeofday(&finish, NULL) == -1)
            errExit("gettimeofday");
        printf("Slept for: %9.6f secs\n", finish.tv_sec - start.tv_sec +
                (finish.tv_usec - start.tv_usec) / 1000000.0);

        if (s == 0)
            break;                  /* nanosleep() 완료 */

        printf("Remaining: %2ld.%09ld\n", (long) remain.tv_sec,
                remain.tv_nsec);
        request = remain;           /* 다음 수면은 남은 시간으로 실행 */
    }

    printf("Sleep complete\n");
    exit(EXIT_SUCCESS);
}
```

## 23.5 POSIX 클록

(원래 POSIX.1b에 정의된) POSIX 클록은 나노초의 정확성으로 시간을 측정하는 클록에 접근하기 위한 API를 제공한다. 나노초 값은 nanosleep()에 사용된 것과 동일한 timespec 구조체를 사용해 표현된다(23.4.2절 참조).

리눅스에서 이러한 API를 사용하는 프로그램은 librt(실시간) 라이브러리를 링크하기 위해 -lrt 옵션을 명시해 컴파일해야 한다.

POSIX 클록 API에서 주 시스템 호출은 클록의 현재 값을 추출하는 clock_gettime()과 클록의 정밀도를 리턴하는 clock_getres(), 클록을 갱신하는 clock_settime()이다.

### 23.5.1 클록값 추출: clock_gettime()

clock_gettime() 시스템 호출은 clockid에 명시된 클록에 따라서 시간을 리턴한다.

```
#define _POSIX_C_SOURCE 199309
#include <time.h>

int clock_gettime(clockid_t clockid, struct timespec *tp);
int clock_getres(clockid_t clockid, struct timespec *res);
```

성공하면 0을 리턴하고, 에러가 발생하면 -1을 리턴한다.

시간값은 tp가 가리키는 timespec 구조체에 리턴된다. timespec 구조체가 나노초의 정확성을 갖는다고 할지라도, clock_gettime()에 의해 리턴된 시간값의 단위는 이보다 더 클 것이다. clock_getres() 시스템 호출은 res 인자를 통해 clockid에 명시된 클록의 정밀도를 포함하는 timespec 구조체의 포인터를 리턴한다.

clockid_t 데이터형은 클록 식별자를 나타내기 위해 SUSv3에 정의되어 있는 형식이다. 표 23-1의 첫 번째 열은 clockid에 지정할 수 있는 값이다.

**표 23-1** POSIX.1b 클록 형식

| 클록 ID | 설명 |
|---|---|
| CLOCK_REALTIME | 설정 가능한 시스템 기반의 실시간 클록 |
| CLOCK_MONOTONIC | 설정 불가능한 변화 없는 클록 |
| CLOCK_PROCESS_CPUTIME_ID | 프로세스 단위 CPU 시간 클록(리눅스 2.6.12부터) |
| CLOCK_THREAD_CPUTIME_ID | 스레드 단위 CPU 시간 클록(리눅스 2.6.12부터) |

CLOCK_REALTIME 클록은 벽시계 시간을 측정하는 시스템 기반의 클록이다. CLOCK_MONOTONIC 클록과는 반대로, 이 클록의 설정은 변경될 수 있다.

SUSv3는 CLOCK_MONOTONIC 클록이 시스템의 시작 이후로 변경되지 않는 '명시되지 않은 과거의 시점' 이후의 시간을 측정함을 명시한다. 이 클록은 시스템 클록의 연속되지 않은 변경(예: 시스템 시간의 수동 변경)에 의해 영향을 받지 않아야만 하는 응용 프로그램에 유용하다. 리눅스에서 이런 클록은 시스템 시작 이후의 시간을 측정한다.

CLOCK_PROCESS_CPUTIME_ID 클록은 호출 프로세스에 의해 소비되는 사용자와 시스템의 시간을 측정한다. CLOCK_THREAD_CPUTIME_ID 클록은 프로세스 내의 개별적인 스레드를 위한 동일한 작업을 실행한다.

표 23-1의 모든 클록이 SUSv3에 명시됐지만, CLOCK_REALTIME만 의무사항이며 여러 유닉스 구현에서 광범위하게 지원된다.

리눅스 2.6.28은 새로운 클록 형식인 CLOCK_MONOTONIC_RAW를 표 23-1의 목록에 추가한다. 이 클록은 CLOCK_MONOTONIC과 유사하게 설정 가능하지 않은 클록이지만, NTP 조정에 의해 영향을 받지 않는 순수한 하드웨어 기반의 시간에 접근할 수 있게 한다. 이런 비표준 클록은 특화된 클록 동기 응용 프로그램에서 쓰기 위한 것이다.

리눅스 2.6.32는 두 가지 새로운 클록인 CLOCK_REALTIME_COARSE와 CLOCK_MONOTIC_COARSE를 표 23-1의 목록에 추가한다. 이런 클록은 CLOCK_REALTIME 및 CLOCK_MONOTIC과 유사하지만, 최소 부하로 정밀도가 낮은 타임스탬프를 획득하려는 응용 프로그램에 쓰고자 한다. 이러한 비표준 클록은 (하드웨어 클록 발생기에 부하를 유발할 수 있는) 하드웨어에 접근하지 않고, 리턴된 값의 정밀도는 지피다(10.6절 참조).

### 23.5.2 클록값 설정: clock_settime()

clock_settime() 시스템 호출은 clockid에 의해 명시된 클록에 tp가 가리키는 버퍼에 제공된 시간을 명시한다.

```
#define _POSIX_C_SOURCE 199309
#include <time.h>

int clock_settime(clockid_t clockid, const struct timespec *tp);
```

성공하면 0을 리턴하고, 에러가 발생하면 -1을 리턴한다.

tp가 지정한 시간이 clock_getres()가 리턴한 것과 같은 클록 정밀도의 배수가 아니라면, 이 시간을 내림round down한다.

특권(CAP_SYS_TIME) 프로세스는 CLOCK_REALTIME 클록을 설정할 수 있다. 이런 클록의 초기값은 일반적으로 기원 이후의 시간이다. 표 23-1의 다른 어떤 클록도 수정할 수 없다.

SUSv3에 따르면 구현은 CLOCK_PROCESS_CPUTIME_ID와 CLOCK_THREAD_CPUTIME_ID 클록 설정을 허용할 수 있다. 이 책을 집필하는 시점에 리눅스에서 이 클록들은 읽기 전용이다.

### 23.5.3 특정 프로세스나 스레드의 클록 ID 획득

여기서 설명하는 함수를 이용하면 특정 프로세스나 스레드가 소비하는 CPU 시간을 측정하는 클록의 ID를 얻을 수 있다. 프로세스나 스레드가 쓴 CPU 시간을 알아보기 위해, 리턴된 클록 ID를 clock_gettime() 호출에 사용할 수 있다.

clock_getcpuclockid() 함수는 프로세스 ID가 pid인 CPU 시간 클록의 식별자를 clockid가 가리키는 버퍼에 리턴한다.

```
#define _XOPEN_SOURCE 600
#include <time.h>

int clock_getcpuclockid(pid_t pid, clockid_t *clockid);
```

성공하면 0을 리턴하고, 에러가 발생하면 양수의 에러 번호를 리턴한다.

pid가 0이면, clock_getcpuclockid()는 호출 프로세스의 CPU 시간 클록의 ID를 리턴한다.

pthread_getcpuclockid() 함수는 clock_getcpuclockid()와 동일한 POSIX 스레드 함수다. 이 함수는 호출 프로세스의 특정 스레드에 의해 소비된 CPU 시간을 측정하는 클록의 식별자를 리턴한다.

```
#define _XOPEN_SOURCE 600
#include <pthread.h>
#include <time.h>

int pthread_getcpuclockid(pthread_t thread, clockid_t *clockid);
```

성공하면 0을 리턴하고, 에러가 발생하면 양수의 에러 번호를 리턴한다.

thread 인자는 획득하고자 하는 CPU 시간 클록 ID를 가진 스레드를 식별하는 POSIX 스레드 ID다. 클록 ID는 clockid가 가리키는 버퍼에 리턴된다.

### 23.5.4 개선된 고해상도 수면: clock_nanosleep()

nanosleep()과 마찬가지로, 리눅스 고유의 clock_nanosleep() 시스템 호출은 명시된 시간 간격이 지나거나 시그널이 도착할 때까지 호출 프로세스를 중지한다. 여기서는 clock_nanosleep()과 nanosleep()의 차이점을 설명한다.

```
#define _XOPEN_SOURCE 600
#include <time.h>

int clock_nanosleep(clockid_t clockid, int flags,
                    const struct timespec *request,
                    struct timespec *remain);
```

성공적으로 수면을 완료하면 0을 리턴한다.
에러가 발생하거나 수면이 인터럽트되면 양수의 에러 번호를 리턴한다.

request와 remain 인자는 nanosleep()의 해당 인자와 목적이 동일하다.

기본적으로(즉 flags가 0) request에 명시된 수면 시간은 (nanosleep()과 마찬가지로) 상대적이다. 그러나 flags에 TIMER_ABSTIME을 명시한다면(리스트 23-4의 예 참조), request는 clockid가 가리키는 클록으로 측정되는 절대 시간을 명시한다. 대신에 현재 시간을 추출하고 원하는 타깃 시간까지의 차이를 계산해, 상대 시간 수면을 취하려 한다면, 이런 과정 가운데 프로세스가 선점preempt될 가능성이 있고, 결과적으로 원하는 시간보다 더 길게 수면을 취할 것이다.

23.4.2절에서 설명했듯이 '과다 수면oversleep' 문제는 특히나 시그널 핸들러가 인터럽트한 수면을 재시작하기 위해 루프를 사용하는 프로세스에서 뚜렷하다. 시그널이 빈번하게 전달되면, (nanosleep()에 의해 실행되는 형식의) 상대 시간은 프로세스가 수면에 사용하는 시간에 부정확한 값을 유발할 수 있다. 해당 시간에 원하는 만큼의 시간을 더 더함으로써 시간을 추출하는 clock_gettime() 호출을 사용하고, TIMER_ABSTIME 플래그를 사용해 clock_nanosleep()을 호출함으로써(그리고 시그널 핸들러가 인터럽트한 경우 시스템 호출을 재시작함으로써) 과다 수면 문제를 피할 수 있다.

TIMER_ABSTIME 플래그가 명시될 때, remain 인자는 사용되지 않는다(필요하지 않다). clock_nanosleep() 호출을 시그널 핸들러가 인터럽트하면, 수면은 동일한 request 인자를 사용해 호출을 반복함으로써 재시작할 수 있다.

clock_nanosleep()을 nanosleep()과 구분하는 또 다른 기능은, 수면 시간 간격을 측정할 때 쓰는 시간을 선택할 수 있다는 것이다. 원하는 클록은 clockid로 지정한다. 이때 클록의 종류는 CLOCK_REALTIME, CLOCK_MONOTONIC, CLOCK_PROCESS_CPUTIME_ID가 될 수 있다. 이 클록에 대한 설명은 표 23-1을 참조하기 바란다.

리스트 23-4는 절대 시간값을 사용해 CLOCK_REALTIME 클록 대비 20초 동안 수면을 취하는 clock_nanosleep()의 사용 예다.

**리스트 23-4** clock_nanosleep()의 사용 예

```
struct timespec request;

/* CLOCK_REALTIME 클록의 현재 값을 추출 */

if (clock_gettime(CLOCK_REALTIME, &request) == -1)
    errExit("clock_gettime");

request.tv_sec += 20; /* 현재부터 20초 동안 수면 */

s = clock_nanosleep(CLOCK_REALTIME, TIMER_ABSTIME, &request, NULL);
if (s != 0) {
    if (s == EINTR)
        printf("Interrupted by signal handler\n");
    else
        errExitEN(s, "clock_nanosleep");
}
```

## 23.6 POSIX 시간 간격 타이머

setitimer()로 설정하는 고전적인 유닉스 시간 간격 타이머에는 다음과 같은 여러 가지 제약이 있다.

- ITIMER_REAL, ITIMER_VIRTUAL, ITIMER_PROF 형 중 하나의 타이머만을 설정할 수 있다.
- 타이머 만료를 전달받는 유일한 방법은 시그널을 통해서다. 더욱이, 타이머가 만료될 때 생성되는 시그널을 변경할 수 없다.
- 해당되는 시그널이 블록될 때 시간 구간이 여러 번 만료된다면, 시그널 핸들러는 오직 한 번만 호출된다. 다시 말해, **타이머 오버런**timer overrun이 발생했는지 여부를 확인할 방법이 없다.
- 타이머는 마이크로초의 정밀도로 제한된다. 그러나 몇몇 시스템은 이보다 더 정밀한 정확도를 제공하는 하드웨어 클록을 갖고 있고, 그러한 시스템에서 이렇게 좀 더 높은 정밀도를 가진 타이머에 소프트웨어 접근을 허용할 필요가 있다.

POSIX.1b는 이러한 제한사항을 해결하기 위한 API를 정의했고, 이 API는 리눅스 2.6에 구현되어 있다.

> 이전의 리눅스 시스템에서는 이 API의 불완전한 버전이 glibc의 스레드 기반 구현을 통해 제공됐다. 그러나 이런 사용자 공간 구현은 여기서 기술되는 모든 기능을 제공하진 않는다.

POSIX 타이머 API는 타이머의 삶을 다음과 같은 단계로 구분한다.

- timer_create(): 새로운 타이머를 생성하고, 만료될 때 프로세스에게 알려줄 방법을 정의한다.
- timer_settime(): 타이머를 시작arm하거나 중지disarm한다.
- timer_delete(): 더 이상 필요치 않은 타이머를 제거한다.

POSIX 타이머는 fork()로 생성된 자식에 상속되지 않는다. 이 타이머는 exec() 실행 중이나 프로세스 종료 시에 중지되고 제거된다.

리눅스에서 POSIX 타이머 API를 사용하는 프로그램은 librt(실시간) 라이브러리를 링크하기 위해 -lrt 옵션을 추가해 컴파일해야 한다.

### 23.6.1 타이머 생성: timer_create()

time_create() 함수는 clockid가 가리키는 클록을 사용해 시간을 측정하는 새로운 타이머를 생성한다.

```
#define _POSIX_C_SOURCE 199309
#include <signal.h>
#include <time.h>

int timer_create(clockid_t clockid, struct sigevent *evp,
                 timer_t *timerid);
```

성공하면 0을 리턴하고, 에러가 발생하면 -1을 리턴한다.

clockid는 표 23-1에 나타난 모든 값이나 clock_getcpuclockid() 또는 pthread_getcpuclockid()가 리턴하는 clockid 값을 명시할 수 있다. timerid 인자는 이후의 시스템 호출에서 타이머를 참조할 때 쓸 핸들을 리턴하는 버퍼를 가리킨다. 이 버퍼는 타이머 식별자를 나타내기 위해 SUSv3에 정의된 데이터형인 timer_t 형이다.

evp 인자는 프로그램이 타이머가 만료될 때 통지를 받는 방법을 결정한다. 이 인자는 다음과 같이 sigevent 형의 구조체를 가리킨다.

```
union sigval {
    int   sival_int;                /* 딸린 데이터의 정수값 */
    void *sival_ptr;                /* 딸린 데이터의 포인터 값 */
};

struct sigevent {
    int          sigev_notify;      /* 통지 방법 */
    int          sigev_signo;       /* 타이머 만료 시그널 */
    union sigval sigev_value;       /* 시그널에 딸린 또는 스레드 함수로 전달되는 값 */

    union {
        pid_t _tid;                 /* 시그널을 받을 스레드의 ID */
        struct {
            void (*_function) (union sigval);
                                    /* 스레드 통지 함수 */
            void *_attribute;       /* 실제로는 'pthread_attr_t *' */
        } _sigev_thread;
    } _sigev_un;
};

#define sigev_notify_function   _sigev_un._sigev_thread._function
#define sigev_notify_attributes _sigev_un._sigev_thread._attribute
#define sigev_notify_thread_id  _sigev_un._tid
```

이 구조체의 sigev_notify 필드에는 표 23-2의 값 중 하나를 설정한다.

**표 23-2** sigevent 구조체의 sigev_notify 필드값

| sigev_notify 값 | 통지 방법 | SUSv3 |
|---|---|---|
| SIGEV_NONE | 통지 없음. timer_gettime()을 사용해 타이머를 감시한다. | • |
| SIGEV_SIGNAL | 시그널 sigev_signo를 프로세스로 전송한다. | • |
| SIGEV_THREAD | 새로운 스레드의 시작 함수로서 sigev_notify_function을 호출한다. | • |
| SIGEV_THREAD_ID | 시그널 sigev_signo를 스레드 sigev_notify_thread_id에 전송한다. | |

sigev_notify 필드 상수 및 각 상수값과 관련되는 sigval 구조체 필드의 상세사항은 다음과 같다.

- SIGEV_NONE: 타이머 만료를 통지해주지 않는다. 프로세스는 여전히 timer_gettime()을 사용하는 타이머의 진행사항을 감시할 수 있다.
- SIGEV_SIGNAL: 타이머가 만료될 때, 프로세스를 위해 sigev_signo 필드에 명시된 시그널을 생성한다. sigev_signo가 실시간 시그널이면, sigev_value 필

드는 시그널을 동반하는 (정수나 포인터) 데이터를 명시한다(22.8.1절 참조). 이 데이터는 해당 시그널의 핸들러에 전달되거나 sigwaitinfo()나 sigtimedwait()의 호출에 의해 리턴되는 siginfo_t 구조체의 si_value 필드를 통해서 추출할 수 있다.

- SIGEV_THREAD: 타이머가 만료될 때, sigev_notify_function 필드에 명시된 함수를 호출한다. 이 함수는 새로운 스레드에서 마치 새로운 함수인 것처럼 실행된다. 여기서 '마치 ~ 것처럼'이라는 표현은 SUSv3에서 온 것이며, 구현 시 각 통지가 새로운 고유 스레드에 전달되거나 새로운 유일 스레드에 연속으로 전달되는 통지를 가짐으로써 반복 타이머용 통지를 생성하게 한다. sigev_notify_attributes 필드는 NULL이나 스레드의 속성을 정의하는 pthread_attr_t 구조체의 포인터로서 명시될 수 있다(Vol. 2의 1.8절 참조). sigev_value에 명시된 유니온 sigval 값은 함수의 유일한 인자로 전달된다.
- SIGEV_THREAD_ID: 이 값은 SIGEV_SIGNAL과 유사하지만, 시그널은 스레드 ID가 sigev_notify_thread_id와 일치하는 스레드로 전달된다. 이 스레드는 호출하는 스레드와 동일한 스레드여야만 한다(SIGEV_SIGNAL 통지를 가지고 시그널이 프로세스의 큐에 넣어지고, 프로세스에 여러 스레드가 있다면, 시그널은 프로세스에 임의로 선택된 스레드로 전달될 것이다.). sigev_notify_thread_id 필드는 clone()에 의해 리턴되는 값이나 gettid()에 의해 리턴되는 값으로 설정될 수 있다. SIGEV_THREAD_ID 플래그는 스레드 라이브러리에 의해 사용되도록 의도된다(이 플래그는 28.2.1절에 기술된 CLONE_THREAD 옵션을 사용하는 스레드 구현을 요구한다. 현대 NPTL 스레드 구현은 CLONE_THREAD를 사용하지만, 이전의 LinuxThreads 스레드 구현은 그렇지 않다).

리눅스에 사용되는 SIGEV_THREAD_ID를 제외한 위의 모든 상수는 SUSv3에 명시되어 있다.

sigev_notify가 SIGEV_SIGNAL로, sigev_signo가 SIGALRM으로(SUSv3에서는 '기본 시그널 번호'에 대해서는 언급하지 않기 때문에, 여타 시스템에서는 이 값이 다를 것이다), sigev_value.sival_int가 타이머 ID로 명시되는 것과 동일하게 evp 인자는 NULL로 명시될 것이다.

현재 구현된 것과 같이 커널은 timer_create()를 사용해 생성되는 각 POSIX 타이머를 위해 큐에 있는 하나의 실시간 시그널 구조체를 미리 할당한다. 이렇게 미리 할당하는 이유는 타이머가 만료될 때, 적어도 하나의 구조체가 시그널을 큐에 넣기 위해 가용토록 보장하기 위해서다. 이는 생성될 수 있는 POSIX 타이머의 수가 큐에 들어갈 수 있는 실시간 시그널의 수에 의해 제한된다는 뜻이다(22.8절 참조).

## 23.6.2 타이머 시작과 중지: timer_settime()

타이머를 생성하면, timer_settime()을 사용해 시작하거나 중지할 수 있다.

```
#define _POSIX_C_SOURCE 199309
#include <time.h>

int timer_settime(timer_t timerid, int flags, const struct itimerspec
                  *value, struct itimerspec *old_value);
```

성공하면 0을 리턴하고, 에러가 발생하면 -1을 리턴한다.

timer_settime()의 timerid 인자는 timer_create() 호출이 리턴하는 타이머 핸들이다.

value와 old_value 인자는 이름이 같은 setitimer() 인자와 동일하다. 즉 value는 타이머의 새로운 설정을 명시하고, old_value는 이전 타이머 설정을 리턴하는 데 사용된다(아래의 timer_gettime() 설명 참조). 이전 설정에 관심이 없다면, old_value를 NULL로 명시할 수 있다. value와 old_value 인자는 다음과 같은 itimerspec 구조체의 포인터다.

```
struct itimerspec {
    struct timespec it_interval;          /* 주기 타이머의 시간 간격 */
    struct timespec it_value;             /* 첫 번째 만료 */
};
```

각 itimerspec 구조체 필드는 차례대로 timespec 형의 구조체와 일치하며, 이는 각각 초와 나노초의 값을 명시한다.

```
struct timespec {
    time_t tv_sec;          /* 초 */
    long   tv_nsec;         /* 나노초 */
};
```

it_value 필드는 타이머가 처음 만료될 때를 명시한다. it_interval의 하부 필드 중 하나가 0이 아니라면 이는 반복 타이머이며, it_value에 의해 명시된 최초의 만료 이후에, 그런 하부 필드에 명시된 빈도로 만료될 것이다. it_interval의 두 가지 하부 필드가 모두 0이면, 이 타이머는 한 번만 만료된다.

flags가 0으로 명시된 경우, value.it_value는 timer_settime()을 호출한 시점의 클록값에 상대적(즉 setitimer()와 마찬가지로)으로 해석된다. flags가 TIMER_ABSTIME으로 명시된 경우, value.it_value는 절대 시간으로 해석된다(즉 클록의 0 시점부터 측정). 해당 시간이 이미 클록을 지난 경우, 타이머는 즉시 만료된다.

타이머를 시작하기 위해 value.it_value의 하부 필드 중 하나 혹은 모두 0이 아닌 값으로 timer_settime()을 호출한다. 타이머가 이전에 시작된 경우, timer_settime()은 이전 설정을 대체한다.

타이머 값과 시간 간격이 (clock_getres()에 의해 리턴된) 해당 클록 정밀도의 배수가 아닌 경우, 이런 값은 다음 정밀도의 배수로 올림된다.

타이머의 각 만료마다 프로세스는 타이머를 생성한 timer_create() 호출에 정의된 방법을 사용해 통지를 받는다. it_interval 구조체가 0이 아닌 값을 갖고 있다면, 이 값은 it_value 구조체를 다시 불러들일 때 쓴다.

타이머를 중지하기 위해서는 value.it_value 필드의 모든 값을 0으로 명시해 timer_settime()을 호출한다.

### 23.6.3 타이머의 현재 값 추출: timer_gettime()

timer_gettime() 시스템 호출은 timerid로 식별되는 POSIX 타이머의 시간 간격과 남은 시간을 리턴한다.

```
#define _POSIX_C_SOURCE 199309
#include <time.h>

int timer_gettime(timer_t timerid, struct itimerspec *curr_value);
```

성공하면 0을 리턴하고, 에러가 발생하면 –1을 리턴한다.

시간 간격과 타이머의 다음 만료 때까지의 시간은 curr_value가 가리키는 itimerspec 구조체로 리턴된다. curr_value.it_value 필드는 타이머가 TIMER_ABSTIME을 사용한 절대 시간 타이머로 만들어졌더라도 다음 타이머 만료까지의 시간을 리턴한다.

리턴된 curr_value.it_value 구조체의 두 필드값이 모두 0인 경우, 타이머는 현재 중지된 상태다. 리턴된 curr_value.it_interval 구조체의 두 필드가 모두 0인 경우, 타이머는 curr_value.it_value에 주어진 순간에 한 번만 만료된다.

### 23.6.4 타이머 삭제: timer_delete()

각 POSIX 타이머는 약간의 시스템 자원을 사용한다. 그러므로 타이머의 사용을 끝낸 경우, timer_delete()를 사용해 타이머를 제거함으로써 이러한 자원을 해제해야 한다.

```
#define _POSIX_C_SOURCE 199309
#include <time.h>

int timer_delete(timer_t timerid);
```

성공하면 0을 리턴하고, 에러가 발생하면 -1을 리턴한다.

timerid 인자는 timer_create()의 이전 호출이 리턴한 핸들이다. 타이머가 시작된 경우, 이 핸들은 제거되기 전에 자동적으로 중지된다. 이 타이머의 만료로 인해 이미 보류 중인 시그널이 있다면, 그 시그널은 보류 상태로 남게 된다(SUSv3는 이 점을 명시하지 않았고, 따라서 여타 유닉스 구현에서는 다르게 동작할 수 있다). 프로세스가 종료될 때 타이머는 자동적으로 제거된다.

### 23.6.5 시그널을 통한 통지

시그널을 통해 타이머 통지를 받기로 했다면, 시그널 핸들러를 통해서나 sigwaitinfo() 또는 sigtimedwait()를 호출함으로써 시그널을 받을 수 있다. 두 가지 메커니즘은 모두 수신 프로세스로 하여금 시그널에 대한 추가적인 정보를 제공하는 siginfo_t(21.4절 참조)를 받게 한다(시그널 핸들러에서 이러한 기능의 장점을 취하기 위해 핸들러를 만들 때 SA_SIGINFO 플래그를 명시한다). siginfo_t 구조체에는 다음 필드가 설정된다.

- si_signo: 이 필드는 이 타이머에 의해 생성된 시그널을 담고 있다.
- si_code: 이 필드는 시그널이 POSIX 타이머의 만료로 인해 생성됐음을 가리키는 SI_TIMER로 설정된다.
- si_value: 이 필드는 타이머가 timer_create()를 사용해 생성된 경우 evp.sigev_value에 제공된 값으로 설정된다. 다른 evp.sigev_value 값을 명시함으로써, 동일한 시그널을 전달하는 여러 타이머의 만료를 구분하는 수단이 된다.

timer_create()를 호출할 때, evp.sigev_value.sival_ptr은 일반적으로 동일한 호출에 주어진 timerid 인자의 주소를 할당한다(리스트 23-5 참조). 이를 통해 시그널 핸들러(또는 sigwaitinfo() 호출)가 시그널을 생성한 타이머의 ID를 얻을 수 있다(대안으로는 evp.sigev_value.sival_ptr에 timer_create()에 주어진 timerid를 담고 있는 구조체의 주소를 할당할 수 있다).

리눅스는 또한 siginfo_t 구조체에 다음과 같은 비표준 필드를 제공한다.

- si_overrun: 이 필드는 이 타이머의 오버런 카운트를 담고 있다(23.6.6절 참조).

> 리눅스는 또 다른 비표준 필드인 si_timerid를 제공한다. 이 필드에는 타이머를 식별하기 위해 시스템이 내부적으로 사용하는 식별자가 포함된다(이는 timer_create()에 의해 리턴된 ID와 동일하지 않다). 이는 응용 프로그램에 유용하지 않다.

리스트 23-5는 POSIX 타이머에 대한 통지 메커니즘으로서 시그널을 사용하는 예다.

**리스트 23-5 시그널을 사용한 POSIX 타이머 통지**

timers/ptmr_sigev_signal.c

```
#define _POSIX_C_SOURCE 199309
#include <signal.h>
#include <time.h>
#include "curr_time.h"            /* currTime() 선언 */
#include "itimerspec_from_str.h" /* itimerspecFromStr() 선언 */
#include "tlpi_hdr.h"

#define TIMER_SIG SIGRTMAX        /* 타이머 통지 시그널 */

static void
① handler(int sig, siginfo_t *si, void *uc)
{
    timer_t *tidptr;

    tidptr = si->si_value.sival_ptr;

    /* 안전하지 않음: 이 핸들러는 비동기 시그널 안전하지 않은 함수
       (printf(); 21.1.2절 참조)를 사용 */

    printf("[%s] Got signal %d\n", currTime("%T"), sig);
    printf("    *sival_ptr         = %ld\n", (long) *tidptr);
    printf("    timer_getoverrun() = %d\n", timer_getoverrun(*tidptr));
}

int
main(int argc, char *argv[])
{
    struct itimerspec ts;
    struct sigaction  sa;
```

```
    struct sigevent   sev;
    timer_t *tidlist;
    int j;

    if (argc < 2)
        usageErr("%s secs[/nsecs][:int-secs[/int-nsecs]]...\n", argv[0]);

    tidlist = calloc(argc - 1, sizeof(timer_t));
    if (tidlist == NULL)
        errExit("malloc");

    /* 통지 시그널을 위한 핸들러 생성 */

    sa.sa_flags = SA_SIGINFO;
    sa.sa_sigaction = handler;
    sigemptyset(&sa.sa_mask);
②   if (sigaction(TIMER_SIG, &sa, NULL) == -1)
        errExit("sigaction");

    /* 각 명령행 인자를 위한 하나의 타이머를 생성하고 시작함 */

    sev.sigev_notify = SIGEV_SIGNAL;    /* 시그널을 통해 통지 */
    sev.sigev_signo = TIMER_SIG;        /* 이 시그널을 사용해 통지 */

    for (j = 0; j < argc - 1; j++) {
③       itimerspecFromStr(argv[j + 1], &ts);

        sev.sigev_value.sival_ptr = &tidlist[j];
                        /* 핸들러가 이 타이머의 ID를 얻도록 허용 */

④       if (timer_create(CLOCK_REALTIME, &sev, &tidlist[j]) == -1)
            errExit("timer_create");
        printf("Timer ID: %ld (%s)\n", (long) tidlist[j], argv[j + 1]);

⑤       if (timer_settime(tidlist[j], 0, &ts, NULL) == -1)
            errExit("timer_settime");
    }

⑥   for (;;)            /* 수신되는 타이머 시그널을 기다림 */
        pause();
}
```

리스트 23-5의 각 명령행 인자는 타이머의 초기값과 시간 간격을 명시한다. 이런 인자의 문법은 프로그램의 '사용법' 메시지에 기술되어 있고, 672페이지의 셸 세션에 나타낸다. 이 프로그램은 다음과 같은 절차로 동작한다.

- 타이머 통지를 위해 사용되는 시그널의 핸들러를 생성한다②.
- 각 명령행 인자에 대해 SIGEV_SIGNAL 통지 메커니즘을 사용하는 POSIX 타이머를 생성하고④ 시작한다⑤. 명령행 인자를 itimerspec 구조체로 변경할 때③ 쓰는 itimerspecFromStr() 함수는 리스트 23-6에 나와 있다.
- 각 타이머 만료마다, sev.sigev_signo에 명시된 시그널은 프로세스에 전달될 것이다. 이 시그널의 핸들러는 sev.sigev_value.sival_ptr(즉 tidlist[j]의 타이머 ID)에 제공된 값과 타이머의 오버런 값을 출력한다①.
- 타이머를 생성하고 시작해, 반복적으로 pause()를 호출하는 루프를 실행함으로써 타이머의 만료를 기다린다⑥.

리스트 23-6은 리스트 23-5 프로그램의 각 명령행 인자를 해당되는 itimerspec 구조체로 변경하는 함수를 보여준다. 이 함수에 의해 해석되는 문자열 인자의 포맷은 리스트의 상위에 주석으로 나타난다(그리고 672페이지의 셸 세션에 나타낸다).

**리스트 23-6** 시간과 시간 간격 문자열을 itimerspec 값으로 변경

timers/itimerspec_from_str.c

```
#define_POSIX_C_SOURCE 199309
#include <string.h>
#include <stdlib.h>
#include "itimerspec_from_str.h" /* 여기서 정의된 함수 선언 */

/* 다음 형식의 문자열을 itimerspec 구조체로 변경함:
   "value.sec[/value.nanosec][:interval.sec[/interval.nanosec]]".
   나타나지 않은 추가 컴포넌트는 해당 구조체 필드에 0으로 할당된다. */

void
itimerspecFromStr(char *str, struct itimerspec *tsp)
{
    char *cptr, *sptr;

    cptr = strchr(str, ':');
    if (cptr != NULL)
        *cptr = '\0';

    sptr = strchr(str, '/');
    if (sptr != NULL)
        *sptr = '\0';

    tsp->it_value.tv_sec = atoi(str);
    tsp->it_value.tv_nsec = (sptr != NULL) ? atoi(sptr + 1) : 0;

    if (cptr == NULL) {
```

```
        tsp->it_interval.tv_sec = 0;
        tsp->it_interval.tv_nsec = 0;
    } else {
        sptr = strchr(cptr + 1, '/');
        if (sptr != NULL)
            *sptr = '\0';
        tsp->it_interval.tv_sec = atoi(cptr + 1);
        tsp->it_interval.tv_nsec = (sptr != NULL) ? atoi(sptr + 1) : 0;
    }
}
```

다음 셸 세션은 초기 타이머 만료 시간을 2초, 시간 간격을 5초로 지정한 하나의 타이머를 생성하는 리스트 23-5의 프로그램 사용 예다.

```
$ ./ptmr_sigev_signal 2:5
Timer ID: 134524952 (2:5)
[15:54:56] Got signal 64                SIGRTMAX는 이 시스템에서 시그널 64에 해당한다.
    *sival_ptr         = 134524952      sival_ptr은 변수 tid를 가리킨다.
    timer_getoverrun() = 0
[15:55:01] Got signal 64
    *sival_ptr         = 134524952
timer_getoverrun() = 0
프로세스를 중지하기 위해 Control-Z를 입력한다.
[1]+  Stopped       ./ptmr_sigev_signal 2:5
```

프로그램을 중지하고 난 후, 프로그램을 시작하기 전에 여러 타이머 만료가 발생하도록 수 초 동안 멈춘다.

```
$ fg
./ptmr_sigev_signal 2:5
[15:55:34] Got signal 64
    *sival_ptr         = 134524952
    timer_getoverrun() = 5
프로그램을 종료하기 위해 Control-C를 입력한다.
```

프로그램의 마지막 줄은 5개의 타이머 오버런이 발생했음을 보여주며, 이는 이전 시그널 전달 이후로 6개의 타이머 만료가 발생했음을 의미한다.

## 23.6.6 타이머 오버런

시그널의 전달을 통해 타이머 만료 통지를 받기로 결정했다고 가정해보자(즉 sigev_notify는 SIGEV_SIGNAL). 또한 관련된 시그널이 잡히거나 수용되기 전에 타이머는 여러 번 만료된다고 가정하자. 이 동작은 프로세스가 다음 스케줄이 되기 전에 지연의 결과로서 발생할 수 있다. 반대로, 명시적으로 sigprocmask()를 통해서나, 암묵적으로 시그널의 핸들러 실행 동안에 관련된 시그널의 전달이 블록됐기 때문에 발생할 수 있다. 이러한 타이머 오버런이 발생했다는 사실을 어떻게 알 수 있는가?

실시간 시그널의 여러 인스턴스를 큐에 넣기 때문에, 실시간 시그널을 사용하면 이 문제를 해결하는 데 도움이 된다고 가정할 수 있을 것이다. 그러나 큐에 넣을 수 있는 실시간 시그널의 수는 제한되기 때문에, 이러한 접근법은 동작하지 않을 것이다. 그러므로 POSIX.1b 위원회는 다른 방법으로 결정했다. 즉 시그널을 통해 타이머 통지를 수신하기로 결정했다면, 실시간 시그널을 사용한다고 하더라도 시그널의 여러 인스턴스는 절대 큐에 들어가지 않는다. 대신에 (시그널 핸들러를 통하거나, sigwaitinfo()를 사용해) 시그널을 수신하고 나서, 시그널이 생성된 시간과 수신된 시간 사이에 발생하는 추가적인 타이머 만료의 수인 타이머 오버런 카운트timer overrun count를 확인할 수 있다. 예를 들어, 마지막 시그널이 수신된 이후로 타이머가 세 번 만료됐다면, 오버런 카운트는 2다.

타이머 시그널을 수신하고 난 후에, 두 가지 방법으로 타이머 오버런을 얻을 수 있다.

- 아래 기술한 timer_getoverrun()을 호출. 이 방법은 오버런 카운트를 획득하는 SUSv3에 정의된 방법이다.
- 시그널과 함께 리턴되는 siginfo_t 구조체의 si_overrun 필드값을 사용. 이 방법은 timer_getoverrun() 시스템 호출의 오버헤드가 없지만, 이식성이 없는 리눅스 확장 기능이다.

타이머 오버런 카운트는 타이머 시그널을 받을 때마다 초기화된다. 타이머 시그널이 처리되거나 수용된 이후로 타이머가 한 번만 만료된 경우, 오버런 카운트는 0일 것이다 (즉 오버런이 없음을 나타낸다).

```
#define _POSIX_C_SOURCE 199309
#include <time.h>

int timer_getoverrun(timer_t timerid);
```

성공하면 타이머 오버런 카운트를 리턴하고, 에러가 발생하면 -1을 리턴한다.

timer_getoverrun() 함수는 timerid 인자에 의해 명시된 타이머의 오버런 카운트를 리턴한다.

timer_getoverrun() 함수는 SUSv3에서 비동기 시그널 안전하다고 명시된 함수 중 하나이며(577페이지의 표 21-1 참조), 따라서 시그널 핸들러 내에서 호출하는 것은 안전하다.

### 23.6.7 스레드를 통한 통지

SIGEV_THREAD 플래그는 프로그램으로 하여금 분리된 스레드에서 함수의 실행을 통해 타이머 만료 통지를 받게 한다. 이 플래그를 이해하려면 Vol. 2의 1, 2장에서 기술하는 POSIX 스레드에 관한 지식이 필요하다. POSIX 스레드에 친숙하지 않은 독자는 여기서 설명하는 예제 프로그램을 살펴보기 전에 이 장들을 먼저 읽으면 도움이 될 것이다.

리스트 23-7은 SIGEV_THREAD의 사용법을 나타낸다. 이 프로그램은 리스트 23-5의 프로그램과 동일한 명령행 인자를 수용한다. 프로그램은 다음과 같은 절차로 이뤄진다.

- 각 명령행 인자에 대해, 프로그램은 SIGEV_THREAD 통지 메커니즘③을 사용하는 POSIX 타이머를 생성하고⑥ 시작한다⑦.
- 타이머가 만료될 때마다 sev.sigev_notify_function에 명시된 함수④는 분리된 스레드에서 실행될 것이다. 이 함수가 실행되면, 인자로서 sev.sigev_value.sival_ptr에 명시된 값을 받는다. 타이머 ID(tidlist[j])의 주소를 이 필드에 할당하고⑤, 따라서 통지 함수는 이런 실행을 발생하는 타이머의 ID를 수용할 수 있다.
- 모든 타이머를 생성하고 시작함으로써, 주 프로그램은 타이머 만료를 기다리는 루프로 들어간다⑧. 루프의 각 반복에서 프로그램은 타이머 통지를 처리하는 스레드에 의해 시그널되는 상태 변수(cond)를 기다리기 위해서 pthread_cond_wait()를 사용한다.
- threadFunc() 함수는 각 타이머 만료마다 실행된다①. 메시지를 출력한 후에, 전역 변수인 expireCnt 값을 증가시킨다. 타이머 오버런의 가능성을 허용하기 위해, timer_getoverrun()이 리턴한 값도 expireCnt에 더해진다(타이머 오버런과 SIGEV_THREAD 메커니즘의 관계는 23.6.6절에서 설명했다. 타이머는 통지 함수가 실행되기 전에 여러 번 만료될지도 모르기 때문에, 타이머 오버런은 SIGEV_THREAD 메커니즘과 함께 동작할 수도 있다). 통지 함수는 상태 변수인 cond에 시그널하고, 따라서 주 프로그램은 타이머가 만료됐는지 검사하는 것을 알게 된다②.

다음 셸 세션 로그는 리스트 23-7 프로그램의 사용 예다. 이 예제에서 프로그램은 초기값이 5초이고 시간 간격이 5초인 타이머와, 초기값이 10초이고 시간 간격이 10초인 타이머를 생성한다.

```
$ ./ptmr_sigev_thread 5:5 10:10
Timer ID: 134525024 (5:5)
```

```
Timer ID: 134525080 (10:10)
[13:06:22] Thread notify
    timer ID=134525024
    timer_getoverrun()=0
main(): count = 1
[13:06:27] Thread notify
    timer ID=134525080
    timer_getoverrun()=0
main(): count = 2
[13:06:27] Thread notify
    timer ID=134525024
    timer_getoverrun()=0
main(): count = 3
프로그램을 중지하기 위해 Control-Z를 입력한다.
[1]+  Stopped      ./ptmr_sigev_thread 5:5 10:10
$ fg                                        실행 재시작
./ptmr_sigev_thread 5:5 10:10
[13:06:45] Thread notify
    timer ID=134525024
    timer_getoverrun()=2                    타이머 오버런 존재
main(): count = 6
[13:06:45] Thread notify
    timer ID=134525080
    timer_getoverrun()=0
main(): count = 7
프로그램을 종료하기 위해 Control-C를 입력한다.
```

**리스트 23-7 스레드 함수를 사용한 POSIX 타이머 통지**

timers/ptmr_sigev_thread.c

```
#include <signal.h>
#include <time.h>
#include <pthread.h>
#include "curr_time.h"          /* currTime() 선언 */
#include "tlpi_hdr.h"
#include "itimerspec_from_str.h" /* itimerspecFromStr() 선언 */

static pthread_mutex_t mtx = PTHREAD_MUTEX_INITIALIZER;
static pthread_cond_t cond = PTHREAD_COND_INITIALIZER;

static int expireCnt = 0;           /* 모든 타이머의 만료 수 */

static void                         /* 스레드 통지 함수 */
① threadFunc(union sigval sv)
{
    timer_t *tidptr;
    int s;
```

```
    tidptr = sv.sival_ptr;

    printf("[%s] Thread notify\n", currTime("%T"));
    printf("    timer ID=%ld\n", (long) *tidptr);
    printf("    timer_getoverrun()=%d\n", timer_getoverrun(*tidptr));

    /* 주 스레드와 공유하는 카운터 변수와 값의 변경을
       주 스레드에 알리는 상태 변수의 증가 */

    s = pthread_mutex_lock(&mtx);
    if (s != 0)
        errExitEN(s, "pthread_mutex_lock");

    expireCnt += 1 + timer_getoverrun(*tidptr);

    s = pthread_mutex_unlock(&mtx);
    if (s != 0)
        errExitEN(s, "pthread_mutex_unlock");

②   s = pthread_cond_signal(&cond);
    if (s != 0)
        errExitEN(s, "pthread_cond_signal");
}

int
main(int argc, char *argv[])
{
    struct sigevent sev;
    struct itimerspec ts;
    timer_t *tidlist;
    int s, j;

    if (argc < 2)
        usageErr("%s secs[/nsecs][:int-secs[/int-nsecs]]...\n",
                  argv[0]);

    tidlist = calloc(argc - 1, sizeof(timer_t));
    if (tidlist == NULL)
        errExit("malloc");

③   sev.sigev_notify = SIGEV_THREAD;            /* 스레드를 통해 통지 */
④   sev.sigev_notify_function = threadFunc;    /* 스레드 시작 함수 */
    sev.sigev_notify_attributes = NULL;
            /* pthread_attr_t 구조체의 포인터 */

    /* 각 명령행 인자에 하나의 타이머를 생성하고 시작함 */

    for (j = 0; j < argc - 1; j++) {
```

```
        itimerspecFromStr(argv[j + 1], &ts);

⑤       sev.sigev_value.sival_ptr = &tidlist[j];
                /* threadFunc()에 인자로서 전달 */

⑥       if (timer_create(CLOCK_REALTIME, &sev, &tidlist[j]) == -1)
            errExit("timer_create");
        printf("Timer ID: %ld (%s)\n", (long) tidlist[j], argv[j + 1]);

⑦       if (timer_settime(tidlist[j], 0, &ts, NULL) == -1)
            errExit("timer_settime");
    }

    /* 주 스레드는 각 스레드 통지 함수의 실행에 시그널되는 상태 변수의 값에 대기한다.
       여기서 메시지를 출력하고, 사용자는 발생 여부를 알 수 있다. */

    s = pthread_mutex_lock(&mtx);
    if (s != 0)
        errExitEN(s, "pthread_mutex_lock");

⑧   for (;;) {
        s = pthread_cond_wait(&cond, &mtx);
        if (s != 0)
            errExitEN(s, "pthread_cond_wait");
        printf("main(): expireCnt = %d\n", expireCnt);
    }
}
```

## 23.7 파일 식별자를 통해 통지하는 타이머: timerfd API

커널 2.6.25부터 리눅스는 타이머를 생성하는 또 다른 API를 제공한다. 리눅스 고유의 timerfd API는 만료 통지를 파일 디스크립터에서 읽을 수 있는 타이머를 생성한다. 이는 파일 디스크립터를 select(), poll(), epoll(Vol. 2의 26장 참조)을 사용해 여타 디스크립터와 함께 감시할 수 있기 때문에 유용하다(23장에서 기술한 그 밖의 타이머 API로는 파일 디스크립터들과 함께 1개 이상의 타이머를 동시에 감시하는 노력이 필요하다).

이 API의 세 가지 시스템 호출의 동작은 23.6절에서 소개한 timer_create(), timer_settime(), timer_gettime() 시스템 호출의 오퍼레이션과 동일하다.

먼저 살펴볼 새로운 시스템 호출은 timerfd_create()이며, 이는 새로운 타이머 객체를 만들고, 그 객체를 참조하는 파일 디스크립터를 리턴한다.

```
#include <sys/timerfd.h>

int timerfd_create(int clockid, int flags);
```

성공하면 파일 디스크립터를 리턴하고, 에러가 발생하면 -1을 리턴한다.

clockid의 값은 CLOCK_REALTIME이나 CLOCK_MONOTONIC 중 하나가 될 수 있다(표 23-1 참조).

timerfd_create()의 초기 구현에서 flags 인자는 향후의 사용을 위해 예약됐고, 현재는 0으로 명시됐어야 했다. 그러나 리눅스 2.6.27부터 다음과 같은 두 가지 플래그가 지원된다.

- TFD_CLOEXEC: 새로운 파일 디스크립터에 대해 실행 시 닫기 플래그(FD_CLOEXEC)를 설정한다. 이 플래그는 4.3.1절에서 기술한 open() O_CLOEXEC 플래그와 동일한 이유로 유용하다.
- TFD_NONBLOCK: 내부적으로 열린 파일 디스크립션에 O_NONBLOCK 플래그를 설정하고, 따라서 향후의 읽기는 블로킹되지 않을 것이다. 이 플래그를 이용하면 동일한 결과를 유발하기 위해 fcntl()을 추가로 호출할 필요가 없어진다.

timerfd_create()에 의해 생성된 타이머의 사용을 종료했을 때, 해당되는 파일 디스크립터를 close() 해야 하고, 따라서 커널은 그 타이머와 관련된 자원을 해제할 수 있다.

timerfd_settime() 시스템 호출은 파일 디스크립터 fd가 가리키는 타이머를 시작하거나 중지시킨다.

```
#include <sys/timerfd.h>

int timerfd_settime(int fd, int flags, const struct itimerspec *new_value,
                    struct itimerspec *old_value);
```

성공하면 0을 리턴하고, 에러가 발생하면 -1을 리턴한다.

new_value 인자는 타이머에 새로운 설정을 명시한다. old_value 인자는 타이머의 이전 설정을 리턴할 때 쓸 수 있다(더 자세한 내용은 아래 설명하는 timerfd_gettime()을 참조하라). 이전 설정에 관심이 없다면, old_value에 NULL을 명시할 수 있다. 두 가지 인자 모두 timer_settime()과 동일한 방법(23.6.2절 참조)으로 사용되는 itimerspec 구조체를 사용한다.

flags 인자는 timer_settime()의 해당 인자와 유사하다. 이 인자의 값은 new_value.it_value가 timerfd_settime() 호출 시점에 상대적인 시간으로 해석되는 의미의 0이나 new_value.it_value가 절대 시간(즉 클록의 시작부터 측정)으로 해석되는 의미를 갖는 TFD_TIMER_ABSTIME 중 하나일 것이다.

timerfd_gettime() 시스템 호출은 시간 간격과 파일 디스크립터 fd가 가리키는 타이머의 남은 시간을 리턴한다.

```
#include <sys/timerfd.h>

int timerfd_gettime(int fd, struct itimerspec *curr_value);
```

성공하면 0을 리턴하고, 에러가 발생하면 –1을 리턴한다.

timer_gettime()과 동일하게 시간 간격과 타이머의 다음 만료 때까지의 시간은 curr_value가 가리키는 itimerspec 구조체에 리턴된다. curr_value.it_value 필드는 TFD_TIMER_ABSTIME을 사용한 절대 시간으로 생성됐다고 하더라도, 다음 타이머 만료까지의 시간을 리턴한다. 리턴된 curr_value.it_value 구조체의 두 가지 필드가 모두 0이라면, 타이머는 현재 중지된 상태다. 리턴된 curr_value.it_interval 구조체의 두 필드가 모두 0이라면, 타이머는 curr_value.it_value에 주어진 시간에 한 번만 만료된다.

### fork()와 exec()의 timerfd와의 상호작용

fork() 동안 자식 프로세스는 timerfd_create()가 만든 파일 디스크립터의 복사본을 상속한다. 이런 파일 디스크립터는 부모의 해당 디스크립터와 동일한 타이머 객체를 참조하고, 타이머 만료는 두 프로세스에서 모두 읽을 수 있다.

(27.4절에 기술된 것과 같이 디스크립터가 실행 시 닫기로 표시되지 않은 경우) timerfd_create()에 의해 생성된 파일 디스크립터는 exec()에 걸쳐 유지되고, 중지된 타이머는 exec() 이후에 계속해서 타이머를 만료시킬 것이다.

### timerfd 파일 디스크립터에서 읽기

timerfd_settime()으로 타이머를 중지시키면, 관련된 파일 디스크립터에서 타이머 만료와 관련된 정보를 읽기 위해 read()를 사용할 수 있다. 이런 목적으로 read()에 주어진 버퍼는 8바이트 정수(uint64_t)를 담을 수 있을 만큼 충분히 커야 한다.

타이머 설정이 timerfd_settime()을 사용해 마지막으로 수정되거나, 마지막 read()가 실행된 이후로 1개 혹은 그 이상의 만료가 발생했다면, read()는 즉시 리턴되고, 리턴된 버퍼는 발생한 만료의 수를 포함한다. 아무런 타이머 만료가 발생하지 않은 경우, read()는 다음 만료가 발생할 때까지 블로킹된다. 파일 디스크립터를 위해 O_NONBLOCK 플래그를 설정하고자 fcntl() F_SETFL 오퍼레이션(5.3절 참조)을 사용할 수도 있고, 따라서 읽기는 블록되지 않으며, 어떠한 타이머 만료도 발생하지 않은 경우 EAGAIN 에러로 실패할 것이다.

이전에 언급했듯이, timerfd 파일 디스크립터는 select(), poll(), epoll을 사용해 감시할 수 있다. 타이머가 만료되면 파일 디스크립터를 읽을 수 있다.

### 예제 프로그램

리스트 23-8은 timerfd API의 사용을 설명한다. 이 프로그램은 2개의 명령행 인자를 수용한다. 첫 번째 인자는 의무적이고, 타이머의 최초 시간과 시간 간격을 명시한다(이 인자는 리스트 23-6의 itimerspecFromStr() 함수를 사용해 해석된다). 두 번째 인자는 선택사항이며, 프로그램이 종료하기 전에 기다려야 하는 타이머의 최대 만료 개수를 가리킨다. 이 인자의 기본값은 1이다.

이 프로그램은 timerfd_create()를 사용해 타이머를 생성하고, timerfd_settime()을 사용해 시작한다. 이 타이머는 명시된 만료 개수에 도달할 때까지 파일 디스크립터에서 만료 통지를 읽는 루프를 돈다. 각 read() 이후에 프로그램은 타이머가 시작된 이후에 경과된 시간과 읽힌 만료의 번호, 지금까지의 만료 수를 출력한다.

다음 셸 세션 로그에서 명령행 인자는 초기값 1초와 시간 간격 1초, 100개의 최대 만료를 명시한다.

```
$ ./demo_timerfd 1:1 100
1.000: expirations read: 1; total=1
2.000: expirations read: 1; total=2
3.000: expirations read: 1; total=3
수 초 동안 백그라운드에서 프로그램을 중지하기 위해 Control-Z를 입력한다.
[1]+  Stopped            ./demo_timerfd 1:1 100
$ fg                                        포그라운드에서 프로그램 재시작
./demo_timerfd 1:1 100
14.205: expirations read: 11; total=14      마지막 read() 이후로 여러 개의 만료 발생
15.000: expirations read: 1; total=15
16.000: expirations read: 1; total=16
프로그램을 종료하기 위해 Control-C를 입력한다.
```

이 결과에서 프로그램이 백그라운드에서 중지된 동안 여러 타이머 만료가 발생했음을 볼 수 있고, 이런 모든 만료는 프로그램이 실행을 재시작한 이후에 첫 번째 read()에 리턴됐다.

**리스트 23-8** timerfd API의 사용 예

timers/demo_timerfd.c

```
#include <sys/timerfd.h>
#include <time.h>
#include <stdint.h>                    /* uint64_t 정의 */
#include "itimerspec_from_str.h"       /* itimerspecFromStr() 선언 */
#include "tlpi_hdr.h"

int
main(int argc, char *argv[])
{
    struct itimerspec ts;
    struct timespec start, now;
    int maxExp, fd, secs, nanosecs;
    uint64_t numExp, totalExp;
    ssize_t s;

    if (argc < 2 || strcmp(argv[1], "--help") == 0)
        usageErr("%s secs[/nsecs][:int-secs[/int-nsecs]] [max-exp]\n",
                 argv[0]);

    itimerspecFromStr(argv[1], &ts);
    maxExp = (argc > 2) ? getInt(argv[2], GN_GT_0, "max-exp") : 1;
    fd = timerfd_create(CLOCK_REALTIME, 0);
    if (fd == -1)
        errExit("timerfd_create");

    if (timerfd_settime(fd, 0, &ts, NULL) == -1)
        errExit("timerfd_settime");

    if (clock_gettime(CLOCK_MONOTONIC, &start) == -1)
        errExit("clock_gettime");

    for (totalExp = 0; totalExp < maxExp;) {

        /* 타이머의 여러 만료를 읽고, 타이머가 시작한 이후의
           경과 시간과 만료 개수, 지금까지의 전체 만료 수를 출력한다. */

        s = read(fd, &numExp, sizeof(uint64_t));
        if (s != sizeof(uint64_t))
            errExit("read");
```

```
        totalExp += numExp;

        if (clock_gettime(CLOCK_MONOTONIC, &now) == -1)
            errExit("clock_gettime");

        secs = now.tv_sec - start.tv_sec;
        nanosecs = now.tv_nsec - start.tv_nsec;
        if (nanosecs < 0) {
            secs--;
            nanosecs += 1000000000;
        }
        printf("%d.%03d: expirations read: %llu; total=%llu\n",
            secs, (nanosecs + 500000) / 1000000,
            (unsigned long long) numExp, (unsigned long long) totalExp);
    }

    exit(EXIT_SUCCESS);
}
```

## 23.8 정리

프로세스는 타이머를 설정하기 위해 `setitimer()`나 `alarm()`을 사용할 수 있고, 명시된 실제 시간이나 프로세스 시간이 지난 이후에 시그널을 받는다. 타이머의 한 가지 용도는 시스템 호출이 블로킹될 수 있는 시간에 상한을 설정하는 것이다.

명시된 실제 시간의 구간 동안 실행을 중지할 필요가 있는 응용 프로그램은 이런 목적으로 여러 가지 수면 함수를 사용할 수 있다.

리눅스 2.6은 높은 정밀도의 클록과 타이머를 위한 API를 정의하는 POSIX.1b 확장을 구현한다. POSIX.1b 타이머는 전통적인(`setitimer()`) 유닉스 타이머의 여러 가지 장점을 제공한다. 즉 여러 타이머를 생성하고, 타이머 만료 시에 전달되는 시그널을 선택하며, 타이머가 이전의 만료 통지 이후로 만료됐는지를 확인하기 위해 타이머 오버런 카운트를 추출하고, 시그널 전달 대신에 스레드 함수의 실행을 통해 타이머 통지를 받도록 선택할 수 있게 한다.

리눅스 고유의 timerfd API는 POSIX 타이머와 유사한 타이머를 생성하는 인터페이스들을 제공하지만, 타이머 통지를 파일 디스크립터를 통해 읽을 수 있게 한다. 이 파일 디스크립터는 `select()`, `poll()`, epoll을 사용해 감시할 수 있다.

### 더 읽을거리

개별 함수의 동작을 뒷받침하는 근거를 바탕으로 SUSv3는 23장에서 기술된 (표준) 타이머와 수면 인터페이스에 유용한 정보를 제공한다. [Gallmeister, 1995]는 POSIX.1b 클록과 타이머를 설명한다.

## 23.9 연습문제

**23-1.** alarm()이 리눅스 커널 내의 시스템 호출로 구현됐지만, 이는 불필요하다. setitimer()를 사용해 alarm()을 구현하라.

**23-2.** 백그라운드 프로세스에서 가능한 한 많은 SIGINT 시그널을 보내기 위해 다음 명령을 사용하는 동안, 60초의 수면 시간 간격으로 리스트 23-3의 프로그램(t_nanosleep.c)을 실행하라.

```
$ while true; do kill -INT pid; done
```

프로그램이 기대한 것보다 길게 수면을 취한다는 사실을 알 수 있을 것이다. nanosleep()을 clock_gettime()(CLOCK_REALTIME 클록 사용)과 TIMER_ABSTIME 플래그를 가진 clock_nanosleep()으로 교체하라(이 연습문제에는 리눅스 2.6이 필요하다). 수정된 프로그램으로 테스트를 반복하고, 차이점을 기술하라.

**23-3.** timer_create()의 evp 인자가 NULL로 명시된 경우, SIGEV_SIGNAL로 설정된 sigev_notify와 SIGALRM으로 설정된 sigev_signo, 타이머 ID로 설정된 si_value.sival_int를 가진 sigevent 구조체의 포인터로서 evp를 명시하는 것과 동일함을 보여주는 프로그램을 작성하라.

**23-4.** 리스트 23-5의 프로그램(ptmr_sigev_signal.c)을 시그널 핸들러 대신에 sigwaitinfo()를 사용하는 프로그램으로 수정하라.

# 24

# 프로세스 생성

24장부터 27장까지는 프로세스가 생성되고 종료되는 방식과 새 프로그램을 실행하는 방법을 살펴볼 것이다. 24장은 프로세스 생성을 다룬다. 본격적인 내용에 들어가기 앞서 앞으로 4개 장을 통해 다룰 주요한 시스템 호출을 간략히 소개하겠다.

## 24.1 fork(), exit(), wait(), execve() 소개

이번 장을 비롯해 앞으로 몇 개의 장에서는 `fork()`, `exit()`, `wait()`, `execve()` 같은 시스템 호출을 주로 다루는데, 각각의 다양한 변종 역시 살펴볼 것이다. 우선 각 시스템 호출을 간략히 살펴본 다음, 이들이 어떻게 어울려서 쓰이는지 알아보자.

- `fork()` 시스템 호출을 통해 부모 프로세스는 새로운 자식 프로세스를 생성할 수 있다. 이는 새로운 자식 프로세스를 부모 프로세스와 (거의) 동일하게 복제해서 이뤄진다. 자식 프로세스는 부모의 스택, 데이터, 힙, 텍스트 세그먼트(6.3절)의 복제

본을 갖게 된다. 포크fork라는 용어는 부모 프로세스가 자신을 복제해서 2개가 되는 것을 염두에 두고 붙여진 이름이다.

- exit(status) 라이브러리 함수는 프로세스를 종료시켜, 현재 프로세스가 사용한 모든 자원(메모리, 열린 파일 디스크립터 등)을 커널이 다른 프로세스에 재할당할 수 있게 해준다. status 인자는 정수값으로, 프로세스의 종료 상태를 나타낸다. 부모는 wait() 시스템 호출을 통해 이 값을 얻을 수 있다.

> exit() 라이브러리 함수는 _exit() 시스템 호출을 이용해 구현된다. 25장에서 둘 간의 차이를 비교할 것이다. 여기서는 fork() 이후에는 exit()를 통해 부모나 자식 프로세스 중 하나만 종료되고, 나머지 프로세스는 _exit()를 통해 종료돼야 한다는 정도만 알아두자.

- wait(&status) 시스템 호출은 두 가지 용도가 있다. 첫째는 자식 프로세스가 exit()를 통해 아직 종료하지 않았을 경우 wait()는 자식 프로세스 중 하나가 종료할 때까지 현재 프로세스를 중지시킨다. 둘째로, 자식의 종료 상태는 wait()의 인자를 통해 리턴된다.
- execve(pathname, argv, envp) 시스템 호출은 새 프로그램(pathname, 인자 목록 argv , 환경 변수 목록 envp)을 메모리에 로드한다. 현재의 프로그램 텍스트는 버려지고, 스택, 데이터, 힙 세그먼트는 새 프로그램을 위해 초기화된다. 이런 일련의 작업을 흔히 새 프로그램을 실행execing한다고 한다. 나중에 execve() 시스템 호출 위에 작성된 라이브러리 함수를 살펴볼 텐데, 이들은 프로그램 인터페이스에 유용한 변종을 제공한다. 이런 구체적인 변종에 대해 생각하지 않아도 될 경우엔 이들을 통틀어 exec()라고 부르는 관례를 따르는데, 실제로 이런 이름의 시스템 호출이나 라이브러리 함수는 존재하지 않는다는 사실을 알아두자.

어떤 운영체제에서는 fork()와 exec()의 기능을 묶어서 새 프로세스를 생성하고 바로 특정 프로그램을 실행하는 (스폰spawn이라고 불리는) 하나의 함수를 제공한다. 이에 비해 유닉스의 접근 방식은 간단하고 좀 더 깔끔하다. 이 두 단계를 구분했기에 API는 더 간단해지고(fork() 시스템 호출은 인자를 받지 않는다), 프로그램은 이 두 단계 사이에 어떤 작업을 수행할 수 있다는 점에서 좀 더 유연해진다. 게다가, exec()가 뒤따르지 않는 fork()를 수행하기에 용이하다.

SUSv3는 추가로 posix_spawn() 함수를 정의하는데, 이는 fork()와 exec()를 합친 것이다. 리눅스에서 이 함수와 이와 관련된 SUSv3가 정의한 API는 glibc를 통해 구현됐다. SUSv3에서 posix_spawn()이 정의된 이유는 이식성 높은 응용 프로그램이 스왑(swap) 기능이나 메모리 관리 기능이 없는 하드웨어 아키텍처(보통의 임베디드 시스템)에서 구현될 수 있게 하기 위해서다. 이런 아키텍처에서는 전통적인 fork()를 구현하기가 힘들거나 불가능하다.

그림 24-1은 `fork()`, `exit()`, `wait()`, `execve()`가 어떻게 함께 쓰이는지 보여준다(이 그림은 셸에서 명령을 실행하는 각 단계를 보여준다. 셸은 계속해서 명령을 읽고, 각종 작업을 수행하고, 이 명령을 수행할 자식 프로세스를 포크하기를 반복한다).

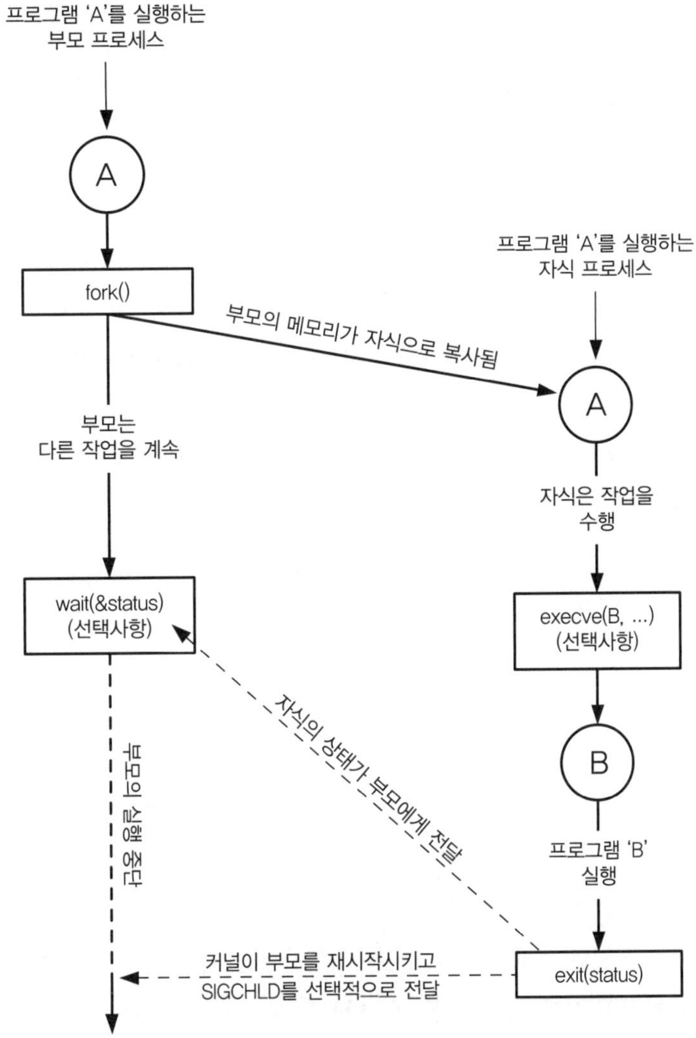


**그림 24-1** fork(), exit(), wait(), execve()의 사용 예

그림에 나타난 execve()의 사용은 선택사항이다. 때로는 자식 프로세스가 부모와 동일한 프로그램을 수행하는 것이 유용하기도 하다. 어떤 경우에든 자식의 종료는 exit()를 호출해(혹은 시그널의 전달로) 이뤄지고, 종료 상태가 wait()를 통해 부모에게로 전달된다.

wait() 역시 선택사항이다. 부모는 자식 프로세스를 무시하고 계속 실행할 수도 있다. 하지만 앞으로 살펴보듯이 wait()를 사용하는 편이 좀 더 이상적이며, SIGCHLD 시그널 핸들러에서 처리된다. SIGCHLD 시그널은 자식 프로세스 중 하나가 종료했을 때 해당 부모 프로세스를 위해 커널이 생성한다(기본 설정에서 SIGCHLD는 무시되는데, 이 때문에 그림에서 이 부분을 선택적으로 전달된다고 표현한 것이다).

## 24.2 새 프로세스의 생성: fork()

많은 응용 프로그램에서는 여러 개의 프로세스를 생성하는 것이 작업을 쪼개는 유용한 방법일 수 있다. 예를 들어, 네트워크 서버 프로세스는 클라이언트의 요청을 듣고 있다가 각 요청을 처리하기 위해 새로이 자식 프로세스를 생성할 수 있겠다. 이러는 중에도 서버 프로세스는 계속해서 새로운 클라이언트의 요청을 듣는다. 작업을 이런 식으로 쪼개면 응용 프로그램의 설계가 단순해지면서 동시성이 높아진다(즉 더 많은 작업이나 요청을 동시에 처리할 수 있다).

fork() 시스템 호출은 새 프로세스를 생성한다. 생성된 자식 프로세스는 호출한 프로세스, 즉 부모 프로세스의 거의 판박이다.

```
#include <unistd.h>

pid_t fork(void);
```

부모 프로세스: 성공하면 자식의 프로세스 ID를 리턴하고, 에러가 발생하면 -1을 리턴한다.
성공적으로 생성된 자식 프로세스: 항상 0을 리턴한다.

fork()가 이뤄진 후에 두 프로세스가 존재하고, 각 프로세스는 fork()가 리턴되는 시점부터 실행을 계속한다는 사실이 fork()의 핵심이다.

두 프로세스는 동일한 프로그램 텍스트를 실행하지만, 각자의 스택, 데이터, 힙 세그먼트를 갖는다. 자식의 스택, 데이터, 힙 세그먼트는 부모에서 대응하는 부분의 복제본으로 주어진다. fork() 이후에 각 프로세스는 다른 프로세스에 영향을 주지 않고 스택, 데이터, 힙 세그먼트 내의 변수를 수정할 수 있다.

프로그램의 코드 내에서, 두 프로세스는 fork()가 리턴하는 값으로 구분 가능하다. 부모에서는 fork()가 새로이 생성된 자식의 프로세스 ID를 리턴한다. 부모가 여러 개의 자식을 생성할 수 있어서 (wait()나 그 변종을 통해) 이들을 관리해야 하기 때문에 유용한다. 자식에서는 fork()가 0을 리턴한다. 필요하다면, 자식은 자신의 프로세스 ID를 getpid()를 통해 얻을 수 있다. 부모의 프로세스 ID는 getppid()가 리턴한다.

새 프로세스가 생성되지 못했을 경우 fork()는 -1을 리턴한다. 실패의 원인으로는 (실제) 사용자 ID에 허용된 프로세스 수를 정한 자원 한도(RLIMIT_NPROC, 31.3절에서 설명)에 도달했거나, 시스템 수준에서 생성할 수 있는 총 프로세스 수에 도달했을 경우가 있다.

다음은 fork()를 호출할 때 쓰이는 관용적 표현이다.

```
pid_t childPid;          /* fork()가 성공한 후에
                            자식의 PID를 저장하기 위해 부모에서 사용됨 */
switch (childPid = fork()) {
case -1:                 /* fork() 실패*/
        /* 에러 처리 */

case 0:                  /* fork() 성공 후 자식 프로세스는 여기에 도달*/
        /* 자식 프로세스의 작업 수행 */

default:                 /* fork() 성공 후 부모 프로세스는 여기에 도달 */
        /* 부모 프로세스의 작업 수행 */
}
```

fork() 이후에 두 프로세스 중 누가 먼저 CPU를 사용하도록 스케줄링될지는 정해지지 않았다는 점을 이해하는 것이 중요하다. 제대로 작성되지 않은 프로그램에서는 이런 비결정성이 경쟁 상태라는 에러를 일으킬 수 있는데, 이 문제는 24.4절에서 다룬다.

리스트 24-1은 fork()의 사용 예다. 이 프로그램은 fork() 동안 상속받은 전역 및 자동 변수의 복제본을 수정하는 자식 프로세스를 생성한다.

이 프로그램(부모가 실행하는 코드)에서는 sleep()을 사용함으로써 자식이 부모보다 먼저 CPU에 스케줄링되게 하여, 부모가 재개하기 전에 자식이 작업을 완료하고 종료하게 해준다. sleep()을 이런 식으로 사용하는 것이 결과를 보장하는 완벽한 방법은 아닌데, 24.5절에서 더 자세히 알아보겠다.

리스트 24-1의 프로그램을 실행하면, 다음 결과를 얻을 수 있다.

```
$ ./t_fork
PID=28557 (child)  idata=333 istack=666
PID=28556 (parent) idata=111 istack=222
```

이 결과는 fork() 동안 자식 프로세스가 자신의 스택과 데이터 세그먼트를 갖게 됐음을 보여주며, 부모에 영향을 주지 않고 이 세그먼트 내의 변수를 변경할 수 있음을 보여준다.

**리스트 24-1** fork()의 사용 예

procexec/t_fork.c

```
#include "tlpi_hdr.h"

static int idata = 111;              /* 데이터 세그먼트에 할당 */

int
main(int argc, char *argv[])
{
    int istack = 222;                /* 스택 세그먼트에 할당 */
    pid_t childPid;

    switch (childPid = fork()) {
    case -1:
        errExit("fork");

    case 0:
        idata *= 3;
        istack *= 3;
        break;

    default:
        sleep(3);                    /* 자식 프로세스가 수행될 기회를 준다. */
        break;
    }

    /* 부모와 자식 프로세스 모두 여기에 도달 */

    printf("PID=%ld %s idata=%d istack=%d\n", (long) getpid(),
            (childPid == 0) ? "(child) " : "(parent)", idata, istack);

    exit(EXIT_SUCCESS);
}
```

## 24.2.1 부모와 자식 프로세스 간의 파일 공유

fork()가 실행되면, 자식은 부모의 파일 디스크립터 모두에 대해 복제본을 받는다. 이 복제본은 dup()를 통해 만들어지는데, 즉 부모와 자식 프로세스에서 서로 일치하는 디스크립터는 동일한 열린 파일 디스크립터를 가리키게 된다. 5.4절에서 봤듯이, 열린 파일 디스크립터는 (read(), write(), lseek()에 의해 변경되는) 현재 파일 오프셋과 (open()으로 설정되고 fcntl()의 F_SETFL 오퍼레이션으로 변경되는) 열린 파일 플래그로 구성된다. 따라서 열린 파일의 속성은 부모와 자식 간에 공유된다. 예를 들어, 자식이 파일 오프셋을 변경하면 이 변경은 대응하는 디스크립터를 통해 부모에게도 보인다.

리스트 24-2의 프로그램은 fork() 이후에 속성이 부모와 자식 간에 공유됨을 보여준다. 이 프로그램은 mkstemp()를 통해 임시 파일을 열고, fork()를 호출해서 자식 프로세스를 생성한다. 자식은 임시 파일의 파일 오프셋과 열린 파일 상태 플래그를 변경하고 종료한다. 부모는 파일 오프셋과 플래그를 받아서 자식이 변경한 내용을 볼 수 있는지 확인한다. 이 프로그램을 실행하면 다음 결과를 볼 수 있다.

```
$ ./fork_file_sharing
File offset before fork(): 0
O_APPEND flag before fork() is: off
Child has exited
File offset in parent: 1000
O_APPEND flag in parent is: on
```

> 리스트 24-2에서 lseek()의 리턴값을 long long으로 캐스팅한 이유에 대해서는 5.10절을 참조하기 바란다.

**리스트 24-2** 부모와 자식 사이에 파일 오프셋과 열린 파일 상태 플래그 공유하기

procexec/fork_file_sharing.c

```
#include <sys/stat.h>
#include <fcntl.h>
#include <sys/wait.h>
#include "tlpi_hdr.h"

int
main(int argc, char *argv[])
{
    int fd, flags;
    char template[] = "/tmp/testXXXXXX";

    setbuf(stdout, NULL);           /* stdout의 버퍼링을 막는다. */

    fd = mkstemp(template);
    if (fd == -1)
        errExit("mkstemp");

    printf("File offset before fork(): %lld\n",
```

```
            (long long) lseek(fd, 0, SEEK_CUR));

    flags = fcntl(fd, F_GETFL);
    if (flags == -1)
        errExit("fcntl - F_GETFL");
    printf("O_APPEND flag before fork() is: %s\n",
            (flags & O_APPEND) ? "on" : "off");

    switch (fork()) {
    case -1:
        errExit("fork");

    case 0:             /* 자식: 파일 오프셋과 상태 플래그를 변경 */
        if (lseek(fd, 1000, SEEK_SET) == -1)
            errExit("lseek");

        flags = fcntl(fd, F_GETFL);    /* 현재 플래그 읽기 */
        if (flags == -1)
            errExit("fcntl - F_GETFL");
        flags |= O_APPEND;             /* O_APPEND를 설정 */
        if (fcntl(fd, F_SETFL, flags) == -1)
            errExit("fcntl - F_SETFL");
        _exit(EXIT_SUCCESS);

    default:            /* 부모: 자식이 만든 변경을 볼 수 있는지 확인 */
        if (wait(NULL) == -1)
            errExit("wait");           /* 자식의 종료를 기다린다. */
        printf("Child has exited\n");

        printf("File offset in parent: %lld\n",
                (long long) lseek(fd, 0, SEEK_CUR));

        flags = fcntl(fd, F_GETFL);
        if (flags == -1)
            errExit("fcntl - F_GETFL");
        printf("O_APPEND flag in parent is: %s\n",
                (flags & O_APPEND) ? "on" : "off");
        exit(EXIT_SUCCESS);
    }
}
```

부모와 자식 프로세스 간의 열린 파일 속성 공유가 유용한 경우가 많다. 예를 들어, 부모와 자식 모두 한 파일을 쓰고 있을 때, 파일 오프셋의 공유는 두 프로세스가 서로의 결과를 덮어쓰지 않음을 보장해준다. 하지만 이것이 두 프로세스의 결과가 임의로 뒤죽박죽되는 것을 막아주진 않는다. 이것이 바람직하지 않은 경우에는 어떤 형태로든 프로세스 동기화가 필요하다. 예컨대, 부모가 wait() 시스템 호출을 통해 자식이 종료될 때까지 기다릴 수 있다. 셸은 이 방법을 쓰는데, 명령을 수행하는 자식 프로세스가 종료된 이후에만 프롬프트를 보여준다(물론 사용자가 명령 끝에 &를 붙여 백그라운드에서 프로그램이 수행하도록 한 경우가 아닌 경우에 말이다).

이런 형태의 파일 디스크립터를 공유할 필요가 없는 경우라면, 응용 프로그램은 fork() 이후에 부모와 자식이 각기 다른 파일 디스크립터를 사용하도록 설계돼야 한다. 이는 각 프로세스가 fork() 즉시, 자신이 사용하지 않는 디스크립터(즉 다른 프로세스가 사용하는 디스크립터)를 닫음으로써 구현할 수 있다(프로세스 중의 하나가 exec()를 수행한다면, 27.4절에서 설명하는 실행 시 닫기 플래그가 유용하다). 그림 24-2는 이 과정을 보여준다.

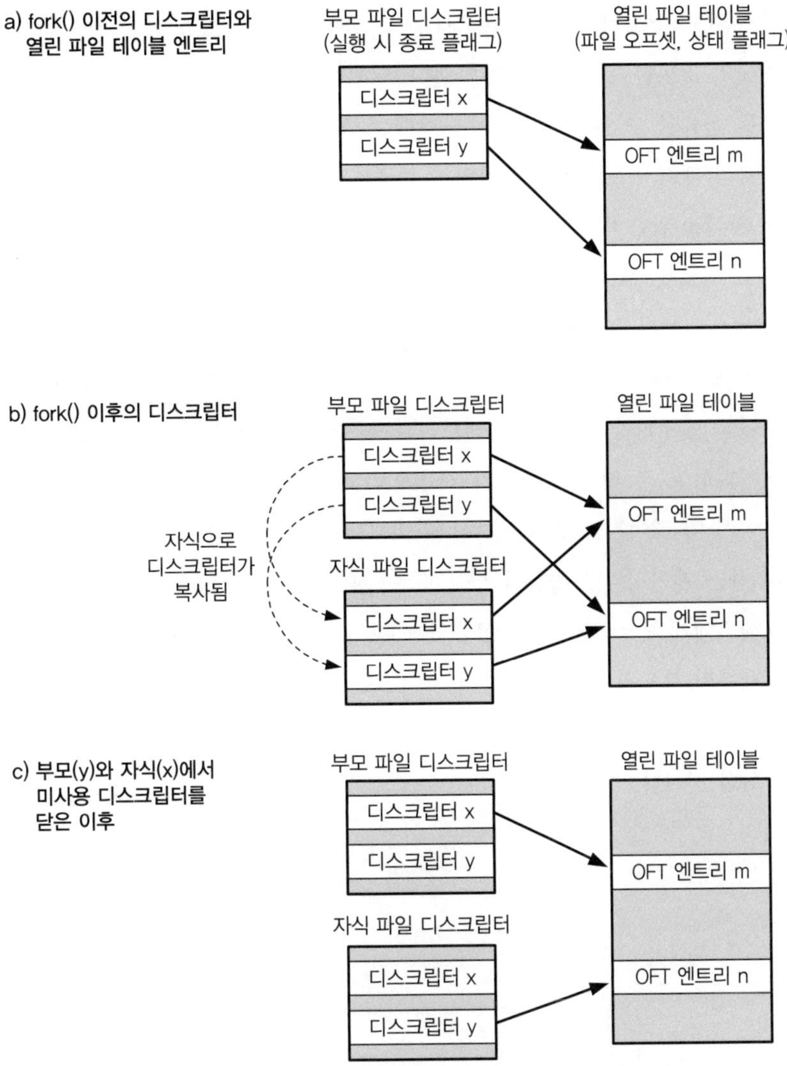


**그림 24-2** fork() 동안 파일 디스크립터의 복제와 사용하지 않는 디스크립터 닫기

### 24.2.2 fork()의 메모리 시맨틱

개념적으로는 fork()가 부모의 텍스트, 데이터, 힙, 스택 세그먼트의 복제본을 생성한다고 볼 수 있다(초기 유닉스 구현에서는 이런 복제가 진짜로 행해졌다. 새 프로세스 이미지는 부모의 메모리를 스왑 공간에 복사한 후, 이 복사된 이미지를 자식 프로세스가 사용했고 부모는 자신의 메모리를 계속 사용했다). 하지만 부모의 가상 메모리 페이지를 새 자식 프로세스로 복사하는 간단한 작업이 실제로는 여러 가지 이유로 비효율적이었다. 그중 하나는 fork() 뒤에 곧바로 exec()가 오는 경우가 많은데, exec()는 프로세스의 텍스트를 새 프로그램으로 바꾸고 프로세스의 데이터, 힙, 스택 세그먼트를 초기화하기 때문이다. 리눅스를 포함한 대부분의 최근 유닉스 구현에서는 이런 낭비되는 복사 대신에 다음 두 가지 방법을 사용한다.

- 커널은 각 프로세스의 텍스트 세그먼트를 읽기 전용으로 설정해서, 프로세스가 자신의 코드를 변경할 수 없게 한다. 이로써, 부모와 자식은 같은 텍스트 세그먼트를 공유할 수 있다. fork() 시스템 호출은 부모가 이미 사용하고 있는 물리적 메모리 페이지 프레임을 가리키는 프로세스별 페이지 테이블 엔트리를 만듦으로써 자식을 위한 텍스트 세그먼트를 생성한다.
- 부모 프로세스의 데이터, 힙, 스택 세그먼트에 있는 페이지에 대해 커널은 기록 시 복사copy-on-write로 알려진 기법을 사용한다('기록 시 복사' 구현에 대해서는 [Bach, 1986]과 [Bovet & Cesati, 2005]에 설명되어 있다). 커널은 각 세그먼트에 대한 페이지 테이블 엔트리가 부모의 각 엔트리와 동일한 물리적 메모리 공간을 가리키도록 초기화하고 각 페이지는 읽기 전용으로 설정된다. fork() 후에 커널은 부모나 자식이 이 페이지들 중 어느 하나라도 수정하려고 하면 이를 가로채고 수정되려고 하는 페이지의 복사본을 만든다. 이 새 페이지 복사본은 수정하려고 했던 프로세스에게 할당되고 이에 상응하는 자식의 페이지 항목이 적절하게 수정된다. 이때부터 부모와 자식은 각자의 페이지를 갖게 되고 어느 한 프로세스의 수정이 다른 프로세스에 영향을 미치지 않게 된다. 그림 24-3은 기록 시 복사 기법을 도식화한 것이다.

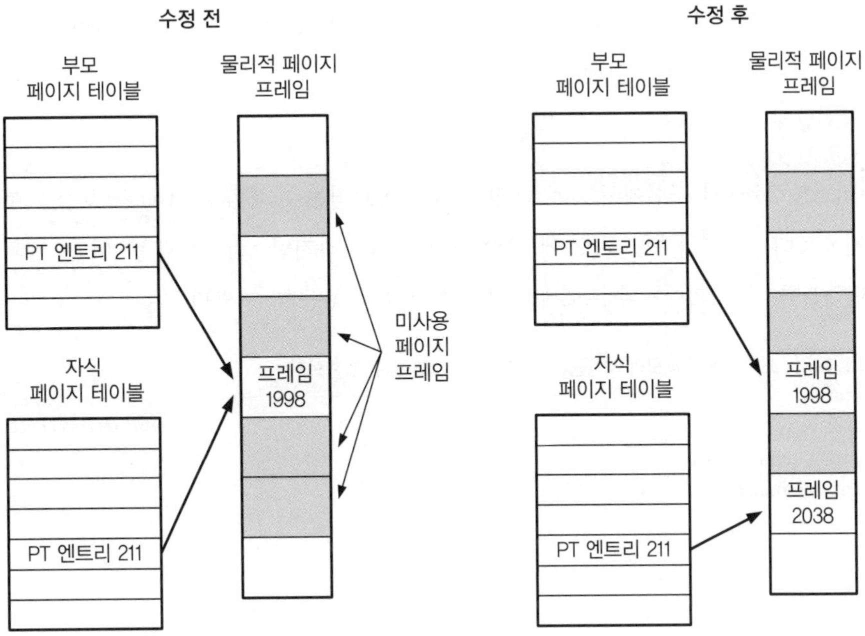


**그림 24-3** 공유된 '기록 시 복사' 페이지의 수정 전/후 페이지 테이블 모습

## 프로세스의 메모리 사용공간 제어

프로세스의 메모리 사용공간footprint을 제어하기 위해 fork()와 wait()를 함께 사용할 수 있다. 프로세스의 메모리 사용공간은 프로세스가 사용한 가상 메모리 페이지의 범위를 말하는데, 이는 함수의 사용에 따른 스택의 변화, exec()의 호출 및 여기서 다루고자 하는 malloc()과 free()의 결과로 인한 힙의 변경 같은 요소에 영향을 받는다.

리스트 24-3에서처럼 어떤 함수 func()로의 호출을 fork()와 wait()로 둘러싼다고 생각해보자. 이 코드를 실행하면, 부모의 메모리 사용공간은 func()를 호출하기 이전으로부터 바뀌지 않는데, 모든 변화가 자식 프로세스에서 발생하기 때문이다. 이는 다음과 같은 이유로 유용할 수 있다.

- func()가 메모리 누수memory leak를 일으키거나 힙에 심한 단편화fragmentation을 유발한다는 사실을 알고 있다면, 이 방법을 사용해 이런 문제를 막을 수 있다(func()의 소스 코드가 없는 경우에는 이 방법 외에는 문제를 해결할 방법이 없을 수도 있다).
- 트리 구조를 분석하면서 동시에 메모리를 할당하는 알고리즘의 경우를 생각해보자(예컨대, 다음번에 움직일 수와 그 대응 범위를 계산하는 게임 프로그램을 생각해보자). 이 프로그램에서 할당된 모든 메모리를 해제하기 위해 free()를 호출할 수 있다. 하지만

많은 경우에 이전 상태로 되돌리기 위해 앞에서 설명한 방법을 사용하면 좀 더 단순해진다. 호출한 상태(부모)는 원래의 메모리 사용공간이 변경되지 않은 상태로 남게 된다.

리스트 24-3의 구현에서 func()의 결과는 종료되는 자식이 wait()를 호출한 부모에게 exit()로 넘겨주는 8비트에 표현돼야만 한다. 하지만 func()가 좀 더 큰 결과를 리턴하도록 파일, 파이프와 프로세스 간 통신 기법을 사용할 수 있다.

**리스트 24-3** 프로세스의 메모리 사용공간을 변경하지 않고 함수 호출하기

procexec/footprint.c

```
pid_t childPid;
int status;

childPid = fork();
if (childPid == -1)
    errExit("fork");

if (childPid == 0)              /* 자식은 func()를 호출하고 */
    exit(func(arg));            /* 이 리턴값을 exit의 상태값으로 사용한다. */

/* 부모는 자식이 종료되기를 기다린다. status의 값을 통해 func()의 결과를 알아낼 수 있다. */

if (wait(&status) == -1)
    errExit("wait");
```

## 24.3 vfork() 시스템 호출

초기 BSD 구현도 fork()를 부모의 데이터, 힙, 스택을 문자 그대로 복사하는 방식으로 작성했었다. 앞에서 설명했듯이 이 방식은 낭비가 심한데, fork() 뒤에 exec()가 바로 오는 경우 특히 더하다. 이런 이유로 최근의 BSD는 vfork() 시스템 호출을 추가했는데, BSD의 fork()보다 훨씬 효율적이다. 다만 이 시스템 호출의 시맨틱은 다소 다르다(사실 좀 이상하다). '기록 시 복사' 기법을 이용해 fork()를 구현하는 최근의 유닉스 구현은 예전의 fork() 구현보다 효율적이어서 vfork()의 필요성을 많이 없앴지만, (여러 유닉스 구현에서처럼) 리눅스도 가장 빠른 포크를 요구하는 프로그램을 위해 BSD 시맨틱을 따르는 vfork() 시스템 호출을 제공한다. 하지만 vfork()의 특이한 시맨틱이 감지하기 힘든

버그를 초래할 수 있기 때문에 사용을 가급적 피해야 하며, 의미 있는 성능 향상을 기대할 수 있는 드문 경우에만 사용해야 한다.

fork()와 마찬가지로, vfork()는 호출하는 프로세스가 새 자식 프로세스를 생성할 때 사용한다. 하지만 vfork()는 자식이 즉각 exec()를 호출하는 경우에 사용하도록 설계됐다.

```
#include <unistd.h>

pid_t vfork(void);
```

부모: 성공하면 자식 프로세스의 ID를 리턴하고, 에러가 발생하면 -1을 리턴한다.
성공적으로 생성된 자식: 항상 0을 리턴한다.

다음과 같은 특징 때문에 vfork() 시스템 호출은 fork()와 구별되며, 좀 더 효과적으로 실행된다.

- 자식 프로세스로의 가상 메모리 페이지나 페이지 테이블의 복사가 없다. 대신에 자식은 성공적으로 exec()를 수행하거나 _exit()를 호출해 종료할 때까지 부모의 메모리를 공유한다.
- 부모 프로세스의 실행이 자식이 exec()나 _exit()를 실행할 때까지 중단된다.

여기엔 주목할 점이 몇 가지 있다. 자식 프로세스가 부모의 메모리를 사용하기 때문에, 자식이 데이터, 힙, 스택 세그먼트에 행하는 모든 변경이 부모가 실행을 재개했을 때 반영된다. 더 나아가 자식이 vfork()와 이후의 exec() 혹은 _exit() 사이에 함수 리턴을 해버리면, 이 역시 부모에 영향을 준다. 이는 6.8절에서 살펴본, 이미 리턴된 함수로의 longjump()를 실행하는 예와 유사하다. 비슷한 유형의 혼란(대체로 세그먼테이션 폴트(SIGSEGV))이 뒤따르게 된다.

vfork()와 exec() 사이에 부모에게 영향을 주지 않고 자식 프로세스가 행할 수 있는 일에는 몇 가지가 있다. 그중 하나는 열린 파일 디스크립터(stdio 파일 스트림은 안 된다)에 대한 작업이다. 각 프로세스의 파일 디스크립터 테이블은 커널 공간(5.4절)에서 관리되고 vfork() 동안에 복사되기 때문에, 자식 프로세스는 부모에게 영향을 주지 않고 파일 디스크립터 작업을 할 수 있다.

SUSv3에 따르면, 다음의 경우 프로그램의 동작은 정해져 있지 않다. 프로그램이 (a) vfork()의 리턴값을 저장하는 데 쓰이는 pid_t 형 변수 외의 데이터를 변경한 경우, (b) vfork()를 호출한 함수로부터 리턴하는 경우, (c) 성공적으로 _exit()를 호출하거나 exec()를 실행하기 전에 다른 함수를 호출한 경우.

28.2절에서 clone() 시스템 호출을 다룰 때, fork()나 vfork()를 사용해 생성된 자식은 자신만의 프로세스 특성을 갖게 됨을 살펴볼 것이다.

vfork() 시맨틱은, 호출 이후에 자식이 부모보다 먼저 CPU를 사용하도록 스케줄링됨을 보장한다. 24.2절에서 살펴봤듯이, fork()는 부모나 자식 어느 누가 먼저 스케줄링될지를 보장하지 않는다.

리스트 24-4는 vfork()의 사용 예다. 이는 vfork()가 fork()와 다른 두 가지 특징을 모두 보여준다. 자식이 부모의 메모리를 공유하고, 부모는 자식이 종료하거나 exec()를 호출할 때까지 멈춘다. 이 프로그램을 실행하면, 다음 결과를 볼 수 있다.

```
$ ./t_vfork
Child executing          자식이 잠들어도 부모는 스케줄링되지 않는다.
Parent executing
istack=666
```

실행 결과의 마지막 줄은 자식이 행한 istack 변수의 변경이 부모의 변수에 반영됐음을 보여준다.

**리스트 24-4** vfork()의 사용 예

procexec/t_vfork.c

```
#include "tlpi_hdr.h"

int
main(int argc, char *argv[])
{
    int istack = 222;

    switch (vfork()) {
    case -1:
        errExit("vfork");

    case 0:                     /* 자식이 부모의 메모리 공간에서 먼저 실행된다. */
        sleep(3);               /* 잠들지라도 부모는 스케줄링되지 않는다. */
        write(STDOUT_FILENO, "Child executing\n", 16);
        istack *= 3;            /* 이 변경은 부모도 보게 된다. */
        _exit(EXIT_SUCCESS);
```

```
    default:          /* 자식이 종료될 때까지 부모는 멈춘다. */
        write(STDOUT_FILENO, "Parent executing\n", 17);
        printf("istack=%d\n", istack);
        exit(EXIT_SUCCESS);
    }
}
```

속도가 절대적으로 중요한 경우가 아니라면, 새로이 프로그램을 작성할 때는 vfork()의 사용을 피하고 fork()를 써야 한다. 이는 fork()가 (거의 대부분의 최근 유닉스 구현에서처럼) '기록 시 복사' 시맨틱으로 작성되면 vfork()의 성능과 비슷해지며, 앞에서 살펴본 vfork()의 별난 작동 방식을 피할 수 있기 때문이다(28.3절에서 fork()와 vfork()의 성능 비교를 다룬다).

SUSv3는 vfork()를 폐기했고, SUSv4는 더 나아가 vfork()의 규격을 삭제했다. SUSv3는 vfork()의 오퍼레이션을 자세하게 설명하지 않아서, fork()를 호출하는 방식으로 구현되는 길을 열어놓았다. 이런 식으로 구현되면, BSD의 vfork() 시맨틱은 더 이상 유지되지 않는다. 몇몇 유닉스 구현에서는 vfork()를 fork() 호출로 구현하고 있고 리눅스도 커널 2.0 이전 버전에서는 그렇게 했다.

vfork()가 사용되면, 곧바로 exec()를 호출해야 한다. exec()가 실패하면, 자식 프로세스는 _exit()를 이용해 종료해야 한다(vfork()의 자식은 exit()로 종료해선 안 된다. 이는 부모의 stdio 버퍼를 내보내거나 닫게 하기 때문이다. 이 점에 관해서는 25.4절에서 다룬다).

vfork()를 다르게 사용하는 경우에는(즉 메모리를 공유하거나 프로세스 스케줄링에 관한 특이한 시맨틱에 의존하는 경우) 프로그램을 이식하기 힘들어질 것이다. 특히 vfork()가 단순히 fork()를 호출하도록 구현된 시스템에서는 더욱 그러하다.

## 24.4 fork() 후의 경쟁 상태

fork() 이후 어떤 프로세스(부모 혹은 자식)가 다음에 CPU에 접근하게 될지는 정해져 있지 않다(멀티프로세서 시스템에서는 둘 다 동시에 CPU에 접근할 것이다). 정확한 결과를 얻기 위해 명시적이든 아니든 특정 실행 순서에 의존하는 응용 프로그램은 5.1절에서 살펴본 경쟁 상태 때문에 실패할 가능성이 있다. 이런 유형의 버그는 시스템 부하에 따라서 커널이 내리는 스케줄링 결정에 의해 생기기 때문에 찾기 힘들다.

리스트 24-5는 이런 비결정성을 보여주는 프로그램이다. 이 프로그램은 여러 자식을 생성하기 위해 fork() 호출을 반복한다. 각 fork() 후에, 부모와 자식은 반복값loop value과 자신이 부모인지 자식인지를 나타내는 문자열을 포함한 메시지를 출력한다. 예를 들어, 하나의 자식을 생성하도록 프로그램에 지시하면 다음 결과를 얻게 된다.

```
$ ./fork_whos_on_first 1
0 parent
0 child
```

이 프로그램을 이용해 많은 수의 자식을 생성하고, 결과를 분석해서 부모와 자식 중 누가 먼저 메시지를 출력했는지 분석할 수 있다. 리눅스/x86-32 2.2.19 시스템에서 백만 개의 자식 프로세스를 생성하도록 이 프로그램을 이용한 결과를 분석하면 332개의 경우를 제외한 모든 경우에 부모가 먼저 메시지를 출력하고 있음을 알 수 있다(즉 99.97%의 경우가 된다).

> 리스트 24-5의 프로그램을 실행한 결과는 이 책의 소스 코드 배포판에 있는 스크립트 procexec/fork_whos_on_first.count.awk를 사용해 분석됐다.

이 결과로부터, 리눅스 2.2.19는 `fork()` 이후에 부모 프로세스가 계속해서 실행된다고 추측할 수 있다. 가끔 자식이 먼저 출력하는 이유는 0.03%의 경우 부모가 미처 출력하기 전에 부모의 CPU 할당 시간이 끝났기 때문이다. 즉 이 예제가 `fork()` 이후 부모가 항상 먼저 스케줄링된다고 믿고 작성된 프로그램이라고 생각하면, 대개는 문제없이 수행될 것이다. 다만 3000번 중 한 번은 틀린 결과가 나올 것이다. 물론 자식이 스케줄링되기 전에 부모가 수행해야 할 일이 많은 응용 프로그램의 경우엔 잘못될 경우가 더 많을 것이다. 복잡한 프로그램에서 이런 에러를 수정하려면 매우 어려울 수 있다.

**리스트 24-5** fork() 이후에 메시지를 쓰려고 경쟁하는 부모와 자식

procexec/fork_whos_on_first.c

```
#include <sys/wait.h>
#include "tlpi_hdr.h"

int
main(int argc, char *argv[])
{
    int numChildren, j;
    pid_t childPid;

    if (argc > 1 && strcmp(argv[1], "--help") == 0)
        usageErr("%s [num-children]\n", argv[0]);
```

```
    numChildren = (argc > 1) ? getInt(argv[1], GN_GT_0, "num-children") : 1;

    setbuf(stdout, NULL);              /* stdout이 버퍼링되지 않게 한다. */

    for (j = 0; j < numChildren; j++) {
        switch (childPid = fork()) {
        case -1:
            errExit("fork");

        case 0:
            printf("%d child\n", j);
            _exit(EXIT_SUCCESS);

        default:
            printf("%d parent\n", j);
            wait(NULL);                /* 자식이 종료하기를 기다린다. */
            break;
        }
    }

    exit(EXIT_SUCCESS);
}
```

리눅스 2.2.19에서는 fork() 이후에 부모의 실행이 계속될지라도, 여타 유닉스 구현, 심지어 다른 버전의 리눅스 커널에서도 이럴 것이라고 가정해선 안 된다. 2.4 안정 버전의 커널에서 'fork() 이후 자식 먼저' 패치를 적용한 실험이 있었는데, 이는 2.2.19의 결과를 완전히 뒤집는다. 이 변경이 나중에 2.4 커널 시리즈로부터 제거되긴 했지만, 리눅스 2.6에 적용됐다. 따라서 2.2.19의 작동 방식을 가정한 프로그램은 2.6 커널에서 동작하지 않을 것이다.

최근의 실험 결과는 fork() 이후에 자식을 먼저 실행하는 게 나은지 부모를 먼저 실행하는 게 더 나은지에 대한 커널 개발자의 평가를 뒤집었다. 2.6.32 이후로는 다시 부모가 fork() 이후 먼저 실행하는 것이 기본값이 됐다. 이 기본값은 리눅스의 경우 /proc/sys/kernel/sched_child_runs_first 파일에 0이 아닌 값을 할당함으로써 바뀔 수 있다.

'fork() 후 자식 먼저' 방식에서 주장했던 바를 살펴보기 위해, '기록 시 복사' 방식의 경우 fork()로 생성된 자식이 바로 exec()한 경우를 생각해보자. 이 경우, 부모가 fork() 후에 계속해서 데이터와 스택 페이지를 수정하면 커널은 수정될 페이지를 자식을 위해 복사하게 된다. 자식은 스케줄링되자마자 곧바로 exec()를 실행하기 때문에, 이 복사는 낭비가 된다. 이 주장에 따르면, 자식을 먼저 스케줄링해서 부모가 다음에 스케줄링되게 하면 페이지 복사는 필요 없기 때문에 더 낫다는 것이다. 리스트 24-5의 프로그램을 이용해 커널 2.6.30을 돌리는 바쁜 리눅스/x86-32 시스템상에서 얻은 결과는 99.98%의 경우 자식이 먼저 메시지를 출력한다(정확한 수치는 시스템 부하 등의 요소에 영향을 받는다). 여타 유닉스 구현에서 이 프로그램을 실행하면 fork() 이후 누가 먼저 실행하느냐에 따라 상이한 결과를 보여준다.

리눅스 2.6.32에서 다시 'fork() 이후 부모 먼저' 방식으로 되돌아간 건, fork() 이후 부모의 상태가 이미 CPU에 활성화되어 있고 메모리 관리 정보는 하드웨어 메모리 관리 부분의 변환 참조 버퍼(TLB)에 캐싱되어 있다는 사실에 기초한다. 따라서 부모를 먼저 실행하는 것이 성능상 더 좋은 결과를 낳는다. 이는 두 방식을 놓고 커널을 빌드하는 데 걸린 시간을 비교함으로써 비공식적으로 확인됐다.

결론적으로, 두 방식 간의 성능 차이는 작으며 대부분의 응용 프로그램에는 영향을 미치지 않는다는 점은 언급할 만하다.

앞의 설명으로부터 fork() 이후에 부모와 자식 간의 특정 실행 순서를 가정할 수 없다는 사실이 명확해졌다. 특정 순서를 보장해야 한다면, 동기화 기법을 사용해야 한다. 다음 장에서 세마포어, 파일 잠금, 파이프를 통한 프로세스 간의 메시지 보내기 같은 동기화 기법을 설명할 것이다. 이 외에도, (다음에 다룰) 시그널을 사용하는 방법이 하나 더 있다.

## 24.5 시그널 동기를 통한 경쟁 상태 회피

fork() 이후 한 프로세스가 다른 프로세스가 작업을 마칠 때까지 기다려야 한다면, 실행 중인 프로세스는 작업을 마친 후에 시그널을 보낼 수 있다. 다른 프로세스는 이 시그널을 기다리게 된다.

리스트 24-6은 이런 기법을 보여준다. 이 프로그램은 자식이 작업을 끝낼 때까지 부모가 기다려야 한다고 가정하고 있다. 부모와 자식 간의 시그널 관련 호출은 자식이 부모를 기다려야 하는 경우 맞바꿀 수 있다. 부모와 자식 모두 서로 간의 작업을 제어하고자 상대방에게 여러 번 시그널을 보낼 수도 있다. 하지만 실제에서 이런 방식의 제어는 세마포어나 파일 잠금, 메시지 전달을 통하는 경우가 일반적이다.

> [Stevens & Rago, 2005]에서는 이런 동기화 작업(시그널 블록, 시그널 전송, 시그널 잡기)을 프로세스 동기화를 위한 표준 함수로 캡슐화(encapsulate)할 것을 제안한다. 이런 캡슐화의 장점은 원할 경우 시그널을 다른 IPC 메커니즘으로 바꿀 수 있다는 점이다.

리스트 24-6에서 fork()를 호출하기 전에 동기화 시그널(SIGUSR1)을 블록한다는 점을 주목하자. fork() 이후에 부모가 시그널을 블록하려고 하면, 우리가 피하고자 하는 바로 그 경쟁 상태에 취약해진다(이 프로그램에서 자식의 시그널 마스크 상태는 상관이 없다. 필요하다면 fork() 이후에 자식에서 SIGUSR1을 블록할 수 있다).

다음 셸 세션 기록은 이 프로그램을 실행했을 때 어떤 결과가 나오는지를 보여준다.

```
$ ./fork_sig_sync
[17:59:02 5173] Child started - doing some work
[17:59:02 5172] Parent about to wait for signal
[17:59:04 5173] Child about to signal parent
[17:59:04 5172] Parent got signal
```

**리스트 24-6** 시그널을 이용한 프로세스 작업의 동기화

procexec/fork_sig_sync.c

```
#include <signal.h>
#include "curr_time.h"                  /* currTime() 선언 */
#include "tlpi_hdr.h"

#define SYNC_SIG SIGUSR1                /* 동기 시그널 */

static void                             /* 시그널 핸들러(바로 리턴) */
handler(int sig)
{
}

int
main(int argc, char *argv[])
{
    pid_t childPid;
    sigset_t blockMask, origMask, emptyMask;
    struct sigaction sa;

    setbuf(stdout, NULL);               /* stdout의 버퍼 방지 */

    sigemptyset(&blockMask);
    sigaddset(&blockMask, SYNC_SIG);    /* 시그널 블록 */
        if (sigprocmask(SIG_BLOCK, &blockMask, &origMask) == -1)
            errExit("sigprocmask");
```

```
sigemptyset(&sa.sa_mask);
sa.sa_flags = SA_RESTART;
sa.sa_handler = handler;
if (sigaction(SYNC_SIG, &sa, NULL) == -1)
    errExit("sigaction");

switch (childPid = fork()) {
case -1:
    errExit("fork");

case 0: /* 자식 */

    /* 자식 프로세스가 작업을 한다... */

    printf("[%s %ld] Child started - doing some work\n",
            currTime("%T"), (long) getpid());
    sleep(2);           /* 작업에 걸린 시간을 시뮬레이션 */

    /* 부모에게 시그널을 보내 작업이 끝났음을 알린다. */

    printf("[%s %ld] Child about to signal parent\n",
            currTime("%T"), (long) getpid());
    if (kill(getppid(), SYNC_SIG) == -1)
        errExit("kill");

    /* 자식이 작업을 더 할 수 있다... */

    _exit(EXIT_SUCCESS);

default: /* 부모 */

    /* 부모 프로세스는 필요한 작업 후에, 자식이 작업을 끝낼 때까지 기다린다. */

    printf("[%s %ld] Parent about to wait for signal\n",
            currTime("%T"), (long) getpid());
    sigemptyset(&emptyMask);
    if (sigsuspend(&emptyMask) == -1 && errno != EINTR)
        errExit("sigsuspend");
    printf("[%s %ld] Parent got signal\n", currTime("%T"),
            (long) getpid());

    /* 필요하면, 시그널 마스크를 원래대로 되돌린다. */

    if (sigprocmask(SIG_SETMASK, &origMask, NULL) == -1)
        errExit("sigprocmask");

    /* 부모는 작업을 더 할 수 있다... */
```

```
        exit(EXIT_SUCCESS);
    }
}
```

## 24.6 정리

fork() 시스템 호출은 호출하는 프로세스(부모)와 거의 동일한 복사본을 만듦으로써 새 프로세스(자식)를 생성한다. vfork() 시스템 호출은 fork()를 좀 더 성능이 좋게 만든 것이지만, 그 특이한 시맨틱 때문에 사용하지 않는 것이 최상이다. vfork()에서는 자식이 exec()를 호출하거나 종료될 때까지 부모의 메모리를 사용하며, 그동안 부모 프로세스는 중단된다.

fork() 호출 이후, 부모와 자식 중 누가 다음에 CPU를 사용하도록 스케줄링될지의 실행 순서에 의존해서는 안 된다. 실행 순서를 가정해서 작성된 프로그램은 경쟁 상태로 알려진 에러를 범하기 쉽다. 이런 유형의 에러는 시스템 부하 같은 외부 요인에 영향을 받기 때문에, 발견하기도 어렵고 고치기도 힘들다.

### 더 읽을거리

[Bach, 1986]과 [Goodheart & Cox, 1994]는 유닉스의 fork(), execve(), wait(), exit() 구현을 자세히 설명한다. [Bovet & Cesati, 2005]와 [Love, 2010]은 리눅스의 프로세스 생성과 종료를 자세히 설명하고 있다.

## 24.7 연습문제

24-1. 프로그램이 다음과 같이 연속적인 fork()를 호출할 경우, 몇 개의 새로운 프로세스가 생성되는가? (어느 호출도 실패하지 않았다고 가정하자.)

```
fork();
fork();
fork();
```

24-2. vfork() 이후에 자식 프로세스가 부모의 파일 디스크립터에 영향을 끼치지 않고 파일 디스크립터(예: 디스크립터 0)를 닫을 수 있음을 보여주는 프로그램을 작성하라.

24-3. 프로그램 소스 코드를 변경할 수 있다는 가정에서, 어떻게 하면 주어진 프로그램의 특정 지점에서 프로세스는 계속 실행하게 하면서, 프로세스의 코어 덤프를 얻을 수 있는가?

24-4. 리스트 24-5(fork_whos_on_first.c)의 프로그램을 이용해, 여타 유닉스 구현에서는 `fork()` 이후 부모와 자식 프로세스의 스케줄링이 어떻게 구현됐는지 실험하라.

24-5. 리스트 24-6에서 자식 프로세스 역시 부모가 작업을 끝낼 때까지 기다려야 한다고 생각해보자. 이를 구현하려면 프로그램을 어떻게 수정해야 하는가?

# 25

# 프로세스 종료

25장에서는 프로세스 종료 시 어떤 일이 생기는지를 설명한다. 먼저 exit()와 _exit()를 사용해 프로세스를 종료하는 방법을 알아본 다음, 프로세스가 exit()를 호출했을 때 자동으로 뒤처리 작업을 하는 종료 핸들러의 사용법을 알아본다. fork(), stdio 버퍼, exit()를 함께 사용할 때 고려해야 할 사항도 함께 살펴본다.

## 25.1 프로세스 종료하기: _exit()와 exit()

프로세스 종료에는 일반적으로 두 가지 방법이 사용된다. 그중 하나가 20.1절에서 살펴본, 프로세스를 종료하라(코어 덤프를 동반할 수도 있다)는 시그널에 의해 발생하는 비정상 종료다. 나머지 하나는 _exit() 시스템 호출을 통해 프로세스를 정상적으로 종료하는 방법이다.

```
#include <unistd.h>

void _exit(int status);
```

_exit()의 status 인자는 프로세스의 종료 상태를 설정하는데, 부모 프로세스는 wait() 호출을 통해 이 값을 얻을 수 있다. 정수형으로 선언되어 있지만, 실제로는 오직 하위 8비트만이 부모 프로세스에게 전달된다. 통상적으로, 종료 상태가 0이면 프로세스가 성공적으로 수행됐음을 뜻하고, 0 외의 값은 수행이 성공적이지 못함을 뜻한다. 하지만 0 외의 값을 어떻게 해석해야 하는지 정해진 규칙은 없다. 응용 프로그램에 따라 각자의 관례가 있는데 이는 해당 문서에 설명되어 있어야 한다. SUSv3는 두 상수 EXIT_SUCCESS(0)과 EXIT_FAILURE(1)을 정의하고 있는데, 이 책에서도 사용한다.

프로세스는 _exit()를 통해 항상 성공적으로 종료된다. 즉 _exit() 호출은 리턴되지 않는다.

> 0부터 255 사이의 어떤 값도 _exit()의 status 인자를 통해 부모 프로세스로 넘길 수 있지만, 128보다 큰 값은 셸 스크립트에서 혼동을 일으킬 수 있다. 작업이 시그널에 의해 종료됐을 때, 셸은 시그널 값에 128을 더해서 변수 $?에 저장하므로, _exit()가 넘긴 동일한 status 값과 구분할 수 없기 때문이다.

일반적으로 프로그램에서는 _exit()를 직접 호출하지 않고 exit() 라이브러리 함수를 호출하는데, 이 라이브러리는 _exit()를 호출하기 전에 여러 작업을 수행한다.

```
#include <stdlib.h>

void exit(int status);
```

exit()에 의해 수행되는 작업은 다음과 같다.

- 종료 핸들러exit handler(atexit()와 on_exit()로 등록되는 함수)가 등록된 역순으로 호출된다(25.3절).
- stdio 스트림 버퍼가 출력된다.
- _exit() 시스템 호출이 주어진 status 값으로 불린다.

> 유닉스에 국한된 _exit()와 달리, exit()는 C 표준 함수로 정의되어 있어서 모든 C에서 사용 가능하다.

프로세스가 종료되는 또 다른 방법으로 main() 함수로부터의 리턴이 있다. 명시적이든 아니든 main() 함수의 끝까지 가게 되는 경우다. 명시적으로 return n을 실행하는 것은 대개 exit(n)을 호출하는 것과 동일시된다. main()을 호출하는 런타임 함수가 main()의 리턴값을 사용해서 exit()를 호출하기 때문이다.

> exit()를 호출하는 것이 main()으로부터의 리턴과 다른 경우가 있다. 종료 처리 시 main()의 지역 변수가 변경된다면, main() 함수로부터의 리턴값을 예측할 수 없게 된다. 예를 들어, main()의 지역 변수가 setvbuf()나 setbuf()(13.2절) 호출에 사용되는 경우가 그렇다.

값을 지정하지 않고 리턴하는 경우나 main() 함수 끝에 도달하는 경우 모두 exit()를 호출하게 되는데, 그 결과는 어떤 C 표준을 따르는지와 컴파일 옵션에 따라 다양하다.

- C89 표준에서는 이런 경우가 정의되어 있지 않다. 프로그램은 임의의 status 값을 갖고 종료될 수 있다. 리눅스상의 gcc는 스택이나 특정 CPU 레지스터에 있는 임의의 값을 사용한다. 이런 방식으로 프로그램을 종료하는 것은 피해야 한다.
- C99 표준에서는 프로그램의 끝에 도달해서 종료하는 경우를 exit(0)과 동일시하도록 정의하고 있다. 이를 위해서는 리눅스상에서 gcc -std=c99를 이용해 프로그램을 컴파일하면 된다.

## 25.2 프로세스 종료 자세히 들여다보기

정상 종료이든 비정상 종료이든 다음의 과정을 거친다.

- 열린 파일 디스크립터, 디렉토리 스트림(18.8절), 메시지 카탈로그 디스크립터(catopen(3)과 catgets(3) 매뉴얼 페이지 참조)와 변환 디스크립터(iconv_open(3) 매뉴얼 페이지 참조)를 닫는다.
- 파일 디스크립터를 닫기 때문에, 해당 프로세스가 갖고 있는 모든 잠금lock(Vol. 2의 18장)이 해제된다.
- 연결됐던 시스템 V의 공유 메모리 세그먼트가 풀리고, 각 세그먼트에 해당하는 shm_nattch 카운터 값이 하나 줄어든다(Vol. 2의 11.8절 참조).

- 각 시스템 V 세마포어에서, 프로세스에 의해 설정된 semadj 값이 세마포어 값에 추가된다(Vol. 2의 10.8절 참조).
- 종료되는 프로세스가 터미널을 제어하고 있다면, SIGHUP 시그널이 현 프로세스의 포그라운드 프로세스 그룹에 있는 각 프로세스로 보내지고 터미널은 해당 세션과 분리된다. 29.6절에서 다시 살펴보겠다.
- 이미 sem_close()가 호출됐어도 프로세스 내에 열려 있는 POSIX 이름 있는 세마포어가 닫힌다.
- 이미 mq_close()가 호출됐어도 프로세스 내에 열려 있는 POSIX 메시지 큐가 닫힌다.
- 해당 프로세스가 종료됐기 때문에, 프로세스 그룹이 고아가 되고 이 그룹 안에 멈춘 프로세스가 생기면, 해당 그룹의 모든 프로세스에게 SIGHUP 시그널과 SIGCONT 시그널이 차례로 전송된다. 이 내용은 29.7.4절에서 살펴보겠다.
- 해당 프로세스가 mlock()이나 mlockall()(Vol. 2의 13.2절)을 사용해 만든 메모리 잠금이 제거된다.
- 해당 프로세스가 mmap()으로 만든 메모리 매핑이 풀린다.

## 25.3 종료 핸들러

응용 프로그램에서 프로세스가 종료될 때 특정 작업을 자동으로 수행하고 싶을 때가 있다. 프로세스가 생성된 후에 사용된 응용 라이브러리가 프로세스의 종료 시 클린업cleanup 작업을 필요로 한다고 생각해보자. 라이브러리는 프로세스가 언제, 어떻게 끝날지 알 수 없고, 더욱이 프로세스가 종료될 때, 라이브러리가 제공하는 특정 클린업 함수가 항상 호출되게 강제할 수 없기 때문에, 클린업을 보장할 수 없다. 이런 경우를 해결하는 방법 중 하나는 **종료 핸들러**exit handler(예전 시스템 V에서는 **프로그램 종료 루틴**program termination routine이라고 불렀다)를 쓰는 것이다.

종료 핸들러는 프로세스가 살아 있는 동안에 등록되어 exit()를 통한 정상 프로세스 종료 과정에 자동으로 호출되는, 프로그래머가 제공한 함수를 말한다. 프로그램이 _exit()를 직접 호출했거나 프로세스가 시그널에 의해 비정상적으로 종료됐을 때는 종료 핸들러가 호출되지 않는다.

어떤 면에서, 프로세스가 시그널에 의해 종료될 때 종료 핸들러가 호출되지 않는 건 단점이라고 하겠다. 우리가 할 수 있는 최선은 프로세스에 전송될 가능성이 있는 시그널에 대비한 핸들러를 만들고, 핸들러에서 플래그를 설정해 주 프로그램이 exit()를 호출하게 하는 것이다 (exit()는 577페이지의 표 21-1에 나와 있는 비동기 시그널 안전 함수가 아니기 때문에, 시그널 핸들러로부터 호출할 수는 없다). 이렇게 해도 SIGKILL은 처리할 수가 없는데, SIGKILL의 기본 동작을 변경할 수 없기 때문이다. 이는 (20.2절에서 살펴봤듯이) 프로세스를 종료하기 위해 SIGKILL을 사용해선 안 되는 또 다른 이유다. 대신에, kill 명령에 의해 전송되는 기본 시그널인 SIGTERM을 써야 한다.

## 종료 핸들러 등록하기

GNU C 라이브러리에서는 종료 핸들러를 등록하는 두 가지 방법이 있다. 첫 번째 방법은 SUSv3에서 정의됐는데, atexit() 함수를 쓰는 것이다.

```
#include <stdlib.h>

int atexit(void (*func)(void));
```

성공하면 0을 리턴하고, 에러가 발생하면 0 외의 값을 리턴한다.

atexit() 함수는 func를 프로세스 종료 시 호출된 함수들의 명단에 추가한다. func는 인자도 리턴값도 없게 선언해야 하는데, 다음과 같은 형태를 띤다.

```
void
func(void)
{
    /* 여기서 필요한 작업을 한다. */
}
```

atexit() 함수는 에러 시에 0 외의 값(-1일 필요는 없다)을 리턴한다.

여러 종료 핸들러를 등록할 수 있다(더욱이 동일한 종료 핸들러를 여러 번 등록할 수도 있다). 프로그램이 exit()를 호출하면, 등록된 함수들이 등록된 역순으로 호출되는데, 먼저 등록된 함수들은 대개 나중에 등록된 함수들이 끝난 후에 처리해야 되는 좀 더 근본적인 형태의 클린업 작업을 하기 때문이다.

본래 종료 핸들러 안에서는 어떤 작업도 수행할 수 있다. 심지어 종료 핸들러를 추가로 등록할 수도 있는데, 이 경우에는 앞으로 호출될 종료 핸들러 명단의 맨 앞에 등록된다. 하지만 종료 핸들러 중 하나가 _exit()를 호출하거나 시그널(예를 들면, raise()를 호출해서)에 의해 종료되어 리턴되지 않을 경우, 남은 종료 핸들러들은 호출되지 않는다. 심지어 exit()에 의하면 정상적으로 처리됐어야 하는 작업(이를테면, stdio 출력)도 수행되지 않는다.

> SUSv3에서는 종료 핸들러가 exit()를 호출한 경우 어떻게 될지 정의하고 있지 않다. 리눅스의 경우에는 남은 종료 핸들러들이 정상적으로 호출된다. 하지만 어떤 시스템에서는 이 때문에 모든 종료 핸들러가 한 번 더 불리게 되고, 이 결과 스택 오버플로가 프로세스를 종료시킬 때까지 무한 반복에 빠진다. 이식성 있는 응용 프로그램에서는 종료 핸들러 안에서 exit()를 호출하지 말아야 한다.

SUSv3에서는 하나의 프로세스가 적어도 32개의 종료 핸들러를 등록할 수 있게 구현할 것을 요구한다. sysconf(_SC_ATEXIT_MAX)를 사용하면, 프로그램은 등록할 수 있는 종료 핸들러의 최대값을 확인할 수 있다(하지만 현재 얼마나 많은 종료 핸들러가 등록됐는지를 알 수 있는 방법은 없다). 등록된 종료 핸들러를 동적으로 할당되는 링크드 리스트로 엮는다면, glibc에서는 거의 무제한의 종료 핸들러를 등록할 수 있다. 리눅스에서 sysconf(_SC_ATEXIT_MAX)는 2,147,483,647(즉 부호 있는 32비트 정수의 최대값)을 리턴한다. 이 말은 등록 가능한 함수의 최대값에 도달하기 전에 뭔가 다른 훼방꾼(메모리가 모자란다는 등)이 나타날 것이란 소리다.

fork()를 통해 생성된 자식 프로세스는 부모의 종료 핸들러 등록 정보의 복사본을 갖게 된다. 프로세스가 exec()를 수행할 때, 모든 종료 핸들러 등록 정보는 지워진다(exec()가 종료 핸들러 코드를 나머지 기존 프로그램 코드와 함께 대치하기 때문에, 이는 필수적으로 그렇다).

> 한번 atexit()로(또는 앞으로 살펴볼 on_exit()로) 등록된 종료 핸들러는 제거할 수 없다. 하지만 종료 핸들러가 실행되기 전에 광역 플래그가 설정됐는지를 확인해서 플래그를 초기화하고 종료 핸들러를 끌 수 있다.

atexit()로 등록된 종료 핸들러에는 몇 가지 단점이 있다. 첫째, 호출됐을 때 종료 핸들러에서는 exit()에 넘겨진 상태 정보를 알지 못한다. 상태 정보를 알면 유용할 때가 종종 있는데, 프로세스가 성공적으로 끝났는지 아니면 실패했는지에 따라 다른 작업을 수행하고 싶은 경우가 그런 예다. 둘째, 종료 핸들러에 인수를 설정할 수 없다. 인수를 설정하는 것이 유용한 경우로는, 인수에 따라 각기 다른 작업을 하거나 같은 함수를 매번 다른 인수를 사용해 등록하고자 할 때 등이 있겠다.

이런 단점을 극복하기 위해, glibc에서는 종료 핸들러를 등록하는 또 다른 (비표준) 방법인 on_exit()를 제공한다.

```
#define _BSD_SOURCE              /* 또는 #define _SVID_SOURCE */
#include <stdlib.h>

int on_exit(void (*func)(int, void *), void *arg);
```

성공하면 0을 리턴하고, 에러가 발생하면 0 외의 값을 리턴한다.

on_exit()의 인수인 func는 다음과 같은 형의 함수를 가리키는 포인터다.

```
void
func(int status, void *arg)
{
    /* 클린업 작업을 수행한다. */
}
```

func()의 인자는 2개인데, status는 exit()에 전달된 값이고, arg는 on_exit()가 등록될 당시에 제공된 값의 복사본이다. 포인터형으로 선언되어 있지만, arg의 사용은 프로그래머의 재량에 맡겨져 있다. 구조체를 가리키는 포인터로, 혹은 적절한 캐스팅을 통해 정수값 같은 스칼라형으로 사용될 수 있다.

on_exit()는 atexit()와 마찬가지로 에러 시 0 외의 값(꼭 -1이어야 할 필요는 없다)을 리턴한다.

atexit()에서처럼, 여러 종료 핸들러가 on_exit()로 등록될 수 있다. atexit()나 on_exit()로 등록된 함수들은 동일한 목록으로 관리된다. 같은 프로그램 내에서 두 방법이 모두 사용됐다면, 종료 핸들러는 두 방법을 사용해 등록된 순서의 역순으로 호출된다.

on_exit()가 atexit()보다 활용 방법이 좀 더 많지만, 표준이 아니고 소수의 유닉스에서만 지원하기 때문에 이식성을 고려해야 하는 프로그램에서는 사용을 피해야 한다.

### 예제 프로그램

리스트 25-1은 종료 핸들러를 등록하기 위해 atexit()와 on_exit()를 사용하는 예다. 프로그램을 실행하면 다음 결과를 볼 수 있다.

```
$ ./exit_handlers
on_exit function called: status=2, arg=20
atexit function 2 called
atexit function 1 called
on_exit function called: status=2, arg=10
```

**리스트 25-1** 종료 핸들러의 사용 예

procexec/exit_handlers.c

```
#define _BSD_SOURCE             /* <stdlib.h>에서 on_exit()의 선언을 얻는다.  */
#include <stdlib.h>
#include "tlpi_hdr.h"

static void
atexitFunc1(void)
{
    printf("atexit function 1 called\n");
}

static void
atexitFunc2(void)
{
    printf("atexit function 2 called\n");
}

static void
onexitFunc(int exitStatus, void *arg)
{
    printf("on_exit function called: status=%d, arg=%ld\n",
            exitStatus, (long) arg);
}

int
main(int argc, char *argv[])
{
    if (on_exit(onexitFunc, (void *) 10) != 0)
            fatal("on_exit 1");
    if (atexit(atexitFunc1) != 0)
            fatal("atexit 1");
    if (atexit(atexitFunc2) != 0)
            fatal("atexit 2");
    if (on_exit(onexitFunc, (void *) 20) != 0)
            fatal("on_exit 2");
    exit(2);
}
```

## 25.4 fork(), stdio 버퍼, _exit()의 상호작용

리스트 25-2의 프로그램 결과를 보면 처음엔 이상해 보인다. 표준 출력을 터미널로 설정하고 프로그램을 실행하면 결과가 예상대로 나온다.

```
$ ./fork_stdio_buf
Hello world
Ciao
```

하지만 표준 출력을 파일로 설정하면 다음 결과를 얻게 된다.

```
$ ./fork_stdio_buf > a
$ cat a
Ciao
Hello world
Hello world
```

위 결과에는 두 가지 이상한 점이 보인다. printf()에 의한 출력이 두 번 나타나고, write()의 출력이 printf()보다 앞선다.

**리스트 25-2** fork()와 stdio 버퍼링의 상호작용

procexec/fork_stdio_buf.c

```
#include "tlpi_hdr.h"

int
main(int argc, char *argv[])
{
    printf("Hello world\n");
    write(STDOUT_FILENO, "Ciao\n", 5);

    if (fork() == -1)
        errExit("fork");

    /* 여기서 부모와 자식 프로세스는 작업을 계속한다. */

    exit(EXIT_SUCCESS);
}
```

printf()의 결과로 메시지가 두 번 출력되는 이유를 이해하려면 stdio 버퍼가 프로세스의 사용자 영역 메모리에서 관리됨을 기억해야 한다(13.2절 참조). 따라서 이 버퍼는 fork()로 생성된 자식 프로세스에서 복제된다. 표준 출력이 터미널에 연결됐을 때는, 기본적으로 라인 버퍼line-buffer이기 때문에 printf()에 의해 작성된 줄바꿈 문자로 끝나는 문자열은 바로 출력된다. 하지만 파일에 연결될 때는 기본적으로 블록 버퍼block-buffer여서, printf()로 출력된 문자열은 fork() 당시 아직 부모의 stdio 버퍼에 남아 있고, 이 문자열이 자식 프로세스로 복제됐던 것이다. 부모와 자식 프로세스가 나중에 exit()를 호출했을 때, 각각의 stdio 버퍼가 출력되어 두 번의 출력으로 나타난 것이다.

중복 출력을 방지하고자 쓸 수 있는 방법은 다음과 같다.

- stdio 버퍼 문제에 국한된 해결책으로, fork() 호출 전에 stdio 버퍼를 출력하기 위해 fflush()를 사용하면 된다. 또 다른 방법은 setvbuf()나 setbuf()를 통해 stdio 스트림이 버퍼링을 하지 않게 설정할 수 있다.
- 자식 프로세스가 exit() 대신에 _exit()를 호출하게 하면, 자식 프로세스는 stdio 버퍼를 출력하지 않게 된다. 이 방법은 좀 더 일반적인 원리를 이용한 것이다. 새로운 프로그램을 실행하지 않는 자식 프로세스를 생성하는 응용 프로그램에서는 오직 하나의 프로세스(많은 경우 부모 프로세스)만을 exit()를 통해 종료해야 하고, 나머지 프로세스는 _exit()를 통해 종료해야 한다. 이를 통해, 우리가 원했던 대로 오직 하나의 프로세스만이 종료 핸들러를 호출하고 stdio 버퍼를 출력하게 된다.

> 부모와 자식 프로세스 모두 exit()를 호출해도 되는 방법도 존재한다(때로는 그렇게 해야만 하는 경우도 있다). 예를 들어 여러 프로세스로부터 호출돼도 정확하게 동작하도록 종료 핸들러를 설계해야 하거나, 응용 프로그램이 fork() 이후에야 종료 핸들러를 등록해야 하는 경우가 있을 수 있다. 이런 경우엔, exit()를 이용해 프로세스를 종료하는 방식을 택하거나 아니면 각 프로세스에서 명시적으로 fflush()를 호출하게 할 수 있다.

리스트 25-2의 프로그램에서 write()의 출력이 두 번 나오지 않은 이유는 write()는 데이터를 직접 커널 버퍼로 옮기고, 이 버퍼는 fork()에 의해 복제되지 않기 때문이다.

지금쯤이면, 파일로 출력한 경우에서 봤던 두 번째 이상한 점을 설명할 수 있어야 한다. write()의 출력이 printf()보다 앞선 까닭은 write()의 결과는 바로 커널 버퍼 캐시로 옮겨지는 반면 printf()의 결과는 stdio 버퍼가 exit() 호출에 의해 출력될 때에야 비로소 옮겨지기 때문이다(일반적으로, 13.7절에서 살펴봤듯이 같은 파일에 stdio 함수와 시스템 호출을 함께 사용해 I/O 작업을 할 때는 주의가 요구된다).

## 25.5 정리

프로세스는 정상적으로 종료되거나 아니면 비정상적으로 종료된다. 비정상 종료는 시그널에 의해 발생하는데, 코어 덤프 파일이 생성되기도 한다.

정상 종료는 _exit()를 호출해서 이뤄지는데, _exit() 위에 작성된 exit()가 좀 더 일반적으로 사용된다. _exit()나 exit() 모두 정수 인자를 취하는데, 최하위 8비트가 프로세스의 종료 상태를 정한다. 관습적으로 0이 성공적인 종료 상태를, 0 외의 값이 실패 상태를 의미한다.

정상이든 비정상 프로세스 종료든 간에 커널은 다양한 클린업 과정을 갖는다. exit()를 통한 정상 종료의 경우엔 추가적으로 atexit()나 on_exit()를 통해 등록된 종료 핸들러를 (등록의 역순으로) 호출하고, stdio 버퍼를 출력한다.

### 더 읽을거리

24.6절의 '더 읽을거리'를 참조하기 바란다.

## 25.6 연습문제

**25-1.** 자식 프로세스가 exit(-1)을 호출하면, 어떤 종료 상태가 (WEXITSTATUS()의 리턴값으로) 부모 프로세스에게로 전달되는가?

# 26

# 자식 프로세스 감시

많은 응용 프로그램의 설계에서 부모 프로세스는 자식 프로세스의 상태가 언제 바뀌는지(자식 프로세스가 종료하거나 시그널에 의해 멈추는 경우 등)를 알 필요가 있다. 26장에서는 자식 프로세스를 감시할 때 쓰는 두 가지 방법(wait() 시스템 호출(및 변종)과 SIGCHLD 시그널)에 대해 알아본다.

## 26.1 자식 프로세스 기다리기

부모 프로세스가 자식 프로세스를 생성하는 응용 프로그램에서는 부모가 자식 프로세스가 언제 어떻게 종료되는지를 감시하면 유용한 경우가 많은데, wait()나 이와 관련된 시스템 호출을 이용해 구현할 수 있다.

### 26.1.1 wait() 시스템 호출

wait() 시스템 호출은 호출한 프로세스의 자식 프로세스가 종료되기를 기다렸다가 status가 가리키는 버퍼를 통해 자식의 종료 상태를 리턴한다.

```
#include <sys/wait.h>

pid_t wait(int *status);
```

종료된 자식의 프로세스 ID를 리턴한다. 에러가 발생하면 -1을 리턴한다.

wait() 시스템 호출은 다음과 같은 작업을 한다.

1. 호출한 프로세스의 (이미 다른 프로세스가 기다리고 있지 않은) 자식 프로세스가 아직 종료되지 않았다면, 종료될 때까지 블록된다. 호출할 당시에 이미 종료됐다면, wait()는 즉각적으로 리턴한다.
2. status가 NULL이 아니면, 자식 프로세스가 어떻게 종료됐는지에 대한 정보는 status가 가리키는 정수값을 통해 리턴된다. 리턴되는 정보에 대해서는 26.1.3절에서 알아본다.
3. 커널은 프로세스 CPU 시간(10.7절)과 자원 사용 통계(31.1절)를 부모 프로세스에 딸린 모든 자식 프로세스의 사용 총량에 추가한다.
4. 리턴값으로 wait()는 종료된 자식 프로세스의 프로세스 ID를 리턴한다.

에러 시 wait()는 -1을 리턴한다. 예를 들면 호출한 프로세스가 (이미 다른 프로세스가 기다리고 있지 않은) 자식이 없는 경우 이런 에러가 발생하는데, errno 값이 ECHILD다. 즉 다음과 같이 호출한 프로세스의 자식 프로세스가 종료하기를 기다리는 루프를 작성할 수 있다.

```
while ((childPid = wait(NULL)) != -1)
    continue;
if (errno != ECHILD)            /* 예상치 못한 에러... */
    errExit("wait");
```

리스트 26-1은 wait()의 사용 예다. 프로그램은 (정수형) 명령행 인자당 하나씩의 자식 프로세스를 생성한다. 각 자식 프로세스는 명령행 인자에 명시된 시간(초)만큼 잠들었다가 종료한다. 그동안에, 모든 자식이 생성된 후 부모 프로세스는 반복적으로 자식의 종료를 감시하기 위해 wait()를 호출하는데, wait()가 -1을 리턴할 때까지 계속된다(다른 식으로 작성할 수도 있는데, 종료된 자식의 수 numDead가 생성된 수와 일치할 때 종료할 수도 있다). 다음 셸 세션 로그는 세 자식 프로세스를 생성한 예다.

```
$ ./multi_wait 7 1 4
[13:41:00] child 1 started with PID 21835, sleeping 7 seconds
[13:41:00] child 2 started with PID 21836, sleeping 1 seconds
[13:41:00] child 3 started with PID 21837, sleeping 4 seconds
[13:41:01] wait() returned child PID 21836 (numDead=1)
[13:41:04] wait() returned child PID 21837 (numDead=2)
[13:41:07] wait() returned child PID 21835 (numDead=3)
No more children - bye!
```

> 어떤 특정 순간에 다수의 종료된 프로세스가 있을 경우, SUSv3에서는 연속되는 wait() 호출에 의해 자식 프로세스들이 어떤 순서로 응답할지를 정하지 않고 있다. 따라서 순서는 구현에 따라 다를 수 있다. 심지어 리눅스 커널의 버전에 따라서도 그 순서는 다르다.

**리스트 26-1** 여러 자식 프로세스를 생성하고 기다리기

procexec/multi_wait.c

```
#include <sys/wait.h>
#include <time.h>
#include "curr_time.h"              /* currTime() 선언문 */
#include "tlpi_hdr.h"

int
main(int argc, char *argv[])
{
    int numDead;                    /* 기다리고 있는 자식의 수 */
    pid_t childPid;                 /* 기다리는 자식의 프로세스 ID */
    int j;

    if (argc < 2 || strcmp(argv[1], "--help") == 0)
        usageErr("%s sleep-time...\n", argv[0]);

    setbuf(stdout, NULL);           /* stdout이 버퍼링되지 않게 함 */

    for (j = 1; j < argc; j++) {  /* 인수의 수만큼 자식 프로세스 생성 */
        switch (fork()) {
        case -1:
            errExit("fork");

        case 0:                     /* 자식 프로세스는 잠시 잠들었다가 종료 */
            printf("[%s] child %d started with PID %ld, sleeping %s "
                    "seconds\n", currTime("%T"), j,
```

```
                (long) getpid(), argv[j]);
            sleep(getInt(argv[j], GN_NONNEG, "sleep-time"));
            _exit(EXIT_SUCCESS);

        default:                    /* 부모 프로세스는 계속 진행 */
            break;
        }
    }

    numDead = 0;
    for (;;) {                      /* 부모는 자식 프로세스들이 종료되기를 기다린다. */
        childPid = wait(NULL);
        if (childPid == -1) {
            if (errno == ECHILD) {
                printf("No more children - bye!\n");
                exit(EXIT_SUCCESS);
            } else {                /* 예기치 못한 에러 발생 */
                errExit("wait");
            }
        }

        numDead++;
        printf("[%s] wait() returned child PID %ld (numDead=%d)\n",
                currTime("%T"), (long) childPid, numDead);
    }
}
```

### 26.1.2 waitpid() 시스템 호출

wait() 시스템 호출은 많은 제약이 있는데, waitpid()는 이런 문제를 해결하고자 설계됐다.

- 부모가 여러 개의 자식 프로세스를 생성할 경우, 어떤 특정 프로세스가 끝나기를 기다리는 것은 불가능하고, 단지 다음에 종료되는 자식 프로세스를 기다릴 수 있을 뿐이다.
- 어떤 자식 프로세스도 종료되지 않았다면, wait()는 항상 블록된다. 블록되지 않는 편이 더 유용할 때도 있는데, 예를 들면 종료된 프로세스가 없음을 바로 알려주는 경우다.
- wait()를 통해서는 종료된 자식에 대한 정보만 얻을 수 있다. 자식 프로세스가 (SIGSTOP이나 SIGTTIN 등의) 시그널에 의해 멈춰 있다거나 SIGCONT 시스널에 의해 다시 재개된다는 등의 정보는 알 수가 없다.

```
#include <sys/wait.h>

pid_t waitpid(pid_t pid, int *status, int options);
```

자식의 프로세스 ID 또는 0(본문 참조)을 리턴한다.
에러가 발생하면 -1을 리턴한다.

waitpid()의 리턴값과 status 인자는 wait()의 경우와 동일하다(status를 통해 리턴되는 정보는 26.1.3절의 설명을 참조하기 바란다). 다음과 같이 pid 인자를 통해, 기다리고자 하는 자식 프로세스를 선택할 수 있다.

- pid가 0보다 크면, pid와 동일한 프로세스 ID를 갖는 자식 프로세스를 기다린다.
- pid가 0이면, 부모 프로세스와 동일한 프로세스 그룹에 속한 자식 프로세스를 기다린다. 프로세스 그룹에 대해서는 29.2절을 참조하라.
- pid가 -1보다 작으면, pid의 절대값과 동일한 프로세스 그룹 ID를 갖는 자식 프로세스를 기다린다.
- pid가 -1이면, 아무 자식 프로세스 중 하나가 끝나기를 기다린다. wait(&status)는 waitpid(-1, &status, 0)과 동일하다.

options 인자는 다음 플래그 값(모두 SUSv3에 명시되어 있다)을 통해 설정되는 비트 마스크다.

- WUNTRACED: 종료된 자식 프로세스에 대한 정보뿐만 아니라, 시그널에 의해 자식 프로세스가 멈춰질 때도 정보를 리턴한다.
- WCONTINUED(리눅스 2.6.10부터): SIGCONT 시그널을 받고 다시 재개한 멈췄던 프로세스에 대한 정보도 리턴한다.
- WNOHANG: pid로 명시된 자식 중 상태가 변경된 것이 없다면 (상태가 변경됨을 확인하고자) 블로킹되지 않고 즉각적으로 리턴한다. 이 경우 waitpid()는 0을 리턴한다. 호출한 프로세스가 pid로 명시한 자식 프로세스가 없다면, waitpid()는 실패하고 ECHILD 에러를 낸다.

리스트 26-3은 waitpid()의 사용 예다.

waitpid()의 필요성에 대해 설명을 해보자. SUSv3에 따르면 WUNTRACED라는 이름은 BSD에서 유래했는데, BSD에서는 프로세스가 두 가지 방법으로 멈출 수가 있었다. ptrace() 시스템 호출에 의해 추적되는 경우와, 시그널에 의한(즉 추적되지 않는) 경우다. ptrace()로 자식 프로세스를 추적하는 경우, 자식 프로세스는 (SIGKILL 외의) 시그널을 받으면 멈추고 SIGCHLD 시그널을 부모에게로 보낸다. 자식 프로세스가 시그널을 무시하는 경우에도 같은 상황이 발생한다. 하지만 자식이 시그널을 블록한다면, 멈추지 않을 것이다. 시그널이 SIGSTOP인 경우는 예외인데, 블록되지 않기 때문이다.

### 26.1.3 대기 상태값

`wait()`와 `waitpid()`가 리턴하는 `status` 값을 통해 다음과 같은 이벤트를 구분할 수 있다.

- 자식 프로세스가 정수형의 종료 상태값을 명시하며 `_exit()`(혹은 `exit()`)를 호출하고 종료했다.
- 자식 프로세스가 처리 못 하는 시그널에 의해 종료됐다.
- 자식 프로세스가 시그널에 의해 멈췄고, `waitpid()`가 `WUNTRACED` 플래그를 갖고 호출됐다.
- 자식 프로세스가 `SIGCONT` 시그널로 다시 재개했고, `waitpid()`가 `WCONTINUED` 플래그를 갖고 호출됐다.

여기서는 위의 경우를 모두 뭉뚱그려서 대기 상태wait status라고 부르겠다. 공식적인 종료 상태termination status는 위의 처음 두 가지 경우를 의미한다(셸에서는 변수 `$?`의 값을 보고 마지막으로 실행된 명령의 종료 상태를 알아낼 수 있다).

정수형으로 정의되어 있지만, `status`가 가리키는 값의 하위 2바이트만 실제로 쓸 수 있다. 이 2바이트가 어떻게 채워지는지는 위의 어떤 이벤트가 발생했는가에 따라 달라지는데, 그림 26-1이 이를 보여준다.

그림 26-1은 리눅스/x86-32에서 대기 상태값의 레이아웃을 보여주는데, 자세한 사항은 구현에 따라 다를 수 있다. SUSv3는 이에 대해 특정한 레이아웃을 규정하지 않고 있으며, 심지어 status가 가리키는 값의 하위 2바이트에 저장되도록 요구하지도 않는다. 이식성 있는 응용 프로그램에서는 값을 참조하기 위해 이 절에서 설명하는 매크로를 써야지, 직접 비트 마스크 부분을 읽어서는 안 된다.

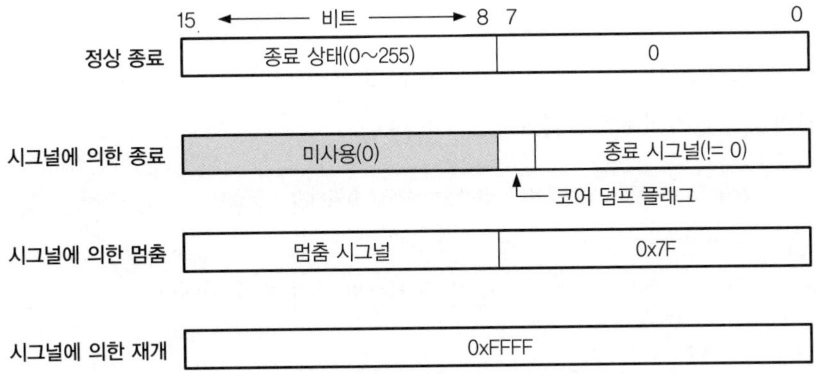


**그림 26-1** wait()와 waitpid()의 status 인자로 리턴되는 값

`<sys/wait.h>` 헤더 파일은 대기 상태값을 읽을 때 쓸 수 있는 표준 매크로를 정의하고 있다. `wait()`나 `waitpid()`가 리턴하는 `status` 값에 적용될 때, 다음 중 하나의 매크로만이 참값을 리턴한다. `status` 값을 좀 더 살펴볼 수 있는 매크로들을 추가로 소개하겠다.

- `WIFEXITED(status)`: 이 매크로는 자식 프로세스가 정상적으로 종료했을 때 참값을 리턴한다. 이 경우 매크로 `WEXITSTATUS(status)`는 자식의 종료 상태를 리턴한다(25.1절에서 설명했듯이, 자식 프로세스의 종료값 중 최하위 바이트만이 부모에게 전달된다).
- `WIFSIGNALED(status)`: 이 매크로는 자식 프로세스가 시그널에 의해 종료됐을 때만 참값을 리턴한다. 이 경우 매크로 `WTERMSIG(status)`는 프로세스를 종료시킨 시그널의 번호를 리턴하고, 매크로 `WCOREDUMP(status)`는 프로세스가 코어 덤프 파일을 생성했을 경우 참값을 리턴한다. `WCOREDUMP()` 매크로는 SUSv3에는 명시되어 있지 않지만, 대부분의 유닉스에서 제공한다.
- `WIFSTOPPED(status)`: 이 매크로는 자식 프로세스가 시그널에 의해 멈췄을 경우 참값을 리턴한다. 이 경우 매크로 `WSTOPSIG(status)`는 프로세스를 멈추게 한 시그널 번호를 리턴한다.
- `WIFCONTINUED(status)`: 이 매크로는 자식 프로세스가 `SIGCONT`를 받고 재개됐을 경우 참값을 리턴한다. 이 매크로는 리눅스 2.6.10부터 제공된다.

살펴본 매크로의 인수로 `status`라는 이름이 사용됐지만 이들은 정수값으로, `wait()`나 `waitpid()`에서처럼 정수값에 대한 포인터가 아니다.

### 예제 프로그램

리스트 26-2의 printWaitStatus() 함수는 앞서 설명한 모든 매크로를 사용해 대기 상태값의 내용을 살펴보고 출력한다.

**리스트 26-2** wait()와 관련된 시스템 호출이 리턴하는 상태값 출력하기

procexec/print_wait_status.c

```
#define _GNU_SOURCE /* strsignal() 선언을 <string.h>로부터 읽는다. */
#include <string.h>
#include <sys/wait.h>
#include "print_wait_status.h" /* printWaitStatus() 선언 */
#include "tlpi_hdr.h"

/* 참고: 다음 함수는 비동기 시그널에 안전하지 않은 printf()를 사용한다(21.1.2절 참조).
   따라서 이 함수도 비동기 시그널 안전하지 않다. SIGCHLD 핸들러에서 이 함수를 호출할 경우
   주의가 필요하다. */

void                    /* W* 매크로를 사용해 wait()의 상태 확인  */
printWaitStatus(const char *msg, int status)
{
    if (msg != NULL)
        printf("%s", msg);

    if (WIFEXITED(status)) {
        printf("child exited, status=%d\n", WEXITSTATUS(status));

    } else if (WIFSIGNALED(status)) {
        printf("child killed by signal %d (%s)",
               WTERMSIG(status), strsignal(WTERMSIG(status)));
#ifdef WCOREDUMP    /* SUSv3가 아닌 경우에는 없을 수도 있다. */
        if (WCOREDUMP(status))
            printf(" (core dumped)");
#endif
        printf("\n");

    } else if (WIFSTOPPED(status)) {
        printf("child stopped by signal %d (%s)\n",
               WSTOPSIG(status), strsignal(WSTOPSIG(status)));

#ifdef WIFCONTINUED /* SUSv3에는 정의되어 있지만, 리눅스 예전 버전과 몇몇 유닉스에는 없다. */
    } else if (WIFCONTINUED(status)) {
        printf("child continued\n");
#endif

    } else {        /* 있어서는 안 되는 경우 */
        printf("what happened to this child? (status=%x)\n",
              (unsigned int) status);
```

```
        }
}
```

함수 printWaitStatus()는 리스트 26-3에서 쓰인다. 이 프로그램은 자식 프로세스를 생성하는데, 자식들은 시그널이 도착할 때까지 pause() 호출을 반복하거나 명령행 인자로 정수값이 주어졌을 경우 이 값을 종료 상태로 사용해 바로 종료해버린다. 그동안 부모 프로세스는 자식을 waitpid()로 감시하고, 리턴 상태를 출력한 다음 이 값을 printWaitStatus()에게로 보낸다. 부모는 자식이 정상적으로 끝났거나 시그널에 의해 종료됐음을 확인하면 종료한다.

다음 셸 세션은 표 26-3의 프로그램을 실행한 예다. 먼저 23의 값을 갖고 바로 종료되는 자식 프로세스를 생성해보자.

```
$ ./child_status 23
Child started with PID = 15807
waitpid() returned: PID=15807; status=0x1700 (23,0)
child exited, status=23
```

다음에는 프로그램을 백그라운드로 실행한 후에, SIGSTOP과 SIGCONT 시그널을 자식에게 보내보자.

```
$ ./child_status &
[1] 15870
$ Child started with PID = 15871
kill -STOP 15871
$ waitpid() returned: PID=15871; status=0x137f (19,127)
child stopped by signal 19 (Stopped (signal))
kill -CONT 15871
$ waitpid() returned: PID=15871; status=0xffff (255,255)
child continued
```

마지막 두 줄은 리눅스 2.6.10 이후 버전에서만 출력될 것이다. 이전 버전의 커널에서는 waitpid() WCONTINUED를 지원하지 않기 때문이다(이 셸 세션은 다소 읽기가 어려울 수 있는데, 백그라운드에서 실행되는 프로그램의 출력이 셸의 프롬프트와 섞여 있기 때문이다).

셸 세션에 계속해서 SIGABRT 시그널을 보내 자식 프로세스를 종료시켜 보자.

```
kill -ABRT 15871
$ waitpid() returned: PID=15871; status=0x0006 (0,6)
child killed by signal 6 (Aborted)
백그라운드 작업이 끝났다는 셸 메시지를 보기 위해 엔터를 누른다.
[1]+  Done              ./child_status
```

```
$ ls -l core
ls: core: No such file or directory
$ ulimit -c                          RLIMIT_CORE 한도를 출력
0
```

SIGABRT의 기본 설정은 코어 덤프 파일을 생성하고 프로세스를 종료시키는 것이지만, 코어 파일이 생성되지 않았다. 코어 덤프가 비활성화되어 있기 때문이다. 즉 위의 ulimit 명령이 보여주듯이, 코어 파일의 최대 크기를 설정하는 RLIMIT_CORE 연성 자원 한도soft resource limit(31.3절)가 0으로 설정되어 있다.

동일한 실험을 하는데, 이번에는 코어 덤프를 활성화한 후에 SIGABRT를 자식 프로세스에게 보낸다.

```
$ ulimit -c unlimited                 코어 덤프 허용
$ ./child_status &
[1] 15902
$ Child started with PID = 15903
kill -ABRT 15903                      자식에게 SIGABRT 전송
$ waitpid() returned: PID=15903; status=0x0086 (0,134)
child killed by signal 6 (Aborted) (core dumped)
백그라운드 작업이 끝났다는 셸 메시지를 보기 위해 엔터를 누른다.
[1]+  Done              ./child_status
$ ls -l core                          이번에는 코어 덤프를 얻었다.
-rw-------    1 mtk    users       65536 May 6 21:01 core
```

**리스트 26-3** waitpid()를 사용해 자식 프로세스의 상태값 얻기

procexec/child_status.c

```
#include <sys/wait.h>
#include "print_wait_status.h"    /* printWaitStatus() 선언 */
#include "tlpi_hdr.h"

int
main(int argc, char *argv[])
{
    int status;
    pid_t childPid;

    if (argc > 1 && strcmp(argv[1], "--help") == 0)
        usageErr("%s [exit-status]\n", argv[0]);

    switch (fork()) {
    case -1: errExit("fork");

    case 0: /* 자식: 주어진 상태값을 갖고 바로 종료하거나 시그널을 기다리기를 반복한다. */
        printf("Child started with PID = %ld\n", (long) getpid());
```

```
        if (argc > 1)               /* 명령행으로부터 상태값이 주어졌는가? */
            exit(getInt(argv[1], 0, "exit-status"));
        else                        /* 아니면, 시그널을 기다린다. */
            for (;;)
                pause();
        exit(EXIT_FAILURE);         /* 여기에 도달하지는 않지만, 좋은 코드 스타일이다. */

    default: /* 부모: 계속해서 자식이 종료하거나 시그널에 의해 종료될 때까지 기다린다. */
        for (;;) {
            childPid = waitpid(-1, &status, WUNTRACED
#ifdef WCONTINUED                   /* 리눅스 예전 버전에서는 지원하지 않는다. */
                                                | WCONTINUED
#endif
                    );
        if (childPid == -1)
            errExit("waitpid");

        /* status 값을 16진수와 2개의 10진수 바이트로 출력한다. */

        printf("waitpid() returned: PID=%ld; status=0x%04x (%d,%d)\n",
                (long) childPid,
                (unsigned int) status, status >> 8, status & 0xff);
        printWaitStatus(NULL, status);

        if (WIFEXITED(status) || WIFSIGNALED(status))
            exit(EXIT_SUCCESS);
        }
    }
}
```

### 26.1.4 시그널 핸들러로부터 프로세스 종료

표 20-1(540페이지)에서 살펴봤듯이, 몇몇 시그널은 프로세스를 종료시키는 것이 기본 설정이다. 어떤 상황에서는 프로세스가 종료되기 전에 클린업 단계를 거치고 싶은 경우가 있다. 이때는 프로세스를 종료시키는 시그널을 잡는 핸들러를 만들어, 클린업 작업을 수행하고 나서 프로세스를 종료하게 하면 된다. 이럴 경우, 프로세스의 종료 상태가 wait()나 waitpid()를 통해 부모 프로세스에게도 전달된다는 사실을 잊어서는 안 된다. 예를 들어, 시그널 핸들러가 _exit(EXIT_SUCCESS)를 호출하면, 부모 프로세스에게는 자식 프로세스가 성공적으로 종료된 것으로 보인다.

자식 프로세스가 부모 프로세스에게 시그널 때문에 종료됐다는 사실을 알려야 한다면, 자식의 시그널 핸들러는 먼저 자신을 제거하고 나서 같은 시그널을 한 번 더 발생시켜 이번에는 프로세스가 종료되게 해야 한다. 즉 핸들러가 다음처럼 구현될 것이다.

```
void
handler(int sig)
{
    /* 클린업 작업 처리 */

    signal(sig, SIG_DFL);        /* 핸들러 제거 */
    raise(sig);                  /* 시그널을 다시 발생 */
}
```

### 26.1.5 waitid() 시스템 호출

waitid()는 waitpid()처럼 자식 프로세스의 상태를 리턴한다. 하지만 waitid()에는 waitpid()가 제공하지 않는 별도의 기능이 더 있다. 이 시스템 호출은 시스템 V에서 유래했는데, 지금은 SUSv3에 정의되어 있다. 리눅스에서는 커널 2.6.9부터 추가됐다.

> 리눅스 2.6.9 이전에는, waitid()가 glibc의 구현으로 제공됐다. 하지만 이 인터페이스의 구현이 커널의 지원을 요구하기 때문에 glibc 구현은 waitpid()에서 제공하는 기능만큼만 제공했다.

```
#include <sys/wait.h>

int waitid(idtype_t idtype, id_t id, siginfo_t *infop, int options);
```

성공하면, 또는 WNOHANG이 정의되어 있고 기다리는 자식이 없으면 0을 리턴한다.
에러가 발생하면 –1을 리턴한다.

idtype과 id 인자는 다음과 같이 어떤 자식을 기다릴지를 명시한다.

- idtype이 P_ALL이면, (불특정) 자식 프로세스를 기다리며 id는 무시된다.
- idtype이 P_PID이면, 해당 프로세스 ID가 id와 동일한 자식 프로세스를 기다린다.
- idtype이 P_PGID이면, 해당 프로세스 그룹 ID가 id와 동일한 자식 프로세스를 기다린다.

> waitpid()와는 달리, 호출하는 프로세스와 동일한 프로세스 그룹에 속한 불특정 프로세스를 의미하기 위해 id에 0을 적시할 수는 없다. 대신에, 호출하는 프로세스의 그룹 ID를 getpgrp()로 얻은 값을 사용해 명시적으로 적어줘야 한다.

waitpid()와 waitid()의 가장 두드러진 차이점은 waitid()는 기다리는 자식 이벤트를 좀 더 세밀하게 제어할 수 있다는 점이다. 제어는 다음에 나열한 플래그들을 options 인자에서 하나 혹은 여러 개를 선택함으로써 이뤄진다.

- WEXITED: 정상적으로든 비정상적으로든 종료된 자식 프로세스를 기다린다.
- WSTOPPED: 시그널에 의해 멈춰진 자식 프로세스를 기다린다.
- WCONTINUED: SIGCONT 시스널에 의해 재개된 자식 프로세스를 기다린다.

다음의 추가 플래그는 options에서 함께 쓸 수 있다.

- WNOHANG: 이 플래그는 waitpid()에서와 동일한 의미를 지닌다. id에서 명시한 조건에 맞는 어떤 자식 프로세스도 리턴할 정보가 없다면, 바로 리턴한다(폴poll 방식). 이 경우, waitid()의 리턴값은 0이다. 호출한 프로세스가 id에 합당한 자식 프로세스를 갖고 있지 않다면, waitid()는 ECHILD 에러로 실패한다.
- WNOWAIT: 일반적으로 waitid()를 통해 자식을 기다릴 때, '상태 이벤트'가 소비된다. 하지만 WNOWAIT를 명시하면, 자식의 상태가 리턴됨에도 불구하고 자식 프로세스는 계속 기다릴 수 있는 상황에 남는다. 나중에 이 프로세스를 다시 기다려서 같은 정보를 얻어낼 수 있다.

성공하면 waitid()는 0을 리턴하고 infop가 가리키는 siginfo_t 구조체(21.4절)에 자식 프로세스의 정보를 추가한다. siginfo_t 구조체의 다음 필드가 채워진다.

- si_code: 이 필드는 다음 중 하나의 값을 갖는다. 자식 프로세스가 _exit()를 호출해서 종료됐음을 설명하는 CLD_EXITED, 자식이 시그널에 의해 종료됐음을 설명하는 CLD_KILLED, 자식이 시그널에 의해 멈췄음을 설명하는 CLD_STOPPED, SIGCONT 시그널에 의해 자식이 재개됐음을 설명하는 CLD_CONTINUED
- si_pid: 이 필드는 상태가 변경된 자식의 프로세스 ID를 갖는다.
- si_signo: 이 필드는 항상 SIGCHLD로 설정되어 있다.
- si_status: 이 필드는 _exit()로 전달된 자식의 종료 상태나, 자식 프로세스를 멈추게 하거나 재개시키거나 종료시키는 시그널 정보를 포함한다. si_code 필드를 통해 이 필드에 어떤 값이 있는지를 알아낼 수 있다.
- si_uid: 이 필드는 자식의 실제 사용자 ID를 포함한다. 대부분의 유닉스에서는 이 필드를 설정하지 않는다.

> 솔라리스에는 si_stime과 si_utime이라는 2개의 필드가 더 있다. 이들은 각각, 자식에 의해 사용된 시스템 시간과 사용자 CPU 시간이다. SUSv3는 waidid()가 이 필드를 설정해야 한다고 정하고 있지 않다.

waitid()의 오퍼레이션을 더 자세히 살펴보려면 좀 더 설명이 필요하다. WNOHANG이 options에 명시되어 있을 때, waitid()가 0을 리턴하면 다음 두 가지 중 하나의 경우다. 호출됐을 때 자식이 이미 상태를 변경한 이후(자식에 대한 정보는 infop가 가리키는 siginfo_t 구조체로 리턴)이거나 상태가 변경된 자식이 없는 경우다. 상태가 변경된 자식이 없는 경우에, 리눅스를 포함한 몇몇 유닉스는 리턴되는 siginfo_t 구조체를 0으로 채웠다. 따라서 두 가지 가능성을 구분할 수 있는데, si_pid가 0인지 아닌지를 확인하면 된다. 아쉽게도 SUSv3는 이를 요구하고 있지 않으며, 몇몇 유닉스에서는 siginfo_t 구조체를 변경 없이 그대로 남겨준다(앞으로 나올 SUSv4의 정오표에서는 아마도 si_pid와 si_signo에 0을 채우도록 요구할 것이다). 이 두 경우를 이식성 있게 구분할 수 있는 유일한 방법은 다음과 같이 waitid()를 호출하기 전에 siginfo_t 구조체를 0으로 채우는 것이다.

```
siginfo_t info;
...
memset(&info, 0, sizeof(siginfo_t));
if (waitid(idtype, id, &info, options | WNOHANG) == -1)
    errExit("waitid");
if (info.si_pid == 0) {
    /* 상태가 변경된 자식 프로세스가 없다. */
} else {
    /* 자식 프로세스가 상태를 변경했고, 자세한 내용은 'info'에 있다. */
}
```

### 26.1.6 wait3()와 wait4() 시스템 호출

wait3()와 wait4() 시스템 호출은 waitpid()와 유사한 작업을 한다. 주요한 차이는 wait3()와 wait4()는 종료된 자식 프로세스의 자원 사용 정보를 rusage가 가리키는 구조체에 리턴한다는 점이다. 이 정보에는 프로세스가 사용한 CPU 시간과 메모리 사용 통계가 포함된다. rusage 구조체에 대한 자세한 소개는 getrusage() 시스템 호출을 다루는 31.1절로 미룬다.

```
#define _BSD_SOURCE      /* 또는 #define _XOPEN_SOURCE 500 for wait3() */
#include <sys/resource.h>
#include <sys/wait.h>

pid_t wait3(int *status, int options, struct rusage *rusage);
pid_t wait4(pid_t pid, int *status, int options, struct rusage *rusage);
```

자식의 프로세스 ID를 리턴한다. 에러가 발생하면 -1을 리턴한다.

rusage 인자의 사용을 제외하면, wait3() 호출은 다음 waitpid() 호출과 동일하다.

```
waitpid(-1, &status, options);
```

마찬가지로 wait4()는 다음과 동일하다.

```
waitpid(pid, &status, options);
```

즉 wait3()는 불특정한 자식을 기다리고, wait4()는 기다릴 자식 프로세스(들)를 구체적으로 명시할 때 쓰인다.

몇몇 유닉스에서는 wait3()와 wait4()가 종료된 자식에 대한 자원 사용 정보를 리턴한다. WUNTRACED 플래그가 options에 명시되어 있다면 리눅스에서는 멈춘 자식 프로세스에 대한 자원 사용 정보도 얻을 수 있다.

이 두 시스템 호출의 이름은 각자의 인자 수를 의미한다. 둘 다 BSD에서 유래했지만, 대부분의 유닉스에서 사용할 수 있다. 어떤 것도 SUSv3의 표준은 아니다(SUSv2는 wait3()를 정의하고 있지만, 레거시REGACY라고 표시했다).

일반적으로 이 책에서는 wait3()와 wait4()의 사용을 피하려 한다. 대개는 이들이 리턴하는 추가 정보가 필요치 않으며, 표준이 아니어서 이식할 때 문제가 생길 수 있기 때문이다.

## 26.2 고아와 좀비 프로세스

부모와 자식 프로세스의 생명주기lifetime가 항상 일치하는 것은 아니어서 부모 프로세스가 자식보다 오래 살거나 그 반대일 수 있는데, 이는 두 가지 문제점을 야기한다.

- 누가 부모가 종료돼서 고아가 된 자식 프로세스의 부모가 될 것인가? 모든 프로세스의 조상이며 프로세스 ID가 1인 init가 고아 프로세스를 입양한다. 즉 부모 프

로세스가 종료되면, getppid() 호출은 1을 리턴한다. 이 방법으로 자식의 진짜 부모가 여전히 살아 있는지 여부를 확인할 수 있다(물론 자식이 init 외의 프로세스에 의해 생성됐을 경우에 말이다).

> 리눅스에서 prctl() 시스템 호출의 PR_SET_PDEATHSIG 기능을 쓰면 프로세스는 고아가 될 때, 특정 시그널을 받을 수 있게 설정할 수 있다.

- 부모 프로세스가 wait()를 실행하기 전에 종료되는 자식 프로세스는 어떻게 될까? 핵심은 자식 프로세스가 자신의 일을 마치고 종료된 이후일지라도 부모는 자식이 어떻게 종료됐는지 확인하기 위해 wait()를 실행하도록 허용돼야 한다는 점이다. 커널은 자식 프로세스를 좀비zombie로 만들어서 이 상황을 해결한다. 즉 자식 프로세스가 사용한 거의 모든 자원은 다른 프로세스가 재사용할 수 있도록 시스템으로 되돌려진다. 남게 되는 유일한 부분은 (많은 것들 가운데) 자식 프로세스 ID, 종료 상태 및 자원 사용 통계(31.1절)를 기록한 커널 프로세스 테이블 내의 엔트리다.

영화의 좀비 개념을 모방한 유닉스 시스템에서, 좀비 프로세스는 시그널로 죽일 수 없고 (은총알 격인) SIGKILL로도 안 된다. 이는 부모가 항상 wait()를 실행할 수 있음을 보장하기 위해서다.

부모가 wait()를 실행하면, 자식 프로세스의 남은 마지막 정보가 더 이상 필요가 없기 때문에 커널은 좀비를 제거한다. 반면, 부모가 wait()를 실행하지 않고 종료되면, init 프로세스가 자식 프로세스를 입양한 후에 자동으로 wait()를 실행해 좀비 프로세스를 시스템으로부터 제거한다.

부모가 자식을 생성했지만 wait()를 실행하지 않는다면, 좀비가 된 자식 프로세스의 엔트리는 커널 프로세스 테이블 내에 끝까지 남게 된다. 이런 좀비가 많이 생기면, 결국엔 커널 프로세스 테이블을 차지해서 새로운 프로세스의 생성을 방해하게 된다. 좀비는 시그널로 없앨 수 없기 때문에 시스템에서 제거하는 유일한 방법은 부모 프로세스를 죽여서(혹은 종료될 때까지 기다려서) 그 시점에 좀비가 init에 입양되고 init가 wait()를 실행해 결과적으로 좀비를 시스템에서 제거하는 길뿐이다.

이런 방식은 네트워크 서버나 셸 같이 많은 수의 자식 프로세스를 생성하며 오랫동안 실행돼야 하는 부모 프로세스를 설계할 때 중요한 제약사항이 된다. 이런 응용 프로그램에서는, 달리 설명하면, 부모 프로세스는 wait() 호출을 실행해서 죽은 자식 프로세스가 오랫동안 시스템에 상주하는 좀비가 되지 않고 항상 시스템으로부터 제거되게 해야 한다. 26.3.1절에서 설명하는 것처럼 부모 프로세스는 동기적이든 비동기적이든 wait() 호출을 실행해서 SIGCHLD 시그널에 대한 응답을 할 수 있다.

리스트 26-4는 좀비의 생성과 좀비가 SIGKILL에 의해 죽지 않는다는 사실을 보여준다. 이 프로그램을 실행하면 다음과 같은 결과를 볼 수 있다.

```
$ ./make_zombie
Parent PID=1013
Child (PID=1014) exiting
 1013 pts/4    00:00:00 make_zombie          ps(1)의 결과
 1014 pts/4    00:00:00 make_zombie <defunct>
After sending SIGKILL to make_zombie (PID=1014):
 1013 pts/4    00:00:00 make_zombie          ps(1)의 결과
 1014 pts/4    00:00:00 make_zombie <defunct>
```

위의 결과에서, ps(1)이 프로세스가 좀비 상태에 있음을 보여주는 문자열 <defunct>를 출력하는 모습을 볼 수 있다.

> 리스트 26-4의 프로그램은 system() 함수를 사용해 문자열 인자로 주어진 셸 명령을 실행한다. system()은 27.6절에서 자세하게 설명한다.

**리스트 26-4** 좀비 자식 프로세스의 생성

procexec/make_zombie.c

```
#include <signal.h>
#include <libgen.h>             /* basename() 선언 */
#include "tlpi_hdr.h"

#define CMD_SIZE 200

int
main(int argc, char *argv[])
{
    char cmd[CMD_SIZE];
    pid_t childPid;

    setbuf(stdout, NULL);   /* stdout의 버퍼링을 방지 */

    printf("Parent PID=%ld\n", (long) getpid());

    switch (childPid = fork()) {
    case -1:
        errExit("fork");
```

```
        case 0: /* 자식: 바로 종료해서 좀비가 된다. */
            printf("Child (PID=%ld) exiting\n", (long) getpid());
            _exit(EXIT_SUCCESS);

        default: /* 부모 */
            sleep(3);           /* 자식 프로세스가 시작하고 종료될 시간을 준다. */
            snprintf(cmd, CMD_SIZE, "ps | grep %s", basename(argv[0]));
            cmd[CMD_SIZE - 1] = '\0';          /* 문자열이 널로 끝남을 보장 */
            system(cmd);                 /* 좀비 자식 프로세스를 보여준다. */

            /* 좀비 프로세스에게 kill 시그널을 보낸다. */

            if (kill(childPid, SIGKILL) == -1)
                errMsg("kill");
            sleep(3);           /* 자식 프로세스가 시그널에 반응할 시간을 준다. */
            printf("After sending SIGKILL to zombie (PID=%ld):\n",
                    (long) childPid);
            system(cmd);        /* 좀비 자식 프로세스를 다시 보여준다. */

            exit(EXIT_SUCCESS);
        }
}
```

## 26.3 SIGCHLD 시그널

자식 프로세스의 종료는 비동기적으로 발생하는 사건이다. 부모는 자식이 언제 종료될지 알 수 없다(부모가 SIGKILL 시그널을 자식에게 보낸다고 해도, 정확하게 언제 종료될지는 자식 프로세스가 언제 스케줄링되어 다시 CPU를 사용할 수 있게 될지에 달려 있다). 이미 살펴본 대로 부모는 wait()(혹은 유사한) 함수를 호출해서 좀비 자식 프로세스가 쌓여가는 것을 막아야 한다. 여기에는 두 가지 방식이 있다.

- 부모가 WNOHANG 플래그를 사용하지 않고 wait()나 waitpid()를 호출한다. 이 경우, 호출은 자식이 아직 종료되지 않았다면 블록된다.
- 부모가 죽은 자식 프로세스를 확인하기 위해 주기적으로 블록되지 않는 호출을 시도(폴poll)한다. 이 경우 WNOHANG 플래그를 사용해 waitpid()를 호출한다.

두 경우 모두가 만족스럽지 않을 수 있다. 경우에 따라서는 부모가 자식이 종료될 때까지 블록되는 것이 바람직하지 않을 수 있다. 또 어떤 경우엔, 계속해서 블록되지 않는 waitpid()를 호출하는 것이 CPU 시간을 낭비하고 응용 프로그램의 설계를 복잡하게 할 수도 있다. 이런 문제를 피하기 위해 SIGCHLD 핸들러를 설치할 수 있다.

### 26.3.1 SIGCHLD 핸들러 설치

자식 프로세스 중의 어느 하나라도 종료되면, SIGCHLD 시그널이 부모 프로세스에게도 보내진다. 기본 설정은 이 시그널을 무시하는 것이지만, 시그널 핸들러를 통해 이 시그널을 잡을 수 있다. 시그널 핸들러 안에서 wait()(혹은 유사한) 호출을 사용해서 좀비 자식 프로세스들을 거둬들일 수 있다. 그런데 이 방식에는 유의해야 할 점이 있다.

20.10절과 20.12절에서 시그널 핸들러가 호출되면, 핸들러를 부른 시그널은 (sigaction() SA_NODEFER 플래그가 설정되지 않는 한) 잠시 블록되고 SIGCHLD를 포함한 표준 시그널은 더 이상 쌓이지 않음을 보았다. 따라서 SIGCHLD 핸들러가 이미 종료된 자식을 처리하는 동안 두 번째와 세 번째 자식 프로세스가 바로 연속해서 종료되면, 불릴 때마다 한 번만 wait()를 호출하도록 작성된 부모의 SIGCHLD 핸들러는 모든 좀비 자식 프로세스를 거둬들일 수 없게 된다.

해결책은 SIGCHLD 핸들러 내에 반복문을 넣어서 더 이상 거둬들일 죽은 자식 프로세스가 없을 때까지 WNOHANG 플래그를 설정한 waitpid()를 반복적으로 호출하는 것이다. 많은 경우, SIGCHLD 핸들러는 다음처럼 단순하게 상태 확인 없이 죽은 자식 프로세스를 거둔다.

```
while (waitpid(-1, NULL, WNOHANG) > 0)
    continue;
```

위의 루프는 waitpid()가 더 이상 좀비 자식이 없음을 의미하는 0을 리턴하거나 에러(아마도 더 이상 자식 프로세스가 없다는 ECHILD일 것이다)를 의미하는 -1을 리턴할 때까지 계속된다.

#### SIGCHLD 핸들러 설계 시 주의사항

SIGCHLD 핸들러를 설치할 때, 이미 해당 프로세스에 죽은 자식 프로세스가 있다면 어떻게 될까? 커널이 즉각적으로 SIGCHLD 시그널을 부모에게 보내줄까? SUSv3는 이 상황을 명시하지 않고 있다. 시스템 V에서 파생된 구현에서는 이런 경우 SIGCHLD를 보내주지만, 리눅스를 포함한 여타 구현에선 그렇지 못하다. 이식성 있게 응용 프로그램을 작성하려면 SIGCHLD 핸들러를 어떤 자식 프로세스의 생성보다도 먼저 설치해서 이런 차이를 피해야 한다(물론 이런 순서가 지극히 정상적이겠지만).

더 고려해야 할 점은 재진입 문제다. 21.1.2절에서, 시그널 핸들러 내로부터의 시스템 호출(예: waitpid())이 광역 변수 errno의 값을 변경할 수도 있음을 보았다. 이런 변경은 주 프로그램이 명시적으로 errno 값을 설정하거나 실패한 시스템 호출 후에 errno 값을 읽어보려는 시도를 방해할 수 있다. 이런 이유로, SIGCHLD 핸들러를 작성할 때는 핸들러의 시작 부분에서 errno를 지역 변수에 저장했다가 리턴 직전에 errno를 되돌려야 할 때가 있다. 리스트 26-5가 그 예다.

### 예제 프로그램

리스트 26-5는 좀 더 복잡한 SIGCHLD 핸들러의 예를 보여준다. 이 핸들러는 프로세스 ID와 거둬들인 자식들의 대기 상태를 출력한다①. 핸들러가 이미 불려 있는 동안에는 다수의 SIGCHLD 시그널이 쌓이지 않음을 보여주기 위해, 핸들러의 처리를 sleep()을 호출해 인위적으로 늘렸다②. 주 프로그램은 (정수형) 명령행 인자당 하나씩 프로세스를 생성한다④. 각 자식 프로세스는 해당하는 명령행 인자에 해당하는 초만큼 잠들었다가 종료한다⑤. 프로그램의 실행 결과를 보면 3개의 자식 프로세스가 종료하지만 부모에서 2개의 SIGCHLD만이 쌓임을 알 수 있다.

```
$ ./multi_SIGCHLD 1 2 4
16:45:18 Child 1 (PID=17767) exiting
16:45:18 handler: Caught SIGCHLD                핸들러가 처음 불림
16:45:18 handler: Reaped child 17767 - child exited, status=0
16:45:19 Child 2 (PID=17768) exiting            자식 프로세스가 첫 번째 핸들러가
16:45:21 Child 3 (PID=17769) exiting            불리는 동안 종료됨
16:45:23 handler: returning                     첫 번째 핸들러의 실행이 끝남
16:45:23 handler: Caught SIGCHLD                핸들러가 두 번째 불림
16:45:23 handler: Reaped child 17768 - child exited, status=0
16:45:23 handler: Reaped child 17769 - child exited, status=0
16:45:28 handler: returning
16:45:28 All 3 children have terminated; SIGCHLD was caught 2 times
```

리스트 26-5의 ③에서, 자식 프로세스가 생성되기 전에 SIGCHLD 시그널을 블록하기 위해 sigprocmask()를 사용한 것을 주목해보자. 이는 부모의 sigsuspend() 루프가 제대로 동작하도록 하기 위해서다. 이 경우 SIGCHLD를 블록하는 데 실패하고, numLiveChildren 값의 테스트와 sigsuspend()(혹은 pause()) 호출을 실행하는 사이에 자식이 종료된다면, sigsuspend() 호출이 이미 ⑥에서 잡힌 시그널을 기다리면서 영원히 블록된다. 이런 경쟁 상태를 처리하는 방법은 22.9절에서 자세히 다뤘다.

**리스트 26-5** SIGCHLD 핸들러를 통해 죽은 자식 프로세스 거둬들이기

procexec/multi_SIGCHLD.c

```
#include <signal.h>
#include <sys/wait.h>
#include "print_wait_status.h"
#include "curr_time.h"
#include "tlpi_hdr.h"

static volatile int numLiveChildren = 0;
                /* 시작했지만 아직 대기 중이지 않은 자식의 수 */

static void
sigchldHandler(int sig)
{
    int status, savedErrno;
    pid_t childPid;

    /* 안전하지 않음: 이 핸들러는 비동기 시그널에 안전하지 않은 함수(printf(),
       printWaitStatus(), currTime(); 21.1.2절 참조)를 사용한다.
     */

    savedErrno = errno; /* 'errno'를 수정하는 경우 대비 */

    printf("%s handler: Caught SIGCHLD\n", currTime("%T"));

    while ((childPid = waitpid(-1, &status, WNOHANG)) > 0) {
①       printf("%s handler: Reaped child %ld - ", currTime("%T"),
                (long) childPid);
        printWaitStatus(NULL, status);
        numLiveChildren--;
    }

    if (childPid == -1 && errno != ECHILD)
        errMsg("waitpid");

②   sleep(5);           /* 인위적으로 핸들러의 실행 시간을 늘림 */
    printf("%s handler: returning\n", currTime("%T"));

    errno = savedErrno;
}

int
main(int argc, char *argv[])
{
    int j, sigCnt;
    sigset_t blockMask, emptyMask;
    struct sigaction sa;

    if (argc < 2 || strcmp(argv[1], "--help") == 0)
```

```
        usageErr("%s child-sleep-time...\n", argv[0]);

    setbuf(stdout, NULL);       /* stdout의 버퍼링을 방지 */

    sigCnt = 0;
    numLiveChildren = argc - 1;

    sigemptyset(&sa.sa_mask);
    sa.sa_flags = 0;
    sa.sa_handler = sigchldHandler;
    if (sigaction(SIGCHLD, &sa, NULL) == -1)
        errExit("sigaction");

    /* 부모가 아래 sigsuspend() 루프를 시작하기 전에 자식이 종료하면
       이의 전달을 막기 위해 SIGCHLD 블록 */

    sigemptyset(&blockMask);
    sigaddset(&blockMask, SIGCHLD);
③   if (sigprocmask(SIG_SETMASK, &blockMask, NULL) == -1)
        errExit("sigprocmask");

④   for (j = 1; j < argc; j++) {
        switch (fork()) {
        case -1:
            errExit("fork");

        case 0:                 /* 자식: 잠들었다가 종료 */
⑤           sleep(getInt(argv[j], GN_NONNEG, "child-sleep-time"));
            printf("%s Child %d (PID=%ld) exiting\n", currTime("%T"),
                    j, (long) getpid());
            _exit(EXIT_SUCCESS);

        default:                /* 부모: 계속해서 다음 자식 프로세스를 생성 */
            break;
        }
    }

    /* 부모 프로세스가 이곳에 도착: 모든 자식 프로세스가 종료할 때까지 SIGCHLD를 기다린다. */

    sigemptyset(&emptyMask);
    while (numLiveChildren > 0) {
⑥       if (sigsuspend(&emptyMask) == -1 && errno != EINTR)
            errExit("sigsuspend");
        sigCnt++;
    }

    printf("%s All %d children have terminated; SIGCHLD was caught "
            "%d times\n", currTime("%T"), argc - 1, sigCnt);
```

```
    exit(EXIT_SUCCESS);
}
```

### 26.3.2 중지된 자식에 대한 SIGCHLD 전달

waitpid()가 멈춘 자식을 감시하는 데 사용될 수 있듯이, 자식 프로세스 중의 하나가 시그널을 받고 멈췄을 때 부모 프로세스가 SIGCHLD 시그널을 받도록 설정할 수 있다. sigaction()을 사용해 SIGCHLD 시그널 핸들러를 설치할 때, SA_NOCLDSTOP 플래그를 설정함으로써 가능하다. 이 플래그가 없으면, 자식이 멈췄을 때 SIGCHLD 시그널이 부모에게로 전달된다. 플래그가 설정되어 있으면 SIGCHLD 시그널은 전달되지 않는다(22.7절의 signal()에서는 SA_NOCLDSTOP을 설정하지 않았다).

> SIGCHLD의 기본 설정이 시그널을 무시하도록 되어 있기 때문에, SA_NOCLDSTOP 플래그는 SIGCHLD 핸들러를 설치했을 때만 의미가 있다. 더 나아가 SIGCHLD는 SA_NOCLDSTOP 플래그가 영향을 미치는 유일한 시그널이다.

SUSv3에서는 멈춘 자식이 SIGCONT 시그널을 받고 재개됐을 때 부모에게 SIGCHLD 시그널이 전송되는 것도 허용한다(waitpid()의 WCONTINUED 플래그에 대응된다). 리눅스에서는 이 기능이 커널 2.6.9부터 구현됐다.

### 26.3.3 죽은 자식 프로세스 무시하기

죽은 자식 프로세스를 처리할 때 고려해볼 수 있는 또 다른 방법이 있다. 명시적으로 SIGCHLD을 SIG_IGN으로 설정하면 그 후에 종료하는 자식 프로세스들은 좀비가 되지 않고 즉각적으로 시스템에서 제거된다. 이 경우 자식 프로세스의 상태가 제거됐기 때문에 이후의 wait() 혹은 비슷한 유형의 함수 호출은 종료된 자식에 대한 어떤 정보도 리턴하지 않는다.

> SIGCHLD의 기본 설정이 무시되는 것일지라도, 명시적으로 SIG_IGN으로 설정할 경우 여기서 설명한 것처럼 전혀 다르게 동작한다. 이런 점에서 SIGCHLD는 시그널 중에서 좀 독특한 면이 있다.

많은 유닉스에서처럼 리눅스에서도 SIGCHLD를 SIG_IGN으로 설정하는 것은 기존의 좀비 자식 프로세스에게는 어떤 영향도 주지 않기 때문에, 좀비 자식들은 앞에서 다룬 방식으로 처리돼야 한다. 몇몇 유닉스 구현(예: 솔라리스 8)에서는 SIGCHLD의 속성을 SIG_IGN으로 설정하면 기존의 좀비 자식도 함께 제거해버린다.

SIGCHLD에서 SIG_IGN의 쓰임은 시스템 V에서부터 시작된 오랜 역사를 지니고 있다. SUSv3에서는 여기서 설명한 대로 규정되어 있지만, 원래 POSIX.1 표준에는 정의되어 있지 않다. 따라서 오래된 여타 유닉스 구현에서는 SIGCHLD를 무시하는 건 좀비를 처리하는 데 아무런 영향이 없다. 좀비 생성을 막는 유일한 이식 가능한 방법은 가능하면 SIGCHLD 핸들러 안에서 wait()나 waitpid()를 호출하는 것뿐이다.

### SUSv3와 리눅스 커널 예전 버전의 차이

SUSv3의 규격에 따르면, SIGCHLD의 속성이 SIG_IGN으로 설정되어 있으면 자식 프로세스의 자원 사용 정보가 제거돼야 한다. 또한 부모가 RUSAGE_CHILDREN 플래그(31.1절)를 설정해서 getrusage()를 호출했을 때 리턴되는 총합에서도 자식 프로세스의 자원 사용 정보가 포함돼선 안 된다. 그러나 커널 2.6.9 이전의 리눅스에서는 자식 프로세스가 사용한 CPU 시간과 자원이 포함되고 getrusage() 호출에 반영된다. 리눅스 2.6.9 이후 버전에서는 이런 불일치가 수정됐다.

> SIGCHLD의 속성을 SIG_IGN으로 설정하면, 또한 자식 CPU 시간이 times()에 의해 리턴되는 구조체(10.7절)에 포함되지 않는다. 그러나 2.6.9 이전 버전의 리눅스 커널에서는 times()로 리턴되는 정보에 포함되는 불일치를 보인다.

SUSv3의 규격에 따르면, SIGCHLD의 속성이 SIG_IGN으로 설정되어 있고, 부모가 이미 좀비가 됐지만 제거되지 않은 자식 프로세스를 종료시키지 않을 경우, wait()나 waitpid() 호출은 블록되어 모든 자식 프로세스가 종료되기를 기다렸다가 에러 ECHILD를 내고 종료돼야 한다. 리눅스 2.6은 이런 요구사항을 따르고 있지만, 2.4와 그 이전 버전에서는 wait()가 바로 다음 자식이 종료될 때까지만 블록됐다가 자식의 프로세스 ID와 상태를 리턴한다(즉 SIGCHLD의 속성을 SIG_IGN으로 설정하지 않은 경우와 동일하다).

### sigaction()의 SA_NOCLDWAIT 플래그

SUSv3의 규격에 따르면, SA_NOCLDWAIT 플래그는 SIGCHLD 시그널의 속성을 sigaction()으로 설정할 때 쓰일 수 있다. 이 플래그는 SIGCHLD 속성이 SIG_IGN으로 설정될 때와 비슷한 결과를 만든다. 이 플래그는 리눅스 2.4에서는 구현되지 않았지만, 2.6 버전에서는 지원한다.

SIGCHLD의 속성을 SIG_IGN으로 설정하는 경우와 SA_NOCLDWAIT를 사용하는 경우의 주요 차이점은, SA_NOCLDWAIT의 핸들러를 작성할 때, SUSv3에서는 자식이 종료됐을 때 SIGCHLD 시그널을 부모에게로 보내야 하는지 말아야 하는지를 명시하고 있지 않다는 점이다. 즉 SA_NOCLDWAIT가 설정됐을 때, SIGCHLD를 전달하는 것이 허용되고, (커널이 이미 좀비를 다 제거했기 때문에 SIGCHLD 핸들러가 wait()를 써서 자식 상태를 살펴볼 수 없는 상황임에도 불구하고) 응용 프로그램에서는 시그널을 받을 수 있다. 리눅스를 포함한 몇몇 유닉스 구현에서는 커널이 부모 프로세스를 위해 SIGCHLD 시그널을 발생시킨다. 또 어떤 유닉스 구현에서는 SIGCHLD가 생성되지 않는다.

> 예전 리눅스 커널에서는 SIGCHLD 시그널에 SA_NOCLDWAIT 플래그를 설정하면, 위에서 설명한 SIGCHLD의 속성을 SIG_IGN으로 설정했을 때와 유사하게 SUSv3의 규격과 다른 모습을 보인다.

### 시스템 V SIGCHLD 시그널

리눅스에서는 SIGCLD가 SIGCHLD 시그널과 동의어로 사용된다. 역사적인 이유로 이렇게 두 가지 이름이 존재하는데, SIGCHLD는 BSD에서 유래했다. POSIX는 BSD의 시그널 모델에 기반을 두고 표준화가 진행되어 SIGCHLD는 POSIX에 채택됐다. 시스템 V에서는 여기에 대응하는 SIGCLD 시그널을 제공했는데, 약간의 차이가 있었다.

BSD의 SIGCHLD와 시스템 V SIGCLD 간의 두드러진 차이점은 시그널의 속성을 SIG_IGN으로 설정하면 어떻게 되는가이다.

- 예전의(또한 최근의 몇몇 버전에서도) BSD 구현에서는 SIGCHLD가 무시되는 상황에서도 시스템은 아무도 기다리지 않는 자식 프로세스들에 대해 계속해서 좀비 프로세스를 만든다.
- 시스템 V에서는 SIGCLD를 무시하기 위해 (sigaction()이 아닌) signal() 호출을 사용하면, 자식 프로세스가 종료될 때 좀비가 생성되지 않는다.

이미 언급했듯이 원래 POSIX.1 표준은 SIGCHLD를 무시했을 때의 결과를 명시하지 않았기 때문에 시스템 V의 방식도 허용된다. 요즘에는 (SIGCHLD라는 이름을 고집함에도) 이런 시스템 V의 방식이 SUSv3의 일부로 명시되어 있다. 최신 시스템 V의 파생 버전에서는 시그널 이름으로 SIGCHLD를 사용하지만 계속해서 SIGCLD를 동일어로 제공한다. SIGCLD에 관한 좀 더 자세한 내용은 [Stevens & Rago, 2005]에서 찾아볼 수 있다.

## 26.4 정리

wait()와 waitpid()(혹은 관련된 함수)를 사용하면, 부모 프로세스는 종료되거나 멈춘 자식 프로세스의 상태를 얻을 수 있다. 이런 상태는 자식 프로세스가 정상적으로 종료됐는지 (성공적 수행이었는지 아닌지를 알려주는 종료 상태와 함께) 비정상적으로 종료됐는지, 시그널에 의해 멈춘 것인지 아니면 SIGCONT 시그널에 의해 재개된 것인지를 알려준다.

자식의 부모 프로세스가 종료되면, 자식은 고아가 되어 프로세스 ID가 1인 init 프로세스에게 입양된다.

자식 프로세스는 종료되면 좀비가 되고, 부모가 wait()(나 유사한) 함수를 호출해서 자식의 상태를 얻어가고 나서야 시스템에서 제거된다. 오랫동안 실행돼야 하는 셸이나 데몬 같은 프로그램은 생성하는 자식 프로세스들의 상태를 항상 거둬가도록 설계해야 한다. 이는 좀비 상태의 프로세스는 죽일 수도 없고, 수거되지 않은 좀비들로 인해 커널 프로세스 테이블이 낭비되기 때문이다.

죽은 자식 프로세스를 제거하는 일반적인 방법은 SIGCHLD 시그널 핸들러를 만드는 것이다. 이 시그널은 자식 프로세스가 종료되거나 시그널에 의해 멈춰질 경우에도 선택적으로 부모 프로세스에게로 전달된다. 또 다른 방법으로, (이식성에 문제가 있기는 하지만) SIGCHLD의 속성을 SIG_IGN으로 설정해서 종료된 자식의 상태가 즉각적으로 삭제되어 (따라서 나중에 부모가 볼 방법이 없다) 자식 프로세스가 좀비가 안 되게 하는 방법도 있다.

### 더 읽을거리

24.6절의 '더 읽을거리'를 참조하기 바란다.

## 26.5 연습문제

26-1. 자식의 부모 프로세스가 종료됐을 때, getppid()의 리턴값이 1(init의 프로세스 ID)임을 보여주는 프로그램을 작성하라.

26-2. 조부모, 부모, 자식의 관계에 놓인 세 프로세스가 있는데, 부모가 종료된 후에 조부모가 바로 wait()를 실행하지 못해서 부모가 좀비가 됐다고 가정해보자. 이때 init는 언제 자식 프로세스를 입양하겠는가? (즉 자식의 getppid()가 1을 리턴하게 된다.) 부모가 종료한 뒤일까 아니면 조부모가 wait()를 호출한 뒤일까? 프로그램을 작성해서 언제인지 확인해보라.

26-3. 리스트 26-3(child_status.c)에서 `waitpid()`의 사용을 `waitid()`로 바꿔라. `printWaitStatus()`의 호출에서 `waitid()`가 리턴하는 `siginfo_t` 구조체로부터 적절한 필드를 출력하는 코드가 수정돼야 할 것이다.

26-4. 리스트 26-4(make_zombie.c)에서는 `sleep()`을 사용해 부모 프로세스가 `system()`을 실행하기 전에 자식 프로세스가 먼저 실행하고 종료될 기회를 만들었다. 이 방법은 이론상 경쟁 상태를 만든다. 시그널을 사용해 부모와 자식을 동기화하여 경쟁 상태를 제거한 프로그램을 작성하라.

# 27

# 프로그램 실행

24~25장에서 살펴본 프로세스의 생성과 종료에 관한 논의에 이어, 이제 프로세스가 현재 실행되는 프로그램을 execve() 시스템 호출을 이용해 어떻게 전혀 새로운 프로그램으로 바꾸는지를 살펴본다. 그런 다음, 임의의 셸 명령을 실행하게 해주는 system() 함수를 구현하는 방법도 알아본다.

## 27.1 새 프로그램 실행하기: execve()

execve() 시스템 호출은 새 프로그램을 프로세스의 메모리로 로드한다. 이 과정에서 예전 프로그램이 제거되고, 프로세스의 스택, 데이터, 힙이 새 프로그램의 것으로 교체된다. 많은 C 라이브러리 런타임 스타트업 코드와 프로그램 초기화 코드(예: C++ 정적 생성자나 37.4절에서 설명하는 gcc constructor 속성으로 선언된 C 함수)를 실행한 후에 새 프로그램은 자신의 main() 함수를 시작한다.

execve() 사용의 가장 흔한 예는 fork()로 생성된 자식 프로세스에서 볼 수 있지만, fork()와 상관없이 사용되는 경우도 없지는 않다.

이름이 exec로 시작하는 많은 라이브러리 함수는 execve() 시스템 호출을 바탕으로 만들어진다. 각 함수는 각기 다른 인터페이스를 통해 동일한 기능을 제공한다. 이 함수를 이용해 새 프로그램을 로드하는 것을 exec 실행이라고 하거나 단순히 exec()로 표현한다. 먼저 execve()에 대해 설명하고 라이브러리 함수를 살펴보겠다.

```
#include <unistd.h>

int execve(const char *pathname, char *const argv[], char *const envp[]);
```

성공하면 아무것도 리턴하지 않고, 에러가 발생하면 –1을 리턴한다.

pathname 인자는 프로세스의 메모리로 로드될 새 프로그램의 경로 정보를 담고 있다. 이 경로는 절대 경로(/로 시작)이거나 호출한 프로그램의 현재 작업 디렉토리에 대한 상대 경로다.

argv 인자는 새 프로그램에 넘겨질 명령행 인자를 정한다. 이 배열은 C main() 함수의 두 번째 인자(argv)에 해당하며, 형태가 동일하다. 즉 문자열을 가리키는 NULL로 종료되는 리스트형이다. argv[0]에 해당하는 값은 명령 자신이다. 일반적으로 이 값은 pathname의 기본값basename(즉 마지막 요소)과 같다.

마지막 인자 envp는 새 프로그램의 환경 변수 목록을 정한다. envp 인자는 새 프로그램의 environ 배열에 해당한다. 즉 이름=값 형태의 문자열을 가리키는 NULL로 종료되는 리스트다(6.7절).

> 리눅스의 /proc/*PID*/exe 파일은 대응하는 프로세스에 의해 실행되고 있는 실행 가능한 파일의 절대 경로 정보를 담고 있는 심볼릭 링크다.

execve() 후에 프로세스의 프로세스 ID는 그대로 남는데, 같은 프로세스가 계속 존재하기 때문이다. 몇 개의 프로세스 속성 역시 변하지 않는데, 28.4절에서 다룬다.

pathname에 의해 정해진 프로그램 파일의 set-user-ID(set-group-ID) 권한 비트가 설정되어 있으면, 파일이 실행될 때 프로세스의 유효 사용자(그룹) ID는 프로그램 파일 소유자(그룹)의 것과 같아진다. 이는 특별한 프로그램이 실행될 때, 임시적으로 권한을 주기 위한 방편이다(9.3절 참조).

경우에 따라서 실제 ID가 변경된 후에(ID가 변경됐든 아니든 간에) execve()는 프로세스의 실제 사용자 ID를 자신의 저장된 set-user-ID에, 실제 그룹 ID는 저장된 set-group-ID에 각각 저장한다.

자신을 호출한 프로그램을 교체하는 것이기 때문에, 성공적인 execve()는 아무것도 리턴하지 않는다. execve()의 리턴값을 확인할 필요조차 없이 항상 -1이다. 리턴했다는 것 자체가 에러가 발생했다는 뜻이고, 언제나처럼 errno를 이용해 원인을 알아낼 수 있다. errno에 리턴될 수 있는 에러는 다음과 같다.

- EACCES: pathname 인자가 가리키는 파일이 일반 파일이 아니거나, 실행 권한이 없거나, pathname의 디렉토리 요소 중 하나에 접근할 수 없다(즉 디렉토리의 실행 권한이 없다). 파일이 MS_NOEXEC 플래그로 마운트된 파일 시스템에 있을 수도 있다(14.8.1절).
- ENOENT: pathname이 가리키는 파일이 존재하지 않는다.
- ENOEXEC: pathname이 가리키는 파일이 실행 가능하다고 설정되어 있지만, 인식 가능한 실행 형태가 아니다. 스크립트가 스크립트 인터프리터를 설명하는 (문자 #!으로 시작하는) 행으로 시작하지 않는 경우일 수 있다.
- ETXTBSY: pathname이 가리키는 파일이 하나 이상의 프로세스에 의해 쓰기용으로 열려 있다(4.3.2절).
- E2BIG: 인자 목록과 환경 변수 목록이 요구하는 총 공간이 허용된 최대치를 넘는다.

위에 나열한 에러는 이런 상황이 스크립트를 실행하도록 정해진 인터프리터 파일(27.3절 참조)이나 프로그램을 실행하기 위해 사용된 ELF 인터프리터에 적용될 경우에도 발생할 수 있다.

> ELF(Executable and Linking Format)는 실행 파일의 레이아웃을 지정하는 널리 사용되는 규약이다. 보통, 실행하는 동안 프로세스 이미지가 실행 파일의 세그먼트들을 이용해서 만들어진다(6.3절). 그런데 ELF 규약은 실행 파일이 프로그램을 실행할 때 쓸 인터프리터(PT_INTERP ELF 프로그램 헤더 요소)를 정하는 것도 허용한다. 인터프리터가 정해지면, 커널은 프로세스 이미지를 정해진 인터프리터 실행 파일로부터 생성한다. 즉 프로그램을 로드하고 실행할 책임이 인터프리터에게 주어진다. 36장에서 ELF 인터프리터에 대해 좀 더 살펴보고 추가 정보를 소개할 것이다.

## 예제 프로그램

리스트 27-1은 execve()의 사용 예다. 이 프로그램은 새 프로그램의 인자 목록과 환경 목록을 생성한 후에 자신의 명령행 인자(argv[1])를 실행할 프로그램의 pathname으로 해서 execve()를 호출한다.

리스트 27-2는 리스트 27-1의 프로그램에 의해 실행되도록 준비된 프로그램을 보여준다. 이 프로그램은 단순히 명령행과 환경 목록(6.7절의 설명처럼 전역 변수 environ을 이용해 얻을 수 있다)를 출력한다.

다음 셸 세션은 리스트 27-1과 리스트 27-2 프로그램의 사용 예다(예에서 실행될 프로그램을 설정할 때 상대 경로를 썼다).

```
$ ./t_execve ./envargs
argv[0] = envargs                모든 결과는 envargs에 의해 출력된다.
argv[1] = hello world
argv[2] = goodbye
environ: GREET=salut
environ: BYE=adieu
```

**리스트 27-1** execve()를 사용해 새 프로그램 실행하기

procexec/t_execve.c

```
#include "tlpi_hdr.h"

int
main(int argc, char *argv[])
{
    char *argVec[10];           /* 필요보다 많게 */
    char *envVec[] = { "GREET=salut", "BYE=adieu", NULL };

    if (argc != 2 || strcmp(argv[1], "--help") == 0)
        usageErr("%s pathname\n", argv[0]);

    argVec[0] = strrchr(argv[1], '/'); /* argv[1]로부터 기본값을 얻는다. */
    if (argVec[0] != NULL)
        argVec[0]++;
    else
        argVec[0] = argv[1];

    argVec[1] = "hello world";
    argVec[2] = "goodbye";
    argVec[3] = NULL;           /* 리스트는 반드시 NULL로 끝나야 한다. */

    execve(argv[1], argVec, envVec);
    errExit("execve");          /* 여기에 도달했다면 문제가 발생한 것이다. */
}
```

리스트 27-2 인자 목록과 환경 출력하기

procexec/envargs.c

```
#include "tlpi_hdr.h"

extern char **environ;

int
main(int argc, char *argv[])
{
    int j;
    char **ep;

    for (j = 0; j < argc; j++)
        printf("argv[%d] = %s\n", j, argv[j]);

    for (ep = environ; *ep != NULL; ep++)
        printf("environ: %s\n", *ep);

    exit(EXIT_SUCCESS);
}
```

## 27.2 exec() 라이브러리 함수

이번 절에서 설명하는 라이브러리 함수는 exec()를 실행하는 또 다른 API를 제공한다. 이들은 execve()를 바탕으로 작성됐는데, 프로그램명, 인자 목록, 새 프로그램의 환경 등을 정의하는 방법에 있어 서로 차이가 있다.

```
#include <unistd.h>

int execle(const char *pathname, const char *arg, ...
            /* , (char *) NULL, char *const envp[] */ );
int execlp(const char *filename, const char *arg, ...
            /* , (char *) NULL */);
int execvp(const char *filename, char *const argv[]);
int execv(const char *pathname, char *const argv[]);
int execl(const char *pathname, const char *arg, ...
            /* , (char *) NULL */);
```

성공하면 아무것도 리턴하지 않고, 에러가 발생하면 -1을 리턴한다.

각 함수의 마지막 문자가 각각의 차이를 암시하는데, 표 27-1에 정리해뒀다. 자세한 내용은 다음과 같다.

- 대부분의 exec() 함수는 로드할 새 프로그램을 경로명을 사용해 지정할 것을 요구한다. 하지만 execlp()와 execvp()는 단순히 파일이름만 제공해도 된다. 파일이름은 PATH 환경 변수에 기록된 디렉토리 내에서 검색한다(나중에 자세하게 설명할 것이다). 이는 명령 이름이 주어졌을때 셸이 검색하는 방식이다. 이런 차이점을 표시하고자 함수의 이름에 문자 p(즉 PATH)가 있는 것이다. 파일이름에 슬래시(/)가 포함되면 PATH 변수는 사용되지 않고, 상대 경로나 절대 경로로 취급된다.
- 새 프로그램을 위해 배열을 써서 argv를 지정하는 대신에, execle(), execlp(), execl()은 호출될 때 문자열 목록으로 인자를 지정할 것을 요구한다. 이런 인자의 첫 번째에 해당하는 것이 새 프로그램의 main 함수에 있는 argv[0]이고, 일반적으로 filename 인자 혹은 pathname 인자의 기본값basename 요소와 동일하다. NULL 포인터로 인자 목록을 끝내서, 리스트의 끝을 알려줘야 한다(위의 함수 프로토타입에서 (char *) NULL을 주석 처리한 이유다. NULL 앞에 캐스팅이 필요한 이유는 부록 C를 참조하라). 이런 함수의 이름에는 문자 l(즉 list)이 있어서, 인자 목록이 NULL로 종결되는 배열이어야 하는 함수와 구분된다. 인자 목록이 배열이어야 하는 함수는 이름에 문자 v(즉 vector)가 있다.
- execve()와 execle() 함수는 새 프로그램을 위해 문자열을 가리키며 NULL로 끝나는 포인터 배열인 envp를 써서 환경을 지정할 것을 요구한다. 이런 함수의 이름은 문자 e(즉 environment)로 끝난다. 이 외의 exec() 함수는 호출한 쪽의 환경(즉 environ의 내용을 말함)을 새 프로그램의 환경으로 사용한다.

> glibc의 버전 2.11에서 비표준 함수인 execvpe(file, argv, envp)가 추가됐다. 이는 execvp()와 유사한데, 새 프로그래을 위한 환경을 environ에서 취하는 대신에, (execve()나 execle()에서처럼) 호출하는 쪽에서 envp 인자를 통해 새 환경을 지정한다.

여러 형태의 exec()를 살펴보자.

**표 27-1** exec() 함수들의 차이점

| 함수 | 프로그램 파일 지정 (–, p) | 인자 지정 (v, l) | 환경 변수 출처 (e, –) |
|---|---|---|---|
| execve() | 경로명 | 배열 | envp 인자 |
| execle() | 경로명 | 리스트 | envp 인자 |
| execlp() | 파일명 + PATH | 리스트 | 호출한 쪽의 environ |
| execvp() | 파일명 + PATH | 배열 | 호출한 쪽의 environ |
| execv() | 경로명 | 배열 | 호출한 쪽의 environ |
| execl() | 경로명 | 리스트 | 호출한 쪽의 environ |

## 27.2.1 PATH 환경 변수

execvp()와 execlp() 함수에서는 단지 실행할 파일의 이름만 지정해도 된다. 이들은 파일을 찾기 위해 PATH 환경 변수를 이용한다. PATH의 값은 콜론으로 분리되는 디렉토리 이름으로 이뤄진 문자열(경로 접두사path prefix라 불린다)이다. 예를 들어, 다음 PATH 값은 5개의 디렉토리를 지정하고 있다.

```
$ echo $PATH
home/mtk/bin:/usr/local/bin:/usr/bin:/bin:.
```

로그인 셸login shell의 PATH 값은 시스템 단위로 사용자마다의 셸 시작 스크립트startup script에 의해 설정된다. 자식 프로세스가 부모의 환경 변수를 복사해 자신의 것을 생성하기 때문에 명령을 실행하기 위해 셸이 생성하는 프로세스는 셸의 PATH를 복사해 사용하게 된다.

PATH에 지정된 디렉토리 경로명은 절대 경로(/로 시작)이거나 상대 경로다. 상대 경로명은 호출하는 프로세스의 현재 실행 디렉토리를 기준으로 해석된다. 현재 작업 디렉토리는 위의 예에서처럼 .(점)을 사용해 표현한다.

> 현재 작업 디렉토리를 길이가 0인 접두사를 사용해 PATH 내에 지정하는 방법도 있는데, 이는 시작 콜론과 뒤따르는 콜론을 연속해서 사용하면 된다(예를 들어 /usr/bin:/bin:의 경우에는 :(콜론) 뒤에 아무것도 안 따르기 때문에 길이가 0인 접두사가 된다). SUSv3에서는 이 방법이 더 이상 쓰이지 않기 때문에 현재 실행 디렉토리를 .(점)을 사용해 명시해야 한다.

PATH 변수가 정의되어 있지 않으면, execvp()나 execlp()는 기본 경로 목록이 .:/usr/bin:/bin이라고 가정한다.

보안 측면에서 슈퍼유저의 계정(root)에서는 현재 실행 디렉토리가 PATH에서 빠지도록 설정되어 있다. 이는 슈퍼유저가 실수로 표준 명령과 동일한 이름이거나 혹은 자주 쓰이는 명령의 오타(즉 ls 대신에 sl을 입력) 대신에 (악의적인 사용자가 일부러 가져다뒀을 수도 있는) 현재 실행 디렉토리 내의 파일을 실행하는 경우를 방지하기 위해서다. 어떤 리눅스 배포판에서는 권한이 없는 사용자를 위해 PATH의 기본 설정에서 현재 실행 디렉토리를 포함시키지 않았다. 이 책의 셸 세션 로그에 쓰인 PATH는 그런 경우를 염두에 두고서 현재 실행 디렉토리로부터 실행되는 프로그램의 이름 앞에는 항상 ./를 붙이고 있다(이렇게 해서 동시에 이 책의 셸 세션 로그에서는 표준 명령과 우리가 작성한 프로그램을 시각적으로 구분할 수 있는 효과도 얻는다).

execvp()와 execlp() 함수는 파일명을 PATH 안에든 디렉토리로부터 검색하는데, 목록의 처음부터 시작해서 주어진 이름의 파일이 성공적으로 실행될 때까지 계속된다. 이런 방식으로 PATH 환경 변수를 사용하면, 특히 실행 파일이 실행 시 어디에 위치할지 모르는 경우이거나 특정 위치에 의존되게 코드를 작성하고 싶지 않은 경우에 유용하다.

set-user-ID나 set-group-ID 프로그램에서의 execvp()와 execlp()는 피해야 한다. 아니면, 적어도 조심스럽게 다뤄야 한다. 특히 PATH 환경 변수를 매우 조심스럽게 관리해서 나쁜 의도로 만들어진 프로그램이 실행되는 것을 막아야 한다. 실제에서 이는 응용 프로그램이 앞서 정의된 PATH 값을 안전하다고 알려진 디렉토리 목록으로 덮어써야 함을 의미한다.

리스트 27-3은 execlp()의 사용 예다. 다음의 셸 세션 로그는 이 프로그램을 사용해 echo 명령(/bin/echo)을 호출하는 모습을 보여준다.

```
$ which echo
/bin/echo
$ ls -l /bin/echo
-rwxr-xr-x    1 root           15428 Mar 19 21:28 /bin/echo
$ echo $PATH                   PATH 환경 변수의 내용을 보여준다.
/home/mtk/bin:/usr/local/bin:/usr/bin:/bin      /bin이 PATH에 포함되어 있다.
$ ./t_execlp echo              execlp()는 PATH를 이용해 성공적으로 echo를 찾았다.
hello world
```

위의 문자열 hello world는 리스트 27-3의 프로그램에서 execlp()의 세 번째 인자로 주어진 것이다.

계속해서, PATH에서 echo 프로그램이 포함된 디렉토리인 /bin을 빼보자.

```
$ PATH=/home/mtk/bin:/usr/local/bin:/usr/bin
$ ./t_execlp echo
ERROR [ENOENT No such file or directory] execlp
$ ./t_execlp /bin/echo
hello world
```

보다시피 파일이름(슬래시(/)가 포함되지 않은 문자열)을 execlp()에게 넘겼을 때, echo 라는 파일을 PATH에 나열된 디렉토리에서 찾을 수 없기 때문에 호출은 실패한다. 반면에, 하나 혹은 더많은 슬래시를 포함한 경로명을 주면 execlp()는 PATH의 내용을 무시한다.

**리스트 27-3** execlp()를 이용해 PATH 내의 파일이름 검색하기

procexec/t_execlp.c

```
#include "tlpi_hdr.h"

int
main(int argc, char *argv[])
{
    if (argc != 2 || strcmp(argv[1], "--help") == 0)
        usageErr("%s pathname\n", argv[0]);

    execlp(argv[1], argv[1], "hello world", (char *) NULL);
    errExit("execlp");              /* 여기에 도달하면 무엇인가 잘못된 것이다. */
}
```

## 27.2.2 프로그램 인자를 리스트로 지정하기

프로그램을 작성할 때, exec()로 몇 개의 인자를 건넬 것인지를 알 수 있을 경우, execle()나 execlp(), execl()을 사용하면 함수 호출문에서 인자를 리스트로 지정할 수 있다. 이는 편리할 수 있는데, argv 벡터에 인자를 넣는 방식보다 코드가 덜 필요하기 때문이다. 리스트 27-4의 프로그램은 리스트 27-1의 프로그램과 동일한 작업을 수행하지만, execve() 함수 호출문에서 execle()를 사용한다.

**리스트 27-4** execle()를 사용해 프로그램의 인자를 리스트로 지정하기

procexec/t_execle.c

```
#include "tlpi_hdr.h"

int
main(int argc, char *argv[])
{
    char *envVec[] = { "GREET=salut", "BYE=adieu", NULL };
```

```
    char *filename;

    if (argc != 2 || strcmp(argv[1], "--help") == 0)
        usageErr("%s pathname\n", argv[0]);

    filename = strrchr(argv[1], '/'); /* argv[1]로부터 파일이름을 얻는다. */
    if (filename != NULL)
        filename++;
    else
        filename = argv[1];

    execle(argv[1], filename, "hello world", (char *) NULL, envVec);
    errExit("execle");              /* 여기에 도달하면 무엇인가 잘못된 것이다. */
}
```

### 27.2.3 호출한 프로세스의 환경을 새 프로그램에 전달하기

execlp(), execvp(), execl(), execv() 함수에는 명시적으로 환경 목록을 지정할 수 없다. 대신에 새 프로그램은 호출하는 프로세스로부터 환경을 물려받는다(6.7절). 이게 바람직할 때도 있고 그렇지 않을 때도 있다. 보안 측면에서는 프로그램이 잘 알려진 환경 목록을 가지고 실행되는 편이 더 나을 때가 있다. 이런 점에 대해서는 33.8절에서 더 자세히 알아보자.

리스트 27-5는 새 프로그램이 execl()을 통해 호출한 프로세스로부터 환경을 물려받는 것을 보여준다. 프로그램은 처음에 fork() 결과로 셸로부터 복사한 환경에 putenv()를 써서 변화를 준다. 그러면 printenv 프로그램이 실행되어 USER와 SHELL 환경 변수의 값을 출력한다. 이 프로그램의 실행 결과는 다음과 같다.

```
$ echo $USER $SHELL                     셸의 환경 변수 일부를 출력한다.
blv /bin/bash
$ ./t_execl
Initial value of USER: blv              셸로부터 환경을 복사해온다.
britta                                  다음 두 줄은 printenv를 통해 출력된다.
/bin/bash
```

**리스트 27-5** execl()을 이용해 호출한 프로세스의 환경을 새 프로그램에 넘겨주기

```
                                                        procexec/t_execl.c
#include <stdlib.h>
#include "tlpi_hdr.h"

int
```

```
main(int argc, char *argv[])
{
    printf("Initial value of USER: %s\n", getenv("USER"));
    if (putenv("USER=britta") != 0)
        errExit("putenv");

    execl("/usr/bin/printenv", "printenv", "USER", "SHELL",
          char *) NULL);
    errExit("execl");           /* 여기에 도달하면 무엇인가 잘못된 것이다. */
}
```

### 27.2.4 디스크립터가 가리키는 파일 실행하기: fexecve()

버전 2.3.2에서부터 glibc는 fexecve()를 제공하는데, 이는 execve()처럼 동작하지만 경로명을 통해서가 아니고 열린 파일 디스크립터 fd를 통해서 실행되는 파일을 지정한다. fexecve()를 실행하는 것은 파일을 열고, 검사합계를 이용해 내용을 확인하고 나서 파일을 실행하길 원하는 응용 프로그램에 유용하다.

```
#define _GNU_SOURCE
#include <unistd.h>

int fexecve(int fd, char *const argv[], char *const envp[]);
```

성공하면 아무것도 리턴하지 않고, 에러가 발생하면 -1을 리턴한다.

fexecve()가 없다면, open()을 이용해 파일을 읽고 내용을 검사한 후에 실행을 시킬 것이다. 하지만 이 경우 파일을 여는 작업과 실행하는 작업 사이에 파일이 바뀔 가능성이 존재한다(열린 파일 디스크립터를 갖고 있다고 해서 같은 이름의 새 파일이 생성되는 것을 막을 수는 없다). 따라서 실행되는 내용과 검사된 내용이 달라진다.

## 27.3 인터프리터 스크립트

인터프리터interpreter는 문자 형태의 명령을 읽고 실행하는 프로그램이다(이 점에서 입력된 소스 코드를 진짜 기계 혹은 가상 기계 위에서 실행될 수 있는 기계어로 번역하는 컴파일러compiler와 대비된다). 인터프리터의 예로 여러 종류의 유닉스 셸이나 awk, sed, 펄perl, 파이썬python, 루비ruby 같은 프로그램을 들 수 있다. 인터프리터는 대화식으로 명령을 읽고 실행할 수 있을 뿐만 아니라, 스크립트script라고 불리는 텍스트 파일을 읽고 실행할 수도 있다.

유닉스 커널은 인터프리터 스크립트가 이진 프로그램 파일과 유사하게 실행되게 할 수 있는데, 이를 위해서는 다음 두 가지를 만족시켜야 한다. 첫째, 스크립트 파일에 대한 실행 권한이 설정되어 있어야 한다. 둘째, 파일의 첫 번째 줄이 스크립트를 실행시키는 인터프리터의 경로명을 지정하고 있어야 하는데, 그 형태는 다음과 같다.

```
#! interpreter-path [ optional-arg ]
```

첫 번째 줄의 시작이 문자 #!여야 하는데, 한 칸 띄고 (선택사항이다) 인터프리터의 실행 경로가 뒤따른다. PATH 환경 변수는 경로명을 해석하는 데 사용되지 않기 때문에, 대개는 절대 경로명이 주어진다. 상대 경로가 쓰일 수도 있지만 그리 흔하지 않다. 이 경우에는 인터프리터를 실행하는 프로세스의 현재 실행 경로에 상대적으로 해석된다. 인터프리터의 경로명interpreter-path에 한 칸 띄고 선택적으로 인자optional-arg가 주어지는데, 그 목적은 조금 있다가 설명하겠다. 선택사항인 인자에는 빈칸이 있어선 안 된다.

예를 들어, 유닉스 셸 스크립트는 스크립트를 실행하는 데 사용하는 셸을 지정하면서 시작한다.

```
#!/bin/sh
```

> 인터프리터 스크립트 파일의 첫 번째 줄에 지정되는 선택사항인 인자에는 빈칸이 있어선 안 되는데, 어떻게 동작할지가 구현에 따라서 다르기 때문이다. 리눅스에서는 optional-arg의 빈칸은 특별 취급 없이 해석되어 인자의 처음부터 첫 번째 줄의 끝까지가 한 단어로 (나중에 인터프리터의 인자로 주어지게) 해석된다. 이런 식으로 빈칸을 처리하는 것은 셸에서 빈칸이 명령행 내의 문자들을 나누는 경계가 되는 방식과는 대조적이다.
>
> 일부 유닉스 구현에서는 optional-arg의 빈칸을 리눅스처럼 다루기도 하지만, 그렇지 않은 경우도 있다. 버전 6.0 이전의 FreeBSD에서는 인터프리터 경로명 뒤에 빈칸으로 구분되는 여러 개의 인자를 지정할 수 있었다(이 인자들은 스크립트에 넘겨진다). 버전 6.0부터는 리눅스의 방식을 따른다. 솔라리스 8에서는 빈칸이 optional-arg의 끝을 의미해서 #! 행에 있는 이후의 문자들은 무시된다.

리눅스 커널은 스크립트에서 #!가 놓이는 줄에 (마지막에 오는 줄바꿈 문자를 제외한) 문자 127개까지를 허용한다. 더 이상의 문자는 아무런 경고 없이 무시된다.

인터프리터 스크립트의 #! 기법은 SUSv3에 지정되어 있지 않지만 대부분의 유닉스 구현에서 지원한다.

> #! 줄에 허용 가능한 문자 수는 유닉스 구현마다 다르다. OpenBSD 3.1에서는 64개, Tru64 5.1에서는 1024개까지 허용된다. 오래된 구현(예: SunOS 4)에서는 문자를 32개만 허용하기도 했다.

## 인터프리터 스크립트의 실행

스크립트가 이진 기계 코드를 포함하지 않기 때문에, execve()가 스크립트를 실행하기 위해 사용될 때는 보통의 경우와는 다르게 스크립트가 실행돼야 한다. execve()는 파일이 #!의 두 문자로 시작됨을 확인하면, 그 줄의 나머지 부분(경로명과 인자)을 추출하고 다음과 같은 인자들로 인터프리터 파일을 실행한다.

```
interpreter-path [ optional-arg ] script-path arg...
```

interpreter-path와 optional-arg는 스크립트에서 #!과 같은 줄에 있는 내용에서 온 것이다. script-path는 execve()에 주어진 경로명이며, arg...는 execve()에 주어진 argv 인자를 통해 지정된 인자들의 목록이다(물론 argv[0]은 제외된다). 그림 27-1은 스크립트 인자들이 어디에서 왔는지를 정리했다.

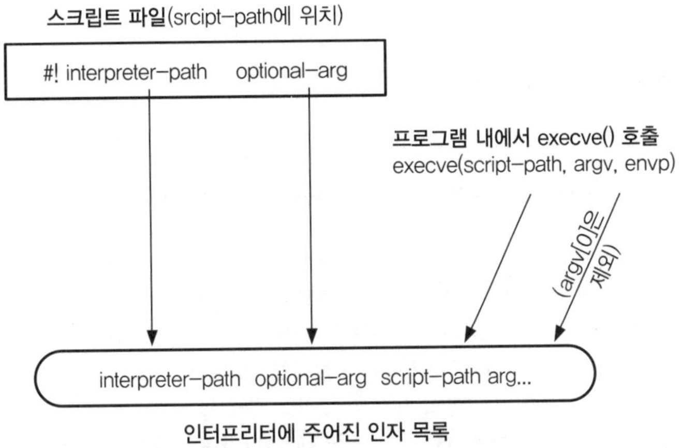


그림 27-1 실행되는 스크립트에게 넘겨진 인자 목록

리스트 6-2의 프로그램(203페이지의 necho.c)을 인터프리터로 사용해 인터프리터 인자가 어디에서 오는지를 알아보자. 이 프로그램은 단순히 모든 명령행 인자를 출력한다. 그러고 나서 리스트 27-1의 프로그램을 사용해 스크립트를 실행해보자.

```
$ cat > necho.script                          스크립트 생성
#!/home/mtk/bin/necho some argument
Some junk
Control-D를 입력한다.
$ chmod +x necho.script                       스크립트를 실행 가능하게 설정
$ ./t_execve necho.script                     스크립트 실행
argv[0] = /home/mtk/bin/necho                 처음 3개의 인자는 커널이 생성
argv[1] = some argument                       스크립트 인자를 하나의 단어로 취급
argv[2] = necho.script                        스크립트 경로에 해당
argv[3] = hello world                         execve()에 넘겨진 argVec[1]
argv[4] = goodbye                             argVec[2]에 해당
```

이 예로부터, '인터프리터'(necho)가 스크립트 파일(necho.script)의 내용을 무시하고, 스크립트의 두 번째 줄(Some junk)은 이의 실행에 아무런 영향을 끼치지 않음을 알 수 있다.

> 리눅스 2.2 커널은 스크립트를 부를 때 interpreter-path 중에서 파일이름 부분만 첫 번째 인자로 넘긴다. 때문에, 리눅스 2.2에서는 argv[0]의 출력이 'necho'가 된다.

대부분의 유닉스 셸과 인터프리터는 문자 #을 주석의 시작으로 여긴다. 따라서 이런 인터프리터는 스크립트를 해석할 때, 첫 번째 줄의 #!를 무시한다.

### 스크립트의 optional-arg 사용하기

스크립트 첫 번째 줄의 #!에서 `optional-arg`를 사용하면 인터프리터의 명령행 옵션을 줄 수가 있다. 이 기능은 awk 같은 인터프리터를 사용할 때 매우 유용하다.

> akw 인터프리터는 1970년대 말부터 유닉스 시스템에 포함됐다. awk 언어는 여러 책에서 소개하고 있는데, 이 언어를 만든 이들이 쓴 책은 [Aho et al., 1988]이고, 이들의 이름 첫 글자를 따서 이 언어의 이름을 지었다. 이 언어의 장점은 문자를 처리하는 응용 프로그램의 프로토타입을 빠르게 만들 수 있다는 점이다. 이 언어는 약한 형 언어(weakly typed language)로 설계됐으며, 텍스트를 다루는 풍부한 기능을 제공하고 C의 모습에 바탕을 두고 있어, 요즘의 자바스크립트나 PHP 같은 널리 쓰이는 스크립트 언어의 조상뻘이다.

스크립트를 awk에게 넘겨주는 방법에는 두 가지가 있는데, 기본 방법은 첫 번째 명령행 인자로서 스크립트를 awk에게 주는 것이다.

```
$ awk 'script' input-file...
```

또 다른 방법은, 다음 awk 스크립트의 예처럼 awk 스크립트를 파일 안에 넣는 것이다. 이 스크립트는 입력 중에서 가장 긴 줄의 길이를 출력한다.

```
$ cat longest_line.awk
#!/usr/bin/awk
length > max { max = length; }
END          { print max; }
```

예를 들어, 다음 C 코드를 사용해 위의 스크립트를 실행한다고 생각해보자.

```
execl("longest_line.awk", "longest_line.awk", "input.txt",
      (char *) NULL);
```

execl() 함수는 다음과 같은 인자 목록으로 execve()를 호출하고 이어서 awk를 부른다.

```
/usr/bin/awk longest_line.awk input.txt
```

여기서 execve()는 에러가 날 수 있는데, awk 인터프리터가 문자 longest_line.awk를 잘못된 awk 명령을 담은 스크립트로 해석하기 때문이다. awk에게 이 인자가 스크립트를 포함하는 파일의 이름임을 알려줘야 한다. 이를 위해서는 스크립트의 #! 줄에 선택 인자로 -f 옵션을 추가하면 된다. 이로써 awk에게 다음 인자가 스크립트 파일임을 알려주게 된다.

```
#!/usr/bin/awk -f
length > max { max = length; }
END          { print max; }
```

이제 execl() 호출은 다음의 인자를 사용하게 된다.

```
/usr/bin/awk -f longest_line.awk input.txt
```

awk는 스크립트 longest_line.awk를 성공적으로 불러 파일 input.txt를 처리한다.

### execlp()와 execvp()를 사용해 스크립트 실행하기

일반적으로 스크립트의 첫 번째 줄에 #!가 없으면 exec() 호출은 실패한다. 하지만 execlp()와 execvp()는 조금 다른 방식으로 동작한다. 이들은 실행될 파일을 검색하기 위해 PATH 환경 변수를 사용해 디렉토리 목록을 구한다. 이들이 찾은 파일이 실행 권한을 갖고 있지만 이진 실행 파일도 아니고 #!로 시작하지도 않는다면, 이 파일을 해석하기 위해 셸이 실행된다. 리눅스에서는 이런 파일이 #!/bin/sh로 시작한다고 간주한다.

## 27.4 파일 디스크립터와 exec()

exec()를 호출하는 프로그램이 열어놓은 모든 파일 디스크립터는 exec() 동안에도 계속 열려 있는 것이 기본 설정이어서 새로이 시작되는 프로그램에서도 사용될 수 있다. 이 방법을 이용하면 호출하는 프로그램이 특정 디스크립터를 열어놓아, 새 프로그램이 파일 이름을 알 필요도 없고, 파일을 열 필요도 없이 자동적으로 사용할 수 있기 때문에 자주 쓰인다.

셸은 이 방법을 이용해 실행하고자 하는 프로그램의 I/O 재지정을 처리한다. 예를 들어, 다음과 같은 셸 명령을 수행한다고 하자.

```
$ ls /tmp > dir.txt
```

셸은 다음 절차에 따라서 이 명령을 수행한다.

1. fork()는 셸의 복사본을 실행하는 자식 프로세스를 생성한다(자식 프로세스는 명령 복사본도 갖게 된다).
2. 자식 셸은 파일 디스크립터 1(표준 출력)을 사용해서 dir.txt를 열어 출력용으로 사용한다. 이를 위해 다음 중 한 방법이 사용된다.
   a) 자식 셸은 디스크립터 1(STDOUT_FILENO)을 닫고, 파일 dir.txt를 연다. open()은 가용한 파일 디스크립터 중에서 가장 작은 값을 사용하고 표준 입력(디스크립터 0)은 열려 있는 상태이기 때문에, 파일은 디스크립터 1에 열린다.
   b) 셸은 dir.txt를 열고, 새 파일 디스크립터를 얻는다. 얻은 파일 디스크립터가 표준 출력이 아닌 경우에는, dup2()를 사용해 표준 출력을 파일 디스크립터와 같게 만들고 더 이상 필요없어진 새 디스크립터는 닫는다(이 방법은 번호가 작은 디스크립터가 열린다는 사실에 의존하지 않기 때문에 앞 방법보다 좀 더 안전하다). 다음과 유사한 코드로 구현된다.

```
fd = open("dir.txt", O_WRONLY | O_CREAT,
    S_IRUSR | S_IWUSR | S_IRGRP | S_IWGRP | S_IROTH | S_IWOTH);
    /* rw-rw-rw- */
if (fd != STDOUT_FILENO) {
    dup2(fd, STDOUT_FILENO);
    close(fd);
}
```

3. 자식 셸은 ls 프로그램을 실행한다. ls 프로그램은 결과를 표준 출력에 내보내고, 표준 출력인 파일 dir.txt에 쓴다.

> 여기서는 셸이 어떻게 I/O 재지정을 수행하는지 간략하게 설명하고 있다. 실제로, 어떤 명령은(소위 말하는 셸 내장 명령 같은 경우는) fork()나 exec() 호출 없이 셸에 의해 직접 실행된다. 이런 명령에서는 I/O 재지정이 다른 방식으로 처리돼야 한다.
>
> 셸 명령이 내장형으로 구현되는 이유는 효율성과 셸 안에서의 부가적인 효과를 얻기 위해서다. pwd, echo, test처럼 자주 사용되는 명령은 간단하기 때문에 셸 내부에서 구현해 효율적이게 할 가치가 있다. 어떤 명령은 셸 자체에 부가적인 효과를 주고자 셸 내부에서 구현되는데, 이들은 셸이 관리하는 정보를 변경하거나 셸의 속성을 바꾸거나 셸 프로세스의 수행에 영향을 준다. 예를 들어, cd 명령은 셸의 현재 디렉토리를 수정해야만 하기 때문에 별도의 프로세스에서 수행될 수 없다. 이런 효과 때문에 내부에서 구현되는 명령으로는 exec, exit, read, set, source, ulimit, umask, wait 등이 있다. 또한 셸 작업 제어 명령(jobs, fg, bg)도 그런 예다. 셸이 제공하는 내장 명령의 전체 목록은 셸의 사용자 설명서에 정리되어 있다.

### 실행 시 닫기 플래그(FD_CLOEXEC)

경우에 따라서는 특정 파일 디스크립터가 exec() 전에 닫혀야 할 때가 있다. 특히 exec()가 특권 프로세스로부터 잘 모르는 프로그램(예: 우리가 작성하지 않은 프로그램)을 열어야 하거나 아니면 이미 열린 파일 디스크립터를 필요로 하지 않는 프로그램을 열 경우엔, 이런 프로그램을 열기 전에 불필요한 파일 디스크립터를 닫는 것이 프로그램을 안전하게 작성하는 방법이다. 모든 디스크립터에 대해 close()를 호출하는 방법을 생각할 수 있겠는데, 다음과 같은 문제점이 있다.

- 파일 디스크립터가 라이브러리 함수에 의해 열렸을 수 있다. 이런 함수는 exec()가 실행되기 전에 주 프로그램에서 파일 디스크립터를 강제로 닫을 수가 없다(보편적으로 라이브러리 함수는 다음에 설명하는 방법처럼, 자신이 연 파일에 대해서는 항상 실행 시 닫기close-on-exec 플래그를 설정해야 한다).
- 어떤 이유에서든 exec() 호출이 실패하면, 파일 디스크립터를 열린 상태로 두고 싶은 경우가 있다. 벌써 닫혔다면, 다시 같은 파일을 가리키도록 열기가 어렵거나 불가능할 수 있다.

이런 이유로, 커널은 각 파일 디스크립터에 대해 실행 시 닫기 플래그를 제공한다. 플래그가 설정되면, 성공적인 exec() 동안에는 파일 디스크립터가 자동으로 닫히지만, exec()가 실패하면 열린 상태로 남는다. 파일 디스크립터에 대한 실행 시 닫기 플래그는 fcntl() 시스템 호출(5.2절)을 통해 확인할 수 있다. F_GETFD를 사용해 fcntl()을 호출하면 파일 디스크립터 플래그의 복사본을 리턴한다.

```
int flags;

flags = fcntl(fd, F_GETFD);
if (flags == -1)
    errExit("fcntl");
```

해당 플래그를 얻은 후에는, FD_CLOEXEC 비트를 바꾸고 다시 fcntl()을 F_SETFD를 사용해 호출하면 플래그를 변경할 수 있다.

```
flags |= FD_CLOEXEC;
if (fcntl(fd, F_SETFD, flags) == -1)
    errExit("fcntl");
```

> FD_CLOEXEC는 파일 디스크립터 플래그에서 한 비트만을 사용한다. 이 비트는 1에 해당하기 때문에 예전 버전의 프로그램에서는 오직 한 비트만 사용한다는 사실을 바탕으로 fcntl(fd, F_SETFD, 1)을 호출해서 실행 시 닫기 플래그를 설정하기도 했다. 이론적으로 아닐 수도 있기 때문에(앞으로 어떤 유닉스에서는 추가적인 플래그 비트를 사용할 수도 있겠다), 위에서 살펴본 방법을 사용해야만 한다.
>
> 리눅스를 포함한 많은 유닉스 구현에서는 실행 시 닫기 플래그가 2개의 비표준 ioctl() 호출에 의해 변경되는 것을 허용하는데, ioctl(fd, FIOCLEX)는 fd를 위한 실행 시 닫기 플래그를 설정하는 데 사용되고, ioctl(fd, FIONCLEX)는 설정을 제거하는 데 사용된다.

dup(), dup2()나 fcntl()이 파일 디스크립터의 복사본을 만드는 데 사용될 때, 복사본에서는 실행 시 닫기 플래그가 빠진다(이는 역사적인 이유 때문이며 SUSv3에 명시되어 있다).

리스트 27-6은 실행 시 닫기 플래그를 설정하는 예제를 보여준다. 명령행의 인자(문자열)에 따라서 실행 시 닫기 플래그를 표준 출력에 설정하고 ls 프로그램을 수행한다. 프로그램의 수행 결과는 다음과 같다.

```
$ ./closeonexec                                  표준 출력을 닫지 않고 ls 수행
-rwxr-xr-x   1 mtk     users     28098 Jun 15 13:59 closeonexec
$ ./closeonexec n                                표준 출력에 실행 시 닫기 플래그 설정
ls: write error: Bad file descriptor
```

위의 두 번째 결과에서, ls는 표준 출력이 닫혔음을 알고 표준 에러에 에러 메시지를 출력한다.

리스트 27-6 파일 디스크립터에 실행 시 닫기 플래그 설정하기

procexec/closeonexec.c

```
#include <fcntl.h>
#include "tlpi_hdr.h"

int
main(int argc, char *argv[])
{
    int flags;

    if (argc > 1) {
        flags = fcntl(STDOUT_FILENO, F_GETFD);              /* flags 읽기 */
        if (flags == -1)
            errExit("fcntl - F_GETFD");

        flags |= FD_CLOEXEC; /* FD_CLOEXEC 설정 */

        if (fcntl(STDOUT_FILENO, F_SETFD, flags) == -1) /* 플래그 갱신 */
            errExit("fcntl - F_SETFD");
    }

    execlp("ls", "ls", "-l", argv[0], (char *) NULL);
    errExit("execlp");
}
```

## 27.5 시그널과 exec()

exec() 동안, 현재 프로세스의 텍스트는 지워지는데, 이 텍스트가 exec()를 호출한 프로그램이 설정한 시그널 핸들러를 포함할 수 있다. 핸들러가 사라졌기 때문에 커널은 처리된 모든 시그널의 속성을 SIG_DFL로 설정한다. 여타 시그널(예를 들면, SIG_IGN이나 SIG_DFL 같은 속성을 갖는 시그널)의 속성은 exec()에 의해 변경되지 않고 남겨지는데, 이는 SUSv3가 요구하는 방식이다.

SUSv3는 처리되지 않은 SIGCHLD 시그널을 특별 처리하고 있다(26.3.3절에서 처리되지 않은 SIGCHLD가 좀비 프로세스를 생성함을 보았다). 처리되지 않은 SIGCHLD가 exec()를 전후로 계속해서 무시돼야 하는지 아니면 해당 속성이 SIG_DFL로 재설정돼야 하는지는 SUSv3에서 명확히 정하고 있지 않다. 리눅스는 무시하는 방법을 택하고 있지만, 어떤 유닉스(예: 솔라리스)는 재설정하는 방식을 따른다. 따라서 이식성을 높이기 위해, SIGCHLD를 무시하는 프로그램의 경우에는, 반드시 exec() 전에 signal(SIGCHLD, SIG_DFL)을 수

행해야 한다. 즉 SIGCHLD의 속성이 SIG_DFL이 아닌 다른 값임을 가정하는 프로그램을 작성해서는 안 된다.

이전 프로그램의 데이터, 힙, 스택이 지워진다는 의미는 signalstack()(21.3절) 호출에 의해 만들어진 대체 시그널 스택 역시 사라짐을 의미한다. 대체 시그널 스택은 exec()를 전후로 변경되기 때문에, SA_ONSTACK 비트 역시 모든 시그널에 대해 초기화된다.

exec() 동안에도, 프로세스 시그널 마스크와 여러 개의 보류 중인 시그널은 보존된다. 따라서 새로 실행되는 프로그램의 시그널을 블록하거나 저장할 수 있다. 하지만 SUSv3에 따르면 현존하는 많은 응용 프로그램이 잘못된 가정을 하고 있다. 즉 어떤 시그널의 속성이 SIG_DFL로 설정되어 프로그램이 시작한다거나 시그널이 블록되지 않는다고 잘못 알고 있다(특히 C 표준에서는 시그널의 규약이 느슨해서, 시그널 블록은 정의되어 있지 않다. 따라서 유닉스 외의 시스템에서 작성된 C 프로그램의 경우에는 시그널을 블록할 방법이 없다). 이런 이유로 SUSv3에서 권고하길, 임의 프로그램의 exec() 전후로 시그널을 블록하거나 무시해서는 안 된다. 여기서 '임의'란 우리가 작성하지 않은 프로그램을 뜻한다. 우리가 작성한 프로그램이나 시그널에 대해 어떻게 동작할지 잘 알려진 프로그램을 실행할 때는 시그널을 블록하거나 무시해도 무방하다.

## 27.6 셸 명령 실행하기: system()

system() 함수는 호출하는 프로그램이 임의의 셸 명령을 실행하게 해준다. 이번 절에서 system()에 대해 알아본 다음, 다음 절에서는 fork(), exec(), wait(), exit()를 이용해 system()을 구현하는 방법을 살펴본다.

> Vol. 2의 7.5절에서 살펴볼 popen()과 pclose() 함수 역시 셸 명령을 수행하는 데 사용되지만, 특히 호출하는 프로그램이 셸 명령의 결과를 읽거나 입력을 셸 명령에 보낼 수 있게 해준다.

```
#include <stdlib.h>

int system(const char *command);
```

리턴값은 본문을 참조하기 바란다.

system() 함수는 command를 수행할 셸을 부르는 자식 프로세스를 생성한다. system() 호출의 예는 다음과 같다.

```
system("ls | wc");
```

system() 호출은 단순하고 사용하기 편하다는 장점이 있다.

- fork(), exec(), wait(), exit()를 호출하기 위해 알아야 할 세부사항을 다룰 필요가 없다.
- 에러와 시그널 처리는 system()이 알아서 해준다.
- system()이 command를 수행하기 위해 셸을 사용하기 때문에, command가 수행되기 전에 이에 대한 일반적인 셸 처리, 치환, 재지정이 가능하다. 이 때문에 응용 프로그램에 '셸 명령 수행'을 추가하기 쉬워진다(대부분의 대화형 응용 프로그램에서는 '!' 명령을 통해 '셸 명령 수행' 기능을 제공한다).

system() 사용은 비효율적이란 문제점이 있다. system()을 사용해 명령을 수행하면 적어도 2개의 프로세스가 생성된다. 셸을 위해 하나의 프로세스가, 셸이 수행하는 명령(들)에 필요한 하나 혹은 그 이상의 프로세스가 필요하다. 각 프로세스는 exec()를 수행하게 된다. 효율이나 속도가 중요시되는 경우에는 fork()와 exec() 호출을 직접 불러서 필요한 프로그램을 실행하는 편이 바람직하다.

system()의 리턴값은 다음과 같다.

- command 값이 NULL 포인터이면, 셸이 가용할 경우에는 0이 아닌 값을 리턴하고, 셸을 사용할 수 없으면 0을 리턴한다. 이 경우는 특정 운영체제에 구속받지 않는 C 프로그래밍 언어 표준에서 나온 것이다. system()이 유닉스가 아닌 운영체제에서 실행되면 셸이 없을 것이기 때문이다. 또한 모든 유닉스에는 셸이 있지만, 프로그램이 system()을 호출하기 전에 chroot()를 호출했을 때는 셸을 사용할 수 없는 경우가 생길 수 있다. command가 NULL이 아닌 경우, system()의 리턴값은 다음에 나열하는 규칙에 따른다.
- 자식 프로세스를 생성할 수 없거나 자식 프로세스의 종료 상태를 알 수 없는 경우에는, -1을 리턴한다.
- 자식 프로세스에서 셸이 실행되지 못했다면, 자식 셸이 _exit(127)을 호출하고 종료된 것처럼 값을 리턴한다.

- 모든 시스템 호출이 성공한 경우에는 command를 수행한 자식 셸의 종료 상태를 리턴한다. 수행한 마지막 명령의 종료 상태가 셸의 종료 상태다.

> (system()이 리턴한 값을 이용하면) system()이 셸을 수행하는 데 실패한 경우와 셸이 상태값으로 127을 리턴한 경우를 구별하기는 불가능하다. 후자는 셸이 실행할 프로그램의 이름으로 프로그램을 찾을 수 없는 경우에 생길 수 있다.

마지막의 두 경우에서, system()의 리턴값은 waitpid()의 리턴값과 같은 형태인 대기 상태wait status다. 즉 이 값을 살펴보려면 26.1.3절에서 설명한 함수를 써야 한다는 뜻이다. 값을 출력하기 위해서는 우리가 만든 printWaitStatus() 함수(726페이지의 리스트 26-2)를 사용하면 된다. 다음은 실행 예다.

```
$ ./t_system
Command: whoami
mtk
system() returned: status=0x0000 (0,0)
child exited, status=0
Command: ls | grep XYZ                    셸은 마지막 명령(greop)의 상태를 리턴하면
system() returned: status=0x0100 (1,0) ... 종료하는데, 아무것도 찾지 못했으니
child exited, status=1                    ... exit(1)로 종료한다.
Command: exit 127
system() returned: status=0x7f00 (127,0)
(Probably) could not invoke shell         실제로 이 경우에는 사실이 아니다.
Command: sleep 100
포그라운드 프로세스를 중단시키기 위해 Control-Z를 입력한다.
[1] +  Stopped           ./t_system
$ ps | grep sleep                         sleep의 PID를 찾는다.
29361 pts/6     00:00:00 sleep
$ kill 29361                              그러고 나서 종료하라는 시그널을 보낸다.
$ fg                                      t_system을 다시 포그라운드로 되돌린다.
./t_system
system() returned: status=0x000f (0,15)
child killed by signal 15 (Terminated)
Command: ^D$                       프로그램을 종료하기 위해 Control-D를 입력한다.
```

**리스트 27-7** system()을 사용해 셸 명령 실행하기

procexec/t_system.c

```
#include <sys/wait.h>
#include "print_wait_status.h"
#include "tlpi_hdr.h"

#define MAX_CMD_LEN 200
```

```
int
main(int argc, char *argv[])
{
    char str[MAX_CMD_LEN];      /* system()이 수행할 명령 */
    int status;                 /* system()의 리턴값을 저장 */

    for (;;) {                  /* 셸 명령을 읽고 실행한다. */
        printf("Command: ");
        fflush(stdout);
        if (fgets(str, MAX_CMD_LEN, stdin) == NULL)
            break;              /* EOF */

        status = system(str);
        printf("system() returned: status=0x%04x (%d,%d)\n",
                (unsigned int) status, status >> 8, status & 0xff);

        if (status == -1) {
            errExit("system");
        } else {
            if (WIFEXITED(status) && WEXITSTATUS(status) == 127)
                printf("(Probably) could not invoke shell\n");
            else                /* 셸이 성공적으로 명령을 수행 */
                printWaitStatus(NULL, status);
        }
    }

    exit(EXIT_SUCCESS);
}
```

### set-user-ID와 set-group-ID 프로그램에서 system() 사용 피하기

set-user-ID와 set-group-ID 프로그램에서는 프로그램의 특권 ID하에서 동작하는 동안 system() 함수를 절대로 사용해선 안 된다. 설령 사용자가 실행될 명령의 텍스트를 설정하는 일이 허용되지 않을 경우에도 셸이 명령의 수행을 조정하기 위해 다양한 환경 변수에 의존하기 때문에 system()의 사용은 필연적으로 시스템 보안의 허점을 드러내게 마련이다.

예를 들어보자. 본셸의 예전 버전에서는 IFS 환경 변수가 명령행을 쪼개 개별 문자로 나누는 데 사용되는 내부 필드 연산자Internal field separator를 정의하는 데 사용됐는데, 수많은 성공적인 시스템 침입에 이용됐다. IFS에 a를 추가하면, 셸은 명령 문자열 shar을 sh와 r로 구분하고, 현재 디렉토리상에서 r이라는 이름의 스크립트 파일을 실행할 셸을 호출하게 된다. 실제로 의도한 바는 shar 명령을 수행하는 것이었다. 이 보안 구멍은

IFS를 셸 확장shell expansion으로 만들어진 단어에만 적용하게 함으로써 고쳐졌다. 더 나아가, 최신 셸에서는 셸이 시작될 때, IFS를 (스페이스, 탭, 줄바꿈 문자 등 세 문자로 구성된 문자열로) 초기화해서 이상한 IFS 값을 갖는 경우에도 스크립트의 일관성을 유지시킨다. 보안에 더 신경을 쓰는 경우에는, set-user-ID(혹은 set-group-ID) 프로그램으로부터 불린 경우에 bash는 실제 사용자(혹은 그룹) ID로 되돌린다.

다른 프로그램을 스폰spawn해야 하는 프로그램을 안전하게 작성하려면 fork()와 (execlp()나 execvp() 외의) exec() 류의 함수를 직접 사용해야 한다.

## 27.7 system() 구현하기

이번 절에서는 system()을 구현하는 방법을 알아본다. 먼저 간단하게 작성해보고, 부족한 부분을 설명한 후에 완전한 구현을 소개하겠다.

### 간단하게 구현해본 system()

sh 명령의 옵션 -c는 임의의 셸 명령을 포함하는 문자열을 실행하는 쉬운 방법을 제공한다.

```
$ sh -c "ls | wc"
     38      38     444
```

따라서 system()을 구현하기 위해서는 fork()를 사용해 위의 sh 명령에 해당하는 인자로 execl() 함수를 실행하는 자식 프로세스를 생성하면 된다.

```
execl("/bin/sh", "sh", "-c", command, (char *) NULL);
```

system()이 생성한 자식의 상태를 얻기 위해서는 자식의 프로세스 ID로 waitpid()를 호출하면 된다(wait()를 사용하는 것으로는 부족한데, wait()는 모든 자식 프로세스에 대해 동작하기 때문에, 호출 프로세스가 생성한 다른 자식 프로세스의 상태를 얻는 실수를 할 수 있기 때문이다). 리스트 27-8은 간단하지만 아직은 부족한 system() 구현이다.

**리스트 27-8** 시그널 처리를 제외한 system()의 구현

procexec/simple_system.c

```
#include <unistd.h>
#include <sys/wait.h>
#include <sys/types.h>
```

```
int
system(char *command)
{
    int status;
    pid_t childPid;

    switch (childPid = fork()) {
    case -1: /* 에러 */
        return -1;

    case 0: /* 자식 프로세스 */
        execl("/bin/sh", "sh", "-c", command, (char *) NULL);
        _exit(127); /* 실행이 실패한 경우 */

    default: /* 부모 프로세스 */
        if (waitpid(childPid, &status, 0) == -1)
            return -1;
        else
            return status;
    }
}
```

### system() 내에서 시그널 제대로 처리하기

system() 구현이 복잡해지는 이유는 정확한 시그널 처리의 필요성 때문이다.

먼저 고려해야 할 시그널은 SIGCHLD다. system()을 호출한 프로그램이 또 다른 자식 프로세스를 생성하고, wait()를 실행하는 SIGCHLD 시그널 핸들러를 설치한 경우를 생각해보자. 이 경우, SIGCHLD 시그널이 system()에 의해 생성된 자식 프로세스의 종료로 인해 생성되면, 아직 system()이 waitpid()를 호출하기도 전에 주 프로그램의 시그널 핸들러가 불려서 자식의 상태를 받아가려는 상황이 발생할 수 있다(경쟁 상태의 예다). 이는 두 가지 원치 않는 결과를 낳는다.

- 호출한 프로그램은 자신이 생성한 자식 프로세스 중의 하나가 종료됐다고 속는다.
- system() 함수는 자신이 생성한 자식 프로세스의 종료 상태를 얻지 못할 수가 있다.

따라서 system()은 실행되는 동안 반드시 SIGCHLD의 전달을 블록해야 한다.

이 외에 고려할 시그널로는 터미널 인터럽트(대개 Control-C)와 종료(대개 Control-\) 문자로 생성되는 SIGINT와 SIGQUIT가 있다. 다음 함수를 호출하면 어떤 일이 일어날지 생각해보자.

```
system("sleep 20");
```

이 시점에는 그림 27-2에서 보는 것처럼 호출하는 프로그램을 실행하는 프로세스, 셸, sleep 프로세스 3개가 실행되고 있다.

> 성능 향상을 위해, 옵션 -c에 주어지는 문자열이 간단한 명령이면, 어떤 셸(예: bash)은 자식 셸을 만드는 대신에 명령을 직접 수행할 것이다. 이런 식으로 최적화하는 셸에서는, 엄밀히 말해 그림 27-2가 맞지 않는다. 단 2개의 프로세스(호출 프로세스와 sleep 프로세스)만 있기 때문이다. 그럼에도 불구하고 이번 절에서 설명하는 system()이 시그널을 다뤄야 한다는 논지는 여전히 유효하다.

그림 27-2에 나타난 모든 프로세스는 해당 터미널의 포그라운드 프로세스 그룹의 일원이다(프로세스 그룹에 대해서는 29.2절에서 자세히 다룬다). 따라서 인터럽트나 종료 문자를 입력하면 세 프로세스에게로 해당하는 시그널이 보내진다. 셸은 자식 프로세스를 기다리면서 SIGINT와 SIGQUIT는 무시한다. 하지만 호출한 프로그램과 sleep 프로세스는 이들 시그널에 의해 종료되는 것이 기본 설정이다.

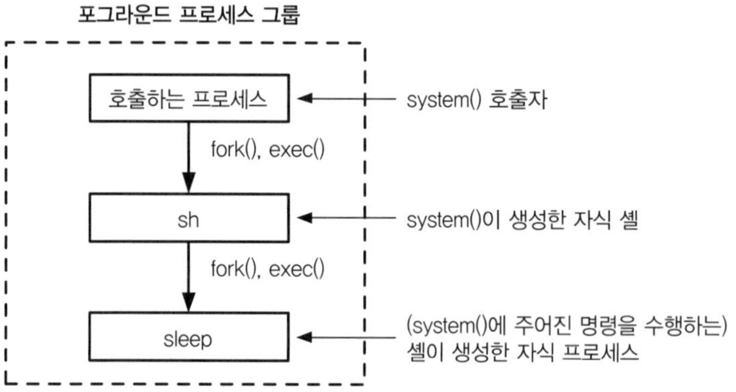


**그림 27-2** system("sleep 20")의 실행 동안 프로세스의 배치 모습

호출한 프로그램과 실행되는 명령은 이런 시그널에 어떻게 반응해야 할까? SUSv3는 다음과 같이 명시한다.

- SIGINT와 SIGQUIT는 호출하는 프로세스에서는 무시돼야 하지만 명령은 수행돼야 한다.

- 자식 프로세스에서, SIGINT와 SIGQUIT는 호출한 프로세스가 fork()와 exec()를 호출한 것처럼 처리돼야 한다. 즉 처리된 시그널의 속성은 기본값으로 초기화되고, 기타 시그널의 속성은 그대로 유지된다.

SUSv3에 정의된 대로 시그널을 처리하는 게 가장 합리적인데, 그 이유는 다음과 같다.

- 응용 프로그램의 사용자를 혼동에 빠뜨릴 수 있기 때문에, 두 프로세스 모두가 시그널에 반응하는 것은 사리에 맞지 않는다.
- 유사하게, 호출하는 프로세스에서는 각자의 기본 설정대로 처리했던 시그널을, 명령을 수행하는 프로세스 안에서는 무시한다는 것도 사리에 맞지 않는다.
- system()이 실행하는 명령이 대화형 응용 프로그램일 수 있고, 이 프로그램이 터미널에서 생성된 시그널을 처리하게 하는 것이 더 그럴듯하다.

SUSv3는 SIGINT와 SIGQUIT의 처리를 위에서 설명한 것처럼 처리하도록 요구한다. 하지만 특정 작업을 위해 눈에 안 띄게 system()을 사용하는 프로그램에서는 원치 않은 결과를 야기할 수 있다. 명령이 실행되는 동안, Control-C나 Control-\를 누르면 system()의 자식 프로세스만을 죽이게 되고, (사용자의 기대와는 달리) 응용 프로그램은 실행을 계속한다. 이런 방식으로 system()을 사용하는 프로그램은 system()이 리턴하는 종료 상태를 꼭 확인해서 시그널에 의해 명령이 종료된 경우에는 적절한 조치를 취해야 한다.

### 개선된 버전의 system() 구현

리스트 27-9는 앞에서 설명한 규약에 맞춘 system()의 구현을 보여준다. 다음과 같은 구현 관련 사항에 주목하자.

- 앞선 설명과 같이, command가 NULL 포인터인 경우 system()은 셸이 가용하면 0이 아닌 값을, 셸을 사용할 수 없으면 0을 리턴해야 한다. 가용 여부를 안전하게 확인할 수 있는 유일한 방법은 셸을 실행해보는 것이다. 이를 위해 재귀적으로 system()을 호출해서 셸 명령 :을 수행하고 리턴값이 0인지를 확인한다①. 셸 명령 :은 셸 내장 명령으로 아무 일도 하지 않지만 항상 성공 상태를 리턴한다. 같은 결과를 얻기 위해 셸 명령 exit 0을 실행할 수도 있었다(/bin/sh 파일이 존재하고 실행 권한이 있는지를 확인하기 위해 access()를 이용하는 것으로는 불충분하다. chroot() 환경

에서는 실행 가능한 셸이 있을지라도 셸이 동적으로 링크되어 있지만 필요한 공유 라이브러리가 없는 경우엔 실행되지 않을 수도 있기 때문이다).

- SIGCHLD가 블록되고② SIGINT와 SIGQUIT가 무시될③ 필요가 있는 곳은 (system()을 호출하는) 부모 프로세스에서뿐이다. 그런데 이는 fork()를 호출하기 전에 이뤄져야만 한다. fork() 이후에 부모 프로세스에서 이런 작업이 수행되면 경쟁 상태를 야기하기 때문이다(예를 들어 부모와 SIGCHLD를 블록하기 전에 자식 프로세스가 종료되는 상황을 생각해보라). 따라서 자식 프로세스는 이러한 시그널 속성에 가해진 변경을 되돌리는 작업을 해야만 하는데, 이에 대해 설명할 것이다.
- 부모 프로세스에서, 시그널 속성과 시그널 마스크를 설정하기 위해 호출하는 sigaction()과 sigprocmask() 호출로부터의 에러는 무시한다②③⑨. 여기엔 두 가지 이유가 있는데, 첫째, 이 호출은 실패할 가능성이 매우 적기 때문이다. 실제 상황에서 이 호출이 진짜로 잘못될 유일한 경우는 인자를 잘못 주었을 경우뿐이다. 이런 에러는 초기 디버깅을 통해 고쳐져야 한다. 둘째로, 호출한 쪽에서는 시그널 설정 호출이 실패했는지 여부보다는 fork()나 waitpid()가 실패했는지 여부에 더 관심이 있다고 생각하기 때문이다. 같은 이유로, system()의 마지막 부분에서 사용한 시그널 설정 호출 전후에 errno를 저장하고⑧ 되돌리는⑩ 코드를 추가해서 fork()나 waitpid()가 실패하면 호출한 쪽에서 그 이유를 알 수 있게 했다. 시그널 설정 호출이 실패해서 -1을 리턴한다면 호출한 쪽에서는 system()이 command를 실행하다가 실패했다고 오해할 수도 있기 때문이다.

> SUSv3에서는 자식 프로세스가 생성되지 않는 경우나 그 상태를 알 수 없는 경우에 system()이 -1을 리턴해야 한다고 말하고 있지 않다(-1을 리턴하는 것에 대해 언급이 없는 이유는 system()에 의한 시그널 설정에서 생기는 오류 때문이다).

- 자식 프로세스에서 시그널에 관련된 시스템 호출에 대해 에러 확인을 하지 않는다④⑤. 한편으로는 이런 에러를 보고할 방법이 없다(_exit(127)은 셸 수행 시에 생기는 에러를 보고하는 데 사용된다). 또 한편으로는 이런 류의 에러가 system()을 호출한 프로세스에는 영향을 주지 않는데, 별개의 프로세스이기 때문이다.
- 자식 프로세스의 fork()로부터의 리턴에서 SIGINT와 SIGQUIT의 속성은 SIG_IGN이다(즉 부모로부터 물려받는다). 하지만 앞선 설명에서처럼, 자식 프로세스에서 이런 시그널은 마치 system()을 호출한 쪽에서 fork()와 exec()를 실행한 것처럼 처리돼야 한다. fork()는 시그널에 어떤 변화도 주지 않는다. exec()는 처

리된 시그널의 속성을 초기화하고 그 외의 시그널은 그대로 둔다(27.5절). 따라서 호출할 때의 SIGINT와 SIGQUIT의 속성이 SIG_IGN이 아니었다면, 자식 프로세스는 속성을 SIG_DFL로 설정한다④.

> 몇몇 system() 구현에서는 SIGINT와 SIGQUIT 설정값을 호출한 쪽의 값과 같게 하는데, 이는 이어지는 execl() 호출이 이미 처리된 시그널의 속성을 자동적으로 초기화한다는 사실을 이용한 것이다. 그런데 이때 호출한 쪽에서 시그널을 처리하는 경우에 문제가 생길 여지가 있다. execl()이 호출되기 직전에 아주 간발의 차로 시그널이 자식에게로 전달된다면 자식 프로세스에서 시그널 핸들러가 불리는데, 시그널은 이미 sigprocmask()에 의해 블록해제된 후가 된다.

- 자식 프로세스에서 execl() 호출이 실패하면, exit()가 아닌 _exit()를 사용해 프로세스를 종료한다⑥. 이는 자식 프로세스의 stdio 버퍼 복사본에 남아 있는 아직 쓰여지지 않은 데이터가 출력되는 것을 방지하기 위해서다.
- 부모 프로세스에서는 생성한 특정 자식 프로세스를 기다리는 경우 waitpid()를 사용해야 한다. wait()를 사용하면, 호출한 프로그램에서 생성한 또 다른 자식 프로세스의 상태값을 얻을 수도 있기 때문이다.
- system()의 구현에서 시그널 핸들러를 사용할 필요가 없지만, 호출한 프로그램은 핸들러를 등록했을 수 있고, 이들 중 하나가 waitpid()로의 블록된 호출을 방해할 수 있다. SUSv3에서는 이런 경우에 대기 상태가 다시 시작돼야 한다고 지정하고 있다. 따라서 루프를 이용해서 EINTR 에러로 실패한 경우엔 waitpid()를 재시작한다⑦. waitpid()의 그 밖의 에러는 루프를 끝낸다.

**리스트 27-9** system() 구현

procexec/system.c

```
#include <unistd.h>
#include <signal.h>
#include <sys/wait.h>
#include <sys/types.h>
#include <errno.h>

int
system(const char *command)
{
    sigset_t blockMask, origMask;
    struct sigaction saIgnore, saOrigQuit, saOrigInt, saDefault;
    pid_t childPid;
    int status, savedErrno;
```

```
①      if (command == NULL)              /* 셸을 사용할 수 있는가? */
           return system(":") == 0;

       sigemptyset(&blockMask);          /* SIGCHLD 블록 */
       sigaddset(&blockMask, SIGCHLD);
②      sigprocmask(SIG_BLOCK, &blockMask, &origMask);

       saIgnore.sa_handler = SIG_IGN;    /* SIGINT와 SIGQUIT 무시하기 */
       saIgnore.sa_flags = 0;
       sigemptyset(&saIgnore.sa_mask);
③      sigaction(SIGINT, &saIgnore, &saOrigInt);
       sigaction(SIGQUIT, &saIgnore, &saOrigQuit);

       switch (childPid = fork()) {
       case -1:                          /* fork() 실패 */
           status = -1;
           break;                        /* 계속해서 시그널 특성을 설정한다. */

       case 0: /* 자식 프로세스: command를 실행한다. */
           saDefault.sa_handler = SIG_DFL;
           saDefault.sa_flags = 0;
           sigemptyset(&saDefault.sa_mask);

④      if (saOrigInt.sa_handler != SIG_IGN)
           sigaction(SIGINT, &saDefault, NULL);
       if (saOrigQuit.sa_handler != SIG_IGN)
           sigaction(SIGQUIT, &saDefault, NULL);

⑤      sigprocmask(SIG_SETMASK, &origMask, NULL);

       execl("/bin/sh", "sh", "-c", command, (char *) NULL);
⑥      _exit(127);                       /* 셸을 실행할 수 없다. */

       default: /* 부모 프로세스: 자식 프로세스가 종료하기를 기다린다. */
⑦          while (waitpid(childPid, &status, 0) == -1) {
               if (errno != EINTR) {     /* EINTR 외의 에러 */
                   status = -1;
                   break;                /* 루프를 끝낸다. */
               }
           }
           break;
       }

       /* SIGCHLD 블록을 끝내고 SIGINT와 SIGQUIT의 설정값을 되돌린다. */

⑧      savedErrno = errno;               /* 'errno'가 바뀔 수 있다. */

⑨      sigprocmask(SIG_SETMASK, &origMask, NULL);
```

```
    sigaction(SIGINT, &saOrigInt, NULL);
    sigaction(SIGQUIT, &saOrigQuit, NULL);

⑩   errno = savedErrno;

    return status;
}
```

## system()의 세부적인 내용

이식 가능한 응용 프로그램에서는 SIGCHLD 설정값이 SIG_IGN인 상태로 system()이 호출돼선 안 된다. 이 경우 자식 프로세스의 상태를 얻기 위해 waitpid()를 호출할 수 없기 때문이다(26.3.3절에서 살펴본 대로 SIGCHLD를 무시하면 자식 프로세스의 상태가 즉각적으로 버려진다).

몇몇 유닉스 구현에서는 임시로 SIGCHLD의 설정을 SIG_DFL로 변경함으로써, 설정이 SIG_IGN로 되어 있는 경우도 system()에서 처리할 수 있게 한다. 이 방식은 유닉스 구현이 (리눅스와 달리) SIGCHLD가 SIG_IGN으로 설정됐을 때 좀비 자식을 거둬들이는 경우에선 잘 동작할 것이다(그 밖의 경우엔 이런 식으로 system()을 작성하면 부작용이 생기는데, system()을 호출한 프로세스가 생성한 자식 프로세스가 system()의 실행 중에 종료될 경우 거둬들일 방법이 없는 좀비 프로세스가 된다).

또 다른 유닉스 구현(특히 솔라리스)에서는 /bin/sh가 표준 POSIX 셸이 아니다. 표준 셸이 실행됨을 보장받으려면 confstr() 라이브러리 함수를 써서 _CS_PATH 구성 변수값을 얻어야 한다. 얻은 값은 표준 시스템 유틸리티를 담고 있는 디렉토리 목록(PATH 형식)이다. 이 목록을 PATH에 할당하고, execlp()를 사용해 표준 셸을 실행할 수 있다.

```
char path[PATH_MAX];

if (confstr(_CS_PATH, path, PATH_MAX) == 0)
    _exit(127);
if (setenv("PATH", path, 1) == -1)
    _exit(127);
execlp("sh", "sh", "-c", command, (char *) NULL);
_exit(127);
```

## 27.8 정리

execve()를 사용하면 프로세스는 현재 실행되고 있는 프로그램을 새 프로그램으로 바꿀 수 있다. execve() 호출에 사용되는 인자를 사용해 새 프로그램의 인자 목록(argv)과 환경 목록을 설정할 수 있다. 유사한 라이브러리 함수들이 execve()를 기반으로 작성되어 동일한 일을 하는 다양한 인터페이스를 제공한다.

exec() 류의 함수는 라이브러리 실행 파일을 로드하거나 인터프리터 스크립트를 실행할 때 쓴다. 프로세스가 스크립트를 실행하면 스크립트의 인터프리터 프로그램이 프로세스에 의해 현재 실행되고 있는 프로그램을 대체한다. 일반적으로 스크립트의 첫 번째 줄(#!으로 시작한다)에서 스크립트의 인터프리터와 그 경로명이 지정된다. 지정되어 있지 않은 경우에는 execlp()와 execvp()에 의해서만 스크립트가 실행되고 이런 함수들이 셸 인터프리터로 셸을 실행한다.

fork(), exec(), exit(), wait()를 이용해 임의의 셸 명령을 실행하는 system()을 구현하는 방법도 살펴봤다.

### 더 읽을거리

24.6절의 '더 읽을거리'를 참조하기 바란다.

## 27.9 연습문제

27-1. 다음 셸 세션에서 마지막 명령은 리스트 27-3의 프로그램을 사용해 프로그램 xyz를 실행한다. 어떻게 될 것인지 설명하라.

```
$ echo $PATH
/usr/local/bin:/usr/bin:/bin:./dir1:./dir2
$ ls -l dir1
total 8
-rw-r--r--   1 mtk       users       7860 Jun 13 11:55 xyz
$ ls -l dir2
total 28
-rwxr-xr-x   1 mtk       users      27452 Jun 13 11:55 xyz
$ ./t_execlp xyz
```

27-2. execve()를 이용해 execlp()를 구현하라. execlp()에 주어진 가변 길이의 인자 목록을 처리하기 위해 stdarg(3) API를 사용해야 할 것이다. 또한 인자와 환경 벡터를 위한 공간을 만들기 위해 malloc 패키지를 사용해야 할 것이다. 끝

으로, 파일이 특정 디렉토리에 있고 실행 가능한지 여부를 확인하는 쉬운 방법은 파일을 실행해보는 것이란 점을 참고하기 바란다.

**27-3.** 다음 스크립트를 실행 가능하게 한 후에 exec() 하면 어떤 결과가 나오는가?

```
#!/bin/cat -n
Hello world
```

**27-4.** 다음 코드는 어떤 일을 하는가? 어떤 경우에 유용하겠는가?

```
childPid = fork();
if (childPid == -1)
   errExit("fork1");
if (childPid == 0) {  /* 자식 프로세스 */
   switch (fork()) {
   case -1: errExit("fork2");

   case 0: /* 손자 프로세스 */
        /* ----- 여기서 작업을 수행한다. ----- */
        exit(EXIT_SUCCESS); /* 작업이 끝난 후 */

   default:
        exit(EXIT_SUCCESS); /* 손자 프로세스가 고아가 된다. */
   }
}

/* 부모 프로세스가 여기에 도달한다. */

if (waitpid(childPid, &status, 0) == -1)
   errExit("waitpid");

/* 부모 프로세스가 여기서 기타 작업을 수행한다. */
```

**27-5.** 다음 프로그램을 실행하면, 아무 결과도 출력되지 않는다. 그 이유를 설명하라.

```
#include "tlpi_hdr.h"

int
main(int argc, char *argv[])
{
    printf("Hello world");
    execlp("sleep", "sleep", "0", (char *) NULL);
}
```

**27-6.** 부모 프로세스가 SIGCHLD를 위해 시그널 핸들러를 설치하고 이 시그널을 블록했다고 가정하자. 계속해서, 자식 프로세스 중의 하나가 존재하고 부모가 자식의

상태를 얻기 위해 wait()를 호출한다. 부모가 SIGCHLD를 블록해제하면 어떻게 되는가? 그 생각을 뒷받침하는 프로그램을 작성하라. system() 함수를 호출하는 프로그램의 경우와 어떤 연관성이 있는가?

# 28

# 더 자세히 살펴보는 프로세스 생성과 프로그램 실행

28장에서는 24장부터 27장까지 살펴본 내용에 덧붙여 프로세스 생성과 프로그램 실행에 관련된 여러 사항을 살펴본다. 시스템 내의 각 프로세스가 종료할 때 어카운팅 레코드를 기록하는 커널 기능인 프로세스 어카운팅에 대해서도 알아본다. 그 다음에 리눅스에서 스레드를 생성하는 데 사용하는 저수준 API인 `clone()` 시스템 호출을 살펴보고, `fork()`, `vfork()`, `clone()`의 성능을 비교해본다. 끝으로, `fork()`와 `exec()`가 프로세스 속성에 미치는 영향을 정리한다.

## 28.1 프로세스 어카운팅

프로세스 어카운팅process accounting이 활성화되어 있을 경우, 커널은 각 프로세스가 종료하면 시스템 수준의 프로세스 어카운팅 파일에 어카운팅 레코드를 적는다. 어카운팅 레코드는 커널이 각 프로세스별로 관리하는 다양한 정보를 담고 있는데, 종료 상태와 CPU 시간을 얼마나 사용했는지 등이 포함된다. 어카운팅 파일은 표준 도구(sa(8)은 어카운팅 파일로부터 정보를 요약하고, lastcomm(1)은 이전에 실행했던 명령에 관한 정보를 나열해준다)나 맞춤형 응용 프로그램을 사용해 분석할 수 있다.

> 커널 2.6.10 이전에는, NPTL 스레드 구현에 의해 만들어진 스레드별로 개별적인 프로세스 어카운팅 레코드가 기록됐다. 커널 2.6.10부터는 마지막 스레드가 종료될 때, 단일 어카운팅 레코드에 전체 프로세스의 정보가 기록된다. 예전의 LinuxThreads 스레드 구현에서는 단일 프로세스 어카운팅 레코드는 항상 스레드별로 작성됐다.

프로세스 어카운팅의 주 사용 분야는 다중 사용자 유닉스 시스템하에서 시스템 자원 소비에 대한 과금이다. 하지만 프로세스 어카운팅은 감시되지 않는 프로세스나 부모 프로세스에 의해 보고되지 않는 프로세스 등에 관한 정보를 얻는 데도 유용하다.

대부분의 유닉스 구현에서 지원하고는 있지만, SUSv3에는 프로세스 어카운팅이 명시되어 있지 않다. 어카운팅 레코드가 저장되는 장소와 그 포맷은 구현에 따라 차이가 있다. 이번 절에서는 리눅스에 중점을 두고 설명해나가면서 간간이 그 밖의 유닉스 구현도 살펴보겠다.

> 리눅스에서 프로세스 어카운팅은 선택 가능한 커널 컴포넌트이며, CONFIG_BSD_PROCESS_ACCT 옵션을 통해 설정된다.

### 프로세스 어카운팅 기능 켜고 끄기

acct() 시스템 호출은 프로세스 어카운팅 기능을 켜거나 끄기 위해 특권(CAP_SYS_PACCT) 프로세스가 사용한다. 이 호출은 응용 프로그램에서 쓰이는 경우가 거의 없다. 일반적으로 프로세스 카운팅은 시스템 부팅 스크립트에 적절한 명령을 추가해서 각 시스템의 재시작 시에 활성화된다.

```
#define _BSD_SOURCE
#include <unistd.h>

int acct(const char *acctfile);
```

성공하면 0을 리턴하고, 에러가 발생하면 -1을 리턴한다.

프로세스 어카운팅을 활성화하기 위해, 이미 존재하는 일반 파일의 경로명을 acctfile에 넘겨줘야 한다. 어카운팅 파일의 경로명은 대체로 /var/log/pacct나 /usr/account/pacct다. 프로세스 어카운팅 기능을 끄려면, acctfile 값으로 NULL을 넘겨준다.

리스트 28-1의 프로그램은 acct()를 써서 프로세스 어카운팅을 켜거나 끈다. 이 프로그램의 기능은 셸 명령 accton(8)과 유사하다.

**리스트 28-1** 프로세스 어카운팅 켜기/끄기

procexec/acct_on.c

```
#define _BSD_SOURCE
#include <unistd.h>
#include "tlpi_hdr.h"

int
main(int argc, char *argv[])
{
    if (argc > 2 || (argc > 1 && strcmp(argv[1], "--help") == 0))
        usageErr("%s [file]\n");

    if (acct(argv[1]) == -1)
        errExit("acct");

    printf("Process accounting %s\n",
            (argv[1] == NULL) ? "disabled" : "enabled");
    exit(EXIT_SUCCESS);
}
```

## 프로세스 어카운팅 레코드

프로세스 어카운팅이 활성화되면, 각 프로세스가 종료할 때마다 acct 레코드가 어카운팅 파일에 기록된다. acct 구조체는 <sys/acct.h>에 다음과 같이 정의되어 있다.

```
typedef u_int16_t comp_t;     /* 다음을 보자. */

struct acct {
    char      ac_flag;         /* 어카운팅 플래그(본문 참조) */
    u_int16_t ac_uid;          /* 프로세스의 사용자 ID */
    u_int16_t ac_gid;          /* 프로세스의 그룹 ID */
    u_int16_t ac_tty;          /* 프로세스의 터미날 제어(데몬 같은 경우처럼 없으면
                                  0일 수 있다). */
    u_int32_t ac_btime;        /* 시작 시간(time_t; 기원(Epoch)부터
                                  경과된 초) */
    comp_t    ac_utime;        /* 사용자 CPU 시간(클록 틱) */
    comp_t    ac_stime;        /* 시스템 CPU 시간(클록 틱) */
    comp_t    ac_etime;        /* 경과된 (실제) 시간(클록 틱) */
    comp_t    ac_mem;          /* 평균 메모리 사용(킬로바이트) */
    comp_t    ac_io;           /* read(2)나 write(2)에 의해 전송된
                                  바이트(미사용) */
```

```
    comp_t     ac_rw;           /* 읽거나 쓰인 블록 수(미사용) */
    comp_t     ac_minflt;       /* 마이너 페이지 오류(리눅스 고유) */
    comp_t     ac_majflt;       /* 메이저 페이지 오류(리눅스 고유) */
    comp_t     ac_swaps;        /* 스왑 횟수(미사용; 리눅스 고유) */
    u_int32_t ac_exitcode;      /* 프로세스 종료 상태*/
#define ACCT_COMM 16
    char       ac_comm[ACCT_COMM+1];
                                /* (널로 종료되는) 명령 이름
                                   (마지막에 실행된 파일은 경로를 제외한
                                    기본 이름) */
    char       ac_pad[10];      /* 패딩(앞으로를 위해 남겨둠) */
};
```

다음은 acct 구조체에 대한 설명이다.

- u_int16_t와 u_int32_t 데이터형은 16비트, 32비트 부호 없는 정수를 말한다.
- ac_flag 필드는 비트 마스크로 프로세스의 다양한 이벤트를 기록한다. 표 28-1에서 이 필드에 쓸 수 있는 비트를 설명한다. 표에서 설명하듯이 모든 유닉스 구현에서 이 비트를 전부 구현한 것은 아니다. 몇몇 비트를 추가로 정의하는 구현도 있다.
- ac_comm 필드는 해당 프로세스에 의해 실행된 마지막 명령(프로그램 파일)의 이름을 기록한다. 커널은 이 값을 execve()에 기록하는데, 이 필드를 8글자로 제한하는 유닉스 구현도 있다.
- comp_t 형은 일종의 부동소수점 값이다. 이 데이터형의 값은 압축된 클록 틱 compressed clock tick이라고도 한다. 부동소수점은 밑수가 8인 3비트 지수 부분과 13비트의 가수부로 구성된다. 지수는 $8^0 = 1$부터 $8^7$(2,097,152) 사이의 값을 표현할 수 있다. 예를 들면, 가수가 125이고 지수가 1인 값은 1000을 나타낸다. 리스트 28-2는 이런 데이터형을 long long으로 변환하는 함수(comptToLL())를 정의하고 있다. long long 형이 필요한 이유는 x86-32에서 unsigned long을 표현할 때 쓰는 32비트가 comp_t가 표현할 수 있는 가장 큰 값(즉 $(2^{13} - 1) * 8^7$)을 표현할 수 없기 때문이다.
- comp_t 형을 갖는 세 필드는 시간 정보를 시스템 클록 틱으로 표현한다. 따라서 이 값을 초로 환산하려면 이 값을 sysconf(_SC_CLK_TCK)가 리턴하는 값으로 나누어줘야 한다.
- ac_exitcode 필드는 프로세스의 종료 상태(26.1.3절 참조)를 기록한다. 대부분의 유닉스 구현에서는 이 필드 대신에 단일 바이트 필드로 ac_stat를 제공하는데, 프로세스를 종결시킨 시그널과 이 시그널이 코어 덤프를 시켰는지를 알려주는 정보를 포함한다. BSD 계열의 구현에서는 아무것도 지원하지 않는다.

표 28-1 프로세스 어카운팅 레코드에서 ac_flag 필드의 비트값

| 비트 | 설명 |
|---|---|
| AFORK | 프로세스가 fork()에 의해 생성됐지만, 종료 전에 아직 exec()하지 않았다. |
| ASU | 프로세스가 슈퍼유저 권한을 사용했다. |
| AXSIG | 프로세스가 시그널에 의해 종료됐다(지원하지 않는 경우도 있음). |
| ACORE | 프로세스가 코어 덤프를 생성했다(지원하지 않는 경우도 있음). |

프로세스가 종료될 때만 어카운팅 레코드가 기록되기 때문에, 프로세스의 시작 시간(ac_btime)순이 아니라 종료 시간(레코드 내에는 해당하는 값이 없다) 순으로 기록된다.

> 시스템이 고장으로 정지하면, 현재 실행 중인 프로세스에 대해서는 어카운팅 레코드가 작성되지 않는다.

레코드를 어카운팅 파일에 작성하다 보면 많은 양의 디스크 공간을 사용하게 되기 때문에, 리눅스에서는 /proc/sys/kernel/acct 가상 파일을 제공해서, 프로세스 어카운팅의 운용을 관리할 수 있게 해준다. 이 파일은 순서대로 최고 상태high-water, 최저 상태low-water, 빈도frequency 피라미터를 정의하는 3개의 숫자를 포함한다. 이들의 일반적인 기본값은 4, 2, 30이다. 프로세스 어카운팅이 활성화되고 사용 가능한 디스크 공간이 최저 상태 %보다 낮아지면, 어카운팅은 중단된다. 사용 가능한 디스크 공간이 최고 상태 %를 넘으면, 어카운팅은 다시 재개된다. 빈도값은 얼마나 자주(초 단위) 디스크 공간에서 사용 가능한 구간을 확인해야 하는지를 정의한다.

### 예제 프로그램

리스트 28-2의 프로그램은 프로세스 어카운팅 파일로부터 선택된 필드의 값을 출력한다. 다음의 셸 세션은 프로그램의 사용법을 보여준다. 먼저 새 프로세스 어카운팅 파일을 생성하고 프로세스 어카운팅을 시작한다.

```
$ su                              프로세스 어카운팅을 시작하려면 권한이 필요하다.
Password:
# touch pacct
# ./acct_on pact                  이 파일이 어카운팅 파일의 첫 번째 목록이 될 것이다.
Process accounting enabled
# exit                            관리자 권한을 종료한다.
```

이 시점에서, 프로세스 어카운팅이 시작된 이후로 세 프로세스가 이미 종료했다. 이 프로세스는 acct_on, su, bash 프로그램을 실행했다. bash 프로세스는 관리자 권한의 셸 세션을 위해 su에 의해 시작됐다.

이제 어카운팅 파일에 좀 더 많은 레코드를 기록하기 위해 명령을 실행해본다.

```
$ sleep 15 &
[1] 18063
$ ulimit -c unlimited                    코어 덤프를 허용한다(셸 내장 명령)
$ cat                                    프로세스 생성
프로세스 cat을 종료시키기 위해 Control-\(SIGQUIT, signal 3을 생성)를 입력한다.
Quit (core dumped)
$
다음 셸 프롬프트 전에 sleep의 종료를 확인하기 위해 엔터를 누른다.
[1]+  Done          sleep 15
$ grep xxx badfile                       grep은 실패하고 상태값 2로 종료한다.
grep: badfile: No such file or directory
$ echo $?                                셸은 grep의 상태를 갖게 된다(셸 내장 명령).
2
```

다음 두 명령은 27장과 24장(750페이지의 리스트 27-1과 690페이지의 리스트 24-1)에서 다른 프로그램을 실행한다. 첫 번째 명령은 /bin/echo 파일을 실행하는 프로그램을 실행해서, 그 결과로 echo라는 명령 이름을 갖는 어카운팅 레코드가 생긴다. 두 번째 명령은 exec()를 실행하지 않는 자식 프로세스를 생성한다.

```
$ ./t_execve /bin/echo
hello world goodbye
$ ./t_fork
PID=18350 (child) idata=333 istack=666
PID=18349 (parent) idata=111 istack=222
```

마지막으로, 어카운팅 파일의 내용을 보기 위해 리스트 28-2의 프로그램을 실행해보자.

```
$ ./acct_view pacct
command  flags  term.   user   start time              CPU    elapsed
                status                                 time     time
acct_on  -S--      0    root   2010-07-23 17:19:05    0.00     0.00
bash     ----      0    root   2010-07-23 17:18:55    0.02    21.10
su       -S--      0    root   2010-07-23 17:18:51    0.01    24.94
cat      --XC   0x83    mtk    2010-07-23 17:19:55    0.00     1.72
sleep    ----      0    mtk    2010-07-23 17:19:42    0.00    15.01
grep     ----  0x200    mtk    2010-07-23 17:20:12    0.00     0.00
echo     ----      0    mtk    2010-07-23 17:21:15    0.01     0.01
t_fork   F---      0    mtk    2010-07-23 17:21:36    0.00     0.00
t_fork   ----      0    mtk    2010-07-23 17:21:36    0.00     3.01
```

결과에서 각 줄마다 셸 세션 동안에 생성된 각 프로세스를 볼 수 있다. ulimit과 echo 명령의 경우는 셸 내장 명령이기 때문에 새 프로세스가 만들어지지 않는다. 어카운팅 파일에서 cat 명령 다음에 sleep 항목이 나타나는 이유는 sleep 명령이 cat 명령 후에 종료하기 때문이다.

대부분의 결과는 쉽게 이해될 것이다. flags 열은 한 글자를 써서 레코드의 어떤 ac_flag 비트가 설정됐는지를 보여준다(표 28-1 참조). term. status 열의 종료 상태값에 대해서는 26.1.3절에서 설명한다.

**리스트 28-2** 프로세스 어카운팅 파일로부터 데이터 출력하기

procexec/acct_view.c

```
#include <fcntl.h>
#include <time.h>
#include <sys/stat.h>
#include <sys/acct.h>
#include <limits.h>
#include "ugid_functions.h"          /* userNameFromId() 선언 */
#include "tlpi_hdr.h"

#define TIME_BUF_SIZE 100

static long long                     /* comp_t 값을 long long으로 변환 */
comptToLL(comp_t ct)
{
    const int EXP_SIZE = 3;          /* 밑수가 8인 3비트 지수 부분 */
    const int MANTISSA_SIZE = 13;    /* 13비트의 가수부 */
    const int MANTISSA_MASK = (1 << MANTISSA_SIZE) - 1;
    long long mantissa, exp;

    mantissa = ct & MANTISSA_MASK;
    exp = (ct >> MANTISSA_SIZE) & ((1 << EXP_SIZE) - 1);
    return mantissa << (exp * 3);    /* 8제곱 = 3비트 왼쪽 시프트(left shift) */
}

int
main(int argc, char *argv[])
{
    int acctFile;
    struct acct ac;
    ssize_t numRead;
    char *s;
    char timeBuf[TIME_BUF_SIZE];
    struct tm *loc;
    time_t t;

    if (argc != 2 || strcmp(argv[1], "--help") == 0)
        usageErr("%s file\n", argv[0]);
```

```
    acctFile = open(argv[1], O_RDONLY);
    if (acctFile == -1)
        errExit("open");

    printf("command  flags   term.    user     "
           "start time              CPU   elapsed\n");
    printf("                  status           "
           "                        time   time\n");

    while ((numRead = read(acctFile, &ac, sizeof(struct acct))) > 0) {
        if (numRead != sizeof(struct acct))
            fatal("partial read");

        printf("%-8.8s  ", ac.ac_comm);

        printf("%c", (ac.ac_flag & AFORK) ? 'F' : '-') ;
        printf("%c", (ac.ac_flag & ASU)   ? 'S' : '-') ;
        printf("%c", (ac.ac_flag & AXSIG) ? 'X' : '-') ;
        printf("%c", (ac.ac_flag & ACORE) ? 'C' : '-') ;

#ifdef __linux__
    printf(" %#6lx   ", (unsigned long) ac.ac_exitcode);
#else /* Many other implementations provide ac_stat instead */
    printf(" %#6lx   ", (unsigned long) ac.ac_stat);
#endif

        s = userNameFromId(ac.ac_uid);
        printf("%-8.8s ", (s == NULL) ? "???" : s);

        t = ac.ac_btime;
        loc = localtime(&t);
        if (loc == NULL) {
            printf("???Unknown time???   ");
        } else {
            strftime(timeBuf, TIME_BUF_SIZE, "%Y-%m-%d %T ", loc);
            printf("%s ", timeBuf);
        }

        printf("%5.2f %7.2f ", (double) (comptToLL(ac.ac_utime) +
                comptToLL(ac.ac_stime)) / sysconf(_SC_CLK_TCK),
               (double) comptToLL(ac.ac_etime) / sysconf(_SC_CLK_TCK));
        printf("\n");
    }

    if (numRead == -1)
        errExit("read");

    exit(EXIT_SUCCESS);
}
```

### 프로세스 어카운팅 버전 3 파일 포맷

리눅스 커널 2.6.8부터는 전통적인 어카운팅 파일에서 부족한 점을 보강한 대체 프로세스 어카운팅 파일을 지원한다. 버전 3이라고 알려진 이 선택 가능한 버전을 사용하려면 커널을 만들 때 CONFIG_BSD_PROCESS_ACCT_V3 커널 구성 옵션을 활성화해야 한다.

버전 3 옵션을 사용함에 있어, 유일하게 달라지는 점은 어카운팅 파일에 적히는 레코드의 포맷이다. 새로운 포맷은 다음과 같다.

```
struct acct_v3 {
    char       ac_flag;                /* 어카운팅 플래그*/
    char       ac_version;             /* 어카운팅 버전(3) */
    u_int16_t ac_tty;                  /* 프로세스의 터미널 제어 */
    u_int32_t ac_exitcode;             /* 프로세스 종료 상태 */
    u_int32_t ac_uid;                  /* 프로세스의 32비트 사용자 ID */
    u_int32_t ac_gid;                  /* 프로세스의 32비트 그룹 ID */
    u_int32_t ac_pid;                  /* 프로세스 ID */
    u_int32_t ac_ppid;                 /* 부모 프로세스 ID */
    u_int32_t ac_btime;                /* 시작 시간(time_t) */
    float      ac_etime;               /* 경과 (실제) 시간(클록 틱) */
    comp_t     ac_utime;               /* 사용자 CPU 시간(클록 틱) */
    comp_t     ac_stime;               /* 시스템 CPU 시간(클록 틱) */
    comp_t     ac_mem;                 /* 평균 메모리 사용량(킬로바이트) */
    comp_t     ac_io;                  /* 읽거나 쓰인 바이트(미사용) */
    comp_t     ac_rw;                  /* 읽거나 쓰인 블록 수(미사용) */
    comp_t     ac_minflt;              /* 마이너 페이지 오류 */
    comp_t     ac_majflt;              /* 메이저 페이지 오류 */
    comp_t     ac_swaps;               /* 스왑 횟수(미사용; 리눅스 고유) */
#define ACCT_COMM 16
    char       ac_comm[ACCT_COMM];     /* 명령 이름 */
};
```

acct_v3 구조체와 전통적인 리눅스 acct 구조체의 주요한 차이점은 다음과 같다.

- ac_version 필드가 추가되어 해당 어카운팅 레코드의 버전 번호를 포함한다. acct_v3 레코드의 경우 이 필드는 항상 3이다.
- 종료된 프로세스의 프로세스 ID와 부모 프로세스 ID를 포함하는 ac_pid와 ac_ppid 필드가 추가됐다.
- ac_uid와 ac_gid 필드가 16비트에서 32비트로 확대되어, 리눅스 2.4에서 추가된 32비트 사용자/그룹 ID를 표현할 수 있다. 이전 acct 파일에서는 좀 더 큰 사용자/그룹 ID를 정확하게 표현할 수 없었다.
- ac_etime 필드의 형이 comp_t에서 float로 바뀌어, 더 긴 경과 시간을 적을 수 있다.

이 책의 소스 코드 배포판에는 리스트 28-2의 procexec/acct_v3_view.c 파일에 소개된 프로그램의 버전 3에 해당하는 프로그램이 제공된다.

## 28.2 clone() 시스템 호출

리눅스 고유의 clone() 시스템 호출은 fork()나 vfork()처럼 새 프로세스를 생성하는데, 이 두 호출과 다른 점은 프로세스 생성 과정에서 더 세심하게 설정할 수 있다는 것이다. clone()은 스레드 라이브러리의 구현 시에 주로 쓰이는데, 호환성이 없기 때문에 응용 프로그램에서의 직접 사용은 피해야 한다. 여기서 소개하는 이유는 Vol. 2의 1~5장에서 다룰 POSIX 스레드 설명의 배경지식으로 유용하기 때문이다. 또한 fork()과 vfork()를 이해하는 데도 도움이 된다.

```
#define _GNU_SOURCE
#include <sched.h>

int clone(int (*func) (void *), void *child_stack, int flags, void *func_arg, ...
        /* pid_t *ptid, struct user_desc *tls, pid_t *ctid */ );
```

성공하면 자식의 프로세스 ID를 리턴하고, 에러가 발생하면 -1을 리턴한다.

fork()에서처럼, clone()으로 생성된 새 프로세스는 부모의 판박이다.

fork()와의 차이는 복제된 자식 프로세스가 호출된 시점으로부터 계속 실행되는 게 아니란 점이다. 대신에 func 인자로 넘긴 함수를 호출하면서 시작한다. 이를 자식 함수 child function라고 부르자. 자식 함수를 부를 때 func_arg를 넘기는데, 자식 함수는 적당한 캐스팅을 통해 이 값을 해석한다. 예를 들면, 정수형으로 해석하거나 아니면 구조체를 가리키는 포인터로 해석하는 식이다(포인터로 해석할 수 있는 까닭은 복제된 자식이 호출한 프로세스의 메모리 복제본을 갖고 있거나 공유하기 때문이다).

커널에서 fork(), vfork(), clone()은 모두 같은 함수(kernel/fork.c의 do_fork())를 통해 구현된다. 이 단계에서 복제는 포크에 가까운데, sys_clone()은 func와 func_arg 인자를 갖지 않는다. 호출 후 sys_clone()은 fork()에서와 같은 식으로 자식을 리턴한다. 본문에서는 glibc가 sys_clone()을 위해 제공하는 clone() 래퍼 함수를 설명한다(이 함수는 sysdeps/unix/sysv/linux/i386/clone.S 같은 아키텍처에 종속적인 glibc 어셈블러 소스에 정의되어 있다). sys_clone()이 자식을 리턴하면 래퍼 함수가 func를 호출한다.

복제된 자식 프로세스는 func가 리턴(리턴값은 프로세스의 종료 상태가 된다)하거나 프로세스가 exit()(혹은 _exit())를 호출할 때 종료된다. 부모 프로세스는 wait()와 유사한 형태로 복제된 자식을 기다릴 수 있다.

복제된 자식이 (vfork()에서처럼) 부모의 메모리를 공유할 수 있기 때문에 자식은 부모의 스택을 사용할 수 없다. 대신에 호출하는 쪽에서 자식의 스택 용도로 적당한 크기의 메모리 블록을 미리 할당하고 이 블록을 가리키는 포인터를 child_stack 인자로 넘겨야 한다. 대부분의 하드웨어 아키텍처에서는 스택이 밑으로 자라기 때문에 child_stack 인자는 할당된 블록의 큰 쪽을 가리켜야 한다.

> 스택이 자라는 방향이라는 아키텍처에 종속적인 특성은 clone()의 설계 결함에 기인한다. 인텔 IA-64 아키텍처는 clone2()라는 개선된 복제 API를 제공한다. 이 시스템 호출은 스택의 시작 주소와 크기를 정함으로써 스택이 자라는 방향에 무관하게 자식 프로세스의 스택이 취할 수 있는 범위를 정한다. 자세한 내용은 매뉴얼을 참조하기 바란다.

clone()의 flags 인자는 두 가지 역할을 한다. 첫째, 하위 바이트는 자식 프로세스가 종료할 때 부모에게로 보내지는 시그널인 종료 시그널termination signal을 정한다(복제된 자식이 시그널에 의해 멈추게 되어도, 부모는 SIGCHLD를 받게 된다). 이 값은 0일 수도 있는데, 이 경우에는 아무런 시그널도 발생하지 않는다(리눅스에서 /proc/*PID*/stat 파일을 사용하면, 어떤 프로세스의 종료 시그널도 알아낼 수 있다. 더 자세한 내용은 proc(5) 매뉴얼 페이지를 참조하기 바란다).

> fork()와 vfork()로는 종료 시그널을 선택할 수 없이 항상 SIGCHLD다.

flags 인자의 나머지 바이트는 clone()의 오퍼레이션을 제어하는 비트 마스크다. 표 28-2에 이를 요약했다. 더 자세한 내용은 28.2.1절에서 다룬다.

**표 28-2** clone()의 flags 비트 마스크 값

| 플래그 | 효과 |
|---|---|
| CLONE_CHLD_CLEARTID | 자식 프로세스가 exec()나 _exit()를 호출하면, ctid를 초기화한다(2.6부터). |
| CLONE_CHLD_SETTID | 자식의 스레드 ID를 ctid에 적는다(2.6부터). |
| CLONE_FILES | 부모와 자식 프로세스가 열린 파일 디스크립터 테이블을 공유한다. |
| CLONE_FS | 부모와 자식 프로세스가 파일 시스템에 관련된 속성을 공유한다. |

(이어짐)

| 플래그 | 효과 |
|---|---|
| CLONE_IO | 자식 프로세스가 부모의 IO 컨텍스트를 공유한다(2.6.25부터). |
| CLONE_NEWIPC | 자식 프로세스가 새 시스템 V IPC 이름 공간을 얻는다(2.6.19부터). |
| CLONE_NEWNET | 자식 프로세스가 새 네트워크 이름 공간을 얻는다(2.4.24부터). |
| CLONE_NEWNS | 자식 프로세스가 부모의 마운트된 이름 공간을 얻는다(2.4.19부터). |
| CLONE_NEWPID | 자식 프로세스가 새 프로세스 ID 이름 공간을 얻는다(2.6.19부터). |
| CLONE_NEWUSER | 자식 프로세스가 새 사용자 ID 이름 공간을 얻는다(2.6.23부터). |
| CLONE_NEWUTS | 자식 프로세스가 새 UTS(utsname()) 이름 공간을 얻는다(2.6.19부터). |
| CLONE_PARENT | 호출한 프로세스의 부모가 자식 프로세스의 부모가 되게 한다(2.4부터). |
| CLONE_PARENT_SETTID | 자식의 스레드 ID를 ptid에 적는다(2.6부터). |
| CLONE_PID | 예전에 시스템 부팅 프로세스에서 사용됐다(2.4까지). |
| CLONE_PTRACE | 부모 프로세스가 추적된다면 자식 프로세스도 역시 추적된다. |
| CLONE_SETTLS | tls(thread-local storage)는 자식 프로세스의 스레드별 저장소를 설명한다(2.6부터). |
| CLONE_SIGHAND | 부모와 자식 프로세스는 시그널 속성을 공유한다. |
| CLONE_SYSVSEM | 부모와 자식 프로세스는 세마포어 복귀값을 공유한다(2.6부터). |
| CLONE_THREAD | 자식 프로세스를 부모와 같은 스레드 그룹에 배치한다(2.4부터). |
| CLONE_UNTRACED | 자식 프로세스에 CLONE_PTRACE를 강제할 수 없다(2.6부터). |
| CLONE_VFORK | 자식 프로세스가 exec()나 _exit()를 호출할 때까지 부모는 중지된다. |
| CLONE_VM | 부모와 자식 프로세스가 가상 메모리를 공유한다. |

clone()의 기타 인자로는 ptid, tls, ctid가 있다. 이들은 스레드의 구현에 관련된 인자로, 특히 스레드 ID의 사용이나 스레드별 저장소의 사용에 밀접하게 관련되어 있다. 이들의 사용법은 28.2.1절에서 flags 비트 마스크 값을 알아볼 때 살펴보겠다(리눅스 2.4까지는 이 세 인자를 clone()에 넘겨주지 않았다. 이들은 NPTL POSIX 스레드 구현을 지원하기 위해 리눅스 2.6에서 추가됐다).

### 예제 프로그램

리스트 28-3은 자식 프로세스를 생성하는 clone()의 사용 예다. 주 프로그램은 다음과 같은 일을 수행한다.

- /dev/null의 파일 디스크립터를 연다. 이는 자식 프로세스가 닫을 것이다②.
- 명령행 인자가 주어지면, clone()의 flags 인자값으로 CLONE_FILES를 설정해서 ③ 부모와 자식 프로세스가 동일한 파일 디스크립터 테이블을 공유하게 한다. 명령행 인자가 없으면, flags는 0으로 설정된다.
- 자식 프로세스가 사용할 스택을 할당한다④.
- CHILD_SIG가 0이 아니면서 SIGCHLD와 다르면, 프로세스를 종료할 시그널일 수 있으므로 무시한다⑤. SIGCHLD는 무시하지 않는다. SIGCHLD를 무시하면 자식 프로세스의 상태를 수집하기 위해 자식 프로세스를 기다릴 수 없기 때문이다.
- 자식 프로세스를 생성하기 위해 clone()을 호출한다⑥. 세 번째 (비트 마스크) 인자는 종료 시그널을 포함한다. 네 번째 인자(func_arg)는 ②에서 열린 파일 디스크립터를 명시한다.
- 자식 프로세스가 종료하기를 기다린다⑦.
- ②에서 열린 파일 디스크립터가 아직 열려 있는지를 확인하기 위해 write()를 시도한다⑧. 프로그램은 write()가 성공했는지 실패했는지를 기록한다.

복제된 자식의 실행은 childFunc()에서 시작한다. 제일 먼저, 주 프로그램의 ②에서 연 파일 디스크립터를 받는다. 자식 프로세스는 이 파일 디스크립터를 닫고 return을 수행해서 종료한다①.

**리스트 28-3** clone()을 이용해 자식 프로세스 생성하기

procexec/t_clone.c

```
#define _GNU_SOURCE
#include <signal.h>
#include <sys/wait.h>
#include <fcntl.h>
#include <sched.h>
#include "tlpi_hdr.h"

#ifndef CHILD_SIG
#define CHILD_SIG SIGUSR1       /* 복제된 자식 프로세스가 종료될 때 발생하는 시그널 */

#endif

static int                      /* 복제된 자식 프로세스의 시작 함수 */
childFunc(void *arg)
{
①    if (close(*((int *) arg)) == -1)
          errExit("close");
     return 0;                  /* 여기서 자식 프로세스가 종료됨 */
```

```
}

int
main(int argc, char *argv[])
{
    const int STACK_SIZE = 65536;       /* 자식 프로세스의 스택 크기 */
    char *stack;                        /* 스택 버퍼의 시작 */
    char *stackTop;                     /* 스택 버퍼의 끝 */
    int s, fd, flags;

②   fd = open("/dev/null", O_RDWR);     /* 자식 프로세스가 닫을 것이다. */
    if (fd == -1)
        errExit("open");

    /* argc > 1일 경우, 자식 프로세스는 부모와 파일 디스크립터를 공유한다. */

③   flags = (argc > 1) ? CLONE_FILES : 0;

    /* 자식 프로세스의 스택을 할당한다. */

④   stack = malloc(STACK_SIZE);
    if (stack == NULL)
        errExit("malloc");
    stackTop = stack + STACK_SIZE;      /* 스택이 아래 방향으로 자란다고 가정 */

    /* CHILD_SIG를 무시하는데, 이 값은 프로세스를 종료시킨다.
       하지만 기본적으로 무시되는 SIGCHLD는 무시하지 않는데,
       좀비가 생기는 것을 방지하기 위해서다. */

⑤   if (CHILD_SIG != 0 && CHILD_SIG != SIGCHLD)
        if (signal(CHILD_SIG, SIG_IGN) == SIG_ERR)
            errExit("signal");

    /* 자식을 생성한다. 자식은 childFunc()에서 시작한다. */

⑥   if (clone(childFunc, stackTop, flags | CHILD_SIG, (void *) &fd) == -1)
        errExit("clone");

    /* 부모가 여기서 자식을 기다린다. SIGCHLD가 아닌 다른 시그널을 사용해
       자식 프로세스에게 알리기 위해 __WCLONE이 쓰였다. */

⑦   if (waitpid(-1, NULL, (CHILD_SIG != SIGCHLD) ? __WCLONE : 0) == -1)
        errExit("waitpid");
    printf("child has terminated\n");

    /* 자식 프로세스가 파일 디스크립터를 닫는 것이 부모에 영향을 미칠 것인가? */

⑧   s = write(fd, "x", 1);
    if (s == -1 && errno == EBADF)
        printf("file descriptor %d has been closed\n", fd);
```

```
    else if (s == -1)
        printf("write() on file descriptor %d failed "
                "unexpectedly (%s)\n", fd, strerror(errno));
    else
        printf("write() on file descriptor %d succeeded\n", fd);

    exit(EXIT_SUCCESS);
}
```

리스트 28-3의 프로그램을 아무런 명령행 인자 없이 실행하면, 다음 결과가 얻어진다.

```
$ ./t_clone                                     CLONE_FILES를 사용하지 않는다.
child has terminated
write() on file descriptor 3 succeeded          자식의 close()가 영향을 미치지 않는다.
```

명령행 인자를 갖고 프로그램을 수행하면, 두 프로세스가 각기 파일 디스크립터 테이블을 공유하고 있음을 확인할 수 있다.

```
$ ./t_clone x                                   CLONE_FILES를 사용한다.
child has terminated
file descriptor 3 has been closed               자식의 close()가 영향을 미친다.
```

이 책의 소스 코드 배보판 중 파일 procexec/demo_clone.c에서 clone()의 좀 더 복잡한 사용 예를 볼 수 있다.

## 28.2.1 clone()의 flags 인자

clone()의 flags 인자는 앞으로 설명할 비트 마스크 값의 조합(OR)으로 이뤄진다. 이들을 이름 순서대로 설명하는 대신에, 설명하기 쉬운 순서로 나열하고 먼저 POSIX 스레드의 구현에 사용되는 것들로 설명을 시작하겠다. 스레드를 구현하는 관점에서 보면, 앞으로의 설명에서 프로세스를 스레드로 대체할 수 있겠다.

여기서 스레드와 프로세스를 구분하려는 것이 어떤 면에선 말장난에 지나지 않다는 사실을 언급할 필요가 있다. KSEkernel scheduling entity는 몇몇 문서에서 커널 스케줄러가 다루는 객체를 의미하는 용어인데, 이를 소개하면 약간의 도움을 줄 수 있겠다. 실제로 스레드와 프로세스는 다른 KSE와 (가상 메모리, 열린 파일 디스크립터, 시그널 속성, 프로세스 ID 등의) 속성을 공유하게 해준다. POSIX 스레드 규격은 스레드 간에 공유돼야만 하는 속성의 다양한 정의 중 하나만을 제공한다.

앞으로의 설명에서, 리눅스에서 사용 가능한 두 가지 주요한 POSIX 스레드 구현을 언급할 때가 있을 것이다. 예전의 LinuxThreads 구현과 최근의 NPTL 구현에 대한 자세한 설명은 Vol. 2의 5.5절에서 찾을 수 있다.

> 커널 2.6.16부터 리눅스는 새 시스템 호출 unshare()를 제공한다. 이는 clone()(혹은 fork(), vfork())으로 생성된 자식 프로세스가 생성 시 설정된 특정 속성의 공유를 되돌리는 것을 허용한다(즉 clone()의 flags 비트 효과를 반대로 하는 것). 좀 더 자세한 내용은 unshare(2) 매뉴얼 페이지를 참조하기 바란다.

### 파일 디스크립터 테이블 공유: CLONE_FILES

CLONE_FILES 플래그가 설정되면 부모와 자식 프로세스는 동일한 열린 파일 디스크립터 테이블을 공유한다. 따라서 한 프로세스에서의 (open(), close(), dup(), pipe(), socket() 같은) 파일 디스크립터 할당/비할당은 다른 프로세스에서도 보인다. CLONE_FILES가 설정되지 않은 경우에는 파일 디스크립터 테이블이 공유되지 않으며, 자식 프로세스는 clone() 호출 시점에서의 부모 테이블 복사본을 갖게 된다. 이렇게 복사된 디스크립터는 부모의 해당 디스크립터에 해당하는 열린 파일의 디스크립터를 가리킨다.

POSIX 스레드 규격에서는 프로세스의 모든 스레드가 동일한 열린 파일 디스크립터를 공유할 것을 요구한다.

### 파일 시스템과 관련된 정보 공유: CLONE_FS

CLONE_FS 플래그가 설정되면 부모와 자식 프로세스는 파일 시스템과 관련된 정보(umask, 루트 디렉토리, 현재 작업 디렉토리)를 공유한다. 따라서 한 프로세스에서의 umask()나 chdir(), chroot() 호출은 다른 프로세스에도 영향을 미친다. CLONE_FS 플래그가 설정되지 않았다면 (fork()나 vfork()에서처럼) 부모와 자식은 이 정보를 각자 갖게 된다.

CLONE_FS로 속성을 공유하는 것은 POSIX 스레드에서 요구한다.

### 시그널 속성 공유: CLONE_SIGHAND

CLONE_SIGHAND 플래그가 설정되어 있으면 부모와 자식 프로세스는 동일한 시그널 속성 테이블을 공유한다. 어느 한 프로세스에서 시그널 속성을 변경하기 위해 sigaction()이나 signal()을 사용하면 다른 프로세스의 시그널 속성에도 영향을 끼친다. CLONE_SIGHAND 플래그가 설정되어 있지 않으면 시그널 속성은 공유되지 않는다.

대신에 자식 프로세스는 (fork()나 vfork()에서처럼) 부모의 시그널 속성 테이블 복사본을 갖게 된다. CLONE_SIGHAND 플래그는 프로세스 시그널 마스크와 보류 중인 시그널에는 영향을 미치지 않는데, 이들은 두 프로세스 간에 항상 구별되기 때문이다. 리눅스 2.6부터는 CLONE_SIGHAND가 설정되면, CLONE_VM도 항상 같이 설정돼야 한다.

시그널 속성을 공유하는 것은 POSIX 스레드에서 요구한다.

### 부모 프로세스의 가상 메모리 공유: CLONE_VM

CLONE_VM 플래그가 설정되어 있으면, (vfork()에서처럼) 부모와 자식 프로세스는 동일한 가상 메모리 페이지를 공유한다. 한 프로세스에서의 메모리 수정이나 mmap() 혹은 munmap() 호출은 다른 프로세스에게도 보인다. CLONE_VM 플래그가 설정되어 있지 않으면 (fork()에서처럼) 자식 프로세스는 부모의 가상 메모리 복제본을 갖게 된다.

같은 가상 메모리를 공유하는 것은 스레드를 결정하는 속성이며, POSIX 스레드에서 이를 요구한다.

### 스레드 그룹: CLONE_THREAD

CLONE_THREAD 플래그가 설정되어 있으면, 자식 프로세스는 부모와 동일한 스레드 그룹이 된다. 설정되어 있지 않을 경우에 자식 프로세스는 자신만의 새 스레드 그룹을 갖게 된다.

**스레드 그룹**thread group은 스레드 라이브러리가 프로세스의 모든 스레드가 하나의 프로세스 ID를 가져야 한다(즉 각 스레드에서의 getpid()가 같은 값을 리턴해야 한다)는 POSIX 스레드 요구사항을 지원하도록 리눅스 2.4부터 소개됐다. 스레드 그룹은 그림 28-1에서처럼 같은 **스레드 그룹 식별자**TGID, thread group identifier를 갖는 커널 스케줄링 단위(KSE)다.

리눅스 2.4부터 getpid()는 호출한 스레드의 TGID를 리턴한다. 즉 TGID도 프로세스 ID처럼 취급된다.

> 리눅스 2.2와 이전 버전에서는 clone() 구현이 CLONE_THREAD를 지원하지 않았다. 대신에 LinuxThreads는 POSIX 스레드를 여러 속성(예: 가상 메모리)을 공유하지만 별개의 프로세스 ID를 갖는 프로세스로 구현했다. 호환을 목적으로 최신 리눅스 커널에서도 LinuxThreads 구현에는 CLONE_THREAD 플래그가 쓰이지 않는다. 따라서 이 구현을 사용하는 스레드들은 계속해서 각기 다른 프로세스 ID를 갖게 된다.

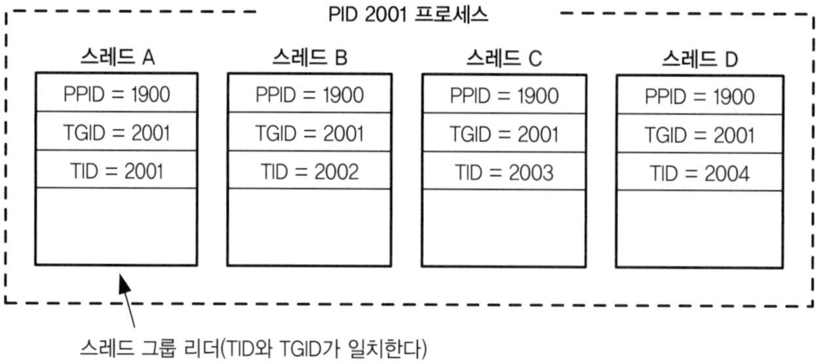


**그림 28-1** 4개의 스레드로 구성된 스레드 그룹

스레드 그룹 내의 각 스레드는 TIDthread identifier로 구별된다. 리눅스 2.4에서 gettid() 시스템 호출이 추가됐는데, 이 시스템 호출을 이용하면 스레드가 자신의 스레드 ID(이 값은 clone()을 호출한 스레드가 돌려받는 값과 동일하다)를 얻을 수 있다. 스레드 ID는 시스템 수준에서 고유한 값으로 커널은 시스템상에서 스레드 ID가 스레드 그룹 리더일 경우를 제외하고 어떤 경우에도 다른 프로세스 ID와 똑같지 않음을 보장한다.

새 스레드 그룹의 첫 번째 스레드는 해당 스레드 그룹 ID와 동일한 스레드 ID를 갖는다. 이 스레드를 스레드 그룹 리더thread group leader라고 한다.

> 여기서 말하는 스레드 ID는 POSIX 스레드에서 말하는 (pthread_t 데이터형의) 스레드 ID와는 다르다. 후자의 ID는 내부적으로 (사용자 공간에서) POSIX 스레드 구현에 의해 생성되고 관리된다.

스레드 그룹 내의 모든 스레드는 동일한 부모 프로세스 ID(스레드 그룹 리더의 ID)를 갖는다. 스레드 그룹 내의 모든 스레드가 종료됐을 때만, SIGCHLD 시그널(혹은 기타 종료 시그널)이 부모 프로세스로 보내진다. 이는 POSIX 스레드의 요구사항을 구현한 것이다.

CLONE_THREAD 스레드가 종료될 경우엔 clone()을 통해 스레드를 생성했던 스레드에게 아무런 시그널도 보내지지 않는다. 마찬가지로 CLONE_THREAD를 사용해 생성된 스레드를 wait()나 이와 유사한 시스템 호출로 기다릴 수 없다. 이는 POSIX 요구사항에 따른 것이다. POSIX 스레드는 프로세스와 다르며, wait()를 사용해 기다릴 수 없다. 대신에 pthread_join()을 사용해 합쳐져야 한다. CLONE_THREAD로 생성된 스레드의 종료를 알아내는 데는 퓨텍스futex라는 특별히 고안된 동기화 방법이 사용된다(이후에 나오는 CLONE_PARENT_SETTID 플래그 항목을 참고하자).

스레드 그룹의 한 스레드가 exec()를 수행하면, 스레드 그룹 리더를 제외한 모든 스레드는 종료되고(이는 POSIX 스레드의 요구사항을 따른 것이다) 새 프로그램은 스레드 그룹 리더에서 실행된다. 다시 말해, 새 프로그램에서 gettid()는 스레드 그룹 리더의 스레드 ID를 리턴한다. exec() 동안에 이 프로세스가 부모에게 보내야 할 종료 시그널은 SIGCHLD로 재설정된다.

스레드 그룹 내의 한 스레드가 fork()나 vfork()를 이용해 자식을 생성한 경우에는 그룹 내의 모든 스레드가 wait()나 이와 비슷한 호출을 이용해 자식을 감시할 수 있다.

리눅스 2.6 이상에서는 CLONE_THREAD가 설정된 경우에는 CLONE_SIGHAND가 플래그에 포함돼야만 한다. 이는 POSIX 스레드 요구사항을 따른 것이다. 더 자세한 내용은 POSIX 스레드와 시그널이 어떻게 동작하는지를 설명하는 Vol. 2의 5.2절을 참조하기 바란다(커널이 CLONE_THREAD 스레드 그룹의 시그널을 다루는 방식은 프로세스 내의 스레드가 시그널을 다루는 방식에 대한 POSIX 요구사항을 따르고 있다).

## 스레드 라이브러리 지원: CLONE_PARENT_SETTID, CLONE_CHILD_SETTID, CLONE_CHILD_CLEARTID

CLONE_PARENT_SETTID, CLONE_CHILD_SETTID, CLONE_CHILD_CLEARTID 플래그가 리눅스 2.6부터 추가돼서 POSIX 스레드 구현에 사용됐다. 이 플래그는 clone()이 ptid와 ctid 인자를 어떻게 처리하는지에 영향을 미친다. CLONE_PARENT_SETTID와 CLONE_CHILD_CLEARTID는 NPTL 스레드 구현에 사용된다.

CLONE_PARENT_SETTID 플래그가 설정되면 커널은 자식 스레드의 스레드 ID를 ptid가 가리키는 위치에 쓴다. 스레드 ID는 부모의 메모리가 복제되기 전에 ptid에 쓰여진다. 즉 CLONE_VM 플래그가 설정되어 있지 않을 경우에도, 부모와 자식은 이 위치에서 자식 스레드 ID를 볼 수 있다(앞의 설명처럼 CLONE_VM 플래그는 POSIX 스레드를 생성할 때 설정된다).

CLONE_PARENT_SETTID 플래그는 스레드를 구현할 때 새 스레드 ID를 얻기 위한 신뢰할 수 있는 방법을 제공하고자 존재한다. 새 스레드 ID를 얻기 위해 다음처럼 clone()의 리턴값을 사용하는 것은 충분하지 않다.

```
tid = clone (...);
```

문제는 이 코드가 다양한 경쟁 상태를 야기할 수 있다는 점인데, clone()이 리턴을 한 후에야만 위의 대입문이 실행되기 때문이다. 예를 들어, 새 스레드가 종료하고 tid로의 대입이 끝나기 전에, 종료 시그널 핸들러가 불렸다고 생각해보자. 이 경우 핸들러는 실질적으로 tid에 접근할 수 없다(스레드 라이브러리 내에서, tid는 모든 스레드의 상태를 추적하는 데 쓰이는 전역 변수 구조체의 일원일 것이다). clone()을 직접 호출하는 프로그램은 이 경쟁 상태를 회피하도록 설계할 수 있다. 하지만 스레드 라이브러리는 이를 호출하는 프로그램의 동작을 제어할 수는 없다. clone()이 리턴하기 전에 새 스레드 ID가 ptid가 가리키는 위치에 저장됨을 보장받기 위해 CLONE_PARENT_SETTID를 쓰면 스레드 라이브러리에서 경쟁 상태를 피할 수 있다.

CLONE_CHILD_SETTID 플래그가 설정되면, clone()은 자식 스레드의 스레드 ID를 ctid가 가리키는 위치에 저장한다. ctid의 설정은 자식의 메모리에서만 이뤄지는데, CLONE_VM이 설정되어 있을 경우엔 부모에게도 적용된다. NPTL에서는 CLONE_CHILD_SETTID가 필요 없지만, 그 밖의 스레드 라이브러리 구현에 필요할 때도 있기 때문에 이 플래그가 제공된다.

CLONE_CHILD_CLEARTID 플래그가 설정됐을 경우, 자식이 종료하면 clone()은 ctid가 가리키는 메모리 위치를 초기화한다.

ctid 인자가 NPTL 스레드 구현에서 스레드 종료를 통보받는 데 사용하는 구현 방식(잠시 후에 설명한다)이다. 이런 식의 통보는 pthread_join() 함수에서 사용되는데, 이는 스레드가 다른 스레드의 종료를 기다릴 때 사용하는 POSIX 스레드 구현이다.

스레드가 pthread_create()를 통해 생성되면, NPTL은 clone()을 호출해서 ptid와 ctid가 같은 위치를 가리키게 한다(이 때문에 NPTL에서는 CLONE_CHILD_SETTID가 필요치 않은 것이다). CLONE_PARENT_SETTID 플래그는 이 위치가 새 스레드 ID로 초기화되게 한다. 자식 프로세스가 종료하고 ctid가 초기화되면, (CLONE_VM 플래그도 설정되어 있기 때문에) 프로세스의 모든 스레드는 이를 볼 수 있게 된다.

커널은 ctid가 가리키는 위치를 효율적인 동기화 메커니즘인 퓨텍스로 처리한다(퓨텍스에 대해서는 futex(2) 매뉴얼 페이지를 참조하기 바란다). 스레드 종료의 통지는 ctid가 가리키는 위치에 저장된 값의 변경을 기다리며 블록하는 futex() 시스템 호출을 통해 얻을 수 있다(내부적으론, pthread_join()이 이 일을 처리한다). 커널이 ctid를 초기화하는 동시에, 이 위치의 변화를 기다리는 퓨텍스를 처리하면 블록되어 있던 커널 스케줄 단위(즉 스레드)가 깨어나게 된다(POSIX 스레드에서 보면, 이때 pthread_join() 호출이 블록해제된다).

### 스레드별 저장소: CLONE_SETTLS

CLONE_SETTLS가 설정되면, tls 인자가 user_desc 구조체를 가리킨다. 이 구조체는 해당 스레드에 사용되는 스레드별 저장소 버퍼를 표현한다. 리눅스 2.6부터 추가되어 스레드별 저장소의 NPTL 구현에 쓰인다(Vol. 2의 3.4절). user_desc 구조체에 관한 더 자세한 내용은 커널 2.6 소스와 set_thread_area(2) 매뉴얼 페이지에 소개된 구조체의 정의와 사용을 참조하기 바란다.

### 시스템 V 세마포어 복구값 공유: CLONE_SYSVSEM

CLONE_SYSVSEM 플래그가 설정되면, 부모와 자식 프로세스는 시스템 V 세마포어 복구값undo value 목록을 공유한다(Vol. 2의 10.8절). 이 플래그가 설정되어 있지 않다면 부모와 자식 프로세스는 개별적으로 복구 목록을 갖게 되고 자식의 복구 목록은 빈 리스트로 초기화된다.

CLONE_SYSVSEM 플래그는 커널 2.6부터 지원됐으며, POSIX 스레드가 정의하는 방식을 지원한다.

### 프로세스당 마운트되는 이름 공간: CLONE_NEWNS

리눅스 커널 2.4.19부터 프로세스당 마운트되는 이름 공간이 지원된다. 마운트 이름 공간mount namespace은 mount()와 umount() 호출을 통해 관리되는 마운트 지점 집합으로 chdir()이나 chroot() 호출 같은 시스템 호출 작업이나, 경로명을 통해 실제 파일 위치를 찾는 작업에 영향을 미친다.

기본 설정은 부모와 자식 프로세스가 마운트 이름 공간을 공유하게 되어 있다. 따라서 mount()나 umount()를 통해 한 프로세스가 이름 공간을 변경하면 (fork()나 vfork()에서처럼) 다른 프로세스도 영향을 받는다. 특권(CAP_SYS_ADMIN) 프로세스가 CLONE_NEWNS 플래그를 설정하면 자식 프로세스는 부모의 마운트 프로세스 복사본을 얻게 된다. 따라서 한 프로세스에 의해 변경된 이름 공간은 다른 프로세스에는 영향을 주지 않는다(이전 커널에서처럼 2.4.*x* 초기의 커널에서는 한 시스템상의 모든 프로세스는 하나의 시스템 수준에서의 마운트 이름 공간을 공유하는 것으로 간주할 수 있다).

프로세스별로 마운트되는 이름 공간은 chroot() 감옥jail과 유사한 환경 변수를 생성할 때 쓰이는데, 좀 더 안전하고 융통성 있다. 예를 들어, 감옥에 갇힌 프로세스는 시스템상의 타 프로세스에는 보이지 않는 마운트 지점을 사용할 수 있다. 마운트 이름 공간은 가상 서버 환경을 설정하는 데 유용하다.

clone()을 호출할 때, CLONE_NEWNS와 CLONE_FS를 동시에 설정하는 것은 의미도 없고 허용되지도 않는다.

### 자식 프로세스의 부모를 호출자의 부모 프로세스로 설정하기: CLONE_PARENT

clone() 호출로 새 프로세스를 생성할 때, 생성되는 프로세스(getppid()가 리턴하는)의 부모 프로세스의 기본 설정은 (fork()나 vfork()에서처럼) clone()을 호출한 프로세스다. CLONE_PARENT 플래그가 설정되면, 자식의 부모 프로세스가 호출한 프로세스의 부모로 설정된다. 즉 CLONE_PARENT는 child.PPID = caller.PPID를 사용한 것과 동일하다 (CLONE_PARENT가 사용되지 않은 기본 설정은 child.PPID = caller.PID가 된다). 부모 프로세스(child.PPID)는 자식 프로세스가 종료할 때 시그널을 받게 되는 프로세스다.

CLONE_PARENT 플래그는 리눅스 2.4부터 지원된다. 원래는 POSIX 스레드 구현에 쓰려고 설계했으나, 커널 2.6에서는 이 플래그가 필요 없어진 (CLONE_THREAD의 쓰임새처럼 앞에서 설명한 것 같은) 스레드 방식을 추구한다.

### 자식 프로세스의 PID를 호출자의 부모의 PID로 설정하기: CLONE_PID(폐기)

CLONE_PID 플래그가 설정되면 자식은 부모 프로세스와 동일한 프로세스 ID를 갖는다. 이 플래그가 설정되어 있지 않으면 부모와 자식 프로세스는 (fork()와 vfork()에서처럼) 다른 프로세스 ID를 갖게 된다. 시스템 부팅 프로세스(프로세스 ID 0)만 이 플래그를 설정할 수 있는데, 이는 멀티프로세서 시스템을 초기화하는 데 사용된다.

CLONE_PID 플래그는 사용자 응용 프로그램에 쓰일 용도가 아닌데, 리눅스 2.6부터는 지원하지 않는다. 대신 CLONE_IDLETASK를 사용하면 새 프로세스의 ID를 0으로 설정할 수 있다. CLONE_IDLETASK는 커널 내에서만 사용 가능하다(clone()의 플래그로 넘겨지면 무시된다). 이 플래그를 사용해서 CPU별 보이지 않는 노는 프로세스idle process를 생성할 수 있는데, 이런 프로세스는 멀티프로세서 시스템상에서 여러 개가 생길 수 있다.

### 프로세스 트레이싱: CLONE_PTRACE, CLONE_UNTRACED

CLONE_PTRACE 플래그가 설정되어 있고, 호출한 프로세스가 추적되고 있는 경우에는 자식 프로세스도 추적된다. (디버거나 strace 명령에 쓰이는) 프로세스 추적에 대한 자세한 내용은 ptrace(2) 매뉴얼 페이지를 참조하기 바란다.

커널 2.6부터 CLONE_UNTRACE 플래그가 설정될 수 있는데, 추적되는 프로세스가 자식 프로세스에게 CLONE_PTRACE를 강제할 수 없다는 뜻이다. CLONE_UNTRACE 플래그는 커널 내에서 커널 스레드를 생성할 때 쓴다.

### 자식이 종료하거나 exec를 실행할 때까지 부모를 중단시키기: CLONE_VFORK

CLONE_VFORK 플래그가 설정되면 자식이 (vfork()에서처럼) exec()나 _exit() 호출을 통해 가상 메모리 자원을 되돌려줄 때까지 부모의 실행은 중단된다.

### 컨테이너를 지원하는 새로운 clone() 플래그

리눅스 2.6.19부터 새로운 clone() flags 값(CLONE_IO, CLONE_NEWIPC, CLONE_NEWNET, CLONE_NEWPID, CLONE_NEWUSER, CLONE_NEWUTS)이 추가됐다(더 자세한 내용은 clone(2) 매뉴얼 페이지를 참조하기 바란다).

플래그 대부분은 컨테이너container를 구현하기 위해 제공된다([Bhattiprolu et al., 2008]). 컨테이너는 경량 가상화의 한 형태로, 같은 커널 내 프로세스들이 마치 다른 기계에서처럼 각기 다른 환경 변수를 가질 수 있다. 컨테이너는 하나가 다른 것을 포함하도록 중첩될 수 있다. 컨테이너 방식은 각 가상화 환경이 다른 커널에서 실행되는 완전 가상화 방식과 대조된다.

컨테이너를 구현하기 위해, 커널 개발자는 커널 내에서 프로세스 ID, 네트워킹 스택, uname()이 리턴하는 식별자, 시스템 V IPC 객체나 사용자/그룹 ID 이름 공간 같은 전역 시스템 리소스별로 간접 계층layer을 제공해서 각 컨테이너가 이런 것들에 대한 자신만의 인스턴스를 제공할 수 있게 해야 한다.

컨테이너의 용도는 다양한데, 예를 들면 다음과 같다.

- 시스템에서 네트워크 대역폭이나 CPU 시간 같은 자원 할당 제어하기(예: 한 컨테이너에게 CPU 시간의 75%를, 나머지에는 25%를 할당)
- 하나의 호스트 머신host machine에서 다중 경량 가상 서버 제공하기
- 컨테이너 정지시키기(컨테이너상의 모든 프로세스의 실행을 중단시키고 나중에 (원하면 다른 기계에서) 재시작할 수 있다.)
- 응용 프로그램의 상태를 저장하고(체크포인트checkpoint) 나중에 되돌려 (응용 프로그램이 충돌하거나 계획된/계획되지 않은 시스템 종료 후에) 저장된 순간부터 실행 재개하기

### clone()의 flags 사용

대략적으로 말하면 fork()는 SIGCHLD로 명시된 flags로 clone()을 호출하는 것에 대응되는 반면에, vfork()는 다음과 같이 명시된 flags로 clone()을 호출하는 것에 해당한다.

```
CLONE_VM | CLONE_VFORK | SIGCHLD
```

> 버전 2.3.3 이후로, glibc 래퍼 fork()는 NPTL 스레드 구현의 일부로 제공되는데, 커널의 fork() 시스템 호출을 건너뛰고 clone()을 호출한다. 이 래퍼 함수는 pthread_atfork()를 사용해 호출 프로세스가 만든 모든 포크 핸들러를 호출한다(Vol. 2의 5.3절 참조).

LinuxThreads 스레드 구현은 다음의(첫 4개) flags를 명시한 clone() 호출을 이용해 스레드를 생성한다.

```
CLONE_VM | CLONE_FILES | CLONE_FS | CLONE_SIGHAND
```

NPTL 스레드 구현은 다음의(7개 모든) flags를 명시한 clone() 호출을 이용해 스레드를 생성한다.

```
CLONE_VM | CLONE_FILES | CLONE_FS | CLONE_SIGHAND | CLONE_THREAD |
CLONE_SETTLS | CLONE_PARENT_SETTID | CLONE_CHILD_CLEARTID |
CLONE_SYSVSEM
```

### 28.2.2 복제된 자식 프로세스를 위한 waitpid() 확장

clone()으로 생성된 자식 프로세스를 기다리기 위해서는 waitpid(), wait3(), wait4()의 경우 다음의 추가적인(리눅스에 한해) 값이 options 비트 마스크 인자에 포함돼야 한다.

- __WCLONE: 설정되면 복제된 자식만을 기다린다. 설정되지 않을 경우, 복제되지 않은 자식만 기다린다. 이 경우, 복제된 자식은 종료 시 SIGCHLD 외의 시그널을 부모 프로세스에게 보낸다. 이 설정은 __WALL이 설정되어 있는 경우 무시된다.
- __WALL(리눅스 2.4부터): 복제 유무와 상관없이 모든 자식 프로세스를 기다린다.
- __WNOTHREAD(리눅스 2.4부터): 기본 설정은 호출한 프로세스의 자식뿐만 아니라 호출한 프로세스와 동일한 스레드 그룹에 있는 다른 프로세스들의 자식 프로세스까지도 기다리는 것인데, __WNOTHREAD 설정을 하면 호출한 프로세스의 자식만을 기다리도록 제한된다.

이 플래그들은 waitid()와 함께 쓸 수 없다.

## 28.3 프로세스 생성 속도

표 28-3은 다양한 방법으로 프로세스 생성 시에 걸리는 시간을 비교하고 있다. 결과는 반복해서 자식 프로세스를 생성하고 종료할 때까지 기다리는 일을 반복하는 테스트 프로그램을 사용해 얻었다. 표는 다양한 방법을 세 가지 프로세스 메모리 크기(총 가상 메모리 값으로 확인)를 이용해 비교한다. 메모리 크기의 차이는 시간을 재기에 앞서 malloc()을 이용해 힙에 추가 메모리를 할당함으로써 시뮬레이션됐다.

> 표 28-3의 프로세스 크기(총 가상 메모리)는 ps -o "pid vsz cmd"로 출력되는 VSZ 값으로부터 얻었다.

**표 28-3** fork(), vfork(), clone()을 이용해 100,000개의 프로세스를 생성할 때 걸리는 시간

| 프로세스 생성 방법 | 총 가상 메모리 | | | | | |
|---|---|---|---|---|---|---|
| | 1.70MB | | 2.70MB | | 11.70MB | |
| | 시간(초) | 비율 | 시간(초) | 비율 | 시간(초) | 비율 |
| fork() | 22.27 (7.99) | 4544 | 26.38 (8.98) | 4135 | 126.93 (52.55) | 1276 |
| vfork() | 3.52 (2.49) | 28955 | 3.55 (2.50) | 28621 | 3.53 (2.51) | 28810 |
| clone() | 2.97 (2.14) | 34333 | 2.98 (2.13) | 34217 | 2.93 (2.10) | 34688 |
| fork() + exec() | 135.72 (12.39) | 764 | 146.15 (16.69) | 719 | 260.34 (61.86) | 435 |
| vfork() + exec() | 107.36 (6.27) | 969 | 107.81 (6.35) | 964 | 107.97 (6.38) | 960 |

표 28-3은 각 프로세스 크기에 따른 두 유형의 통계치를 보여준다.

- 첫 번째 통계치는 두 가지 시간값으로 구성되어 있다. 주요 (큰) 시간값은 100,000개의 프로세스를 생성하는 데 걸린 전체 경과 (실제) 시간이다. 괄호 안에 표시된 두 번째 시간값은 부모 프로세스가 소비한 CPU 시간이다. 이 테스트는 부하가 걸리지 않은 시스템에서 이뤄졌기 때문에 두 시간값의 차이가 실험 동안 생성된 자식 프로세스가 소비한 전체 시간이 된다.

- 각 테스트가 보여주는 두 번째 통계치는 (실제) 초당 얼마나 많은 프로세스가 생성됐는지를 보여준다. 결과는 각 실험당 평균 20개이며, 이는 x86-32 시스템을 이용해 커널 2.6.27상에서 얻었다.

처음 세 가지 데이터 값은 간단한 프로세스를 생성했을 경우(자식에서 새로운 프로그램을 실행함 없이)를 보여준다. 각 경우에 자식 프로세스는 생성 즉시 종료하고 각 부모는 다음 자식을 생성하기 전에 이전 자식 프로세스가 종료하기를 기다린다.

첫 줄은 `fork()` 시스템 호출 시의 결과를 보여준다. 이 데이터로부터 프로세스의 크기가 커질수록 `fork()`도 더 오래 걸린다는 사실을 알 수 있다. 이런 결과는 점점 커져가는 자식 프로세스의 페이지 테이블을 복사하고 모든 데이터, 힙, 스택 세그먼트 페이지 엔트리를 읽기 전용으로 설정하는 데 걸리는 시간 때문이다(자식 프로세스가 데이터나 스택 세그먼트를 변경하지 않기 때문에 페이지는 복사되지 않는다).

두 번째 줄은 `vfork()`의 결과를 보여준다. 프로세스의 크기가 커져도 걸리는 시간은 동일하다. 이는 `vfork()` 동안 어떤 페이지 테이블이나 페이지도 복사되지 않기 때문에 호출한 프로세스의 가상 메모리 크기에는 어떤 영향도 없기 때문이다. `fork()`와 `vfork()`의 실험 결과는 프로세스 페이지 테이블을 복사하는 데 걸린 시간의 차이를 보여준다.

> 표 28-3의 vfork()와 clone() 결과값에서 볼 수 있는 작은 차이는 샘플링 에러와 스케줄링에 생기는 차이 때문이다. 크기를 300MB까지 늘려서 프로세스를 생성했을 경우에도 두 시스템 호출에 걸리는 시간은 항상 일정했다.

세 번째 줄은 다음 플래그로 `clone()`을 사용해 프로세스를 생성한 경우를 보여준다.

```
CLONE_VM | CLONE_VFORK | CLONE_FS | CLONE_SIGHAND | CLONE_FILES
```

처음 두 플래그는 `vfork()`의 효과를 낸다. 나머지 플래그는 부모와 자식 프로세스가 파일 시스템 속성(umask, 루트 디렉토리, 현재 작업 디렉토리), 시그널 속성 테이블, 열린 파일 디스크립터를 공유하도록 설정한다. `clone()`과 `vfork()` 실험 결과의 차이는 `vfork()`에서 작지만 이렇게 공유되는 정보를 자식 프로세스로 복사하는 데 걸리는 시간을 보여준다. 파일 시스템 속성과 시그널 속성을 복사하는 데 걸리는 시간은 항상 일정하지만, 열린 파일 디스크립터 테이블을 복사하는 데 걸리는 시간은 디스크립터의 개수에 비례한다. 예를 들어, 부모 프로세스가 100개의 파일 디스크립터를 열었을 경우에

vfork()에 걸린 실제 시간이 (표의 첫 번째 항목에서 보듯) 3.52초에서 5.04초로 증가하지만, clone()에 걸리는 시간은 변하지 않았다.

> clone()의 시간을 측정할 때, sys_clone()을 직접 호출하는 대신에 glibc clone() 래퍼 함수를 사용했다. (여기에 소개하진 않았지만) 다른 실험 결과를 보면 자식 프로세스가 즉각 종료하는 경우에 sys_clone()과 clone()에 걸린 시간에는 무시해도 무방할 정도의 차이만 있었다.

fork()와 vfork()의 차이는 매우 뚜렷한데, 다음 사항 역시 염두에 둬야 한다.

- vfork()가 fork()보다 30배 이상 빠름을 보여주는 마지막 데이터 항목은 큰 프로세스에 해당한다. 일반적인 프로세스에서는 앞의 두 결과값에 가까운 결과를 보여줄 것이다.
- 프로세스 생성에 걸리는 시간은 일반적으로 exec() 수행에 걸리는 시간보다 상당히 작기 때문에, fork()와 vfork() 후에 exec()를 수행한다면 이런 차이가 두드러지지 않을 것이다.

> 실제로 표 28-3의 결과값으로는 exec()의 수행에 걸린 총 시간을 알 수가 없다. 반복되는 테스트에서 자식 프로세스가 항상 동일한 프로그램을 수행하기 때문이다. 첫 번째 exec()에서 프로그램이 커널 버퍼 캐시에 올라오기 때문에, 프로그램을 메모리로 읽어오는 디스크 I/O가 생략된다. 테스트가 매번 다른 프로그램을 실행한다면(예를 들어, 같은 프로그램을 다른 이름으로 복사해서) exec()의 수행이 좀 더 오래 걸림을 보게 될 것이다.

## 28.4 exec()와 fork()가 프로세스 속성에 미치는 영향

프로세스의 다양한 속성 중 일부는 이미 앞 장에서 설명했고, 그 외는 다음 장에서 다룰 것이다. 속성에 관해 두 가지 질문을 해볼 수 있다.

- 프로세스가 exec()를 수행하면 속성에는 어떤 일이 생기는가?
- fork()가 실행될 때, 자식 프로세스가 상속받는 속성에는 어떤 것이 있는가?

이런 질문에 대한 답을 정리한 것이 표 28-4다. exec() 항목을 보면 exec() 동안 유지되는 속성을 보여준다. fork() 항목은 fork() 후에 자식 프로세스가 상속받는(혹은 공유하는) 속성을 보여준다. 리눅스에 한한다고 명시되어 있지 않은 경우는 표준 유닉스 구현에서 볼 수 있으며, exec()와 fork() 처리는 SUSv3의 요구사항을 따른다.

**표 28-4** exec()와 fork()가 프로세스 속성에 미치는 영향

| 프로세스 속성 | exec() | fork() | 속성에 영향을 주는 인터페이스 (추가 설명) |
|---|---|---|---|
| **프로세스 주소 공간** | | | |
| 텍스트 세그먼트 | × | 공유 | 자식은 부모와 텍스트 세그먼트를 공유한다. |
| 스택 세그먼트 | × | O | 함수 시작/끝; alloca(), longjmp(), siglongjmp() |
| 데이터와 힙 세그먼트 | × | O | brk(), sbrk() |
| 환경 변수 | 설명 참조 | O | putenv(), setenv(); environ을 직접 수정한다. execle()와 execve()에 의해 겹쳐 써지나, exec() 호출에 의해선 유지된다. |
| 메모리 매핑 | × | O (설명 참조) | mmap(), munmap(). 매핑의 MAP_NORESERVE 플래그는 fork() 시 상속된다. madvise(MADV_DONTFORK)가 설정된 매핑의 경우 fork() 시 상속되지 않는다. |
| 메모리 잠금 | × | × | mlock(), munlock() |
| **프로세스 ID와 자격증명** | | | |
| 프로세스 ID | O | × | |
| 부모 프로세스 ID | O | × | |
| 프로세스 그룹 ID | O | O | setpgid() |
| 세션 ID | O | O | setsid() |
| 실제 ID | O | O | setuid(), setgid() 및 관련 호출 |
| 유효/저장된 ID | 설명 참조 | O | setuid(), setgid() 및 관련 호출. 9장에서 exec()가 이들 ID에 어떤 영향을 주는지 설명한다. |
| 추가 그룹 ID | O | O | setgroups(), initgroups() |
| **파일, 파일 I/O, 디렉토리** | | | |
| 열린 파일 디스크립터 | 설명 참조 | O | open(), close(), dup(), pipe(), socket() 등. 파일 디스크립터는 '실행 시 닫기'로 설정되어 있지 않은 경우 exec() 동안 변하지 않는다. 자식과 부모의 디스크립터는 같은 열린 파일 디스크립터를 가리킨다. 5.4절 참조 |
| 실행 시 닫기 플래그 | O (비설정 시) | O | fcntl(F_SETFD) |

(이어짐)

| 프로세스 속성 | exec() | fork() | 속성에 영향을 주는 인터페이스 (추가 설명) |
|---|---|---|---|
| 파일 오프셋 | O | 공유 | lseek(), read(), write(), readv(), writev(). 자식은 부모와 파일 오프셋을 공유한다. |
| 열린 파일 상태 플래그 | O | 공유 | open(), fcntl(F_SETFL). 자식은 부모와 열린 파일 상태 플래그를 공유한다. |
| 비동기 I/O 오퍼레이션 | 설명 참조 | × | aio_read(), aio_write() 및 관련 호출. exec() 동안에 처리되지 않은 연산은 취소된다. |
| 디렉토리 스트림 | × | O (설명 참조) | opendir(), readdir(). SUSv3의 명시에 따르면 자식은 부모 디렉토리 스트림의 복사본을 얻지만, 디렉토리 스트림 위치를 공유하는지는 정해져 있지 않다. 리눅스에서는 위치가 공유되지 않는다. |
| **파일 시스템** | | | |
| 현재 작업 디렉토리 | O | O | chdir() |
| 루트 디렉토리 | O | O | chroot() |
| 파일 모드 생성 마스크 | O | O | umask() |
| **시그널** | | | |
| 시그널 속성 | 설명 참조 | O | signal(), sigaction(). exec() 동안, 속성이 기본값이나 무시되도록 설정된 시그널은 변하지 않는다. 처리된 시그널은 기본 속성으로 바뀐다. 27.5절 참조 |
| 시그널 마스크 | O | O | 시그널 전달, sigprocmask(), sigaction() |
| 보류 시그널 집합 | O | × | 시그널 전달, raise(), kill(), sigqueue() |
| 대체 시그널 스택 | × | O | sigaltstack() |
| **타이머** | | | |
| 시간 간격 타이머 | O | × | setitimer() |
| alarm()으로 설정된 타이머 | O | × | alarm() |
| POSIX 타이머 | × | × | timer_create() 및 관련 호출 |
| **POSIX 스레드** | | | |
| 스레드 | × | 설명 참조 | fork() 동안, 호출한 스레드만 자식에서 복제된다. |

(이어짐)

| 프로세스 속성 | exec() | fork() | 속성에 영향을 주는 인터페이스 (추가 설명) |
|---|---|---|---|
| 스레드 취소 가능 상태와 형식 | × | O | exec() 후, 취소 가능 형식과 상태는 PTHREAD_CANCEL_ENABLE, PTHREAD_CANCEL_DEFERRED로 재설정된다. |
| 뮤텍스(mutex)와 상태 변수 | × | O | fork() 동안 뮤텍스와 스레드 자원이 처리되는 자세한 내용은 Vol. 2의 5.3절을 참조하라. |
| **우선순위와 스케줄링** | | | |
| nice 값 | O | O | nice(), setpriority() |
| 스케줄링 정책과 우선순위 | O | O | sched_setscheduler(), sched_setparam() |
| **자원과 CPU 시간** | | | |
| 자원 한도 | O | O | setrlimit() |
| 프로세스와 자식 CPU 시간 | O | × | times()가 리턴하는 대로 |
| 자원 사용 | O | × | getrusage()가 리턴하는 대로 |
| **프로세스 간 통신** | | | |
| 시스템 V 공유 메모리 세그먼트 | × | O | shmat(), shmdt() |
| POSIX 공유 메모리 | × | O | shm_open() 및 관련 호출 |
| POSIX 메시지 큐 | × | O | mq_open() 및 관련 호출. 자식과 부모의 디스크립터는 같은 열린 메시지 큐 디스크립터를 가리킨다. 자식은 부모의 메시지 통지 등록을 공유하지 않는다. |
| POSIX 기명 세마포어 | × | 공유 | sem_open() 및 관련 호출. 자식은 부모와 동일한 세마포어 레퍼런스를 공유한다. |
| POSIX 무기명 세마포어 | × | 설명 참조 | sem_init()와 관련 호출. 세마포어가 공유 메모리 영역에 있다면, 자식은 부모와 세마포어를 공유하게 된다. 아닐 경우, 자신은 자신만의 세마포어 복사본을 갖게 된다. |
| 시스템 V 세마포어 조정 | O | × | semop(). Vol. 2의 10.8절 참조 |
| 파일 잠금 | O | 설명 참조 | flock(). 자식은 부모와 동일한 잠금 레퍼런스를 공유한다. |

(이어짐)

| 프로세스 속성 | exec() | fork() | 속성에 영향을 주는 인터페이스 (추가 설명) |
|---|---|---|---|
| 레코드 잠금 | 설명 참조 | × | fcntk(F_SETLK). 잠금은 해당 파일을 가리키는 파일 디스크립터가 '실행 시 닫기'로 설정되어 있지 않은 경우엔 exec() 동안 유지된다. Vol. 2의 18.3.5절 참조 |
| **기타** | | | |
| 로케일 제어 | × | O | setlocale(). C 런타임 초기화의 일부로서 새 프로그램이 실행된 후에는 setlocale(LC_ALL, "C")의 일종이 실행된다. |
| 부동소수점 환경 변수 | × | O | 새 프로그램이 실행될 때, 부동소수점 환경 변수가 기본값으로 재설정된다. fenv(3) 참조 |
| 터미널 제어 | O | O | |
| 종료 핸들러 | × | O | atexit(), on_exit() |
| **리눅스 고유** | | | |
| 파일 시스템 ID | 설명 참조 | O | setfsuid(), setfsgid(). 이들은 대응하는 유효 ID가 변경될 때마다 변경된다. |
| timerfd 타이머 | O | 설명 참조 | timerfd_create(). 자식은 부모와 동일한 타이머를 가리키는 파일 디스크립터를 상속받는다. |
| 능력(capability) | 설명 참조 | O | capset(). exec() 동안 능력을 다루는 방법은 34.5절을 참조하라. |
| 능력 제한 집합 | O | O | |
| 능력 securebits 플래그 | 설명 참조 | O | 항상 초기화되는 SECBIT_KEEP_CAPS를 제외한 모든 securebits 플래그는 exec() 동안 유지된다. |
| CPU 친화도 | O | O | sched_setaffinity() |
| SCHED_RESET_ON_FORK | O | × | 30.3.2절 참조 |
| 허용된 CPU | O | O | cpuset(7) 참조 |
| 허용된 메모리 노드 | O | O | cpuset(7) 참조 |
| 메모리 정책 | O | O | set_mempolicy(2) 참조 |
| 파일 임대 | O | 설명 참조 | fcntl(F_SETLEASE). 자식은 부모와 동일한 임대 레퍼런스를 상속받는다. |

(이어짐)

| 프로세스 속성 | exec() | fork() | 속성에 영향을 주는 인터페이스 (추가 설명) |
|---|---|---|---|
| 디렉토리 변경 통지 | O | × | fcntl(F_NOTIFY)를 통해 가능한 dnotify API |
| prctl(PR_SET_DUMPABLE) | 설명 참조 | O | exec() 동안, set-user-ID나 set-group-ID 프로그램을 실행(이 경우 초기화된다)하지 않았을 경우, PR_SET_DUMPABLE 플래그가 설정된다. |
| prctl(PR_SET_PDEATHSIG) | O | × | |
| prctl(PR_SET_NAME) | × | O | |
| oom_adj | O | O | Vol. 2의 12.9절 참조 |
| coredump_filter | O | O | 22.1절 참조 |

## 28.5 정리

프로세스 어카운팅이 활성화되면, 커널은 시스템에서 종료하는 각 프로세스별로 어카운팅 레코드를 작성한다. 레코드는 프로세스별로 사용된 자원에 대한 통계치를 포함한다.

리눅스 고유의 clone() 시스템 호출은 fork()처럼 새 프로세스를 생성하지만, 부모와 자식 프로세스 간에 어떤 속성을 공유할 것인지에 대한 세밀한 조정이 가능하다. 이 시스템 호출은 스레드 라이브러리를 구현하는 데 사용된다.

fork(), vfork()와 clone()을 사용해 프로세스를 생성하는 데 걸리는 시간을 비교해봤다. vfork()가 fork()보다 빠르기는 하지만, 이 시스템 호출 간의 시간차는 자식 프로세스가 exec()를 바로 실행했을 때 걸리는 시간과 비교했을 때 미미하다.

자식 프로세스가 fork()에 의해 생성될 경우, 프로세스 속성의 복사본을 부모로부터 상속받게(혹은 공유하게) 된다. 몇몇 속성은 상속되지 않는다. 예를 들어, 자식 프로세스는 부모의 파일 디스크립터와 시그널 속성을 상속하지만 부모의 시간 간격 타이머, 레코드 잠금, 보류 시그널 등은 상속받지 않는다. 따라서 프로세스가 exec()를 수행할 때, 어떤 프로세스 속성은 변하지 않지만, 어떤 값은 초기화된다. 예를 들어 프로세스 ID는 변하지 않고, 파일 디스크립터는 (실행 시 닫기가 설정되어 있지 않은 한) 계속 열려 있고, 시간 간격 타이머는 유지되고, 보류 중인 시그널은 계속 보류 상태로 남지만, 처리된 시그널은 기본값으로 설정되고 공유 메모리 세그먼트는 해제된다.

### 더 읽을거리

24.6절의 '더 읽을거리'를 참조하자. [Frisch, 2002]의 17장에서 여러 유닉스 구현에서의 프로세스 어카운팅과 그 관리를 설명하고 있다. [Bovet & Cesati, 2005]는 `clone()` 시스템 호출의 구현을 설명한다.

## 28.6 연습문제

**28-1.** `fork()`와 `vfork()` 시스템 호출이 여러분의 시스템에서는 얼마나 빠른지를 측정하는 프로그램을 작성해보라. 각 자식 프로세스는 즉각 종료해야 하며, 부모 프로세스는 다음 자식 프로세스를 생성하기 전에 `wait()`를 통해 기다려야 한다. 측정된 결과를 표 28-3과 비교해보자. 프로그램의 수행에 걸린 시간 측정에는 셸 내장 명령인 `time`을 사용할 수 있다.

# 29

# 프로세스 그룹, 세션, 작업 제어

프로세스 그룹과 세션은 프로세스 간에 두 단계의 계층구조 관계를 형성한다. 즉 프로세스 그룹은 관련된 프로세스의 집합이며, 세션은 관련된 프로세스 그룹의 집합이다. 여기서 '관련된'이라는 용어의 의미는 29장을 통해 배우게 될 것이다.

프로세스 그룹과 세션은 상호작용하는 사용자가 포그라운드나 백그라운드에서 명령을 실행할 수 있게 하는 셸 작업 제어를 지원하기 위해 정의된 추상화에 해당한다. 작업job이라는 용어는 종종 '프로세스 그룹'이라는 용어와 동일하게 사용된다.

29장은 프로세스 그룹과 세션, 작업 제어에 대해 기술한다.

## 29.1 개요

**프로세스 그룹**process group은 동일한 **프로세스 그룹 식별자**PGID, process group identifier를 공유하는 하나 혹은 그 이상의 프로세스 집합이다. 프로세스 그룹 ID는 프로세스 ID와 동일한 형식(pid_t)의 번호다. 프로세스 그룹에는 그룹을 생성하고, 자신의 프로세스 ID가 그룹의 프로세스 그룹 ID가 되는 프로세스인 **프로세스 그룹 리더**process group leader가 있다.

프로세스 그룹의 **생명주기**lifetime는 프로세스 리더가 그룹을 생성할 때 시작해, 마지막 멤버인 프로세스가 그룹을 떠날 때 끝난다. 프로세스는 다른 프로세스 그룹을 제거하거나 합침으로써 프로세스 그룹을 떠나게 된다. 프로세스 그룹 리더는 프로세스 그룹의 마지막 멤버일 필요는 없다.

**세션**session은 프로세스 그룹의 집합이다. 프로세스의 세션 멤버십은 프로세스 그룹 ID와 유사하게 pid_t 형의 번호인 **세션 식별자**SID, session identifier에 의해 결정된다. **세션 리더**session leader는 새로운 세션을 생성하고, 자신의 프로세스 ID가 세션 ID가 되는 프로세스다. 새로운 프로세스는 부모 세션 ID를 상속한다.

세션에서 모든 프로세스는 하나의 **제어 터미널**controlling terminal을 공유한다. 제어 터미널은 세션 리더가 처음 터미널 디바이스를 열 때 만들어진다. 터미널은 기껏해야 한 세션의 제어 터미널이 될 수 있다.

어느 특정 시점에서 보면, 한 세션에 속한 프로세스 그룹 중의 하나는 터미널을 위한 **포그라운드 프로세스 그룹**이고, 다른 프로세스 그룹은 **백그라운드 프로세스 그룹**이다. 포그라운드 프로세스 그룹의 프로세스만이 제어 터미널로부터 입력을 읽을 수 있다. 사용자가 제어 터미널에 시그널을 생성하는 터미널 문자 중의 하나를 입력한 경우, 시그널은 포그라운드 프로세스 그룹의 모든 멤버에 전달된다. 이런 문자에는 SIGINT를 생성하는 **인터럽트**interrupt 문자(보통 Control-C)와 SIGQUIT를 생성하는 **종료**quit 문자(보통 Control-\), SIGTSTP를 생성하는 **중지**suspend 문자(보통 Control-Z)가 있다.

제어 터미널에 연결 설정(예: 터미널 열기)의 결과로서, 세션 리더는 해당 터미널의 **제어 프로세스**controlling process가 된다. 제어 프로세스의 중요성은 터미널 접속 해제가 발생할 경우에 커널이 이 프로세스에게 SIGHUP 시그널을 보낸다는 데 있다.

> 리눅스 고유의 /proc/*PID*/stat 파일을 보면, 특정 프로세스의 프로세스 그룹 ID와 세션 ID를 알 수 있다. 또한 해당 프로세스의 제어 터미널 디바이스 ID(주 ID와 부 ID를 포함해서 하나의 10진 정수로 표현된다)와 해당 터미널 제어 프로세스의 프로세스 ID도 알아낼 수 있다. 더 상세한 내용은 proc(5) 매뉴얼 페이지를 참조하기 바란다.

세션과 프로세스 그룹은 주로 셸 작업 제어에 사용된다. 이 영역의 구체적인 예를 살펴보면 이러한 개념을 명확히 하는 데 도움이 될 것이다. 대화형 로그인에서 제어 터미널은 사용자가 로그인하는 터미널이다. 로그인 셸은 세션 리더와 그 터미널의 제어 프로세스가 되며, 또한 자신의 프로세스 그룹의 유일한 멤버가 된다. 셸에서 시작된 명령의 각 명령이나 파이프라인으로 하나 혹은 그 이상의 프로세스가 생성되고, 셸은 이런 모든 프로세스를 새로운 프로세스 그룹에 위치시킨다(이들 프로세스가 생성하는 자식 프로세스 역시 이 그룹의 멤버가 되겠지만, 이들이 해당 프로세스 그룹의 유일한 초기 멤버다). 명령이나 파이프라인이 &로 종료되는 경우에는 백그라운드 프로세스 그룹으로 생성된다. 그 외의 경우엔, 포그라운드 프로세스 그룹이 된다. 로그인 세션에서 생성된 모든 프로세스는 같은 세션에 속한다.

> 윈도우 환경에서 제어 터미널은 가상 터미널(pseudoterminal)이며, 각 터미널 윈도우마다 별개의 세션이 있고 윈도우의 시작 셸이 터미널의 세션 리더 및 제어 프로세스가 된다.
>
> 프로세스 그룹은 두 가지 유용한 특성을 갖기 때문에, 때때로 작업 제어가 아닌 영역에서도 쓰인다. 즉 부모 프로세스는 특정 프로세스 그룹 내 어떤 자식도 기다릴 수 있고(26.1.2절 참조), 시그널은 프로세스 그룹의 모든 멤버에 전달될 수 있다(20.5절 참조).

그림 29-1은 다음 페이지에 나오는 명령의 실행 결과로, 여러 프로세스 간의 프로세스 그룹과 세션 관계를 나타낸다.

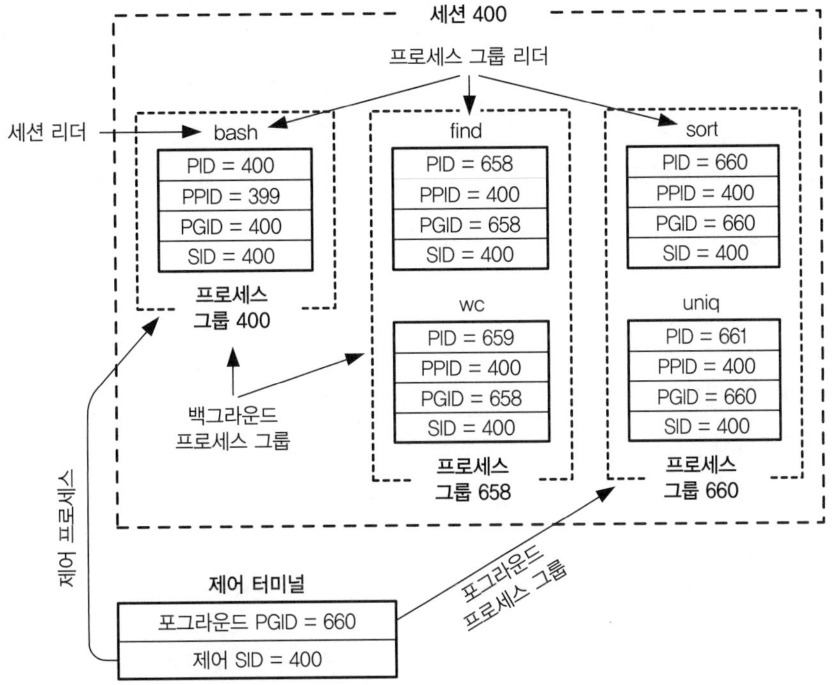


그림 29-1 프로세스 그룹과 세션, 제어 터미널 간의 관계

```
$ echo $$                              셸의 PID를 출력
400
$ find / 2> /dev/null | wc -l &        백그라운드 그룹에 2개의 프로세스 생성
[1] 659
$ sort < longlist | uniq -c            포그라운드 그룹에 2개의 프로세스 생성
```

이 시점에서 셸(bash)과 find, wc, sort, uniq가 모두 실행된다.

## 29.2 프로세스 그룹

각 프로세스는 자신이 속한 프로세스 그룹을 나타내는 프로세스 그룹 ID를 갖는다. 새로운 프로세스는 부모 프로세스 그룹 ID를 상속한다. 프로세스는 getpgrp()를 사용해 프로세스 그룹 ID를 알아낼 수 있다.

```
#include <unistd.h>

pid_t getpgrp(void);
```

항상 성공적으로 호출 프로세스의 프로세스 그룹 ID를 리턴한다.

getpgrp()가 리턴한 값이 자신의 프로세스 ID와 일치하는 경우, 이 프로세스는 해당 프로세스 그룹의 리더다.

setpgid() 시스템 호출은 프로세스 ID가 pid인 프로세스의 프로세스 그룹을 pgid에 명시된 값으로 변경한다.

```
#include <unistd.h>

int setpgid(pid_t pid, pid_t pgid);
```

성공하면 0을 리턴하고, 에러가 발생하면 -1을 리턴한다.

pid가 0인 경우, 호출 프로세스의 프로세스 그룹 ID가 변경된다. pgid가 0으로 명시된 경우, 프로세스 ID가 pid인 프로세스의 프로세스 그룹 ID가 해당 프로세스 ID와 같아진다. 따라서 다음 setpgid() 호출들은 동일한 효과를 낸다.

```
setpgid(0, 0);
setpgid(getpid(), 0);
setpgid(getpid(), getpid());
```

pgid가 pid가 가리키는 프로세스의 프로세스 ID와 동일한 경우, 해당 프로세스는 자신의 프로세스 ID를 프로세스 그룹 ID로 갖는 새로운 프로세스 그룹의 리더가 된다. pgid가 pid가 가리키는 프로세스의 프로세스 ID와 다른 경우, 해당 프로세스는 pgid가 가리키는 기존의 프로세스 그룹으로 옮겨진다. 프로세스 그룹 ID가 변경되지 않는 경우에 setpgid() 호출은 해당 프로세스에 아무런 변화를 주지 않는다.

setpgid()(그리고 29.3절에 기술된 setsid())는 셸과 login(1) 같은 프로그램에서 주로 사용된다. 32.2절에서는 프로그램이 데몬daemon이 되는 단계 중의 하나로서 setsid()를 호출하는 것을 살펴본다.

setpgid()를 호출할 때, 다음과 같은 여러 가지 제한사항이 적용된다.

- pid 인자는 호출 프로세스나 자식 프로세스 중의 하나만을 명시해야 한다. 이 규칙을 위반하면 ESRCH 에러가 발생한다.
- 그룹 간에 프로세스를 이동할 때, 호출 프로세스와 pid가 명시하는 프로세스(이 둘은 같을 수 있다), 옮겨갈 프로세스 그룹은 모두 동일한 세션의 일부여야 한다. 이 규칙을 위반하면 EPERM 에러가 발생한다.
- pid 인자는 세션 리더 프로세스를 명시해선 안 된다. 이 규칙을 위반하면 EPERM 에러가 발생한다.
- 프로세스는 자식 중의 하나가 exec()를 실행하고 난 후에, 그 자식의 프로세스 그룹 ID를 변경해선 안 된다. 이 규칙을 위반하면 EACCES 에러가 발생한다. 이 제한은 프로세스가 시작되고 나서 프로세스 그룹 ID가 변경되는 경우, 프로그램을 혼란스럽게 할 수 있기 때문에 정해졌다.

### 작업 제어 셸에서 setpgid() 사용

자식 프로세스가 exec()를 실행하고 난 후에, 그 자식의 프로세스 그룹 ID를 변경하지 않는다는 제한은 다음과 같은 요구사항을 갖는 작업 제어 셸의 프로그래밍에 영향을 미친다.

- 작업(즉 명령이나 파이프라인)의 모든 프로세스는 유일한 프로세스 그룹에 위치해야만 한다(그림 29-1의 bash가 생성한 2개의 프로세스 그룹을 살펴봄으로써 이를 확인할 수 있다). 이 단계는 프로세스 그룹의 모든 멤버에게 동시에 작업 제어 시그널을 보내기 위해 killpg()(또는 음수의 pid 인자로 kill() 호출)를 사용하도록 허용한다. 당연히, 이 단계는 어떤 작업 제어 시그널이 전달되기 전에 실행돼야만 한다.

- 프로그램 자체는 프로세스 그룹 ID의 변경에 대해 알지 못하기 때문에, 각 자식 프로세스는 프로그램을 실행하기 전에 원하는 프로세스 그룹으로 변경돼야 한다.

작업의 각 프로세스에서, 부모나 자식 프로세스는 자식의 프로세스 그룹 ID를 변경하기 위해 setpgid()를 사용할 수 있다. 그러나 fork() 이후에 부모와 자식이 어떻게 스케줄링될지 알 수 없기 때문에(24.4절 참조), 자식이 exec()를 실행하기 전에 부모가 자식의 프로세스 그룹 ID를 변경할 수 있다고 보장할 수 없고, 마찬가지로 부모가 작업 제어 시그널을 자식으로 보내려고 하기 전에 자식 프로세스가 자신의 프로세스 그룹 ID를 변경한다고 확신할 수 없다(어떤 방식을 택하든지 경쟁 상태를 유발할 것이다). 그러므로 작업 제어 셸은 부모와 자식 프로세스 모두 fork() 이후에 즉시 자식의 프로세스 그룹 ID를 동일한 값으로 변경하도록 setpgid()를 호출하고, 부모는 setpgid() 호출에 발생하는 EACCES 에러의 발생을 무시하도록 프로그램된다. 다시 말해, 작업 제어 셸에서는 리스트 29-1과 같은 코드를 볼 수 있을 것이다.

**리스트 29-1** 작업 제어 셸이 자식 프로세스의 프로세스 그룹 ID를 설정하는 방법

```
pid_t childPid;
pid_t pipelinePgid;        /* 파이프라인의 어떤 프로세스가 할당될 PGID */

/* 그 밖의 코드 */

childPid = fork();
switch (childPid) {
case -1: /* fork() 실패 */
    /* 에러 처리 */

case 0: /* 자식 */
    if (setpgid(0, pipelinePgid) == -1)
        /* 에러 처리 */
    /* 자식은 요구되는 프로그램 실행을 계속 진행 */

default: /* 부모(셸) */
    if (setpgid(childPid, pipelinePgid) == -1 && errno != EACCES)
        /* 에러 처리 */
    /* 부모는 다른 작업 실행을 계속 진행 */
}
```

파이프라인을 위한 프로세스를 생성할 때, 부모 셸은 그 파이프라인의 첫 번째 프로세스의 프로세스 ID를 기록하고, 해당 그룹의 모든 프로세스의 프로세스 그룹 ID(pipelinePgid)로 사용하기 때문에, 실제로 리스트 29-1에서 나타낸 것보다는 약간 더 복잡하다.

**프로세스 그룹 ID를 추출하고 수정하기 위한 그 밖의(더 이상 사용되지 않는) 인터페이스**

getpgrp()와 setpgid() 시스템 호출 이름에 붙는 다른 접미사에 대해 설명할 필요가 있다.

초반에 4.2BSD는 pid에 명시된 프로세스의 프로세스 그룹 ID를 리턴하는 getprgp(pid) 시스템 호출을 제공했다. 실질적으로 pid는 항상 호출 프로세스를 명시하는 데 사용됐다. 결과적으로, POSIX 위원회는 이런 호출을 필요 이상으로 복잡하다고 여겼고, 대신에 인자가 없고 호출 프로세스의 프로세스 그룹 ID를 리턴하는 시스템 V의 getpgrp() 호출을 채용했다.

프로세스 그룹 ID를 변경하기 위해 4.2BSD는 setpgid()와 유사한 방식으로 동작하는 setpgrp(pid, pgid) 호출을 제공했다. 중요한 차이점은 BSD setpgrp()는 프로세스 그룹 ID를 어떤 값에라도 설정하기 위해 사용될 수 있었다는 점이다(setpgid()는 프로세스를 다른 세션의 프로세스 그룹으로 옮길 수 없다고 앞에서 언급했다). 이는 몇 가지 보안 문제를 야기했고, 작업 제어를 구현하는 데 요구되는 정도보다 더욱 유연했다. 결과적으로 POSIX 위원회는 더욱 제한된 함수로 결정했고, 그 함수에 setpgid()라는 이름을 지었다.

더욱 복잡하게도, SUSv3는 이전 BSD getpgrp()와 문법이 동일한 getpgid(pid)를 명시하고, 또한 거의 setpgid(0, 0)과 유사하며 인자가 없는 대체 함수인 setpgrp()의 시스템 V 계열 함수를 모호하게 명시하고 있다.

이전에 기술한 setpgid()와 getpgrp() 시스템 호출이 셸 작업 제어를 구현하는 데 충분하다고 하더라도, 대부분의 유닉스 구현과 마찬가지로 리눅스도 getpgid(pid)와 setpgrp(void)를 제공한다. 이전 버전과의 호환성을 위해 많은 BSD 계열 구현은 setpgid(pid, pgid)와 동의어로 setprgp(pid, pgid)를 계속해서 제공한다.

프로그램을 컴파일할 때, _BSD_SOURCE 기능 테스트 매크로를 명시적으로 정의하면, glibc는 기본 버전 대신에 BSD 계열의 setpgrp()와 getpgrp() 버전을 제공한다.

## 29.3 세션

세션은 프로세스 그룹의 집합이다. 프로세스의 세션 멤버십은 숫자형인 세션 ID로 정의된다. 새로운 프로세스는 부모의 세션 ID를 상속한다. getsid() 시스템 호출은 pid가 가리키는 프로세스의 세션 ID를 리턴한다.

```
#define _XOPEN_SOURCE 500
#include <unistd.h>

pid_t getsid(pid_t pid);
```

명시된 프로세스의 세션 ID를 리턴한다. 에러가 발생하면 −1을 리턴한다.

pid가 0으로 명시되면, getsid()는 호출 프로세스의 세션 ID를 리턴한다.

> 일부 유닉스 구현에서(예: HP-UX 11) getsid()는 호출 프로세스와 같이 동일한 세션에 있는 경우에만 프로세스의 세션 ID를 추출하는 데 사용될 수 있다(SUSv3는 이런 가능성을 허용한다). 다시 말해 명시된 프로세스가 호출자와 동일한 세션에 있는지를 확인할 때, 이 호출이 성공했는지 실패(EPERM)했는지를 통해 알 수 있다. 이런 제한사항은 리눅스나 대부분의 다른 구현에 적용되지 않는다.

호출 프로세스가 프로세스 그룹 리더가 아닌 경우, setsid()는 새로운 세션을 만든다.

```
#include <unistd.h>

pid_t setsid(void);
```

새로운 세션의 세션 ID를 리턴한다. 에러가 발생하면 (pid_t) −1을 리턴한다.

setsid() 시스템 호출은 다음과 같이 새로운 세션을 생성한다.

- 호출 프로세스는 새로운 세션의 리더가 되며, 그 세션 내에서 새로운 프로세스 그룹의 리더가 된다. 호출 프로세스의 프로세스 그룹 ID와 세션 ID는 프로세스 ID와 동일한 값으로 설정된다.
- 호출 프로세스는 제어 터미널을 갖지 않는다. 어떠한 이전에 존재하던 제어 터미널과의 연결성은 깨진다.

호출 프로세스가 프로세스 그룹 리더이면, setsid()는 EPERM 에러로 실패한다. 이런 상황이 발생하지 않음을 보장하는 가장 간단한 방법은 fork()를 실행하고, 자식이 setsid()를 호출하는 동안 부모를 종료하는 것이다. 자식이 부모 프로세스 그룹 ID를 상속하고, 자신의 고유한 프로세스 ID를 받았기 때문에, 해당 자식은 프로세스 그룹 리더가 될 수 없다.

프로세스 그룹 리더가 setsid()를 호출할 수 있는 것에 대한 제한사항은 필수적인 요소인데, 이는 그렇지 않으면 프로세스 그룹 리더는 프로세스 그룹의 다른 멤버가 원래 세션에 머물러 있는 동안에 다른 (새로운) 세션으로 자신을 옮길 수 있기 때문이다(의미상 프로세스 그룹 리더의 프로세스 그룹 ID가 이미 프로세스 ID와 동일하기 때문에, 새로운 프로세스 그룹은 생성되지 않을 것이다). 이런 동작은 프로세스 그룹의 모든 멤버가 동일한 세션의 일부여야만 하는 세션과 프로세스 그룹의 엄격한 두 단계 계층구조를 위반할 것이다.

> 새로운 프로세스가 fork()를 통해 생성될 때, 커널은 해당 프로세스가 고유의 프로세스 ID를 갖고 있다는 것뿐만 아니라, 프로세스 ID는 현존하는 어떠한 프로세스의 프로세스 그룹 ID나 세션 ID와도 일치하지 않음을 보장한다. 따라서 프로세스나 세션의 리더가 종료하더라도 새로운 프로세스는 리더의 프로세스 ID를 재사용할 수 없고, 그렇게 함으로써 우연히 현재 존재하는 세션이나 프로세스 그룹의 리더가 되는 것도 방지된다.

리스트 29-2는 새로운 세션을 생성하기 위한 setsid()의 사용을 나타낸다. 세션이 더 이상 제어 터미널을 갖고 있지 않음을 검사하기 위해, 이 프로그램은 특수 파일인 /dev/tty(다음 절에서 설명)를 열어본다. 이 프로그램을 실행하면, 다음과 같은 내용을 확인할 수 있다.

```
$ ps -p $$ -o 'pid pgid sid command'          $$는 셸의 PID
  PID  PGID   SID COMMAND
12243 12243 12243 bash                         셸의 PID, PGID, SID
$ ./t_setsid
$ PID=12352, PGID=12352, SID=12352
ERROR [ENXIO Device not configured] open /dev/tty
```

출력에서 볼 수 있듯이, 프로세스는 새로운 세션 내의 새로운 프로세스 그룹으로 성공적으로 옮겨갔다. 이 세션은 제어 터미널을 갖고 있지 않기 때문에, open() 호출은 실패한다(위의 프로그램 출력 끝에서 두 번째 줄에서, 셸은 부모 프로세스가 fork() 호출 이후에 종료하고, 따라서 자식이 완료되기 전에 다음 프롬프트를 출력하기 때문에, 프로그램 출력과 혼합된 셸 프롬프트를 확인할 수 있다).

**리스트 29-2** 새로운 세션 생성

pgsjc/t_setsid.c

```
#define _XOPEN_SOURCE 500
#include <unistd.h>
#include <fcntl.h>
#include "tlpi_hdr.h"

int
main(int argc, char *argv[])
```

```
{
    if (fork() != 0)                    /* 부모이거나 에러 시에 종료 */
        _exit(EXIT_SUCCESS);

    if (setsid() == -1)
        errExit("setsid");

    printf("PID=%ld, PGID=%ld, SID=%ld\n", (long) getpid(),
            (long) getpgrp(), (long) getsid(0));

    if (open("/dev/tty", O_RDWR) == -1)
        errExit("open /dev/tty");
    exit(EXIT_SUCCESS);
}
```

## 29.4 터미널 제어와 프로세스 제어

한 세션의 모든 프로세스는 (유일한) 제어 터미널을 가질 것이다. 세션 생성 시에 제어 터미널을 갖지 않고, open()을 호출할 때 O_NOCTTY 플래그가 명시되지 않았다면, 제어 터미널은 세션 리더가 이미 세션의 제어 터미널이 아닌 터미널을 최초로 여는 경우에 만들어진다. 터미널은 최대 하나의 세션에 대한 제어 터미널일 것이다.

> SUSv3는 fd가 명시하는 제어 터미널과 관련된 세션의 ID를 리턴하는 tcgetsid(int fd) (<termios.h>에 정의) 함수를 명시한다. 이 함수는 (ioctl() TIOCGSID 오퍼레이션을 사용해 구현된) glibc에 제공된다.

제어 터미널은 fork()의 자식을 상속하고, exec()에 걸쳐 보존된다.

세션 리더가 제어 터미널을 열 때, 자동적으로 터미널에 대한 제어 프로세스가 된다. 차후에 터미널의 연결 해제가 발생하면, 커널은 제어 프로세스에 이 이벤트를 알리기 위해 SIGHUP 시그널을 전달한다. 29.6.2절에서 이에 대한 더욱 자세한 내용을 기술한다.

프로세스가 제어 터미널을 갖고 있다면, /dev/tty 특수 파일을 열어서 해당 터미널에 대한 파일 디스크립터를 가질 수 있다. 이 동작은 표준 입출력이 다른 곳으로 전달되고, 프로그램이 제어 터미널과 통신하고 있음을 보장하길 원할 경우 유용하다. 예를 들어, 8.5절에 기술된 getpass() 함수는 이런 목적으로 /dev/tty를 연다. 프로세스가 제어 터미널을 갖고 있지 않은 경우, /dev/tty를 열면 ENXIO 에러로 실패한다.

### 프로세스의 제어 터미널과의 관계 제거

`ioctl(fd, TIOCNOTTY)` 오퍼레이션은 파일 디스크립터인 `fd`가 명시하는 프로세스의 제어 터미널과의 관계를 제거하는 데 사용될 수 있다. 이 호출 이후에 /dev/tty를 열려는 시도는 실패할 것이다(SUSv3에는 명시되지 않았지만, `TIOCNOTTY` 오퍼레이션은 대부분의 유닉스 구현에서 지원된다).

호출 프로세스가 터미널의 제어 프로세스라면, 제어 프로세스의 종료(29.6.2절 참조)와 동일하게 다음과 같은 과정이 발생한다.

1. 세션의 모든 프로세스는 제어 터미널과의 관계를 잃는다.
2. 제어 터미널은 세션과의 관계를 잃고, 따라서 다른 세션 리더가 호출 프로세스로서 획득될 수 있다.
3. 커널은 제어 터미널을 잃은 사실을 알리기 위해 `SIGHUP` 시그널(그리고 `SIGCONT` 시그널)을 포그라운드 프로세스 그룹의 모든 멤버에게 전달한다.

### BSD에 제어 터미널 생성

SUSv3는 세션이 명시되지 않은 제어 터미널을 획득하는 방식을 남겨두고, 단지 터미널을 열 때 `O_NOCTTY` 플래그를 명시하면 그 터미널이 해당 세션의 제어 터미널이 되지 않을 것임을 보장한다고만 언급한다. 위에서 기술한 리눅스 문법은 시스템 V에서 유래됐다.

BSD 시스템에서 세션 리더의 터미널을 여는 것은 `O_NOCTTY` 플래그가 명시되는지 여부에 관계없이 터미널이 제어 터미널이 되도록 절대 유도하지 않는다. 대신에, 다음과 같이 세션 리더는 제어 터미널로서 파일 디스크립터인 `fd`가 가리키는 터미널을 명시적으로 만들기 위해 `ioctl()` `TIOCSCTTY` 오퍼레이션을 사용한다.

```
if (ioctl(fd, TIOCSCTTY) == -1)
    errExit("ioctl");
```

이 오퍼레이션은 세션이 이미 제어 터미널을 갖고 있지 않은 경우에만 실행될 수 있다.

`TIOCSCTTY` 오퍼레이션은 리눅스에서도 가용하지만, 그 밖의 (BSD가 아닌) 구현에서는 널리 쓰이지 않는다.

### 제어 터미널을 가리키는 경로명 획득: ctermid()

`ctermid()` 함수는 제어 터미널을 가리키는 경로명을 리턴한다.

```
#include <stdio.h>            /* L_ctermid 상수 정의 */

char *ctermid(char *ttyname);
```

제어 터미널의 경로명을 포함하는 문자열의 포인터를 리턴한다.
경로명이 결정될 수 없는 경우에는 NULL을 리턴한다.

ctermid() 함수는 함수의 결과와 ttyname이 가리키는 버퍼를 통한 두 가지 방법으로 제어 터미널의 경로명을 리턴한다.

ttyname이 NULL인 경우, 적어도 L_ctermid바이트의 버퍼여야만 하고, 경로명은 이 배열에 복사된다. 이런 경우, 함수 리턴값은 이 버퍼의 포인터가 된다. ttyname이 NULL이면, ctermid()는 포인터를 경로명을 포함하는 정적으로 할당된 버퍼에 리턴한다. ttyname이 NULL일 때, ctermid()는 재진입이 불가능하다.

리눅스와 여타 유닉스 구현에서 ctermid()는 일반적으로 문자열 /dev/tty를 넘겨준다. 이 함수의 목적은 유닉스 계열이 아닌 시스템의 호환성 제공을 편하게 하는 데 있다.

## 29.5 포그라운드와 백그라운드 프로세스 그룹

제어 터미널은 포그라운드 프로세스 그룹의 개념을 유지한다. 세션 내에서 하나의 프로세스 그룹만이 특정 순간에 포그라운드에 있을 수 있다. 그리고 그 세션의 다른 모든 프로세스 그룹은 백그라운드 프로세스 그룹이다. 포그라운드 프로세스 그룹은 제어 터미널에서 자유롭게 읽기와 쓰기를 할 수 있는 유일한 프로세스 그룹이다. 시그널 생성 터미널 문자 중의 하나가 제어 터미널에 입력될 때, 터미널 드라이버는 해당되는 시그널을 포그라운드 프로세스 그룹의 멤버에게 전달한다. 이 내용은 29.7절에서 자세히 기술한다.

> 이론적으로 세션이 포그라운드 프로세스 그룹을 갖고 있지 않은 상황이 발생할 수 있다. 예를 들어 포그라운드 프로세스 그룹의 모든 프로세스가 종료되고, 다른 어떤 프로세스도 이러한 사실을 알지 못해 자기 자신을 포그라운드로 옮기는 않는 경우에 발생할 수 있다. 실질적으로 이러한 상황은 드물다. 일반적으로 셸은 포그라운드 프로세스 그룹의 상태를 감시하는 프로세스이며, (wait()를 통해) 포그라운드 프로세스 그룹이 종료된 것을 발견한 경우에 자기 자신을 포그라운드로 다시 옮겨놓는다.

tcgetpgrp()와 tcsetpgrp() 함수는 각각 터미널의 프로세스 그룹을 추출하고, 변경한다. 이런 함수는 작업 제어 셸이 주로 사용한다.

```
#include <unistd.h>

pid_t tcgetpgrp(int fd);
```

터미널의 포그라운드 프로세스 그룹의 프로세스 그룹 ID를 리턴한다.
에러가 발생하면 -1을 리턴한다.

```
int tcsetpgrp(int fd, pid_t pgid);
```

성공하면 0을 리턴하고, 에러가 발생하면 -1을 리턴한다.

tcgetpgrp() 함수는 분명히 호출 프로세스의 제어 터미널인 파일 디스크립터 fd가 가리키는 터미널의 포그라운드 프로세스 그룹의 프로세스 그룹 ID를 리턴한다.

> 이 터미널에 포그라운드 프로세스 그룹이 없다면, tcgetpgrp()는 현존하는 어떠한 프로세스 그룹의 ID와도 일치하지 않는 1 이상의 값을 리턴한다(이러한 동작은 SUSv3에 명시되어 있다).

tcsetpgrp() 함수는 터미널의 포그라운드 프로세스 그룹을 변경한다. 호출 프로세스가 제어 터미널을 갖고 있고, 파일 디스크립터 fd가 그 터미널을 가리킨다면, tcsetpgrp()는 터미널의 포그라운드 프로세스 그룹을 pgid에 명시된 값으로 설정하며, 이 값은 호출 프로세스 세션의 프로세스 중 하나의 프로세스 그룹 ID와 일치해야만 한다.

tcgetpgrp()와 tcsetpgrp()는 SUSv3에 표준화됐다. 다른 많은 유닉스 구현과 마찬가지로 리눅스에서 이러한 함수는 TIOCGPGRP와 TIOCSPGRP라는 2개의 표준화되지 않은 ioctl() 오퍼레이션을 사용해 구현됐다.

## 29.6 SIGHUP 시그널

제어 프로세스가 터미널 연결성을 잃으면, 커널은 이러한 사실을 알리고자 SIGHUP을 전송한다(프로세스가 시그널에 의해 이전에 중지된 사실이 있는 경우에 재시작함을 보장하기 위해 SIGCONT 시그널도 전송된다). 일반적으로 이런 동작은 다음과 같은 두 가지 상황에서 발생한다.

- '접속 종료'가 터미널 드라이버를 검출할 때 발생하며, 이는 모뎀이나 터미널 라인에서 시그널을 감지할 수 없음을 나타낸다.

- 터미널 윈도우가 워크스테이션에서 종료되는 경우에 발생한다. 이는 마지막 터미널과 관련된 가상 터미널 마스터master 측의 열린 파일 디스크립터가 종료됐기 때문에 발생한다.

SIGHUP의 기본 동작은 프로세스를 종료하는 것이다. 제어 프로세스가 대신해서 처리하거나 이런 시그널을 무시한다면, 터미널을 읽으려는 추가적인 시도는 EOFend-of-file를 리턴한다.

> SUSv3는 터미널 접속 종료가 발생하고 read()에서 EIO 에러가 발생하는 상태 중의 하나가 존재한다면, read()가 EOF를 리턴할지 EIO 에러로 실패할지에 대해서는 명시하지 않았다. 이식성 있는 프로그램은 두 가지 가능성을 모두 허용해야만 한다. 29.7.2절과 29.7.4절에서 read()가 EIO 에러로 실패하는 상황을 살펴본다.

제어 프로세스에 SIGHUP을 전달하면 일종의 연속된 동작을 시작할 수 있으며, 이는 많은 다른 프로세스에 SIGHUP를 전달하는 결과를 초래한다. 이러한 상황은 다음과 같은 두 가지 경우에 발생한다.

- 제어 프로세스는 일반적으로 셸이다. 셸은 SIGHUP을 위한 핸들러를 만들고, 따라서 종료하기 전에 생성한 각 작업에 SIGHUP를 전송할 수 있다. 이러한 시그널은 기본적으로 그러한 작업을 종료하지만, 대신에 작업이 그 시그널을 잡은 경우 셸의 종료에 대해 통지를 받게 되는 것이다.
- 터미널에 대한 제어 프로세스가 종료하자마자, 커널은 제어 터미널에서 세션의 모든 프로세스의 관계를 제거하고, 세션과 제어 터미널의 관계도 제거하며(따라서 다른 세션 리더가 제어 터미널을 획득할 것이다), SIGHUP 시그널을 전달함으로써 터미널의 포그라운드 프로세스 그룹 멤버에게 제어 터미널을 잃은 사실을 알려준다.

다음 절에서 이 두 가지 경우의 세부사항을 살펴본다.

> SIGHUP 시그널은 다른 용도가 있다. 29.7.4절에서 프로세스 그룹이 고아가 되면, SIGHUP이 발생한다는 사실을 확인할 것이다. 또한 매뉴얼하게 SIGHUP을 전달하는 것은 전통적으로 데몬 프로세스를 재시작하게 하거나, 설정 파일을 다시 읽어들이게 하는 방법으로 사용됐다(기본적으로 데몬 프로세스는 제어 터미널을 갖고 있지 않고, 따라서 커널로부터 SIGHUP을 받을 수 없다). 32.4절에서 데몬 프로세스로 SIGHUP을 사용하는 방법을 설명한다.

### 29.6.1 셸에 의한 SIGHUP 처리

로그인 세션에서 셸은 보통 터미널의 제어 프로세스다. 대부분의 셸은 상호적으로 동작할 때, SIGHUP에 대한 핸들러를 만들도록 프로그램되어 있다. 이런 핸들러는 셸을 종료하지만, 그 전에 셸이 생성한(포그라운드와 백그라운드 모두) 각 프로세스 그룹에 SIGHUP 시그널을 전달한다. 이러한 그룹에 속한 프로세스가 SIGHUP에 대응하는 방법은 응용 프로그램이 결정하며, 특별한 동작이 없다면 기본으로 종료된다.

> 셸이 정상적으로 종료할 때(예를 들어 명시적으로 로그아웃하거나, 셸 윈도우에서 Control-D를 입력한 경우), 몇몇 작업 제어 셸은 SIGHUP를 종료된 백그라운드 작업에 전달한다. 이 동작은 (첫 번째 로그아웃 시도에 메시지를 남긴 이후에) bash와 콘셸에 모두 해당된다.
>
> nohup(1) 명령은 SIGHUP 시그널에 면역성을 가진 명령을 만들기 위해 사용될 수 있다. 따라서 SIG_IGN으로 설정된 SIGHUP의 설정으로 명령을 시작한다. bash의 내장 명령인 disown은 셸의 작업 목록에서 작업을 제거하는 것과 목적이 유사하며, 따라서 셸이 종료될 때 작업에 SIGHUP이 전송되지 않는다.

셸이 SIGHUP을 전달받을 때, 생성한 작업에 차례로 SIGHUP을 전달하는 상황을 설명하기 위해 리스트 29-3의 프로그램을 사용할 수 있다. 이 프로그램의 주요 동작은 자식 프로세스를 생성하고, 부모와 자식 모두 SIGHUP를 잡도록 잠시 멈추게 하며, 전달받은 경우 메시지를 출력하게 한다. 프로그램이 (어떠한 문자열인) 추가적인 명령 인자를 전달받은 경우, 자식은 자기 자신을 (동일한 세션 내의) 다른 프로세스 그룹에 위치시킨다. 이 동작은 셸과 같이 동일한 세션에 있다고 하더라도, 셸이 생성하지 않은 프로세스 그룹으로 SIGHUP을 전달하지 않음을 보여주는 데 유용하다(프로그램의 마지막 for 루프는 무한으로 돌기 때문에, 이 프로그램은 SIGALRM을 전달하는 타이머를 설정하기 위해 alarm()을 사용한다. 프로세스가 별도로 종료되지 않은 경우, 처리되지 않은 SIGALRM 시그널의 도착은 프로세스 종료를 보장한다).

**리스트 29-3** SIGHUP 잡기

pgsjc/catch_SIGHUP.c

```
#define _XOPEN_SOURCE 500
#include <unistd.h>
#include <signal.h>
#include "tlpi_hdr.h"

static void
handler(int sig)
{
}
```

```
int
main(int argc, char *argv[])
{
    pid_t childPid;
    struct sigaction sa;

    setbuf(stdout, NULL); /* stdout을 버퍼링되지 않은 상태로 만든다. */

    sigemptyset(&sa.sa_mask);
    sa.sa_flags = 0;
    sa.sa_handler = handler;
    if (sigaction(SIGHUP, &sa, NULL) == -1)
        errExit("sigaction");

    childPid = fork();
    if (childPid == -1)
        errExit("fork");

    if (childPid == 0 && argc > 1)
        if (setpgid(0, 0) == -1) /* 새로운 프로세스 그룹으로 이동 */
            errExit("setpgid");

    printf("PID=%ld; PPID=%ld; PGID=%ld; SID=%ld\n", (long) getpid(),
            (long) getppid(), (long) getpgrp(), (long) getsid(0));

    alarm(60);              /* 다른 어떠한 것도 이 프로세스를 종료시키지 않는 경우,
                               처리되지 않은 SIGALRM은 이 프로세스가 종료됨을 보장한다. */

    for(;;) {               /* 시그널을 기다림 */
        pause();
        printf("%ld: caught SIGHUP\n", (long) getpid());
    }
}
```

리스트 29-3의 프로그램에서 2개의 인스턴스를 실행하기 위해 터미널 윈도우에서 다음 명령을 입력하고, 터미널 윈도우를 닫는다고 가정해보자.

```
$ echo $$                                        셸의 PID는 세션의 ID
5533
$ ./catch_SIGHUP > samegroup.log 2>&1 &
$ ./catch_SIGHUP x > diffgroup.log 2>&1
```

첫 번째 명령은 셸이 생성한 프로세스 그룹에 유지되는 2개의 프로세스를 생성하는 결과를 가져온다. 두 번째 명령은 자기 자신을 다른 프로세스 그룹에 위치시키는 자식을 생성한다.

samegroup.log를 살펴보면, 이 프로세스 그룹의 모든 멤버는 셸이 생성한 시그널을 받는다는 사실을 나타내는 다음 결과를 확인할 수 있다.

```
$ cat samegroup.log
PID=5612; PPID=5611; PGID=5611; SID=5533   자식
PID=5611; PPID=5533; PGID=5611; SID=5533   부모
5611: caught SIGHUP
5612: caught SIGHUP
```

diffgroup.log를 살펴보면, 셸이 SIGHUP를 받을 때, 스스로 생성하지 않은 프로세스 그룹에 시그널을 전달하지 않았음을 나타내는 다음과 같은 결과를 확인할 수 있다.

```
$ cat diffgroup.log
PID=5614; PPID=5613; PGID=5614; SID=5533     자식
PID=5613; PPID=5533; PGID=5613; SID=5533     부모
5613: caught SIGHUP                          부모는 시그널을 받았지만,
                                             자식은 받지 않음
```

### 29.6.2 SIGHUP과 제어 프로세스의 종료

터미널 절단의 결과로서 제어 터미널로 전송된 SIGHUP 시그널은 제어 프로세스를 종료시키고, SIGHUP은 터미널의 포그라운드 프로세스 그룹의 모든 멤버에게 전송된다(25.2절 참조). 이러한 동작은 구체적으로 SIGHUP 시그널과 관련된 동작이라기보다는 제어 프로세스 종료의 결과다. 제어 프로세스가 어떠한 이유로 종료되면, 포그라운드 프로세스 그룹은 SIGHUP 시그널을 받는다.

> 리눅스에서는 SIGHUP 시그널 이후에, 프로세스 그룹이 이전에 시그널에 의해 중지된 경우 재시작됨을 보장하기 위해 SIGCONT 시그널이 전달된다. 그러나 SUSv3는 이러한 동작을 명시하지 않고, 대부분의 유닉스 구현은 이러한 상황에 SIGCONT를 전송하지 않는다.

제어 프로세스의 종료가 터미널의 포그라운드 프로세스 그룹의 모든 멤버에게 SIGHUP 시그널이 전송되게 하는 동작을 나타내기 위해 리스트 29-4의 프로그램을 사용할 수 있다. 이 프로그램은 각 명령행 인자로 하나의 자식 프로세스를 생성하고②. 해당되는 명령행 인자가 문자 d라면, 자식 프로세스는 자기 자신을 자신의 (다른) 프로세스 그룹에 위치시킨다③. 그렇지 않으면, 자식은 부모와 동일한 프로세스 그룹에 남는다(문자 d 외의 모든 문자를 사용할 수도 있지만, 자식이 부모와 동일한 프로세스 그룹에 남도록 하기 위해 문자 s를 사용한다). 각 자식은 SIGHUP에 대한 핸들러를 만든다④. 이러한 프로세스를 종료하는 이

벤트가 발생하지 않는 경우 종료를 보장하기 위해서, 부모와 자식은 모두 60초 이후에 SIGALRM 시그널을 전달하는 타이머를 설정하기 위한 alarm()을 호출한다⑤. 마지막으로, (부모를 포함한) 모든 프로세스는 프로세스 ID와 프로세스 그룹 ID를 출력하고⑥, 시그널이 도착하기를 기다리기 위해 루프를 돈다⑦. 시그널이 전달되면, 핸들러는 프로세스의 프로세스 ID와 시그널 번호를 출력한다①.

**리스트 29-4** 터미널 절단이 발생할 때 SIGHUP 시그널 잡기

pgsjc/disc_SIGHUP.c

```
#define _GNU_SOURCE        /* <string.h>에서 strsignal() 정의 */
#include <string.h>
#include <signal.h>
#include "tlpi_hdr.h"

static void                /* SIGHUP 핸들러 */
handler(int sig)
{
①    printf("PID %ld: caught signal %2d (%s)\n", (long) getpid(),
            sig, strsignal(sig));
                           /* 안전하지 않음(21.1.2절 참조) */
}

int
main(int argc, char *argv[])
{
    pid_t parentPid, childPid;
    int j;
    struct sigaction sa;

    if (argc < 2 || strcmp(argv[1], "--help") == 0)
        usageErr("%s {d|s}... [ > sig.log 2>&1 ]\n", argv[0]);

    setbuf(stdout, NULL);       /* stdout을 버퍼링되지 않은 상태로 만든다. */

    parentPid = getpid();
    printf("PID of parent process is:       %ld\n", (long) parentPid);
    printf("Foreground process group ID is: %ld\n",
            (long) tcgetpgrp(STDIN_FILENO));

②    for (j = 1; j < argc; j++) { /* 자식 프로세스를 생성한다. */
        childPid = fork();
        if (childPid == -1)
            errExit("fork");

        if (childPid == 0) {      /* 자식인 경우... */
③            if (argv[j][0] == 'd') /* 'd' --> 다른 그룹 프로세스(pgrp)로 */
```

```
                if (setpgid(0, 0) == -1)
                    errExit("setpgid");

            sigemptyset(&sa.sa_mask);
            sa.sa_flags = 0;
            sa.sa_handler = handler;
④           if (sigaction(SIGHUP, &sa, NULL) == -1)
                errExit("sigaction");
            break;          /* 자식이 루프를 나간다. */
        }
    }

    /* 모든 프로세스는 여기에 도달한다. */

⑤   alarm(60);                  /* 각 프로세스가 결국 종료되도록 보장한다. */

⑥   printf("PID=%ld PGID=%ld\n", (long) getpid(), (long) getpgrp());
    for (;;)
⑦       pause();                /* 시그널을 기다린다. */
}
```

다음 명령으로 터미널 윈도우에서 리스트 29-4의 프로그램을 실행한다고 가정해보자.

```
$ exec ./disc_SIGHUP d s s > sig.log 2>&1
```

exec 명령은 셸이 자기 자신을 명명된 프로그램으로 대체하는 exec()를 실행하도록 유도하는 셸 내장 명령이다. 셸이 터미널의 제어 프로세스였기 때문에, 이제 프로세스는 제어 프로세스이며, 터미널 윈도우가 닫힐 때 SIGHUP을 받을 것이다. 터미널 윈도우를 닫고 난 이후에, sig.log 파일에서 다음과 같은 내용을 발견할 수 있다.

```
PID of parent process is:       12733
Foreground process group ID is: 12733
PID=12755 PGID=12755            첫 번째 자식이 다른 프로세스 그룹에 있다.
PID=12756 PGID=12733            나머지 자식들은 부모와 동일한 프로세스 그룹에 있다.
PID=12757 PGID=12733
PID=12733 PGID=12733            이는 부모 프로세스다.
PID 12756: caught signal  1 (Hangup)
PID 12757: caught signal  1 (Hangup)
```

터미널 윈도우를 닫는 것은 제어 프로세스(부모)로 종료를 위한 SIGHUP을 전송하도록 유도한다. 부모와 동일한 프로세스 그룹에 있는 두 자식(즉 터미널의 포그라운드 프로세스 그룹)은 모두 SIGHUP 시그널을 전달받는다는 사실을 확인할 수 있다. 그러나 다른 프로세스 그룹에 있던 자식(백그라운드)은 이 시그널을 전달받지 않았다.

## 29.7 작업 제어

작업 제어는 BSD의 C 셸에서 1980년경에 처음 모습을 나타낸 기능이다. 작업 제어는 셸 사용자로 하여금 동시에 여러 명령(작업)을 하나의 작업은 포그라운드에서 다른 작업은 백그라운드에서 실행하도록 허용한다. 아래에서 설명하듯이, 작업은 종료될 수 있고, 재시작될 수 있으며, 포그라운드와 백그라운드 사이에서 이동할 수 있다.

> 최초의 POSIX.1 표준에서 작업 제어 지원은 선택적이었다. 이후에 유닉스 표준에서 지원을 의무화했다.

문자 기반의 단순한 터미널(ASCII 문자를 출력하는 데 제한된 물리적인 터미널 디바이스)을 사용하던 시절에 많은 셸 사용자는 셸 작업 제어 명령을 사용하는 방법을 알았었다. X 윈도우 시스템을 실행하는 비트맵 기반 모니터의 등장으로 인해 셸 작업 제어 관련 지식은 덜 중요하게 취급된다. 하지만 작업 제어는 여전히 유용한 기능으로 남아 있다. 동시에 여러 명령을 관리하는 작업 제어는 여러 윈도우를 왔다 갔다 하는 것보다 더욱 빠르고, 간단하게 사용될 수 있다. 작업 제어와 친숙하지 않은 독자를 위해, 작업 제어에 대한 짧은 사용 지침서로 시작한다. 그리고 작업 제어 구현의 세부사항을 살펴보고, 응용 프로그램 설계에 있어 작업 제어의 의미를 고려한다.

### 29.7.1 셸 내에서 작업 제어 사용

&로 종료되는 명령을 입력할 때, 다음과 같이 그 작업은 백그라운드에서 동작한다.

```
$ grep -r SIGHUP /usr/src/linux >x &
[1] 18932                        작업 1: grep을 실행하는 프로세스의 PID는 18932다.
$ sleep 60 &
[2] 18934                        작업 2: sleep을 실행하는 프로세스의 PID는 18934다.
```

백그라운드에서 구동하는 각 작업은 셸이 고유한 작업 번호를 할당한다. 이런 작업 번호는 작업이 백그라운드에서 시작하고 난 이후와 그 작업이 여러 가지 작업 제어 명령에 의해 수정되거나 감시될 때, 대괄호에 나타난다. 작업 번호 이후에 오는 번호는 명령을 실행하기 위해 생성된 프로세스의 프로세스 ID이거나, 파이프라인의 경우 파이프라인의 마지막 프로세스의 프로세스 ID가 된다. 다음에 기술된 명령에서 작업은 %num을 사용해 참조될 수 있고, 이때 num은 셸이 할당한 번호다.

> 많은 경우에 %num 인자는 생략되며, 이런 경우 현재 작업이 기본으로 사용된다. 현재 작업은 (아래 나타낸 것과 같이 중지 문자를 이용해) 포그라운드에서 중지된 마지막 작업이거나, 그러한 작업이 없는 경우 백그라운드에서 시작된 마지막 작업이다(셸이 백그라운드 작업 중에서 현재 작업을 선택하는 방법에는 몇 가지가 있다). 추가적으로 %%나 %+ 기호는 현재 작업을 나타내고, %−는 이전의 현재 작업을 의미한다. 현재와 이전의 현재 작업은 각각 jobs 명령이 만든 결과에 더하기(+)와 빼기(−) 기호로 표시하며, 이는 이후에 설명한다.

다음과 같이 jobs 셸 내장 명령은 모든 백그라운드 작업을 나열한다.

```
$ jobs
[1]- Running         grep -r SIGHUP /usr/src/linux >x &
[2]+ Running         sleep 60 &
```

이 시점에서 셸은 터미널의 포그라운드 프로세스다. 오직 포그라운드 프로세스만이 제어 터미널로부터 읽고, 터미널 생성 시그널을 받을 수 있기 때문에, 백그라운드 작업을 포그라운드로 옮기는 작업이 가끔은 필수적일 때가 있다. 이 동작은 다음과 같이 fg 셸 내장 명령을 사용해 실행된다.

```
$ fg %1
grep -r SIGHUP /usr/src/linux >x
```

이 예에서 볼 수 있듯이, 셸은 작업이 포그라운드에서 백그라운드 사이를 왔다 갔다 할 때는 언제나 작업의 명령행을 다시 출력한다. 아래에서는 작업의 상태가 백그라운드에서 변경될 때도 언제나 이와 같이 동작함을 볼 수 있다.

작업이 백그라운드에서 동작할 때, 터미널 중지 문자(보통 Control-Z)를 사용해 중지할 수 있고, 이는 SIGTSTP 시그널을 터미널의 포그라운드 프로세스 그룹에 전달한다.

```
Control-Z를 입력한다.
[1]+ Stopped         grep -r SIGHUP /usr/src/linux >x
```

Control-Z를 입력하고 난 이후에 셸은 백그라운드에서 중지된 명령을 출력한다. 원한다면, 포그라운드에서 작업을 재시작하기 위해 fg 명령이나 백그라운드에서 재시작하기 위해 bg 명령을 사용할 수 있다. 두 경우 모두 셸은 SIGCONT 시그널을 보냄으로써 중지된 작업을 재시작한다.

```
$ bg %1
[1]+ grep -r SIGHUP /usr/src/linux >x &
```

다음과 같이 SIGSTOP 시그널을 전송함으로써 백그라운드 작업을 중지할 수 있다.

```
$ kill -STOP %1
[1]+ Stopped          grep -r SIGHUP /usr/src/linux >x
$ jobs
[1]+ Stopped          grep -r SIGHUP /usr/src/linux >x
[2]- Running          sleep 60 &
$ bg %1                              백그라운드에서 작업을 다시 시작
[1]+ grep -r SIGHUP /usr/src/linux >x &
```

> 콘셸과 C 셸은 kill -stop의 축약형으로 stop 명령을 제공한다.

백그라운드 작업이 결국 완료될 때, 셸은 다음 셸 프롬프트를 출력하기에 앞서 메시지를 출력한다.

```
추가적인 셸 프롬프트를 보려면 엔터를 누르시오.
[1]- Done          grep -r SIGHUP /usr/src/linux >x
[2]+ Done          sleep 60
$
```

오직 백그라운드에 있는 프로세스만이 제어 터미널에서 읽을 수 있다. 이러한 제한사항은 여러 작업이 터미널 입력을 두고 경쟁하는 것을 막는다. 백그라운드 작업이 터미널로부터 읽으려고 할 때, SIGTTIN 시그널이 전송된다. SIGTTIN 시그널의 기본 동작은 작업을 중지하는 것이다.

```
$ cat > x.txt &
[1] 18947
$
다음 셸 프롬프트에 앞서 출력된 작업 상태 변화를 보기 위해 한 번 더 엔터를 누르시오.
[1]+ Stopped          cat >x.txt
$
```

> 이전 예제와 앞으로 나올 예제에서 작업 상태 변화를 보기 위해 항상 엔터 키를 입력해야 하는 건 아니다. 커널 스케줄링 결정에 따라서, 커널은 다음 셸 프롬프트가 출력되기 전에 백그라운드 작업 상태의 변화에 대해 통지를 받을 것이다.

이 시점에서 작업을 포그라운드(fg)로 가져오고, 요구되는 입력을 제공해야 한다. 원한다면, 우선 그 작업을 중지하고 백그라운드에서 다시 시작(bg)함으로써 백그라운드에서 작업의 실행을 계속할 수 있다(물론 이러한 특별한 예에서 cat은 터미널에서 한 번 더 읽으려고 시도할 것이기 때문에, 즉각적으로 다시 멈출 것이다).

기본적으로 백그라운드 작업은 제어 터미널에 출력을 실행하도록 허용된다. 그러나 TOSTOP 플래그(터미널 출력 중지terminal output stop, Vol. 2의 25.5절 참조)가 터미널에 설정된 경우, 터미널 출력을 실행하려는 백그라운드 작업의 시도는 SIGTTOU 시그널을 생성하는 결과를 낳을 것이다(Vol. 2의 25.3절에 기술된 stty 명령을 사용해 TOSTOP 플래그를 설정할 수 있다). SIGTTIN과 마찬가지로, SIGTTOU 시그널은 작업을 중지한다.

```
$ stty tostop            이 터미널에 TOSTOP 플래그를 활성화한다.
$ date &
[1] 19023
$
다음 셸 프롬프트에 앞서 출력된 작업 상태 변화를 보기 위해 한 번 더 엔터를 누르시오.
[1]+ Stopped            date
```

포그라운드에 작업을 가져와서 작업의 출력을 볼 수 있다.

```
$ fg
date
Tue Dec 28 16:20:51 CEST 2010
```

작업 제어하에서 작업의 여러 가지 상태와 셸 명령과 이러한 상태 간에 작업을 옮기는 데 사용되는 터미널 문자(그리고 수반되는 시그널)는 그림 29-2에 요약되어 있다. 이 그림은 작업이 종료된 상태도 포함한다. 이런 상태는 키보드에서 생성될 수 있는 SIGINT와 SIGQUIT를 포함한 여러 가지 시그널을 작업에 전달함으로써 도달할 수 있다.

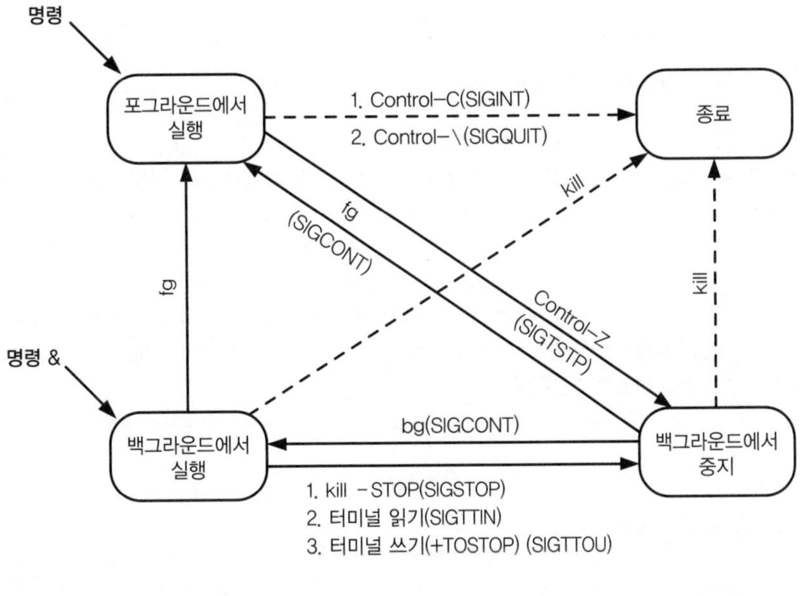


**그림 29-2** 작업 제어 상태

## 29.7.2 작업 제어 구현

이 절에서는 작업 제어 구현의 여러 가지 측면을 살펴보고, 작업 제어 오퍼레이션을 더욱 투명하게 하는 예제 프로그램으로 마무리를 짓는다.

원래 POSIX.1 표준에서는 선택적이었지만, SUSv3를 포함한 이전의 표준에서는 구현이 작업 제어를 지원하도록 요구한다. 이러한 지원을 위해서는 다음과 같은 사항이 필요하다.

- 구현은 특정 작업 제어 시그널인 `SIGTSTP`와 `SIGSTOP`, `SIGCONT`, `SIGTTOU`, `SIGTTIN`을 제공해야만 한다. 또한 셸(모든 작업의 부모)이 자식 중의 하나가 종료하거나 중지되는 시점을 알 수 있도록 `SIGCHLD` 시그널(26.3절 참조)도 필요하다.
- 터미널 드라이버는 작업 제어 시그널의 생성을 지원해야만 하며, 따라서 특정 문자가 입력되거나, 터미널 I/O와 특정 터미널 오퍼레이션(아래 설명)이 백그라운드에서 실행될 때, 알맞은 시그널(그림 29-2에 나타남)이 관련된 프로세스 그룹으로 전달된다. 이러한 동작을 실행하기 위해서 터미널 드라이버는 (제어 프로세스) 세션 ID와 터미널과 관련된 포그라운드 프로세스 ID를 기록해야만 한다(그림 29-1 참조).
- 셸은 작업 제어를 지원해야만 한다(대부분의 최신 셸도 지원한다). 이런 지원은 포그라운드와 백그라운드 사이에서 작업을 이동하고, 작업의 상태를 감시하기 위한 이전에 기술된 명령의 형태로 제공된다. 이러한 명령의 일부는 시그널을 작업으로 전송한다(그림 29-2 참조). 또한 포그라운드에서 실행 상태와 다른 어떤 상태 간의 작업 이동 오퍼레이션을 할 때, 셸은 포그라운드 프로세스 그룹의 터미널 드라이브 기록을 정돈하기 위해 `tcsetpgrp()` 호출을 사용한다.

> 20.5절에서 일반적으로 전달하는 프로세스의 실제나 유효 사용자 ID가 실제 사용자 ID나 수신하는 프로세스의 저장된 set-user-ID에 일치하는 경우에만 시그널은 프로세스로 전송될 수 있다. 그러나 SIGCONT는 이러한 규칙의 예외다. 커널은 프로세스의 자격에 관계없이, 프로세스(예: 셸)로 하여금 동일한 세션의 어떤 프로세스로 SIGCONT를 전달하는 것을 허용한다. SIGCONT의 이런 느슨한 규칙이 요구되며, 따라서 사용자가 자격을 변경하는 set-user-ID 프로그램을 시작하는 경우(특히, 실제 사용자 ID), 그 프로그램이 중지됐을 때 SIGCONT로 재시작하는 것이 여전히 가능하다.

### SIGTTIN과 SIGTTOU 시그널

SUSv3는 백그라운드 작업에 있어 `SIGTTIN`과 `SIGTTOU` 시그널의 생성과 관련되어 적용하는 몇 가지 특별한 경우를 명시한다(리눅스는 이를 구현한다).

- SIGTTIN은 프로세스가 현재 시그널을 블록하거나 무시하는 경우 전달되지 않는다. 대신에, errno를 EIO로 설정하고 제어 터미널로부터 read()가 실패한다. 이러한 동작의 이유는 프로세스는 read()가 허용된 사실을 알 수 있는 방법이 없기 때문이다.
- 터미널 TOSTOP 플래그가 설정됐다고 하더라도, SIGTTOU는 프로세스가 현재 시그널을 블록하거나 무시하는 경우에 전달되지 않는다. 대신에, 제어 터미널의 write()가 허용된다(즉 TOSTOP 플래그가 무시된다).
- TOSTOP 플래그 설정과 관계없이 터미널 드라이버 데이터 구조를 변경하는 특정 함수는 제어 터미널에 그러한 구조를 적용하려고 할 때, 백그라운드 프로세스를 위한 SIGTTOU를 생성하는 결과를 낳는다. 이러한 함수로는 tcsetpgrp()와 tcsetattr(), tcflush(), tcflow(), tcsendbreak(), tcdrain() 등이 있다(이 함수는 Vol. 2의 25장에서 설명한다). SIGTTOU가 블록되거나 무시되는 경우, 이러한 호출은 성공한다.

### 예제 프로그램: 작업 제어 오퍼레이션

리스트 29-5의 프로그램은 셸이 어떻게 파이프라인의 명령을 작업(프로세스 그룹)에 체계화하는지 보여준다. 이 프로그램은 전달된 시그널의 일부와 작업 제어하에서 설정된 터미널의 포그라운드 프로세스 그룹에 만들어진 변경사항을 감시하도록 허용한다. 프로그램은 다음 예제와 같이 여러 인스턴스가 파이프라인에서 실행될 수 있도록 설계됐다.

```
$ ./job_mon | ./job_mon | ./job_mon
```

리스트 29-5의 프로그램은 다음과 같은 단계로 실행된다.

- 시작 시 프로그램은 SIGINT와 SIGTSTP, SIGCONT의 단일 핸들러를 만든다④. 핸들러는 다음 단계로 실행된다.
  - 터미널에 대한 포그라운드 프로세스 그룹을 출력한다①. 동일한 여러 줄의 출력을 피하기 위해, 프로세스 그룹 리더만 실행한다.
  - 프로세스의 ID와 파이프라인의 프로세스 위치, 전달된 시그널을 출력한다②.
  - 시그널이 잡힌 경우 프로세스를 중지하지는 않기 때문에, 핸들러가 SIGTSTP를 잡은 경우 몇 가지 추가 작업을 실행해야만 한다. 따라서 실질적으로 프로세스를 중지하기 위해 핸들러는 프로세스를 항상 멈추게 하는 SIGSTOP 시그널을 발생시킨다③(29.7.3절에서 SIGTSTP의 이러한 처리를 개선해서 설명한다).

- 프로그램이 파이프라인에서 최초 프로세스라면, 모든 프로세스가 생성한 출력의 제목을 출력한다⑥. 파이프라인의 최초(혹은 최후) 프로세스 여부를 검사하기 위해, 프로그램은 표준 입력(혹은 출력)이 터미널인지 여부를 검사하기 위해 `isatty()` 함수(Vol. 2의 25.10절에 기술됨)를 사용한다. 명시된 파일 디스크립터가 파이프를 참조한다면, `isatty()`는 거짓(0)을 리턴한다.
- 프로그램은 파이프라인의 후임자에게 전달할 메시지를 만든다. 이런 메시지는 파이프라인에서 프로세스의 위치를 나타내는 정수다. 따라서 최초 프로세스에 대해 이런 메시지는 번호 1을 포함한다. 프로그램이 파이프라인에서 최초 프로세스라면, 메시지는 0으로 초기화된다. 파이프라인에서 최초 프로세스가 아닌 경우, 프로그램은 우선 전임자로부터 메시지를 읽는다⑦. 프로그램은 다음 단계로 넘어가기 전에 메시지 값을 증가시킨다⑧.
- 파이프라인에서 위치에 관계없이 프로그램은 파이프라인의 위치와 프로세스 ID, 부모 프로세스 ID, 프로세스 그룹 ID, 세션 ID를 포함하는 줄을 출력한다⑨.
- 파이프라인에서 마지막 명령이 아니라면, 프로그램은 파이프라인의 후임자를 위해 정수 메시지를 기록한다⑩.
- 마지막으로 프로그램은 시그널을 기다리기 위해 `pause()`를 사용하는 영원한 루프를 돈다.

**리스트 29-5 작업 제어하에서의 프로세스 처리 관찰**

pgsjc/job_mon.c

```
#define _GNU_SOURCE          /* <string.h>에서 strsignal() 정의 */
#include <string.h>
#include <signal.h>
#include <fcntl.h>
#include "tlpi_hdr.h"

static int cmdNum;           /* 파이프라인에서의 위치 */

static void                  /* 여러 시그널에 대한 핸들러 */
handler(int sig)
{
    /* UNSAFE: 이 핸들러는 비동기 시그널 안전하지 않은 함수
       (fprintf(), strsignal(); 21.1.2절 참조)를 사용한다. */

①   if (getpid() == getpgrp()) /* 프로세스 그룹 리더인 경우 */
        fprintf(stderr, "Terminal FG process group: %ld\n",
                (long) tcgetpgrp(STDERR_FILENO));
②   fprintf(stderr, "Process %ld (%d) received signal %d (%s)\n",
                (long) getpid(), cmdNum, sig, strsignal(sig));
```

```
    /* SIGTSTP를 잡은 경우, 중지하지는 않을 것이다.
       따라서 SIGSTOP을 발생시켜 실질적으로 중지한다. */

③   if (sig == SIGTSTP)
        raise(SIGSTOP);
}

int
main(int argc, char *argv[])
{
    struct sigaction sa;

    sigemptyset(&sa.sa_mask);
    sa.sa_flags = SA_RESTART;
    sa.sa_handler = handler;
④   if (sigaction(SIGINT, &sa, NULL) == -1)
        errExit("sigaction");
    if (sigaction(SIGTSTP, &sa, NULL) == -1)
        errExit("sigaction");
    if (sigaction(SIGCONT, &sa, NULL) == -1)
        errExit("sigaction");

    /* stdin이 터미널이면, 파이프라인에서 첫 번째 프로세스다.
       제목을 출력하고, 메시지가 다음 파이프로 전달되도록 메시지를 초기화한다. */

⑤   if (isatty(STDIN_FILENO)) {
        fprintf(stderr, "Terminal FG process group: %ld\n",
                (long) tcgetpgrp(STDIN_FILENO));
⑥       fprintf(stderr, "Command   PID  PPID  PGRP   SID\n");
        cmdNum = 0;

    } else {  /* 파이프라인에서 처음이 아니다. 따라서 파이프에서 메시지를 읽는다. */
⑦       if (read(STDIN_FILENO, &cmdNum, sizeof(cmdNum)) <= 0)
            fatal("read got EOF or error");
    }

⑧   cmdNum++;
⑨   fprintf(stderr, "%4d    %5ld %5ld %5ld %5ld\n", cmdNum,
            (long) getpid(), (long) getppid(),
            (long) getpgrp(), (long) getsid(0));

    /* 마지막 프로세스가 아닌 경우, 메시지를 다음 프로세스로 전달한다. */

    if (!isatty(STDOUT_FILENO)) /* tty가 아닌 경우, 파이프여야만 한다. */
⑩       if (write(STDOUT_FILENO, &cmdNum, sizeof(cmdNum)) == -1)
            errMsg("write");

⑪   for(;;) /* 시그널을 기다린다. */
        pause();
}
```

다음 셸 세션은 리스트 29-5의 프로그램 사용법을 나타낸다. (세션 리더이자 유일한 멤버를 가진 프로세스 그룹의 리더인) 셸의 프로세스 ID를 출력함으로써 시작하고, 2개의 프로세스를 포함하는 백그라운드 작업을 생성한다.

```
$ echo $$                                     셸의 PID를 출력
1204
$ ./job_mon | ./job_mon &                     2개의 프로세스를 포함하는 작업 시작
[1] 1227
Terminal FG process group: 1204
Command   PID  PPID  PGRP   SID
   1     1226  1204  1226  1204
   2     1227  1204  1226  1204
```

위의 출력에서 셸은 터미널을 위한 포그라운드 프로세스로 남는 것을 확인할 수 있다. 또한 새로운 작업이 셸과 동일한 세션에 있고, 모든 프로세스는 동일한 프로세스 그룹에 있다는 사실을 확인할 수 있다. 프로세스 ID를 보면, 작업의 프로세스들은 명령행에 주어진 명령과 동일한 순서로 생성됐음을 확인할 수 있다(대부분의 셸은 이런 식으로 동작하지만, 일부 셸 구현은 다른 순서로 프로세스를 생성한다).

3개의 프로세스로 구성된 두 번째 백그라운드 작업을 생성한다.

```
$ ./job_mon | ./job_mon | ./job_mon &
[2] 1230
Terminal FG process group: 1204
Command   PID  PPID  PGRP   SID
   1     1228  1204  1228  1204
   2     1229  1204  1228  1204
   3     1230  1204  1228  1204
```

셸은 여전히 터미널을 위한 포그라운드 프로세스 그룹임을 볼 수 있다. 또한 새로운 작업에 대한 프로세스들은 셸과 동일한 세션에 있지만, 첫 번째 작업과 다른 프로세스 그룹에 있음을 확인할 수 있다. 이제 두 번째 작업을 포그라운드로 가져오고, SIGINT 시그널을 전송한다.

```
$ fg
./job_mon | ./job_mon | ./job_mon
SIGINT(시그널 2)를 생성하기 위해 Control-C를 입력한다.
Process 1230 (3) received signal 2 (Interrupt)
Process 1229 (2) received signal 2 (Interrupt)
Terminal FG process group: 1228
Process 1228 (1) received signal 2 (Interrupt)
```

위의 출력에서 SIGINT 시그널이 포그라운드 프로세스 그룹의 모든 프로세스로 전달

됐음을 확인한다. 또한 이 작업은 이제 터미널을 위한 포그라운드 프로세스 그룹임을 알 수 있다. 다음으로, SIGTSTP 시그널을 그 작업으로 전송한다.

```
SIGTSTP(리눅스/x86-32에서 시그널 20)를 생성하기 위해 Control-Z를 입력한다.
Process 1230 (3) received signal 20 (Stopped)
Process 1229 (2) received signal 20 (Stopped)
Terminal FG process group: 1228
Process 1228 (1) received signal 20 (Stopped)

[2]+  Stopped        ./job_mon | ./job_mon | ./job_mon
```

이제 프로세스 그룹의 모든 멤버는 중지됐다. 출력은 프로세스 그룹 1228이 포그라운드 작업이었음을 나타낸다. 그러나 이 작업이 중지된 이후에, (출력으로부터 이러한 사실을 말하기는 어렵지만) 셸은 포그라운드 프로세스 그룹이 된다.

그리고 작업의 프로세스에 SIGCONT 시그널을 전달하는 bg 명령을 이용해 작업을 재시작함으로써 진행한다.

```
$ bg                                               백그라운드에서 작업을 재시작
[2]+ ./job_mon | ./job_mon | ./job_mon &
Process 1230 (3) received signal 18 (Continued)
Process 1229 (2) received signal 18 (Continued)
Terminal FG process group: 1204                    셸은 포그라운드에 있음
Process 1228 (1) received signal 18 (Continued)
$ kill %1 %2                                       작업 종료: 자원 해제
[1]- Terminated      ./job_mon | ./job_mon
[2]+ Terminated      ./job_mon | ./job_mon | ./job_mon
```

## 29.7.3 작업 제어 시그널 처리

작업 제어 오퍼레이션은 모든 응용 프로그램에 투명하기 때문에, 작업 제어 시그널을 처리하기 위한 특별한 동작을 취할 필요가 없다. 하나의 예외로 vi와 less 같이 화면 처리를 실행하는 프로그램이 있다. 그러한 프로그램은 터미널에서 문자의 정확한 화면 구성을 제어하고, 터미널 입력이 (한 줄 대신에) 하나의 문자를 입력받는 등을 허용하는 설정을 포함한 여러 가지 터미널 설정을 변경한다(Vol. 2의 25장에서 여러 가지 터미널 설정을 기술한다).

화면 처리 프로그램은 터미널 중지 시그널(SIGTSTP)을 처리할 필요가 있다. 시그널 핸들러는 터미널을 원래의 입력 모드(한 번에 한 줄씩)로 재설정하고, 터미널의 왼쪽 바닥 모서리로 이동해야만 한다. 재시작됐을 때, 프로그램은 요구되는 모드로 터미널을 돌려놓고, 터미널의 윈도우 크기를 검사하고(그 사이에 사용자가 변경했을지도 모르기 때문에), 요구되는 내용으로 화면을 다시 그린다.

> vi와 xterm, 또는 기타 터미널 에뮬레이터(emulator) 같은 터미널 처리 프로그램을 중지하거나 종료할 때, 일반적으로 터미널이 프로그램이 시작되기 이전에 보였던 문자로 다시 그려진다. 터미널 에뮬레이터는 terminfo나 termcap 패키지를 사용하는 프로그램이 터미널 배치의 제어를 가정하고, 해제할 때 출력이 요구되는 2개의 문자 순서를 잡음으로써 이런 효과를 달성한다. 이런 문자 순서의 첫 번째는 smcup(일반적으로 Escape 문자와 이를 따르는 [?1049h)라고 하고, 터미널 에뮬레이터를 '대체' 화면으로 전환한다. 두 번째 문자 순서는 rmcup(일반적으로 Escape 문자와 이를 따르는 [?1049l)라고 하며, 터미널 에뮬레이터가 기본 화면으로 되돌아가고, 따라서 화면 처리 프로그램이 터미널의 제어를 가지고 가기 전의 원래 문자들로 나타나는 결과가 나온다.

SIGTSTP를 처리할 때는 몇 가지 복잡한 문제를 인식해야만 한다. 앞서 29.7.2절에서 이러한 문제의 첫 번째 이슈를 언급했다. 즉 SIGTSTP가 잡힌 경우, 프로세스를 중지하는 기본 동작을 실행하지 않는다. 이미 리스트 29-5에서 SIGTSTP의 핸들러가 SIGSTOP 시그널을 발생시키게 함으로써 이러한 문제를 다뤘다. SIGSTOP이 잡히거나 블록, 무시될 수 없기 때문에, 즉시 프로세스를 중지하는 것이 보장된다. 그러나 이러한 방식이 올바른 것은 아니다. 26.1.3절에서 부모 프로세스는 어떤 시그널이 자식 중의 하나를 중지했는지 결정하기 위해 wait()나 waitpid()가 리턴한 대기 상태를 사용할 수 있다는 사실을 확인했다. SIGTSTP의 핸들러에서 SIGSTOP 시그널을 발생시킨다면, (잘못된 방향으로) 부모는 자식이 SIGSTOP에 의해 중지됨을 알 것이다.

이러한 상황의 올바른 접근법은 다음과 같이 SIGTSTP 핸들러로 하여금 프로세스를 중지하기 위한 SIGTSTP 시그널을 발생시키게 하는 것이다.

1. 핸들러는 SIGTSTP의 속성을 기본 설정(SIG_DFL)으로 변경한다.
2. 핸들러는 SIGTSTP를 발생시킨다.
3. (SA_NODEFER 플래그가 명시되지 않은 경우) SIGTSTP가 핸들러의 엔트리에 블록됐기 때문에, 핸들러는 이런 시그널을 블록해제한다. 이 시점에서 이전 단계에서 발생된 보류 중인 SIGTSTP는 기본 동작을 실행한다. 즉 프로세스는 즉시 중지된다.
4. 이후에 프로세스가 SIGCONT의 수신으로 재시작될 것이다. 이 시점에 핸들러의 실행은 계속된다.
5. 리턴하기 전에, 핸들러는 SIGTSTP 시그널을 다시 블록하고, SIGTSTP 시그널의 다음 발생을 처리하기 위해 자신을 다시 확립한다.

SIGTSTP 시그널을 다시 블록하는 단계는 핸들러가 다시 자신을 확립한 이후(그러나 핸들러가 리턴하기 전에) 또 다른 SIGTSTP 시그널이 전달될 경우, 계속적으로 호출되는 것을 차단하기 위해 필요하다. 22.7절에서 언급했듯이 시그널의 빠른 스트림이 전달될 때, 시그널 핸들러의 반복 실행은 스택 오버플로를 발생시킬 수 있다. 시그널을 블록하면 핸들러를 재정립한 이후와 리턴하기 이전에 시그널 핸들러가 몇 가지 다른 동작(예를 들어, 전역 변수에서 값을 저장하거나 회복하는 경우)을 실행할 필요가 있는 경우의 문제를 피할 수 있다.

## 예제 프로그램

리스트 29-6의 핸들러는 정확하게 SIGTSTP를 처리하기 위해 앞에서 기술한 단계들을 구현한다(Vol. 2의 689페이지에 있는 리스트 25-4에서 SIGTSTP 시그널 처리를 다룬 또 다른 예제를 보여준다). SIGTSTP 핸들러를 설립하고 난 이후에, 이 프로그램의 main() 함수는 시그널을 기다리는 루프에 위치한다. 다음은 이 프로그램을 실행한 경우에 무엇을 확인할 수 있는지에 대한 예다.

```
$ ./handling_SIGTSTP
SIGTSTP를 보내도록 Control-Z를 입력한다.
Caught SIGTSTP                    이 메시지는 SIGTSTP 핸들러가 출력한다.

[1]+  Stopped           ./handling_SIGTSTP
$ fg                              SIGCONT 전송
./handling_SIGTSTP
Exiting SIGTSTP handler           핸들러 실행을 지속하고, 핸들러 리턴
Main                      main()에서의 pause() 호출은 핸들러에 의해 인터럽트된다.
프로그램을 종료하기 위해 Control-C를 입력한다.
```

vi 같은 화면 처리 프로그램에서는, 리스트 29-6의 시그널 핸들러 내에서 printf()를 호출하는 부분을 (위에서 설명한 것처럼) 프로그램으로 하여금 터미널 모드를 수정하고 터미널 출력을 다시 그리게 하는 코드로 변경해야 한다(21.1.2절에 기술한 비동기 시그널에 안전하지 않은 함수를 호출하는 것을 피하기 위해, 핸들러는 주 프로그램에 화면을 다시 그리라고 알려주는 플래그를 사용해서 이를 실행해야만 한다).

SIGTSTP 핸들러가 (21.5절에서 기술된) 특정 블로킹 시스템을 호출함을 알아두기 바란다. 이런 관점은 위의 프로그램에서 pause() 호출이 인터럽트된 이후에 주 프로그램이 Main이라는 메시지를 출력한다는 사실을 통해 볼 수 있다.

**리스트 29-6** SIGTSTP 처리

pgsjc/handling_SIGTSTP.c

```
#include <signal.h>
#include "tlpi_hdr.h"

static void                                     /* SIGTSTP 핸들러 */
tstpHandler(int sig)
{
    sigset_t tstpMask, prevMask;
    int savedErrno;
    struct sigaction sa;

    savedErrno = errno;                         /* 여기서 'errno'를 변경한 경우 */

    printf("Caught SIGTSTP\n");                 /* 안전하지 않음(21.1.2절 참조) */

    if (signal(SIGTSTP, SIG_DFL) == SIG_ERR)
        errExit("signal");                      /* 처리를 기본으로 설정 */

    raise(SIGTSTP);                             /* 추가적인 SIGTSTP 생성 */

    /* SIGTSTP를 블록해제하고, 보류 중인 SIGTSTP는 즉시 프로그램을 중지시킨다. */

    sigemptyset(&tstpMask);
    sigaddset(&tstpMask, SIGTSTP);
    if (sigprocmask(SIG_UNBLOCK, &tstpMask, &prevMask) == -1)
        errExit("sigprocmask");

    /* SIGCONT 이후에 여기서 실행을 재시작한다. */

    if (sigprocmask(SIG_SETMASK, &prevMask, NULL) == -1)
        errExit("sigprocmask");                 /* SIGTSTP 다시 블록 */

    sigemptyset(&sa.sa_mask);                   /* 핸들러 재정립 */
    sa.sa_flags = SA_RESTART;
    sa.sa_handler = tstpHandler;
    if (sigaction(SIGTSTP, &sa, NULL) == -1)
        errExit("sigaction");

    printf("Exiting SIGTSTP handler\n");
    errno = savedErrno;
}

int
main(int argc, char *argv[])
{
    struct sigaction sa;
```

```
    /* 무시되지 않는 경우 SIGTSTP에 해당 핸들러만을 설립한다. */

    if (sigaction(SIGTSTP, NULL, &sa) == -1)
        errExit("sigaction");

    if (sa.sa_handler != SIG_IGN) {
        sigemptyset(&sa.sa_mask);
        sa.sa_flags = SA_RESTART;
        sa.sa_handler = tstpHandler;
        if (sigaction(SIGTSTP, &sa, NULL) == -1)
            errExit("sigaction");
    }

    for (;;) {                              /* 시그널을 기다린다. */
        pause();
        printf("Main\n");
    }
}
```

리스트 29-6의 프로그램은 SIGTSTP 시그널이 무시되지 않는 경우에만 SIGTSTP에 대한 시그널 핸들러를 만든다. 이러한 시그널이 이전에 무시되지 않은 경우에 한해, 응용 프로그램이 작업 제어와 터미널 생성 시그널을 처리해야만 하는 더욱 일반적인 규칙의 예다. 작업 제어 시그널(SIGTSTP, SIGTTIN, SIGTTOU)의 경우, 이런 동작은 응용 프로그램으로 하여금 (전통적인 본셸 같은) 작업 제어가 아닌 셸에서 시작될 때, 이러한 시그널을 처리하려는 시도를 막는다. 작업 제어가 아닌 셸에서 이런 시그널의 설정은 SIG_IGN으로 설정되고, 오직 작업 제어 셸만이 이러한 시그널의 설정을 SIG_DFL로 설정한다.

유사한 설명이 터미널에서 생성될 수 있는 SIGINT, SIGQUIT, SIGHUP 등의 시그널에도 적용된다. SIGINT와 SIGQUIT의 경우, 명령이 작업 제어가 아닌 셸하에서 백그라운드에서 실행될 때 결과 프로세스는 분리된 프로세스 그룹에 위치하지 않기 때문이다. 대신에, 프로세스는 셸과 동일한 그룹에 머물고, 셸은 SIGINT와 SIGQUIT의 설정을 명령을 실행하기 전에 무시하는 것으로 설정한다. 이런 동작은 사용자가 (의미상 포그라운드에 있는 작업에만 영향을 미쳐야만 하는) 인터럽트 문자나 종료 문자를 입력한 경우에, 프로세스가 종료되지 않도록 보장한다. 프로세스가 차후에 이런 시그널의 설정에 대한 셸의 변경을 겪는다면, 또 한 번 그러한 시그널을 받는 데 있어 취약해진다.

SIGHUP 시그널은 명령이 nohup(1)을 통해 실행되는 경우에 무시된다. 이는 명령이 터미널 문제의 결과로 종료되는 것을 막는다. 따라서 응용 프로그램은 설정이 무시되는 경우에 이를 변경하려는 시도를 해선 안 된다.

### 29.7.4 고아가 된 프로세스 그룹(그리고 SIGHUP 재검토)

26.2절에서 고아가 된 프로세스는 부모가 종료되고 난 후에 init 프로세스(프로세스 ID 1)가 입양함을 확인했다. 프로그램 내에서 다음과 같은 코드를 이용해 고아가 된 자식을 생성할 수 있다.

```
if (fork() != 0)                /* 부모(혹은 에러)이면 종료 */
    exit(EXIT_SUCCESS);
```

셸에서 실행되는 프로그램에 이 코드를 삽입한다고 가정해보자. 그림 29-3은 부모가 종료하기 전과 후의 프로세스 상태를 보여준다.

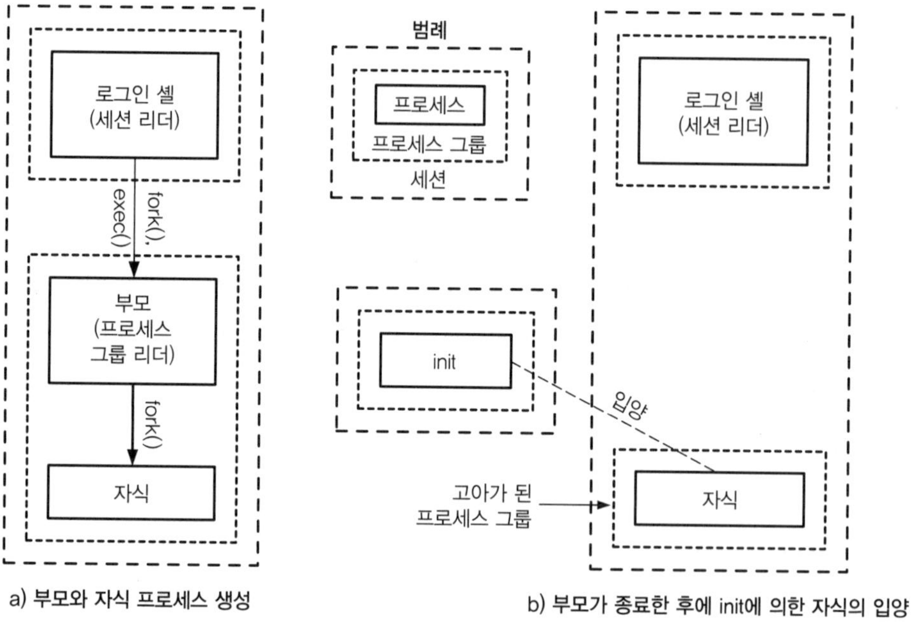


**그림 29-3** 고아가 된 프로세스 그룹의 생성 과정

부모가 종료되고 난 이후에 그림 29-3의 자식 프로세스는 고아가 된 프로세스일 뿐만 아니라, **고아가 된 프로세스 그룹**orphaned process group의 일부이기도 하다. SUSv3는 "모든 멤버의 부모 자신이 그룹의 멤버이거나, 그룹 세션의 멤버가 아닌 경우"에 프로세스 그룹을 고아라고 정의한다. 다시 말해, 프로세스 그룹은 적어도 멤버 중의 하나가 동일한 세션의 부모를 갖지만 다른 프로세스 그룹에 있는 경우 고아가 아니다. 그림 29-3에서 자식은 독립적으로 프로세스 그룹 내에 있고 부모(init)는 다른 세션에 있기 때문에, 자식을 포함한 프로세스 그룹은 고아가 된다.

> 의미상으로 보면, 세션 리더는 고아가 된 프로세스 그룹에 있다. 이는 setsid()가 새로운 세션에 새로운 프로세스 그룹을 생성하고, 세션 리더의 부모는 다른 세션에 있기 때문이다.

왜 고아가 된 프로세스 그룹이 중요한지를 확인하려면 셸 작업 제어의 관점에서 살펴볼 필요가 있다. 그림 29-3에 기반해 다음과 같은 시나리오를 고려해보자.

1. 부모 프로세스가 종료되기 이전에, 자식은 중지된다(아마도 부모가 중지 시그널을 전달했을 것이다).
2. 부모 프로세스가 종료될 때, 셸은 작업 목록에서 부모 프로세스 그룹을 제거한다. 자식은 init가 입양하고, 터미널의 백그라운드 프로세스가 된다. 자식을 포함한 프로세스 그룹은 고아가 된다.
3. 이 시점에서 `wait()`를 통해 중지된 자식의 상태를 감시하는 프로세스는 없다.

셸은 자식 프로세스를 생성하지 않았기 때문에, 자식의 존재나 그 자식이 종료된 부모와 동일한 프로세스 그룹의 일부라는 사실을 인지하지 못한다. 더욱이 init 프로세스는 종료된 자식만을 검사하고, 결과적으로 좀비가 된 프로세스를 거둔다. 결과적으로, 다른 어떤 프로세스도 중지된 자식이 재시작하게 하는 `SIGCONT` 시그널을 보내지 않기 때문에, 중지된 자식은 영원히 실행되지 않을지도 모른다.

고아가 된 프로세스 그룹에서 중지된 프로세스가 다른 세션에서 여전히 살아 있는 부모를 갖더라도, 그 부모는 중지된 자식에게 `SIGCONT`를 보낼 수 있다는 보장이 없다. 프로세스는 동일한 세션에 있는 다른 프로세스에게 `SIGCONT`를 보낼 테지만, 자식이 다른 세션에 있다면 시그널을 보내는 일반적인 규칙이 적용되고(20.5절 참조), 자식이 자격을 변경한 특권 프로세스라면 부모는 자식에게 시그널을 보낼 수 없을 것이다.

위와 같은 시나리오를 막고자, SUSv3는 프로세스 그룹이 고아가 되고 어떠한 중지된 멤버를 갖고 있다면, 그 그룹의 모든 멤버에게 세션에서 단절됐다는 사실을 알리기 위해 `SIGHUP` 시그널이 전달되며, 뒤이어 실행이 재시작됨을 보장하기 위해 `SIGCONT` 시그널을 보낸다. 고아가 된 프로세스 그룹이 중지된 멤버를 갖고 있지 않다면, 아무런 시그널도 전달되지 않는다.

동일한 세션의 다른 프로세스 그룹에 있는 마지막 부모가 제거되거나, 다른 그룹에 부모를 가진 그룹 내에서 마지막 프로세스의 제거로 인해 프로세스 그룹은 고아가 될 것이다(후자의 경우 그림 29-3에서 설명한 내용에 해당한다). 어떠한 경우든 중지된 자식을 갖는 새로 고아가 된 프로세스 그룹은 동일하다.

> 중지된 멤버를 갖는 새롭게 고아가 된 프로세스 그룹에 SIGHUP과 SIGCONT를 전달하는 이유는 작업 제어 프레임워크에 해당하는 허점을 제거하기 위해서다. 이미 고아가 된 프로세스 그룹으로 하여금 (특권을 가진) 다른 프로세스가 이미 고아가 된 프로세스 그룹에 중지 시그널을 보내는 경우 이후에 중지되는 것을 막을 만한 방법이 존재하지 않는다. 이런 경우 프로세스는 (적절한 권한을 가진) 어떤 프로세스가 중지된 고아가 된 프로세스 그룹에 SIGCONT 시그널을 보내기 전까지 중지된 상태로 남을 것이다.
>
> 고아가 된 프로세스 그룹의 멤버에 의해 호출될 때, tcsetpgrp() 함수(29.5절 참조)는 ENOTTY 에러로 실패하며, tcsetattr(), tcflush(), tcflow(), tcsendbreak(), tcdrain() 함수(Vol. 2의 25장 참조)는 EIO 에러로 실패한다.

### 예제 프로그램

리스트 29-7의 프로그램은 방금 설명한 고아가 된 프로세스의 처리를 나타낸다. SIGHUP과 SIGCONT의 핸들러를 만들고 난 이후에②, 이 프로그램은 각 명령행 인자에 대해 하나의 자식 프로세스를 생성한다③. 각 자식은 (SIGSTOP을 발생시킴으로써) 자기 자신을 중지하거나④, (pause()를 사용해) 시그널을 기다린다⑤. 자식 동작의 선택은 해당되는 명령행 인자가 문자 s(stop)로 시작하는지 여부에 따라 결정된다(문자 s 외의 모든 문자가 사용될 수 있지만, pause()를 호출하는 반대 동작을 명시하고자 문자 p로 시작하는 명령행 인자를 사용한다).

모든 자식을 생성하고 난 이후에, 부모는 자식이 설정할 시간을 주기 위해 몇 초간 수면을 취한다⑥(24.2절에 나타낸 것과 같이 이런 방식으로 sleep()을 사용하는 것은 불완전하지만, 가끔은 이런 결과를 이루기 위해 실행 가능한 방법이다). 부모가 종료되고⑦, 그 시점에 자식을 포함한 프로세스 그룹은 고아가 된다. 어떠한 자식이라도 고아가 된 프로세스 그룹의 결과로서 시그널을 받는다면, 시그널 핸들러가 실행되고, 자식의 프로세스 ID와 시그널 번호를 출력한다①.

**리스트 29-7** SIGHUP과 고아가 된 프로세스 그룹

pgsjc/orphaned_pgrp_SIGHUP.c

```
#define _GNU_SOURCE           /* <string.h>에 strsignal() 정의 */
#include <string.h>
#include <signal.h>
#include "tlpi_hdr.h"

static void                   /* 시그널 핸들러 */
handler(int sig)
{
①    printf("PID=%ld: caught signal %d (%s)\n", (long) getpid(),
```

```
            sig, strsignal(sig)); /* 안전하지 않음(21.1.2절 참조) */
}

int
main(int argc, char *argv[])
{
    int j;
    struct sigaction sa;

    if (argc < 2 || strcmp(argv[1], "--help") == 0)
        usageErr("%s {s|p} ...\n", argv[0]);

    setbuf(stdout, NULL); /* stdout을 버퍼링되지 않은 상태로 만든다. */

    sigemptyset(&sa.sa_mask);
    sa.sa_flags = 0;
    sa.sa_handler = handler;
②   if (sigaction(SIGHUP, &sa, NULL) == -1)
         errExit("sigaction");
    if (sigaction(SIGCONT, &sa, NULL) == -1)
         errExit("sigaction");

    printf("parent: PID=%ld, PPID=%ld, PGID=%ld, SID=%ld\n",
            (long) getpid(), (long) getppid(),
            (long) getpgrp(), (long) getsid(0));

    /* 각 명령행 인자에 대해 하나의 자식을 생성한다. */

③   for (j = 1; j < argc; j++) {
        switch (fork()) {
        case -1:
            errExit("fork");

        case 0: /* 자식 */
            printf("child: PID=%ld, PPID=%ld, PGID=%ld, SID=%ld\n",
                    (long) getpid(), (long) getppid(),
                    (long) getpgrp(), (long) getsid(0));

            if (argv[j][0] == 's') { /* 시그널을 통해 중지 */
                printf("PID=%ld stopping\n", (long) getpid());
④               raise(SIGSTOP);
            } else {                 /* 시그널을 기다림 */
                alarm(60);           /* SIGHUP이 전달되지 않으면 종료 */
                printf("PID=%ld pausing\n", (long) getpid());
⑤               pause();
            }

            _exit(EXIT_SUCCESS);
```

```
        default:                        /* 부모는 루프를 돈다. */
            break;
        }
    }

    /* 부모는 모든 자식을 생성하고 난 이후에 여기에 도달한다. */

⑥   sleep(3);                           /* 자식에게 시작할 기회를 준다. */
    printf("parent exiting\n");
⑦   exit(EXIT_SUCCESS);                 /* 그리고 자식과 그룹을 고아로 만든다. */
}
```

다음 셸 세션 로그는 리스트 29-7의 프로그램을 두 가지 방식으로 실행한 결과를 보여준다.

```
$ echo $$                         세션 ID인 셸의 PID 출력
4785
$ ./orphaned_pgrp_SIGHUP s p
parent: PID=4827, PPID=4785, PGID=4827, SID=4785
child:  PID=4828, PPID=4827, PGID=4827, SID=4785
PID=4828 stopping
child:  PID=4829, PPID=4827, PGID=4827, SID=4785
PID=4829 pausing
parent exiting
$ PID=4828: caught signal 18 (Continued)
PID=4828: caught signal 1 (Hangup)
PID=4829: caught signal 18 (Continued)
PID=4829: caught signal 1 (Hangup)
다른 셸 프롬프트를 실행하기 위해서는 엔터를 입력하라.
$ ./orphaned_pgrp_SIGHUP p p
parent: PID=4830, PPID=4785, PGID=4830, SID=4785
child:  PID=4831, PPID=4830, PGID=4830, SID=4785
PID=4831 pausing
child:  PID=4832, PPID=4830, PGID=4830, SID=4785
PID=4832 pausing
parent exiting
```

첫 번째 실행은 계속해서 고아가 되는 프로세스 그룹의 두 자식을 생성한다. 즉 하나는 자기 자신을 중지하고, 다른 하나는 잠시 멈춘다(이 실행에서 셸은 부모가 이미 종료됐다는 사실을 알기 때문에, 셸 프롬프트는 자식의 출력 가운데 나타난다). 셸 세션 로그에서 확인할 수 있듯이, 두 자식은 부모가 종료되고 난 이후에 SIGCONT와 SIGHUP을 수신한다. 두 번째 실행에서 두 자식이 생성되고, 둘 다 자신을 중지하지 않아, 결과적으로 부모가 종료될 때 어떠한 시그널도 전달되지 않는다.

### 고아가 된 프로세스 그룹과 SIGTSTP, SIGTTIN, SIGTTOU 시그널

고아가 된 프로세스 그룹은 SIGTSTP, SIGTTIN, SIGTTOU 시그널의 전달에 관련된 문법에 영향을 미친다.

29.7.1절에서 살펴봤듯이 프로세스가 제어 터미널에서 read()를 하려고 시도하면 SIGTTIN이 백그라운드 프로세스로 전달되고, 터미널의 TOSTOP 플래그가 설정되는 경우 제어 터미널에 write()를 시도하는 백그라운드 프로세스로 SIGTTOU가 전달된다. 그러나 고아가 된 프로세스가 한 번 중지되면, 다시 시작하지 않을 것이기 때문에 이러한 시그널을 고아가 된 프로세스 그룹으로 전달하는 것은 말이 되지 않는다. 이러한 이유로 SIGTTIN이나 SIGTTOU를 전달하는 대신에, 커널은 read()나 write()를 EIO 에러로 실패하도록 유도한다.

유사한 이유로 SIGTSTP, SIGTTIN, SIGTTOU의 전달이 고아가 된 프로세스 그룹의 멤버를 중지시키는 경우 시그널은 조용하게 버려진다(시그널이 처리된다면, 프로세스로 전달된다). 이런 동작은 어떻게 시그널이 전달되든지 상관없이(예를 들어 터미널 드라이버가 시그널을 생성하거나, kill()의 명시적인 호출에 의해 전달되는 등) 발생한다.

## 29.8 정리

세션과 프로세스 그룹(작업이라고도 함)은 두 계층의 프로세스를 형성한다. 즉 세션은 프로세스 그룹의 집합이며, 프로세스 그룹은 프로세스의 집합이다. 세션 리더는 setsid()를 이용해 세션을 생성한 프로세스다. 마찬가지로, 프로세스 그룹 리더는 setpgid()를 이용해 그룹을 생성한 프로세스다. 프로세스 그룹의 모든 멤버는 (프로세스 그룹 리더의 프로세스 ID와 동일한) 프로세스 그룹 ID를 공유하고, 세션을 구성하는 프로세스 그룹의 모든 프로세스는 (세션 리더의 프로세스 ID와 동일한) 세션 ID를 갖는다. 각 세션은 세션 리더가 터미널 디바이스를 열 때 생성되는 제어 터미널(/dev/tty)을 가질 것이다. 제어 터미널을 여는 것은 세션 리더로 하여금 터미널의 제어 프로세스가 되도록 유도한다.

세션과 프로세스 그룹은 셸 작업 제어를 지원하도록 정의됐다(하지만 가끔 응용 프로그램의 다른 용도로 사용됨). 작업 제어하에서 셸은 세션 리더이며, 실행 중인 터미널의 제어 프로세스다. 셸이 실행하는 각 작업(간단한 명령이나 파이프라인)은 다른 프로세스 그룹으로 생성되고, 셸은 작업을 포그라운드에서 실행과 백그라운드에서 실행, 백그라운드에서 중지인 세 가지 상태에서 이동할 수 있는 명령을 제공한다.

작업 제어를 지원하기 위해 터미널 드라이버는 제어 터미널을 위한 포그라운드 프로세스 그룹(작업)의 기록을 유지한다. 특정 문자가 입력되면, 터미널 드라이버는 작업 제어 시그널을 포그라운드 작업에 전달한다. 이러한 시그널은 포그라운드 작업을 종료시키거나 중지시킨다.

터미널 포그라운드 작업의 개념은 터미널 I/O 요청을 중재하는 데도 사용된다. 포그라운드 작업의 프로세스만이 제어 터미널에서 읽을 수 있다. 백그라운드 작업은 기본 동작이 작업을 중지시키는 SIGTTIN의 전달로 인해 읽기가 차단된다. 터미널 TOSTOP이 설정되면, 백그라운드 작업은 기본 동작이 작업을 중지시키는 SIGTTOU 시그널의 전달로 인해 제어 터미널에 쓰는 것도 차단된다.

터미널 연결이 해제되면, 커널은 이러한 사실을 전달하기 위해 제어 프로세스로 SIGHUP 시그널을 전달한다. 뒤이어 SIGHUP 시그널이 많은 다른 프로세스로 전달된다. 첫 번째로 (일반적인 경우로) 제어 프로세스가 셸인 경우, 종료 전에 셸은 자신이 생성한 프로세스 그룹 내의 프로세스에게 SIGHUP을 전달한다. 두 번째로, SIGHUP의 전달이 제어 프로세스의 종료하는 결과를 유발하면 커널은 제어 터미널의 포그라운드 프로세스 그룹의 모든 멤버에게 SIGHUP을 전달한다.

일반적으로 응용 프로그램은 작업 제어 시그널을 인식할 필요가 없다. 하지만 하나의 예외는 프로그램이 화면 처리 동작을 실행할 때다. 그러한 프로그램은 SIGTSTP 시그널을 정확하게 처리할 필요가 있고, 이는 프로세스가 중지되기 전에 터미널 속성을 정상적인 값으로 재설정하고, 응용 프로그램이 SIGCONT 시그널의 전달로 인해 다시 한 번 재시작될 때, (응용 프로그램에 구체적인) 정확한 터미널 속성을 복원한다.

어떠한 프로세스 그룹의 멤버 프로세스도 동일한 세션의 다른 프로세스 그룹에 부모를 갖고 있지 않은 경우, 그 프로세스 그룹은 고아가 됐다고 한다. 그룹 내에서 중지된 프로세스의 상태를 감시하고, 그러한 중지된 프로세스를 재시작하기 위해 SIGCONT 시그널을 전달하도록 항상 허용된 프로세스가 없기 때문에, 고아가 된 프로세스 그룹은 중요하다. 이는 그러한 중지된 프로세스가 영원히 시스템에 남아 있는 결과를 초래할 수 있다. 이러한 가능성을 피하기 위해 중지된 멤버 프로세스를 가진 프로세스 그룹이 고아가 될 때, 프로세스 그룹의 모든 멤버는 SIGHUP 시그널을 수신하고, 고아가 된 사실을 알리고, 재시작됨을 보장하고자 SIGCONT 시그널을 뒤이어 수신한다.

### 더 읽을거리

[Stevens & Rago, 2005]의 9장은 이 장과 유사한 내용을 다루며, 로그인 셸의 세션을 만드는 로그인 과정 동안에 발생하는 단계 또한 설명한다. glibc 매뉴얼은 작업 제어와 관련된 함수와 셸 내의 작업 제어 구현에 관해 자세히 설명한다. SUSv3에는 세션과 프로세스 그룹, 작업 제어에 관한 광범위한 논의가 담겨 있다.

## 29.9 연습문제

**29-1.** 부모 프로세스는 다음과 같은 단계를 실행한다.

```
/* 부모와 동일한 프로세스 그룹에 남아 있을
   자식 프로세스를 생성하기 위해 fork()를 호출한다. */

/* 이후에... */
signal(SIGUSR1, SIG_IGN); /* 부모는 자신을 SIGUSR1에 영향을 받지 않게 만든다. */

killpg(getpgrp(), SIGUSR1); /* 이전에 생성된 자식에게 시그널을 전송한다. */
```

이 응용 프로그램의 설계에 어떤 문제가 발생할 수 있는가? (셸 파이프라인을 고려하라.) 이 문제를 피하는 방법은 무엇인가?

**29-2.** 부모 프로세스가 자식이 `exec()`를 실행하기 (이후가 아닌) 이전에 자식 중 하나의 프로세스 그룹 ID를 변경할 수 있다는 사실을 증명하는 프로그램을 작성하라.

**29-3.** 프로세스 그룹 리더의 `setsid()` 호출이 실패함을 증명하는 프로그램을 작성하라.

**29-4.** 제어 프로세스가 `SIGHUP`을 수신한 결과로서 종료되지 않는다면, 커널은 `SIGHUP`을 포그라운드 프로세스의 모든 멤버에 전달하지 않는다는 사실을 보여주기 위해 리스트 29-4의 프로그램(disc_SIGHUP.c)을 수정하라.

**29-5.** 리스트 29-6의 시그널 핸들러에서 `SIGTSTP` 시그널을 블록해제하는 코드는 핸들러의 시작으로 이동했다고 가정해보자. 이 동작은 어떠한 경쟁 상태를 유발하는가?

**29-6.** 고아가 된 프로세스 그룹의 프로세스가 제어 터미널에서 `read()`를 하려고 시도할 때, `read()`는 `EIO` 에러로 실패함을 보여주는 프로그램을 작성하라.

**29-7.** SIGTTIN이나 SIGTTOU, SIGTSTP 중 하나의 시그널이 고아가 된 프로세스 그룹의 멤버로 전송될 때, 시그널이 프로세스를 중지시킬(즉 속성은 SIG_DFL) 경우 해당 시그널은 버려지지만(즉 아무런 효과가 없게 된다), 그 시그널에 대한 핸들러가 만들어져 있는 경우에는 전달됨을 보여주는 프로그램을 작성하라.

# 30

# 프로세스 우선순위와 스케줄링

30장은 언제, 어떤 프로세스가 CPU 접근권을 획득하는지 결정하는 여러 가지 시스템 호출과 프로세스 속성을 논의한다. 먼저, 커널 스케줄러가 프로세스에 할당하는 CPU 시간에 영향을 미치는 프로세스 특성인 nice 값을 설명한다. 이어서 POSIX 실시간 스케줄링 API를 설명한다. 이런 API는 스케줄링 프로세스에 사용되는 정책과 우선순위를 정의하도록 허용함으로써 프로세스가 CPU에 할당되는 방법을 더욱 엄격히 제어할 수 있게 해준다. 마지막으로, 멀티프로세서 시스템에서 실행되는 프로세스가 실행할 CPU 집합을 결정하는 프로세스의 CPU 친화도 마스크affinity mask를 설정하기 위한 시스템 호출에 관한 논의로 결론을 맺는다.

## 30.1 프로세스 우선순위(nice 값)

대부분의 유닉스 구현과 마찬가지로 리눅스에서 CPU 사용에 대한 프로세스 스케줄링의 기본 모델은 라운드 로빈 시간 공유round-robin time-sharing다. 이 모델에서 각 프로세스는 순서대로 할당 시간time slice 혹은 퀀텀quantum으로 알려진 약간의 시간 동안 CPU 사용을 허가받는다. 라운드 로빈 시간 공유는 다음과 같이 대화형 다중 처리multitask 시스템의 두 가지 중요한 요구사항을 만족한다.

- 공정성fairness: 각 프로세스는 CPU의 일부분을 할당받는다.
- 반응성responsiveness: 프로세스는 CPU를 사용하기 전에 긴 시간 동안 기다릴 필요가 없다.

라운드 로빈 시간 공유 알고리즘하에서 프로세스는 언제, 얼마나 오랫동안 CPU를 사용할 수 있을지 직접적으로 제어할 수 없다. 기본적으로 각 프로세스는 차례로 할당 시간이 소진되거나, 자진해 CPU 사용을 포기(예를 들어 자신을 수면 상태로 전환하거나, 디스크 읽기를 실행하는 등의 동작)하기 전까지 CPU를 사용한다. 모든 프로세스가 최대한으로 CPU를 사용하려고 하면(즉 어떠한 프로세스도 잠들거나 I/O 오퍼레이션에 블록되지 않음), 거의 동일한 CPU 사용 시간을 갖는다.

그러나 프로세스 속성인 nice 값은 프로세스로 하여금 간접적으로 커널의 스케줄링 알고리즘에 영향을 미치게 한다. 각 프로세스는 -20(높은 우선순위)에서 +19(낮은 우선순위) 범위의 nice 값을 갖는다. 기본값은 0이다(그림 30-1 참조). 전통적인 유닉스 구현에서는 특권 프로세스만이 자신을(또는 다른 프로세스를) 음(높은)의 우선순위로 할당할 수 있다(30.3.2절에서 리눅스의 차이점을 설명할 것이다). 비특권 프로세스는 nice 값이 0보다 크다는 가정을 하여 우선순위를 낮출 수만 있다. 이렇게 함으로써 다른 프로세스에 '친절nice'해지고, 이러한 이유로 nice라는 이름이 생겼다.

nice 값은 `fork()`를 통해 생성된 자식에게 상속되며, `exec()`에 걸쳐서 유지된다.

> getpriority() 시스템 호출 서비스 루틴은 실제 nice 값을 리턴하기보다는 unice = 20 - knice에 의해 계산된 1(낮은 우선순위)에서 40(높은 우선순위) 사이의 값을 리턴한다. 이는 시스템 호출 서비스 루틴에서 에러를 나타내는 음의 리턴값을 피하기 위해 실행된다(3.1절의 시스템 호출 서비스 루틴 설명을 참조하기 바란다). C 라이브러리 getpriority() 래퍼 함수는 호출 프로그램에게 계산을 되돌려 20 - unice 값을 리턴하기 때문에, 응용 프로그램은 시스템 호출 서비스 루틴이 이렇게 변경된 값을 리턴하는지 알지 못한다.

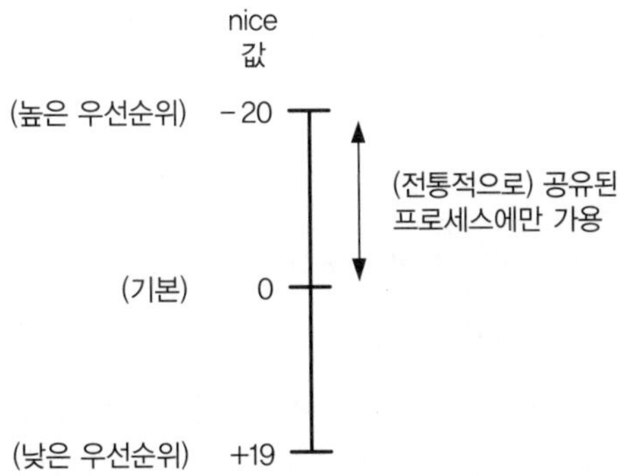

**그림 30-1** 프로세스 nice 값의 범위와 해석

### nice 값의 효과

nice 값으로 인해 프로세스들이 엄격한 계층구조에서 스케줄링되는 것은 아니며, 오히려 nice 값은 커널로 하여금 우선순위가 높은 프로세스를 선호하도록 유도하는 가중치 역할을 한다. 프로세스에 낮은 우선순위(즉 높은 nice 값)를 준다고 해도 CPU를 완전히 사용하지 못하는 건 아니나, 상대적으로 적은 CPU 시간을 갖게 된다. nice 값이 프로세스 스케줄링에 영향을 미치는 정도는 리눅스 커널 버전과 유닉스 시스템에 따라 다양하다.

> 커널 2.6.23부터 시작해, 새로운 커널 스케줄링 알고리즘은 nice 값의 상대적인 차이는 이전 커널에서보다 더욱 강력한 효과를 낸다. 결과적으로 우선순위 값이 낮은 프로세스는 이전보다 적은 CPU 시간을 갖고, 우선순위 값이 높은 프로세스는 CPU의 상당 부분을 획득한다.

## 우선순위 추출과 수정

`getpriority()`와 `setpriority()` 시스템 호출은 프로세스로 하여금 자신의 nice 값과 다른 프로세스의 nice 값을 추출하거나, 변경하게 한다.

```
#include <sys/resource.h>

int getpriority(int which, id_t who);
```

성공하면 명시된 프로세스의 nice 값(아마도 음수)을 리턴하고, 에러가 발생하면 -1을 리턴한다.

```
int setpriority(int which, id_t who, int prio);
```

성공하면 0을 리턴하고, 에러가 발생하면 -1을 리턴한다.

두 시스템 호출 모두 어떤 프로세스의 우선순위가 추출되거나 수정되는지 식별하는 which와 who 인자를 취한다. which 인자는 who가 어떻게 해석될지를 결정한다. 이 인자는 다음 값 중 하나를 취한다.

- PRIO_PROCESS: 프로세스 ID가 who와 동일한 프로세스에 동작한다. who가 0이면, 호출자의 프로세스 ID를 사용한다.
- PRIO_PGRP: 프로세스 그룹 ID가 who와 동일한 프로세스 그룹의 모든 멤버에 대해 동작한다. who가 0이면, 호출자의 프로세스 그룹을 사용한다.
- PRIO_USER: 실제 사용자 ID가 who와 동일한 모든 프로세스에 동작한다. who가 0이면, 호출자의 실제 사용자 ID를 사용한다.

who 인자에 사용된 id_t 데이터형은 프로세스 ID나 사용자 ID를 수용하기 위한 충분한 크기의 정수형이다.

getpriority() 시스템 호출은 which와 who가 명시하는 프로세스의 nice 값을 리턴한다. 여러 프로세스가 명시된 기준과 일치한다면(which가 PRIO_PGRP나 PRIO_USER인 경우에 발생), 가장 높은 우선순위(즉 가장 낮은 번호)를 가진 프로세스의 nice 값이 리턴된다. getpriority()는 성공적인 호출 시에 -1 값을 합법적으로 리턴할 것이므로, 호출 이전에 errno를 0으로 설정하고, 호출 이후에 -1 리턴 상태와 0이 아닌 errno 값을 검사함으로써 에러에 대한 테스트를 해야만 한다.

setpriority() 시스템 호출은 which와 who에 명시된 프로세스(들)의 nice 값을 prio에 명시된 값으로 설정한다. 허용된 범위(-20~+19)를 벗어난 값으로 설정하려는 시도는 조용하게 이 범위값으로 수렴된다.

> 역사적으로, nice 값은 incr 값을 호출 프로세스의 nice 값에 추가하는 nice(incr) 호출을 사용해 변경됐다. 이 함수는 여전히 유용하지만, 더욱 일반적인 setpriority() 시스템 호출로 대체된다.
>
> 명령행에서 setpriority()와 동일한 명령에는 비특권 사용자가 우선순위가 낮은 명령을 실행하거나, 특권 사용자가 더 높은 우선순위로 명령을 실행하고자 할 때 사용하는 nice(1)과, 수퍼유저가 기존 프로세스의 nice 값을 변경하기 위해 사용하는 renice(8)이 있다.

특권(CAP_SYS_NICE) 프로세스는 모든 프로세스의 우선순위를 변경할 수 있다. 비특권 프로세스는 해당 프로세스의 유효 사용자 ID가 실제 혹은 유효 사용자 ID와 일치하는 경우, (which를 PRIO_PROCESS, who를 0으로 명시함으로써) 자신의 우선순위나 대상 프로세스의 우선순위를 변경할 것이다. setpriority()에 대한 리눅스 권한 규칙은 실제 혹은 유효 사용자 ID가 대상 프로세스의 유효 사용자 ID와 일치하는 경우, 비특권 프로세스가 다른 프로세스의 우선순위를 변경할 수 있다고 명시한 SUSv3와는 다르다. 유닉스 구현은 이러한 동작에 있어 다른 모습을 보인다. 일부는 SUSv3의 규칙을 따르지만, BSD 같은 구현은 리눅스와 동일한 방식으로 동작한다.

> 2.6.12 이전의 리눅스 커널에서 비특권 프로세스에 의한 setpriority() 호출의 권한 규칙은 이후의 커널과 그 형태가 다르다(그리고 SUSv3와도 다르다). 비특권 프로세스는 실제 혹은 유효 사용자 ID가 대상 프로세스의 실제 사용자 ID와 일치하는 경우, 다른 프로세스의 우선순위를 변경할 수 있다. 리눅스 2.6.12 이후로 권한 검사는 sched_setscheduler()와 sched_setaffinity() 같은 리눅스의 다른 유사한 API에서 가용한 것과 일관성을 유지한다.

2.6.12 이전에 리눅스 커널에서 비특권 프로세스는 (되돌릴 수 없게) 자신이나 다른 프로세스의 우선순위 값을 낮춤으로써만 setpriority()를 사용할 것이다. 특권(CAP_SYS_NICE) 프로세스는 우선순위 값을 올리기 위해 setpriority()를 사용할 수 있다.

커널 2.6.12 이후로 리눅스는 비특권 프로세스가 우선순위 값을 증가시키도록 RLIMIT_NICE 자원 한도를 제공한다. 비특권 프로세스는 20 - rlim_cur 수식으로 명시된 최대값까지 자신의 nice 값을 설정할 수 있으며, 이때 rlim_cur은 현재의 RLIMIT_NICE 연성 자원 한도다. 예를 들어, 프로세스의 RLIMIT_NICE 연성 한도가 25인 경우 nice 값은 -5로 설정한다. 이 수식과 nice 값의 범위가 +19(낮은 우선순위)에서 -20(높은 우선순위)이라는 정보로부터, RLIMIT_NICE 한도의 효과적으로 유용한 범위는 1(낮은 우선순위)에서 40(높은 우선순위)임을 추정할 수 있다(RLIM_INFINITY는 -1로 표시되는 등과 같이 몇몇 음수 자원 한도값은 특별한 의미를 지니기 때문에, RLIMIT_NICE는 +19~-20의 숫자 범위를 사용하지 않는다).

setpriority()를 호출하는 프로세스의 유효 사용자 ID가 프로세스의 실제 및 유효 사용자 ID와 일치하고, nice 값의 변화가 프로세스의 RLIMIT_NICE 한도값과 일관성이 있는 경우, 비특권 프로세스는 다른 프로세스의 nice 값을 변경하기 위해 setpriority()를 호출할 수 있다.

리스트 30-1의 프로그램은 (setpriority()의 인자와 일치하는) 명령행 인자가 명시하는 프로세스(들)의 nice 값을 변경하기 위해 setpriority()를 사용하고, 변경된 값을 확인하기 위해 getpriority()를 호출한다.

리스트 30-1 프로세스 nice 값의 수정과 추출

procpri/t_setpriority.c

```
#include <sys/time.h>
#include <sys/resource.h>
#include "tlpi_hdr.h"

int
main(int argc, char *argv[])
{
    int which, prio;
    id_t who;

    if (argc != 4 || strchr("pgu", argv[1][0]) == NULL)
        usageErr("%s {p|g|u} who priority\n"
                 "  set priority of: p=process; g=process group; "
                 "u=processes for user\n", argv[0]);

    /* 명령행 인자에 따라 nice 값 설정 */

    which = (argv[1][0] == 'p') ? PRIO_PROCESS :
                (argv[1][0] == 'g') ? PRIO_PGRP : PRIO_USER;
    who = getLong(argv[2], 0, "who");
    prio = getInt(argv[3], 0, "prio");

    if (setpriority(which, who, prio) == -1)
        errExit("getpriority");

    /* 변경을 검사하기 위해 nice 추출 */

    errno = 0;          /* 성공적인 호출은 -1을 리턴하기 때문에 */
    prio = getpriority(which, who);
    if (prio == -1 && errno != 0)
        errExit("getpriority");

    printf("Nice value = %d\n", prio);

    exit(EXIT_SUCCESS);
}
```

## 30.2 실시간 프로세스 스케줄링 개요

표준 커널 스케줄링 알고리즘은 일반적으로 시스템에서 구동되는 대화형과 백그라운드 프로세스의 혼합에 대해 알맞은 성능과 반응성을 제공한다. 그러나 실시간 응용 프로그램은 다음과 같이 스케줄러에 대한 요구사항이 더욱 엄격하다.

- 실시간 응용 프로그램은 외부 입력에 대해 보장된 최대 반응 시간을 제공해야 한다. 많은 경우에 이러한 보장된 최대 반응 시간은 매우 작을 것이다(예: 밀리초 단위). 예를 들어, 자동차 내비게이션 시스템의 반응성이 늦으면 재앙이 될 수도 있다. 이러한 요구사항을 만족시키기 위해서 커널은 현재 구동되고 있는 어떠한 프로세스를 선점해 적절한 시간에 CPU 제어권을 획득하는 방법을 제공해야만 한다.

> 시간이 가장 중요한 응용 프로그램은 수용할 수 없는 지연을 피하기 위해 다른 과정을 거칠 필요가 있을 것이다. 예를 들어, 페이지 오류(page fault)에 의한 지연을 피하기 위해서, 응용 프로그램은 mlock()이나 mlockall()을 사용해 RAM의 모든 가상 메모리에 잠금을 설정할 수 있다(Vol. 2의 13.2절 참조).

- 우선순위가 높은 프로세스는 CPU 사용을 완료하거나, 자발적으로 CPU를 포기하기 전까지 CPU에 대한 전용 접근 권한을 유지할 수 있어야 한다.
- 실시간 응용 프로그램의 컴포넌트 프로세스가 스케줄링되는 정확한 순서를 제어할 수 있어야 한다.

SUSv3는 이러한 요구사항을 부분적으로 언급하는 (원래 POSIX.1b에 정의된) 실시간 프로세스 스케줄링 API를 명시한다. 이러한 API는 두 가지 실시간 스케줄링 정책인 SCHED_RR과 SCHED_FIFO를 제공한다. 이런 정책 중의 하나를 기반으로 동작하는 프로세스는 실시간 스케줄링 API가 SCHED_OTHER 상수를 사용해 식별하는 30.1절에 기술된 표준 라운드 로빈 시간 공유 정책을 사용하여 스케줄링되는 프로세스보다 항상 우선순위가 높다.

각각의 실시간 정책은 우선순위 레벨의 범위를 허용한다. SUSv3는 관련 구현이 실시간 정책에 대해 적어도 32개의 우선순위를 제공하도록 요구한다. CPU에 대한 접근권을 요구할 때, 각 스케줄링 정책에서 높은 우선순위로 실행 가능한 프로세스는 우선순위가 낮은 프로세스에 대해 항상 우선권을 갖는다.

> 높은 우선순위로 실행 가능한 프로세스는 우선순위가 낮은 프로세스에 대해 항상 우선권을 갖는다는 문장은 (하이퍼 스레드 시스템을 포함한) 멀티프로세서 리눅스 시스템의 경우 다시 생각해볼 필요가 있다. 멀티프로세서 시스템에서 각 CPU는 다른 실행 큐를 가지며(이는 시스템 기반의 유일한 실행 큐를 갖는 경우보다 높은 성능을 제공한다), 프로세스는 CPU 실행 큐에 대해서만 우선순위가 매겨진다. 예를 들어, 3개의 프로세스를 갖는 듀얼 프로세서 시스템에서, CPU 1이 우선순위가 10인 프로세스 C를 구동하고 있다 하더라도, 실시간 우선순위가 20인 프로세스 A는 CPU 0을 기다리기 위해 현재 우선순위가 30인 프로세스 B가 실행되고 있는 큐에 들어갈 수 있다.

다중 프로세스(또는 스레드)를 사용하는 실시간 응용 프로그램은 이러한 스케줄링 동작으로 인해 발생할 모든 문제를 피하기 위해 30.4절에서 기술한 CPU 친화도 API를 사용할 수 있다. 예를 들어, 4개의 프로세서를 갖는 시스템에서 모든 중요하지 않은 프로세스는 하나의 CPU에 고립시키고, 나머지 3개의 CPU는 응용 프로그램이 사용하도록 남겨둘 수 있다.

리눅스는 1(낮은 우선순위)부터 99(높은 우선순위)까지 99개의 실시간 우선순위 레벨을 제공하며, 이 범위는 두 가지 실시간 스케줄링 정책에 모두 적용된다. 각 정책의 우선순위는 동일하다. 우선순위가 동일한 2개의 프로세스(하나는 SCHED_RR 정책하에서, 나머지 하나는 SCHED_FIFO하에서 구동)에 기반해 스케줄링된 순서에 따라서, 둘 중 하나는 다음 순서로 실행할 자격이 있을 것이다. 사실상 각 우선순위 레벨은 실행 가능한 프로세스의 큐를 유지하고, 다음으로 실행할 프로세스는 우선순위가 가장 높은 큐의 앞단에서 선택된다.

### POSIX 실시간과 엄격한 실시간

이 절의 시작 부분에 나열한 모든 요구사항을 가진 응용 프로그램을 엄격한 실시간 응용 프로그램hard realtime application이라고도 한다. 그러나 POSIX 실시간 프로세스 스케줄링 API는 이러한 모든 요구사항을 만족하진 않는다. 특히, 응용 프로그램이 입력을 처리하기 위한 반응 시간을 보장할 방법은 없다. 그러한 보장을 하려면 주류 리눅스 커널(그리고 대부분의 표준 운영체제)의 일부가 아닌 운영체제의 기능이 필요하다. POSIX API는 어떤 프로세스가 CPU 사용에 스케줄링될지를 제어하도록 허용하는 느슨한soft 실시간을 제공한다.

엄격한 실시간 응용 프로그램에 대한 지원을 추가하는 일은 일반적인 데스크탑과 서버 시스템의 주요 응용 프로그램을 형성하는 시간 공유 응용 프로그램의 성능 요구사항과 충돌하는 시스템에서 오버헤드를 발생시키지 않고 달성하기가 어렵다. 이는 역사적으로 리눅스를 포함한 대부분의 유닉스 커널이 원천적으로 실시간 응용 프로그램을 지원하지 않는 이유다. 그럼에도 불구하고 버전 2.6.18 즈음을 시작으로 앞에서 언급한 시간 공유 동작의 오버헤드를 발생시키지 않고 엄격한 실시간 응용 프로그램을 완벽히 지원하겠다는 최종 목표하에 여러 가지 기능을 리눅스에 추가해왔다.

## 30.2.1 SCHED_RR 정책

SCHED_RR(라운드 로빈) 정책하에서 우선순위가 동일한 프로세스는 라운드 로빈 시간 공유 방식으로 동작한다. 프로세스는 CPU를 사용할 때마다 고정된 길이의 할당 시간을 받는다. SCHED_RR 정책을 사용하는 프로세스는 한 번 스케줄링되면 다음과 같은 상황까지 CPU 제어를 유지한다.

- 할당 시간의 마지막에 도달한다.
- 자발적으로 블로킹 시스템 호출을 실행하거나, sched_yield() 시스템 호출(30.3.3절에서 설명)을 부름으로써 CPU 사용을 포기한다.
- 종료한다.
- 우선순위가 더 높은 프로세스가 선점한다.

위에서 처음 두 가지 이벤트의 경우, SCHED_RR 정책하에서 실행하는 프로세스가 CPU 접근권을 잃으면, 해당 우선순위 레벨 큐의 마지막에 위치하게 된다. 마지막 이벤트의 경우, 우선순위가 더 높은 프로세스가 실행을 멈추면, 선점된 프로세스는 실행을 계속하고, 갖고 있던 할당 시간의 나머지 동안 실행한다(즉 선점된 프로세스는 해당 우선순위 레벨 큐의 처음에 남아 있는다).

SCHED_RR과 SCHED_FIFO 정책 모두에서 현재 구동되고 있는 프로세스는 다음과 같은 이유 중의 하나로 인해 선점될 것이다.

- 블록됐던 더 높은 우선순위를 가진 프로세스가 블록해제된 경우(예를 들어, 기다리고 있던 I/O 오퍼레이션이 완료된 경우)
- 다른 프로세스의 우선순위가 현재 구동되고 있는 프로세스보다 더욱 높은 우선순위로 증가된 경우
- 현재 구동하고 있는 프로세스의 우선순위가 다른 실행 가능한 프로세스의 우선순위보다 낮게 감소되는 경우

SCHED_RR 정책은 표준 라운드 로빈 시간 공유 스케줄링 알고리즘(SCHED_OTHER)과 유사하고, 따라서 우선순위가 동일한 프로세스 그룹으로 하여금 CPU 접근권을 나누도록 허용한다. 가장 주목할 만한 차이점은 낮은 우선순위의 프로세스보다 항상 우선하는 높은 우선순위 프로세스에 대한 엄격하게 구분된 우선순위 레벨이다. 반대로, 낮은 nice 값(즉 높은 우선순위)은 프로세스에게 CPU에 대한 전용 접근권을 주지 않으며, 단지 스케줄링 결정에 있어 선호 가능한 가중치를 준다. 30.1절에서 언급했듯이 우선순위가 낮은(즉 높은 nice 값) 프로세스는 적어도 얼마간의 CPU 시간을 보장받는다. SCHED_RR 정책은 프로세스가 스케줄링되는 순서를 정확하게 제어하도록 허용한다는 사실도 중요한 차이점이다.

### 30.2.2 SCHED_FIFO 정책

SCHED_FIFOfirst-in, first-out 정책은 SCHED_RR 정책과 유사하다. 주요 차이점은 할당 시간이 없다는 것이다. SCHED_RR 프로세스가 CPU 접근권을 획득하면, 다음과 같은 상황이 발생할 때까지 실행한다.

- 자발적으로 CPU를 포기한다(SCHED_FIFO 정책에서 기술한 것과 동일한 방식).
- 종료한다.
- 우선순위가 더 높은 프로세스가 선점한다(SCHED_FIFO 정책에 기술된 것과 동일한 상황).

첫 번째 경우, 프로세스는 해당 우선순위 레벨에 대한 큐의 마지막에 위치된다. 마지막 경우, 우선순위가 높은 프로세스가 (블록되거나, 종료함으로써) 실행을 멈추면, 선점을 당한 프로세스는 실행을 계속한다(즉 선점을 당한 프로세스는 해당 우선순위 레벨 큐의 처음에 위치한다).

### 30.2.3 SCHED_BATCH와 SCHED_IDLE 정책

리눅스 2.6 커널은 두 가지 비표준 스케줄링 정책인 SCHED_BATCH와 SCHED_IDLE을 추가했다. 이러한 정책이 POSIX 실시간 스케줄링 API를 통해 설정되더라도, 실질적으로 실시간 정책은 아니다.

커널 2.6.16에 추가된 SCHED_BATCH 정책은 기본인 SCHED_OTHER 정책과 유사하다. 차이점은 SCHED_BATCH 정책은 자주 깨어나는 작업을 덜 자주 스케줄링되도록 유도한다는 것이다. 이 정책은 프로세스의 배치 방식 실행을 의도한다.

커널 2.6.23에 추가된 SCHED_IDLE 정책도 SCHED_OTHER와 유사하지만, 매우 낮은 nice 값(즉 +19보다 낮은 값)과 동일한 기능을 제공한다. 프로세스 nice 값은 이 정책에 있어 아무런 의미가 없다. 이는 시스템의 어떠한 작업도 CPU를 요구하지 않는 경우에만 CPU의 상당 부분을 받을 우선순위가 낮은 작업을 구동하려는 의도다.

## 30.3 실시간 프로세스 스케줄링 API

이제 실시간 프로세스 스케줄링을 구성하는 여러 가지 시스템 호출을 살펴본다. 이런 시스템 호출을 통해 프로세스 스케줄링 정책과 우선순위를 제어할 수 있다.

> 커널 버전 2.0 이후로 실시간 스케줄링이 리눅스의 일부가 돼왔지만, 여러 가지 문제가 오랫동안 해결되지 못하고 있다. 구현의 여러 가지 기능은 커널 2.2와 2.4의 초기까지 완벽하지 않은 상태로 남아 있었다. 이런 대부분의 문제는 커널 2.4.20 즈음에 바로잡았다.

### 30.3.1 실시간 우선순위 범위

sched_get_priority_min()과 sched_get_priority_max() 시스템 호출은 스케줄링 정책에 따른 가용 우선순위 범위를 리턴한다.

```
#include <sched.h>

int sched_get_priority_min(int policy);
int sched_get_priority_max(int policy);
```

성공하면 음수가 아닌 정수값을 리턴하고, 에러가 발생하면 -1을 리턴한다.

두 시스템 호출에서 policy는 정보를 얻고자 하는 스케줄링 정책을 명시한다. 이 인자는 SCHED_RR이나 SCHED_FIFO를 명시한다. sched_get_priority_min() 시스템 호출은 명시된 정책의 최소 우선순위를 리턴하고, sched_get_priority_max()는 최대 우선순위를 리턴한다. 리눅스에서 이런 시스템 호출은 SCHED_RR과 SCHED_FIFO 정책 모두에 대해 각각 1에서 99까지 리턴한다. 다시 말해서 두 실시간 정책의 우선순위 범위는 완전히 일치하고, 우선순위가 동일한 SCHED_RR과 SCHED_FIFO 프로세스는 스케줄링 시 자격이 동일하다(어떤 것이 먼저 스케줄링될지는 우선순위 레벨 큐에서의 순서에 달려 있다).

실시간 우선순위의 범위는 유닉스 구현마다 다르다. 그러므로 응용 프로그램에 우선순위 값을 고정시켜놓는 대신에, 이런 함수 중 하나의 리턴값에 상대적인 우선순위를 명시해야만 한다. 따라서 가장 낮은 SCHED_RR 우선순위는 sched_get_priority_min(SCHED_RR)이 되며, 다음으로 높은 우선순위는 sched_get_priority_min(SCHED_RR) + 1로 표현하는 방식으로 명시될 것이다.

> SUSv3는 SCHED_RR과 SCHED_FIFO 정책이 동일한 우선순위 범위를 갖도록 요구하지는 않지만, 대부분의 유닉스 구현에서는 우선순위 범위가 동일하다. 예를 들어, 솔라리스 8에서 두 정책의 우선순위 범위는 0~59이며, FreeBSD 6.1에서는 0~31이다.

### 30.3.2 정책 및 우선순위의 수정과 추출

여기서는 스케줄링 정책과 우선순위를 수정하고, 추출하는 시스템 호출을 살펴본다.

### 스케줄링 정책과 우선순위 수정

sched_setscheduler() 시스템 호출은 프로세스 ID가 pid에 명시된 프로세스의 스케줄링 정책과 우선순위를 모두 변경한다. pid가 0으로 명시되면, 호출 프로세스의 속성이 변경된다.

```
#include <sched.h>

int sched_setscheduler(pid_t pid, int policy,
                       const struct sched_param *param);
```

성공하면 0을 리턴하고, 에러가 발생하면 -1을 리턴한다.

param 인자는 다음과 같은 형태의 구조체를 가리키는 포인터다.

```
struct sched_param {
    int sched_priority;             /* 스케줄링 우선순위 */
};
```

SUSv3는 구현에서 추가적으로 구현 고유의 필드를 포함하게 하는 구조체인 param 인자를 정의하며, 이는 구현이 추가적인 스케줄링 정책을 제공하는 경우에 유용하다. 그러나 대부분의 유닉스 구현과 마찬가지로 리눅스는 스케줄링 우선순위를 명시하는 sched_priority 필드를 제공한다. SCHED_RR과 SCHED_FIFO 정책의 경우, 이 값은 sched_get_priority_min()과 sched_get_priority_max()가 가리키는 범위의 값이어야만 한다. 그 밖의 정책인 경우 우선순위는 0이어야 한다.

policy 인자는 프로세스의 스케줄링 정책을 결정한다. 이는 표 30-1에 나타난 정책 중의 하나로 명시된다.

**표 30-1** 리눅스의 실시간과 실시간이 아닌 스케줄링 정책

| 정책 | 설명 | SUSv3 |
|---|---|---|
| SCHED_FIFO | 실시간 선입선출(FIFO) | • |
| SCHED_RR | 실시간 라운드 로빈 | • |
| SCHED_OTHER | 표준 라운드 로빈 시간 공유 | • |
| SCHED_BATCH | SCHED_OTHER와 유사하지만, (리눅스 2.6.16부터) 배치 실행을 의도한다. | |
| SCHED_IDLE | SCHED_OTHER와 유사하지만, (리눅스 2.6.23부터) nice 값인 +19보다 더욱 낮은 값을 갖는다. | |

성공적인 sched_setscheduler() 호출은 pid에 명시된 프로세스를 해당 우선순위 레벨 큐의 마지막으로 이동시킨다.

SUSv3에 따르면, 성공적인 sched_setscheduler() 호출의 리턴값은 이전 스케줄링 정책이어야만 한다. 그러나 리눅스는 표준과는 다르며, 따라서 성공적인 호출은 0을 리턴한다. 이식성 있는 응용 프로그램은 리턴 상태가 -1이 아님을 확인함으로써 성공을 검사해야만 한다.

스케줄링 정책과 우선순위는 fork()가 생성한 자식이 상속하며, exec()에 걸쳐서 유지된다.

sched_setparam() 시스템 호출은 sched_setscheduler() 기능의 일부 집합을 제공한다. 이는 정책을 변경하지 않은 채로 두는 반면에 프로세서의 스케줄링 우선순위를 수정한다.

```
#include <sched.h>

int sched_setparam(pid_t pid, const struct sched_param *param);
```

성공하면 0을 리턴하고, 에러가 발생하면 -1을 리턴한다.

pid와 param 인자는 sched_setscheduler()와 동일하다.

성공적인 sched_setparam() 호출은 pid에 명시된 프로세스를 해당 우선순위 레벨 큐의 마지막으로 이동시킨다.

리스트 30-2의 프로그램은 명령행 인자에 명시된 프로세스의 정책과 우선순위를 설정하기 위해 sched_setscheduler()를 사용한다. 첫 번째 인자는 스케줄링 정책을 명시하는 문자이며, 두 번째는 정수 우선순위, 그리고 나머지 인자는 스케줄링 속성이 변경될 프로세스들의 프로세스 ID다.

**리스트 30-2** 프로세스 스케줄링 정책과 우선순위 수정

procpri/sched_set.c

```
#include <sched.h>
#include "tlpi_hdr.h"

int
main(int argc, char *argv[])
{
    int j, pol;
    struct sched_param sp;
```

```
    if (argc < 3 || strchr("rfo", argv[1][0]) == NULL)
        usageErr("%s policy priority [pid...]\n"
                 "   policy is 'r' (RR), 'f' (FIFO), "
#ifdef SCHED_BATCH                            /* 리눅스 고유 */
                 "'b' (BATCH), "
#endif
#ifdef SCHED_IDLE                             /* 리눅스 고유 */
                 "'i' (IDLE), "
#endif
                 "or 'o' (OTHER)\n",
                 argv[0]);

    pol = (argv[1][0] == 'r') ? SCHED_RR :
                 (argv[1][0] == 'f') ? SCHED_FIFO :
#ifdef SCHED_BATCH
                 (argv[1][0] == 'b') ? SCHED_BATCH :
#endif
#ifdef SCHED_IDLE
                 (argv[1][0] == 'i') ? SCHED_IDLE :
#endif
                 SCHED_OTHER;
    sp.sched_priority = getInt(argv[2], 0, "priority");

    for (j = 3; j < argc; j++)
        if (sched_setscheduler(getLong(argv[j], 0, "pid"), pol, &sp) == -1)
            errExit("sched_setscheduler");

    exit(EXIT_SUCCESS);
}
```

### 스케줄링 파라미터의 변경에 영향을 미치는 권한과 자원 한도

2.6.12 이전의 커널에서 프로세스는 일반적으로 스케줄링 정책과 우선순위를 변경하기 위해 특권(CAP_SYS_NICE)를 갖고 있어야만 한다. 이런 제약사항의 한 가지 예외로, 비특권 프로세스는 유효 사용자 ID가 프로세스의 실제 혹은 유효 사용자 ID와 일치하는 경우에 프로세스의 스케줄링 정책을 SCHED_OTHER로 변경할 수 있다.

커널 2.6.12 이후로 실시간 스케줄링 정책 및 우선순위 설정 규칙은 새로운 비표준 자원 한도인 RLIMIT_RTPRIO의 도입으로 변경됐다. 여타 커널과 마찬가지로 특권(CAP_SYS_NICE) 프로세스는 모든 프로세스의 스케줄링 정책과 우선순위를 임의로 변경할 수 있다. 그러나 다음과 같은 규칙에 따라, 비특권 프로세스도 스케줄링 정책과 우선순위를 변경할 수 있다.

- 프로세스가 0이 아닌 RLIMIT_RTPRIO 연성 한도를 갖고 있는 경우, 해당 프로세스가 설정할 실시간 우선순위의 상한은 (프로세스가 현재 실시간 정책하에서 구동되고 있는 경우) 현재 실시간 우선순위의 최대값과 RLIMIT_RTPRIO 연성 한도값이라는 조건으로, 프로세스는 스케줄링 정책과 우선순위를 임의로 변경할 수 있다.
- 프로세스의 RLIMIT_RTPRIO 연성 한도값이 0이라면, 해당 프로세스가 변경할 수 있는 유일한 변경은 실시간 스케줄링 우선순위를 낮추거나, 실시간 정책을 실시간이 아닌 정책으로 변경하는 것이다.
- SCHED_IDLE 정책은 특별하다. 이런 정책하에서 구동하는 프로세스는 RLIMIT_RTPRIO 자원 한도값에 상관없이 해당 정책에 아무런 변경을 할 수 없다.
- 정책과 우선순위 변경은 프로세스의 유효 사용자 ID가 프로세스의 실제 혹은 유효 사용자 ID와 일치하는 한 다른 비특권 프로세스가 실행할 수 있다.
- 프로세스의 RLIMIT_RTPRIO 연성 한도는 프로세스 자체나 다른 비특권 프로세스에 의한 방법 중의 하나로 자신의 스케줄링 정책과 우선순위에 어떤 변경을 할 수 있는가만 결정한다. 0이 아닌 한도값은 비특권 프로세스에게 다른 프로세스의 스케줄링 정책과 우선순위를 변경하는 능력을 주지 않는다.

> 커널 2.6.25부터 리눅스는 CONFIG_RT_GROUP_SCHED 커널 옵션을 통해 설정 가능한 실시간 스케줄링 그룹의 개념을 추가하며, 이 옵션은 실시간 스케줄링 정책을 설정할 때 만들어질 수 있는 변경사항에 영향을 미친다. 세부사항은 커널 소스 파일인 Documentation/scheduler/sched-rt-group.txt를 참조하기 바란다.

### 스케줄링 정책과 우선순위 추출

sched_getscheduler()와 sched_getparam() 시스템 호출은 프로세스의 스케줄링 정책과 우선순위를 추출한다.

```
#include <sched.h>

int sched_getscheduler(pid_t pid);
                    스케줄링 정책을 리턴한다. 에러가 발생하면 -1을 리턴한다.

int sched_getparam(pid_t pid, struct sched_param *param);
                    성공하면 0을 리턴하고, 에러가 발생하면 -1을 리턴한다.
```

두 가지 시스템 호출 모두에서 pid는 정보가 추출될 프로세스의 ID를 명시한다. pid가 0이면, 호출한 프로세스의 정보가 추출된다. 두 시스템 호출은 자격에 관계없이 모든 프로세스의 정보를 추출하기 위해 비특권 프로세스가 사용할 수 있다.

sched_getparam() 시스템 호출은 param이 가리키는 sched_param 구조체의 sched_priority 필드에 명시된 프로세스의 실시간 우선순위를 리턴한다.

성공적으로 실행하자마자 sched_getscheduler()는 표 30-1에 나타난 정책 중의 하나를 리턴한다.

리스트 30-3의 프로그램은 프로세스 ID가 명령행 인자로 주어진 모든 프로세스의 정책과 우선순위를 추출하기 위해 sched_getscheduler()와 sched_getparam()을 사용한다. 다음 셸 세션은 이 프로그램과 리스트 30-2 프로그램의 사용법을 설명한다.

```
$ su                          특권을 가정해야, 실시간 정책을 설정할 수 있다.
Password:
# sleep 100 &                 프로세스 생성
[1] 2006
# ./sched_view 2006           수면 프로세스의 최초 정책과 우선순위를 확인
2006: OTHER  0
# ./sched_set f 25 2006       프로세스를 SCHED_FIFO 정책과 우선순위 25로 변경
# ./sched_view 2006           변경 확인
2006: FIFO  25
```

**리스트 30-3** 프로세스 스케줄링 정책과 우선순위 추출

procpri/sched_view.c

```
#include <sched.h>
#include "tlpi_hdr.h"

int
main(int argc, char *argv[])
{
    int j, pol;
    struct sched_param sp;

    for (j = 1; j < argc; j++) {
        pol = sched_getscheduler(getLong(argv[j], 0, "pid"));
        if (pol == -1)
            errExit("sched_getscheduler");

        if (sched_getparam(getLong(argv[j], 0, "pid"), &sp) == -1)
            errExit("sched_getparam");

        printf("%s: %-5s %2d\n", argv[j],
                (pol == SCHED_OTHER) ? "OTHER" :
```

```
                (pol == SCHED_RR) ? "RR" :
                (pol == SCHED_FIFO) ? "FIFO" :
#ifdef SCHED_BATCH              /* 리눅스 고유 */
                (pol == SCHED_BATCH) ? "BATCH" :
#endif
#ifdef SCHED_IDLE               /* 리눅스 고유 */
                (pol == SCHED_IDLE) ? "IDLE" :
#endif
                "???", sp.sched_priority);
    }

    exit(EXIT_SUCCESS);
}
```

## 실시간 프로세스 시스템 잠금 방지

SCHED_RR과 SCHED_FIFO 프로세스는 우선순위가 낮은 프로세스를 선점하기 때문에(예: 프로그램이 구동되고 있는 셸), 이러한 정책을 사용하는 응용 프로그램을 개발할 때, 제어가 안 되는 실시간 프로세스는 CPU를 독차지함으로써 시스템을 잠글 수도 있다는 가능성을 인지할 필요가 있다. 프로그램적으로 다음과 같이 이런 가능성을 회피하는 몇 가지 방법이 있다.

- setrlimit()를 사용해 적절하게 낮은 연성 자원 한도(31.3절에서 기술한 RLIMIT_CPU)를 설정한다. 프로세스가 너무 많은 CPU 시간을 소비하면, 그 프로세스는 기본으로 프로세스를 종료하는 SIGXCPU 시그널을 받게 될 것이다.
- alarm()을 사용해 알람 타이머를 설정한다. 프로세스가 alarm() 호출에 명시된 초를 넘어서는 벽시계 시간에 따라 계속 실행한다면, SIGALRM 시그널로 인해 종료될 것이다.
- 높은 실시간 우선순위로 구동되는 와치독watchdog 프로세스를 생성한다. 이 프로세스는 명시된 시간만큼 잠들고, 깨어나서, 다른 프로세스의 상태를 감시하는 동작을 반복적으로 루프를 돈다. 이러한 감시는 각 프로세스의 CPU 시간 클록값의 측정(23.5.3절의 clock_getcpuclockid() 함수에 관한 논의 참조)을 비롯해, sched_getscheduler()와 sched_getparam()을 사용한 스케줄링 정책과 우선순위의 검사를 포함한다. 프로세스가 잘못 동작한다고 생각되는 경우, 와치독 스레드는 프로세스의 우선순위를 낮추거나, 적절한 시그널을 전송함으로써 해당 프로세스를 중지하거나 종료할 수 있다.

- 커널 2.6.25 이후로 리눅스는 실시간 스케줄링 정책하에서 구동되는 프로세스가 유일하게 사용할 수 있는 CPU 시간의 양을 조절하기 위해 비표준 자원 한도값인 RLIMIT_RTTIME을 제공한다. 마이크로초로 명시된 RLIMIT_RTTIME은 프로세스가 블록하는 시스템 호출을 실행하지 않고 사용할 CPU 시간의 양을 제한한다. 프로세스가 그러한 호출을 실행할 때, 사용된 CPU 시간의 수는 0으로 재설정된다. 사용된 CPU 시간의 수는 프로세스가 우선순위가 높은 프로세스에 의해 선점되거나, (SCHED_RR 프로세스에 대해) 할당 시간이 만료됐다는 이유로 CPU가 스케줄링되거나, sched_yield() (30.3.3절 참조)를 호출하면 재설정되지 않는다. 프로세스가 CPU 시간의 한도에 도달하면, RLIMIT_CPU와 마찬가지로 그 프로세스는 기본으로 프로세스를 종료시키는 SIGXCPU 시그널을 받는다.

> 커널 2.6.25의 변경사항은 제어가 안 되는 실시간 프로세스의 시스템 잠금을 막도록 도울 수 있다. 더욱 자세한 사항은 커널 소스 파일인 Documentation/scheduler/sched-rt-group.txt를 참조하기 바란다.

## 자식 프로세스의 특권 스케줄링 정책 상속 방지

리눅스 2.6.32는 sched_setscheduler()를 호출할 때, policy에 명시될 수 있는 값으로서 SCHED_RESET_ON_FORK를 추가했다. 이 값은 표 30-1의 정책 중 하나와 OR 연산되는 플래그 값이다. 이 플래그가 설정되면, fork()를 사용해 해당 프로세스가 생성하는 자식은 특권 스케줄링 정책과 우선순위를 상속하지 않는다. 규칙은 다음과 같다.

- 호출 프로세스가 실시간 스케줄링 정책(SCHED_RR이나 SCHED_FIFO)을 갖고 있다면, 자식 프로세스의 정책은 라운드 로빈 시간 공유 정책인 SCHED_OTHER로 재설정된다.
- 프로세스의 nice 값이 음수(즉 높은)라면, 자식 프로세스의 nice 값은 0으로 재설정된다.

SCHED_RESET_ON_FORK 플래그는 미디어 플레이백media-playback 응용 프로그램에 사용되도록 설계됐다. 이 플래그는 자식 프로세스로 전달될 수 없는 실시간 스케줄링 정책을 갖는 유일한 프로세스들의 생성을 허용한다. SCHED_RESET_ON_FORK 플래그의 사용은 실시간 스케줄링 정책하에서 구동되는 여러 자식을 생성함으로써 RLIMIT_RTTIME 자원 한도로 인해 설정되는 상한을 피하려고 하는 포크 밤fork bomb의 생성을 막는다.

SCHED_RESET_ON_FORK 플래그가 프로세스를 위해 활성화되면, 특권 프로세스(CAP_

SYS_NICE)만이 비활성화할 수 있다. 자식 프로세스가 생성될 때, SCHED_RESET_ON_FORK 플래그를 비활성화한다.

### 30.3.3 CPU 소유권 포기

실시간 프로세스는 두 가지 방법으로 CPU를 자발적으로 포기할 것이다. 즉 프로세스를 블록하는 시스템 호출을 부르거나(예: 터미널에서 read()), sched_yield()를 호출한다.

```
#include <sched.h>

int sched_yield(void);
```

성공하면 0을 리턴하고, 에러가 발생하면 -1을 리턴한다.

sched_yield()의 오퍼레이션은 간단하다. 호출 프로세스와 우선순위가 동일하면서 큐에 들어 있는 다른 구동 가능한 프로세스가 있다면 호출 프로세스는 큐의 마지막에 위치되고, 큐의 헤드에 있는 프로세스는 CPU 사용을 위해 스케줄링된다. 다른 어떤 구동 가능한 프로세스도 동일한 우선순위 큐에 없다면 sched_yield()는 아무 동작도 하지 않으며, 호출 프로세스는 단지 CPU 사용을 계속한다.

SUSv3가 sched_yield()에서 가능한 에러 리턴을 허용하더라도, 이 시스템 호출은 리눅스를 비롯한 많은 유닉스 구현에서 항상 성공한다. 그렇기는 하지만, 이식성 있는 응용 프로그램은 에러 리턴을 항상 검사해야만 한다.

실시간이 아닌 프로세스에 대한 sched_yield()의 사용은 정의되지 않았다.

### 30.3.4 SCHED_RR 할당 시간

sched_rr_get_interval() 시스템 호출은 CPU 사용이 허가될 때마다 SCHED_RR 프로세스에 할당되는 할당 시간의 길이를 찾게 해준다.

```
#include <sched.h>

int sched_rr_get_interval(pid_t pid, struct timespec *tp);
```

성공하면 0을 리턴하고, 에러가 발생하면 -1을 리턴한다.

여타 프로세스 스케줄링 시스템 호출과 마찬가지로, pid는 정보를 획득하려고 하는 프로세스를 식별하고, pid를 0으로 명시하면 호출 프로세스를 의미한다. 할당 시간은 tp가 가리키는 다음과 같은 timespec 구조체에 리턴된다.

```
struct timespec {
    time_t tv_sec;          /* 초 */
    long   tv_nsec;         /* 나노초 */
};
```

> 최근의 2.6 커널에서 실시간 라운드 로빈 할당 시간은 0.1초다.

## 30.4 CPU 친화도

프로세스가 멀티프로세서 시스템에서 실행되도록 재스케줄링되는 경우, 이전에 실행됐던 동일한 CPU에서 실행될 필요는 없다. 다른 CPU에서 실행되는 일반적인 이유는 원래 CPU가 이미 구동되고 있기 때문일 것이다.

프로세스가 CPU를 변경할 때, 프로세스의 데이터를 새로운 CPU의 캐시에 로드시키기 위한 성능적인 영향이 있거나, 이전 CPU의 캐시에 데이터가 있는 경우, 무효화(즉 수정되지 않은 경우 버리거나, 주 메모리로 플러시된다)돼야만 한다(캐시 불일치cache inconsistency를 막고자, 멀티프로세서 아키텍처는 데이터가 한 번에 오직 하나의 CPU에만 보관되게 한다). 이러한 무효화는 실행 시간을 지연시킨다. 이러한 성능적인 영향으로 인해, 리눅스(2.6) 커널은 프로세스에 대해 느슨한 CPU 친화도를 보장하려고 한다(가능할 때마다 프로세스는 동일한 CPU에서 실행되도록 재스케줄링된다).

> 캐시 라인(cache line)은 가상 메모리 관리 시스템에서 페이지(page)와 유사한 캐시의 개념이다. 이는 CPU 캐시와 주 메모리 간 전송에 사용되는 단위 크기다. 일반적인 라인 크기는 32~128바이트다. 더 자세한 정보는 [Schimmel, 1994]와 [Drepper, 2007]을 참조하기 바란다.
>
> 리눅스 고유의 /proc/*PID*/stat 파일 필드 중의 하나는 프로세스가 현재 실행 중이거나 이전에 실행한 CPU의 수를 출력한다. 자세한 사항은 proc(5) 매뉴얼 페이지를 참조하기 바란다.

가끔 프로세스에 엄격한 CPU 친화도를 설정해야 할 때가 있으며, 그로 인해 항상 가용한 CPU 중 1개 혹은 하부 집합에서 실행하도록 명시적으로 제한된다. 여러 가지 이유 중에서, 다음과 같은 이유로 이런 동작을 하길 원할 것이다.

- 캐시 데이터의 무효화로 인해 발생하는 성능 영향을 피할 수 있다.
- 여러 스레드(또는 프로세스)가 동일한 데이터에 접근하는 경우, 모두를 동일한 CPU에 제한해 데이터에 대해 경쟁을 하지 않고, 따라서 캐시 미스cache miss가 발생하지 않게 함으로써 성능 이득이 발생할 것이다.
- 시간이 중요한 응용 프로그램의 경우, 1개 혹은 그 이상의 CPU를 시간이 중요한 응용 프로그램을 위해 예약하고, 시스템의 나머지 대부분의 프로세스를 다른 CPU에 제한하도록 요구될 것이다.

> isolcpus 커널 부트 옵션은 일반적인 커널 스케줄링 알고리즘에서 1개 혹은 그 이상의 CPU를 격리하는 데 사용될 수 있다. 프로세스를 격리된 CPU에 포함시키거나 제외하는 유일한 방법은 이 절에서 기술한 CPU 친화도 시스템 호출을 통해서다. isolcpus 부트 옵션은 위에 기술한 시나리오 중에서 마지막 항목을 구현하는 데 선호되는 방법이다. 자세한 사항은 커널 소스 파일인 Documentation/kernel-parameters.txt를 참조하기 바란다.
>
> 리눅스는 CPU와 메모리가 어떻게 프로세스에 할당되는지 더욱 섬세하게 제어하고자, 많은 CPU를 포함하는 시스템에서 사용될 수 있는 cpuset 커널 옵션도 제공한다. 자세한 사항은 커널 소스 파일인 Documentation/cpusets.txt를 참조하기 바란다.

리눅스 2.6은 프로세스의 엄격한 CPU 친화도를 수정하고, 추출하기 위한 비표준 시스템 호출인 `sched_setaffinity()`와 `sched_getaffinity()`를 제공한다.

> 다른 많은 유닉스 구현은 CPU 친화도를 제어하기 위한 인터페이스를 제공한다. 예를 들어, HP-UX와 솔라리스는 pset_bind() 시스템 호출을 제공한다.

`sched_setaffinity()` 시스템 호출은 `pid`로 명시된 프로세스의 CPU 친화도를 설정한다. `pid`가 0이면, 호출 프로세스의 CPU 친화도는 변경된다.

```
#define _GNU_SOURCE
#include <sched.h>

int sched_setaffinity(pid_t pid, size_t len, cpu_set_t *set);
```

성공하면 0을 리턴하고, 에러가 발생하면 –1을 리턴한다.

프로세스에 할당된 CPU 친화도는 `set`이 가리키는 `cpu_set_t` 구조체에 명시된다.

> CPU 친화도는 실질적으로 스레드 그룹의 각 스레드에 대해 독립적으로 조절될 수 있는 스레드당 속성이다. 멀티스레드 프로세스에서 특정 스레드의 CPU 친화도를 변경하기 원한다면, 해당 스레드에서 gettid() 호출에 의해 리턴되는 값과 동일한 pid를 명시할 수 있다. pid를 0으로 명시하는 것은 호출 스레드를 의미한다.

cpu-set-t 데이터형이 비트 마스크로 구현됐더라도, 그 형식을 불투명한 구조체로 취급해야 한다. 그 구조체의 모든 조작은 매크로 CPU_ZERO(), CPU_SET(), CPU_CLR(), CPU_ISSET()을 사용해 실행돼야만 한다.

```
#define _GNU_SOURCE
#include <sched.h>

void CPU_ZERO(cpu_set_t *set);
void CPU_SET(int cpu, cpu_set_t *set);
void CPU_CLR(int cpu, cpu_set_t *set);

int CPU_ISSET(int cpu, cpu_set_t *set);
```

cpu가 set에 있다면 참(1)을 리턴하고, 그렇지 않으면 거짓(0)을 리턴한다.

이러한 매크로는 다음과 같이 set이 가리키는 CPU 집합에서 동작한다.

- CPU_ZERO()는 set을 빈 상태로 초기화한다.
- CPU_SET()은 CPU인 cpu를 set에 추가한다.
- CPU_CLR()은 CPU인 cpu를 set에서 제거한다.
- CPU_ISSET()은 CPU인 cpu가 set의 멤버인 경우 참을 리턴한다.

> GNU C 라이브러리도 CPU 집합에 동작하는 몇 가지 매크로를 제공한다. 자세한 사항은 CPU_SET(3)을 참조하기 바란다.

CPU 집합에서 CPU들은 0부터 시작해 번호가 매겨진다. <sched.h> 헤더 파일은 cpu_set_t_ 변수에 나타날 수 있는 최대 CPU 번호보다 1이 많도록 CPU_SETSIZE 상수를 정의한다. CPU_SETSIZE 값은 1024다.

sched_setaffinity()에 주어진 len 인자는 set 인자에서 바이트 수를 명시한다(즉 sizeof(cpu_set_t)).

다음 코드는 pid가 가리키는 프로세스가 4개의 프로세서를 갖는 시스템의 첫 번째 CPU를 제외한 다른 CPU에서 구동되도록 제한한다.

```
cpu_set_t set;

CPU_ZERO(&set);
CPU_SET(1, &set);
CPU_SET(2, &set);
CPU_SET(3, &set);

sched_setaffinity(pid, CPU_SETSIZE, &set);
```

set에 명시된 CPU가 시스템의 어떠한 CPU와도 일치하지 않는 경우, sched_setaffinity()는 EINVAL 에러로 실패한다.

set이 호출 프로세스가 현재 구동되고 있는 CPU를 포함하지 않는다면, 프로세스는 set 내의 CPU 중 하나로 이동한다.

비특권 프로세스는 유효 사용자 ID가 타깃 프로세스의 실제 또는 유효 사용자 ID와 일치하는 경우에만 다른 프로세스의 CPU 친화도를 설정할 수 있다. 특권(CAP_SYS_NICE) 프로세스는 모든 프로세스의 CPU 친화도를 설정할 수 있다.

sched_getaffinity() 시스템 호출은 pid가 가리키는 프로세스의 CPU 친화도 마스크를 추출한다. pid가 0이면, 호출 프로세스의 CPU 친화도 마스크가 리턴된다.

```
#define _GNU_SOURCE
#include <sched.h>

int sched_getaffinity(pid_t pid, size_t len, cpu_set_t *set);
```

성공하면 0을 리턴하고, 에러가 발생하면 -1을 리턴한다.

CPU 친화도 마스크는 set이 가리키는 cpu_set_t 구조체에 리턴된다. len 인자는 이 구조체의 바이트 수를 가리키기 위해 설정된다(즉 sizeof(cpu_set_t)). 리턴된 set에 어떤 CPU가 있는지 결정하기 위해 CPU_ISSET() 매크로를 사용할 수 있다.

프로세스의 CPU 친화도 마스크가 수정되지 않는 경우, sched_getaffinity()는 시스템의 모든 CPU를 포함하는 집합을 리턴한다.

어떠한 권한 검사도 sched_getaffinity()가 실행하지 않고, 따라서 비특권 프로세스는 시스템에 있는 모든 프로세스의 CPU 친화도 마스크를 추출할 수 있다.

fork()가 생성한 자식 프로세스는 부모의 CPU 친화도 마스크를 상속하고, 이 마스크는 exec()에 걸쳐서 유지된다.

sched_setaffinity()와 sched_getaffinity() 시스템 호출은 리눅스에 고유하다.

> 이 책의 소스 코드 배포판에 있는 procpri 하부 디렉토리에 있는 t_sched_setaffinity.c와 t_sched_getaffinity.c 프로그램은 sched_setaffinity()와 sched_getaffinity()의 사용을 설명한다.

## 30.5 정리

기본 커널 스케줄링 알고리즘은 라운드 로빈 시간 공유 정책을 사용한다. 기본적으로 모든 프로세스는 이 정책하에서 CPU에 동일한 접근권을 갖지만, 스케줄러로 하여금 특정 프로세스를 선호하거나 그렇지 않도록 유도하고자 -20(높은 우선순위)~+19(낮은 우선순위)의 nice 값을 설정할 수 있다. 그러나 프로세스에 가장 낮은 우선순위를 할당하더라도, CPU를 완전히 사용하지 않는 것은 아니다.

리눅스는 POSIX 실시간 스케줄링 확장도 구현한다. 이를 통해 응용 프로그램은 프로세스에 CPU를 할당하는 일을 정밀하게 제어할 수 있다. 두 가지 실시간 스케줄링 정책인 SCHED_RR(라운드 로빈)과 SCHED_FIFO(선입선출)하에서 구동하는 프로세스는 항상 실시간이 아닌 정책하에서 구동하는 프로세스보다 우선순위가 높다. 실시간 프로세스의 우선순위 범위는 1(낮음)~99(높음)다. 프로세스가 실행될 수 있는 한, 우선순위가 높은 프로세스는 우선순위가 낮은 프로세스를 CPU에서 완전히 제외시킨다. SCHED_FIFO 정책하에서 구동하는 프로세스는 종료되거나, 자발적으로 CPU를 포기하거나, 더 높은 우선순위의 프로세스가 실행 가능해짐으로써 선점되기 전까지 CPU에 대한 전용 접근권을 유지한다. 여러 프로세스가 동일한 우선순위로 실행되는 경우, CPU는 라운드 로빈 방식으로 이러한 프로세스들 사이에서 공유되는 추가적인 동작과 더불어, SCHED_FIFO와 유사한 동작이 SCHED_RR 정책에도 적용된다.

프로세스의 CPU 친화도 마스크는 프로세스를 멀티프로세서 시스템에서 가용한 CPU의 하부 집합에서 구동되도록 제한하는 데 사용될 수 있다. 이런 동작은 특정 종류의 응용 프로그램 성능을 향상시킬 수 있다.

### 더 읽을거리

[Love, 2010]에서는 프로세스 우선순위와 리눅스의 스케줄링에 관한 자세한 배경지식을 알 수 있다. [Gallmeister, 1995]는 POSIX 실시간 스케줄링 API에 대한 추가 정보를 제공한다. POSIX 스레드를 목표로 하더라도, [Butenhof, 1996]에서 다루는 실시간 스케줄링 API 내용은 30장의 실시간 스케줄링 논의에 있어 유용한 배경지식이다.

CPU 친화도, CPU에 대한 스레드 할당 제어, 멀티프로세서 시스템의 메모리 노드에 관한 추가 정보는 커널 소스 파일인 Documentation/cpusets.txt와 `mbind(2)`, `set_mempolicy(2)`, `cpuset(7)` 매뉴얼 페이지를 참조하기 바란다.

## 30.6 연습문제

**30-1.** `nice(1)` 명령을 구현하라.

**30-2.** `nice(1)`과 유사한 실시간 스케줄링인 set-user-ID-root 프로그램을 작성하라. 이 프로그램의 명령행 인터페이스는 다음과 같아야만 한다.

```
# ./rtsched policy priority command arg...
```

위의 명령에서 `policy`는 `SCHED_RR`인 경우 `r`, `SCHED_FIFO`인 경우 `f`다. 이 프로그램은 명령을 실행하기 전에 9.7.1절과 33.3절에서 기술한 이유로 인해 특권 ID를 버려야만 한다.

**30-3.** 자신을 `SCHED_FIFO` 스케줄링 정책하에 위치시키고, 자식 프로세스를 생성하는 프로그램을 작성하라. 두 프로세스는 CPU 시간을 최대 3초 동안 사용하도록 유도하는 함수를 실행해야만 한다(이는 `times()` 시스템 호출이 지금까지 사용된 CPU 시간의 양을 결정하기 위해 반복적으로 호출되는 루프를 사용함으로써 실행될 수 있다). 사용된 CPU 시간의 각 1/4초 이후에, 함수는 프로세스 ID와 지금까지 사용된 CPU 시간의 양을 출력해야만 한다. CPU 시간의 각 초 이후에, 함수는 CPU를 다른 프로세스에 양보하기 위해 `sched_yield()`를 호출해야 한다(대안으로, 프로세스는 `sched_setparam()`을 사용해 다른 프로세스의 스케줄링 우선순위를 올릴 수도 있다). 프로그램의 결과는 2개의 프로세스가 CPU 시간의 1초 동안 교대로 실행하는 모습을 보여줘야 한다(제어가 안 되는 실시간 프로세스가 CPU를 독차지하는 경우를 방지하기 위해 30.3.2절에 주어진 조언을 주의 깊게 살피기 바란다).

30-4. 두 프로세스가 멀티프로세서 시스템에서 많은 양의 데이터를 교환하기 위해 파이프를 사용하는 경우, 프로세스가 동일한 CPU에서 실행될 때의 통신이 다른 CPU에서 실행될 때보다 빨라야 한다. 이는 2개의 프로세스가 동일한 CPU에서 실행되는 경우, 파이프 데이터가 CPU의 캐시에 남아 있을 수 있어 더욱 빠르게 접근될 것이기 때문이다. 반대로 프로세스가 다른 CPU에서 실행되는 경우, CPU 캐시의 이점은 잃게 된다. 멀티프로세서 시스템에 대한 접근권이 있다면, 프로세스를 강제로 동일한 CPU나 다른 CPU에 있게 함으로써 이런 효과를 기술하기 위해 `sched_setaffinity()`를 사용하는 프로그램을 작성하라(Vol. 2의 7장은 파이프의 사용법을 기술한다).

> 동일한 CPU에서 구동하는 프로세스를 선호할 때의 장점은 CPU가 캐시를 공유하는 하이퍼스레드 시스템과 몇몇 현대적인 멀티프로세서 아키텍처에서는 사실이 아닐 것이다. 이러한 경우에는 다른 CPU에서 구동하는 프로세스를 선호하는 편이 이득이다. 멀티프로세서 시스템의 CPU 구조에 대한 정보는 리눅스 고유의 /proc/cpuinfo 파일 내용을 검사함으로써 알 수 있다.

# 31

# 프로세스 자원

각 프로세스는 메모리와 CPU 시간 같은 시스템 자원을 소비한다. 31장에서는 자원과 관련된 시스템 호출을 살펴본다. 프로세스가 자신이 사용한 자원과 자식 프로세스가 사용한 자원을 감시하게 하는 getrusage() 시스템 호출로 이번 장을 시작한다. 호출 프로세스가 사용하는 여러 가지 자원의 한도를 변경하고, 추출하는 데 사용할 수 있는 setrlimit()와 getrlimit() 시스템 호출을 살펴본다.

## 31.1 프로세스 자원 사용

getrusage() 시스템 호출은 호출 프로세스나 모든 자식이 사용하는 여러 시스템 자원에 대한 통계를 추출한다.

```
#include <sys/resource.h>

int getrusage(int who, struct rusage *res_usage);
```

성공하면 0을 리턴하고, 에러가 발생하면 -1을 리턴한다.

who 인자는 자원 사용 정보가 추출될 프로세스를(들을) 명시하는데, 다음 중 하나의 값을 갖는다.

- RUSAGE_SELF: 호출 프로세스에 대한 정보를 리턴한다.
- RUSAGE_CHILDREN: 종료되고, 대기하고 있는 호출 프로세스의 모든 자식에 대한 정보를 리턴한다.
- RUSAGE_THREAD(리눅스 2.6.26부터): 호출 스레드에 대한 정보를 리턴한다. 이 값은 리눅스에 고유하다.

res_usage 인자는 리스트 31-1에 나타난 rusage 형의 구조체 포인터다.

**리스트 31-1** rusage 구조체 정의

```
struct rusage {
    struct timeval ru_utime;      /* 사용된 사용자 CPU 시간 */
    struct timeval ru_stime;      /* 사용된 시스템 CPU 시간 */
    long           ru_maxrss;     /* 상주하는 집합의 최대 크기(킬로바이트)
                                     [리눅스 2.6.32부터 사용] */
    long           ru_ixrss;      /* 필수적인(공유된) 텍스트 메모리 크기
                                     (킬로바이트-초) [미사용] */
    long           ru_idrss;      /* 사용된 필수적인(공유되지 않은) 데이터 메모리
                                     (킬로바이트-초) [미사용] */
    long           ru_isrss;      /* 사용된 필수적인(공유되지 않은) 스택 메모리
                                     (킬로바이트-초) [미사용] */
    long           ru_minflt;     /* 느슨한 페이지 오류(I/O는 요구되지 않음) */
    long           ru_majflt;     /* 엄격한 페이지 오류(I/O가 요구됨) */
    long           ru_nswap;      /* 물리적인 메모리 외의 스왑[미사용] */
    long           ru_inblock;    /* 파일 시스템을 통한 블록 입력 오퍼레이션
                                     [리눅스 2.6.22부터 사용됨] */
    long           ru_oublock;    /* 파일 시스템을 통한 블록 출력 오퍼레이션
                                     [리눅스 2.6.22부터 사용됨] */
    long           ru_msgsnd;     /* 송신 IPC 메시지[미사용] */
    long           ru_msgrcv;     /* 수신 IPC 메시지[미사용] */
    long           ru_nsignals;   /* 수신된 시그널[미사용] */
    long           ru_nvcsw;      /* 자발적인 컨텍스트 스위치(프로세스의
                                     할당 시간이 만료되기 전에, CPU 사용을 포기함)
                                     [리눅스 2.6부터 사용됨] */
```

```
    long            ru_nivcsw;          /* 비자발적인 컨텍스트 스위치 (우선순위가 더 높은
                                           프로세스가 구동되거나, 할당 시간이 소진됨)
                                           [리눅스 2.6부터 사용됨] */
};
```

리스트 31-1의 주석에서 나타낸 것과 같이, 리눅스에서 rusage 구조체의 많은 필드는 getrusage()(또는 wait3()와 wait4())가 채우지 않거나, 더욱 최신의 커널 버전에 의해서만 채워진다. 리눅스에서 사용되지 않는 몇 가지 필드는 그 밖의 유닉스 구현에서 사용된다. 이런 필드가 향후에 리눅스에서 구현된다면, rusage 구조체는 현재 응용 프로그램의 이진 구조를 깨는 변경 과정을 겪지 않고 사용될 수 있기 때문에 여전히 제공된다.

> getrusage()가 대부분의 유닉스 구현에 나타나더라도, SUSv3에서는 가볍게 명시되어 있다(오직 ru_utime과 ru_stime 필드만 명시). 이는 rusage 구조체 정보의 의미 대부분이 구현에 기반하기 때문이다.

ru_utime과 ru_stime 필드는 각각 사용자 모드와 커널 모드에서 프로세스가 사용하는 CPU 시간의 초와 마이크로초의 수를 리턴하는 timeval 형(10.1절 참조)의 구조체다(유사한 정보는 10.7절에 기술된 times() 시스템 호출이 추출한다).

> 리눅스 고유의 /proc/*PID*/stat 파일은 시스템의 모든 프로세스가 사용한 자원 정보(CPU 시간과 페이지 오류)를 노출한다. 더욱 자세한 정보는 proc(5) 매뉴얼 페이지를 참조하기 바란다.

getrusage()의 RUSAGE_CHILDREN 오퍼레이션이 리턴하는 rusage 구조체는 호출 프로세스의 모든 자손이 사용한 자원 통계를 담고 있다. 예를 들어 부모와 자식, 손자와 관련되는 3개의 프로세스가 있다면, 자식이 손자에 wait()를 실행할 때, 손자의 자원 사용값은 자식의 RUSAGE_CHILDREN 값에 추가된다. 그리고 부모가 자식에 대해 wait()를 실행할 때, 자식과 손자 모두의 자원 사용값은 부모의 RUSAGE_CHILDREN 값에 추가된다. 반대로, 자식이 손자에 대해 wait()를 실행하지 않으면 손자의 자원 사용은 부모의 RUSAGE_CHILDREN 값에 기록되지 않는다.

RUSAGE_CHILDREN 오퍼레이션에 대해 ru_maxrss 필드는 (모든 자손의 합이 아닌) 호출 프로세스의 모든 자손 중 최대 상주 집합 크기를 리턴한다.

> SUSv3는 SIGCHLD가 무시되는 경우(따라서 자식은 계속해서 기다리게 될 수 있는 좀비로 남지 않는다) 자식 통계는 RUSAGE_CHILDREN이 리턴하는 값에 추가되지 않아야 한다고 명시한다. 그러나 26.3.3절에 나타낸 것과 같이, 2.6.9 이전의 커널에서 리눅스는 이러한 요구사항으로부터 벗어난다(SIGCHLD가 무시되면, 죽은 자식 프로세스의 자원 사용값은 RUSAGE_CHILDREN에 리턴된 값에 포함된다).

## 31.2 프로세스 자원 한도

각 프로세스는 소비할 여러 가지 시스템 자원의 양을 제한하는 데 사용할 수 있는 자원 한도 집합을 갖는다. 예를 들어, 임의의 프로그램이 초과 자원을 사용할 것이라는 우려가 있다면 실행하기 전에 프로세스에서 자원 한도를 설정하길 원할 것이다. `ulimit` 내장 명령(C 셸에서는 `limit`)을 사용해 셸의 자원 한도를 설정할 수 있다. 이런 한도는 셸이 사용자 명령을 실행하기 위해 생성하는 프로세스가 상속한다.

> 커널 2.6.24부터 리눅스 고유의 /proc/*PID*/limits 파일은 어떤 프로세스의 모든 자원 한도를 보기 위해 사용될 수 있다. 이 파일은 해당 프로세스의 실제 사용자 ID가 소유하며, 권한은 해당 사용자 ID(혹은 특권 프로세스)에 의해 읽기만 허용한다.

`getrlimit()`와 `setrlimit()` 시스템 호출은 프로세스로 하여금 자원 한도를 가져와서 수정하게 한다.

```
#include <sys/resource.h>

int getrlimit(int resource, struct rlimit *rlim);
int setrlimit(int resource, const struct rlimit *rlim);
```

성공하면 0을 리턴하고, 에러가 발생하면 –1을 리턴한다.

`resource` 인자는 추출되거나 변경되는 자원 한도를 식별한다. `rlim` 인자는 자원 한도값을 리턴(`getrlimit()`)하거나, 새로운 자원값을 명시(`setrlimit()`)하는 데 사용되고, 다음과 같은 두 가지 필드를 포함하는 구조체의 포인터다.

```
struct rlimit {
    rlim_t rlim_cur;        /* 연성 한도(실제 프로세스 한도) */
    rlim_t rlim_max;        /* 경성 한도(rlim_cur의 상한) */
};
```

이 필드는 연성 한도(rlim_cur)와 경성 한도(rlim_max)라는 관련된 두 가지 자원 한도에 대응된다(rlim_t 데이터형은 정수형이다). 연성 한도는 프로세스가 사용할 자원의 양을 총괄한다. 프로세스는 연성 한도값을 0에서 경성 한도까지의 어떤 값으로도 조절할 수 있다. 대부분의 자원에 대해 경성 한도의 유일한 목표는 연성 한도의 상한값을 제공하는 것이다. 특권(CAP_SYS_RESOURCE) 프로세스는 (값이 연성 한도 이상의 값으로 남아 있는 한) 어떤 방향에 대해서도 경성 한도를 조절할 수 있지만, 비특권 프로세스는 경성 한도를 낮은 값으로만 조절할 수 있다(반대로는 안 됨). getrlimit()를 통해 추출하거나 setrlimit()를 통해 설정하는 경우 모두 rlim_cur나 rlim_max에서 RLIM_INFINITY 값은 무한대를 의미한다.

대부분의 경우 자원 한도는 특권 프로세스와 비특권 프로세스 모두에 대해 강제된다. 또한 자원 한도는 fork()를 통해 생성된 자식 프로세스에 상속되며, exec()에 걸쳐서 유지된다.

getrlimit()와 setrlimit()의 resource 인자에 명시될 수 있는 값은 표 31-1에 요약해뒀고, 31.3절에서 자세히 설명한다.

자원 한도값이 프로세스당 속성이라고 하더라도, 어떤 경우에 한도값은 해당 자원의 프로세스 사용뿐만 아니라, 동일한 실제 사용자 ID를 가진 모든 프로세스가 사용하는 자원의 합계로 측정된다. 생성 가능한 프로세스 개수의 한도값을 정하는 RLIMIT_NPROC 값은 이러한 접근 방법의 좋은 근거가 된다. 이 한도값을 프로세스 자체가 생성하는 자식의 수에만 적용하는 것은 그 프로세스가 생성한 각 자식은 자식을 생성하고, 그 자식은 또 다른 자식을 생성할 수 있기 때문에 효과적이지 않다. 대신에 이 한도값은 동일한 실제 사용자 ID를 갖는 모든 프로세스의 수에 대해 측정된다. 그러나 자원 한도는 설정된 곳의 프로세스에서만 검사된다는 사실을 알아두기 바란다(즉 프로세스 자체와 한도값을 상속한 자손). 동일한 실제 사용자 ID에 의해 소유된 다른 프로세스가 한도값을 설정하지 않았거나(즉 한도는 무한대) 다른 한도값을 설정한 경우, 자식을 생성하는 프로세스의 용량은 설정한 한도에 따라 검사될 것이다.

각 자원 한도를 아래 기술함으로써, 동일한 실제 사용자 ID를 갖는 모든 프로세스가 사용하는 자원에 대해 측정된 한도를 나타낸다. 따로 명시되지 않는 경우, 자원 한도는 프로세스 자신이 사용한 자원에 대해서만 측정된다.

> 많은 경우에 자원 한도를 추출하고, 설정하는 셸 명령(bash와 콘셸에서 ulimit, C 셸에서 limit)은 getrlimit()와 setrlimit()에 사용되는 것과 다른 단위를 사용한다. 예를 들어, 셸 명령은 일반적으로 여러 가지 메모리 세그먼트의 한도값을 킬로바이트로 표현한다.

표 31-1 getrlimit()와 setrlimit()를 위한 자원 한도값

| 자원 | 한도 | SUSv3 |
|---|---|---|
| RLIMIT_AS | 프로세스 가상 메모리 크기(바이트) | ● |
| RLIMIT_CORE | 코어 파일 크기(바이트) | ● |
| RLIMIT_CPU | CPU 시간(초) | ● |
| RLIMIT_DATA | 프로세스 데이터 세그먼트(바이트) | ● |
| RLIMIT_FSIZE | 파일 크기(바이트) | ● |
| RLIMIT_MEMLOCK | 잠긴 메모리(바이트) | |
| RLIMIT_MSGQUEUE | 실제 사용자 ID에 대한 POSIX 메시지 큐에 할당된 바이트(리눅스 2.6.8부터) | |
| RLIMIT_NICE | nice 값(리눅스 2.6.12부터) | |
| RLIMIT_NOFILE | 최대 파일 디스크립터 번호 + 1 | ● |
| RLIMIT_NPROC | 실제 사용자 ID에 대한 프로세스 수 | |
| RLIMIT_RSS | 상수 집합 크기(바이트, 구현되지 않음) | |
| RLIMIT_RTPRIO | 실시간 스케줄링 우선순위(리눅스 2.6.12부터) | |
| RLIMIT_RTTIME | 실시간 CPU 시간(마이크로초, 리눅스 2.6.25부터) | |
| RLIMIT_SIGPENDING | 실제 사용자 ID에 대해 큐에 있는 시그널의 수(리눅스 2.6.8부터) | |
| RLIMIT_STACK | 스택 세그먼트의 크기(바이트) | ● |

## 예제 프로그램

각 자원 한도의 구체적인 내용을 살펴보기 전에, 자원 한도의 사용 예를 간단히 살펴본다. 리스트 31-2는 명시된 자원의 연성 한도 및 경성 한도와 함께 메시지를 출력하는 `printRlimit()` 함수를 정의한다.

> rlim_t 데이터형은 일반적으로 파일 크기 한도값인 RLIMIT_FSIZE의 표현을 처리하는 off_t와 동일한 방법으로 나타난다. 이러한 이유로 인해, rlim_t 값을 출력할 때(리스트 31-2), 5.10절에 설명한 것과 같이 long long으로 캐스팅을 하고, %lld printf() 지정자를 사용한다.

사용자가 생성할 프로세스 수의 연성 한도와 경성 한도(`RLIMIT_NPROC`)를 설정하기 위해 `setrlimit()`를 호출하는 리스트 31-3의 프로그램은 변경 전후에 한도값을 출력하기 위해서 리스트 31-2의 `printRlimit()`를 사용하고, 가능한 한 많은 프로세스를 생

성한다. 연성 한도를 30으로, 경성 한도를 100으로 설정하는 해당 프로그램은 다음과 같이 실행된다.

```
$ ./rlimit_nproc 30 100
Initial maximum process limits:  soft=1024; hard=1024
New maximum process limits:      soft=30; hard=100
Child 1 (PID=15674) started
Child 2 (PID=15675) started
Child 3 (PID=15676) started
Child 4 (PID=15677) started
ERROR [EAGAIN Resource temporarily unavailable] fork
```

이 예에서는 해당 사용자에 대해 26개의 프로세스가 이미 구동 중이기 때문에, 이 프로그램은 4개의 새로운 프로세스만을 생성한다.

**리스트 31-2 프로세스 자원 한도값 출력**

procres/print_rlimit.c

```c
#include <sys/resource.h>
#include "print_rlimit.h"               /* 함수 정의 선언 */
#include "tlpi_hdr.h"

int             /* 'resource'에 대한 한도값 이후에 'msg' 출력 */
printRlimit(const char *msg, int resource)
{
    struct rlimit rlim;

    if (getrlimit(resource, &rlim) == -1)
        return -1;

    printf("%s soft=", msg);
    if (rlim.rlim_cur == RLIM_INFINITY)
        printf("infinite");
#ifdef RLIM_SAVED_CUR     /* 어떤 구현에서는 정의되지 않음 */
    else if (rlim.rlim_cur == RLIM_SAVED_CUR)
        printf("unrepresentable");
#endif
    else
        printf("%lld", (long long) rlim.rlim_cur);

    printf("; hard=");
    if (rlim.rlim_max == RLIM_INFINITY)
        printf("infinite\n");
#ifdef RLIM_SAVED_MAX    /* 어떤 구현에서는 정의되지 않음 */
    else if (rlim.rlim_max == RLIM_SAVED_MAX)
        printf("unrepresentable");
#endif
```

```
    else
        printf("%lld\n", (long long) rlim.rlim_max);

    return 0;
}
```

**리스트 31-3** RLIMIT_NPROC 자원 한도 설정

procres/rlimit_nproc.c

```
#include <sys/resource.h>
#include "print_rlimit.h"         /* printRlimit() 선언 */
#include "tlpi_hdr.h"

int
main(int argc, char *argv[])
{
    struct rlimit rl;
    int j;
    pid_t childPid;

    if (argc < 2 || argc > 3 || strcmp(argv[1], "--help") == 0)
        usageErr("%s soft-limit [hard-limit]\n", argv[0]);

    printRlimit("Initial maximum process limits: ", RLIMIT_NPROC);

    /* 새로운 프로세스 한도 설정(명시되지 않은 경우 경성 한도 == 연성 한도) */

    rl.rlim_cur = (argv[1][0] == 'i') ? RLIM_INFINITY :
                                getInt(argv[1], 0, "soft-limit");
    rl.rlim_max = (argc == 2) ? rl.rlim_cur :
                (argv[2][0] == 'i') ? RLIM_INFINITY :
                                getInt(argv[2], 0, "hard-limit");
    if (setrlimit(RLIMIT_NPROC, &rl) == -1)
        errExit("setrlimit");

    printRlimit("New maximum process limits:     ", RLIMIT_NPROC);

    /* 가능한 한 많은 자식 생성 */

    for (j = 1; ; j++) {
        switch (childPid = fork()) {
        case -1: errExit("fork");

        case 0: _exit(EXIT_SUCCESS); /* 자식 */

        default: /* 부모: 각 새로운 자식에 대한 메시지를 출력하고,
                    결과적으로 남은 좀비는 쌓이게 한다. */

```

```
            printf("Child %d (PID=%ld) started\n", j, (long) childPid);
            break;
        }
    }
}
```

### 표현할 수 없는 한도값

일부 프로그래밍 환경에서 rlim_t 데이터형은 특정 자원 한도를 위해 유지될 수 있는 전체 범위값을 나타낼 수 없다. 이는 rlim_t 데이터형의 크기가 다른 여러 프로그래밍 환경을 제공하는 시스템의 경우에 해당한다. 그러한 시스템은 64비트 off_t의 큰 파일 컴파일 환경이 off_t가 전통적으로 32비트인 시스템에 추가될 때 발생할 수 있다(각 환경에서 rlim_t는 off_t와 동일한 크기일 것이다). 이는 64비트 off_t를 가진 프로그램에 의해 실행된 이후에, 작은 rlim_t의 프로그램이 최대 rlim_t 값보다 큰 자원 한도를 상속하는 상황을 유발한다.

자원 한도를 표현할 수 없는 경우를 처리해야 하는 이식성 있는 응용 프로그램을 지원하기 위해, SUSv3는 표현할 수 없는 두 가지 상수인 RLIM_SAVED_CUR와 RLIM_SAVED_MAX 값을 명시한다. 연성 자원 한도가 rlim_t에 표현될 수 없다면, getrlimit()는 rlim_cur 필드에 RLIM_SAVED_CUR를 리턴할 것이다. RLIM_SAVED_MAX는 rlim_max 필드에 리턴되는 표현될 수 없는 경성 한도에 대해 동일한 함수를 실행할 것이다.

모든 자원 한도값이 rlim_t에 표현될 수 있다면, SUSv3는 RLIM_SAVED_CUR와 RLIM_SAVED_MAX를 RLIM_INFINITY와 동일하게 정의해 구현하도록 허용한다. 이는 모든 가능한 자원 한도값이 rlim_t에 의해 표현될 수 있도록 이런 상수들이 리눅스에서 정의되는 방법을 나타낸다. 하지만 이런 경우는 x86-32 같은 32비트 아키텍처에서는 해당되지 않는다. 그러한 아키텍처의 큰 파일 컴파일 환경(즉 5.10절에서 기술한 것과 같이 _FILE_OFFSET_BITS 기능 테스트 매크로를 64로 설정)에서, rlim_t의 glibc 정의는 64비트지만, 자원 한도를 표현하기 위한 커널 데이터형은 단지 32비트인 unsigned long이다. glibc의 현재 버전은 다음과 같은 상황을 다룬다. 즉 _FILE_OFFSET_BITS=64로 컴파일된 프로그램이 32비트 unsigned long으로 표현될 수 있는 것보다 큰 값의 자원 한도를 설정하려고 하는 경우, setrlimit()의 glibc 래퍼 함수는 값을 RLIM_INFINITY로 조용히 변경한다. 다시 말해, 자원 한도의 요청된 설정은 지켜지지 않는다.

> 파일을 다루는 유틸리티는 일반적으로 여러 x86-32 배포판에서 _FILE_OFFSET_BITS=64로 컴파일되기 때문에, 32비트로 표현될 수 있는 값보다 큰 자원 한도값을 제공하지 못하면 응용 프로그래머뿐만 아니라 사용자에게까지 영향을 줄 수 있다는 문제가 있다.
>
> 요청된 자원 한도가 32비트 unsigned long의 용량을 초과하는 경우, glibc setrlimit() 래퍼 함수는 에러를 리턴하는 편이 더 나을 것이라고 누군가는 주장할 수 있다. 하지만 근본적인 문제는 커널 한도이며, 여기서 설명하는 동작은 glibc가 그것을 다루는 방법과 같다.

## 31.3 구체적인 자원 한도 세부사항

이제 리눅스 고유의 가용한 자원 한도 각각을 자세히 살펴본다.

### RLIMIT_AS

RLIMIT_AS 한도는 프로세스 가상 메모리(주소 공간)의 최대 크기를 바이트로 명시한다. 이러한 한도값을 초과하려는 시도(brk(), sbrk(), mmap(), mremap(), shmat())는 ENOMEM 에러로 실패한다. 실질적으로 프로그램이 이러한 한도에 도달할 대부분의 공통된 장소는 sbrk()와 mmap()을 사용하는 malloc 패키지의 함수 호출에 있다. 이러한 한도값에 도달하자마자 스택 확장도 아래 나열된 RLIMIT_STACK의 결과로 실패한다.

### RLIMIT_CORE

RLIMIT_CORE 한도는 프로세스가 특정 시그널에 의해 종료되는 경우 생성되는 코어 덤프 파일의 최대 크기를 바이트로 명시한다(22.1절 참조). 코어 덤프 파일의 생성은 이 한도값에서 멈출 것이다. 한도를 0으로 명시하면 코어 덤프 파일의 생성이 방지되는데, 이러한 방법은 가끔 코어 덤프 파일이 엄청나게 클 수 있고 사용자가 그 파일로 무엇을 할지 모르기 때문에 유용하게 쓸 수 있다. 코어 덤프 파일 생성을 방지하는 또 다른 이유는 보안 문제다. 즉 프로그램의 메모리가 디스크로 덤프되는 것을 방지한다. RLIMIT_FSIZE 한도가 이 한도값보다 작다면, 코어 덤프 파일은 RLIMIT_FSIZE바이트에 제한된다.

### RLIMIT_CPU

RLIMIT_CPU 한도는 프로세스가 사용할 수 있는 (시스템과 사용자 모드 모두에서) CPU 시간의 최대 초를 명시한다. SUSv3는 연성 한도에 도달한 경우 SIGXCPU 시그널이 프로세스로 전달되도록 요구하지만, 그 밖의 세부사항은 명시하지 않는다(SIGXCPU의 기본 동작은 코어 덤프를 만들고 프로세스를 종료하는 것이다). 요구되는 모든 처리를 실행하고, 주 프로그램으로 제어권을 리턴하는 SIGXCPU에 대한 핸들러를 만들 수가 있다. 그리고 (리눅스에서) SIGXCPU는 사용되는 CPU 시간의 각 초마다 전달된다. 프로세스가 경성 CPU 한도에 도달할 때까지 실행을 계속한다면, 커널은 프로세스를 항상 종료하는 SIGKILL 시그널을 전달한다.

유닉스 구현은 SIGXCPU 시그널을 처리하고 난 후 CPU 시간을 계속 사용하는 프로세스를 어떻게 처리하는지에 대한 세부사항에 따라 다양하다. 대부분은 규칙적인 간격으로 SIGXCPU를 전달한다. 시그널의 호환성 있는 사용을 목표로 한다면, 이러한 시그널의 처음 수신에서 요구되는 어떠한 자원 해제를 수행하고, 종료하게 하는 응용 프로그램을 만들어야만 한다(대안으로, 프로그램은 시그널을 수신하고 난 후 자원 한도를 변경할 수 있다).

## RLIMIT_DATA

RLIMIT_DATA 한도는 프로세스의 데이터 세그먼트(초기화된 데이터의 합과 초기화되지 않은 데이터, 6.3절에 기술된 힙 세그먼트)의 최대 크기를 바이트로 나타낸다. 이 한도를 넘어서 데이터 세그먼트를 확장(프로그램 손상)하려는 시도(sbrk()와 brk())는 ENOMEM 에러로 실패한다. RLIMIT_AS와 마찬가지로, 프로그램이 이러한 한도값에 도달하는 공통적인 장소는 malloc 패키지 함수의 호출에 있다.

## RLIMIT_FSIZE

RLIMIT_FSIZE 한도는 프로세스가 생성할 파일의 최대 크기를 바이트로 나타낸다. 프로세스가 연성 한도를 넘어서 파일을 확장하려고 시도하면, SIGXFSZ 시그널이 전달되고 시스템 호출(예: write(), truncate())은 EFBIG 에러로 실패한다. SIGXFSZ의 기본 동작은 프로세스를 종료하고, 코어 덤프를 생성하는 것이다. 대신에 이 시그널을 잡고, 주 프로그램으로 제어권을 넘길 수가 있다. 그러나 파일을 확장하려는 다른 추가적인 시도는 동일한 시그널과 에러를 야기한다.

## RLIMIT_MEMLOCK

RLIMIT_MEMLOCK 한도(BSD 기반이며, SUSv3에는 없으며, 리눅스와 BSD에서만 가용함)는 물리적인 메모리가 교체되지 않도록 방지하기 위해 잠글 수 있는 가상 메모리의 최대 바이트 수를 명시한다. 이 한도는 mlock(), mlockall() 시스템 호출과 mmap(), shmctl() 시스템 호출의 잠금 옵션에 영향을 미친다. Vol. 2의 13.2절에서 자세히 설명한다.

MCL_FUTURE 플래그가 mlockall()을 호출할 때 명시되면, RLIMIT_MEMLOCK 한도는 이후에 brk()나 sbrk(), mmap(), mremap() 호출의 실패를 야기한다.

### RLIMIT_MSGQUEUE

RLIMIT_MSGQUEUE 한도(리눅스 2.6.8부터, 리눅스 고유)는 호출 프로세스의 실제 사용자 ID의 POSIX 메시지 큐에 할당될 수 있는 최대 바이트 수를 명시한다. POSIX 메시지 큐가 mq_open()을 사용해 생성될 때, 다음과 같은 수식에 따라 bytes가 제외된다.

```
bytes = attr.mq_maxmsg * sizeof(struct msg_msg *) +
        attr.mq_maxmsg * attr.mq_msgsize;
```

이 수식에서 attr은 mq_open()의 네 번째 인자로 전달되는 mq_attr 구조체다. 공식의 오른쪽에서 sizeof(struct msg_msg *)를 포함하는 항목은 사용자가 크기가 0인 무한개의 메시지를 큐에 넣을 수 없음을 보장한다(msg_msg 구조체는 커널이 내부적으로 사용하는 데이터형이다). 이는 길이가 0인 메시지가 데이터를 갖고 있지 않더라도, 쓰여진 오버헤드에 대한 시스템 메모리를 사용하기 때문에 필수적이다.

RLIMIT_MSGQUEUE 한도는 호출 프로세스에만 영향을 미친다. 이 사용자에 속한 그 밖의 프로세스는 이런 한도를 설정하거나 상속하지 않는 이상 영향을 받지 않는다.

### RLIMIT_NICE

RLIMIT_NICE 한도(리눅스 2.6.12부터, 리눅스 고유)는 sched_setscheduler()와 nice()를 사용하는 이런 프로세스에 설정되는 nice 값의 상한을 명시한다. 상한은 20 - rlim_cur로 계산되며, rlim_cur는 현재의 연성 RLIMIT_NICE 자원 한도다. 자세한 사항은 30.1절을 참조하기 바란다.

### RLIMIT_NOFILE

RLIMIT_NOFILE 한도는 프로세스가 할당할 최대 파일 디스크립터의 수보다 1이 많은 수를 명시한다. 이 한도 이상으로 디스크립터를 할당하려는 시도(예: open(), pipe(), socket(), accept(), shm_open(), dup(), dup2(), fcntl(F_DUPFD), epoll_create())는 실패한다. 대개 에러는 EMFILE이지만, dup2(fd, newfd)의 에러는 EBADF이며, 한도보다 크거나 같은 newfd를 가진 fcntl(fd, F_DUPFD, newfd)의 에러는 EINVAL이다.

RLIMIT_NOFILE 한도의 변경은 sysconf(_SC_OPEN_MAX)가 리턴하는 값에 반영된다. SUSv3는 이런 변경을 허용하지만, 구현이 RLIMIT_NOFILE 한도를 변경한 전후에 sysconf(_SC_OPEN_MAX) 호출에 대해 다른 값을 리턴하도록 요구하진 않는다. 또한 다른 구현은 이런 관점에서 리눅스와 동일하게 동작하지는 않을 것이다.

> SUSv3는 응용 프로그램이 프로세스가 현재 열어둔 가장 많은 파일 디스크립터의 수보다 작거나 같은 값을 연성 혹은 경성 RLIMIT_NOFILE 한도에 설정한다면, 예상치 못한 동작이 발생할 것이라고 언급한다.
>
> 리눅스에서 프로세스에 의해 현재 열린 각 파일 디스크립터의 심볼릭 링크를 포함하는 /proc/*PID*/fd 디렉토리의 내용을 검사하기 위해서 readdir()을 사용해 어떤 파일 디스크립터를 열었는지 검사할 수 있다.

커널은 RLIMIT_NOFILE 한도값이 갖는 상한을 도입한다. 2.6.25 이전의 커널에서 이런 상한은 값이 1,048,576인 커널 상수 NR_OPEN이 정의하는 하드 코딩된 값이다(커널 리빌드rebuild는 이러한 상한을 증가시키도록 요구된다). 커널 2.6.25부터 한도값은 리눅스 고유의 /proc/sys/fs/nr_open 파일 값에 의해 정의된다. 이 파일의 기본값은 1,048,576이며, 슈퍼유저가 수정할 수 있다. 이러한 상한보다 큰 값으로 연성 혹은 경성 RLIMIT_NOFILE 한도를 설정하려는 시도는 EPERM 에러를 발생시킨다.

모든 프로세스가 여는 전체 파일의 수에 대한 시스템 기반의 한도도 있다. 이 한도값은 리눅스 고유의 /proc/sys/fs/file-max 파일을 통해 추출되거나, 수정될 수 있다(5.4절을 참조해, 열린 파일 디스크립션의 수에 시스템 기반의 한도로서 더욱 세밀하게 file-max를 정의할 수 있다). 특권(CAP_SYS_ADMIN) 프로세스만이 file-max 한도를 초과할 수 있다. 비특권 프로세스에서 file-max 한도에 도달하는 시스템 호출은 ENFILE 에러로 실패한다.

### RLIMIT_NPROC

RLIMIT_NPROC 한도(BSD 기반이며, SUSv3에는 없으며, 리눅스와 BSD에서만 가용함)는 호출 프로세스의 실제 사용자 ID에 대해 생성된 최대 프로세스의 수를 명시한다. 이 한도를 초과하려는 시도(fork(), vfork(), clone())는 EAGAIN 에러로 실패한다.

RLIMIT_NPROC 한도는 호출 프로세스에만 영향을 미친다. 이 사용자에 속한 그 밖의 프로세스는 이 한도를 설정하거나, 상속하지 않는 이상 영향을 받지 않는다. 이 한도는 특권(CAP_SYS_ADMIN이나 CAP_SYS_RESOURCE) 프로세스에는 강제되지 않는다.

> 리눅스는 모든 사용자가 생성할 수 있는 프로세스 수에 시스템 기반의 한도를 도입한다. 리눅스 2.4와 그 이후에 리눅스 고유의 /proc/sys/kernel/threads-max 파일은 이 한도값을 추출하고 수정하는 데 사용될 수 있다.
>
> 정확하게 RLIMIT_NPROC 자원 한도와 threads-max 파일은 실질적으로 프로세스의 수보다 많이 생성된 스레드 수의 한도다.

RLIMIT_NPROC 자원 한도의 기본값이 설정되는 방법은 커널 버전에 따라 다양하다. 리눅스 2.2에서는 고정된 수식으로 계산했다. 리눅스 2.4와 그 이후에는 가용한 물리 메모리의 양에 기반한 수식을 사용해 계산한다.

> SUSv3는 RLIMIT_NPROC 자원 한도를 명시하지 않는다. 사용자 ID에 허용된 최대 프로세스의 수를 추출하기 위해(하지만 변경은 하지 않은) SUSv3에서 정한 방법은 sysconf(_SC_CHILD_MAX)를 호출하는 것이다. 이러한 sysconf() 호출은 리눅스에서 지원되지만, 2.6.23 이전의 커널 버전에서는 정확한 정보를 리턴하지 않는다. 즉 항상 999 값을 리턴한다. 리눅스 2.6.23(그리고 glibc 2.4와 그 이후)부터 이 호출은 (RLIMIT_NPROC 자원 한도값을 검사함으로써) 정확한 한도값을 보고한다.
>
> 특정 사용자 ID에 대해 얼마나 많은 프로세스가 이미 생성됐는지를 발견하는 호환성 있는 방법은 없다. 리눅스에서 시스템에서 모든 /proc/*PID*/status 파일을 검사하고, 현재 사용자가 소유한 프로세스의 수를 짐작하기 위해 Uid와 관련된 정보(실제 사용자 ID와 유효 사용자 ID, 저장된 집합과 파일 시스템이라는 4개의 프로세스 사용자 ID를 순서대로 나열함)를 검사할 수 있다. 그러나 그러한 검사를 마친 시점에 이러한 정보는 이미 변경됐을 것이라는 사실을 인지하기 바란다.

### RLIMIT_RSS

RLIMIT_RSS 한도(BSD 기반으로, SUSv3에는 없으나, 널리 가용함)는 프로세스 상주 집합에서의 최대 페이지 수를 명시한다. 즉 현재 물리 메모리에 있는 가상 메모리 페이지의 전체 수다. 이 한도는 리눅스에서 제공되지만, 현재는 아무런 효과가 없다.

> 이전의 리눅스 2.4 커널(2.4.29까지 포함)에서 RLIMIT_RSS는 madvise() MADV_WILLNEED 오퍼레이션(Vol. 2의 13.4절 참조)에 영향을 끼쳤다. 이 오퍼레이션이 RLIMIT_RSS 한도에 도달한 결과로서 실행될 수 없었다면, EIO 에러가 errno에 리턴됐다.

### RLIMIT_RTPRIO

RLIMIT_RTPRIO 한도(리눅스 2.6.12부터, 리눅스 고유)는 sched_setscheduler()와 sched_setparam()을 사용해 이 프로세스에 설정될 수 있는 실시간 우선순위의 상한을 명시한다. 자세한 내용은 30.3.2절을 참조하기 바란다.

### RLIMIT_RTTIME

RLIMIT_RTTIME 한도(리눅스 2.6.25부터, 리눅스 고유)는 실시간 스케줄링 정책하에서 수면(즉 블로킹 시스템 호출을 실행) 없이 사용할 수 있는 CPU 시간의 최대량을 밀리초로 명시한다. 이 한도에 도달한 경우의 동작은 RLIMIT_CPU와 동일하다. 즉 프로세스가 연성 한도에 도달하면 SIGXCPU 시그널은 프로세스로 전달되고, 추가적인 SIGXCPU 시그널이 사용되는 CPU 시간의 각 초마다 전달된다. 경성 한도에 도달하자마자 SIGKILL 시그널이 전달된다. 자세한 내용은 30.3.2절을 참조하기 바란다.

### RLIMIT_SIGPENDING

RLIMIT_SIGPENDING 한도(리눅스 2.6.8부터, 리눅스 고유)는 호출 프로세스의 실제 사용자 ID에 대해 큐에 들어갈 수 있는 시그널의 최대 수를 명시한다. 이런 한도를 초과하는 시도(sigqueue())는 EAGAIN 에러로 실패한다.

RLIMIT_SIGPENDING 한도는 호출 프로세스에만 영향을 미친다. 이 사용자에게 소속된 그 밖의 프로세스는 이 한도를 설정하거나 상속하지 않는 이상 영향을 받지 않는다.

초기 구현에 따라 RLIMIT_SIGPENDING 한도의 기본값은 1024였다. 커널 2.6.12부터 기본값은 RLIMIT_NPROC의 기본값과 동일하게 변경됐다.

RLIMIT_SIGPENDING 한도를 검사하는 목적으로 큐에 들어간 시그널의 수는 실시간과 표준 시그널 모두를 포함한다(표준 시그널은 오직 한 번만 프로세스의 큐에 넣을 수 있다). 그러나 이러한 한도는 sigqueue()에 대해서만 강제된다. 이 한도가 명시하는 많은 시그널이 이미 실제 사용자 ID에 속한 프로세스의 큐에 들어갔다고 하더라도, 프로세스의 큐에 이미 들어가지 않은 (실시간 시그널을 포함한) 각 시그널의 인스턴스를 큐에 넣기 위해 여전히 kill()을 사용할 수 있다.

커널 2.6.12부터 리눅스 고유 /proc/*PID*/status 파일의 SigQ 필드는 프로세스의 실제 사용자 ID에 대해 큐에 들어간 시그널의 현재와 최대 수를 출력한다.

### RLIMIT_STACK

RLIMIT_STACK 한도는 프로세스 스택의 최대 크기를 바이트로 명시한다. 이 한도를 넘어서 스택을 키우려는 시도는 해당 프로세스에 대해 SIGSEGV 시그널을 생성하는 결과를 초래한다. 스택은 한정된 자원이기 때문에, 이 시그널을 잡는 유일한 방법은 21.3절에 기술된 대체 시그널 스택을 만드는 것이다.

> 리눅스 2.6.23부터 RLIMIT_STACK 한도는 프로세스의 명령행 인자와 환경 변수를 보관하기 위해 가용한 공간의 양도 결정한다. 자세한 사항은 execve(2) 매뉴얼 페이지를 참조하기 바란다.

## 31.4 정리

프로세스는 여러 가지 시스템 자원을 사용한다. getrusage() 시스템 호출은 프로세스로 하여금 자신이나 자식으로부터 사용되는 특정 자원을 감시하게 한다.

setrlimit()와 getrlimit() 시스템 호출은 프로세스가 여러 가지 자원 사용의 한도를 설정하고, 추출하게 한다. 각 자원 한도에는 두 가지 요소가 있는데, 바로 커널이 프로세스의 자원 사용을 검사할 때 강제하는 연성 한도와, 연성 한도값의 상한으로 동작하는 경성 한도다. 비특권 프로세스는 자원의 연성 한도에 0부터 경성 한도까지 범위의 어떤 값이든 설정할 수 있지만, 경성 한도는 낮출 수만 있다. 특권 프로세스는 연성 한도값이 경성 한도값보다 작거나 같기만 하다면, 두 한도값 모두 변경할 수 있다. 프로세스가 연성 한도값에 도달하면, 시그널을 수신하거나, 자원 한도를 초과하려고 시도하는 시스템 호출의 실패를 통해 그러한 사실을 알게 된다.

## 31.5 연습문제

31-1. getrusage()의 RUSAGE_CHILDREN 플래그가 wait() 호출이 실행된 자식에 대해서만 정보를 추출함을 보여주는 프로그램을 작성하라(프로그램이 CPU 시간을 사용하는 자식 프로세스를 생성하게 하고, 부모가 wait()를 호출하기 전후에 getrusage()를 호출하게 하라).

**31-2.** 명령을 실행하고, 자원 사용을 출력하는 프로그램을 작성하라. 이는 `time(1)` 명령의 동작과 일치한다. 따라서 다음과 같이 프로그램을 사용할 것이다.

```
$ ./rusage command arg...
```

**31-3.** 프로세스의 여러 가지 자원 사용이 `setrlimit()` 호출에서 명시된 연성 자원 한도를 이미 초과한 경우 어떤 현상이 발생하는지 알아내는 프로그램을 작성하라.

# 32

# 데몬

32장은 데몬 프로세스daemon process(상주 프로세스)의 특성을 살펴보고, 프로세스를 데몬으로 변경하는 데 요구되는 과정을 살펴본다. 또한 syslog 기능을 사용해 데몬에서 로그 메시지를 남기는 방법도 살펴본다.

## 32.1 개요

데몬daemon(상주 프로그램)은 다음과 같은 특성이 있는 프로세스다.

- 오랫동안 살아 있다. 대개 데몬은 시스템이 시작할 때 생성되고, 시스템이 종료될 때까지 실행된다.
- 데몬은 백그라운드에서 실행되고, 제어 터미널을 갖지 않는다. 제어 터미널이 없으므로 데몬에 대해 (SIGINT, SIGTSTP, SIGHUP 같은) 작업 제어나 터미널 관련 시그널을 자동적으로 생성하지 않음을 보장한다.

데몬은 다음 예와 같이 구체적인 작업을 수행하도록 작성된다.

- cron: 스케줄링된 시간에 명령을 실행하는 데몬
- sshd: 안전한 통신 프로토콜을 사용해 원격 호스트로부터 로그인을 허용하는 보안 셸 데몬
- httpd: 웹페이지를 처리하는 HTTP 서버 데몬(아파치Apache)
- inetd: 명시된 TCP/IP 포트에 들어오는 네트워크 접속에 대해 듣고listen, 이런 접속을 처리하는 적절한 서버 프로그램을 시작하는 인터넷 슈퍼서버 데몬(Vol. 2의 23.5절 참조).

여러 표준 데몬은 특권 프로세스(즉 유효 사용자 ID가 0)로 구동되고, 따라서 33장에 제공된 지침을 따라서 만들어져야 한다.

규약에 따라 (모두 그런 것은 아니지만) 데몬의 이름은 문자 d로 끝난다.

> 리눅스에서 어떤 데몬은 커널 스레드(kernel thread)로 구동된다. 그러한 데몬의 코드는 커널의 일부이며, 일반적으로 시스템 시작 동안 생성된다. ps(1)을 사용해 나열될 때, 이러한 데몬의 이름은 대괄호([])로 감싸진다. 커널 스레드의 예로는 주기적으로 (예를 들어, 버퍼 캐시의 페이지인) 더티 페이지(dirty page)를 디스크로 플러시하는 pdflush가 해당된다.

## 32.2 데몬 생성

프로그램이 데몬이 되는 절차는 다음과 같다.

1. `fork()`를 실행하고, 부모는 종료하고, 자식은 계속해서 실행한다(결과적으로 데몬은 init 프로세스의 자식이 된다). 이 과정은 다음과 같은 두 가지 이유로 실행된다.
   - 데몬은 명령행에서 시작했다고 가정하고, 부모의 종료는 셸이 감지하고, 다른 셸 프롬프트를 출력하고, 자식은 백그라운드에서 실행을 계속하도록 남겨둔다.
   - 자식 프로세스는 부모의 프로세스 그룹 ID로부터 상속받고, 상속된 프로세스 그룹 ID와는 다른 자신의 유일한 프로세스 ID를 획득하기 때문에, 프로세스 그룹 리더가 되지 않도록 보장한다. 이 동작은 다음 동작을 성공적으로 실행하기 위해 요구된다.
2. 자식 프로세스는 새로운 세션을 시작하기 위해 `setsid()`(29.3절 참조)를 호출하고, 제어 터미널과의 어떠한 관련성도 제거한다.

3. 데몬이 그 이후로 어떠한 터미널 디바이스도 열지 않은 경우, 제어 터미널을 요구하는 데몬에 대해 걱정할 필요가 없다. 데몬이 이후에 터미널 디바이스를 연다면, 디바이스가 제어 터미널이 되지 않음을 보장하는 단계를 거쳐야만 한다. 이러한 동작은 다음과 같은 과정을 통해 이뤄진다.
   - 터미널 디바이스에 적용될 모든 `open()`에 `O_NOCTTY` 플래그를 명시한다.
   - 대안으로, 그리고 더욱 간단하게 `setsid()` 이후에 두 번째 `fork()`를 실행하고, 다시 부모를 종료하고, 자식(손자)은 계속 동작하게 한다. 이는 자식이 세션 리더가 되지 않도록 보장하고, 따라서 제어 터미널의 획득을 위한 시스템 V 규칙에 따라서(리눅스도 적용됨), 프로세스는 절대 제어 터미널을 재획득할 수 없다(29.4절 참조).

> BSD 규칙을 따르는 구현에서 프로세스는 명시적인 ioctl() TIOCSCTTY 오퍼레이션을 통해서만 제어 터미널을 획득할 수 있고, 따라서 두 번째 fork()는 제어 터미널의 획득과 관련해 어떠한 효과가 없지만, 불필요한 fork()는 아무런 피해를 주지 않는다.

4. 데몬이 파일과 디렉토리를 생성할 때, 요청한 권한을 가짐을 보장하기 위해 프로세스 umask(15.4.6절 참조)를 지운다.

5. 프로세스의 현재 작업 디렉토리를 루트 디렉토리(/)로 변경한다. 이는 데몬이 보통 시스템이 종료할 때까지 실행되기 때문에 필수적이다. 그리고 데몬의 현재 작업 디렉토리가 /를 포함하지 않는 파일 시스템에 있다면, 그 파일 시스템은 마운트 해제될 수 없기 때문이다(14.8.2절 참조). 대안으로, 이 디렉토리를 포함한 파일 시스템이 마운트 해제될 필요가 없다는 사실을 아는 이상, 데몬은 작업 디렉토리를 그 작업을 실행하는 장소나 설정 파일에 정의된 장소로 변경할 수 있다. 예를 들어, cron은 /var/spool/cron에 자신을 위치시킨다.

6. 데몬은 부모로부터 상속받은 모든 열린 파일 디스크립터를 닫는다(데몬은 상속된 특정한 열린 파일 디스크립터를 갖고 있을 필요가 있으며, 따라서 이 과정은 선택적이거나, 여러 다른 동작에 자유롭다). 이 동작은 여러 가지 이유로 인해 실행된다. 데몬은 제어 터미널을 잃고 백그라운드에서 실행되기 때문에, 열린 파일 디스크립터 0, 1, 2가 터미널을 가리키는 경우 이를 갖고 있을 필요가 없다. 더욱이, 오랫동안 유지되는 데몬이 열린 파일을 갖고 있는 파일 시스템을 마운트 해제할 수 없다. 그리고 파일 디스크립터는 유한 자원이기 때문에, 사용되지 않는 열린 파일 디스크립터는 종료해야만 한다.

> 일부 유닉스 구현(예: 솔라리스 9, 최근의 몇몇 BSD 릴리스)은 n보다 크거나 같은 모든 파일 디스크립터를 종료하는 closefrom(n)(혹은 유사한 형태)이라는 함수를 제공한다. 이 함수는 리눅스에서는 가용하지 않다.

7. 파일 디스크립터 0, 1, 2가 종료된 이후로, 데몬은 일반적으로 /dev/null을 열고, 그러한 디스크립터가 이 디바이스를 가리키도록 하기 위해 dup2()(혹은 유사한 형태)를 사용한다. 이는 다음과 같은 두 가지 이유로 실행된다.
   - 이 동작은 데몬이 이러한 디스크립터에서 I/O를 실행하는 라이브러리 함수를 호출하는 경우, 그러한 함수는 예상치 않게 실패하지는 않을 것임을 보장한다.
   - 데몬이 이후에 쓰기를 할 디스크립터 1 또는 2를 표준 출력과 표준 에러로 취급하도록 기대되는 라이브러리 함수가 쓸(따라서 손상될) 파일 디스크립터 1 또는 2를 사용해 파일을 열 가능성을 차단한다.

> /dev/null은 쓰여진 데이터를 항상 폐기하는 가상의 디바이스다. 셸 명령의 표준 출력이나 에러를 제거하길 원한다면, 출력을 이 파일로 보낼 수 있다. 이 디바이스를 읽으면 항상 파일의 끝(end-of-file)을 리턴한다.

이제 호출자를 데몬으로 변경하기 위해 위에서 기술된 단계를 실행하는 함수인 becomeDaemon()의 구현을 보여준다.

```
#include <syslog.h>

int becomeDaemon(int flags);
```

성공하면 0을 리턴하고, 에러가 발생하면 -1을 리턴한다.

becomeDaemon() 함수는 리스트 32-1의 프로그램 헤더 파일 주석에 나타난 것과 같이 호출자로 하여금 선택적으로 어떤 단계를 거치지 않을지 나타내는 비트 마스크 인자인 flags를 취한다.

**리스트 32-1** become_daemon.c의 헤더 파일

daemons/become_daemon.h

```
#ifndef BECOME_DAEMON_H             /* 이중으로 포함되는 것을 방지 */
#define BECOME_DAEMON_H
```

```
/* becomeDaemon() 'flags' 인자의 비트 마스크 */

#define BD_NO_CHDIR           01     /* chdir("/") 하지 않음 */
#define BD_NO_CLOSE_FILES     02     /* 모든 열린 파일을 종료하지 않음 */
#define BD_NO_REOPEN_STD_FDS  04     /* stdin, stdout, stderr을 /dev/null로
                                        다시 열지 않음 */
#define BD_NO_UMASK0         010     /* umask(0)을 하지 않음 */

#define BD_MAX_CLOSE  8192           /* sysconf(_SC_OPEN_MAX)가 미결정인 경우,
                                        종료할 최대 파일 디스크립터 */

int becomeDaemon(int flags);

#endif
```

becomeDaemon() 함수의 구현은 리스트 32-2에 나타난다.

> GNU C 라이브러리는 호출자를 데몬으로 변경하는 비표준 함수인 daemon()을 제공한다. glibc daemon() 함수는 becomeDaemon() 함수의 flags 인자와 동일한 인자를 갖지 않는다.

**리스트 32-2** 데몬 프로세스 생성

daemons/become_daemon.c

```
#include <sys/stat.h>
#include <fcntl.h>
#include "become_daemon.h"
#include "tlpi_hdr.h"

int                                     /* 성공 시 0, 에러 시 -1을 리턴 */
becomeDaemon(int flags)
{
    int maxfd, fd;

    switch (fork()) {                   /* 백그라운드 프로세스가 됨 */
    case -1: return -1;
    case 0: break;                      /* 자식은 계속 진행함... */
    default: _exit(EXIT_SUCCESS);       /* 부모는 종료함 */
    }

    if (setsid() == -1)                 /* 새로운 세션의 리더가 됨  */
        return -1;

    switch (fork()) {                   /* 세션 리더가 아님을 보장 */
    case -1: return -1;
```

```
    case 0: break;
    default: _exit(EXIT_SUCCESS);
    }

    if (!(flags & BD_NO_UMASK0))
        umask(0);                       /* 파일 모드 생성 마스크를 지움 */

    if (!(flags & BD_NO_CHDIR))
        chdir("/");                     /* 루트 디렉토리로 변경 */

    if (!(flags & BD_NO_CLOSE_FILES)) {/* 모든 열린 파일을 종료함 */
        maxfd = sysconf(_SC_OPEN_MAX);
        if (maxfd == -1)                /* 한도값을 알 수가 없어서... */
            maxfd = BD_MAX_CLOSE;       /* 큰 값으로 추측해본다. */

        for (fd = 0; fd < maxfd; fd++)
            close(fd);
    }

    if (!(flags & BD_NO_REOPEN_STD_FDS)) {
        close(STDIN_FILENO);            /* 표준 fd를 /dev/null로 다시 연다. */

        fd = open("/dev/null", O_RDWR);

        if (fd != STDIN_FILENO)         /* 'fd'는 0이어야만 함 */
            return -1;
        if (dup2(STDIN_FILENO, STDOUT_FILENO) != STDOUT_FILENO)
            return -1;
        if (dup2(STDIN_FILENO, STDERR_FILENO) != STDERR_FILENO)
            return -1;
    }

    return 0;
}
```

becomeDaemon(0) 호출을 하는 프로그램을 작성하고 잠시 동안 수면을 취한다면, 다음과 같이 결과 프로세스의 몇 가지 속성을 살펴보기 위해 ps(1)을 사용할 수 있다.

```
$ ./test_become_daemon
$ ps -C test_become_daemon -o "pid ppid pgid sid tty command"
  PID  PPID  PGID   SID TT       COMMAND
24731     1 24730 24730 ?        ./test_become_daemon
```

daemons/test_become_daemon.c의 소스 코드는 간단하기 때문에 책에서 보여주지 않지만, 이 책의 소스 코드 배포판에 제공된다.

ps의 출력에서 TT 제목하에 있는 ?는 프로세스가 제어 터미널을 갖고 있지 않음을 가리킨다. 프로세스 ID가 세션 ID(SID)와 동일하지 않다는 사실로부터, 프로세스가 세션의 리더가 아님을 확인할 수 있고, 따라서 그 프로세스가 제어 터미널을 연다면, 제어 터미널을 재획득하지 않을 것이다. 이는 데몬이 되기 위해서 이뤄져야만 한다.

## 32.3 데몬 작성의 지침서

앞서 언급했듯이 데몬은 일반적으로 시스템이 종료될 때 함께 종료된다. 많은 표준 데몬의 경우는 시스템이 종료하는 동안 실행되는 개별 응용 프로그램의 스크립트에 의해 중지된다. 이러한 방식으로 종료되지 않는 데몬은 init 프로세스가 시스템 종료 동안에 모든 자식에게 전송하는 SIGTERM 시그널을 받게 된다. 기본 설정상 SIGTERM은 프로세스를 종료시킨다. 데몬이 종료하기 전에 자원 해제를 수행할 필요가 있는 경우, 이 시그널에 대한 핸들러를 만들 수 있다. init는 SIGTERM 시그널을 전달하고 5초 후에 SIGKILL 시그널을 전송하기 때문에, 핸들러는 그러한 자원 해제를 빠르게 실행하도록 설계돼야만 한다(이는 데몬이 CPU를 5초간 사용할 수 있다는 뜻은 아니다. 즉 init는 시스템의 모든 프로세스에 동시적으로 시그널을 전달하고, 시그널을 수신한 프로세스는 5초 내에 자원 해제를 하려고 시도할 것이다).

데몬은 오랫동안 유지되기 때문에, 특히 가능한 메모리 누수(7.1.3절 참조)와 파일 디스크립터 누수(응용 프로그램이 열어둔 파일 디스크립터를 미처 다 닫지 못한 경우)를 경계해야 한다. 이러한 버그가 데몬에 영향을 미치면, 유일한 치료 방법은 데몬을 종료하고, (버그를 수정한 다음에) 재시작하는 것이다.

데몬은 한 번에 하나의 인스턴스만이 활성화될 수 있음을 보장할 필요가 있다. 예를 들어, 스케줄링된 작업을 실행하기 위해 2개의 cron 데몬을 갖는 건 말이 안 된다. Vol. 2의 18.6절에서 이러한 동작을 실행하는 방법을 살펴본다.

## 32.4 데몬을 다시 초기화하기 위해 SIGHUP 사용

많은 데몬이 계속적으로 실행해야 한다는 사실은 다음과 같은 프로그래밍 난관에 봉착하게 한다.

- 일반적으로 데몬은 시작 시 관련된 설정 파일로부터 동작 인자(파라미터)를 읽어들인다. 종종 데몬을 중지하고, 재시작하지 않은 채 이러한 인자를 '즉각적으로' 변경할 수 있도록 요구된다.

- 몇몇 데몬은 로그 파일을 생성한다. 데몬이 로그 파일을 닫지 않는다면, 끝없이 크기가 증가할 것이고, 결국에는 파일 시스템이 느려질 것이다(18.3절에서 파일의 마지막 이름을 제거한다고 하더라도, 어떠한 프로세스가 그 파일을 열어둔 이상 계속해서 존재한다는 사실을 언급했다). 여기서 수행해야 하는 동작은 데몬이 로그 파일을 닫고, 새로운 파일을 열도록 알림으로써, 요구대로 로그 파일을 교체할 수 있다.

이러한 두 가지 문제점의 해결 방법은 데몬으로 하여금 SIGHUP에 대한 핸들러를 만들고, 이 시그널을 수신한 경우에 적절한 작업을 수행하게 하는 것이다. 29.4절에서 SIGHUP은 제어 터미널의 접속 단절disconnection 시에 제어 프로세스를 위해 생성된다는 사실을 언급했다. 데몬은 제어 터미널이 없기 때문에, 커널은 데몬을 위해 이러한 시그널을 생성하지 않는다. 따라서 데몬은 여기서 기술된 목적으로 SIGHUP을 사용할 수 있다.

> logrotate 프로그램이 데몬 로그 파일의 순환을 자동화하기 위해 사용될 수 있다. 자세한 사항은 logrotate(8) 매뉴얼을 참조하기 바란다.

리스트 32-3은 데몬이 어떻게 SIGHUP을 사용할 수 있는지 그 예를 보여준다. 이 프로그램은 SIGHUP의 핸들러를 만들고②, 데몬이 되며③, 로그 파일을 열고④, 설정 파일을 읽어들인다⑤. SIGHUP 핸들러①는 단지 주 프로그램이 검사하는 전역 플래그 변수인 hupReceived를 설정한다. 주 프로그램은 루프에 있으며, 15초마다 로그 파일에 메시지를 출력한다⑧. 이 루프에서 sleep() 호출⑥은 실제 응용 프로그램이 실행하는 처리와 동일한 동작을 모방하기 위한 것이다. 이 루프에서 sleep()으로부터의 각 리턴 이후에, 프로그램은 hupReceived가 설정됐는지 여부를 검사한다⑦. 만약 설정됐다면, 로그 파일을 다시 열고, 설정 파일을 다시 읽으며, hupReceived 플래그를 지운다.

간결성을 위해 logOpen(), logClose(), logMessage(), readConfigFile() 함수는 리스트 32-3에서 생략됐지만, 이 책의 소스 코드 배포판에는 제공된다. 처음 3개의 함수는 이름에서 기대되는 동작을 실행한다. readConfigFile() 함수는 단지 설정 파일에서 한 줄을 읽고, 로그 파일로 복사한다.

> 일부 데몬은 SIGHUP의 수신 시에 재시작하기 위해 다른 방법을 사용한다. 즉 모든 파일을 닫고, exec()를 이용해 자기 자신을 재시작한다.

다음은 리스트 32-3 프로그램의 실행 예다. 더미 설정 파일을 만들고, 데몬을 실행함으로써 시작한다.

```
$ echo START > /tmp/ds.conf
$ ./daemon_SIGHUP
$ cat /tmp/ds.log                                    로그 파일 확인
2011-01-17 11:18:34: Opened log file
2011-01-17 11:18:34: Read config file: START
```

이제 설정 파일을 수정하고, 데몬에 SIGHUP을 전송하기 전에 로그 파일의 이름을 변경한다.

```
$ echo CHANGED > /tmp/ds.conf
$ date +'%F %X'; mv /tmp/ds.log /tmp/old_ds.log
2011-01-17 11:19:03 AM
$ date +'%F %X'; killall -HUP daemon_SIGHUP
2011-01-17 11:19:23 AM
$ ls /tmp/*ds.log                                    로그 파일이 다시 열림
/tmp/ds.log /tmp/old_ds.log
$ cat /tmp/old_ds.log                                오래된 로그 파일을 확인
2011-01-17 11:18:34: Opened log file
2011-01-17 11:18:34: Read config file: START
2011-01-17 11:18:49: Main: 1
2011-01-17 11:19:04: Main: 2
2011-01-17 11:19:19: Main: 3
2011-01-17 11:19:23: Closing log file
```

ls의 결과는 오래된 파일과 새로운 파일 모두를 갖고 있음을 확인시켜준다. 오래된 로그 파일의 내용을 보기 위해 cat을 사용할 경우, mv 명령이 파일의 이름을 변경하기 위해 사용된 이후에조차도, 데몬은 계속해서 메시지를 기록한다는 사실을 알 수 있다. 이 시점에서 오래된 로그 파일이 더 이상 필요하지 않다면 지울 수 있다. 새로운 로그 파일을 볼 때, 설정 파일이 다시 읽혔음을 확인한다.

```
$ cat /tmp/ds.log
2011-01-17 11:19:23: Opened log file
2011-01-17 11:19:23: Read config file: CHANGED
2011-01-17 11:19:34: Main: 4
$ killall daemon_SIGHUP                              데몬을 종료
```

데몬의 로그와 설정 파일은 일반적으로 리스트 32-3의 프로그램에 나타난 것과 같이 /tmp 디렉토리가 아닌 표준 디렉토리에 위치한다는 사실을 알아두자. 규칙에 의해 로그 파일은 종종 /var/log에 위치하는 반면에, 설정 파일은 /etc나 /etc의 하부 디렉토리 중 하나에 위치한다. 데몬 프로그램은 기본 설정 외의 대체 장소를 명시하기 위해 명령행 옵션을 제공한다.

**리스트 32-3** 데몬을 재시작하기 위해 SIGHUP 사용

daemons/daemon_SIGHUP.c

```
#include <sys/stat.h>
#include <signal.h>
#include "become_daemon.h"
#include "tlpi_hdr.h"

static const char *LOG_FILE = "/tmp/ds.log";
static const char *CONFIG_FILE = "/tmp/ds.conf";

/* logMessage(), logOpen(), logClose(),
   readConfigFile()의 정의는 이 리스트에서 생략됨 */

static volatile sig_atomic_t hupReceived = 0;
                                        /* SIGHUP의 수신 시에 0이 아닌 값으로 설정 */

static void
sighupHandler(int sig)
{
①   hupReceived = 1;
}

int
main(int argc, char *argv[])
{
    const int SLEEP_TIME = 15;          /* 메시지 사이의 수면 시간 */
    int count = 0;                      /* 완료된 SLEEP_TIME 구간의 수 */
    int unslept;                        /* 수면 구간에 남은 시간 */
    struct sigaction sa;

    sigemptyset(&sa.sa_mask);
    sa.sa_flags = SA_RESTART;
    sa.sa_handler = sighupHandler;
②   if (sigaction(SIGHUP, &sa, NULL) == -1)
        errExit("sigaction");

③   if (becomeDaemon(0) == -1)
        errExit("becomeDaemon");

④   logOpen(LOG_FILE);
⑤   readConfigFile(CONFIG_FILE);

    unslept = SLEEP_TIME;

    for (;;) {
⑥       unslept = sleep(unslept);       /* 인터럽트된 경우 0보다 큰 값을 리턴 */

⑦       if (hupReceived) {              /* SIGHUP을 수신한 경우... */
```

```
            logClose();
            logOpen(LOG_FILE);
            readConfigFile(CONFIG_FILE);
            hupReceived = 0;            /* 다음 SIGHUP을 위해 준비 */
        }

        if (unslept == 0) {             /* 완료된 구간에서 */
            count++;
⑧       logMessage("Main: %d", count);
            unslept = SLEEP_TIME;       /* 구간을 재설정 */
        }
    }
}
```

## 32.5 syslog를 사용한 메시지와 에러 기록

데몬을 작성할 때 맞닥뜨릴 한 가지 문제는 에러 메시지를 출력하는 방법이다. 데몬은 백그라운드에서 실행되기 때문에, 일반적인 프로그램에서처럼 관련된 터미널에 메시지를 출력할 수 없다. 한 가지 가능한 대체 방법은 리스트 32-3의 프로그램처럼 응용 프로그램에 기반한 로그 파일에 메시지를 쓰는 것이다. 이러한 방법의 주요 문제는 시스템 관리자가 여러 응용 프로그램 로그 파일을 관리하고, 에러 메시지를 위해 모두 감시하기가 어렵다는 점이다. syslog 기능은 이러한 문제를 다루고자 고안됐다.

### 32.5.1 개요

syslog는 시스템의 모든 응용 프로그램에 의한 메시지를 기록하는 데 사용될 수 있는 유일한 중앙집중식의 로깅logging 기능을 제공한다. 이 기능의 개요는 그림 32-1에 나타나 있다.

syslog 기능은 두 가지 주된 컴포넌트인 syslogd 데몬과 syslog(3) 라이브러리 함수를 갖는다.

시스템 로그System Log 데몬인 syslogd는 2개의 소스로부터 로그 메시지를 수용한다. 즉 지역적으로 생성된 메시지를 갖는 /dev/log의 유닉스 도메인 소켓과, (활성화된 경우) TCP/IP 네트워크를 통해 전달되는 메시지를 갖는 인터넷 도메인 소켓(UDP 포트 514)이 해당된다(일부 유닉스 구현에서는 syslog 소켓이 /var/run/log에 위치한다).

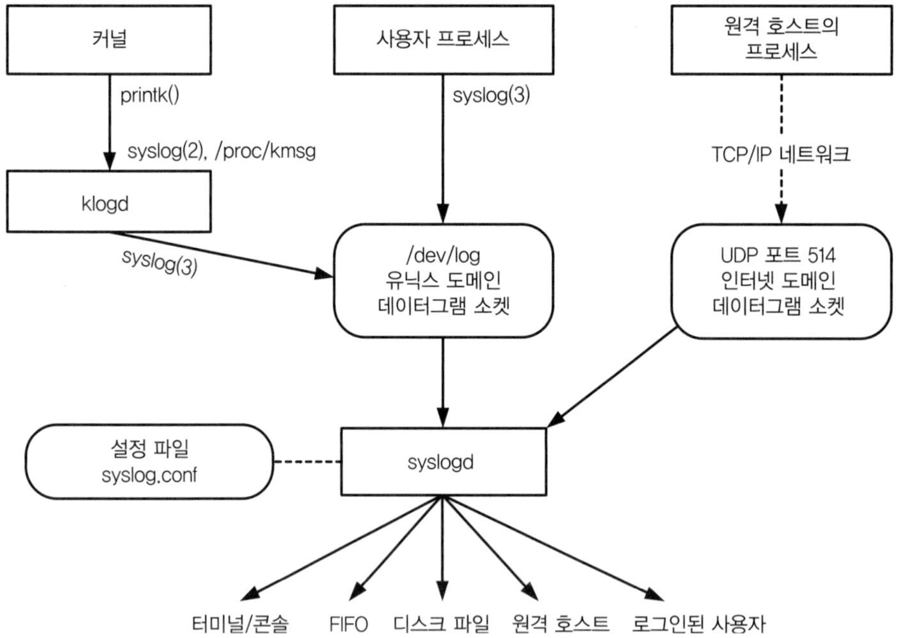


**그림 32-1** 시스템 로깅의 개요

syslogd에 의해 처리되는 각 메시지는 메시지를 생성하는 프로그램의 종류를 명시하는 `facility`와 메시지의 심각성(우선순위)을 나타내는 `level`을 포함한 몇 가지 속성을 갖는다. syslogd 데몬은 각 메시지의 `facility`와 `level`을 검사하고, 관련된 설정 파일인 /etc/syslog.conf의 규칙에 따라서 몇 가지 가능한 목적지 중의 하나로 전달한다. 가능한 목적지는 터미널이나 가상 콘솔, 디스크 파일, FIFO, 한 명 혹은 여러 명(또는 모두)의 로그인된 사용자, TCP/IP 네트워크를 통해 연결된 타 시스템의 프로세스(일반적으로 다른 syslogd 데몬)를 포함한다(다른 시스템의 프로세스로 메시지를 전달하는 것은 여러 시스템의 메시지를 하나의 장소로 통합함으로써 관리자 오버헤드를 줄이는 데 유용하다). 하나의 메시지가 여러 목적지로 전달되거나(아무 곳에도 전달되지 않음), `facility`와 `level`의 다른 조합을 가진 메시지가 다른 목적지나 다른 목적지의 인스턴스(즉 다른 콘솔과 다른 디스크 파일 등)로 보내질 수 있다.

> TCP/IP 네트워크를 통해 다른 시스템으로 syslog 메시지를 전달하는 것은 시스템 침입을 검출하는 데 도움이 될 수 있다. 침입은 보통 시스템 로그에 흔적을 남기지만, 공격자(attacker)는 보통 로그 기록을 지움으로써 활동 내역을 숨기려고 한다. 원격 로깅(remote logging)을 사용하면 공격자는 로그 내용을 지우기 위해 다른 시스템에 침입해야 할 것이다.

syslog(3) 라이브러리 함수는 메시지를 남기려고 하는 어떤 프로세스든 사용할 수 있다. 곧 자세히 기술할 이 함수는 표준 포맷으로 메시지를 만들고, syslogd가 읽도록 /dev/log 소켓에 위치시키기 위해 제공된 인자를 사용한다.

/dev/log에 위치한 메시지의 대안 소스는 (printk() 함수를 사용해 커널이 생성하는) 커널 로그 메시지를 수집하는 커널 로그Kernel Log 데몬인 klogd다. 이 메시지는 두 가지의 동일한 리눅스 고유 인터페이스인 /proc/kmsg 파일과 syslog(2) 시스템 호출 중 하나를 사용해 수집되며, syslog(3) 라이브러리 함수를 사용해 /dev/log에 위치된다.

> syslog(2)와 syslog(3)은 동일한 이름을 공유하지만, 상당히 다른 작업을 실행한다. syslog(2)의 인터페이스는 klogctl()의 이름으로 glibc에 제공된다. 따로 명확히 명시되지 않은 경우, 이 절에서 syslog()를 가리킬 때는 syslog(3)을 의미한다.

syslog 기능은 원래 4.2BSD에 나타났지만, 현재는 대부분의 유닉스 구현에서 제공된다. SUSv3는 syslog(3)과 관련된 함수를 표준화해왔지만, syslogd의 구현과 오퍼레이션뿐만 아니라 syslog.conf 파일의 포맷도 명시하지 않은 채로 남겨뒀다. syslogd의 리눅스 구현은 syslog.conf에 명시될 수 있는 메시지 처리 규칙의 몇 가지 확장을 허용하는지에 있어서 원래 BSD 기능과 다르다.

## 32.5.2 syslog API

syslog API는 다음과 같은 세 가지 주요 함수로 구성된다.

- openlog() 함수는 syslog()의 차후 호출에 적용하는 기본 설정을 만든다. openlog()의 사용은 선택적이다. 사용되지 않을 경우, 로깅 기능logging facility과의 연결은 syslog()의 첫 번째 호출 시에 기본 설정으로 만들어진다.
- syslog() 함수는 메시지를 기록한다.
- closelog() 함수는 로그와의 연결을 끊기 위해 메시지 기록을 마친 후에 호출된다.

이 함수 중의 어떤 것도 상태값을 리턴하지 않는다. 부분적으로 시스템 로깅system logging은 항상 가용해야 하기 때문이다(그렇지 않을 경우, 시스템 관리자는 곧 알아차릴 공산이 크다). 더욱이 시스템 로깅과 관련된 에러가 발생한다면, 응용 프로그램이 에러 사실을 보고할 가능성은 일반적으로 거의 없다.

> GNU C 라이브러리는 함수 void vsyslog(int priority, const char *format, va_list args)도 제공한다. 이 함수는 syslog()와 동일한 동작을 실행하지만, stdarg(3) API에서 이전에 처리되던 인자 목록을 취한다(따라서 vsyslog()와 syslog()의 관계는 vprintf()와 printf()의 관계와 동일하다). SUSv3는 vsyslog()를 명시하지 않으며, 이 함수는 모든 유닉스 구현에 가용하진 않다.

### 시스템 로그에 연결 설정

openlog() 함수는 선택적으로 시스템 로그 기능에 연결을 설정하고, 차후의 syslog() 호출에 적용할 기본 설정을 만든다.

```
#include <syslog.h>

void openlog(const char *ident, int log_options, int facility);
```

ident 인자는 syslog()가 작성하는 각 메시지에 포함된 문자열의 포인터다. 일반적으로 프로그램 이름이 이 인자에 명시된다. openlog()는 단지 이 포인터의 값을 복사한다는 사실을 알아두자. syslog() 호출을 계속하는 한, 응용 프로그램은 참조된 문자열이 이후에 변경되지 않았음을 보장해야 한다.

> ident가 NULL로 명시된 경우, 다른 몇몇 구현과 마찬가지로 glibc syslog 구현도 자동적으로 프로그램 이름을 ident 값으로 사용한다. 그러나 이 기능은 SUSv3에서는 요구되지 않고, 일부 구현에서는 제공되지 않는다. 이식성 있는 응용 프로그램은 이 기능에 의존해선 안 된다.

openlog()의 log_options 인자는 다음 상수들을 OR(|) 연산함으로써 생성된 비트 마스크다.

- LOG_CONS: 시스템 로거system logger로 전달되는 에러가 있다면, 시스템 콘솔(/dev/console)로 메시지를 쓴다.
- LOG_NDELAY: 즉시 로깅 시스템에 연결(즉 하부 유닉스 도메인 소켓인 /dev/log)을 연다. 기본값으로(LOG_ODELAY), 연결은 첫 번째 메시지가 syslog()를 사용해 기록된 경우에만 열린다. O_NDELAY 플래그는 /dev/log의 파일 디스크립터가 할당된 경우 정밀하게 제어할 필요가 있는 프로그램에 유용하다. 그러한 요구사항의 한 가지

예는 chroot()를 호출하는 프로그램에 있다. chroot() 호출 이후에 /dev/log 경로명은 더 이상 가시적이지 않고, 따라서 LOG_NDELAY를 명시하는 openlog() 호출은 chroot() 이전에 실행돼야만 한다. tftpdTrivial File Transfer 데몬은 이러한 목적으로 LOG_NDELAY를 사용하는 프로그램의 예다.

- LOG_NOWAIT: 메시지를 기록하기 위해 생성됐을지도 모르는 어떠한 자식 프로세스도 wait()하지 않는다. 메시지를 기록하기 위해 자식 프로세스를 생성하는 구현에서 호출자가 자식을 생성하고 기다리고 있기 때문에, syslog()는 이미 호출자가 거둔 자식을 기다리는 시도를 하지 않는 경우에 LOG_NOWAIT가 필요하다. 리눅스에서는 메시지를 기록할 때 어떠한 자식 프로세스도 생성되지 않기 때문에 LOG_NOWAIT는 아무런 효과가 없다.
- LOG_ODELAY: 이 플래그는 LOG_NDELAY의 반대다. 즉 로깅 시스템의 연결은 첫 번째 메시지가 기록될 때까지 지연된다. 이는 기본 기능이며, 명시될 필요는 없다.
- LOG_PERROR: 메시지를 표준 에러뿐만 아니라 시스템 로그에도 쓴다. 일반적으로 데몬 프로세스는 표준 에러를 종료하거나 /dev/null로 다시 보내며, 이러한 경우에 LOG_PERROR는 소용이 없다.
- LOG_PID: 각 메시지와 함께 호출자의 프로세스 ID를 기록한다. 여러 자식을 생성한 서버에서 LOG_PID를 사용하는 것은 어떤 프로세스가 특정 메시지를 기록했는지 구분하도록 허용한다.

여러(하지만 모두는 아닌) 유닉스 구현에서 나타나는, LOG_PERROR를 제외한 위의 모든 상수는 SUSv3에 명시된다.

openlog()의 facility 인자는 syslog()의 차후 호출에 사용될 기본 facility를 명시한다. 이 인자에 가능한 값은 표 32-1에 나열된다.

표 32-1의 facility 값 대부분은 표의 SUSv3 열에 나타낸 것과 같이 SUSv3에 나타난다. 예외는 일부 유닉스 구현에만 나타나는 LOG_AUTHPRIV, LOG_FTP와 대부분의 구현에 나타나는 LOG_SYSLOG다. LOG_AUTHPRIV 값은 암호를 포함하는 메시지나 그 밖의 민감한 정보를 LOG_AUTH가 아닌 다른 장소에 기록하는 데 유용하다.

LOG_KERN facility 값은 커널 메시지를 위해 사용된다. 이러한 기능의 로그 메시지는 사용자 공간 프로그램으로부터 생성될 수 없다. LOG_KERN 상수의 값은 0이다. 이 상수가 syslog() 호출에 사용될 경우, 0은 '기본 레벨 사용'으로 해석된다.

표 32-1 openlog()를 위한 facility 값과 syslog()의 priority 인자

| 값 | 설명 | SUSv3 |
|---|---|---|
| LOG_AUTH | 보안과 인증 메시지(예: su) | • |
| LOG_AUTHPRIV | 비공개의 보안과 인증 메시지 | |
| LOG_CRON | cron과 at 데몬의 메시지 | • |
| LOG_DAEMON | 타 시스템 데몬의 메시지 | • |
| LOG_FTP | ftp 데몬(ftpd)의 메시지 | |
| LOG_KERN | 커널 메시지(사용자 프로세스가 실행할 수 없음) | • |
| LOG_LOCAL0 | 지역 사용으로 예약(LOG_LOCAL1에서 LOG_LOCAL7까지) | • |
| LOG_LPR | 라인 프린터 시스템(lpr, lpd, lpc)의 메시지 | • |
| LOG_MAIL | 메일 시스템의 메시지 | • |
| LOG_NEWS | 유즈넷(Usenet) 네트워크 뉴스와 관련된 메시지 | • |
| LOG_SYSLOG | syslogd 데몬의 내부 메시지 | |
| LOG_USER | 사용자 프로세스가 생성한 메시지(기본 설정) | • |
| LOG_UUCP | UUCP 시스템의 메시지 | • |

### 메시지 기록

로그 메시지를 기록하기 위해 syslog()를 호출한다.

```
#include <syslog.h>

void syslog(int priority, const char *format, ...);
```

priority 인자는 facility 값과 level 값을 함께 OR(|) 연산함으로써 생성된다. facility는 메시지를 기록하는 응용 프로그램의 일반적인 분류를 나타내며, 표 32-1에 나열된 값 중의 하나로 명시된다. 이 값이 생략된 경우, facility의 기본값은 이전의 openlog() 호출 시에 명시된 값이나 openlog()가 호출되지 않은 경우 LOG_USER가 된다. level 값은 메시지의 심각성을 나타내며, 표 32-2의 값 중 하나로 명시된다. 이 표에 나열된 모든 level 값은 SUSv3에 나타난다.

**표 32-2** syslog()의 priority 인자를 위한 level 값(높은 심각성에서 낮은 심각성 순서)

| 값 | 설명 |
|---|---|
| LOG_EMERG | 응급 또는 돌발 상황(panic) 상태(시스템이 불안정) |
| LOG_ALERT | 즉각적인 동작이 요구되는 상태(예: 시스템 데이터베이스 손상) |
| LOG_CRIT | 심각한 상태(예: 디스크 디바이스 에러) |
| LOG_ERR | 일반 에러 상태 |
| LOG_WARNING | 경고 메시지 |
| LOG_NOTICE | 특별한 처리를 요구하는 일반적인 상태 |
| LOG_INFO | 정보 메시지 |
| LOG_DEBUG | 디버깅 메시지 |

syslog()의 나머지 인자는 포맷 문자열과 printf() 방식의 해당되는 인자다. printf()와 다른 한 가지는 포맷 문자열은 줄바꿈 문자를 포함할 필요가 없다는 점이다. 또한 포맷 문자열은 errno의 현재값에 해당하는 에러 문자열(즉 strerror(errno)와 동일)로 대체되는 2문자열인 %m을 포함한다.

다음 코드는 openlog()와 syslog()의 사용법을 나타낸다.

```
openlog(argv[0], LOG_PID | LOG_CONS | LOG_NOWAIT, LOG_LOCALO);
syslog(LOG_ERR, "Bad argument: %s", argv[1]);
syslog(LOG_USER | LOG_INFO, "Exiting");
```

아무런 facility도 첫 번째 syslog() 호출에 명시되지 않았기 때문에, openlog()에 명시된 기본값(LOG_LOCALO)이 사용된다. 두 번째 syslog() 호출에서 명확하게 LOG_USER를 나타낸 것은 openlog()가 만든 기본값을 덮어쓴다.

> 셸에서 시스템 로그에 엔트리를 추가하기 위해 logger(1)을 사용할 수 있다. 이 명령은 level(priority)와 ident(tag)의 세부사항이 기록된 메시지와 관련되게 한다. 더욱 자세한 내용은 logger(1) 매뉴얼 페이지를 참조하기 바란다. logger 명령은 SUSv3에 (약하게) 명시되며, 이 명령의 버전은 대부분의 유닉스 구현에 제공된다.

다음 방식으로 사용자가 제공하는 문자열을 쓰는 syslog()의 사용은 에러다.

```
syslog(priority, user_supplied_string);
```

이 코드의 문제는 소위 말하는 **포맷 문자열 공격**format string attack의 가능성을 열어둔다는 점이다. 사용자 제공 문자열이 형식 지정자(예: %s)를 포함한다면 결과는 예측 불가능하고, 보안 측면에서는 잠재적으로 위험하다(이런 현상은 전통적인 printf() 함수의 사용에도 적용된다). 대신에 위의 호출을 다음과 같은 형식으로 재작성해야만 한다.

```
syslog(priority, "%s", user_supplied_string);
```

### 로그 종료

기록을 종료할 때, /dev/log 소켓이 사용하는 파일 디스크립터를 해제하기 위해 closelog()를 호출할 수 있다.

```
#include <syslog.h>

void closelog(void);
```

데몬은 일반적으로 시스템 로그에 열린 연결을 지속적으로 유지하기 때문에, closelog() 호출을 생략하는 일은 흔하다.

### 로그 메시지 필터링

setlogmask() 함수는 syslog()가 작성한 메시지를 필터링하는 마스크를 설정한다.

```
#include <syslog.h>

int setlogmask(int mask_priority);
                                   이전의 로그 우선순위 마스크를 리턴한다.
```

level이 현재 마스크 설정에 포함되지 않은 모든 메시지는 버려진다. 기본 마스크 값은 모든 심각성 레벨이 기록되게 한다.

(<syslog.h>에 정의된) LOG_MASK() 매크로는 표 32-2의 level 값을 setlogmask()에 전달하기에 적절한 비트값으로 변환한다. 예를 들어, LOG_ERR과 그 이상의 우선순위를 가진 메시지를 제외한 모든 메시지를 버리기 위해 다음과 같은 호출을 할 수 있다.

```
setlogmask(LOG_MASK(LOG_EMERG) | LOG_MASK(LOG_ALERT) |
           LOG_MASK(LOG_CRIT) | LOG_MASK(LOG_ERR));
```

LOG_MASK() 매크로는 SUSv3에 명시되어 있다. (리눅스를 포함한) 대부분의 유닉스 구현도 특정 level과 그 이상의 값을 갖는 모든 메시지를 필터링하는 비트 마스크를 생성하는 표준화되지 않은 LOG_UPTO() 매크로를 제공한다. 이 매크로를 사용하면, 다음과 같이 setlogmask() 호출을 단순화할 수 있다.

```
setlogmask(LOG_UPTO(LOG_ERR));
```

### 32.5.3 /etc/syslog.conf 파일

/etc/syslog.conf 설정 파일은 syslogd 데몬의 오퍼레이션을 제어한다. 이 파일은 규칙과 (# 문자로 시작하는) 주석으로 구성된다. 규칙의 형태는 다음과 같다.

```
facility.level          action
```

facility와 level은 함께 규칙이 어느 메시지에 적용될지 선택하기 때문에 선택자selector라고 한다. 이 필드는 표 32-1과 표 32-2에 나열된 값과 동일한 문자열이다. action은 선택자와 일치하는 메시지를 전달할 곳을 명시한다. 공백white space이 선택자와 규칙의 action 부분을 분리한다. 다음은 규칙의 예를 나타낸다.

```
*.err                           /dev/tty10
auth.notice                     root
*.debug;mail.none;news.none     -/var/log/messages
```

첫 번째 규칙은 err(LOG_ERR)의 level이나 그 이상을 갖는 모든 응용 프로그램(*)의 메시지는 /dev/tty10 콘솔 디바이스로 전달돼야만 한다고 명시한다. 두 번째 규칙은 notice(LOG_NOTICE)의 level이나 그 이상의 값을 갖는 인증 관련 응용 프로그램(LOG_AUTH)은 root가 로그인된 모든 콘솔과 터미널로 전달돼야만 한다고 명시한다. 예를 들어, 이러한 특별한 규칙은 로그인된 사용자로 하여금 즉시 실패한 su 시도에 대해 메시지를 보도록 허용한다.

마지막 규칙은 규칙 문법의 고급 기능을 설명한다. 규칙은 세미콜론으로 분리된 여러 개의 선택자를 가질 수 있다. 첫 번째 선택자는 facility에 와일드카드인 *와 debug 레벨(가장 낮은 레벨)과 그 레벨 이상의 모든 메시지를 의미하는 level의 debug를 사용해 모든 메시지를 명시한다(일부 유닉스 구현과 마찬가지로 리눅스에서도 debug와 동일한 의미로 level을 *로 명시할 수 있다. 그러나 이러한 기능은 모든 syslog 구현에 가용하진 않다). 일반적으로 여러 선택자를 가진 규칙은 정의된 선택자 중 하나라도 해당되면 일치하지만, level을 none으로 명시하면 해당 facility에 소속된 모든 메시지를 제외시키는 효과를 낸다. 따라서 이러한 규칙은 mail과 news 응용 프로그램의 메시지를 제외한 모든 메시지를 /var/log/messages 파일로 보낸다. 파일 이름 앞의 하이픈(-)은 파일에 각 쓰기마다 디스크 동기화를 하진 않는다는 사실을 나타낸다(13.3절 참조). 이는 쓰기는 더욱 빠르지만, 쓰기 이후에 즉시 시스템이 손상된다면 데이터가 소실됨을 의미한다.

syslog.conf 파일을 변경할 때마다 데몬에게 일반적인 방법으로 이 파일을 가지고 재시작하도록 요청해야만 한다.

```
$ killall -HUP syslogd                syslogd에 SIGHUP 전송
```

> syslog.conf 문법의 더 많은 기능은 지금까지 보인 것보다 더 많은 규칙을 허용한다. 전체 세부사항은 syslog.conf(5) 매뉴얼 페이지에 제공된다.

## 32.6 정리

데몬은 제어 터미널을 갖지 않고(즉 백그라운드에서 동작하는) 오랫동안 지속되는 프로세스다. 데몬은 네트워크 로그인 기능이나 웹페이지를 서비스하는 등의 특정 작업을 수행한다. 데몬이 되기 위해 프로그램은 fork()와 setsid() 호출을 포함하는 표준 절차를 실행한다.

적절한 곳에서 데몬은 SIGTERM과 SIGHUP 시그널의 전달을 바르게 처리해야만 한다. SIGTERM 시그널은 데몬이 순차적으로 종료하게 해야 하는 반면에, SIGHUP 시그널은 데몬으로 하여금 설정 파일을 다시 읽어들이고, 사용 중이던 로그 파일을 다시 열게 함으로써 재시작하도록 유도하는 방법을 제공한다.

syslog 기능은 데몬(그리고 기타 응용 프로그램)이 중앙집중된 장소에 에러와 기타 메시지를 기록하는 데 편리한 방법을 제공한다. 이 메시지는 syslogd 데몬이 처리하며, 이는 syslogd.conf 설정 파일의 설정에 따라 메시지를 재분배한다. 메시지는 터미널과 디스크 파일, 로그인된 사용자와 TCP/IP 네트워크를 통한 원격 호스트의 다른 프로세스(일반적으로 다른 syslogd 데몬)를 포함하는 여러 목적지로 재분배할 것이다.

### 더 읽을거리

데몬을 작성하는 방법이 나와 있는 최고의 자료는 현존하는 여러 데몬의 소스 코드다.

## 32.7 연습문제

**32-1.** 임의의 메시지를 시스템 로그 파일에 쓰기 위해 syslog(3)을 사용하는 (logger(1)과 유사한) 프로그램을 작성하라. 기록될 메시지를 포함하는 하나의 명령행 인자를 수용하는 것뿐만 아니라, 프로그램은 메시지의 level을 명시하는 옵션을 허용해야만 한다.

# 33

# 안전한 특권 프로그램 작성

특권 프로그램은 일반 사용자에게는 가용하지 않은 기능과 자원(파일과 디바이스 등)에 대한 접근권을 갖는다. 프로그램은 다음과 같은 두 가지 방법을 사용해 특권을 가지고 실행할 수 있다.

- 프로그램은 특권 사용자 ID하에서 시작할 수 있다. 일반적으로 root로 실행되는 많은 데몬과 네트워크 서버가 이 범주에 속한다.
- 프로그램이 set-user-ID나 set-group-ID 권한 비트 설정을 갖는다. set-user-ID(set-group-ID) 프로그램이 실행될 때, 이 프로그램은 프로세스의 유효 사용자(그룹) ID를 프로그램 파일의 소유자(그룹)와 동일하게 변경한다(9.3절에서 set-user-ID와 set-group-ID 프로그램에 대해 기술했다). 이 장에서는 가끔 슈퍼유저 권한을 프로세스에게 주는 set-user-ID 프로그램을, 프로세스에게 다른 유효 신분을 부여하는 set-user-ID 프로그램과 구분하기 위해 set-user-ID-root라는 용어를 사용한다.

특권 프로그램에 버그가 있거나, 악의적인 사용자에 의해 공격받을 수 있다면, 시스템이나 응용 프로그램의 보안은 위태로워질 수 있다. 보안의 관점에서 프로그램을 작성해야 하고, 따라서 보안 위협이나 그로 인해 발생할 수 있는 손상을 최소화해야 한다. 안전한 프로그래밍을 위해 추천되는 관행을 알아보고, 특권 프로그램을 작성할 때 피해야 하는 여러 가지 위험요소를 설명하는 것이 33장의 주제다.

## 33.1 set-user-ID나 set-group-ID 프로그램이 필요한가?

set-user-ID와 set-group-ID 프로그램을 고려한 가장 중요한 조언은 가능한 한 그러한 프로그램 작성을 피하라는 것이다. 프로그램에 특권을 주지 않고 작업을 실행하는 다른 방법이 있다면, 그 방법은 보안 위협의 가능성을 제거하기 때문에 채택해야만 한다.

어떤 경우에는 특권을 요구하는 기능을 하나의 작업을 실행하는 분리된 프로그램으로 격리하고, 요구 시에 자식 프로세스에서 해당 프로그램을 실행할 수 있다. 이 기법은 라이브러리에 특히 유용할 수 있다. Vol. 2의 27.2.2절에서 기술한 pt_chown 프로그램이 그런 예를 보여준다.

set-user-ID나 set-group-ID가 필요한 경우라도 set-user-ID 프로그램이 프로세스에 항상 root 자격을 주어야 하는 건 아니다. 프로세스에 다른 자격을 주어도 충분하다면, root 권한으로 실행하는 것 자체가 보안 위협의 문을 열 수 있으므로 이 옵션이 선호돼야 한다.

사용자로 하여금 쓰기 권한이 없는 파일을 갱신하도록 허용할 필요가 있는 set-user-ID 프로그램을 고려해보자. 이를 수행하는 더욱 안전한 방법은 이 프로그램에 대해 전용 그룹 계정(그룹 ID)을 생성하고, 해당 파일의 그룹 소유권을 그 그룹으로 변경한 다음(그리고 파일을 해당 그룹에 의해 쓰기 가능하도록 만듦), 프로세스의 유효 그룹 ID를 전용의 그룹 ID로 설정하는 set-group-ID 프로그램을 작성하는 것이다. 전용의 그룹 ID는 따로 특권이 없기 때문에, 이는 프로그램에 버그가 있거나 공격받는 경우에 발생할 수 있는 손상을 상당히 제한한다.

## 33.2 최소 특권으로 운영하기

set-user-ID(또는 set-group-ID) 프로그램은 일반적으로 특정 오퍼레이션을 실행하기 위해서만 특권을 요구한다. (특히 슈퍼유저 권한을 가정하는) 프로그램이 그 밖의 작업을 실행한다면, 이러한 권한은 비활성화해야만 한다. 특권이 다시 요구되지 않을 때는 영원히 제거돼야 한다. 다시 말해, 프로그램은 현재 수행하고 있는 작업을 완성하는 데 필요한 최소한의 권한으로만 항상 동작해야만 한다. 저장된 set-user-ID 기능은 이러한 목적으로 설계됐다(9.4절 참조).

### 요구되는 경우에만 특권 소유

set-user-ID 프로그램에서 일시적으로 권한을 제거하고 다시 획득하기 위해 seteuid() 호출을 사용할 수 있다.

```
uid_t orig_euid;

orig_euid = geteuid();
if (seteuid(getuid()) == -1)        /* 특권 제거 */
    errExit("seteuid");

/* 비특권 작업 실행 */

if (seteuid(orig_euid) == -1)       /* 특권 재획득 */
    errExit("seteuid");

/* 특권 작업 실행 */
```

첫 번째 호출은 호출 프로세스의 유효 사용자 ID를 실제 ID와 동일하게 만든다. 두 번째 호출은 유효 사용자 ID를 저장된 set-user-ID에 있는 값으로 복원한다.

set-group-ID 프로그램에 대해 저장된 set-group-ID는 프로그램의 초기 유효 그룹 ID를 저장하고, setegid()는 특권을 제거하고 재획득하는 데 사용된다. seteuid()와 setegid(), 그리고 앞으로 사용을 추천할 유사한 시스템 호출에 대해서는 이미 9장에서 살펴봤고, 275페이지의 표 9-1에 프로세스 자격증명을 바꾸는 인터페이스를 정리해뒀다.

가장 안전한 방법은 프로그램의 시작 시에 즉시 특권을 제거하고, 프로그램의 이후 동작에 필요한 경우 일시적으로 재획득하는 것이다. 특정 시점에 특권의 재획득이 요구되지 않으면, 프로그램은 저장된 set-user-ID을 변경함으로써 되돌릴 수 없도록 제거해야만 한다. 이는 프로그램이 33.9절에 기술된 스택 크래싱stack-crashing 같은 기법을 통해 특권을 재획득하는 가능성을 제거한다.

### 특권이 다시 요구되지 않을 때는 영원히 제거

set-user-ID나 set-group-ID 프로그램이 특권을 요구하는 모든 작업을 마친 경우, 프로그램은 버그나 그 밖의 기대치 못한 동작으로 인해 생길 수 있는 보안 문제를 제거하기 위해 영원히 특권을 제거해야 한다. 특권을 영원히 제거하는 일은 모든 프로세스 사용자(그룹) ID를 실제(그룹) ID와 동일한 값으로 재설정함으로써 실행된다.

유효 사용자 ID가 현재 0인 set-user-ID-root 프로그램으로부터 다음과 같은 코드를 사용해 모든 사용자 ID를 재설정할 수 있다.

```
if (setuid(getuid()) == -1)
    errExit("setuid");
```

그러나 위의 코드는 호출 프로세스의 유효 사용자 ID가 현재 0이 아닌 경우에는 저장된 set-user-ID를 재설정하지 않는다. 즉 유효 사용자 ID가 0이 아닌 프로그램으로부터 호출됐을 때, `setuid()`는 유효 사용자 ID만을 변경한다(9.7.1절 참조). 다시 말해, set-user-ID-root 프로그램에서 다음 절차는 사용자 ID 0을 영원히 제거하지 않는다.

```
/* 최초 UIDs: real=1000 effective=0 saved=0 */

/* 1. 특권을 일시적으로 제거하는 일반적인 호출 */

orig_euid = geteuid();
if (seteuid(getuid()) == -1)
    errExit("seteuid");

/* UIDs 변경: real=1000 effective=1000 saved=0 */

/* 2. 특권을 영원히 제거하는 바른 방법으로 보임(틀렸음!) */

if (setuid(getuid()) == -1)
    errExit("setuid");

/* UIDs 변경되지 않음: real=1000 effective=1000 saved=0 */
```

대신 위의 코드에서 1단계와 2단계 사이에 다음의 호출을 삽입함으로써 특권을 영원히 제거하기 전에 특권을 재획득해야만 한다.

```
if (seteuid(orig_euid) == -1)
    errExit("seteuid");
```

반면에 root 외의 사용자가 소유한 set-user-ID 프로그램을 가진 경우, `setuid()`는 저장된 set-user-ID를 변경하기에 충분하지 않기 때문에, 특권 식별자를 영원히 제거하기 위해 `setreuid()`나 `setresuid()` 중 하나를 사용해야만 한다.

```
if (setreuid(getuid(), getuid()) == -1)
    errExit("setreuid");
```

이 코드는 setreuid()의 리눅스 구현 기능에 의존한다. 즉 첫 번째(ruid) 인자가 -1이 아니면, 저장된 set-user-ID도 (새로운) 유효 사용자 ID와 동일한 값으로 설정된다. SUSv3는 이러한 기능을 명시하지 않지만, 다른 많은 구현에서 리눅스와 동일한 방식으로 동작한다. SUSv4는 이러한 기능을 명시한다.

프로그램의 유효 사용자 ID가 0이 아닐 때, setgid()는 호출 프로세스의 유효 그룹 ID만을 변경하기 때문에, setregid()나 setresgid() 시스템 호출은 유사하게 set-group-ID 프로그램에서 특권 그룹 ID를 영원히 제거하는 데 사용돼야만 한다.

## 프로세스 자격 변경 시 알아야 할 일반적인 사항

앞서 일시적으로 그리고 영원히 특권을 제거하는 기법을 기술했다. 이제 이러한 기법을 사용할 때 추가로 알아야 할 사항을 설명한다.

- 프로세스 자격을 변경하는 시스템 호출 문법은 시스템에 따라 다양하다. 더욱이 이러한 시스템 호출 문법은 호출자가 특권이 있는지 여부(유효 사용자 ID가 0)에 따라서 다양하다. 자세한 사항은 9장(특히 9.7.4절)을 참조하기 바란다. 이렇게 다양하기 때문에, [Tsafrir et al., 2008]에서는 응용 프로그램은 프로세스 자격을 변경할 때 시스템에 기반한 비표준 시스템 호출을 사용해야 한다고 조언한다. 이는 많은 경우에 시스템에 기반한 비표준 시스템 호출이 상응하는 표준 호출보다 더욱 간단하고, 문법적으로 일관성을 제공하기 때문이다. 리눅스에서는 setresuid()와 setresgid()를 사용해 사용자와 그룹 자격을 변경하는 경우가 이에 해당된다. 이러한 시스템 호출이 모든 시스템에서 가능하진 않더라도, 이들의 사용이 에러를 줄여주는 경향이 있다([Tsafrir et al., 2008]에서는 프로세스 자격을 변경하는 데 있어 각 플랫폼에 가용한 최상의 인터페이스라고 간주되는 것을 사용하는 함수 라이브러리를 제안한다).
- 리눅스에서 호출자의 유효 사용자 ID가 0이더라도, 자격을 변경하는 시스템 호출은 프로그램이 명시적으로 그 기능을 조작하는 경우 기대한 것처럼 동작하지 않을 것이다. 예를 들어 CAP_SETUID 기능이 비활성화된 경우, 프로세스 사용자 ID를 변경하려는 시도는 실패하거나, 더 나쁘게는 요청된 사용자 ID 중에서 일부만 조용히 변경될 것이다.
- 앞서 두 가지 관점에서 나열된 가능성으로 인해, 자격 변경 시스템 호출이 성공했는지 검사할 뿐만 아니라, 그 변경이 예상대로 이뤄졌는지 확인하는 방법(예: [Tsafrir et al., 2008] 참조)을 강력히 추천한다. 예를 들어 seteuid()를 사용해 특권 사용자 ID를 일시적으로 제거하거나 재획득한다면, 유효 사용자 ID가 예상한

것과 같음을 확인하는 geteuid() 호출이 뒤이어 와야 한다. 마찬가지로, 특권 사용자 ID를 영원히 제거한다면 실제 사용자 ID와 유효 사용자 ID, 저장된 set-user-ID가 모두 비특권 사용자 ID로 성공적으로 변경됐음을 확인해야만 한다. 불행하게도 실제와 유효 ID를 추출하는 표준 시스템 호출은 있지만, 저장된 set-user-ID를 추출하는 시스템 호출은 존재하지 않는다. 리눅스를 비롯한 일부 시스템은 이러한 목적으로 getresuid()와 getresgid()를 제공하고, 몇몇 다른 시스템에서는 /proc 파일의 정보를 파싱parsing하는 등의 기법을 도입할 필요가 있을 것이다.

- 몇몇 자격 변경은 유효 사용자 ID가 0인 프로세스만 실행할 수 있다. 그러므로 여러 ID(추가적인 그룹 ID와 그룹 ID, 사용자 ID)를 변경할 때는, 특권 ID를 제거하는 시점에 특권의 유효 사용자 ID를 마지막에 제거해야만 한다. 반대로 특권 ID를 불러오는 시점에는 특권의 유효 사용자 ID를 먼저 불러와야 한다.

## 33.3 프로그램 실행 시 주의사항

exec()를 통해 직접적으로든, system()이나 popen(), 또는 이와 유사한 라이브러리 함수를 통한 간접적으로든 특권 프로그램이 다른 프로그램을 실행할 때는 주의가 요구된다.

### 다른 프로그램을 실행하기 앞서 특권을 영원히 제거함

set-user-ID(또는 set-group-ID) 프로그램이 다른 프로그램을 실행한다면, 모든 프로세스 사용자(그룹) ID는 실제 사용자(그룹) ID와 동일한 값으로 재설정해야 한다. 따라서 새로운 프로그램은 특권을 가지고 시작하지 않고, 특권을 재획득할 수도 없다. 이렇게 하는 한 가지 방법은 exec()를 실행하기 전에 33.2절에서 설명한 기법으로 모든 ID를 재설정하는 것이다.

setuid(getuid()) 호출을 exec() 이전에 실행해도 동일한 결과를 이룰 수 있다. setuid() 호출이 유효 사용자 ID가 0이 아닌 프로세스에서 유효 사용자 ID만을 변경한다고 하더라도, (9.4절에서 기술했듯이) 성공적인 exec()는 유효 사용자 ID를 저장된 set-user-ID로 복사하기 때문에 특권은 제거된다(exec()가 실패하면, 저장된 set-user-ID는 변경되지 않은 상태로 남는다. 이는 프로그램이 exec()가 실패한 사실로 인해 다른 특권 작업을 실행할 필요가 있는 경우에 유용하다).

성공적인 exec()는 유효 그룹 ID도 저장된 set-group-ID로 복사하기 때문에, 유사한 접근법(즉 setgid(getgid()))이 set-group-ID 프로그램에 사용될 수 있다.

예를 들어, 사용자 ID 200이 소유한 set-user-ID 프로그램을 갖고 있다고 가정해보자. 이 프로그램을 ID 1000인 사용자가 실행할 때, 결과 프로세스의 사용자 ID는 다음과 같을 것이다.

```
real=1000 effective=200 saved=200
```

이 프로그램이 차후에 setuid(getuid())를 실행한다면, 프로세스 사용자 ID는 다음과 같이 변경된다.

```
real=1000 effective=1000 saved=200
```

프로세스가 비특권 프로그램을 실행할 때, 그 프로세스의 유효 사용자 ID는 저장된 set-user-ID로 복사되며, 다음과 같은 프로세스 사용자 ID로 변경되는 결과를 초래한다.

```
real=1000 effective=1000 saved=1000
```

### 특권을 가지고 셸(또는 다른 인터프리터)을 실행하지 않기

사용자 제어하에서 실행되는 특권 프로그램은 직접적으로나 간접적(system(), popen(), execlp(), execvp(), 또는 그 밖의 유사한 라이브러리 함수)으로라도 셸을 실행해선 안 된다. 셸의 복잡성과 강력함(그리고 awk 등의 제약사항이 없는 인터프리터)은 실행된 셸이 상호작용 접근권을 허용하지 않더라도, 모든 보안 구멍을 제거하기는 사실상 불가능하다. 결과적인 위험성은 사용자가 프로세스의 유효 사용자 ID하에서 임의의 셸 명령을 실행할 수 있게 된다는 것이다. 셸이 실행돼야만 한다면, 그 전에 특권은 영원히 제거됨을 보장해야 한다.

> 셸을 실행할 때 발생할 수 있는 보안 구멍의 종류 예는 27.6절에서 system()을 논의할 때 언급했다.

몇몇 유닉스 구현은 set-user-ID와 set-group-ID 권한 비트를 인터프리터 스크립터(27.3절 참조)에 적용할 때 이러한 권한 비트를 존중하고, 따라서 스크립트가 실행될 때, 스크립트를 실행하는 프로세스는 몇몇 다른 (특권) 사용자의 신분을 가정한다. 기술된 보안 위험성으로 인해 일부 유닉스 구현과 마찬가지로 리눅스는 스크립트를 실행할 때 set-user-ID와 set-group-ID 권한 비트를 조용히 무시한다. set-user-ID와 set-group-ID 스크립트가 허용된 구현에서조차도, 그 사용은 회피해야 할 대상이다.

### exec() 전에 모든 불필요한 파일 디스크립터 종료

27.4절에서 기본적으로 파일 디스크립터는 exec()에 걸쳐 열린 채로 유지된다고 언급했다. 특권 프로그램은 일반적인 프로세스가 접근할 수 없는 파일을 열 것이다. 결과로 열린 파일 디스크립터는 특권 자원을 나타낸다. 파일 디스크립터는 exec() 이전에 종료돼야만 하고, 따라서 실행된 프로그램이 관련된 파일에 접근할 수 없다. 이는 명시적으로 파일 디스크립터를 종료하거나, 실행 시 닫기 플래그(27.4절 참조)를 설정함으로써 실행 가능하다.

## 33.4 중요한 정보의 노출 피하기

프로그램이 암호 같은 민감한 정보를 읽을 때는, 어떤 것이든 처리에 필요한 동작을 수행한 다음 즉시 메모리에서 관련 정보를 삭제해야 한다(8.5절에 이와 관련된 예제가 있다). 메모리에 그러한 정보를 남겨둘 경우, 다음과 같은 이유로 인해 보안상 위험을 초래할 수 있다.

- 데이터를 가진 가상 메모리 페이지는 (mlock()이나 유사한 함수를 사용해 메모리를 잠그지 않았다면) 교체swap될 것이며, 특권 프로그램은 스왑 영역에서 해당 정보를 읽을 수 있을 것이다.
- 프로세스가 코어 덤프 파일을 생성하도록 유도하는 시그널을 받은 경우, 그 파일은 정보를 얻기 위해 읽힐 수 있다.

마지막 관점에 덧붙이면, (일반 법칙에 따라) 안전한 프로그램은 코어 덤프를 방지해야 하고, 따라서 코어 덤프 파일은 민감한 정보용으로 사용할 수 없다. 프로그램은 RLIMIT_CORE 자원 한도를 0으로 설정하기 위해 setrlimit()를 사용함으로써 코어 덤프 파일이 생성되지 않음을 보장할 수 있다.

> 기본적으로 리눅스는 프로그램이 모든 특권을 제거했더라도, 시그널에 대한 응답으로 코어 덤프를 실행하기 위해 set-user-ID를 허용하지 않는다(22.1절 참조). 그러나 여타 유닉스 구현은 이러한 보안 기능을 제공하지 않을 것이다.

## 33.5 프로세스 제한

여기서는 프로그램이 보안에 노출된 경우 피해를 줄이기 위해 프로그램을 제한할 수 있는 방법을 고려한다.

### 능력의 사용을 고려

리눅스 능력 기법은 전통적인 양자택일 방식의 유닉스 특권 방법을 능력capability이라고 불리는 구분된 단위로 나눈다. 프로세스는 독립적으로 개별적인 능력을 활성화 혹은 비활성화할 수 있다. 요구되는 능력만을 활성화함으로써 프로그램은 완전한 root 특권을 가지고 실행되는 경우보다 더 낮은 특권으로 동작한다. 이는 프로그램이 보안에 노출된 경우에 피해 가능성을 줄인다.

더욱이 능력과 securebits 플래그를 사용해 제한된 능력의 집합을 갖는 프로세스를 생성할 수 있지만, 이는 root가 소유하진 않는다(즉 모든 사용자 ID는 0이 아니다). 그러한 프로세스는 전체 능력 집합을 다시 얻기 위해 더 이상 exec()를 사용할 수 없다. 34장에서 능력과 securebits 플래그에 대해 기술한다.

### chroot 감옥의 사용을 고려

특별한 경우에 유용한 보안 기법은 프로그램이 접근할 수 있는 디렉토리와 파일의 집합을 제한하는 chroot 감옥jail을 만드는 것이다(프로세스의 현재 작업 디렉토리를 감옥 내의 장소로 변경하기 위해 chdir()을 호출해야 함을 명심하자). 그러나 chroot 감옥은 set-user-ID-root 프로그램을 제한하는 데는 충분하지 않음을 염두에 두기 바란다(18.12절 참조).

> chroot 감옥 사용의 대체 방법으로 가상 커널 위에 구현된 서버인 가상 서버(virtual server)가 있다. 각 가상 커널은 동일한 하드웨어에서 실행하고 있는 다른 가상 커널로부터 격리되기 때문에, 가상 서버는 chroot 감옥보다 더욱 안전하고 유연하다(다른 여러 가지 현대 운영체제는 각자의 가상 서버 구현도 제공한다). 리눅스에서 가상 오래된 가상화 구현은 사용자 모드 리눅스(UML, User-Mode Linux)이며, 이는 리눅스 2.6 커널의 표준에 포함된다. UML에 대한 더욱 자세한 내용은 http://user-mode-linux.sourceforge.net/에서 찾을 수 있다. 최신의 가상 커널 프로젝트는 Xen(http://www.cl.cam.ac.uk/Research/SRG/netos/xen/)과 KVM(http://kvm.qumranet.com/)을 포함한다.

## 33.6 시그널과 경쟁 상태 인지

사용자는 임의의 시그널을 자신이 시작한 set-user-ID 프로그램에 전송할 수 있다. 그러한 시그널은 어느 시점에, 어떤 빈도로도 도착할 수 있다. 시그널이 프로그램의 실행 중에 어느 시점에라도 도달할 수 있는 경우에 발생할 수 있는 경쟁 상태를 고려할 필요가 있다. 적절한 곳에서 가능한 보안 문제를 막기 위해 시그널은 잡히거나, 블록되거나, 무시돼야만 한다. 더욱이, 부주의로 경쟁 상태를 생성하는 위험성을 줄이기 위해 시그널 핸들러의 설계는 가능한 한 단순해야만 한다.

이러한 이슈는 특히 프로세스를 중지하는 시그널(예: SIGTSTP, SIGSTOP)과 관련이 있다. 문제가 되는 시나리오는 다음과 같다.

1. set-user-ID 프로그램은 런타임 환경에 대한 몇 가지 정보를 결정한다.
2. 사용자는 프로그램을 실행하는 프로세스를 중지하고, 런타임 환경의 세부사항을 변경한다. 그러한 변경에는 파일 권한의 변경이나 심볼릭 링크 타깃의 변경, 프로그램이 사용하는 파일의 제거 등이 포함된다.
3. 사용자는 SIGCONT 시그널로 프로세스를 다시 시작한다. 이 시점에서 프로그램은 런타임 환경에 관해 이제는 잘못된 가정에 기반해 실행을 계속할 것이며, 이러한 가정은 보안 취약성을 유발한다.

여기서 기술된 상황은 실제로 검사 시간time-of-check과 사용 시간time-of-use 경쟁 상태의 특별한 경우다. 특권 프로세스는 더 이상 소유하고 있지 않은 이전의 검사에 기반해 오퍼레이션을 실행하는 것을 피해야만 한다(구체적인 예는 15.4.4절의 access() 시스템 호출에 관한 논의를 참조하라). 이러한 지침은 사용자가 프로세스로 시그널을 전달할 수 없을 때조차도 적용된다. 프로세서를 중지하는 능력은 단지 사용자로 하여금 검사 시간과 사용 시간의 간격을 넓히게 한다.

> 검사 시간과 사용 시간 사이에 프로세스를 중지하려는 한 번의 시도로는 어려울지라도, 악의적인 사용자는 set-user-ID 프로그램을 반복적으로 실행하고, 중지 시그널을 set-user-ID 프로그램으로 반복적으로 전송하기 위해 다른 프로그램이나 셸 스크립트를 사용하며, 런타임 환경을 변경할 수 있다. 이는 set-user-ID 프로그램 침입 가능성을 상당히 높일 수 있다.

## 33.7 파일 오퍼레이션과 파일 I/O 실행 시 위험성

특권 프로세스가 파일을 생성할 필요가 있다면, 아무리 간단한 것이라도 파일이 악의적인 조작에 취약한 점이 없도록 그 파일의 소유권과 권한을 관리해야 한다. 다음과 같은 지침이 적용된다.

- 프로세스는 악의적인 사용자가 수정할 수 있는 공개적으로 쓰기 가능한 파일을 생성하지 않도록 프로세스 umask(15.4.6절 참조)를 설정해야 한다.
- 파일의 소유권은 생성 프로세스의 유효 사용자 ID로부터 취해지기 때문에, 일시적으로 프로세스 자격을 변경하기 위한 `seteuid()`나 `setreuid()`의 신중한 사용은 새로 생성된 파일이 잘못된 사용자에게 속하지 않도록 보장할 것이다. 파일의 그룹 소유권은 프로세스의 유효 그룹 ID(15.3.1절 참조)에서 취해지기 때문에, 유사한 방법이 set-group-ID 프로그램에 적용되며, 해당 그룹 ID 호출은 그러한 프로그램을 피하기 위해 사용될 수 있다(정확히 말해 리눅스에서 새로운 파일의 소유자는 프로세스의 파일 시스템 사용자 ID에 의해 결정되며, 일반적으로 프로세스의 유효 사용자 ID와 동일한 값을 갖는다. 관련 내용은 9.5절을 참조하기 바란다).
- 처음에는 set-user-ID-root 프로그램이 소유해야 하지만 결국에는 다른 사용자가 소유할 파일을 생성해야 한다면, 그 파일은 `open()`에 적절한 `mode` 인자를 사용하거나, `open()`을 호출하기 전에 프로세스 umask를 설정함으로써 최초에 다른 사용자가 쓸 수 없도록 생성돼야만 한다. 그 이후에 프로그램은 `fchown()`으로 소유권을 변경하고, 필요한 경우 `fchmod()`로 권한을 변경할 수 있다. 요점은 set-user-ID 프로그램은 프로그램 소유자가 소유한 파일을 절대 생성해선 안 되고, 다른 사용자에게 잠깐이라도 쓰기 가능해서도 안 됨을 보장해야 한다는 것이다.
- 파일 속성의 검사는 경로명과 관련된 속성을 검사하고, 파일 열기(예: `stat()` 이후의 `open()`)를 실행하기보다는 열린 파일 디스크립터(예: `open()` 이후의 `fstat()`)에서 실행돼야만 한다. 경로명과 관련된 속성을 검사하고, 파일 열기를 하는 방법은 사용 시간과 검사 시간 경쟁 상태 문제를 일으킨다.
- 프로그램이 파일의 생성자임을 보장해야 한다면, `open()`을 호출할 때 `O_EXCL` 플래그가 사용돼야만 한다.
- 특권 프로그램은 /tmp 같은 공개적으로 쓰기 가능한 디렉토리의 파일을 생성하거나 의존하는 것을 피해야 하는데, 이는 특권 프로그램이 기대하는 이름으로 허가되지 않은 파일을 생성하려는 악의적인 시도에 프로그램이 취약해지기 때문

이다. 공개적으로 쓰기 가능한 디렉토리에 파일을 생성해야만 하는 프로그램은 mkstemp() 같은 함수를 사용함으로써 적어도 파일이 기대할 수 없는 이름을 갖도록 보장해야 한다(5.12절 참조).

## 33.8 입력이나 환경을 믿지 말자

특권 프로그램은 주어진 입력이나 실행하고 있는 환경에 대한 가정을 피해야 한다.

### 환경 목록을 믿지 마라

set-user-ID와 set-group-ID 프로그램은 환경 변수값을 신뢰할 수 있다고 가정해선 안 된다. 특별히 관련된 두 가지 변수는 PATH와 IFS다.

PATH는 셸(따라서 system()과 popen())뿐만 아니라 execlp()와 execvp()가 프로그램을 찾는 위치를 결정한다. 악의적인 사용자는 PATH 값을 set-user-ID 프로그램이 속을 수 있는 값으로 바꾸고 이러한 함수 중의 하나를 이용해 임의의 프로그램이 특권을 갖게 할 수 있다. 이러한 함수가 사용된다면, PATH는 디렉토리의 신뢰할 수 있는 목록으로 설정돼야만 한다(그러나 더 좋게는 프로그램을 실행할 때 절대 경로명이 명시돼야만 한다). 그러나 이미 언급했듯이 셸을 실행하거나, 앞서 언급된 함수 중의 하나를 사용하기 전에 특권을 제거하는 것이 최고의 방법이다.

IFS는 셸이 명령행의 단어를 분리할 때 사용하는 분리 문자를 명시한다. 이 변수는 빈 문자열로 설정돼야 하고, 이는 오직 공백만이 셸에 의해 단어 분리 문자로 해석된다는 뜻이다. 몇몇 셸은 항상 시작 시에 이런 방법으로 IFS를 설정한다(27.6절은 오래된 본셸에서 나타나는 IFS와 관련된 취약점 하나를 기술한다).

경우에 따라서는 전체 환경 목록을 지우고(6.7절 참조) 알려진 안전한 값으로 선택된 환경 변수를 복구하는 방법이 가장 안전하며, 이는 특히 다른 프로그램을 실행하거나, 환경 변수 설정에 의해 영향을 받을 라이브러리를 호출할 때에 해당된다.

### 신뢰할 수 없는 사용자 입력을 방어적으로 처리하라

특권 프로그램은 신뢰할 수 없는 소스로부터의 입력에 기반해 동작을 취하기 전에 주의를 기울여 모든 입력을 검증해야 한다. 숫자가 수용 가능한 범위에 들어가는지, 문자열이 수용 가능한 길이인지, 수용 가능한 문자로 구성됐는지 등을 검증하는 것이다. 이런 식으로 검증해야 하는 입력으로는 사용자가 생성한 파일의 입력, 명령행 인자, 상호적인 입력, CGI 입력, 이메일 메시지, 환경 변수, 신뢰할 수 없는 사용자가 접근 가능한 프로세스 간 통신 채널(FIFO, 공유 메모리 등), 네트워크 패킷 등이 있다.

### 프로세스의 런타임 환경에 대한 신뢰할 수 없는 가정을 피하라

set-user-ID 프로그램은 최초 런타임 환경에 대해 신뢰할 수 없는 가정을 하지 않아야 한다. 예를 들어 표준 입력이나 출력, 에러가 닫혔을 수 있다(이들의 디스크립터는 set-user-ID 프로그램을 실행하는 프로그램에서 닫혔을 것이다). 이런 경우 파일을 열면 의도치 않게 (예를 들어) 디스크립터 1을 재사용할 수 있고, 따라서 프로그램은 표준 출력에 쓰고 있다고 생각하는데 실질적으로는 열린 파일에 쓰는 것이다.

다른 많은 가능성이 있다. 예를 들어 프로세스는 생성될 수 있는 프로세스 수의 한도나, CPU 시간 자원 한도, 파일 크기 자원 한도 같은 여러 가지 자원 한도를 고갈시킬 수도 있으며, 결과적으로 여러 가지 시스템 호출은 실패하거나, 여러 가지 시그널이 생성될 것이다. 악의적인 사용자는 프로그램의 보안 취약성을 공약하려는 시도를 할 때 자원 고갈을 의도적으로 조작하려고 할 것이다.

## 33.9 버퍼 오버런 인지

입력값과 복사된 문자열이 할당된 버퍼 공간을 초과한 곳에서 버퍼 오버런(오버플로)에 주의하기 바란다. `gets()`를 사용하지 말고 `scanf()`, `sprintf()`, `strcpy()`, `strcat()` 같은 함수를 주의를 기울여서 사용(예를 들어, 버퍼 오버런을 방지하는 `if` 문을 사용해 보호)하기 바란다.

버퍼 오버런은 스택 크래싱stack crashing(스택 스매싱stack smashing이라고도 함) 같은 방법을 허용하는데, 이는 악의적인 사용자가 버퍼 오버런을 사용해 특권 프로그램으로 하여금 임의의 코드를 실행하도록 강제하기 위해 스택 프레임에 조심스럽게 코드화된 바이트를 위치시키는 것이다(스택 크래싱의 세부사항을 설명하는 여러 가지 온라인 자료가 있다. [Erickson, 2008]과 [Anley, 2007]을 참조하기 바란다). 버퍼 오버런은 CERT(http://www.cert.org/)와 Bugtraq(http://www.securityfocus.com/)에 게시된 경보의 빈도로 증명됐듯이, 아마도 컴퓨터 시스템 보안 위반의 가장 흔한 원인일 것이다. 버퍼 오버런은 네트워크에 있는 어떤 곳으로부터도 원격 공격에 대해 시스템을 열어두기 때문에, 특히 네트워크 서버에서 위험하다.

> 커널 2.6.12 이후로 줄곧 스택 크래싱을 더욱 어렵게 만들기 위해(특히, 그러한 공격이 네트워크 서버에 원격으로 실행될 때 시간이 더 소요되도록), 리눅스는 주소 공간 임의화(address-space randomization)를 구현한다. 이 기법은 임의로 가상 메모리 상위의 8MB 영역에 스택의 위치를 가변시킨다. 더욱이, 연성 RLIMIT_STACK 한도가 무한이 아니고, 리눅스 고유의 /proc/sys/vm/legacy_va_layout 파일이 0의 값을 포함하고 있는 경우에 메모리 매핑의 위치도 임의로 정해질 것이다.
>
> 더욱 최근의 x86-32 아키텍처는 페이지 테이블을 NX(no execute)로 표시하는 기능의 하드웨어 지원을 제공한다. 이 기능은 스택에서 프로그램 코드의 실행을 막는 데 사용되며, 따라서 스택 크래싱을 더욱 어렵게 한다.

앞서 언급한 많은 함수에 대해 호출자로 하여금 복사돼야 하는 최대 문자 수를 명시하게 하는 대체 방법(예: `snprintf()`, `strncpy()`, `strncat()`)이 있다. 이런 함수는 타깃 버퍼를 오버런하지 않도록 명시된 최대값을 취한다. 일반적으로 이러한 대체 방법이 선호되지만, 여전히 주의를 기울여야 한다. 특히, 다음과 같은 관점을 알아두기 바란다.

- 명시된 최대값에 도달하면, 이런 함수의 대부분은 소스 문자열의 일부만 포함하는 버전을 타깃 버퍼에 위치시킨다. 그러한 잘린 문자열은 프로그램의 의미상 무의미할 것이기 때문에, 호출자는 잘림이 발생했는지 검사(예를 들어, `snprintf()`의 리턴값을 검사)하고 적절한 동작을 취해야 한다.
- `strncpy()`를 사용할 경우 성능에 영향을 미칠 수 있다. `strncpy(s1, s2, n)` 호출에서 `s2`가 가리키는 문자열이 `n`바이트보다 작다면, 총 `n`바이트를 보장하기 위해 `s1`에 널 바이트의 패딩padding을 적는다.
- `strncpy()`에 주어진 최대 크기값이 마지막에 널 문자를 포함할 만큼 충분히 크지 않다면, 타깃 문자열은 널로 끝나지 않는다.

> 몇몇 유닉스 구현은 주어진 길이 인자 n에 대해 목적지 버퍼에 최대 n - 1바이트를 복사하고, 항상 버퍼의 마지막에 널 문자를 추가하는 strlcpy() 함수를 제공한다. 그러나 이 함수는 SUSv3에는 명시되지 않고, glibc에 구현되지 않았다. 더욱이, 호출자가 문자열 길이를 주의 깊게 검사하는 경우 이 함수는 한 가지 (버퍼 오버플로) 문제를 또 다른 (조용히 데이터를 버리는) 문제로 바꿀 뿐이다.

## 33.10 서비스 거부 공격 인지

인터넷 서비스의 팽창으로 인해 원격 서비스 거부 공격denial-of-service attack의 기회도 함께 늘어났다. 이런 공격은 서버를 손상시키는 잘못된 데이터를 보내거나, 가짜 요청으로 과부하로 만듦으로써 합법적인 사용자가 서비스를 제공받지 못하게 한다.

> 지역 서비스 거부 공격도 가능하다. 가장 잘 알려진 예제는 사용자가 간단한 포크 밤(fork bomb, 계속해서 포크를 실행하고, 따라서 시스템의 모든 프로세스 슬롯을 사용하는 프로그램)을 실행한다. 그러나 지역 서비스 거부 공격의 실체는 알아내기 더욱 쉽고, 이러한 공격은 적절한 물리적인 방법과 암호를 사용한 보안으로 차단할 수 있다.

잘못된 요청을 처리하는 방법은 간단하다. 즉 앞서 언급했듯이 서버는 입력을 엄격하게 검사하고, 버퍼 오버런을 피하도록 프로그램해야 한다.

과부하 공격은 처리하기 매우 곤란하다. 서버는 원격 클라이언트의 동작을 제어하거나, 요청을 보내는 비율을 조절할 수 없기 때문에, 그러한 공격을 막기가 불가능하다(네트워크 패킷의 소스 IP 주소는 도용됐을 수도 있기 때문에 서버는 공격의 실체를 파악하기가 불가능할 수도 있다. 대체적으로 분산 공격은 타깃 시스템에 공격을 지시한 자신도 모르는 중간 호스트를 나열할 수 있다). 그럼에도 불구하고 과부하 공격의 위험성과 결과를 최소화하기 위해 다음과 같은 여러 가지 방법을 취할 수 있다.

- 서버는 부하가 미리 정해진 한도를 초과했을 때, 요청을 무시해 부하를 조절해야 한다. 이는 합법적인 사용자의 요청도 무시하는 결과를 야기하겠지만, 서버와 호스트 기계가 과부하되는 것을 막는다. 자원 한도와 디스크 할당disk quota을 사용하면 과도한 사용을 제한하는 데 도움이 될 것이다(디스크 할당에 대한 더욱 자세한 정보는 http://sourceforge.net/projects/linuxquota/를 참조하기 바란다).
- 서버는 클라이언트와의 통신에 대한 타임아웃을 사용해, 클라이언트가 (아마도 의도적으로) 반응이 없을 경우 서버가 클라이언트를 영원히 기다리지 않게 한다.
- 과부하 이벤트 발생 시에 서버는 적절한 메시지를 남기고, 시스템 관리자는 문제를 통보받는다(그러나 로그를 남기는 것도 조절해야 하며, 따라서 로깅logging 자체로 시스템을 과부하로 만들지 않도록 한다).
- 서버는 예상치 못한 부하에도 불구하고 손상되지 않도록 프로그램돼야 한다. 예를 들어, 초과된 요청이 데이터 구조를 오버플로하지 않도록 보장하기 위해, 경계 검사bound checking는 철저하게 이뤄져야 한다.

- 데이터 구조는 알고리즘적으로 복잡한 공격algorithmic-complexity attack을 피하도록 설계돼야 한다. 예를 들어, 이진 트리는 균형을 유지하고, 일반적인 부하 내에서 수용 가능한 성능을 낼 것이다. 그러나 공격자는 성능에 심각한 손상을 만들 수 있는 불균형 트리(최악의 경우 연결 리스트와 동일한 결과)를 결과로 갖는 입력을 만들 수 있다. [Crosby & Wallach, 2003]은 그러한 공격의 본성을 세분화하고, 이를 피하기 위해 사용할 수 있는 데이터 구조화 기법을 논의한다.

## 33.11 리턴 상태 검사와 안전하게 실패하기

특권 프로그램은 시스템 호출과 라이브러리 함수가 성공하는지 여부와 기대한 값을 리턴하는지를 항상 검사해야만 한다(물론 이는 모든 프로그램에 적용되지만, 특히 특권 프로그램에 중요하다). root로 실행되는 프로그램을 포함한 다양한 시스템 호출은 실패할 수 있다. 예를 들어, 프로세스 수가 시스템 기반의 한도에 도달한 경우에 `fork()`는 실패하거나, 쓰기에 대한 `open()`은 읽기 전용 파일 시스템에 실패하거나, 타깃 디렉토리가 존재하지 않을 경우 `chdir()`은 실패할 것이다.

시스템 호출이 성공하는 경우조차도, 결과의 검사는 필수다. 예를 들어, 특권 프로그램은 성공적인 `open()`이 3개의 표준 파일 디스크립터인 0이나 1, 2 중의 하나를 리턴하지 않은 경우를 검사해야만 한다.

마지막으로, 특권 프로그램이 기대치 않은 상황을 맞닥뜨렸을 때 일반적으로 적절한 동작은 종료하거나, 서버의 경우 클라이언트 요청을 무시하는 것이다. 기대치 않은 문제를 수정하려는 시도는 일반적으로 모든 환경에서 정당화될 수 없고, 보안 구멍을 야기할 수 있는 가정을 만들 필요가 있다. 이러한 경우에 프로그램을 종료하거나, 메시지 로그를 남기고, 클라이언트의 요청을 무시하는 편이 더욱 안전하다.

## 33.12 정리

특권 프로그램은 일반 사용자에게 가용하지 않은 시스템 자원에 대한 접근권을 갖는다. 그러한 프로그램이 공격 당할 수 있는 경우, 시스템 보안은 위협을 당할 수 있다. 33장에서는 특권 프로그램을 작성하는 지침을 기술했다. 이러한 지침의 목적은 두 가지다. 즉 특권 프로그램이 공격 당할 가능성을 최소화하고, 특권 프로그램이 공격 당한 경우에 발생할 수 있는 손상을 최소화하는 것이다.

### 더 읽을거리

[Viega & McGraw, 2002]는 안전한 소프트웨어의 설계와 구현에 관한 광범위한 주제를 다룬다. 유닉스 시스템 보안에 대한 일반적인 정보뿐만 아니라, 보안 프로그래밍 기법에 관한 장은 [Garfinkel et al., 2003]에서 찾을 수 있다. 컴퓨터 보안은 [Bishop, 2005]에서 자세하게 다뤄지며, 동일한 저자가 쓴 [Bishop, 2003]에서 더욱 자세히 나온다. [Peikari & Chuvakin, 2004]는 시스템이 공격 당하는 여러 가지 수단에 초점을 맞춘 컴퓨터 보안을 기술한다. [Erickson, 2008]과 [Anley, 2007]은 모두 여러 가지 보안 조작에 대한 철저한 논의를 현명한 프로그래머가 이러한 조작을 회피하는 자세한 방법과 함께 제공한다. [Chen et al., 2002]는 유닉스 set-user-ID 모델을 기술하고 분석하는 논문이다. [Tsafrir et al., 2008]은 [Chen et al., 2002]의 여러 관점에 대한 논의를 다시 언급하고, 개선한다. [Drepper, 2009]는 안전하고 방어적인 리눅스 프로그래밍을 위한 팁을 충분히 제공한다.

안전한 프로그램을 작성하는 방법은 다음과 같은 온라인 자료를 참조하자.

- 맷 비숍Matt Bishop은 보안과 관련된 광범위한 논문을 작성했는데, http://nob.cs.ucdavis.edu/~bishop/secprog에서 찾을 수 있다. 가장 흥미로운 논문은 'How to Write a Setuid Program(Setuid 프로그램을 작성하는 방법)'이다. 오래되긴 했지만, 정말 다양하고 유용한 팁을 담고 있다.
- 데이비드 윌러David Wheeler가 작성한 'Secure Programming for Linux and Unix HOWTO(리눅스와 유닉스의 안전한 프로그래밍 방법)'는 http://www.dwheeler.com/secure-programs/에서 구할 수 있다.
- set-user-ID 프로그램을 작성하는 유용한 검사 목록은 http://www.homeport.org/~adam/setuid.7.html에서 구할 수 있다.

## 33.13 연습문제

33-1. 특권이 없는 일반 사용자로 로그인해서, 실행 파일을 생성하고(또는 /bin/sleep 같은 현재 존재하는 파일을 복사), 해당 파일에 set-user-ID 권한 비트를 활성화해보자(`chmod u+s`). 파일을 수정해보자(예를 들어, `cat >> file`). 결과적으로 파일 권한에 어떤 현상이 발생하는가(`ls -l`)? 왜 이런 현상이 발생하는가?

**33-2.** sudo(8) 프로그램과 유사한 set-user-ID-root 프로그램을 작성하라. 이 프로그램은 다음과 같은 명령행 옵션과 인자를 취해야 한다.

```
$ ./douser [-u user ] program-file arg1 arg2 ...
```

douser 프로그램은 마치 user가 실행하는 것처럼 주어진 인자로 program-file을 실행한다(-u 옵션이 생략되면, user는 기본으로 root여야 한다). program-file을 실행하기 전에, douser는 user에 대한 암호를 요청하고, 표준 암호 파일로 인증을 하고(263페이지의 리스트 8-2 참조), 해당 사용자에 대한 모든 프로세스 사용자와 그룹 ID를 바른 값으로 설정한다.

# 34

# 능력

34장에서는 전통적인 유닉스 양자택일의 특권 기법을 독립적으로 활성화 또는 비활성화될 수 있는 개별적인 능력으로 나누는 리눅스의 능력 기능을 기술한다.

## 34.1 능력을 사용하는 이유

전통적인 유닉스 특권 기능은 프로세스를 모든 특권 검사를 통과하는 유효 사용자 ID가 0(슈퍼유저)인 집합과, 사용자와 그룹 ID에 따라서 특권 검사를 하는 다른 모든 프로세스 집합의 두 가지 범주로 나눈다.

이 기법에서 큰 범주coarse granularity를 사용하는 것이 문제다. 프로세스로 하여금 슈퍼유저에만 허용되는 몇 가지 오퍼레이션을 실행하도록 허용한다면(예를 들어, 시스템 시간을 변경), 해당 프로세스는 유효 사용자 ID를 0으로 실행해야만 한다(비특권 사용자가 그러한 오퍼레이션을 실행할 필요가 없다면, 이는 일반적으로 set-user-ID-root 프로그램을 사용해 구현된다). 그러나 이는 다른 많은 동작을 실행하는 프로세스 특권을 허용하며(예를 들어, 파일에 접근할 때 모든 권한 검사를 생략), 따라서 프로그램이 (예상치 못한 환경의 결과나 악의적인 사용자에 의한 의도된 조작으로 인해) 예상치 못한 방법으로 동작하는 경우 광범위한 보안 위반의 문을 연다. 이러한 문제를 다루는 전통적인 방법은 33장에 기술했다. 즉 유효 특권을 제거하고(즉 저장된 set-user-ID에 0을 유지하는 동안, 0인 유효 사용자 ID를 변경), 필요한 경우에만 일시적으로 재획득한다.

리눅스 능력 기법은 이런 문제의 처리를 개선한다. 커널에서 보안 검사를 실행할 때, 하나의 특권(즉 0인 유효 사용자 ID)을 사용하기보다는, 슈퍼유저 특권을 능력capability이라고 하는 여러 가지 단위로 나눈다. 각 특권 오퍼레이션은 특정 능력과 관련이 있고, 프로세스는 (유효 사용자 ID에 관계없이) 일치하는 능력이 있는 경우에만 해당 오퍼레이션을 실행할 수 있다. 다시 말해, 이 책에서 리눅스의 특권 프로세스에 관해 논의하는 모든 부분에서 실제로 의미하는 것은 특정 오퍼레이션을 실행하는 관련 능력을 갖는 프로세스다.

대부분 리눅스 능력 방법은 눈에 보이지 않는다. 이유는 능력에 대해 알지 못하는 응용 프로그램이 유효 사용자 ID를 0으로 가정하는 경우, 커널은 해당 프로세스를 능력의 전체 범주에 허용하기 때문이다.

리눅스 능력 구현은 POSIX 1003.1e 표준 초안에 기반한다(http://wt.tuxomania.net/publications/posix.1e/). 이 표준은 완성되기 전 1990년대 후반에 실패로 돌아갔지만, 그럼에도 불구하고 여러 가지 능력 구현은 이 표준 초안에 기초한다(표 34-1에 나열된 몇 가지 능력은 POSIX.1e 초안에 정의됐지만, 많은 부분이 리눅스 확장이다).

> 능력 기능은 썬의 솔라리스 10과 이전의 신뢰성 있는 솔라리스 릴리스, SGI의 신뢰성 있는 Irix, FreeBSD의 TrustedBSD 일부와 같은 유닉스 구현에 제공된다([Watson, 2000]). 유사한 방법이 몇몇 다른 운영체제에도 존재하는데, 예를 들어 디지털 사의 VMS 시스템 특권 메커니즘이 이에 해당한다.

## 34.2 리눅스 능력 기능

표 34-1은 리눅스 능력을 나열하고, 적용할 오퍼레이션의 축약된(그리고 완전하지 않은) 지침을 제공한다.

## 34.3 프로세스와 파일 능력 기능

각 프로세스는 표 34-1에 나열된 능력에서 아무것도 갖지 않거나 여러 개를 가질 수 있는, 세 가지 연관 능력 집합인 허가된 집합permitted set과 유효 집합effective set, 상속 가능한 집합inheritable set을 갖는다. 마찬가지로 각 파일은 동일한 이름으로 세 가지 연관 능력 집합을 갖는다(파일 유효성 기능 집합은 단지 활성화인지 비활성화인지를 나타내는 하나의 비트일 뿐임을 명백히 알 수 있을 것이다). 이러한 각 능력 집합의 세부사항을 살펴보자.

### 34.3.1 프로세스 능력 기능

각 프로세스에 대해 커널은 표 34-1에 명시된 능력 중 아무것도 활성화되지 않거나 여러 개가 활성화된, (비트 마스크로 구현된) 세 가지 능력 집합을 유지한다. 세 가지 집합은 다음과 같다.

- 허가된 집합: 프로세스가 사용할 능력이다. 허가된 집합은 유효 집합과 상속 가능한 집합에 추가될 수 있는 능력을 제한하는 상위 집합이다. 프로세스가 허가된 집합으로부터 능력을 제거한다면, (능력을 다시 한 번 수여하는 프로그램을 실행하지 않는 한) 그 능력을 다시는 얻을 수 없다.
- 유효 집합: 프로세스에 대해 특권 검사를 실행하는 커널이 사용하는 능력이다. 허가된 집합에 능력을 유지하는 한, 프로세스는 유효 집합으로부터 능력을 제거하고, 이후에 그 집합에 복원함으로써 일시적으로 비활성화할 수 있다.
- 상속 가능한 집합: 프로그램이 이 프로세스에 의해 실행될 때, 허가된 집합으로 옮겨질 능력이다.

리눅스 고유 /proc/*PID*/status 파일의 세 가지 필드 CapInh, CapPrm, CapEff에서 프로세스의 세 가지 능력 집합의 16진수 표현을 확인할 수 있다.

> getpcap 프로그램(34.7절에 기술된 libcap 패키지의 일부)은 프로세스의 능력을 더욱 읽기 쉬운 포맷으로 출력하는 데 사용될 수 있다.

`fork()`가 생성한 자식 프로세스는 부모 능력 집합의 복사본을 상속한다. 34.5절에서는 `exec()` 동안의 능력 집합 처리를 기술한다.

> 실질적으로 능력은 프로세스에서 각 스레드에 대해 독립적으로 조절될 수 있는 스레드당 속성이다. 멀티스레드 프로세스 내에서 특정 스레드의 능력은 /proc/*PID*/task/*TID*/status 파일에 나타난다. /proc/*PID*/status 파일은 주 스레드의 능력을 나타낸다.
>
> 커널 2.6.25 이전의 리눅스는 32비트를 사용해 능력 집합을 나타냈다. 커널 2.6.25에서는 더 많은 능력이 추가되어 64비트 집합을 요구했다.

### 34.3.2 파일 능력 기능

파일이 관련된 능력 집합을 갖는다면, 이러한 집합은 해당 파일을 실행할 때 프로세스에 주어진 능력을 결정하는 데 사용된다. 다음과 같은 세 가지 파일 능력 집합이 있다.

- 허가된 집합: 프로세스의 현재 능력에 상관없이 exec() 동안 프로세스의 허가된 집합에 추가될 능력 집합이다.
- 유효 집합: 하나의 비트에 불과하다. exec() 동안에 그 비트가 활성화된 경우, 프로세스의 새로운 허가된 집합에 활성화된 능력은 프로세스의 새로운 유효 집합에도 활성화된다. exec() 이후에 파일 유효 비트가 비활성화된 경우, 프로세스의 새로운 유효 집합은 최초에 비어 있다.
- 상속 가능한 집합: 이 집합은 exec() 이후에 프로세스의 허가된 집합에 활성화될 능력 집합을 결정하는 프로세스의 상속 가능한 집합에 마스크된다.

34.5절에서는 exec() 동안 파일 능력이 어떻게 사용되는지를 자세히 살펴본다.

> 허가된 파일 능력과 상속 가능한 파일 능력은 이전에 강제(forced) 능력과 허용(allowed) 능력으로 알려졌다. 지금은 없어졌지만, 이러한 용어는 여전히 유용한 정보를 담고 있다. 허가된 파일 능력은 프로세스의 현재 능력에 상관없이 exec() 동안 프로세스의 허가된 집합으로 강제되는 능력이다. 상속 가능한 파일 능력은 해당 능력이 프로세스의 상속 가능한 능력 집합에 활성화된 경우에 exec() 동안 프로세스의 허가된 집합에 포함하는 것이 허용되는 능력이다.
>
> 파일과 관련된 능력은 security.capability라는 보안 확장 속성(16.1절 참조)에 저장된다. CAP_SETFCAP 능력은 이러한 확장 속성을 갱신하는 데 요구된다.

**표 34-1** 각 리눅스 능력에 허용된 오퍼레이션

| 능력 | 프로세스에 허용된 오퍼레이션 |
|---|---|
| CAP_AUDIT_CONTROL | (리눅스 2.6.11부터) 커널 검사 로깅(audit logging)을 활성화/비활성화한다.<br>검사에 관련된 필터링 규칙을 변경한다.<br>검사 상태와 필터링 규칙을 추출한다. |
| CAP_AUDIT_WRITE | (리눅스 2.6.11부터) 기록을 커널 검사 로그에 쓴다. |
| CAP_CHOWN | 파일의 사용자 ID(소유자)를 변경하거나, 파일의 그룹 ID를 프로세스가 멤버가 아닌 그룹으로 변경한다(chown()). |

(이어짐)

| 능력 | 프로세스에 허용된 오퍼레이션 |
|---|---|
| CAP_DAC_OVERRIDE | 파일 읽기와 쓰기, 실행 권한 검사를 생략한다(DAC(discretionary access control)는 자유 재량 접근 제어의 약자다).<br>/proc/*PID*의 cwd, exe, root 심볼릭 링크의 내용을 읽는다. |
| CAP_DAC_READ_SEARCH | 파일 읽기 권한 검사와 디렉토리 읽기와 실행(검색) 권한의 검사를 생략한다. |
| CAP_FOWNER | 일반적으로 프로세스의 파일 시스템 사용자 ID가 파일의 사용자 ID와 일치하기를 요구하는 오퍼레이션에서 권한 검사를 무시한다(chmod(), utime()).<br>임의의 파일에 i-노드 플래그를 설정한다.<br>임의의 파일에 ACL(access control list)을 설정/수정한다.<br>파일을 삭제할 때 디렉토리의 스티키 비트(sticky bit)의 효과를 무시한다(unlink(), rmdir(), rename()).<br>open()과 fcntl(F_SETFL)에서 임의 파일의 O_NOATIME을 명시한다. |
| CAP_FSETID | 커널로 하여금 set-user-ID와 set-group-ID를 비활성화하게 하지 않은 채로 파일을 수정한다(write(), truncate()).<br>그룹 ID가 프로세스의 파일 시스템 그룹 ID나 추가 그룹 ID와 일치하지 않는 파일에 대해 set-group-ID를 활성화한다(chmod()). |
| CAP_IPC_LOCK | 메모리 잠금 제한을 무시한다(mlock(), mlockall(), shmctl(SHM_LOCK), shmctl(SHM_UNLOCK)).<br>shmget() SHM_HUGETLB 플래그와 mmap() MAP_HUGETLB 플래그를 사용한다. |
| CAP_IPC_OWNER | 시스템 V IPC 객체에서 오퍼레이션에 대한 권한 검사를 생략한다. |
| CAP_KILL | 시그널을 보내는 것에 대한 권한 검사를 생략한다(kill(), sigqueue()). |
| CAP_LEASE | (리눅스 2.4부터) 임의의 파일에 리즈(lease)를 만든다(fcntl(F_SETLEASE)). |
| CAP_LINUX_IMMUTABLE | 추가(append)와 불변(immutable)의 i-노드 플래그를 설정한다. |
| CAP_MAC_ADMIN | (리눅스 2.6.25부터) 의무 접근 제어(MAC(mandatory access control), 몇몇 리눅스 보안 모듈이 구현함)에 대한 상태 변경을 설정하거나 만든다. |
| CAP_MAC_OVERRIDE | (리눅스 2.6.25부터) MAC(몇몇 리눅스 보안 모듈이 구현함)을 무시한다. |
| CAP_MKNOD | (리눅스 2.4부터) 디바이스를 생성하기 위해 mknod()를 사용한다. |
| CAP_NET_ADMIN | 여러 가지 네트워크 관련 오퍼레이션을 실행한다(예: 특권 소켓 옵션 설정, 멀티캐스팅 활성화, 네트워크 인터페이스 설정, 라우팅 테이블 수정). |
| CAP_NET_BIND_SERVICE | 특권 소켓 포트에 연결 짓는다. |
| CAP_NET_BROADCAST | (미사용) 소켓 브로드캐스트를 실행하고, 멀티캐스트를 듣는다. |
| CAP_NET_RAW | 가공되지 않은 패킷 형태의 소켓을 사용한다. |

(이어짐)

| 능력 | 프로세스에 허용된 오퍼레이션 |
|---|---|
| CAP_SETGID | 그룹 ID를 처리하기 위한 임의의 변경을 한다(setgid(), setegid(), setregid(), setresgid(), setfsgid(), setgroups(), initgroups()).<br>유닉스 도메인 소켓(SCM_CREDENTIALS)을 통해 능력을 전달할 때 그룹 ID를 만든다. |
| CAP_SETFCAP | (리눅스 2.6.24부터) 파일 능력을 설정한다. |
| CAP_SETPCAP | 파일 능력이 지원되지 않을 경우, (자신을 포함한) 다른 어떤 프로세스로(부터) 프로세스의 허가된 집합에 있는 능력을 허용하고, 제거한다.<br>파일 능력이 지원되지 않으면 프로세스의 능력 관련 집합의 모든 능력을 상속 가능한 집합으로 추가하고, 관련 집합의 능력을 제거하며, 안전한 비트 플래그를 변경한다. |
| CAP_SETUID | 사용자 ID를 처리하기 위한 임의의 변경을 한다(setuid(), seteuid(), setreuid(), setresuid(), setfsuid()).<br>유닉스 도메인 소켓을 통해 능력을 전달할 때 사용자 ID를 만든다(SCM_CREDENTIALS). |
| CAP_SYS_ADMIN | 파일을 여는 시스템 호출(예: open(), shm_open(), pipe(), socket(), accept(), exec(), acct(), epoll_create())의 /proc/sys/fs/file-max 한도를 초과한다.<br>quotactl()(디스크 할당 제어), mount()와 umount(), swapon()과 swapoff(), pivot_root(), sethostname()과 setdomainname()을 포함한 여러 가지 시스템 관리자 오퍼레이션을 실행한다.<br>여러 가지 syslog(2) 오퍼레이션을 실행한다. RLIMIT_NPROC 자원 한도를 덮어쓴다(fork()).<br>lookup_dcookie()를 호출한다.<br>신뢰할 수 있고 보안 확장된 속성을 설정한다.<br>임의의 시스템 V IPC 객체에 IPC_SET과 IPC_RMID 오퍼레이션을 실행한다.<br>유닉스 도메인 소켓을 통해 능력을 전달할 때 프로세스 ID를 만든다(SCM_CREDENTIALS).<br>IOPRIO_CLASS_RT 스케줄링 클래스를 할당하기 위해 ioprio_set()을 사용한다.<br>TIOCCONS ioctl()을 사용한다.<br>clone() 및 unshared()와 함께 CLONE_NEWNS 플래그를 사용한다.<br>KEYCTL_CHOWN과 KEYCTL_SETPERM keyctl() 오퍼레이션을 실행한다.<br>random(4) 디바이스를 관리한다.<br>여러 가지 디바이스 관련 오퍼레이션을 실행한다. |
| CAP_SYS_BOOT | 시스템을 재부팅하기 위해 reboot()를 사용한다.<br>kexec_load()를 호출한다. |
| CAP_SYS_CHROOT | 프로세스 루트 디렉토리를 설정하기 위해 chroot()를 사용한다. |
| CAP_SYS_MODULE | 커널 모듈을 로드/언로드한다(init_module(), delete_module(), create_module()). |

(이어짐)

| 능력 | 프로세스에 허용된 오퍼레이션 |
|---|---|
| CAP_SYS_NICE | nice 값을 증가시킨다(nice(), setpriority()).<br>임의의 프로세스에 대한 nice 값을 변경한다(setpriority()).<br>호출 프로세스의 SCHED_RR과 SCHED_FIFO 실시간 스케줄링 정책을 설정한다.<br>SCHED_RESET_ON_FORK 플래그를 재설정한다.<br>임의의 프로세스에 대해 스케줄링 정책과 우선순위를 설정한다(sched_setscheduler(), sched_setparam()).<br>임의의 프로세스를 위한 I/O 스케줄링 클래스와 우선순위를 설정한다(ioprio_set()).<br>임의의 프로세스에 대해 CPU 친화도를 설정한다(sched_setaffinity()).<br>임의의 프로세스를 이동하기 위해 migrate_pages()를 사용한다.<br>프로세스가 임의의 노드로 이동하는 것을 허용한다.<br>move_pages()를 임의의 프로세스에 적용한다.<br>mbind() 및 move_pages()와 함께 MPOL_MF_MOVE_ALL 플래그를 사용한다. |
| CAP_SYS_PACCT | 프로세스 업무를 활성화 또는 비활성화하기 위해 acct()를 사용한다. |
| CAP_SYS_PTRACE | ptrace()를 사용해 임의의 프로세스를 추적한다.<br>임의의 프로세스에 대한 /proc/*PID*/environ에 접근한다.<br>get_robust_list()를 임의의 프로세스에 적용한다. |
| CAP_SYS_RAWIO | iopl()과 ioperm()을 사용해 I/O 포트에 오퍼레이션을 실행한다.<br>/proc/kcore에 접근한다.<br>/dev/mem과 /dev/kmem을 연다. |
| CAP_SYS_RESOURCE | 파일 시스템의 예약된 공간을 사용한다.<br>ext3 저널링을 제어하는 ioctl() 호출을 한다.<br>디스크 할당 한도를 덮어쓴다.<br>경성 자원 한도를 증가시킨다(setrlimit()).<br>RLIMIT_NPROC 자원 한도를 덮어쓴다(fork()).<br>/proc/sys/kernel/msgmnb의 한도 위의 시스템 V 메시지 큐의 msg_qbytes 한도를 증가시킨다.<br>/proc/sys/fs/mqueue 내의 파일에 정의된 여러 가지 POSIX 메시지 큐 한도를 생략한다. |
| CAP_SYS_TIME | 시스템 클록을 수정한다(settimeofday(), stime(), adjtime(), adjtimex()).<br>하드웨어 클록을 설정한다. |
| CAP_SYS_TTY_CONFIG | vhangup()을 사용해 터미널의 가상 종료나 가상 터미널을 실행한다. |

### 34.3.3 허가된 프로세스와 유효 능력 집합의 목적

허가된 프로세스process permitted 능력 집합은 프로세스가 사용할 능력을 정의한다. 유효 프로세스process effective 능력 집합은 프로세스에 대해 현재 효과가 있는 능력을 정의한다. 즉 프로세스가 특정 동작을 실행하는 데 필요한 권한을 갖고 있는지 검사할 때 커널이 사용하는 능력의 집합을 말한다.

허용된 능력 집합은 유효 집합에 상한을 부여한다. 프로세스는 능력이 허가된 집합에 있는 경우에만 유효 집합에 능력을 만들 수 있다(여기서 만든다raise는 의미는 추가add나 설정한다set는 용어와 의미가 일치한다. 반대의 오퍼레이션 drop은 제거remove하거나 버린다clear와 의미가 같다).

> 유효 능력 집합과 허용된 능력 집합의 관계는 유효 사용자 ID와 set-user-ID-root 프로그램을 위해 저장된 set-user-ID 사이의 관계와 동일하다. 저장된 set-user-ID에 0을 유지하는 동안, 유효 집합에서 능력을 버리는 것은 임시로 0을 갖는 유효 사용자 ID를 버리는 것과 일치한다. 유효 능력 집합과 허용된 능력 집합에서 능력을 버린다는 것은 유효 사용자 ID와 저장된 set-user-ID를 0이 아닌 값으로 설정함으로써 슈퍼유저 권한을 영원히 버린다는 의미와 동일하다.

### 34.3.4 허가된 파일과 유효 능력 집합의 목적

허가된 파일 능력 집합은 실행 파일이 능력을 프로세스에 줄 수 있는 메커니즘을 제공한다. 이는 exec() 동안 프로세스의 허용된 능력 집합에 할당되는 능력의 그룹을 명시한다.

유효 파일 능력 집합은 활성화되거나 비활성화되는 하나의 플래그(비트)다. 이 집합이 왜 하나의 비트만을 갖는지를 이해하려면, 다음과 같이 프로그램이 실행될 때 발생하는 두 가지 경우를 고려해봐야 한다.

- 프로그램은 능력에 우둔capability-dumb할 것이다. 능력에 대해 알지 못한다는 뜻이다(즉 전통적인 set-user-ID-root 프로그램으로 설계됐다). 그러한 프로그램은 특권 오퍼레이션을 실행할 수 있도록 유효 집합에 능력을 만들 필요가 있다는 사실을 모를 것이다. 그러한 프로그램에서 exec()는 프로세스의 모든 새로운 허가된 집합을 자동적으로 유효 집합에 할당하는 효과를 내야 한다. 이 결과는 파일의 유효 비트를 활성화함으로써 이뤄진다.

- 프로그램은 능력을 인식capability-aware할 것이다. 의미는 능력 프레임워크를 염두에 두고 설계됐고, 유효 집합에 능력을 만들거나 제거하기 위해 적절한 시스템 호출(나중에 설명함)을 사용할 것이다. 그러한 프로그램에서 최소 특권의 고려는 exec() 이후에 모든 능력은 프로세스의 유효 능력 집합에서 초기에는 비활성화돼야만 함을 의미한다. 이 결과는 유효 능력 비트를 비활성화함으로써 이뤄진다.

### 34.3.5 프로세스와 파일 상속 집합의 목적

처음에 보기에 프로세스와 파일에 대한 허가된 집합과 유효 집합의 사용은 능력 시스템에 충분한 프레임워크처럼 보일 것이다. 하지만 이러한 집합이 충분하지 않은 몇 가지 경우가 있다. 예를 들어, exec()를 실행하는 프로세스가 exec()에 걸친 현재 능력의 일부를 유지하기를 원한다면 어떠한가? 능력 구현은 exec()에 걸쳐서 프로세스의 허용된 능력을 단순히 유지함으로써 이러한 기능을 제공할 수 있는 것처럼 보일 것이다. 하지만 이런 접근 방법은 다음과 같은 경우를 처리하지 못할 것이다.

- exec()의 실행은 exec()에 걸쳐 유지하길 원하지 않는 특정 권한(예: CAP_DAC_OVERRIDE)을 요구할 것이다.
- exec()에 걸쳐 유지하기를 원하지 않은 몇몇 허가된 능력을 명시적으로 제거하지만, exec()가 실패한다고 가정해보자. 이러한 경우에 프로그램은 이미 (되돌릴 수 없게) 제거된 허용된 능력의 일부를 필요로 할 것이다.

이러한 이유로 인해 프로세스의 허가된 능력은 exec()에 걸쳐 유지되지 않는다. 대신에, 또 다른 능력 집합인 상속 가능한 집합이 도입된다. 상속 가능한 집합은 프로세스가 exec()에 걸쳐 몇몇 능력을 유지할 수 있게 하는 메커니즘을 제공한다.

상속 가능한 프로세스 능력 집합은 exec() 동안 프로세스의 허가된 능력 집합에 할당될 능력 그룹을 명시한다. 상응하는 상속 가능한 파일 집합은 exec() 동안에 프로세스의 허가된 능력 집합에 실질적으로 추가되는 능력을 결정하기 위한 상속 가능한 프로세스 능력 집합에 대해 AND 연산으로 마스크된다.

> exec()에 걸쳐서 허가된 프로세스 능력 집합을 단순히 유지하지 않는 철학적인 이유가 있다. 능력 시스템의 아이디어는 프로세스에 주어진 모든 권한은 프로세스가 실행한 파일에 의해 허용되거나 제어된다는 것이다. 상속 가능한 프로세스 집합이 exec()에 걸쳐서 전달되는 능력을 명시한다고 하더라도, 이러한 능력은 상속 가능한 파일 집합에 의해 막힌다.

### 34.3.6 셸에서 파일 능력 할당과 확인

34.7절에 기술된 libcap 패키지에 포함된 setcap(8)과 getcap(8) 명령은 파일 능력 집합을 조작하는 데 사용될 수 있다. 표준 date(1) 프로그램을 사용한 짧은 예제로 이러한 명령의 사용을 설명한다(이 프로그램은 34.3.4절의 정의에 따라서 능력 우둔한 응용 프로그램의 예다). 특권을 가지고 실행할 때, date(1)은 시스템 시간을 변경하는 데 사용될 수 있다. date 프로그램은 set-user-ID-root가 아니며, 따라서 일반적으로 특권으로 실행할 수 있는 유일한 방법은 슈퍼유저가 되는 것이다.

현재 시스템 시간을 출력함으로써 시작하고, 특권이 없는 사용자로서 시간을 변경하려고 시도한다.

```
$ date
Tue Dec 28 15:54:08 CET 2010
$ date -s '2018-02-01 21:39'
date: cannot set date: Operation not permitted
Thu Feb  1 21:39:00 CET 2018
```

date 명령이 시스템 시간을 변경하는 데 실패했지만, 그럼에도 불구하고 표준 포맷으로 인자를 출력함을 확인할 수 있다.

다음은 슈퍼유저가 되고, 이는 시스템 시간을 성공적으로 변경하도록 허용한다.

```
$ sudo date -s '2018-02-01 21:39'
root's password:
Thu Feb  1 21:39:00 CET 2018
$ date
Thu Feb  1 21:39:02 CET 2018
```

이제 date 프로그램의 복사본을 만들고, 필요한 능력을 부여한다.

```
$ whereis -b date                    date 바이너리의 위치를 찾는다.
date: /bin/date
$ cp /bin/date .
$ sudo setcap "cap_sys_time=pe" date
root's password:
$ getcap date
date = cap_sys_time+ep
```

위에서 보인 setcap 명령은 실행 파일의 허가된 능력 집합(p)과 유효 능력 집합(e)에 CAP_SYS_TIME 능력을 부여한다. 그리고 파일에 할당된 능력을 검사하기 위해 getcap 명령을 사용했다(능력 집합을 나타내기 위해 setcap과 getcap에 사용된 문법은 libcap 패키지에 제공되는 cap_from_text(3) 매뉴얼 페이지에 기술된다).

date 프로그램 복사본의 파일 능력은 프로그램이 시스템 시간을 설정하기 위해 비특권 사용자가 사용하는 것을 허용한다.

```
$ ./date -s '2010-12-28 15:55'
Tue Dec 28 15:55:00 CET 2010
$ date
Tue Dec 28 15:55:02 CET 2010
```

## 34.4 현대적인 능력 기능 구현

능력의 완전한 구현은 다음과 같다.

- 각 특권 오퍼레이션에 대해 커널은 유효(또는 파일 시스템) 사용자 ID가 0인지를 검사하는 대신에 프로세스가 관련된 능력을 갖고 있는지 검사해야 한다.
- 커널은 프로세스의 능력이 추출되고 수정되도록 허용하는 시스템 호출을 제공해야 한다.
- 커널은 능력을 실행 파일에 붙인다는 개념을 지원해야 하고, 따라서 파일이 실행될 때 프로세스는 관련된 능력을 얻는다. 이는 set-user-ID 비트와 동일하지만, 실행 파일에서 모든 능력의 독립적인 명세를 허용한다. 추가적으로 시스템은 실행 파일에 붙은 능력을 설정하고, 검사하기 위한 프로그래밍 인터페이스와 명령의 집합을 제공해야 한다.

커널 2.6.23을 포함한 버전까지 리눅스는 처음 두 가지 요구사항만 만족했다. 커널 2.6.24부터 파일에 능력을 붙이는 일이 가능해졌다. 그 밖의 여러 가지 기능이 능력 구현을 완성하기 위해 커널 2.6.25와 2.6.26에 추가됐다.

대부분의 능력 논의에서는 현대적인 구현에 초점을 맞출 것이다. 34.10절에서는 파일 능력이 도입되기 전에 구현이 어떻게 달랐는지 확인한다. 더욱이 파일 능력은 현대의 커널에서 선택적인 커널 컴포넌트이지만, 논의의 주제를 위해 이러한 컴포넌트가 활성화됐다고 가정할 것이다. 이후에 파일 능력이 활성화되지 않은 경우 발생하는 차이점을 설명할 것이다(여러 가지 측면에서 동작은 파일 능력이 구현되지 않았던 커널 2.6.24 이전의 리눅스 동작과 유사하다).

이제 리눅스 능력 구현을 더욱 자세히 살펴보자.

## 34.5 exec() 동안 프로세스 능력 기능 변경

exec() 동안 커널은 프로세스의 현재 능력과 실행되는 파일의 능력 집합에 기반한 프로세스를 위한 새로운 능력을 설정한다. 커널은 다음과 같은 규칙을 사용해 프로세스의 새로운 능력을 산출한다.

```
P'(permitted) = (P(inheritable) & F(inheritable)) | (F(permitted) &
    cap_bset)

P'(effective) = F(effective) ? P'(permitted) : 0

P'(inheritable) = P(inheritable)
```

위의 규칙에서 P는 exec() 이전의 능력 집합의 값, P'는 exec() 이후에 능력 집합의 값, F는 파일 능력 집합을 나타낸다. cap_bset 식별자는 능력 결합 집합capability bounding set의 값을 나타낸다. exec()는 프로세스에 변경되지 않은 상속 가능한 능력 집합을 남겨둔다는 사실을 알아두기 바란다.

### 34.5.1 능력 기능 결합 집합

능력 결합 집합은 프로세스가 exec() 동안에 얻을 수 있는 능력을 제한하는 데 사용되는 보안 메커니즘이다. 이 집합은 다음과 같이 사용된다.

- exec() 동안, 능력 결합 집합은 새로운 프로그램에 허용될 허가된 능력을 결정하기 위한 허가된 파일 능력으로 AND 연산이 된다. 다시 말해, 실행 파일의 허가된 능력 집합은 능력이 결합 집합에 있지 않을 경우에 프로세스에 허가된 능력을 허용할 수 없다.
- 능력 결합 집합은 프로세스의 상속 가능한 집합에 추가될 수 있는 능력을 제한하는 상위 집합이다. 이는 능력이 결합 집합에 있지 않다면, 프로세스는 허가된 능력 중의 하나를 상속 가능한 집합에 추가할 수 없고, (위에 기술된 첫 번째 능력 변환 규칙을 통해) 상속 가능한 집합에 능력을 가진 파일을 실행할 때 해당 능력을 허가된 집합에 유지하게 한다.

능력 결합 집합은 fork()를 통해 생성된 자식이 상속하고, exec()에 걸쳐 유지되는 프로세스당 속성이다. 파일 능력을 지원하는 커널에서 init(모든 프로세스의 조상)는 모든 능력을 포함하는 능력 결합 집합을 가지고 시작한다.

프로세스가 CAP_SETPCAP 능력을 갖는다면, prctl() PR_CAPBSET_DROP 오퍼레이

션을 사용해 결합 집합의 능력을 (되돌릴 수 없게) 제거할 수 있다(결합 집합에서 능력을 제거하는 행위는 프로세스 허가된 능력 집합과 유효 능력 집합, 상속 가능한 능력 집합에 영향을 미치지 않는다). 프로세스는 prctl()의 PR_CAPBSET_READ 오퍼레이션을 사용해 능력이 결합 집합에 있는지 확인할 수 있다.

> 더욱 상세히 말해서, 능력 결합 집합은 스레드당 속성이다. 리눅스 2.6.26부터 시작해 이러한 속성은 리눅스 고유 /proc/*PID*/task/*TID*/status 파일의 CapBnd 필드에 출력된다. /proc/PID/status 파일은 프로세스의 주 스레드의 결합 집합을 나타낸다.

### 34.5.2 root 문법 유지

파일을 실행할 때 root 사용자(즉 root는 모든 권한을 가짐)에 대한 전통적인 의미를 보존하기 위해, 파일과 관련된 모든 능력 집합은 무시된다. 대신에, 34.5절에 나타난 알고리즘의 목적을 위해서, exec() 동안에 파일 능력 집합은 의미상 다음과 같이 정의된다.

- set-user-ID-root 프로그램이 실행되거나, exec()를 호출하는 프로세스의 실제 또는 유효 사용자 ID가 0이라면, 파일 상속 가능한 집합과 허가된 집합은 모두 1로 정의된다.
- set-user-ID-root 프로그램이 실행되거나, exec()를 호출하는 프로세스의 유효 사용자 ID가 0이라면, 파일 유효 비트는 설정으로 정의된다.

set-user-ID-root 프로그램을 실행한다고 가정하면, 파일 능력 집합의 이러한 의미상의 개념은 34.5절에 기술된 프로세스의 새로운 허가된 능력 집합과 유효 능력 집합의 산출을 다음과 같이 단순화함을 의미한다.

```
P'(permitted) = P(inheritable) | cap_bset
P'(effective) = P'(permitted)
```

## 34.6 사용자 ID 변경 프로세스 능력의 효과

0과 0이 아닌 사용자 ID 사이의 변환을 위한 전통적인 의미의 호환성을 유지하고자, 커널은 (setuid() 등을 이용해) 프로세스 사용자 ID를 변환할 때 다음과 같이 실행한다.

1. 실제 사용자 ID나 유효 사용자 ID, 저장된 set-user-ID가 이전에 0의 값을 갖고, 사용자 ID 변경의 결과로 이러한 세 가지 ID 모두가 0이 아닌 값을 갖는다면, 허가된 능력 집합과 유효 능력 집합은 제거된다(즉 모든 능력은 영원히 버려진다).

2. 유효 사용자 ID가 0에서 0이 아닌 값으로 변경되면, 유효 능력 집합은 제거된다(즉 유효 능력은 제거되지만, 허가된 능력 집합에 있는 것은 다시 사용될 수 있다).

3. 유효 사용자 ID가 0이 아닌 값에서 0으로 변경된다면, 허가된 능력 집합은 유효 능력 집합으로 복사된다(즉 모든 허가된 능력은 유효 능력 집합이 된다).

4. 파일 시스템 사용자 ID가 0에서 0이 아닌 값으로 변경될 때, 파일 관련 능력인 CAP_CHOWN, CAP_DAC_OVERRIDE, CAP_DAC_READ_SEARCH, CAP_FOWNER, CAP_FSETID, CAP_LINUX_IMMUTABLE(리눅스 2.6.30부터), CAP_MAC_OVERRIDE, CAP_MKNOD(리눅스 2.6.30부터)는 유효 능력 집합으로부터 제거된다.

## 34.7 프로그램적으로 프로세스 능력 변경

프로세스는 capset() 시스템 호출이나 아래 설명하는 좀 더 선호되는 libcap API를 사용해 능력 집합으로부터 능력을 다시 사용하거나 제거할 수 있다. 프로세스 능력 변경은 다음과 같은 규칙을 따른다.

1. 프로세스가 유효 집합에 CAP_SETPCAP 능력을 갖고 있지 않다면, 새로운 상속 가능한 집합은 현존하는 상속 가능하고, 허가된 집합 조합의 하부 집합이어야 한다.
2. 새로운 상속 가능한 집합은 현재 존재하는 상속 가능한 집합과 능력 결합 집합 조합의 하부 집합이어야 한다.
3. 새롭게 허가된 집합은 현존하는 허가된 집합의 하부 집합이어야 한다. 즉 프로세스는 자신에게 허가되지 않은 집합을 자신에게 허가할 수 없다. 더 쉽게 말해서, 허가된 집합으로부터 제거된 능력은 재획득될 수 없다.
4. 새로운 유효 집합은 새롭게 허가된 집합에 있는 능력만을 포함하도록 허용된다.

### libcap API

지금까지 의도적으로 capset() 시스템 호출이나 프로세스의 능력을 추출하는 capget()의 정의를 설명하지 않았다. 이는 이러한 시스템 호출의 사용은 피해야 하기 때문이다. 대신에, libcap 라이브러리의 함수가 사용돼야 한다. 이런 함수는 몇몇 리눅스 확장과 함께 취소된 표준 초안인 POSIX 1003.1e와 호환되는 인터페이스를 제공한다.

공간 절약을 위해 libcap API를 자세히 기술하지는 않는다. 개괄적으로 보면, 이러한 함수를 사용하는 프로그램은 일반적으로 다음과 같은 단계를 거친다.

1. 커널에서 프로세스의 현재 능력 집합의 복사본을 추출하고, 함수가 사용자 공간에 할당한 구조체에 위치시키기 위해 cap_get_proc()을 사용한다(다른 방법으로 새로운 빈 능력 집합 구조체를 생성하기 위해 cap_init()를 사용할 수 있다). libcap API에서 cap_t 데이터형은 그러한 구조체를 가리키는 데 사용되는 포인터다.
2. 이전 단계에서 추출된 사용자 공간 구조체에 저장된 허가된 집합과 유효 집합, 상속 가능한 집합에서 능력을 설정(CAP_SET)하고, 제거(CAP_CLEAR)하기 위해 사용자 공간 구조체를 갱신하는 cap_set_flag() 함수를 사용한다.
3. 프로세스의 능력을 변경하기 위해 사용자 공간 구조체를 다시 커널로 돌려주는 cap_set_proc() 함수를 사용한다.
4. 첫 번째 단계에서 libcap API가 할당하는 구조체를 해제하기 위해 cap_free() 함수를 사용한다.

> 책을 집필하는 시점에, 새롭게 개선된 능력 라이브러리 API인 libcap-ng의 작업이 진행 중이다. 자세한 내용은 http://freshmeat.net/projects/libcap-ng에서 찾을 수 있다.

### 예제 프로그램

255페이지의 리스트 8-2에서는 표준 암호 데이터베이스에서 사용자 이름과 암호를 인증하는 프로그램을 기술했다. 프로그램은 root나 shadow 그룹의 멤버가 아닌 사용자가 읽는 것을 방지하기 위한 섀도 패스워드 파일shadow password file을 읽기 위해 특권을 요구한다고 언급했다. 이러한 프로그램이 요구하는 특권을 제공하는 전통적인 방법은 root 로그인하에서 실행하거나, set-user-ID-root 프로그램으로 만드는 것이다. 여기서는 능력과 libcap API를 사용한 수정된 버전을 소개한다.

일반 사용자로서 섀도 패스워드 파일을 읽으려면 표준 파일 권한 검사를 통과해야 한다. 표 34-1에 나열된 능력을 검사함으로써 적절한 능력은 CAP_DAC_READ_SEARCH임을 확인할 수 있다. 암호 인증 프로그램의 수정된 버전은 리스트 34-1에 나타난다. 이 프로그램은 섀도 패스워드 파일에 접근하기 바로 전에 유효 능력 집합에서 CAP_DAC_READ_SEARCH를 사용하기 위해 libcap API를 사용하고, 접근 이후에 즉시 능력을 제거한다. 프로그램을 사용하는 비특권 사용자를 위해, 다음 셸에서 나타난 것과 같이 허가된 파일 능력 집합에서 이러한 능력을 설정해야만 한다.

```
$ sudo setcap "cap_dac_read_search=p" check_password_caps
root's password:
$ getcap check_password_caps
check_password_caps = cap_dac_read_search+p
$ ./check_password_caps
Username: mtk
Password:
Successfully authenticated: UID=1000
```

**리스트 34-1 사용자를 인증하는 능력 인식 프로그램**

cap/check_password_caps.c

```
#define _BSD_SOURCE            /* <unistd.h>에서 getpass() 정의 */
#define _XOPEN_SOURCE          /* <unistd.h>에서 crypt() 정의 */
#include <sys/capability.h>
#include <unistd.h>
#include <limits.h>
#include <pwd.h>
#include <shadow.h>
#include "tlpi_hdr.h"

/* 호출자의 유효 능력에서 능력 설정 변경 */

static int
modifyCap(int capability, int setting)
{
    cap_t caps;
    cap_value_t capList[1];

    /* 호출자의 현재 능력을 추출 */

    caps = cap_get_proc();
    if (caps == NULL)
        return -1;

    /* 'caps'의 유효 집합에서 'capability'의 설정을 변경한다.
       세 번째 인자인 1은 'capList' 배열의 항목 수다. */

    capList[0] = capability;
    if (cap_set_flag(caps, CAP_EFFECTIVE, 1, capList, setting) == -1) {
        cap_free(caps);
        return -1;
    }

    /* 호출자의 능력을 변경하기 위해 수정된 능력을 커널로 돌려보낸다. */

    if (cap_set_proc(caps) == -1) {
        cap_free(caps);
        return -1;
```

```
    }

    /* libcap이 할당한 구조체를 해제한다. */
    if (cap_free(caps) == -1)
        return -1;

    return 0;
}

static int                  /* 호출자의 유효 집합에서 능력을 사용한다. */
raiseCap(int capability)
{
    return modifyCap(capability, CAP_SET);
}

/* 동일한 dropCap() (이 프로그램에서는 필요 없음),
   modifyCap(capability, CAP_CLEAR)와 같이 정의될 수 있다. */

static int                  /* 모든 집합에서 모든 능력을 제거한다. */
dropAllCaps(void)
{
    cap_t empty;
    int s;

    empty = cap_init();
    if (empty == NULL)
        return -1;

    s = cap_set_proc(empty);
    if (cap_free(empty) == -1)
        return -1;

    return s;
}

int
main(int argc, char *argv[])
{
    char *username, *password, *encrypted, *p;
    struct passwd *pwd;
    struct spwd *spwd;
    Boolean authOk;
    size_t len;
    long lnmax;

    lnmax = sysconf(_SC_LOGIN_NAME_MAX);
    if (lnmax == -1)        /* 한도가 정해져 있지 않은 경우 */
        lnmax = 256;        /* 추측 */
```

```
username = malloc(lnmax);
if (username == NULL)
    errExit("malloc");

printf("Username: ");
fflush(stdout);
if (fgets(username, lnmax, stdin) == NULL)
    exit(EXIT_FAILURE);             /* EOF에서 종료 */

len = strlen(username);
if (username[len - 1] == '\n')
    username[len - 1] = '\0';       /* 종료자 '\n'을 제거 */

pwd = getpwnam(username);
if (pwd == NULL)
    fatal("couldn't get password record");

/* CAP_DAC_READ_SEARCH가 필요한 이상으로 사용한다. */

if (raiseCap(CAP_DAC_READ_SEARCH) == -1)
    fatal("raiseCap() failed");

spwd = getspnam(username);
if (spwd == NULL && errno == EACCES)
    fatal("no permission to read shadow password file");

/* 이 시점에서 더 이상 능력이 필요 없으므로,
   모든 집합에서 모든 능력을 제거한다. */

if (dropAllCaps() == -1)
    fatal("dropAllCaps() failed");

if (spwd != NULL)                   /* 섀도 패스워드 기록이 있는 경우 */
    pwd->pw_passwd = spwd->sp_pwdp; /* 섀도 패스워드를 사용한다. */

password = getpass("Password: ");

/* 패스워드를 암호화하고, 즉시 텍스트를 제거한다. */

encrypted = crypt(password, pwd->pw_passwd);
for (p = password; *p != '\0'; )
    *p++ = '\0';

if (encrypted == NULL)
    errExit("crypt");

authOk = strcmp(encrypted, pwd->pw_passwd) == 0;
if (!authOk) {
    printf("Incorrect password\n");
```

```
        exit(EXIT_FAILURE);
    }

    printf("Successfully authenticated: UID=%ld\n", (long) pwd->pw_uid);

    /* 이제 인증된 작업을 한다... */

    exit(EXIT_SUCCESS);
}
```

## 34.8 능력 기능만의 환경 생성

지금까지 사용자 ID가 0(root)인 프로세스가 다음과 같은 능력에 대해 처리되는 여러 가지 방법을 기술했다.

- 0으로 정의된 1개 혹은 그 이상의 사용자 ID를 가진 프로세스가 모든 사용자 ID를 0이 아닌 값으로 설정할 때, 허가된 능력 집합과 유효 능력 집합은 제거된다(34.6절 참조).
- 유효 사용자 ID가 0인 프로세스가 사용자 ID를 0이 아닌 값으로 변경할 때, 유효 능력을 잃는다. 반대 동작을 할 때, 허가된 능력 집합은 유효 집합에 복사된다. 프로세스의 파일 시스템 사용자 ID를 0에서 0이 아닌 값으로 변경할 때 능력의 하부 집합에 대해서도 유사한 과정이 성립한다(34.6절 참조).
- root인 실제 혹은 유효 사용자 ID가 프로그램을 실행하거나, 어떤 프로세스가 set-user-ID-root 프로그램을 실행하는 경우, 상속 가능한 파일 집합과 허가된 집합은 의미상 모두 1로 정의된다. 프로세스의 유효 사용자 ID가 0이거나, set-user-ID-root 프로그램을 실행하고 있는 경우, 유효 파일 비트는 의미상 1로 정의된다(34.5.2절 참조). 일반적인 경우(즉 실제와 유효 사용자 ID 모두 root이거나 set-user-ID-root 프로그램이 실행되는 경우), 이는 프로세스는 허가된 집합과 유효 집합의 모든 능력을 갖는다는 뜻이다.

완전히 능력에 기반한 시스템에서 커널은 위에서 언급한 어떠한 특별 취급도 실행할 필요는 없다. set-user-ID-root 프로그램은 없을 것이며, 파일 능력은 프로그램이 요구하는 최소한의 능력만을 허용하기 위해 사용될 것이다.

현존하는 응용 프로그램은 파일 능력 구조를 사용하도록 만들어지지 않았기 때문에, 커널은 사용자 ID가 0인 프로세스의 전통적인 처리를 유지해야만 한다. 그럼에도 불구하고 위에서 기술한 순수 능력 기반의 환경에서 실행하는 응용 프로그램을 원할 것이다. 커널 2.6.26부터 시작하여 파일 능력이 커널에 활성화된 경우, 리눅스는 root의 세 가지 특별한 처리 각각을 활성화하거나 비활성화하는 프로세스당 플래그 집합을 제어하는 securebits 메커니즘을 제공한다(정확히 말해서 securebits 플래그는 실질적으로 스레드당 속성에 해당한다).

securebits 메커니즘은 표 34-2에 나타난 플래그를 제어한다. 플래그는 base 플래그와 해당되는 locked 플래그의 관련된 쌍으로 존재한다. 기본 플래그 각각은 위에 기술한 root의 특별한 처리 중 하나를 제어한다. 해당되는 잠긴 플래그를 설정하는 것은 관련된 기본 플래그(한 번 설정되면 잠긴 플래그는 해제될 수 없다)로의 변경을 막는 1회성 오퍼레이션이다.

**표 34-2** securebits 플래그

| 플래그 | 설정된 경우 의미 |
|---|---|
| SECBIT_KEEP_CAPS | 0으로 정의된 1개 혹은 그 이상의 사용자 ID를 가진 프로세스가 모든 사용자 ID를 0이 아닌 값으로 설정할 때, 허가된 능력을 제거하지 않는다. 이 플래그는 SECBIT_NO_SETUID_FIXUP이 설정되지 않은 경우에 효과가 있다. 이 플래그는 exec() 시에 제거된다. |
| SECBIT_NO_SETUID_FIXUP | 유효, 혹은 파일 시스템 사용자 ID가 0에서 0이 아닌 값으로 변경될 때 능력을 변경하지 않는다. |
| SECBIT_NOROOT | 0인 실제 혹은 유효 사용자 ID를 가진 프로세스가 exec()를 실행하거나, set-user-ID-root 프로그램을 실행하는 경우, (실행 파일이 파일 능력을 갖고 있지 않으면) 능력을 허용하지 않는다. |
| SECBIT_KEEP_CAPS_LOCKED | SECBIT_KEEP_CAPS를 잠근다. |
| SECBIT_NO_SETUID_FIXUP_LOCKED | SECBIT_NO_SETUID_FIXUP을 잠근다. |
| SECBIT_NOROOT_LOCKED | SECBIT_NOROOT를 잠근다. |

securebits 플래그 설정은 fork()가 생성한 자식에 의해 상속된다. 아래 기술된 PR_SET_KEEPCAPS 설정을 가지고 역사적으로 호환성을 위해 제거된 SECBIT_KEEP_CAPS를 제외한 모든 플래그 설정은 exec() 동안 유지된다.

프로세스는 prctl() PR_GET_SECUREBITS 오퍼레이션을 사용해 securebits 플래그를 추출할 수 있다. 프로세스가 CAP_SETPCAP 능력을 갖고 있는 경우, prctl() PR_

SET_SECUREBITS 오퍼레이션을 사용해 securebits 플래그를 수정할 수 있다. 순수하게 능력 기반의 응용 프로그램은 다음을 사용해 호출 프로세스와 모든 후손을 위한 root의 특별한 처리를 되돌릴 수 없게 비활성화한다.

```
if (prctl(PR_SET_SECUREBITS,
        /* SECBIT_KEEP_CAPS 플래그 비활성화 */
        SECBIT_NO_SETUID_FIXUP | SECBIT_NO_SETUID_FIXUP_LOCKED |
        SECBIT_NOROOT | SECBIT_NOROOT_LOCKED)
      == -1)
    errExit("prctl");
```

이 호출 이후에 이 프로세스와 후손이 능력을 획득할 수 있는 유일한 방법은 파일 능력을 가진 프로그램을 실행하는 것이다.

## SECBIT_KEEP_CAPS와 prctl() PR_SET_KEEPCAPS 오퍼레이션

SECBIT_KEEP_CAPS 플래그는 0으로 정의된 1개 혹은 그 이상의 사용자 ID를 가진 프로세스가 모든 사용자 ID를 0이 아닌 값으로 설정할 때 능력이 제거되는 것을 막는다. 간단히 얘기해서 SECBIT_KEEP_CAPS는 SECBIT_NO_SETUID_FIXUP이 제공하는 기능의 반을 제공한다(표 34-2에 나타낸 것과 같이, SECBIT_KEEP_CAPS는 SECBIT_NO_SETUID_FIXUP이 설정되지 않은 경우에만 효과가 있다). 이 플래그는 동일한 속성을 제어하는 오래된 prctl() PR_SET_KEEPCAPS 오퍼레이션을 반영하는 securebits 플래그를 제공하기 위해 존재한다(두 메커니즘의 한 가지 차이점은 프로세스는 prctl() PR_SET_KEEPCAPS 오퍼레이션을 사용하기 위해 CAP_SETPCAP 능력을 필요로 하지 않는다는 점이다).

> 이전에 SECBIT_KEEP_CAPS를 제외한 모든 securebits 플래그는 exec() 동안 유지된다고 언급했다. SECBIT_KEEP_CAPS 비트의 설정은 prctl() PR_SET_KEEPCAPS 오퍼레이션이 설정하는 속성의 처리와 일관성을 유지하기 위해 다른 securebits의 반전된 설정으로 만들어진다.

prctl() PR_SET_KEEPCAPS 오퍼레이션은 파일 능력을 지원하지 않는 오래된 커널에서 구동되는 set-user-ID-root 프로그램용으로 설계됐다. 그러한 프로그램은 여전히 요구되는 능력을 프로그램적으로 제거하거나, 다시 사용함으로써 보안을 개선할 수 있다(34.10절 참조).

그러나 그러한 set-user-ID-root 프로그램이 요구하는 능력을 제외한 모든 능력을 제거할지라도, 그런 프로그램은 여전히 두 가지 중요한 특권을 갖는다. 즉 root가 소유한 파일에 접근하는 능력과 프로그램을 실행함으로써 능력을 다시 획득하는 특권이다

(34.5.2절 참조). 이러한 특권을 영원히 제거하는 유일한 방법은 프로세스의 모든 사용자 ID를 0이 아닌 값으로 설정하는 것이다. 그러나 그렇게 하면 일반적으로 허가된 능력 집합과 유효 능력 집합을 제거하는 결과를 낳는다(능력에 대한 사용자 ID 변경의 영향을 고려한 34.6절의 네 가지 관점을 참조하기 바란다). 이는 다른 능력을 유지한 채 0인 사용자 ID를 영원히 제거하려는 목적 자체를 무산시킨다. 이러한 가능성을 허용하기 위해 `prctl()` `PR_SET_KEEPCAPS` 오퍼레이션은 모든 사용자 ID가 0이 아닌 값으로 변경될 때, 허가된 능력 집합이 제거되는 것을 방지하는 프로세스 속성을 설정하는 데 사용할 수 있다(이런 경우에 프로세스의 유효 능력 집합은 '능력 유지' 속성의 설정에 관계없이 항상 제거된다).

## 34.9 프로그램에 요구되는 능력 기능 찾기

능력에 대해 모르거나, 바이너리 형태로 제공된 프로그램을 갖고 있거나, 소스 코드가 너무 커서 실행을 위해 어떤 능력이 요구되는지 결정하기 힘든 프로그램을 갖고 있다고 가정해보자. 프로그램이 특권을 요구하지만 set-user-ID-root 프로그램은 아닌 경우, 어떻게 `setcap(8)`로 실행 파일에 할당한 허가된 능력을 결정할 수 있는가? 이 물음에 응답할 두 가지 방법이 있다.

- 어떤 시스템 호출이 요구되는 능력이 없음을 나타내는 데 사용되는 에러인 `EPERM`을 가지고 실패하는지 확인하기 위해 `strace(1)`(부록 A 참조)을 사용한다. 시스템 호출의 매뉴얼 페이지나 커널 소스 코드를 참조함으로써 어떤 능력이 요구되는지 추측할 수 있다. `EPERM` 에러는 종종 프로그램의 능력 요구와는 별개인 다른 이유로 인해 발생할 수 있기 때문에, 이 방법은 완벽하지 않다. 더욱이, 프로그램은 합법적으로 권한을 요구하는 시스템 호출을 만들고, 특정 오퍼레이션에 대한 특권을 갖고 있지 않음을 결정한 후에 동작을 변경한다. 실행 파일이 실제로 필요한 능력을 결정하려고 할 때, 가끔은 '잘못된 긍정false positive'을 구분하기가 어려울 수도 있다.
- 커널이 능력 검사를 실행하도록 요구될 때, 감시 결과를 생성하는 커널 조사kernel probe를 사용한다. 이에 대한 예제는 파일 능력의 개발자 중 한 명이 쓴 [Hallyn, 2007]에 제공된다. 능력을 검사하는 각 요청에 대해 [Hallyn, 2007]에서 나타낸 조사는 호출된 커널 함수와 요청된 능력, 요청한 프로그램의 이름을 기록으로 남긴다. 이러한 방법이 `strace(1)`의 사용보다 더 많은 작업을 요구하지만, 프로그램이 요구하는 능력을 더욱 자세히 결정하도록 도울 수 있다.

## 34.10 파일 능력 기능이 없는 이전의 커널과 시스템

여기서는 오래된 커널에서 능력 구현의 여러 가지 차이점을 기술한다. 또한 파일 능력이 지원되지 않는 커널에서 발생하는 차이점도 설명한다. 다음과 같이 리눅스가 파일 능력을 지원하지 않는 두 가지 시나리오가 있다.

- 리눅스 2.6.24 이전에는 파일 능력이 구현되지 않았다.
- 리눅스 2.6.24에서 2.6.32까지의 커널에서는 CONFIG_SECURITY_FILE_CAPABILITIES 옵션 없이 만들어진 경우 파일 능력은 비활성화될 수 있다.

> 리눅스가 능력을 소개하고 커널 2.2부터 프로세스에 구현하도록 허용했지만, 파일 능력의 구현은 몇 년 후에야 나타났다. 그렇게 오랫동안 파일 능력이 구현되지 않은 상태로 남아 있었던 이유는 기술적인 어려움보다는 정책적인 문제였다(16장에서 기술한, 파일 능력을 구현하는 데 사용되는 확장된 속성은 커널 2.6 이후에 가용하다). 커널 개발자들의 의중은 각 특권 프로그램의 다른 능력 집합(몇 가지 결과는 견고하지만, 너무 광범위함)을 설정하고 감시하도록 시스템 관리자에게 요구하면 관리 작업이 제어할 수 없을 만큼 복잡해진다는 것이었다. 반면에 시스템 관리자는 현재의 유닉스 특권 모델에 친숙하고, 적절한 주의하에 set-user-ID 프로그램을 처리하는 방법을 알고 있으며, 간단한 find 명령을 사용해 시스템에서 set-user-ID와 set-group-ID 프로그램의 위치를 찾을 수 있다. 그럼에도 불구하고 파일 능력 개발자는 파일 능력을 관리자의 입장에서 작업하기 쉽도록 만들었고, 결국 파일 능력이 커널에 포함되도록 신뢰성 있는 충분한 논쟁을 벌였다.

### CAP_SETPCAP 능력

파일 능력을 지원하지 않는 커널에서(즉 2.6.24 이전의 커널과 파일 능력이 비활성화된 2.6.24 이후의 커널), CAP_SETPCAP 능력의 의미는 다르다. 34.7절에 기술된 규칙과 동일한 규칙에 의거해, 유효 집합에 있는 CAP_SETPCAP 능력을 갖는 프로세스는 이론적으로 자신 외의 프로세스 능력을 변경할 수 있다. 다른 프로세스의 능력이나 명시된 프로세스 그룹의 모든 멤버나 init와 호출자 자신을 제외한 시스템의 모든 프로세스를 변경할 수 있다. 마지막의 경우는 시스템의 동작에 근본을 제공하기 때문에 init를 제외한다. 또한 호출자는 시스템의 다른 모든 프로세스로부터 능력을 제거하도록 시도하고, 호출하는 프로세스 자체의 능력을 제거하기를 원하지 않기 때문에 호출자도 제외한다.

그러나 다른 프로세스의 능력을 변경하는 것은 이론적으로만 가능하다. 파일 능력이 비활성화된 오래된 커널과 현대 커널에서 (바로 다음에 논의되는) 능력 결합 집합은 CAP_SETPCAP 능력을 제외한다.

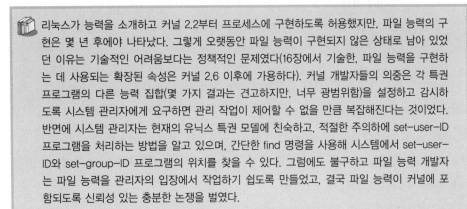

### 능력 결합 집합

리눅스 2.6.25 이후로 능력 결합 집합은 프로세스당 속성이다. 그러나 이전 커널에서 능력 결합 집합은 시스템의 모든 프로세스에 영향을 미치는 시스템 기반의 속성이다. 시스템 기반의 능력 결합 집합은 초기화되고, 따라서 항상 CAP_SETPCAP를 제외한다(앞에서 설명됨).

> 2.6.25 이후의 커널에서 프로세스당 결합 집합에서 능력을 제거하는 것은 파일 능력이 커널에서 활성화된 경우에만 지원된다. 이 경우 모든 프로세스의 조상인 init는 모든 능력을 갖는 결합 집합으로 시작하고, 그 결합 집합의 복사본은 시스템에 생성된 다른 프로세스가 상속한다. 파일 능력이 비활성화된 경우, 위에 기술된 CAP_SETPCAP의 의미상의 차이점으로 인해서 init는 CAP_SETPCAP를 제외한 모든 능력을 포함하는 결합 집합으로 시작한다.

리눅스 2.6.25에는 능력 결합 집합의 의미상의 변화가 한 가지 있다. 이전에 언급했듯이(34.5.1절 참조), 리눅스 2.6.25와 그 이후로 프로세스당 능력 결합 집합은 프로세스의 상속 가능한 집합에 추가될 수 있는 능력을 위한 제한된 상위 집합으로 동작한다. 리눅스 2.6.24와 그 이전의 시스템 기반 능력 결합 집합은 이러한 제외 효과는 없다(이러한 커널은 파일 능력을 지원하지 않기 때문에, 필요 없다).

시스템 기반의 능력 결합 집합은 리눅스 고유의 /proc/sys/kernel/cap-bound 파일을 통해 접근 가능하다. 프로세스는 cap-bound의 내용을 변경할 수 있도록 CAP_SYS_MODULE 능력을 가져야만 한다. 그러나 init 프로세스만이 이 마스크에서 비트를 활성화할 수 있고, 그 밖의 특권 프로세스는 비트를 비활성화할 수만 있다. 이러한 한계의 결과로, 파일 능력이 지원되지 않는 시스템에서 CAP_SETPCAP 능력을 프로세스에 주는 일은 불가능하다. 능력은 전체 커널 특권 검사 시스템의 보안 공격에 사용될 수 있기 때문에, 타당하다고 할 수 있다(이러한 제한사항을 변경하길 원하는 있음직하지 않은 경우에 집합의 값을 변경하고, init 프로그램의 소스 코드를 수정한 커널 모듈을 로드하거나, 커널 소스 코드에서 능력 결합 집합의 초기화를 변경하고, 커널을 다시 빌드해야만 한다).

> 혼란스럽게도, cap-bound 파일의 값은 비트 마스크이지만 시스템 기반 cap-bound 파일의 값은 부호가 있는 10진수로 출력된다. 예를 들어, 이 파일의 초기값은 -257이다. 이는 (1 ≪ 8)을 제외한 모든 비트가 활성화된 비트 마스크의 이진 보수이며(즉 이진수로 11111111 11111111 11111110 11111111), CAP_SETPCAP의 값이 8이다.

### 파일 능력이 없는 시스템의 프로그램 내에서 능력 사용

파일 능력을 지원하지 않는 시스템에서조차도 프로그램의 보안을 개선하는 능력을 사용할 수 있다. 이를 위해 다음과 같이 할 수 있다.

1. 유효 사용자 ID 값이 0인 프로세스에서 프로그램을 실행한다(일반적으로 set-user-ID-root 프로그램). 그러한 프로세스는 허가된 집합과 유효 집합에서 (앞에서 언급했듯이 CAP_SETPCAP를 제외한) 모든 능력이 허용된다.
2. 프로그램 시작 시에 유효 집합에서 모든 능력을 제거하기 위해 libcap API를 사용하고, 허가된 집합에서 이후에 필요한 능력을 제외한 모든 능력을 제거한다.
3. SECBIT_KEEP_CAPS 플래그를 설정하고(또는 동일한 결과를 달성하기 위해 prctl() PR_SET_KEEPCAPS 오퍼레이션을 사용), 따라서 다음 단계는 능력을 제거하지 않는다.
4. 프로세스가 root가 소유한 파일에 접근하고, exec()를 실행함으로써 능력을 획득하는 것을 방지하고자 모든 사용자 ID를 0이 아닌 값으로 설정한다.

> 프로세스가 exec() 시에 특권을 재획득하는 것을 방지하기를 원하는 경우, 앞의 두 가지 과정을 SECBIT_NOROOT 플래그를 설정하는 한 가지 단계로 교체할 수 있지만, root가 소유한 파일에 접근하도록 허용해야만 한다(물론, root가 소유한 파일에 접근을 허용할 경우 몇 가지 보안 취약성의 위험을 열어두는 셈이다).

5. 프로그램의 나머지 생명주기 동안, 특권 작업을 실행하기 위해서 필요에 따라 유효 집합에 남아 있는 허가된 능력을 사용하고 제거하기 위해 libcap API를 사용한다.

버전 2.6.24 이전의 리눅스 커널에 맞게 만들어진 몇몇 응용 프로그램은 이러한 방법을 사용했다.

> 실행 파일에 대한 능력의 구현을 두고 논쟁을 벌이는 커널 개발자들 사이에서 오고 간 얘기 중, 본문에 기술된 접근법에서 인지되는 장점 중의 한 가지는 응용 프로그램 개발자가 실행 파일이 어떤 능력을 필요로 하는지 안다는 것이었다. 반대로, 시스템 관리자는 이러한 정보를 쉽게 결정할 수 없을 것이다.

## 34.11 정리

리눅스 능력 방법은 특권 오퍼레이션을 여러 범주로 나누고, 프로세스가 몇 가지 능력을 허용하게 하며, 이때 다른 능력은 제외시킨다. 이런 방법은 프로세스가 모든 오퍼레이션을 실행하는 권한을 갖거나(사용자 ID가 0), 아무런 권한도 없게 하는(0이 아닌 사용자 ID) 전통적인 양자택일 방식인 특권 메커니즘을 개선한다. 커널 2.6.24부터 리눅스는 능력을 파일에 붙이도록 지원하고, 따라서 프로세스는 프로그램을 실행함으로써 선택된 능력을 얻을 수 있다.

## 34.12 연습문제

34-1. 파일 능력을 사용해, 비특권 사용자가 사용할 수 있도록 리스트 30-2의 프로그램(869페이지의 sched_set.c)을 수정하라.

# 35

# 로그인 계정

로그인 계정은 어떤 사용자가 현재 시스템에 로그인되어 있는지를 기록하고, 과거의 로그인과 로그아웃을 기록하는 데 중점을 둔다. 35장에서는 로그인 계정 파일과 이러한 파일이 지니고 있는 정보를 추출하고 갱신하는 데 사용되는 라이브러리 함수를 살펴본다. 로그인 서비스를 제공하는 응용 프로그램은 사용자가 로그인하고 로그아웃할 때, 이러한 파일을 갱신하기 위해 어떤 단계를 실행해야 하는지를 설명한다.

## 35.1 utmp와 wtmp 파일의 개요

유닉스 시스템에는 사용자 로그인과 로그아웃 정보가 담긴 다음과 같은 2개의 데이터 파일이 있다.

- utmp 파일은 현재 시스템에 로그인된 사용자(그리고 이후에 설명할 기타 정보)의 기록을 유지한다. 각 사용자가 로그인하면, 기록은 utmp 파일에 기록된다. 이 기록의

필드 중 한 가지인 ut_user는 사용자의 로그인 이름을 기록한다. 이 기록은 로그아웃 시에 지워진다. who(1) 같은 프로그램은 현재 로그인된 사용자의 목록을 출력하기 위해 utmp 파일에 있는 정보를 사용한다.

- wtmp 파일은 모든 사용자의 로그인과 로그아웃(그리고 이후에 설명할 기타 특정 정보)의 흔적 감시 파일이다. 각 로그인 시에 utmp 파일에 기록된 것과 동일한 정보를 포함한 기록이 wtmp 파일에 추가된다. 로그아웃 시에 추가적인 정보가 파일에 추가된다. 이 기록은 ut_user 필드를 0으로 만드는 것 외에는 동일한 정보를 보관한다. last(1) 명령은 wtmp 파일의 내용을 출력하고, 필터링하는 데 사용할 수 있다.

리눅스에서 utmp 파일은 /var/run/utmp에 있고, wtmp 파일은 /var/log/wtmp에 있다. 일반적으로 응용 프로그램은 glibc에 컴파일됐기 때문에 이러한 경로명에 대해서는 알 필요가 없다. 이러한 파일의 위치를 참조할 필요가 있는 프로그램은 명시적으로 경로명을 프로그램에 적어넣는 대신에 <paths.h>(그리고 <utmpx.h>)에 정의된 _PATH_UTMP와 _PATH_WTMP 경로 상수를 사용해야 한다.

> SUSv3는 utmp와 wtmp 파일의 경로명에 대한 어떠한 심볼 이름도 표준화하지 않는다. _PATH_UTMP와 _PATH_WTMP라는 이름이 리눅스와 BSD에서 사용된다. 대신에, 다른 많은 유닉스 구현에서 이러한 경로명을 UTMP_FILE과 WTMP_FILE 상수로 정의한다. 리눅스는 〈utmp.h〉에도 이러한 이름들을 정의하지만, 〈utmpx.h〉나 〈paths.h〉에는 정의하지 않는다.

## 35.2 utmpx API

utmp와 wtmp 파일은 유닉스 시스템 초기부터 등장했지만 느리게 발전했고, 여러 가지 유닉스 구현, 특히 BSD와 시스템 V에서 각기 다르게 분리돼왔다. 시스템 V 릴리스 4에서는 새로운 (병렬) utmpx 구조체와 관련된 utmpx와 wtmpx 파일을 생성하는 프로세스에 API를 상당히 확장했다. 여기서 문자 x는 이런 새로운 파일을 처리하기 위한 헤더 파일과 추가적인 함수의 이름에도 유사하게 포함됐다. 그 밖의 많은 유닉스 구현도 자신의 확장 기능을 API에 추가했다.

35장에서는 BSD와 시스템 V 구현의 혼합체인 리눅스의 utmpx API를 기술한다. 리눅스는 병렬의 utmpx와 wtmpx 파일을 생성하는 시스템 V를 따르지 않고, 대신에 utmp와 wtmp 파일에 모든 요구되는 정보를 담는다. 그러나 여타 유닉스 구현과의 호환성을 위해서, 이러한 파일의 내용에 접근하는 데 있어 리눅스는 전통적인 utmp와 시스템 V 기반의 utmpx API를 모두 제공한다. 리눅스에서 이러한 두 가지 API는 정확히 동일한 정보를 리턴한다(두 가지 API의 차이점 중 하나로, utmp API에는 재진입과 관련된 몇 가지 함수가 있지만 utmpx API에는 없다). 그러나 utmpx 인터페이스는 SUSv3에 명시됐고, 여타 유닉스 구현과의 호환성을 위해 선호되기 때문에, 여기서는 utmpx 인터페이스에 관한 논의로 제한한다.

SUSv3 규격은 utmpx API의 모든 측면을 고려하지는 않는다(예를 들어, utmp와 wtmp 파일의 장소가 명시되지 않았다). 로그인 계정 파일의 정확한 내용은 구현에 따라 다소 다르며, SUSv3에 명시되지 않은 추가적인 로그인 계정 함수를 제공하는 여러 가지 구현이 있다.

> [Frisch, 2002]의 17장은 유닉스 구현에 따른 wtmp와 utmp 파일의 장소와 사용의 다양성을 요약한다. 또한 wtmp 파일에서 로그인 정보를 요약하는 데 사용할 수 있는 ac(1) 명령을 기술한다.

## 35.3 utmpx 구조

utmp와 wtmp 파일은 utmpx 기록으로 구성된다. `utmpx` 구조체는 리스트 35-1에서처럼 `<utmpx.h>`에 정의된다.

> SUSv3 규격에 따르면 utmpx 구조체는 ut_host, ut_exit, ut_session, ut_addr_v6 필드를 포함하지 않는다. ut_host와 ut_exit 필드는 대부분의 다른 구현에 존재하고, ut_session은 몇몇 구현에 존재하며, ut_addr_v6는 리눅스에 고유하다. SUSv3는 ut_line과 ut_user 필드를 명시하지만, 길이는 명시하지 않은 채로 남겨둔다.
>
> utmpx 구조체의 ut_addr_v6 필드를 정의하는 데 사용된 int32_t 데이터형은 32비트 정수형이다.

**리스트 35-1** utmpx 구조체의 정의

```
#define _GNU_SOURCE                     /* _GNU_SOURCE 없이,
struct exit_status {                       두 필드 이름은 '__'가 앞에 붙는다. */
    short e_termination;                /* 프로세스 제거 상태(시그널) */
    short e_exit;                       /* 프로세스 종료 상태 */
};

#define __UT_LINESIZE 32
```

```
#define __UT_NAMESIZE 32
#define __UT_HOSTSIZE 256

struct utmpx {
    short ut_type;                    /* 기록의 형식 */
    pid_t ut_pid;                     /* 로그인 프로세스의 PID */
    char ut_line[__UT_LINESIZE];      /* 터미널 디바이스 이름 */
    char ut_id[4];                    /* 터미널 이름이나 inittab(5)의 ID 필드 접미사 */
    char ut_user[__UT_NAMESIZE];      /* 사용자 이름 */
    char ut_host[__UT_HOSTSIZE];      /* 원격 로그인의 호스트 이름이나
                                         실행 레벨(run-level)의 커널 버전 */
    struct exit_status ut_exit;       /* DEAD_PROCESS로 표시된 프로세스의 종료 상태
                                         (리눅스에서 init(8)이 채우지 않음) */
    long ut_session;                  /* 세션 ID */
    struct timeval ut_tv;             /* 엔트리가 들어올 때의 시간 */
    int32_t ut_addr_v6[4];            /* 원격 호스트의 IP 주소(IPv4 주소는
                                         ut_addr_v6[0]만을 사용하고, 나머지는
                                         0으로 설정한다.) */
    char __unused[20];                /* 향후 사용을 위해 예약 */
};
```

utmpx 구조체의 각 문자열 필드는 해당 배열을 완전히 채우지 않는 이상 널로 끝난다.

로그인 프로세스에 대해 ut_line과 ut_id 필드에 저장된 정보는 터미널 디바이스의 이름에서 비롯된다. ut_line 필드에는 터미널 디바이스의 완전한 파일 이름이 있다. ut_id 필드에는 파일 이름의 접미사가 있다. 즉 tty나 pts(시스템 V 기반의 가상 터미널pseudoterminal), pty(BSD 스타일의 가상 터미널) 뒤에 오는 문자열이 해당된다. 따라서 /dev/tty2의 경우 ut_line은 tty2가 되고, ut_id는 2가 될 것이다.

윈도우를 갖는 환경에서 몇몇 터미널 에뮬레이터는 터미널 윈도우의 세션 ID를 기록하기 위해 ut_session 필드를 사용한다(세션 ID에 대한 설명은 29.3절을 참조하라).

ut_type 필드는 파일에 쓰여지는 기록의 형식을 정의하기 위한 정수다. (괄호 안에 숫자형 값을 갖는) 다음 상수 집합은 이 필드의 값으로 사용될 수 있다.

- EMPTY(0): 이 기록은 유효한 계정 정보를 갖지 않는다.
- RUN_LVL(1): 이 기록은 시스템 시작이나 종료 동안에 시스템의 실행 레벨의 변화를 가리킨다(실행 레벨에 관련된 정보는 init(8) 매뉴얼 페이지에서 찾을 수 있다). _GNU_SOURCE 기능 테스트 매크로는 <utmpx.h>의 상수 정의를 획득하기 위해 정의돼야만 한다.

- BOOT_TIME(2): 이 기록은 ut_tv 필드의 시스템 부팅 시간을 포함한다. RUN_LVL과 BOOT_TIME 기록의 일반적인 기록자는 init다. 이 기록은 utmp 파일과 wtmp 파일 모두에 작성된다.
- NEW_TIME(3): 이 기록은 ut_tv 필드에 기록된 시스템 시간이 변경된 후에 새로운 시간을 포함한다.
- OLD_TIME(4): 이 기록은 ut_tv 필드에 기록된 시스템 시간이 변경되기 전의 오래된 시간을 포함한다. OLD_TIME과 NEW_TIME의 기록은 시스템 시간에 변경이 있을 때 NTP(또는 유사한) 데몬이 utmp와 wtmp 파일에 기록한다.
- INIT_PROCESS(5): 이는 init가 생성한 getty 같은 프로세스를 위한 기록이다. 자세한 내용은 inittab(5)를 참조하기 바란다.
- LOGIN_PROCESS(6): 이는 login(1) 프로세스 같은 사용자 로그인용 세션 대표 프로세스를 위한 기록이다.
- USER_PROCESS(7): 이는 ut_user 필드에 나타나는 사용자 이름과 함께 로그인 세션인 사용자 프로세스에 대한 기록이다. 로그인 세션은 login(1) 또는 ftp나 ssh 같은 원격 로그인 기능을 제공하는 응용 프로그램이 시작한다.
- DEAD_PROCESS(8): 이 기록은 종료된 프로세스를 식별한다.

여러 가지 응용 프로그램은 위에 나타난 숫자의 순서를 갖는 상수에 의존하기 때문에 이런 상수의 숫자값을 나타냈다. 예를 들어, agetty 프로그램의 소스 코드에서 다음과 같은 검사 과정을 볼 수 있다.

```
utp->ut_type >= INIT_PROCESS && utp->ut_type <= DEAD_PROCESS
```

INIT_PROCESS의 기록은 종종 getty(8)(또는 agetty(8)이나 mingetty(8) 같은 유사한 프로그램)의 호출과 일치한다. 시스템 부팅 시에 init 프로세스는 각 터미널과 가상 콘솔을 위한 자식을 생성하고, 각 자식은 getty 프로그램을 실행한다. getty 프로그램은 터미널을 열고, 사용자에게 로그인 이름을 요구하며, login(1)을 실행한다. 사용자를 성공적으로 확인하고, 여러 가지 단계를 거치고 난 후에, login은 사용자의 로그인 셸을 실행하는 자식을 생성한다. 그러한 로그인 세션의 전체 일생은 다음과 같은 순서로 wtmp 파일에 작성된 네 가지 기록에 의해 나타난다.

- init가 작성한 INIT_PROCESS 기록
- getty가 작성한 LOGIN_PROCESS 기록
- login이 작성한 USER_PROCESS 기록

- 자식 login 프로세스가 종료됐음을 감시할 때(사용자 로그아웃 때 발생) init가 작성한 DEAD_PROCESS 기록

사용자 로그인 시 getty와 login의 오퍼레이션에 대한 자세한 사항은 [Stevens & Rago, 2005]의 9장에서 찾을 수 있다.

> init의 몇몇 버전은 wtmp 파일을 갱신하기 전에 getty 프로세스를 생성한다. 결과적으로 init와 getty는 wtmp 파일을 갱신하기 위해 경쟁하고, 결과로 INIT_PROCESS와 LOGIN_PROCESS 기록은 본문에 기술된 것과는 반대의 순서로 쓰여질 것이다.

## 35.4 utmp와 wtmp 파일에서 정보 추출

이 절에서 설명하는 함수는 utmpx 포맷의 기록을 포함하는 파일에서 기록을 추출한다. 기본적으로 이런 함수는 표준 utmp 파일을 사용하지만, utmpxname() 함수를 사용해 변경될 수 있다(아래 설명함).

이런 함수는 기록을 추출하는 파일 내 현재 위치current location의 개념을 사용한다. 이 위치는 각 함수가 갱신한다.

setutxent() 함수는 utmp 파일을 처음으로 되돌린다.

```
#include <utmpx.h>

void setutxent(void);
```

일반적으로 setutxent()는 getutx*() 함수(이후에 설명함)를 사용하기 전에 호출해야 한다. 이 동작은 호출한 제3자의 함수가 이러한 함수를 이전에 사용한 경우에 나타날 수 있는 가능한 혼란을 막는다. 실행된 작업에 따라서, 프로그램에서 이후의 적절한 시점에 setutxent()를 다시 호출할 필요가 있을지도 모른다.

setutxent() 함수와 getutx*() 함수는 utmp 파일이 열려 있지 않으면 그 파일을 연다. 파일 사용이 끝난 경우, endutxent() 함수로 해당 파일을 닫을 수 있다.

```
#include <utmpx.h>

void endutxent(void);
```

getutxent(), getutxid(), getutxline() 함수는 utmp 파일로부터 기록을 읽고, (정적으로 할당된) utmpx 구조체의 포인터를 리턴한다.

```
#include <utmpx.h>

struct utmpx *getutxent(void);
struct utmpx *getutxid(const struct utmpx *ut);
struct utmpx *getutxline(const struct utmpx *ut);
```

정적으로 할당된 utmpx 구조체의 포인터를 리턴한다.
일치하는 기록이 없거나 EOF에 다다르면 NULL을 리턴한다.

getutxent() 함수는 utmp 파일에서 다음 순서의 기록을 추출한다. getutxid()와 getutxline() 함수는 ut 인자가 가리키는 utmpx 구조체에 명시된 조건과 일치하는 기록을 찾기 위해 현재 파일의 위치에서 시작해 검색을 실행한다.

getutxid() 함수는 ut 인자의 ut_type과 ut_id 필드에 명시된 값에 기반한 기록을 위해 utmp 파일을 검색한다.

- ut_type 필드가 RUN_LVL, BOOT_TIME, NEW_TIME, OLD_TIME이라면, getutxid()는 ut_type 필드가 명시된 값에 일치하는 다음 기록을 찾는다(이러한 형식의 기록은 사용자 로그인에 대응된다). 이는 시스템 시간과 실행 레벨의 변경 기록에 대한 검색을 허용한다.
- ut_type 필드가 남아 있는 유효한 값(INIT_PROCESS, LOGIN_PROCESS, USER_PROCESS, DEAD_PROCESS) 중의 하나라면, getutxid()는 ut_type 필드가 이러한 값 중 어떤 것이든 일치하고 ut_id 필드가 ut 인자에 명시된 것과 일치하는 다음 기록을 찾는다. 이는 특정 터미널에 대응되는 기록을 위해 파일을 검색하도록 허용한다.

getutxline() 함수는 ut_type 필드가 LOGIN_PROCESS나 USER_PROCESS 중의 하나와 일치하고, ut_line 필드가 ut 인자에 명시된 것과 일치하는 기록을 위해 전방향forward으로 검색한다. 이는 사용자 로그인과 일치하는 기록을 찾는 데 유용하다.

getutxid()와 getutxline()은 검색이 실패하는 경우(즉 일치하는 기록을 찾지 못한 채 파일의 끝에 도달함) NULL을 리턴한다.

몇몇 다른 유닉스 구현에서 getutxline()과 getutxid()는 캐시 같은 종류의 utmpx 구조체를 리턴하는 데 사용되는 정적 영역을 다룬다. 이전 getutx*() 호출에 의해 이 캐시에 있는 기록이 ut에 명시된 조건과 일치한다고 판단되면, 파일 읽기는 실행되지 않고, 호출은 단지 동일한 기록을 한 번 더 리턴한다(SUSv3는 이러한 동작을 허용한다). 그러므로 루프 내에서 getutxline()과 getutxid()를 호출할 때 동일한 기록이 반복적으로 리턴되는 것을 막으려면, 다음과 같은 코드를 사용해 이런 정적인 데이터 구조체를 없애야 한다.

```
struct utmpx *res = NULL;

/* 기타 코드는 생략됨 */

if (res != NULL)              /* 'res'가 이전 호출을 통해 설정됨 */
    memset(res, 0, sizeof(struct utmpx));
res = getutxline(&ut);
```

glibc 구현은 이러한 캐싱caching을 실행하지 않지만, 우리는 이식성을 위해 이런 기술을 사용해야만 한다.

> getutx*() 함수는 정적으로 할당된 구조체에 포인터를 리턴하기 때문에, 재진입이 불가능하다. GNU C 라이브러리는 전통적인 utmp 함수의 재진입 가능한 버전(getutent_r(), getutid_r(), getutline_r())을 제공하지만, utmpx에 상응하는 재진입 가능한 버전을 제공하진 않는다(SUSv3는 재진입 가능한 버전을 명시하지 않는다).

기본적으로 모든 getutx*() 함수는 표준 utmp 파일에 동작한다. wtmp 파일 등을 사용하고자 할 때는, 원하는 경로명을 명시하는 utmpxname()을 먼저 호출해야 한다.

```
#define _GNU_SOURCE
#include <utmpx.h>

int utmpxname(const char *file);
```

성공하면 0을 리턴하고, 에러가 발생하면 –1을 리턴한다.

utmpxname() 함수는 단지 주어진 경로명의 복사본을 기록한다. 파일을 열지는 않지만, 다른 호출 중 하나에 의해 이전에 열린 모든 파일을 닫는다. 이는 잘못된 경로명이 명시됐을 경우 utmpxname()은 에러를 리턴하지 않는다는 뜻이다. 대신에, getutx*() 함수 중의 하나가 이후에 호출됐을 때 파일을 여는 데 실패한 경우, 에러(즉 NULL을 리턴하며, errno는 ENOENT로 설정됨)를 리턴할 것이다.

> SUSv3에 명시되진 않았지만, 대부분의 유닉스 구현은 utmpxname()이나 유사한 utmpname() 함수를 제공한다.

### 예제 프로그램

리스트 35-2의 프로그램은 이 절에서 설명하는 utmpx 포맷 파일의 내용을 덤프하는 몇 가지 함수를 사용한다. 다음 셸 세션 로그는 (utmpxname()이 호출되지 않은 경우에 사용되는 기본 파일인) /var/run/utmp의 내용을 덤프하는 프로그램을 사용할 때의 결과를 나타낸다.

```
$ ./dump_utmpx
user      type          PID line   id  host      date/time
LOGIN     LOGIN_PR     1761 tty1   1             Sat Oct 23 09:29:37 2010
LOGIN     LOGIN_PR     1762 tty    2             Sat Oct 23 09:29:37 2010
lynley    USER_PR     10482 tty3   3             Sat Oct 23 10:19:43 2010
david     USER_PR      9664 tty4   4             Sat Oct 23 10:07:50 2010
liz       USER_PR      1985 tty5   5             Sat Oct 23 10:50:12 2010
mtk       USER_PR     10111 pts/0  /0            Sat Oct 23 09:30:57 2010
```

간결성을 위해 프로그램이 생성하는 결과의 많은 부분을 제거했다. tty1에서 tty5에 일치하는 줄은 가상 콘솔(/dev/tty[1-6])에 로그인한 것이다. 출력의 마지막 줄은 가상 터미널의 xterm 세션이다.

/var/log/wtmp를 덤프해서 생성된 다음 출력은 사용자가 로그인과 로그아웃을 할 때, 2개의 기록이 wtmp 파일에 작성됨을 보여준다(프로그램에서 생성된 다른 모든 정보를 제거했다). (getutxline()을 사용해) wtmp 파일을 통해서 순차적으로 검색함으로써, 이러한 기록은 ut_line 필드를 통해 일치될 수 있다.

```
$ ./dump_utmpx /var/log/wtmp
user      type          PID line   id  host      date/time
lynley    USER_PR     10482 tty3   3             Sat Oct 23 10:19:43 2010
          DEAD_PR     10482 tty3   3   2.4.20-4G Sat Oct 23 10:32:54 2010
```

**리스트 35-2** utmpx 포맷 파일의 내용을 출력

loginacct/dump_utmpx.c

```
#define _GNU_SOURCE
#include <time.h>
#include <utmpx.h>
#include <paths.h>
#include "tlpi_hdr.h"

int
```

```
main(int argc, char *argv[])
{
    struct utmpx *ut;

    if (argc > 1 && strcmp(argv[1], "--help") == 0)
        usageErr("%s [utmp-pathname]\n", argv[0]);

    if (argc > 1)            /* 다른 파일이 제공된 경우 사용 */
        if (utmpxname(argv[1]) == -1)
            errExit("utmpxname");

    setutxent();

    printf("user     type        PID   line  id  host       date/time\n");

    while ((ut = getutxent()) != NULL) {          /* EOF까지 순차 검색 */
        printf("%-8s ", ut->ut_user);
        printf("%-9.9s ",
                (ut->ut_type == EMPTY) ?          "EMPTY" :
                (ut->ut_type == RUN_LVL) ?        "RUN_LVL" :
                (ut->ut_type == BOOT_TIME) ?      "BOOT_TIME" :
                (ut->ut_type == NEW_TIME) ?       "NEW_TIME" :
                (ut->ut_type == OLD_TIME) ?       "OLD_TIME" :
                (ut->ut_type == INIT_PROCESS) ?   "INIT_PR" :
                (ut->ut_type == LOGIN_PROCESS) ?  "LOGIN_PR" :
                (ut->ut_type == USER_PROCESS) ?   "USER_PR" :
                (ut->ut_type == DEAD_PROCESS) ?   "DEAD_PR" : "???");
        printf("%5ld %-6.6s %-3.5s %-9.9s ", (long) ut->ut_pid,
                ut->ut_line, ut->ut_id, ut->ut_host);
        printf("%s", ctime((time_t *) &(ut->ut_tv.tv_sec)));
    }

    endutxent();
    exit(EXIT_SUCCESS);
}
```

## 35.5 로그인 이름 추출: getlogin()

getlogin() 함수는 호출 프로세스의 제어 터미널에 로그인한 사용자의 이름을 리턴한다. 이 함수는 utmp 파일에 유지되는 정보를 사용한다.

```
#include <unistd.h>

char *getlogin(void);
```

사용자 이름 문자열의 포인터를 리턴한다. 에러가 발생하면 NULL을 리턴한다.

getlogin() 함수는 호출 프로세스의 표준 입력과 관련된 터미널의 이름을 찾기 위해 ttyname()(Vol. 2의 25.10절 참조)을 호출한다. 그리고 ut_line 값이 터미널의 이름과 일치하는 기록을 위해 utmp 파일을 검색한다. 일치하는 기록을 발견한 경우, getlogin()은 해당 기록으로부터 ut_user 문자열을 리턴한다.

일치하는 기록을 찾지 못했거나 에러가 발생한 경우, getlogin()은 NULL을 리턴하고, 에러를 나타내기 위해 errno를 설정한다. getlogin()이 실패할 한 가지 이유는 아마도 프로세스가 데몬이기 때문에 표준 입력(ENOTTY)과 관련된 터미널을 갖고 있지 않은 경우일 것이다. 또 다른 가능성은 이 터미널 세션이 utmp에 기록되지 않았기 때문일 수 있다. 예를 들어, 몇몇 소프트웨어 터미널 에뮬레이터는 utmp 파일에 엔트리를 생성하지 않는다.

사용자 ID가 /etc/passwd에 여러 로그인 이름을 갖는 (흔치 않은) 경우에조차도, getlogin()은 utmp 파일에 의존하기 때문에, 이 터미널에 로그인하는 데 사용된 실제 사용자 이름을 리턴할 수 있다. 반대로, getpwuid(getuid())의 사용은 로그인에 사용된 이름에 관계없이 항상 /etc/passwd에서 첫 번째 일치하는 기록을 추출한다.

> getlogin()의 재진입 가능한 버전은 SUSv3에 getlogin_r()의 형태로 명시됐으며, 이 함수는 glibc가 제공한다.
>
> LOGNAME 환경 변수도 사용자의 로그인 이름을 찾는 데 사용될 수 있다. 그러나 이 변수의 값은 사용자가 변경할 수 있으며, 이는 사용자를 안전하게 식별하는 데 사용될 수 없음을 의미한다.

## 35.6 로그인 세션을 위한 utmp와 wtmp 파일 갱신

(소위 login 또는 sshd의 형태로) 로그인 세션을 생성하는 응용 프로그램을 작성할 때, 다음과 같이 utmp와 wtmp 파일을 갱신해야 한다.

- 로그인 시에 기록은 사용자가 로그인한 사실을 가리키기 위해 utmp 파일에 작성돼야만 한다. 응용 프로그램은 이 터미널의 기록이 이미 utmp 파일에 존재하는지 여부를 검사해야 한다. 이전 기록이 존재하면 덮어쓴다. 그렇지 않으면, 새로운 기록을 파일에 추가한다. 종종, pututxline() 호출(잠시 후에 설명)은 이 과정이 정확하게 실행됐는지 보장하기에 충분하다(리스트 35-3의 프로그램 참조). 결과 utmpx 기록에는 적어도 ut_type, ut_user, ut_tv, ut_pid, ut_id, ut_line 필드가 채워져야 한다. ut_type 필드는 USER_PROCESS로 설정돼야 한다. ut_id 필드는 사용자가 로그인한 디바이스(즉 터미널이나 가상 터미널) 이름의 접미사를 포함해야 하며, ut_line 필드는 로그인 디바이스 /dev/ 문자열이 제거된 이름을 포함해야 한다(이 두 가지 필드의 예는 리스트 35-2 프로그램의 실행 샘플에서 보였다). 정확히 동일한 정보를 포함하는 기록은 wtmp 파일에 추가된다.

> 터미널 이름은 (ut_line과 ut_id 필드를 통해) utmp 파일에서 유일한 키로 동작한다.

- 로그아웃 시에 utmp에 쓰여진 이전 기록은 제거돼야 한다. 이는 ut_type의 기록을 DEAD_PROCESS에 설정하고, ut_id와 ut_line 값은 로그인 동안에 쓰여진 기록과 동일하게 설정하지만, ut_user 필드는 지움으로써 실행된다. 이 기록은 이전 기록을 덮어쓴다. 동일한 기록의 복사본은 wtmp 파일에 추가된다.

> 로그아웃 시에 가능한 프로그램의 손상으로 인해 utmp 기록을 지우는 데 실패하면, 다음 재부팅 시에 init는 자동적으로 기록을 삭제하고, ut_type을 DEAD_PROCESS로 설정하며, 기록의 여러 다른 필드를 지운다.

utmp와 wtmp 파일은 일반적으로 보호되며, 따라서 오직 특권이 있는 사용자만이 이러한 파일을 갱신할 수 있다. getlogin()의 정확성은 utmp 파일의 무결성에 의존한다. 이러한 이유뿐만 아니라 다른 여러 가지 이유로 인해 utmp와 wtmp 파일의 권한은 특권이 없는 사용자가 쓸 수 있도록 설정돼서는 안 된다.

무엇이 로그인 세션으로 자격을 부여하는가? 기대하는 것처럼, login과 telnet, ssh를 통한 로그인은 로그인 계정 파일에 기록으로 남는다. 대부분의 ftp 구현도 로그인 계정 기록을 생성한다. 그러나 예를 들어 로그인 계정 기록은 시스템에서 시작된 각 터미널 윈도우나 su의 실행에 의해 생성되는가? 이러한 질문에 대한 답은 유닉스 구현에 따라 다르다는 것이다.

> 일부 터미널 에뮬레이터 프로그램(예: xterm)에서 명령행 옵션이나 여타 메커니즘은 프로그램이 로그인 계정 파일을 갱신할 수 있는지 여부를 결정하는 데 사용될 수 있다.

pututxline() 함수는 ut가 가리키는 utmpx 구조체를 /var/run/utmp 파일(혹은 utmpxname()이 이전에 호출된 경우 다른 파일)에 작성한다.

```
#include <utmpx.h>

struct utmpx *pututxline(const struct utmpx *ut);
```

성공하면 갱신된 기록의 복사본 포인터를 리턴하고, 에러가 발생하면 NULL을 리턴한다.

기록을 작성하기 전에 pututxline()은 우선 덮어쓸 기록을 찾기 위해 getutxid()를 사용한다. 해당되는 기록이 발견되면 덮어쓰고, 그렇지 않으면 새로운 기록을 파일의 끝에 추가한다. 많은 경우에 응용 프로그램은 pututxline() 호출 이전에 정확한 기록의 현재 파일 위치를 설정하는 getutx*() 함수 중 하나의 호출을 먼저 실행한다. 즉 ut가 가리키는 utmpx 구조체의 getutxid() 스타일 조건을 만족하는 것이다. pututxline()은 이런 상황이 발생했다고 판단하면 getutxid()를 호출하지 않는다.

> pututxline()이 내부적으로 getutxid()를 호출하면, 이 호출은 utmpx 구조체를 리턴하는 getutx*() 함수가 사용하는 정적 영역을 변경하진 않는다. SUSv3는 구현상에 이런 동작을 요구한다.

wtmp 파일을 갱신할 때는 단지 파일을 열고 기록을 추가한다. 이는 표준 오퍼레이션이기 때문에, glibc는 updwtmpx() 함수에 이 기능을 포함한다.

```
#define _GNU_SOURCE
#include <utmpx.h>

void updwtmpx(const char *wtmpx_file, const struct utmpx *ut);
```

updwtmpx() 함수는 wtmpx_file에 명시된 파일에 ut가 가리키는 utmpx 기록을 추가한다.

SUSv3는 updwtmpx()를 명시하지 않고, 이 함수는 다른 일부 유닉스 구현에서만 나타난다. 다른 구현에서는 관련된 함수(login(3), logout(3), logwtmp(3))를 제공하며, 이 함수는 glibc에도 존재하는데, 각각 매뉴얼 페이지에 기술되어 있다. 이러한 함수가 존재하지 않으면, 동일한 기능을 하는 각자의 함수를 작성할 필요가 있다(이런 함수의 구현은 그렇게 복잡하지 않다).

### 예제 프로그램

리스트 35-3은 utmp와 wtmp 파일을 갱신하는 데 이번 절에서 설명한 함수를 사용한다. 이 프로그램은 명령행에 입력된 사용자를 로그인하기 위해 utmp와 wtmp에 요구되는 갱신을 실행하며, 몇 초간의 수면 이후에 사용자를 다시 로그아웃시킨다. 일반적으로, 이러한 동작은 사용자에 대한 로그인 세션의 생성과 종료와 관련될 것이다. 이 프로그램은 파일 디스크립터와 관련되는 터미널 디바이스의 이름을 추출하기 위해 ttyname()을 사용한다. Vol. 2의 25.10절에서 ttyname()을 설명한다.

다음 셸 세션 로그는 리스트 35-3 프로그램의 동작을 설명한다. 로그인 계정 파일을 갱신할 수 있도록 특권을 가정하고, 사용자 mtk를 위한 기록을 생성하기 위해 프로그램을 사용한다.

```
$ su
Password:
# ./utmpx_login mtk
Creating login entries in utmp and wtmp
        using pid 1471, line pts/7, id /7
프로그램을 중지하기 위해 Control-Z를 입력한다.
[1]+  Stopped                   ./utmpx_login mtk
```

utmpx_login 프로그램이 잠든 동안, 프로그램을 중지하기 위해 Control-Z를 입력하고, 프로그램을 백그라운드로 보냈다. 다음으로 utmp 파일의 내용을 확인하기 위해 리스트 35-2의 프로그램을 사용한다.

```
# ./dump_utmpx /var/run/utmp
user      type       PID line    id  host      date/time
cecilia   USER_PR     249 tty1   1             Fri Feb  1 21:39:07 2008
mtk       USER_PR    1471 pts/7  /7            Fri Feb  1 22:08:06 2008
# who
cecilia  tty1     Feb  1 21:39
mtk      pts/7    Feb  1 22:08
```

위에서 who의 출력이 utmp에서 파생됐음을 보이기 위해 who(1) 명령을 사용했다.

다음은 wtmp 파일의 내용을 보기 위해 리스트 35-2의 프로그램을 사용한다.

```
# ./dump_utmpx /var/log/wtmp
user     type        PID line   id  host       date/time
cecilia  USER_PR     249 tty1   1              Fri Feb  1 21:39:07 2008
mtk      USER_PR    1471 pts/7  /7             Fri Feb  1 22:08:06 2008
# last mtk
mtk      pts/7                        Fri Feb  1 22:08   still logged in
```

위에서 last의 결과가 wtmp에서 생성됐음을 보이기 위해 last(1) 명령을 사용했다(간결성을 위해 이 셸 세션 로그 결과에서 논의와 상관없는 출력을 제거하고자 dump_utmpx와 last 명령의 결과를 편집했다).

다음은 포그라운드에서 utmpx_login 프로그램을 다시 시작하기 위해 fg 명령을 사용한다. 이는 차후에 로그아웃 기록을 utmp와 wtmp 파일에 작성한다.

```
# fg
./utmpx_login mtk
Creating logout entries in utmp and wtmp
```

그리고 다시 한 번 utmp 파일의 내용을 확인한다. utmp 기록이 덮어 써졌음을 확인할 수 있다.

```
# ./dump_utmpx /var/run/utmp
user     type        PID line   id  host       date/time
cecilia  USER_PR     249 tty1   1              Fri Feb  1 21:39:07 2008
         DEAD_PR    1471 pts/7  /7             Fri Feb  1 22:09:09 2008
# who
cecilia  tty1     Feb  1 21:39
```

출력의 마지막 줄은 who가 DEAD_PROCESS 기록을 무시함을 보여준다.

wtmp 파일을 검사할 때, wtmp 기록은 대체됐음을 볼 수 있다.

```
# ./dump_utmpx /var/log/wtmp
user     type        PID line   id  host       date/time
cecilia  USER_PR     249 tty1   1              Fri Feb  1 21:39:07 2008
mtk      USER_PR    1471 pts/7  /7             Fri Feb  1 22:08:06 2008
         DEAD_PR    1471 pts/7  /7             Fri Feb  1 22:09:09 2008
# last mtk
mtk      pts/7                        Fri Feb  1 22:08 - 22:09  (00:01)
```

출력의 마지막 줄은 last가 완료된 로그인 세션의 시작 시간과 종료 시간을 보여주기 위해 wtmp 기록의 로그인/로그아웃 기록과 일치하는 내용을 보여준다.

**리스트 35-3** utmp와 wtmmp 파일 갱신

loginacct/utmpx_login.c

```
#define _GNU_SOURCE
#include <time.h>
#include <utmpx.h>
#include <paths.h>              /* _PATH_UTMP와 _PATH_WTMP 정의 */
#include "tlpi_hdr.h"

int
main(int argc, char *argv[])
{
    struct utmpx ut;
    char *devName;

    if (argc < 2 || strcmp(argv[1], "--help") == 0)
        usageErr("%s username [sleep-time]\n", argv[0]);

    /* utmp와 wtmp 파일의 로그인 기록 초기화 */

    memset(&ut, 0, sizeof(struct utmpx));
    ut.ut_type = USER_PROCESS;          /* 사용자 로그인 */
    strncpy(ut.ut_user, argv[1], sizeof(ut.ut_user));
    if (time((time_t *) &ut.ut_tv.tv_sec) == -1)
        errExit("time");                /* 현재 시간 기록 */
    ut.ut_pid = getpid();

    /* 'stdin'과 관련된 터미널에 기반해 ut_line과 ut_id를 설정한다.
       이 코드는 터미널 이름을 '/dev/[pt]t[sy]*'로 가정한다.
       디렉토리 이름인 '/dev/'는 5문자이며,
       '[pt]t[sy]' 파일 이름 접두사는 3문자다(전체 8문자가 된다). */

    devName = ttyname(STDIN_FILENO);
    if (devName == NULL)
        errExit("ttyname");
    if (strlen(devName) <= 8)           /* 발생하면 안 된다. */
        fatal("Terminal name is too short: %s", devName);

    strncpy(ut.ut_line, devName + 5, sizeof(ut.ut_line));
    strncpy(ut.ut_id, devName + 8, sizeof(ut.ut_id));

    printf("Creating login entries in utmp and wtmp\n");
    printf("        using pid %ld, line %.*s, id %.*s\n",
            (long) ut.ut_pid, (int) sizeof(ut.ut_line), ut.ut_line,
            (int) sizeof(ut.ut_id), ut.ut_id);

    setutxent();                        /* utmp 파일의 시작으로 되돌림 */
    if (pututxline(&ut) == NULL)        /* utmp에 로그인 기록을 작성 */
        errExit("pututxline");
```

```
    updwtmpx(_PATH_WTMP, &ut);              /* wtmp에 로그인 기록을 추가 */

    /* 잠시 동안 잠들고, 그동안 utmp와 wtmp 파일을 검사할 수 있다. */

    sleep((argc > 2) ? getInt(argv[2], GN_NONNEG, "sleep-time") : 15);

    /* 이제 '로그아웃'을 실행한다. 아래의 변경을 제외하고
       이전에 초기화된 'ut'의 값을 사용한다. */

    ut.ut_type = DEAD_PROCESS;              /* 로그아웃 기록을 위해 요구된다. */
    time((time_t *) &ut.ut_tv.tv_sec);      /* 로그아웃 시간 기록 */
    memset(&ut.ut_user, 0, sizeof(ut.ut_user));
                                            /* 로그아웃 기록은 널 사용자 이름을 갖는다. */

    printf("Creating logout entries in utmp and wtmp\n");
    setutxent();                            /* utmp 파일의 시작으로 되돌림 */
    if (pututxline(&ut) == NULL)            /* 이전의 utmp 기록을 덮어씀 */
        errExit("pututxline");
    updwtmpx(_PATH_WTMP, &ut);              /* wtmp에 로그아웃 기록을 추가 */

    endutxent();
    exit(EXIT_SUCCESS);
}
```

## 35.7 lastlog 파일

lastlog 파일은 각 사용자가 시스템에 마지막으로 로그인한 시간을 기록한다(이는 모든 사용자의 모든 로그인과 로그아웃을 기록하는 wtmp 파일과는 다르다). 여러 가지 중에서 lastlog 파일은 login 프로그램으로 하여금 마지막으로 로그인한 시간을 (새로운 세션이 시작할 때) 사용자에게 알려주도록 한다. 로그인 서비스를 제공하는 응용 프로그램은 utmp와 wtmp를 갱신하는 일 외에 lastlog도 갱신해야만 한다.

utmp, wtmp 파일과 동일하게, lastlog 파일의 장소와 포맷에는 여러 가지가 있다(몇몇 유닉스 구현은 이런 파일을 제공하지 않는다). 리눅스에서 이 파일은 /var/log/lastlog에 존재하고, `_PATH_LASTLOG` 상수가 이 위치를 가리키기 위해 `<paths.h>`에 존재한다. utmp, wtmp 파일과 마찬가지로 lastlog 파일은 일반적으로 보호되며, 따라서 모든 사용자가 읽을 수 있지만, 특권 프로세스만이 갱신할 수 있다.

lastlog 파일 기록의 포맷은 다음과 같다(`<lastlog.h>`에 정의).

```
#define UT_NAMESIZE          32
#define UT_HOSTSIZE         256

struct lastlog {
    time_t ll_time;                     /* 마지막 로그인 시간 */
    char   ll_line[UT_NAMESIZE];        /* 원격 로그인의 터미널 */
    char   ll_host[UT_HOSTSIZE];        /* 원격 로그인의 호스트 이름 */
};
```

이 기록은 사용자 이름이나 사용자 ID를 포함하지 않는다는 사실을 알아두기 바란다. 대신에 lastlog 파일은 사용자 ID로 색인화된 연속된 기록을 갖는다. 따라서 사용자 ID 1000의 lastlog 기록을 찾기 위해 파일의 `(1000*sizeof(struct lastlog))`바이트를 검색할 것이다. 이는 명령행에 나열된 사용자의 lastlog 기록을 확인하게 하는 리스트 35-4의 프로그램에 나타난다. 이 프로그램은 `lastlog(1)` 명령에 제공된 기능과 유사하다. 다음은 이 프로그램을 실행해 나타난 결과의 예다.

```
$ ./view_lastlog annie paulh
annie    tty2                  Mon Jan 17 11:00:12 2011
paulh    pts/11                Sat Aug 14 09:22:14 2010
```

lastlog에 갱신을 실행하는 것은 파일을 열고, 정확한 위치를 찾아서 쓰기를 실행하는 것과 유사한 문제다.

> lastlog 파일은 사용자 ID에 의해 색인화되기 때문에, 사용자 ID가 동일한 다른 사용자의 로그인을 구별할 수 없다(8.1절에서 흔치 않은 방법이긴 하나, 동일한 사용자 ID로 여러 로그인 이름을 가질 수 있음을 언급했다).

**리스트 35-4** lastlog 파일의 정보 출력

loginacct/view_lastlog.c

```
#include <time.h>
#include <lastlog.h>
#include <paths.h>                     /* _PATH_LASTLOG 정의 */
#include <fcntl.h>
#include "ugid_functions.h"            /* userIdFromName() 정의 */
#include "tlpi_hdr.h"

int
main(int argc, char *argv[])
{
    struct lastlog llog;
```

```
    int fd, j;
    uid_t uid;

    if (argc > 1 && strcmp(argv[1], "--help") == 0)
        usageErr("%s [username...]\n", argv[0]);

    fd = open(_PATH_LASTLOG, O_RDONLY);
    if (fd == -1)
        errExit("open");

    for (j = 1; j < argc; j++) {
        uid = userIdFromName(argv[j]);
        if (uid == -1) {
            printf("No such user: %s\n", argv[j]);
            continue;
        }

        if (lseek(fd, uid * sizeof(struct lastlog), SEEK_SET) == -1)
            errExit("lseek");

        if (read(fd, &llog, sizeof(struct lastlog)) <= 0) {
            printf("read failed for %s\n", argv[j]); /* EOF 또는 에러 */
            continue;
        }

        printf("%-8.8s %-6.6s %-20.20s %s", argv[j], llog.ll_line,
                llog.ll_host, ctime((time_t *) &llog.ll_time));
    }

    close(fd);
    exit(EXIT_SUCCESS);
}
```

## 35.8 정리

로그인 계정 기록은 최근뿐만 아니라 과거의 로그인 정보도 포함한다. 이 정보는 세 가지 파일에 기록된다. 즉 현재 로그인한 전체 사용자의 기록을 유지하는 utmp 파일, 모든 로그인과 로그아웃의 기록 감시인 wtmp 파일, 각 사용자의 마지막 로그인 시간을 기록하는 lastlog 파일이 해당된다. who와 last 같은 여러 가지 명령은 이러한 파일의 정보를 사용한다.

C 라이브러리는 로그인 계정 파일의 정보를 추출하고, 갱신하기 위한 함수를 제공한다. 로그인 서비스를 제공하는 응용 프로그램은 로그인 계정 파일을 갱신하는 데 이러한 함수를 사용해야 하며, 그로 인해 이러한 정보에 의존하는 명령은 정확히 동작해야 한다.

### 더 읽을거리

utmp(5) 매뉴얼 페이지 외에, 로그인 계정 함수에 관한 추가 정보를 찾을 수 있는 가장 유용한 장소는 이러한 함수를 사용하는 다양한 응용 프로그램의 소스 코드다. 예를 들어, mingetty(또는 agetty)와 login, init, telnet, ssh, ftp의 소스를 살펴보는 것이다.

## 35.9 연습문제

35-1. getlogin()을 구현하라. 35.5절에 나타난 것과 같이, getlogin()은 몇몇 소프트웨어 터미널 에뮬레이터하에서 구동되는 프로세스에는 정확히 동작하지 않을 것이다. 이러한 경우, 가상 콘솔에서 대신 테스트해보기 바란다.

35-2. 리스트 35-3의 프로그램(utmpx_login.c)을 변경해 utmp와 wtmp 파일 외에 lastlog 파일도 갱신하도록 수정하라.

35-3. login(3), logout(3), logwtmp(3)의 매뉴얼 페이지를 살펴보고, 이러한 함수를 구현하라.

35-4. who(1)의 간단한 버전을 구현하라.

# 36

# 공유 라이브러리 기초

공유 라이브러리는 여러 라이브러리 함수를 여러 프로세스가 실행 중에 공유할 수 있게 하나로 묶어주는 기술이다. 이 기술을 이용하면 디스크와 RAM의 공간을 절약할 수 있다. 36장에서는 공유 라이브러리의 기초를 다루고, 고급 기능은 37장에서 다루기로 한다.

## 36.1 오브젝트 라이브러리

프로그램을 만드는 방법 하나는 단순히 소스 파일을 컴파일해서 해당 오브젝트 파일을 만들고, 만들어진 모든 오브젝트 파일을 링크해 실행 가능한 프로그램을 만드는 것이다. 그 예는 다음과 같다.

```
$ cc -g -c prog.c mod1.c mod2.c mod3.c
$ cc -g -o prog_nolib prog.o mod1.o mod2.o mod3.o
```

> 링크는 ld라는 독립 링커 프로그램을 이용해 수행한다. 우리가 cc(혹은 gcc) 명령을 사용해 링크할 때, 컴파일러는 보이지 않게 ld를 호출해 링크 과정을 수행한다. 리눅스 시스템에서 링커는 언제나 gcc를 통해 간접적으로 호출된다. gcc는 ld가 정확한 옵션으로 호출되고, 정확한 라이브러리 파일을 링크함을 보장하기 때문이다.

그러나 여러 프로그램에서 공통으로 사용하는 소스 파일이 여러 개인 상황이 있다. 이런 경우에 수고를 덜 수 있는 첫 번째 방법은 우선 소스 파일을 한 번 컴파일하는 것이다. 그리고 컴파일된 오브젝트 파일을 여러 실행 파일이 요구하는 대로 링크한다. 이런 작업은 컴파일 시간을 단축시킬 수 있지만, 링크하는 과정에서 모든 오브젝트 파일을 지정해야 하는 번거로움이 있다. 더욱이 디렉토리가 여러 오브젝트 파일로 복잡해져 불편할 수도 있다.

이런 문제를 회피하려면 여러 오브젝트 파일을 라이브러리라는 하나의 단위로 묶는다. 이런 오브젝트 라이브러리object library에는 정적static과 공유shared의 두 가지 방식이 있다. 공유 라이브러리는 좀 더 현대화된 형태의 오브젝트 라이브러리이고, 정적 라이브러리에 비해 몇 가지 향상된 기능을 제공한다. 자세한 내용은 36.3절에서 설명하겠다.

### 여담: 프로그램 컴파일 시 디버깅 정보 포함시키기

위에서 본 `cc` 명령을 보면 `-g` 옵션을 사용해 컴파일된 프로그램에 디버그 정보를 포함시킨다. 일반적으로 프로그램과 라이브러리상에 디버그 정보를 포함시키는 것은 좋은 아이디어다(예전에는 디스크나 메모리가 고가의 저장 장치였기 때문에 정보를 포함하지 않는 방법으로 사용량을 줄였지만, 현재는 저가이기 때문이다).

덧붙여 x86-32 같은 구조에서는 `-fomit-frame-pointer` 옵션을 붙이면 디버깅을 할 수 없으므로 사용하지 말아야 한다(x86-64 같은 시스템 구조에서는 위 옵션이 기본적으로 설정되어 있는데, 이 구조에서는 디버깅을 방해하지 않기 때문이다). 이와 동일한 이유로 실행 파일과 라이브러리는 `strip(1)` 명령을 사용해 디버그 정보를 제거하지 말아야 한다.

## 36.2 정적 라이브러리

공유 라이브러리를 알아보기에 앞서 우선 정적 라이브러리를 살펴보자. 정적 라이브러리를 알아야 공유 라이브러리의 이점과 차이점을 이해하는 데 도움이 되기 때문이다.

아카이브archive라고 알려진 정적 라이브러리는 유닉스 시스템에서 제공한 첫 번째 라이브러리 형태다. 이는 다음과 같은 이점을 제공한다.

- 흔히 사용하는 여러 오브젝트 파일을 하나의 라이브러리 파일 형태로 만든다. 이를 사용하는 각 응용 프로그램을 만들 때 라이브러리의 원본 소스 파일을 재컴파일하지 않고 여러 실행 파일을 만들 수 있다.
- 링크 명령을 단순화할 수 있다. 링크할 때 여러 오브젝트 파일을 열거하는 대신, 정적 라이브러리 이름만 지정하면 된다. 링커는 필요한 정적 라이브러리를 찾아 적절한 오브젝트를 추출하는 방법을 알고 있기 때문이다.

## 정적 라이브러리 만들기와 관리하기

사실 정적 라이브러리는 단순히 라이브러리에 추가된 모든 오브젝트 파일의 복사본이 들어 있는 파일이다. 이 파일에는 오브젝트 파일뿐만 아니라 파일 접근 권한, 유저 ID와 그룹 ID, 마지막으로 수정한 시간 등 각 파일의 다양한 속성이 기록되어 있다. 정적 라이브러리 이름은 관례상 lib*name*.a 같은 형태로 지정된다.

정적 라이브러리는 `ar(1)` 명령으로 만들고 관리한다. 이 명령의 일반적인 형태는 다음과 같다.

```
$ ar options archive object-file...
```

옵션options 인자는 일련의 문자열로 구성되고, 그중 하나는 오퍼레이션 코드operation code다. 나머지는 변경자modifier로서, 오퍼레이션이 수행되는 방식을 지정할 때 사용한다. 일반적으로 사용하는 오퍼레이션 코드는 다음과 같다.

- `r`(replace, 대치): 오브젝트를 삽입한다. 이미 같은 이름의 오브젝트 파일이 있으면 이를 대체한다. 아카이브를 생성하고 수정하는 표준 방법이다. 다음과 같이 명령을 이용해 아카이브를 만들 수 있다.

  ```
  $ cc -g -c mod1.c mod2.c mod3.c
  $ ar r libdemo.a mod1.o mod2.o mod3.o
  $ rm mod1.o mod2.o mod3.o
  ```

  라이브러리를 만들고 난 후에 원본 오브젝트 파일이 더 이상 필요 없다면 위와 같이 지울 수 있다.
- `t`(table of contents, 목록): 아카이브의 내용을 테이블 형태로 보여준다. 기본적으로 단순히 아카이브에 포함된 오브젝트의 이름을 나열한다. 추가 정보를 보고 싶다면 `v`(verbose) 옵션을 이용해 다음과 같이 아카이브에 저장된 그 밖의 속성 정보를 확인한다.

```
$ ar tv libdemo.a
rw-r--r-- 1000/100 1001016 Nov 15 12:26 2009 mod1.o
rw-r--r-- 1000/100 406668 Nov 15 12:21 2009 mod2.o
rw-r--r-- 1000/100  46672 Nov 15 12:21 2009 mod3.o
```

여기에 보이는 각 오브젝트의 추가 정보는 왼쪽부터 압축 파일에 추가된 시점의 접근 권한, 사용자 ID, 그룹 ID, 용량, 마지막으로 수정된 날짜와 시간이다.

- d(delete, 삭제): 지정된 모듈을 아카이브에서 제거하는 옵션으로 다음과 같이 쓸 수 있다.

```
$ ar d libdemo.a mod3.o
```

### 정적 라이브러리 사용하기

정적 라이브러리를 프로그램에 링크해 사용하는 방법은 두 가지가 있다. 첫 번째는 링크 명령에 정적 라이브러리의 이름을 지칭하는 방법인데, 사용법은 다음과 같다.

```
$ cc -g -c prog.c
$ cc -g -o prog prog.o libdemo.a
```

두 번째는 라이브러리 파일을 링커가 기본적으로 검색하는 표준 디렉토리(예: /usr/lib)에 두고 라이브러리 이름(즉 파일 이름에서 lib라는 접두사와 .a라는 접미사를 제외한 이름)을 `-l` 옵션을 이용해 지정하는 방법이다.

```
$ cc -g -o prog prog.o -ldemo
```

라이브러리가 링커가 기본적으로 검색하는 표준 디렉토리에 위치하지 않은 경우에는 `-L` 옵션으로 추가 지정해 링커가 해당 디렉토리를 검색하게 지정할 수 있다.

```
$ cc -g -o prog prog.o -Lmylibdir -ldemo
```

정적 라이브러리 안에 많은 오브젝트 모듈이 있지만 링커는 프로그램에서 필요로 하는 모듈만을 포함시킨다.

링크가 완료된 프로그램은 다음과 같이 일반적인 방법으로 실행할 수 있다.

```
$ ./prog
Called mod1-x1
Called mod2-x2
```

## 36.3 공유 라이브러리 개요

프로그램이 정적 라이브러리를 링크해서 만들어지면(혹은 라이브러리를 전혀 사용하지 않더라도), 실행 파일에는 프로그램에 링크된 모든 오브젝트 파일이 복사된다. 따라서 몇 개의 실행 파일에 같은 오브젝트 모듈을 사용하는 경우, 각 실행 파일마다 같은 오브젝트 모듈이 복사되어 저장된다. 이런 복사된 중복 모듈에는 다음과 같은 단점이 있다.

- 같은 오브젝트 모듈이 복사되어 저장되므로 디스크 공간이 (매우 많이) 낭비된다.
- 일부 다른 프로그램이 같은 모듈을 사용하고 동시에 실행된다면, 오브젝트 모듈의 각 복사본이 다른 가상 메모리 공간을 차지하므로 시스템의 전체 메모리 사용량을 증가시킨다.
- 정적 라이브러리상의 오브젝트 모듈을 수정해야 한다면(보안상 혹은 버그 문제 때문에), 그 모듈을 사용하는 모든 실행 파일에 변경된 코드를 반영하려면 전부 새로 링크해야 한다. 이는 시스템 관리자가 어떤 응용 프로그램이 어느 라이브러리와 링크되어 있는지 알고 있어야 한다는 더욱 복잡한 문제를 야기한다.

공유 라이브러리는 이와 같은 단점을 극복하고자 설계됐다. 공유 라이브러리의 핵심 아이디어는 단 하나의 오브젝트 모듈을 모든 프로그램에서 공유하게 하는 데 있다. 오브젝트 모듈은 링크된 실행 파일에 복사되지 않는다. 대신, 모듈을 처음 사용하는 프로그램이 실행될 때 메모리에 적재된다. 같은 공유 라이브러리를 사용하는 프로그램이 후에 실행됐을 때는 이미 메모리에 적재된 모듈을 사용한다. 공유 라이브러리를 사용하면 실행 프로그램이 디스크 공간과 (실행 중에) 가상 메모리를 덜 사용한다.

> 공유 라이브러리 코드는 여러 프로세스가 공유하지만, 라이브러리 내의 변수는 공유하지 않는다. 각 프로세스는 라이브러리 내의 전역 변수와 정적 변수를 각자 복사해서 사용한다.

공유 라이브러리의 장점은 다음과 같다.

- 전체적인 프로그램 크기가 작아지기 때문에, 어떤 경우에는 프로그램이 메모리에 이미 적재되어 있을 수 있으므로 더 빨리 실행이 가능하다. 하지만 거대한 공유 라이브러리가 다른 프로그램에 의해 메모리에 이미 적재되어 있는 경우에만 해당되는 사항이다. 보통 처음 시작하는 프로그램은 공유 라이브러리를 메모리상에서 찾아야 하고 이를 메모리에 적재해야 하기 때문에 실행되기까지 좀 더 많은 시간이 소요된다.

- 오브젝트 모듈이 실행 파일에 복사되지 않고 대신에 중앙에서 관리되기 때문에, 오브젝트 모듈을 수정해야 하는 경우 모든 응용 프로그램의 수정사항을 반영하려고 재링크할 필요가 없다(36.8절에서 제약사항을 설명한다). 심지어 실행 중인 프로그램이 기존 버전의 공유 라이브러리를 사용하는 경우에도 수정이 가능하다.

추가된 기능 때문에 발생하는 비용은 다음과 같다.

- 공유 라이브러리는 개념적으로 복잡할 뿐만 아니라 실제 공유 라이브러리를 생성하고 프로그램을 만드는 과정이 정적 라이브러리에 비해 복잡하다.
- 공유 라이브러리는 위치 독립적인 코드position independent code를 사용해 컴파일해야 한다(36.4.2절에서 설명). 하지만 이런 작업은 추가로 레지스터를 사용해야 하기 때문에 대부분 시스템 구조에 성능 부하를 준다.
- 실행 시점에서 심볼 재배치symbol relocation를 반드시 수행해야 한다. 심볼을 재배치하는 동안 공유 라이브러리상의 심볼을 가리키는 참조는 가상 메모리상의 실제 실행 시 위치로 수정된다. 이런 재배치 프로세스 때문에 공유 라이브러리를 사용하는 프로그램은 정적 라이브러리를 사용하는 프로그램보다 실행하는 데 더 오래 걸릴 수 있다.

> 공유 라이브러리의 또 다른 용도는 JNI(Java Native Interface)의 구성요소로 쓰는 것이다. JNI는 자바 코드에서 운영체제의 기능인 공유 라이브러리의 C 함수를 호출함으로써 직접 접근한다. 자세한 정보는 [Liang, 1999]와 [Rochkind, 2004]를 참조하기 바란다.

## 36.4 공유 라이브러리 생성과 사용(첫 번째 단계)

공유 라이브러리의 동작을 이해하기 위해, 공유 라이브러리를 만들고 사용하는 최소한의 단계 절차를 살펴보자. 우선 여기서는 일반적으로 공유 라이브러리 파일 이름을 짓는 규약을 무시한다. 이 규약은 36.6절에서 설명할 것이며, 이것으로 프로그램이 원하는 최신 버전의 라이브러리를 자동으로 적재할 수 있을 뿐만 아니라 버전이 다른 라이브러리들이 서로 충돌하지 않고 공존할 수 있다.

이번 장에서는 ELFExecutable and Linking Format 공유 라이브러리만 고려한다. ELF 포맷은 현재 리눅스의 실행 파일과 공유 라이브러리 포맷으로 사용할 뿐만 아니라 여타 유닉스 구현에도 사용되기 때문이다.

예전 버전의 a.out과 COFF 포맷을 대신해 ELF 포맷이 사용된다.

### 36.4.1 공유 라이브러리 만들기

이전에 만들었던 정적 라이브러리를 공유 버전으로 만들려면 다음과 같은 절차를 거친다.

```
$ gcc -g -c -fPIC -Wall mod1.c mod2.c mod3.c
$ gcc -g -shared -o libfoo.so mod1.o mod2.o mod3.o
```

첫 번째 명령은 라이브러리에 포함될 3개의 오브젝트 모듈을 만들어낸다(여기에 나온 cc -fPIC 옵션은 36.4.2절에서 설명한다). cc -shared 명령은 3개의 오브젝트 모듈을 포함하는 공유 라이브러리를 만들어낸다. 이름 규약 때문에 공유 라이브러리는 lib라는 접두사와 .so라는 접미사를 갖는다.

예제는 컴파일러에 의존적인 공유 라이브러리를 만들려고 cc 명령보다 gcc 명령을 사용해 명령행 옵션을 강조했다. 여타 유닉스 시스템 구현에서 사용하는 다른 종류의 C 컴파일러는 다른 옵션이 필요할 것이다.

소스 파일을 컴파일하고 공유 라이브러리를 한 줄의 명령행으로 만들 수도 있다.

```
$ gcc -g -fPIC -Wall mod1.c mod2.c mod3.c -shared -o libfoo.so
```

그러나 컴파일과 라이브러리 생성 절차를 분명히 구분하기 위해, 위에서처럼 36장의 예제는 분리된 2개의 명령을 사용한다.

정적 라이브러리와는 달리, 이미 만들어진 공유 라이브러리상의 모듈을 제거하거나 추가하는 것은 불가능하다. 이는 보통의 실행 파일처럼 공유 라이브러리 안의 오브젝트 파일은 확실한 독립성을 보장하지 못하기 때문이다.

### 36.4.2 위치 독립적인 코드

cc 컴파일러에서 -fPIC 옵션은 위치 독립적인 코드를 생성한다. 컴파일러는 전역 변수, 정적 변수, 외부 변수, 문자열 상수 등의 접근 방식과 함수 주소의 취득 방식을 변경한 오퍼레이션 코드를 만든다. 이 때문에 실행 시에 오퍼레이션 코드가 가상 주소 중 어느 곳에나 위치할 수 있다. 공유 라이브러리를 링크하는 시점에 오퍼레이션 코드가 메모리상의 어디에 위치하는지를 알 수 없기에 위치 독립 옵션을 사용한다(실행 시점의 여러 요인으로 공유 라이브러리의 메모리 위치가 결정된다. 예를 들어 라이브러리를 적재하는 프로그램이 얼마나 많은 메모리를 사용하는지 혹은 특정 라이브러리를 프로그램이 이미 메모리에 적재했는지 여부에 따라 공유 라이브러리의 위치가 결정되기 때문이다).

x86-32/리눅스 시스템은 -fPIC 옵션 없이 컴파일된 모듈을 사용해 공유 라이브러리를 만들 수 있다. 그러나 프로그램 텍스트의 페이지는 위치 의존적인 메모리 참조를 포함하기 때문에 프로세스 간 라이브러리를 공유할 수 없어 공유 라이브러리의 강점을 살릴 수 없다. 또 다른 몇 가지 아키텍처에서는 -fPIC 옵션 없이 공유 라이브러리를 만들 수 없다.

다음 두 명령을 이용해 _GLOBAL_OFFSET_TABLE_이라는 이름이 오브젝트 심볼 테이블에 있는지 파악함으로써 -fPIC 옵션을 포함해 오브젝트 파일을 컴파일했는지 알 수 있다.

```
$ nm mod1.o | grep _GLOBAL_OFFSET_TABLE_
$ readelf -s mod1.o | grep _GLOBAL_OFFSET_TABLE_
```

반대로 다음 동일한 두 명령을 실행해 화면에 결과값이 나온다면 적어도 하나 이상의 공유 라이브러리를 -fPIC 옵션을 사용해 컴파일하지 않았다는 뜻이다.

```
$ objdump --all-headers libfoo.so | grep TEXTREL
$ readelf -d libfoo.so | grep TEXTREL
```

TEXTREL 문자열은 오브젝트 모듈의 텍스트 세그먼트에 실행 시 재배치돼야 하는 참조가 포함되어 있음을 의미한다.

36.5절에서 nm, readelf, objdump 명령을 좀 더 설명한다.

### 36.4.3 공유 라이브러리 사용하기

공유 라이브러리를 사용하려면 정적 라이브러리를 사용할 때는 필요하지 않은 두 단계의 과정을 반드시 수반해야 한다.

- 실행 파일에 필요한 오브젝트 파일의 복사본을 더 이상 저장하지 않기 때문에 실행 시에 공유 라이브러리를 찾는 방식이 반드시 필요하다. 이 방식은 링크 시점에 실행 파일에 공유 라이브러리의 이름을 삽입해 가능해졌다(ELF 문법에서 DT_NEEDED 태그를 사용해 라이브러리의 의존성을 실행 파일에 기록한다). 프로그램의 모든 공유 라이브러리 의존 정보는 동적 의존성 목록dynamic dependency list으로 제공된다.
- 메모리에 적재되지 않아 공유할 수 없는 공유 라이브러리를 실행 파일에서 찾아 메모리에 적재하려면 실행 시에 라이브러리 이름을 찾아내는 방법이 반드시 필요하다.

프로그램과 공유 라이브러리를 링크할 때 실행 파일에 라이브러리 이름을 자동으로 삽입한다.

```
$ gcc -g -Wall -o prog prog.c libfoo.so
```

프로그램을 실행하면 다음과 같은 에러 메시지가 나올 것이다.

```
$ ./prog
./prog: error in loading shared libraries: libfoo.so: cannot
open shared object file: No such file or directory
```

위 에러는 프로그램 실행 시점에 내장된 라이브러리의 이름을 분석하는 두 번째 필수 과정인 동적 링크 때문에 발생한다. 이 작업은 **동적 링커**dynamic linker(**동적 링크 로더**dynamic link loader 혹은 **실행 시 링커**run-time linker라고도 한다)가 수행한다. 동적 링커는 공유 라이브러리로서, 이름은 /lib/ld-linux.so.2이고 모든 ELF 실행 파일은 이 공유 라이브러리를 사용한다.

> 보통 /lib/ld-linux.so.2라는 경로명은 심볼릭 링크로 동적 링커 실행 파일을 가리킨다. 이 파일의 이름은 ld-*version*.so로, 여기서 *version*은 시스템에 설치된 glibc 버전을 의미한다(예: ld-2.11.so). 그리고 동적 링커의 경로명은 아키텍처마다 다르다. 예를 들어, IA-64에서 동적 링커의 심볼릭 링크는 /lib/ld-linux-ia64.so.2라는 이름을 사용한다.

동적 링커는 프로그램에서 사용하는 공유 라이브러리를 조사하고 파일 시스템에서 라이브러리를 찾으려고 이미 정의된 규칙을 사용한다. 이 정의된 규칙은 공유 라이브러리의 일반 위치인 표준 디렉토리를 정의한다. 예를 들면, 많은 공유 라이브러리는 /lib와 /usr/lib에 존재한다. 위에서 발생한 에러 메시지는 동적 링커가 라이브러리를 찾을 때 표준 목록이 아닌 현재 작업 디렉토리에 라이브러리가 위치하고 있어서 발생한 것이다.

> 몇 가지 아키텍처(예: zSeries, PowerPC64, x86-64)는 32비트와 64비트 2개의 프로그램이 동작하는 것을 지원한다. 이런 시스템에서 32비트 라이브러리는 */lib의 하부 디렉토리에 위치하고 64비트 라이브러리는 */lib64의 하부 디렉토리에 존재한다.

### LD_LIBRARY_PATH 환경 변수

여러 디렉토리를 콜론으로 구분해 `LD_LIBRARY_PATH`라는 환경 변수에 저장해 동적 링커에게 비표준 디렉토리에 라이브러리가 존재함을 알려준다(세미콜론 또한 디렉토리 구분자로 사용할 수 있으나 셸이 세미콜론을 해석하지 못하도록 인용 부호를 단다). LD_LIBRARY_PATH를 정의했다면 동적 링커는 표준 라이브러리 디렉토리를 검색하기 전에 LD_LIBRARY_PATH가 가리키는 디렉토리에서 공유 라이브러리를 찾는다(후반부에 살펴볼 상용 응용 프로그램에서는 절대로 LD_LIBRARY_PATH를 사용하지 않지만 여기서는 공유 라이브러리를 쉽게 배우려고 사용한다). 따라서 다음과 같은 명령을 이용해 프로그램을 실행할 수 있다.

```
$ LD_LIBRARY_PATH=. ./prog
Called mod1-x1
Called mod2-x2
```

위 명령에 사용된 셸(bash, 콘, 본) 문법은 prog 프로그램이 실행하는 동안의 프로세스상에 환경 변수를 정의한다. 이 정의는 동적 링커가 공유 라이브러리를 현재 작업 디렉토리(.)에서 찾도록 가리킨다.

> LD_LIBRARY_PATH 목록에서 빈 디렉토리 표기(예를 들어, dirx::diry와 같이 디렉토리x와 디렉토리y 사이의 빈 디렉토리 표기)는 현재 작업 디렉토리를 의미한다(LD_LIBRARY_PATH 자체를 빈 문자열로 설정한 경우, 동일한 결과를 얻을 수 없다). 하지만 위와 같은 사용은 피한다(SUSv3에서는 PATH 환경 변수를 위와 같이 사용하는 것을 지양한다).

### 정적 링크와 동적 링크의 차이

보통 링크link라는 용어는 ld와 같은 링커linker를 사용해 하나 이상의 오브젝트 파일을 묶어 하나의 실행 파일로 만드는 것을 의미한다. 하지만 정적 링크라는 용어는 시작 시점에 실행 파일에서 사용하는 공유 라이브러리를 적재하는 동적 링크와 구분해 사용한다(정적 링크는 링크 편집link editing이라고도 하며, ld 같은 정적 링커를 링크 편집기link editor로 사용한다). 공유 라이브러리를 사용하는 프로그램을 포함해 모든 프로그램은 정적 링크 과정을 거친다. 그리고 실행 시점에서 공유 라이브러리를 사용하는 프로그램은 추가 동적 링크 과정을 수행한다.

## 36.4.4 공유 라이브러리의 soname

지금까지 보여준 예에서는 실행 파일에 포함된 공유 라이브러리의 실제 이름을 실행 시에 동적 링커가 검색했다. 이 이름은 공유 라이브러리의 실제 이름이다. 그러나 사실 보통 에일리어스alias를 이용해 공유 라이브러리를 soname 형태로 만들 수 있다(ELF 문법의 DT_SONAME 태그).

정적 라이브러리 링크 과정에서 공유 라이브러리가 soname을 갖고 있다면 실제 이름 대신 실행 파일에 포함되고 결과적으로 실행 시에 동적 링커가 이를 이용해 검색하고 사용한다. soname의 목적은 실행 시에 공유 라이브러리 버전이 이전에 링크된 라이브러리 버전과 다른 경우에 간접적인 접근 방법을 제공해서 라이브러리를 실행할 수 있게 하는 것이다.

36.6절에서 공유 라이브러리의 실제 이름과 soname을 사용하는 관용적 방법을 살펴본다. 지금부터 단순한 예로 주요 원리를 이해해보자.

첫 번째 단계로 soname을 지정해 라이브러리를 만든다.

```
$ gcc -g -c -fPIC -Wall mod1.c mod2.c mod3.c
$ gcc -g -shared -Wl,-soname,libbar.so -o libfoo.so mod1.o mod2.o mod3.o
```

`-Wl,-soname,libbar.so` 옵션은 링커가 libfoo.so 공유 라이브러리를 soname인 libbar.so 파일로 만든 것을 의미한다.

생성된 공유 라이브러리 파일에서 soname을 알아내고자 한다면 다음 명령을 이용할 수 있다.

```
$ objdump -p libfoo.so | grep SONAME
  SONAME      libbar.so
$ readelf -d libfoo.so | grep SONAME
  0x0000000e (SONAME) Library soname: [libbar.so]
```

soname으로 생성된 공유 라이브러리는 보통 다음과 같이 실행 파일로 만들 수 있다.

```
$ gcc -g -Wall -o prog prog.c libfoo.so
```

그러나 이때 링커는 libfoo.so에 soname 파일인 libbar.so를 갖고 있음을 파악하고 실행 파일상에 기록한다.

이제 완성된 프로그램을 돌려보고 다음과 같은 결과를 확인할 수 있다.

```
$ LD_LIBRARY_PATH=. ./prog
prog: error in loading shared libraries: libbar.so: cannot open
shared object file: No such file or directory
```

여기서 문제는 동적 링커가 이름이 libbar.so라는 파일을 찾을 수 없다는 점이다. 그래서 soname을 사용할 때는 하나의 절차가 더 필요하다. 바로 실제 이름의 라이브러리를 가리키는 soname 심볼릭 링크를 만들어야 한다. 동적 링커가 기본적으로 검색하는 디렉토리 중 하나에 이 심볼릭 링크를 반드시 만들어야 한다. 그래서 다음과 같이 실행할 수 있다.

```
$ ln -s libfoo.so libbar.so              현재 디렉토리에 soname 심볼릭 링크를 만든다.
$ LD_LIBRARY_PATH=. ./prog
Called mod1-x1
Called mod2-x2
```

그림 36-1은 컴파일과 링크 절차를 보여주는데, 삽입된 soname과 공유 라이브러리를 처리하는 절차, 해당 공유 라이브러리를 프로그램에서 링크하는 과정, 프로그램 실행에 필요한 soname 심볼릭 링크를 만들어내는 과정을 포함하고 있다.

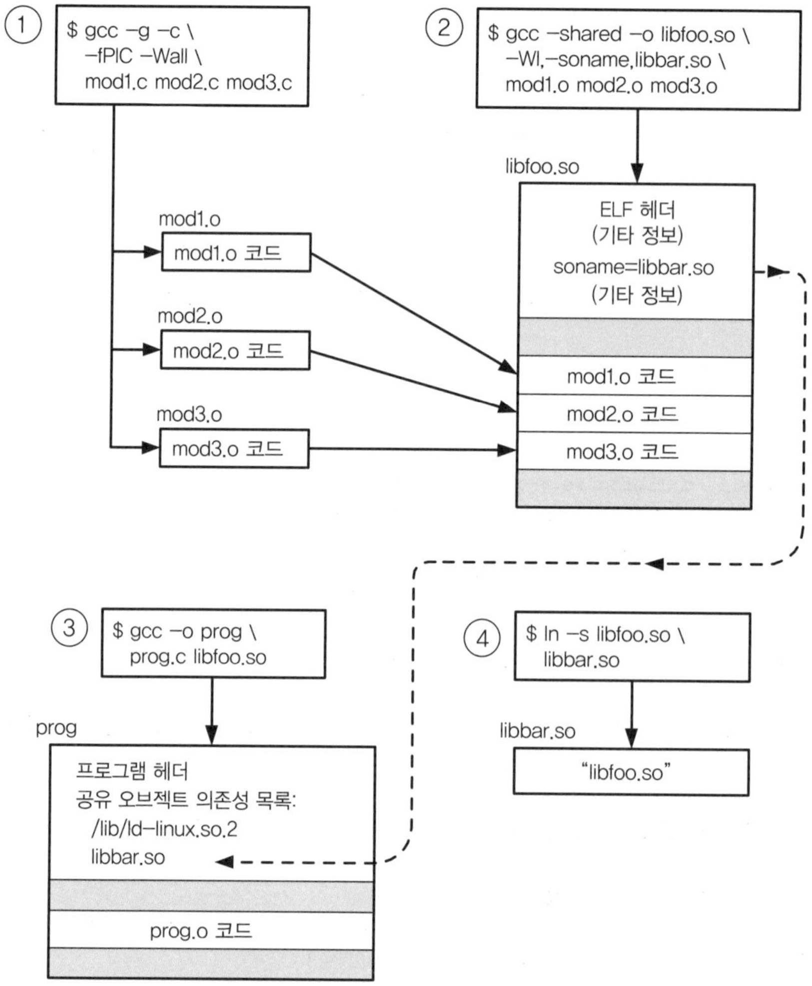


**그림 36-1** 공유 라이브러리 만들기와 프로그램에서 링크하기

그림 36-2는 그림 36-1에서 만들어진 프로그램에서 실행을 준비하려고 메모리에 적재하는 과정을 보여준다.

> 현재 프로세스에서 사용하는 공유 라이브러리 목록은 리눅스 환경에서 다음과 같이 /proc/*PID*/maps에서 해당 프로세스 ID와 대응되는 경로에서 파일을 확인할 수 있다(Vol. 2의 11.5절 참조).

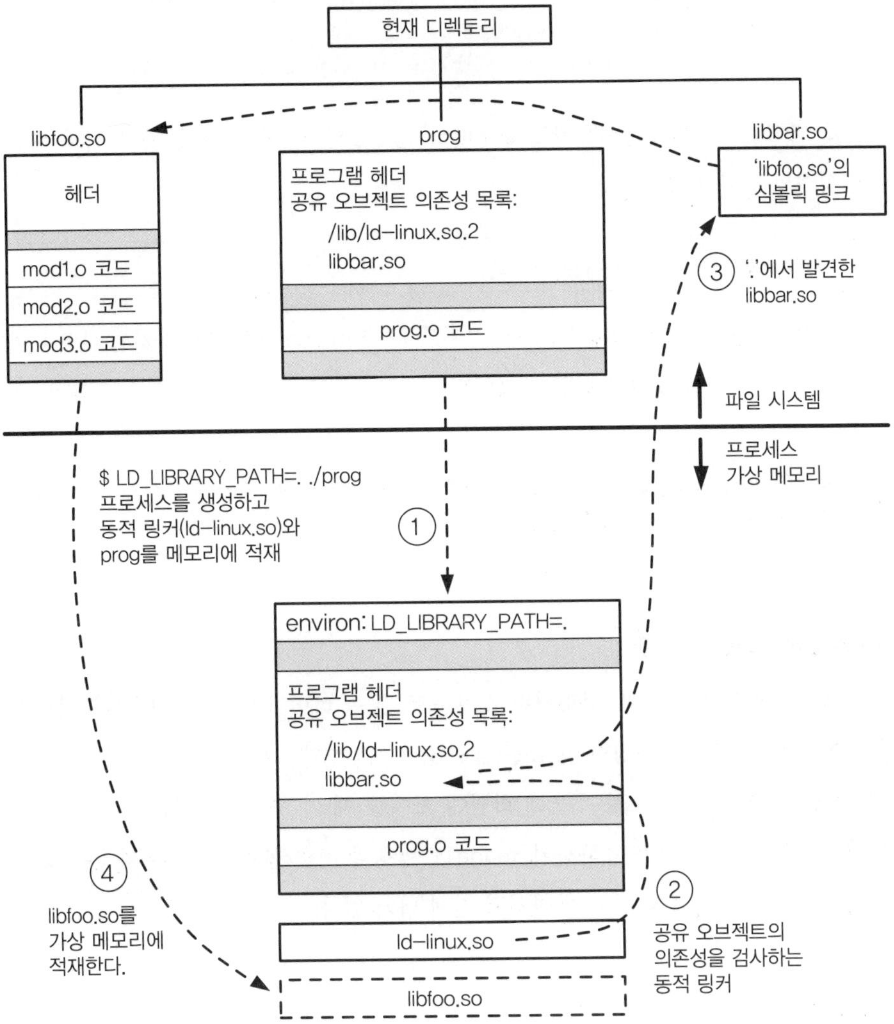


그림 36-2 공유 라이브러리를 사용하는 프로그램 실행하기

## 36.5 공유 라이브러리의 유용한 툴

이 절에서는 공유 라이브러리, 실행 파일, 컴파일된 오브젝트 파일을 분석할 때 유용한 몇 가지 도구를 간략히 이야기한다.

### ldd 명령

ldd(동적 의존성 열거) 명령은 프로그램(혹은 공유 라이브러리)의 실행에 필요한 여러 공유 라이브러리를 보여준다. 동작 예는 다음과 같다.

```
$ ldd prog
        libdemo.so.1 => /usr/lib/libdemo.so.1 (0x40019000)
        libc.so.6 => /lib/tls/libc.so.6 (0x4017b000)
        /lib/ld-linux.so.2 => /lib/ld-linux.so.2 (0x40000000)
```

ldd 명령은 각 라이브러리 참조(동적 링커와 동일한 검색 방식을 사용)를 분석해서 다음과 같은 형식의 결과를 보여준다.

```
library-name => resolves-to-path
```

대부분의 ELF 실행 파일에서 ldd는 적어도 ld-linux.so.2인 동적 링커와 libc.so.6인 표준 C 라이브러리를 결과로 나열할 것이다.

> 일부 아키텍처에서는 C 라이브러리의 이름을 다르게 사용하는데, 예를 들어 IA-64와 알파에서는 libc.so.6.1이라는 이름을 사용한다.

### objdump와 readelf 명령

objdump 명령은 실행 파일, 컴파일된 오브젝트, 공유 라이브러리로부터 역어셈블된 이진 기계 코드를 포함해 다양한 정보를 얻으려고 사용한다. 이 명령은 또 다양한 파일의 ELF 섹션 헤더로부터 정보를 추출해 화면에 보여줄 때 쓸 수 있다. 이는 포맷은 다르지만 디스플레이되는 정보가 유사하여 readelf 명령과 비슷하다. objdump와 readelf의 좀 더 자세한 정보의 출처는 36장 마지막 절에 나와 있다.

### nm 명령

nm 명령은 오브젝트 라이브러리 혹은 실행 프로그램 안에 정의된 심볼 목록을 열거한다. 이 명령은 여러 라이브러리에 정의된 심볼을 찾아낼 때 사용한다. 예를 들어 어떤 라이브러리가 crypt() 함수를 정의하고 있는지 알고 싶다면 다음과 같이 확인할 수 있다.

```
$ nm -A /usr/lib/lib*.so 2> /dev/null | grep ' crypt$'
/usr/lib/libcrypt.so:00007080 W crypt
```

-A 옵션은 nm 명령이 찾은 심볼을 디스플레이할 때 각 라인의 시작 위치에 라이브러리 이름을 표시하게 한다. 기본적으로 nm은 라이브러리 이름을 한 번 디스플레이한 뒤 다음 행에 라이브러리에 포함된 모든 심볼을 열거하기 때문에 위에서 문자열(crypt)로 필터링할 때 일괄적으로 적용하기 힘들다. 따라서 -A 옵션을 이용해 일괄적인 결과를 출력해야 한다. 게다가 nm에서 인식하지 못하는 에러 메시지 포맷을 숨기기 위해서 표준 에러를 출력하지 못하게 했다. 위의 출력 결과로부터 crypt() 함수가 libcrypt 라이브러리 안에 정의됐음을 확인할 수 있다.

## 36.6 공유 라이브러리 버전과 이름 짓기 규칙

공유 라이브러리의 버전을 관리함으로써 수반되는 것을 생각해보자. 보통 성공적인 공유 라이브러리 버전은 다른 것과 호환된다. 이는 각 모듈의 함수 호출 인터페이스가 동일하고 그 의미 또한 동일함을 의미한다(즉 모두 동일한 결과를 얻는다). 차이는 있지만 공유 라이브러리가 호환되는 경우 버전이 호환된다는 의미로 공유 라이브러리의 마이너 버전minor version을 사용한다. 그러나 경우에 따라서 이전 버전과 호환되지 않는다면 새로운 메이저 버전major version의 라이브러리를 만들어야 한다(36.8절에서 호환되지 않는 경우에 대해 자세히 살펴보자). 그리고 이전 버전의 라이브러리를 사용하는 실행 프로그램도 계속해서 동작 가능해야 한다.

이런 버전 관리 필요성 때문에 공유 라이브러리의 실제 이름과 soname에 표준 이름 짓기 규칙이 사용됐다.

### 실제 이름, soname, 링커 이름

각각의 호환되지 않는 공유 라이브러리 버전은 메이저 번호를 통해 구분되며 실제 이름의 한 부분으로 사용된다. 관례상 메이저 버전 식별자는 이전 버전과 호환되지 않는 라이브러리를 배포할 때마다 순차적으로 증가한다. 실제 이름에는 메이저 버전과 마이너 버전 식별자가 있는데, 이는 같은 라이브러리 메이저 버전상에서 서로 호환되는 마이너 버전을 구분하기 위해서다. 실제 이름은 lib*name*.so.*major-id*.*minor-id* 포맷의 규칙을 사용한다.

메이저 버전 식별자와 마찬가지로, 마이너 버전 식별자도 어떤 문자열이든 사용할 수 있으나 관례상 한 자리 수의 번호나 두 자리 수의 번호를 마침표(.)로 구분해 사용한다. 첫 번째 자릿수는 마이너 버전을 구분하기 위해서고, 두 번째 자릿수는 마이너 버전 안에 패치 레벨이나 리비전revision를 구분하기 위해서다. 공유 라이브러리의 실제 이름 예는 다음과 같다.

```
libdemo.so.1.0.1
libdemo.so.1.0.2                버전 1.0.1과 호환되는 마이너 버전
libdemo.so.2.0.0                버전 1.*와 호환되지 않는 새로운 메이저 버전
libreadline.so.5.0
```

공유 라이브러리 soname의 경우 실제 이름의 메이저 버전을 그대로 포함해 사용하지만 마이너 버전 식별자는 사용하지 않는다. 그래서 soname은 lib*name*.so.*major-id* 같은 형태의 이름을 갖는다.

일반적으로 디렉토리에서 실제 이름을 가리키는 심볼릭 링크로 soname을 만든다. 다음 예는 soname이 실제 이름의 라이브러리를 심볼릭 링크한 것을 보여준다.

```
libdemo.so.1 -> libdemo.so.1.0.2
libdemo.so.2 -> libdemo.so.2.0.0
libreadline.so.5 -> libreadline.so.5.0
```

특정 메이저 버전의 공유 라이브러리는 여러 라이브러리 파일로 구성되는데, 마이너 버전 식별자를 사용해 구분한다. 보통 soname은 소속된 메이저 라이브러리 버전에 최신 마이너 버전을 가리킨다(위 예에서 본 libdemo.so처럼). 이런 설정으로 공유 라이브러리는 실행 시에 원하는 버전을 정확하게 관리할 수 있다. 정적 링크 절차 중 실행 파일 안에 soname(마이너 버전에 독립적인) 복사본이 삽입되고 이 복사된 soname 심볼릭 링크는 결과적으로 새로운(마이너) 버전의 공유 라이브러리를 가리키도록 수정될 수 있다. 따라서 실행 파일은 가장 최신의 마이너 버전의 라이브러리를 실행 시 메모리에 적재하게 된다. 다른 메이저 버전의 라이브러리는 다른 soname을 갖게 되는데, 이들은 서로 평화적으로 공존해 필요한 프로그램이 원하는 버전에 접근할 수 있다.

각 공유 라이브러리는 실제 이름, soname, 세 번째 이름으로 보통 정의한다. 그리고 링커 이름linker name은 공유 라이브러리를 실행 파일에서 링크할 때 사용한다. 링커 이름은 심볼릭 링크로서 메이저나 마이너 버전 식별자가 없는 라이브러리 이름만을 포함하고 있어서 lib*name*.so와 같은 형태가 된다. 이런 링커 이름의 특징 때문에 버전 독립적인 링크 명령을 실행할 수 있어 자동적으로 올바른(최신 버전) 공유 라이브러리 버전이 동작할 수 있게 된다.

일반적으로 링커 이름은 같은 디렉토리에 파일로서 참조된다. 이것은 가장 최근의 메이저 버전 라이브러리의 soname이나 실제 이름을 링크한다. 보통 soname을 링크하는 것을 선호하기 때문에 변경사항은 바로 링커 이름의 soname에 자동으로 반영된다(36.7절에서 살펴보겠지만, ldconfig 프로그램 태스크가 여러 soname을 자동으로 최신으로 관리하고 위에서 설명한 규칙을 사용해 묵시적으로 링커 이름을 유지한다).

> 공유 라이브러리의 예전 메이저 버전으로 프로그램을 링크하고 싶다면 링커 이름을 사용할 수 없으므로 대신 링크 명령을 사용해 필요한(메이저) 버전의 특정 실제 이름이나 soname을 지정할 수 있다.

다음은 링커 이름의 예다.

```
libdemo.so          -> libdemo.so.2
libreadline.so      -> libreadline.so.5
```

표 36-1에는 공유 라이브러리 실제 이름, soname, 링커 이름 정보를 요약해뒀고, 그림 36-3은 이들 간의 관계를 보여준다.

**표 36-1** 공유 라이브러리 이름 요약

| 이름 | 포맷 | 설명 |
|---|---|---|
| 실제 이름 | lib*name*.so.*maj*.*min* | 라이브러리 코드를 갖고 있는 파일로, 각 파일마다 메이저와 마이너 버전의 라이브러리를 가리킨다. |
| soname | lib*name*.so.*maj* | 메이저 버전의 라이브러리를 가리킨다. 링크 시점에 실행 파일에 포함되고 실행 시에 같은 이름의 심볼릭 링크를 통해 최신의 실제 이름의 라이브러리를 찾는다. |
| 링커 이름 | lib*name*.so | 최신의 실제 이름이나 최신 soname을 가리키는 심볼릭 링크다. 링크 명령이 버전에 독립적으로 동작하게 한다. |

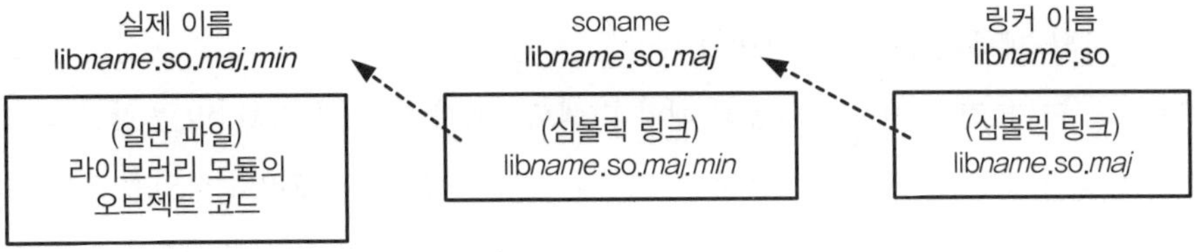


**그림 36-3** 공유 라이브러리의 이름 짓기 규칙

## 표준 규칙을 이용한 공유 라이브러리 만들기

위에서 언급한 모든 정보를 모아 어떻게 표준 규칙을 이용해 데모 라이브러리를 만드는지 보자. 우선 오브젝트 파일을 만든다.

```
$ gcc -g -c -fPIC -Wall mod1.c mod2.c mod3.c
```

그리고 실제 이름이 libdemo.so.1.0.1이고 soname이 libdemo.so.1인 공유 라이브러리를 만든다.

```
$ gcc -g -shared -Wl,-soname,libdemo.so.1 -o libdemo.so.1.0.1 \
        mod1.o mod2.o mod3.o
```

다음 단계로 soname과 링커 이름의 적절한 심볼릭 링크를 만든다.

```
$ ln -s libdemo.so.1.0.1 libdemo.so.1
$ ln -s libdemo.so.1 libdemo.so
```

ls를 이용해 설정 상태(관심 필드를 추출하려고 awk를 사용한다)를 확인한다.

```
$ ls -l libdemo.so* | awk '{print $1, $9, $10, $11}'
lrwxrwxrwx libdemo.so -> libdemo.so.1
lrwxrwxrwx libdemo.so.1 -> libdemo.so.1.0.1
-rwxr-xr-x libdemo.so.1.0.1
```

그 후 링커 이름(링크 명령은 특정 버전을 언급하지 않음을 알아두자)을 이용해 실행 파일을 만들고 평상시처럼 프로그램을 실행한다.

```
$ gcc -g -Wall -o prog prog.c -L. -ldemo
$ LD_LIBRARY_PATH=. ./prog
Called mod1-x1
Called mod2-x2
```

## 36.7 공유 라이브러리 설치하기

지금까지의 예에서는 공유 라이브러리를 사용자 개인 디렉토리에 생성하고 LD_LIBRARY_PATH 환경 변수를 이용해 해당 디렉토리에서 동적 라이브러리를 찾도록 보장했다. 사용자 권한이 있든 없든 간에 이 기술은 사용할 수 있다. 그러나 상업용 응용 프로그램에서는 이 기술을 사용하지 말아야 한다. 보편적으로 공유 라이브러리와 연계된 심볼릭 링크가 여러 표준 라이브러리 디렉토리 중 하나에 설치되는데, 이들의 특징은 다음과 같다.

- /usr/lib: 대표적인 표준 라이브러리가 설치되는 디렉토리다.
- /lib: 시스템이 부팅되는 동안 사용되는 라이브러리는 이 디렉토리에 설치해야 한다(시스템 부팅 중에는 /usr/lib 디렉토리가 미처 마운트되지 못하기 때문이다).
- /usr/local/lib: 비표준이나 실험적 라이브러리를 설치하는 디렉토리다(라이브러리를 이 디렉토리 경로에 설치하는 것은 유용한 방법이다. /usr/lib를 네트워크 마운트로 여러 시스템에

서 공유하고 있다면 이 시스템에서만 사용하는 라이브러리를 이 디렉토리 경로에 설치할 수 있기 때문이다).

- 또는 /etc/ld.so.conf(간략하게 묘사된)에 열거된 디렉토리 중 하나에 설치한다.

대개는 열거된 디렉토리 중 하나에 파일을 복사할 때 슈퍼유저의 권한이 필요하다.

설치 후 soname과 링커 이름을 위한 심볼릭 링크는 반드시 생성돼야 하고, 보통 라이브러리 파일과 동일한 디렉토리 경로에 연결된 심볼릭 링크를 만든다. 그래서 데모 라이브러리를 /usr/lib(root 권한으로만 수정 가능)에 설치하려면 다음과 같이 한다.

```
$ su
:
# mv libdemo.so.1.0.1 /usr/lib
# cd /usr/lib
# ln -s libdemo.so.1.0.1 libdemo.so.1
# ln -s libdemo.so.1 libdemo.so
```

셸 세션의 마지막 두 라인은 soname과 링커 이름 심볼릭 링크를 만든다.

### ldconfig

`ldconfig(8)` 프로그램은 공유 라이브러리의 두 가지 잠재적인 문제점을 고려한다.

- 공유 라이브러리는 여러 디렉토리 경로에 있을 수 있다. 동적 링커가 라이브러리를 찾으려고 모든 디렉토리 경로를 찾는다면 라이브러리를 적재하는 데 많은 시간이 소모된다.
- 새로운 라이브러리가 설치되거나 옛날 버전이 제거된다면 soname 심볼릭 링크는 쓸모없어진다.

`ldconfig` 프로그램은 두 가지 태스크를 수행함으로써 이런 문제를 해결한다.

1. 모든 표준 디렉토리를 검색해 디렉토리상의 메이저 라이브러리 버전의 목록(각 버전의 최신 마이너 버전)을 /etc/ld.so.cache라는 캐시 파일로 생성하거나 갱신한다. 동적 링커가 이 캐시 파일을 사용하도록 설정되면 실행 시에 캐시에서 라이브러리 이름을 찾는다. 캐시를 만들려고 `ldconfig`는 /etc/ld.so.conf 파일에 나열된 디렉토리와 /lib와 /usr/lib를 검색한다. /etc/ld.so.conf 파일은 디렉토리 경로명(모든 경로는 절대 경로로 표현한다)으로 구성되며 줄바꿈 문자, 공백, 탭, 콤마 혹은 콜론으로 구분된다. 다른 몇몇 시스템에서는 /usr/local/lib가 목록에 포함된다(없다면 수작업으로 추가할 수도 있다).

> ldconfig -p 명령은 현재 /etc/ld.so.cache의 내용을 보여준다.

2. 삽입된 soname을 찾고 동일한 디렉토리상에서 각 soname의 심볼릭 링크를 생성(또는 갱신)하려고 각 라이브러리의 메이저 버전의 최신 마이너 버전을 조사한다.

이것이 정확하게 동작하려면 ldconfig는 위에서 설명한 규칙대로 라이브러리가 이름 지어졌다고 생각할 것이다(라이브러리의 실제 이름은 메이저와 마이너 식별자를 포함하고 한 버전에서 다른 버전으로 갈 때 적절히 버전을 증가시킨다).

기본적으로 ldconfig는 위에서 언급한 두 가지 동작을 수행한다. 동작을 막기 위해 명령행 옵션을 사용할 수 있다. -N 옵션은 캐시를 다시 만드는 것을 막고, -X 옵션은 soname 심볼릭 링크를 만드는 것을 막는다. 그리고 -v 옵션을 이용해 ldconfig의 자세한 동작 내용을 화면에 표시할 수 있다.

언제든지 새로운 라이브러리가 설치, 수정, 제거되거나 /etc/ld.so.conf의 내용이 변경되면 ldconfig를 수행해야 한다.

2개의 메이저 버전 라이브러리를 설치한다는 가정하에 ldconfig 오퍼레이션 예를 살펴보자. 다음과 같이 해야 할 것이다.

```
$ su
Password:
# mv libdemo.so.1.0.1 libdemo.so.2.0.0 /usr/lib
# ldconfig -v | grep libdemo
        libdemo.so.1 -> libdemo.so.1.0.1 (changed)
        libdemo.so.2 -> libdemo.so.2.0.0 (changed)
```

위에서 ldconfig의 결과값을 필터링해 libdemo라고 이름 지어진 라이브러리와 연관된 결과를 볼 수 있다.

다음으로 /usr/lib에 libdemo라고 이름 지어진 파일들의 soname 심볼릭 링크 설정을 확인해보자.

```
# cd /usr/lib
# ls -l libdemo* | awk '{print $1, $9, $10, $11}'
lrwxrwxrwx libdemo.so.1 -> libdemo.so.1.0.1
-rwxr-xr-x libdemo.so.1.0.1
lrwxrwxrwx libdemo.so.2 -> libdemo.so.2.0.0
-rwxr-xr-x libdemo.so.2.0.0
```

반드시 링커 이름을 위해 다음 명령처럼 심볼릭 링크를 만든다.

```
# ln -s libdemo.so.2 libdemo.so
```

그러나 이미 새로운 2.*x* 마이너 버전의 라이브러리를 설치했고 링커 이름은 이미 최신 soname을 가리키고 있기 때문에 ldconfig 또한 최신 링커 이름을 반영한 결과를 다음 예는 보여준다.

```
# mv libdemo.so.2.0.1 /usr/lib
# ldconfig -v | grep libdemo
        libdemo.so.1 -> libdemo.so.1.0.1
        libdemo.so.2 -> libdemo.so.2.0.1 (changed)
```

개인 라이브러리를 만들고 사용한다면(예를 들어, 하나의 라이브러리가 표준 디렉토리 경로에 설치되어 있지 않다), ldconfig는 soname 심볼릭 링크를 -n 옵션을 이용해 만들 수 있다. 이는 ldconfig가 명령행에서 지정한 디렉토리에 있는 라이브러리만을 처리하고 캐시 파일은 갱신하지 말라는 뜻이다. 다음 예는 ldconfig를 이용해 현재 작업 디렉토리에 있는 여러 라이브러리를 처리하는 모습을 보여준다.

```
$ gcc -g -c -fPIC -Wall mod1.c mod2.c mod3.c
$ gcc -g -shared -Wl,-soname,libdemo.so.1 -o libdemo.so.1.0.1 \
        mod1.o mod2.o mod3.o
$ /sbin/ldconfig -nv .
.:
        libdemo.so.1 -> libdemo.so.1.0.1
$ ls -l libdemo.so* | awk '{print $1, $9, $10, $11}'
lrwxrwxrwx libdemo.so.1 -> libdemo.so.1.0.1
-rwxr-xr-x libdemo.so.1.0.1
```

위 예에서는 전체 경로를 명시해 사용했다. 이는 PATH 환경 변수에 /sbin 디렉토리를 포함할 수 없는 권한이 없는 계정을 사용했기 때문이다.

## 36.8 호환과 비호환 라이브러리

시간이 흘러 공유 라이브러리의 코드를 수정해야 할 때가 있다. 이런 경우 수정사항의 반영 결과로 이전 버전과 호환하는 새로운 버전의 라이브러리를 만들어야 한다면 실제 라이브러리 이름의 마이너 버전 식별자만 변경하면 되고, 호환이 되지 않는다면 새로운 메이저 버전의 라이브러리를 만들어야 할 것이다.

다음의 모든 상태가 일치한다면 수정된 라이브러리는 기존의 라이브러리 버전과 호환됨을 의미한다.

- 라이브러리의 각 공개 함수와 변수의 의미가 변하지 않는 경우. 즉 각 함수는 같은 인자 목록을 간직하고, 전역 변수와 리턴 인자가 계속 같은 효과를 보여주며, 리턴의 결과값이 같다. 그래서 수정사항이 성능을 개선하거나 버그를 수정한 것(특정 수행의 결과가 일치한다)이면 호환되는 것으로 간주한다.
- 라이브러리 공개 API의 어떤 함수나 변수도 제거되지 않았다. 그러나 공개 API에 새로운 함수나 변수가 추가돼도 호환된다.
- 각 함수의 내부에 선언된 여러 구조체와 복귀되는 인자값이 바뀌지 않은 상태다. 마찬가지로, 밖으로 노출되어 공개되는 구조체도 변한 게 없는 경우다. 여기에는 특정 상황하에서 한 가지 예외사항이 있는데, 구조체의 마지막에 새로운 항목을 추가하고 이를 호출 하는 프로그램에서 이 구조체의 배열을 할당하려 한다면 위험 상황에 빠질 수 있다. 그래서 라이브러리 설계자는 이런 제한 상황을 극복하고자, 초기에 배포되는 라이브러리의 노출되는 구조체 크기를, 향후 사용을 위한 예약 필드를 정의해서 필요 이상 크게 만들기도 한다.

위에서 언급한 사항에 위배되는 것이 없다면 새로운 라이브러리 이름은 이전 이름에서 마이너 버전 정보만 수정해서 갱신하면 된다. 반면에 위배되는 사항이 있다면 새로운 메이저 넘버로 라이브러리를 만들어야 한다.

## 36.9 공유 라이브러리 업그레이드하기

공유 라이브러리의 장점 중 하나는 현재 버전의 라이브러리를 사용하는 프로그램이 실행 중인 상태에서도 새로운 메이저 혹은 마이너 버전의 라이브러리를 만들 수 있다는 것이다. 새로운 라이브러리 버전을 만들고 적합한 디렉토리에 설치하고 soname과 링커 이름의 심볼릭 링크를 조건(보통 ldconfig가 이 일을 대신해준다)에 맞춰 갱신하면 된다. /usr/lib/libdemo.1.0.1이라는 새로운 마이너 버전의 공유 라이브러리를 처리하는 과정은 다음과 같다.

```
$ su
Password:
# gcc -g -c -fPIC -Wall mod1.c mod2.c mod3.c
# gcc -g -shared -Wl,-soname,libdemo.so.1 -o libdemo.so.1.0.2 \
        mod1.o mod2.o mod3.o
# mv libdemo.so.1.0.2 /usr/lib
# ldconfig -v | grep libdemo
        libdemo.so.1 -> libdemo.so.1.0.2 (changed)
```

이미 링커 이름이 정확히 설정되어 있다면(예를 들어, 라이브러리의 soname을 가리킨다면) 수정할 필요가 없다.

이미 실행 중인 프로그램은 이전 마이너 버전의 라이브러리를 계속 사용할 것이다. 그 후 프로그램이 중지되어 새로 시작됐을 경우 새로운 마이너 버전의 라이브러리를 사용하게 될 것이다.

나중에 새로운 메이저 버전의 공유 라이브러리를 만들고자 한다면 다음과 같이 하면 된다.

```
# gcc -g -c -fPIC -Wall mod1.c mod2.c mod3.c
# gcc -g -shared -Wl,-soname,libdemo.so.2 -o libdemo.so.2.0.0 \
        mod1.o mod2.o mod3.o
# mv libdemo.so.2.0.0 /usr/lib
# ldconfig -v | grep libdemo
        libdemo.so.1 -> libdemo.so.1.0.2
        libdemo.so.2 -> libdemo.so.2.0.0 (changed)
# cd /usr/lib
# ln -sf libdemo.so.2 libdemo.so
```

위의 결과에서 볼 수 있듯이 ldconfig는 자동으로 새로운 메이저 버전의 soname 심볼릭 링크를 만든다. 그러나 마지막 명령처럼 수동으로 링커 이름을 심볼릭 링크로 갱신해야 한다.

## 36.10 오브젝트 파일에 라이브러리 검색 디렉토리 경로 지정하기

앞서 동적 링커가 공유 라이브러리의 위치를 알아내는 두 가지 방법을 살펴봤다. 하나는 공유 라이브러리 위치를 LD_LIBRARY_PATH 환경 변수를 이용해 지정하는 방법이고, 두 번째는 표준 라이브러리 경로(/lib, /usr/lib, /etc/ld.so.conf에 열거된 경로)에 설치하는 것이다.

세 번째 방법으로 정적 수정 절차가 있다. 실행 시에 찾을 공유 라이브러리의 경로 목록을 실행 파일에 삽입할 수 있다. 이는 라이브러리가 동적 링커가 찾는 표준 경로에 위치하지 않고 고정된 위치에 존재하는 경우 유용할 수 있는데, 실행 파일을 만들 때 링커에 -rpath 옵션을 사용하면 된다.

```
$ gcc -g -Wall -Wl,-rpath,/home/mtk/pdir -o prog prog.c libdemo.so
```

위 명령은 실행 프로그램의 실행 라이브러리 경로 목록에 /home/mtk/pdir 경로를 복사하여 프로그램이 실행 시점에 링커가 공유 라이브러리를 찾을 때 해당 경로를 검색하도록 도와준다.

필요하다면 `-rpath` 옵션을 여러 번 사용해 여러 개의 경로를 실행 파일의 rpath 목록에 집어넣을 수 있다. 다른 방법으로는 하나의 `-rpath` 옵션에 콜론(:) 구분자를 사용해 여러 디렉토리의 경로를 지정할 수 있다. 실행 시 동적 링커는 `-rpath` 옵션에 열거된 경로를 순차적으로 검색한다.

> 다른 방법으로, -rpath 옵션 대신 LD_RUN_PATH 환경 변수를 이용할 수 있다. 이 변수는 실행 파일을 만들 때 사용했던 -rpath 변수 사용과 같이 콜론(:)으로 구분되는 여러 디렉토리 경로를 문자열 형태로 가질 수 있다. 하지만 LD_RUN_PATH 경로는 실행 파일을 만들 때 -rpath 옵션을 사용하지 않은 경우에만 인식해 동작한다.

## -rpath 링커 옵션을 이용해 공유 라이브러리 만들기

`-rpath` 링커 옵션은 공유 라이브러리를 만들 때도 유용하다. 그림 36-4처럼 libx2.so에 의존하는 libx1.so라는 공유 라이브러리를 갖고 있다고 가정한다. 그리고 각 라이브러리는 비표준 디렉토리 경로인 d1과 d2 경로에 위치한다고 가정한다. 이제 이 라이브러리와 프로그램을 만들 때 필요한 절차를 살펴보자.

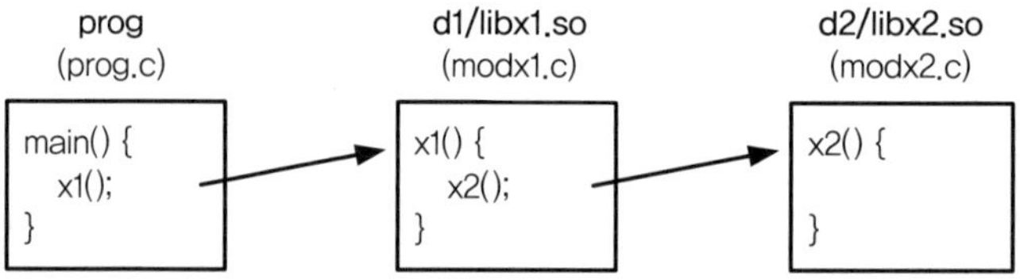


**그림 36-4** 또 다른 공유 라이브러리를 참조하는 공유 라이브러리

우선 libx2.so를 디렉토리 pdir/d2 경로에 만든다(간단한 예이므로 라이브러리 버전 정보와 명시적 soname은 생략한다).

```
$ cd /home/mtk/pdir/d2
$ gcc -g -c -fPIC -Wall modx2.c
$ gcc -g -shared -o libx2.so modx2.o
```

그리고 libx1.so를 디렉토리 pdir/d1 경로에 만든다. 이 경로는 표준 경로가 아니고 libx1.so는 libx2.so에 의존하기 때문에 `-rpath` 링커 옵션을 이용해 실행 위치를 지정한다. 링크 시점에 라이브러리 위치를 지정하는 것과는 다르지만(이때 경로는 `-L` 옵션을 이용해 지정한다) 이 경우에는 두 가지 모두 위치가 같다.

```
$ cd /home/mtk/pdir/d1
$ gcc -g -c -Wall -fPIC modx1.c
$ gcc -g -shared -o libx1.so modx1.o -Wl,-rpath,/home/mtk/pdir/d2 \
        -L/home/mtk/pdir/d2 -lx2
```

마지막으로, pdir 디렉토리 경로에 주 프로그램을 만든다. 주 프로그램은 libx1.so를 참고해야 하고 이 라이브러리는 비표준 경로에 위치하므로 -rpath 링커 옵션을 다시 사용한다.

```
$ cd /home/mtk/pdir
$ gcc -g -Wall -o prog prog.c -Wl,-rpath,/home/mtk/pdir/d1 \
        -L/home/mtk/pdir/d1 -lx1
```

주 프로그램을 링크할 때 libx2.so를 언급할 필요가 없음을 알아두자. 링커는 libx1.so의 rpath 목록을 분석하기 때문에 libx2.so를 찾을 수 있고 필요사항을 만족하기 위해 정적 링크를 할 때 필요한 모든 심볼을 찾을 수 있다.

prog 프로그램과 libx1.so상의 rpath 목록 내용을 보려면 다음의 명령을 사용해볼 수 있다.

```
$ objdump -p prog | grep PATH
  RPATH         /home/mtk/pdir/d1        실행 시점에 이 경로에서 libx1.so 파일을
                                         보게 될 것이다.
$ objdump -p d1/libx1.so | grep PATH
              RPATH /home/mtk/pdir/d2    실행 시점에 이 경로에서 libx2.so 파일을
                                         보게 될 것이다.
```

> readelf --dynamic(혹은 readelf -d) 명령과 옵션을 이용해 결과를 grep 명령으로 검색해 rpath 목록을 볼 수도 있다.

ldd 명령을 사용해 prog 프로그램의 전체적인 동적 의존성 내용을 볼 수 있다.

```
$ ldd prog
        libx1.so => /home/mtk/pdir/d1/libx1.so (0x40017000)
        libc.so.6 => /lib/tls/libc.so.6 (0x40024000)
        libx2.so => /home/mtk/pdir/d2/libx2.so (0x4014c000)
        /lib/ld-linux.so.2 => /lib/ld-linux.so.2 (0x40000000)
```

### ELF의 DT_RPATH와 DT_RUNPATH 엔트리

원본 ELF 표준에서는 단 하나의 rpath 목록 형태가 실행 파일이나 공유 라이브러리에 삽입될 수 있다. 이것은 ELF 파일상의 DT_RPATH 태그에 해당한다. 나중에 나온 ELF 표

준은 DT_RPATH를 부정했고 새로운 DT_RUNPATH를 rpath 목록의 대표 태그로 소개했다. 이 두 가지 rpath 목록의 차이점은 동적 링커가 실행 중에 공유 라이브러리를 찾을 때 환경 변수인 LD_LIBRARY_PATH보다 상대적으로 우선하는지이다. DT_RPATH는 우선순위가 더 높은 반면, DT_RUNPATH는 상대적으로 운선순위가 낮다(36.11절 참조).

기본적으로 링커는 DT_RPATH 태그라는 rpath 목록을 만든다. 대신 DT_RUNPATH 태그를 링커가 가지려면 추가적인 --enable-new-dtags(새로운 동적 태그 생성 옵션)라는 링커 옵션이 필요하다.

```
$ gcc -g -Wall -o prog prog.c -Wl,--enable-new-dtags \
        -Wl,-rpath,/home/mtk/pdir/d1 -L/home/mtk/pdir/d1 -lx1
$ objdump -p prog | grep PATH
  RPATH        /home/mtk/pdir/d1
  RUNPATH      /home/mtk/pdir/d1
```

위에서 볼 수 있듯이 실행 파일은 DT_RPATH와 DT_RUNPATH 태그 두 가지를 모두 포함한다. 링커는 이런 방식으로 rpath 목록을 중복해서 갖고 있는데, 이는 예전 버전의 동적 링커는 DT_RUNPATH 태그를 인식할 수 없기 때문이다(DT_RUNPATH는 glibc 2.2 버전부터 지원했다). DT_RUNPATH 태그를 인식하는 버전의 동적 링커는 DT_RPATH 태그는 무시한다(36.11절 참조).

### rpath상에서 $ORIGIN 사용하기

자신만의 공유 라이브러리 몇 가지를 사용하는 응용 프로그램을 배포할 경우를 생각해보자. 이때 사용자는 표준 디렉토리 중 하나에 라이브러리를 설치하고 싶어하지 않는다. 이런 경우 사용자가 원하는 임시 디렉토리에 압축을 풀게 해서 응용 프로그램을 즉시 실행할 수 있다. 여기서 문제는 응용 프로그램이 어디에 공유 라이브러리가 위치하는지 알 수 없다는 점이다. 따라서 사용자는 LD_LIBRARY_PATH를 설정하거나 몇 가지 설치 스크립트를 실행해 필요한 디렉토리 경로를 확인하는 작업이 필요하다. 하지만 이런 두 가지 과정 모두 바람직하지 않다.

이 문제를 해결하려면 동적 링커가 $ORIGIN(혹은 ${ORIGIN})이라는 특정 문자열을 -rpath 정의상에서 인식할 수 있게 하면 된다. 동적 링커는 이 문자열이 응용 프로그램을 담고 있는 디렉토리라고 해석한다. 예를 들면, 이것은 다음과 같은 명령을 이용해 응용 프로그램을 만들 수 있음을 의미한다.

```
$ gcc -Wl,-rpath,'$ORIGIN'/lib ...
```

이는 실행 시에 응용 프로그램의 공유 라이브러리가 lib라는 디렉토리 아래 위치하고 실행 파일을 포함한다고 추측한다. 또는 응용 프로그램과 연관된 라이브러리를 담고 있는 설치 패키지를 제공함으로써 사용자가 어느 위치에든 패키지를 설치하고 실행하게 할 수 있다(턴키turn-key 응용 프로그램).

## 36.11 실행 시에 공유 라이브러리 찾기

라이브러리의 의존성을 분석할 때 동적 링커는 처음으로 의존하는 라이브러리를 열거한 문자열을 조사하는데, 이는 실행 파일을 링크할 때 명시적인 라이브러리 경로명을 표현한 것으로 슬래시를 포함하고 있다. 슬래시가 발견되면 의존 라이브러리의 경로명(절대 경로 혹은 상대 경로)으로 해석되고 그 경로의 라이브러리를 메모리에 적재한다. 이 경우가 아니면 동적 링커는 다음의 규칙에 따라 공유 라이브러리를 찾는다.

1. 실행 파일의 검색할 `DT_RPATH` 런타임 라이브러리 경로 목록(rpath)에 특정 디렉토리가 명시되어 있고 `DT_RUNPATH` 목록에는 아무런 디렉토리도 명시되어 있지 않다면 앞에 명시된 디렉토리를 검색한다(프로그램 링크 시점의 정렬된 순서대로).
2. `LD_LIBRARY_PATH` 환경 변수가 정의됐다면 콜론으로 구분되는 디렉토리 목록을 검색한다. 실행 파일이 set-user-ID 혹은 set-group-ID가 설정된 프로그램이면 `LD_LIBRARY_PATH`는 무시한다. 이는 실행 파일이 필요로 하는 라이브러리와 이름이 동일한 개인 버전의 라이브러리를 동적 링커가 적재하는 것을 방지하기 위한 보안적인 조치다.
3. 실행 파일에 `DT_RUNPATH`에 런타임 라이브러리 경로의 목록이 존재한다면 각 디렉토리 경로를 검색한다(프로그램 링크 시점의 정렬된 순서대로).
4. /etc/ld.so.cache 파일에 라이브러리 경로를 포함하고 있는지 확인한다.
5. /lib와 /usr/lib 디렉토리 경로를 검색한다(순서대로).

## 36.12 실행 시 심볼 해석

전역 심볼(예: 함수나 변수)이 실행 파일, 공유 라이브러리, 다중 공유 라이브러리 등의 여러 장소에 정의되어 있다고 생각해보자. 이 심볼을 어떻게 참조할 것인가?

예를 들어, 주 프로그램과 공유 라이브러리가 있고 둘 다 전역 함수를 정의하고 공유 라이브러리가 그림 36-5처럼 `xyz()`라는 함수를 호출한다고 가정해보자.

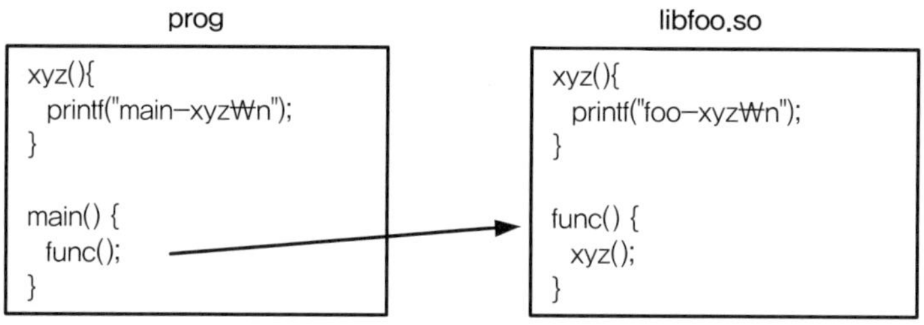


**그림 36-5** 전역 심볼 참조 해석하기

다음은 이 공유 라이브러리로 실행 프로그램을 만들고 실행하면 나오는 결과다.

```
$ gcc -g -c -fPIC -Wall -c foo.c
$ gcc -g -shared -o libfoo.so foo.o
$ gcc -g -o prog prog.c libfoo.so
$ LD_LIBRARY_PATH=. ./prog
main-xyz
```

결과의 마지막 라인에서 xyz()의 정의를 볼 수 있는데, 이는 주 프로그램의 함수가 공유 라이브러리의 함수로 오버라이드(끼어들다)된 것이다.

이런 현상을 처음 볼 때 놀랐겠지만, 여기엔 그럴 만한 역사적 이유가 있다. 처음 공유 라이브러리의 구현이 설계되고, 심볼을 해석하는 기본 개념이 정적으로 동일한 라이브러리들을 링크하는 응용 프로그램에 정확하게 반영됐다. 이는 다음과 같은 의미를 지니고 있는 것이다.

- 주 프로그램에 정의된 전역 심볼은 라이브러리에 정의된 것을 오버라이드한다.
- 전역 심볼이 여러 라이브러리에 정의되어 있다면 명령행에 열거된 라이브러리 순서대로 왼쪽에서 오른쪽으로 순차적으로 검색한 것 중 처음 찾은 심볼을 참조한다.

이런 의미들이 정적 라이브러리에서 공유 라이브러리로의 변화를 가져왔지만 이와 연관된 몇 가지 문제를 야기할 수 있다. 가장 심각한 문제는 이런 의미들이 공유 라이브러리 모델을 독립적으로 갖고 있는 하부 시스템과 충돌을 일으키는 것이다. 일반적으로 공유 라이브러리는 라이브러리에 정의된 전역 심볼을 실질적으로 참조함을 보장할 수 없기 때문이다. 결과적으로 공유 라이브러리가 통합되어 하나의 거대한 묶음이 됐을 때 그 속성이 변할 수 있다는 뜻이다. 이는 예측하지 못한 방식으로 응용 프로그램을 망가뜨릴 수 있고 분할 관리divide-and-conquer 디버깅을 힘들게 만들 수 있기 때문이다(예를 들어, 소수 혹은 다른 공유 라이브러리를 사용해 문제를 재발생시키는 것).

이 시나리오에서 공유 라이브러리상의 xyz() 함수가 호출되는, 즉 실제로 라이브러리 버전에 맞는 함수가 호출되기를 원한다면 라이브러리를 만들 때 -Bsymbolic 링커 옵션을 사용할 수 있다.

```
$ gcc -g -c -fPIC -Wall -c foo.c
$ gcc -g -shared -Wl,-Bsymbolic -o libfoo.so foo.o
$ gcc -g -o prog prog.c libfoo.so
$ LD_LIBRARY_PATH=. ./prog
foo-xyz
```

-Bsymbolic 링커 옵션은 공유 라이브러리 안에 있는 전역 심볼을 참조하도록 지정한다. 그리고 그 라이브러리 정의(존재한다면)를 우선적으로 참조하게 한다(옵션에 상관없이 주 프로그램에서 호출하는 xyz() 함수는 주 프로그램상에 정의된 xyz() 버전의 함수를 호출함을 참고하라).

## 36.13 공유 라이브러리 대신 정적 라이브러리 사용하기

대부분의 상황에서는 공유 라이브러리가 선호되지만, 경우에 따라 정적 라이브러리가 적합할 때가 있다. 특정 프로그램이 정적으로 링크되어 있고 모든 코드가 실행 시 환경에서 필요하다면 이런 경우에는 장점이 될 수 있다. 예를 들어, 사용자가 프로그램이 동작하는 시스템 환경에서 공유 라이브러리를 사용할 수 없는 경우(시스템 관리자가 설치를 원하지 않거나 설치할 수 없는 경우를 포함한) 정적 링크를 사용하는 것이 유용하다. 호환 공유 라이브러리를 업그레이드하는 과정에서 의도하지 않게 버그가 발생하고 그로 인해 응용 프로그램이 망가졌다. 이런 경우 정적으로 응용 프로그램을 링크함으로써 시스템상의 공유 라이브러리 변화에 영향을 받지 않고 실행에 필요한 모든 코드를 가져올 수 있다(덩치가 큰 프로그램은 결과적으로 더 많은 디스크와 메모리를 사용해야 한다).

링커가 기본적으로 같은 이름의 공유 라이브러리를 사용할 것인지 정적 라이브러리를 사용할 것인지 선택권을 갖고 있다면(예를 들어, 링크 과정에 -Lsomedir과 -ldemo 옵션을 사용하고 libdemo.so와 libdemo.a가 존재하는 경우) 공유 버전의 라이브러리를 선택할 것이다. 정적 라이브러리 버전을 사용하려면 다음과 같은 한 번의 절차가 더 필요하다.

- gcc 명령행상에 정적 라이브러리의 경로(.a 확장자를 포함해)를 명시한다.
- gcc에서 -static 옵션을 설정한다.
- -Wl,-Bstatic, -Wl,-Bdynamic은 gcc 옵션으로 명시적으로 정적 라이브러리와 동적 라이브러리를 링커가 선택하게 한다. 이런 옵션들은 gcc 명령행에 -l 옵션과 함께 사용할 수 있다. 링커는 옵션을 처리할 때 나열된 순서대로 처리된다.

## 36.14 정리

오브젝트 라이브러리는 프로그램이 사용하고 다른 라이브러리를 링크하는 컴파일된 오브젝트 모듈의 집합이다. 여타 유닉스 구현처럼, 리눅스는 두 가지 형태의 라이브러리를 제공한다. 정적 라이브러리는 유닉스 시스템 초창기에 사용할 수 있었던 유일한 라이브러리였고 공유 라이브러리는 더 현대화된 형태다.

공유 라이브러리와 정적 라이브러리는 몇 가지 이점을 제공하기 때문에 현재의 유닉스 시스템에서 가장 많이 사용하는 라이브러리 형태다. 공유 라이브러리의 주요 장점은 프로그램을 링크하는 시점에 실행에 필요한 오브젝트 모듈을 실행 파일에 복사하지 않는다는 것이다. 대신에 링커(정적)는 단순히 실행 시에 필요한 공유 라이브러리 정보만을 포함하고 있다. 파일을 실행하면 동적 링커는 이 정보를 이용해 필요한 공유 라이브러리를 적재한다. 실행 시에는 같은 공유 라이브러리를 사용하는 여러 프로그램은 하나의 메모리상에 복사된 공유 라이브러리를 공유한다. 공유 라이브러리는 실행 파일에 복사되지 않고 실행 시에 메모리의 한 공간에 한 번만 적재되어 공유 라이브러리를 사용하는 모든 프로그램들 사이에서 공유가 가능하다. 그래서 공유 라이브러리는 시스템상의 디스크 공간과 메모리 공간을 절약한다.

공유 라이브러리의 soname은 실행 시에 간접적인 방식으로 공유 라이브러리를 참조하는 방법을 제공한다. 공유 라이브러리가 soname을 갖고 있다면 라이브러리의 실제 이름이 아니라 soname이 정적 링커에 의해 실행 파일에 기록된다. 버전 관리 방법으로 공유 라이브러리 실제 이름은 lib*name*.so.*major-id*.*minor-id* 형태인 반면에 soname은 lib*name*.so.*major-id* 형태로 주어진다. 따라서 soname을 이용하는 프로그램은 자동적으로 최신 마이너 버전의 공유 라이브러리를 사용할 수 있게 프로그램을 만들 수 있다(프로그램을 재링크하는 과정 없이). 그리고 비호환 메이저 버전의 라이브러리도 새로 만들 수 있다.

실행 시에 공유 라이브러리를 찾기 위해서는 동적 링커 표준 검색 규약을 따라야 하고, 이 검색 규약에는 대부분의 공유 라이브러리가 설치된 표준 디렉토리(예: /lib, /usr/lib)가 포함된다.

### 더 읽을거리

정적 라이브러리와 공유 라이브러리에 대한 다양한 정보는 `ar(1)`, `gcc(1)`, `ld(1)`, `ldconfig(8)`, `ld.so(8)`, `dlopen(3)`, `readelf(1)`, `objdump(1)`의 매뉴얼 페이지와 ld의 info 문서에서 찾을 수 있다. [Drepper, 2004(b)]는 리눅스 시스템에서 공유 라이브

러리를 만드는 다양한 방법을 다루고 있다. 유용한 추가 정보는 온라인 사이트로 구성된 데이비드 윌러David Wheeler의 'Program Library HOWTO'(http://www.tldp.org/)에서 찾을 수 있다. GNU 공유 라이브러리 방식은 솔라리스의 구현 방식과 유사하다. 따라서 추가적인 정보와 예제를 얻기 위해 썬 사의 '링커와 라이브러리 가이드'(http://docs.sun.com/)를 읽어보면 가치 있을 것이다. [Levine, 2000]은 정적 링커와 동적 링커의 오퍼레이션을 소개한다.

프로그래머가 상세한 구현 문제로부터 해방되어 공유 라이브러리를 만들 수 있게 도와주는 GNU Libtool에 대한 정보는 http://www.gnu.org/software/libtool과 [Vaughan et al., 2000]에서 찾을 수 있다.

Tools Interface Standards 위원회에서 만든 'Executable and Linking Format' 문서(http://refspecs.freestandards.org/elf/elf.pdf)는 ELF에 대한 자세한 내용을 제공한다. [Lu, 1995]에도 유용하고 상세한 ELF 정보가 담겨 있다.

## 36.15 연습문제

36-1. `-static` 옵션을 이용해 프로그램을 컴파일해보고, 그리고 다시 이를 사용하지 않고 컴파일해서 C 라이브러리를 동적으로 링크했을 경우와 정적으로 링크했을 경우에 실행 파일의 차이를 비교해보라.

# 37

# 공유 라이브러리의 고급 기능

36장에서 공유 라이브러리의 기초를 살펴봤다. 37장에서는 다음과 같은 공유 라이브러리의 고급 기능을 다룬다.

- 공유 라이브러리 동적 적재
- 공유 라이브러리에 정의된 심볼 가시성 조절하기
- 링커 스크립트를 이용해 버전화된 심볼 만들기
- 라이브러리를 메모리에 로드하거나 언로드할 때 생성자와 소멸자 함수를 사용해 자동 실행 코드 만들기
- 공유 라이브러리 미리 로드하기
- 동적 링커의 동작을 관찰하기 위해 `LD_DEBUG` 사용하기

## 37.1 동적으로 라이브러리 적재하기

실행 파일을 시작할 때 동적 링커는 프로그램의 동적 의존성 목록에 있는 모든 공유 라이브러리를 로드한다. 그러나 경우에 따라서는 나중에 라이브러리를 로드하는 편이 좋을 때가 있다. 예를 들어, 플러그인plug-in은 필요할 때만 로드한다. 이 기능은 동적 링커에 API를 제공하면서 가능해졌다. 솔라리스에서 고안된 이 API는 dlopen API라고 부르는데, 현재 SUSv3에서 그 기능이 더 발전됐다.

dlopen API는 프로그램이 실행 시에 공유 라이브러리를 열고 라이브러리에서 이름으로 함수를 찾고 호출할 수 있도록 지원한다. 이와 같은 방식으로 실행 시에 로드된 공유 라이브러리를 **동적으로 로드된 라이브러리**dynamically loaded library라 하고 여타 공유 라이브러리와 동일한 방식으로 만들어진다.

핵심 dlopen API는 다음과 같은 함수로 구성되어 있다(SUSv3에 모두 정의되어 있다).

- `dlopen()` 함수는 공유 라이브러리를 열고 차후 호출에 사용하기 위해 핸들을 리턴한다.
- `dlsym()` 함수는 라이브러리상의 심볼(함수나 변수의 이름 문자열)을 찾고 그 주소를 리턴한다.
- `dlclose()` 함수는 이전에 `dlopen()` 함수로 연 라이브러리를 닫는다.
- `dlerror()` 함수는 에러 메시지 문자열을 리턴하는데, 이는 앞서 호출한 함수가 실패한 경우에 사용한다.

glibc 구현에도 여러 관련 함수가 포함되어 있는데 이 중 몇몇을 아래에서 설명한다.

리눅스상에 dlopen API를 사용하는 프로그램을 만들기 위해서는 libdl 라이브러리를 사용해야 하기 때문에 반드시 `-ldl` 옵션을 사용해 링크한다.

### 37.1.1 공유 라이브러리 열기: dlopen()

`dlopen()` 함수는 `libfilename`에 명시된 공유 라이브러리를 호출하는 프로세스의 가상 메모리 공간에 로드하고 라이브러리 참조 변수의 값을 증가시킨다.

```
#include <dlfcn.h>

void *dlopen(const char *libfilename, int flags);
```

성공하면 핸들을 리턴하고, 에러가 발생하면 NULL을 리턴한다.

libfilename이 슬래시(/)를 포함하는 경우 dlopen()은 절대 혹은 상대 경로를 갖고 있다고 해석한다. 그렇지 않은 경우 36.11절에서 설명한 규칙대로 동적 링커가 공유 라이브러리를 검색한다.

dlopen()이 성공하면 핸들을 리턴하는데, 이를 이용해 라이브러리의 dlopen API상에 정의된 함수들을 차후 호출하기 위해서다. 여기서 에러가 발생한 경우(예를 들어, 라이브러리를 찾을 수 없는 경우)에는 NULL 값을 리턴한다.

공유 라이브러리가 libfilename에 다른 공유 라이브러리를 의존한다면 dlopen()은 모든 필요한 라이브러리를 로드한다. 이런 절차는 필요하다면 재귀적으로 발생한다. 이렇게 메모리상에 로드된 라이브러리 묶음을 라이브러리의 **의존성 트리**dependency tree라고 한다.

같은 라이브러리상에 dlopen()을 여러 번 호출할 수도 있다. 메모리상에 오직 한 번만 올려지고(처음 호출했을 때만) 그 다음의 모든 호출은 같은 핸들값을 리턴하지만 실제 메모리에 올리는 작업은 거치지 않는다. 그러나 dlopen API는 각 라이브러리 핸들마다 참조 횟수 변수를 관리하고 있다. 이 값은 dlopen()이 호출될 때마다 증가하고 dlclose()가 호출될 때마다 감소한다. 참조 횟수 값이 0이 되는 시점은 dlclose() 함수 호출에 의해 라이브러리가 메모리에서 지워지는 시점임을 알아두자.

flags 인자값은 비트 마스크이고 RTLD_LAZY와 RTLD_NOW 같은 정확한 하나의 상수값을 포함해야만 하는데, 그 의미는 다음과 같다.

- RTLD_LAZY: 라이브러리상의 정의되지 않은 함수의 심볼을 코드 실행 시에 해석하는 것을 의미한다. 만약 특정 심볼을 필요한 코드가 아직 실행되지 않았다면 그 심볼은 결코 해석되지 않을 것이다. 느린 결정lazy resolution은 함수 참조를 해석하기 위해 수행되지만 변수의 참조는 항상 즉시 해석된다. RTLD_LAZY 플래그를 명시하는 이유는 실행 파일의 동적 의존성 목록에 정의된 공유 라이브러리를 로드할 때 동적 링커의 동작을 설정하기 위해서다.
- RTLD_NOW: 라이브러리상의 모든 정의되지 않은 심볼은 dlopen() 함수가 끝나기 전에 그것이 실행에 필요할 것인지 아닌지에 상관없이 즉시 해석하라는 것이다. 라이브러리를 로드할 때 시간은 많이 소요되나 정의되지 않은 함수 심볼 때문에 발생하는 잠재적인 에러를 나중에 발견하는 것이 아니라 즉시 발견할 수 있다. 그래서 이것은 응용 프로그램을 디버깅하는 데 유용하며, 결정되지 않은 심볼 때문에 긴 시간에 걸쳐 실행하는 것이 아니라 단순히 응용 프로그램이 실패했다는 사실을 즉시 인지할 때 사용한다.

> LD_BIND_NOW 환경 변수에 빈 문자열이 아닌 값을 설정해 동적 링커가 동적 의존성 목록으로부터 확인된 공유 라이브러리를 올릴 때 모든 심볼을 결정하도록 강제할 수 있다(RTLD_NOW처럼). 이 환경 변수는 glibc 2.1.1과 그 이후 버전에서 사용 가능하다. LD_BIND_NOW를 설정하면 dlopen()의 RTLD_LAZY 플래그 값을 덮어쓴다.

추가적인 flags 값을 가질 수도 있다. 다음은 SUSv3에 정의된 플래그다.

- RTLD_GLOBAL: 라이브러리상의 심볼과 의존성 트리가 프로세스가 로드한 다른 라이브러리에 의해 참조할 수 있게 만들어지고 또 dlsym()을 통한 작업에 사용되기도 한다.
- RTLD_LOCAL: RTLD_GLOBAL의 반대 개념으로, 상수가 정의되어 있는지에 상관없이 기본 설정값이다. 라이브러리의 심볼과 그 의존성 트리를 이후에 로드되는 라이브러리가 이를 참조할 수 없게 만든다.

SUSv3는 RTLD_GLOBAL과 RTLD_LOCAL이 정의되어 있지 않아도 기본값을 정의하지 않는다. 대부분의 유닉스 구현은 리눅스와 동일한 기본값(RTLD_LOCAL)을 갖고 있으나, 일부 시스템은 RTLD_GLOBAL을 기본값으로 갖고 있다고 고려한다.

리눅스 또한 SUSv3에서 지원하지 않는 다양한 플래그를 지원한다.

- RTLD_NODELETE(glibc 2.2부터): 참조 횟수가 0이라도 dlclose() 함수를 수행할 때 라이브러리를 메모리로부터 언로드하지 않는다. 이것은 라이브러리의 정적 변수가 나중에 dlopen() 함수에 의해 다시 로드돼도 다시 초기화되지 않는다는 뜻이다(라이브러리를 만들 때 gcc -Wl,-znodelete 옵션을 지정해서 동적 링커가 자동으로 라이브러리를 로드하는 것과 비슷한 효과를 얻을 수 있다).
- RTLD_NOLOAD(glibc 2.2부터): 라이브러리를 로드하지 마라. 여기엔 두 가지 목적이 있다. 첫째, 이 플래그를 사용해서 특정 라이브러리가 프로세스의 주소 공간에 한 부분으로 현재 올려진 상태인지를 확인한다. 메모리에 로드된 상태이면 dlopen() 함수는 라이브러리의 핸들을 넘겨줄 것이고, 그렇지 않으면 dlopen()은 NULL을 넘겨줄 것이다. 둘째, 이미 로드된 라이브러리의 flags를 변경하기 위해 이 플래그를 사용한다. 예를 들어, 이전에 RTLD_LOCAL 플래그로 이미 로드된 라이브러리를 dlopen()에 RTLD_NOLOAD | RTLD_GLOBAL을 사용해 플래그를 변경할 수 있다.
- RTLD_DEEPBIND(glibc 2.3.4부터): 라이브러리가 심볼 참조를 결정할 때 이미 로드된 상태의 라이브러리에서 해당 정의를 찾기 전에 라이브러리상에서 먼저 정의를

찾으라는 뜻이다. 라이브러리가 이미 로드된 다른 공유 라이브러리에서 같은 이름으로 정의된 전역 심볼을 참조할 때 자신이 갖고 있는 심볼 정의를 선호함으로써 독립적으로 동작할 수 있다(이는 41.12절에서 설명한 -Bsymbolic 링커 옵션과 유사한 기능이다).

솔라리스 dlopen()에도 RTLD_NODELETE와 RTLD_NOLOAD 플래그가 구현되어 있고, 다른 몇몇 유닉스 구현에서도 사용 가능하다. RTLD_DEEPBIND 플래그의 경우 리눅스에서만 볼 수 있는 플래그다.

특별한 경우로 libfilename을 NULL로 정의할 수 있다. 이 경우에 dlopen()이 주 프로그램에 핸들을 리턴한다(SUSv3는 이를 '전역 심볼 오브젝트'라고 생각한다). 이 핸들은 주 프로그램에서 요청한 심볼이라고 생각되어 dlsym() 호출에 계속 사용되고 프로그램 시작 시 로드된 모든 라이브러리는 RTLD_GLOBAL 플래그로 동적으로 로드된다.

### 37.1.2 진단 에러: dlerror()

dlopen API의 dlopen() 함수나 기타 함수 중 하나가 에러를 리턴한다면 dlerror()를 이용해 문제의 원인을 나타내는 문자열의 포인터를 얻을 수 있다.

```
#include <dlfcn.h>

const char *dlerror(void);
```

에러 진단 문자열의 포인터를 리턴한다.
dlerror() 이전 호출에서 에러가 발생하지 않았다면 NULL을 넘겨준다.

dlerror() 함수가 NULL을 리턴한다면 dlerror()이 마지막 호출이기 때문에 에러가 발생하지 않았다는 뜻이다. 이것이 얼마나 유용한지는 다음 절에서 보기로 한다.

### 37.1.3 심볼의 주소 가져오기: dlsym()

dlsym() 함수는 handle이 가리키는 라이브러리나 그 라이브러리의 의존성 트리에서 사용하는 라이브러리에 정의된 symbol(함수 혹은 변수)을 찾는다.

```
#include <dlfcn.h>

void *dlsym(void *handle, char *symbol);
```

심볼이 있으면 그 주소를 리턴하고, 없으면 NULL을 리턴한다.

symbol이 발견되면 dlsym()은 그 주소를 리턴한다. 그렇지 않으면 dlsym()은 NULL을 리턴한다. handle 인자는 일반적으로 이전 dlopen() 호출로 리턴된 라이브러리 핸들을 사용한다. 반대로 이것은 아래 설명한 것과 같은 소위 가상 핸들pseudohandle일 수도 있다.

> 연관된 함수인 dlvsym(handle, symbol, version)은 dlsym()와 비슷하지만 버전과 매치되는 문자열을 가진 심볼 정의를 버전화된 심볼 라이브러리에서 찾기 위해 사용될 수 있다(심볼 버전에 대해서는 37.3.2절에 설명한다). _GNU_SOURCE는 기능 테스트 매크로로, <dlfcn.h>에서 이 함수의 선언을 얻기 위해 반드시 정의돼야 한다.

dlsym()에 의해 리턴된 심볼의 값이 NULL이면 '심볼 찾기 불가symbol not found'가 리턴됐을 때와 구분이 되지 않는다. 두 가지 가능성을 구분하기 위해 dlerror()를 호출해야 한다(이는 앞서 발생한 에러 문자열이 지워졌는지 확인하기 위해서다). 그리고 dlsym()을 호출한 후에 dlerror()를 호출하여 리턴되는 값이 NULL이 아니라면 에러가 발생했음을 알 수 있다.

symbol이 변수 이름이면 dlsym()의 리턴값을 적절한 포인터형으로 할당받고 포인터를 역참조해 변수의 값을 얻을 수 있다.

```
int *ip;

ip = (int *) dlsym(symbol, "myvar");
if (ip != NULL)
    printf("Value is %d\n", *ip);
```

symbol이 함수 이름이면 dlsym()은 포인터를 리턴하고, 이를 이용해 함수를 호출할 수 있다. 다음과 같이 dlsym()이 리턴한 포인터를 적절한 형의 포인터로 저장할 수 있다.

```
int (*funcp)(int);    /* 함수 포인터는 정수를 인자값으로 받고 정수 리턴값을 돌려준다. */
```

그러나 다음 예제와 같이 dlsym()의 결과를 단순히 포인터에 할당할 수 없다.

```
funcp = dlsym(handle, symbol);
```

이유는 C99 표준은 함수 포인터와 void 포인터 사이에 할당을 금지하고 있기 때문이다. 다음과 같이 캐스팅을 해줌으로써 이 문제를 해결할 수 있다.

```
*(void **) (&funcp) = dlsym(handle, symbol);
```

함수의 포인터를 얻기 위해 dlsym()을 사용했고, 보통의 C 문법을 사용해 함수 포인터를 역참조해 함수를 호출할 수 있다.

```
res = (*funcp)(somearg);
```

위에 나타난 *(void **) 문법 대신 다음과 같이 dlsym() 함수의 리턴값을 할당할 때 보기에 동일한 코드를 사용하는 방법을 고려할 수도 있겠다.

```
(void *) funcp = dlsym(handle, symbol);
```

그러나 이 코드에서 gcc -pedantic은 다음처럼 경고한다. "ANSI C는 캐스팅 표현을 lvalue로 사용하는 것을 금지한다." 하지만 할당값은 lvalue에 할당된 주소의 포인터가 할당되기 때문에 *(void **) 문법은 이런 경고를 발생시키지 않는다.

많은 유닉스 구현에서 다음과 같이 C 컴파일러의 경고를 제거하고자 캐스팅을 사용할 수 있다.

```
funcp = (int (*) (int)) dlsym(handle, symbol);
```

그러나 SUSv3 'Technical Corrigendum Number 1'에서 dlsym()의 정의는 C99 표준은 컴파일러가 그럼에도 이런 변환에 경고를 발생시켜야 하지만 위처럼 *(void**) 문법을 권고한다고 이야기한다.

> SUSv3 TC1은 *(void**) 문법의 필요성 때문에 향후 버전의 표준에서는 데이터 처리와 함수 포인터를 위해 dlsym()과 유사한 분리된 API의 정의를 고려하고 있다고 이야기한다. 그러나 SUSv4에는 이 문제와 관련해 아무런 변경사항이 없다.

## 라이브러리 가상 핸들과 dlsym() 사용하기

dlopen() 호출에 의해 리턴되는 라이브러리 핸들을 사용하는 대신 다음과 같은 dlsym()의 handle 인자로 사용할 가상 핸들을 만들 수도 있다.

- RTLD_DEFAULT: 주 프로그램을 시작으로 심볼을 찾는 작업이 시작된다. 이는 동적으로 dlopen()과 RTLD_GLOBAL 플래그를 이용해 로드한 라이브러리를 포함하여 공유 라이브러리가 로드된 목록 순서대로 검색한다. 이는 동적 링커가 사용하는 기본 검색 모델에 해당한다.

- RTLD_NEXT: 한 번 dlsym()이 호출된 후에 메모리상에 로드된 공유 라이브러리에서 심볼을 검색하는 것을 의미한다. 이것은 다른 곳에 정의된 함수와 동일한 이름으로 래퍼 함수를 만들 때 유용하다. 예를 들어 주 프로그램에서 자신만의 malloc() 버전(아마 몇몇 메모리 할당의 부기bookkeeping 기능을 하는)을 정의했고 이 함수는 다시 func = dlsym(RTLD_NEXT, "malloc") 호출을 통해 실제 malloc() 함수의 주소를 얻어 이를 호출할 수 있기 때문이다.

위에서 나열한 가상 핸들값은 SUSv3에서는 필요하지 않고(하지만 향후 사용을 위해 예약 영역으로 정의되어 있다) 모든 유닉스 구현에서 사용할 수 있는 건 아니다. <dlfcn.h>에서 이런 상수의 정의를 얻으려면 반드시 _GNU_SOURCE 기능 테스트 매크로를 정의해야 한다.

## 예제 프로그램

리스트 37-1은 dlopen API 사용을 데모한다. 이 프로그램은 2개의 명령행 인자를 갖고 있다. 로드하려는 공유 라이브러리의 이름과, 실행하려는 라이브러리 함수의 이름이다. 다음 예는 이 프로그램을 어떻게 사용하는지 보여준다.

```
$ ./dynload ./libdemo.so.1 x1
Called mod1-x1

$ LD_LIBRARY_PATH=. ./dynload libdemo.so.1 x1
Called mod1-x1
```

위의 처음 명령은 dlopen()이 라이브러리 경로가 슬래시(/)로 시작함을 보여주고 이 경로는 상대 경로로 해석한다(이런 경우 현재 작업 디렉토리의 상대 경로). 두 번째 명령은 라이브러리가 LD_LIBRARY_PATH 경로를 검색하도록 가리킨다. 이 검색 경로는 동적 링커의 일반적인 규칙을 따라 해석된다(현재 작업 디렉토리에서 라이브러리를 찾는 경우도 마찬가지다).

**리스트 37-1** dlopen API 사용 예

shlibs/dynload.c

```
#include <dlfcn.h>
#include "tlpi_hdr.h"

int
main(int argc, char *argv[])
{
    void *libHandle;            /* 공유 라이브러리의 핸들 */
    void (*funcp)(void);        /* 인자 없는 함수의 포인터 */
    const char *err;

    if (argc != 3 || strcmp(argv[1], "--help") == 0)
```

```
        usageErr("%s lib-path func-name\n", argv[0]);

    /* 공유 라이브러리를 로드하고 추후 사용을 위해 핸들을 얻는다. */

    libHandle = dlopen(argv[1], RTLD_LAZY);
    if (libHandle == NULL)
        fatal("dlopen: %s", dlerror());

    /* 라이브러리에서 이름이 argv[2]인 심볼을 찾는다. */

    (void) dlerror();          /* dlerror() 초기화 */
    *(void **) (&funcp) = dlsym(libHandle, argv[2]);
    err = dlerror();
    if (err != NULL)
        fatal("dlsym: %s", err);

    /* dlsym()이 리턴한 주소가 NULL이 아니면, 인자 없는 함수로 취급해 실행해본다. */

    if (funcp == NULL)
        printf("%s is NULL\n", argv[2]);
    else
        (*funcp)();

    dlclose(libHandle);        /* 라이브러리를 닫는다. */

    exit(EXIT_SUCCESS);
}
```

### 37.1.4 공유 라이브러리 닫기: dlclose()

dlclose() 함수는 라이브러리를 닫는다.

```
#include <dlfcn.h>

int dlclose(void *handle);
```

성공하면 0을 리턴하고, 에러가 발생하면 -1을 리턴한다.

dlclose() 함수는 handle로 연 라이브러리 참조의 시스템 참조 횟수를 감소시킨다. 이 참조값이 0으로 떨어진다면 어떤 심볼도 다른 라이브러리에서 참조하지 않음을 의미하며 라이브러리를 언로드한다. 이 절차는 (재귀적으로) 라이브러리 의존성 트리에서도 마찬가지로 수행된다. 프로세스 종료 시에 묵시적으로 모든 라이브러리의 dlclose() 함수가 수행된다.

> glibc 2.2.3부터 공유 라이브러리의 함수는 atexit() 함수를 사용할 수 있는데, 이는 라이브러리가 언로드될 때 자동적으로 호출된다.

### 37.1.5 로드된 심볼의 정보 가져오기: dladdr()

dladdr()은 addr이 가리키는 주소(일반적으로 이전 dlsym() 호출로 얻어진 주소)는 주소의 해당 정보가 포함한 구조체를 리턴한다.

```
#define _GNU_SOURCE
#include <dlfcn.h>

int dladdr(const void *addr, Dl_info *info);
```

공유 라이브러리에 addr이 있으면 0이 아닌 값을 리턴하고, 아니면 0을 리턴한다.

info 인자는 포인터로 호출자가 할당한 다음과 같은 형태의 구조체를 가리킨다.

```
typedef struct {
    const char *dli_fname;    /* 공유 라이브러리 'addr' 필드가 갖고 있는 경로 이름 */
    void *dli_fbase;          /* 공유 라이브러리가 올려진 기본 주소 */
    const char *dli_sname;    /* 'addr' 주소와 가장 근접한 실행 시 심볼의 이름 */
    void *dli_saddr;          /* 'dli_sname'이 넘겨주는 심볼의 실제 값 */
} Dl_info;
```

Dl_info 구조체의 처음 2개의 필드는 addr에서 지칭한 주소를 갖고 있는 공유 라이브러리의 기본 실행 시 주소와 경로명을 가리킨다. 마지막 2개의 필드는 그 주소에 대한 정보를 담고 있다. addr이 공유 라이브러리의 정확한 주소를 가리키고 있다고 생각해보면 dli_saddr 또한 addr이 갖고 있는 주소와 동일한 주소를 가질 것이다.

SUSv3에서는 dladdr()을 정의하지 않으며, 모든 유닉스 구현에서 사용할 수 있는 것도 아니다.

### 37.1.6 주 프로그램에서 심볼 접근하기

공유 라이브러리를 dlopen()을 이용해 동적으로 로드하고 dlsym()을 이용해 그 라이브러리로부터 x() 함수의 주소를 얻어온 후 x() 함수를 호출했다고 가정해보자. x()가 y() 함수를 다시 호출하면 y()는 프로그램이 로드한 공유 라이브러리 중 하나에서 보통 찾을 수 있다.

x() 함수 대신 y() 함수 구현을 주 프로그램에서 호출하는 게 바람직한 경우가 있다(이는 콜백 기능과 유사하다). 이를 위해 동적 링커로 프로그램을 링크할 때 --export-dynamic 링커 옵션을 사용해 주 프로그램에서 (전역) 심볼을 사용 가능하게 만들어야 한다.

```
$ gcc -Wl,--export-dynamic main.c        (여기에 추가적인 옵션과 인자를 줄 수 있다.)
```

다음과 같이 비슷하게 표현할 수 있다.

```
$ gcc -export-dynamic main.c
```

이런 옵션은 동적 로드된 라이브러리가 주 프로그램에 있는 전역 심볼에 접근하도록 허용한다.

> gcc -rdynamic과 gcc -Wl,-E 옵션은 -Wl,--export-dynamic과 의미가 동일하다.

## 37.2 심볼의 가시성 조절하기

잘 정의된 공유 라이브러리는 ABIapplication binary interface로 정의된 형태의 심볼을 외부에서 보이게 만들어야 한다. 이는 다음과 같은 이유가 있기 때문이다.

- 공유 라이브러리 설계자가 정의되지 않은 인터페이스를 우연히 노출시켰다면 그 라이브러리를 사용하는 응용 프로그램의 제작자는 이 인터페이스를 선택할 수 있다. 이는 향후 공유 라이브러리를 업그레이드하는 데 호환성 문제를 야기한다. 라이브러리 개발자는 문서화된 ABI를 제외하고 어떤 인터페이스든지 제거나 변경할 수 있을 것이라고 생각하는 반면, 라이브러리 사용자는 현재 이용하고 있는 인터페이스를 계속 동일하게(같은 의미로) 사용할 수 있으리라고 기대하기 때문이다.
- 실행 시 심볼 해석 동안, 공유 라이브러리가 노출시킨 심볼이 다른 공유 라이브러리에서 제공하는 정의와 중첩될 수 있다(36.12절).
- 불필요한 심볼을 노출시키면 실행 시에 로드해야 하는 동적 심볼 테이블의 크기가 증가된다.

라이브러리 설계자가 라이브러리의 특정 ABI가 필요로 하는 심볼만 노출되도록 보장한다면 이런 모든 문제는 최소화하거나 피할 수 있다. 다음은 심볼 노출을 조정할 때 사용하는 기술이다.

- C 프로그램에서 `static` 키워드를 사용해 소스 코드 모듈에 비공개private 심볼을 만들 수 있고, 이것을 다른 오브젝트 파일이 사용하지 못하게 설계할 수 있다.

> static 키워드는 소스 코드 모듈에 비공개 심볼을 만들 뿐만 아니라 역효과도 있다. 심볼이 static으로 만들어졌다면 동일 소스 코드 파일에 모든 심볼의 참조는 심볼이 정의된 범위로 한정된다. 결과적으로 이런 참조는 다른 공유 라이브러리로부터 실행 시에 내부의 코드가 영향을 받지 않는다(36.12절에서 이 규칙을 설명했다). 이런 static 키워드의 영향은 36.12절에서 설명했듯이 -Bsymbolic 링커 옵션과 비슷하다. 다른 점은 static 키워드는 하나의 소스 파일에 하나의 심볼에만 영향을 미친다는 것이다.

- GNU C 컴파일러인 `gcc`는 `static` 키워드와 비슷한 작업을 하는 컴파일러 특유의 속성 선언을 제공한다.

```
void
__attribute__ ((visibility("hidden")))
func(void) {
    /* 코드 */
}
```

  `static` 키워드는 심볼이 보이는 범위를 하나의 소스 코드 파일로 한정하는 반면에, `hidden` 속성은 심볼을 공유 라이브러리를 구성하는 모든 소스 코드 파일에서 사용 가능하게 만들어준다. 하지만 라이브러리 밖에서는 보이지 않게 함으로써 외부에서 사용하지 못하게 막는다.

> static 키워드처럼 hidden 속성 또한 실행 시에 심볼 대체를 막는 역효과가 있다.

- 버전 스크립트(37.3절)는 심볼의 가시성을 세밀하게 조정하는 데 사용할 수 있고, 참조 범위가 한정된 심볼의 버전을 선택하기 위해 사용할 수도 있다.
- 공유 라이브러리(37.1.1절)를 동적으로 로드할 때 `dlopen()`의 `RTLD_GLOBAL` 플래그는 라이브러리에 정의된 심볼을 로드된 라이브러리와 묶는 데 사용할 수 있고, `--export-dynamic` 링커 옵션은 주 프로그램의 전역 심볼을 동적으로 로드된 라이브러리에서 참조하기 위해 사용한다.

심볼 가시성에 대해 더 알고 싶다면 [Drepper, 2004(b)]를 참조하기 바란다.

## 37.3 링커 버전 스크립트

버전 스크립트version script는 여러 링커(ld) 명령을 담고 있는 텍스트 파일이다. 버전 스크립트를 사용하려면 --version-script 링커 옵션을 반드시 명시해야 한다.

```
$ gcc -Wl,--version-script,myscriptfile.map ...
```

버전 스크립트는 보통(범용으로 사용하지는 않지만) .map 확장자로 구분된다.

이어지는 절에서 버전 스크립트의 사용 예를 살펴보자.

### 37.3.1 버전 스크립트를 통한 심볼 가시성 조절

버전 스크립트의 사용 예 중 하나는 의도치 않게 우연히 전역 심볼로 만들어진 심볼의 가시성을 조절하는 것이다(예를 들면, 응용 프로그램에서 라이브러리를 링크할 수 있게 보이는 것). 간단한 예는 각각 vis_comm(), vis_f1(), vis_f2() 함수를 정의하는 vis_comm.c, vis_f1.c, vis_f2.c의 3개의 소스 파일로부터 공유 라이브러리를 만들었다고 가정한다. 응용 프로그램에서 라이브러리를 바로 링크해 사용하는 것을 의도하지 않았지만 vis_f1()과 vis_f2() 함수에 의해 vis_comm() 함수가 호출된다. 공유 라이브러리를 일반적인 방법으로 만들었다고 가정하자.

```
$ gcc -g -c -fPIC -Wall vis_comm.c vis_f1.c vis_f2.c
$ gcc -g -shared -o vis.so vis_comm.o vis_f1.o vis_f2.o
```

readelf 명령을 이용해 라이브러리가 노출시키는 동적 심볼의 목록을 만들어보면 다음과 같은 결과를 볼 수 있다.

```
$ readelf --syms --use-dynamic vis.so | grep vis_
   30  12: 00000790    59    FUNC GLOBAL DEFAULT  10 vis_f1
   25  13: 000007d0    73    FUNC GLOBAL DEFAULT  10 vis_f2
   27  16: 00000770    20    FUNC GLOBAL DEFAULT  10 vis_comm
```

공유 라이브러리는 vis_comm(), vis_f1(), vis_f2()라는 3개의 심볼을 노출하고 있다. 그러나 라이브러리에서 오직 vis_f1()과 vis_f2() 심볼만 노출하고 싶다면 다음과 같이 버전 스크립트를 이용해 할 수 있다.

```
$ cat vis.map
VER_1 {
    global:
        vis_f1;
        vis_f2;
    local:
        *;
};
```

VER_1 식별자는 버전 태그version tag의 예다. 37.3.2절에서 심볼 버전 관리에 대해 논의할 것이다. 버전 스크립트는 다중 버전 노드version node를 포함할 것이고, 각 그룹은 대괄호({})로 묶일 것이며, 단일 버전 태그는 접두사로 사용될 것이다. 심볼의 가시성 조절만을 목적으로 버전 스크립트를 사용한다면 버전 태그는 충분할 것이다. 그럼에도 ld의 예전 버전에서는 버전 태그를 필요로 한다. ld의 현재 버전에서는 버전 태그를 생략할 수가 있다. 이 경우에 버전 노드는 익명의 버전 태그를 갖고 있다고 말할 수 있고, 다른 버전 태그 노드가 스크립트상에 있으면 안 된다.

버전 노드는 global 키워드로 시작되며 세미콜론으로 구분되는 심볼 목록을 갖고 있는데 이는 라이브러리 밖에서도 보인다. local 키워드로 시작되는 심볼 목록은 밖으로부터 숨기는 것을 의미한다. 여기서 별표(*)는 와일드카드wildcard 패턴으로 이런 심볼 명세에 사용할 수 있음을 보여준다. 와일드카드 문자들은 셸 환경에서 파일 이름을 매칭할 때와 같은 의미로 사용한다. 예를 들면, 별표(*)와 물음표(?)를 파일에 매칭할 때 사용하는 것처럼 사용한다(자세한 정보는 glob(7) 매뉴얼 페이지를 참조하기 바란다). 이 예제에서 local 명세의 별표(*)는 global에서 명시적으로 선언하지 않은 모든 것을 숨기라는 뜻이다. 이렇게 명시하지 않으면 vis_comm()은 계속 밖에서 보이는데, C 전역 심볼은 기본적으로 공유 라이브러리 밖에서 보이기 때문이다.

다음과 같이 버전 스크립트를 이용해 공유 라이브러리를 만들 수 있다.

```
$ gcc -g -c -fPIC -Wall vis_comm.c vis_f1.c vis_f2.c
$ gcc -g -shared -o vis.so vis_comm.o vis_f1.o vis_f2.o \
        -Wl,--version-script,vis.map
```

readelf를 이용해 한 번 더 확인해보면 vis_comm()은 더 이상 밖에서 보이지 않는다.

```
$ readelf --syms --use-dynamic vis.so | grep vis_
   25  0:  00000730    73    FUNC GLOBAL DEFAULT  11 vis_f2
   29 16:  000006f0    59    FUNC GLOBAL DEFAULT  11 vis_f1
```

## 37.3.2 심볼 버전 관리

심볼 버전은 하나의 공유 라이브러리에서 같은 함수의 다중 버전을 지원하도록 허락한다. 각 프로그램은 공유 라이브러리에 링크된(정적으로) 현재 함수 버전을 사용한다. 이것은 공유 라이브러리와 호환되지 않는 수정을 라이브러리의 메이저 번호를 올리지 않고도 할 수 있게 한다. 극단적인 경우 전통적인 공유 라이브러리의 메이저와 마이너 버전 규칙을 대체할 수도 있다. glibc 2.1부터 심볼 버전은 이런 규칙으로 관리한다. 그래서 glibc 2.0부터 모든 버전이 단일 메이저 라이브러리 버전으로 지원된다(libc.so.6).

단순한 예를 통해 심볼 버전 사용을 데모해본다. 버전 스크립트를 사용해 공유 라이브러리의 첫 버전을 만드는 것으로 시작하자.

```
$ cat sv_lib_v1.c
#include <stdio.h>

void xyz(void) { printf("v1 xyz\n"); }
$ cat sv_v1.map
VER_1 {
     global: xyz;
     local: *;                # 다른 모든 심볼을 숨긴다.
};
$ gcc -g -c -fPIC -Wall sv_lib_v1.c
$ gcc -g -shared -o libsv.so sv_lib_v1.o -Wl,--version-script,sv_v1.map
```

> 버전 스크립트 안의 해시 문자(#)는 주석을 의미한다.

(예를 단순하게 하고자, 명시적인 라이브러리 soname과 메이저 버전 번호의 사용을 피한다.)

이 과정의 버전 스크립트인 sv_v1.map은 공유 라이브러리의 심볼 가시성을 조절해서 xyz()가 노출시키고 다른 모든 심볼은 노출시키지 않는다(이 예는 단순하기 때문에 단 하나의 노출 심볼만이 존재한다). 다음으로 이 라이브러리를 사용하는 p1 프로그램을 만든다.

```
$ cat sv_prog.c
#include <stdlib.h>

int
main(int argc, char *argv[])
{
    void xyz(void);

    xyz();
```

```
    exit(EXIT_SUCCESS);
}
$ gcc -g -o p1 sv_prog.c libsv.so
```

이 프로그램을 실행하면 다음과 같은 예측된 결과를 볼 수 있다.

```
$ LD_LIBRARY_PATH=. ./p1
v1 xyz
```

여기서 예전 버전의 xyz() 함수를 p1 프로그램이 계속 사용하는 동안 라이브러리에 정의된 xyz()를 수정해야 한다고 가정하자. 이를 위해 두 가지 버전의 xyz() 함수를 라이브러리에 정의한다.

```
$ cat sv_lib_v2.c
#include <stdio.h>

__asm__(".symver xyz_old,xyz@VER_1");
__asm__(".symver xyz_new,xyz@@VER_2");

void xyz_old(void) { printf("v1 xyz\n"); }

void xyz_new(void) { printf("v2 xyz\n"); }

void pqr(void) { printf("v2 pqr\n"); }
```

두 가지 버전의 xyz() 함수는 xyz_old()와 xyz_new()라는 함수를 제공한다. xyz_old() 함수는 원본 xyz() 함수 정의에 해당하고 p1 프로그램이 계속해서 사용하는 버전의 함수다. xyz_new() 함수는 새로운 버전의 라이브러리를 링크하는 프로그램에서 사용할 새로운 xyz() 함수를 의미한다.

2개의 .symver 어셈블러 지시자는 새로운 버전의 공유 라이브러리를 만들 때 사용할 수정된 버전 스크립트(위에서 보여준)에 2개의 다른 버전 태그를 두 함수에 연결한다. 첫 번째 지시자는 VER_1 태그를 링크하는 응용 프로그램(예제에서 p1 프로그램과 같은)에서 사용하는 xyz() 함수의 구현인 xyz_old()를 말하는 것이고, VER_2 태그는 xyz() 함수 구현인 xyz_new()를 사용하는 응용 프로그램에서 링크한 버전 태그를 의미한다.

두 번째 줄의 @@는 첫 번째 줄의 @보다 많은데, .symver 지시자는 응용 프로그램이 정적으로 공유 라이브러리를 링크할 때 묶는 기본 xyz() 함수 정의를 의미한다. 정확히 하나의 .symver 지시자는 기본 심볼을 정해야 하기 때문에 @@를 사용해야 한다.

수정된 라이브러리에 해당하는 버전 스크립트는 다음과 같다.

```
$ cat sv_v2.map
VER_1 {
      global: xyz;
      local: *;           # 다른 모든 심볼을 숨긴다.
};

VER_2 {
      global: pqr;
} VER_1;
```

이 버전 스크립트는 새로운 버전 태그인 VER_2를 제공하는데, 이는 VER_1에 의존함을 의미한다. 아래의 라인은 의존성을 가리킨다.

```
} VER_1;
```

버전 태그의 의존성은 연속적인 라이브러리 버전 사이의 관계를 가리킨다. 버전 태그 의존성은 리눅스 시스템에서만 적용되는데, 버전 노드는 자신이 의존하는 버전 노드로부터 global과 local 명세를 상속받는다.

의존성은 VER_3의 새로운 버전 노드가 VER_2를 의존하는 것과 같이 연결할 수 있다.

버전 태그 이름 자체에는 아무런 의미가 없다. 그들 간의 관계는 오직 지정된 버전 의존성에 의해 하나가 결정되고 단순히 VER_1과 VER_2 이름을 선택함으로써 연관된 관계를 결정하는 것이다. 관리를 도울 수 있도록, 버전 넘버와 패키지 이름을 포함하는 버전 태그를 사용하는 방법을 추천한다. 예를 들어, glibc는 GLIBC_2.0, GLIBC_2.1처럼 버전 태그와 이름을 같이 사용한다.

VER_2 버전 태그는 새로운 함수인 pqr()을 지정하고 있고 라이브러리는 VER_2 버전 태그를 사용하는 프로그램에만 이것을 노출할 것이다. pqr() 함수를 선언하지 않았다면 local 명세의 VER_2 버전 태그는 VER_1 버전 태그를 상속할 것이고, pqr() 함수는 라이브러리 밖에서 보이지 않을 것이다. local 명세를 모두 생략한다면 라이브러리는 심볼 xyz_old()와 xyz_new() 함수 모두를 노출할 것이다(의도치 않게).

이제 새로운 버전의 라이브러리를 보편적인 방법으로 만들어보자.

```
$ gcc -g -c -fPIC -Wall sv_lib_v2.c
$ gcc -g -shared -o libsv.so sv_lib_v2.o -Wl,--version-script,sv_v2.map
```

이제 p1 프로그램이 예전 버전의 xyz()를 사용하는 동안 새로운 xyz() 정의를 사용하는 새로운 프로그램 p2를 만들 수 있다.

```
$ gcc -g -o p2 sv_prog.c libsv.so
```

```
$ LD_LIBRARY_PATH=. ./p2
v2 xyz                                   xyz@VER_2 사용
$ LD_LIBRARY_PATH=. ./p1
v1 xyz                                   xyz@VER_1 사용
```

실행 파일의 버전 태그 의존성은 정적 링크 단계에서 기록된다. objdump -t를 사용해 실행 파일의 심볼 테이블을 볼 수 있고 각 프로그램의 다른 버전의 태그를 확인할 수 있다.

```
$ objdump -t p1 | grep xyz
08048380        F *UND*  0000002e     xyz@@VER_1
$ objdump -t p2 | grep xyz
080483a0        F *UND*  0000002e     xyz@@VER_2
```

비슷한 정보를 얻기 위해 readelf -s 또한 사용할 수 있다.

> 심볼 버전 관리를 더 알고 싶다면 info ld scripts version 명령을 사용하거나 http://people.redhat.com/drepper/symbol-versioning을 참조하기 바란다.

## 37.4 함수의 초기화와 마무리

공유 라이브러리가 로드될 때나 언로드될 때 하나 이상의 함수가 자동적으로 실행되도록 정의할 수 있다. 이는 공유 라이브러리를 사용할 때 초기화와 마무리 작업을 할 수 있게 해준다. 초기화와 마무리 함수는 라이브러리가 자동으로 로드됐는지 명시적으로 dlopen 인터페이스 호출로 로드됐는지에 상관없이 실행된다(37.1절).

초기화와 마무리 함수는 gcc 생성자(constructor)와 소멸자(destructor) 속성으로 정의된다. 각 함수는 라이브러리가 로드됐을 때 실행되게 하려면 다음과 같이 정의한다.

```
void __attribute__ ((constructor)) some_name_load(void)
{
    /* 초기화 코드 */
}
```

언로드 함수도 유사하게 정의한다.

```
void __attribute__ ((destructor)) some_name_unload(void)
{
    /* 마무리 코드 */
}
```

some_name_load()와 some_name_unload() 함수 이름은 원하는 이름으로 바꿀 수 있다.

> gcc 생성자와 소멸자 속성을 이용해 주 프로그램에서 초기화와 마무리 함수를 만들 수도 있다.

### _init()와 _fini() 함수

예전 버전 공유 라이브러리의 초기화와 마무리는 init()와 fini()라는 2개의 함수를 라이브러리상에 구현했다. void _init(void) 함수는 프로세스가 라이브러리를 처음 로드할 때 실행되는 코드를 포함하고, void _fini(void) 함수는 라이브러리가 언로드될 때 실행되는 코드를 포함한다.

_init()와 _fini() 함수를 만들었다면 공유 라이브러리를 만들 때 링커가 기본 버전 함수를 만들지 않게 gcc -nostartfiles 옵션을 지정해야 한다(다른 이름의 함수를 사용하고 싶다면 -Wl,-init와 -Wl,-fini 링커 옵션을 이용해 지정할 수 있다).

gcc 생성자와 소멸자 속성을 선호하면서 _init()와 _fini()는 구식이 됐지만 이 두 가지 방법을 사용해서 다중 초기화와 마무리 함수를 지정할 수 있다는 사실은 이점으로 작용할 수 있다.

## 37.5 공유 라이브러리 미리 로딩하기

테스트 목적으로 함수(그리고 기타 심볼)를 선별적으로 오버라이드하는 것은 유용할 때가 있다. 36.11절에서 설명한 규칙처럼 이를 동적 링커가 보편적으로 사용하기 때문이다. 이를 사용하려면 환경 변수 LD_PRELOAD를 정의해야 하는데 다른 라이브러리가 로드되기 전에 로드해야 할 라이브러리의 이름을 빈칸이나 콜론으로 구분되는 문자열 형태로 지정한다. 이런 라이브러리는 먼저 로드되기 때문에 실행 프로그램은 필요한 어떤 함수라도 동적 링커가 찾는 같은 이름의 함수를 오버라이드해서 새로 정의한 함수를 자동적으로 사용할 수 있다. 예를 들어, libdemo 라이브러리에 정의된 x1()과 x2() 함수를 프로그램에서 호출한다고 가정한다. 이 프로그램을 실행하면 다음과 같은 결과를 볼 수 있다.

```
$ ./prog
Called mod1-x1 DEMO
Called mod2-x2 DEMO
```

(이 예제에서 공유 라이브러리는 표준 디렉토리에 있고 LD_LIBRARY_PATH 환경 변수는 사용하지 않는다고 가정한다.)

x1() 함수의 다른 정의를 갖고 있는 libalt.so라는 공유 라이브러리를 만들어서 선별적으로 x1() 함수를 오버라이드할 수 있다. 미리 이 라이브러리를 로드해 프로그램 실행하면 다음과 같은 결과를 볼 수 있다.

```
$ LD_PRELOAD=libalt.so ./prog
Called mod1-x1 ALT
Called mod2-x2 DEMO
```

여기서 libalt.so에 정의된 x1() 함수 버전이 호출됐음을 볼 수 있지만, libalt.so에 x2() 함수에 대한 아무런 정의가 없기 때문에 libdemo.so에 정의된 x2() 함수가 호출됐음을 볼 수 있다.

LD_PRELOAD 환경 변수는 각 프로세스마다 미리 로드할 라이브러리를 조정한다. 다른 방법으로는 /etc/ld.so.preload 파일을 사용하면 된다. 이는 라이브러리의 목록을 공백 문자로 구분 지정하여 같은 작업을 하는 태스크를 시스템 전체적으로 사용할 수 있다(LD_PRELOAD에서 정의하고 있는 라이브러리가 /etc/ld.so.preload에 정의된 라이브러리보다 먼저 실행된다).

보안 때문에 set-user-ID와 set-group-ID 프로그램은 LD_PRELOAD를 무시한다.

## 37.6 동적 링커 감시하기: LD_DEBUG

LD_DEBUG 환경 변수는 동적 링커 동작을 살펴볼 때 유용하게 쓰인다(예를 들면, 동적 링커가 라이브러리를 어느 경로에서 찾는지). 하나(또는 그 이상)의 표준 키워드를 변수에 설정함으로써 동적 링커를 추적해 다양한 종류의 정보를 얻을 수 있다.

LD_DEBUG에 help 값을 설정하면 동적 링커는 LD_DEBUG의 도움말 정보를 보여줄 것이고, 지정된 명령은 실행되지 않을 것이다.

```
$ LD_DEBUG=help date
Valid options for the LD_DEBUG environment variable are:

          libs display library search paths
          reloc display relocation processing
          files display progress for input file
          symbols display symbol table processing
          bindings display information about symbol binding
          versions display version dependencies
```

```
    all        all previous options combined
    statistics display relocation statistics
    unused     determine unused DSOs
    help       display this help message and exit

To direct the debugging output into a file instead of standard output
a filename can be specified using the LD_DEBUG_OUTPUT environment variable.
```

다음 예는 라이브러리를 찾는 과정을 추적한 결과를 요약해 보여준다.

```
$ LD_DEBUG=libs date
     10687:     find library=librt.so.1 [0]; searching
     10687:      search cache=/etc/ld.so.cache
     10687:       trying file=/lib/librt.so.1
     10687:     find library=libc.so.6 [0]; searching
     10687:      search cache=/etc/ld.so.cache
     10687:       trying file=/lib/libc.so.6
     10687:     find library=libpthread.so.0 [0]; searching
     10687:      search cache=/etc/ld.so.cache
     10687:       trying file=/lib/libpthread.so.0
     10687:     calling init: /lib/libpthread.so.0
     10687:     calling init: /lib/libc.so.6
     10687:     calling init: /lib/librt.so.1
     10687:     initialize program: date
     10687:     transferring control: date
Tue Dec 28 17:26:56 CEST 2010
     10687:     calling fini: date [0]
     10687:     calling fini: /lib/librt.so.1 [0]
     10687:     calling fini: /lib/libpthread.so.0 [0]
     10687:     calling fini: /lib/libc.so.6 [0]
```

각 라인마다 시작되는 위치에 표시된 10687은 추적하고 있는 프로세스의 ID를 나타낸다. 이는 여러 프로세스를 관찰할 때 유용하게 쓸 수 있다(예를 들어, 부모와 자식).

기본적으로 LD_DEBUG의 출력은 표준 에러로 설정되어 있지만 LD_DEBUG_OUTPUT 환경 변수값을 설정하므로 변경할 수 있다.

필요하다면 LD_DEBUG에 콤마(공백이 있으면 안 된다)로 구분되는 다중 옵션을 설정할 수 있다. Symbols 옵션(동적 링커가 심볼 결정하는 것을 추적)은 아주 방대한 결과를 출력한다.

LD_DEBUG는 라이브러리를 동적 링커가 묵시적으로 로드하는 경우와 dlopen()이 동적으로 로드하는 경우 모두에 사용할 수 있다.

보안상의 이유로 set-user-ID와 set-group-ID 프로그램은 LD_DEBUG를 무시한다(glibc 2.2.5부터).

## 37.7 정리

동적 링커는 dlopen API를 제공하는데, 이를 통해 프로그램이 실행 시에 명시적으로 추가 공유 라이브러리를 로드할 수 있다. 이를 통해 프로그램이 플러그인 형태의 기능을 구현할 수 있다.

공유 라이브러리 설계의 주요 요소는 심볼 가시성을 조절하는 것이다. 따라서 라이브러리가 라이브러리를 링크하는 프로그램에서 이런 심볼(함수와 변수)을 사용할 수 있게 노출하는 것이다. 심볼의 가시성을 조절하는 데 사용하는 기술을 위에서 살펴봤다. 이런 기술 중 버전 스크립트를 사용하면 심볼 가시성을 세밀하게 조절할 수 있다.

또 버전 스크립트를 사용해 하나의 공유 라이브러리가 어떻게 라이브러리를 링크한 각기 다른 응용 프로그램에 다중 심볼 정의를 제공하는지에 대한 구현 규칙을 살펴봤다(각 응용 프로그램은 정적으로 링크할 때 사용한 라이브러리의 정의를 그대로 사용한다). 이 기술은 전통적으로 라이브러리 버전 관리 방법인 공유 라이브러리 실제 이름의 메이저와 마이너 버전 넘버를 사용하는 방법의 대안으로 제시됐다.

공유 라이브러리 안에 초기화와 마무리 함수를 정의하면 라이브러리를 로드하거나 언로드할 때 자동으로 코드를 실행할 수 있다.

LD_PRELOAD 환경 변수는 미리 공유 라이브러리를 로드할 수 있게 한다. 이 방법을 사용해 동적 링커가 다른 공유 라이브러리에서 일반적으로 찾는 함수와 심볼을 선별적으로 오버라이드할 수 있다.

동적 링커의 동작을 살펴보기 위해 LD_DEBUG 환경 변수에 다양한 값을 설정할 수 있다.

### 더 읽을거리

36.14절의 '더 읽을거리'를 참조하기 바란다.

## 37.8 연습문제

**37-1.** dlclose()로 라이브러리를 닫을 때 이에 속한 특정 심볼이 다른 라이브러리에서 사용되고 있다면 언로드하지 않음을 검증하기 위한 프로그램을 작성하라.

**37-2.** dlsym()이 리턴하는 주소의 정보를 얻기 위해 리스트 37-1(dynload.c)의 프로그램에 dladdr() 함수 호출을 추가하라. 리턴된 Dl_info 구조체의 필드값을 출력하고 기대한 값과 같은지 검증하라.

# A

# 시스템 호출 추적

strace 명령을 사용하면 프로그램이 하는 시스템 호출을 추적할 수 있다. 이는 디버그나 단순히 프로그램이 무엇을 하는지 알아내는 데 유용하다. 가장 간단한 형태로, 다음과 같이 strace를 쓸 수 있다.

```
$ strace command arg...
```

이는 주어진 명령행 인자를 가지고 command를 실행한 뒤, command가 하는 시스템 호출들을 보여준다. 기본으로 strace는 stderr로 출력하지만, -o filename 옵션을 통해 바꿀 수 있다.

strace로부터 나온 출력의 예는 다음과 같다(strace date 명령의 출력 일부다).

```
execve("/bin/date", ["date"], [/* 114 vars */]) = 0
access("/etc/ld.so.preload", R_OK)        = -1 ENOENT (No such file or
        directory)
open("/etc/ld.so.cache", O_RDONLY)        = 3
fstat64(3, {st_mode=S_IFREG|0644, st_size=111059, ...}) = 0
```

```
mmap2(NULL, 111059, PROT_READ, MAP_PRIVATE, 3, 0) = 0xb7f38000
close(3)                                  = 0
open("/lib/libc.so.6", O_RDONLY)          = 3
fstat64(3, {st_mode=S_IFREG|0755, st_size=1491141, ...}) = 0
close(3)                                  = 0
write(1, "Mon Jan 17 12:14:24 CET 2011\n", 29) = 29
exit_group(0)                             = ?
```

각 시스템 호출은 함수 호출 형태로 출력되며, 입력과 출력 인자 모두 괄호 안에 표시된다. 위의 예에서 볼 수 있듯이, 인자들은 문자열 형태로 출력된다.

- 비트 마스크는 해당 심볼릭 상수로 나타낸다.
- 문자열은 텍스트 형태로 나타낸다(32자까지지만, -s strsize 옵션으로 이 한도를 바꿀 수 있다).
- 구조체 필드는 개별적으로 표시된다(기본으로는 큰 구조체의 경우 축약된 부분집합만 표시되지만, -v 옵션을 쓰면 구조체 전체를 표시할 수 있다).

추적된 시스템 호출의 닫는 괄호 다음에, strace는 등호(=)를 표시하고, 시스템 호출의 리턴값을 출력한다. 시스템 호출이 실패했으면, errno 값에 해당되는 문자열도 함께 표시된다. 따라서 위의 실패한 access() 호출의 경우 ENOENT가 표시됐음을 볼 수 있다.

간단한 프로그램의 경우에도, C 런타임 시작 코드와 공유 라이브러리 로드에 의해 실행되는 시스템 호출 때문에 strace가 내놓는 출력의 양은 상당하다. 복잡한 프로그램의 경우, strace의 출력은 엄청나게 길 수 있다. 이 때문에 strace의 출력을 선택적으로 필터링하고 싶을 때가 있다. 그 방법 중 하나는 아래와 같이 grep을 사용하는 것이다.

```
$ strace date 2>&1 | grep open
```

또 다른 방법은 -e 옵션으로 추적할 이벤트를 지정하는 것이다. 예를 들어, 다음과 같은 명령으로 open()과 close() 시스템 호출을 추적할 수 있다.

```
$ strace -e trace=open,close date
```

위의 두 가지 기법을 사용할 때, 가끔씩 시스템 호출의 진짜 이름이 glibc 래퍼 함수의 이름과 다를 수 있음을 알아야 한다. 예를 들어 26장에서 wait() 계열 함수들을 모두 시스템 호출이라고 불렀지만, 대부분(wait(), waitpid(), wait3())은 커널의 wait4() 시스템 호출 서비스 루틴을 부르는 래퍼다. strace는 후자의 이름을 출력하고, -e trace= 옵션에도 이 이름을 지정해야 한다. 마찬가지로 모든 exec 라이브러리 함수(27.2절)도 execve() 시스템 호출을 부른다. 종종 strace 출력을 보고(또는 아래 설명하는 strace -c의 출력을 보고) 이런 변환을 적절히 짐작하기도 하지만, 잘 알 수 없을 경우에는 glibc 소스 코드를 보고 래퍼 함수 안에서 어떤 변환이 일어나는지를 살펴야 할 수도 있다.

다음은 strace(1)의 매뉴얼 페이지에 나와 있는 strace 옵션의 일부다.

- -p pid 옵션은 프로세스 ID를 지정해서 기존 프로세스를 추적할 때 쓴다. 비특권 사용자는 소유자가 자신인 프로세스와 set-user-ID나 set-group-ID 프로그램을 실행하지 않는 프로세스만 추적할 수 있도록 제한된다(9.3절).
- -c 옵션은 strace가 프로그램이 한 모든 시스템 호출을 요약해서 출력하게 한다. 시스템 호출별로 총 호출 횟수, 실패한 호출 횟수, 호출을 실행하는 데 소비한 총 시간 등이 출력된다.
- -f 옵션은 대상 프로세스의 자식 프로세스도 추적하게 한다. 추적 결과를 파일로 보낼 경우(-o filename), -ff 옵션을 사용하면 프로세스별 추적 결과를 filename.PID라는 파일에 저장한다.

strace 명령은 리눅스에만 존재하지만, 대부분의 유닉스 구현이 비슷한 명령을 제공한다(예: 솔라리스의 truss, BSD의 ktrace).

> ltrace 명령은 strace와 비슷한 일을 수행하지만, 라이브러리 함수에 작용한다. 자세한 사항은 ltrace(1) 매뉴얼 페이지를 참조하기 바란다.

# B

# 명령행 옵션 파싱하기

전형적인 유닉스 명령의 형태는 다음과 같다.

```
명령 [옵션] 인자
```

옵션은 하이픈(-) 뒤에 옵션을 나타내는 고유한 문자가 붙고 그 뒤에 경우에 따라 옵션의 인자가 붙는 형태를 띤다. 인자가 있는 옵션은 선택적으로 인자와 공백으로 분리돼도 된다. 여러 옵션이 하나의 하이픈 뒤에 그룹으로 묶일 수 있고, 그룹의 마지막 옵션은 인자를 가질 수 있다. 이런 규칙에 따라, 다음의 명령들은 모두 같다.

```
$ grep -l -i -f patterns *.c
$ grep -lif patterns *.c
$ grep -lifpatterns *.c
```

위의 명령에서 `-l`과 `-i` 옵션은 인자가 없고, `-f` 옵션은 문자열 `patterns`를 인자로 갖고 있다.

많은 프로그램이(이 책의 몇몇 예제 프로그램을 포함해) 이와 같은 형태의 옵션을 파싱해야 하기 때문에, 파싱 기능이 표준 라이브러리 함수 getopt()에 캡슐화되어 있다.

```
#include <unistd.h>

extern int optind, opterr, optopt;
extern char *optarg;

int getopt(int argc, char *const argv[], const char *optstring);
```

리턴값은 본문을 참조하기 바란다.

getopt() 함수는 argc와 argv에 주어진 명령행 인자(보통 같은 이름의 main() 함수 인자에서 가져온)를 파싱한다. optstring 인자는 getopt()가 argv에서 찾아봐야 할 옵션을 지정한다. 이 인자는 일련의 문자로 이뤄져 있고, 각 문자는 하나의 옵션을 나타낸다. SUSv3는 getopt()가 최소한 62자로 이뤄진 문자 집합 [a-zA-Z0-9]에 속하는 문자를 옵션으로 쓸 수 있어야 한다고 규정한다. 대부분의 구현은 다른 문자도 허용하지만, getopt()에서 특별한 의미를 갖고 있는 :, ?, -는 예외다. 각 옵션 문자 뒤에는 콜론(:)을 붙여서 해당 옵션에 인자가 필요함을 나타낼 수 있다.

명령행을 파싱할 때는 getopt() 함수를 반복해서 호출한다. 각 호출은 처리되지 않은 다음 옵션에 대한 정보를 리턴한다. 옵션을 찾으면, 옵션 문자가 함수의 결과로 리턴된다. 옵션 목록이 끝나면, getopt()는 -1을 리턴한다. 옵션에 인자가 있으면, getopt()는 전역 변수 optarg가 해당 인자를 가리키도록 설정한다.

getopt() 함수의 리턴 데이터형이 int임에 유의하자. getopt()의 결과를 char 형 변수에 대입하면 안 된다. char가 부호 없는 데이터형인 시스템에서는 char 변수와 -1을 비교하면 제대로 동작하지 않기 때문이다.

> 옵션에 인자가 없으면, glibc의 getopt() 구현은 (대부분의 구현과 마찬가지로) optarg를 NULL로 설정한다. 하지만 SUSv3에는 이 동작이 규정되어 있지 않으므로, 이식성 있는 프로그램은 이 동작에 의존하지 말아야 한다(보통 필요하지도 않다).
>
> SUSv3에는 관련된 함수 getsubopt()가 정의되어 있는데(그리고 glibc에는 이 함수가 구현되어 있다), 이 함수는 콤마로 구별된 하나 이상의 문자열(각 문자열은 name[=value]의 형태를 띤다)로 이뤄진 옵션 인자를 파싱한다. 자세한 사항은 getsubopt(3) 매뉴얼 페이지를 참조하기 바란다.

getopt()를 부를 때마다, 전역 변수 optind가 argv의 처리되지 않은 다음 항목의 인덱스로 갱신된다(여러 옵션이 하나의 단어로 묶여 있으면, getopt()는 내부적으로 해당 단어 중 어느 부분을 다음에 처리할지를 기록하고 있다). optind 변수는 getopt()를 처음 부를 때 자동으로 1로 설정된다. 이 변수를 사용할 경우로는 다음의 두 가지 상황이 있다.

- 더 이상 옵션이 없어서 getopt()가 -1을 리턴했는데, optind가 argc보다 작으면, argv[optind]는 명령행 중 옵션이 아닌 다음 단어의 위치를 나타낸다.
- 여러 명령행 벡터를 처리하거나 같은 명령행을 다시 스캔할 때는 optind를 명시적으로 1로 리셋해야 한다.

getopt() 함수는 다음의 경우를 옵션 목록의 끝으로 판단해서 -1을 리턴한다.

- argc와 argv로 기술한 목록의 끝에 다다랐다(즉 argv[optind]가 NULL이다).
- argv 중 처리되지 않은 다음 단어가 옵션 구분자delimiter로 시작하지 않는다(즉 argv[optind][0]이 하이픈이 아니다).
- argv 중 처리되지 않은 다음 단어가 하나의 하이픈으로 이뤄져 있다(즉 argv[optind][0]이 -이다). 어떤 명령은 이런 단어를 특별한 뜻이 있는 인자로 이해한다(5.11절 참조).
- argv 중 처리되지 않은 다음 단어가 2개의 하이픈(--)으로 이뤄져 있다. 이 경우 getopt()는 조용히 하이픈 2개를 지나쳐서 optind가 이중 하이픈 다음의 단어를 가리키도록 조정한다. 이 문법은 사용자가 명령행의 다음 단어(이중 하이픈 뒤의)가 옵션처럼 보이더라도(즉 하이픈으로 시작) 명령의 옵션이 끝났음을 알리기 위한 것이다. 예를 들어 grep으로 파일 속의 문자열 -k를 찾고 싶으면, grep -- -k myfile이라고 하면 된다.

getopt()가 옵션 목록을 처리할 때 두 가지 에러가 발생할 수 있다. 하나는 optstring에 지정하지 않은 옵션을 만났을 때 발생한다. 다른 에러는 인자가 필요한 옵션에 인자를 주지 않았을 때 생긴다(즉 해당 옵션이 명령행의 맨 끝에 있다). getopt()가 이들 에러를 처리하고 보고하는 규칙은 다음과 같다.

- 기본으로 getopt()는 표준 에러로 적절한 에러 메시지를 출력하고 문자 ?를 함수의 결과로 리턴한다. 이 경우 전역 변수 optopt는 잘못된 옵션 문자를 리턴한다(즉 인식되지 않거나 인자가 없는 옵션).

- 전역 변수 opterr을 써서 getopt()가 에러 메시지를 출력하지 않게 할 수 있다. 기본으로 이 변수는 1로 설정되어 있다. 이 변수를 0으로 설정하면, getopt()는 에러 메시지를 출력하지 않지만, 나머지 동작은 위 항목에서 설명한 대로 진행된다. 프로그램은 함수의 결과가 ?이면 에러임을 알 수 있고 직접 만든 에러 메시지를 출력할 수 있다.
- 그렇지 않으면, optstring의 첫 글자로 콜론(:)을 지정해서 에러 메시지가 출력되지 않게 할 수도 있다(이는 opterr을 0으로 설정한 것을 무시한다). 이 경우 에러는 opterr을 0으로 설정한 경우와 마찬가지로 보고된다. 다른 점은 함수의 결과로 :을 리턴함으로써 인자 없음 에러를 보고한다는 것이다. 이런 리턴값의 차이로 인해 필요하면 두 종류의 에러(인식되지 않는 옵션과 옵션 인자 없음)를 구별할 수 있다.

이상의 에러 보고 방법이 표 B-1에 정리되어 있다.

표 B-1 getopt() 에러 보고 동작

| 에러 보고 방법 | getopt()가 에러 메시지를 출력하는가? | 인식되지 않는 옵션의 경우 리턴값 | 인자가 없는 경우의 리턴값 |
|---|---|---|---|
| 기본(opterr == 1) | 예 | ? | ? |
| opterr == 0 | 아니오 | ? | ? |
| optstring의 맨 앞에 : | 아니오 | ? | : |

## 예제 프로그램

리스트 B-1은 getopt()를 사용해 -x와 -p의 두 가지 옵션을 포함하고 있는 명령행을 파싱하는 예다. -x 옵션은 인자가 없고, -p는 인자가 있다. 이 프로그램은 optstring의 첫 글자로 콜론(:)을 지정해 getopt()가 에러 메시지를 출력하지 않게 한다.

getopt()의 오퍼레이션을 관찰할 수 있도록, printf() 호출을 추가해서 각 getopt() 호출이 리턴하는 정보를 출력하게 했다. 완료되면 프로그램은 지정된 옵션에 대한 요약 정보를 출력하고 명령행상의 옵션이 아닌 다음 단어도 출력한다. 다음의 셸 세션 로그는 각기 다른 명령행 인자를 가지고 이 프로그램을 실행했을 때의 결과다.

```
$ ./t_getopt -x -p hello world
opt =120 (x); optind = 2
opt =112 (p); optind = 4
-x was specified (count=1)
```

```
-p was specified with the value "hello"
First nonoption argument is "world" at argv[4]
$ ./t_getopt -p
opt = 58 (:); optind = 2; optopt =112 (p)
Missing argument (-p)
Usage: ./t_getopt [-p arg] [-x]
$ ./t_getopt -a
opt = 63 (?); optind = 2; optopt = 97 (a)
Unrecognized option (-a)
Usage: ./t_getopt [-p arg] [-x]
$ ./t_getopt -p str -- -x
opt =112 (p); optind = 3
-p was specified with the value "str"
First nonoption argument is "-x" at argv[4]
$ ./t_getopt -p -x
opt =112 (p); optind = 3
-p was specified with the value "-x"
```

위의 실행 결과 중 마지막 예에서, 문자열 -x는 옵션이 아니라 -p 옵션의 인자로 해석됐음에 유의하기 바란다.

**리스트 B-1** getopt()의 사용 예

getopt/t_getopt.c

```
#include <ctype.h>
#include "tlpi_hdr.h"

#define printable(ch) (isprint((unsigned char) ch) ? ch : '#')

static void             /* '사용법' 메시지를 출력하고 종료한다. */
usageError(char *progName, char *msg, int opt)
{
    if (msg != NULL && opt != 0)
        fprintf(stderr, "%s (-%c)\n", msg, printable(opt));
    fprintf(stderr, "Usage: %s [-p arg] [-x]\n", progName);
    exit(EXIT_FAILURE);
}

int
main(int argc, char *argv[])
{
    int opt, xfnd;
    char *pstr;

    xfnd = 0;
    pstr = NULL;

    while ((opt = getopt(argc, argv, ":p:x")) != -1) {
```

```
        printf("opt =%3d (%c); optind = %d", opt, printable(opt), optind);
        if (opt == '?' || opt == ':')
            printf("; optopt =%3d (%c)", optopt, printable(optopt));
        printf("\n");

        switch (opt) {
        case 'p': pstr = optarg;        break;
        case 'x': xfnd++;               break;
        case ':': usageError(argv[0], "Missing argument", optopt);
        case '?': usageError(argv[0], "Unrecognized option", optopt);
        default:  fatal("Unexpected case in switch()");
        }
    }

    if (xfnd != 0)
        printf("-x was specified (count=%d)\n", xfnd);
    if (pstr != NULL)
        printf("-p was specified with the value \"%s\"\n", pstr);
    if (optind < argc)
        printf("First nonoption argument is \"%s\" at argv[%d]\n",
                argv[optind], optind);
    exit(EXIT_SUCCESS);
}
```

## GNU 고유의 동작

기본으로 getopt()의 glibc 구현은 비표준 기능을 구현하고 있어서, 옵션과 옵션 아닌 것을 서로 섞어 쓸 수 있다. 따라서 다음 두 명령행은 서로 동일하다.

```
$ ls -l file
$ ls file -l
```

두 번째 형태의 명령행을 처리할 때, getopt()는 argv의 내용을 재배치해서 옵션은 모두 배열의 앞쪽으로 오게 하고 옵션 아닌 것은 모두 배열의 뒤쪽으로 보낸다(argv에 --가 포함되어 있으면, -- 앞의 요소들만 재배치되고 옵션으로 해석된다). 다시 말하면, 앞에서 본 getopt() 프로토타입에서 argv에 붙어 있던 const 선언은 꼭 맞는 것은 아니다.

argv의 내용을 재배치하는 것은 SUSv3(또는 SUSv4)에서 허용되지 않는다. 환경 변수 POSIXLY_CORRECT에 어느 값이든 설정하면 getopt()는 표준에 따라 동작한다(즉 옵션 목록의 끝은 판단하는 앞에서 말한 규칙을 따른다). 이는 두 가지 방법으로 할 수 있다.

- 프로그램 안에서 putenv()나 setenv()를 호출할 수 있다. 이는 사용자가 아무 일도 안 해도 된다는 장점이 있다. 하지만 프로그램 소스 코드를 바꿔야 하고 해당 프로그램의 동작만 바꾼다는 단점이 있다.
- 프로그램을 실행하기 전에 셸에서 환경 변수를 정의할 수 있다.

```
$ export POSIXLY_CORRECT=y
```

이 방법은 getopt()를 사용하는 모든 프로그램에 영향을 준다는 장점이 있다. 하지만 이 방법에도 단점은 있다. POSIXLY_CORRECT는 여러 가지 리눅스 도구의 동작에 변화를 일으킨다. 더욱이 이 변수를 설정하려면 사용자가 직접 간여해야 한다(아마도 셸 시작 파일에 환경 변수를 설정해야 할 것이다).

getopt()가 명령행 인자를 재배치하지 않게 하는 또 다른 방법은 optstring의 첫 글자를 더하기 부호(+)로 설정하는 것이다(앞서 설명한 것처럼 getopt()가 에러 메시지도 출력하지 않게 하려면, optstring의 첫 두 글자를 +:로(순서를 지켜서) 설정해야 한다). putenv()나 setenv()와 마찬가지로, 이 방법은 프로그램 코드를 바꿔야 한다는 단점이 있다. 자세한 사항은 getopt(3) 매뉴얼 페이지를 참조하기 바란다.

> 앞으로 SUSv4의 기술적 수정사항에 아마도 optstring에 더하기 부호를 넣어서 명령행 인자의 재배치를 막는 방법이 추가될 것 같다.

glibc getopt()의 재배치 동작은 셸 스크립트를 쓰는 방식에 영향을 미침에 유의하기 바란다(이는 개발자들이 다른 시스템의 셸 스크립트를 리눅스로 이식할 때 영향을 준다). 아래 명령을 디렉토리의 모든 파일에 대해 수행하는 셸 스크립트가 있다고 하자.

```
chmod 644 *
```

이 파일이름들 중 하나가 하이픈으로 시작한다면, glibc getopt()의 재배치 동작 때문에 파일이름이 chmod의 옵션으로 해석될 것이다. 이는 앞에 나오는 비옵션(644) 때문에 getopt()가 나머지 명령행에서 옵션을 찾지 않는 기타 유닉스 구현에서는 발생하지 않는다. 대부분의 명령에 대해, (POSIXLY_CORRECT를 설정하지 않는다면) 리눅스에서 실행돼야 하는 셸 스크립트에서 이런 가능성에 대처하는 방법은 문자열 --를 첫 번째 비옵션 인자 앞에 두는 것이다. 따라서 위의 명령행은 다음과 같이 고쳐 쓸 수 있다.

```
chmod -- 644 *
```

특별히, 파일이름 생성과 관련된 이 예에서는 다음과 같이 써도 된다.

```
chmod 644 ./*
```

위에서 파일이름 패턴 매치globbing의 예를 사용했지만, 다른 셸 처리의 결과로도 비슷한 시나리오가 발생할 수 있고(예를 들어 명령 치환과 인자 확장), 이들도 -- 문자열로 인자와 옵션을 나눠줌으로써 비슷하게 대처할 수 있다.

## GNU 확장

GNU C 라이브러리는 getopt()에 여러 가지 확장 기능을 제공한다. 아래 간단히 정리해봤다.

- SUSv3 규격은 옵션이 필수 인자만 가질 수 있다고 되어 있다. GNU 버전의 getopt()에서는 optstring의 옵션 문자 뒤에 콜론 2개를 적어서 해당 인자가 선택사항임을 나타낼 수 있다. 그런 옵션의 인자는 옵션 자체와 같은 단어에 있어야 한다(즉 옵션과 인자 사이에 공백이 없어야 한다). 인자가 없으면, getopt()가 리턴했을 때 optarg가 NULL로 설정된다.
- 여러 GNU 명령에서 긴 옵션 문법을 사용할 수 있다. 긴 옵션은 하이픈 2개로 시작하고, 옵션 자체는 아래 예처럼 글자 하나가 아니라 단어로 나타낸다.

  ```
  $ gcc --version
  ```

  glibc 함수 getopt_long()으로 그런 옵션을 파싱할 수 있다.
- GNU C 라이브러리는 argp라는, 좀 더 복잡한(하지만 이식성이 없는) 명령행 파싱 API를 제공한다. 이 API는 glibc 매뉴얼에 설명되어 있다.

# C

# NULL 포인터 캐스팅

다음의 가변 인자 함수 execl() 호출을 살펴보자.

```
execl("ls", "ls", "-l", (char *) NULL);
```

> 가변 인자 함수(variadic function)는 인자의 개수나 형이 가변적인 함수다.

이와 같은 경우 NULL 앞에 캐스팅이 필요한지는 약간 헛갈린다. 종종 캐스팅 없이 넘어갈 수도 있지만, C 표준에 따르면 있어야 한다. 캐스팅을 빠뜨리면 어떤 시스템에서는 응용 프로그램이 오동작할 수도 있다.

NULL은 흔히 0이나 (void *) 0으로 정의되어 있다(C 표준은 다른 정의도 허용하지만, 모두 본질적으로는 이 두 가지 경우와 같다). 캐스팅이 필요한 주된 이유는 NULL이 0으로 정의돼도 되기 때문이므로, 이 경우를 먼저 살펴보겠다.

C 프리프로세서는 소스 코드를 컴파일러에게 넘기기 전에 NULL을 0으로 변환한다. C 표준은 정수 상수 0이 포인터가 쓰일 곳에 어디든 쓰일 수 있다고 규정하고 있고, 컴파일러는 이 값이 널 포인터로 간주되도록 보장할 것이다. 대부분의 경우 전혀 문제가 없고, 캐스팅에 대해 걱정할 필요가 없다. 예를 들어 다음과 같은 코드를 작성할 수 있다.

```
int *p;

p = 0;                  /* 널 포인터를 'p'에 대입한다. */
p = NULL;               /* 'p = 0'과 같다. */
```

위의 대입문은 컴파일러가 대입문의 오른쪽에 포인터 값이 필요함을 알 수 있고, 0을 널 포인터로 변환하기 때문에 제대로 동작한다.

마찬가지로 고정된 인자 목록을 갖고 있는 함수 프로토타입의 경우, 포인터 인자에 0이나 NULL 중 아무 것이나 지정해도, 함수에 널 포인터를 넘겨야 함을 알 수 있다.

```
sigaction(SIGINT, &sa, 0);
sigaction(SIGINT, &sa, NULL);          /* 위와 같다. */
```

> 프로토타입이 없는 옛날 방식의 C 함수에 널 포인터를 넘기면, 여기 주어진 모든 0 또는 NULL 인자도, 해당 인자가 가변 인자 목록의 일부인지와 상관없이 적절히 캐스팅해야 한다.

위의 예에서는 캐스팅이 필요 없기 때문에, 언제나 캐스팅이 필요 없다고 결론지을지도 모르겠다. 그러나 그렇지 않다. execl() 같은 가변 함수를 부를 때 가변 인자 중 하나로 널 포인터를 넘기려면 캐스팅이 필요하다. 왜 그런지 이해하려면, 다음 사항을 알아야 한다.

- 컴파일러가 가변 인자 함수의 가변 인자의 형을 알 수 없다.
- C 표준에 따르면 널 포인터를 실제로 정수 상수 0과 같은 형태로 표현할 필요가 없다(이론적으로는 널 포인터를 유효한 포인터와 다른 어떤 비트 패턴으로 표현해도 된다). 게다가 표준은 널 포인터가 정수 상수 0과 같은 크기여야 한다고 규정하지도 않는다. 표준이 요구하는 사항은 정수 상수 0이 포인터가 필요한 곳에 쓰이면 0을 널 포인터로 해석해야 한다는 것이다.

결과적으로, 다음은 잘못된 코드다.

```
execl(prog, arg, 0);
execl(prog, arg, NULL);
```

이것이 잘못된 이유는 컴파일러가 정수 상수 0을 execl()에 넘길 것이지만, 정수 상수 0이 널 포인터와 같다는 보장이 없기 때문이다.

실제로는 종종 캐스팅 없이 넘어갈 수 있다. 여러 C 구현에서(예: 리눅스/x86-32), 정수(int) 상수 0과 널 포인터의 표현이 같기 때문이다. 하지만 이 둘의 표현이 다른 경우도 있다. 예를 들어 널 포인터의 크기가 정수 상수 0의 크기보다 커서, 위의 예에서 execl()이 정수 0 옆에 무작위의 비트들을 받을 가능성이 있고, 결과적으로 인자의 값이 무작위의(널이 아닌) 포인터가 될 수 있다. 캐스팅을 빠뜨리면 그런 구현에서는 프로그램이 오동작할 수 있다(앞에서 언급한 구현 중 일부에서는, NULL이 long int 상수 0L로 정의되어 있고, long과 void *는 크기가 같으므로, 위에서 두 번째처럼 execl()을 호출하는 프로그램은 제대로 동작할 것이다). 따라서 위의 execl() 호출을 다음과 같이 고쳐 써야 한다.

```
execl(prog, arg, (char *) 0);
execl(prog, arg, (char *) NULL);
```

일반적으로 NULL을, 심지어 NULL이 (void *) 0으로 정의되어 있는 구현에서도, 위의 마지막 호출처럼 캐스팅해야 한다. 이는 C 표준에 따르면 각기 다른 형의 널 포인터를 등호로 비교하면 참이어야 하지만, 각기 다른 형의 포인터 내부 표현이 같아야 하는 것은 아니기 때문이다(대부분의 구현에서는 같지만). 그리고 앞서 말했듯이, 가변 인자 함수에서는 컴파일러가 (void *) 0을 적절한 형의 널 포인터로 캐스팅할 수 없다.

> C 표준에서 각기 다른 형의 포인터가 같은 표현을 가질 필요가 없다는 사항에 한 가지 예외가 있다. char *와 void * 형의 포인터는 내부 표현이 같아야 한다. 이는 execl()의 예에서 (char *) 0 대신 (void *) 0을 넘겨도 문제가 없다는 뜻이다. 그러나 일반적으로는 캐스팅이 필요하다.

# D

# 커널 설정

리눅스 커널의 많은 기능은 선택적으로 설정할 수 있는 요소들이다. 커널을 컴파일하기 전에, 이 요소를 끄거나, 켜거나, 많은 경우에 적재 가능 커널 모듈loadable kernel module로 켜기도 한다. 필요 없는 요소를 끄는 이유 중 하나는 해당 요소가 필요치 않으면 커널 바이너리의 크기를 줄여서 메모리를 절약하기 위해서다. 적재 가능 커널 모듈로 켠다는 건 실행 시에 필요한 경우에만 해당 요소를 메모리에 로드하겠다는 뜻이다. 이는 마찬가지로 메모리를 절약한다.

커널 설정은 각기 다른 몇 가지 `make` 명령을 커널 소스 트리의 루트 디렉토리에서 실행함으로써 이뤄진다. 예를 들어 `make menuconfig`는 curses 방식의 설정 메뉴를 제공하고, 좀 더 편리한 `make xconfig`는 그래픽한 설정 메뉴를 제공한다. 이 명령은 커널 소스 트리의 루트 디렉토리에 .config 파일을 만들고, 이 파일이 커널 컴파일 때 쓰인다. 이 파일에는 모든 옵션의 설정이 포함되어 있다.

켜진 각 옵션의 값은 .config 파일에 다음과 같은 형태의 행으로 나타난다.

```
CONFIG_이름=값
```

만약 옵션이 설정되지 않았다면, 파일에는 다음과 같은 형태의 행이 포함된다.

```
# CONFIG_이름 is not set
```

> .config 파일에서 # 문자로 시작하는 줄은 주석이다.

이 책에서는 커널 옵션을 설명할 때 menuconfig나 xconfig의 정확히 어디에서 해당 옵션을 찾을 수 있는지 설명하지 않았다. 여기에는 몇 가지 이유가 있다.

- 해당 위치는 메뉴를 따라가면서 상당히 직관적으로 찾을 수 있다.
- 설정 옵션의 위치는, 시간이 흐름에 따라 커널 버전이 바뀌면, 메뉴 구조가 재구성되면서 바뀐다.
- 특정 옵션을 메뉴에서 찾을 수 없으면, `make menuconfig`와 `make xconfig` 모두 검색 기능을 제공한다. 예를 들어, 문자열 `CONFIG_INOTIFY`를 검색해서 inotify API에 대한 설정 지원 옵션을 찾을 수 있다.

현재 실행 중인 커널을 빌드할 때 쓰인 설정 옵션은 /proc/config.gz 가상 파일을 통해 볼 수 있다. 이 파일은 압축되어 있는데, 그 내용은 커널을 빌드할 때 사용한 .config 파일과 같다. 이 파일은 `zcat(1)`을 통해 볼 수 있고 `zgrep(1)`을 통해 검색할 수 있다.

# E

# 추가 정보

리눅스 시스템 프로그래밍에 대한 자료는 이 책에 나와 있는 것들 외에도 많다. 부록 E에서는 그중 일부를 간단히 소개한다.

### 매뉴얼 페이지

매뉴얼 페이지는 man 명령으로 볼 수 있다(man man 명령은 man 명령으로 매뉴얼 페이지 읽는 법을 설명한다). 매뉴얼 페이지는 정보를 다음과 같이 분류해서 번호를 붙인 섹션들로 나뉘어 있다.

1. 프로그램과 셸 명령: 사용자가 셸 프롬프트에서 실행하는 명령
2. 시스템 호출: 리눅스 시스템 호출
3. 라이브러리 함수: 표준 C 라이브러리 함수(그리고 다른 많은 라이브러리 함수)
4. 특수 파일: 디바이스 파일 등의 특수 파일

5. 파일 포맷: 시스템 패스워드(/etc/passwd)나 그룹(/etc/group) 파일 같은 형식

6. 게임: 게임

7. 개요, 관례, 프로토콜, 기타: 다양한 주제에 대한 개요, 네트워크 프로토콜과 소켓 프로그래밍에 대한 다양한 페이지

8. 시스템 관리 명령: 주로 슈퍼유저가 사용하는 명령

경우에 따라 다른 섹션에 같은 이름의 매뉴얼 페이지가 있기도 한다. 예를 들어 chmod 명령에 대한 섹션 1 매뉴얼 페이지가 있고 chmod() 시스템 호출에 대한 섹션 2 매뉴얼 페이지가 있다. 같은 이름의 매뉴얼 페이지들을 구별하기 위해, 예를 들어 chmod(1)과 chmod(2)처럼 이름 뒤의 괄호에 섹션 번호를 쓰기도 한다. 특정 섹션의 매뉴얼 페이지를 출력하기 위해, man 명령에 섹션 번호를 줄 수 있다.

```
$ man 2 chmod
```

시스템 호출과 라이브러리 함수의 매뉴얼 페이지는 보통 다음과 같은 부분들로 나뉘어 있다.

- 이름: 함수의 이름과 한 줄짜리 설명. 아래 명령으로 한 줄 설명에 특정 문자열이 있는 모든 매뉴얼 페이지의 목록을 얻을 수 있다.

  ```
  $ man -k string
  ```

  이는 찾고자 하는 매뉴얼 페이지가 정확히 기억나지 않을 때 유용하다.
- 개요: 함수의 C 프로토타입. 이는 함수 인자의 형과 순서, 함수가 리턴하는 값의 형을 나타낸다. 대개 헤더 파일 목록이 함수 프로토타입 앞에 나온다. 이 헤더 파일은 함수 프로토타입 자체뿐만 아니라, 해당 함수를 쓸 때 필요한 매크로와 C 데이터형도 정의한다.
- 설명: 함수가 하는 일에 대한 설명
- 리턴값: 함수가 리턴하는 값의 범위와 함수가 호출자에게 에러를 알리는 방법에 대한 설명
- 에러: 에러가 발생했을 때 리턴될 수 있는 errno 값들의 목록
- 표준: 함수가 따르는 다양한 유닉스 표준에 대한 설명. 이들 통해 해당 함수가 다른 유닉스 구현에 어느 정도 이식성이 있는지와 또 해당 함수의 리눅스 고유한 측면을 알 수 있다.

- 버그: 망가진 것들이나 제대로 동작하지 않는 것들에 대한 설명

> 이후의 일부 상업적 유닉스 구현에서는 좀 더 마케팅을 고려한 완곡한 말을 선호했지만, 초기부터 유닉스 매뉴얼 페이지에서는 버그를 그냥 버그라고 불렀다. 리눅스는 이 전통을 이어갔다. 때로 이 '버그'는 철학적으로, 단순히 개선 방향이나 특수하거나 예상과 다른(하지만 의도된) 동작에 대한 경고를 담고 있기도 하다.

- 노트: 함수에 대한 기타 추가 메모
- 참조: 관련 함수와 명령에 대한 매뉴얼 페이지의 목록

커널과 glibc API에 대한 매뉴얼 페이지는 온라인(http://www.kernel.org/doc/man-pages/)에서 볼 수도 있다.

## GNU info 문서

전통적인 매뉴얼 페이지 형식을 사용하는 대신, GNU 프로젝트는 여러 소프트웨어에 대한 문서를 info 문서로 제공한다. info 문서는 하이퍼링크로 이뤄져 있고 `info` 명령으로 볼 수 있다. `info`의 사용법은 `info info` 명령으로 볼 수 있다.

많은 경우에 매뉴얼 페이지와 해당 info 문서의 정보는 같지만, 때로 C 라이브러리에 대한 info 문서가 매뉴얼 페이지에 없는 추가 정보를 담고 있기도 하고, 또 반대의 경우도 있다.

> 둘 다 같은 정보를 담고 있을 수 있음에도 매뉴얼 페이지와 info 문서가 모두 존재하는 이유는 약간 종교적이다. GNU 프로젝트는 info 사용자 인터페이스를 선호해서, 모든 문서를 info를 통해 제공한다. 하지만 시스템 사용자와 프로그래머는 오랫동안 매뉴얼 페이지를 사용했기 때문에(그리도 많은 경우에 선호하기 때문에), 이를 옹호하는 강한 힘이 있다. 매뉴얼 페이지는 또한 info 문서보다 좀 더 역사적인 정보(예를 들어 버전에 따른 동작의 변화)를 담고 있는 경향이 있다.

## GNU C 라이브러리(glibc) 매뉴얼

GNU C 라이브러리는 라이브러리 안에 있는 여러 함수의 사용법에 대한 매뉴얼을 포함한다. 이 매뉴얼은 http://www.gnu.org/에서 볼 수 있다. 또한 대부분의 배포판에서 HTML 포맷과 info 포맷(`info libc` 명령을 통해)으로 제공된다.

## 책

Vol. 2의 끝에 광범위한 참고문헌 목록이 있지만, 일부는 특별히 언급할 가치가 있다.

첫 번째는 고 W. 리처드 스티븐스Richard Stevens의 책들이다. 『Advanced Programming in the UNIX Environment』([Stevens, 1992])는 POSIX, 시스템 V, BSD를 중심으로 유닉스 시스템 프로그래밍을 자세히 설명하고 있다. 최근에 나온 스티븐 라고Stephen Rago의 개정판 [Stevens & Rago, 2005]에는 최신 표준과 구현에 대한 내용이 갱신되어 있고, 스레드와 네트워크 프로그래밍에 대한 내용이 추가되어 있다. 이 책은 이 책에서 다룬 여러 주제를 다른 관점에서 볼 수 있는 좋은 책이다. 두 권짜리 『UNIX Network Programming』([Stevens et al., 2004], [Stevens, 1999])은 유닉스에서의 네트워크 프로그래밍과 프로세스 간 통신을 매우 자세히 다루고 있다.

> [Stevens et al., 2004]는 『UNIX Network Programming』 1권의 이전 판인 [Stevens, 1998]을 빌 페너(Bill Fenner)와 앤드류 루도프(Andrew Rudoff)가 개정한 책이다. 개정판이 새로운 분야를 일부 다루지만, 이 책에서 [Stevens et al., 2004]를 참조한 대부분의 경우, 같은 내용을 (장과 절 번호는 다르지만) [Stevens, 1998]에서도 찾을 수 있다.

『Advanced UNIX Programming』([Rochkind, 1985])은 훌륭하고, 간결하고, 때로는 유머러스한 유닉스(시스템 V) 프로그래밍 입문서다. 요즘에는 갱신되고 확장된 2판([Rochkind, 2004])이 나와 있다.

POSIX 스레드 API는 『Programming with POSIX Threads』([Butenhof, 1996])에 자세히 설명되어 있다.

『Linux and the Unix Philosophy』([Gancarz, 2003])는 리눅스와 유닉스 시스템에서의 응용 프로그램 설계 철학을 다룬 간략한 입문서다.

『Linux Kernel Development』([Love, 2010])와 『Understanding the Linux Kernel』([Bovet & Cesati, 2005])을 비롯한 다양한 책이 리눅스 커널 소스를 읽고 수정하는 방법을 소개하고 있다.

유닉스 커널의 좀 더 일반적인 배경지식에 대해서는 『The Design of the UNIX Operating System』([Bach, 1986])이 여전히 가장 읽기 쉽고 리눅스와 관련된 내용을 담고 있다. 『UNIX Internals: The New Frontiers』([Vahalia, 1996])는 최근의 유닉스 구현 커널 내부를 조사해놓았다.

리눅스 디바이스 드라이버 작성에 대해서는 『Linux Device Drivers』([Corbet et al., 2005])가 필수적인 참고서다.

『Operating Systems: Design and Implementation』([Tanenbaum & Woodhull, 2006])은 미닉스Minix를 예로 운영체제 구현을 설명한다(http://www.minix3.org/ 참조).

### 기존 응용 프로그램의 소스 코드

기존 응용 프로그램의 소스 코드를 보면 종종 특정 시스템 호출과 라이브러리 함수 사용법의 좋은 예를 찾을 수 있다. RPM 패키지 관리자를 사용하는 리눅스 배포판에서는 다음과 같은 방법으로 특정 프로그램(ls 등)을 포함하는 패키지를 찾을 수 있다.

```
$ which ls                    ls 프로그램의 경로명을 찾는다.
/bin/ls
$ rpm -qf /bin/ls             경로명 /bin/ls를 만든 패키지를 찾는다.
coreutils-5.0.75
```

해당 소스 코드 패키지의 이름은 위와 비슷하고, .src.rpm으로 끝날 것이다. 이 패키지는 배포판의 설치 미디어에 있거나 배포자의 웹사이트에서 다운로드할 수 있을 것이다. 패키지를 얻고 나면, rpm 명령으로 설치할 수 있고, 소스 코드(보통 /usr/src 아래의 어떤 디렉토리에 존재한다)를 살펴볼 수 있다.

데비안Debian 패키지 관리자를 사용하는 시스템에서도 절차는 비슷하다. 다음과 같은 명령으로 경로명(아래 예에서는 ls 프로그램)을 만든 패키지를 찾을 수 있다.

```
$ dpkg -S /bin/ls
coreutils: /bin/ls
```

### 리눅스 문서화 프로젝트

리눅스 문서화 프로젝트(http://www.tldp.org/)는 다양한 시스템 관리와 프로그래밍 주제에 대한 HOWTO 안내서와 FAQfrequently asked questions and answers 등 리눅스에 대한 무료 문서를 제공한다. 또한 이 사이트에는 광범위한 주제의 전자책이 아주 많다.

### GNU 프로젝트

GNU 프로젝트(http://www.gnu.org/)는 엄청난 양의 소프트웨어 소스 코드와 관련 문서를 제공한다.

### 뉴스그룹

유즈넷Usenet 뉴스그룹은 종종 특정 프로그래밍 질문에 대해 좋은 답을 제공한다. 특히 관심을 둘 만한 뉴스그룹은 다음과 같다.

- comp.unix.programmer: 일반적인 유닉스 프로그래밍 질문을 다룬다.
- comp.os.linux.development.apps: 특히 리눅스상의 응용 프로그램 개발에 대한 질문을 다룬다.
- comp.os.linux.development.system: 리눅스 시스템 개발 뉴스그룹으로, 커널 수정과 디바이스 드라이버 및 적재 가능 모듈 개발을 주로 다룬다.
- comp.programming.threads: 스레드 프로그래밍, 특히 POSIX 스레드에 대해 논의한다.
- comp.protocols.tcp-ip: TCP/IP 네트워크 프로토콜에 대해 논의한다.

http://www.faqs.org/에서 여러 유즈넷 뉴스그룹에 대한 FAQ를 찾을 수 있다.

> 뉴스그룹에 질문을 올리기 전에, 해당 그룹의 FAQ(그룹 안에 정기적으로 게재되기도 한다)를 확인하고 웹에서 해당 질문에 대한 해답을 찾아보기 바란다. http://groups.google.com/ 웹사이트를 이용하면 오래된 유즈넷 글을 브라우저 기반 인터페이스로 찾을 수 있다.

### 리눅스 커널 메일링 리스트

LKMLLinux kernel mailing list은 리눅스 커널 개발자들의 주요 동보통신broadcast communication 매체로, 커널 개발 관련해서 어떤 일이 벌어지고 있는지를 알려주고, 커널 버그 리포트와 패치를 제출하는 토론장이다(LKML은 시스템 프로그래밍 질문을 위한 토론장이 아니다). LKML에 가입하려면, 다음과 같은 한 줄짜리 본문이 담긴 메일을 majordomo@vger.kernel.org로 보내면 된다.

```
subscribe linux-kernel
```

리스트 서버의 동작에 대한 정보는 본문에 'help'라는 단어를 적어서 같은 주소로 메일을 보내면 얻을 수 있다.

LKML에 메시지를 보내려면, 주소 linux-kernel@vger.kernel.org를 사용한다. 이 메일링 리스트의 FAQ와 검색 가능한 보관소는 http://www.kernel.org/에 있다.

### 웹사이트

특별히 관심을 둘 만한 웹사이트는 다음과 같다.

- http://www.kernel.org/: 리눅스 커널 보관소The Linux Kernel Archives. 과거와 현재의 모든 버전의 리눅스 커널의 소스 코드를 담고 있다.
- http://www.lwn.net/: 리눅스 주간 뉴스Linux Weekly News. 여러 가지 리눅스 관련 주제로 매일, 매주 칼럼을 제공한다. 주간 커널 개발 칼럼은 LKML에 소개된 내용을 정리해서 제공한다.
- http://www.kernelnewbies.org/: 리눅스 커널 초보자Linux Kernel Newbies. 리눅스 커널을 배우고 수정하고자 하는 프로그래머의 출발점이다.
- http://lxr.linux.no/linux/: 리눅스 상호 참조Linux Cross-reference. 여러 가지 버전의 리눅스 커널 소스 코드를 브라우저로 접근할 수 있게 해준다. 소스 파일의 각 ID가 하이퍼링크로 돼 있어 정의와 사용처를 찾기 쉽다.

## 커널 소스 코드

이상의 자료에서 질문에 대한 답을 찾을 수 없거나, 문서의 정보가 맞는지 확인하고 싶으면, 커널 소스 코드를 읽을 수 있다. 소스 코드 중 일부는 이해하기 어려울 수 있지만, 리눅스 커널 소스에 있는 특정 시스템 호출(또는 GNU C 라이브러리 소스에 있는 라이브러리 함수)의 코드를 읽으면 종종 놀랍게도 빠르게 질문에 대한 답을 찾을 수 있다.

리눅스 커널 소스 코드가 시스템에 설치되어 있으면, 보통 /usr/src/linux 디렉토리에서 찾을 수 있다. 표 E-1은 이 디렉토리의 일부 하부 디렉토리에 담긴 정보를 제공한다.

표 E-1 리눅스 커널 소스 트리의 하부 디렉토리

| 디렉토리 | 내용 |
|---|---|
| Documentation | 커널의 여러 가지 측면에 대한 문서 |
| arch | 아키텍처별 코드. 하부 디렉토리(예: alpha, arm, ia64, sparc, x86)로 구성되어 있다. |
| drivers | 디바이스 드라이버 코드 |
| fs | 파일 시스템별 코드. 하부 디렉토리(예: btrfs, ext4, proc(/proc 파일 시스템), vfat)로 구성되어 있다. |
| include | 커널 코드에 필요한 헤더 파일 |
| init | 커널 초기화 코드 |
| ipc | 시스템 V IPC와 POSIX 메시지 큐 코드 |

(이어짐)

| 디렉토리 | 내용 |
|---|---|
| kernel | 프로세스, 프로그램 실행, 커널 모듈, 시그널, 시간, 타이머 관련 코드 |
| lib | 커널의 여러 부분에서 쓰이는 범용 함수 |
| mm | 메모리 관리 코드 |
| net | 네트워크 코드(TCP/IP, 유닉스, 인터넷 도메인 소켓) |
| scripts | 커널을 설정하고 빌드하기 위한 스크립트 |

# F

# 연습문제 해답

## 5장

**5-3.** 이 책의 소스 코드 배포판 중 파일 fileio/atomic_append.c에 해답이 있다. 다음은 이 프로그램을 문제에 제시된 대로 실행한 결과의 예다.

```
$ ls -l f1 f2
-rw-------     1 mtk      users     2000000 Jan  9 11:14 f1
-rw-------     1 mtk      users     1999962 Jan  9 11:14 f2
```

lseek()와 write()의 조합이 아토믹하지 않기 때문에, 프로그램 인스턴스 하나가 때로 다른 인스턴스가 쓴 바이트를 덮어쓸 수 있다. 그 결과 파일 f2가 2백만 바이트보다 작아진 것이다.

**5-4.** dup() 호출을 다음과 같이 재작성할 수 있다.

```
fd = fcntl(oldfd, F_DUPFD, 0);
```

dup2() 호출은 다음과 같이 재작성할 수 있다.

```
if (oldfd == newfd) {           /* oldfd == newfd는 특별한 경우다. */
    if (fcntl(oldfd, F_GETFL) == -1) {      /* oldfd가 유효한가?  */
        errno = EBADF;
        fd = -1;
    } else {
        fd = oldfd;
    }
} else {
    close(newfd);
    fd = fcntl(oldfd, F_DUPFD, newfd);
}
```

5-6. 깨달아야 할 첫 번째 포인트는, fd2가 fd1의 복사본이기 때문에 둘 다 하나의 열려 있는 파일 디스크립션과 하나의 파일 오프셋을 공유한다는 점이다. 하지만 fd3는 별도의 open() 호출로 만들어졌기 때문에, 별도의 파일 오프셋을 갖는다.

- 첫 번째 write() 뒤의 파일 내용은 Hello,다.
- fd2가 fd1가 파일 오프셋을 공유하기 때문에, 두 번째 write() 호출은 기존 텍스트 뒤에 덧붙여서 Hello, world가 된다.
- lseek() 호출은 fd1과 fd2가 공유하는 하나의 파일 오프셋을 파일 시작 지점으로 조정하므로, 세 번째 write() 호출은 기존 텍스트 일부를 덮어써서 HELLO, world가 된다.
- fd3의 파일 오프셋은 아직까지 수정되지 않았으므로, 파일의 시작을 가리킨다. 따라서 마지막 write() 호출은 파일의 내용을 Gidday world로 바꾼다.

이 책의 소스 코드 배포판 중 프로그램 fileio/multi_descriptors.c를 실행하면 이 결과를 볼 수 있다.

## 6장

6-1. 배열 mbuf는 초기화되지 않았기 때문에, 초기화되지 않은 데이터 세그먼트의 일부다. 따라서 이 변수를 담기 위해 디스크 공간이 필요치 않다. 대신에 프로그램이 로드될 때 할당된다(그리고 0으로 초기화된다).

6-2. longjmp()를 잘못 사용한 예는 이 책의 소스 코드 배포판 중 파일 proc/bad_longjmp.c에 제공된다.

6-3. setenv()와 unsetenv() 구현의 예는 이 책의 소스 코드 배포판 중 파일 proc/setenv.c에 제공된다.

## 8장

8-1. printf() 출력 문자열이 만들어지기 전에 getpwuid() 호출이 두 번 실행되는데, getpwuid()가 pw_name 정적으로 할당된 버퍼에 있는 결과를 리턴하기 때문에, 두 번째 호출이 첫 번째 호출의 결과를 덮어쓴다.

## 9장

9-1. 다음을 고려할 때, 유효 사용자 ID가 바뀌면 언제나 파일 시스템 사용자 ID도 바뀐다는 사실을 기억하기 바란다.

a) 실제=2000, 유효=2000, 저장=2000, 파일 시스템=2000

b) 실제=1000, 유효=2000, 저장=2000, 파일 시스템=2000

c) 실제=1000, 유효=2000, 저장=0, 파일 시스템=2000

d) 실제=1000, 유효=0, 저장=0, 파일 시스템=2000

e) 실제=1000, 유효=2000, 저장=3000, 파일 시스템=2000

9-2. 엄밀히 말해서, 유효 사용자 ID가 0이 아니기 때문에 이 프로세스는 특권이 없다. 하지만 비특권 프로세스가 setuid(), setreuid(), seteuid(), setresuid() 호출을 통해 유효 사용자 ID를 실제 사용자 ID나 저장된 set-user-ID 같은 값으로 바꿀 수 있으므로, 이 프로세스는 이 호출을 사용해 특권을 회복할 수 있다.

9-4. 다음의 코드는 각 시스템 호출의 단계를 보여준다.

```
e = geteuid();                    /* 유효 사용자 ID의 초기값을 저장한다. */

setuid(getuid());                 /* 특권을 정지시킨다. */
setuid(e);                        /* 특권을 회복시킨다. */
/* set-user-ID 신분은 setuid()로 영구히 버릴 수 없다. */
```

```
seteuid(getuid());                          /* 특권을 정지시킨다. */
seteuid(e);                                 /* 특권을 회복시킨다. */
/* set-user-ID 신분은 seteuid()로 영구히 버릴 수 없다. */

setreuid(-1, getuid());                     /* 임시로 특권을 버린다. */
setreuid(-1, e);                            /* 특권을 회복시킨다. */
setreuid(getuid(), getuid());               /* 영구히 특권을 버린다. */

setresuid(-1, getuid(), -1);                /* 임시로 특권을 버린다. */
setresuid(-1, e, -1);                       /* 특권을 회복시킨다. */
setresuid(getuid(), getuid(), getuid());    /* 영구히 특권을 버린다. */
```

9-5. setuid()를 제외하고, 나머지 답은 문제 9-4의 답에서 변수 e를 0으로 바꾼 것과 같다. setuid()의 경우는 다음과 같다.

```
/* (a) setuid()로 특권을 정지시켰다가 회복시킬 수 없다. */

setuid(getuid());        /* (b) 영구히 특권을 버린다. */
```

## 10장

10-1. 부호 없는 32비트 정수의 최대값은 4,294,967,295다. 초당 100클록틱으로 나누면, 이는 497이 조금 넘는다. 백만(CLOCKS_PER_SEC)으로 나누면, 이는 71분 35초에 해당된다.

## 12장

12-1. 이 책의 소스 코드 배포판 중 파일 sysinfo/procfs_user_exe.c에 해답이 있다.

## 13장

13-3. 이 일련의 실행문들은 stdio 버퍼에 쓰여진 데이터가 디스크로 보내짐(플러시)을 보장한다. fflush() 호출은 fp의 stdio 버퍼를 커널 버퍼 캐시로 보낸다. 이후의 fsync()의 인자는 fp 안에 있는 파일 디스크립터다. 따라서 이 호출은 해당 파일 디스크립터의 (최근에 채워진) 커널 버퍼를 디스크로 보낸다.

13-4. 표준 출력을 터미널로 보내면, 행 단위로 버퍼에 저장되므로, printf() 호출의 출력은 즉시 나타나고, 그 뒤에 write()의 출력이 뒤따른다. 표준 출력을 디스크 파일로 보내면, 블록 단위로 버퍼에 저장된다. 따라서 printf()의 출력은

stdio 버퍼에 저장되고 프로그램이 종료될 때에야(즉 `write()` 호출 이후) 디스크로 보내진다(이 문제에 대한 코드를 포함하는 전체 프로그램은 이 책의 소스 코드 배포판 중 파일 filebuff/mix23_linebuff.c에 있다).

## 15장

**15-2.** `stat()` 시스템 호출은 파일의 i-노드에서 정보를 가져오는 것이 하는 일의 전부이기 때문에(그리고 마지막 i-노드 접근 타임스탬프가 없기 때문에) 파일의 어떠한 타임스탬프도 바꾸지 않는다.

**15-4.** GNU C 라이브러리가 바로 그런 함수를 제공한다. 이름은 `euidaccess()`이고, 라이브러리 소스 파일 sysdeps/posix/euidaccess.c에 있다.

**15-5.** 이를 위해서는 `umask()` 호출을 다음과 같이 두 번 해야 한다.

```
mode_t currUmask;

currUmask = umask(0);   /* 현재의 umask를 읽어오고, umask를 0으로 설정한다. */
umask(currUmask);       /* umask를 이전 값으로 복원한다. */
```

하지만 이 답은 스레드 안전하지 않음에 유의하기 바란다. 스레드가 프로세스 umask 설정을 공유하기 때문이다.

**15-7.** 이 책의 소스 코드 배포판 중 파일 files/chiflag.c에 해답이 있다.

## 18장

**18-1.** `ls -li`를 사용하면 실행 파일을 컴파일할 때마다 i-노드 번호가 바뀜을 알 수 있다. 무슨 일이 일어나는가 하면, 컴파일러가 만들어낼 실행 파일과 이름이 같은 기존 파일을 모두 지우는(링크 해제) 것이다. 실행 파일을 지우는 것은 허용된다. 이름은 즉시 제거되지만, 파일 자체는 해당 파일을 실행하는 프로세스가 종료될 때까지 존재한다.

**18-2.** 파일 myfile이 하부 디렉토리 test에 만들어진다. `symlink()` 호출은 부모 디렉토리에 상대 링크를 만든다. 겉보기와 달리, 이는 댕글링 링크dangling link다. 링크는 링크 파일 위치에 상대적으로 해석되므로, 부모 디렉토리의 존재하지 않

는 파일을 가리키기 때문이다. 따라서 chmod()는 에러 ENOENT('No such file or directory')를 내며 실패한다(문제에 해당하는 완전한 프로그램은 이 책의 소스 코드 배포판 중 파일 dirs_links/bad_symlink.c에 있다).

18-4. 이 책의 소스 코드 배포판 중 파일 dirs_links/list_files_readdir_r.c에 해답이 있다.

18-7. 이 책의 소스 코드 배포판 중 파일 dirs_links/file_type_stats.c에 해답이 있다.

18-9. fchdir()을 사용하는 편이 좀 더 효율적이다. 루프 안에서 반복적으로 동작을 수행하면, fchdir()은 루프를 실행하기 전에 한 번만 open()을 호출할 수 있고, chdir()의 경우 getcwd() 호출을 루프 바깥에 둘 수 있다. 그 다음에 fchdir(fd)와 chdir(buf)를 반복해서 호출한 시간의 차이를 측정한다. chdir() 호출은 두 가지 이유 때문에 더 비싼데, 호출 때마다 buf 인자를 커널로 넘기느라 사용자 공간과 커널 공간 사이에 더 큰 데이터를 전송해야 하고, buf 안의 경로명을 해당 디렉토리 i-노드로 해석해야 한다(디렉토리 엔트리 정보를 커널이 캐시하므로 두 번째에 해당하는 작업을 경감되지만, 여전히 약간의 작업이 필요하다).

## 20장

20-2. 이 책의 소스 코드 배포판 중 파일 signals/ignore_pending_sig.c에 해답이 있다.

20-4. 이 책의 소스 코드 배포판 중 파일 signals/siginterrupt.c에 해답이 있다.

## 22장

22-2. 대부분의 유닉스 구현과 마찬가지로, 리눅스는 표준 시그널을 실시간 시그널보다 먼저 전달한다(SUSv3의 요구사항은 아니다). 이는 이치에 맞는데, 어떤 표준 시그널은 프로그램이 최대한 빨리 처리해야 하는 대단히 중요한 상태(예: 하드웨어 예외)를 나타내기 때문이다.

22-3. 이 프로그램에서 sigsuspend()와 시그널 핸들러를 sigwaitinfo()로 대치하면 25~40% 정도 속도가 향상된다(정확한 수치는 커널 버전에 따라 약간 다를 수 있다).

## 23장

23-2. clock_nanosleep()을 사용해 수정한 프로그램이 이 책의 소스 코드 배포판 중 파일 timers/t_clock_nanosleep.c에 있다.

23-3. 이 책의 소스 코드 배포판 중 파일 timers/ptmr_null_evp.c에 해답이 있다.

## 24장

24-1. 첫 번째 fork() 호출이 하나의 새로운 자식 프로세스를 만든다. 부모와 자식 프로세스 모두 두 번째 fork()까지 계속 실행되므로, 각각이 또 프로세스를 만들어서, 모두 4개의 프로세스가 된다. 4개의 프로세스 모두 다음 fork()까지 실행되어, 각각이 또 프로세스를 만든다. 결국 모두 7개의 새로운 프로세스가 만들어진다.

24-2. 이 책의 소스 코드 배포판 중 파일 procexec/vfork_fd_test.c에 해답이 있다.

24-3. fork()를 호출하고 자식 프로세스가 raise()를 호출해 자신에게 SIGABRT 같은 시그널을 보내면, 부모가 fork()를 호출한 시점에 가까운 상태를 복사한 코어 덤프를 만들 것이다. gdb gcore 명령을 이용하면 소스 코드를 바꾸지 않고도 비슷한 작업을 수행할 수 있다.

24-5. 역 kill() 호출을 부모 프로세스에 추가한다.

```
if (kill(childPid, SIGUSR1) == -1)
    errExit("kill")
```

그리고 자식 프로세스에 역 sigsuspend() 호출을 추가한다.

```
sigsuspend(&origMask); /* SIGUSR1을 블록 해제하고 시그널을 기다린다. */
```

## 25장

25-1. 모든 비트가 켜져 있는 비트 패턴으로 -1을 나타내는 2의 보수 아키텍처라고 가정하면, 부모 프로세스는 종료 상태 255를 얻게 될 것이다(최하위 8비트가 모두 켜져 있고, wait()를 부른 부모에게 전달되는 것은 이것이 전부다. 프로그램 내의 exit(-1) 호출은 보통 시스템 호출의 실패를 나타내는 리턴값 -1과 혼동의 결과로 생기는 프로그래밍 에러다).

## 26장

26-1. 이 책의 소스 코드 배포판 중 파일 procexec/orphan.c에 해답이 있다.

## 27장

27-1. execvp() 함수는 먼저 dir1 안의 xyz 파일을 실행하려다 실패한다. 실행 권한이 없기 때문이다. 따라서 계속해서 dir2 안을 검색해서 성공적으로 xyz를 실행한다.

27-2. 이 책의 소스 코드 배포판 중 파일 procexec/execlp.c에 해답이 있다.

27-3. 해당 스크립트는 cat 프로그램을 인터프리터로 지정하고 있다. cat 프로그램은 파일의 내용을 출력함으로써 해당 파일을 '해석한다'. 이 경우에는 -n(줄 번호 붙이기) 옵션이 켜져 있다(cat -n ourscript 명령을 입력한 것처럼). 따라서 아래와 같은 결과가 나온다.

```
1  #!/bin/cat -n
2  Hello world
```

27-4. 2개의 연속된 fork() 호출이 부모, 자식, 손자 관계의 세 프로세스를 낳는다. 손자 프로세스를 만들고 나서, 자식 프로세스는 즉시 종료되고, 부모의 waitpid() 호출을 통해 종료 코드가 전달된다. 고아가 된 손자 프로세스는 init(프로세스 ID가 1인 프로세스)가 입양한다. 해당 프로그램은 두 번째 wait() 호출을 할 필요가 없다. 손자 프로세스가 종료되면 init가 자동으로 좀비 프로세스의 종료 코드를 거두기 때문이다. 다음과 같은 경우 이 코드를 사용할 가능성이 있다. 나중에 wait()를 호출해줄 수 없는 자식 프로세스를 만들어야 한다면, 이 코드를 이용해 좀비가 생기지 않도록 보장할 수 있다. 그런 요구사항의 예로는 부모가 wait()를 호출한다고 보장하지 않는 어떤 프로그램을 실행하는 경우다(그리고 exec() 이후 무시된 SIGCHLD의 속성에 대해서는 SUSv3에 정의되어 있지 않기 때문에, SIGCHLD의 속성을 SIG_IGN으로 설정하는 데 의존하고 싶지 않은 경우다).

27-5. printf()에 넘긴 문자열에 줄바꿈 문자가 없어서, 출력이 execlp() 호출 전에 버퍼에서 비워지지 않는다. execlp()가 기존 프로그램의 (힙과 스택뿐만 아니라) stdio 버퍼를 포함하고 있는 데이터 세그먼트를 덮어쓰면, 버퍼에 남아 있던 출력을 잃어버리게 된다.

27-6. SIGCHLD가 부모 프로세스에게 전달된다. SIGCHLD 핸들러가 wait()를 시도하면, 해당 호출은 상태를 리턴할 자식 프로세스가 없음을 나타내는 에러(ECHILD)를 리턴한다(이는 부모 프로세스에게 다른 종료된 자식 프로세스가 없는 경우를 가정한 것이다. 만약 있다면, wait()가 블록될 것이다. 만약 WNOHANG 플래그와 함께 waitpid()를 사용했다면, waitpid()가 0을 리턴할 것이다). 이는 정확히, 프로그램이 system()을 호출하기 전에 SIGCHLD 핸들러를 설정했을 때 발생할 수 있는 상황이다.

## 29장

29-1. 프로그램이 다음 셸 파이프라인의 일부라고 가정하자.

```
$ ./ourprog | grep 'some string'
```

문제는 grep이 ourprog와 같은 프로세스 그룹에 속하고, 따라서 killpg() 호출이 grep 프로세스도 종료시킬 것이라는 점이다. 이는 아마도 바라는 바가 아닐 것이고, 사용자에게 혼동을 주기 쉽다. 해결책은 setpgid()를 통해 자식 프로세스들이 각자의 새로운 그룹에 속하도록 보장한 다음(첫 번째 자식 프로세스의 프로세스 ID를 그룹의 그룹 ID로 사용할 수도 있다), 프로세스 그룹에 시그널을 보내는 것이다. 이는 또한 부모 프로세스가 스스로를 시그널을 받지 않도록 할 필요도 없애준다.

29-5. SIGTSTP 시그널을 다시 발생시키기 전에 블록해제하면, 사용자가 두 번째 중지 문자(Control-Z)를 타이핑해서 여전히 핸들러에 있는 프로세스가 중단될 수 있는 작은 시간의 틈이 존재한다. 따라서 프로세스를 재개하기 위해 SIGCONT 시그널이 2개 필요할 것이다.

## 30장

30-3. 이 책의 소스 코드 배포판 중 파일 procpri/demo_sched_fifo.c에 해답이 있다.

## 31장

31-1. 이 책의 소스 코드 배포판 중 파일 procres/rusage_wait.c에 해답이 있다.

31-2. 이 책의 소스 코드 배포판 중 procures 하부 디렉토리에 있는 파일 rusage.c와 print_rusage.c에 해답이 있다.

## 32장

32-1. 이 책의 소스 코드 배포판 중 파일 daemons/t_syslog.c에 해답이 있다.

## 33장

33-1. 비특권 사용자가 파일을 수정할 때마다, 커널은 파일의 set-user-ID 권한 비트를 끈다. 그룹 실행 권한 비트가 켜져 있으면 set-group-ID 권한 비트도 마찬가지로 꺼진다(Vol. 2의 18.4절에서 자세히 설명하듯이, set-group-ID 비트가 켜져 있고 그룹 실행 비트가 꺼져 있는 것은 set-group-ID 프로그램과 상관이 없다. 대신에 이는 강제 잠금에 사용되고, 따라서 그런 파일을 수정하면 set-group-ID를 끄지 않는다). 이들 비트를 끄면, 임의의 사용자가 프로그램 파일을 쓸 수 있더라도, 수정되지 않고 여전히 해당 파일을 실행하는 사용자에게 권한을 줄 수 있다. 특권(CAP_FSETID) 프로세스는 커널이 이들 권한 비트를 끄지 않고도 파일을 수정할 수 있다.

## 참고문헌


- Aho, A.V., Kernighan, B.W., and Weinberger, P. J. 1988. *The AWK Programming Language*. Addison-Wesley, Reading, Massachusetts.
- Albitz, P., and Liu, C. 2006. *DNS and BIND (5th edition)*. O'Reilly, Sebastopol, California.
- Anley, C., Heasman, J., Lindner, F., and Richarte, G. 2007. *The Shellcoder's Handbook: Discovering and Exploiting Security Holes*. Wiley, Indianapolis, Indiana.
- Bach, M. 1986. *The Design of the UNIX Operating System*. Prentice Hall, Englewood Cliffs, New Jersey.
- Bhattiprolu, S., Biederman, E.W., Hallyn, S., and Lezcano, D. 2008. "Virtual Servers and Checkpoint/Restart in Mainstream Linux," *ACM SIGOPS Operating Systems Review*, Vol. 42, Issue 5, July 2008, pages 104-113.

  http://www.mnis.fr/fr/services/virtualisation/pdf/cr.pdf

- Bishop, M. 2003. *Computer Security: Art and Science*. Addison-Wesley, Reading, Massachusetts.
- Bishop, M. 2005. *Introduction to Computer Security*. Addison-Wesley, Reading, Massachusetts.
- Borisov, N., Johnson, R., Sastry, N., and Wagner, D. 2005. "Fixing Races for Fun and Profit: How to abuse atime," *Proceedings of the 14th USENIX Security Symposium*.

  http://www.cs.berkeley.edu/~nks/papers/races-usenix05.pdf

- Bovet, D.P., and Cesati, M. 2005. *Understanding the Linux Kernel (3rd edition)*. O'Reilly, Sebastopol, California.
- Butenhof, D.R. 1996. *Programming with POSIX Threads*. Addison-Wesley, Reading, Massachusetts.

  http://homepage.mac.com/dbutenhof/Threads/Threads.html에서 이 책에 담겨 있는 프로그램의 소스 코드와 추가 정보를 찾을 수 있다.

- Chen, H., Wagner, D., and Dean, D. 2002. "Setuid Demystified," *Proceedings of the 11th USENIX Security Symposium*.

http://www.cs.berkeley.edu/~daw/papers/setuid-usenix02.pdf

- Comer, D.E. 2000. *Internetworking with TCP/IP Vol. I: Principles, Protocols, and Architecture (4th edition)*. Prentice Hall, Upper Saddle River, New Jersey.

  http://www.cs.purdue.edu/homes/dec/netbooks.html에서 『Internetworking with TCP/IP』 시리즈에 대한 추가 정보(소스 코드 포함)를 찾을 수 있다.

- Comer, D.E., and Stevens, D.L. 1999. *Internetworking with TCP/IP Vol. II: Design, Implementation, and Internals (3rd edition)*. Prentice Hall, Upper Saddle River, New Jersey.
- Comer, D.E., and Stevens, D.L. 2000. *Internetworking with TCP/IP, Vol. III: Client-Server Programming and Applications, Linux/Posix Sockets Version*. Prentice Hall, Englewood Cliffs, New Jersey.
- Corbet, J. 2002. "The Orlov block allocator." *Linux Weekly News*, 5 November 2002.

  http://lwn.net/Articles/14633/

- Corbet, J., Rubini, A., and Kroah-Hartman, G. 2005. *Linux Device Drivers (3rd edition)*. O'Reilly, Sebastopol, California.

  http://lwn.net/Kernel/LDD3/

- Crosby, S.A., and Wallach, D. S. 2003. "Denial of Service via Algorithmic Complexity Attacks," *Proceedings of the 12th USENIX Security Symposium*.

  http://www.cs.rice.edu/~scrosby/hash/CrosbyWallach_UsenixSec2003.pdf

- Deitel, H.M., Deitel, P. J., and Choffnes, D. R. 2004. *Operating Systems (3rd edition)*. Prentice Hall, Upper Saddle River, New Jersey.
- Dijkstra, E.W. 1968. "Cooperating Sequential Processes," *Programming Languages*, ed. F. Genuys, Academic Press, New York.
- Drepper, U. 2004 (a). "Futexes Are Tricky."

  http://people.redhat.com/drepper/futex.pdf

- Drepper, U. 2004 (b). "How to Write Shared Libraries."

  http://people.redhat.com/drepper/dsohowto.pdf

- Drepper, U. 2007. "What Every Programmer Should Know About Memory."

  http://people.redhat.com/drepper/cpumemory.pdf

- Drepper, U. 2009. "Defensive Programming for Red Hat Enterprise Linux."

  http://people.redhat.com/drepper/defprogramming.pdf

- Erickson, J.M. 2008. *Hacking: The Art of Exploitation (2nd edition)*. No Starch Press, San Francisco, California.
- Floyd, S. 1994. "TCP and Explicit Congestion Notification," *ACM Computer Communication Review*, Vol. 24, No. 5, October 1994, pages 10?23.

  http://www.icir.org/floyd/papers/tcp_ecn.4.pdf

- Franke, H., Russell, R., and Kirkwood, M. 2002. "Fuss, Futexes and Furwocks: Fast Userlevel Locking in Linux," *Proceedings of the Ottawa Linux Symposium 2002*.

  http://www.kernel.org/doc/ols/2002/ols2002-pages-479-495.pdf

- Frisch, A. 2002. *Essential System Administration (3rd edition)*. O'Reilly, Sebastopol, California.
- Gallmeister, B.O. 1995. *POSIX.4: Programming for the Real World*. O'Reilly, Sebastopol, California.
- Gammo, L., Brecht, T., Shukla, A., and Pariag, D. 2004. "Comparing and Evaluating epoll, select, and poll Event Mechanisms," *Proceedings of the Ottawa Linux Symposium 2002*.

  http://www.kernel.org/doc/ols/2004/ols2004v1-pages-215-226.pdf

- Gancarz, M. 2003. *Linux and the Unix Philosophy*. Digital Press.
- Garfinkel, S., Spafford, G., and Schwartz, A. 2003. *Practical Unix and Internet Security (3rd edition)*. O'Reilly, Sebastopol, California.
- Gont, F. 2008. *Security Assessment of the Internet Protocol*. UK Centre for the Protection of the National Infrastructure.

  http://www.gont.com.ar/papers/InternetProtocol.pdf

- Gont, F. 2009 (a). *Security Assessment of the Transmission Control Protocol (TCP)*. CPNI Technical Note 3/2009. UK Centre for the Protection of the National Infrastructure.

  http://www.gont.com.ar/papers/tn-03-09-security-assessment-TCP.pdf

- Gont, F., and Yourtchenko, A. 2009 (b). "On the implementation of TCP urgent data." Internet draft, 20 May 2009.

  http://www.gont.com.ar/drafts/urgent-data/

- Goodheart, B., and Cox, J. 1994. *The Magic Garden Explained: The Internals of UNIX SVR4*. Prentice Hall, Englewood Cliffs, New Jersey.
- Goralski, W. 2009. *The Illustrated Network: How TCP/IP Works in a Modern Network*. Morgan Kaufmann, Burlington, Massachusetts.
- Gorman, M. 2004. *Understanding the Linux Virtual Memory Manager*. Prentice Hall, Upper Saddle River, New Jersey.

  http://www.phptr.com/perens에서 온라인으로 구할 수 있다.

- Gr?nbacher, A. 2003. "POSIX Access Control Lists on Linux," *Proceedings of USENIX 2003/Freenix Track, pages 259-272*.

  http://www.suse.de/~agruen/acl/linux-acls/online/

- Gutmann, P. 1996. "Secure Deletion of Data from Magnetic and Solid-State Memory," *Proceedings of the 6th USENIX Security Symposium*.

  http://www.cs.auckland.ac.nz/~pgut001/pubs/secure_del.html

- Hallyn, S. 2007. "POSIX file capabilities: Parceling the power of root."

  http://www.ibm.com/developerworks/library/l-posixcap/index.html

- Harbison, S., and Steele, G. 2002. *C: A Reference Manual (5th edition)*. Prentice Hall, Englewood Cliffs, New Jersey.
- Herbert, T.F. 2004. *The Linux TCP/IP Stack: Networking for Embedded Systems*. Charles River Media, Hingham, Massachusetts.
- Hubicka, J. 2003. "Porting GCC to the AMD64 Architecture," *Proceedings of the First Annual GCC Developers' Summit*.

http://www.ucw.cz/~hubicka/papers/amd64/index.html

- Johnson, M.K., and Troan, E.W. 2005. *Linux Application Development (2nd edition)*. Addison-Wesley, Reading, Massachusetts.
- Josey, A. (ed.). 2004. *The Single UNIX Specification, Authorized Guide to Version 3*. The Open Group.

  이 책을 주문하는 데 필요한 자세한 정보는 http://www.unix-systems.org/version3/theguide.html을 참고하기 바란다. 규격 버전 4를 다룬 이 책의 새 판(2010년에 출판)은 http://www.unix.org/version4/theguide.html에서 찾을 수 있다.

- Kent, A., and Mogul, J.C. 1987. "Fragmentation Considered Harmful," *ACM Computer Communication Review*, Vol. 17, No. 5, August 1987.

  http://ccr.sigcomm.org/archive/1995/jan95/ccr-9501-mogulf1.html

- Kernighan, B.W., and Ritchie, D.M. 1988. *The C Programming Language (2nd edition)*. Prentice Hall, Englewood Cliffs, New Jersey.
- Kopparapu, C. 2002. *Load Balancing Servers, Firewalls, and Caches*. John Wiley and Sons.
- Kozierok, C.M. 2005. *The TCP/IP Guide*. No Starch Press, San Francisco, California.

  http://www.tcpipguide.com/

- Kroah-Hartman, G. 2003. "udev?A Userspace Implementation of devfs," *Proceedings of the 2003 Linux Symposium*.

  http://www.kroah.com/linux/talks/ols_2003_udev_paper/Reprint-Kroah-Hartman-OLS2003.pdf

- Kumar, A., Cao, M., Santos, J., and Dilger, A. 2008. "Ext4 block and inode allocator improvements," *Proceedings of the 2008 Linux Symposium*, Ottawa, Canada.

  http://ols.fedoraproject.org/OLS/Reprints-2008/kumar-reprint.pdf

- Lemon, J. 2001. "Kqueue: A generic and scalable event notification facility," *Proceedings of USENIX 2001/Freenix Track*.

  http://people.freebsd.org/~jlemon/papers/kqueue_freenix.pdf

- Lemon, J. 2002. "Resisting SYN flood DoS attacks with a SYN cache," *Proceedings of USENIX BSDCon 2002*.

  http://people.freebsd.org/~jlemon/papers/syncache.pdf

- Levine, J. 2000. Linkers and Loaders. Morgan Kaufmann, San Francisco, California.

  http://www.iecc.com/linker/

- Lewine, D. 1991. *POSIX Programmer's Guide*. O'Reilly, Sebastopol, California.
- Liang, S. 1999. *The Java Native Interface: Programmer's Guide and Specification*. Addison-Wesley, Reading, Massachusetts.

  http://java.sun.com/docs/books/jni/

- Libes, D., and Ressler, S. 1989. *Life with UNIX: A Guide for Everyone*. Prentice Hall, Englewood Cliffs, New Jersey.
- Lions, J. 1996. *Lions' Commentary on UNIX 6th Edition with Source Code*. Peer-to-Peer Communications, San Jose, California.

  [Lions, 1996]은 원래 오스트레일리아의 교수인 고 존 라이온즈(John Lions)가 1977년에 그가 가르치던 운영체제 수업에서 쓰려고 만들었다. 당시에는 라이선스 제한 때문에 정식으로 발표할 수 없었다. 그럼에도 불구하고 해적판 복사물이 유닉스 사용자 사이에 널리 배포됐고, 데니스 리치(Dennis Ritchie)에 따르면, "한 세대의 유닉스 프로그래머들을 가르쳤다".

- Love, R. 2010. *Linux Kernel Development (3rd edition)*. Addison-Wesley, Reading, Massachusetts.
- Lu, H.J. 1995. "ELF: From the Programmer's Perspective."

  이 논문은 온라인상의 여러 곳에서 찾을 수 있다.

- Mann, S., and Mitchell, E.L. 2003. *Linux System Security (2nd edition)*. Prentice Hall, Englewood Cliffs, New Jersey.
- Matloff, N. and Salzman, P.J. 2008. *The Art of Debugging with GDB, DDD, and Eclipse*. No Starch Press, San Francisco, California.
- Maxwell, S. 1999. *Linux Core Kernel Commentary*. Coriolis, Scottsdale, Arizona.

  이 책은 리눅스 2.2.5 커널 소스 일부에 대한 주석을 제공한다.

- McKusick, M.K., Joy, W.N., Leffler, S.J., and Fabry, R.S. 1984. "A fast file system for UNIX," *ACM Transactions on Computer Systems*, Vol. 2, Issue 3 (August).

  이 논문은 온라인상의 다양한 곳에서 찾을 수 있다.

- McKusick, M.K. 1999. "Twenty years of Berkeley Unix," *Open Sources: Voices from the Open Source Revolution*, C. DiBona, S. Ockman, and M. Stone (eds.). O'Reilly, Sebastopol, California.
- McKusick, M.K., Bostic, K., and Karels, M.J. 1996. *The Design and Implementation of the 4.4BSD Operating System*. Addison-Wesley, Reading, Massachusetts.
- McKusick, M.K., and Neville-Neil, G.V. 2005. *The Design and Implementation of the FreeBSD Operating System*. Addison-Wesley, Reading, Massachusetts.
- Mecklenburg, R. 2005. *Managing Projects with GNU Make (3rd edition)*. O'Reilly, Sebastopol, California.
- Mills, D.L. 1992. "Network Time Protocol (Version 3) Specification, Implementation and Analysis," RFC 1305, March 1992.

  http://www.rfc-editor.org/rfc/rfc1305.txt

- Mochel, P. "The sysfs Filesystem," *Proceedings of the Ottawa Linux Symposium* 2002.
- Mosberger, D., and Eranian, S. 2002. IA-64 *Linux Kernel: Design and Implementation*. Prentice Hall, Upper Saddle River, New Jersey.
- Peek, J., Todino-Gonguet, G., and Strang, J. 2001. *Learning the UNIX Operating System (5th edition)*. O'Reilly, Sebastopol, California.
- Peikari, C., and Chuvakin, A. 2004. *Security Warrior*. O'Reilly, Sebastopol, California.
- Plauger, P.J. 1992. *The Standard C Library*. Prentice Hall, Englewood Cliffs, New Jersey.
- Quarterman, J.S., and Wilhelm, S. 1993. *UNIX, Posix, and Open Systems: The Open Standards Puzzle*. Addison-Wesley, Reading, Massachusetts.
- Ritchie, D.M. 1984. "The Evolution of the UNIX Time-sharing System," *AT&T Bell Laboratories Technical Journal*, 63, No. 6 Part 2 (October 1984), pages 1577-93.

데니스 리치의 홈페이지(http://www.cs.bell-labs.com/who/dmr/index.html)에는 이 논문의 온라인 버전뿐만 아니라 [Ritchie & Thompson, 1974] 등 유닉스의 역사에 관한 많은 자료가 있다.

- Ritchie, D.M., and Thompson, K.L. 1974. "The Unix Time-Sharing System," *Communications of the ACM*, 17 ( July 1974), pages 365?375.
- Robbins, K.A., and Robbins, S. 2003. *UNIX Systems Programming: Communication, Concurrency, and Threads (2nd edition)*. Prentice Hall, Upper Saddle River, New Jersey.
- Rochkind, M.J. 1985. *Advanced UNIX Programming*. Prentice Hall, Englewood Cliffs, New Jersey.
- Rochkind, M.J. 2004. *Advanced UNIX Programming (2nd edition)*. Addison-Wesley, Reading, Massachusetts.
- Rosen, L. 2005. *Open Source Licensing: Software Freedom and Intellectual Property Law*. Prentice Hall, Upper Saddle River, New Jersey.
- St. Laurent, A.M. 2004. *Understanding Open Source and Free Software Licensing*. O' Reilly, Sebastopol, California.
- Salus, P.H. 1994. *A Quarter Century of UNIX*. Addison-Wesley, Reading, Massachusetts.
- Salus, P.H. 2008. *The Daemon, the Gnu, and the Penguin*. Addison-Wesley, Reading, Massachusetts.

  http://www.groklaw.net/staticpages/index.php?page=20051013231901859
  리눅스, BSD, HURD, 기타 자유 소프트웨어 프로젝트에 대한 짧은 역사

- Sarolahti, P., and Kuznetsov, A. 2002. "Congestion Control in Linux TCP," *Proceedings of USENIX 2002/Freenix Track*.

  http://www.cs.helsinki.fi/research/iwtcp/papers/linuxtcp.pdf

- Schimmel, C. 1994. *UNIX Systems for Modern Architectures*. Addison-Wesley, Reading, Massachusetts.
- Snader, J.C. 2000. *Effective TCP/IP Programming: 44 tips to improve your network programming*. Addison-Wesley, Reading, Massachusetts.
- Stevens, W.R. 1992. *Advanced Programming in the UNIX Environment*. Addison-Wesley, Reading, Massachusetts.

고 W. 리처드 스티븐슨(Richard Stevens)의 모든 책에 대한 추가 정보(독자들이 리눅스용으로 수정한 버전을 포함해, 프로그램 소스 코드 등)는 http://www.kohala.com/start/에서 찾을 수 있다.

- Stevens, W.R. 1998. *UNIX Network Programming, Volume 1 (2nd edition): Networking APIs: Sockets and XTI*. Prentice Hall, Upper Saddle River, New Jersey.
- Stevens, W.R. 1999. *UNIX Network Programming, Volume 2 (2nd edition): Interprocess Communications*. Prentice Hall, Upper Saddle River, New Jersey.
- Stevens, W.R. 1994. *TCP/IP Illustrated, Volume 1: The Protocols*. Addison-Wesley, Reading, Massachusetts.
- Stevens, W.R. 1996. *TCP/IP Illustrated, Volume 3: TCP for Transactions, HTTP, NNTP, and the UNIX Domain Protocols*. Addison-Wesley, Reading, Massachusetts.
- Stevens, W.R., Fenner, B., and Rudoff, A.M. 2004. *UNIX Network Programming, Volume 1 (3rd edition): The Sockets Networking API*. Addison-Wesley, Boston, Massachusetts.

  이 판의 소스 코드는 http://www.unpbook.com/에서 찾을 수 있다. 이 책에서는 대개 [Stevens et al., 2004]를 참조한다. 같은 내용을 『UNIX Network Programming』 1권의 이전 판인 [Stevens, 1998]에서도 찾을 수 있다.

- Stevens, W.R., and Rago, S.A. 2005. *Advanced Programming in the UNIX Environment (2nd edition)*. Addison-Wesley, Boston, Massachusetts.
- Stewart, R.R., and Xie, Q. 2001. *Stream Control Transmission Protocol (SCTP)*. Addison-Wesley, Reading, Massachusetts.
- Stone, J., and Partridge, C. 2000. "When the CRC and the TCP Checksum Disagree," *Proceedings of SIGCOMM 2000*.

  http://dl.acm.org/citation.cfm?doid=347059.347561

- Strang, J. 1986. *Programming with Curses*. O'Reilly, Sebastopol, California.
- Strang, J., Mui, L., and O'Reilly, T. 1988. *Termcap & Terminfo (3rd edition)*. O'Reilly, Sebastopol, California.
- Tanenbaum, A.S. 2007. *Modern Operating Systems (3rd edition)*. Prentice Hall, Upper Saddle River, New Jersey.

- Tanenbaum, A.S. 2002. *Computer Networks (4th edition)*. Prentice Hall, Upper Saddle River, New Jersey.
- Tanenbaum, A.S., and Woodhull, A.S. 2006. *Operating Systems: Design And Implementation (3rd edition)*. Prentice Hall, Upper Saddle River, New Jersey.
- Torvalds, L.B., and Diamond, D. 2001. *Just for Fun: The Story of an Accidental Revolutionary.* HarperCollins, New York, New York.
- Tsafrir, D., da Silva, D., and Wagner, D. "The Murky Issue of Changing Process Identity: Revising 'Setuid Demystified'," *;login: The USENIX Magazine*, June 2008.

  http://www.usenix.org/publications/login/2008-06/pdfs/tsafrir.pdf

- Vahalia, U. 1996. *UNIX Internals: The New Frontiers*. Prentice Hall, Upper Saddle River, New Jersey.
- van der Linden, P. 1994. *Expert C Programming–Deep C Secrets*. Prentice Hall, Englewood Cliffs, New Jersey.
- Vaughan, G.V., Elliston, B., Tromey, T., and Taylor, I.L. 2000. *GNU Autoconf, Automake, and Libtool*. New Riders, Indianapolis, Indiana.

  http://sources.redhat.com/autobook/

- Viega, J., and McGraw, G. 2002. *Building Secure Software*. Addison-Wesley, Reading, Massachusetts.
- Viro, A. and Pai, R. 2006. "Shared-Subtree Concept, Implementation, and Applications in Linux," *Proceedings of the Ottawa Linux Symposium 2006*.

  http://www.kernel.org/doc/ols/2006/ols2006v2-pages-209-222.pdf

- Watson, R.N.M. 2000. "Introducing Supporting Infrastructure for Trusted Operating System Support in FreeBSD," *Proceedings of BSDCon 2000.*

  http://www.trustedbsd.org/trustedbsd-bsdcon-2000.pdf

- Williams, S. 2002. *Free as in Freedom: Richard Stallman's Crusade for Free Software*. O'Reilly, Sebastopol, California.
- Wright, G.R., and Stevens, W.R. 1995. *TCP/IP Illustrated, Volume 2: The Implementation*. Addison-Wesley, Reading, Massachusetts.

# 찾아보기

## 기호

## 번호



## A

D



E

F

## G

J



K



L

N

O



P

## Q



## R

## S

T

U

ㄴ



ㄷ

ㄹ



ㅁ

ㅂ

ㅅ

ㅇ

ㅈ

ㅎ

에이콘출판의 기틀을 마련하신 故 정완재 선생님 (1935-2004)

**리눅스 API의 모든 것 Vol. 1 기초 리눅스 API**
**파일, 메모리, 프로세스, 시그널, 타이머**

**발 행** | 2012년 7월 5일

**지은이** | 마이클 커리스크
**옮긴이** | 김 기 주 • 김 영 주 • 우 정 은 • 지 영 민 • 채 원 석 • 황 진 호

**펴낸이** | 권 성 준
**편집장** | 황 영 주
**편 집** | 이 지 은
김 다 예
**디자인** | 윤 서 빈

에이콘출판주식회사
서울특별시 양천구 국회대로 287 (목동)
전화 02-2653-7600, 팩스 02-2653-0433
www.acornpub.co.kr / editor@acornpub.co.kr


ISBN 978-89-6077-319-6
ISBN 978-89-6077-103-1 (세트)
http://www.acornpub.co.kr/book/linux-api-vol1

책값은 뒤표지에 있습니다.